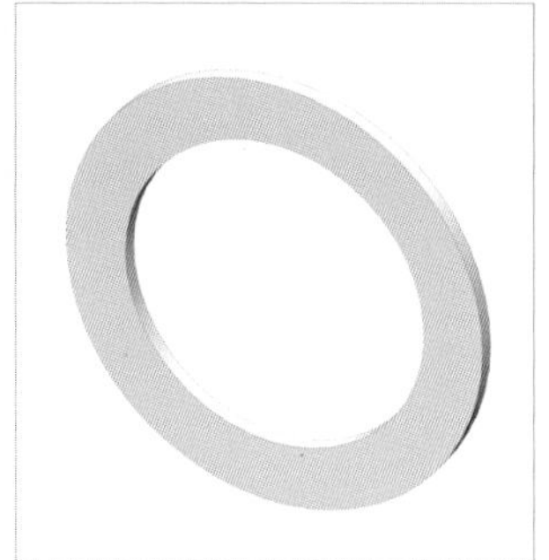
胶垫

垫圈

链轮

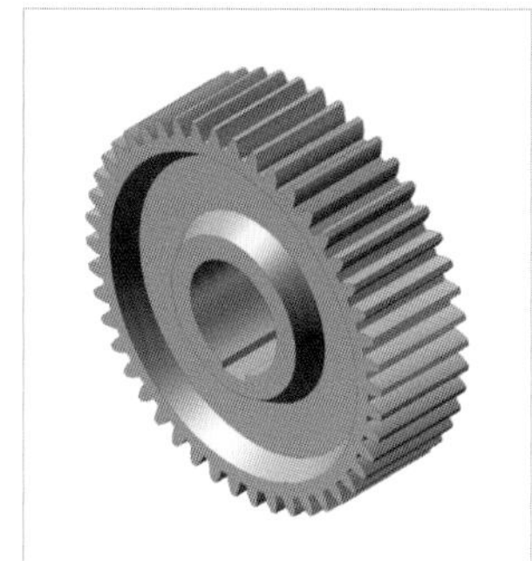
齿轮

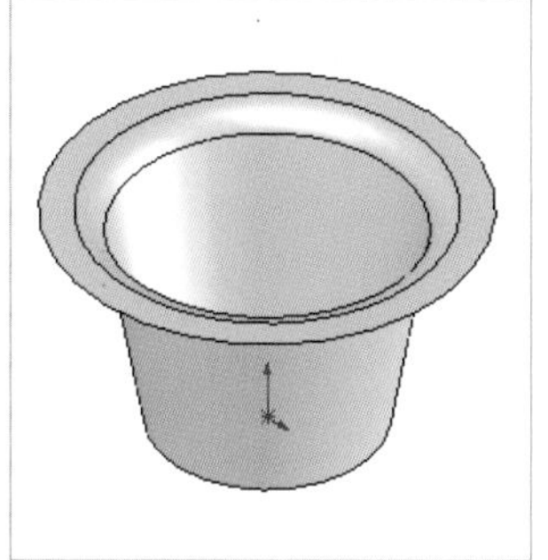
花盆

手柄

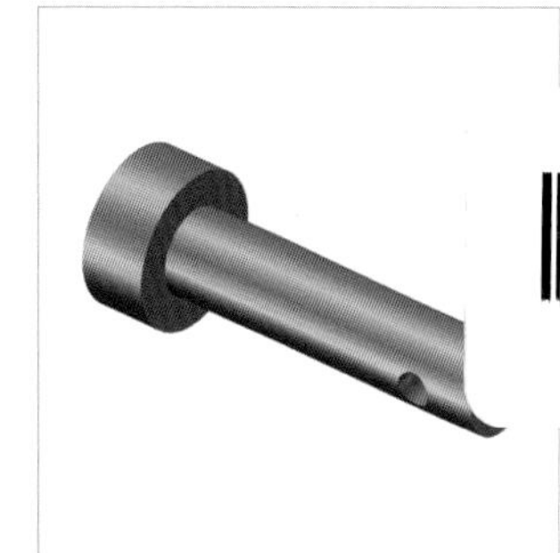
销钉

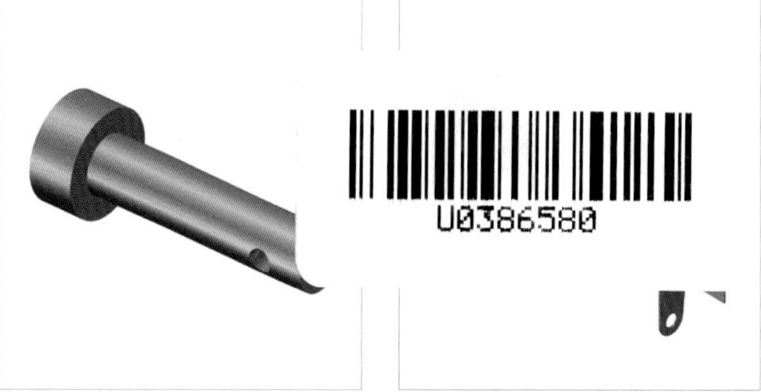

铰链

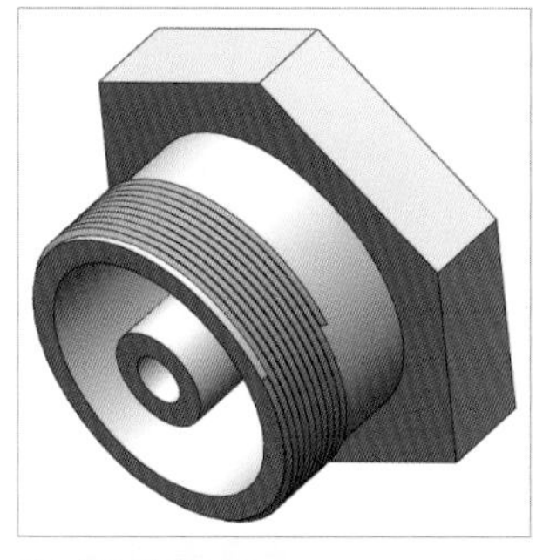
调节螺母

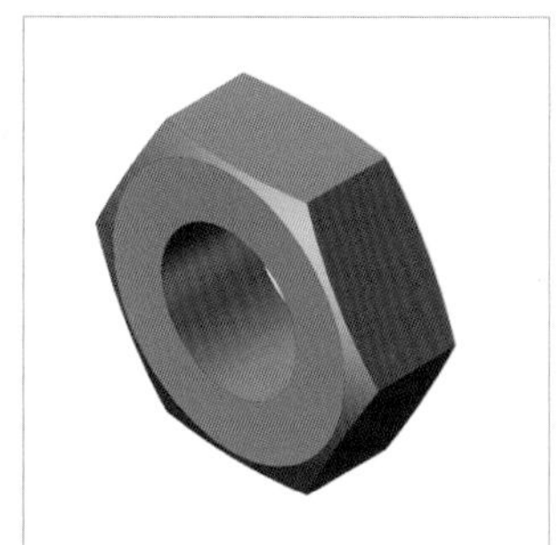
螺母

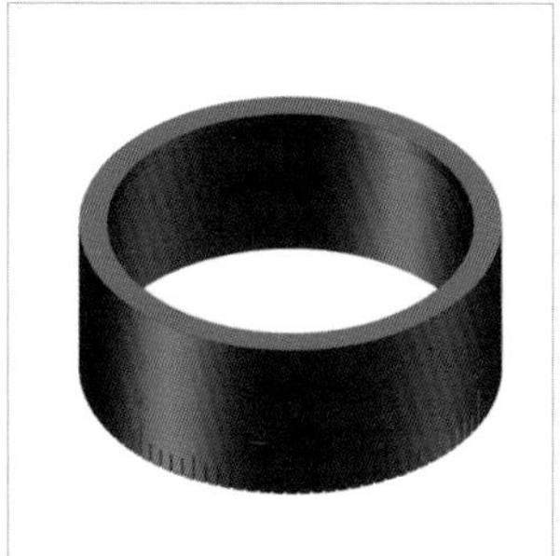
分划圈

锁紧螺母

塑料焊接器

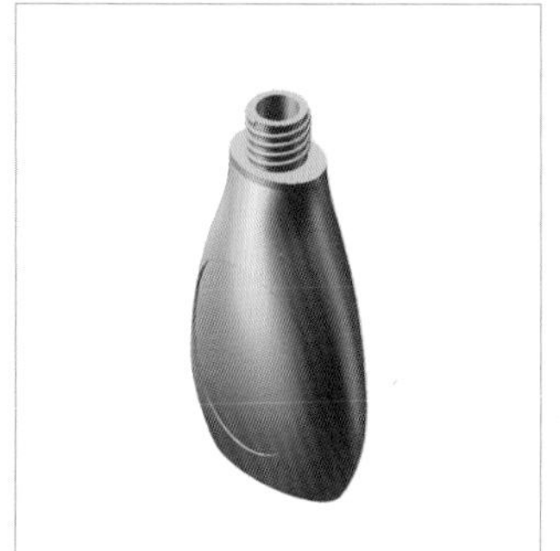
瓶子

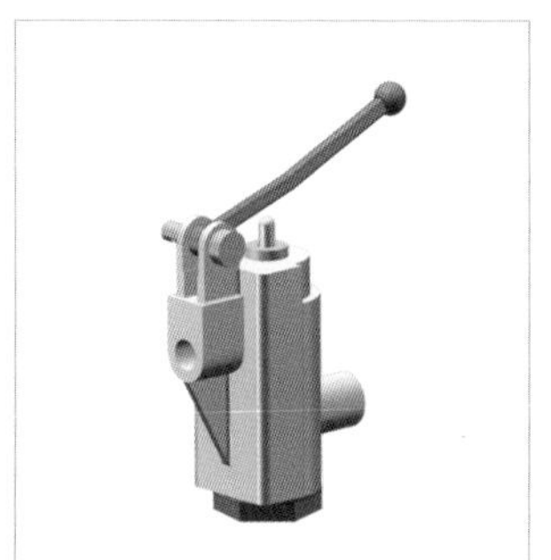
手压阀

阀体

本书部分案例

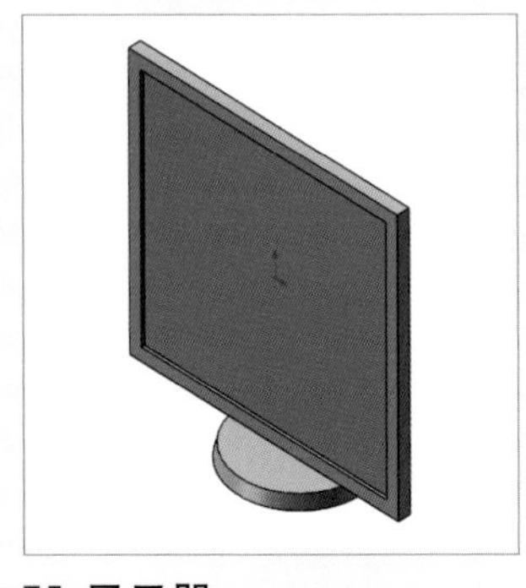
显示器

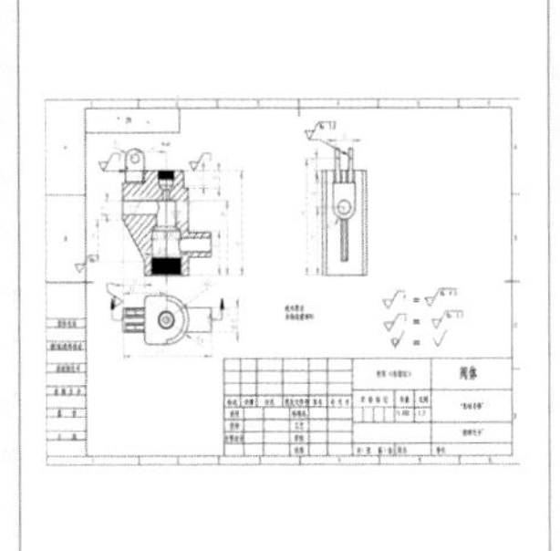
阀体工程图

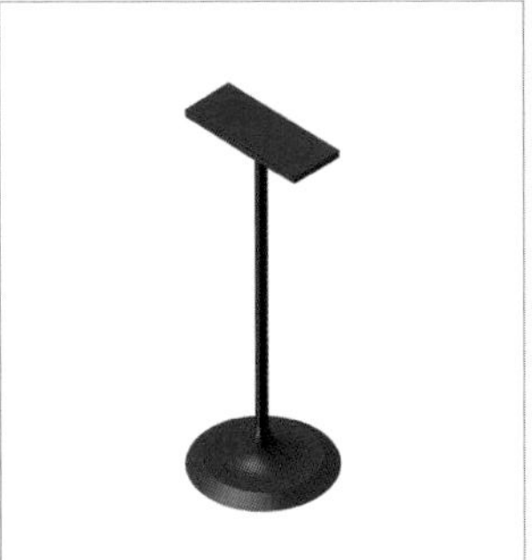
阀

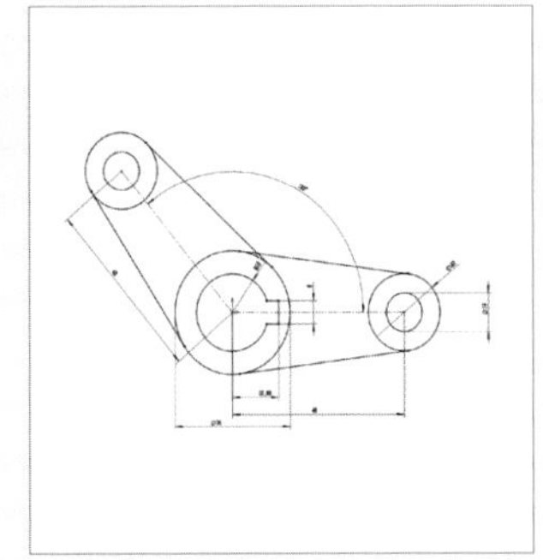
曲柄草图

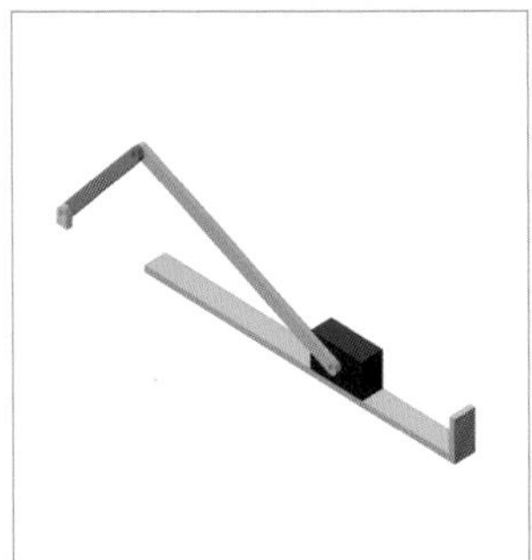
曲柄滑块机构

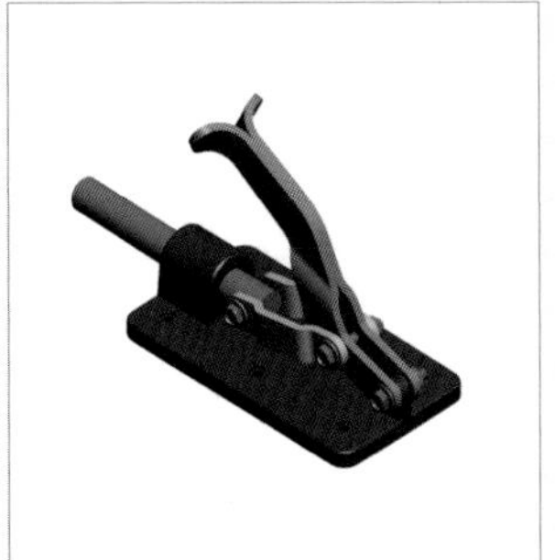
活塞

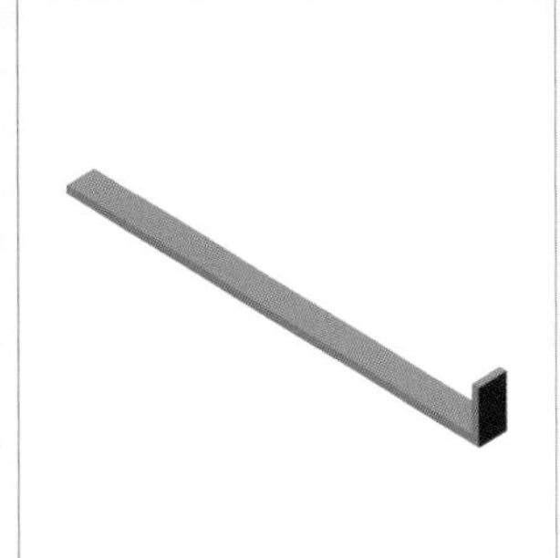
导轨机架

机箱后板

滑动轴承

阀门凸轮机构

车斗

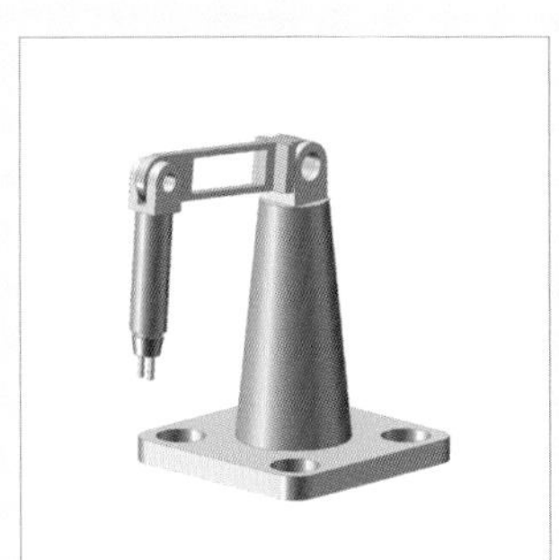
机械臂

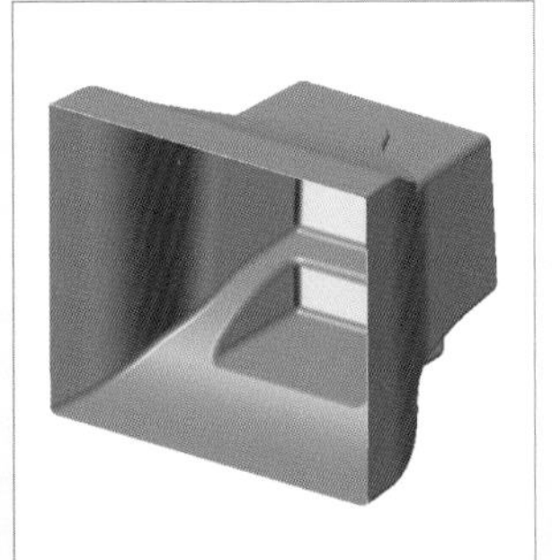
显示器壳

基座

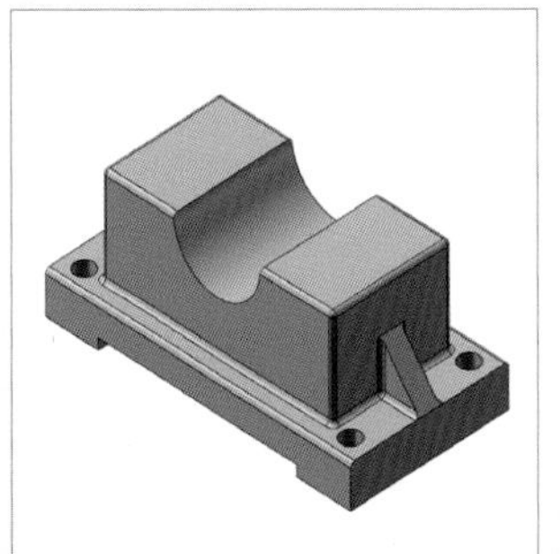
轴承座

底座

连杆

曲柄

带轮

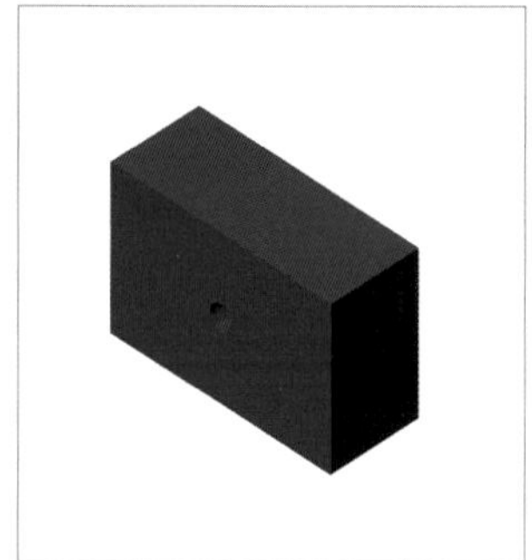
滑块

导筒

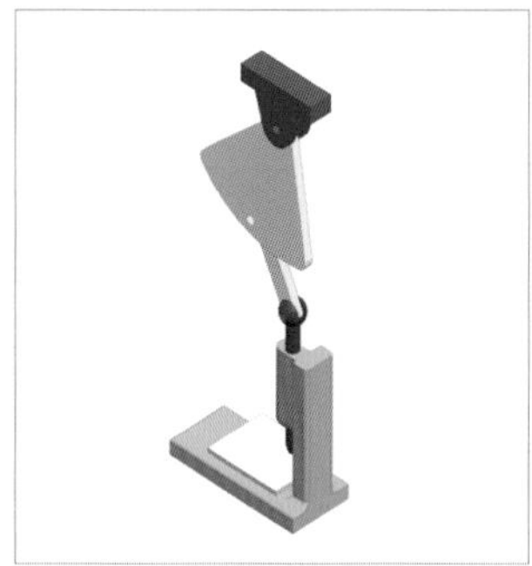
冲压机构

弹簧

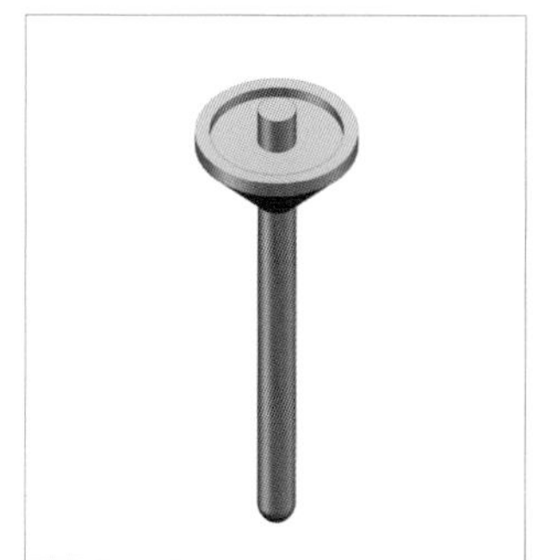
阀杆

凸轮轴

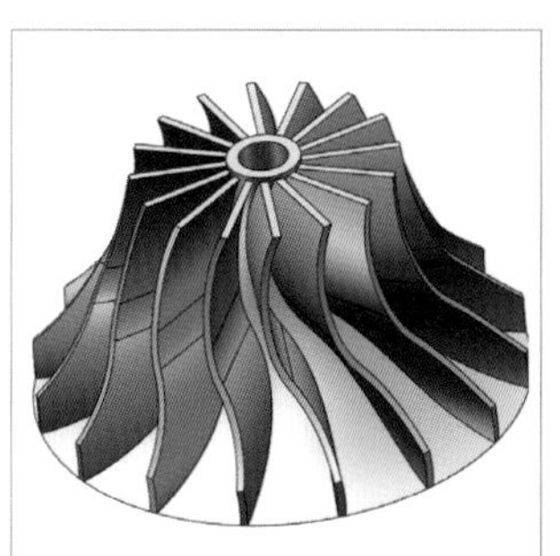
实践：叶轮

座架

法兰盘

轴盖

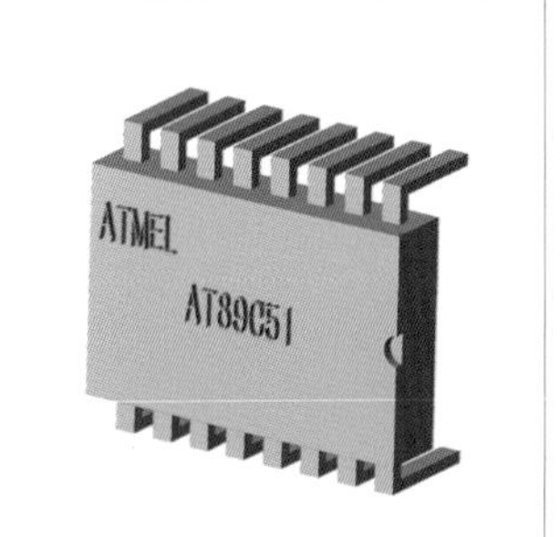

芯片

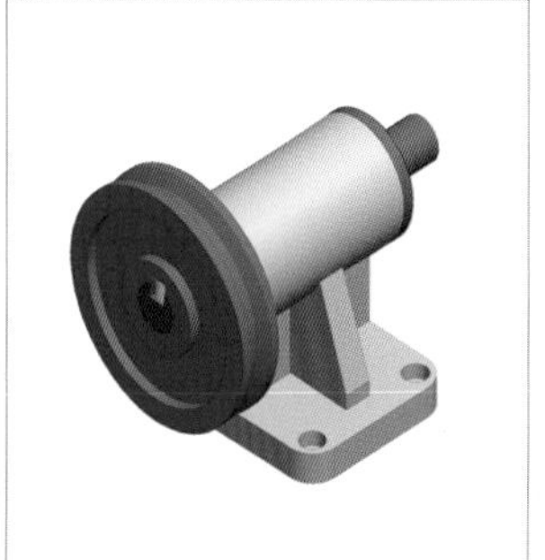
传动装配

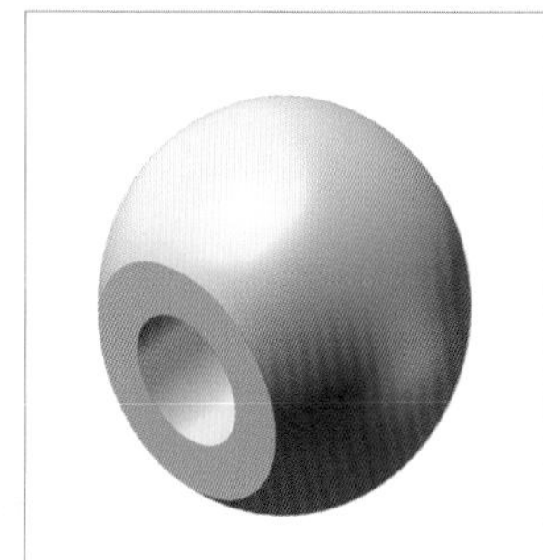
球头

本书部分案例

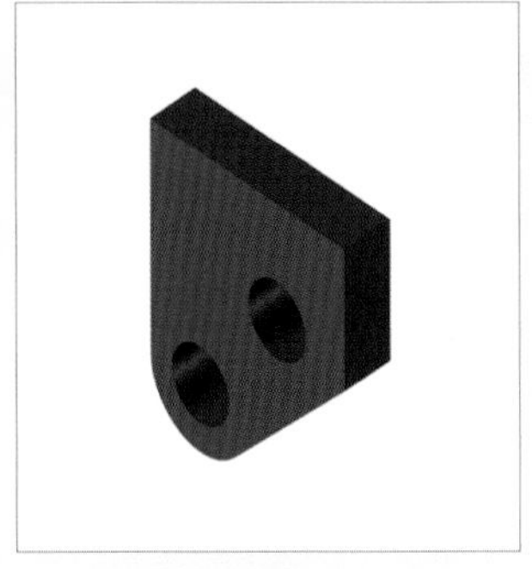
轴支架

牙膏壳

机械臂小臂

传动轴

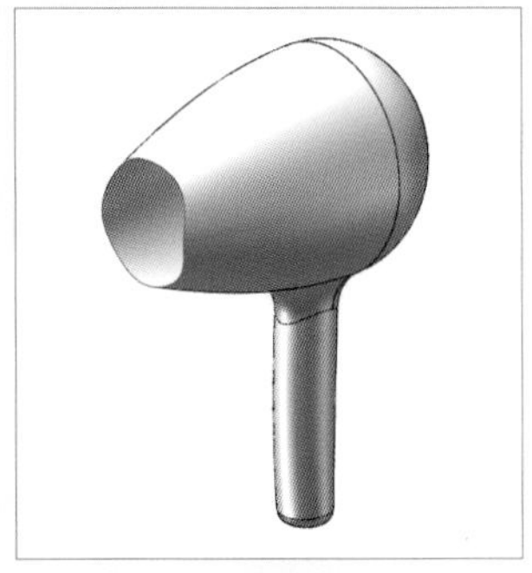
实践：吹风机

机械臂大臂

锥销

摇杆

曲柄机架

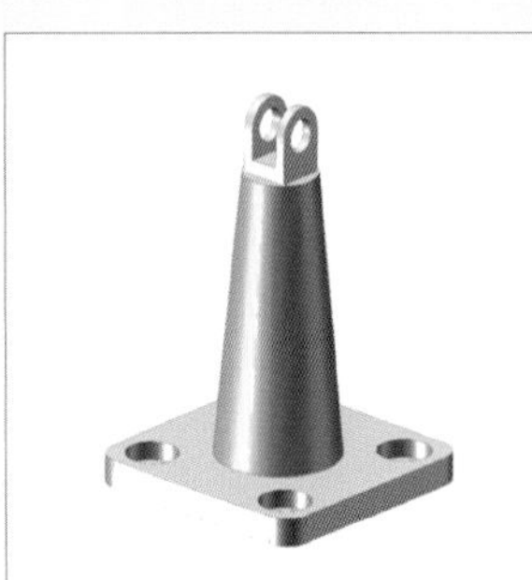
机械臂基座

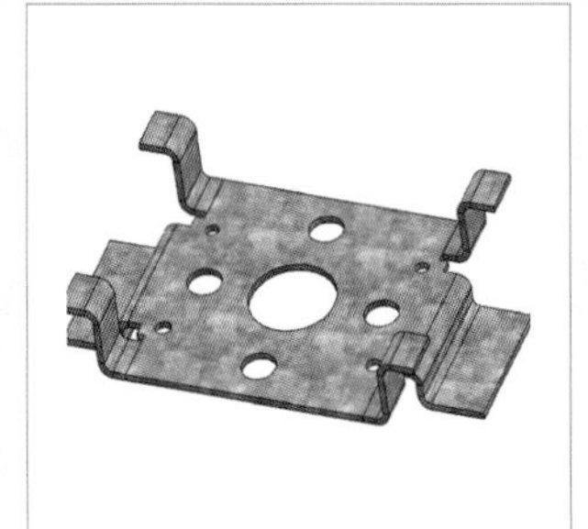
校准架

电话机面板

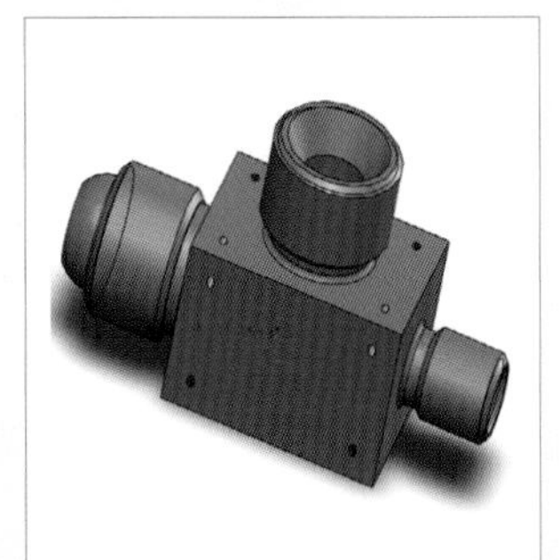
三通管

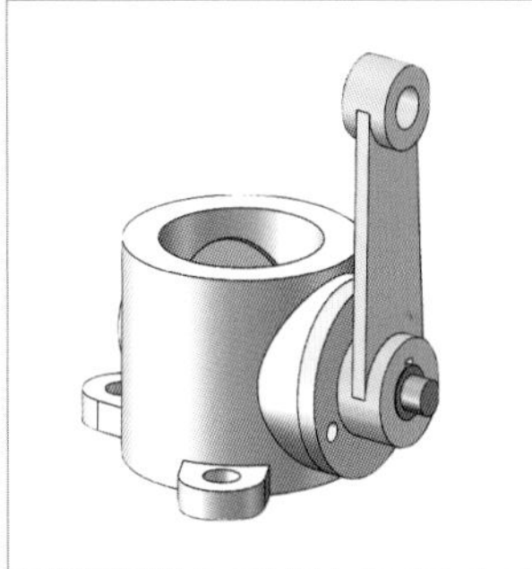
装配体

轮毂

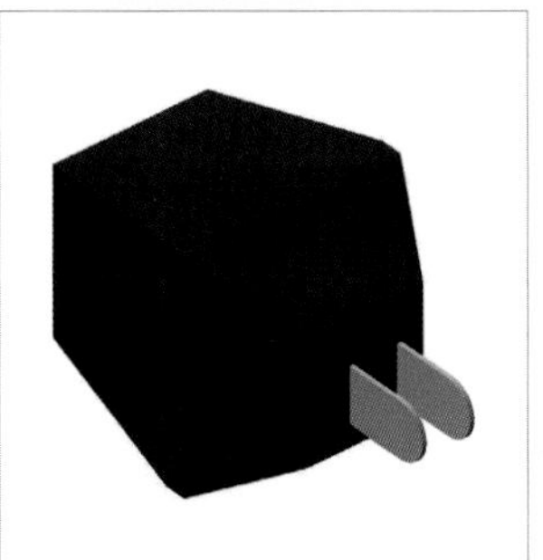
充电器

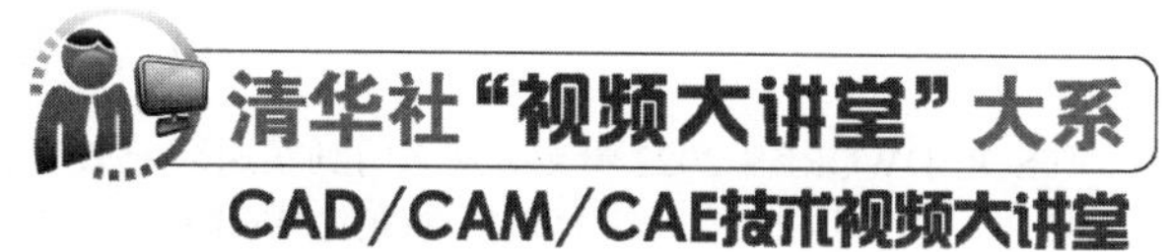

SOLIDWORKS 2022 中文版 从入门到精通

CAD/CAM/CAE 技术联盟　编著

清華大学出版社
北　京

内 容 简 介

《SOLIDWORKS 2022 中文版从入门到精通》一书重点介绍了 SOLIDWORKS 2022 在工程设计中的应用方法与技巧。全书共 11 章，主要包括 SOLIDWORKS 2022 概述、草图绘制、草绘特征、放置特征、特征编辑、曲线与曲面、装配零件、生成工程图、钣金设计、运动仿真、VR 动画制作工具 SOLIDWORKS Composer 等内容；另附两章扩展学习内容，包括模型显示和阀门凸轮机构运动仿真实例。全书内容由浅入深，从易到难，图文并茂，语言简洁，思路清晰。每一章的知识点都配有案例讲解，以加深读者对知识点的理解，在每章的最后还配有实践与操作，以便读者进一步巩固并综合运用所学知识。

另外，本书还配备了丰富的学习资源，读者可扫描书后“文泉云盘”二维码获取下载方式，具体内容如下。

（1）250 集（段）本书实例配套教学视频扫码观看，读者可像看电影一样轻松学习，然后对照书中实例进行练习。

（2）2 章扩展学习内容，为模型显示和阀门凸轮机构运动仿真实例，可供读者选择进行深入学习。

（3）5 大不同类造型的设计实例及其配套的近 6 小时的视频文件，可以强化实战，拓展视野。

（4）全书实例的源文件和部分素材文件，方便读者按照书中实例操作时直接调用。

本书适合工程设计入门级读者学习使用，也适合有一定基础的读者参考使用，还可用作职业教育的教材。

图书在版编目（CIP）数据

SOLIDWORKS 2022 中文版从入门到精通 / CAD/CAM/CAE 技术联盟编著. —北京：清华大学出版社，2023.3
（清华社“视频大讲堂”大系 CAD/CAM/CAE 技术视频大讲堂）
ISBN 978-7-302-63050-0

Ⅰ. ①S… Ⅱ. ①C… Ⅲ. ①计算机辅助设计—应用软件 Ⅳ. ①TP391.72

中国国家图书馆 CIP 数据核字（2023）第 042995 号

责任编辑： 贾小红
封面设计： 鑫途文化
版式设计： 文森时代
责任校对： 马军令
责任印制： 沈　露

出版发行： 清华大学出版社
网　　址： http://www.tup.com.cn，http://www.wqbook.com
地　　址： 北京清华大学学研大厦 A 座　　**邮　　编：** 100084
社 总 机： 010-83470000　　**邮　　购：** 010-62786544
投稿与读者服务： 010-62776969，c-service@tup.tsinghua.edu.cn
质量反馈： 010-62772015，zhiliang@tup.tsinghua.edu.cn
印 装 者： 大厂回族自治县彩虹印刷有限公司
经　　销： 全国新华书店
开　　本： 203mm×260mm　　**印　　张：** 26.25　　**插　　页：** 2　　**字　　数：** 776 千字
版　　次： 2023 年 4 月第 1 版　　**印　　次：** 2023 年 4 月第 1 次印刷
定　　价： 99.80 元

产品编号：097601-01

前　言

Preface

SOLIDWORKS 是世界上第一套针对 Windows 系统开发的三维 CAD 软件。该软件以参数化特征造型为基础，具有功能强大、易学、易用等特点，是当前最优秀的三维 CAD 软件之一。SOLIDWORKS 能够提供不同的设计方案，减少设计过程中的错误并提高产品质量。自 1996 年引入中国以来，SOLIDWORKS 受到了业界的广泛好评，许多高等院校也将其作为本科生教学和课程设计的首选软件。

本书将以 SOLIDWORKS 软件的最新版本 SOLIDWORKS 2022 为基础进行讲解，该版本在装配设计、草图绘制、有限元分析、可视化设计等方面增加了一些新功能，可以更好地帮助企业和设计团队提高工作效率。

一、编写目的

鉴于 SOLIDWORKS 强大的功能和深厚的工程应用底蕴，我们力图开发一本全方位介绍 SOLIDWORKS 在工程中实际应用情况的书籍。我们不求将 SOLIDWORKS 知识点全面讲解清楚，而是针对工程设计的需要，利用 SOLIDWORKS 大体知识脉络作为线索，以实例作为“抓手”，帮助读者掌握利用 SOLIDWORKS 进行工程设计的基本技能和技巧。

二、本书特点

☑　**专业性强**

本书作者拥有多年计算机辅助设计领域的工作经验和教学经验，他们总结多年的设计经验以及教学中的心得体会，历时多年精心编写，力求全面、细致地展现出 SOLIDWORKS 2022 在工程设计应用领域的各种功能和使用方法。在具体讲解的过程中，严格遵守工程设计相关规范和国家标准，将这种一丝不苟的细致作风融入字里行间，目的是培养读者严谨细致的工程素养，传播规范的工程设计理论与应用知识。

☑　**实例丰富**

全书包含 35 个常见的、不同类型和大小的实例、实践，可让读者在学习案例的过程中快速了解 SOLIDWORKS 2022 的用途，并加深对知识点的理解，力求通过实例的演练帮助读者找到一条学习 SOLIDWORKS 2022 的捷径。

☑　**涵盖面广**

本书在有限的篇幅内，包括了对 SOLIDWORKS 2022 全部常用功能的讲解，涵盖了草图绘制、草绘特征、放置特征、特征编辑、曲线和曲面、装配零件、生成工程图、钣金设计、运动仿真、VR 动画制作工具 SOLIDWORKS Composer 等知识。可以说，读者只要有本书在手，就能实现对 SOLIDWORKS 知识全精通。

☑　**突出技能提升**

本书中有很多实例本身就是经作者精心提炼和改编的工程设计项目案例，不仅保证读者能够学好

知识点，更重要的是能够帮助读者掌握实际的操作技能。全书结合实例详细讲解了 SOLIDWORKS 知识要点，让读者在学习案例的过程中潜移默化地掌握 SOLIDWORKS 软件的操作技巧，同时锻炼工程设计实践能力。

Note

三、本书的配套资源

本书提供了极为丰富的学习配套资源，以便读者在最短的时间内学会并掌握这门技术。读者可扫描封底的“文泉云盘”二维码，以获取下载方式。

1. 250 集高清多媒体教学视频

为了方便读者学习，本书对大多数实例，专门制作了 250 集配套教学微视频，读者可以先扫码观看视频，像看电影一样轻松愉悦地学习本书内容，然后对照课本加以实践和练习，可以大大提高学习效率。

2. 5 大不同类造型的设计实例及其配套的视频文件

为了帮助读者拓展视野，本书配套资源赠送 5 大不同类造型的设计实例及其配套的视频文件，总时长近 6 小时。

3. 全书实例的源文件和部分素材文件

配套资源中包含全书实例的源文件和部分素材文件，读者需要事先安装 SOLIDWORKS 2022 软件，然后打开并使用它们。

4. 扩展学习内容

除了丰富的纸质内容，本书还附赠两章扩展学习内容，包括模型显示和阀门凸轮机构运动仿真实例。这两章扩展学习内容以 PDF 形式附在配套资源中，读者可扫描封底“文泉云盘”下载并通过电子书进行学习。

四、关于本书的服务

1. “SOLIDWORKS 2022 简体中文版”安装软件的获取

按照本书上的实例进行操作练习，以及使用 SOLIDWORKS 2022 进行绘图，需要事先在计算机上安装 SOLIDWORKS 2022 软件。读者可以登录 http://www.solidworks.com.cn 联系购买正版软件，或者使用其试用版。

2. 关于本书的技术问题或有关本书信息的发布

读者遇到有关本书的技术问题，可以扫描封底“文泉云盘”二维码查看是否已发布相关勘误/解疑文档。如果没有，可在页面下方寻找加入学习群的方式，联系我们，我们会尽快回复。

3. 关于手机在线学习

扫描书中二维码，可在手机中观看对应教学视频。充分利用碎片化时间，提升学习效率。需要强调的是，书中给出的只是实例操作的重点步骤，实例详细操作过程可通过视频来学习并领会。

五、关于作者

本书由 CAD/CAM/CAE 技术联盟组织编写。CAD/CAM/CAE 技术联盟是一个从事 CAD/CAM/CAE 技术研讨、工程开发、培训咨询和图书创作的工程技术人员协作联盟，拥有 20 多位专职和众多兼职 CAD/CAM/CAE 工程技术专家。其创作的很多教材成为国内具有引导性的旗帜作品，在国内相关专业方向图书创作领域具有举足轻重的地位。

六、致谢

在本书的写作过程中，策划编辑贾小红女士和艾子琪女士给予了很大的帮助和支持，提出了很多中肯的建议，在此表示感谢。同时，还要感谢清华大学出版社的所有编审人员为本书的出版所付出的辛勤劳动。本书的成功出版是大家共同努力的结果，谢谢所有给予支持和帮助的人们。

编　者

目 录

Contents

第 1 章 SOLIDWORKS 2022 概述 1

（视频讲解：48 分钟）

1.1 初识 SOLIDWORKS 2022 2

1.2 SOLIDWORKS 2022 界面介绍 3

1.2.1 界面简介 3

1.2.2 工具栏的设置 4

1.3 系统属性设置 6

1.3.1 系统选项设置 7

1.3.2 文档属性设置 12

1.4 SOLIDWORKS 的设计思想 14

1.4.1 三维设计的 3 个基本概念 15

1.4.2 设计过程 16

1.4.3 设计方法 17

1.5 SOLIDWORKS 术语 18

1.6 文件管理 20

1.6.1 打开文件 20

1.6.2 保存文件 21

1.6.3 退出 SOLIDWORKS 2022 22

1.7 SOLIDWORKS 工作环境设置 22

1.7.1 设置工具栏 23

1.7.2 设置工具栏命令按钮 24

1.7.3 设置快捷键 25

1.8 参考几何体 26

1.8.1 基准面 26

1.8.2 基准轴 27

1.8.3 坐标系 27

1.8.4 点 28

1.9 实践与操作 29

第 2 章 草图绘制 30

（视频讲解：83 分钟）

2.1 草图的创建 31

2.1.1 新建一个二维草图 31

2.1.2 在零件的面上绘制草图 32

2.1.3 从现有的草图中派生新的草图 32

2.2 基本图形的绘制 33

2.2.1 “草图”操控面板 33

2.2.2 直线的绘制 34

2.2.3 圆的绘制 35

2.2.4 圆弧的绘制 35

2.2.5 矩形的绘制 37

2.2.6 平行四边形的绘制 38

2.2.7 多边形的绘制 38

2.2.8 椭圆和部分椭圆的绘制 39

2.2.9 抛物线的绘制 40

2.2.10 样条曲线的绘制 41

2.2.11 在模型面上插入文字 42

2.2.12 圆角的绘制 43

2.2.13 倒角的绘制 43

2.3 三维草图 44

2.4 对草图实体的操作 45

2.4.1 转换实体引用 45

2.4.2 草图镜像 46

2.4.3 延伸和剪裁实体 46

2.4.4 等距实体 46

2.4.5 构造几何线的生成 47

2.4.6 线性阵列 47

2.4.7 圆周阵列 49

2.4.8 修改草图工具的使用 50

2.4.9 伸展草图 51

2.4.10 实例——棘轮 52

2.5 智能标注 55

2.5.1 度量单位 55

2.5.2 线性尺寸的标注 55

2.5.3 直径和半径尺寸的标注 56

2.5.4 角度尺寸的标注 57

2.6 几何关系 58

Note

2.6.1 添加几何关系 58
2.6.2 自动添加几何关系 59
2.6.3 显示/删除几何关系 60
2.7 检查草图 61
2.8 综合实例——曲柄草图 62
2.9 实践与操作 64

第3章 草绘特征 66
（视频讲解：116分钟）
3.1 零件建模的基本概念 67
3.2 零件特征分析 68
3.3 零件三维实体建模的基本过程 69
3.4 拉伸特征 69
3.4.1 拉伸凸台/基体 69
3.4.2 实例——胶垫 71
3.4.3 拉伸薄壁特征 72
3.4.4 切除拉伸特征 73
3.4.5 实例——销钉 74
3.5 旋转特征 75
3.5.1 旋转凸台/基体 76
3.5.2 实例——球头 77
3.5.3 旋转切除 78
3.5.4 实例——阀杆 78
3.6 扫描特征 79
3.6.1 凸台/基体扫描 80
3.6.2 实例——锁紧螺母 81
3.6.3 扫描切除 83
3.6.4 引导线扫描 84
3.7 放样特征 85
3.7.1 凸台放样 86
3.7.2 引导线放样 87
3.7.3 中心线放样 88
3.7.4 分割线放样 89
3.7.5 实例——显示器 91
3.8 加强筋特征 95
3.8.1 创建加强筋特征 95
3.8.2 实例——轴承座 96
3.9 包覆特征 98
3.9.1 创建包覆特征 98
3.9.2 实例——分划圈 99
3.10 综合实例——调节螺母 103
3.11 实践与操作 105

第4章 放置特征 107
（视频讲解：135分钟）
4.1 放置特征的基础知识 108
4.2 孔特征 108
4.2.1 简单直孔 108
4.2.2 异型孔向导 109
4.2.3 实例——底座 114
4.3 圆角特征 119
4.3.1 等半径圆角特征 119
4.3.2 多半径圆角特征 121
4.3.3 圆形角圆角特征 121
4.3.4 逆转圆角特征 121
4.3.5 变半径圆角特征 123
4.3.6 混合面圆角特征 124
4.3.7 实例——手柄 125
4.4 倒角特征 128
4.4.1 创建倒角特征 128
4.4.2 实例——垫圈 129
4.5 抽壳特征 131
4.5.1 等厚度抽壳 131
4.5.2 多厚度抽壳 132
4.6 拔模特征 132
4.6.1 中性面拔模 132
4.6.2 分型线拔模 133
4.6.3 阶梯拔模 134
4.6.4 实例——充电器 135
4.7 圆顶特征 139
4.7.1 创建圆顶特征 140
4.7.2 实例——瓶子 140
4.8 综合实例——阀体 147
4.9 实践与操作 156

第5章 特征编辑 158
（视频讲解：79分钟）
5.1 基本概念 159
5.2 特征重定义 159
5.3 更改特征属性 159
5.4 压缩与恢复 160
5.5 动态修改特征（Instant3D） 161
5.6 特征的复制与删除 162

5.7 特征阵列..163
5.7.1 线性阵列..163
5.7.2 实例——芯片..165
5.7.3 圆周阵列..168
5.7.4 实例——链轮..169
5.7.5 草图阵列..171
5.7.6 曲线驱动阵列..172
5.8 镜像..173
5.8.1 镜像特征..174
5.8.2 镜像实体..174
5.8.3 实例——螺母..175
5.9 方程式驱动尺寸..177
5.10 系列零件设计表..180
5.11 模型计算..182
5.12 综合实例——大齿轮..184
5.13 实践与操作..190
第 6 章 曲线与曲面..192
（视频讲解：94 分钟）
6.1 曲线..193
6.1.1 投影曲线..193
6.1.2 通过 XYZ 点的曲线..194
6.1.3 组合曲线..195
6.1.4 螺旋线和涡状线..195
6.1.5 实例——弹簧..197
6.2 曲面..199
6.2.1 平面曲面..199
6.2.2 边界曲面..200
6.2.3 拉伸曲面..200
6.2.4 旋转曲面..201
6.2.5 扫描曲面..202
6.2.6 放样曲面..203
6.2.7 等距曲面..204
6.2.8 延展曲面..204
6.2.9 实例——花盆..205
6.3 曲面编辑..207
6.3.1 缝合曲面..207
6.3.2 延伸曲面..208
6.3.3 剪裁曲面..209
6.3.4 移动/复制/旋转曲面..210
6.3.5 删除曲面..212
6.3.6 曲面切除..212
6.3.7 实例——轮毂..213
6.4 综合实例——塑料焊接器..220
6.5 实践与操作..227
第 7 章 装配零件..230
（视频讲解：46 分钟）
7.1 基本概念..231
7.1.1 设计方法..231
7.1.2 零件的装配步骤..231
7.2 建立装配体..232
7.2.1 添加零件..232
7.2.2 删除零部件..234
7.2.3 替换零部件..234
7.3 定位零部件..234
7.3.1 固定零部件..235
7.3.2 移动零部件..235
7.3.3 旋转零部件..236
7.3.4 添加配合关系..236
7.3.5 删除配合关系..237
7.3.6 修改配合关系..237
7.4 SmartMates 配合方式..238
7.5 装配体及零部件检查..238
7.5.1 干涉检查..238
7.5.2 碰撞检查..239
7.5.3 物理动力学..240
7.5.4 动态间隙的检测..240
7.5.5 装配体性能评估..241
7.6 爆炸视图..242
7.6.1 生成爆炸视图..242
7.6.2 编辑爆炸视图..243
7.7 子装配体..243
7.8 综合实例——手压阀装配..243
7.9 实践与操作..248
第 8 章 生成工程图..250
（视频讲解：63 分钟）
8.1 创建工程图..251
8.2 定义图纸格式..253
8.3 创建标准三视图..255
8.4 创建模型视图..256
8.5 创建视图..257

Note

8.5.1 剖面视图 257
8.5.2 投影视图 259
8.5.3 辅助视图 259
8.5.4 局部视图 260
8.5.5 断裂视图 261
8.5.6 实例——创建阀体工程图 262
8.6 视图操作 264
8.6.1 移动和旋转 265
8.6.2 显示和隐藏 265
8.6.3 更改零部件的线型 266
8.6.4 图层 266
8.7 注解的标注 267
8.7.1 注释 267
8.7.2 表面粗糙度 268
8.7.3 形位公差 268
8.7.4 基准特征符号 269
8.7.5 实例——标注阀体工程图 270
8.8 分离工程图 273
8.9 综合实例——手压阀装配工程图 274
8.10 实践与操作 279

第9章 钣金设计 283
（视频讲解：143分钟）
9.1 基本术语 284
9.1.1 折弯系数 284
9.1.2 折弯扣除 284
9.1.3 K因子 284
9.1.4 折弯系数表 285
9.2 简单钣金特征 286
9.2.1 法兰特征 286
9.2.2 褶边特征 292
9.2.3 绘制的折弯特征 293
9.3 复杂钣金特征 294
9.3.1 闭合角特征 294
9.3.2 转折特征 295
9.3.3 放样折弯特征 296
9.3.4 切口特征 297
9.3.5 展开钣金折弯 298
9.3.6 断裂边角/边角剪裁特征 300
9.3.7 通风口 301
9.3.8 实例——铰链 303
9.4 钣金成型 307
9.4.1 创建新成型工具 307
9.4.2 使用成型工具 309
9.4.3 修改成型工具 310
9.5 综合实例——机箱后板 311
9.5.1 创建后板主体 312
9.5.2 创建电源安装孔 314
9.5.3 创建主板连线通孔 315
9.5.4 创建电扇出风孔 318
9.5.5 创建各种插卡的连接孔 320
9.5.6 创建电扇出风孔 322
9.5.7 细节处理 324
9.6 实践与操作 327

第10章 运动仿真 330
（视频讲解：24分钟）
10.1 虚拟样机技术及运动仿真 331
10.1.1 虚拟样机技术 331
10.1.2 数字化功能样机及机械系统动力学分析 332
10.2 SOLIDWORKS Motion 2022的启动 333
10.3 MotionManager界面介绍 334
10.4 运动单元 336
10.4.1 马达 336
10.4.2 弹簧 338
10.4.3 引力 339
10.4.4 阻尼 339
10.4.5 力 339
10.4.6 接触 341
10.5 综合实例——分析曲柄滑块机构 341
10.6 实践与操作 348

第11章 VR动画制作工具SOLIDWORKS Composer 350
（视频讲解：115分钟）
11.1 概述 351
11.1.1 SOLIDWORKS Composer简介 351
11.1.2 图形用户界面 351

11.1.3　文件格式 353

11.2　功能区 354

11.2.1　文件 354

11.2.2　主页 357

11.2.3　渲染 358

11.2.4　作者 360

11.2.5　样式 361

11.2.6　变换 362

11.2.7　几何图形 363

11.2.8　工作间 363

11.2.9　窗口 364

11.2.10　动画 364

11.3　导航视图 365

11.3.1　导入模型 365

11.3.2　导航视图 366

11.3.3　预选取和选中对象 368

11.3.4　Digger..368

11.3.5　实例——查看传动装配体 369

11.4　视图和标记 373

11.4.1　视图 373

11.4.2　标记及注释................................374

11.4.3　实例——标记凸轮阀 374

11.5　爆炸图和矢量图 381

11.5.1　移动 382

11.5.2　爆炸图 383

11.5.3　BOM 表格 383

11.5.4　矢量图 384

11.5.5　实例——脚轮爆炸图 385

11.6　动画制作 392

11.6.1　“时间轴”面板........................393

11.6.2　事件 394

11.6.3　动画输出....................................395

11.6.4　发布交互格式............................395

11.6.5　实例——滑动轴承的拆解与装配 397

11.7　实践与操作 406

扩展学习

扫码查看

SOLIDWORKS 扩展学习内容

第 1 章　模型显示..1

（视频讲解：30 分钟）

1.1　视图显示..2

1.1.1　显示方式..2

1.1.2　剖面视图..3

1.2　模型显示..4

1.2.1　设置零件的颜色..4

1.2.2　设置零件的照明度..7

1.2.3　贴图..8

1.2.4　布景..9

1.2.5　光源..11

1.2.6　相机..15

1.3　PhotoView 360 渲染..17

1.3.1　加载 PhotoView 360 插件..17

1.3.2　编辑渲染选项..17

1.3.3　整合预览..19

1.3.4　预览渲染..19

1.3.5　最终渲染..20

1.3.6　排定渲染..21

1.4　实践与操作..22

第 2 章　阀门凸轮机构运动仿真实例..23

（视频讲解：51 分钟）

2.1　阀门凸轮机构的零件设计..24

2.1.1　导筒..24

2.1.2　轴支架..25

2.1.3　摇杆轴..26

2.1.4　摇杆..27

2.1.5　凸轮轴..29

2.1.6　阀..30

2.2　阀门凸轮机构的装配..32

2.3　阀门凸轮机构的运动仿真..37

2.3.1　调入模型设置参数..37

2.3.2　仿真求解..39

2.3.3　优化设计..41

2.4　实践与操作..42

SOLIDWORKS 2022 概述

本章首先通过对界面和工具栏的介绍，使读者对 SOLIDWORKS 有初步的认识；然后重点介绍 SOLIDWORKS 相关属性的设置，帮助读者根据自己的习惯做好软件的配置；最后分析 SOLIDWORKS 的设计思想，并介绍一些常用术语，为读者更加快捷、流畅地应用该软件打下坚实的基础。

- ☑ SOLIDWORKS 2022 操作界面
- ☑ 文件管理
- ☑ 系统属性设置
- ☑ SOLIDWORKS 工作环境设置
- ☑ SOLIDWORKS 的设计思想
- ☑ 参考几何体
- ☑ SOLIDWORKS 术语

任务驱动&项目案例

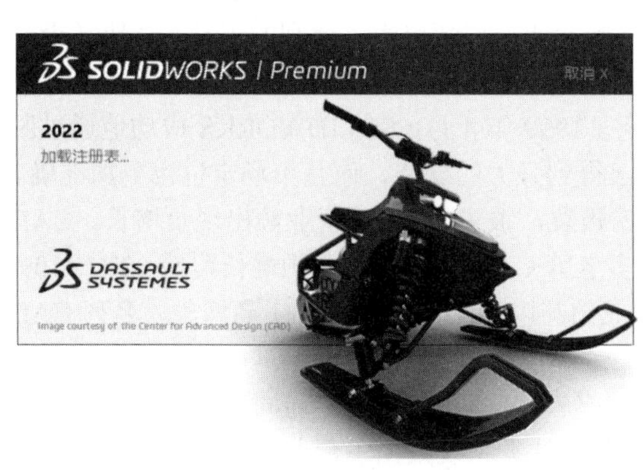

（1）

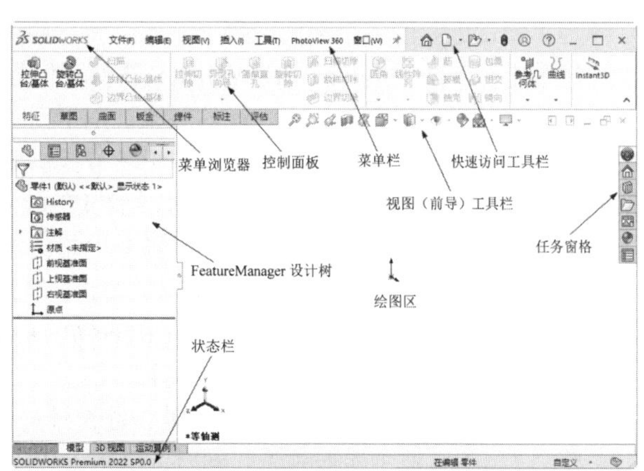

（2）

1.1 初识 SOLIDWORKS 2022

Note

视频讲解

SOLIDWORKS 公司创立于 1993 年，其宗旨是让更多的工程师、设计师和其他技术专业人员利用 3D 工具设计出生动优秀的产品。在产品开发、运作不到 10 年的时间里，SOLIDWORKS 已在全球总计发行了 25 万多套软件。SOLIDWORKS 现在全球都有分公司，通过 300 家经销商网络将产品销售到 140 多个国家或地区。

SOLIDWORKS 是一家专注于三维 CAD 技术的专业化软件公司，把三维 CAD 作为公司唯一的开发方向，将三维 CAD 软件雕琢得尽善尽美是它们始终不渝的目标。SOLIDWORKS 自创立之日起，就非常明确地提出自己的宗旨："三维机械 CAD 软件，工程师人手一套"。基于这样的思路，SOLIDWORKS 很快便以其性能优越、易学易用、价格适中等特点而在微型计算机三维 CAD 市场中称雄。作为 Windows 原创软件的典型代表，SOLIDWORKS 软件是在总结和继承了大型机械 CAD 软件的基础上，在 Windows 环境下实现的第一个机械 CAD 软件。SOLIDWORKS 软件是面向产品级的机械设计工具，它采用非全约束的特征建模技术，为设计师提供了极强的设计灵活性。其设计过程的全相关性，使设计师可以在设计过程中的任何阶段修改设计，同时牵动相关部分的改变。SOLIDWORKS 完整的机械设计软件包提供了设计师必备的设计工具：零件设计、装配设计和工程制图。

机械工程师使用三维 CAD 技术进行产品设计是一种手段，而不是产品的终结。三维实体能够直接用于工程分析和数控加工，并直接进入电子仓库存档，这才是三维 CAD 的目的。SOLIDWORKS 在分析、制造和产品数据管理领域采用全面开放、战略联合的策略，并配有黄金合作伙伴的优选机制，能够将各个专业领域中的优秀应用软件直接集成到其统一界面下。由于 SOLIDWORKS 是基于 Windows 原创的三维设计软件，它充分利用了 Windows 的底层技术，因此集成其他 Windows 原创软件一蹴而就。在不脱离 SOLIDWORKS 工作环境的情况下，可以直接启动各个专业的应用程序，从而实现三维设计、工程分析、数控加工、产品数据管理的全相关性。SOLIDWORKS 不仅是设计部门的设计工具，也是企业各个部门产品信息交流的核心。三维数据将从设计工程部门延伸到市场营销、生产制造、供货商、客户以及产品维修等各个部门，在整个产品的生命周期中，所有的工作人员都将从三维数据中获益。因此，SOLIDWORKS 公司的宗旨也由"三维机械 CAD 软件，工程师人手一套"延伸为"制造行业的各个部门，每一个人、每一瞬间、每一地点，三维机械 CAD 软件人手一套"。

经过十多年的发展，SOLIDWORKS 软件不仅为机械设计工程师提供了便利的工具，加快了设计开发的速度，而且随着互联网时代的到来、电子商务的兴起，SOLIDWORKS 开始为制造业的各方提供三维的电子商务平台，为制造业的各个环节提供服务。1999 年 4 月，SOLIDWORKS 成功地通过股票交换成为达索系统集团的独立子公司，不仅在财力上得到强大的支持，而且市场定位也更加准确。

2000 年是 IT 产业不平凡的一年，随着网络泡沫的破裂，很多 IT 厂商营业额出现负增长。CAD 作为 IT 行业的传统产业，虽然没有出现负增长，但许多老牌 CAD 公司的营业额增长缓慢（2%～10%不等）。在如此不景气的大环境下，SOLIDWORKS 营业额却以 40%的速度实现了高增长，名列 CAD 行业之首，再一次引起 CAD 业界的瞩目。

据美国 NASDAQ 股票市场 2007 年 2 月 5 日发布的报告，SOLIDWORKS 连同达索系统集团的市值在整个 CAD 行业中遥遥领先。同时，SOLIDWORKS 在达索系统集团主营业务中所占的比重也越来越大。根据 2007 年年底公布的数据，SOLIDWORKS 的净营业额已经达到 3.6 亿美元，全球的装机套数已经超过 75 万套，名列微型计算机三维 CAD 软件之首。据美国访问量最大的招聘网站 Monster.com 的统计，每 500 家招聘机械工程师的公司中，要求应聘人员具备 SOLIDWORKS 软件技

能的公司就占 464 家，可见 SOLIDWORKS 已经成为机械设计行业主流的三维 CAD 软件。SOLIDWORKS 公司、SOLIDWORKS 代理商、SOLIDWORKS 大学、SOLIDWORKS 合作伙伴以及 SOLIDWORKS 广大的用户群体组成了庞大的 SOLIDWORKS 社区，共同推动着 SOLIDWORKS 的发展。如今，SOLIDWORKS 的用户遍布各行各业，从航空航天到通用机械，从电子消费品到医疗器械等。

美国 Daratech 咨询公司曾这样评论该软件："SOLIDWORKS 是三维 CAD 软件快速增长的领导者，是三维 CAD 软件的第一品牌"。这也从另一个侧面反映出，SOLIDWORKS 已成为人手一套的三维解决方案、三维协同工作、三维电子商务解决方案的领导者。

Note

1.2　SOLIDWORKS 2022 界面介绍

如果说 SOLIDWORKS 最初的产品确立了其在 Windows 平台上三维设计的主流方向，那么今天的 SOLIDWORKS 2022 则向人们展示了 Windows 原创软件是如何成为大规模产品设计和复杂形状产品应用的高性能工具的。

由于 SOLIDWORKS 软件是在 Windows 环境下重新开发的，因此能够充分利用 Windows 的优秀界面资源，为设计师提供友好、简便的工作界面。SOLIDWORKS 首创的"特征管理员"功能，能够将设计过程的每一步记录下来，并形成特征管理树，放在屏幕的左侧。设计师可以随时选取任意一个特征进行修改，还可以随意调整特征树的顺序，以改变零件的形状。由于 SOLIDWORKS 全面采用 Windows 的技术，因此在零件设计时可以对零件的特征进行剪切、复制和粘贴等操作。SOLIDWORKS 软件中的每一个零件都带有一个拖动手柄，用户能够实时、动态地改变零件的形状和大小。

1.2.1　界面简介

视频讲解

SOLIDWORKS 2022 采用了崭新的用户界面，其最大的特点便是让初学者和有经验的老用户都能够有效地使用。这个全新的用户界面实现了功能的连贯，减少了创建零件、装配体和工程图所需要的操作，充分体现了 SOLIDWORKS 公司以人为本的设计理念。此外，新的用户界面还最大程度地利用了屏幕区，减少了许多遮挡的对话框。下面对 SOLIDWORKS 2022 的界面进行简单介绍。

当用户初次启动 SOLIDWORKS 2022 时，首先映入眼帘的是一个启动画面，如图 1-1 所示。

图 1-1　SOLIDWORKS 2022 启动画面

通过 SOLIDWORKS 2022 可以建立 3 种不同类型的文件——零件图、工程图和装配体文件。针对这 3 种文件在创建中的不同，SOLIDWORKS 2022 提供了对应的界面。这样做的目的，只是为了方

使用户的编辑。下面介绍零件图编辑状态下的界面，如图 1-2 所示。

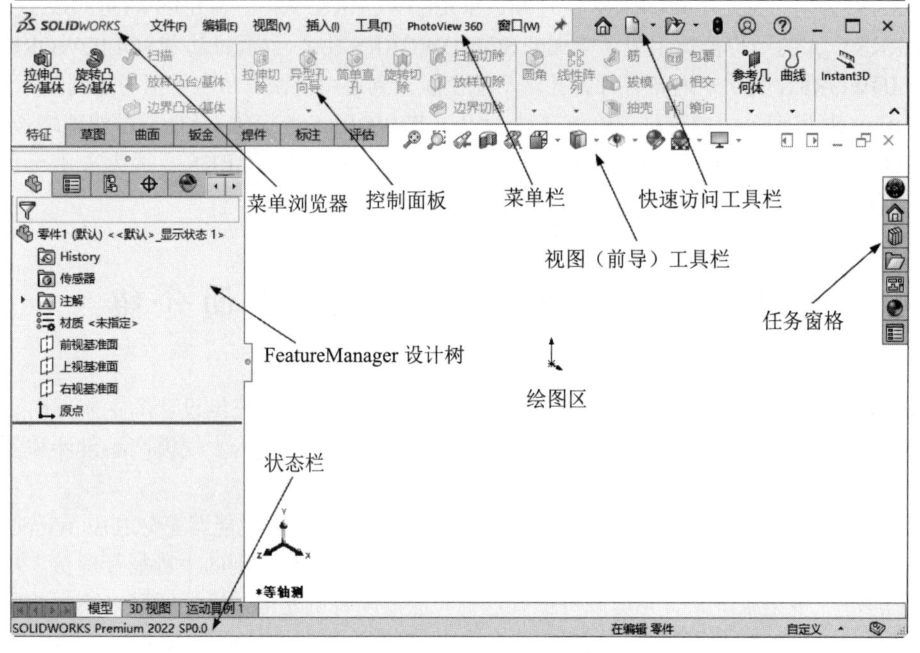

图 1-2　SOLIDWORKS 2022 界面

（1）菜单栏：其中包含 SOLIDWORKS 的所有操作命令。

（2）快速访问工具栏：与其他标准的 Windows 程序一样，快速访问工具栏中的工具按钮用来对文件执行最基本的操作，如新建、打开、保存、打印等。其中（重建模型工具）是 SOLIDWORKS 2022 特有的，单击该按钮可以根据所进行的更改重建模型。

注意：由于 SOLIDWORKS 2022 的功能十分强大、丰富，因此对应的工具栏也就有很多。由于篇幅限制，本节只介绍其中部分常用工具栏，其他专业工具栏在以后的章节中逐步介绍。

（3）FeatureManager 设计树：SOLIDWORKS 中最主要的技术之一就是其 FeatureManager（特征管理员），此项技术已经成为 Windows 平台三维 CAD 软件的标准技术。此项技术一经推出，便震撼了整个 CAD 界，SOLIDWORKS 也借此摆脱了配角的宿命，一跃成为企业主流设计工具。设计树就是此项技术最直接的体现，对于不同的操作类型（零件设计、工程图、装配图）其内容是不同的，但基本上都真实地记录了用户所做的每一步操作（如添加一个特征、加入一个视图或插入一个零件等）。通过对设计树的管理，可以方便地对三维模型进行修改和设计。

（4）绘图区：是进行零件设计、工程图制作、装配的主要操作窗口。本书后面提到的草图绘制、零件装配、工程图的绘制等操作，均是在这个区域中完成的。

（5）状态栏：用于显示当前的操作状态。

1.2.2　工具栏的设置

工具栏中的按钮是常用菜单命令的快捷方式。通过使用工具栏，可以大大提高 SOLIDWORKS 的设计效率。如何在利用工具栏便捷操作的同时，又不让操作界面过于复杂呢？SOLIDWORKS 2022 的设计者早已为用户想到了这个问题，并提供了专门的解决方案——用户可以根据个人的习惯自定义工具栏，同时还可以定义单个工具栏中的按钮。

1. 自定义工具栏

用户可以根据文件类型（零件、装配体或工程图文件）来设置工具栏的放置位置和显示状态。此外，用户还可设置哪些工具栏在没有文件打开时可显示。例如：在零件文件打开状态下，可选择只显示标准工具栏和特征工具栏，则无论何时生成或打开零件文件，将只显示这些工具栏；对于装配体文件，可选择只显示装配体工具栏和选择过滤器工具栏，则无论何时生成或打开装配体文件，将只显示这些工具栏。

自定义工具栏的操作步骤如下。

（1）打开零件、工程图或装配体文件。

（2）选择“工具”→“自定义”命令或在工具栏区域右击，在弹出的快捷菜单中选择“自定义”命令，打开“自定义”对话框，如图 1-3 所示。在“工具栏”选项卡中选中想要显示的工具栏前的复选框，以显示该工具栏，同时也可以取消选中想要隐藏的工具栏前的复选框，以达到隐藏工具栏的目的。

图 1-3 “自定义”对话框

在“图标大小”选项区域中，若选中“大图标”单选按钮，那么系统将以大尺寸显示工具栏按钮；在“工具提示”选项区域中，若选中“显示工具提示”复选框，那么当鼠标光标指向工具按钮时，就会出现对此工具的说明。

如果显示的工具栏位置不理想，可以将光标指向工具栏上按钮之间的空白区域，然后拖动工具栏到想要的位置。如果将工具栏拖动到 SOLIDWORKS 窗口的边缘，工具栏就会自动定位在该边缘。

2. 自定义工具栏中的按钮

通过 SOLIDWORKS 2022 提供的自定义命令，还可以对工具栏中的按钮进行重新安排，如将按

钮从一个工具栏移到另一个工具栏中、将不用的按钮从工具栏中删除等。

下面就来自定义工具栏中的按钮，操作步骤如下。

Note

（1）选择“工具”→“自定义”命令或在工具栏区域右击，在弹出的快捷菜单中选择“自定义”命令，打开“自定义”对话框。

（2）选择“命令”选项卡，其界面如图1-4所示。

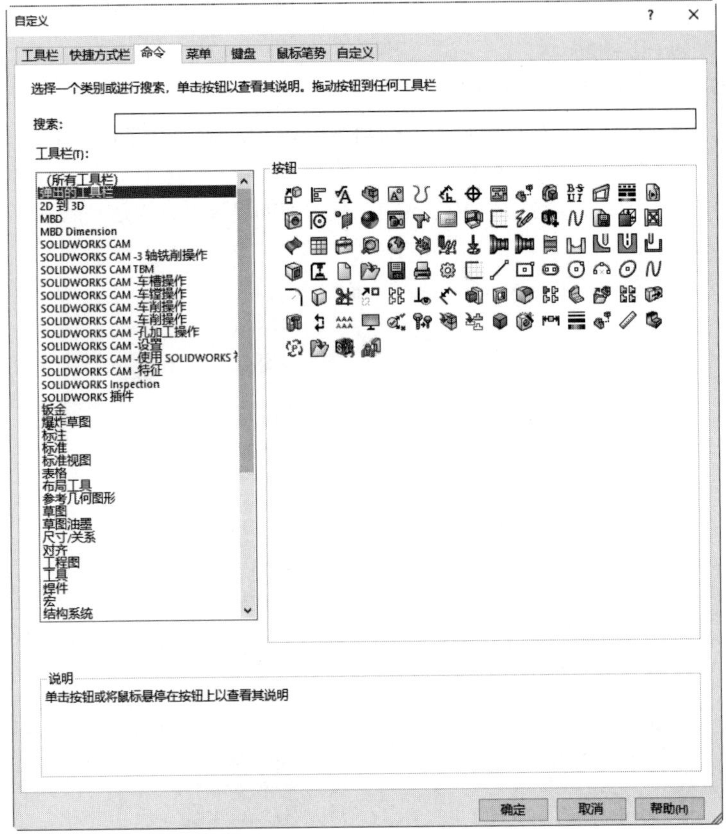

图1-4 “命令”选项卡

（3）在“工具栏”列表框中选择要改变的工具栏。

（4）在“按钮”列表框中选择要改变的按钮，即可在“说明”文本框内看到对该按钮的功能说明。

（5）在对话框内单击要使用的按钮图标，通过拖动将其放置到工具栏的新位置处，即可实现重新安排工具栏中的按钮。

（6）在工具栏中单击要使用的按钮图标，按住鼠标左键将其拖动放置到不同的工具栏上，然后释放鼠标，即可实现将按钮从一个工具栏移到另一个工具栏中。

（7）若要删除工具栏中的按钮，只需将要删除的按钮从工具栏中拖出，放回图形区域中即可。

（8）更改结束后，单击“确定”按钮，关闭对话框。

视频讲解

1.3 系统属性设置

用户可以根据使用习惯或国家标准对SOLIDWORKS进行必要的设置。例如，在“系统选项”对话框的“文档属性”选项卡中将尺寸的标准设置为GB后，在随后的设计工作中就会全部按照中华人

民共和国标准来标注尺寸。

要设置系统的属性，可选择“工具”→“选项”命令，打开“系统选项”对话框。该对话框由“系统选项”和“文档属性”两个选项卡组成，强调了系统选项和文档属性之间的不同。

（1）“系统选项”选项卡：在该选项卡中设置的内容都将保存在注册表中，它不是文件的一部分。因此，这些更改会影响当前和将来的所有文件。

（2）“文档属性”选项卡：在该选项卡中设置的内容仅应用于当前文件。

Note

每个选项卡中都包括多个项目，它们以目录树的形式显示在对话框的左侧。单击其中一个项目时，该项目的相关选项就会出现在对话框的右侧。

1.3.1　系统选项设置

选择“工具”→“选项”命令，在弹出的“系统选项-普通”对话框中选择“系统选项”选项卡，其界面如图 1-5 所示。

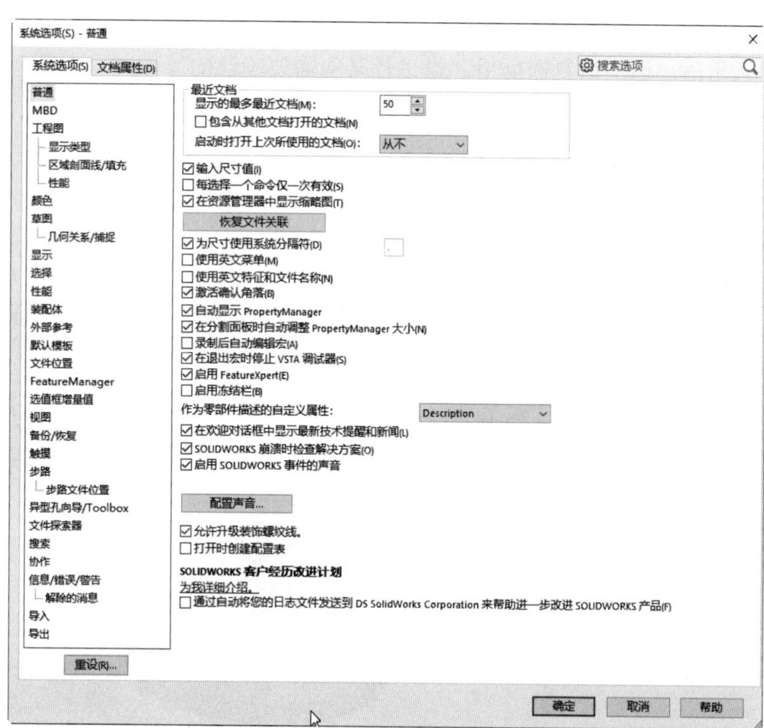

图 1-5　“系统选项”选项卡

“系统选项”选项卡中有很多项目，它们以目录树的形式显示在对话框的左侧，其对应的选项显示在对话框的右侧。下面介绍几个常用项目的设定。

1. “普通”项目的设定

（1）启动时打开上次所使用的文档：如果希望在启动 SOLIDWORKS 时自动打开最近使用的文件，在该下拉列表框中选择“始终”；否则选择“从不”。

（2）输入尺寸值：选中该复选框，当对一个新的尺寸进行标注后，会自动显示尺寸值修改框；否则，必须双击标注尺寸才会显示修改框。因此建议选中该复选框。

（3）每选择一个命令仅一次有效：选中该复选框后，当每次使用草图绘制工具或者尺寸标注工具进行操作之后，系统会自动取消其选中状态，从而避免该命令的连续执行。双击某工具可使其保持

为选中状态以继续使用。

（4）在资源管理器中显示缩略图：在建立装配体文件时，经常会遇到“只知其名，不知何物”的尴尬情况。如果选中该复选框，则在 Windows 资源管理器中会显示每个 SOLIDWORKS 零件或装配体文件的缩略图，而不是图标。该缩略图将以文件保存时的模型视图为基础，并使用 16 色的调色板（如果其中没有模型要使用的颜色，则系统自动用相似的颜色代替）。此外，该缩略图也可以在“打开”对话框中使用。

Note

（5）为尺寸使用系统分隔符：选中该复选框后，系统将用默认的系统小数点分隔符来显示小数数值。如果要使用不同于系统默认的小数分隔符，则应取消选中该复选框，此时其右侧的文本框便被激活，可以在其中输入作为小数分隔符的符号。

（6）使用英文菜单：作为全球装机量最大的微型计算机三维 CAD 软件之一，SOLIDWORKS 支持多种语言（如中文、俄文、西班牙文等）。如果在安装 SOLIDWORKS 时已指定使用其他语言，通过选中此复选框可以改为英文版本。

注意： *必须退出并重新启动 SOLIDWORKS 后，此更改才会生效。*

（7）激活确认角落：选中该复选框后，当进行某些需要确认的操作时，在图形窗口的右上角将会显示确认角落，如图 1-6 所示。

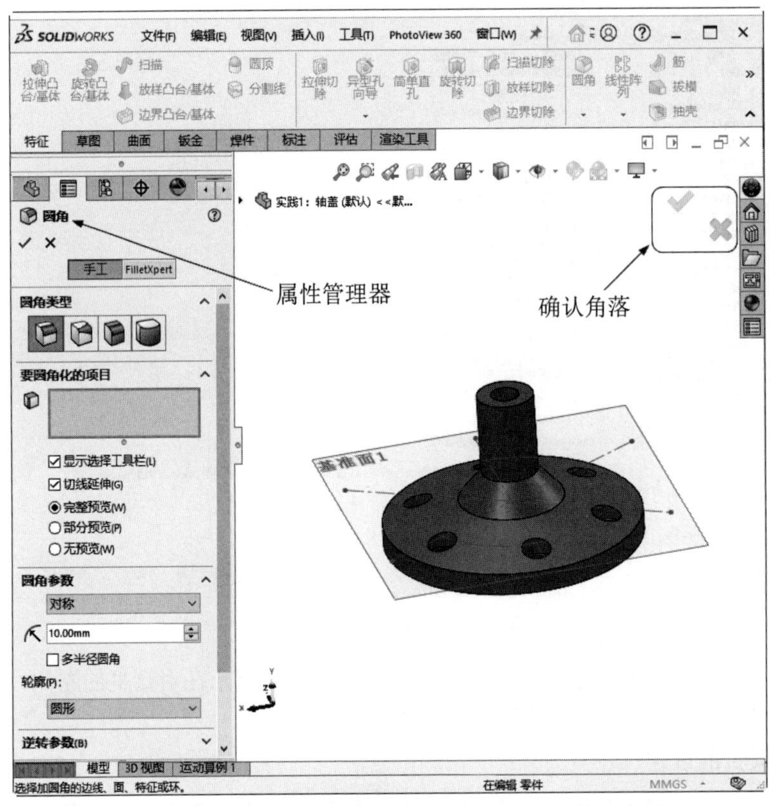

图 1-6　确认角落

（8）自动显示 PropertyManager：选中该复选框后，在对特征进行编辑时，系统将自动显示该特征的属性管理器。例如，如果选择了一个草图特征进行编辑，则所选草图特征的属性管理器将自动出现。

2.“工程图”项目的设定

SOLIDWORKS 是一个基于造型的三维机械设计软件，其设计思路是“实体造型→虚拟装配→二

维图纸”。

SOLIDWORKS 2022 推出了更加简便的二维转换工具，可以在保留原有数据的基础上，让用户方便地将二维图纸转换到 SOLIDWORKS 的环境中，从而完成详细的工程图。此外，利用其独有的快速制图功能，可迅速生成与三维零件和装配体暂时脱开的二维工程图，同时依然保持与三维零件和装配体的全相关性。这样的功能使得从三维到二维的转换瓶颈问题得以彻底解决。

下面介绍“工程图”项目中的常用选项，如图 1-7 所示。

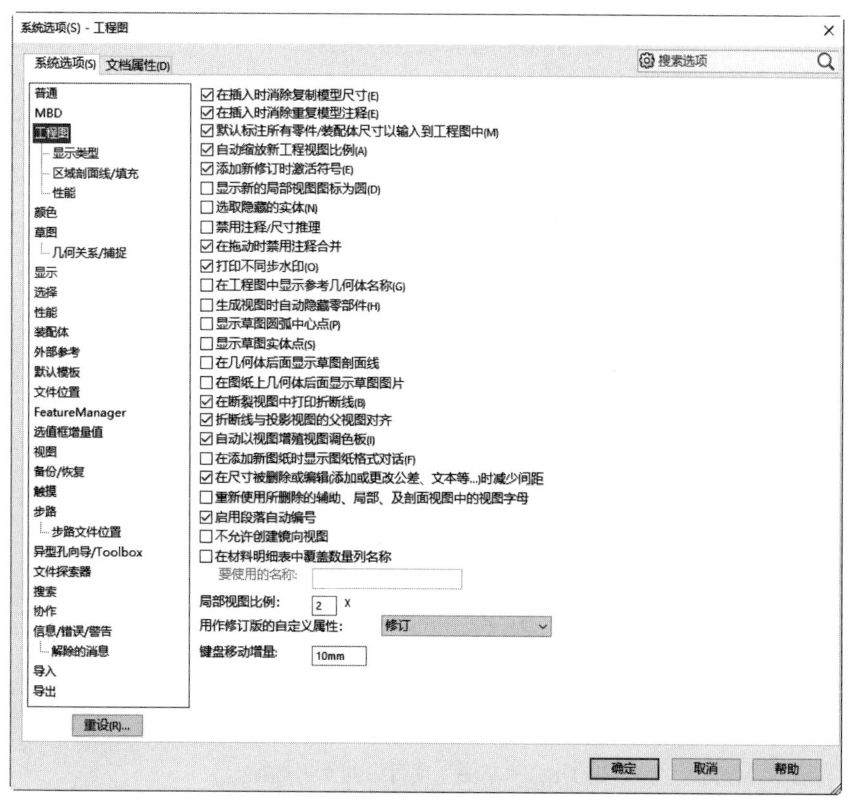

图 1-7　“工程图”项目中的常用选项

（1）自动缩放新工程视图比例：选中该复选框后，当把零件或装配体的标准三视图插入工程图中时，SOLIDWORKS 系统将会自动调整三视图的比例以配合工程图纸的大小，而无关已选的图纸大小。

（2）显示新的局部视图图标为圆：选中该复选框后，新的局部视图轮廓显示为圆；取消选中此复选框时，显示为草图轮廓。这样做可以提高系统的显示性能。

（3）选取隐藏的实体：选中该复选框后，用户可以选择隐藏实体的切边和边线。当光标经过隐藏的边线时，边线将以双点画线显示。

（4）在工程图中显示参考几何体名称：选中该复选框后，当将参考几何实体输入工程图中时，它们的名称将在工程图中显示出来。

（5）生成视图时自动隐藏零部件：选中该复选框后，当生成新的视图时，装配体的任何隐藏零部件将自动列举在“工程视图属性”对话框的“隐藏/显示零部件”选项卡中。

（6）显示草图圆弧中心点：选中该复选框后，将在工程图中显示模型中草图圆弧的中心点。

（7）显示草图实体点：选中该复选框后，草图中的实体点将在工程图中一同显示。

（8）局部视图比例：局部视图比例是指局部视图相对于原工程图的比例，可在其右侧的文本框中指定该比例。

Note

3. “草图”项目的设定

在 SOLIDWORKS 中所有的零件都是建立在草图基础上的，大部分特征也都是由二维草图的绘制开始建立的。增强草图的功能有利于提高对零件的编辑能力，所以能够熟练地使用草图绘制工具绘制草图至关重要。

下面介绍“草图”项目中的常用选项，如图 1-8 所示。

图 1-8　“草图”项目中的常用选项

（1）使用完全定义草图：所谓完全定义草图，是指草图中所有的直线和曲线及其位置均由尺寸、几何关系或二者的组合说明。选中该复选框后，草图在被用来生成特征之前必须是完全定义的。

（2）在零件/装配体草图中显示圆弧中心点：选中该复选框后，草图中所有圆弧的圆心点都将显示在草图中。

（3）在零件/装配体草图中显示实体点：选中该复选框后，草图中实体的端点将以实心圆点的形式显示。

注意： 实心圆点的颜色反映了草图中该实体的状态。

☑ 黑色表示该实体是完全定义的。

☑ 蓝色表示该实体是欠定义的，即草图中实体的一些尺寸或几何关系未定义，可以随意改变。

☑ 红色表示该实体是过定义的，即草图中的实体中有些尺寸、几何关系或二者处于冲突中或是多余的。

（4）提示关闭草图：选中该复选框，当利用具有开环轮廓的草图生成凸台时，如果此草图可以用模型的边线来封闭，那么系统就会显示“封闭草图到模型边线?”对话框。单击“是”按钮，即可使用模型的边线来封闭草图轮廓，同时还可以选择封闭草图的方向。

（5）打开新零件时直接打开草图：选中该复选框后，新建零件时可以直接使用草图绘制区域和

Note

草图绘制工具。

（6）尺寸随拖动/移动修改：选中该复选框后，可以通过拖动草图中的实体或在“移动/复制 属性管理器”选项卡中移动实体来修改尺寸值。拖动完成后，尺寸会自动更新。

> 注意：生成几何关系时，要求其中至少有一个项目是草图实体。其他项目可以是草图实体或边线、面、顶点、原点、基准面、轴或其他草图的曲线投影到草图基准面上形成的直线或圆弧。

（7）上色时显示基准面：选中该复选框后，如果在上色模式下编辑草图，会显示网格线，基准面看起来也上了色。

（8）过定义尺寸：该选项组中有两个选项，分别介绍如下。

☑ 提示设定从动状态：所谓从动尺寸，是指该尺寸是由其他尺寸或条件所驱动的，不能被修改。选中此复选框后，当添加一个过定义尺寸到草图时，会出现如图 1-9 所示的对话框，询问是否将该尺寸设置为从动。

☑ 默认为从动：选中该复选框后，当添加一个过定义尺寸到草图时，该尺寸会被默认为从动。

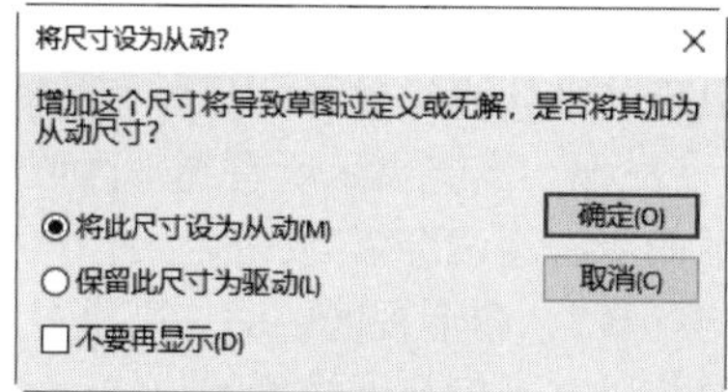

图 1-9　“将尺寸设为从动?”对话框

4.“显示”项目的设定

任何一个零件的轮廓都是一个复杂的闭合边线回路，在 SOLIDWORKS 的操作中离不开对边线的操作。“显示”项目就是为边线显示和边线选择设定系统的默认值。

下面介绍“显示”项目中的常用选项，如图 1-10 所示。

图 1-10　“显示”项目中的常用选项

（1）隐藏边线显示为：该组单选按钮只有在隐藏线变暗模式下才有效。选中“实线”单选按钮，则将零件或装配体中的隐藏线以实线显示。所谓“虚线”模式，是指以浅灰色虚线显示视图中不可见的边线，而可见的边线仍正常显示。

Note

（2）零件/装配体上的相切边线显示：该组单选按钮用来控制在消除隐藏线和隐藏线变暗模式下，模型切边的显示状态。

（3）在带边线上色模式下的边线显示：该组单选按钮用来控制在上色模式下，模型边线的显示状态。

（4）关联编辑中的装配体透明度：该下拉列表框用来设置在关联中编辑装配体的透明度，可以选择"保持装配体透明度"或"强制装配体透明度"，其右边的滑块用来设置透明度的值。所谓"关联"是指在装配体中，在零部件中生成一个参考其他零部件几何特征的关联特征，即此关联特征对其他零部件进行了外部参考。如果改变了参考零部件的几何特征，则相关的关联特征也会相应改变。

（5）采用上色面高亮显示：选中该复选框后，当使用选择工具选择面时，系统会将该面用单色显示（默认为绿色）；否则，系统会将面的边线用蓝色虚线高亮显示。

（6）高亮显示所有图形区域中选中特征的边线：选中该复选框后，当单击模型特征时，所选特征的所有边线会以高亮显示。

（7）图形视区中动态高亮显示：选中该复选框后，当移动光标经过草图、模型或工程图时，系统将以高亮度显示模型的边线、面及顶点。

（8）以不同的颜色显示曲面的开环边线：选中该复选框后，系统将以不同的颜色显示曲面的开环边线，这样可以更容易地区分曲面开环边线和任何相切边线或侧影轮廓边线。

（9）显示上色基准面：选中该复选框后，系统将显示上色基准面。

（10）显示参考三重轴：选中该复选框后，将在图形区域中显示参考三重轴。

1.3.2 文档属性设置

"文档属性"选项卡仅在文件打开时可用，在其中设置的内容仅应用于当前文件。对于新建文件，如果没有特别指定该文档属性，那么 SOLIDWORKS 系统将采用建立该文件时所用模板的默认设置（如网格线、边线显示、单位等）。

选择"工具"→"选项"命令，在弹出的"系统选项-普通"对话框中选择"文档属性"选项卡，显示"文档属性（D）-绘图标准"对话框，如图 1-11 所示。

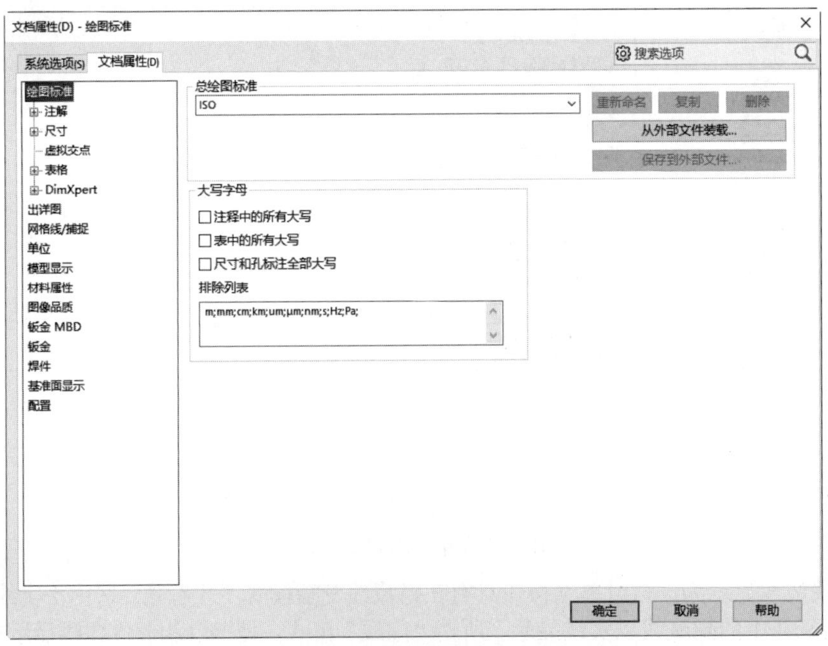

图 1-11 "文档属性"选项卡

其中的项目以目录树的形式显示在对话框的左侧。单击其中一个项目时，该项目的相关选项就会出现在对话框右侧。下面介绍两个常用项目的设定。

1. “尺寸”项目的设定

Note

单击“尺寸”项目后，该项目的相关选项就会出现在对话框的右侧，如图 1-12 所示。

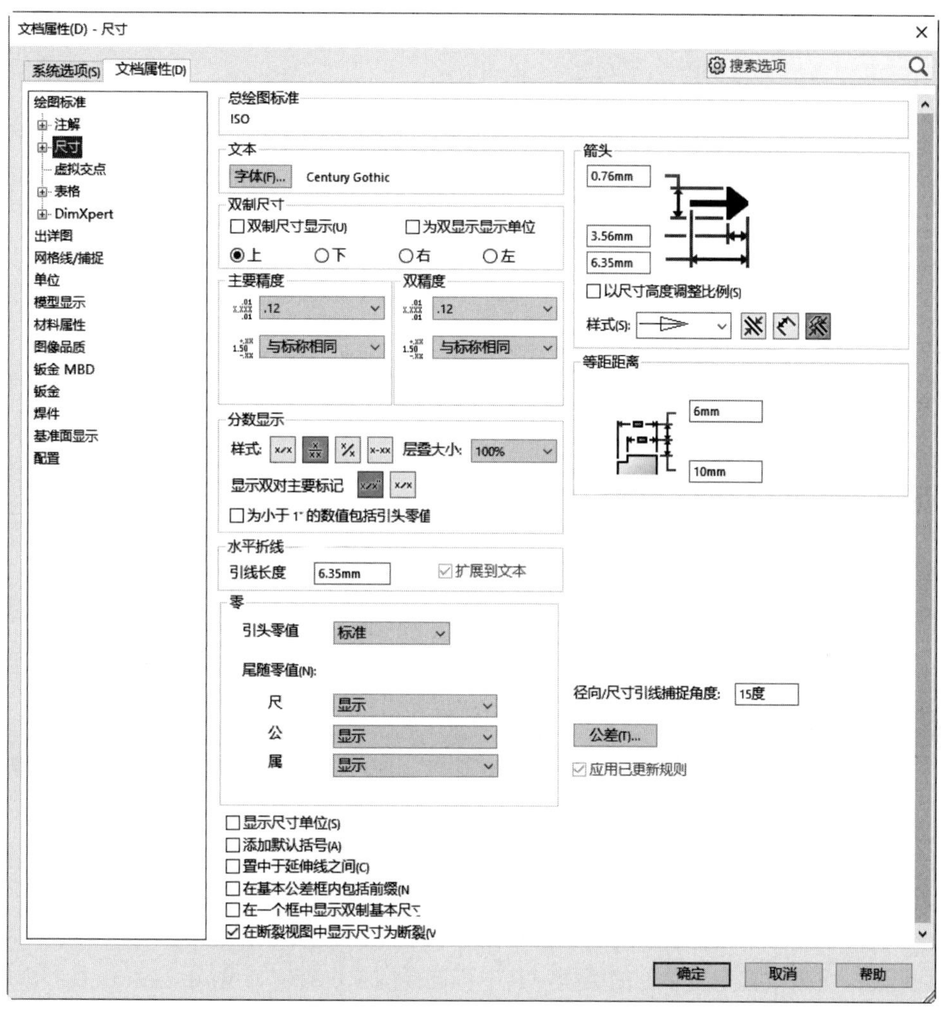

图 1-12 “尺寸”项目的设定

（1）主要精度：该选项组用于设置主要尺寸、角度尺寸以及替换单位的尺寸精度和公差值。

（2）水平折线：在工程图中，如果尺寸界线彼此交叉，当需要穿越其他尺寸界线时，则可打断尺寸界线。

（3）添加默认括号：选中该复选框后，将添加默认括号并在括号中显示工程图的参考尺寸。

（4）置中于延伸线之间：选中该复选框后，标注的尺寸文字将被置于尺寸界线的中间位置。

（5）箭头：该选项组用来指定标注尺寸中箭头的显示状态。

（6）等距距离：该选项组用来设置标准尺寸间的距离。其中，“距离上一尺寸”是指与前一个标准尺寸间的距离；“距离模型”是指模型与基准尺寸第一个尺寸之间的距离；“基准尺寸”属于参考尺寸，用户不能更改其数值或者使用其数值来驱动模型。

Note

2. “单位”项目的设定

“单位”项目主要用来指定激活的零件、装配体或工程图文件所使用的线性单位类型和角度单位类型，如图 1-13 所示。

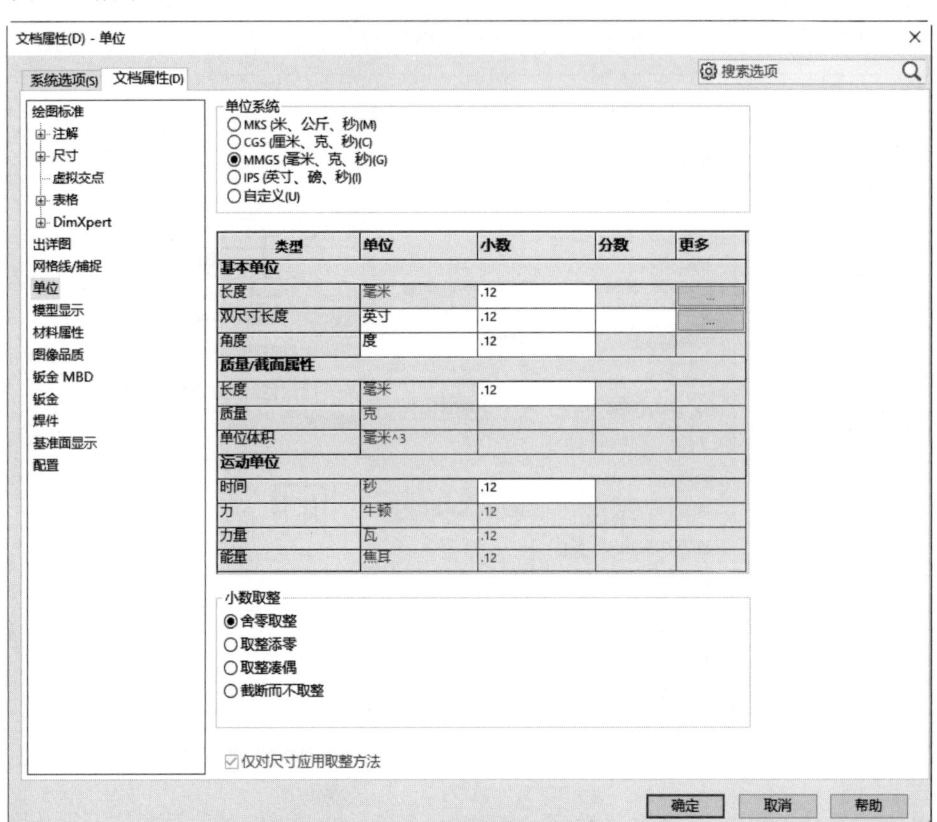

图 1-13 “单位”项目的设定

（1）单位系统：该选项组用来设置文件的单位系统。如果选中“自定义”单选按钮，则可激活其余的选项。

（2）双尺寸长度：用来指定系统的第 2 种长度单位。

（3）角度：用来设置角度单位的类型，其中可选择的单位有度、度/分、度/分/秒和弧度。只有在选择单位为度或弧度时，才可以选择“小数位数”。

视频讲解

1.4 SOLIDWORKS 的设计思想

SOLIDWORKS 2022 是一套机械设计自动化软件，采用大家所熟悉的 Microsoft Windows®图形用户界面。使用这套简单易学的工具，机械设计工程师能快速地按照其设计思想绘制出草图，然后运用特征与尺寸制作模型和详细的工程图。

利用 SOLIDWORKS 2022 不仅可以生成二维工程图，而且可以生成三维零件。同时，也可利用三维零件生成二维零件工程图及三维装配体，如图 1-14 所示。

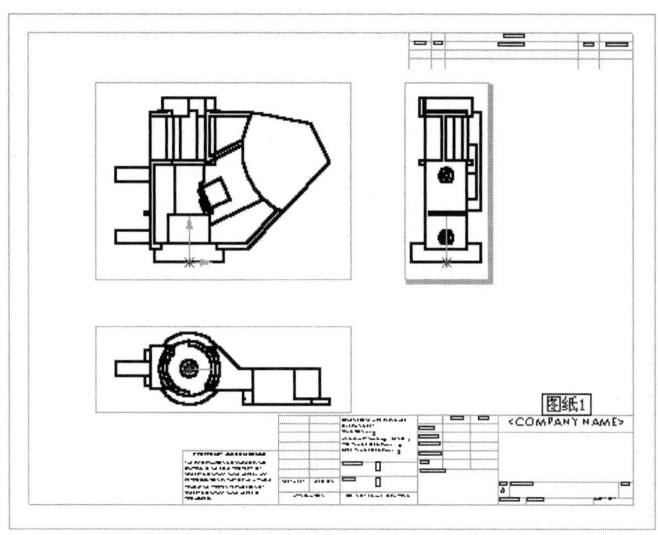

(a) 二维零件工程图

(b) 三维装配体

图 1-14 SOLIDWORKS 实例图

1.4.1 三维设计的 3 个基本概念

1. 实体造型

实体造型是指在计算机中用一些基本元素来构造机械零件的完整几何模型。传统的工程设计方法是设计人员在图纸上利用几个不同角度的投影图来表示一个三维产品的设计模型的，图纸上还有许多人为的规定、标准、符号和文字描述。对于一个较为复杂的部件，要用若干张图纸来描述。尽管如此，图纸上还是密布着各种线条、符号和标记等。工艺、生产和管理等部门的人员再去认真阅读这些图纸，理解设计意图，通过不同视图的描述想象出设计模型的每一个细节。这项工作非常艰苦。由于一个人的能力有限，设计人员不可能保证图纸的每个细节都正确，尽管经过设计主管的层层检查和审批，图纸上的错误总是在所难免。

对于过于复杂的零件，设计人员有时只能采用代用毛坯，边加工设计边修改，经过长时间的艰苦工作才能给出产品的最终设计图纸。所以，传统的设计方法严重影响着产品的设计制造周期，且难以保证质量。

利用实体造型软件进行产品设计时，设计人员可以在计算机上直接进行三维设计，在屏幕上能够见到产品的真实三维模型，实现了工程设计方法的重大突破。在产品设计中，产品零件的形状和结构越复杂，更改越频繁，采用三维实体软件进行设计的优越性就越突出。

当在计算机中建立零件模型后，工程师就可以在计算机上很方便地进行后续环节的设计工作，如部件的模拟装配、总体布置、管路铺设、干涉检查、运动模拟以及数控加工等。所以，它为在计算机集成制造和并行工程思想指导下，实现整个生产环节采用统一的产品信息模型奠定了基础。

大体上有以下 6 类完整的表示实体的方法。

☑ 单元分解法。

☑ 空间枚举法。

☑ 射线表示法。

☑ 半空间表示法。

☑ 构造实体几何（CSG）。

☑ 边界表示法（B-rep）。

Note

仅后两种方法能正确地表示机械零件的几何实体模型，但仍有不足之处。

2. 参数化

传统的 CAD 绘图技术都用固定的尺寸值定义几何元素，输入的每一条线都有确定的位置。要想修改图面内容，只有删除原有线条后重画。而新产品的开发设计需要经过多次反复修改，进行零件形状和尺寸的综合协调和优化。对于定型产品的设计，需要形成系列，以便针对用户的生产特点提供不同吨位、功率、规格的产品型号。参数化设计可使产品的设计图随着某些结构尺寸的修改和使用环境的变化而自动修改。

参数化设计一般是指设计对象的结构形状比较稳定，可以用一组参数来约束尺寸关系。参数的求解通常较为简单，参数与设计对象的控制尺寸有着显式的对应关系，设计结果的修改受到尺寸的驱动。生产中最常用的系列化标准件即属于这一类型。

3. 特征

特征是一个专业术语，它兼有形状和功能两种属性，包括特定几何形状、拓扑关系、典型功能、绘图表示方法、制造技术和公差要求。特征是产品设计与制造者最关注的对象，是产品局部信息的集合。特征模型利用高一层次的具有过程意义的实体（如孔、槽、内腔等）来描述零件。

基于特征的设计是把特征作为产品设计的基本单元，并将机械产品描述成特征的有机集合。

特征设计的优点较为突出，即在设计阶段就可以把很多后续环节要使用的有关信息放到数据库中。这样便于实现并行工程，使设计绘图、计算分析、工艺性审查到数控加工等后续环节工作都能顺利完成。

1.4.2 设计过程

在 SOLIDWORKS 系统中，零件、装配体和工程都属于对象。SOLIDWORKS 采用自顶向下的设计方法创建对象，其设计过程如图 1-15 所示。

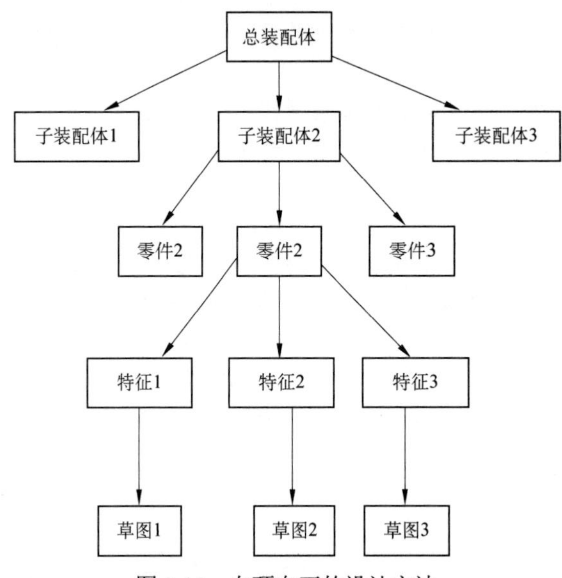

图 1-15 自顶向下的设计方法

图 1-15 中所表示的层次关系充分说明，在 SOLIDWORKS 系统中，零件设计是核心，特征设计是关键，草图设计是基础。

草图指的是二维轮廓或横截面。对草图进行拉伸、旋转、放样或沿某一路径扫描等操作后即可生成特征，如图 1-16 所示。

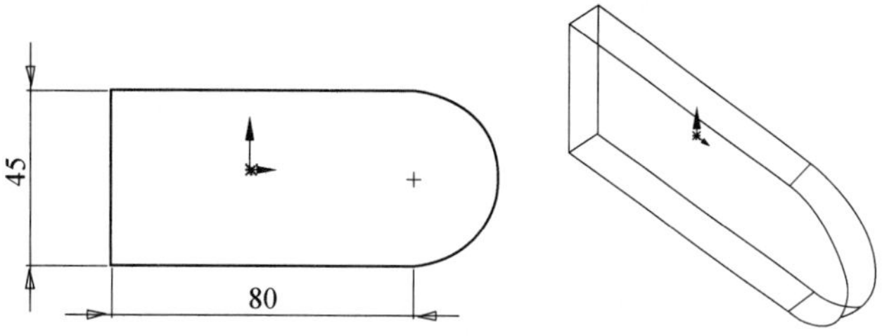

图 1-16　二维草图经拉伸生成特征

特征是指可以通过组合生成零件的各种形状（如凸台、切除、孔等）及操作（如圆角、倒角、抽壳等）。图 1-17 给出了几种特征。

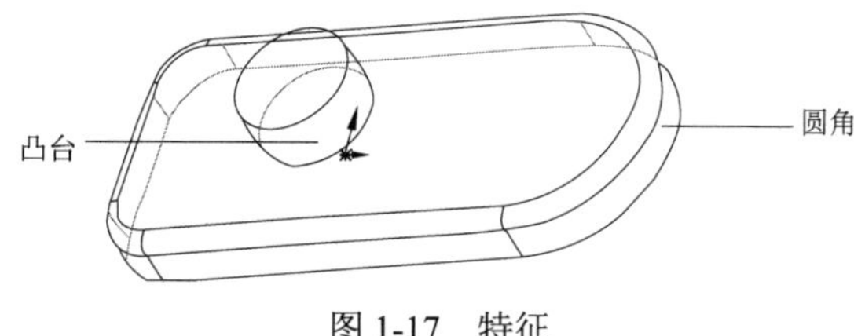

图 1-17　特征

1.4.3　设计方法

零件是 SOLIDWORKS 系统中最主要的对象。传统的 CAD 设计方法是由平面（二维）到立体（三维）进行设计的，如图 1-18 所示。工程师首先设计出图纸，再由工艺人员或加工人员根据图纸还原出实际零件。然而在 SOLIDWORKS 系统中却是工程师直接设计出三维实体零件，然后根据需要生成相关的工程图，如图 1-19 所示。

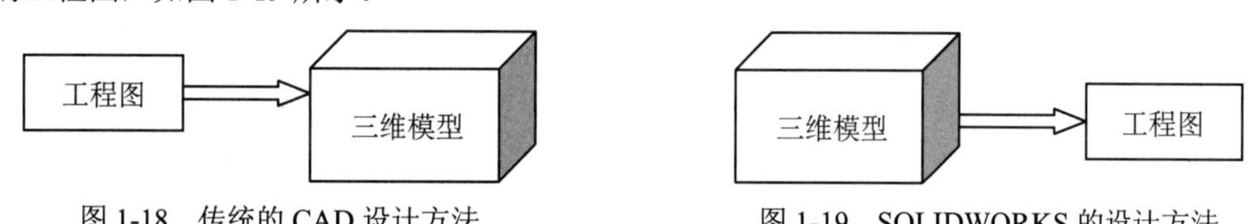

图 1-18　传统的 CAD 设计方法　　图 1-19　SOLIDWORKS 的设计方法

此外，在 SOLIDWORKS 系统中，零件的设计、构造过程类似于真实制造环境下的生产过程，如图 1-20 所示。

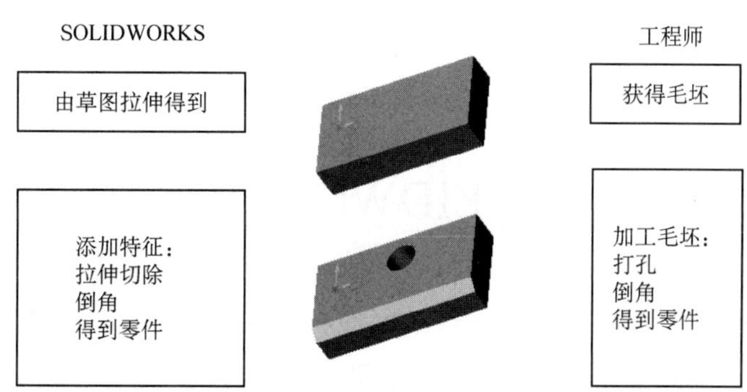

图 1-20　在 SOLIDWORKS 中生成零件

Note

装配件是若干零件的组合，是 SOLIDWORKS 系统中的对象，通常用来实现一定的设计功能。在 SOLIDWORKS 系统中，用户先设计好所需的零件，然后根据配合关系及约束条件将零件组装在一起，生成装配件。使用配合关系，可相对于其他零部件来精确地定位零部件，还可定义零部件如何相对于其他的零部件移动和旋转。通过继续添加配合关系，可以将零部件移动到所需的位置上。配合会在零部件之间建立几何关系，如共点、垂直、相切等。每种配合关系对于特定的几何实体组合有效。

图 1-21 显示了一个简单的装配体，它由顶盖和底座两个零件组成。

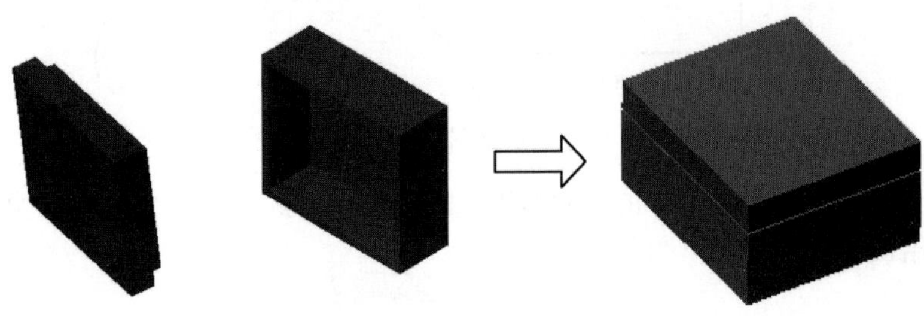

图 1-21　在 SOLIDWORKS 中生成装配体

该装配体的设计、装配过程如下。

（1）设计出两个零件。

（2）新建一个装配体文件。

（3）将两个零件分别拖入新建的装配体文件中。

（4）通过使顶盖底面和底座顶面重合，顶盖底一个侧面和底座对应的侧面重合，将顶盖和底座装配在一起，从而完成装配工作。

工程图就是常说的工程图纸，是 SOLIDWORKS 系统中的对象，用来记录和描述设计结果，是工程设计中的主要档案文件。

用户把设计好的零件和装配体按照图纸的表达需要，通过 SOLIDWORKS 系统中的命令，生成各种视图、剖面图、轴测图等，然后添加尺寸说明，得到最终的工程图。图 1-22 显示了一个零件的多个视图，它们都是由实体零件自动生成的，无须进行二维绘图设计，这也体现了三维设计的优越性。此外，对零件或装配体进行修改后，对应的工程图文件也会相应地改变。

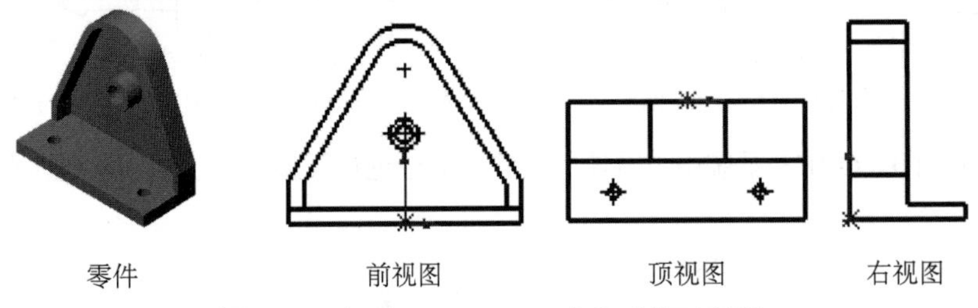

图 1-22　在 SOLIDWORKS 中生成的工程图

视频讲解

1.5　SOLIDWORKS 术语

在学习使用一个软件之前，必须对其中一些常用的术语有所了解，从而避免产生理解上的歧义。

1. 文件窗口

SOLIDWORKS 的文件窗口由两个窗格组成，如图 1-23 所示。

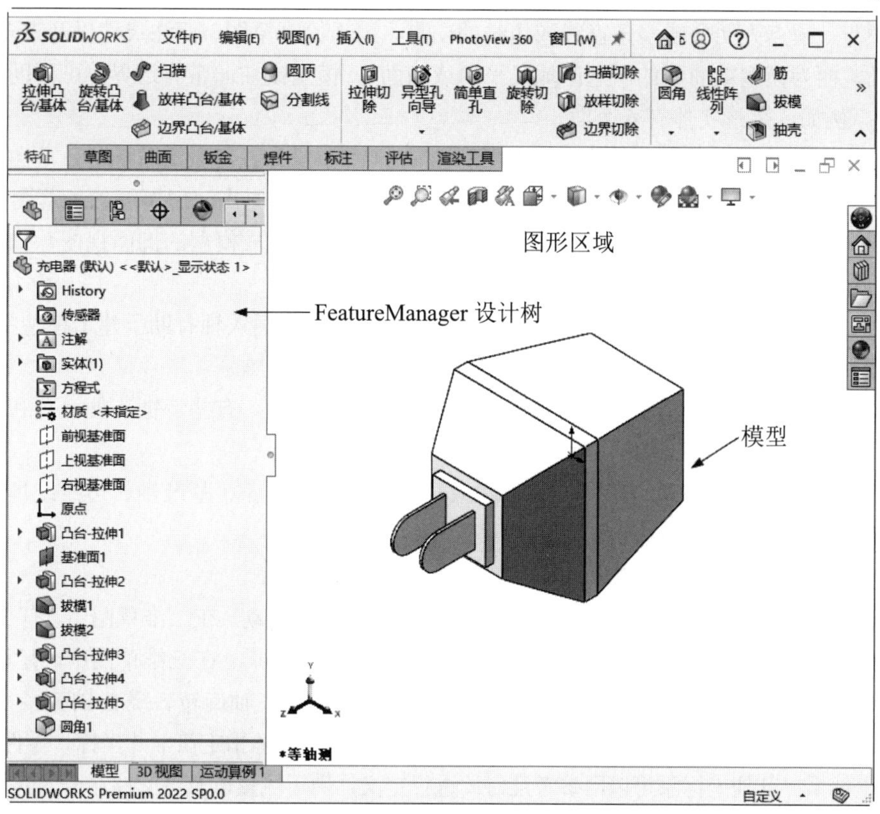

图 1-23　文件窗口

左侧窗格包含以下项目。

（1）FeatureManager 设计树：列出了零件、装配体或工程图的结构。

（2）PropertyManager：提供了绘制草图及与 SOLIDWORKS 2022 应用程序交互的另一种方法。

（3）ConfigurationManager：提供了在文件中生成、选择和查看零件及装配体的多种配置方法。

右侧窗格为图形区域，用于生成和操纵零件、装配体或工程图。

2. 控标

控标允许用户在不退出图形区域的情形下，动态地拖动和设置某些参数，如图 1-24 所示。

3. 常用模型术语（见图 1-25）

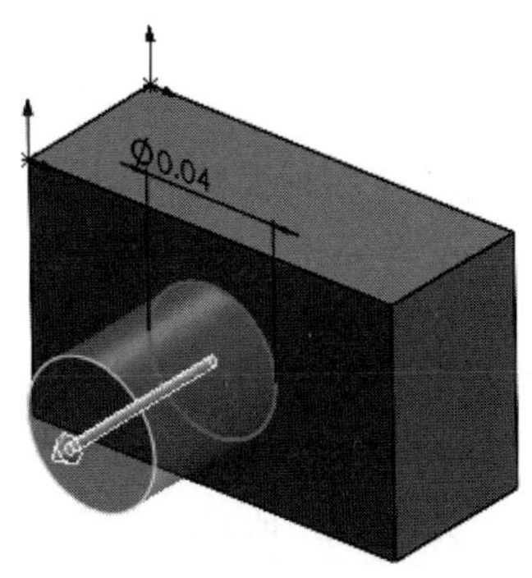

图 1-24　控标

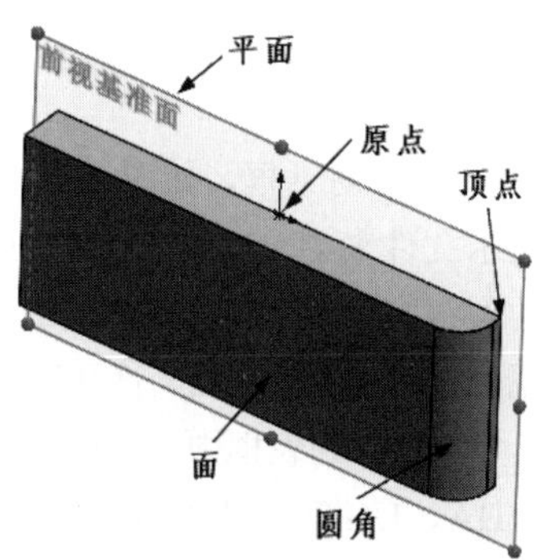

图 1-25　常用模型术语

（1）顶点。顶点为两条或多条直线或边线的交点，用于绘制草图、标注尺寸以及许多其他用途。

（2）面。面为模型或曲面的所选区域（平面或曲面），模型或曲面带有边界，可帮助定义模型或曲面的形状。例如，矩形实体有 6 个面。

（3）原点。模型原点显示为灰色，代表模型的（0, 0, 0）坐标。当激活草图时，草图原点显示为红色，代表草图的（0, 0, 0）坐标。尺寸和几何关系可以加入模型原点，但不能加入草图原点。

（4）平面。平面是指平的构造几何体，可用于绘制草图、生成模型的剖面视图，以及用作拔模特征中的中性面等。

（5）轴。轴为穿过圆锥面、圆柱体或圆周阵列中心的直线。插入轴有助于建造模型特征或阵列。

（6）圆角。圆角为草图内、曲面或实体上的角或边的内部圆形。

（7）特征。特征为单个形状，如与其他特征结合则构成零件。有些特征，如凸台和切除，由草图生成；有些特征，如抽壳和圆角，则为修改特征而成的几何体。

（8）几何关系。几何关系为草图实体之间或草图实体与基准面、基准轴、边线或顶点之间的几何约束，可以自动或手动添加这些项目。

（9）模型。模型为零件或装配体文件中的三维实体几何体。

（10）自由度。没有由尺寸或几何关系定义的几何体可自由移动。在二维草图中，有 3 种自由度，即沿 X 轴移动、沿 Y 轴移动以及绕 Z 轴旋转（垂直于草图平面的轴）；在三维草图中，有 6 种自由度，即沿 X 轴移动、沿 Y 轴移动、沿 Z 轴移动以及绕 X 轴旋转、绕 Y 轴旋转、绕 Z 轴旋转。

（11）坐标系。坐标系为平面系统，用来给特征、零件和装配体指定笛卡儿坐标。零件和装配体文件包含默认坐标系；其他坐标系可以用参考几何体进行定义，用于测量以及将文件输出为其他文件格式。

视频讲解

1.6 文件管理

常见的文件管理工作有打开文件、保存文件和退出系统等，下面简要介绍这些工作。

1.6.1 打开文件

在 SOLIDWORKS 2022 中，可以打开已存储的文件，对其进行相应的编辑和操作。打开文件的操作步骤如下。

（1）选择“文件”→“打开”命令，或者单击“快速访问”工具栏中的“打开”按钮，执行打开文件命令。

（2）弹出“打开”对话框，如图 1-26 所示。在“文件类型”下拉列表框中选择文件的类型，在对话框中将会显示文件夹中对应文件类型的文件。单击“显示预览窗格”按钮，选择的文件就会显示在对话框的预览窗口中，但是并不打开该文件。

（3）选取需要的文件后，单击“打开”按钮，就可以打开选择的文件，对其进行相应的编辑和操作。

在“文件类型”下拉列表框中，除可以调用 SOLIDWORKS 类型的文件外，还可以调用其他软件（如 Pro/E、CATIA、UG 等）所形成的图形并对其进行编辑，如图 1-27 所示。

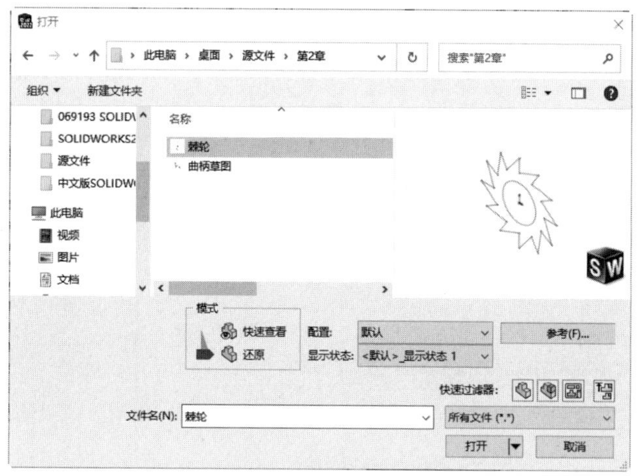

图 1-26　“打开”对话框

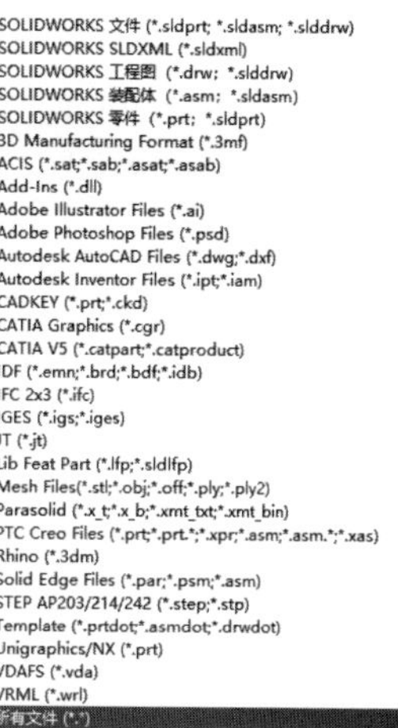

图 1-27　“文件类型”下拉列表框

1.6.2　保存文件

已编辑的图形只有在被保存后，才能在需要时打开并对其进行相应的编辑和操作。保存文件的操作步骤如下。

（1）选择“文件”→“保存”命令，或者单击“快速访问”工具栏中的“保存”按钮，执行保存文件命令。

（2）弹出“另存为”对话框，如图 1-28 所示。在左侧选择文件存放的文件夹，在“文件名”文本框中输入要保存的文件名称，在“保存类型”下拉列表框中选择所保存文件的类型。通常情况下，在不同的工作模式下，系统会自动设置文件的保存类型。

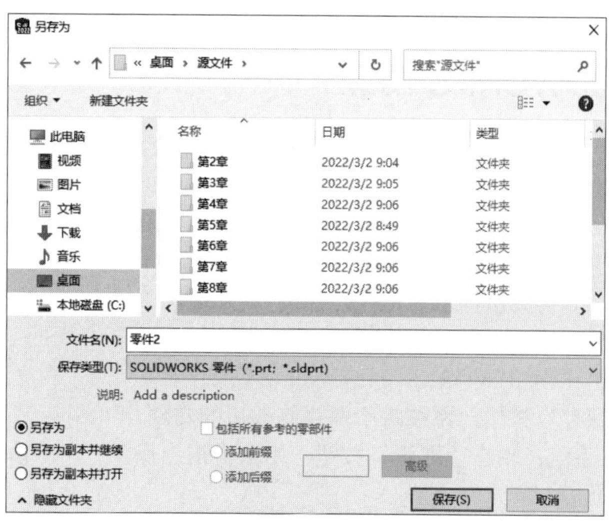

图 1-28　“另存为”对话框

在“保存类型”下拉列表框中，并不限于 SOLIDWORKS 类型的文件，如*.sldprt、*.sldasm 和*.slddrw。即 SOLIDWORKS 不但可以把文件保存为自身的类型，还可以保存为其他类型的文件，以方便其他软件对其进行调用并编辑。

在如图 1-28 所示的“另存为”对话框中，可以在保存的同时备份一份文件。保存备份文件，需要预先设置保存文件的目录。其操作步骤如下。

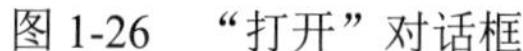

选择“工具”→“选项”命令，弹出“系统选项-普通”对话框。在“系统选项”选项卡中单击“备份/恢复”选项，选中右侧的“每个文档的备份数”复选框，在“备份文件夹”右侧的文本框中即可修改保存备份文件的目录，如图 1-29 所示。

Note

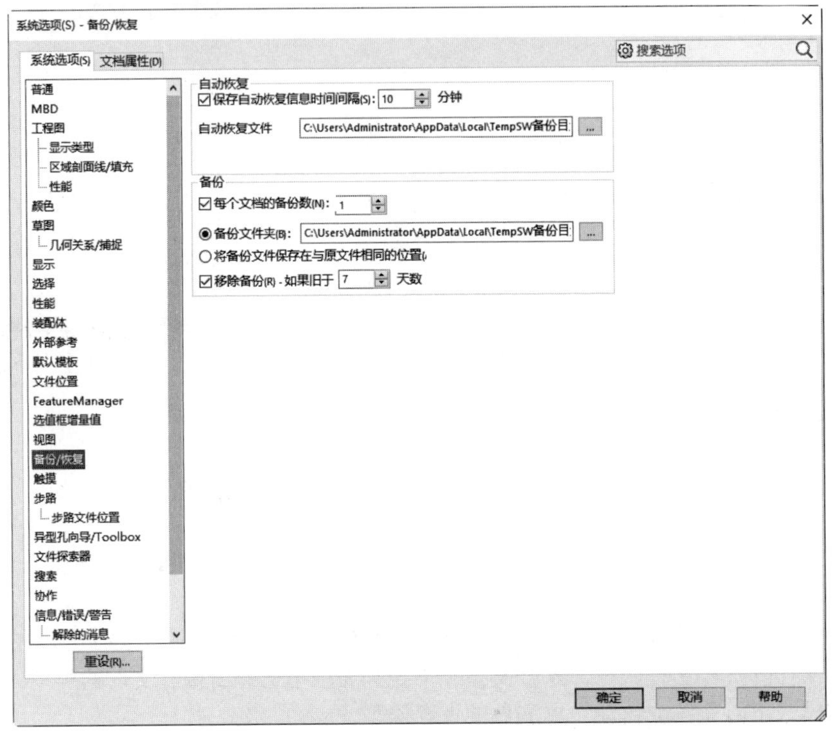

图 1-29　“系统选项-备份/恢复”对话框

1.6.3　退出 SOLIDWORKS 2022

在文件编辑并保存完成后，就可以退出 SOLIDWORKS 2022 系统了。选择“文件”→“退出”命令，或者单击系统操作界面右上角的“关闭”按钮×，都可以退出该系统。

如果退出前对文件进行了编辑而没有保存，或者在操作过程中不小心执行了退出命令，则会弹出提示对话框，如图 1-30 所示。如果要保存对文件的修改，则单击“全部保存”按钮，系统就会保存修改后的文件，并退出 SOLIDWORKS 系统；如果不保存对文件的修改，则单击“不保存”按钮，系统将不保存修改后的文件，并退出 SOLIDWORKS 系统；单击“取消”按钮，则取消退出操作，回到原来的操作界面。

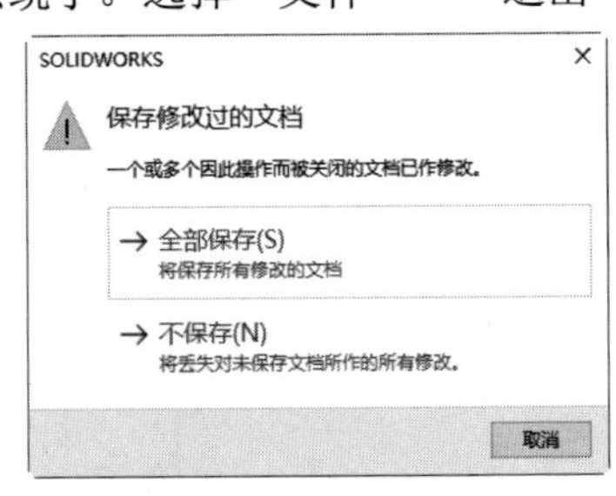

图 1-30　提示对话框

视频讲解

1.7　SOLIDWORKS 工作环境设置

要熟练地使用一套软件，必须对其工作环境有所认识，然后根据个人的使用习惯进行设置，从而使设计更加便捷。SOLIDWORKS 软件与其他软件一样，可以根据用户的需要显示或者隐藏工具栏，以及

添加或者删除工具栏中的命令按钮，还可以根据用户的需要来设置零件、装配体和工程图的工作界面。

1.7.1 设置工具栏

Note

SOLIDWORKS 有很多工具栏，但由于图形区的限制，无法全部显示出来，一般默认显示的工具栏都是比较常用的。在建模过程中，用户可以根据需要显示或者隐藏部分工具栏。其设置方法有两种，下面将分别介绍这两种方法。

1. 利用菜单命令设置工具栏

利用菜单命令添加或者隐藏工具栏的操作步骤如下。

（1）选择“工具”→“自定义”命令或者在面板或工具栏区域右击，在弹出的快捷菜单中选择“自定义”命令，弹出“自定义”对话框，如图 1-31 所示。

图 1-31 “自定义”对话框

（2）选择“工具栏”选项卡，此时会显示出系统中所有的工具栏，从中选中需要打开的工具栏复选框。

（3）单击“确定”按钮，在图形区中便会显示出所选择的工具栏。

如果要隐藏已经显示的工具栏，取消选中该工具栏复选框，然后单击“确定”按钮即可。

2. 利用鼠标右键设置工具栏

利用鼠标右键添加或者隐藏工具栏的操作步骤如下。

（1）在面板或工具栏区域右击，在弹出的快捷菜单中选择“工具栏”命令，如图 1-32 所示。

（2）选择需要的工具栏，其前面复选框的颜色会加深，则图形区中将会显示所选择的工具栏；如果选择已经显示的工具栏，其前面复选框的颜色会变浅，则图形区中将会隐藏所选择的工具栏。

另外，隐藏工具栏还有一种简便的方法，即选择界面中不需要的工具栏，然后用鼠标将其拖动到图形区中。此时工具栏上会出现标题栏。例如，用鼠标将“注解”工具栏拖动到图形区中，如图 1-33

所示，然后单击其右上角的“关闭”按钮，即可隐藏该工具栏。

Note

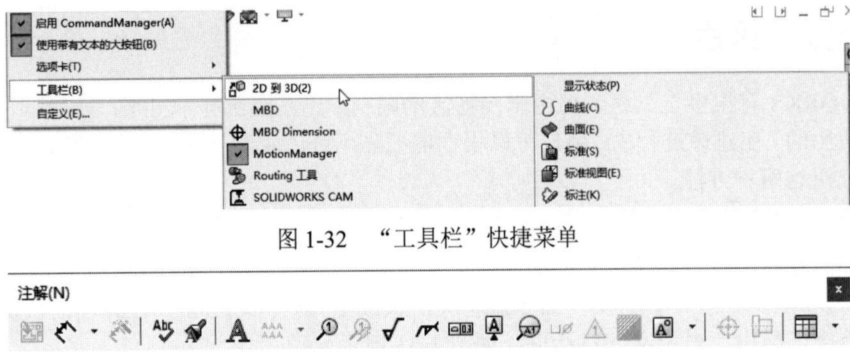

图 1-32　“工具栏”快捷菜单

图 1-33　“注解”工具栏

1.7.2　设置工具栏命令按钮

系统默认工具栏中，并没有包括平时所用的所有命令按钮，用户可以根据自己的需要添加或者删除命令按钮。

设置工具栏中命令按钮的操作步骤如下。

（1）选择“工具”→“自定义”命令或者在工具栏区域右击，在弹出的快捷菜单中选择“自定义”命令，弹出“自定义”对话框。

（2）选择“命令”选项卡，如图 1-34 所示。

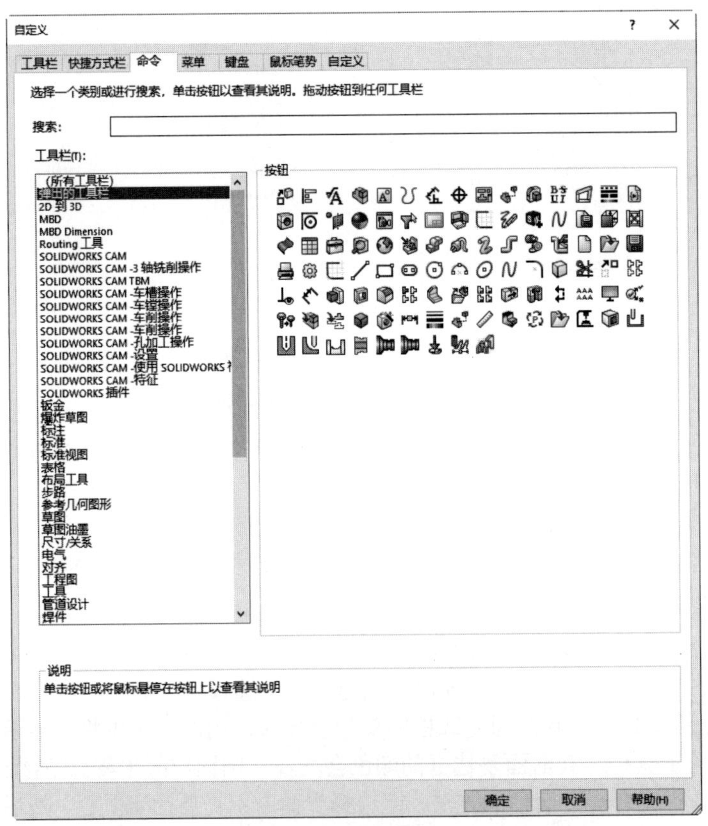

图 1-34　“自定义”对话框中的“命令”选项卡

（3）在“工具栏”列表框中选择某一工具栏，在“按钮”选项组中便会出现该工具栏中所有的命令按钮。

（4）在“按钮”选项组中，选择要增加的命令按钮，再按住鼠标左键将该按钮拖曳到工具栏上，然后释放鼠标。

（5）单击“确定”按钮，该工具栏上便会显示添加的命令按钮。

例如，在“草图”工具栏中添加“抛物线”命令按钮。选择“工具”→“自定义”命令，在弹出的“自定义”对话框中选择“命令”选项卡，在“工具栏”列表框中选择“草图”工具栏，在“按钮”选项组中选择“抛物线”按钮∪，按住鼠标左键将其拖动到“草图”工具栏的合适的位置处，然后释放鼠标，“抛物线”命令按钮∪即可被添加到工具栏中。图 1-35 显示了添加命令按钮前后“草图”工具栏的变化情况。

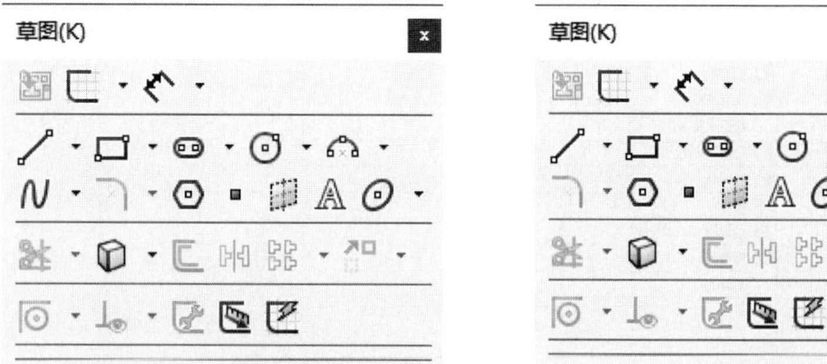

（a）添加命令按钮前　　（b）添加命令按钮后

图 1-35　添加命令按钮前后对比

如果要删除无用的命令按钮，只要打开“自定义”对话框的“命令”选项卡，然后将要删除的按钮用鼠标拖动到图形区中即可。

技巧： 在工具栏中添加或者删除命令按钮时，对工具栏的设置会应用到当前激活的 SOLIDWORKS 文件类型中。

1.7.3　设置快捷键

除了可以使用菜单栏和工具栏执行命令外，SOLIDWORKS 软件还允许用户通过自行设置快捷键的方式来执行命令，具体操作步骤如下。

（1）选择“工具”→“自定义”命令或者在工具栏区域右击，在弹出的快捷菜单中选择“自定义”命令，弹出“自定义”对话框。

（2）选择“键盘”选项卡，如图 1-36 所示。

（3）在“类别”下拉列表框中选择“所有命令”选项，然后在下面列表的“命令”栏中选择要设置快捷键的命令。

（4）根据实际需要，在“快捷键”栏中输入要设置的快捷键。

（5）单击“确定”按钮，完成快捷键的设置。

技巧：（1）如果设置的快捷键已经被使用，则系统会提示该快捷键已被使用，必须更改要设置的快捷键。

（2）如果要取消设置的快捷键，在“键盘”选项卡中选择“快捷键”栏中设置的快捷键，然后单击“移除快捷键”按钮，即可取消该快捷键。

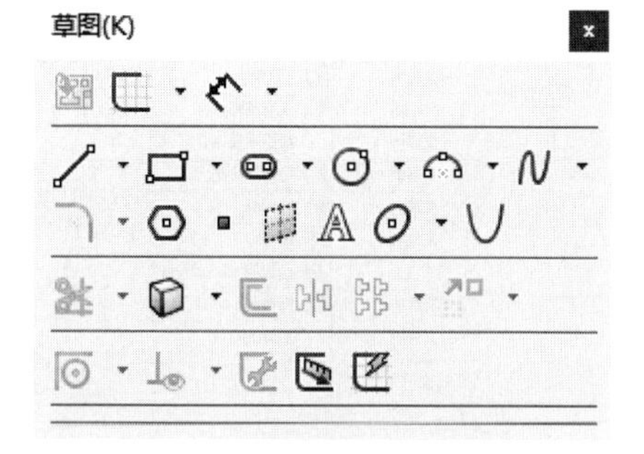

图 1-36 “自定义”对话框中的“键盘”选项卡

1.8 参考几何体

参考几何体主要包括基准面、基准轴、坐标系与点 4 部分。

“参考几何体”工具栏如图 1-37 所示，各参考几何体的功能介绍如下。

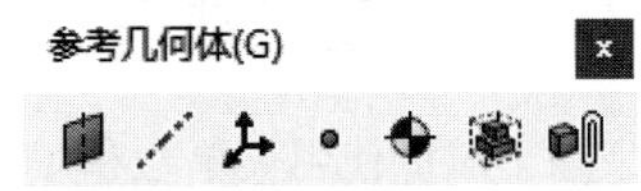

图 1-37 “参考几何体”工具栏

1.8.1 基准面

视频讲解

基准面主要应用于零件图和装配图中，可以利用基准面来绘制草图、生成模型的剖面视图、用作拔模特征中的中性面等。

SOLIDWORKS 提供了前视基准面、上视基准面和右视基准面 3 个默认的相互垂直的基准面。通常情况下，用户在这 3 个基准面上绘制草图，然后使用特征命令创建实体模型，即可绘制需要的图形。但是，对于一些特殊的特征（如扫描和放样特征），却需要在不同的基准面上绘制草图，才能完成模型的构建，这时就需要创建新的基准面。

创建基准面有 6 种方式，分别是通过直线和点方式、平行方式、两面夹角方式、等距距离方式、垂直于曲线方式和曲面切平面方式。下面详细介绍各种创建基准面的方式。

1. 通过直线和点方式

通过直线和点方式用于创建一个通过边线、轴或者草图线及点，或者通过三点的基准面。

Note

2. 平行方式

平行方式用于创建一个平行于基准面或者面的基准面。

3. 两面夹角方式

两面夹角方式用于创建一个通过一条边线、轴线或者草图线，并与一个面或者基准面成一定角度的基准面。

4. 等距距离方式

等距距离方式用于创建一个平行于一个基准面或者面，并等距指定距离的基准面。

5. 垂直于曲线方式

垂直于曲线方式用于创建一个通过一个点且垂直于一条边线或者曲线的基准面。

6. 曲面切平面方式

曲面切平面方式用于创建一个与空间面或圆形曲面相切于一点的基准面。

1.8.2 基准轴

视频讲解

基准轴通常用在生成草图几何体时或者圆周阵列中。每一个圆柱和圆锥面都有一条轴线。临时轴是由模型中的圆锥和圆柱隐含生成的，可以选择“视图”→“隐藏/显示”→“临时轴”命令隐藏或显示所有临时轴。

创建基准轴有 5 种方式，分别是一直线/边线/轴方式、两平面方式、两点/顶点方式、圆柱/圆锥面方式与点和面/基准面方式。下面详细介绍各种创建基准轴的方式。

1. 一直线/边线/轴方式

选择一个草图的直线、实体的边线或者轴，创建所选直线所在的轴线。

2. 两平面方式

将所选两平面的交线作为基准轴。

3. 两点/顶点方式

将两个点或者两个顶点的连线作为基准轴。

4. 圆柱/圆锥面方式

选择圆柱面或者圆锥面，将其临时轴确定为基准轴。

5. 点和面/基准面方式

选择一个曲面或者基准面以及顶点、点或者中点，创建一个通过所选点并且垂直于所选面的基准轴。

1.8.3 坐标系

视频讲解

坐标系主要用来定义零件或装配体的坐标。此坐标系与测量及质量属性工具一同使用，可将 SOLIDWORKS 文件输出至 IGES、STL、ACIS、STEP、Parasolid、VRML 或 VDA 文件中。

创建新坐标系的操作步骤如下。

（1）选择“插入”→“参考几何体”→“坐标系”命令，或者单击“参考几何体”工具栏中的“坐标系”按钮，弹出如图 1-38 所示的“坐标系”属性管理器。

（2）在“原点”栏中，用鼠标选择点；在“X 轴”栏中，用鼠标选择边线 1；在“Y 轴”栏中，用鼠标选择边线 2；在“Z 轴”栏中，用鼠标选择边线 3。

（3）单击“确定”按钮，即可创建一个新的坐标系。此时所创建的坐标系也会出现在

Note

FeatureManager 设计树中，如图 1-39 所示。

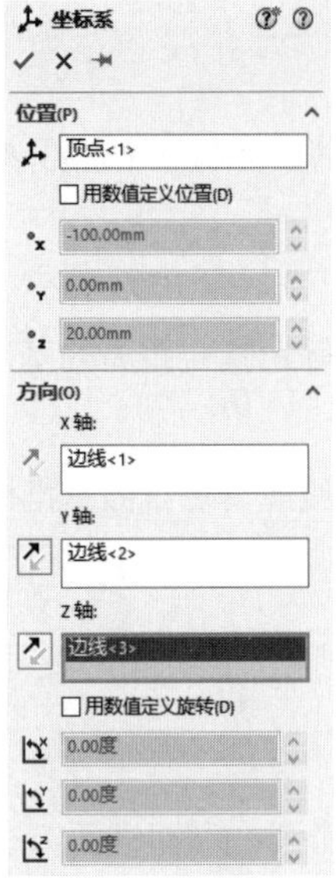

图 1-38 “坐标系”属性管理器

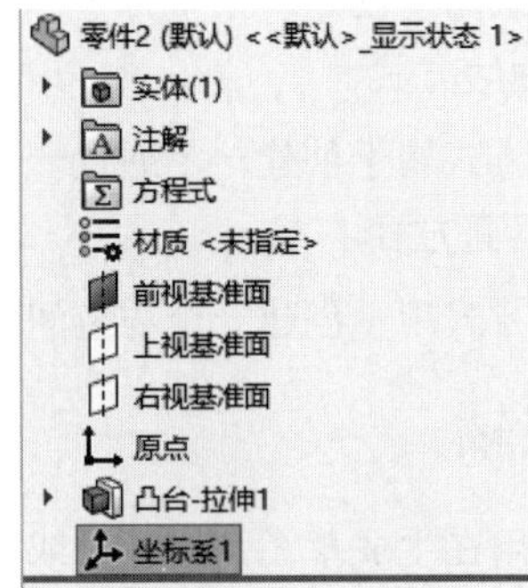

图 1-39 FeatureManager 设计树

注意： 在“坐标系”属性管理器中，每一步设置都可以形成一个新的坐标系，并可以单击方向按钮调整坐标轴的方向。

视频讲解

1.8.4 点

参考点主要用来定义零件或装配体的点。在进行特征操作时，如遇到必须使用特殊点作为参考的情形，应提前将选出的对应点设置成参考点，其操作步骤如下。

（1）选择“插入”→“参考几何体”→“点”命令，或者单击“参考几何体”工具栏中的“点”按钮●，弹出如图 1-40 所示的“点”属性管理器。

（2）在“选择”选项组中，选择点类型（包括圆弧中心、面中心、交叉点、投影和在点上），同时在参考实体栏中选择对应参考对象。

（3）单击“确定”按钮✔，即可创建一个新的参考点。此时所创建的新参考点也会出现在 FeatureManager 设计树中，如图 1-41 所示。

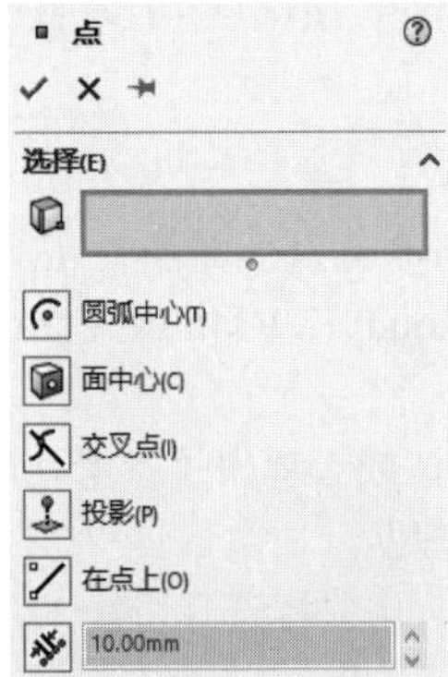

图 1-40 “点”属性管理器

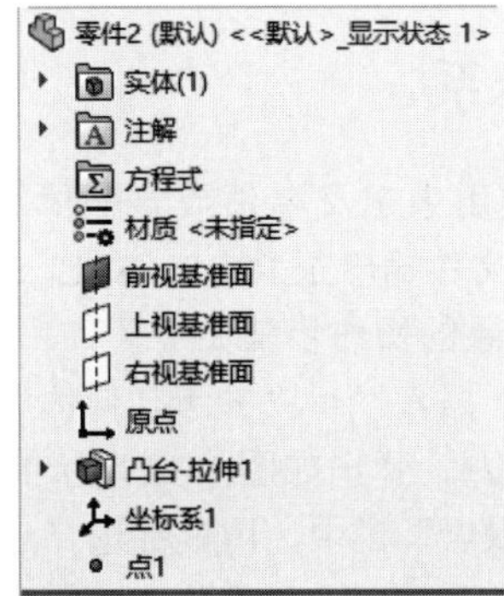

图 1-41 FeatureManager 设计树

1.9　实践与操作

通过前面的学习，相信读者对本章知识已有了一个大体的了解，本节将通过 3 个操作练习帮助读者进一步掌握本章知识要点。

1. 熟悉操作界面

操作提示：

（1）启动 SOLIDWORKS 2022，进入绘图界面。
（2）调整操作界面大小。
（3）打开、移动、关闭工具栏。

2. 打开、保存文件

操作提示：

（1）启动 SOLIDWORKS 2022，进入绘图界面。
（2）打开已经保存过的零件图形。
（3）自动保存相关设置。
（4）将图形以新的名称保存。
（5）退出该图形。
（6）尝试重新打开按新名称保存的图形。

3. 创建基准面

操作提示：

在 SOLIDWORKS 2022 界面中，利用基准面命令，分别采用 6 种方式创建基准面。

第2章

草图绘制

SOLIDWORKS 的大部分特征是由二维草图的绘制开始建立的，草图的绘制在该软件使用中占重要地位。本章将详细介绍草图的绘制方法、编辑方法以及如何为草图添加几何关系。

- ☑ 草图的创建
- ☑ 基本图形的绘制
- ☑ 三维草图
- ☑ 对草图实体的操作
- ☑ 智能标注
- ☑ 几何关系
- ☑ 检查草图
- ☑ 综合实例——曲柄草图

任务驱动&项目案例

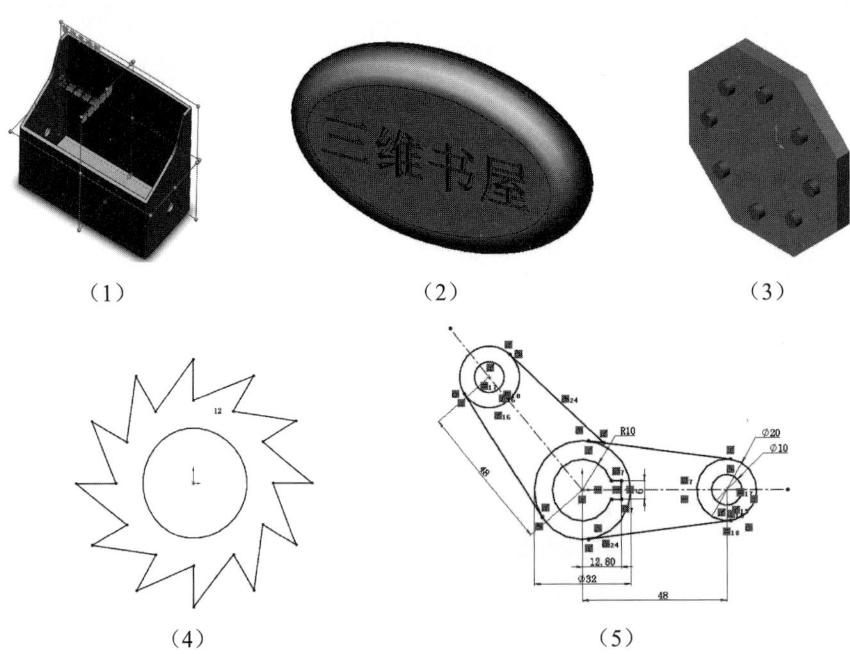

（1）　（2）　（3）

（4）　（5）

2.1　草图的创建

草图（sketch）是一个平面轮廓，用于定义特征的截面形状、尺寸和位置。通常，SOLIDWORKS 的模型创建都是从绘制二维草图开始的，然后生成基体特征，并在基体上添加更多的特征。能够熟练地使用草图绘制工具绘制草图是一件非常重要的事。

除二维草图外，SOLIDWORKS 也可以生成三维草图。在三维草图中，实体存在于三维空间中，它们不与特定草图基准面相关。有关三维草图的内容将在以后的章节中予以介绍，本章所指的草图均为二维草图。

SOLIDWORKS 提供了如下 3 种生成草图的方法。

（1）新建草图。

（2）从已有的草图中派生新的草图。

（3）在零件的面上绘制草图。

2.1.1　新建一个二维草图

视频讲解

当要生成一个新的零件或装配体时，系统会指定 3 个默认的基准面与特定的视图对应，如图 2-1 所示。

默认情况下，新的草图在前视基准面上予以打开，也可以在上视或右视基准面上新建一个草图，其操作步骤如下。

（1）在左侧的设计树中选择“前视基准面”作为绘图基准面。

（2）单击“视图（前导）”工具栏中的“正视于”按钮。

（3）单击“草图”面板中的“草图绘制”按钮。

（4）进入草图绘制模式（见图 2-2）。此时，“草图”面板上的“草图绘制”按钮被激活，也出现了图形窗口的右上角也出现了确认角落，同时状态栏中显示正在编辑草图。

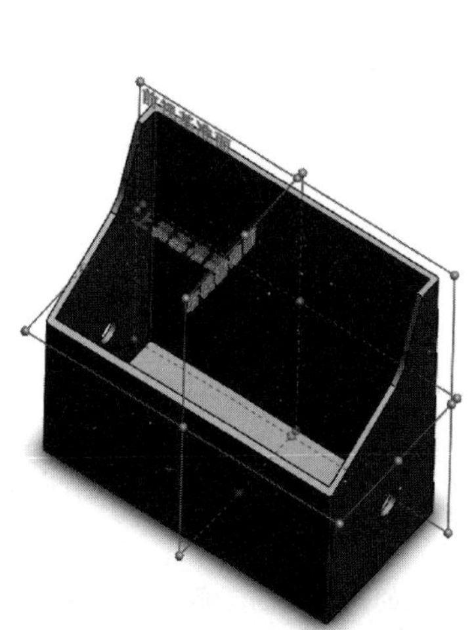

图 2-1　默认基准面与特定视图

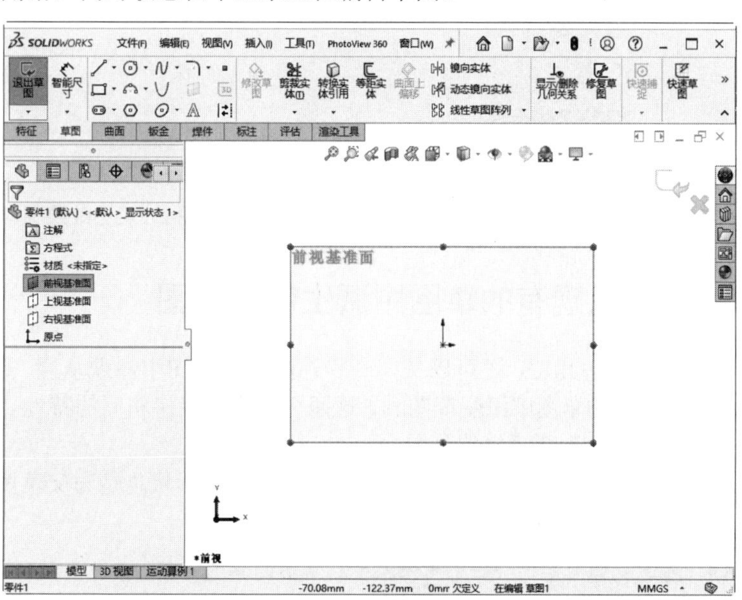

图 2-2　草图绘制模式

（5）可以使用草图操控面板上的草图绘制工具编辑草图。

（6）如果要退出草图绘制模式，单击“退出草图”按钮。

（7）如果要放弃对草图的更改，单击“删除草图”按钮✖，在弹出的“确认”对话框（见图 2-3）中单击“丢弃更改并退出”按钮，放弃对草图的所有更改。

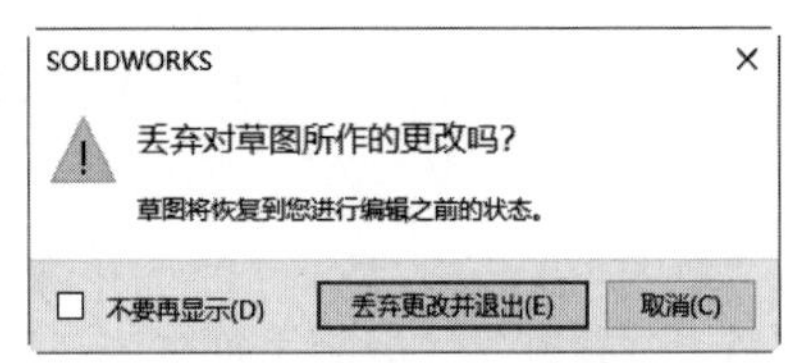

图 2-3 “确认”对话框

视频讲解

2.1.2 在零件的面上绘制草图

如果要在零件上生成新的特征（如凸台），就需要在放置该特征的零件表面上绘制新的草图，其操作步骤如下。

（1）将鼠标指针移到要在其上绘制草图的模型平面上，该面的边线变成点状线，表示此面可供选取，鼠标指针变成形状，表示正在选择此面。

（2）单击选取该面，该面的边线将变成实线且改变颜色，表示该面已被选中。

（3）单击“草图”面板中的“草图绘制”按钮，进入草图绘制环境。

如果要在另一个面上绘制草图，请退出当前草图，选择新的面并打开一张新的草图。

当草图绘制好之后，如果要更改绘制草图的基准面，可进行如下操作。

（1）在左侧设计树上，右击要更改模型基准面的草图名称。

（2）在弹出的快捷菜单中选择“编辑草图平面”命令，这时在弹出的“草图绘制平面”属性管理器的“草图基准面/面”文本框中将显示当前基准面的名称，如图 2-4 所示。

（3）在绘图区选择新的基准面。

（4）单击属性管理器中的“确定”按钮✔，即更改了绘制草图的基准面，如图 2-5 所示。

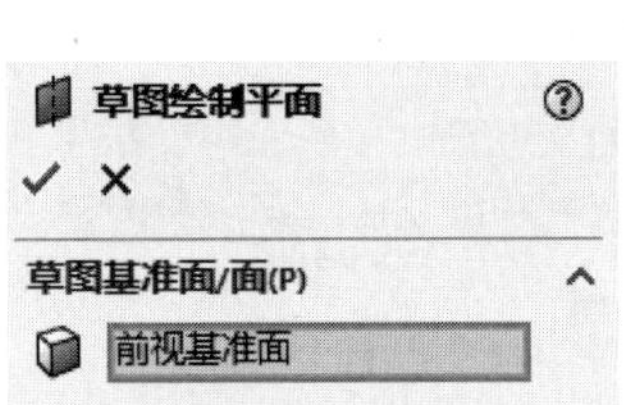

图 2-4 显示当前基准面名称

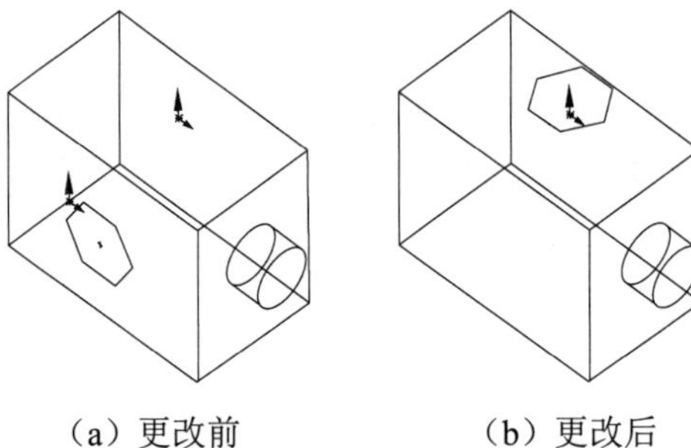

（a）更改前　（b）更改后

图 2-5 更改绘制草图基准面前后的草图

视频讲解

2.1.3 从现有的草图中派生新的草图

SOLIDWORKS 还可以从同一零件的现有草图中，或从同一装配体的现有草图中派生出新的草图。从现有的草图中派生草图时，这两个草图将保持相同的特性。如果对原始草图进行了更改，这些更改将会反映到新派生的草图中。

在派生的草图中不能添加或删除几何体，其形状总是与父草图（现有草图）相同，不过可以使用尺寸或几何关系对派生草图进行定位。

注意：如果要删除一个用来派生新草图的草图，那么系统会提示所有派生的草图将自动解除派生关系。

如果要从同一零件的现有草图中派生新的草图，那么其操作步骤如下。

（1）在左侧 FeatureManager 设计树中单击希望派生新草图的草图。

（2）按住 Ctrl 键并单击将要放置新草图的面，如图 2-6 所示。

（3）选择菜单中的“插入”→“派生草图”命令，此时草图在所选面的基准面上出现，如图 2-7 所示。此时状态栏显示正在编辑草图。

Note

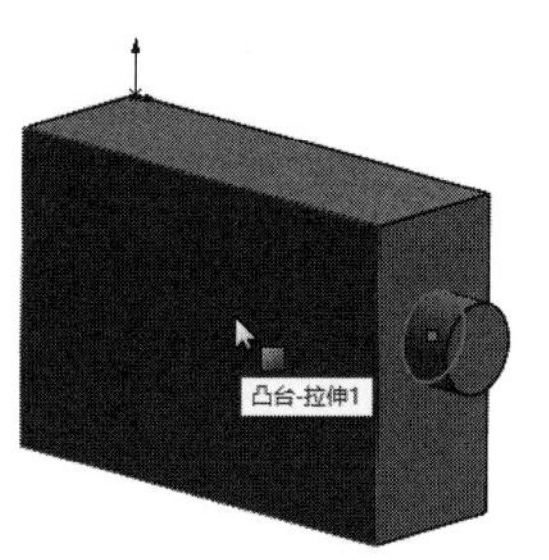

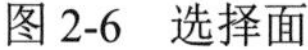

图 2-6　选择面

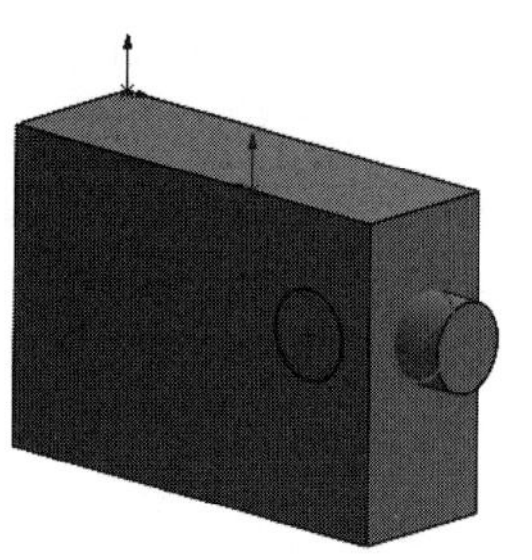

图 2-7　草图出现在基准面上

（4）通过拖动派生草图和标注尺寸，将草图定位在所选的面上。

如果要从同一装配体的草图中派生新的草图，那么其操作步骤如下。

（1）右击需要放置派生草图的零件，在弹出的快捷菜单中选择“编辑零件”命令。

（2）选择希望派生新草图的草图。

（3）按住 Ctrl 键并单击将放置新草图的面，选择菜单中的“插入”→“派生草图”命令，草图即在所选面的基准面上出现，并可以开始编辑。

（4）通过拖动派生草图和标注尺寸，将草图定位在所选的面上。

当派生的草图与其父草图之间解除链接关系后，再对原来的草图进行更改，派生的草图不会自动更新。解除派生的草图与其父草图之间链接关系的方法是：右击 FeatureManager 设计树中派生的草图，然后在弹出的快捷菜单中选择“解除派生”命令即可。

2.2　基本图形的绘制

在使用 SOLIDWORKS 绘制草图前，有必要先了解“草图”操控面板中各工具的作用。

选择工具是整个 SOLIDWORKS 软件中用途最广的工具，使用该工具可以达到以下目的。

（1）选取草图实体。

（2）拖动草图实体或端点以改变草图形状。

（3）选择模型的边线或面。

（4）拖动选框，以选取多个草图实体。

2.2.1　“草图”操控面板

视频讲解

SOLIDWORKS 提供了草图绘制工具以方便绘制草图实体。图 2-8 为“草图”操控面板（操控面板通常也称为工具栏）。

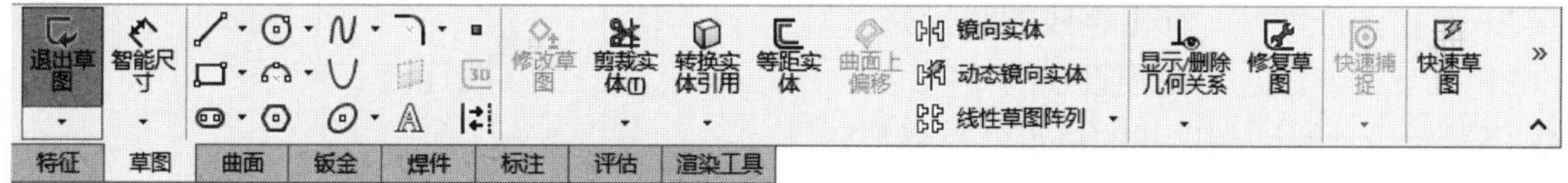

图 2-8　“草图”操控面板

并非所有的草图绘制工具对应的按钮都会出现在“草图”操控面板中，如果要重新安排“草图”操控面板中的工具按钮，其操作步骤如下。

（1）选择“工具”→“自定义”命令，打开“自定义”对话框。

（2）选择“命令”选项卡，在“工具栏”列表框中选择“草图”选项。

（3）单击一个按钮以观阅“说明”提示框内对该按钮的说明，如图2-9所示。

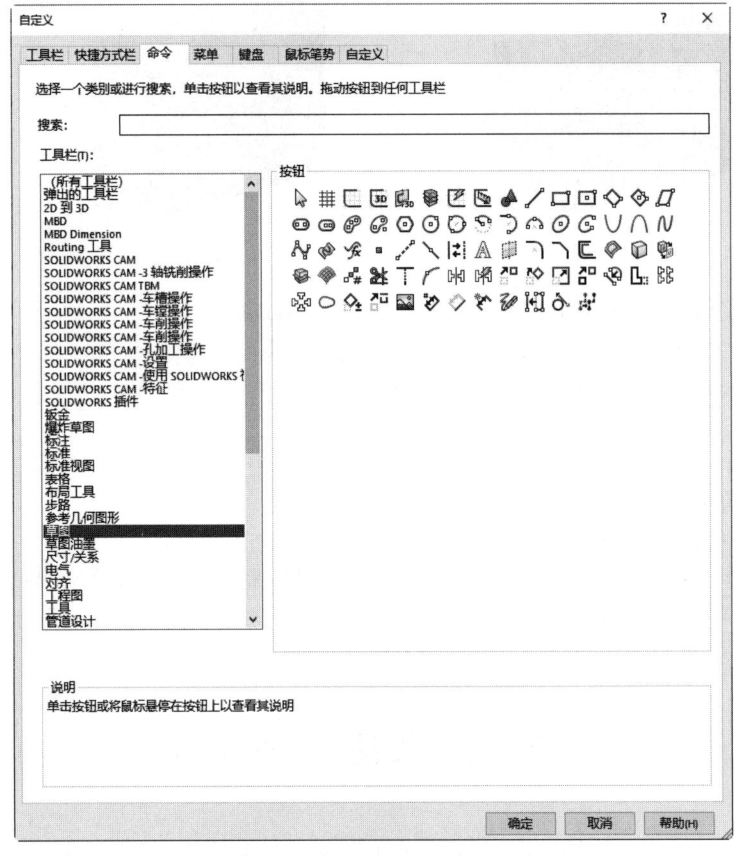

图2-9　对“草图”按钮的说明

（4）在“按钮”区域中选择要使用的按钮，将其拖动并放置到“草图”面板中。

（5）如果要删除面板中的按钮，只要将其从面板中拖放回按钮区域中即可。

（6）更改结束后，单击“确定”按钮，关闭对话框。

视频讲解

2.2.2　直线的绘制

在所有图形实体中，直线是最基本的一种图形实体。如果要绘制一条直线，那么其操作步骤如下。

（1）单击“草图”面板中的“直线”按钮，此时出现“插入线条”属性管理器，鼠标指针变为形状。

（2）单击图形区域，标出直线的起始处。

（3）以下列方法之一完成直线的绘制。

❶ 将鼠标指针拖动到直线的终点然后释放。

❷ 释放鼠标，将鼠标指针移动到直线的终点，然后再次单击。

注意：在二维草图绘制中有两种模式：单击-拖动或单击-单击。SOLIDWORKS 根据用户的提示来确定模式。

（1）如果单击第一个点并拖动它，则进入单击-拖动模式。

（2）如果单击第一个点并释放鼠标，则进入单击-单击模式。

当鼠标指针变为形状时，表示捕捉到了点；当变为形状时，表示绘制水平直线；当变为形状时，表示绘制竖直直线。

如果要对所绘制的直线进行修改，则可以用以下方法完成。

（1）选择一个端点并拖动此端点来延长或缩短直线。

（2）选择整条直线并将其拖动到另一个位置处，以此来移动直线。

（3）选择一个端点并拖动它来改变直线的角度。

如果要修改直线的属性，可以在草图中选中直线，然后在“线条属性”属性管理器中编辑其属性。

视频讲解

2.2.3　圆的绘制

圆也是草图绘制中经常使用的图形实体。SOLIDWORKS 提供了两种绘制圆的方法：创建圆和周边圆。

1. 创建圆

创建圆的默认方式是指定圆心和半径。

操作步骤如下。

（1）单击“草图”面板中的“圆”按钮，鼠标指针变为形状，随后弹出“圆”属性管理器。

（2）在图形区域的合适位置处单击，放置圆心。

（3）拖动鼠标设定半径，系统会自动显示半径的值，如图 2-10 所示。

（4）如果要对绘制的圆进行修改，可以拖动圆的边线来缩小或放大圆，也可以拖动圆的中心来移动圆。

（5）如果要修改圆的属性，可以在草图中选择圆，然后在弹出的“圆”属性管理器中进行编辑。

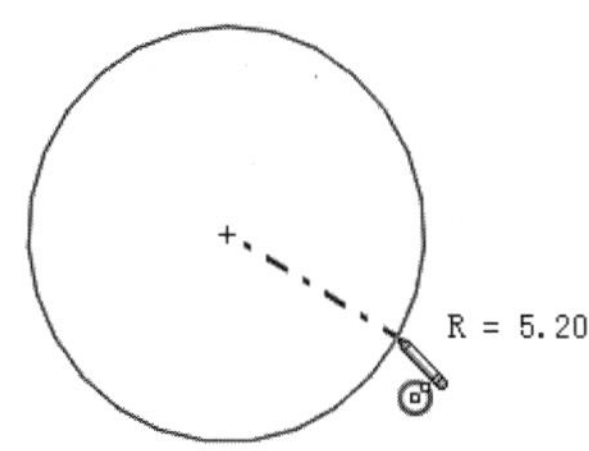

图 2-10　创建圆

2. 周边圆

周边圆即通过指定 3 点来生成圆。

操作步骤如下。

（1）单击“草图”面板中的“周边圆”按钮，鼠标指针变为形状，随后弹出“圆”属性管理器。

（2）在图形区域的合适位置处单击，以确定圆的起点位置。

（3）移动鼠标，在合适位置处单击以确定圆的第 2 点位置。

（4）移动鼠标，在合适位置处单击以确定圆的第 3 点位置。

（5）在“圆”属性管理器中进行必要的变更，然后单击属性管理器中的“确定”按钮即可，结果如图 2-11 所示。

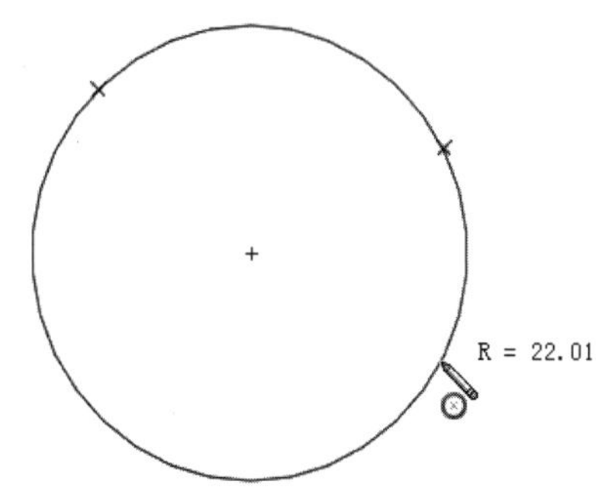

图 2-11　周边圆

视频讲解

2.2.4　圆弧的绘制

圆弧是圆的一部分，SOLIDWORKS 提供了 3 种绘制圆弧的方法：圆心/起/终点画弧、三点画弧

Note

和切线画弧。

1. 圆心/起/终点画弧

即由圆心、圆弧起点、圆弧终点来决定圆弧。

操作步骤如下。

（1）单击“草图”面板中的“圆心/起/终点画弧”按钮，此时鼠标指针变为形状，随后“圆弧”弹出属性管理器。

（2）在图形区域的合适位置处单击，放置圆弧圆心。

（3）按住鼠标并拖动到希望放置圆弧开始点的位置。

（4）释放鼠标。圆周参考线会继续显示。

（5）拖动鼠标以设定圆弧的长度和方向。

（6）释放鼠标。

（7）如果要修改绘制好的圆弧，选择圆弧后在“圆弧”属性管理器中编辑其属性即可。

2. 三点画弧

通过指定3个点（起点、终点及中点）来生成圆弧。

操作步骤如下。

（1）单击“草图”面板中的“3点圆弧”按钮，此时鼠标指针变为形状，随后弹出“圆弧”属性管理器。

（2）在图形区域的合适位置处单击，放置圆弧起点。

（3）拖动鼠标到圆弧结束的位置。

（4）单击，放置圆弧终点。

（5）拖动鼠标以设置圆弧的半径，必要的话可以反转圆弧的方向。

（6）单击，放置圆弧中点。

（7）在“圆弧”属性管理器中进行必要的变更，然后单击属性管理器中的“确定”按钮即可完成三点画弧，如图2-12所示。

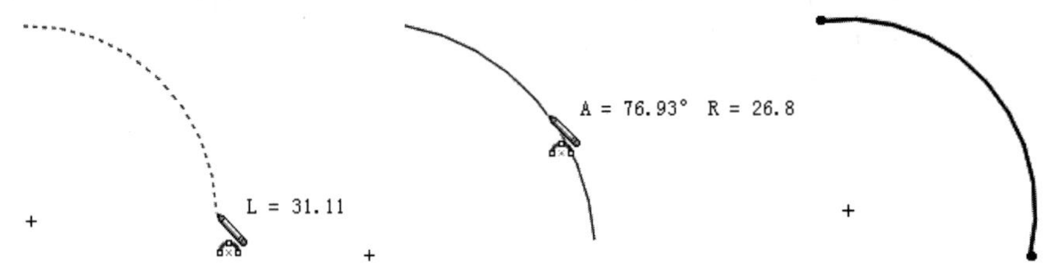

图2-12　三点画弧

3. 切线弧

切线弧是指与草图实体相切的弧线，可以用两种方法生成：“切线弧”工具和自动过渡方法。

用“切线弧”工具生成切线弧的操作步骤如下。

（1）单击“草图”面板中的“切线弧”按钮。

（2）在直线、圆弧、椭圆或样条曲线的端点处单击，此时出现“圆弧”属性管理器，鼠标指针变为形状。

（3）拖动圆弧以绘制所需的形状，如图2-13所示。

（4）在绘图区域的合适位置处单击，放置圆弧终点。

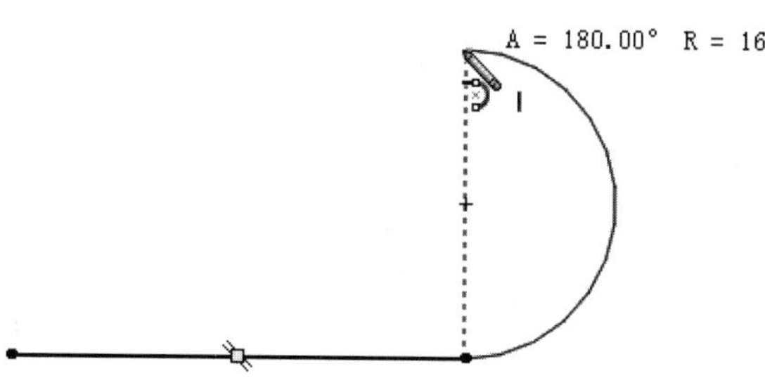

图 2-13　绘制切线弧

注意：SOLIDWORKS 可从鼠标指针的移动中推理出用户想要绘制切线弧还是法线弧，存在 4 个目的区，具有如图 2-14 所示的 8 种可能结果。沿相切方向移动鼠标指针将生成切线弧，沿垂直方向移动将生成法线弧。可通过先返回端点，然后向新的方向移动来实现在切线弧和法线弧之间的切换。

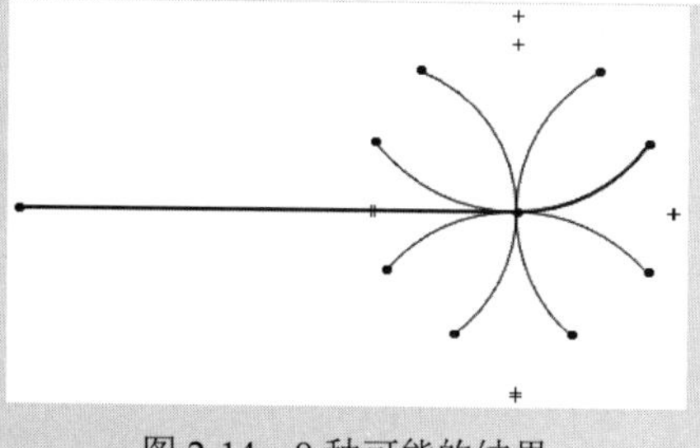

图 2-14　8 种可能的结果

以自动过渡方法绘制切线弧的操作步骤如下。

（1）单击“草图”面板中的“直线”按钮，此时鼠标指针变为形状。

（2）在直线、圆弧、椭圆或样条曲线的端点处单击，然后将鼠标指针移开。预览显示生成一条直线。

（3）将鼠标指针移回终点，然后移开。预览显示生成一条切线弧。

（4）在图形区域的合适位置处单击，放置圆弧。

说明：如果要想在直线和圆弧之间切换而不回到直线、圆弧、椭圆或样条曲线的端点处，操作时同时按 A 键即可。

视频讲解

2.2.5　矩形的绘制

1. “边角矩形”命令画矩形

矩形的 4 条边是单独的直线，可以分别对其进行编辑（如剪切、删除等）。

操作步骤如下。

（1）单击“草图”面板中的“边角矩形”按钮，此时鼠标指针变为形状。

（2）在图形区域的合适位置处单击，确定矩形的一个角的位置。

（3）拖动鼠标，调整好矩形的大小和形状后，单击鼠标确定矩形的另一个角点。在拖动鼠标时矩形的尺寸会动态地显示，如图 2-15 所示。

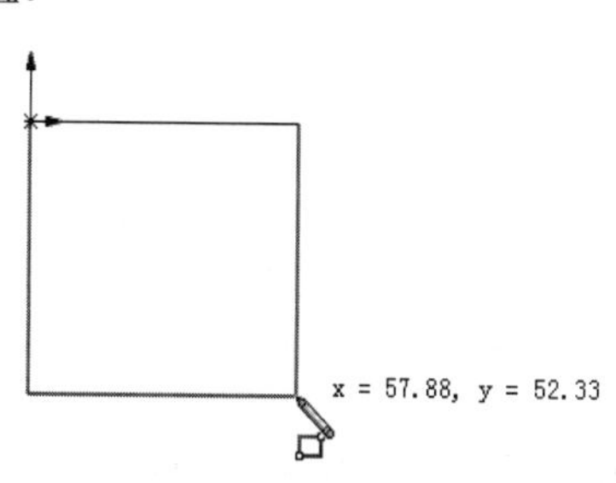

图 2-15　绘制矩形

2. “中心矩形”命令画矩形

“中心矩形”命令画矩形的方法是指定矩形的中心与右上角点，以确定矩形的中心和 4 条边线。

操作步骤如下。

（1）在草图绘制状态下，单击“草图”面板中的“中心矩形”按钮，此时鼠标指针变为形状。

（2）在绘图区域的合适位置处单击，确定矩形的中心点 1。

（3）移动鼠标，单击确定矩形的一个角点 2，矩形绘制完毕。

3. “3 点边角矩形”命令画矩形

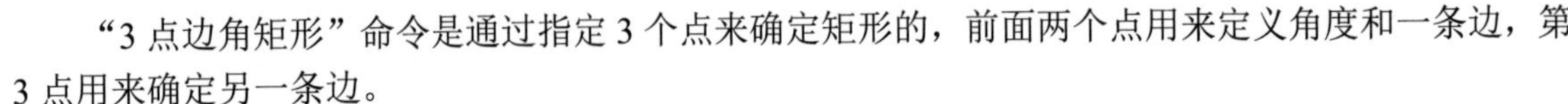

“3 点边角矩形”命令是通过指定 3 个点来确定矩形的，前面两个点用来定义角度和一条边，第 3 点用来确定另一条边。

Note

操作步骤如下。

（1）在草图绘制状态下，单击“草图”面板中的“3 点边角矩形”按钮，此时鼠标指针变为形状。

（2）在绘图区域的合适位置处单击，确定矩形的边角点 1。

（3）移动鼠标，单击确定矩形的另一个边角点 2。

（4）继续移动鼠标，单击确定矩形的第 3 个边角点 3，矩形绘制完毕。

4. “3 点中心矩形”命令画矩形

“3 点中心矩形”命令是通过指定 3 个点来确定矩形。

操作步骤如下。

（1）在草图绘制状态下，单击“草图”面板中的“3 点中心矩形”按钮，此时鼠标指针变为形状。

（2）在绘图区域的合适位置处单击，确定矩形的中心点 1。

（3）移动鼠标，单击确定矩形一条边线的中点 2。

（4）继续移动鼠标，单击确定矩形的一个角点 3，矩形绘制完毕。

视频讲解

2.2.6 平行四边形的绘制

“平行四边形”命令既可以生成平行四边形，也可以生成边线与草图网格线不平行或不垂直的矩形。

操作步骤如下。

（1）单击“草图”面板中的“平行四边形”按钮，此时鼠标指针变为形状。

（2）在绘图区域的合适位置处单击，确定平行四边形的起始位置。

（3）移动鼠标，直至调整好平行四边形一条边线的方向和长度后单击以确定一个角点。

（4）移动鼠标，直至平行四边形的大小和形状正确为止。

（5）单击以结束此次操作。

（6）拖动平行四边形的一个角改变其形状。

如果要以一定的角度绘制矩形，可按如下操作。

（1）单击“草图”面板中的“平行四边形”按钮，此时鼠标指针变为形状。

（2）在矩形开始的位置处单击。

（3）移动鼠标，直至调整好矩形一条边线的方向和长度后单击以确定一个角点。

（4）移动鼠标，直至矩形的大小正确为止。

（5）单击以结束此次操作。

（6）可拖动矩形的一个角来改变其形状，但不能通过拖动更改矩形的角度。

视频讲解

2.2.7 多边形的绘制

多边形是由至少 3 条，至多 1024 条长度相等的边组成的封闭图形。绘制多边形的方式是指定多

边形的中心以及对应该多边形的内切圆或外接圆的直径。

操作步骤如下。

（1）单击“草图”面板中的“多边形”按钮，此时鼠标指针变为形状。

（2）弹出“多边形”属性管理器，如图 2-16 所示。

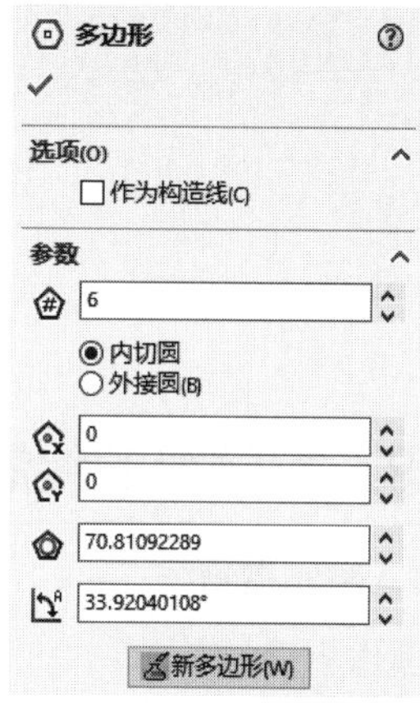

图 2-16 设置多边形属性

（3）首先选择多边形的形成方式（内切圆或外接圆），然后设置多边形参数。

（4）在“参数”栏中设置多边形的属性，具体介绍如下。

☑ 微调框：用于指定多边形的边数。

☑ 微调框：用于指定多边形中央的 X 坐标。

☑ 微调框：用于指定多边形中央的 Y 坐标。

☑ 微调框：用于指定多边形的内切圆或外接圆的直径。该选项取决于选择了内切圆还是外接圆。

☑ 微调框：指定多边形旋转的角度。

“新多边形”按钮：单击该按钮，将在关闭属性管理器之前生成另一个多边形。

设置好属性后单击“确定”按钮，完成多边形的绘制。

也可以在绘图区域的合适位置处单击，确定多边形的中心位置。拖动鼠标，根据显示的多边形半径和角度调整好大小和方向，如图 2-17 所示，再次单击以确定多边形。

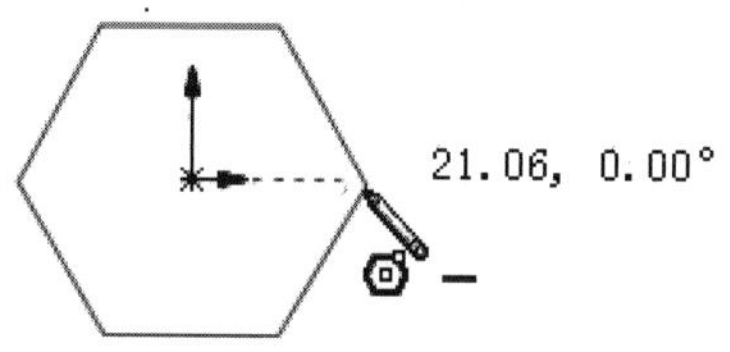

图 2-17 绘制多边形

2.2.8 椭圆和部分椭圆的绘制

视频讲解

1. 绘制椭圆

在几何学中，一个椭圆是由两个轴和一个中心点定义的，椭圆的形状和位置由 3 个因素决定：中心点、长轴、短轴。椭圆轴决定了椭圆的方向，中心点决定了椭圆的位置。

操作步骤如下。

（1）单击“草图”面板中的“椭圆”按钮，此时鼠标指针变为形状。

（2）在绘图区域的合适位置处单击，以确定椭圆中心点的位置。

（3）移动鼠标并单击以设定椭圆的长轴。

（4）移动鼠标并单击以设定椭圆的短轴。

2. 绘制部分椭圆

部分椭圆是指椭圆的一部分。如同由圆心、圆弧起点和圆弧终点生成圆弧，也可以由中心点、椭圆弧起点以及终点生成椭圆弧。

操作步骤如下。

（1）单击“草图”面板中的“部分椭圆”按钮，此时鼠标指针变为形状。

（2）在图形区域的合适位置处单击，放置椭圆的中心点。

（3）移动鼠标并单击以定义出椭圆的第一个轴。

（4）移动鼠标并单击以定义出椭圆的第二个轴，同时定义了椭圆弧的起点。

（5）保留圆周引导线，绕椭圆周拖动鼠标定义椭圆的范围，如图 2-18 所示。

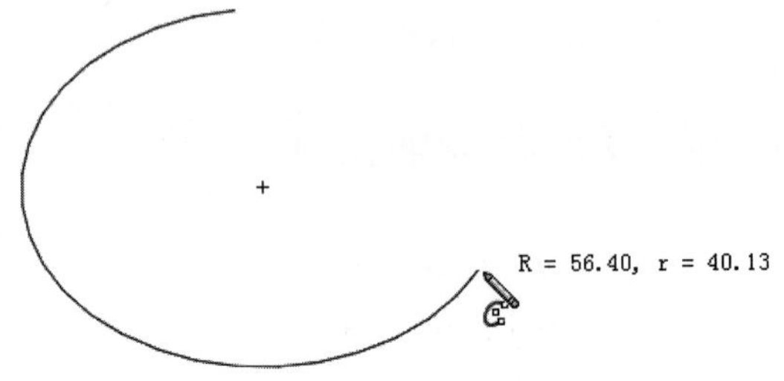

图 2-18　绘制椭圆弧

视频讲解

2.2.9　抛物线的绘制

1. 绘制抛物线

操作步骤如下。

（1）单击“草图”面板中的“抛物线”按钮，此时鼠标指针变为形状。

（2）在图形区域的合适位置处单击，放置抛物线的焦点，出现“抛物线”属性管理器，然后拖动鼠标以放大抛物线。

（3）在绘图区域的合适位置处单击，确定抛物线轮廓。

（4）继续在绘图区抛物线轮廓上单击，然后拖动鼠标来定义曲线的范围。

2. 修改抛物线

操作步骤如下。

（1）当鼠标指针位于抛物线上时会变成形状。

（2）选择一条抛物线，此时出现“抛物线”属性管理器。

（3）拖动顶点以形成抛物线。当选择顶点时鼠标指针变成形状。

☑　如要展开抛物线，将顶点拖离焦点。在移动顶点时，移动图标出现在鼠标指针旁。

☑　如要制作更尖锐的抛物线，可将顶点拖向焦点，如图 2-19 所示。

☑　如要改变抛物线一条边的长度而不修改抛物线的弧度，可选择一个端点并拖动，如图 2-20 所示。

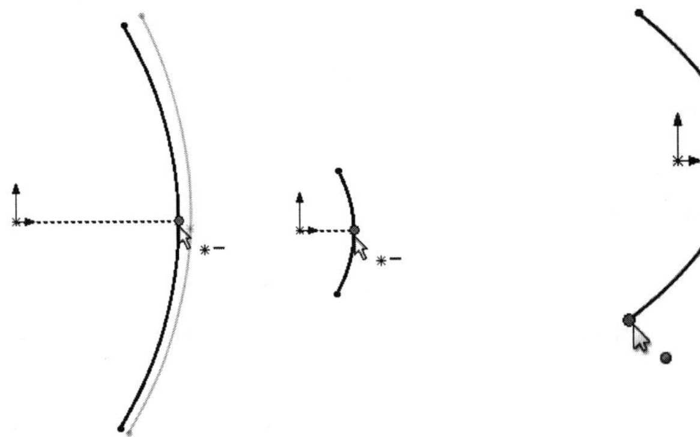

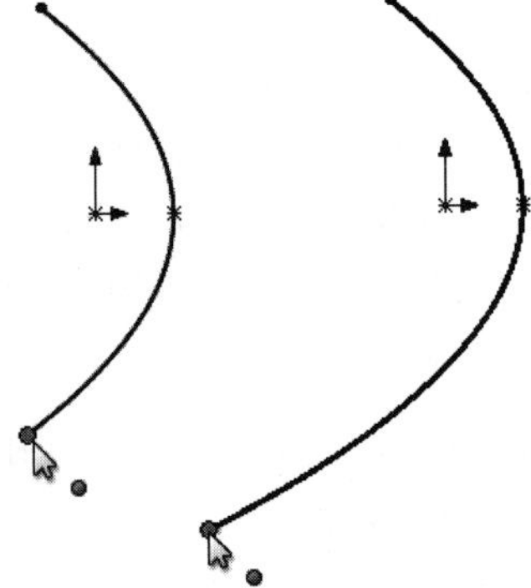

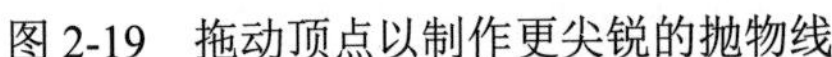

图 2-19　拖动顶点以制作更尖锐的抛物线　　图 2-20　拖动端点以延长抛物线

☑　如要将抛物线移到新的位置处，选中抛物线的焦点并将其拖动到新位置处，如图 2-21 所示。

☑　如要修改抛物线两边的长度而不改变抛物线的圆弧，可将抛物线拖离端点，如图 2-22 所示。

（4）要修改抛物线属性，只需在草图中选择抛物线后，在弹出的“抛物线”属性管理器中编辑其属性即可。

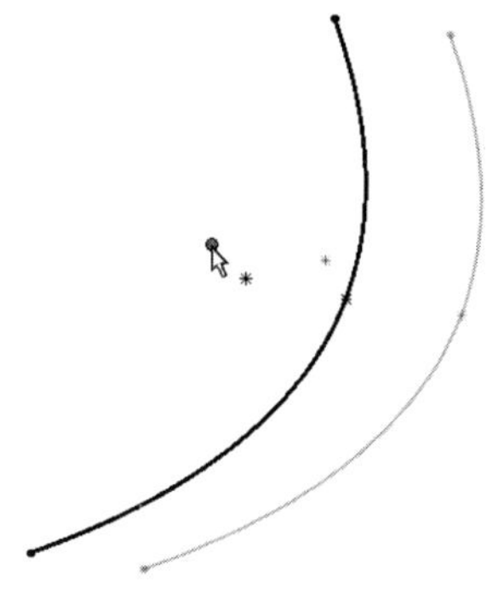

图 2-21 移动抛物线

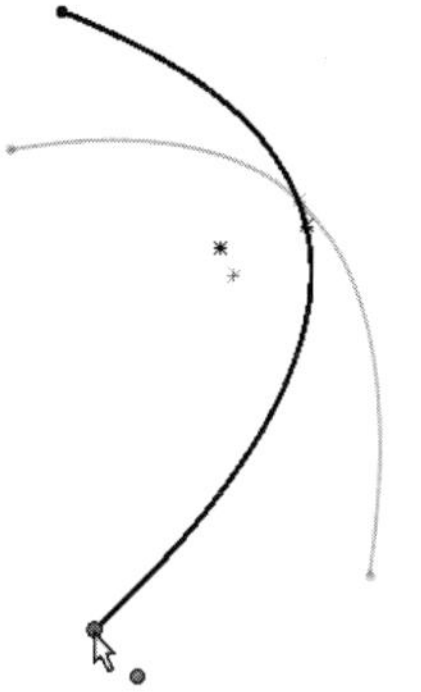

图 2-22 修改抛物线两边的长度

2.2.10 样条曲线的绘制

视频讲解

样条曲线是由一组点定义的光滑曲线，经常用于精确地表示对象的造型。在 SOLIDWORKS 中，只需两个点就可以绘制一条样条曲线，还可以在其端点上指定相切的几何关系。

1. 绘制样条曲线

操作步骤如下。

（1）单击“草图”面板中的“样条曲线”按钮，此时鼠标指针变为形状。

（2）单击以放置样条曲线的第一个点，然后拖动鼠标出现第一段曲线，此时弹出“样条曲线”属性管理器。

（3）单击终点，然后拖动出第二段曲线。

（4）重复以上步骤直到完成样条曲线。

2. 改变样条曲线

操作步骤如下。

（1）选中样条曲线，此时控标出现在样条曲线上，如图 2-23 所示。

（2）可以使用以下方法修改样条曲线。

控标

图 2-23 样条曲线上的控标

☑ 拖动控标来改变样条曲线的形状。

☑ 添加或移除样条曲线上的点来帮助改变样条曲线的形状。

☑ 右击样条曲线，在弹出的快捷菜单中选择“插入样条曲线型值点”命令，此时鼠标指针变为形状，在样条曲线上单击一个或多个需要插入点的位置即可。要删除曲线型值点，只要选中该点后按 Delete 键即可。用户既可以通过拖动型值点来改变曲线形状，也可以通过型值点进行智能标注或添加几何关系来改变曲线形状。

☑ 右击样条曲线，在弹出的快捷菜单中选择“显示控制多边形”命令。通过移动方框操纵样条曲线的形状，如图 2-24 所示。

注意： *移动方框操纵样条曲线可以用于在 SOLIDWORKS 中生成的可以调整的样条曲线，但不能用于输入的或转换的样条曲线。*

☑ 右击样条曲线，在弹出的快捷菜单中选择“简化样条曲线”命令，在弹出的“简化样条曲线”对话框（见图 2-25）中对样条曲线进行平滑处理。SOLIDWORKS 2022 将调整公差并计算生成点更少的新曲线。点的数量在“在原曲线中”和“在简化曲线中”文本框中显示，公差在

“公差”文本框中显示。原始样条曲线显示在图形区域中，并给出平滑曲线的预览。简化样条曲线可优化包含复杂样条曲线的模型的性能。

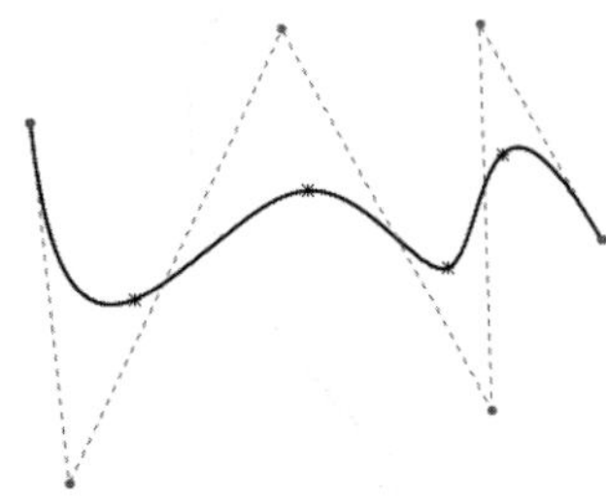

图 2-24 操纵样条曲线的形状

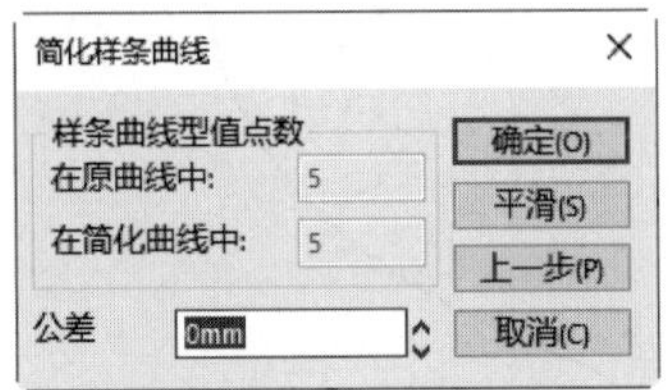

图 2-25 “简化样条曲线”对话框

注意： 如有必要，可单击“上一步”按钮返回上一步，可多次单击直至返回原始曲线。单击“简化样条曲线”对话框中的“平滑”按钮，当将样条曲线简化到两个点时，该样条曲线将与所连接的直线或曲线相切。

除了绘制的样条曲线外，SOLIDWORKS 2022 还可以编辑通过输入和使用如转换实体引用、等距实体、交叉曲线以及面部曲线等工具而生成的样条曲线。

视频讲解

2.2.11 在模型面上插入文字

SOLIDWORKS 可以在一个零件上通过“拉伸切除”命令生成文字。

操作步骤如下。

（1）单击需要插入文字的模型面，打开一张新草图。

（2）单击“草图”面板中的“文本”按钮𝔸，弹出“草图文字”属性管理器，如图 2-26 所示。

（3）在“草图文字”属性管理器的“文字”文本框中输入要插入的文字，文字自动出现在屏幕的合适位置处。

（4）如果要选择字体的样式及大小，取消选中“使用文档字体”复选框，然后单击“字体”按钮，打开“选择字体”对话框，如图 2-27 所示。在其中指定字体的样式和大小，单击“确定”按钮关闭该对话框。

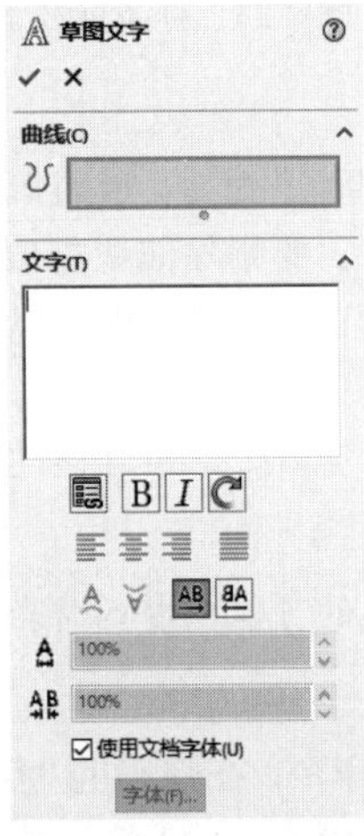

图 2-26 “草图文字”属性管理器

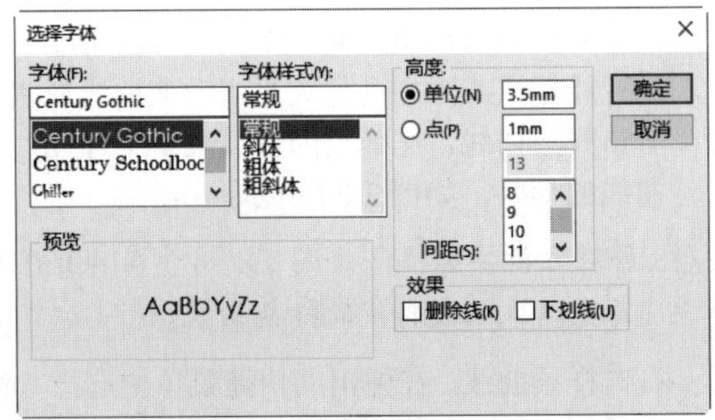

图 2-27 “选择字体”对话框

（5）在“草图文字”属性管理器的“宽度因子”图标右侧的微调框中指定文字的放大或缩小比例。

（6）修改好文字，单击属性管理器中的“确定”按钮。

（7）如果要改变文字的位置或方向，可使用以下方法。

☑　用鼠标拖动文字。

☑　通过在文字草图中为文字定位点标注尺寸或添加几何关系定位文字。

（8）欲拉伸文字，单击“特征”面板中的“拉伸凸台/基体”按钮，通过“凸台-拉伸”属性管理器设置拉伸特征，效果如图 2-28 所示。

（9）欲切除文字，单击“特征”面板中的“拉伸切除”按钮，通过“切除-拉伸”属性管理器设置切除特征，效果如图 2-29 所示。

图 2-28　拉伸文字效果

图 2-29　切除文字效果

2.2.12　圆角的绘制

草图圆角工具在两个草图实体的交叉处生成一个切线弧，并剪裁掉角部，如图 2-30 所示。草图圆角工具可以在二维和三维草图绘制中使用。特征控制面板上的圆角工具是用来对零件中的圆角进行处理的，并非草图绘制中的圆角概念，最终效果如图 2-31 所示。

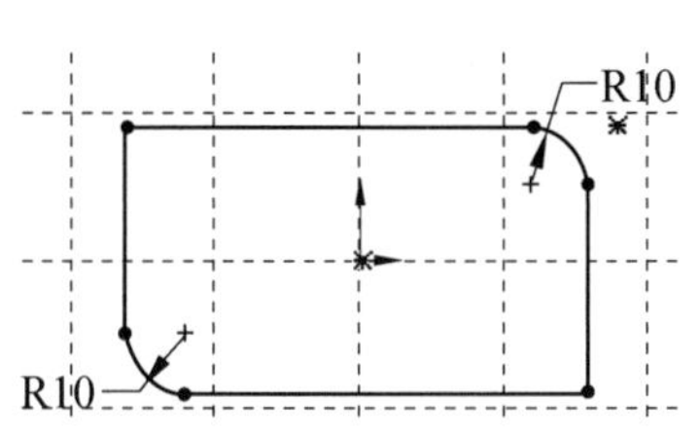

图 2-30　草图中的圆角

图 2-31　零件中的圆角特征

圆角的操作步骤如下。

（1）按住 Ctrl 键，选择两个交叉的草图实体，或者选择草图实体的一个角部。

（2）单击“草图”面板中的“绘制圆角”按钮。

（3）弹出“绘制圆角”属性管理器，在“圆角参数”栏的“半径”图标右侧的微调框中输入圆角的半径值。

（4）如果角部具有尺寸或几何关系，并且希望保持虚拟交点，则选中“保持拐角处约束条件”复选框。

（5）单击“确定”按钮，草图实体即被圆角处理。

注意： 如果选择了没有被标注的非交叉实体，则所选实体将首先被延伸，然后生成圆角。

2.2.13　倒角的绘制

绘制倒角工具用于在二维和三维草图中对相邻的草图实体进行倒角处理。倒角的形状和位置可由

Note

"角度距离"或"距离-距离"指定。

操作步骤如下。

（1）按住 Ctrl 键，选择需要做倒角的两个草图实体。

（2）单击"草图"面板中的"绘制倒角"按钮。

（3）弹出"绘制倒角"属性管理器，如图 2-32 所示。

（4）在"倒角参数"栏下选择倒角的类型，图 2-32 中有两种倒角类型，效果如图 2-33 所示。

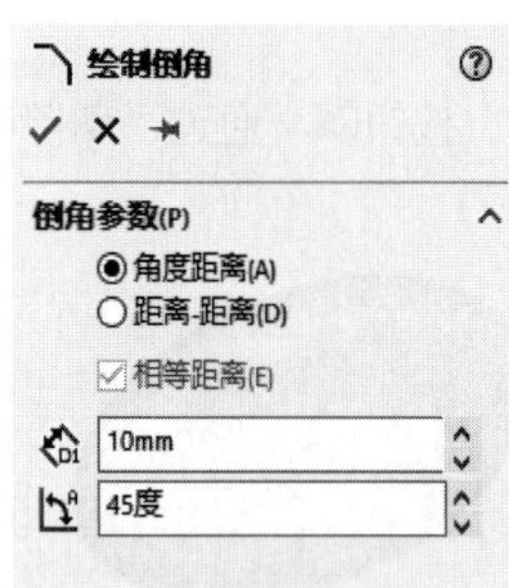
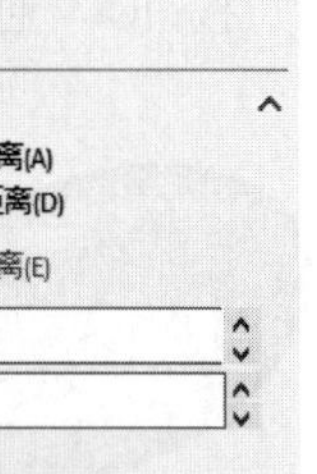

图 2-32 "绘制倒角"属性管理器

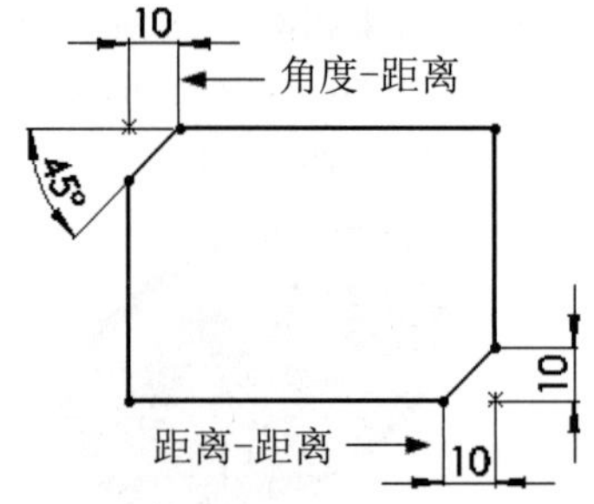

图 2-33 两种倒角类型

☑ 角度距离：在"角度"图标和"距离"图标右侧的微调框中分别输入角度和距离值，从而生成倒角。

☑ 距离-距离：如果选中了下面的"相等距离"复选框，则将指定相同的倒角距离；否则必须分别指定两个距离。

（5）单击"确定"按钮，完成倒角的绘制。

视频讲解

2.3 三 维 草 图

SOLIDWORKS 可以直接在基准面上或者在三维空间的任意点绘制三维草图实体，绘制的三维草图可以作为扫描路径、扫描的引导线，也可以作为放样路径、放样中心线等。

绘制三维草图的操作步骤如下。

（1）单击"视图（前导）"工具栏中的"等轴测"按钮，设置视图方向为等轴测方向。在该视图方向下，坐标 X、Y、Z 这 3 个方向均可见，可以比较方便地绘制三维草图。

（2）单击"草图"面板中的"3D 草图"按钮，进入三维草图绘制状态。

（3）单击"草图"面板中的"直线"按钮，开始绘制三维空间直线，注意此时在绘图区中出现了空间控标，如图 2-34 所示。

（4）以原点为起点绘制草图，基准面为控标提示的基准面，绘制方向由光标拖动决定。图 2-35 显示了在 XY 基准面上绘制草图。

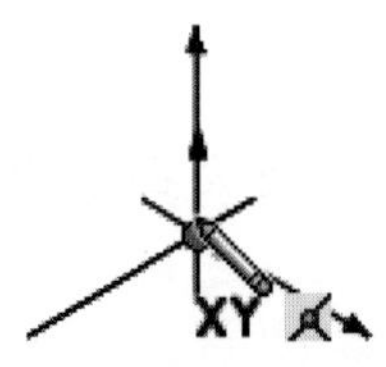

图 2-34 空间控标

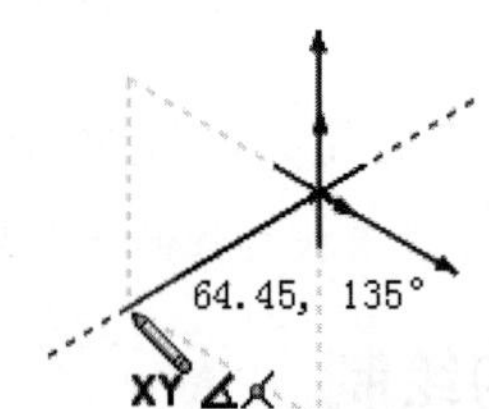

图 2-35 在 XY 基准面上绘制草图

（5）当继续绘制直线时，会显示控标。按 Tab 键可以改变绘制的基准面，依次为 XY、YZ、ZX 基准面。图 2-36 显示了在 YZ 基准面上绘制草图，然后按 Tab 键绘制 ZX 基准面上的草图，绘制完成的三维草图如图 2-37 所示。

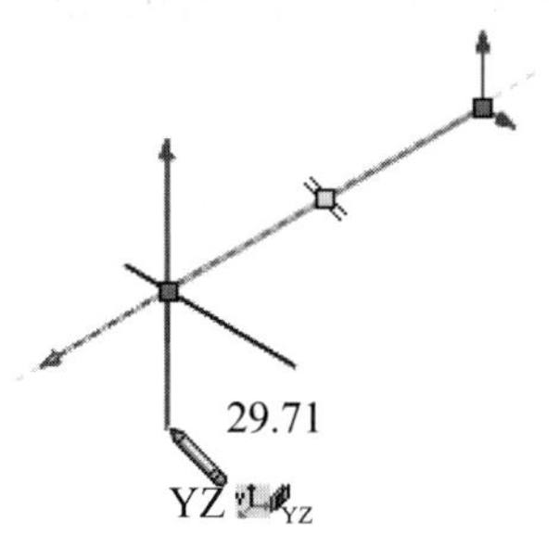

图 2-36　在 YZ 基准面上绘制草图

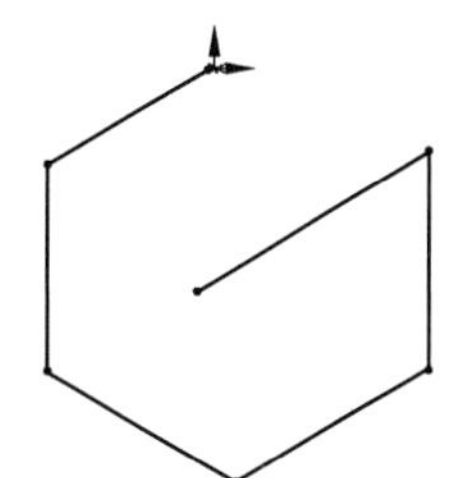

图 2-37　绘制完成的三维草图

（6）再次单击“草图”面板中的“3D 草图”按钮，或者在绘图区右击，在弹出的快捷菜单中选择“退出草图”命令，退出三维草图绘制状态。

技巧：在绘制三维草图时，绘制的基准面要以控标显示为准，不要主观判断，可通过按 Tab 键变换视图的基准面。

二维草图和三维草图既有相似之处，又有不同之处。在绘制三维草图时，二维草图中的所有圆、弧、矩形、直线、样条曲线和点等工具都可用，曲面上的样条曲线工具只能用在三维草图中。在添加几何关系时，二维草图中的大多数几何关系都可用在三维草图中，但是对称、阵列、等距和等长线例外。

另外，需要注意的是，对于二维草图，其绘制的草图实体是所有几何体在草图绘制基准面上的投影，而三维草图是空间实体。

在绘制三维草图时，除了使用系统默认的坐标系外，用户还可以定义自己的坐标系，此坐标系将同测量、质量特性等工具一起使用。

2.4　对草图实体的操作

绘制完成草图后，还需要对草图进行编辑，如延伸、裁剪、镜像或阵列草图等。

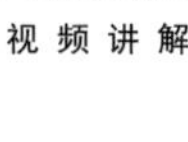

视频讲解

2.4.1　转换实体引用

通过转换实体引用功能，可以将边、环、面、外部草图曲线、外部草图轮廓线、一组边线或一组外部草图曲线投影到草图基准面中，在草图上生成一个或多个实体。

操作步骤如下。

（1）在草图处于激活状态时单击模型边线、环、面、曲线、外部草图轮廓线、一组边线或一组曲线。

（2）单击“草图”面板中的“转换实体引用”按钮，系统将自动建立以下几何关系。

☑　在新的草图曲线和实体之间建立在边线上的几何关系。这样一来，如果实体发生更改，曲线也会随之更改。

☑　在草图实体的端点上生成固定几何关系，使草图保持完全定义状态。当使用显示/删除几何关系时，不会显示端点的几何关系。拖动这些端点可移除固定几何关系。

视频讲解

Note

2.4.2 草图镜像

SOLIDWORKS 可以沿中心线镜像草图实体。当生成镜像实体时，SOLIDWORKS 会在每一对相应的草图点之间应用一个对称关系。如果改变被镜像的实体，则其镜像图像也将随之变动。

操作步骤如下。

（1）在一个草图中，单击“草图”面板中的“中心线”按钮，并绘制一条中心线。

（2）选择中心线和要镜像的草图实体。

（3）单击“草图”面板中的“镜像实体”按钮，这时镜像图像与被镜像实体对称于中心线。

视频讲解

2.4.3 延伸和剪裁实体

1. 延伸草图

草图延伸是指将一个草图实体延伸到另一个草图实体，经常用来增加草图实体（直线、中心线或圆弧）的长度。

操作步骤如下。

（1）单击“草图”面板中的“延伸实体”按钮，此时鼠标指针变为形状。

（2）将鼠标指针移动到要延伸的草图实体（如直线、圆弧等）上，红色的线条指示实体将延伸的方向。

（3）如果要向相反的方向延伸草图实体，则将鼠标指针移到直线或圆弧的另一半上，并观察新的预览。

（4）单击该草图实体，接受预览指示的延伸效果，此时草图实体延伸到与下一个可用的草图实体相交。

2. 剪裁草图

SOLIDWORKS 2022 的草图裁剪功能可以达到以下效果。

（1）剪裁直线、圆弧、圆、椭圆、样条曲线或中心线，使其截断于与另一直线、圆弧、圆、椭圆、样条曲线或中心线的交点处。

（2）删除一条直线、圆弧、圆、椭圆、样条曲线或中心线。

操作步骤如下。

（1）单击“草图”面板中的“剪裁实体”按钮，此时鼠标指针变为形状。

（2）在草图上移动鼠标指针到希望裁剪（或删除）的草图线段上，这时该线段以红色高亮度显示。

（3）单击该线段，则将删除该线段直至其与另一草图实体或模型边线的交点处。如果草图线段没有和其他草图实体相交，则整条草图线段都将被删除。

视频讲解

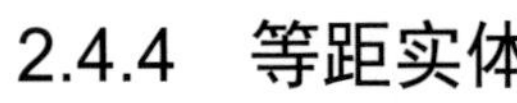

2.4.4 等距实体

等距实体是指在距草图实体相等距离（可以是双向）的位置上生成一个与草图实体相同形状的草图，如图 2-38 所示。SOLIDWORKS 2022 可以生成模型边线、环、面、一组边线、侧影轮廓线或一组外部草图曲线的等距实体，此外还可以在绘制三维草图时使用该功能。

在生成等距实体时，SOLIDWORKS 会自动在每个原始实体和对应的等距实体之间建立几何关系。如果在重建模型时原始实体改变，则等距生成的实体也会随之改变。

操作步骤如下。

Note

（1）在草图中选择一个或多个草图实体、一个模型面、一条模型边线或外部草图曲线。

（2）单击“草图”面板中的“等距实体”按钮。

（3）在出现的“等距实体”属性管理器（见图 2-39）中设置以下等距属性。

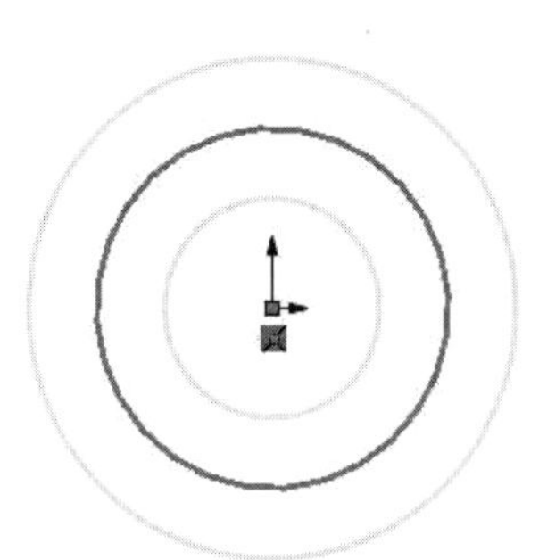

图 2-38　等距实体（双向）效果

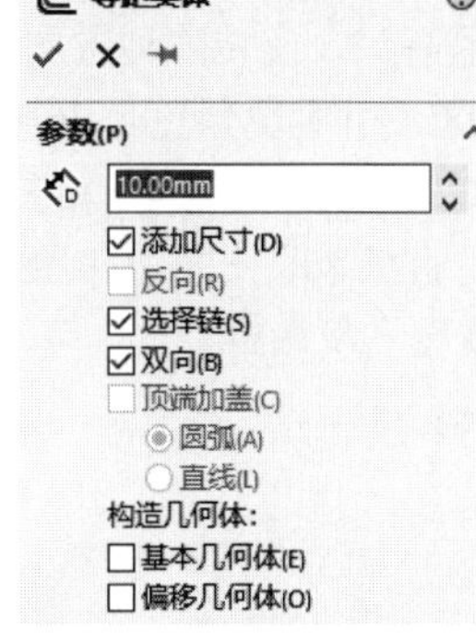

图 2-39　“等距实体”属性管理器

☑　在“距离”图标右侧的微调框中输入等距量。

☑　系统会根据鼠标指针的位置预览等距的方向。选中“反向”复选框则会在与预览相反的方向上生成等距实体。

☑　选中“选择链”复选框可以生成所有连续草图实体的等距实体。

☑　如果选中“双向”复选框，则会在两个方向上生成等距实体。

（4）单击“确定”按钮，生成等距实体。

（5）如果要更改等距距离，只需双击等距尺寸，在随后弹出的“修改”对话框中输入新的等距量即可。

2.4.5　构造几何线的生成

视频讲解

构造几何线用来协助生成最终会被包含在零件中的草图实体及几何体。当用草图来生成特征时，忽略构造几何线。利用“构造几何线”命令，可以将草图或工程图中所绘制的曲线转换为构造几何线。

操作步骤如下。

（1）在工程图或草图中选择一个或多个草图实体。

（2）单击“草图”面板中的“构造几何线”按钮，即可将该草图实体转换为构造几何线。

2.4.6　线性阵列

视频讲解

使用线性阵列功能，可以生成参数式和可编辑的草图实体线性阵列，效果如图 2-40 所示。

图 2-40　草图实体线性阵列效果

1. 创建线性阵列

操作步骤如下。

（1）选择要阵列的实体。

（2）单击“草图”面板中的“线性草图阵列”按钮。

（3）在弹出的“线性阵列”属性管理器（见图 2-41）中设定要对草图进行线性阵列的参数。

Note

❶ 在“方向 1”栏的微调框中设置要阵列的实例总数（包括原始草图在内）。

❷ 在微调框中设置实例之间的距离。

❸ 如果选中“标注 X 间距”复选框，则在阵列完成后，间距值将作为明确的数值显示。

❹ 在微调框中设置角度值。

❺ 单击图中指示箭头，反转阵列方向。

（4）单击绘图区，可实现预览，查看整个阵列效果。

（5）如果要生成一个二维阵列，重复步骤（3），在“方向 2”栏中设置阵列参数。也可以通过拖动排列预览中所选的点来改变间距和角度，如图 2-42 所示。如果定义了两个阵列方向，则可以选中“在轴之间标注角度”复选框。

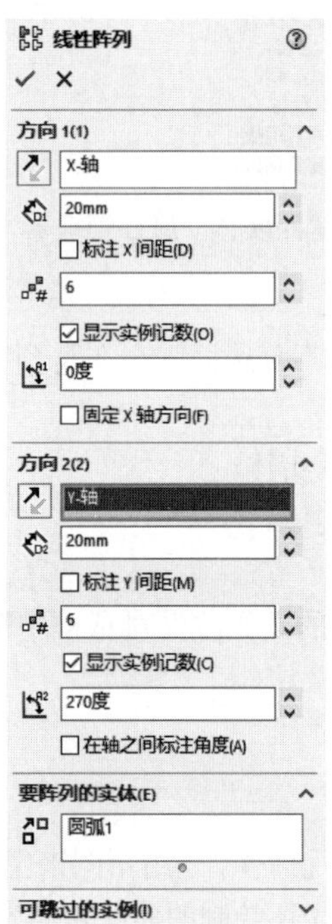

图 2-41 “线性阵列”属性管理器

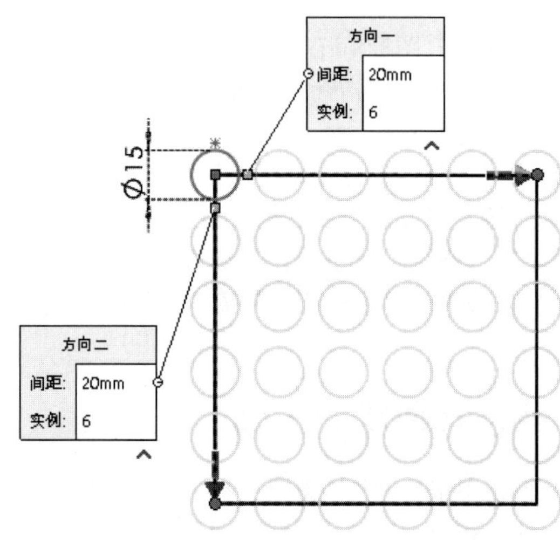

图 2-42 拖动所选点来改变阵列间距

（6）单击“确定”按钮✔，完成草图实体的阵列。

2. 编辑线性阵列

操作步骤如下。

（1）在 FeatureManager 设计树中，右击完成线性阵列的草图，在弹出的快捷菜单中选择“编辑草图”命令。

（2）如果要更改阵列实例的数目，先选择一个实例。

（3）选择“工具”→“草图工具”→“编辑线性阵列”命令。

（4）在弹出的“线性阵列”对话框中更改一个方向或两个方向上的阵列数目，然后单击“确定”按钮✔。

（5）此外，还可以使用以下方法修改阵列。

☑ 拖动一个阵列实例上的点或顶点。

☑ 通过双击角度并在“修改”对话框中更改其数值来更改阵列的角度。

☑　添加尺寸并使用“修改”对话框更改其数值。

☑　为阵列实例添加几何关系。

☑　选择并删除单个阵列实例。

（6）退出草图，完成新的阵列特征。

视频讲解

2.4.7　圆周阵列

通过使用圆周阵列功能可以生成参数式和可编辑的草图实体性圆周阵列，如图 2-43 所示。

图 2-43　草图实体性圆周阵列

1. 创建圆周阵列

操作步骤如下。

（1）在模型面上打开一张草图，并绘制一个需要复制的草图实体。

（2）选择草图实体。

（3）单击“草图”面板中的“圆周草图阵列”按钮。

（4）在弹出的“圆周阵列”属性管理器（见图 2-44）中设定对草图进行圆周阵列的参数。其中，、微调框用于设定圆周阵列中心点位置的 X 和 Y 坐标，此外，还可以通过拖动中心点来改变中心点的位置；是指从所选实体中心到阵列中心的夹角；如果选中“标注半径”复选框，则当阵列完成时，“半径”值将作为明确的数值显示；是指阵列的中心点与所选实体的中心点或顶点之间的距离。

（5）微调框用来设置所需的阵列实例总数，包括原始草图在内。如果取消选中“等间距”复选框，则需要在“总角度”微调框中设置阵列中第一和第二实例的角度。单击图中指示箭头，反转阵列方向。

（6）单击绘图区可实现预览，查看整个阵列效果。

（7）可以拖动其中的一个所选点来设置半径、角度和实例之间的间距，如图 2-45 所示。

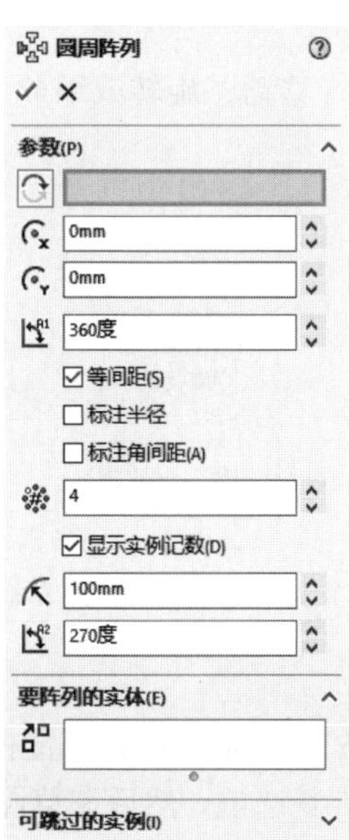

图 2-44　“圆周阵列”属性管理器

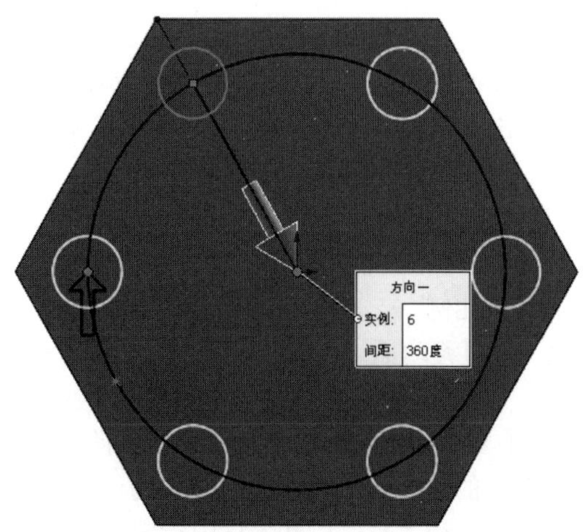

图 2-45　拖动一个所选点来改变半径、角度和实例之间的间距

（8）单击“确定”按钮，完成草图实体的圆周阵列。

在完成阵列之前或之后还可以删除一个阵列实例。在“可跳过的实例”栏中，每个实例均由一个指明其位置的编号表示。

（1）如果要删除阵列中的实例，则选择要删除的实例，草图实例即被删除，其位置编号被移动到“可跳过的实例”栏中。

（2）如果要恢复删除的实例，则在“可跳过的实例”栏中选择位置编号，并按 Delete 键，草图实例即被恢复。

Note

2. 编辑圆周阵列

操作步骤如下。

（1）在 FeatureManager 设计树中，右击阵列完成的草图，在弹出的快捷菜单中选择“编辑草图”命令。

（2）如果要更改阵列实例的数目，选择一个实例。

（3）选择“工具”→“草图工具”→“编辑圆周阵列”命令。

（4）在弹出的“圆周阵列”对话框中更改设置，然后单击“确定”按钮✔。

（5）还可以使用以下方法修改阵列。

☑ 双击角度尺寸，然后在“修改”对话框中更改角度。
☑ 将阵列中心点拖动到新的位置处。
☑ 拖动阵列第一个实例的中心点或顶点更改阵列的旋转。
☑ 拖动阵列第一个实例的中心点或顶点更改阵列圆弧的半径。
☑ 将阵列圆弧向外拖动，从而加大阵列的半径。
☑ 将阵列圆弧向圆心方向拖动，从而缩小阵列的半径。
☑ 选择并删除单个阵列实例。

（6）退出草图，以完成新的阵列特征。

视频讲解

2.4.8 修改草图工具的使用

利用 SOLIDWORKS 提供的修改草图工具，可以方便地对草图进行移动、旋转或缩放。

1. 利用“修改草图”对话框修改草图

操作步骤如下。

（1）在 FeatureManager 设计树中打开或者选择一个草图。

（2）单击“草图”面板中的“修改草图”按钮，系统会弹出“修改草图”对话框，如图 2-46 所示。

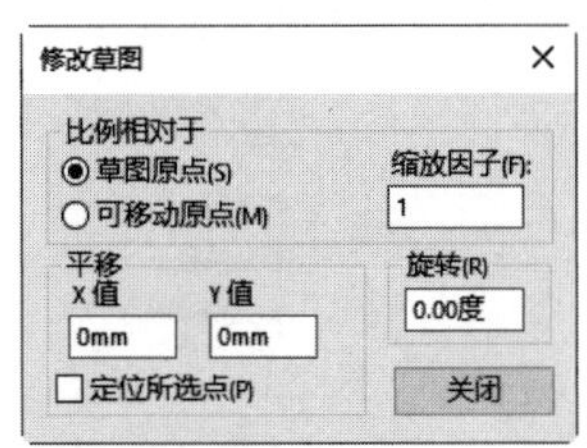

图 2-46 “修改草图”对话框

（3）在“比例相对于”栏中有以下两种选项。

☑ 选中“草图原点”单选按钮，相对于草图原点改变整个草图的缩放比例。
☑ 选中“可移动原点”单选按钮，相对于可移动原点缩放草图。

（4）在“缩放因子”文本框中设置要对草图进行缩放的比例。

（5）如果要移动草图，在“平移”栏的两个文本框中输入 X 和 Y 值，从而确定草图的平移量；如果要将草图中的一个指定点移动到指定的位置，选中“定位所选点”复选框，然后在草图上选择一个点，在“X 值”和“Y 值”文本框中指定定位点要移动到的草图坐标。

（6）如果要旋转草图，在“旋转”文本框中输入指定的旋转角度。

（7）单击“关闭”按钮，退出“修改草图”对话框。

2. 用鼠标指针对草图进行移动和旋转

操作步骤如下。

（1）在 FeatureManager 设计树中打开或者选择一个草图。

（2）单击“草图”面板中的“修改草图”按钮。

（3）此时鼠标指针变为形状，按住鼠标左键可移动草图，按住鼠标右键可围绕黑色原点符号旋转，如图 2-47 所示。

（4）将鼠标指针移动到黑色原点符号的中心或端点处，鼠标指针会变化为 3 种形状，分别对应 3 种翻转指示，如图 2-48 所示。右击会使草图沿 X 轴、Y 轴或两个方向翻转。

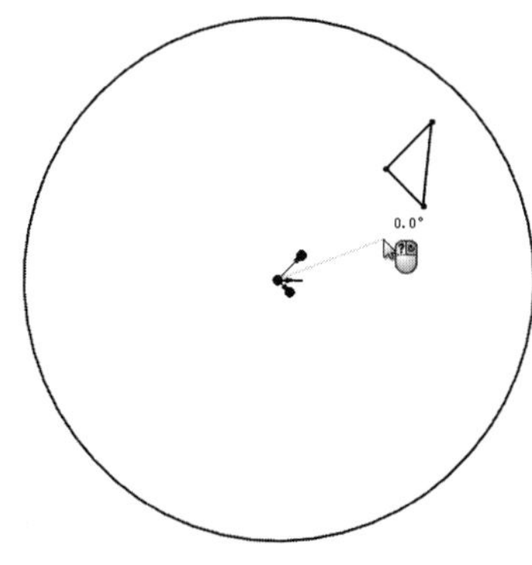

图 2-47　旋转草图

沿 X 轴翻转　沿 Y 轴翻转　沿两个方向翻转

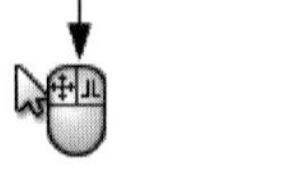

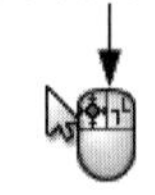

图 2-48　3 种翻转标示

（5）将鼠标指针移动到黑色原点符号的中心，鼠标指针会变为一个在左键显示黑点表示的形状。单击可移动此旋转中心，此时草图并不移动。

（6）单击“修改草图”对话框中的“关闭”按钮，完成修改。

注意：（1）“修改草图”命令将整个草图几何体（包括草图原点）相对于模型进行平移。草图几何体不会被相对于草图原点移动。

（2）如果草图具有多个外部参考引用，则无法移动此草图；如果草图只有一个外部点，则可以绕该点旋转草图。

2.4.9　伸展草图

视频讲解

伸展实体是通过基准点和坐标点对草图实体进行伸展。

操作步骤如下。

（1）单击“草图”面板中的“伸展实体”按钮。

（2）在弹出的“伸展”属性管理器（见图 2-49）中设置以下属性。

☑　选择“要绘制的实体”。

☑　在“参数”栏中：选中“从/到(F)”单选按钮，单击“基准点”图标旁边的显示框，然后单击草图设定基准点，拖动以伸展草图实体；选中“X/Y”单选按钮，为 ΔX 和 ΔY 设定值以伸展草图实体。

☑　单击“确定”按钮，完成草图实体的伸展。

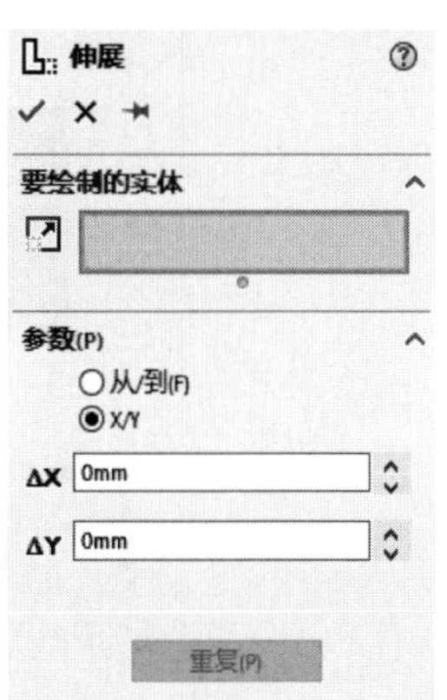

图 2-49　“伸展”属性管理器

Note

视频讲解

2.4.10 实例——棘轮

思路分析

首先绘制圆，然后绘制一个轮齿，再通过“圆周阵列”命令创建所有轮齿，并对其进行修剪，最后删除多余的图元，完成草图的绘制。棘轮草图的绘制流程如图 2-50 所示。

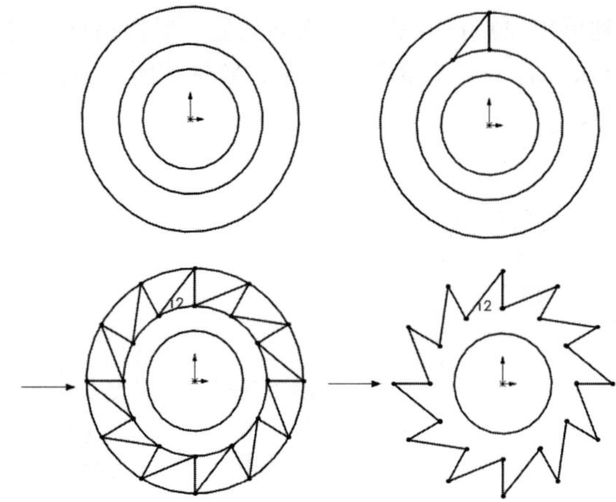

图 2-50　棘轮草图的绘制流程

操作步骤

1. 新建文件

启动 SOLIDWORKS 2022，单击“快速访问”工具栏中的“新建”按钮，在弹出的如图 2-51 所示的“新建 SOLIDWORKS 文件”对话框中单击“零件”按钮，然后单击“确定”按钮，创建一个新的零件文件。

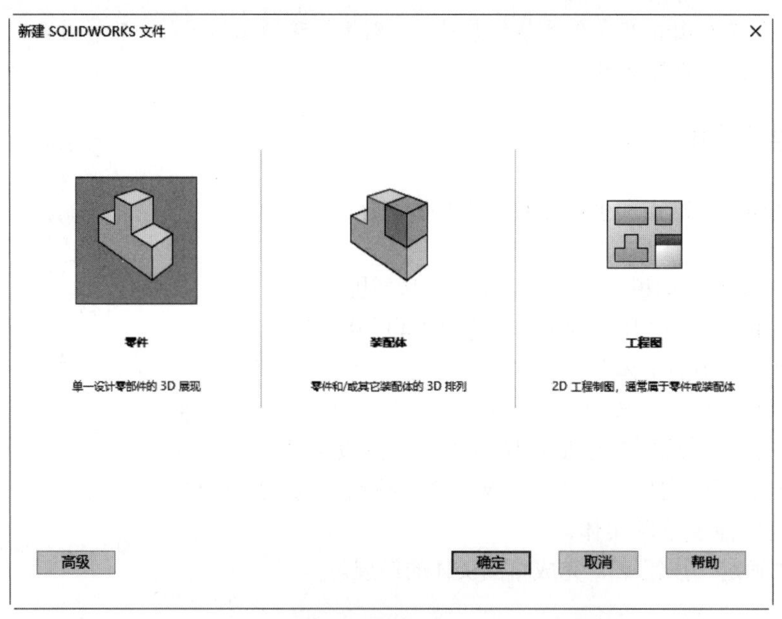

图 2-51　“新建 SOLIDWORKS 文件”对话框

2. 创建基准面

在左侧的 FeatureManager 设计树中选择“前视基准面”作为草图绘制的基准面。单击“草图”面板中的“草图绘制”按钮，进入草图绘制状态。

3. 绘制圆

单击“草图”面板中的“圆”按钮，弹出“圆”属性管理器，如图 2-52 所示。在视图中选择坐标原点为圆的圆心，在“圆”属性管理器中输入半径为 90mm，如图 2-53 所示，单击“确定”按钮✓，绘制的圆如图 2-54 所示。重复“圆”命令，以坐标原点为圆心绘制半径分别为 60mm 和 40mm 的圆，结果如图 2-55 所示。

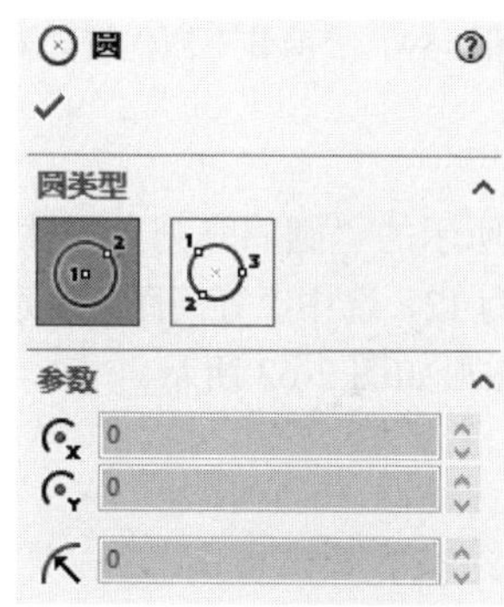

图 2-52 “圆”属性管理器

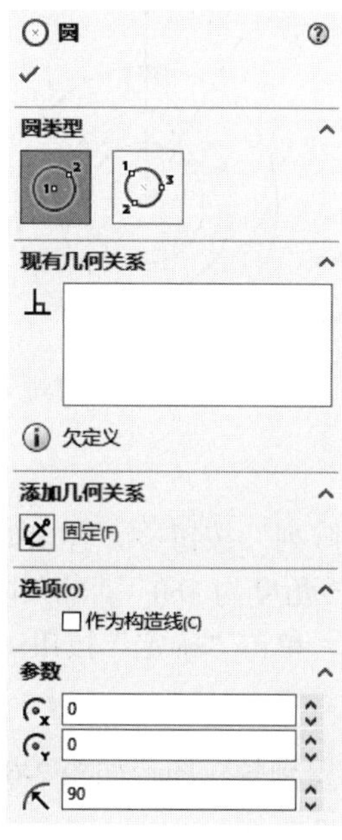

图 2-53 输入圆半径值

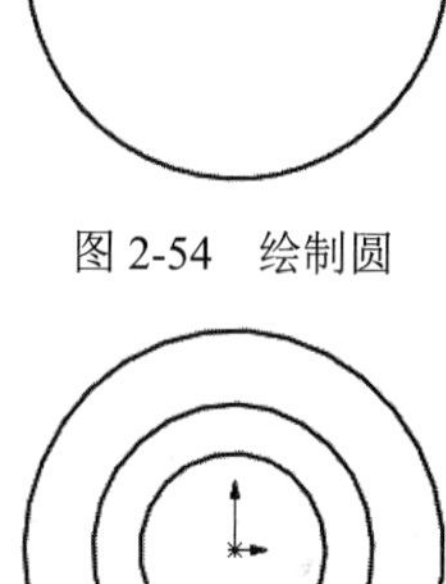

图 2-54 绘制圆

图 2-55 绘制另两个圆

4. 绘制直线

单击“草图”面板中的“直线”按钮，弹出如图 2-56 所示的“插入线条”属性管理器。以坐标原点为起点绘制一条竖直直线，单击“确定”按钮✓。重复“直线”命令，以坐标原点为起点绘制一条斜直线，在“线条属性”属性管理器中修改斜直线的倾斜角度为 120°（逆时针），如图 2-57 所示，单击“确定”按钮✓，绘制斜直线。重复“直线”命令，以直线与圆的交点为起点和终点绘制直线，结果如图 2-58 所示。

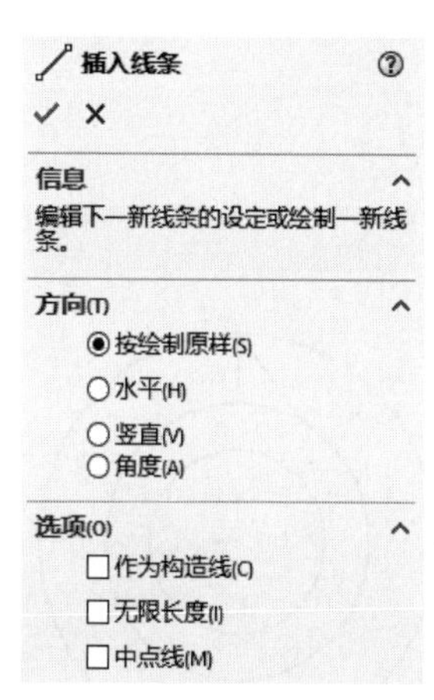

图 2-56 “插入线条”属性管理器

5. 裁剪草图

单击“草图”面板中的“剪裁实体”按钮，弹出如图 2-59 所示的“剪裁”属性管理器。选择“剪裁到最近端”选项，在多余的线段上单击，即可剪裁掉多余的线段，单击“确定”按钮✓，结果如图 2-60 所示。

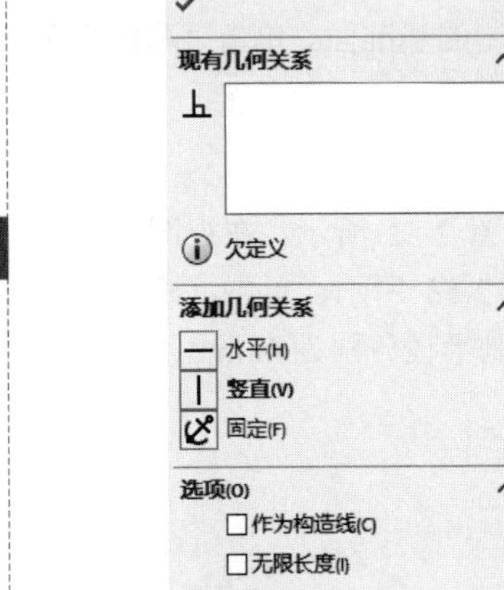

图 2-57　“线条属性”属性管理器

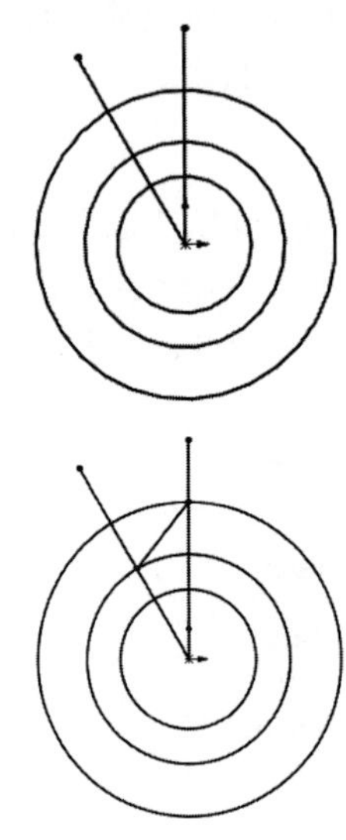

图 2-58　绘制直线

图 2-59　“剪裁”属性管理器

6. 阵列直线

单击“草图”面板中的“圆周草图阵列”按钮，弹出如图 2-61 所示的“圆周阵列”属性管理器。选取坐标原点为阵列中心，输入旋转角度为 360°，输入阵列个数为 12，选中“等间距”复选框，选择修剪后的两条直线为要阵列的实体，单击“确定”按钮✓，阵列图形如图 2-62 所示。

7. 删除图形

删除半径为 90mm 和 60mm 的圆，得到棘轮图形如图 2-63 所示。

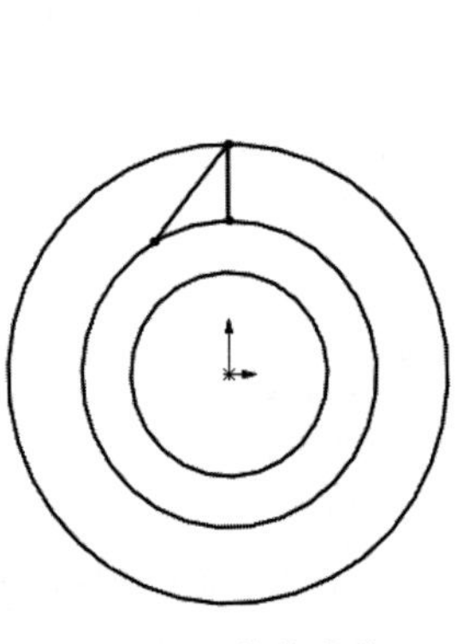

图 2-60　剪裁直线

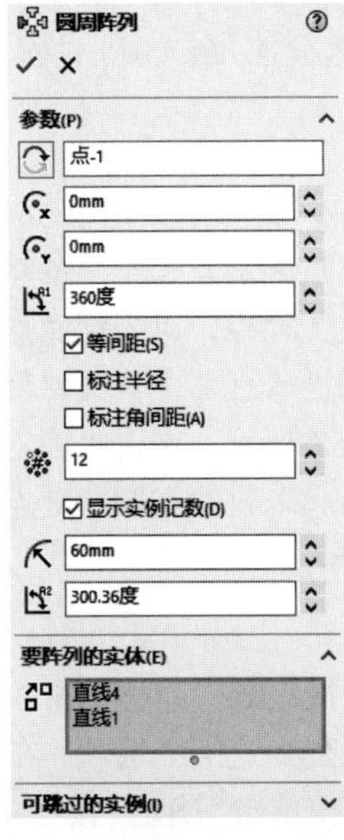

图 2-61　“圆周阵列”属性管理器

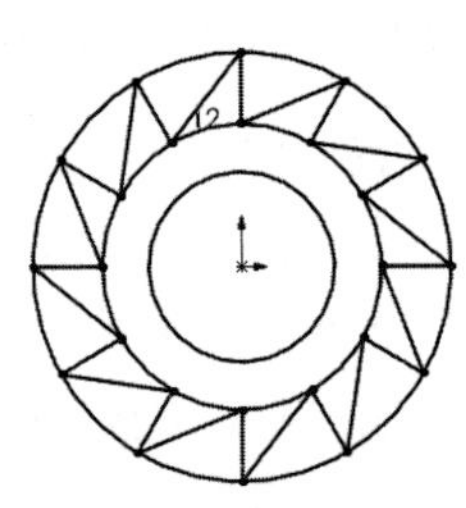

图 2-62　阵列图形

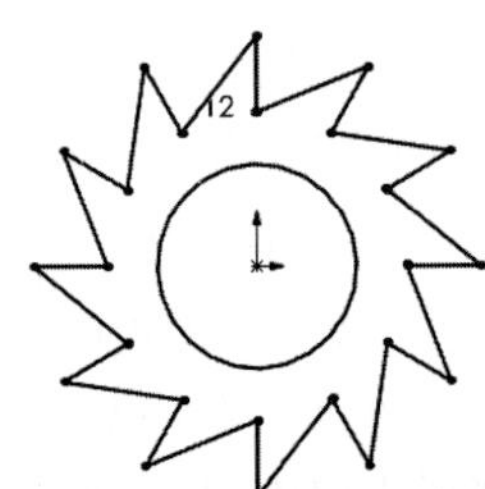

图 2-63　删除圆后的棘轮图形

视频讲解

2.5　智能标注

SOLIDWORKS 2022 是一种尺寸驱动式系统，用户可以指定尺寸及各实体间的几何关系，更改尺寸将改变零件的尺寸与形状。智能标注是草图绘制过程中的重要组成部分。SOLIDWORKS 虽然可以捕捉用户的设计意图，自动进行智能标注，但由于各种原因，有时自动标注的尺寸并不理想，此时用户必须自己进行标注。

2.5.1　度量单位

在 SOLIDWORKS 2022 中可以使用多种度量单位，包括毫米、米、英寸等。

设置度量单位的操作步骤如下。

（1）选择“工具”→“选项”命令，打开“系统选项”对话框。

（2）选择“文档属性”选项卡，选择“单位”项目，如图 2-64 所示。在“单位系统”选项区域中的单选按钮组中选择一个单位系统。

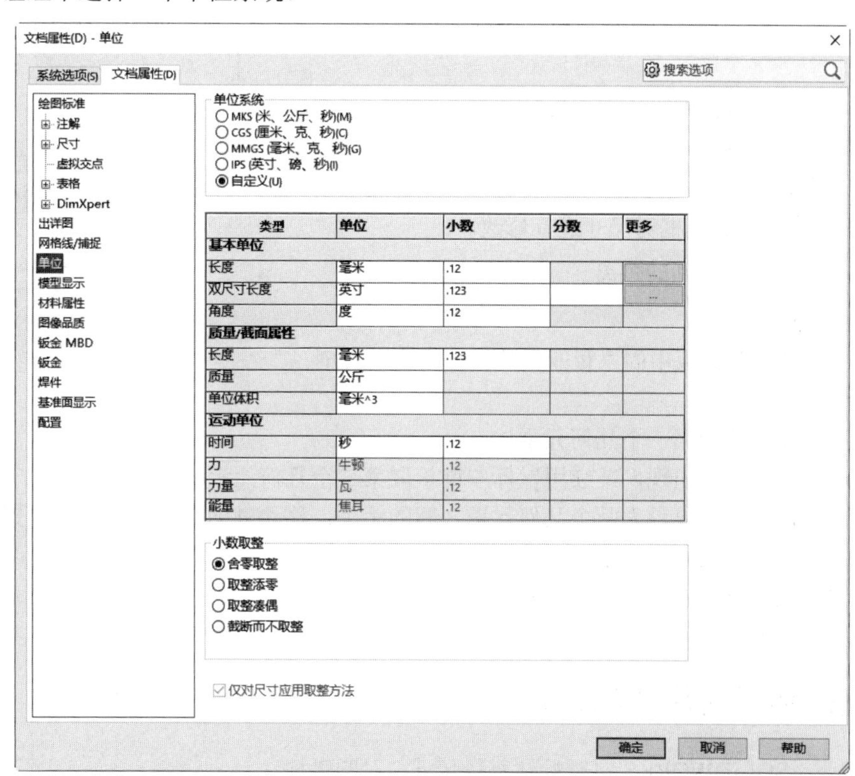

图 2-64　设定文件的度量单位

（3）单击“确定”按钮，关闭对话框。

视频讲解

2.5.2　线性尺寸的标注

线性尺寸用于标注直线段的长度或两个几何元素间的距离，如图 2-65 所示。

Note

1. 标注直线长度尺寸

操作步骤如下。

（1）单击“草图”面板中的“智能尺寸”按钮，此时鼠标指针变为形状。

（2）将指针放到要标注的直线上，此时指针变为形状，要标注的直线以红色高亮度显示。

（3）单击，则标注尺寸线出现并随着鼠标指针移动，如图2-66所示。

（4）将尺寸线移动到适当的位置后再次单击，则尺寸线被固定下来。

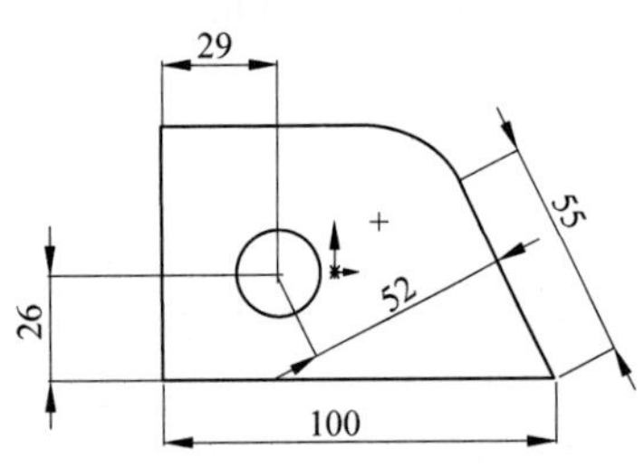

图2-65　线性尺寸的标注

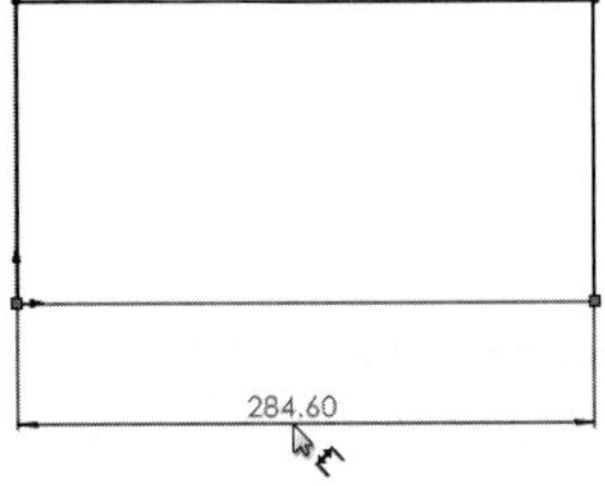

图2-66　拖动尺寸线

（5）如果在“系统选项”选项卡中选中“输入尺寸值”复选框，则当尺寸线被固定下来时会弹出“修改”对话框，如图2-67所示。

（6）在“修改”微调框中输入直线的长度，单击“保存当前数值并退出此对话框”按钮，便完成了标注。

（7）如果没有选中“输入尺寸值”复选框，则需要双击尺寸值，打开“修改”微调框对尺寸进行修改。

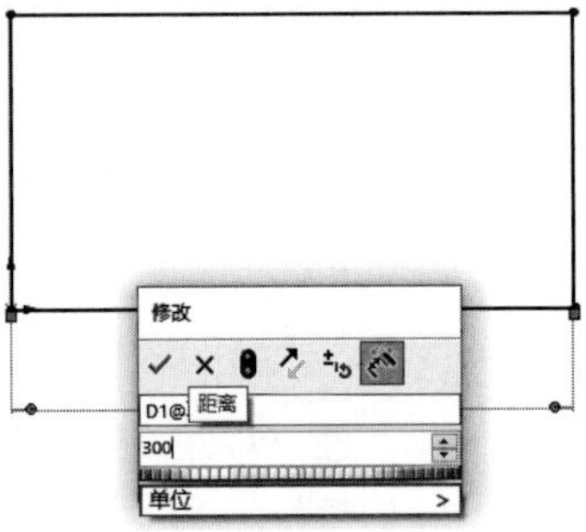

图2-67　“修改”对话框

2. 标注两个几何元素间的距离

操作步骤如下。

（1）单击“草图”面板中的“智能尺寸”按钮，此时鼠标指针变为形状。

（2）用鼠标左键拾取第一个几何元素。

（3）此时标注尺寸线出现，继续用鼠标左键拾取第二个几何元素。

（4）这时标注尺寸线显示为两个几何元素之间的距离，移动鼠标指针到适当的位置处。

（5）单击，将尺寸线固定下来。

（6）在“修改”微调框中输入两个几何元素间的距离，单击“保存当前数值并退出此对话框”按钮，便完成了标注。

视频讲解

2.5.3　直径和半径尺寸的标注

默认情况下，SOLIDWORKS对圆标注直径尺寸，对圆弧标注半径尺寸，如图2-68所示。

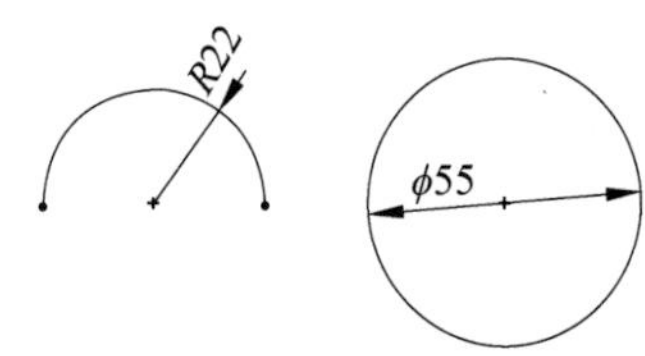

图2-68　直径和半径尺寸的标注

1. 标注圆的直径尺寸

操作步骤如下。

（1）单击“草图”面板中的“智能尺寸”按钮，此时鼠标指针变为形状。

（2）将鼠标指针放到要标注的圆上，此时鼠标指针变为形状，要标注的圆以红色高亮度显示。

（3）单击，则标注尺寸线出现并随着鼠标指针移动。

（4）将尺寸线移动到适当的位置后，再次单击使其固定。

（5）在“修改”微调框中输入圆的直径，单击“保存当前数值并退出此对话框”按钮✔，便完成了标注。

Note

2．标注圆弧的半径尺寸

操作步骤如下。

（1）单击“草图”面板中的“智能尺寸”按钮，此时鼠标指针变为形状。

（2）将鼠标指针放到要标注的圆弧上，此时鼠标指针变为形状，要标注的圆弧以红色高亮度显示。

（3）单击，则标注尺寸线出现，并随着鼠标指针移动。

（4）将尺寸线移动到适当的位置后，再次单击使其固定。

（5）在“修改”微调框中输入圆弧的半径，单击“保存当前数值并退出此对话框”按钮✔，便完成了标注。

视频讲解

2.5.4　角度尺寸的标注

角度尺寸用于标注两条直线的夹角或圆弧的圆心角。

1．标注两条直线的夹角

操作步骤如下。

（1）单击“草图”面板中的“智能尺寸”按钮，此时鼠标指针变为形状。

（2）用鼠标左键拾取第一条直线。

（3）此时标注尺寸线出现，继续用鼠标左键拾取第二条直线。

（4）这时标注尺寸线显示为两条直线之间的角度，随着鼠标指针的移动，系统会显示 3 种不同的夹角角度，如图 2-69 所示。

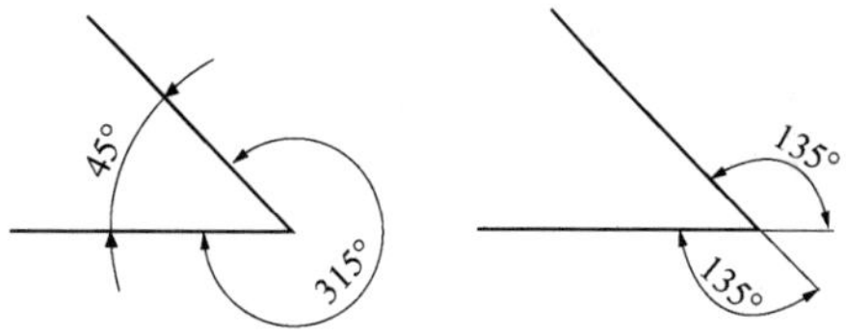

图 2-69　3 种不同的夹角角度

（5）单击，将尺寸线固定下来。

（6）在“修改”微调框中输入夹角的角度值，单击“保存当前数值并退出此对话框”按钮✔，便完成了标注。

2．标注圆弧的圆心角

操作步骤如下。

（1）单击“草图”面板中的“智能尺寸”按钮，此时鼠标指针变为形状。

（2）用鼠标左键拾取圆弧的一个端点。

（3）用鼠标左键拾取圆弧的另一个端点，此时标注尺寸线显示这两个端点之间的距离。

（4）用鼠标左键继续拾取圆心点，此时标注尺寸线显示圆弧两个端点之间的圆心角。

（5）将尺寸线移到适当的位置后，单击将其固定，如图 2-70 所示。

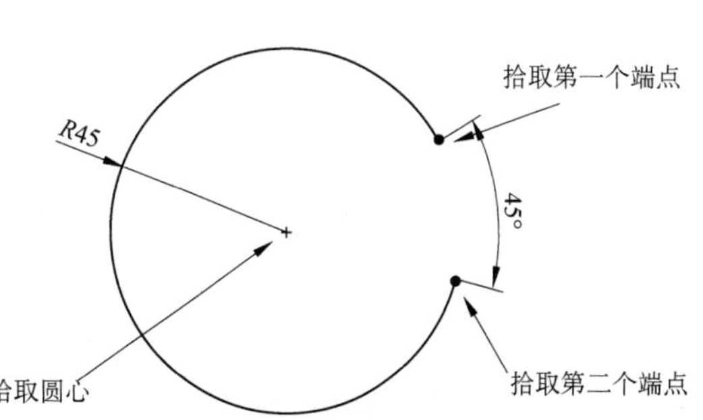

图 2-70　标注圆弧的圆心角

（6）在“修改”微调框中输入圆弧的角度值，

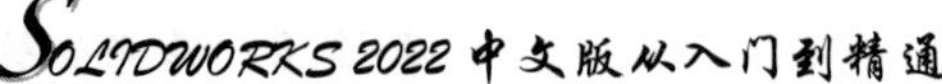

单击“保存当前数值并退出此对话框”按钮✔，便完成了标注。

注意：如果在步骤（4）中拾取的不是圆心点而是圆弧，则将标注两个端点之间圆弧的长度，如图 2-71 所示。

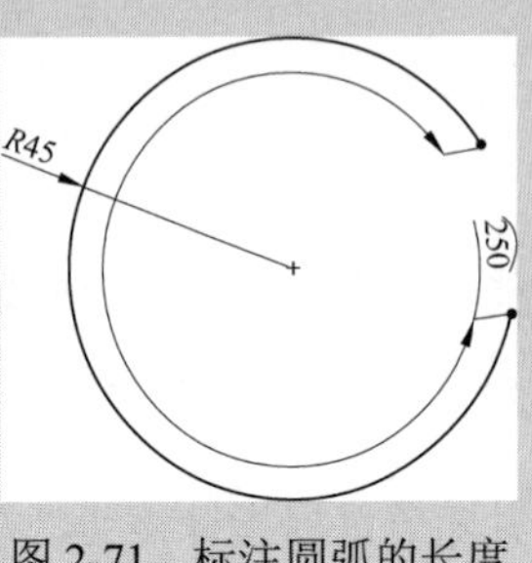

图 2-71　标注圆弧的长度

2.6　几何关系

几何关系是指草图实体之间或草图实体与基准面、基准轴、边线或顶点之间的几何约束。

表 2-1 说明了可为几何关系选择的实体以及所产生的几何关系的特点。

表 2-1　几何关系说明

几 何 关 系	要选择的实体	所产生的几何关系
水平或竖直	一条或多条直线，两个或多个点	直线会变成水平或竖直（由当前草图的空间定义），而点会水平或竖直对齐
共线	两条或多条直线	实体位于同一条无限长的直线上
全等	两个或多个圆弧	实体会共用相同的圆心和半径
垂直	两条直线	两个实体相互垂直
平行	两条或多条直线	实体相互平行
相切	圆弧、椭圆和样条曲线，直线和圆弧，直线和曲面或三维草图中的曲面	两个实体保持相切
同心	两个或多个圆弧	圆弧共用同一圆心
中点	一个点和一条直线，一个点和一个圆弧	点保持位于线段或圆弧的中点
交叉	两条直线和一个点	点保持位于直线的交叉点处
重合	一个点和一直线、圆弧或椭圆	点位于直线、圆弧或椭圆上
相等	两条或多条直线，两个或多个圆弧	直线长度或圆弧半径保持相等
对称	一条中心线和两个点、直线、圆弧或椭圆	实体保持与中心线相等距离，并位于一条与中心线垂直的直线上
固定	任何实体	实体的大小和位置固定
穿透	一个草图点和一个基准轴、边线、直线或样条曲线	草图点与基准轴、边线或曲线在草图基准面上穿透的位置重合
合并点	两个草图点或端点	两个点合并成一个点

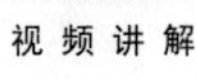

2.6.1　添加几何关系

利用添加几何关系工具可以在草图实体之间或草图实体与基准面、基准轴、边线或顶点之间生成

几何关系。

操作步骤如下。

（1）单击“草图”面板中的“添加几何关系”按钮上，弹出“添加几何关系”属性管理器，如图 2-72 所示。

（2）在草图上选择要添加几何关系的实体。

（3）信息栏ⓘ显示所选实体的状态（完全定义或欠定义等）。

（4）如果要移除一个实体，在“所选实体”栏中右击该实体名称，在弹出的快捷菜单中选择“删除”命令即可。

注意：如果在弹出的快捷菜单中选择“消除选择”命令，则会移除全部的实体。

（5）在“添加几何关系”栏中单击要添加的几何关系类型（相切或固定等），要添加的几何关系类型就会出现在“现有几何关系”栏中。

（6）如果要删除已添加的几何关系，在“现有几何关系”栏中右击该几何关系名称，在弹出的快捷菜单中选择“删除”命令即可。

（7）单击“确定”按钮✔，几何关系即添加到草图实体之间，如图 2-73 所示。

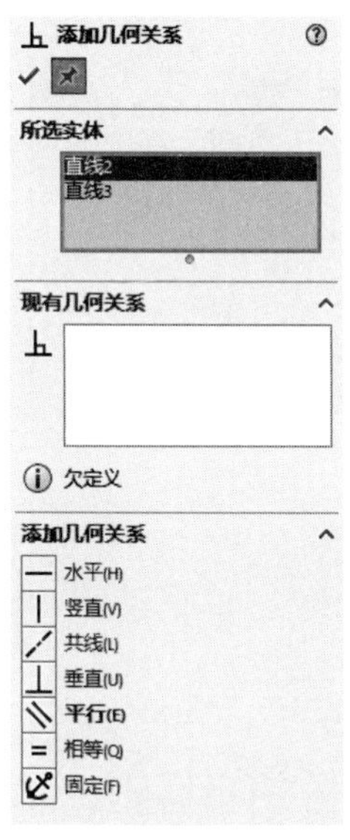

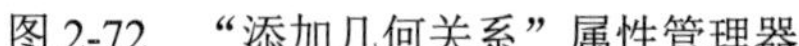

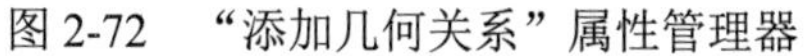

图 2-72　“添加几何关系”属性管理器

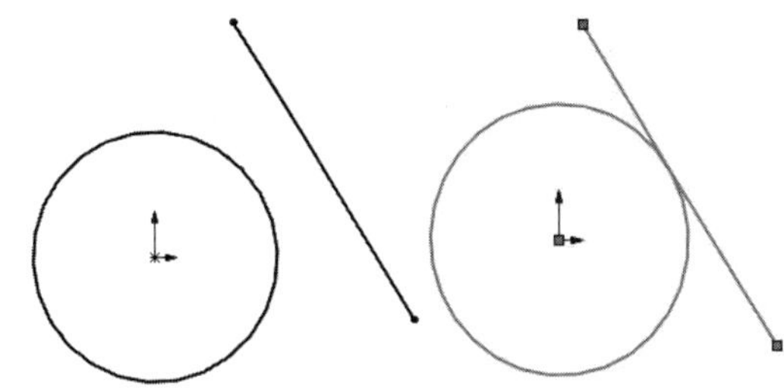

图 2-73　添加相切关系前后的两实体

注意：所选实体中至少要有一个是草图实体，其他可以是草图实体、一条边线、面、顶点、原点、基准面、轴或从其他草图的线或圆弧映射到此草图平面所形成的草图曲线。

2.6.2　自动添加几何关系

视频讲解

使用 SOLIDWORKS 的自动添加几何关系工具，在绘制草图时鼠标指针会改变形状以显示可以生成哪些几何关系。图 2-74 显示了不同的鼠标指针形状和对应的几何关系。

操作步骤如下。

（1）选择“工具”→“选项”命令，打开“系统选项”对话框。

（2）在左边的区域中单击“草图”中的“几何关系/捕捉”项目，然后在右边的区域中选中“自动几何关系”复选框，如图 2-75 所示。

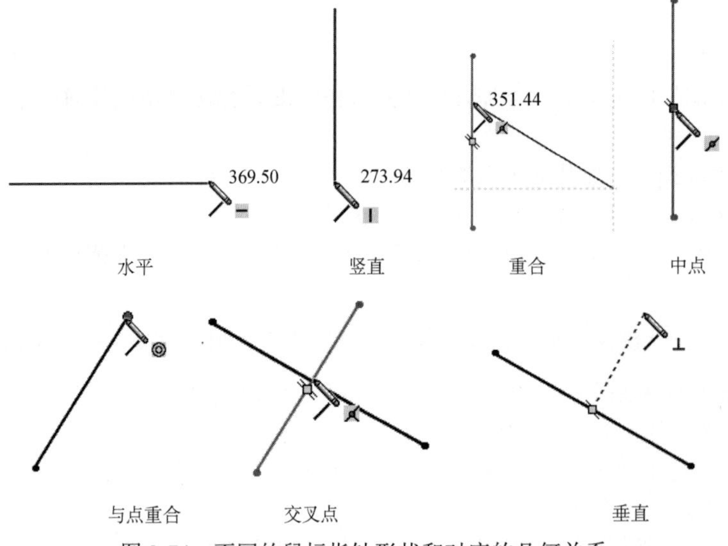

图 2-74　不同的鼠标指针形状和对应的几何关系

图 2-75　自动添加几何关系

（3）单击“确定”按钮，关闭对话框。

视频讲解

2.6.3　显示/删除几何关系

利用显示/删除几何关系工具，可显示手动和自动应用到草图实体的几何关系，查看特定草图实体的几何关系，并可用来删除不再需要的几何关系。此外，还可以通过替换列出的参考引用来修正错

误的实体。

操作步骤如下。

（1）单击“草图”面板中的“显示/删除几何关系”按钮，弹出“显示/删除几何关系”属性管理器，如图 2-76 所示。

（2）在“几何关系”栏中选择要显示的几何关系。在显示每个几何关系时，高亮显示相关的草图实体，同时还会显示其状态。在“实体”栏中也会显示草图实体的名称、状态，如图 2-77 所示。

图 2-76　“显示/删除几何关系”属性管理器

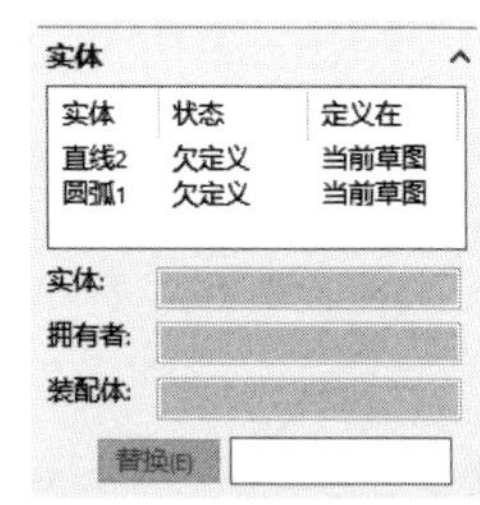

图 2-77　存在几何关系的实体状态

（3）选中“压缩”复选框，可压缩当前的几何关系。

（4）单击“删除”按钮，可删除当前的几何关系；单击“删除所有”按钮，可删除当前选择的所有几何关系。

（5）单击“撤销上次几何关系更改”按钮，可以恢复上次更改的几何关系。

2.7　检查草图

视频讲解

SOLIDWORKS 2022 提供了检查草图的工具，通过它们可以在利用草图生成特征时，自动检查草图的合法性，给出修复的合理建议。

利用 SOLIDWORKS 2022 提供的检查草图功能的操作如下。

（1）在打开草图的状态下，选择“工具”→“草图工具”→“检查草图合法性”命令。

（2）在弹出的“检查有关特征草图合法性”对话框（见图 2-78）的“特征用法”下拉列表框中选择草图要用的特征。

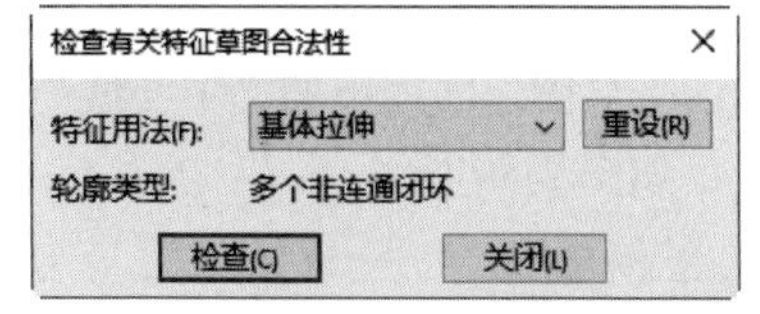

图 2-78　“检查有关特征草图合法性”对话框

（3）在“轮廓类型”中会显示该种特征对草图轮廓的要求。

（4）单击“检查”按钮。

（5）此时会根据在“特征用法”下拉列表框中选取的特征所需的轮廓类型来检查。如果草图通过检查，会显示没有发现问题信息；如果出现错误，则会显示有关错误的说明，并且会高亮显示包含错误的草图区域，每次检查只报告一个错误。

（6）单击“关闭”按钮，关闭对话框。

2.8　综合实例——曲柄草图

Note

视频讲解

首先绘制中心线，然后绘制圆和直线并添加几何关系，最后标注尺寸，绘制流程如图2-79所示。

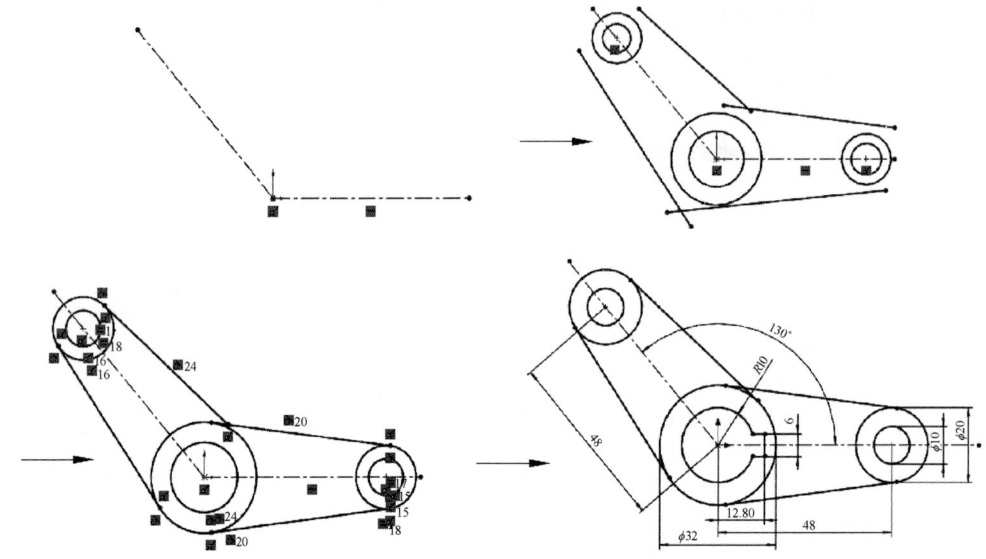

图2-79　曲柄草图的绘制流程

操作步骤

1. 新建文件

启动SOLIDWORKS 2022，单击“快速访问”工具栏中的“新建”按钮，在弹出的“新建SOLIDWORKS文件”对话框中单击“零件”按钮，然后单击“确定”按钮，创建一个新的零件文件。

2. 进入草图绘制界面

单击“草图”面板中的“草图绘制”按钮，进入草图绘制界面。

3. 绘制中心线

单击“草图”面板中的“中心线”按钮，绘制水平和倾斜中心线，如图2-80所示。

图2-80　绘制中心线

4. 绘制圆

单击“草图”面板中的“圆”按钮，绘制圆，如图2-81所示。

5. 绘制直线

单击“草图”面板中的“直线”按钮，绘制4条直线，如图2-82所示。

6. 添加几何关系

单击“草图”面板中的“添加几何关系”按钮，打开“添加几何关系”属性管理器，如图2-83所示。添加中间两个圆的同心关系，然后对两端的4个圆分别进行添加同心关系，接着添加两端圆的

相等关系，最后分别添加两边直线与圆的相切关系，如图 2-84 所示。

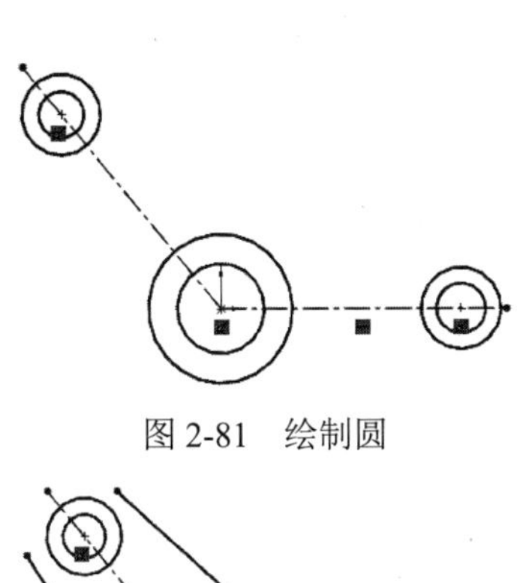

图 2-81　绘制圆

图 2-82　绘制直线

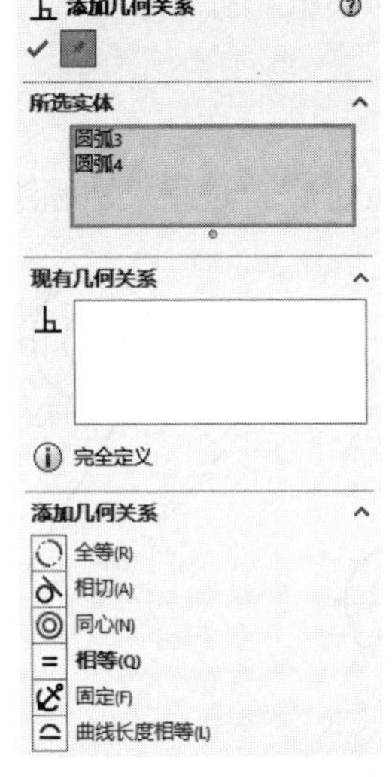

图 2-83　“添加几何关系”属性管理器

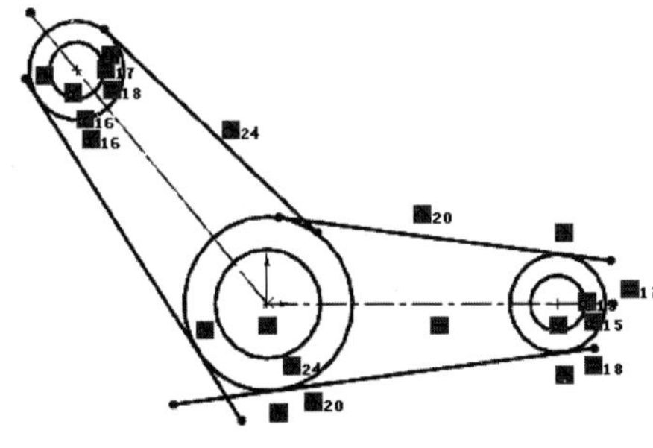

图 2-84　添加几何关系

7. 修剪图形

单击“草图”面板中的“剪裁实体”按钮，打开如图 2-85 所示的“剪裁”属性管理器，选择“剪裁到最近端”选项，修剪多余的线段，如图 2-86 所示。

8. 绘制直线

单击“草图”面板中的“直线”按钮，绘制直线，如图 2-87 所示。

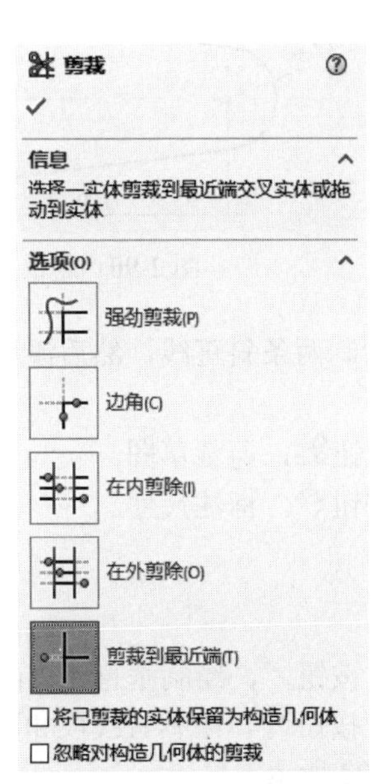

图 2-85　“剪裁”属性管理器

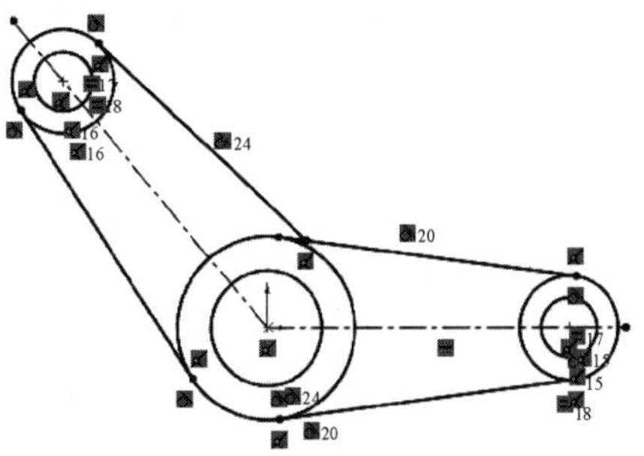

图 2-86　修剪图形 1

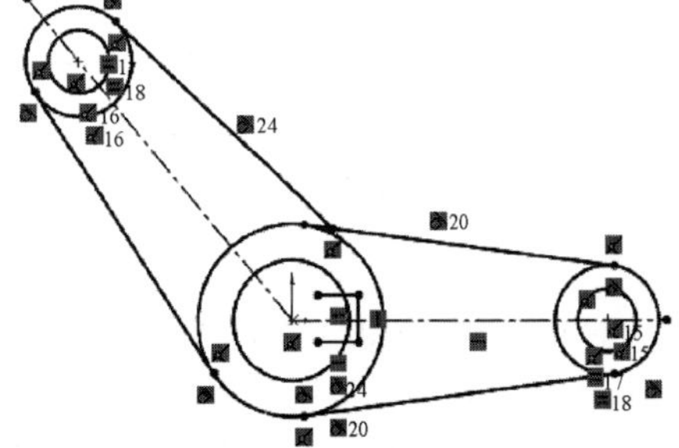

图 2-87　绘制直线

Note

9. 修剪图形

单击“草图”面板中的“剪裁实体”按钮，打开“剪裁”属性管理器，选择“剪裁到最近端”选项，修剪多余的线段，如图 2-88 所示。

10. 标注尺寸

单击“草图”面板中的“智能尺寸”按钮，进行尺寸标注，如图 2-89 所示。

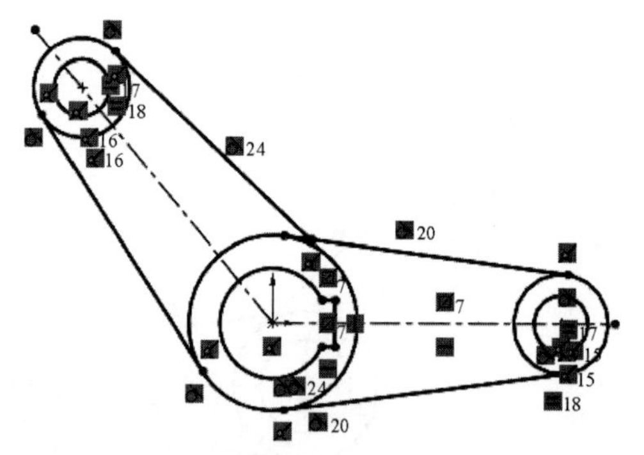

图 2-88 修剪图形 2

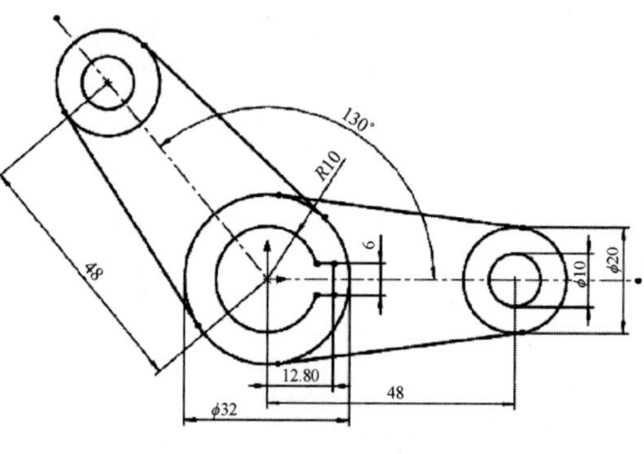

图 2-89 标注尺寸

注意： 因为曲柄草图的左半部分和右半部分是相同的，所以可以先绘制出右半部分，然后通过“复制实体”和“旋转实体”命令得到左半部分。

2.9 实践与操作

通过前面的学习，相信读者对本章知识已有了一个大体的了解，本节将通过两个操作练习帮助读者进一步掌握本章的知识要点。

1. 绘制如图 2-90 所示的斜板图形

操作提示：

（1）绘制中心线。单击“草图”面板中的“中心线”按钮，绘制水平中心线。

（2）绘制圆。单击“草图”面板中的“圆”按钮，绘制两个圆。

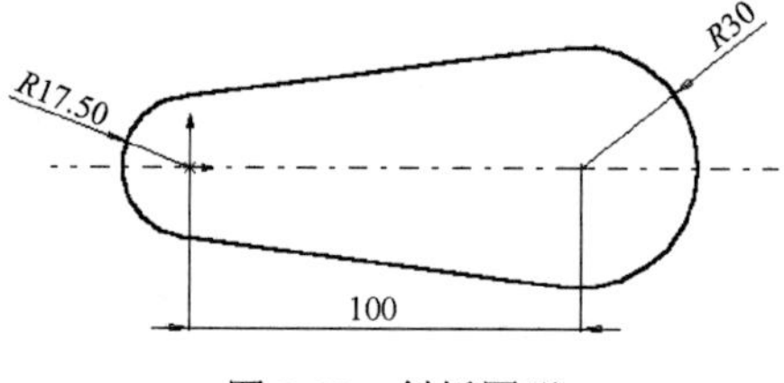

图 2-90 斜板图形

（3）绘制直线并添加相切关系。在两个圆的上、下方绘制两条斜直线，然后添加圆与直线的相切关系。

（4）剪裁草图。单击“草图”面板中的“剪裁实体”按钮，剪裁草图。

（5）标注尺寸。单击“草图”面板中的“智能尺寸”按钮，标注尺寸。

2. 绘制如图 2-91 所示的气缸草图

操作提示：

（1）绘制截面草图。单击“草图”面板中的“中心线”按钮，绘制垂直相交的中心线。再单击“草图”面板中的“直线”按钮和“圆心/起/终点画弧”按钮，绘制直线段和圆弧。单击“草图”面板中的“智能尺寸”按钮，标注尺寸，结果如图 2-92 所示。

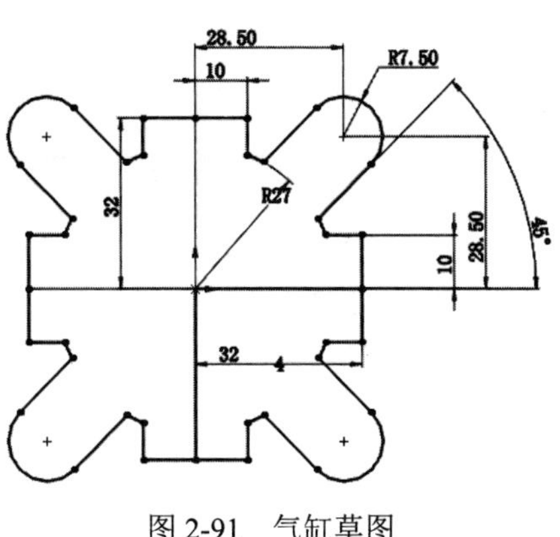

图 2-91　气缸草图

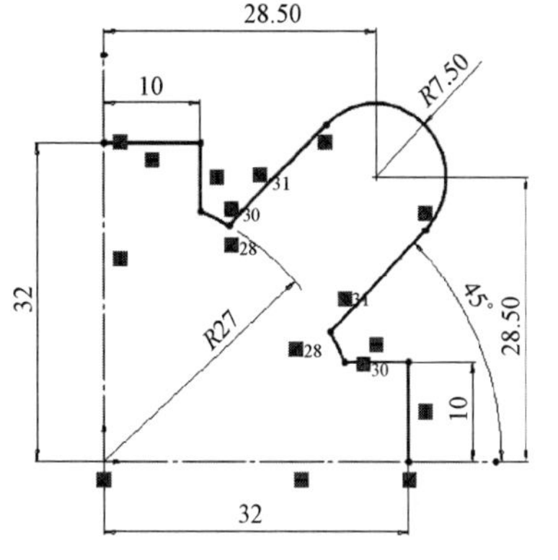

图 2-92　绘制截面草图

（2）阵列草图。单击“草图”面板中的“圆周草图阵列”按钮，阵列草图个数为 4，结果如图 2-93 所示。

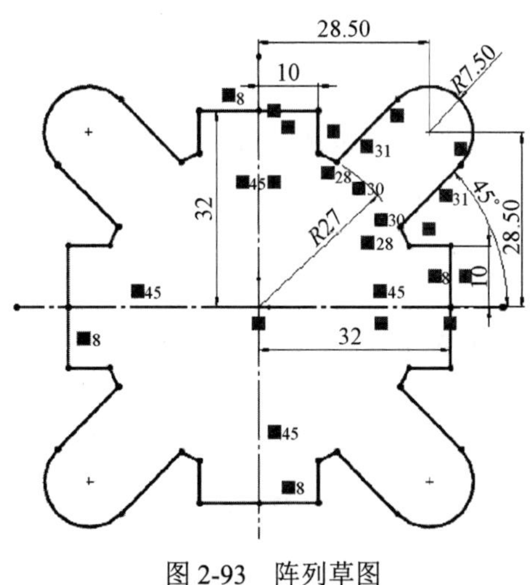

图 2-93　阵列草图

第3章 草绘特征

本章主要介绍零件建模的基本概念和建模过程，以及以绘制的二维草图为截面形成实体特征的命令，包括拉伸、旋转、扫描、放样等。

- ☑ 零件建模的基本概念
- ☑ 零件特征分析
- ☑ 零件三维实体建模的基本过程
- ☑ 拉伸特征、旋转特征、扫描特征
- ☑ 放样特征、加强筋特征、包覆特征
- ☑ 综合实例——调节螺母

任务驱动&项目案例

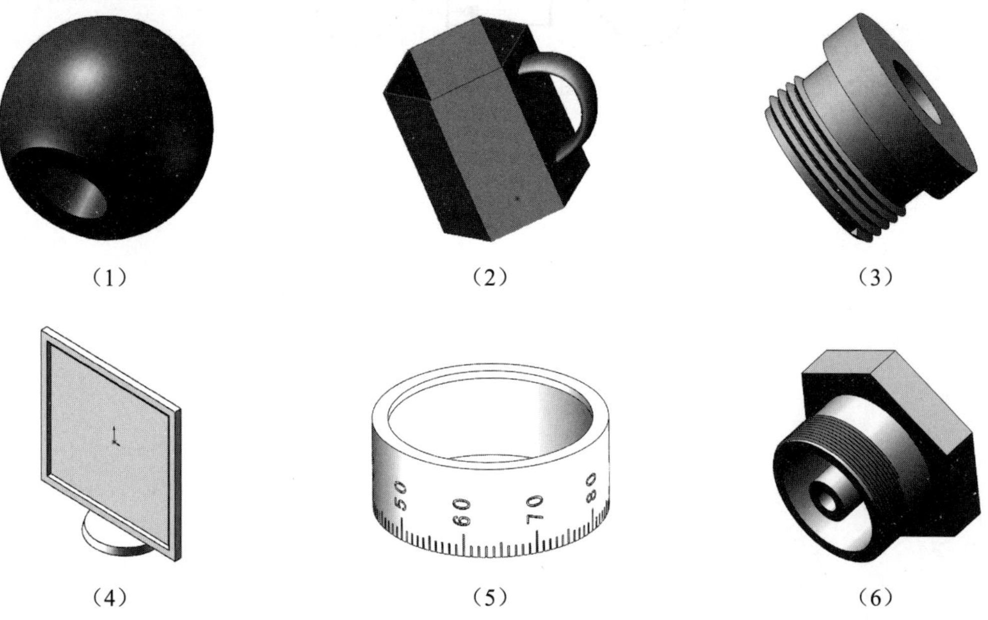

（1） （2） （3）

（4） （5） （6）

3.1　零件建模的基本概念

三维 CAD 模型的表示经历了从线框模型、曲面模型到实体模型的发展过程，所表示的几何体信息也越来越完整、准确。

传统的机械设计要求设计人员必须具有较强的三维空间想象能力和表达能力。当设计师接到一个新的零件设计任务时，他的脑海中必须先构造出该零件的三维形状，然后按照三视图的投影规律，用二维工程图将零件的三维形状表达出来。这种设计方式工作量较大且缺乏直观性。早期的 CAD 技术仅仅能够辅助完成一些二维绘图工作。随着计算机图形学的发展，CAD 技术也逐渐由二维绘图向三维设计过渡。三维 CAD 系统开始采用三维模型进行产品设计，如同实际产品的构造和加工制造过程一样，反映产品真实的几何形状，使设计过程更加符合设计师的设计习惯和思维方式。设计师可以更加专注于产品设计本身，而不是产品的图形表示。由于三维 CAD 系统具有设计过程直观、设计效率高等特点，相信在不久的将来它会完全取代二维 CAD 软件。

表 3-1 列出了线框模型、曲面模型和实体模型 3 种几何建模技术的应用场合和特点。

表 3-1　3 种几何建模技术的比较

应 用 场 合	线 框 模 型	曲 面 模 型	实 体 模 型
数据结构	点和边	点、边和面/参数方程	点、线、面、体和相关信息
工程图能力	好	有限制	好
剖切视图	仅有交点	仅有交线	交线与剖切面
自动消隐线	不可能	可行	可行
真实感图形	不可能	可行	可行
物性计算	有限制	在人机交互下可行	全自动且精确
干涉检查	凭视觉	用真实感图形判别	可行
计算机要求	低	一般	32 位机

线框模型是用几何体的棱线表示几何体的外形，如同用线架搭出的形状一样，模型中没有表面、体积等信息。曲面模型是利用几何体的外表面构造的模型，如同线框模型上蒙了一层外皮，使几何体有了一定的轮廓，可以产生诸如阴影、消隐等效果，但模型中缺乏体积的概念，如同一个几何体的空壳。几何模型发展到实体模型阶段，封闭的几何表面构成了一定的体积，形成了几何体的概念，如同在几何体中间填充了一定的物质，使之具有了如重量、密度等特性，并可以进行两个几何体的干涉检查等。实体模型完整地定义了三维形体，存储的信息量最完整。

SOLIDWORKS 是基于特征的实体造型软件。“基于特征”是指零件模型的构造是由各种特征来生成的，零件的设计过程就是特征的累积过程。

所谓特征是指可以用参数驱动的实体模型。通常，特征应满足如下条件。

（1）特征必须是一个实体或零件中的具体构成之一。

（2）特征能对应于某一形状。

（3）特征应该具有工程上的意义。

（4）特征的性质是可以预料的。

改变与特征相关的形状与位置的定义，可以改变与模型相关的形位关系。对于某个特征，既可以将其与某个已有的零件相联结，也可以把它从某个已有的零件中删除，还可以与其他多个特征共同组

合创建新的实体。

3.2 零件特征分析

任何复杂的机械零件，从特征的角度来看，都是由一些简单的特征所组成的，所以可以把它们叫作组合体。

组合体按其组成方式可以分为特征叠加、特征切割和特征相交 3 种基本形式，如图 3-1 所示。

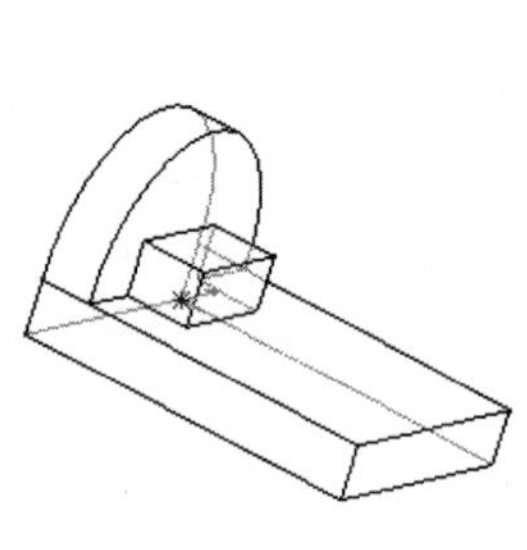

（a）特征叠加

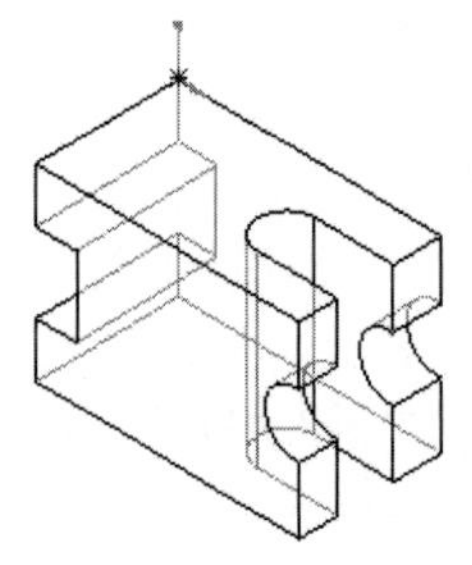

（b）特征切割

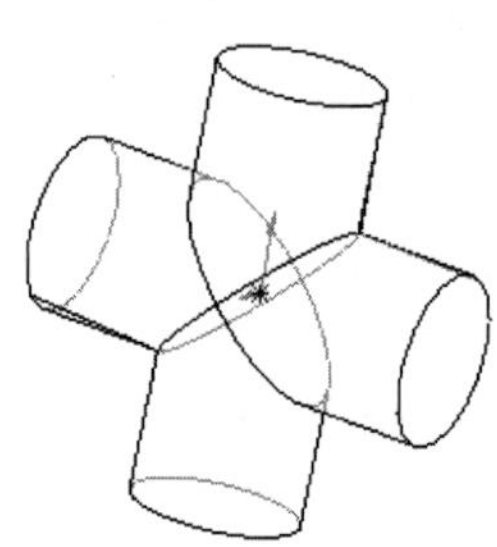

（c）特征相交

图 3-1 组合体的组成方式

在零件建模前，一般应进行深入的特征分析，搞清零件是由哪几个特征组成的，明确各个特征的形状，以及它们之间的相对位置和表面连接关系，然后依照特征的主次关系，按一定的顺序进行建模。下面就对图 3-1 中的 3 种基本形式的简单零件进行特征分析。

叠加体零件可看成是由 3 个简单特征叠加而成的，分别是作为底板的长方体特征 1、半圆柱特征 2 和小长方体特征 3，如图 3-2 所示。

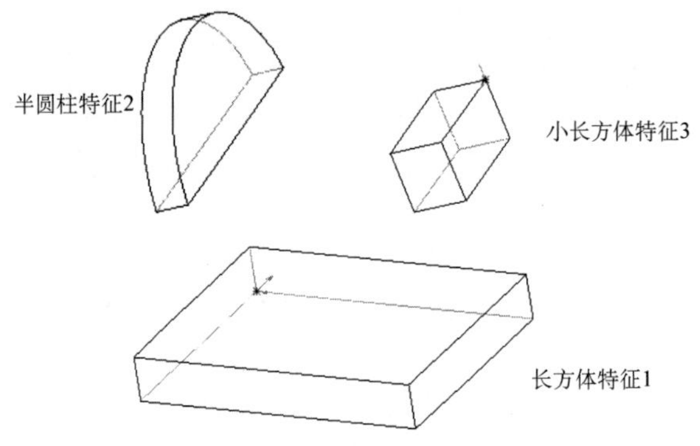

图 3-2 叠加体零件特征分析

切割体零件可以看成是由一个长方体被 3 个简单特征切割而成的，如图 3-3 所示。

相交体零件可以看成是由两个圆柱体特征相交而成，如图 3-4 所示。

一个复杂的零件，可能是由多个简单特征经过相互叠加、切割或相交组合而成的。在建模零件时，特征的生成顺序很重要。不同的建模过程虽然可以构造出同样的实体零件，但其造型过程及实体的造型结构却直接影响到实体模型的稳定性、可修改性、可理解性及其应用。通常，实体零件越复杂，其稳定性、可靠性、可修改性、可理解性就越差。因此，在技术要求允许的情况下，应尽量简化实体零件的特征结构。

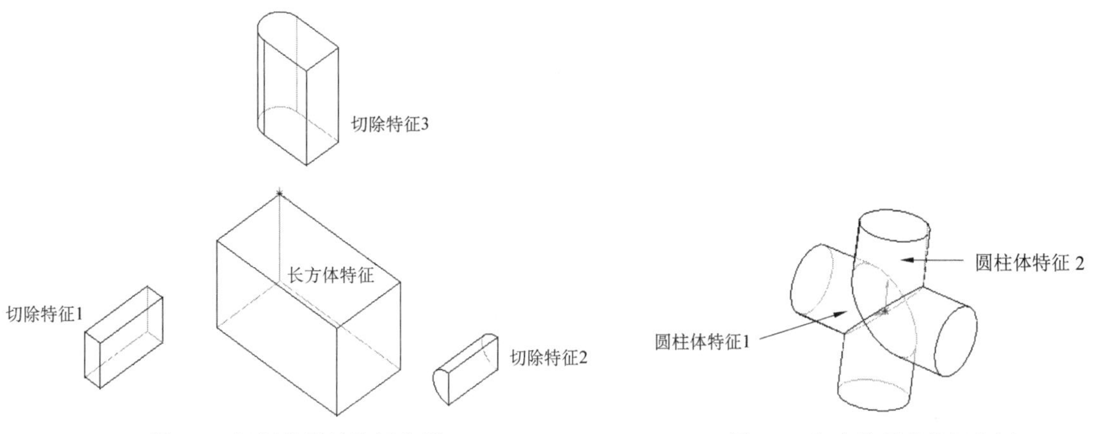

图 3-3 切割体零件特征分析　　　　图 3-4 相交体零件特征分析

SOLIDWORKS 2022 按创建顺序将构成零件的特征分为基本特征和构造特征两类。最先建立的特征为基本特征，它常常是零件最重要的特征。在建立好基本特征后，才能创建其他各种特征，这些特征统称为构造特征。另外，按照特征生成方法的不同，又可以将构成零件的特征分为草绘特征和放置特征。草绘特征是指在特征的创建过程中，设计者必须通过草绘特征截面才能生成的特征。创建草绘特征是零件建模过程中的主要工作。放置特征是系统内部定义好的一些参数化特征，在创建过程中，设计者只要按照系统的提示设定各种参数即可。这类特征一般是零件建模过程中的常用特征，如孔特征。

3.3 零件三维实体建模的基本过程

一个零件的建模过程，实际上就是多个简单特征相互叠加、切割或相交的操作过程。

按照特征的创建顺序，构成零件的特征可分为基本特征和构造特征。因此，对于一个零件来说，其实体建模的基本过程可以由如下几个步骤组成。

（1）进入零件设计模式。

（2）分析零件特征，并确定特征创建顺序。

（3）创建与修改基本特征。

（4）创建与修改其他构造特征。

（5）所有特征完成之后，存储零件模型。

3.4 拉 伸 特 征

拉伸特征由截面轮廓草图经过拉伸而成，适合于构造等截面的实体特征。

3.4.1 拉伸凸台/基体

图 3-5 显示了利用拉伸特征生成的零件。

Note

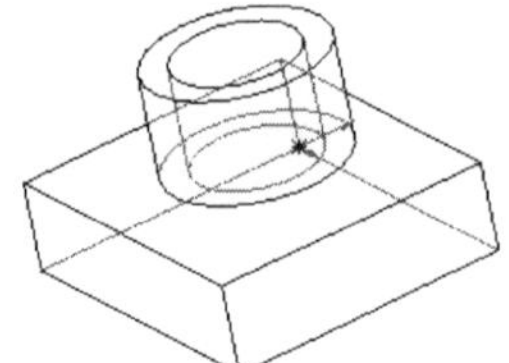

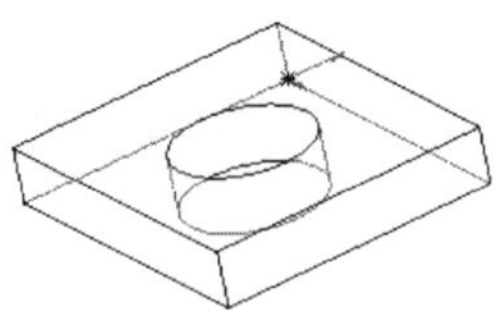

（a）拉伸凸台　　（b）薄壁拉伸　　（c）反向拉伸

图 3-5　利用拉伸凸台/基体特征生成的零件

操作步骤如下。

（1）保持草图处于激活状态，单击“特征”面板中的“拉伸凸台/基体”按钮。

（2）弹出“凸台-拉伸”属性管理器，如图 3-6 所示。

（3）在“方向 1”栏中，在“反向”按钮右侧的终止条件下拉列表框中选择拉伸的终止条件。

☑　给定深度：从草图的基准面拉伸到指定的距离平移处，以生成特征，如图 3-7 所示。

☑　完全贯穿：从草图的基准面拉伸，直到贯穿所有现有的几何体，如图 3-8 所示。

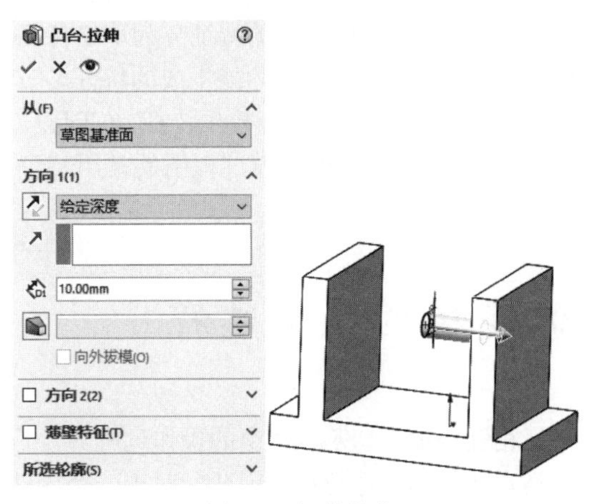

图 3-6　拉伸基体

图 3-7　给定深度

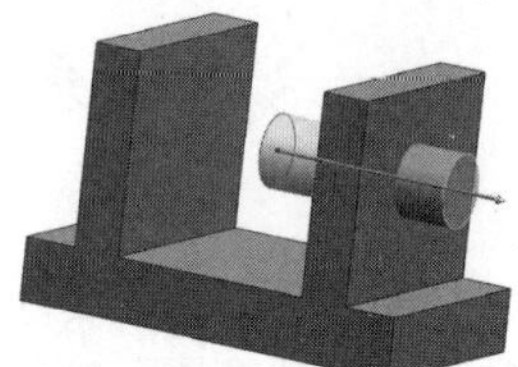

图 3-8　完全贯穿

☑　成形到下一面：从草图的基准面拉伸到下一面（隔断整个轮廓），以生成特征，如图 3-9 所示。

注意：下一面必须在同一零件上。

☑　成形到一面：从草图的基准面拉伸到所选的面或曲面以生成特征，如图 3-10 所示。

☑　到离指定面指定的距离：从草图的基准面拉伸到离某面或曲面的指定距离处以生成特征，如图 3-11 所示。

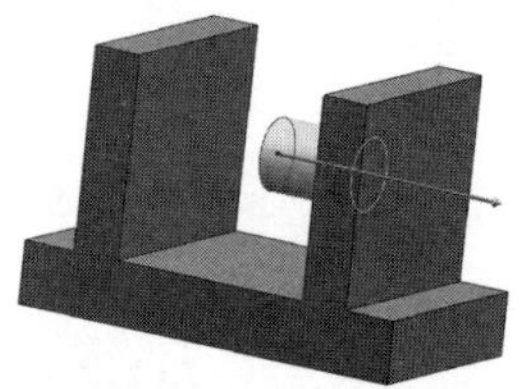

图 3-9　成形到下一面

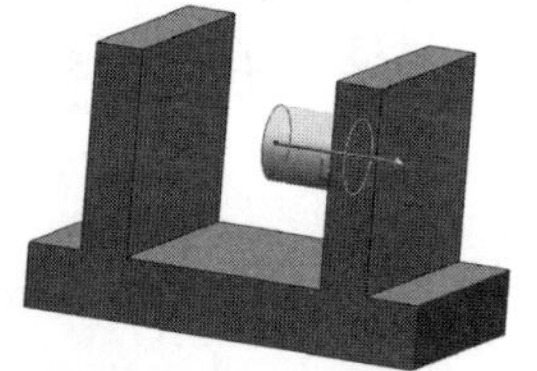

图 3-10　成形到一面

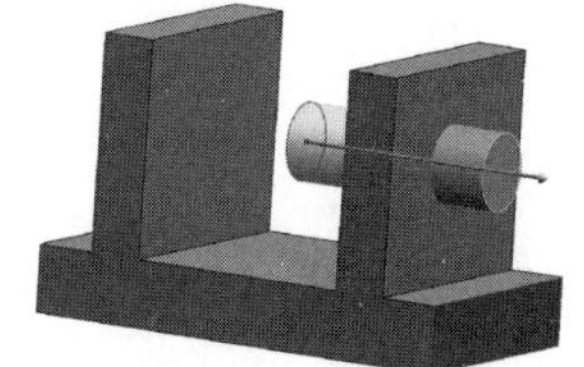

图 3-11　到离指定面指定的距离

☑　两侧对称：从草图基准面向两个方向对称拉伸，如图 3-12 所示。

☑　成形到一顶点：从草图基准面拉伸到一个平面，该平面平行于草图基准面且穿越指定的顶点，

如图 3-13 所示。

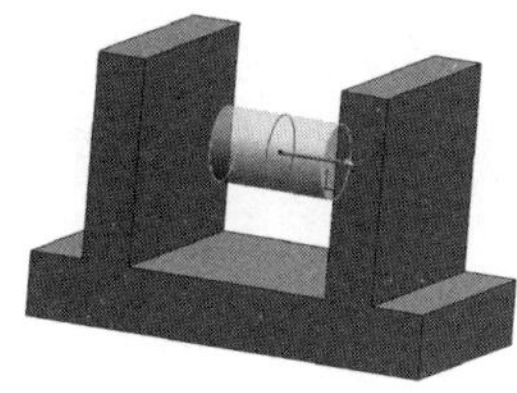

图 3-12　两侧对称　　　　图 3-13　成形到一顶点

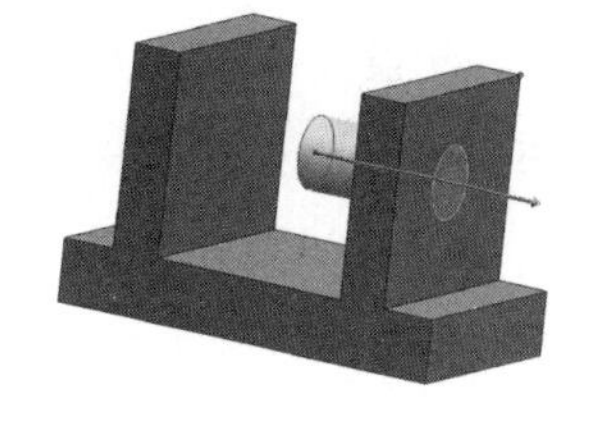

☑　成形到实体：从草图基准面拉伸到相邻实体的一个平面。

（4）在右面的图形区域中查看预览效果。如果需要，可单击“反向”按钮，向相反方向拉伸。

（5）在“深度”图标右侧的微调框中输入拉伸的深度。

（6）如果要给特征添加一个拔模，单击“拔模开/关”按钮，然后输入一个拔模角度，如图 3-14 所示。

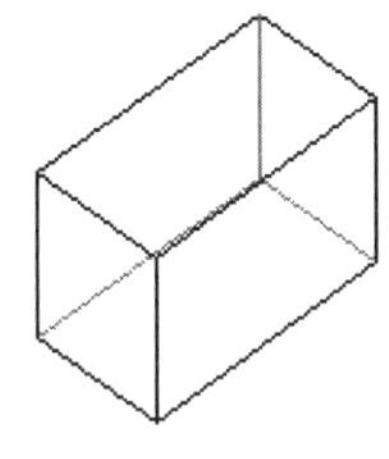

（a）无拔模

（b）向内拔模 10°

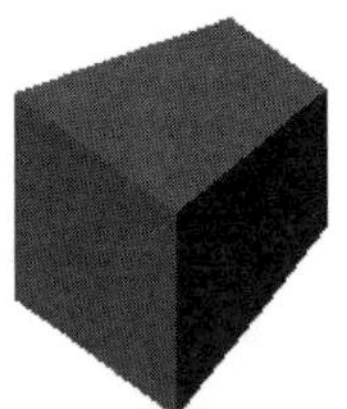

（c）向外拔模 10°

图 3-14　拔模说明

（7）如有必要，选中“方向 2”复选框，将拉伸应用到第二个方向。

（8）保持“薄壁特征”复选框没有被选中，单击“确定”按钮，完成凸台/基体的生成。

3.4.2　实例——胶垫

视频讲解

思路分析

首先绘制胶垫的外形轮廓草图，然后拉伸为胶垫，绘制流程如图 3-15 所示。

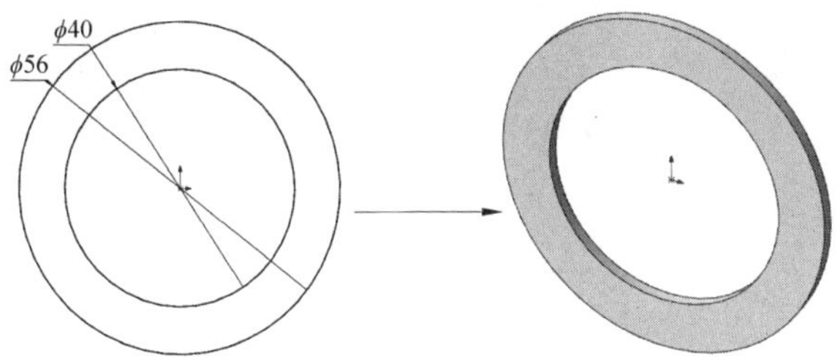

图 3-15　胶垫的绘制流程

操作步骤

1. 新建文件

启动 SOLIDWORKS 2022，单击“快速访问”工具栏中的“新建”按钮，在弹出的“新建 SOLIDWORKS 文件”对话框中单击“零件”按钮，然后单击“确定”按钮，创建一个新的零件文件。

Note

2. 绘制草图

在左侧的 FeatureManager 设计树中选择“前视基准面”作为绘制图形的基准面。单击“草图”面板中的“圆”按钮⊙，绘制草图轮廓，标注并修改尺寸，结果如图 3-16 所示。

3. 拉伸实体

单击“特征”面板中的“拉伸凸台/基体”按钮，弹出如图 3-17 所示的“凸台-拉伸”属性管理器。选择步骤 2 绘制的草图作为拉伸截面，设置终止条件为“给定深度”，输入拉伸深度为 2mm，然后单击“确定”按钮✓，结果如图 3-18 所示。

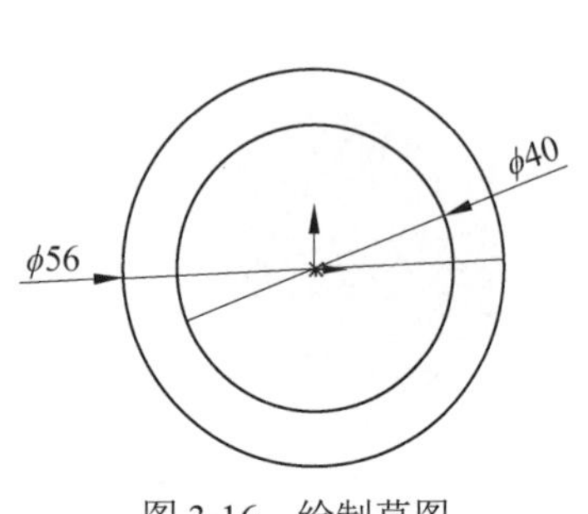

图 3-16　绘制草图

图 3-17　“凸台-拉伸”属性管理器

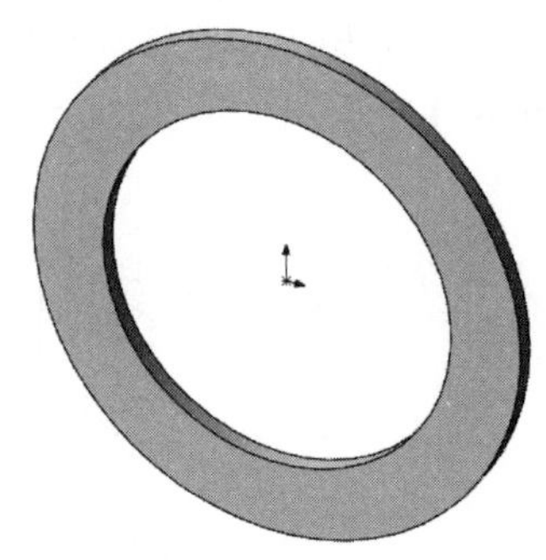

图 3-18　拉伸后的图形

视频讲解

3.4.3　拉伸薄壁特征

SOLIDWORKS 可以对闭环和开环草图进行薄壁拉伸，如图 3-19 所示。所不同的是：如果草图本身是一个开环图形，则“拉伸凸台/基体”命令只能将其拉伸为薄壁；如果草图是一个闭环图形，则既可以选择将其拉伸为薄壁特征，也可以选择将其拉伸为实体特征。

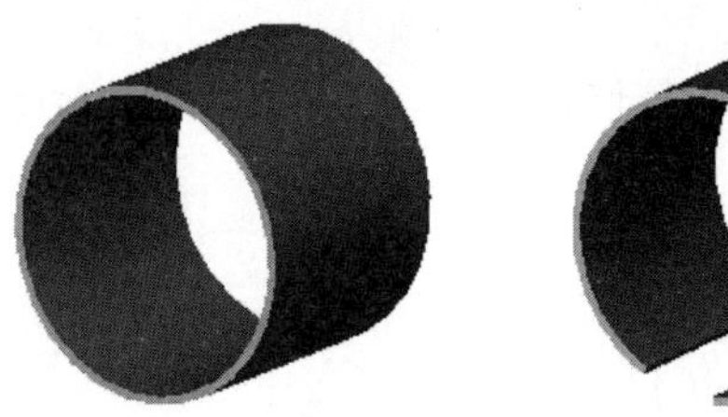

图 3-19　闭环和开环草图的薄壁拉伸

操作步骤如下。

（1）保持草图处于激活状态，单击“特征”面板中的“拉伸凸台/基体”按钮。

（2）在弹出的“凸台-拉伸”属性管理器中选中“薄壁特征”复选框，如果草图是开环图形，则只能生成薄壁特征。

（3）在“反向”按钮右边的拉伸类型下拉列表框中指定拉伸薄壁特征的方式。

☑　单向：使用指定的壁厚向一个方向拉伸草图。

☑　两侧对称：在草图的两侧各以指定壁厚的一半向两个方向拉伸草图。

☑　双向：在草图的两侧使用不同的壁厚向两个方向拉伸草图。

（4）在“厚度”图标右侧的微调框中输入薄壁的厚度。

（5）默认情况下，壁厚加在草图轮廓的外侧。单击“反向”按钮，可以将壁厚加在草图轮廓的内侧。

（6）对于薄壁特征基体拉伸，还可以指定以下附加选项。

☑ 如果生成的是一个闭环的轮廓草图，则可以选中“顶端加盖”复选框。此时将为特征的顶端加上封盖，形成一个中空的零件，如图 3-20 所示。

☑ 如果生成的是一个开环的轮廓草图，则可以选中“自动加圆角”复选框。此时自动在每一个具有相交夹角的边线上生成圆角，如图 3-21 所示。

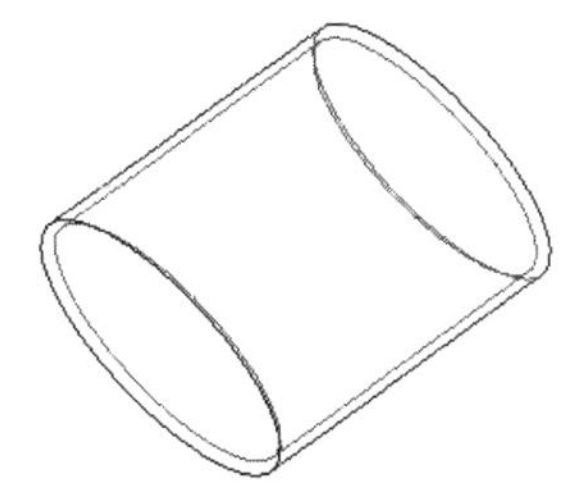

图 3-20　中空零件

图 3-21　带有圆角的薄壁

（7）单击“确定”按钮，完成操作。

视频讲解

3.4.4　切除拉伸特征

图 3-22 展示了利用切除拉伸特征生成的几种零件效果。

（a）切除拉伸

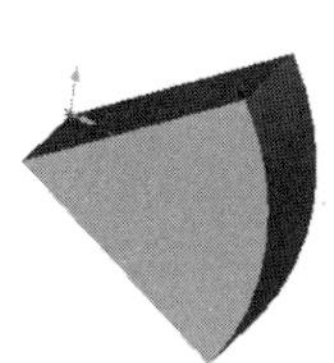

（b）反侧切除

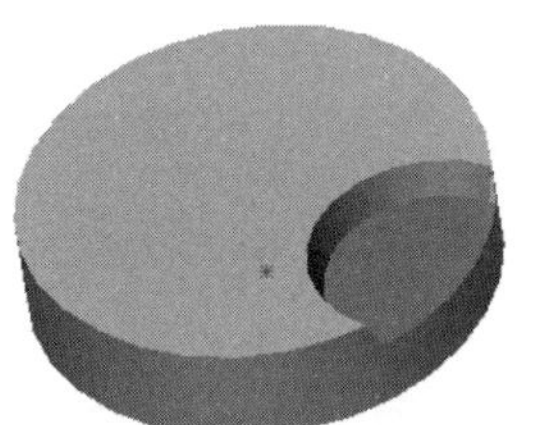

（c）拔模切除

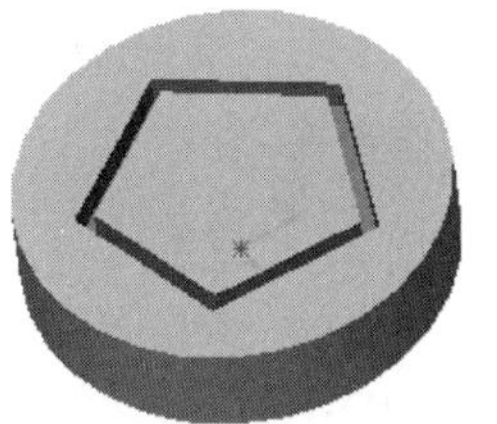

（d）薄壁切除

图 3-22　切除拉伸的几种效果

操作步骤如下。

（1）保持草图处于激活状态，单击“特征”面板中的“拉伸切除”按钮。

（2）弹出“切除-拉伸”属性管理器，如图 3-23 所示。从中可以看到，其相关选项与“凸台-拉伸”属性管理器基本相同。

（3）在“方向 1”栏中执行如下操作。

❶ 在“反向”按钮右侧的终止条件下拉列表框中选择切除-拉伸的终止条件。

❷ 如果选中“反侧切除”复选框，则将生成反侧切除特征。

❸ 单击“反向”按钮，可以向相反方向切除。

❹ 单击“拔模开/关”按钮，可以给特征添加拔模效果。

（4）如果有必要，选中“方向 2”复选框，将切除拉伸应用到第二个方向。设置同步骤（3）。

（5）如果要生成薄壁切除特征，选中“薄壁特征”复选框，然后执行如下操作。

❶ 在“反向”按钮右侧的下拉列表框中选择切除类型为单一方向、两侧对称或两个方向。

Note

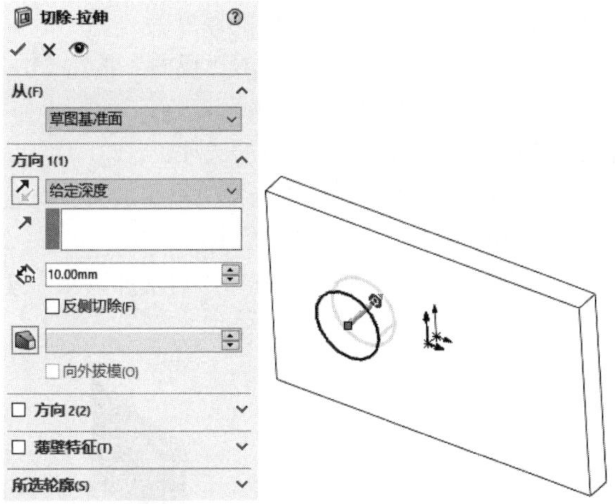

图 3-23 “切除-拉伸”属性管理器

❷ 单击“反向”按钮，可以以相反的方向生成薄壁切除特征。

❸ 在“深度”图标右侧的微调框中输入切除的厚度。

（6）单击“确定”按钮，完成切除拉伸特征的生成。

视频讲解

3.4.5 实例——销钉

思路分析

首先绘制销钉的外形轮廓草图，然后旋转生成销钉主体轮廓，再绘制孔的草图，最后拉伸切除为孔，绘制流程如图 3-24 所示。

操作步骤

1. 新建文件

启动 SOLIDWORKS 2022，单击“快速访问”工具栏中的“新建”按钮，在弹出的“新建 SOLIDWORKS 文件”对话框中单击“零件”按钮，然后单击“确定”按钮，创建一个新的零件文件。

2. 绘制草图

在左侧的 FeatureManager 设计树中选择“前视基准面”作为绘制图形的基准面。单击“草图”面板中的“中心线”按钮，绘制一条通过原点的水平中心线。单击“草图”面板中的“直线”按钮，绘制草图轮廓，标注并修改尺寸，结果如图 3-25 所示。

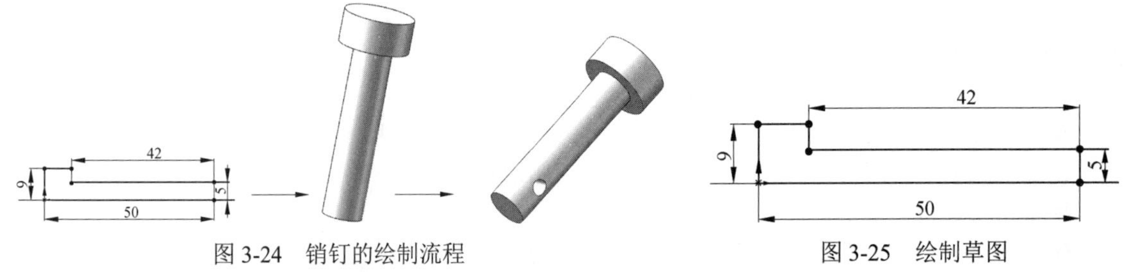

图 3-24 销钉的绘制流程

图 3-25 绘制草图

3. 旋转实体

单击“特征”面板中的“旋转凸台/基体”按钮，弹出如图 3-26 所示的“旋转”属性管理器。

选择步骤 2 绘制的水平中心线为旋转轴，设置终止条件为“给定深度”，输入旋转角度为 360°，然后单击“确定”按钮✔，结果如图 3-27 所示。

4．绘制草图

在左侧的 FeatureManager 设计树中选择“前视基准面”作为绘制图形的基准面。单击“草图”面板中的“圆”按钮⊙，绘制草图轮廓，标注并修改尺寸，结果如图 3-28 所示。

Note

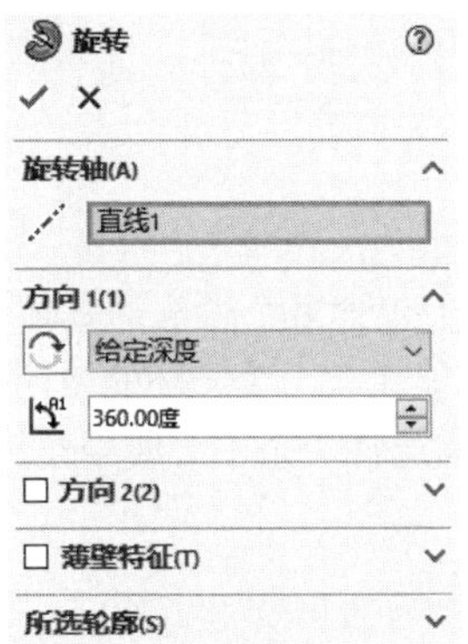

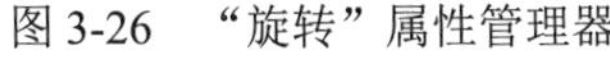

图 3-26　“旋转”属性管理器

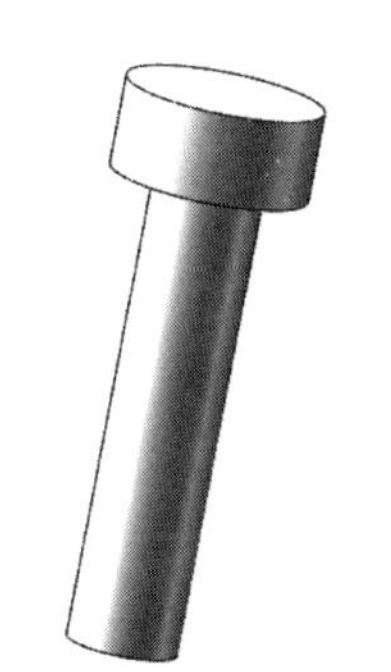

图 3-27　旋转后的图形

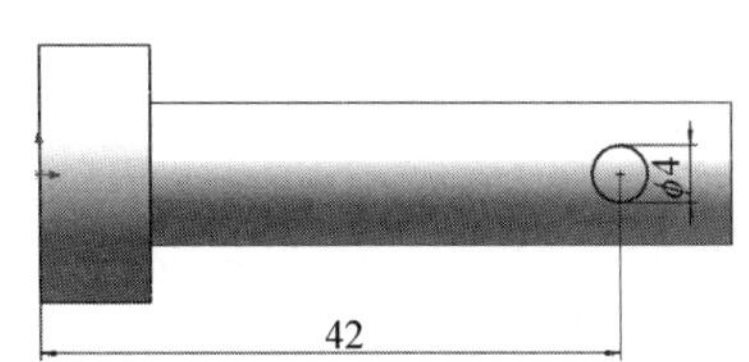

图 3-28　绘制草图

5．切除-拉伸实体

单击“特征”面板中的“拉伸切除”按钮，弹出如图 3-29 所示的“切除-拉伸”属性管理器。选择步骤 4 绘制的草图作为拉伸截面，设置“方向 1”和“方向 2”中的终止条件为“完全贯穿”，然后单击“确定”按钮✔，结果如图 3-30 所示。

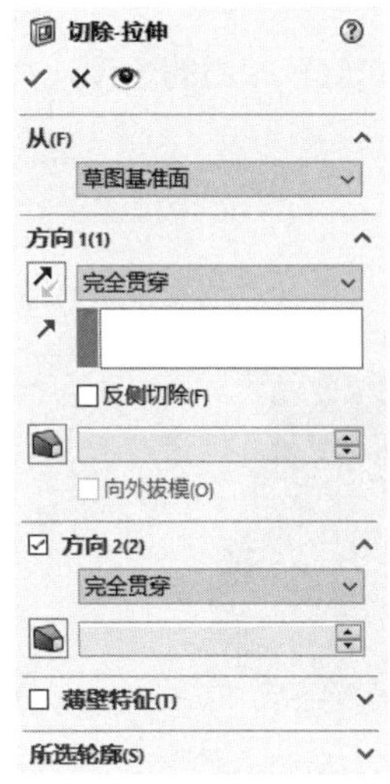

图 3-29　“切除-拉伸”属性管理器

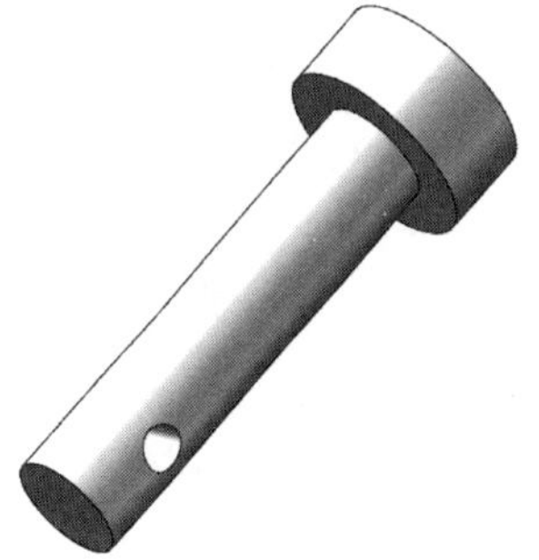

图 3-30　拉伸切除后的图形

3.5　旋 转 特 征

旋转特征是由特征截面绕中心线旋转而成的一类特征，适合于构造回转体零件。

Note

图 3-31 为一个由旋转特征形成的零件实例。

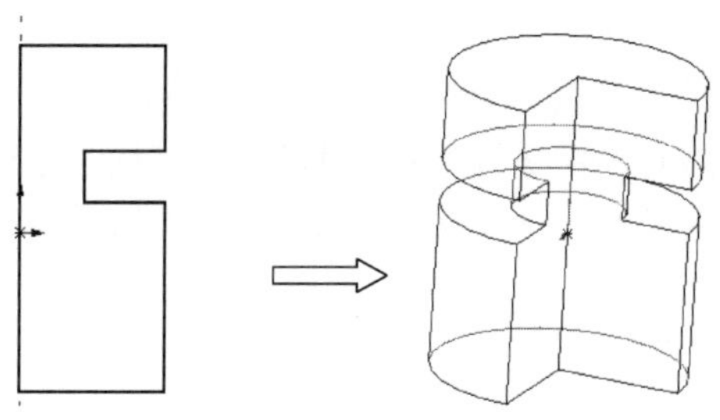

图 3-31　旋转特征实例

实体旋转特征的草图可以包含一个或多个闭环的非相交轮廓。但对于包含多个轮廓的基体旋转特征，其中一个轮廓必须包含所有其他轮廓。薄壁或曲面旋转特征的草图只能包含一个开环的或闭环的非相交轮廓，轮廓不能与中心线交叉。如果草图包含一条以上的中心线，则需选择一条中心线用作旋转轴。

视频讲解

3.5.1　旋转凸台/基体

操作步骤如下。

（1）绘制一条中心线和旋转轮廓。

（2）单击“特征”面板中的“旋转凸台/基体”按钮。

（3）弹出“旋转”属性管理器，同时在右侧的图形区域中显示了生成的旋转特征，如图 3-32 所示。

（4）在“方向 1”栏的下拉列表框中选择旋转类型。

☑　给定深度：草图向一个方向旋转指定的角度。如果想要向相反的方向旋转特征，则单击“反向”按钮，如图 3-33 所示。

☑　两侧对称：草图以所在平面为中面分别向两个方向旋转相同的角度，如图 3-34 所示。

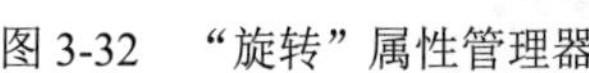

图 3-32　“旋转”属性管理器

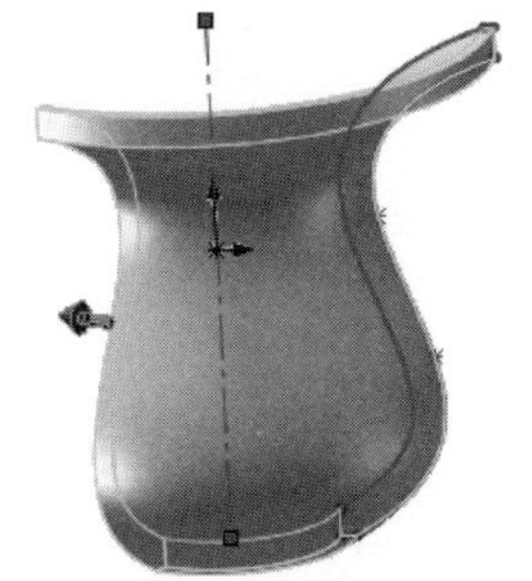

图 3-33　给定深度

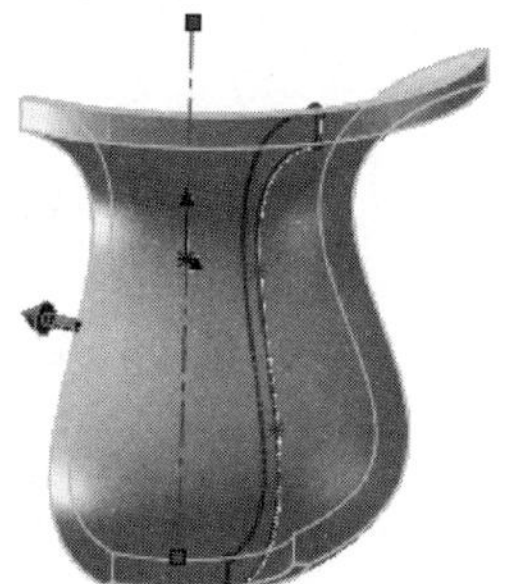

图 3-34　两侧对称

（5）在“角度”图标右侧的微调框中指定旋转角度。

（6）如果准备生成薄壁旋转，则选中“薄壁特征”复选框，然后进行以下操作。

❶ 在右侧的下拉列表框中选择拉伸薄壁类型（单向、两侧对称或双向）。这里的类型与旋转类型中的含义完全不同，它是指薄壁截面上的方向。

☑　单向：使用指定的壁厚向一个方向拉伸草图。默认情况下，壁厚加在草图轮廓的外侧。

☑　两侧对称：在草图的两侧各以指定壁厚的一半向两个方向拉伸草图。

☑　双向：在草图的两侧使用不同的壁厚向两个方向拉伸草图。

❷ 在“方向/厚度”图标右侧的微调框中指定薄壁的厚度。单击“反向”按钮，可以将壁厚加在草图轮廓的内侧。

（7）单击“确定”按钮✔，完成操作。

视频讲解

3.5.2　实例——球头

思路分析

首先绘制球头的外形轮廓草图，然后旋转成球头主体轮廓，绘制流程如图 3-35 所示。

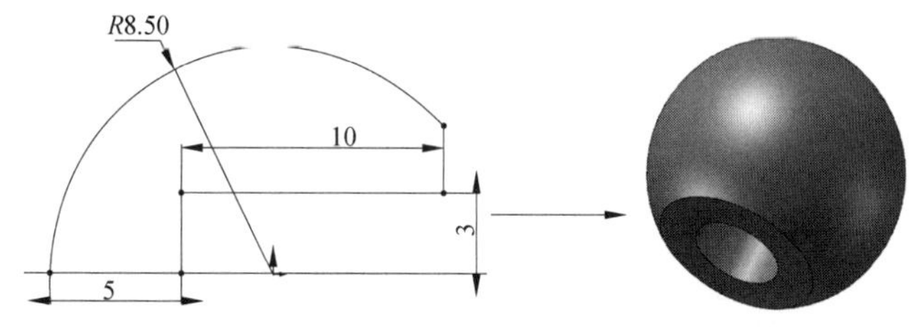

图 3-35　球头的绘制流程

操作步骤

1. 新建文件

启动 SOLIDWORKS 2022，单击“快速访问”工具栏中的“新建”按钮，在弹出的“新建 SOLIDWORKS 文件”对话框中单击“零件”按钮，然后单击“确定”按钮，创建一个新的零件文件。

2. 绘制草图

在左侧的 FeatureManager 设计树中选择“前视基准面”作为绘制图形的基准面。单击“草图”面板中的“中心线”按钮，绘制一条通过原点的水平中心线。单击“草图”面板中的“圆”按钮、“直线”按钮和“剪裁实体”按钮，绘制草图轮廓，标注并修改尺寸，结果如图 3-36 所示。

3. 旋转实体

单击“特征”面板中的“旋转凸台/基体”按钮，弹出如图 3-37 所示的“旋转”属性管理器。选择步骤 2 绘制的水平中心线为旋转轴，设置终止条件为“给定深度”，输入旋转角度为 360°，然后单击“确定”按钮✔，结果如图 3-38 所示。

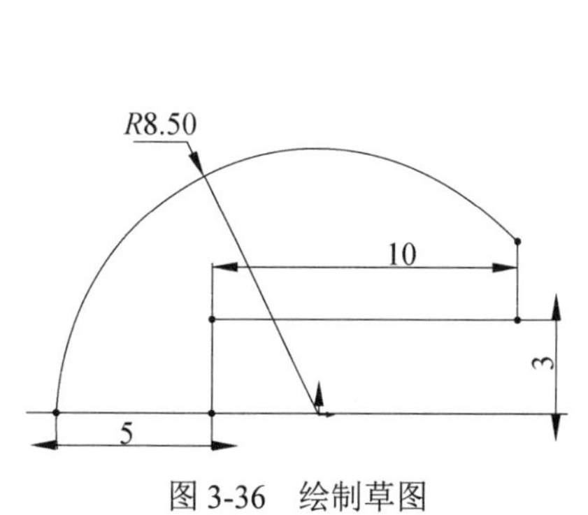

图 3-36　绘制草图

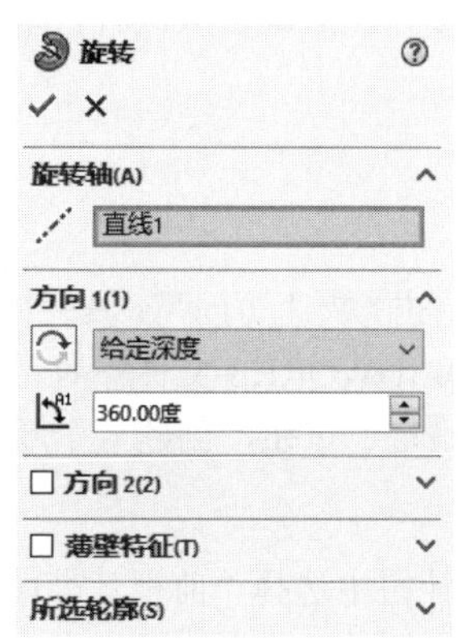

图 3-37　“旋转”属性管理器

图 3-38　旋转后的图形

视频讲解

Note

3.5.3 旋转切除

与旋转凸台/基体特征不同的是，旋转切除主要用来产生切除特征，也就是用来去除材料。图 3-39 展示了利用旋转切除特征生成的几种零件效果。

操作步骤如下。

（1）选择模型面上的一张草图轮廓和一条中心线。

（2）单击“特征”面板中的“旋转切除”按钮。

（3）弹出“切除-旋转”属性管理器，同时在右侧的图形区域中显示了生成的切除旋转特征，如图 3-40 所示。

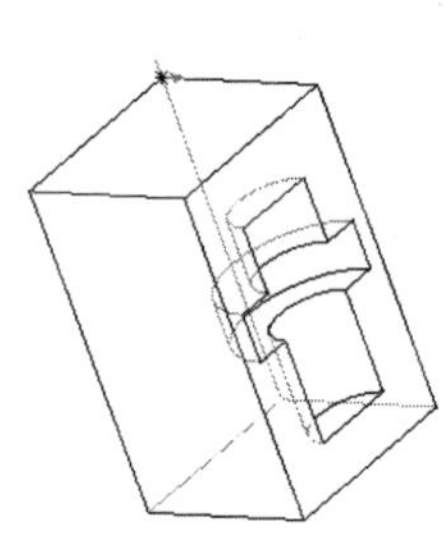

（a）旋转切除

（b）旋转薄壁切除

图 3-39 旋转切除的几种效果

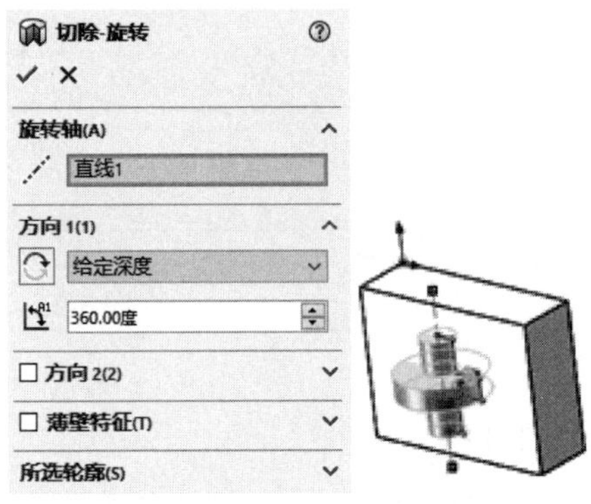

图 3-40 “切除-旋转”属性管理器

（4）在“方向 1”栏的下拉列表框中选择旋转类型，其中包括“给定深度”“两侧对称”等，其含义与“旋转”属性管理器中的旋转类型相同。

（5）在“角度”图标右侧的微调框中指定旋转角度。

（6）如果准备生成薄壁旋转，则选中“薄壁特征”复选框，并设定薄壁旋转参数。

（7）单击“确定”按钮，完成旋转切除操作。

3.5.4 实例——阀杆

视频讲解

思路分析

首先绘制阀杆的外形轮廓草图，然后旋转成阀杆，绘制流程如图 3-41 所示。

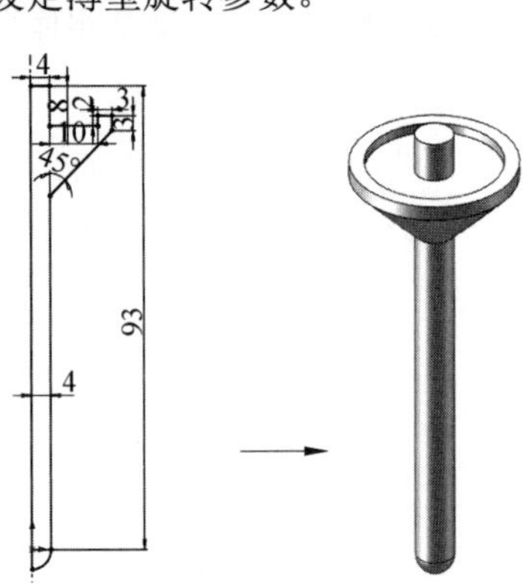

图 3-41 阀杆的绘制流程

操作步骤

1. 新建文件

启动 SOLIDWORKS 2022，单击“快速访问”工具栏中的“新建”按钮，在弹出的“新建 SOLIDWORKS 文件”对话框中单击“零件”按钮，然后单击“确定”按钮，创建一个新的零件文件。

2. 绘制草图

在左侧的 FeatureManager 设计树中选择“前视基准面”作为绘制图形的基准面。单击“草图”面板中的“中心线”按钮，绘制一条通过原点的竖直中心线。单击“草图”面板中的“直线”按钮和“3 点圆弧”按钮，绘制草图轮廓，标注并修改尺寸，结果如图 3-42 所示。

3. 旋转实体

单击“特征”面板中的“旋转凸台/基体”按钮，弹出如图 3-43 所示的“旋转”属性管理器。选择步骤 2 绘制的竖直中心线为旋转轴，设置终止条件为“给定深度”，输入旋转角度为 360°，然后单击“确定”按钮✔，结果如图 3-44 所示。

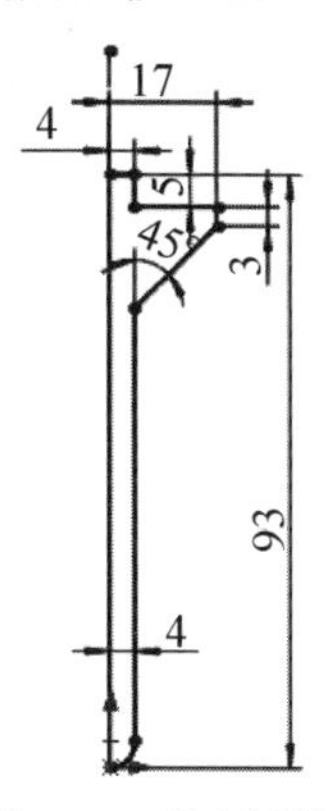

图 3-42　绘制草图

图 3-43　“旋转”属性管理器

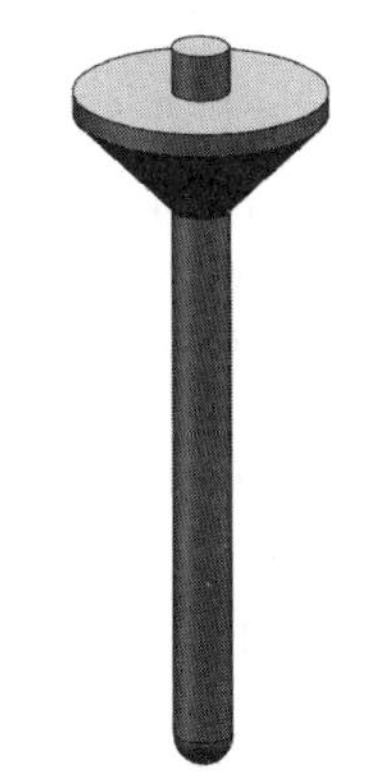

图 3-44　旋转后的图形

4. 绘制草图

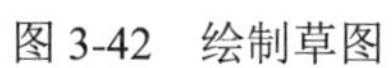

在左侧的 FeatureManager 设计树中选择“前视基准面”作为绘制图形的基准面。单击“草图”面板中的“中心线”按钮，绘制一条通过原点的竖直中心线。单击“草图”面板中的“矩形”按钮，绘制草图轮廓，标注并修改尺寸，结果如图 3-45 所示。

5. 旋转切除实体

单击“特征”面板中的“旋转切除”按钮，弹出如图 3-46 所示的“切除-旋转”属性管理器。选择步骤 4 绘制的竖直中心线为旋转轴，设置终止条件为“给定深度”，输入旋转角度为 360°，然后单击“确定”按钮✔，结果如图 3-47 所示。

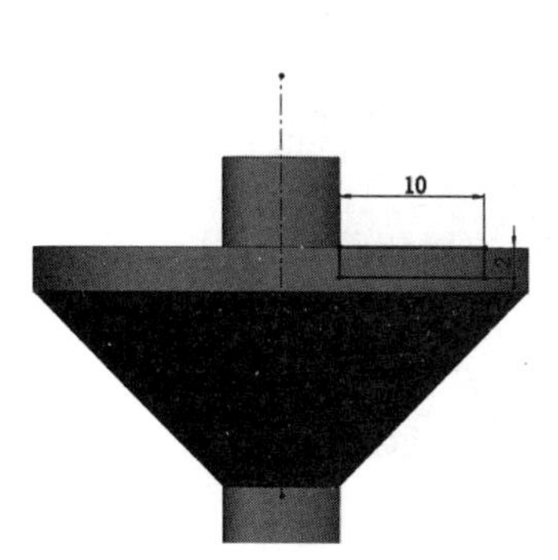

图 3-45　绘制草图

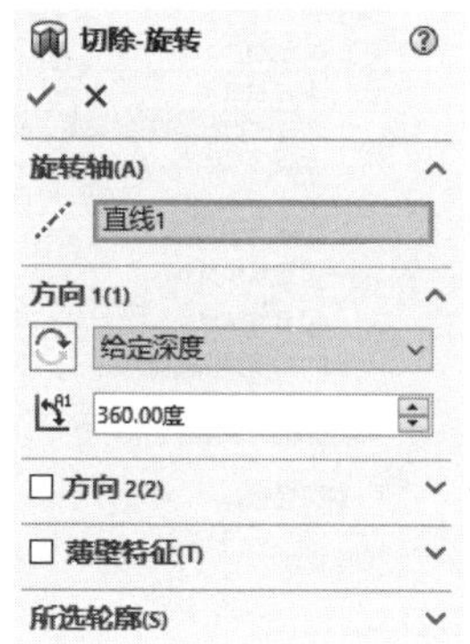

图 3-46　“切除-旋转”属性管理器

图 3-47　旋转切除后的图形

3.6　扫 描 特 征

扫描特征是指由二维草图的绘制平面沿一平面或空间轨迹线扫描而成的一类特征。通过沿着一条路径移动轮廓（截面）可以生成基体、凸台、切除或曲面。

Note

图 3-48 为一个利用扫描特征生成的零件实例。

SOLIDWORKS 2022 的扫描特征遵循以下规则。

（1）扫描路径可以为开环或闭环。

（2）路径可以是一张草图中包含的一组草图曲线、一条曲线或一组模型边线。

（3）路径的起点必须位于轮廓的基准面上。

（4）对于凸台/基体扫描特征，轮廓必须是闭环的；对于曲面扫描特征，则轮廓可以是闭环的，也可以是开环的。

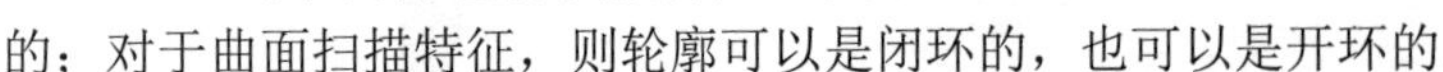

（5）截面、路径或所形成的实体，都不能出现自相交叉的情况。

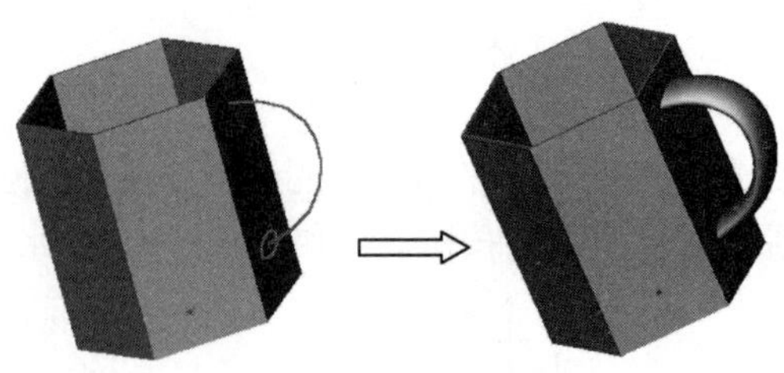

图 3-48　扫描特征实例

视频讲解

3.6.1　凸台/基体扫描

操作步骤如下。

（1）在一个基准面上绘制一个闭环的非相交轮廓。

（2）使用草图、现有的模型边线或曲线生成轮廓将遵循的路径，如图 3-49 所示。

（3）单击“特征”面板中的“扫描”按钮，弹出“扫描”属性管理器。

（4）单击“轮廓”图标右边的显示框，在图形区域中选择轮廓草图。

（5）单击“路径”图标右边的显示框，在图形区域中选择路径草图，如图 3-50 所示。

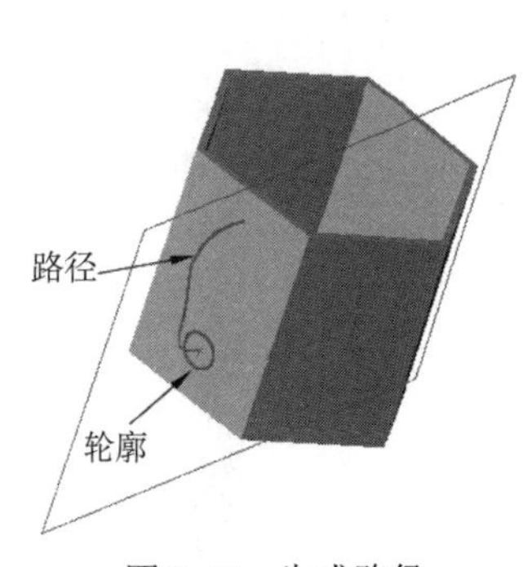

图 3-49　生成路径

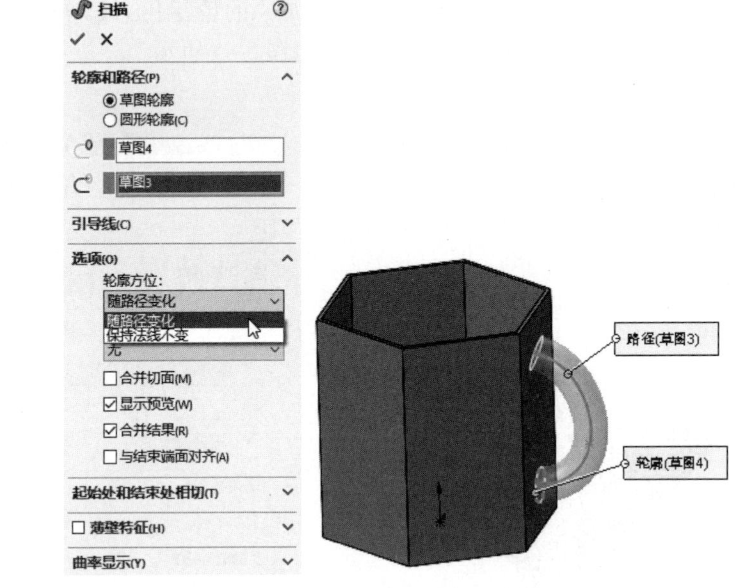

图 3-50　“扫描”属性管理器

（6）在“选项”栏中的“轮廓方位”下拉列表框中选择以下选项。

☑　随路径变化：草图轮廓随路径的变化而变换方向，其法线与路径相切，如图 3-51 所示。

☑　保持法线不变：草图轮廓保持法线方向不变，如图 3-52 所示。

（7）如果扫描截面具有相切的线段，选中“合并切面”复选框，将使所生成的扫描中相应的曲面保持相切。保持相切的面可以是基准面、圆柱面或锥面。

（8）如果要生成薄壁特征扫描，则选中“薄壁特征”复选框，从而激活薄壁选项。选择薄壁类型（单向、两侧对称或双向），设置薄壁厚度。

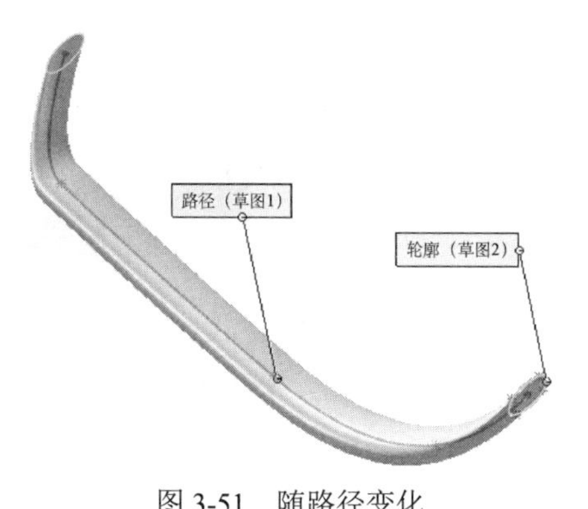

图 3-51　随路径变化

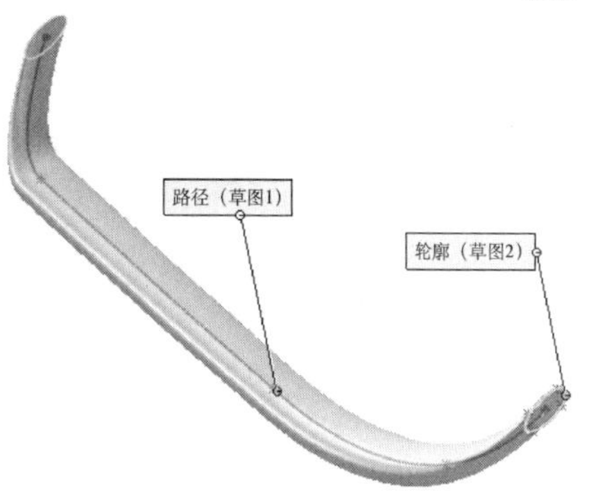

图 3-52　保持法线不变

（9）单击“确定”按钮✔，完成操作。

视频讲解

3.6.2　实例——锁紧螺母

思路分析

首先绘制锁紧螺母的外形轮廓草图，然后旋转成锁紧螺母主体，最后绘制螺旋线和扫描截面，扫描成螺纹，绘制流程如图 3-53 所示。

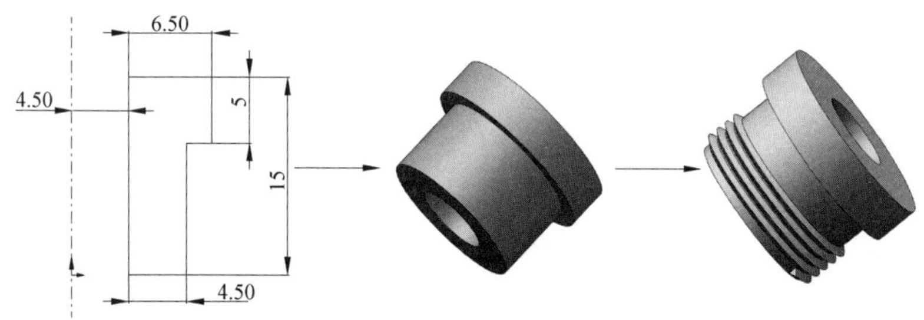

图 3-53　锁紧螺母的绘制流程

操作步骤

1. 新建文件

启动 SOLIDWORKS 2022，单击“快速访问”工具栏中的“新建”按钮，在弹出的“新建 SOLIDWORKS 文件”对话框中单击“零件”按钮，然后单击“确定”按钮，创建一个新的零件文件。

2. 绘制草图

在左侧的 FeatureManager 设计树中选择“前视基准面”作为绘制图形的基准面。单击“草图”面板中的“中心线”按钮，绘制一条通过原点的竖直中心线。单击“草图”面板中的“直线”按钮，绘制草图轮廓，标注并修改尺寸，结果如图 3-54 所示。

3. 旋转实体

单击“特征”面板中的“旋转凸台/基体”按钮，弹出如图 3-55 所示的“旋转”属性管理器。选择步骤 2 绘制的竖直中心线为旋转轴，设置终止条件为“给定深度”，输入旋转角度为 360°，然后单击“确定”按钮✔，结果如图 3-56 所示。

4. 绘制草图

在左侧的 FeatureManager 设计树中选择如图 3-56 所示的面 1 作为绘制图形的基准面。单击“草图”面板中的“转换实体引用”按钮，将面 1 的外圆柱边线转换为图素。

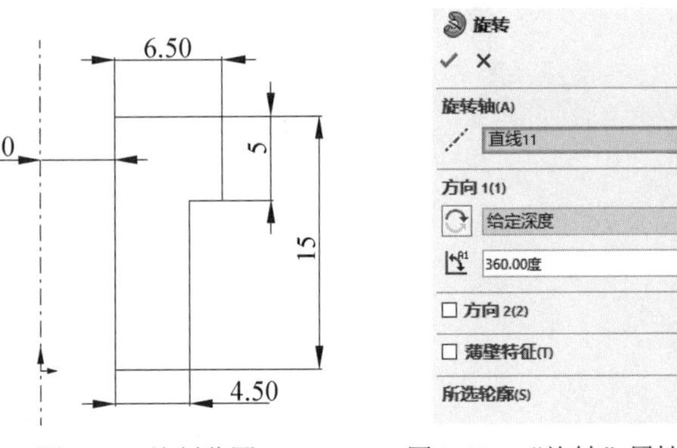

图 3-54　绘制草图　　图 3-55　“旋转”属性管理器　　图 3-56　旋转后的图形

5. 绘制螺旋线

单击“特征”面板中的“螺旋线/涡状线”按钮，弹出如图 3-57 所示的“螺旋线/涡状线”属性管理器。设置定义方式为“高度和螺距”，选中“恒定螺距”单选按钮，输入高度为 5mm、螺距为 1.2mm，选中“反向”复选框，输入起始角度为 0°，然后单击“确定”按钮。

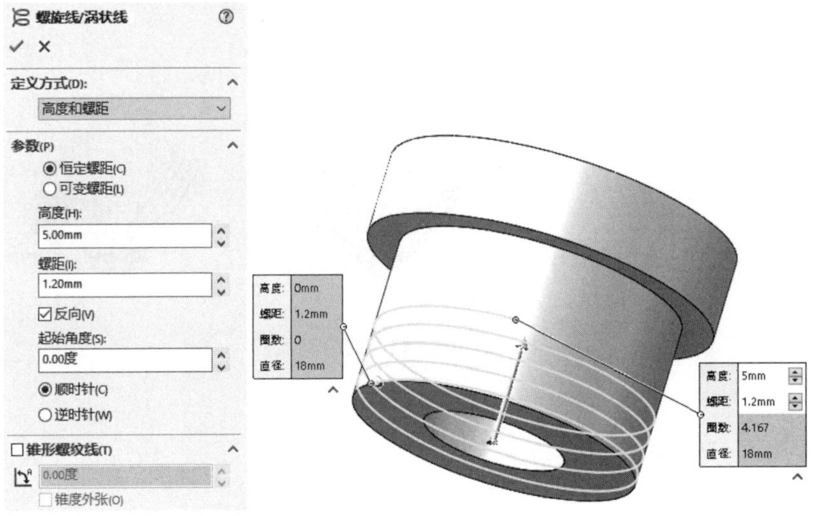

图 3-57　“螺旋线/涡状线”属性管理器

6. 绘制扫描截面

在左侧的 FeatureManager 设计树中选择“右视基准面”作为绘制图形的基准面。单击“草图”面板中的“直线”按钮，绘制草图轮廓，标注并修改尺寸，如图 3-58 所示。

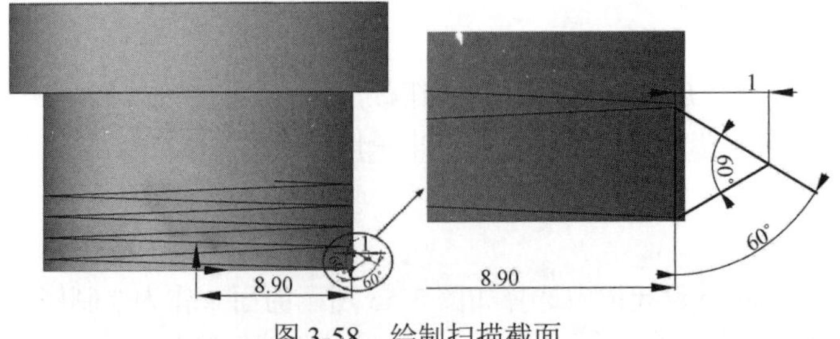

图 3-58　绘制扫描截面

7. 创建螺纹

单击“特征”面板中的“扫描”按钮，弹出如图 3-59 所示的“扫描”属性管理器。选择步骤 6 绘制的草图为扫描截面，选择螺旋线为扫描路径，然后单击“确定”按钮，结果如图 3-60 所示。

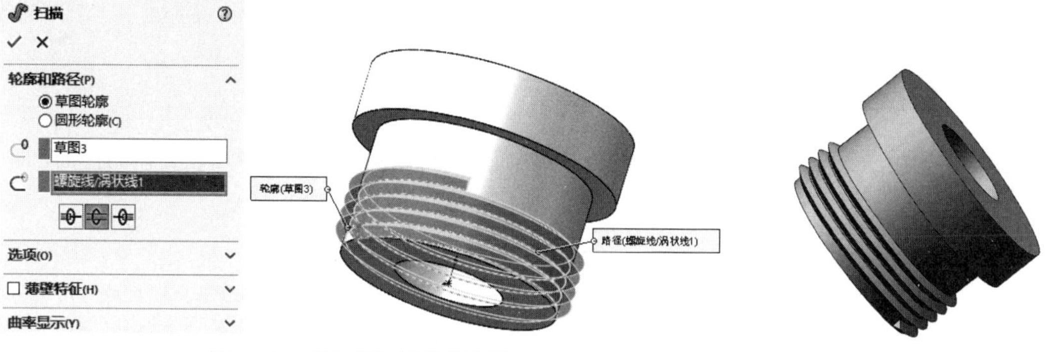

图 3-59　“扫描”属性管理器　　图 3-60　创建螺纹

3.6.3　扫描切除

操作步骤如下。

（1）在一个基准面上绘制一个闭环的非相交轮廓。

（2）使用草图、现有的模型边线或曲线生成轮廓将遵循的路径。

（3）单击“特征”面板中的“扫描切除”按钮，弹出“切除-扫描”属性管理器，同时在右侧的图形区域中显示了生成的扫描切除特征，如图 3-61 所示。

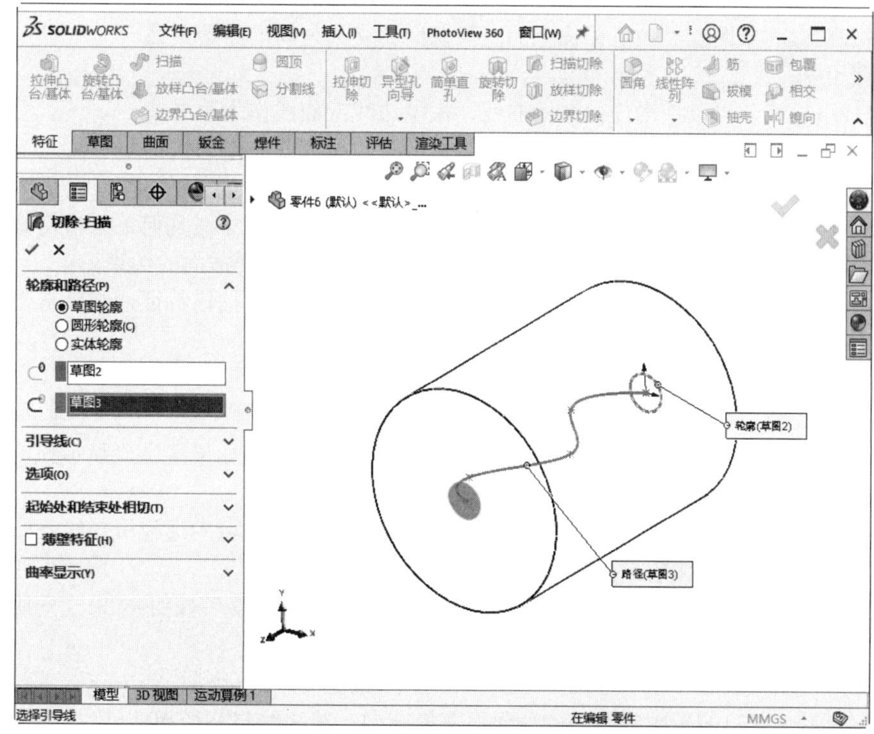

图 3-61　“切除-扫描”属性管理器

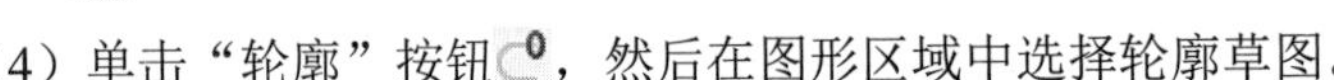

（4）单击“轮廓”按钮，然后在图形区域中选择轮廓草图。

（5）单击“路径”按钮，然后在图形区域中选择路径草图。如果预先选择了轮廓草图或路径草图，则草图名称将显示在属性管理器对应的文本框内。

（6）其余选项跟“扫描”属性管理器中的选项一样。

（7）单击“确定”按钮✓，完成操作。

Note

视频讲解

3.6.4 引导线扫描

SOLIDWORKS 2022 不仅可以生成等截面的扫描，还可以生成截面随着路径变化的扫描，即引导线扫描，效果如图 3-62 所示。

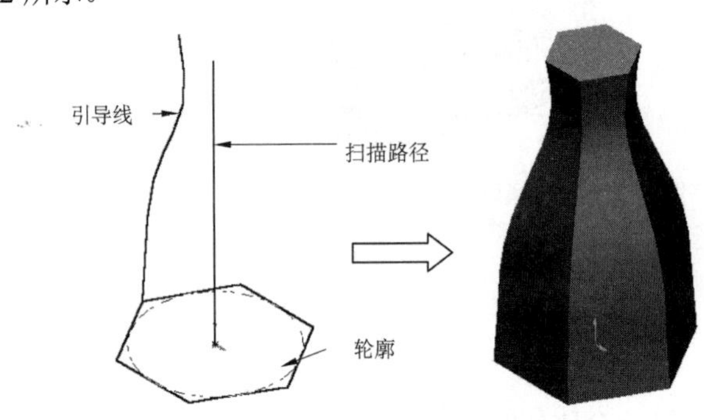

图 3-62　引导线扫描效果

在利用引导线生成扫描特征之前，应该注意以下几点。

（1）先生成扫描路径和引导线，然后再生成截面轮廓。

（2）引导线必须和轮廓相交于一点，作为扫描曲面的顶点。

（3）最好在截面草图上添加引导线上的点和截面相交处之间的穿透关系。

操作步骤如下。

（1）生成引导线。可以使用任何草图曲线、模型边线或曲线作为引导线。

（2）生成扫描路径。可以使用任何草图曲线、模型边线或曲线作为扫描路径。

（3）绘制扫描轮廓。

（4）在轮廓草图中的引导线与轮廓相交处添加穿透几何关系。穿透几何关系将使截面沿着路径改变大小、形状，或者二者均改变。截面受曲线的约束，但曲线不受截面的约束。

（5）单击“特征”面板中的“扫描”按钮。如果要生成切除扫描特征，则单击“特征”面板中的“扫描切除”按钮。

（6）弹出“扫描”属性管理器。

（7）单击“轮廓”按钮，然后在图形区域中选择轮廓草图。

（8）单击“路径”按钮，然后在图形区域中选择路径草图。如果选中“显示预览”复选框，则将在图形区域中显示截面不随引导线变化的扫描特征。

（9）在“引导线”栏中单击“引导线”按钮，然后在图形区域中选择引导线。此时在图形区域中将显示截面随引导线变化的扫描特征，如图 3-63 所示。

（10）如果存在多条引导线，可以单击“上移”按钮或“下移”按钮来改变使用引导线的顺序。

（11）在“选项”栏的“轮廓方位”下拉列表框中可以选择以下选项。

☑　随路径变化：草图轮廓随路径的变化而变换方向，其法线与路径相切。

☑　保持法线不变：草图轮廓保持法线方向不变。

（12）在“选项”栏的“轮廓扭转”下拉列表框中可以选择以下选项。

☑　随路径和第一引导线变化：如果引导线不止一条，选择该项将使扫描随第一条引导线变化，如图 3-64 所示。

☑　随第一条和第二引导线变化：如果引导线不止一条，选择该项将使扫描随第一条和第二条引导线变化，如图 3-65 所示。

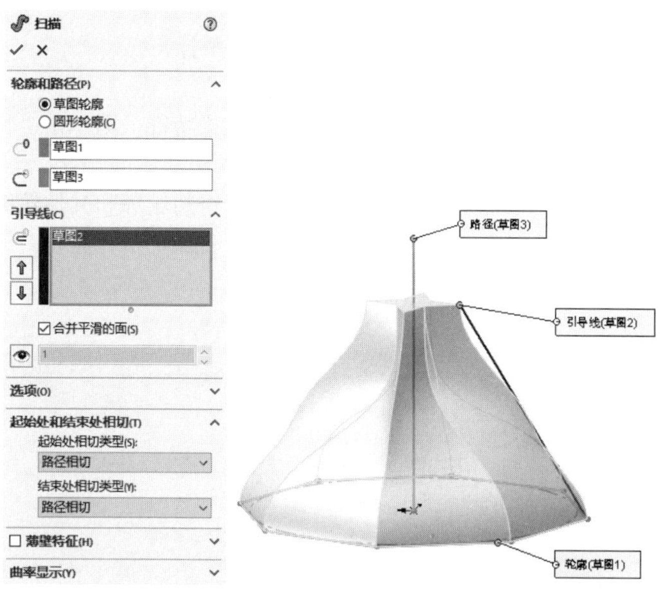

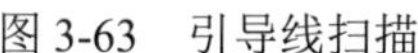

图 3-63　引导线扫描

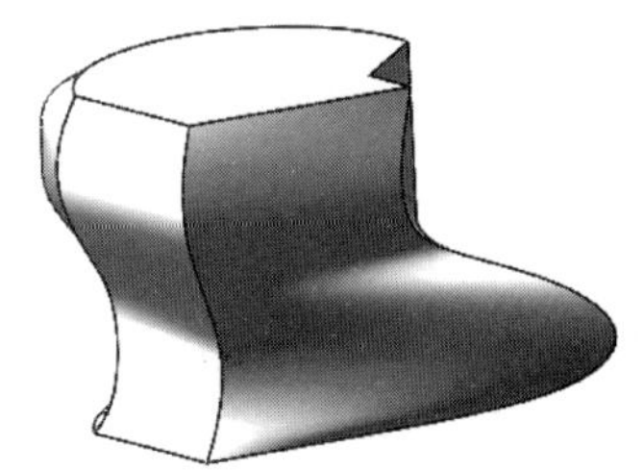

图 3-64　随路径和第一条引导线变化

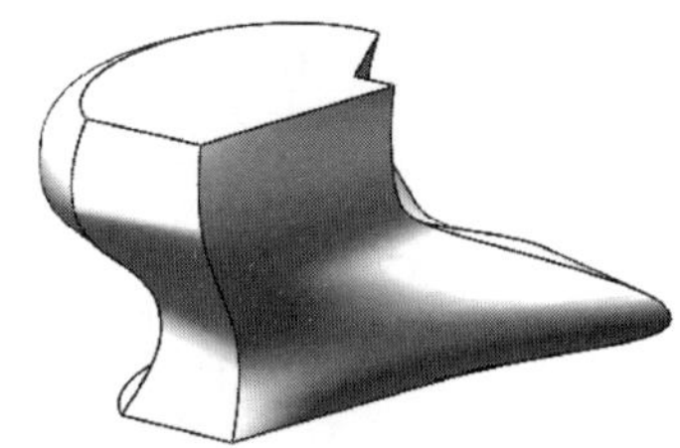

图 3-65　随第一条和第二条引导线变化

☑　无：不应用轮廓扭转。

（13）如果要生成薄壁特征扫描，则选中“薄壁特征”复选框，从而激活薄壁选项。选择薄壁类型（单向、两侧对称或双向），设置薄壁厚度。

（14）在“起始处和结束处相切”栏中可以设置起始或结束处的相切选项，各选项含义如下。

☑　无：不应用相切。

☑　路径相切：扫描在起始处和终止处与路径相切。

（15）单击“确定”按钮✔，完成引导线扫描。

扫描路径和引导线的长度可能不同。如果引导线比扫描路径长，扫描将使用扫描路径的长度；如果引导线比扫描路径短，扫描将使用最短的引导线的长度。

3.7　放样特征

放样是指连接多个剖面或轮廓形成的基体、凸台或切除，通过在轮廓之间进行过渡来生成特征。

图 3-66 为一个利用放样特征生成的零件实例。

放样特征需要连接多个面上的轮廓，这些面既可以平行，也可以相交。

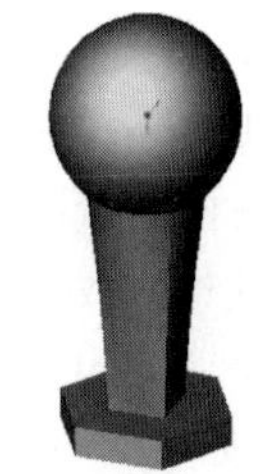

图 3-66　放样特征实例

视频讲解

Note

3.7.1 凸台放样

使用空间上两个或两个以上的不同平面轮廓，可以生成最基本的放样特征。

操作步骤如下。

（1）至少生成一个空间轮廓，空间轮廓可以是模型面或模型边线。

（2）建立一个新的基准面，用来放置另一个草图轮廓。基准面间不一定要平行。

（3）在新建的基准面上绘制要放样的轮廓。

（4）单击“特征”面板中的“放样凸台/基体”按钮。如果要生成切除放样特征，则单击“特征”面板中的“放样切除”按钮。

（5）弹出“放样”属性管理器后，单击每个轮廓上相应的点，按顺序选择空间轮廓和其他轮廓的面，所选轮廓将显示在“轮廓”栏的显示框中，在右侧的图形区域中则显示了生成的放样特征，如图 3-67 所示。

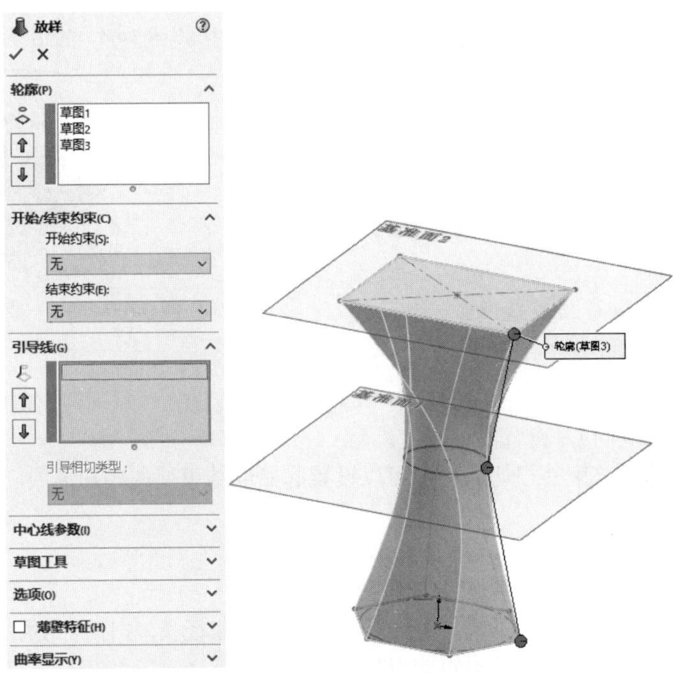

图 3-67 “放样”属性管理器

（6）单击“上移”按钮或“下移”按钮，可以改变轮廓的顺序（此项只针对两个以上轮廓的放样特征）。

（7）如果要在放样的开始和结束处控制相切，则设置“开始/结束约束”栏。

☑ 无：不应用相切。

☑ 垂直于轮廓：放样在起始和终止处与轮廓的草图基准面垂直。

☑ 方向向量：放样与所选的边线或轴相切，或与所选基准面的法线相切。

☑ 默认：放样在起始处和终止处与现有几何的相邻面相切。

图 3-68 说明了相切选项的差异。

（8）如果要生成薄壁放样特征，则选中“薄壁特征”复选框，从而激活薄壁选项。选择薄壁类型（单向、两侧对称或双向），设置薄壁厚度。

Note

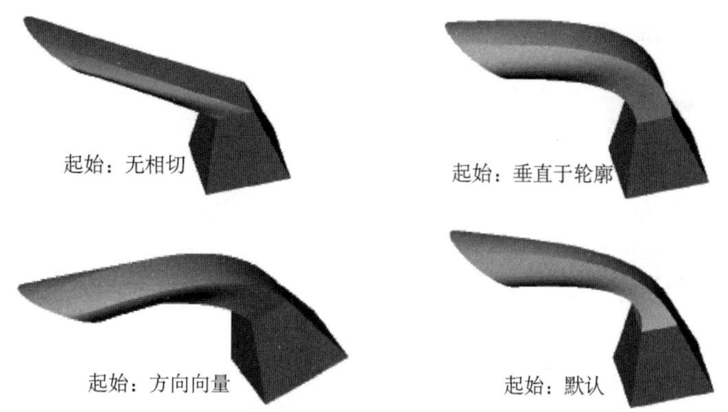

图 3-68　相切选项的差异

（9）单击“确定”按钮✓，完成放样。

3.7.2　引导线放样

视频讲解

同生成引导线扫描特征一样，SOLIDWORKS 2022 也可以生成引导线放样特征。通过两个或多个轮廓并使用一条或多条引导线来连接轮廓，可以生成引导线放样。通过引导线可以帮助控制所生成的中间轮廓。图 3-69 显示了引导线放样效果。

在利用引导线生成放样特征时，应该注意以下几点。

（1）引导线必须与轮廓相交。

（2）引导线的数量不受限制。

（3）引导线之间可以相交。

（4）引导线可以是任何草图曲线、模型边线或曲线。

（5）引导线可以比生成的放样特征长，放样将终止于最短的引导线的末端。

图 3-69　引导线放样效果

操作步骤如下。

（1）绘制一条或多条引导线。

（2）绘制草图轮廓，草图轮廓必须与引导线相交。

（3）在轮廓所在草图中为引导线和轮廓顶点添加穿透几何关系或重合几何关系。

（4）单击“特征”面板中的“放样凸台/基体”按钮；如果要生成切除特征，则单击“特征”面板中的“放样切除”按钮。

（5）弹出“放样”属性管理器后，单击每个轮廓上相应的点，按顺序选择空间轮廓和其他轮廓的面，所选轮廓将显示在“轮廓”栏的右侧的显示框中。

（6）单击“上移”按钮或“下移”按钮，可以改变轮廓的顺序（此项只针对两个以上轮廓的放样特征）。

（7）在“引导线”栏中单击“引导线”图标右侧的显示框，然后在图形区域中选择引导线。此时在图形区域中将显示随引导线变化的放样特征，如图 3-70 所示。

（8）如果存在多条引导线，可以单击“上移”按钮或“下移”按钮来改变使用引导线的顺序。

（9）通过“开始/结束约束”栏可以控制草图、面或曲面边线之间的相切量和放样方向。

（10）如果要生成薄壁特征，选中“薄壁特征”复选框，从而激活薄壁选项，设置薄壁特征。

（11）单击“确定”按钮✓，完成放样。

Note

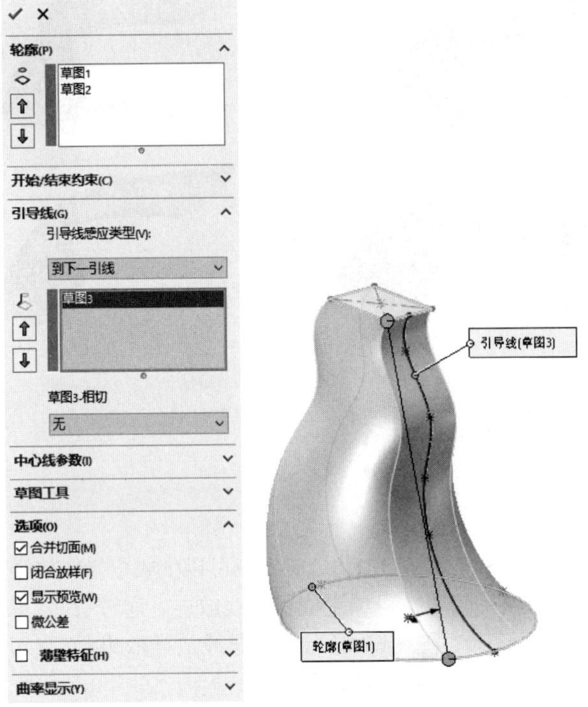

图 3-70　引导线放样

视频讲解

3.7.3　中心线放样

SOLIDWORKS 2022 还可以生成中心线放样特征。中心线放样是指将一条变化的引导线作为中心线进行放样，在中心线放样特征中，所有中间截面的草图基准面都与此中心线垂直。

中心线放样中的中心线必须与每个闭环轮廓的内部区域相交，而不是像引导线放样那样，引导线必须与每个轮廓线相交。图 3-71 显示了中心线放样效果。

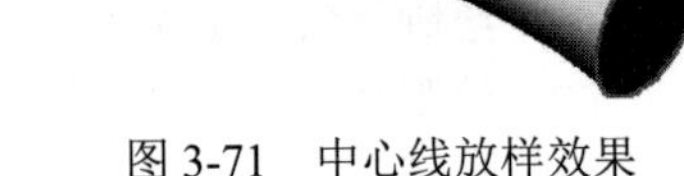

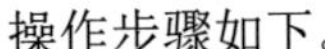

图 3-71　中心线放样效果

操作步骤如下。

（1）生成放样轮廓。

（2）绘制曲线或生成曲线作为中心线，该中心线必须与每个闭环轮廓的内部区域相交。

（3）单击“特征”面板中的“放样凸台/基体”按钮；如果要生成切除特征，则单击“特征”面板中的“放样切除”按钮。

（4）弹出“放样”属性管理器后，单击每个轮廓上相应的点，按顺序选择空间轮廓和其他轮廓的面，所选轮廓将显示在“轮廓”栏的右侧的显示框中。

（5）单击“上移”按钮或“下移”按钮，可以改变轮廓的顺序（此项只针对两个以上轮廓的放样特征）。

（6）在“中心线参数”栏中单击“中心线”图标右侧的显示框，然后在图形区域中选择中心线。此时在图形区域中将显示随中心线变化的放样特征，如图 3-72 所示。

（7）拖动“截面数”滑块更改在图形区域显示的预览数。

（8）单击“显示截面”按钮，然后单击微调箭头来根据截面数量查看并修正轮廓。

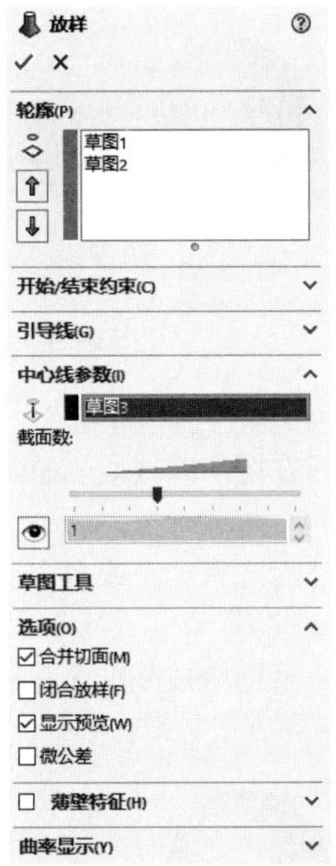

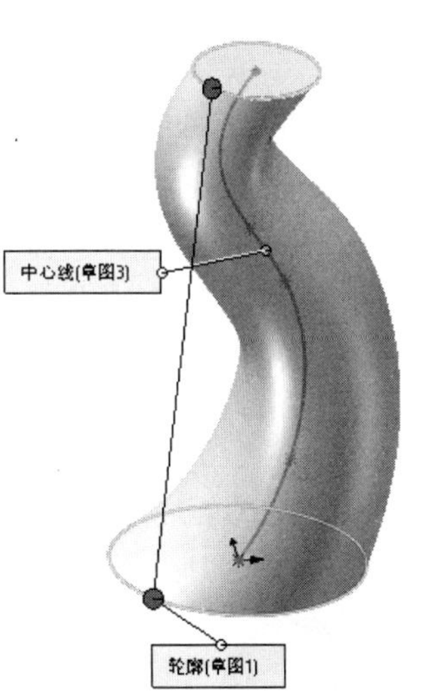

图 3-72　中心线放样

（9）如果要在放样的开始和结束处控制相切，则设置“开始/结束约束”栏。

（10）如果要生成薄壁特征，则选中“薄壁特征”复选框并设置薄壁特征。

（11）单击“确定”按钮✔，完成放样。

3.7.4　分割线放样

要生成一个与空间曲面无缝连接的放样特征，就必须用到分割线放样。利用分割线放样可以将草图曲线投影到所选的模型面上，将模型面分割为多个面，这样就可以选择每个面。分割线可用来生成拔模特征、混合面圆角，并可延展曲面来切除模具。

分割线工具可以生成以下两种类型的分割线。

☑　投影线：将一个草图轮廓投影到一个表面上。

☑　侧影轮廓线：在一个曲面零件上生成一条分割线。

1. 投影分割线

操作步骤如下。

（1）绘制一条要投影为分割线的草图轮廓。

（2）单击“特征”面板中的“分割线”按钮。

（3）在弹出的“分割线”属性管理器（见图 3-73）中选择“分割类型”为“投影”。

（4）单击“要投影的草图”图标右侧的显示框，然后在图形区域中选择绘制的草图轮廓。

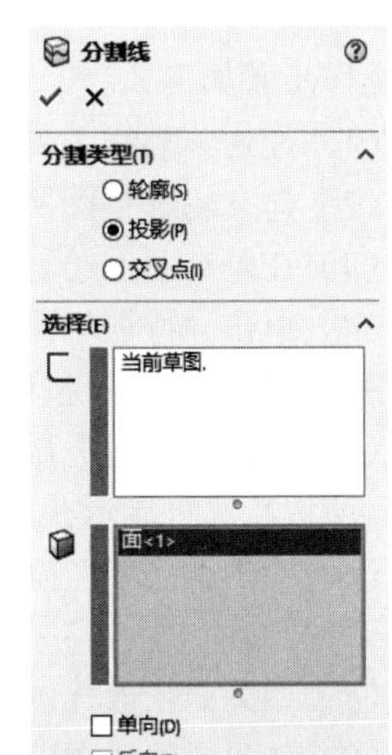

图 3-73　“分割线”属性管理器

（5）单击“要分割的面”图标右侧的显示框，然后选择零件周边所有希望分割线经过的面。

（6）如果选中“单向”复选框，将只以一个方向投影分割线。

（7）如果选中“反向”复选框，将以相反方向投影分割线。

（8）单击“确定”按钮✔，完成投影线的生成，如图 3-74 所示。

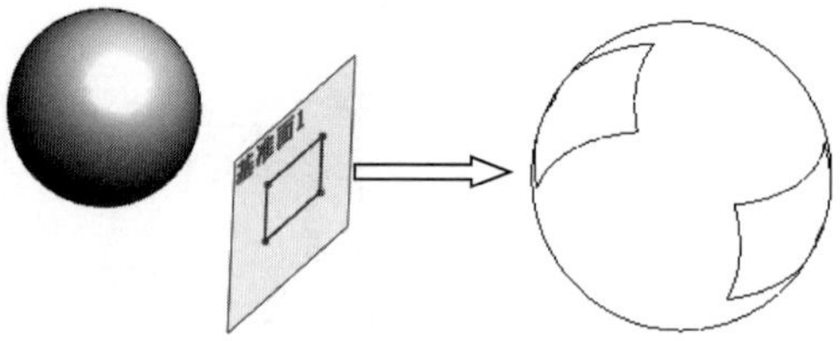

图 3-74　投影线的生成

Note

2. 轮廓分割线

操作步骤如下。

（1）单击“特征”面板中的“分割线”按钮。

（2）在弹出的“分割线”属性管理器中选择“分割类型”为“轮廓”。

（3）单击“拔模方向”图标右侧的显示框，然后在图形区域或 FeatureManager 设计树中选择通过模型轮廓（外边线）投影的基准面。

（4）单击“要分割的面”图标右侧的显示框，然后选择一个或多个要分割的面，这些面不能是平面。

（5）单击“确定”按钮✔。基准面通过模型投影，从而生成基准面与所选面的外部边线相交的轮廓分割线，如图 3-75 所示。

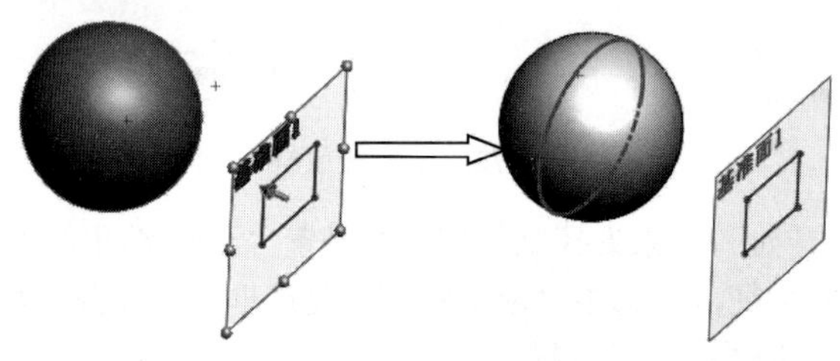

图 3-75　轮廓分割线的生成

有了轮廓分割线，就可以将放样中的空间轮廓转换为平面轮廓，从而使放样特征进一步扩展到空间模型的曲面上。

3. 分割线放样

操作步骤如下。

（1）使用分割线工具在模型面上生成一个空间轮廓，如图 3-74 和图 3-75 所示。

（2）建立轮廓草图所需的基准面，或者使用现有的基准面，各个基准面不一定要平行。

（3）在基准面上绘制草图轮廓。

（4）单击“特征”面板中的“放样凸台/基体”按钮；如果要生成切除特征，则单击“特征”面板中的“放样切除”按钮。

（5）弹出“放样”属性管理器后，单击每个轮廓上相应的点，按顺序选择空间轮廓和其他轮廓的面，所选轮廓将显示在“轮廓”栏的右侧的显示框中。这时，分割线也是一个轮廓。

（6）单击“上移”按钮或“下移”按钮，可以改变轮廓的顺序（此项只针对两个以上轮廓的放样特征）。

（7）如果要在放样的开始和结束处控制相切，则设置“开始/结束约束”栏。

（8）如果要生成薄壁特征，选中“薄壁特征”复选框并设置薄壁特征。

（9）单击“确定”按钮✔，完成放样，效果如图 3-76 所示。

利用分割线不仅可以生成普通的放样特征，还可以生成引导线或中心线放样特征。其操作步骤基本上是一样的，这里不再赘述。

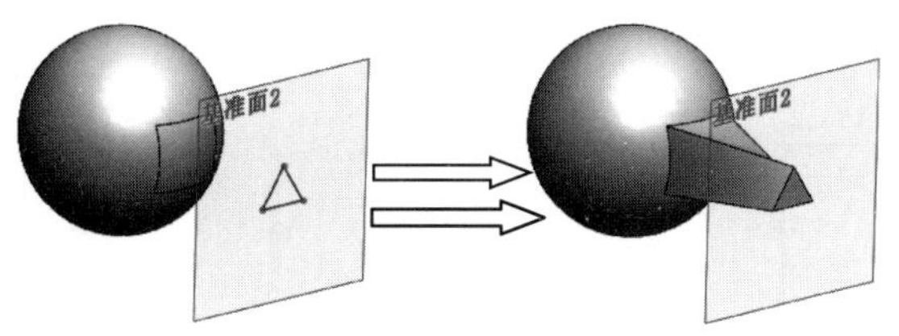

图 3-76　分割线放样效果

视频讲解

3.7.5　实例——显示器

思路分析

首先绘制显示器的显示屏轮廓草图并拉伸实体，然后拉伸切除实体，再绘制显示器的支撑架，最后绘制显示器的底座，绘制流程如图 3-77 所示。

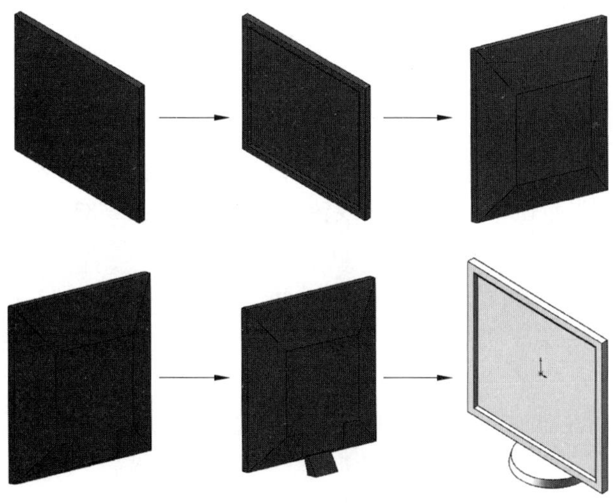

图 3-77　显示器的绘制流程

操作步骤

1. 新建文件

启动 SOLIDWORKS 2022，单击“快速访问”工具栏中的“新建”按钮，在弹出的“新建 SOLIDWORKS 文件”对话框中单击“零件”按钮，然后单击“确定”按钮，创建一个新的零件文件。

2. 绘制草图

在左侧的 FeatureManager 设计树中选择“前视基准面”作为绘制图形的基准面。单击“草图”面板中的“中心矩形”按钮，以原点为中心点绘制一个矩形并标注尺寸，结果如图 3-78 所示。

3. 拉伸实体

单击“特征”面板中的“拉伸凸台/基体”按钮，弹出“凸台-拉伸”属性管理器。在“深度”图标右侧的微调框中输入深度为 20mm，然后单击“确定”按钮✔，结果如图 3-79 所示。

4. 绘制草图

选择图 3-79 中的表面 1 作为绘制图形的基准面。单击“草图”面板中的“边角矩形”按钮，在设置的基准面上绘制一个矩形，并标注矩形各边的尺寸，结果如图 3-80 所示。

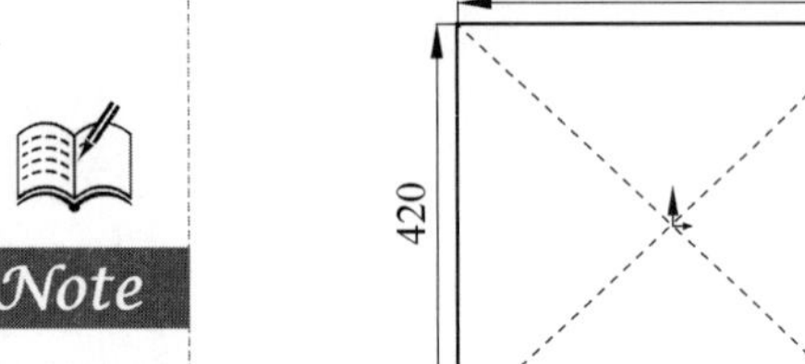

图 3-78　绘制的草图

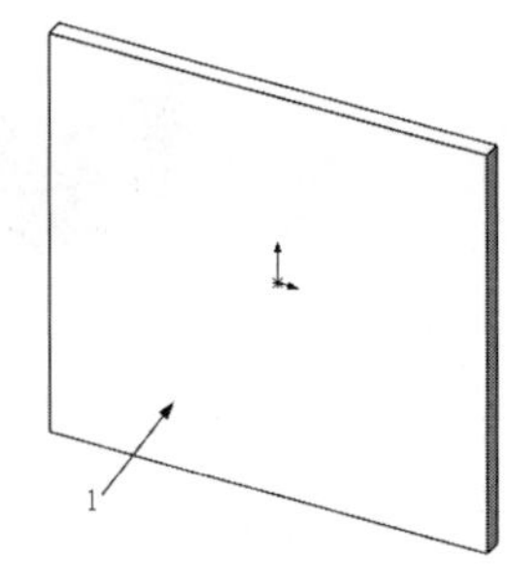

图 3-79　拉伸后的图形

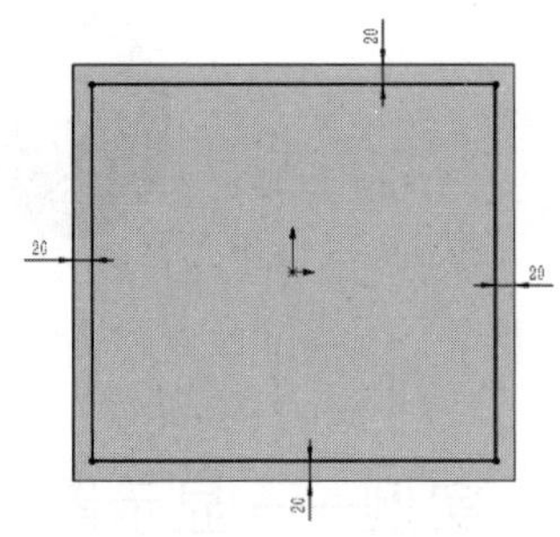

图 3-80　标注的草图

5. 拉伸切除实体

单击“特征”面板中的“拉伸切除”按钮，弹出“切除-拉伸”属性管理器，如图 3-81 所示。在“深度”图标右侧的微调框中输入深度为 5mm。单击“拔模开/关”按钮，在其右侧的微调框中输入拔模角度为 60°。设置完成后，单击“确定”按钮，结果如图 3-82 所示。

6. 绘制草图

选择前视基准面，然后单击“视图（前导）”工具栏中的“正视于”按钮，将该表面作为绘制图形的基准面。在草图绘制状态下，按住 Ctrl 键的同时单击所选基准面的各条边线，然后单击“草图”面板中的“转换实体引用”按钮，将各条边线转换为图素，如图 3-83 所示。

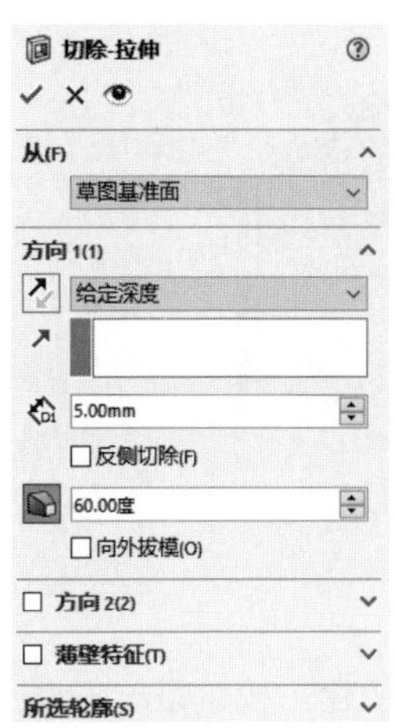

图 3-81　“切除-拉伸”属性管理器

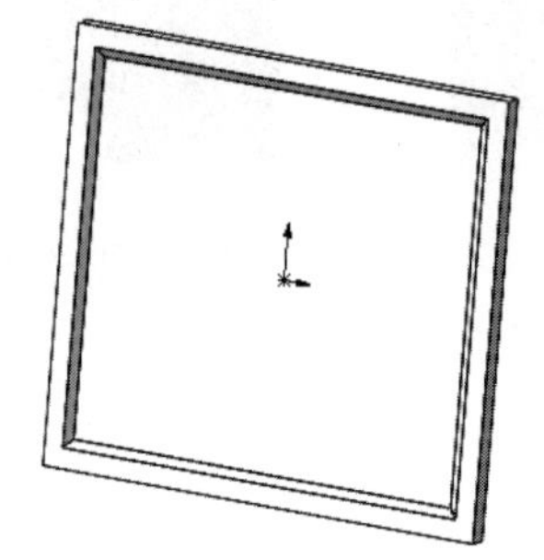

图 3-82　拉伸切除后的图形

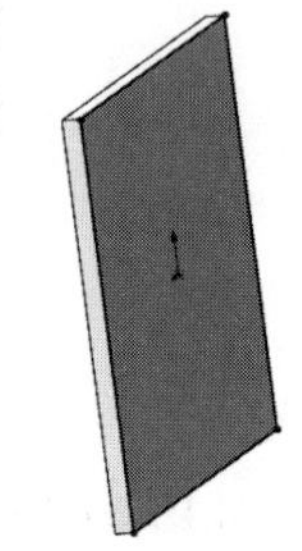

图 3-83　转换实体引用

7. 添加基准面

在左侧的 FeatureManager 设计树中选择“前视基准面”，然后单击“特征”面板中的“基准面”按钮，弹出如图 3-84 所示的“基准面”属性管理器。在“距离”图标右侧的微调框中输入等距距离为 40mm，并调整设置基准面的方向。设置完成后，单击“确定”按钮，添加一个新的基准面，结果如图 3-85 所示。

8. 绘制草图

选择图 3-85 中新建的基准面，然后单击“视图（前导）”工具栏中的“正视于”按钮，将该表面作为绘制图形的基准面。单击“草图”面板中的“边角矩形”按钮，在设置的基准面上绘制一个矩形。单击“草图”面板中的“智能尺寸”按钮，标注矩形各边的尺寸及其定位尺寸，结果如图 3-86 所示。

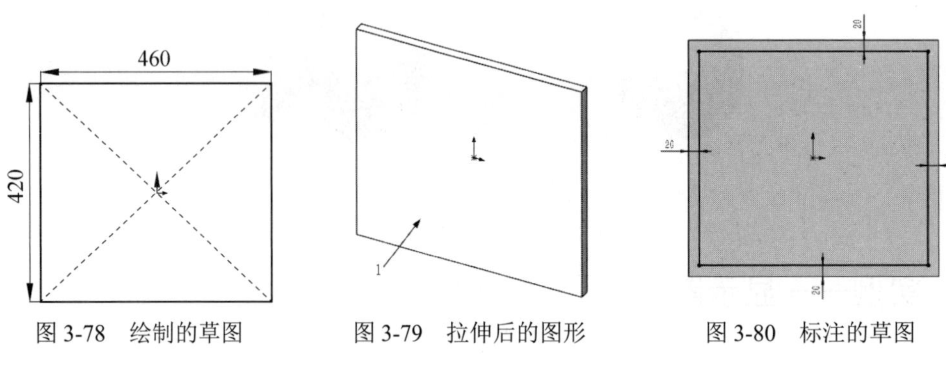

图 3-84　“基准面”属性管理器

图 3-85　添加的基准面

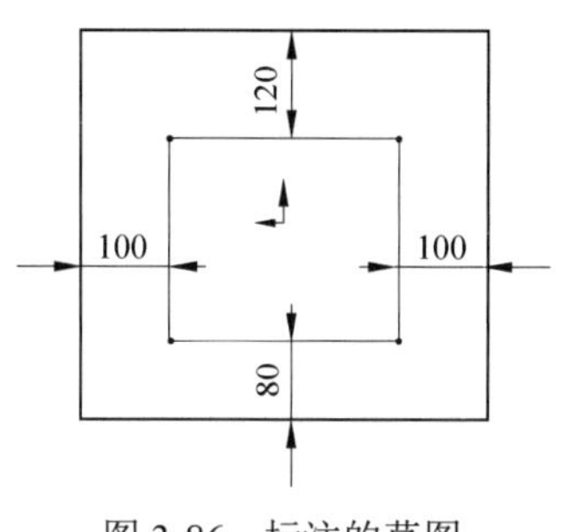

图 3-86　标注的草图

9. 放样实体

单击“特征”面板中的“放样凸台/基体”按钮，弹出“放样”属性管理器。在“轮廓”栏中依次选择刚创建的两个草图，然后单击“确定”按钮✔。

10. 隐藏基准面 1

在 FeatureManager 设计树中选择“基准面 1”并右击，在弹出的快捷菜单中选择“隐藏”命令，隐藏基准面 1。

11. 设置视图方向

单击“视图（前导）”工具栏中的“旋转视图”按钮，将视图以合适的方向予以显示，结果如图 3-87 所示。

12. 绘制草图

选择右视基准面，然后单击“视图（前导）”工具栏中的“正视于”按钮，将该表面作为绘制图形的基准面。单击“草图”面板中的“直线”按钮，绘制一个三角形。单击“草图”面板中的“智能尺寸”按钮，标注三角形的尺寸及其定位尺寸（见图 3-88），然后退出草图绘制状态。

13. 拉伸实体

单击“特征”面板中的“拉伸凸台/基体”按钮，弹出“凸台-拉伸”属性管理器。选择刚刚绘制的草图，设置拉伸类型为“两侧对称”，在“深度”图标右侧的微调框中输入深度为 150mm，然后单击“确定”按钮✔，结果如图 3-89 所示。

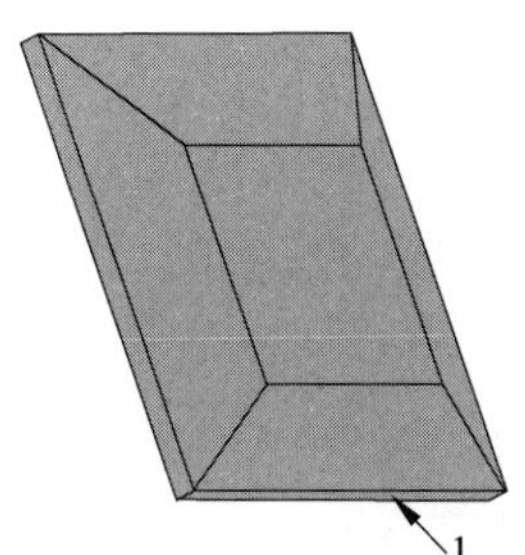

图 3-87　放样后的实体

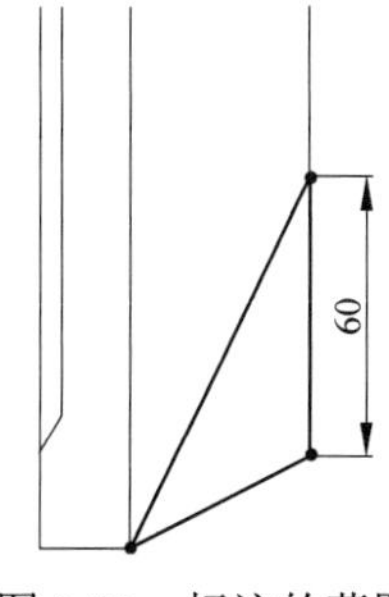

图 3-88　标注的草图

图 3-89　拉伸后的图形

Note

14．绘制草图

选择右视基准面，然后单击“视图（前导）”工具栏中的“正视于”按钮，将该表面作为绘制图形的基准面。单击“草图”面板中的“直线”按钮，绘制一个四边形。单击“草图”面板中的“智能尺寸”按钮，标注四边形的尺寸及其定位尺寸（见图3-90），然后退出草图绘制状态。

15．拉伸实体

单击“特征”面板中的“拉伸凸台/基体”按钮，弹出“凸台-拉伸”属性管理器。设置拉伸类型为“两侧对称”，在“深度”图标右侧的微调框中输入深度为80mm，然后单击“确定”按钮，结果如图3-91所示。

16．绘制草图

在左侧的FeatureManager设计树中选择图3-91中的面1作为绘制图形的基准面。单击“草图”面板中的“圆”按钮，以原点与圆心成竖直关系绘制一个圆。单击“草图”面板中的“智能尺寸”按钮，标注圆的直径，结果如图3-92所示。

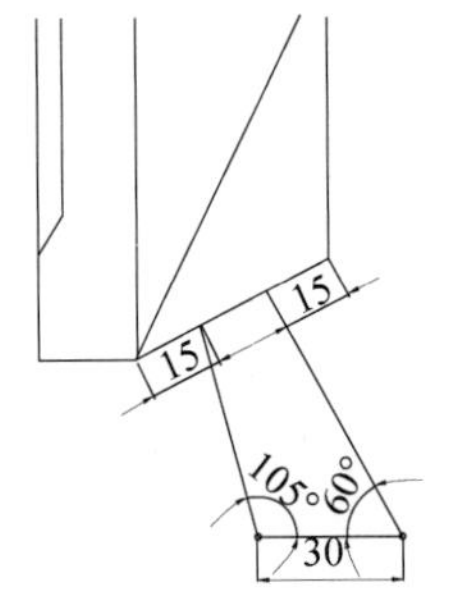

图3-90　标注的草图

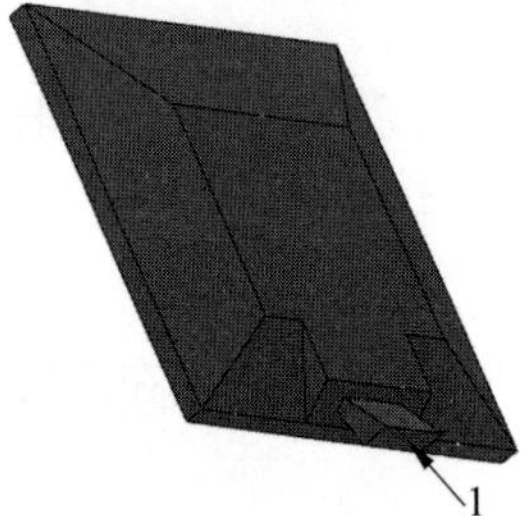

图3-91　拉伸后的图形

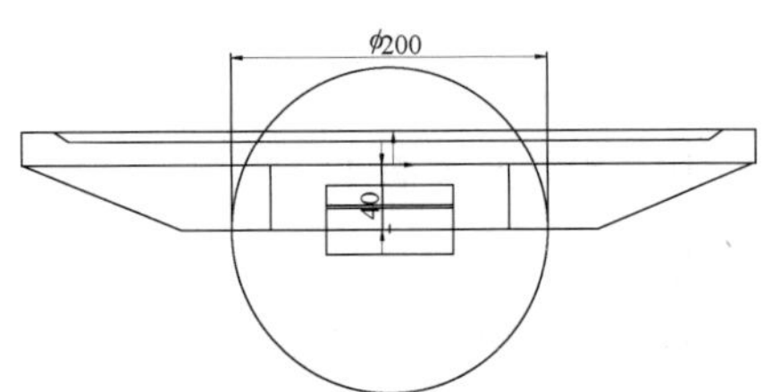

图3-92　绘制的草图

17．拉伸实体

单击“特征”面板中的“拉伸凸台/基体”按钮，弹出如图3-93所示的“凸台-拉伸”属性管理器。在“深度”图标右侧的微调框中输入深度为20mm。单击“拔模开/关”按钮，在其右侧的微调框中输入拔模角度为15°；选中“向外拔模”复选框。完成设置后，单击“确定”按钮，结果如图3-94所示。

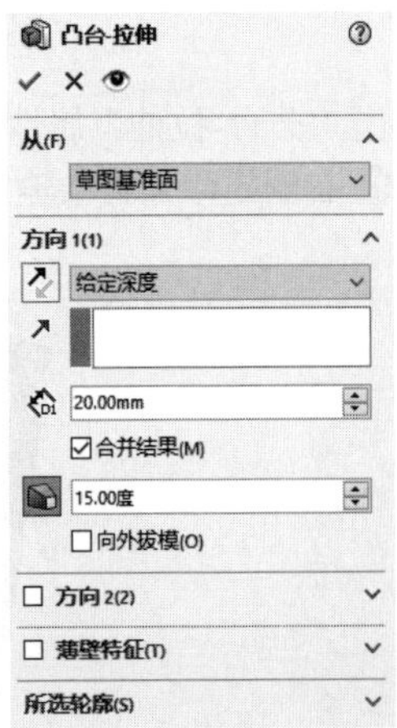

图3-93　“凸台-拉伸”属性管理器

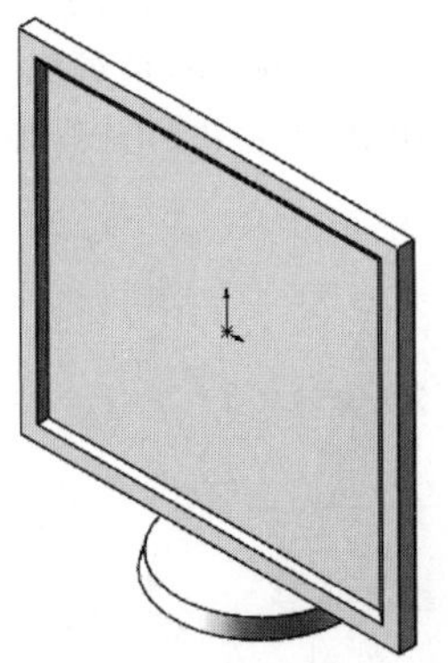

图3-94　拉伸后的图形

3.8　加强筋特征

加强筋特征是零件建模过程中常用的草绘特征，它只能用作增加材料的特征，不能生成切除特征。

在 SOLIDWORKS 2022 中，筋特征实际上是由开环的草图轮廓生成的一种特殊类型的拉伸特征，它在轮廓与现有零件之间添加指定方向和厚度的材料。图 3-95 显示了筋特征的几种效果。

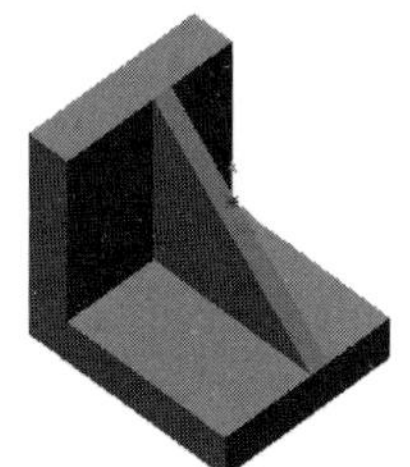

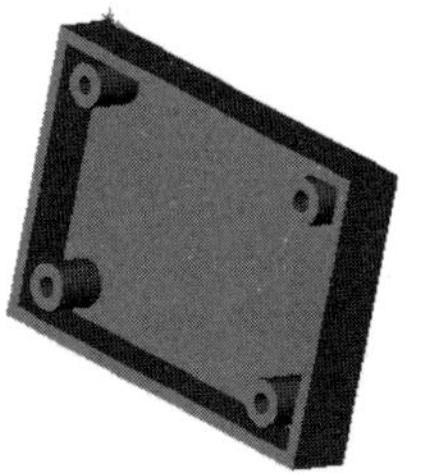

图 3-95　筋特征的几种效果

3.8.1　创建加强筋特征

视频讲解

操作步骤如下。

（1）使用一个与零件相交的基准面来绘制作为筋特征的草图轮廓，如图 3-96 所示。草图轮廓可以是开环或闭环的，也可以是多个实体组成的。

（2）单击“特征”面板中的“筋”按钮。

（3）弹出“筋 1”属性管理器，同时在右侧的图形区域中显示了生成的筋特征，如图 3-97 所示。

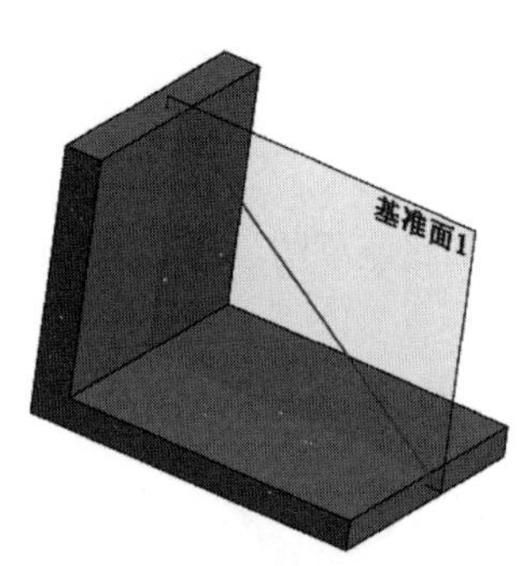

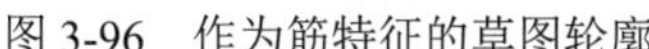

图 3-96　作为筋特征的草图轮廓

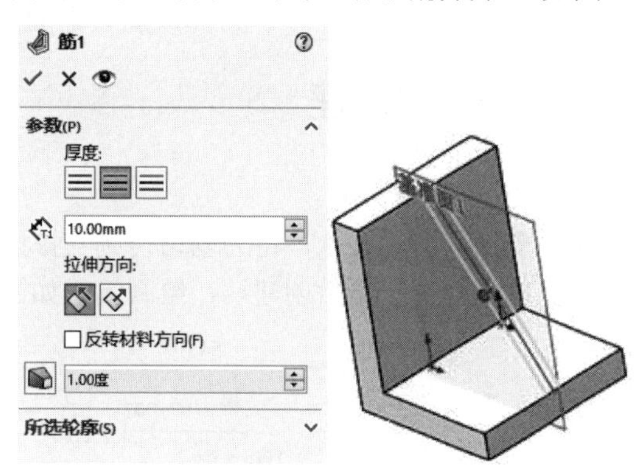

图 3-97　“筋 1”属性管理器

（4）选择一种厚度生成方式。

☑　单击“第一边”按钮，在草图的左边添加材料生成筋。

☑　单击“两侧”按钮，在草图的左右两边均等地添加材料生成筋。

☑　单击“第二边”按钮，在草图的右边添加材料生成筋。

（5）在“筋厚度”图标右侧的微调框中指定筋的厚度。

（6）对于在平行基准面上生成的开环草图，可以选择拉伸方向。

☑　单击“平行于草图”按钮，平行于草图方向生成筋，如图 3-98 所示。

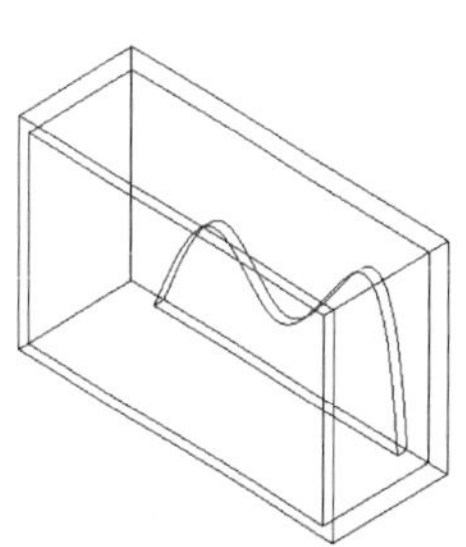

图 3-98　平行于草图方向生成筋

☑ 单击“垂直于草图”按钮，垂直于草图方向生成筋。

（7）如果选择在垂直于草图方向生成筋，还需要选择拉伸类型。

☑ 线性拉伸：将生成一个与草图方向垂直而延伸草图轮廓的筋，直到它们与边界汇合，如图 3-99（a）所示。

☑ 自然拉伸：将生成一个与轮廓方向相同而延伸草图轮廓的筋，直到它们与边界汇合，如图 3-99（b）所示。

Note

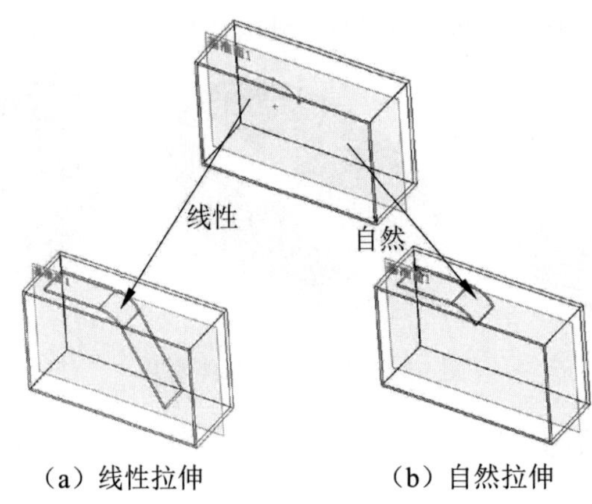

图 3-99　线性拉伸和自然拉伸

如果选择平行于草图方向生成筋，则只有线性拉伸类型。

（8）选中“反转材料方向”复选框，可以改变拉伸方向。

（9）如果要对筋做拔模处理，单击“拔模开/关”按钮，输入拔模角度。

（10）单击“确定”按钮，即可完成筋特征的生成。

视频讲解

3.8.2　实例——轴承座

思路分析

轴承座用来支撑大型的轴承，将力均匀传到支撑面上。首先绘制底座草图，通过拉伸创建底座，然后通过拉伸创建支撑台，最后创建筋，绘制流程如图 3-100 所示。

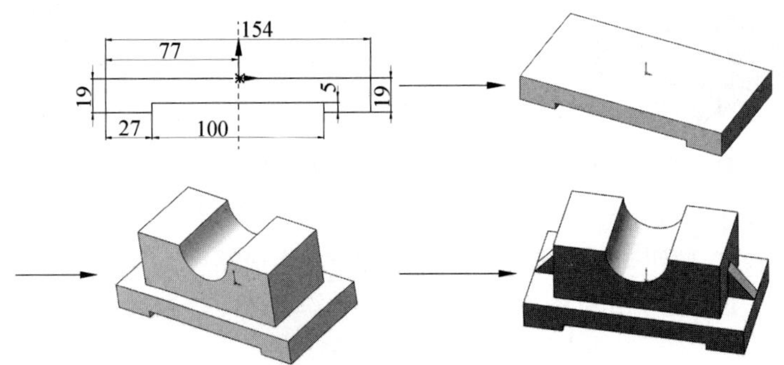

图 3-100　轴承座的绘制流程

操作步骤

1. 新建文件

启动 SOLIDWORKS 2022，单击“快速访问”工具栏中的“新建”按钮，在打开的“新建

SOLIDWORKS 文件”对话框中单击“零件”按钮，然后单击“确定”按钮，创建一个新的零件文件。

2. 新建草图

在左侧的 FeatureManager 设计树中选择“前视基准面”作为草图绘制基准面，单击“草图”面板中的“草图绘制”按钮，新建一张草图。单击“草图”面板中的“中心线”按钮和“直线”按钮，绘制底座草图。单击“草图”面板中的“智能尺寸”按钮，为草图标注尺寸，如图 3-101 所示。

3. 拉伸形成实体

单击“特征”面板中的“拉伸凸台/基体”按钮，弹出如图 3-102 所示的“凸台-拉伸”属性管理器。设定拉伸的终止条件为“两侧对称”，输入拉伸距离为 80mm，其他选项保持默认设置，然后单击“确定”按钮，结果如图 3-103 所示。

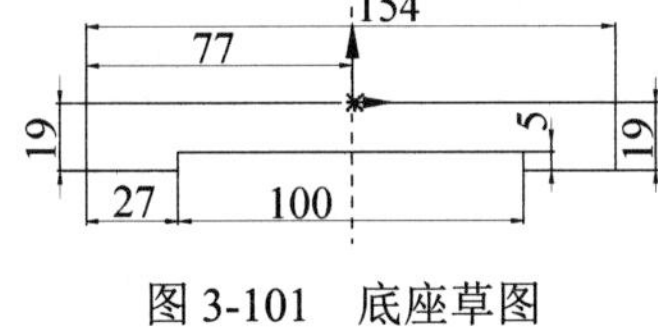

图 3-101　底座草图

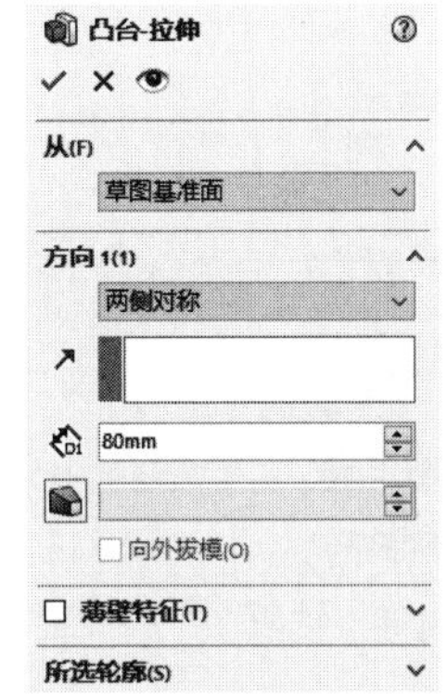

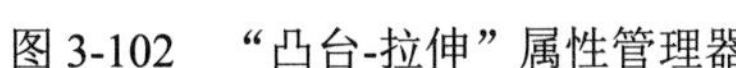

图 3-102　“凸台-拉伸”属性管理器

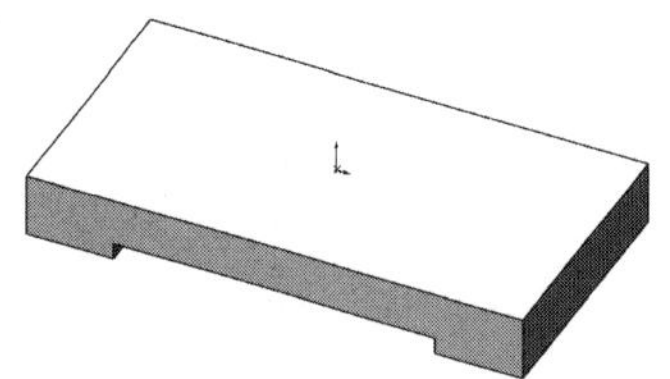

图 3-103　创建底座

4. 绘制草图

在左侧的 FeatureManager 设计树中选择“前视基准面”作为绘制图形的基准面，单击“草图”面板中的“草图绘制”按钮，新建一张草图。单击“草图”面板中的“中心线”按钮、“边角矩形”按钮、“3 点圆弧”按钮和“剪裁实体”按钮，绘制如图 3-104 所示的支撑台草图。

5. 拉伸形成实体

单击“特征”面板中的“拉伸凸台/基体”按钮，弹出如图 3-105 所示的“凸台-拉伸”属性管理器。设定拉伸的终止条件为“两侧对称”，输入拉伸距离为 60mm，其他选项保持默认设置，然后单击“确定”按钮，结果如图 3-106 所示。

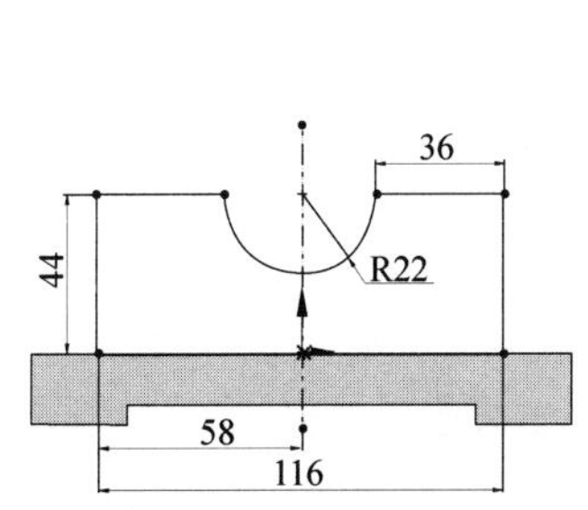

图 3-104　支撑台草图

图 3-105　“凸台-拉伸”属性管理器

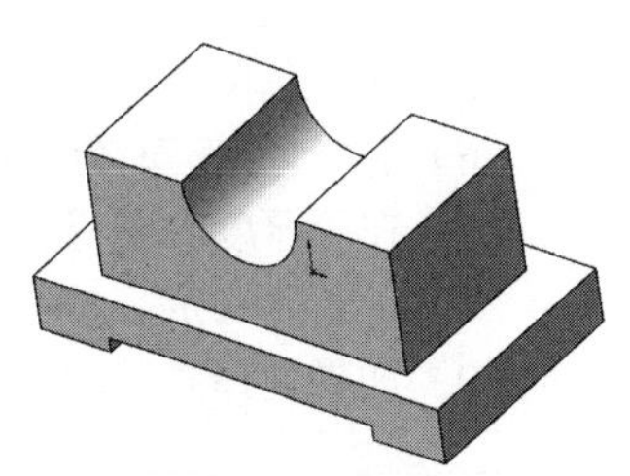

图 3-106　拉伸实体

6. 绘制草图

在左侧的 FeatureManager 设计树中选择“前视基准面”作为绘制图形的基准面，单击“草图”面板中的“草图绘制”按钮，新建一张草图。单击“草图”面板中的“直线”按钮，绘制如图 3-107 所示的加强筋草图。

7. 创建筋

单击“特征”面板中的“筋”按钮，弹出“筋 1”属性管理器，如图 3-108 所示。单击“两侧”按钮，输入厚度为 10mm，选择拉伸方向为“平行于草图”，选中“反转材料方向”复选框，然后单击“确定”按钮。同理，在另一侧创建加强筋，结果如图 3-109 所示。

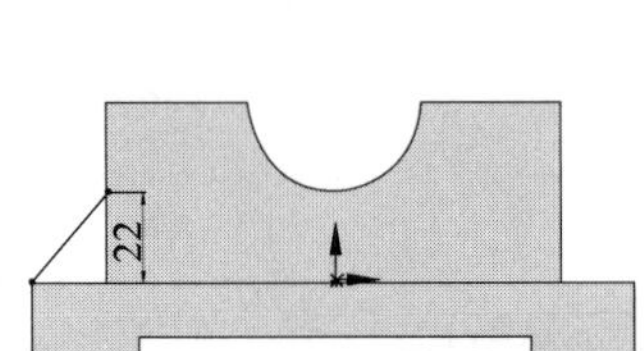

图 3-107　加强筋草图

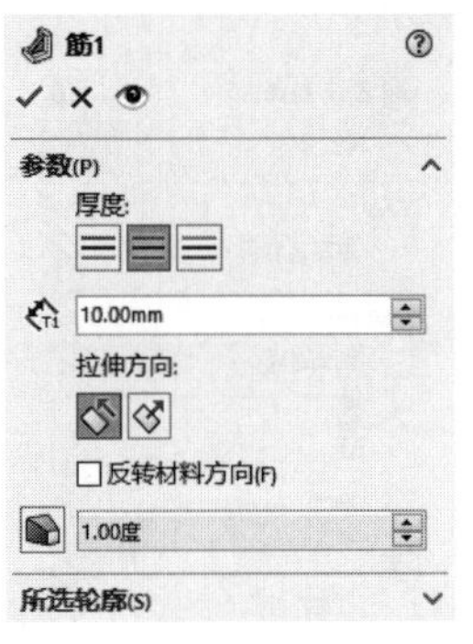

图 3-108　“筋 1”属性管理器

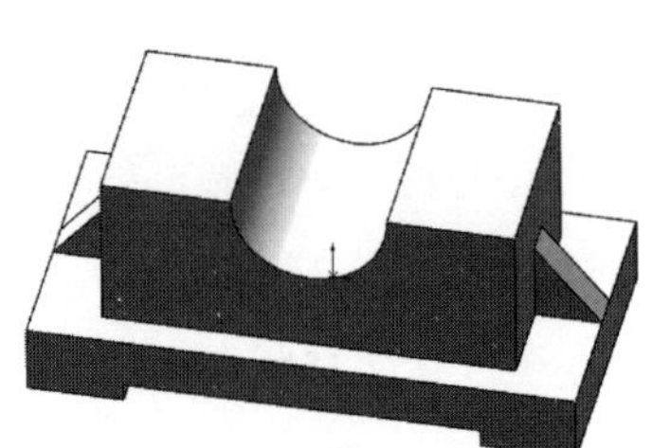

图 3-109　创建加强筋

3.9　包覆特征

包覆特征将草图包裹到平面或非平面上，也可选择一个平面轮廓来添加多个闭合的样条曲线草图。

视频讲解

3.9.1　创建包覆特征

操作步骤如下。

（1）利用“拉伸”命令绘制如图 3-110 所示的圆柱体。

（2）利用“基准面”命令创建一个与圆柱体相切的平面。

（3）选择新建的基准平面为草图的绘制平面。单击“草图”面板中的“文本”按钮，绘制如图 3-111 所示的文字。

（4）单击“特征”面板中的“包覆”按钮，选择步骤（3）绘制的草图，弹出如图 3-112 所示的“包覆 1”属性管理器。

（5）在“包覆类型”栏中选择“浮雕”类型。

（6）单击“包覆草图的面”图标右侧的显示框，然后在图形区域中选择一个面，如图 3-113 所示。

（7）在“厚度”图标右侧的微调框中指定厚度。

（8）单击“确定”按钮，生成包覆特征，如图 3-114 所示。

（9）如果选择“蚀雕”类型，生成的包覆特征如图 3-115 所示；如果选择“刻画”[①]类型，

[①] 文中“刻画”与软件上“刻划”为同一内容，后文不再赘述。

生成的包覆特征如图 3-116 所示。

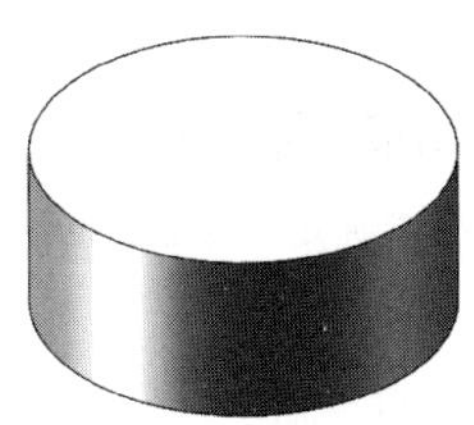

图 3-110　绘制圆柱体

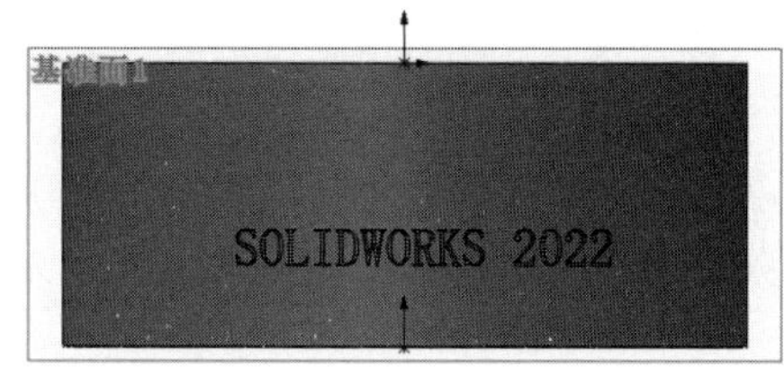

图 3-111　绘制文字

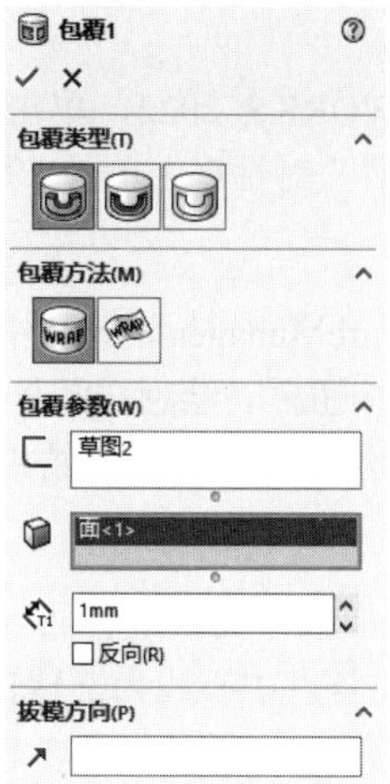

图 3-112　“包覆 1”属性管理器

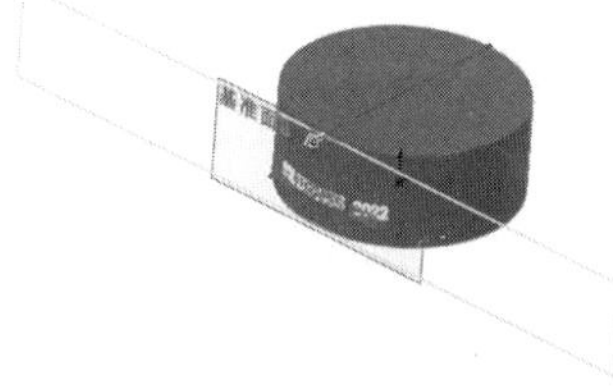

图 3-113　选择面

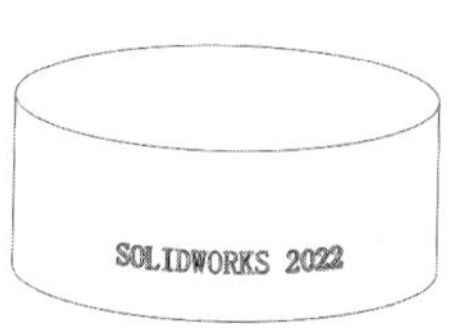

图 3-114　浮雕

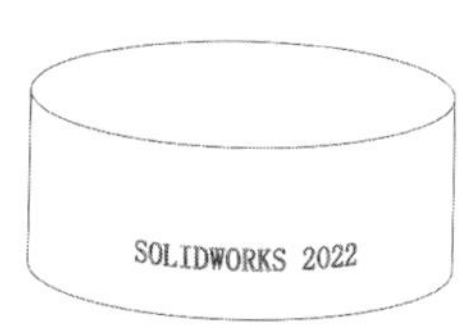

图 3-115　蚀雕

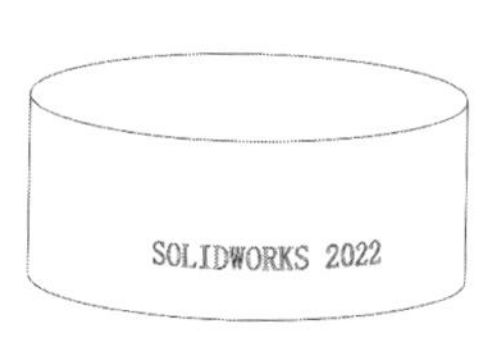

图 3-116　刻画

3.9.2　实例——分划圈

视频讲解

思路分析

首先绘制分划圈的轮廓草图，然后旋转形成主体，再绘制刻度草图，最后利用“包覆”命令创建刻度，绘制流程如图 3-117 所示。

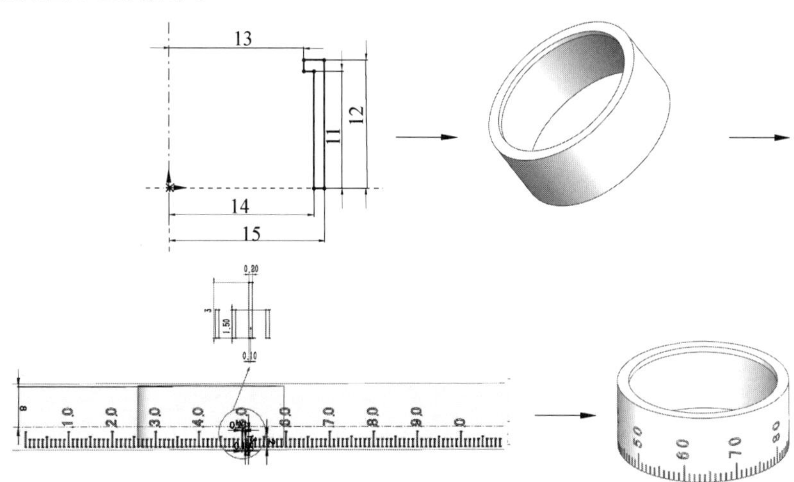

图 3-117　分划圈的绘制流程

Note

操作步骤

1. 新建文件

启动 SOLIDWORKS 2022，单击“快速访问”工具栏中的“新建”按钮，在弹出的“新建 SOLIDWORKS 文件”对话框中单击“零件”按钮，然后单击“确定”按钮，创建一个新的零件文件。

2. 绘制草图

在左侧的 FeatureManager 设计树中选择“前视基准面”作为绘制图形的基准面。单击“草图”面板中的“中心线”按钮，绘制一条竖直中心线作为旋转轴。单击“草图”面板中的“直线”按钮，绘制草图轮廓，标注并修改尺寸，结果如图 3-118 所示。

3. 旋转实体

单击“特征”面板中的“旋转凸台/基体”按钮，弹出如图 3-119 所示的“旋转”属性管理器。选择步骤 2 绘制的竖直中心线为旋转轴，设置终止条件为“给定深度”，输入旋转角度为 360°，然后单击“确定”按钮，结果如图 3-120 所示。

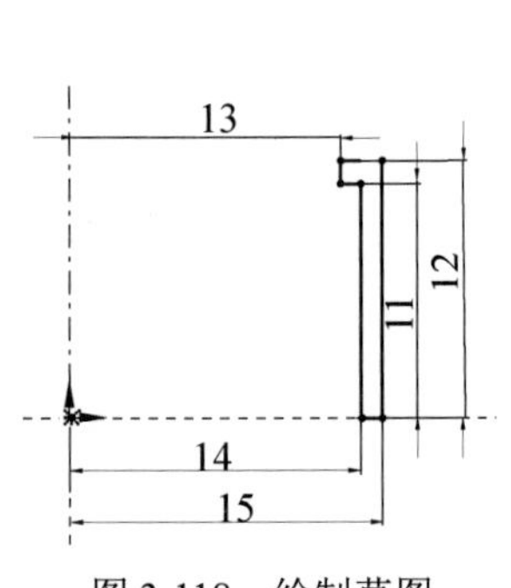

图 3-118　绘制草图

图 3-119　“旋转”属性管理器

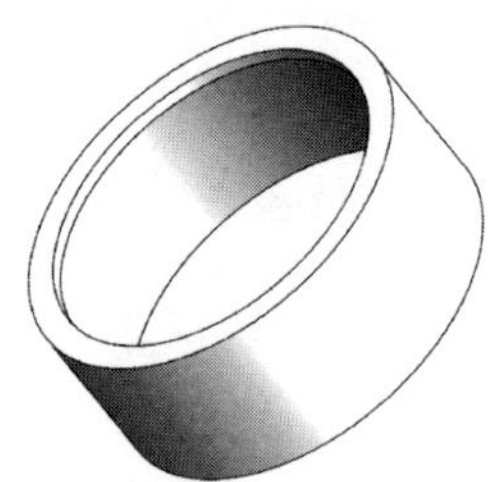

图 3-120　旋转后的图形

4. 创建基准面

单击“特征”面板中的“基准面”按钮，弹出如图 3-121 所示的“基准面”属性管理器。选择“前视基准面”为参考面，输入距离为 20mm，然后单击“确定”按钮，结果如图 3-122 所示。

图 3-121　“基准面”属性管理器

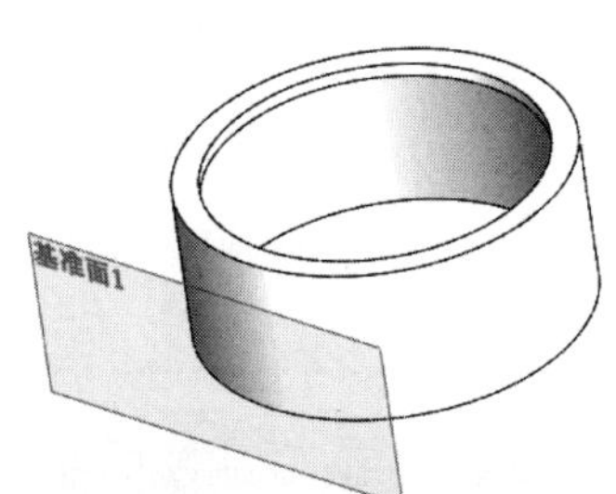

图 3-122　创建基准面 1

5. 绘制草图

（1）在左侧的 FeatureManager 设计树中选择“前视基准面”作为绘制图形的基准面。单击“草图”面板中的“边角矩形”按钮，绘制草图轮廓，标注并修改尺寸，结果如图 3-123 所示。

（2）单击“草图”面板中的“线性草图阵列”按钮，弹出“线性阵列”属性管理器，如图 3-124 所示。选择步骤（1）绘制的矩形，输入间距为 0.94mm，输入个数为 60，然后单击“确定”按钮✔，生成阵列特征。

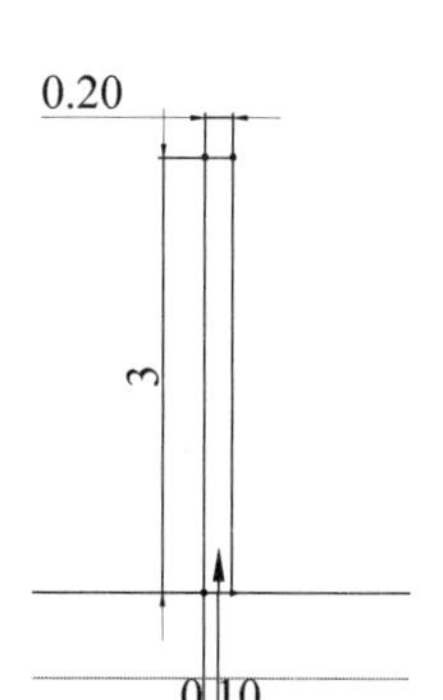

图 3-123　绘制草图轮廓

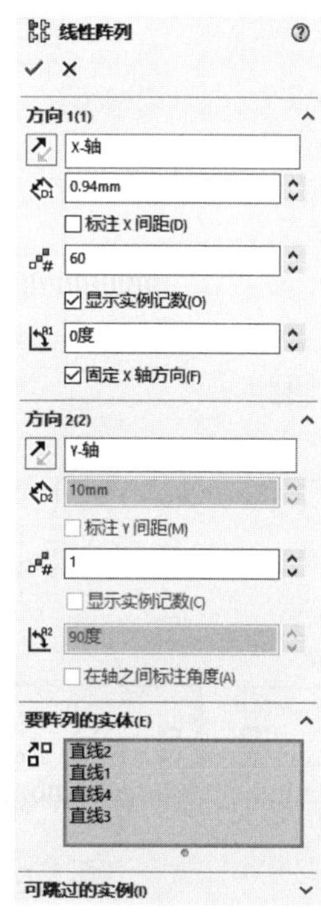

图 3-124　“线性阵列”属性管理器

（3）单击“草图”面板中的“直线”按钮，绘制两条水平直线。单击“草图”面板中的“剪裁实体”按钮，修剪多余线段，结果如图 3-125 所示。

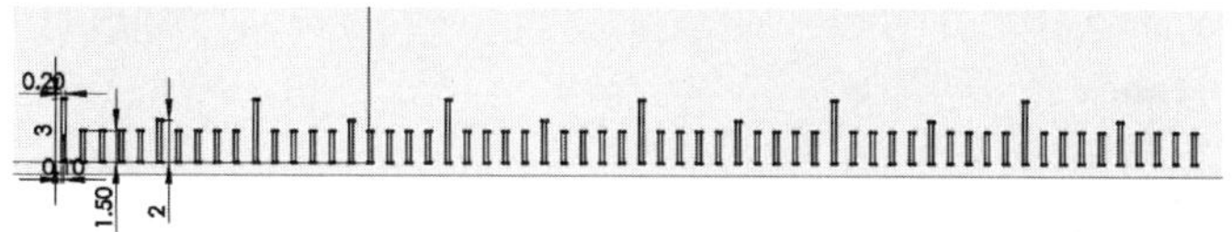

图 3-125　创建刻度

（4）单击“草图”面板中的“中心线”按钮，绘制水平中心线和竖直中心线。单击“草图”面板中的“镜像实体”按钮，弹出“镜像”属性管理器[①]，如图 3-126 所示。选择阵列后的矩形作为要镜像的实体，选择竖直中心线为镜像点，单击属性管理器中的“确定”按钮✔，并添加其余的矩形，结果如图 3-127 所示。

（5）单击“草图”面板中的“文本”按钮，弹出“草图文字”属性管理器。在“文字”文本框中输入数字，然后单击“旋转”按钮，更改旋转角度为 90°，取消选中“使用文档字体”复选

[①] 文中的“镜像”与图中的“镜向”为同一内容，后文不再赘述。

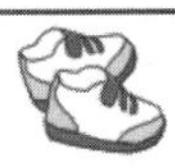

框，单击“字体”按钮，弹出“选择字体”对话框。选择“字体”为“汉仪长仿宋体”、“字体样式”为“常规”，在“高度”选项组的“点”下拉列表框中选择“小六”，单击“确定”按钮。返回“草图文字”属性管理器，单击“确定”按钮✔。同理，标注所有的数字，结果如图3-128所示。单击“退出草图”按钮，退出草图。

Note

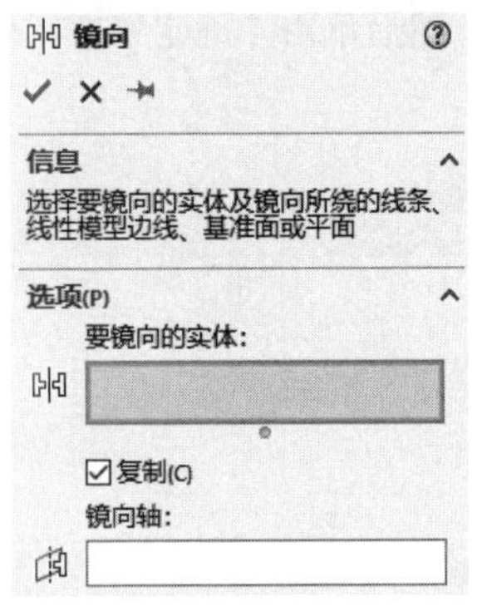

图3-126 “镜像”属性管理器

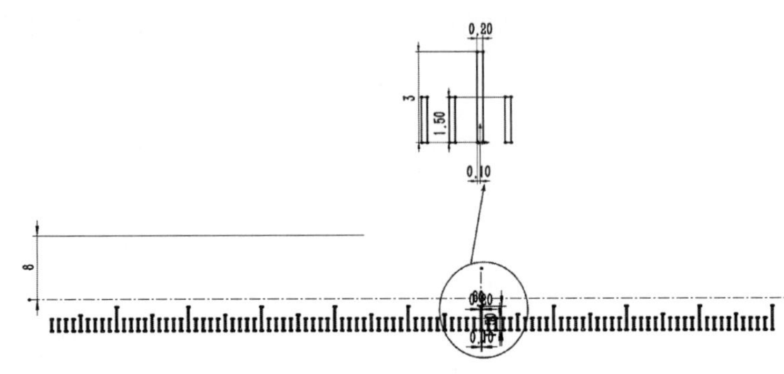

图3-127 镜像草图

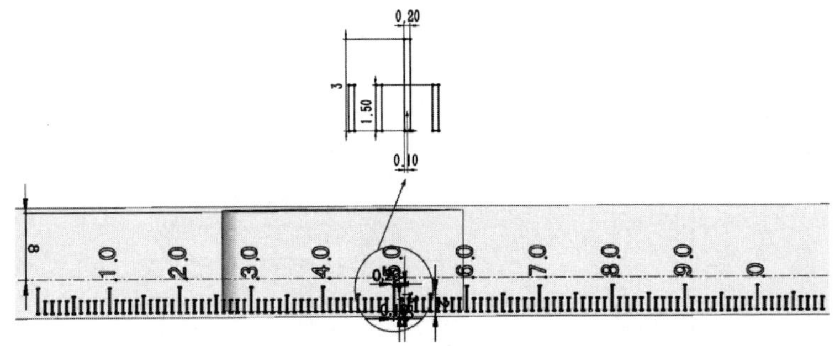

图3-128 标注数字

6. 包覆文字

单击“特征”面板中的“包覆”按钮，弹出“包覆1”属性管理器，如图3-129所示。选择包覆类型为“蚀雕”，选择拉伸体的外圆柱面为包覆草图的面，输入距离为0.2mm，单击“确定”按钮✔，结果如图3-130所示。

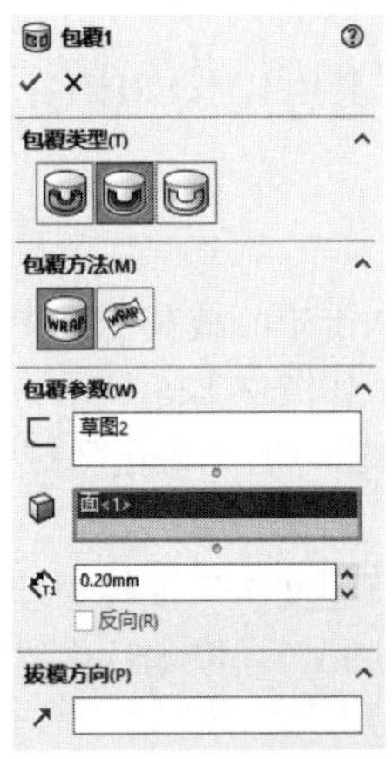

图3-129 “包覆1”属性管理器

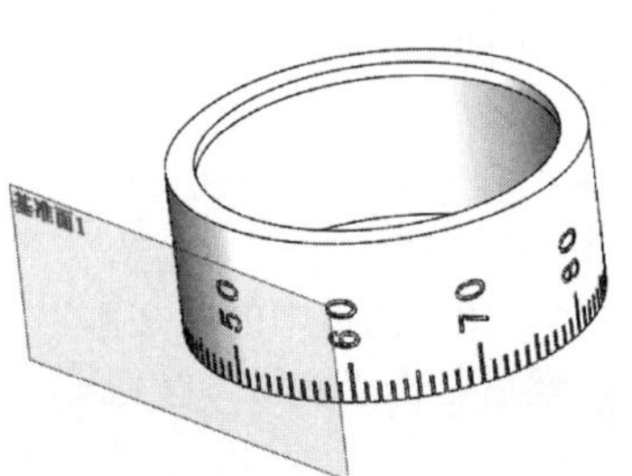

图3-130 刻度文字

视频讲解

3.10 综合实例——调节螺母

首先绘制一个六边形；然后选取绘制的六边形作为拉伸截面，将其拉伸成主体；再绘制草图，选取绘制的草图作为拉伸截面，将其拉伸成孔和圆柱；最后绘制螺旋线和扫描截面，创建螺纹。绘制流程如图 3-131 所示。

操作步骤

1. 新建文件

启动 SOLIDWORKS 2022，单击“快速访问”工具栏中的“新建”按钮，在弹出的“新建 SOLIDWORKS 文件”对话框中单击“零件”按钮，然后单击“确定”按钮，创建一个新的零件文件。

2. 绘制草图

在左侧的 FeatureManager 设计树中选择“前视基准面”作为绘制图形的基准面。单击“草图”面板中的“多边形”按钮，绘制草图轮廓，标注并修改尺寸，结果如图 3-132 所示。

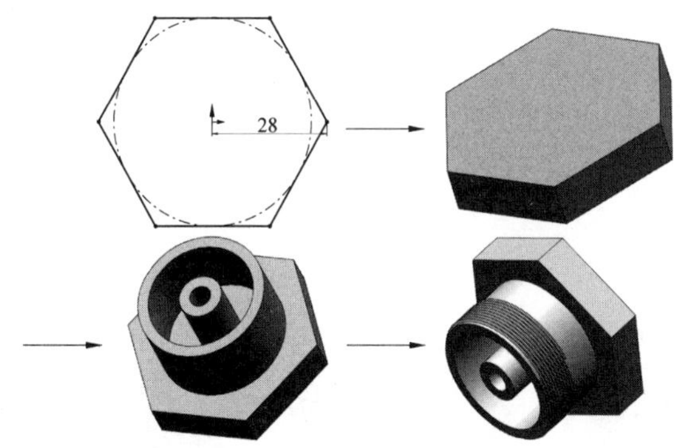

图 3-131 调节螺母的绘制流程

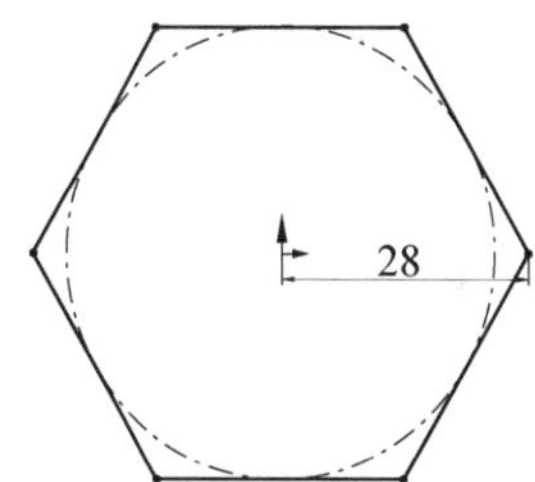

图 3-132 绘制草图

3. 拉伸实体

单击“特征”面板中的“拉伸凸台/基体”按钮，弹出如图 3-133 所示的“凸台-拉伸”属性管理器。选择步骤 2 绘制的草图作为拉伸截面，设置终止条件为“给定深度”，输入拉伸距离为 10mm，然后单击“确定”按钮✓，结果如图 3-134 所示。

4. 绘制草图

在视图中选取如图 3-134 所示的面 1 作为绘制图形的基准面。单击“草图”面板中的“圆”按钮，绘制草图轮廓，标注并修改尺寸，结果如图 3-135 所示。

5. 拉伸实体

单击“特征”面板中的“拉伸凸台/基体”按钮，弹出“凸台-拉伸”属性管理器。选择如图 3-136 所示的拉伸截面，设置终止条件为“给定深度”，输入拉伸距离为 20mm，然后单击“确定”按钮✓，结果如图 3-137 所示。

6. 绘制草图

在左侧的 FeatureManager 设计树中选择如图 3-137 所示的面 2 作为绘制图形的基准面。单击“草图”面板中的“转换实体引用”按钮，将面 2 的外圆柱边线转换为图素。

Note

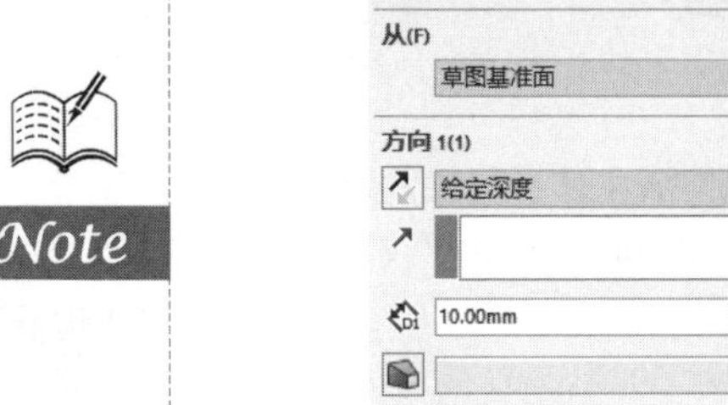

图 3-133 “凸台-拉伸”属性管理器

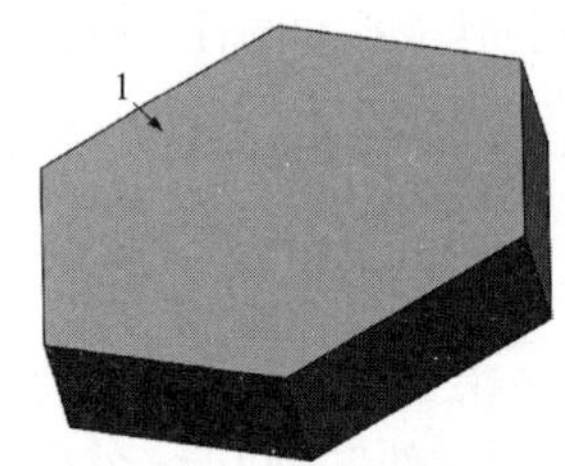

图 3-134 拉伸后的图形

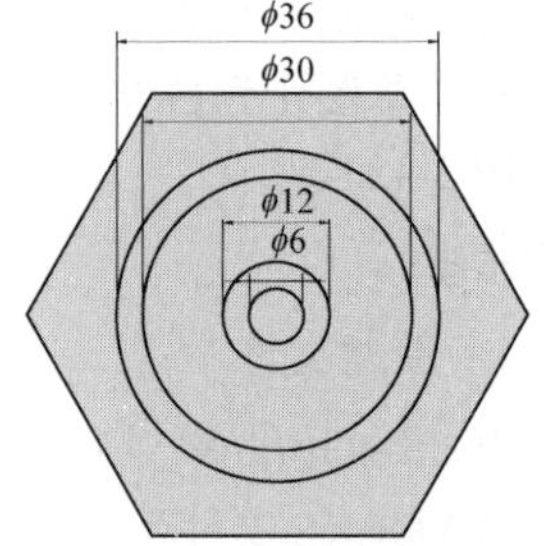

图 3-135 绘制草图

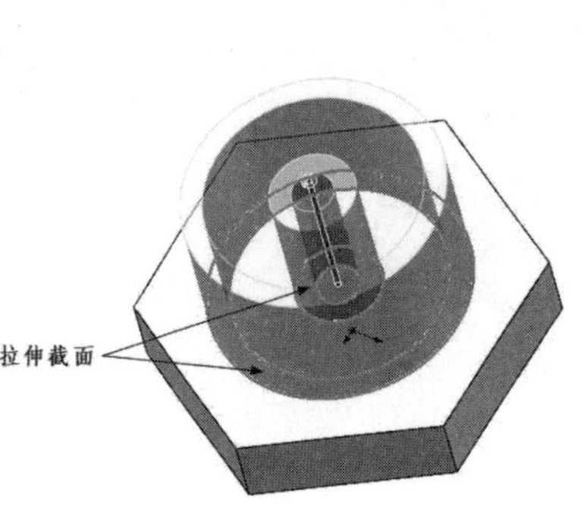

图 3-136 选取拉伸截面

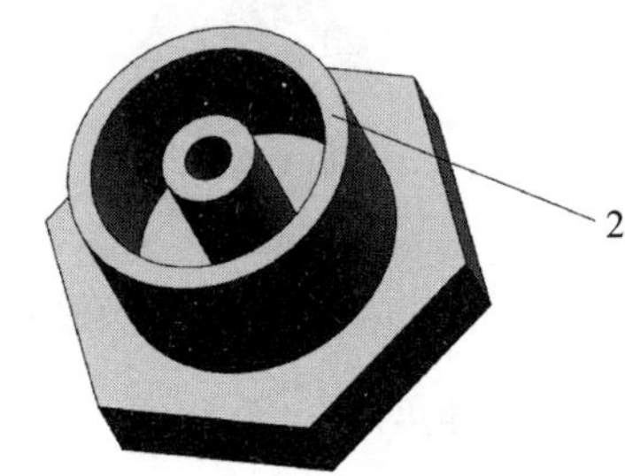

图 3-137 拉伸实体

7. 绘制螺旋线

单击“特征”面板中的“螺旋线/涡状线”按钮，弹出如图 3-138 所示的“螺旋线/涡状线”属性管理器。设置定义方式为“高度和螺距”，选中“恒定螺距”单选按钮，输入高度为 10mm、螺距为 1mm，选中“反向”复选框，输入起始角度为 0°，然后单击“确定”按钮绘制螺旋线。

8. 绘制扫描截面

在左侧的 FeatureManager 设计树中选择“上视基准面”作为绘制图形的基准面。单击“草图”面板中的“直线”按钮，绘制草图轮廓，标注并修改尺寸，如图 3-139 所示。

9. 绘制螺纹

单击“特征”面板中的“扫描”按钮，弹出如图 3-140 所示的“扫描”属性管理器。选择步骤 8 绘制的草图作为扫描截面，选择螺旋线作为扫描路径，然后单击“确定”按钮，结果如图 3-141 所示。

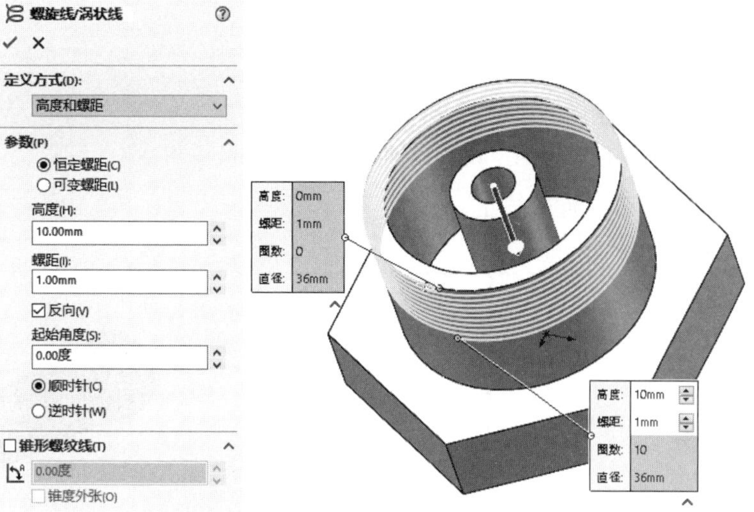

图 3-138 “螺旋线/涡状线”属性管理器

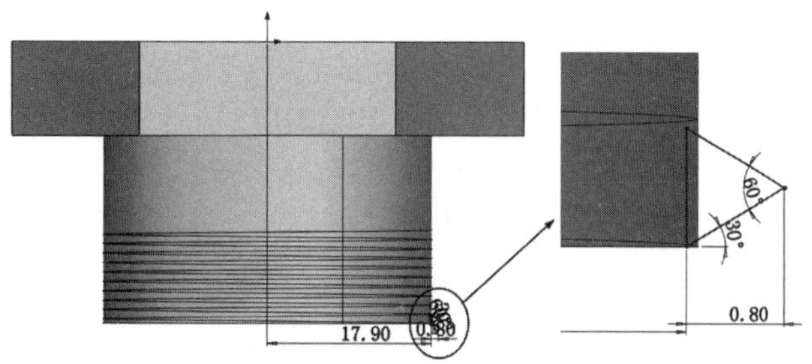

图 3-139 绘制扫描截面

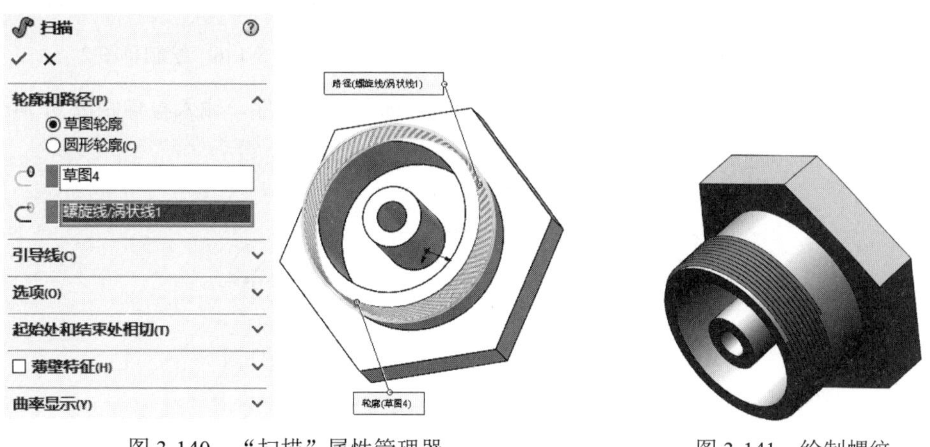

图 3-140 “扫描”属性管理器　　　　图 3-141 绘制螺纹

3.11 实践与操作

通过前面的学习，相信读者对本章知识已有了一个大体的了解，本节将通过两个操作练习帮助读者进一步掌握本章知识要点。

1. 绘制如图 3-142 所示的锥销

操作提示：

（1）利用“圆”命令绘制圆，如图 3-143 所示。

（2）利用“拉伸”命令创建锥销，设置拉伸距离为 20mm。

Note

2. 绘制如图 3-144 所示的摇杆

图 3-142　绘制锥销

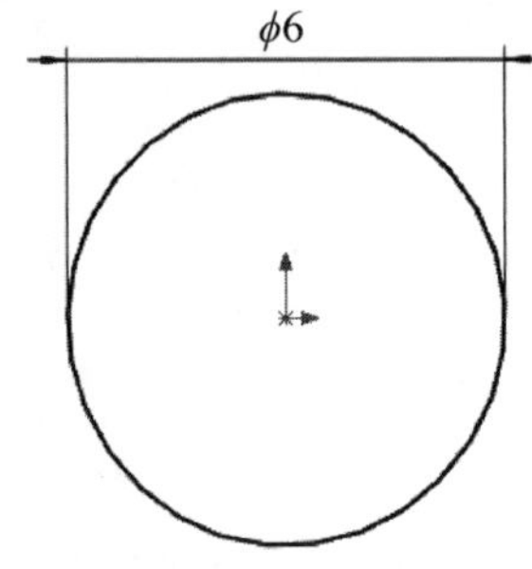

图 3-143　绘制草图

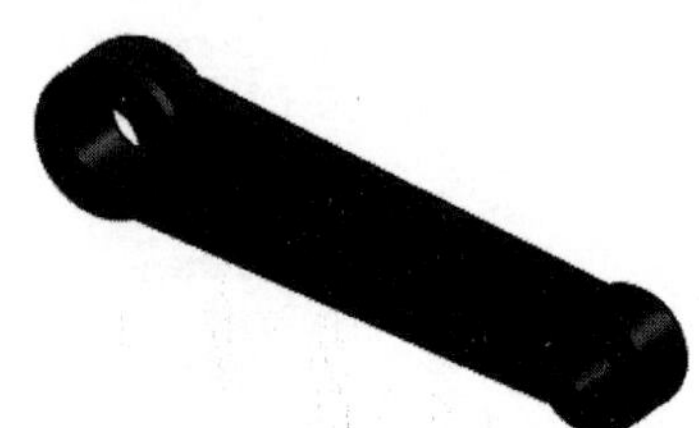

图 3-144　绘制摇杆

操作提示：

（1）利用“草图绘制”命令绘制草图 1，结果如图 3-145 所示。

（2）利用“拉伸”命令创建拉伸体，设置“两侧对称”终止条件，输入拉伸距离为 6mm。

（3）利用“圆”命令绘制草图 2，如图 3-146 所示。

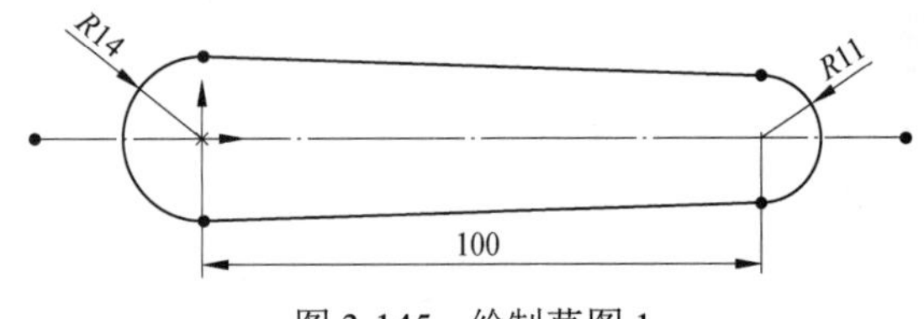

图 3-145　绘制草图 1

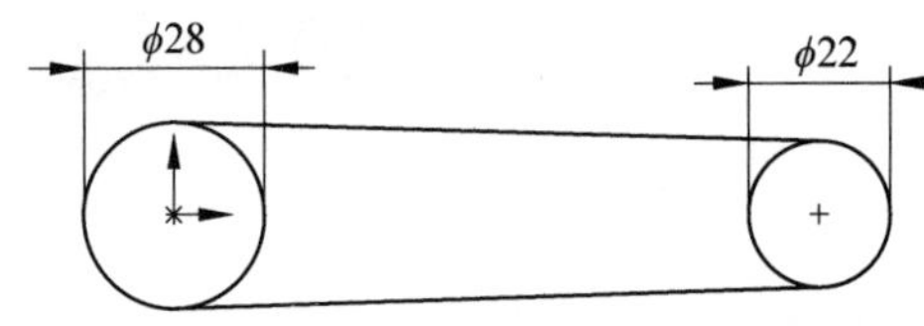

图 3-146　绘制草图 2

（4）利用“拉伸”命令创建拉伸体，设置“两侧对称”终止条件，输入拉伸距离为 14mm。

（5）利用“圆”命令绘制草图 3，如图 3-147 所示。

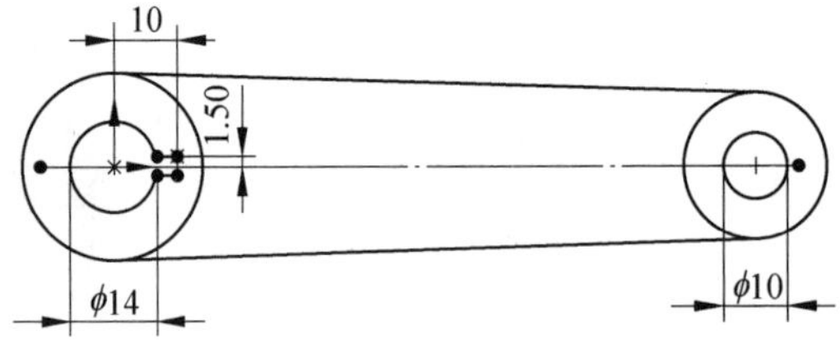

图 3-147　绘制草图 3

（6）利用“拉伸切除”命令创建拉伸体，设置“完全贯穿”终止条件。

第4章 放置特征

基于特征的特征多数不必创建草图，但必须有已存在的特征。它们一般不能作为可变化的一方，实现基于装配体关系的设计关联，主要有孔、倒角、圆角、抽壳、拔模等特征命令。

- ☑ 放置特征的基础知识
- ☑ 孔特征、圆角特征
- ☑ 倒角特征、抽壳特征
- ☑ 拔模特征、圆顶特征
- ☑ 综合实例——阀体

任务驱动&项目案例

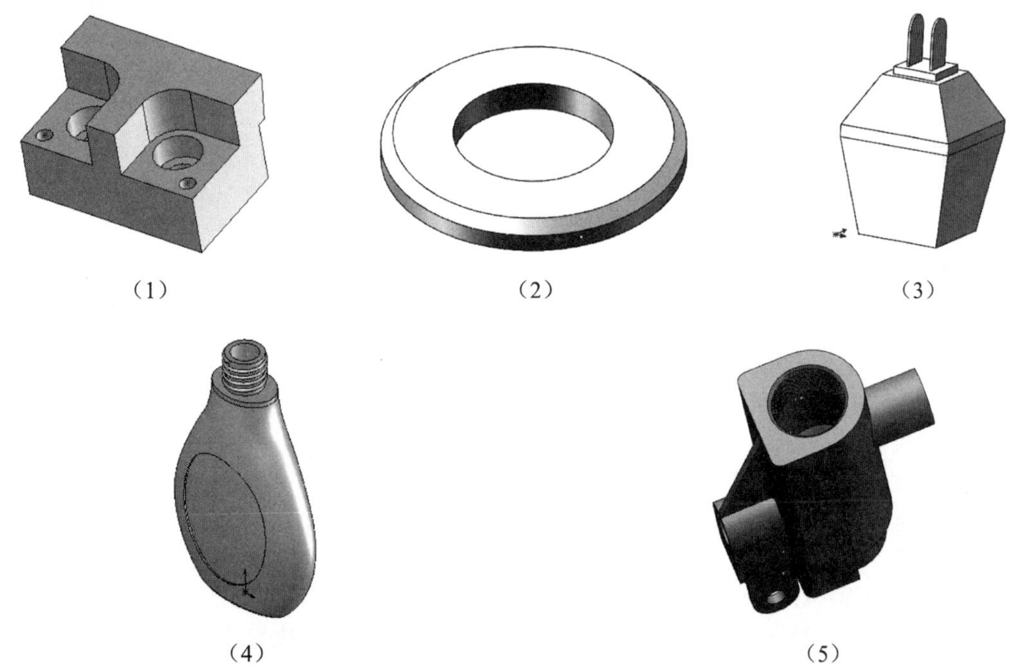

（1） （2） （3）

（4） （5）

4.1 放置特征的基础知识

Note

视频讲解

零件建模的放置特征通常是指由系统提供的或由用户定义的一类模板特征，其特征几何形状是确定的，改变其尺寸，可以得到大小不同的相似几何特征。例如孔特征，通过改变孔的直径尺寸，可以得到一系列大小不同的孔。

SOLIDWORKS 2022 提供了许多类型的放置特征，如孔特征、倒角特征、抽壳特征等。在零件建模过程中使用放置特征，一般需要用户给系统提供以下几方面信息。

（1）放置特征的位置，如孔特征，首先需要用户指定在哪一个平面上打孔，然后需要确定孔在该平面上的定位尺寸。

（2）放置特征的尺寸，如孔特征的直径尺寸、倒角特征的半径尺寸、抽壳特征的壁厚等。

下面对常用的放置特征进行介绍。

4.2 孔 特 征

孔特征是机械设计中的常见特征。SOLIDWORKS 2022 将孔特征分成两种类型：简单直孔和异型孔。

无论是简单直孔还是异型孔，都需要选取孔的放置平面，并且标注孔的轴线与其他几何实体之间的相对尺寸，以完成孔的定位。

视频讲解

4.2.1 简单直孔

进行零件建模时，最好在设计阶段即将结束时再生成孔特征，这样可以避免因疏忽而将材料添加到现有的孔内。此外，如果准备生成不需要其他参数的简单直孔，则选择简单直孔特征，否则可以选择异型孔向导。对于生成简单的直孔而言，简单直孔特征可以提供比异型孔向导更好的性能。

1. 创建孔

操作步骤如下。

（1）选择要生成简单直孔特征的平面。

（2）单击“特征”面板中的“简单直孔”按钮。

（3）此时系统弹出“孔”属性管理器，并在右面的图形区域中显示生成的孔特征，如图 4-1 所示。

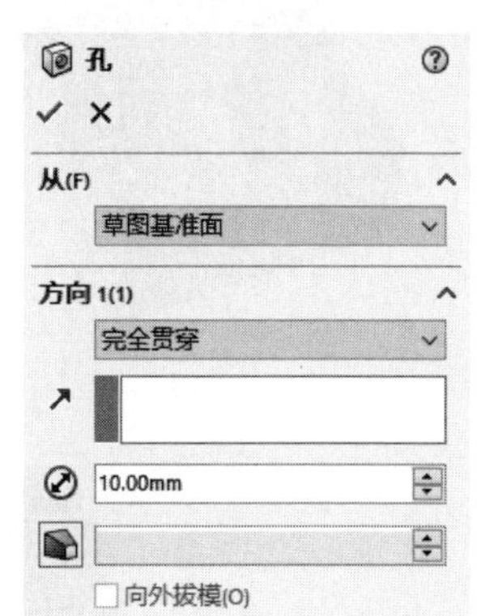

图 4-1 “孔”属性管理器

（4）在“孔”属性管理器“方向 1”栏的第一个下拉列表框中可以选择以下终止类型。

☑ 给定深度：从草图的基准面拉伸特征到特定距离以生成特征。选择该选项后，需在下面的“深度”图标右侧的微调框中指定深度。
☑ 完全贯穿：从草图的基准面拉伸特征直到贯穿所有现有的几何体。
☑ 成形到下一面：从草图的基准面拉伸特征到下一面，以生成特征（下一面必须在同一零件上）。
☑ 成形到一面：从草图的基准面拉伸特征到所选的面或曲面以生成特征。
☑ 到离指定面指定的距离：从草图的基准面拉伸特征到距某面或曲面特定距离的位置以生成特

征。选择该选项后，需要指定特定面和距离。

☑ 成形到一顶点：从草图基准面拉伸特征到一个平面，这个平面平行于草图基准面且穿越指定的顶点。

（5）在“孔直径”图标⊘右侧的微调框中输入孔的直径。

（6）如果要给特征添加一个拔模，单击“拔模开/关”按钮，然后输入一个拔模角度。

（7）单击“确定”按钮✔，完成简单直孔特征的生成。

虽然在模型上生成了简单直孔特征，但是上面的操作还不能确定孔在模型面上的位置，还需要进一步对孔进行定位。

2. 定位孔

操作步骤如下。

（1）在 FeatureManager 设计树中右击孔特征，在弹出的快捷菜单中选择“编辑草图”命令。

（2）单击“草图”面板中的“智能尺寸”按钮，像标注草图尺寸那样对孔进行尺寸定位，如图 4-2 所示。此外，还可以在草图中修改孔的直径尺寸。

（3）单击“草图”面板中的“退出草图”按钮，退出草图编辑状态，则会看到被定位后的孔，如图 4-3 所示。

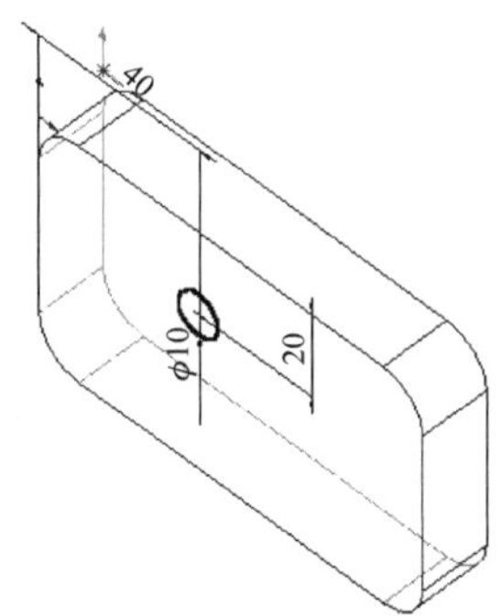

图 4-2　对孔进行尺寸定位

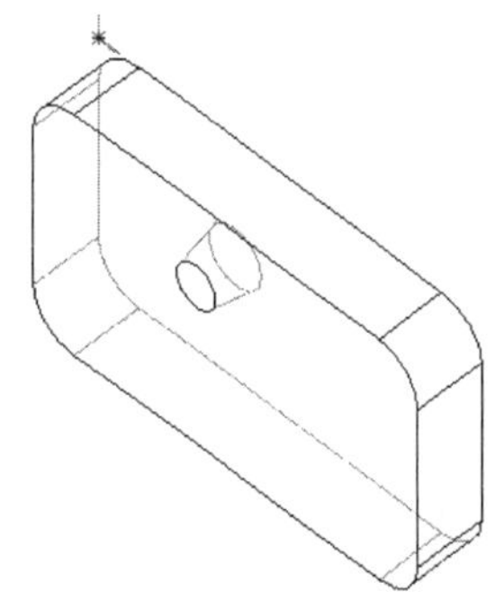

图 4-3　生成的孔

此外，如果要更改已经生成的孔深度、终止类型等，在 FeatureManager 设计树中右击此孔特征，然后在弹出的快捷菜单中选择“编辑特征”命令，在出现的“孔”属性管理器中进行必要的修改后，单击“确定”按钮✔即可。

4.2.2　异型孔向导

SOLIDWORKS 2022 将机械设计中常用的异型孔集成到异型孔向导中。用户在创建这些异型孔时，无须翻阅资料，也无须进行复杂的建模，只要按照异型孔向导的指导，输入孔的特征属性，系统就会自动生成各种常用异型孔。此外，还可以将最常用的孔类型（包括与该孔类型相关的任何特征）添加到向导中，在使用时通过滚动菜单进行选择。

1. 柱形沉头孔

柱形沉头孔的参数如图 4-4 所示。

（1）创建柱形沉头孔。

操作步骤如下。

❶ 选择要生成柱形沉头孔特征的平面。

❷ 单击“特征”面板中的“异型孔向导”按钮。

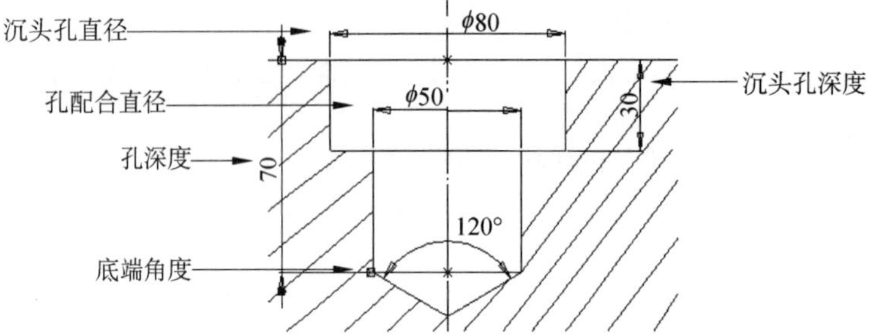

图 4-4　柱形沉头孔

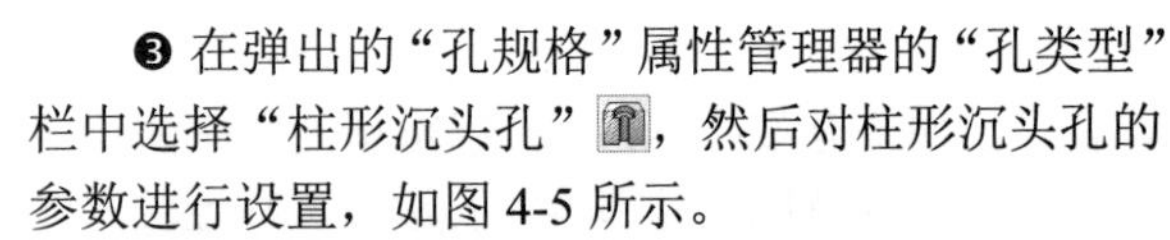

❸ 在弹出的“孔规格”属性管理器的“孔类型”栏中选择“柱形沉头孔”，然后对柱形沉头孔的参数进行设置，如图 4-5 所示。

❹ 从参数栏中选择与柱形沉头孔连接的紧固件“标准”，如 ISO、ANSI Metric、JIS 等。

❺ 选择与柱形沉头孔对应紧固件的“类型”，如六角螺栓、六角凹头、六角螺钉等。一旦选择了紧固件的螺栓类型，异型孔向导就会立即更新对应参数栏中的项目。

❻ 选择柱形沉头孔对应紧固件的“大小”，如 M5、M8、M64 等。

❼ 在“终止条件”栏对应的参数中选择孔的终止条件，包括以下选项。

☑　给定深度：从草图的基准面拉伸特征到特定距离以生成特征。选择该选项后，需要在“盲孔深度”的文本框中指定孔的深度。

☑　完全贯穿：从草图的基准面拉伸特征直到贯穿所有现有的几何体。

☑　成形到下一面：从草图的基准面拉伸特征到下一面，以生成特征（下一面必须在同一零件上）。

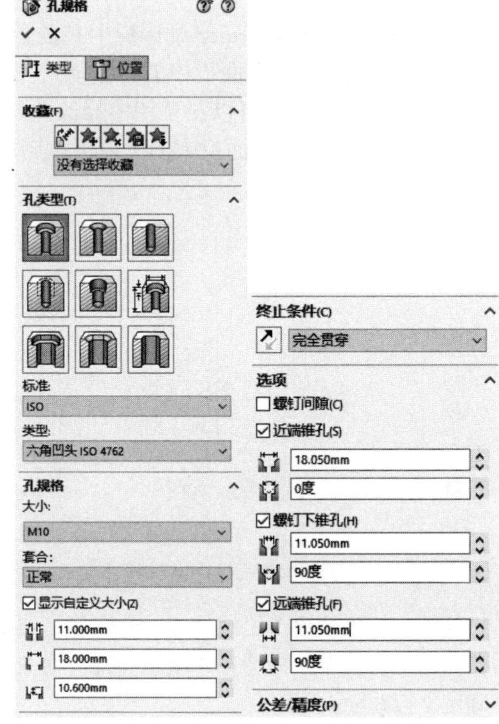

图 4-5　柱形沉头孔的参数设置

☑　成形到一面：从草图的基准面拉伸特征到所选的面或曲面以生成特征。

☑　到离指定面指定的距离：从草图的基准面拉伸特征到距某面或曲面特定距离的位置以生成特征。选择该选项后，需要指定特定面和距离。

☑　成形到一顶点：从草图基准面拉伸特征到一个平面，这个平面平行于草图基准面且穿越指定的顶点。

❽ 在“套合”栏对应的参数中选择配合类型并输入直径。

☑　紧密：柱形沉头孔与对应的紧固件配合较紧凑，可以在下面的文本框中更改孔的直径。

☑　正常：柱形沉头孔与对应的紧固件配合在正常范围。

☑　松弛：柱形沉头孔与对应的紧固件配合较松散。

注意： 当更改孔配合类型时，下面文本框中的孔直径会适当地增加或减少，用户可以自行修改这些尺寸。

❾ 在“选项”栏对应的文本框中输入底端角度值。

❿ 在“柱形沉头孔直径”栏对应的文本框中输入孔直径，在“柱形沉头孔深度”属性对应的文本框中输入深度。

如果要保存这些设置并用到以后的孔，单击“添加或更新收藏”按钮，在弹出的如图 4-6 所示的“添加或更新收藏”对话框中，采用默认的名称或输入自定义的名称后，单击“确定”按钮。

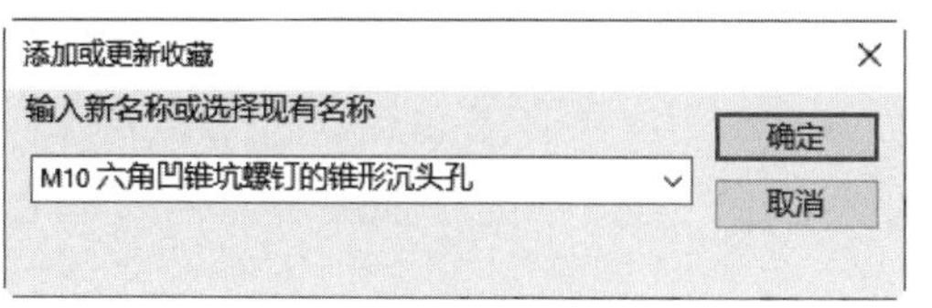

图 4-6　“添加或更新收藏”对话框

（2）定位柱形沉头孔。

虽然在模型上生成了柱形沉头孔特征，但是上面的操作还不能确定孔在模型面上的位置，还需要进一步对孔进行定位。

操作步骤如下。

❶ 在“孔规格”属性管理器中设置好柱形沉头孔的参数后，单击“位置”选项卡，然后用鼠标在绘图区选取孔的放置面。

❷ 系统会显示“草图”面板，如图 4-7 所示。此时“草图”面板上的“点”按钮处于被选中状态，鼠标指针变为形状。

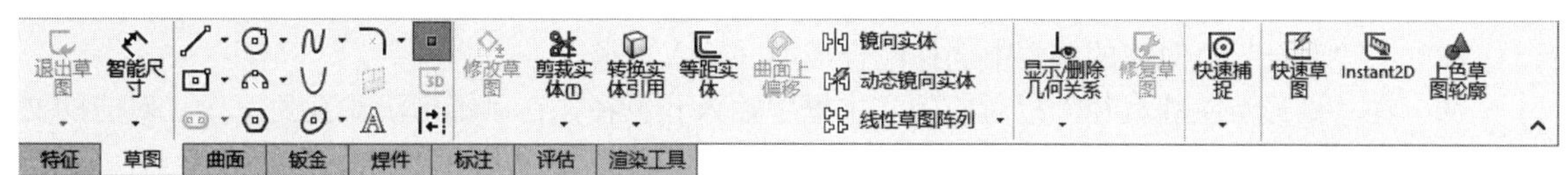

图 4-7　“草图”面板

❸ 用鼠标拖动孔中心到适当的位置处，单击鼠标放置孔，如图 4-8 所示。

❹ 单击“点”按钮，取消其被选中状态。

❺ 单击“草图”面板中的“智能尺寸”按钮，对孔进行尺寸定位。

❻ 单击“孔规格”属性管理器中的“确定”按钮，完成孔的生成与定位。

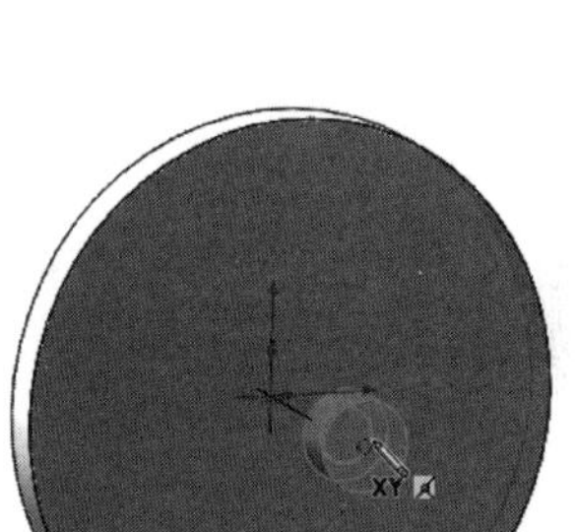

图 4-8　“孔”的位置

（3）放置多个柱形沉头孔。

操作步骤如下。

❶ 选择要生成柱形沉头孔特征的平面。

❷ 单击“特征”面板中的“异型孔向导”按钮。

❸ 在弹出的“孔规格”属性管理器中，设置孔类型和参数。

❹ 单击“位置”选项卡，然后用鼠标在绘图区中选取孔的放置面，弹出“草图”面板。

❺ 用鼠标拖动孔中心到适当的位置处，单击鼠标放置多个孔，单击“点”按钮，取消其被选中状态。

❻ 单击“草图”面板中的“智能尺寸”按钮，对每个孔进行尺寸定位。

❼ 单击“孔规格”属性管理器中的“确定”按钮，完成孔的生成与定位。

2. 锥形沉头孔

锥形沉头孔的参数如图 4-9 所示。

操作步骤如下。

（1）选择要生成锥形沉头孔特征的平面。

（2）单击“特征”面板中的“异型孔向导”按钮。

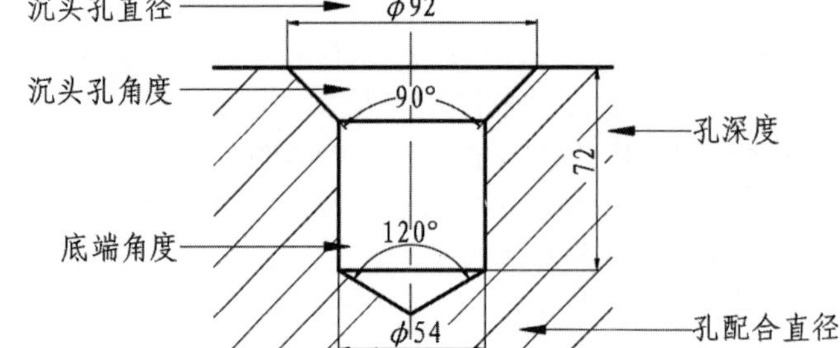

图 4-9　锥形沉头孔

（3）在弹出的“孔规格”属性管理器中选择“锥形沉头孔”，然后对锥形沉头孔的参数进行设置，如图 4-10 所示。

（4）从参数栏中选择与锥形沉头孔连接的紧固件“标准”，如 ISO、ANSI Metric、JIS 等。

（5）选择与锥形沉头孔对应紧固件的“类型”，如六角凹头锥孔头、锥孔平头、锥孔提升头等。

（6）选择与锥形沉头孔对应紧固件的“大小”，如 M5、M8、M64 等。

（7）在“终止条件”栏的下拉列表框中选择孔的终止条件，其条件同柱形沉头孔。

（8）在“套合”栏对应的参数中选择配合类型并输入直径。

（9）在“锥形沉头孔直径”栏对应的文本框中输入孔直径，在“锥形沉头孔角度”栏对应的文本框中输入角度。

（10）设置好各项参数后，单击“位置”选项卡 位置。

（11）按照定位柱形沉头孔的方法，对锥形沉头孔进行定位，在此不再赘述。

3. 通用孔

通用孔的参数如图 4-11 所示。

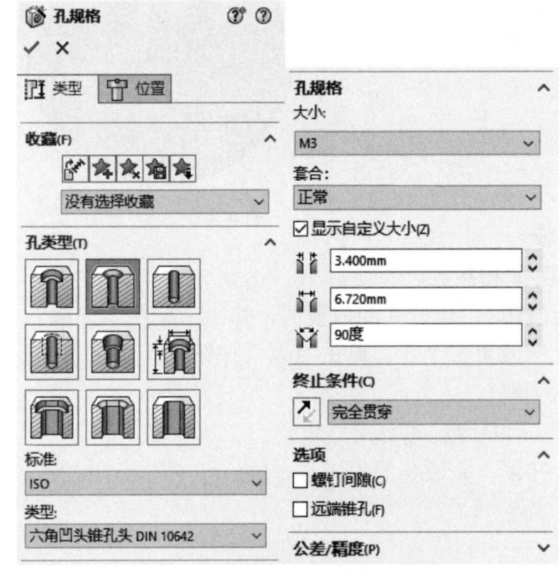

图 4-10　锥形沉头孔的参数设置

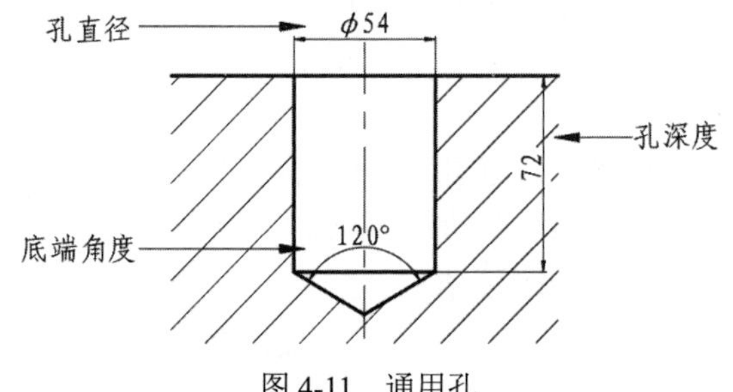

图 4-11　通用孔

操作步骤如下。

（1）选择要生成通用孔特征的平面。

（2）单击“特征”面板中的“异型孔向导”按钮。

（3）在弹出的“孔规格”属性管理器的“孔类型”栏中选择“通用孔”，然后对通用孔的参数进行设置，如图 4-12 所示。

（4）从参数栏中选择与通用孔连接的紧固件“标准”，如 ISO、ANSI Metric、JIS 等。

（5）选择紧固件“类型”，如暗销孔、螺纹孔钻头、螺钉间隙、钻孔大小等。一旦选择了螺栓类型，异型孔向导就会立即更新对应参数栏中的项目。

（6）选择钻头“大小”，如 M1.2×0.25 等。

（7）在“终止条件”栏对应的参数下拉列表框中设置孔的终止条件。

（8）在“近端锥孔”属性对应的参数文本框中输入底端角度值。

（9）设置好孔参数后，单击“位置”选项卡 位置。

（10）同定位柱形沉头孔一样，对通用孔进行定位。在此不再赘述。

4. 螺纹孔

螺纹孔的参数如图 4-13 所示。

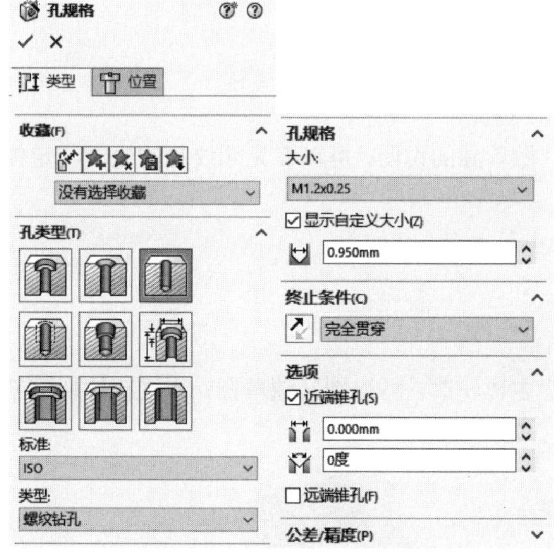

图 4-12　通用孔的参数设置

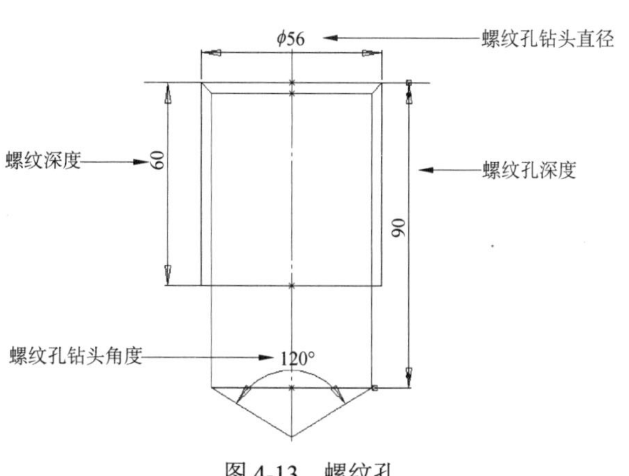

φ56
螺纹孔钻头直径
螺纹深度
60
螺纹孔深度
90
螺纹孔钻头角度
120°

图 4-13　螺纹孔

操作步骤如下。

（1）选择要生成螺纹孔特征的平面。

（2）单击“特征”面板中的“异型孔向导”按钮。

（3）在弹出的“孔规格”属性管理器的“孔类型”栏中选择“直螺纹孔”，对螺纹孔的参数进行设置，如图 4-14 所示。

（4）从参数栏中选择与螺纹孔连接的紧固件“标准”，如 ISO、DIN 等。

（5）选择紧固件“类型”，如螺纹孔、底部螺纹孔等。一旦选择了螺栓类型，异型孔向导就会立即更新对应参数栏中的项目。

（6）在“通孔直径”栏对应的参数文本框中输入钻头直径。

（7）如果在“选项”栏对应的参数下拉列表框中选择“装饰螺纹线”，并选中“带螺纹标注”复选框，则孔会有螺纹标注和装饰线，但会降低系统的性能。

（8）设置好螺纹孔参数后，单击“位置”选项卡 位置。

Note

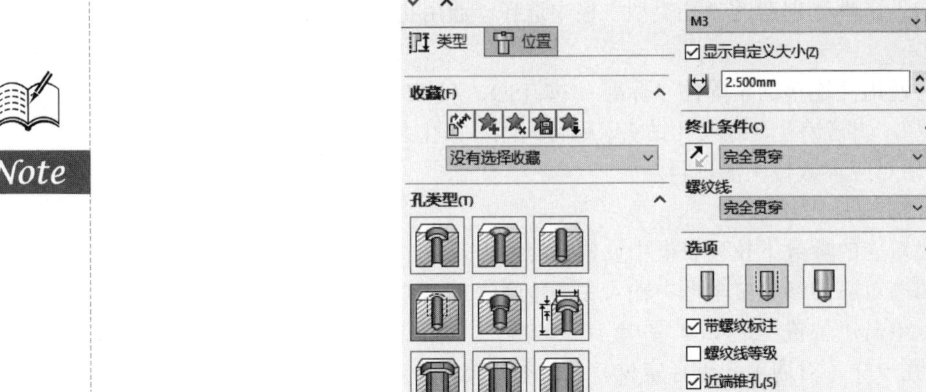

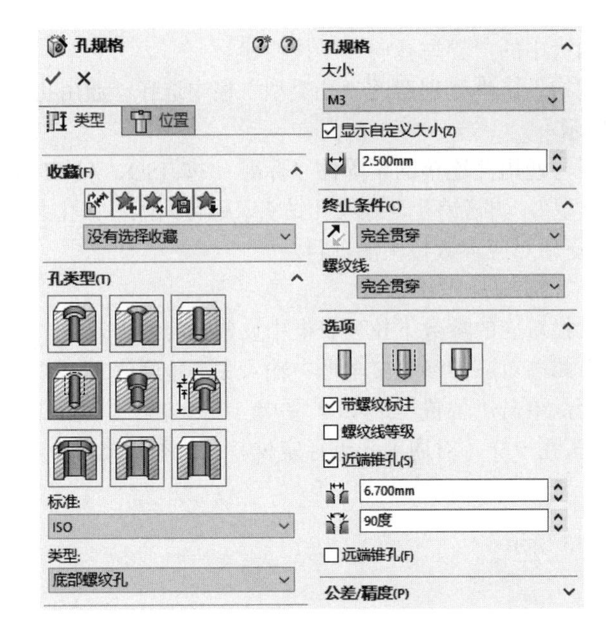

图 4-14　螺纹孔的参数设置

（9）同定位柱形沉头孔一样，对螺纹孔进行定位，在此不再赘述。

管螺纹孔的生成与螺纹孔十分类似，这里不再对其做单独的说明，可以参见螺纹孔的生成与定位方法。

视频讲解

4.2.3　实例——底座

思路分析

首先绘制底座的外形轮廓草图，然后拉伸成为底座主体轮廓，再绘制其他草图，通过拉伸切除创建实体，最后创建孔，绘制流程如图 4-15 所示。

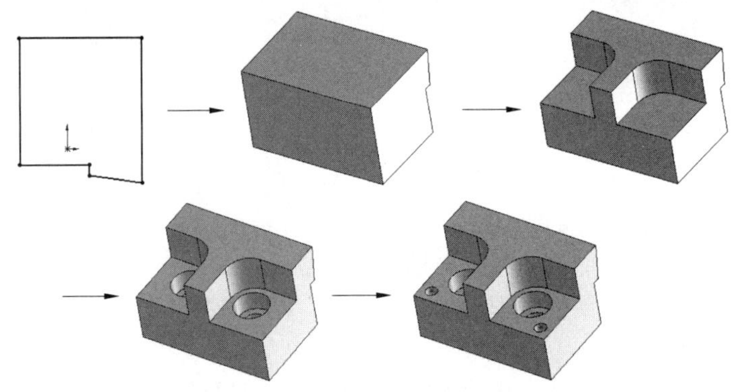

图 4-15　底座的绘制流程

操作步骤

1. 新建文件

启动 SOLIDWORKS 2022，单击“快速访问”工具栏中的“新建”按钮，弹出“新建 SOLIDWORKS 文件”对话框，单击“零件”按钮，然后单击“确定”按钮，创建一个新的零件文件。

2. 新建草图

在左侧的 FeatureManager 设计树中选择“前视基准面”作为草图绘制基准面，单击“草图”面板中的“直线”按钮，绘制草图并标注尺寸，如图 4-16 所示。

3. 创建凸台拉伸特征

单击“特征”面板中的“拉伸凸台/基体”按钮，在弹出的“凸台-拉伸”属性管理器中输入拉伸深度数据，并确认其他选项，具体参数的设置如图 4-17 所示。单击“确定”按钮，完成凸台-拉伸特征的创建，如图 4-18 所示。

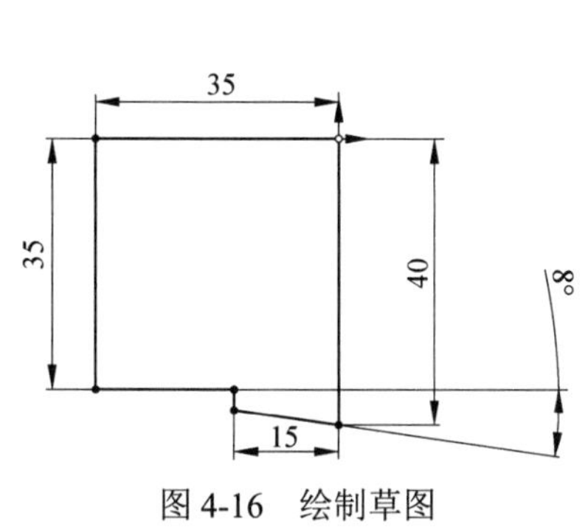

图 4-16 绘制草图

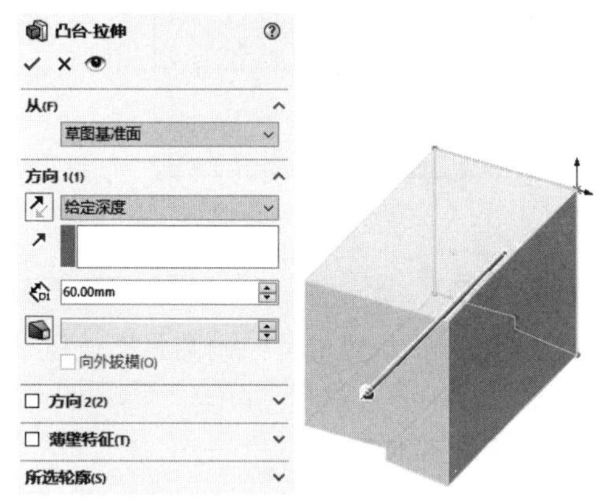

图 4-17 设置凸台-拉伸参数

4. 选择平面

在零件顶面右击，SOLIDWORKS 将自动选定该平面，并在弹出的快捷菜单中列出以后可能要进行的操作，如图 4-19 所示。

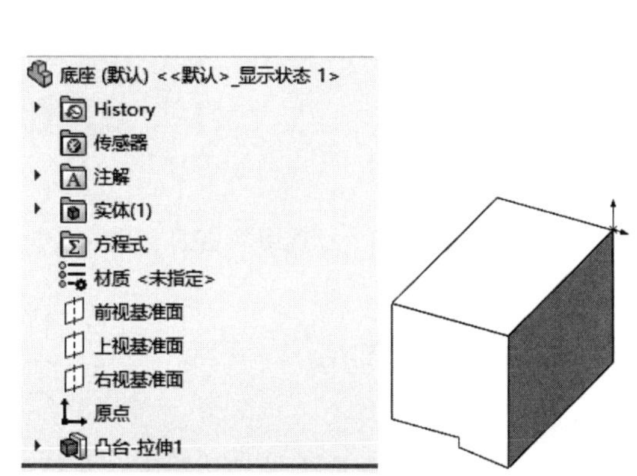

图 4-18 创建凸台-拉伸特征

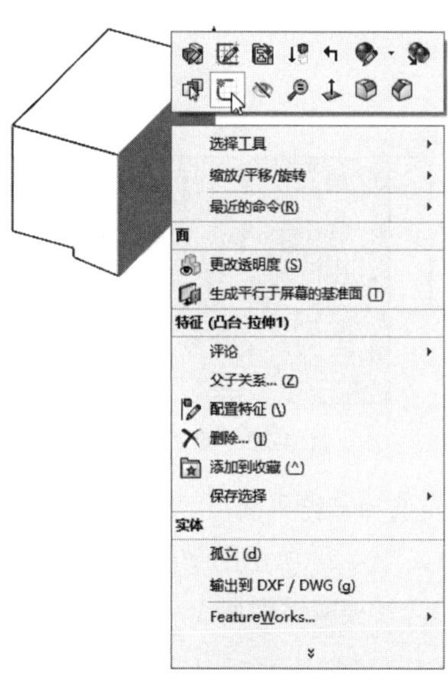

图 4-19 右击平面及其快捷菜单

5. 新建草图

在弹出的快捷菜单中，单击“草图绘制”按钮，SOLIDWORKS 将以步骤 4 选定的平面作为草

图绘制基准面，新建一张草图。

6. 绘制边角矩形

单击“草图”面板中的“边角矩形”按钮，绘制相关的草图并标注尺寸，如图 4-20 和图 4-21 所示。

Note

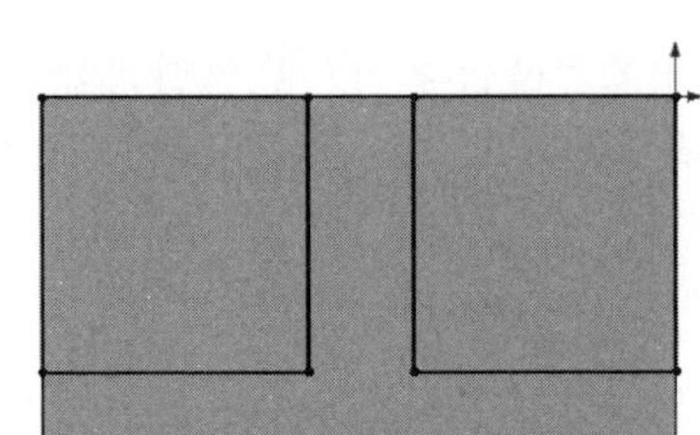

图 4-20　绘制边角矩形

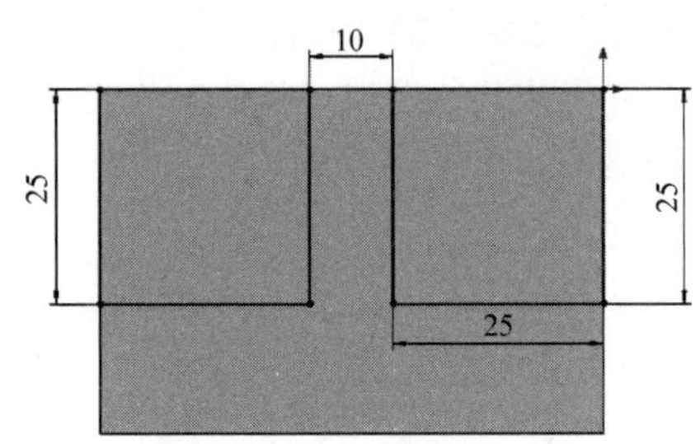

图 4-21　标注尺寸

7. 绘制圆角

单击“草图”面板中的“绘制圆角”按钮，绘制半径为 10mm 的圆角，最终的草图轮廓如图 4-22 所示。

8. 创建切除-拉伸特征 1

单击“特征”面板中的“拉伸切除”按钮，在弹出的“切除-拉伸”属性管理器中设置切除拉伸参数，如图 4-23 所示。单击“确定”按钮✔，完成切除-拉伸特征 1 的创建，结果如图 4-24 所示。

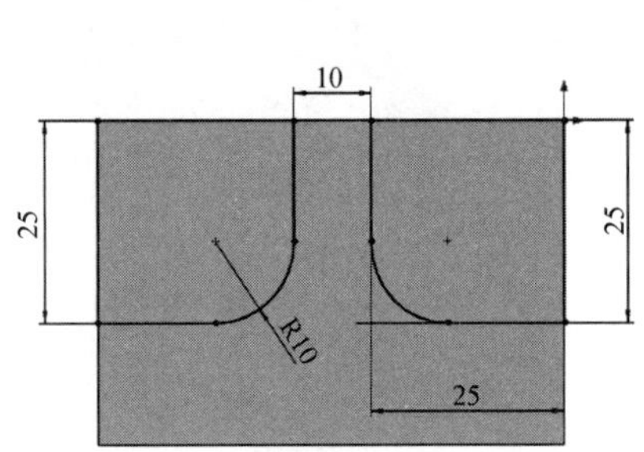

图 4-22　绘制圆角

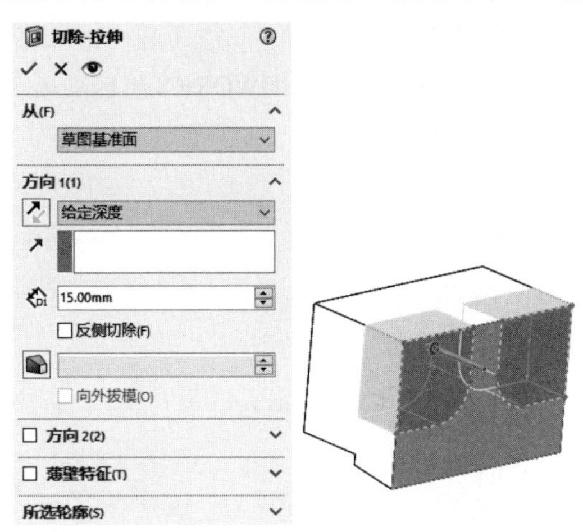

图 4-23　设置切除-拉伸参数

9. 选择草绘平面

以如图 4-24 所示的平面 1 作为新的草图绘制平面，开始绘制草图。

10. 转换实体引用 1

单击“草图”面板中的“转换实体引用”按钮，将草图绘制平面上的棱边投影到新草图中，作为相关设计的参考图线。

11. 转换实体引用 2

选择与步骤 9 中选择的面对称的平面，单击“草图”面板中的“转换实体引用”按钮，将平面

上的棱边投影到草图上，作为参考图线，如图 4-25 所示。

12. 转换构造线

单击“标准”工具栏中的“选择所有”按钮，选中所有参考图线，在弹出的“属性”属性管理器中选中“作为构造线”复选框，如图 4-26 所示。单击“确定”按钮✔，使其成为虚线形式的构造线。

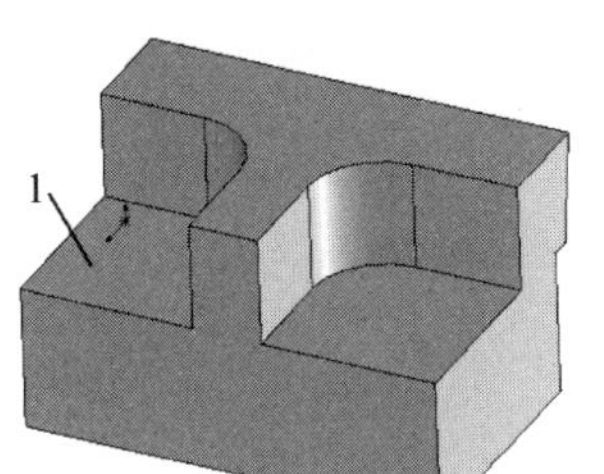

图 4-24 创建切除-拉伸特征 1

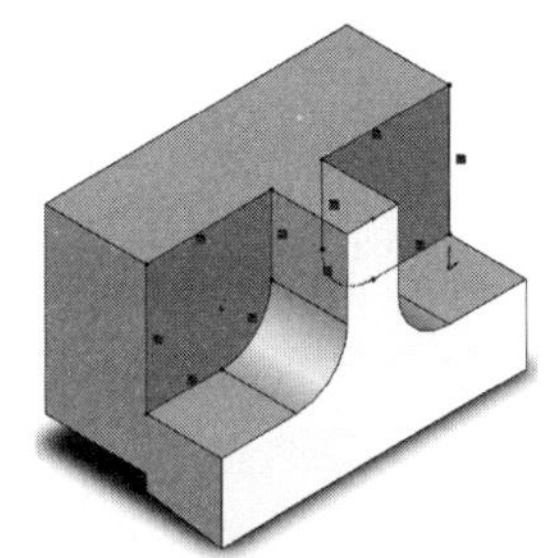

图 4-25 选择草图绘制平面

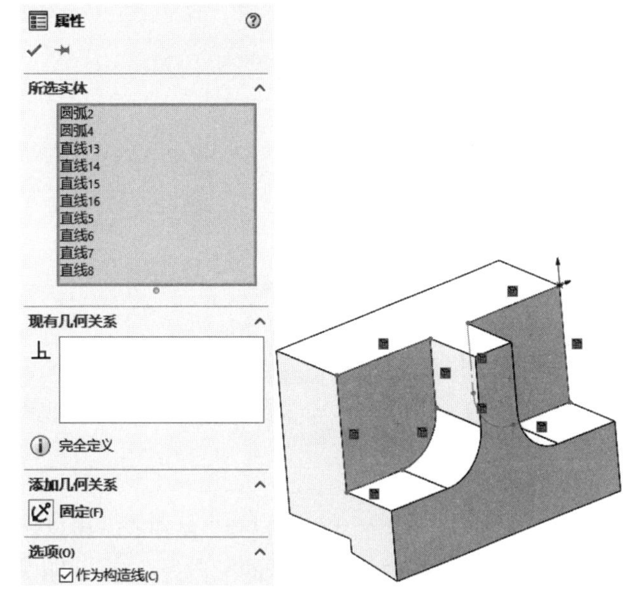

图 4-26 转换构造线

13. 退出草图

在绘图区的空白处右击，在弹出的快捷菜单中单击“退出草图”按钮，从而生成用来放置和定位沉头螺钉孔的草图。在 FeatureManager 设计树中，默认情况下该草图被命名为“草图 3”。

14. 设置沉头螺钉孔参数

在 FeatureManager 设计树中选择“草图 3”，将该草图平面作为沉头螺钉孔放置面。单击“特征”面板中的“异型孔向导”按钮，在弹出的“孔规格”属性管理器中设置沉头螺钉孔的参数，如图 4-27 所示。

15. 定位沉头螺钉孔的中心位置

单击“位置”选项卡 位置，然后在绘图区选择孔的放置面，弹出“草图”面板，选择两段圆弧构造线的中心点作为要生成沉头螺钉孔的中心位置，如图 4-28 所示。单击“确定”按钮✔，完成沉头螺钉孔特征的创建，结果如图 4-29 所示。

16. 创建销孔特征

销孔的创建方法与沉头螺钉孔相似，它们的不同之处在于，销孔中心要单独创建中心点，并用尺寸约束定位。选择螺钉孔创建平面作为草图绘制平面，单击“草图”面板中的“草图绘制”按钮，新建一张草图。

17. 绘制定位点

单击“草图”面板中的“点”按钮 ▪ ，在草图平面上绘制两个定位点。

Note

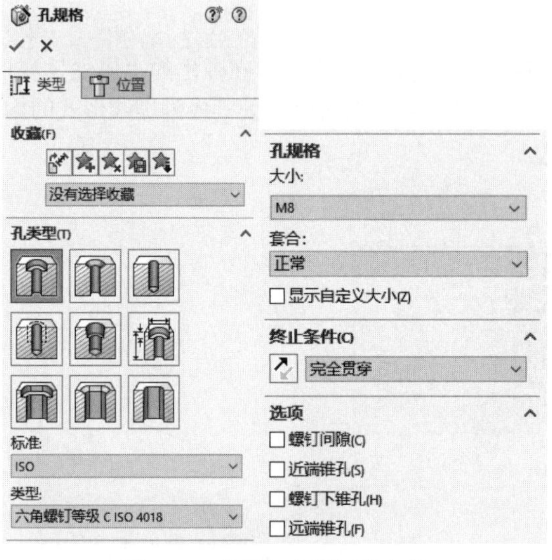

图 4-27　设置沉头螺钉孔参数

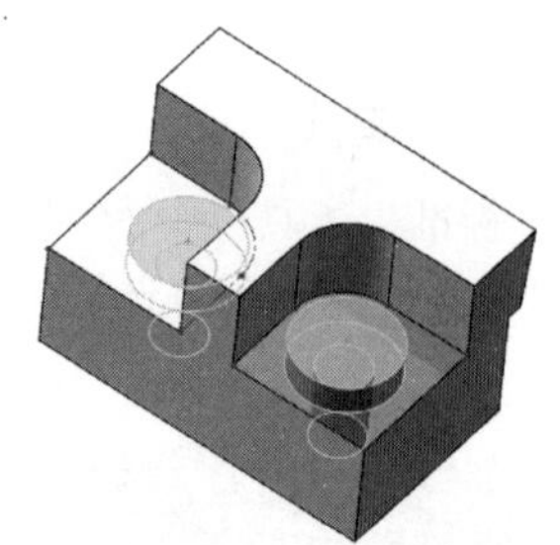

图 4-28　定位沉头螺钉孔的中心位置

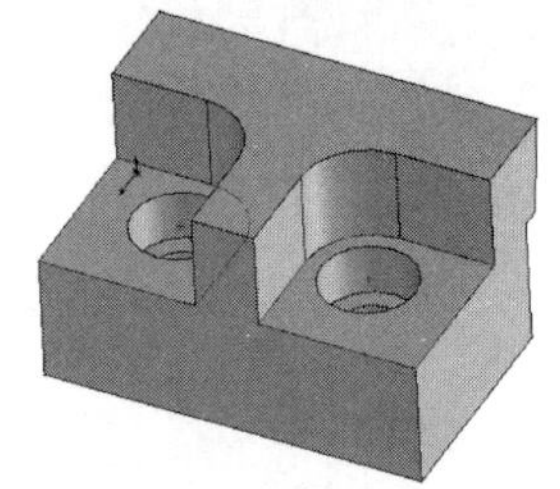

图 4-29　创建沉头螺钉孔

18. 约束定位点

单击“草图”面板中的“智能尺寸”按钮，用尺寸约束两个定位点，如图 4-30 所示。在绘图区的空白处双击，退出草图绘制。

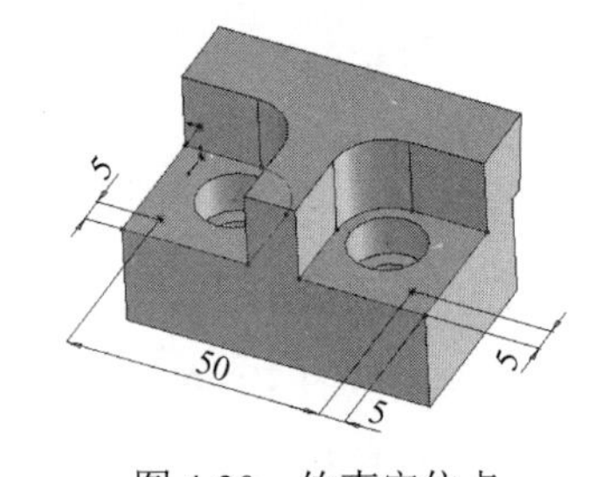

19. 设置销孔参数

单击“特征”面板中的“异型孔向导”按钮，在弹出的“孔规格”属性管理器中设置销孔参数，如图 4-31 所示。

20. 生成销孔特征

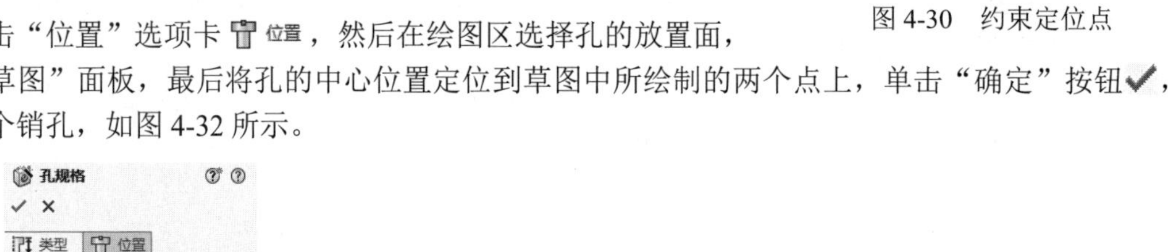

图 4-30　约束定位点

单击“位置”选项卡 位置，然后在绘图区选择孔的放置面，弹出“草图”面板，最后将孔的中心位置定位到草图中所绘制的两个点上，单击“确定”按钮，生成两个销孔，如图 4-32 所示。

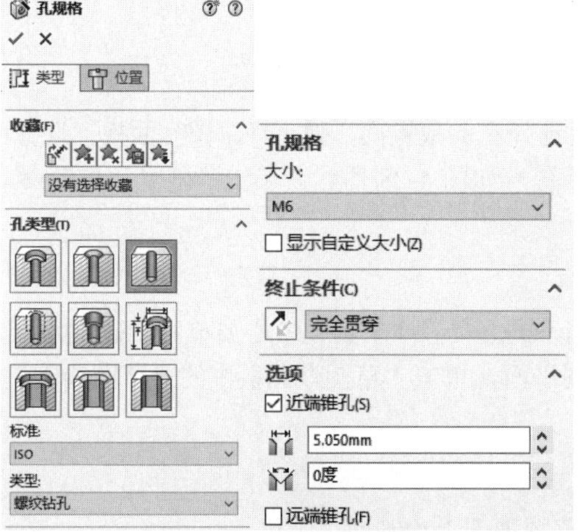

图 4-31　设置销孔参数

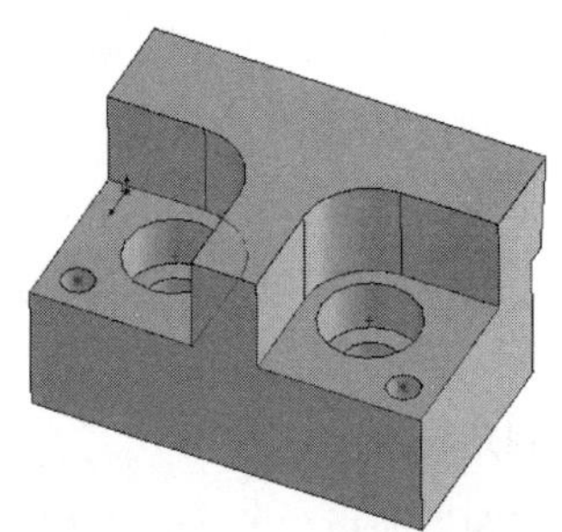

图 4-32　生成销孔特征

Note

4.3　圆 角 特 征

使用圆角特征可以在一个零件上生成一个内圆角面或外圆角面。圆角特征在零件设计中起着重要作用。多数情况下，如果在零件特征上加入圆角，则有助于造型上的变化，或是产生平滑的效果。

SOLIDWORKS 2022 可以为一个面上的所有边线、多个面、多个边线或边线环生成圆角特征。SOLIDWORKS 2022 有以下几种圆角特征。

☑　等半径圆角：对所选边线以相同的圆角半径进行倒圆角操作。

☑　多半径圆角：可以为每条边线选择不同的圆角半径值。

☑　圆形角圆角：通过控制角部边线之间的过渡，消除或平滑两条边线汇合处的尖锐结合点。

☑　逆转圆角：可以在混合曲面之间沿着零件边线进行倒圆角，生成平滑过渡。

☑　变半径圆角：可以为边线的每个顶点指定不同的圆角半径。

☑　混合面圆角：可以将不相邻的面混合起来。

图 4-33 展示了几种圆角特征的效果。

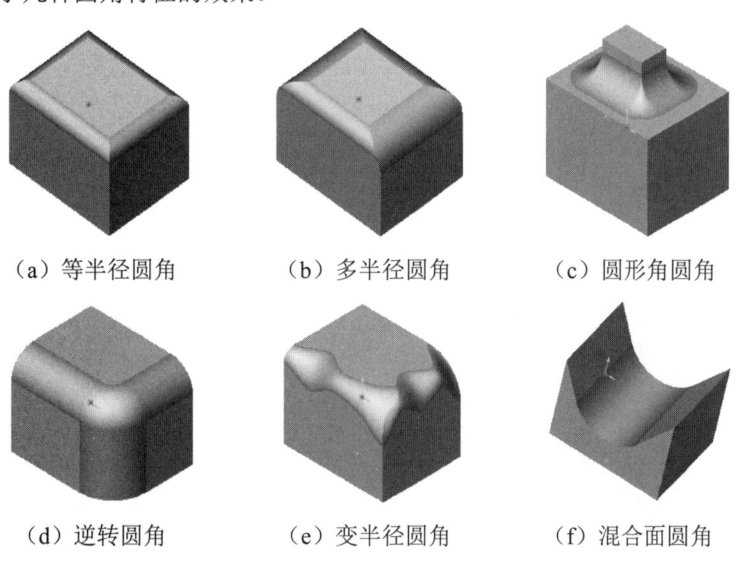

（a）等半径圆角　（b）多半径圆角　（c）圆形角圆角

（d）逆转圆角　（e）变半径圆角　（f）混合面圆角

图 4-33　几种圆角特征效果

4.3.1　等半径圆角特征

视频讲解

等半径圆角特征是指对所选边线以相同的圆角半径进行倒圆角的操作，要生成等半径圆角特征，操作步骤如下。

（1）单击“特征”面板中的“圆角”按钮。

（2）在弹出的“圆角”属性管理器中选择“圆角类型”为“固定大小圆角”。

（3）在“圆角参数”栏的“半径”图标右侧的微调框中设置圆角的半径。

（4）单击“边线、面、特征和环”图标右侧的显示框，然后在右面的图形区域中选择要进行圆角处理的模型边线、面或环，如图 4-34 所示。

（5）如果选中“切线延伸”复选框，则圆角将延伸到与所选面或边线相切的所有面，如图 4-35 所示。

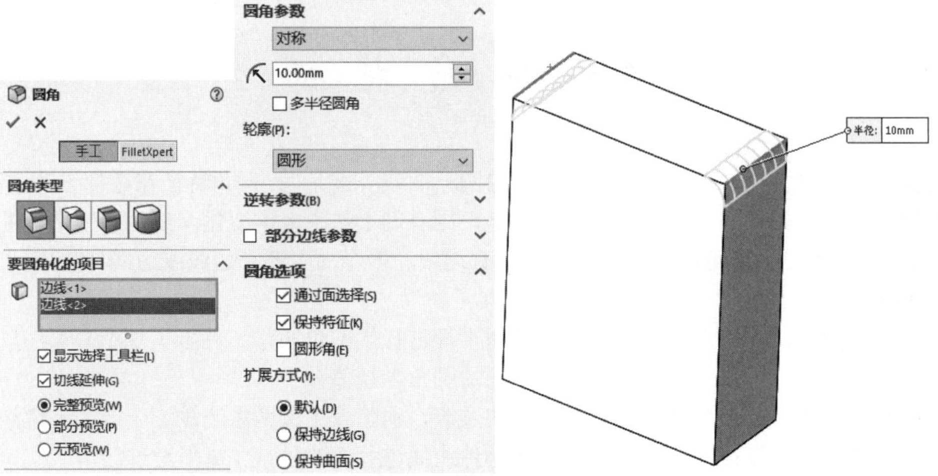

图 4-34 “圆角”属性管理器及边线示意图

注意：这个“切线延伸”命令应用于已经创建好一个圆角，然后创建另一个圆角。如果一起创建圆角，“切线延伸”命令就用不上了。

（6）在“扩展方式”单选按钮组中选择一种扩展方式，包括以下选项。

☑ 默认：系统根据几何条件（进行圆角处理的边线凸起和相邻边线等）选中“保持边线”或“保持曲面”单选按钮。

☑ 保持边线：系统将保持邻近的直线形边线的完整性，但圆角曲面断裂成分离的曲面。在许多情况下，圆角的顶部边线中会有沉陷，如图 4-36 所示。

☑ 保持曲面：使用相邻曲面来剪裁圆角。因此，圆角边线是连续而且光滑的，但是相邻边线会受到影响，如图 4-37 所示。

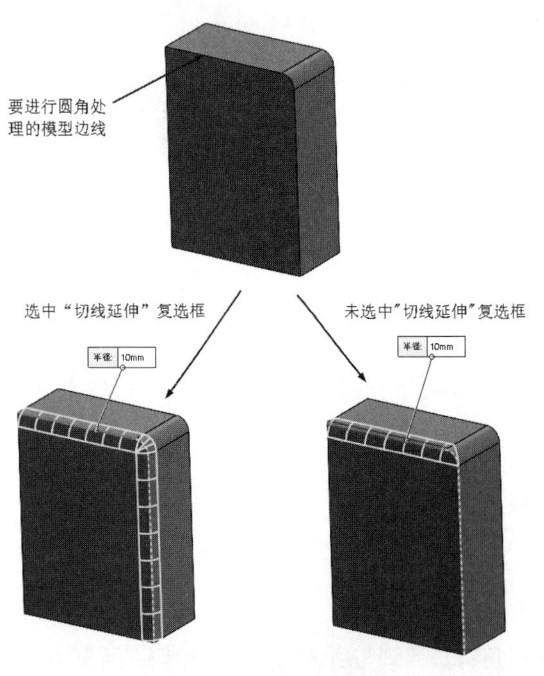

图 4-35 切线延伸效果

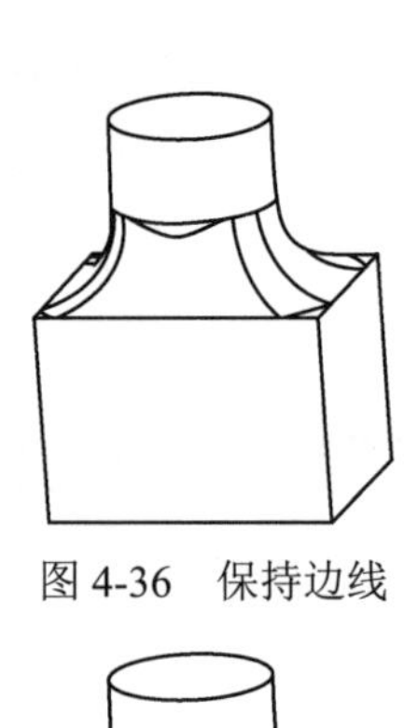

图 4-36 保持边线

图 4-37 保持曲面

（7）单击“确定”按钮✔，生成等半径圆角特征。

4.3.2　多半径圆角特征

使用多半径圆角特征可以为每条所选边线选择不同的半径值，还可以为不具有公共边线的面指定多个半径。

操作步骤如下。

（1）单击“特征”面板中的“圆角”按钮。

（2）在弹出的“圆角”属性管理器中选择“圆角类型”为“固定大小圆角”。

（3）在“圆角参数”栏中选中“多半径圆角”复选框。

（4）单击“边线、面、特征和环”图标右侧的显示框，然后在右面的图形区域中选择要进行圆角处理的第一条模型边线、面或环。

（5）在“圆角参数”栏的“半径”图标右侧的微调框中设置圆角的半径。

（6）重复步骤（4）～（5），分别为多条模型边线、面或环指定不同的圆角半径，直到设置完所有要进行圆角处理的边线。

（7）单击“确定”按钮✔，生成多半径圆角特征。

4.3.3　圆形角圆角特征

使用圆形角圆角特征可以控制角部边线之间的过渡，它将混合邻接的边线，从而消除或平滑两条边线汇合处的尖锐接合点。图 4-38 为应用圆形角圆角前后的效果。

（a）未使用圆形角的效果

（b）使用圆形角的效果

图 4-38　应用圆形角圆角前后的效果

操作步骤如下。

（1）单击“特征”面板中的“圆角”按钮。

（2）在弹出的“圆角”属性管理器中选择“圆角类型”为“固定大小圆角”。

（3）在“要圆角化的项目”栏中取消选中“切线延伸”复选框。

（4）在“圆角参数”栏的“半径”图标右侧的微调框中设置圆角的半径。

（5）单击“边线、面、特征和环”图标右侧的显示框，然后在右面的图形区域中选择两个或更多相邻的模型边线、面或环。

（6）选中“圆角选项”栏中的“圆形角”复选框。

（7）单击“确定”按钮✔，生成圆形角圆角特征。

4.3.4　逆转圆角特征

使用逆转圆角特征可以在混合曲面之间沿着零件边线生成圆角，从而生成平滑过渡，效果如图 4-39 所示。

Note

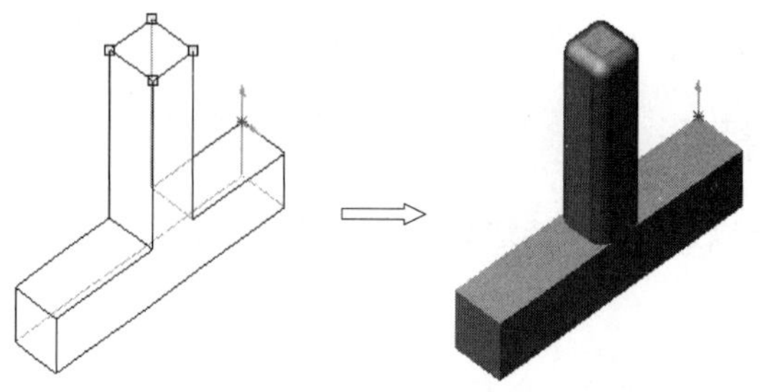

图 4-39　逆转圆角的效果

操作步骤如下。

（1）生成一个零件，该零件应该包括边线、相交的和要混合的顶点。

（2）单击“特征”面板中的“圆角”按钮，弹出“圆角”属性管理器。

（3）在“圆角类型”栏中保持默认设置“固定大小圆角”。

（4）取消选中“切线延伸”复选框。

（5）选中“圆角参数”栏中的“多半径圆角”复选框。

（6）单击“边线、面、特征和环”图标右侧的显示框，然后在右面的图形区域中选择 3 个或更多具有共同顶点的边线。

（7）在“逆转参数”栏的“距离”图标右侧的微调框中设置距离。

（8）单击“逆转顶点”图标右侧的显示框，然后在右面的图形区域中选择一个或多个顶点作为逆转顶点。

（9）单击“设定所有”按钮，将相等的逆转距离应用到通过每个顶点的所有边线。逆转距离将显示在“逆转距离”微调框和图形区域内的标注中，如图 4-40 所示。

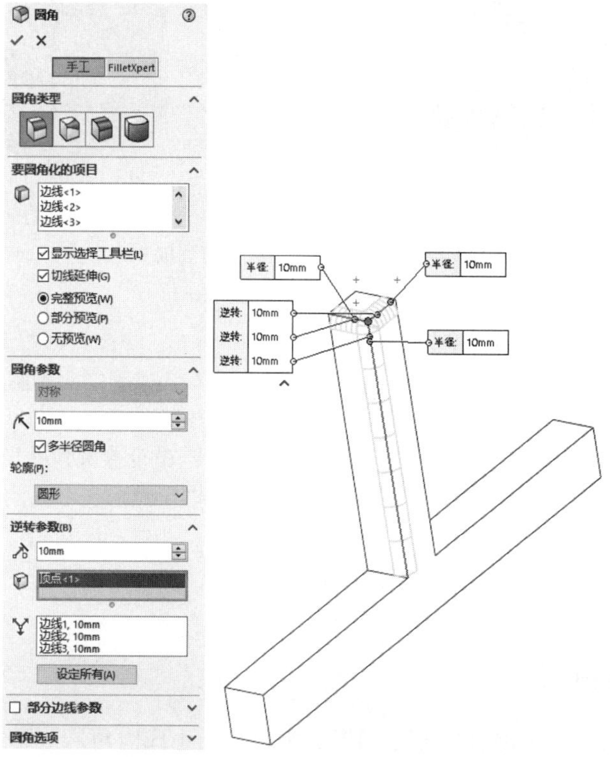

图 4-40　生成逆转圆角

（10）如果要对每一条边线分别设定不同的逆转距离，则进行如下操作。

❶ 单击按钮右侧的显示框，在右面的图形区域中选择多个顶点作为逆转顶点。

❷ 在“距离”图标右侧的微调框中为每一条边线设置逆转距离。

❸ 在“逆转距离”图标右侧的微调框中会显示每条边线的逆转距离。

（11）单击“确定”按钮✔，生成逆转圆角特征。

Note

视频讲解

4.3.5 变半径圆角特征

变半径圆角特征通过对要进行圆角处理的边线上的多个点（变半径控制点）指定不同的圆角半径来生成圆角，它可以制造出另类的效果，如图 4-41 所示。

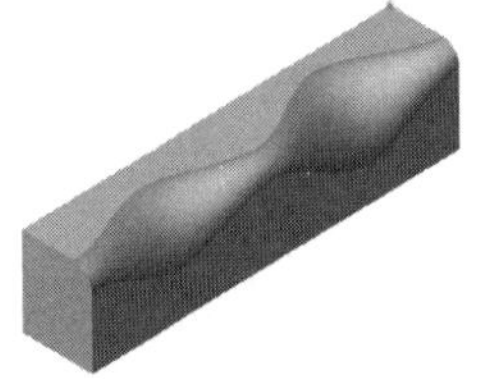

（a）有控制点

（b）无控制点

图 4-41　变半径圆角特征

操作步骤如下。

（1）单击“特征”面板中的“圆角”按钮。

（2）在弹出的“圆角”属性管理器中选择“圆角类型”为“变量大小圆角”。

（3）单击“要加圆角的边线”图标右侧的显示框，然后在右面的图形区域中选择要进行变半径圆角处理的边线。此时，系统会默认使用 3 个变半径控制点，分别位于边线的 25%、50%和 75%距离处，如图 4-42 所示。

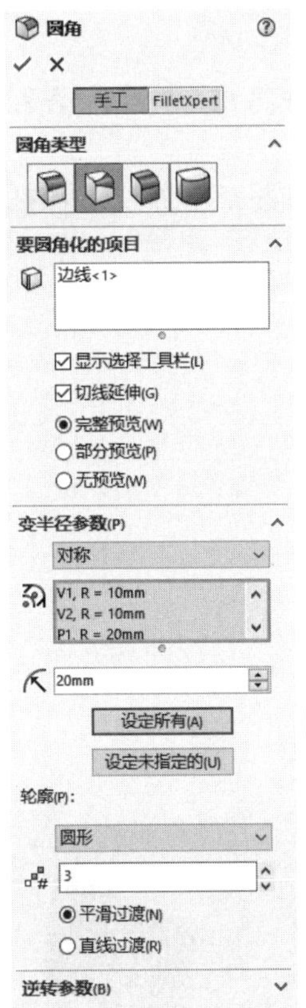

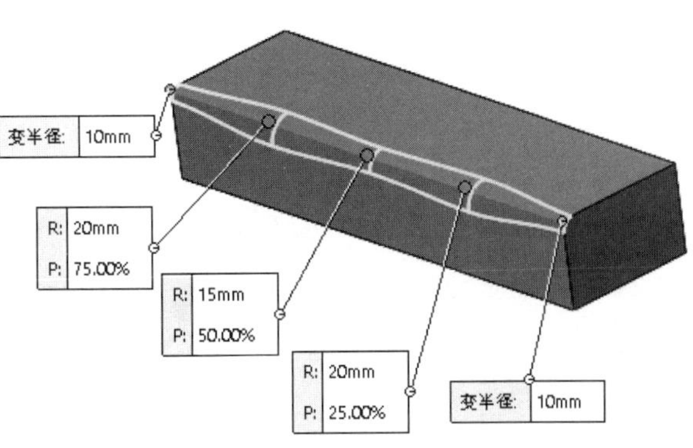

图 4-42　默认的变半径控制点

Note

（4）在“变半径参数”栏“附加的半径”图标右侧的显示框中选择变半径控制点，然后在“半径”图标右侧的微调框中输入圆角半径值。

（5）如果要更改变半径控制点的位置，可以通过鼠标拖动控制点到新的位置。

（6）如果要改变半径控制点的数量，可以在“实例数”图标右侧的微调框中设置控制点的数量。

（7）选择过渡类型。

☑ 平滑过渡：生成一个圆角，当一个圆角边线与一个邻面结合时，圆角半径从一个半径平滑地变化为另一个半径。

☑ 直线过渡：生成一个圆角，圆角半径从一个半径线性地变化为另一个半径，但是不与邻近圆角的边线相结合。

（8）单击“确定”按钮✔，生成变半径圆角特征。

说明： 如果在生成变半径控制点的过程中，只指定两个顶点的圆角半径值，而不指定中间控制点的半径，则可以生成平滑过渡的变半径圆角特征。

视频讲解

4.3.6 混合面圆角特征

混合面圆角特征用来将不相邻的面混合起来并进行圆角处理。

操作步骤如下。

（1）生成具有两个或多个相邻面的零件。

（2）单击“特征”面板中的“圆角”按钮。

（3）在弹出的“圆角”属性管理器中选择“圆角类型”为“面圆角”。

（4）在“半径”图标右侧微调框设定圆角半径。

（5）选择图形区域中要混合的第一个面或第一组面，所选的面将在“面组1”图标右侧的显示框中进行显示。

（6）选择图形区域中要混合的第二个面或第二组面，所选的面将在“面组2”图标右侧的显示框中进行显示，如图4-43所示。

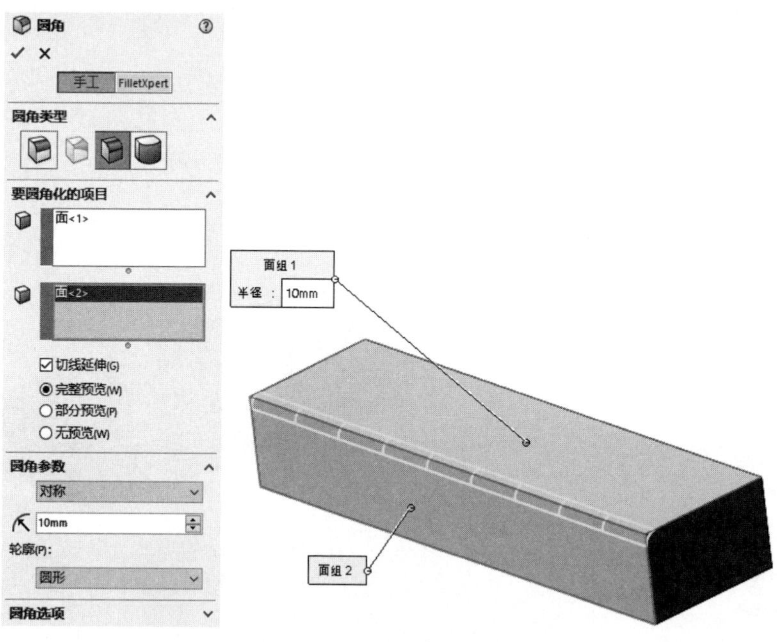

图4-43　选择要混合的面

Note

（7）选中“切线延伸”复选框，使圆角应用到相切面。

（8）如果选择“圆角参数”栏中的“曲率连续”选项，则系统会生成一个平滑曲率来解决相邻曲面之间不连续的问题。

（9）如果单击“辅助点”框，则可以在图形区域中通过在插入圆角的附近插入辅助点来定位插入混合面的位置。

（10）单击“确定”按钮✔，生成混合面圆角特征。

在生成圆角时，要注意以下几点。

（1）在添加小圆角之前先添加较大圆角。当有多个圆角汇聚于一个顶点时，请先生成较大的圆角。

（2）如果要生成具有多个圆角边线及拔模面的铸模零件，在多数的情况下，应在添加圆角之前添加拔模特征。

（3）应在最后添加装饰用的圆角。在其他几何体基本定位后再尝试添加装饰圆角，否则系统将需要花费很长的时间重建零件。

（4）尽量使用一个圆角命令处理需要相同半径圆角的多条边线，这样会加快零件重建的速度。但要注意，当改变圆角的半径时，在同一操作中生成的所有圆角都会改变。

此外，还可以通过为圆角设置边界或包络控制线来决定混合面的半径和形状。控制线可以是要生出圆角的零件边线，或投影到一个面上的分割线。由于它们的应用非常有限，本书不再详细介绍，有需要的读者可查看 SOLIDWORKS 2022 的帮助文件或培训手册。

4.3.7　实例——手柄

视频讲解

思路分析

首先绘制手柄的外形轮廓草图，然后拉伸成为手柄主体轮廓，再绘制其他草图，通过拉伸创建实体，最后对 4 个边进行圆角处理，绘制流程如图 4-44 所示。

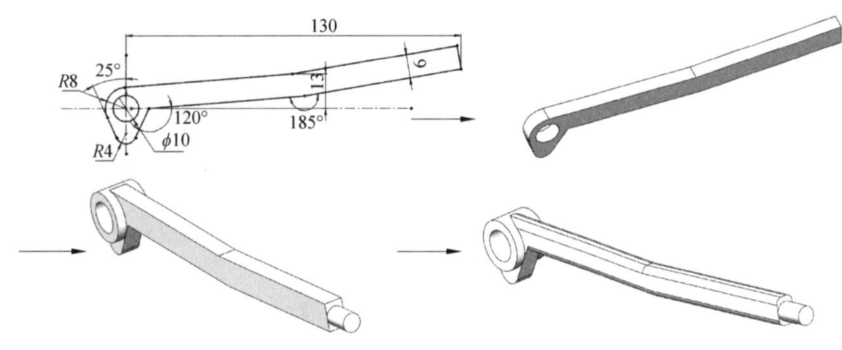

图 4-44　手柄的绘制流程

操作步骤

1. 新建文件

启动 SOLIDWORKS 2022，单击“快速访问”工具栏中的“新建”按钮，在弹出的“新建 SOLIDWORKS 文件”对话框中单击“零件”按钮，然后单击“确定”按钮，创建一个新的零件文件。

2. 绘制草图

在左侧的 FeatureManager 设计树中选择“前视基准面”作为绘制图形的基准面。单击“草图”面板中的“圆”按钮、“直线”按钮、“绘制圆角”按钮和“剪裁实体”按钮，绘制草图轮廓，标注并修改尺寸，结果如图 4-45 所示。

Note

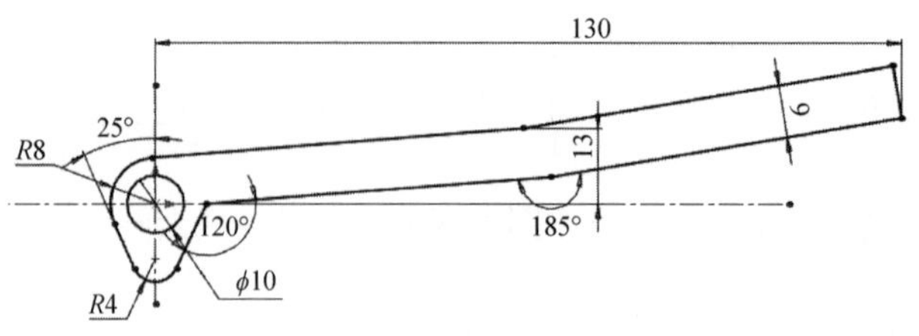

图 4-45　绘制草图

3．拉伸实体

单击“特征”面板中的“拉伸凸台/基体”按钮，此时系统弹出如图 4-46 所示的“凸台-拉伸”属性管理器。选择步骤 2 绘制的草图作为拉伸截面，设置终止条件为“两侧对称”，输入拉伸距离为 6mm，然后单击“确定”按钮✓，结果如图 4-47 所示。

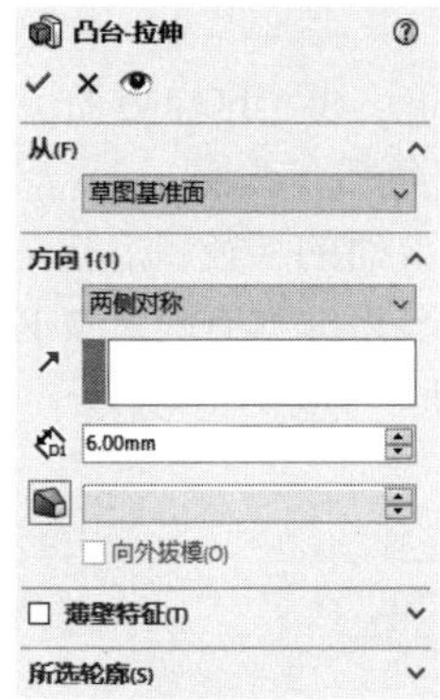

图 4-46　“凸台-拉伸”属性管理器

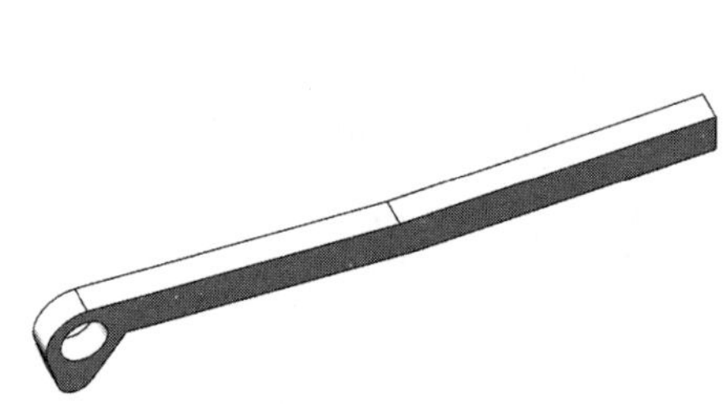

图 4-47　拉伸后的图形

4．绘制草图

在左侧的 FeatureManager 设计树中选择“前视基准面”作为绘制图形的基准面。单击“草图”面板中的“圆”按钮，绘制草图轮廓，标注并修改尺寸，结果如图 4-48 所示。

5．拉伸实体

单击“特征”面板中的“拉伸凸台/基体”按钮，此时系统弹出如图 4-49 所示的“凸台-拉伸”属性管理器。选择步骤 4 绘制的草图作为拉伸截面，设置终止条件为“两侧对称”，输入拉伸距离为 12mm，然后单击“确定”按钮✓，结果如图 4-50 所示。

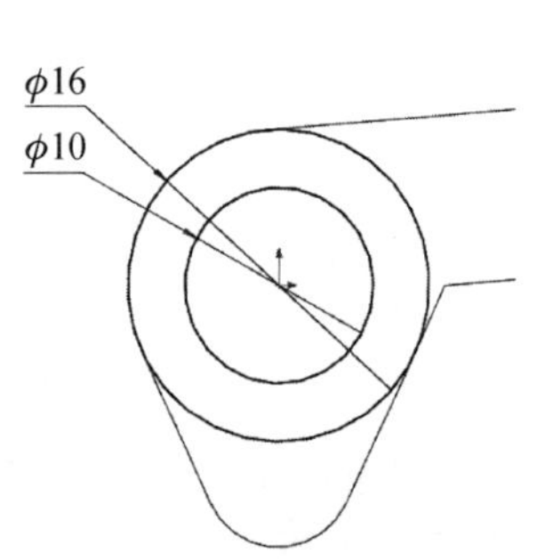

图 4-48　绘制草图

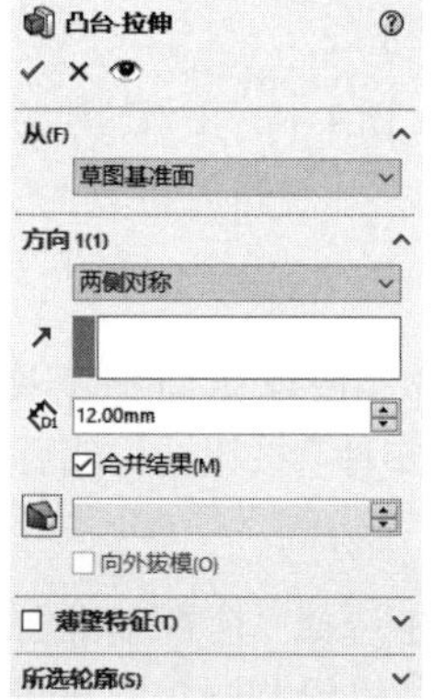

图 4-49　“凸台-拉伸”属性管理器

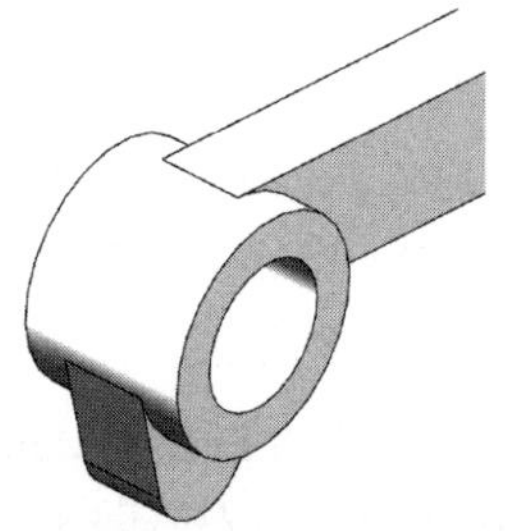

图 4-50　拉伸后的图形

6. 绘制草图

在左侧的 FeatureManager 设计树中选择如图 4-51 所示的面 1 作为绘制图形的基准面。单击“草图”面板中的“圆”按钮，绘制草图轮廓，标注并修改尺寸，结果如图 4-52 所示。

7. 拉伸实体

单击“特征”面板中的“拉伸凸台/基体”按钮，此时系统弹出“凸台-拉伸”属性管理器。选择步骤 6 绘制的草图为拉伸截面，设置终止条件为“给定深度”，输入拉伸距离为 10mm，然后单击“确定”按钮，结果如图 4-53 所示。

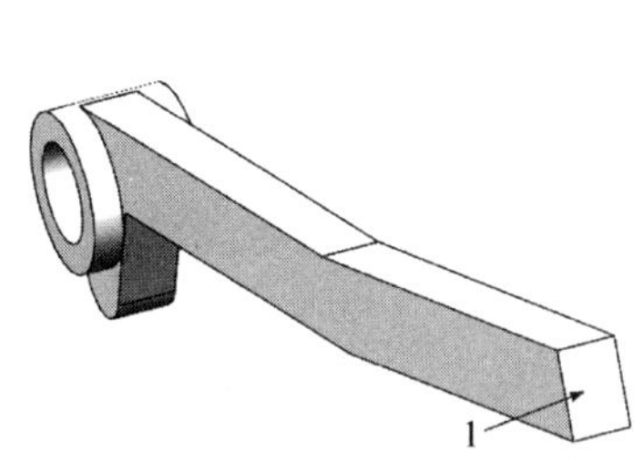

图 4-51　选择草图基准面

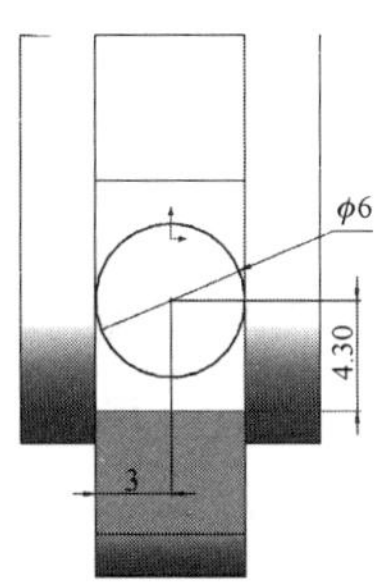

图 4-52　绘制草图

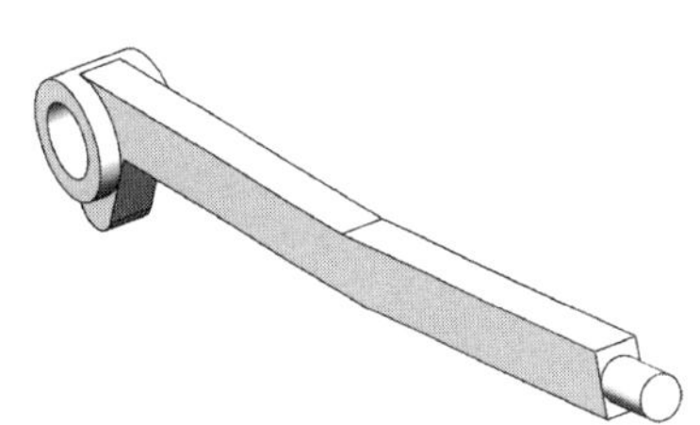

图 4-53　拉伸实体

8. 倒圆角

单击“特征”面板中的“圆角”按钮，此时系统弹出如图 4-54 所示的“圆角”属性管理器。选择如图 4-54 所示的边为圆角边，输入圆角半径为 2mm，然后单击“确定”按钮，结果如图 4-55 所示。

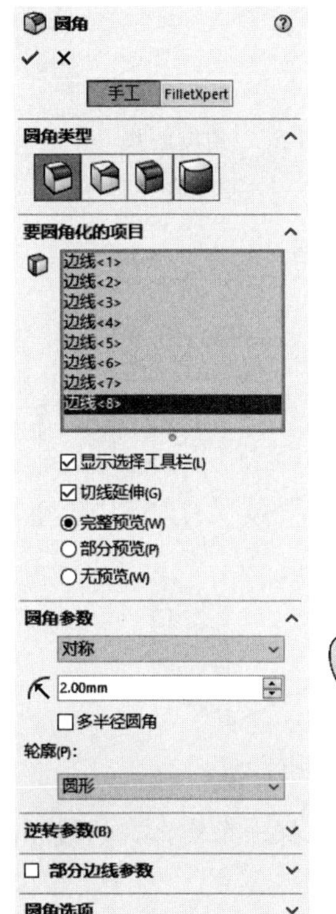

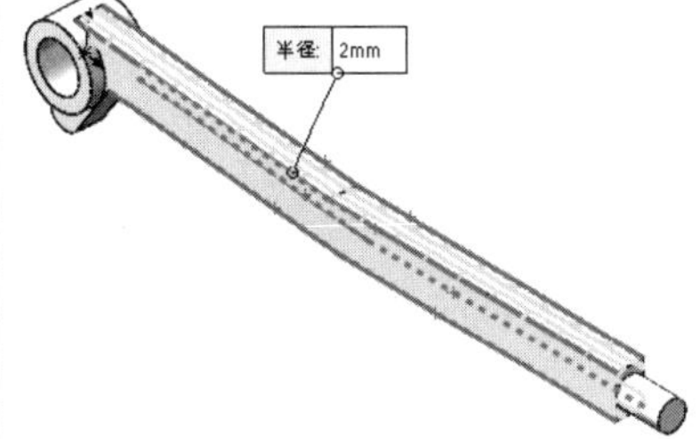

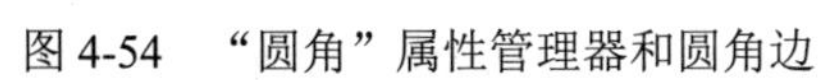

图 4-54　“圆角”属性管理器和圆角边

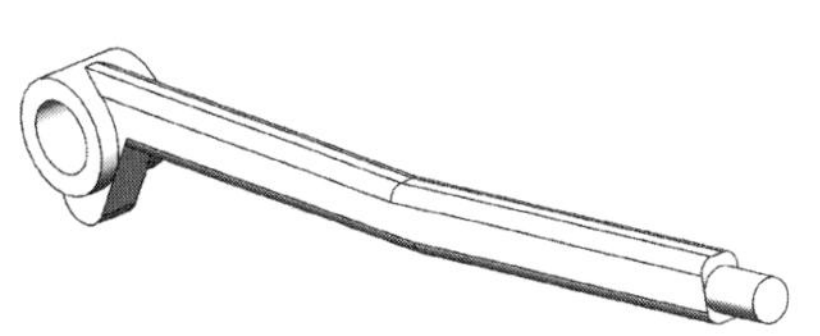

图 4-55　圆角处理

4.4 倒角特征

在零件设计过程中，通常在锐利的零件边角进行倒角处理，这样可以防止零件伤人，并且便于搬运、装配以及避免应力集中等。此外，有些倒角处理也是机械加工过程中不可缺少的工艺。与圆角特征类似，倒角特征是对边或角进行倒角处理。

图 4-56 为倒角特征的零件实例。

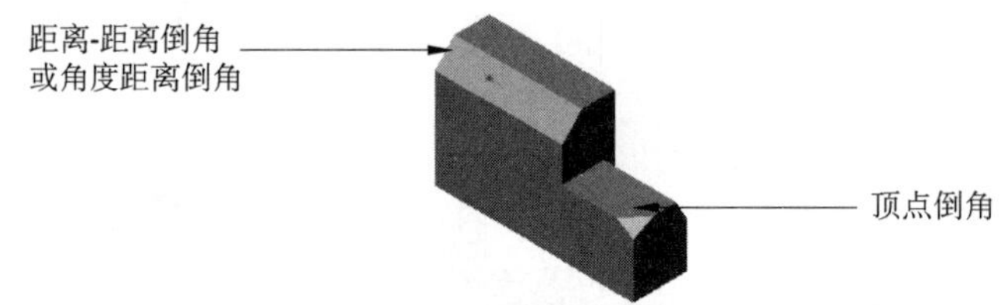

图 4-56　倒角特征实例

视频讲解

4.4.1 创建倒角特征

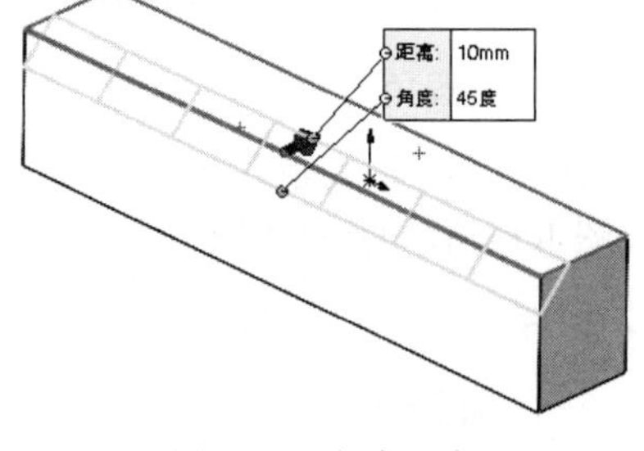

图 4-57　角度距离

操作步骤如下。

（1）单击“特征”面板中的“倒角”按钮。

（2）在弹出的“倒角”属性管理器中选择“倒角类型”，有以下选项。

☑ 角度距离：在所选边线上指定距离和倒角角度来生成倒角，如图 4-57 所示。

☑ 距离-距离：在所选边线的两侧分别指定两个距离值来生成倒角，如图 4-58 所示。

☑ 顶点：在与顶点相交的 3 条边线上分别指定距顶点的距离来生成倒角，如图 4-59 所示。

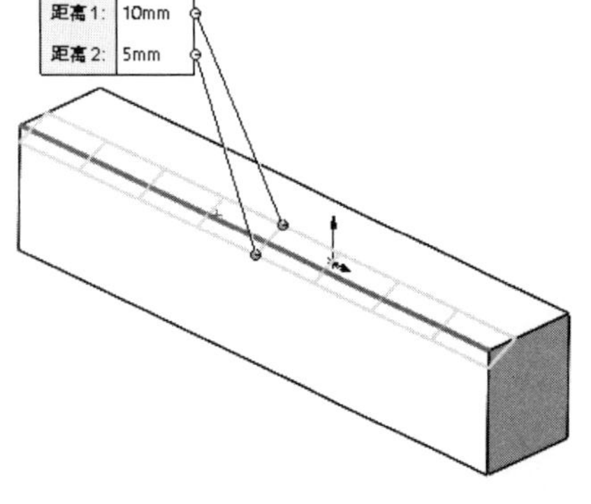

图 4-58　距离-距离

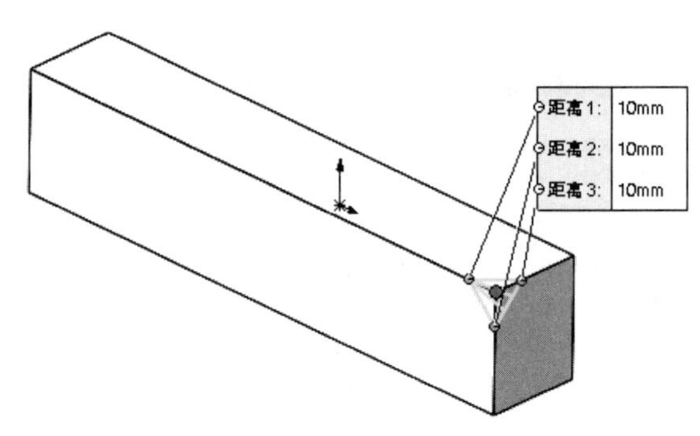

图 4-59　顶点

（3）单击“边线、面和环”图标右侧的显示框，然后在图形区域中选择一个实体（边线和面或顶点），如图 4-60 所示。

（4）在下面对应的微调框中指定距离或角度值。

（5）如果选中“保持特征”复选框，则应用倒角特征时，会保持零件的其他特征，如图 4-61 所示。

图 4-60　设置倒角

（a）原始零件

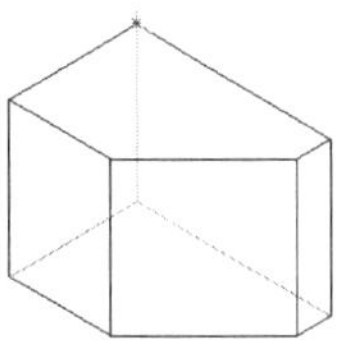

（b）未选中“保持特征”

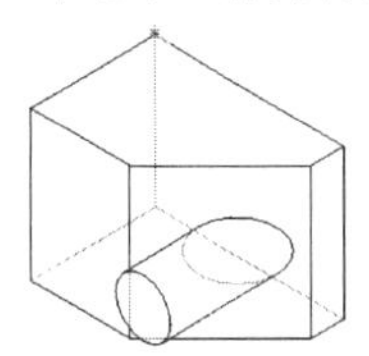

（c）选中“保持特征”

图 4-61　是否保持特征示意图

（6）单击“确定”按钮✔，生成倒角特征。

4.4.2　实例——垫圈

视频讲解

思路分析

首先绘制垫圈的外形轮廓草图，然后拉伸成为垫圈的主体轮廓，最后对边线进行倒角处理，绘制流程如图 4-62 所示。

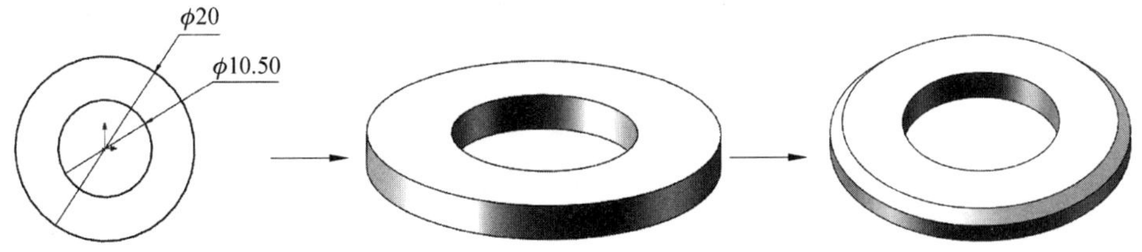

图 4-62　垫圈的绘制流程

操作步骤

1. 新建文件

启动 SOLIDWORKS 2022，单击“快速访问”工具栏中的“新建”按钮，在弹出的“新建 SOLIDWORKS 文件”对话框中单击“零件”按钮，然后单击“确定”按钮，创建一个新的零件文件。

2. 绘制草图

在左侧的 FeatureManager 设计树中选择“前视基准面”作为绘制图形的基准面。单击“草图”面板中的“圆”按钮，绘制草图轮廓，标注并修改尺寸，结果如图 4-63 所示。

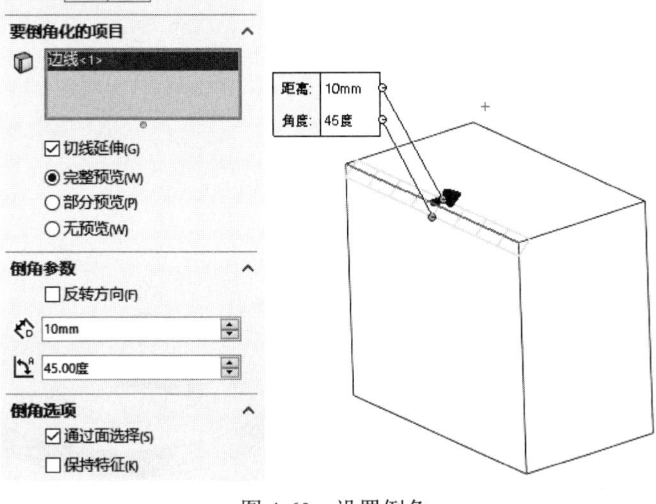

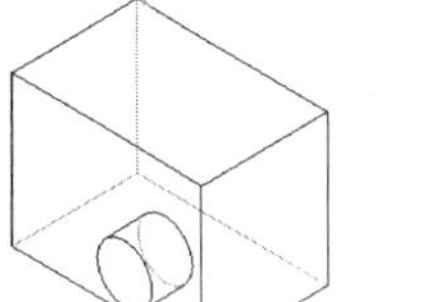

Note

3．拉伸实体

单击“特征”面板中的“拉伸凸台/基体”按钮，此时系统弹出如图 4-64 所示的“凸台-拉伸”属性管理器。选择步骤 2 绘制的草图为拉伸截面，设置终止条件为“给定深度”，输入拉伸距离为 2mm，然后单击“确定”按钮✔，结果如图 4-65 所示。

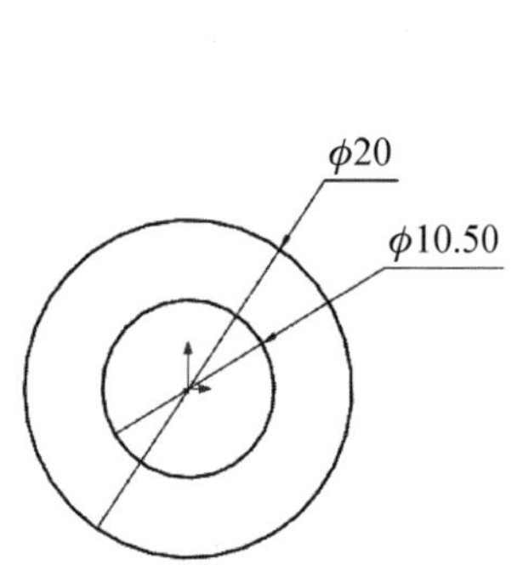

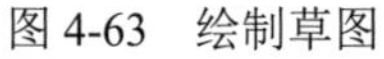

φ20
φ10.50

图 4-63　绘制草图

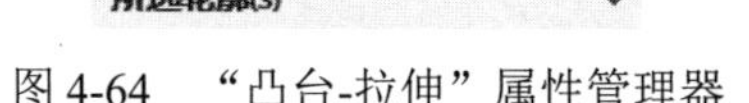
图 4-64　“凸台-拉伸”属性管理器

图 4-65　拉伸后的图形

4．倒角处理

单击“特征”面板中的“倒角”按钮，此时系统弹出“倒角”属性管理器。选择步骤 3 创建的拉伸体的上边线，然后输入倒角距离为 0.8mm，角度为 45°，如图 4-66 所示。单击“确定”按钮✔，结果如图 4-67 所示。

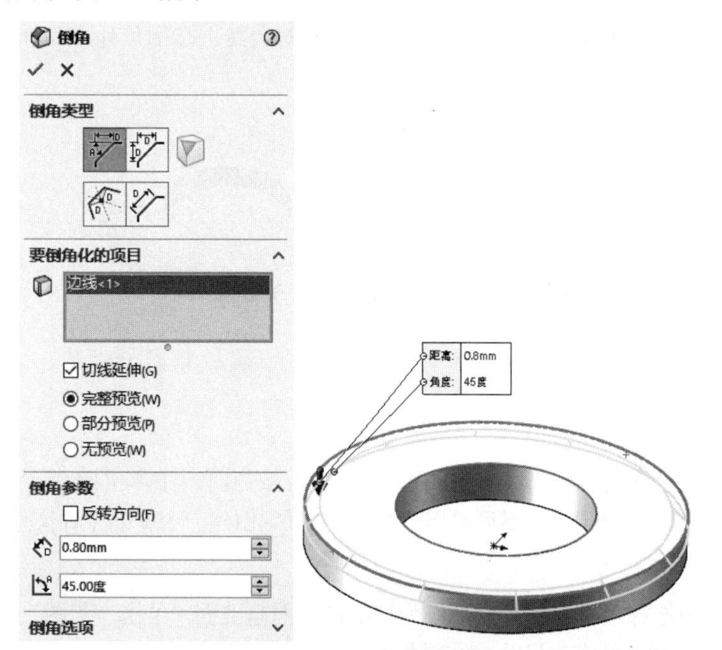

图 4-66　“倒角”属性管理器

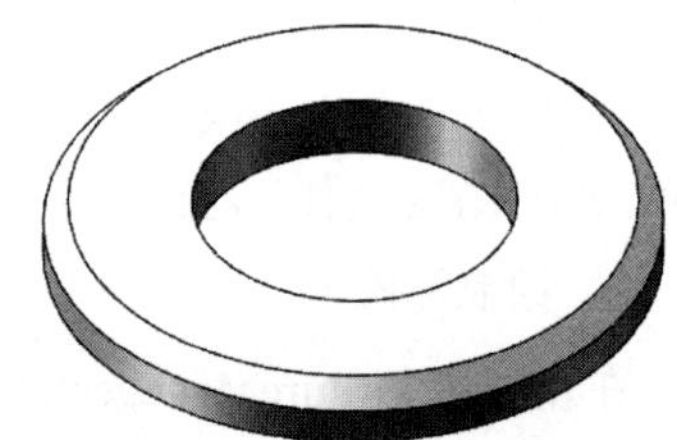
图 4-67　倒角后的图形

4.5　抽壳特征

抽壳特征是零件建模中的重要特征，它能使一些复杂工作变得简单化。

当在零件的一个面上应用抽壳工具时，系统会掏空零件的内部，使所选择的面敞开，在剩余的面上生成薄壁特征。如果没有选择模型上的任何面，而直接对实体零件进行抽壳操作，则会生成一个闭合、掏空的模型。通常在抽壳时，指定各个表面的厚度相等，也可以对某些表面厚度单独进行指定，这样在抽壳特征完成之后，各个零件的表面厚度就不相等了。

图 4-68 是使用抽壳特征进行零件建模的实例。

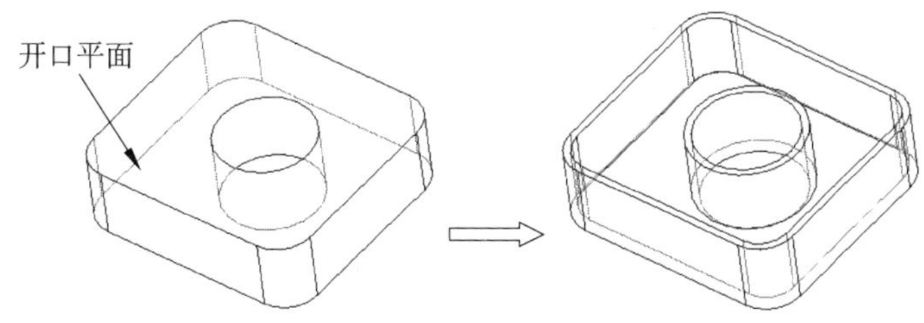

图 4-68　抽壳特征实例

4.5.1　等厚度抽壳

操作步骤如下。

（1）单击“特征”面板中的“抽壳”按钮。

（2）弹出“抽壳 1”属性管理器，在“参数”栏的“厚度”图标右边的微调框中指定抽壳的厚度。

（3）单击“移除的面”图标右侧的显示框，然后在右面的图形区域中选择一个或多个开口面作为要移除的面。此时在显示框中显示所选的开口面，如图 4-69 所示。

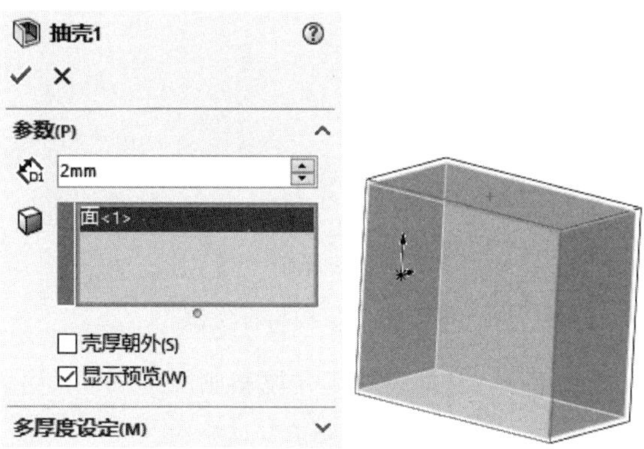

图 4-69　选择要移除的面

（4）如果选中“壳厚朝外”复选框，则会增加零件外部尺寸，从而生成抽壳。

（5）单击“确定”按钮，生成等厚度抽壳特征。

注意：如果在步骤（3）中没有选择开口面，则系统会生成一个闭合、掏空的模型。

视频讲解

Note

4.5.2 多厚度抽壳

操作步骤如下。

（1）单击“特征”面板中的“抽壳”按钮。

（2）弹出“抽壳”属性管理器，单击“多厚度设定”栏中“多厚度面”图标右侧的显示框，激活多厚度设定。

（3）在图形区域中选择开口面，这些面会在显示框中显示出来。

（4）在显示框中选择开口面，然后在“多厚度设定”栏的“多厚度”图标右侧的微调框中输入对应的厚度。

（5）重复步骤（4），直到为所有选择的开口面指定了厚度。

（6）如果要使厚度添加到零件外部，选中“壳厚朝外”复选框。

（7）单击“确定”按钮✓，生成多厚度抽壳特征，如图 4-70 所示。

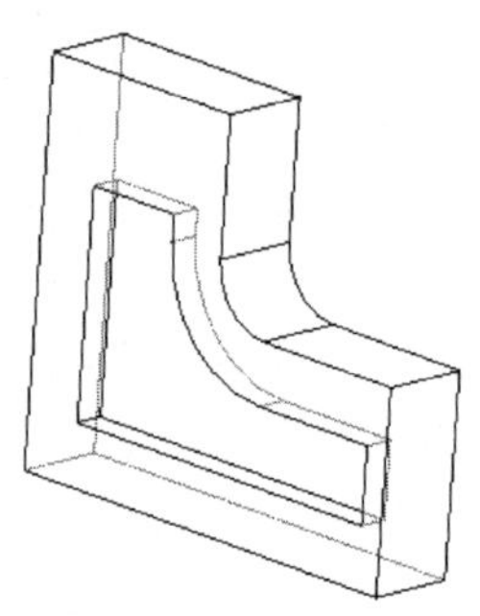

图 4-70　多厚度抽壳特征

注意：如果想在零件上添加圆角，应当在生成抽壳之前对零件进行圆角处理。

4.6 拔模特征

拔模是零件模型上常见的特征，是以指定的角度斜削模型中所选的面，常应用于铸造零件。拔模角度的存在可以使型腔零件更容易脱出模具。

SOLIDWORKS 提供了丰富的拔模功能。用户既可以在现有的零件上插入拔模特征，也可以在拉伸特征的同时进行拔模处理。本节主要介绍在现有的零件上插入拔模特征。

下面对与拔模特征有关的术语进行说明。

（1）拔模面：选取的零件表面，此面将生成拔模斜度。

（2）中性面：在拔模的过程中大小不变的固定面，用于指定拔模角的旋转轴，如果中性面与拔模面相交，则相交处即为旋转轴。

（3）拔模方向：用于确定拔模角度的方向。

图 4-71 是一个拔模特征的应用实例。

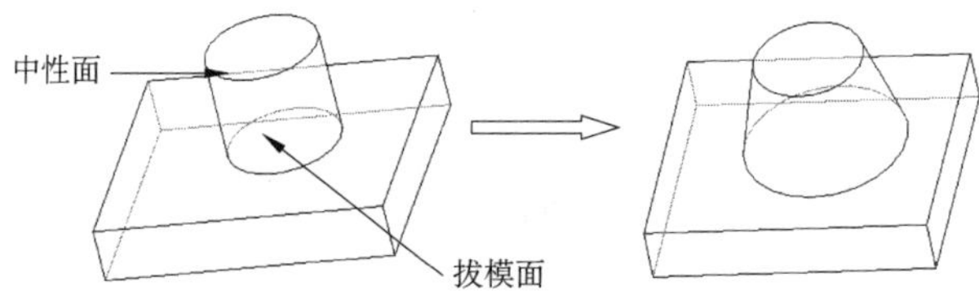

图 4-71　拔模特征实例

要在现有的零件上插入拔模特征，从而以特定角度斜削所选的面，可以使用中性面拔模、分型线拔模和阶梯拔模。

视频讲解

4.6.1 中性面拔模

操作步骤如下。

（1）单击“特征”面板中的“拔模”按钮。

（2）在弹出的“拔模 1”属性管理器的“拔模类型”栏中选中“中性面”单选按钮。

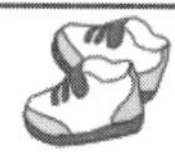

（3）在“拔模角度”栏的“拔模角度”图标右侧的微调框中设定拔模角度。

（4）单击“中性面”栏中的显示框，然后在右面的图形区域中选择面或基准面作为中性面，如图 4-72 所示。

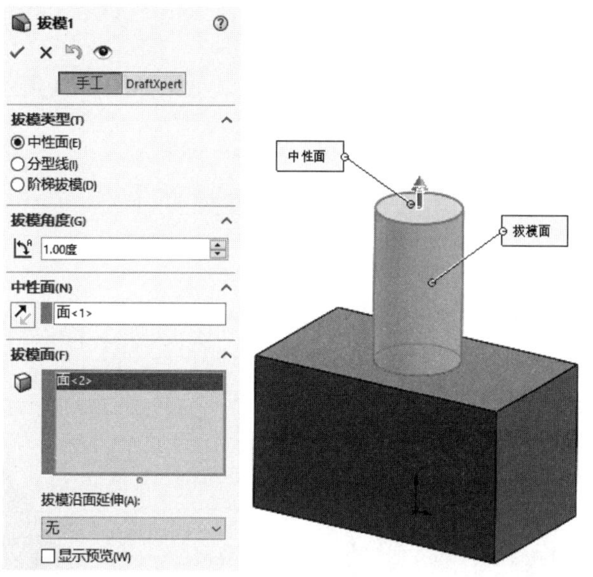

图 4-72 选择中性面

（5）图形区域中的控标会显示拔模的方向，如果要向相反的方向生成拔模，单击“反向”按钮。

（6）单击“拔模面”栏中“拔模面”图标右侧的显示框，然后在右面的图形区域中选择拔模面。

（7）如果要将拔模面延伸到额外的面，从“拔模沿面延伸”下拉列表框中选择以下选项。

☑ 沿切面：将拔模延伸到所有与所选面相切的面。

☑ 所有面：对所有从中性面拉伸的面都进行拔模。

☑ 内部的面：对所有与中性面相邻的内部面都进行拔模。

☑ 外部的面：对所有与中性面相邻的外部面都进行拔模。

☑ 无：对拔模面不进行延伸。

（8）单击“确定”按钮，完成中性面拔模特征。

4.6.2 分型线拔模

视频讲解

利用分型线拔模可以对分型线周围的曲面进行拔模。操作步骤如下。

（1）插入一条分割线分离要拔模的面，或者使用现有的模型边线来分离要拔模的面。

（2）单击“特征”面板中的“拔模”按钮。

（3）在弹出的“拔模 1”属性管理器的“拔模类型”栏中选中“分型线”单选按钮。

（4）在“拔模角度”栏的“拔模角度”图标右侧的微调框中设定拔模角度。

（5）单击“拔模方向”栏中的显示框，然后在右面的图形区域中选择一条边线或一个面来指示拔模方向。

（6）如果要向相反的方向生成拔模，单击“反向”按钮。

（7）单击“分型线”栏中“分型线”图标右侧的显示框，在右面的图形区域中选择分型线，如图 4-73 所示。

Note

（8）如果要为分型线的每个线段指定不同的拔模方向，则单击“分型线”栏“分型线”图标右侧显示框中的边线名称，然后单击“其他面”[①]按钮。

（9）在“拔模沿面延伸”下拉列表框中选择拔模沿面延伸的类型。

☑ 无：只在所选面上进行拔模。

☑ 沿切面：将拔模延伸到所有与所选面相切的面。

（10）单击“确定”按钮✔，完成分型线拔模特征，效果如图4-74所示。

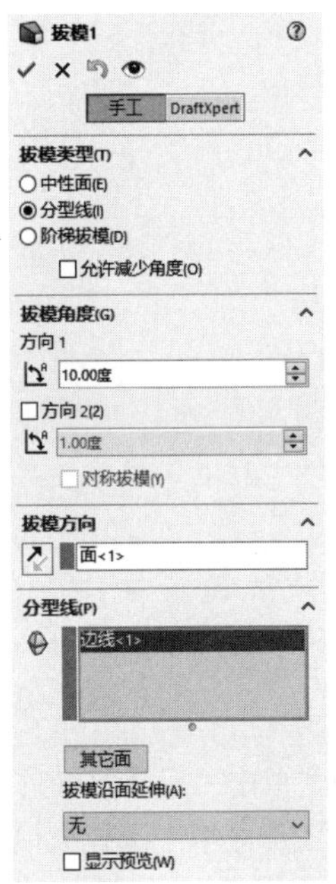

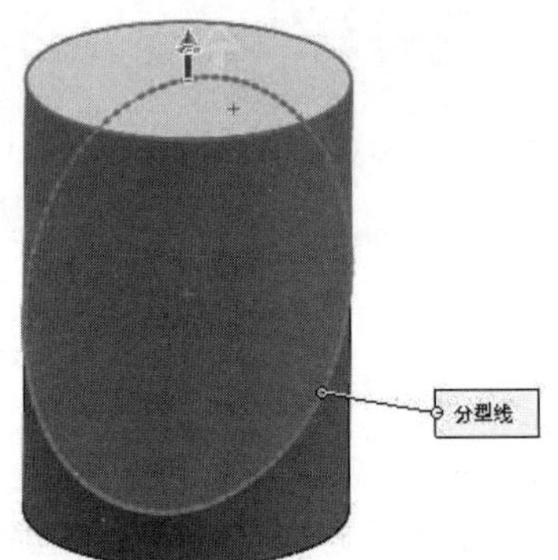

图4-73　设置分型线拔模

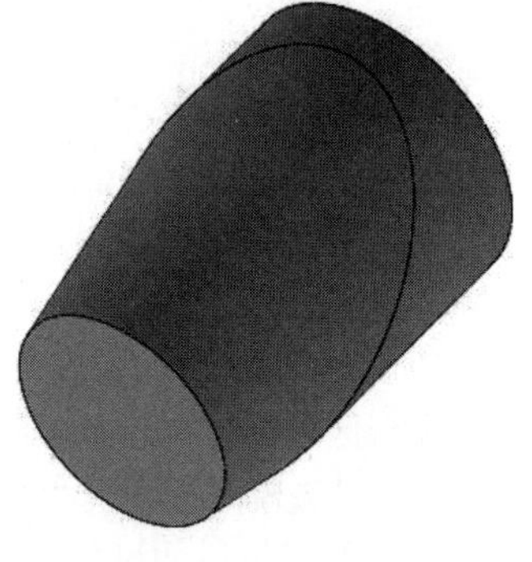

图4-74　分型线拔模效果

注意：在使用“分型线拔模”命令时，首先要创建一个分割线作为分型线。

视频讲解

4.6.3　阶梯拔模

除了中性面拔模和分型线拔模，SOLIDWORKS还提供了阶梯拔模。阶梯拔模是分型线拔模的变体，其分型线可以不在同一平面内，如图4-75所示。

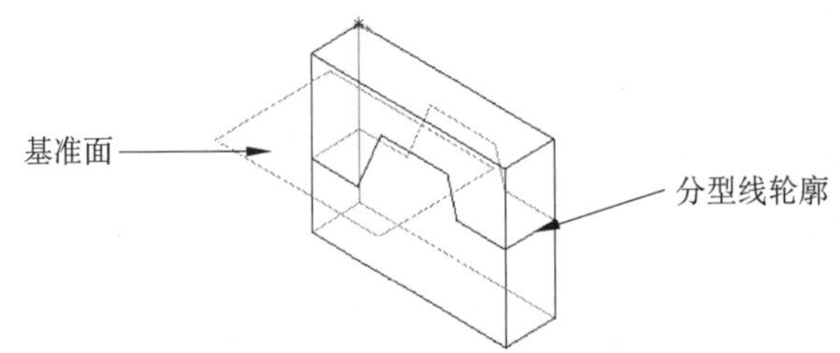

图4-75　阶梯拔模中的分型线轮廓

操作步骤如下。

（1）绘制要拔模的零件。

[①] 文中“其他面”与软件上的“其它面”为同一内容，后文不再赘述。

Note

（2）建立基准面。

（3）生成所需的分型线。分型线必须满足以下条件。

☑ 在每个拔模面上至少有一条分型线段与基准面重合。

☑ 其他所有分型线段处于基准面的拔模方向。

☑ 没有分型线段与基准面垂直。

（4）单击“特征”面板中的“拔模”按钮。

（5）在弹出的“拔模1”属性管理器的“拔模类型”栏中选中“阶梯拔模”单选按钮。

（6）如果想使曲面以与锥形曲面一样的方式生成，则选中“锥形阶梯”单选按钮；如果想使曲面垂直于原有主要面，则选中“垂直阶梯”单选按钮。

（7）在“拔模角度”栏“拔模角度”图标右侧的微调框中指定拔模角度。

（8）单击“拔模方向”栏中的显示框，然后在图形区域中选择一基准面指示拔模方向。

（9）如果要向相反的方向生成拔模，则单击“反向”按钮。

（10）单击“分型线”栏中“分型线”图标右侧的显示框，然后在图形区域中选择分型线，如图4-76所示。

（11）如果要为分型线的每一线段指定不同的拔模方向，则在“分型线”栏“分型线”图标右侧的显示框中选择边线名称，然后单击“其他面”按钮。

（12）在“拔模沿面延伸”下拉列表框中选择拔模沿面延伸类型。

（13）单击“确定”按钮，完成阶梯拔模特征，如图4-77所示。

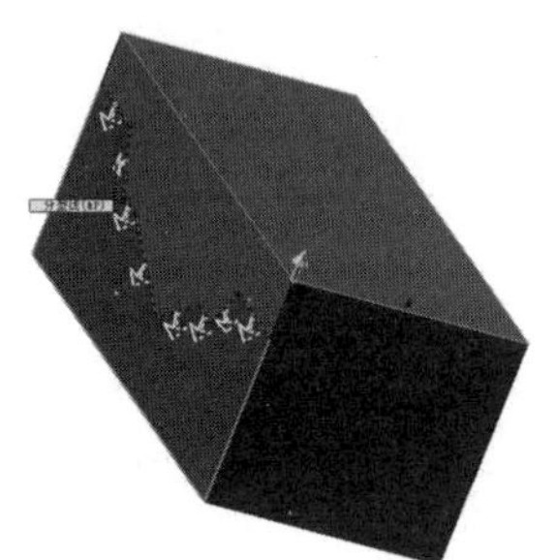

图4-76 选择分型线

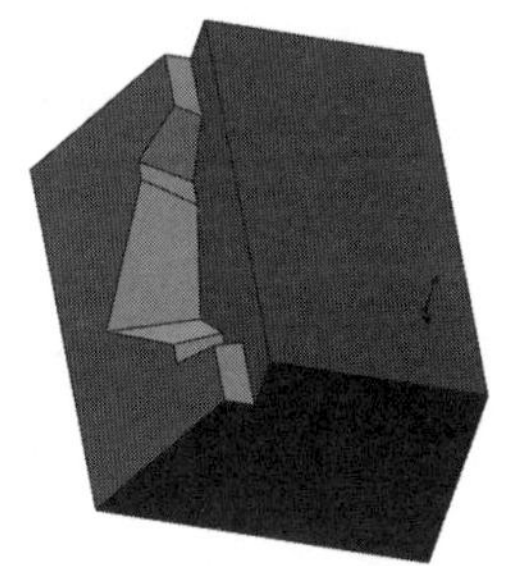

图4-77 阶梯拔模效果

4.6.4 实例——充电器

视频讲解

思路分析

首先分别绘制充电器的拉伸实体1、拉伸实体2；接着分别拔模拉伸实体1、拉伸实体2；然后拉伸拔模后的拉伸实体2，将拔模后的拉伸实体1和拉伸实体2绘制成一个实体；接着在实体顶面拉伸一个实体；再在拉伸实体的顶面拉伸两个实体；最后进行圆角处理。绘制流程如图4-78所示。

操作步骤

1. 新建文件

启动 SOLIDWORKS 2022，单击“快速访问”工具栏中的“新建”按钮，在弹出的“新建SOLIDWORKS文件”对话框中单击“零件”按钮，然后单击“确定”按钮，创建一个新的零件文件。

2. 绘制草图

在左侧的 FeatureManager 设计树中选择“前视基准面”作为绘制图形的基准面。单击“草图”面板中的“边角矩形”按钮，绘制草图轮廓，标注并修改尺寸，结果如图4-79所示。

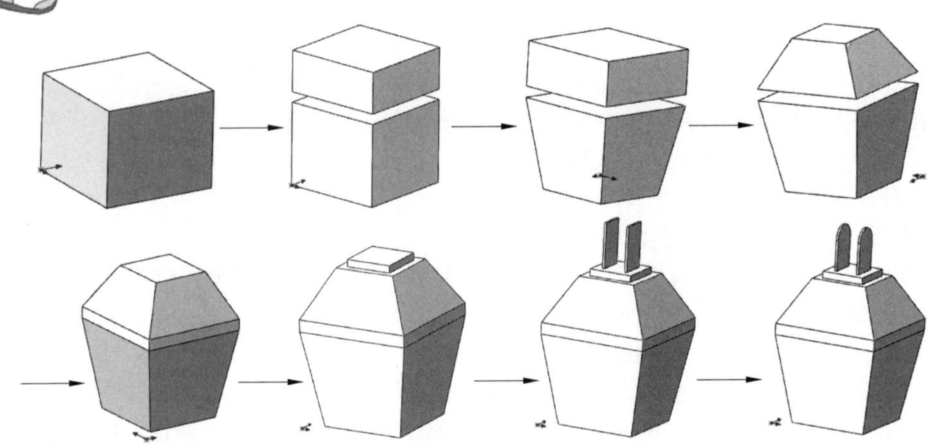

图 4-78　充电器的绘制流程

3. 拉伸实体 1

单击“特征”面板中的“拉伸凸台/基体”按钮，此时系统弹出如图 4-80 所示的“凸台-拉伸”属性管理器。选择步骤 2 绘制的草图为拉伸截面，设置终止条件为“给定深度”，输入拉伸距离为 4mm，然后单击“确定”按钮✔，结果如图 4-81 所示。

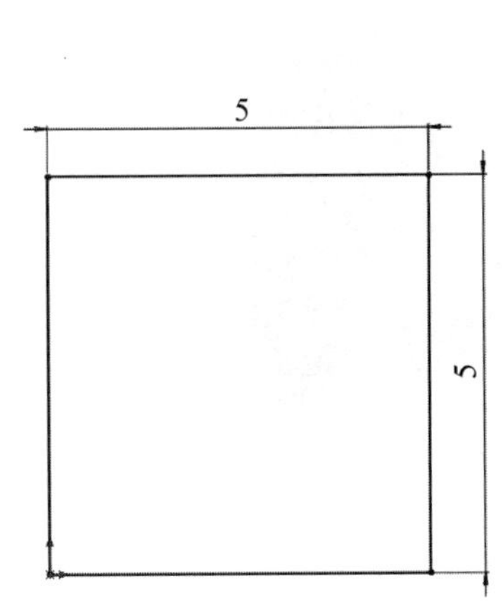

图 4-79　绘制草图

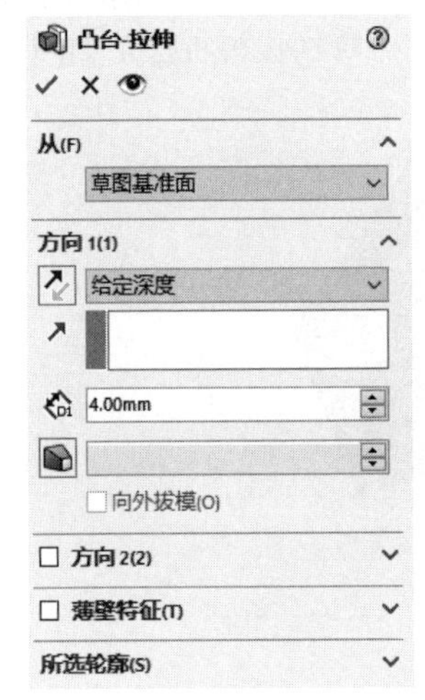

图 4-80　“凸台-拉伸”属性管理器

图 4-81　拉伸实体 1

4. 创建基准面

单击“特征”面板中的“基准面”按钮，此时系统弹出如图 4-82 所示的“基准面”属性管理器。选择步骤 3 拉伸体前表面为参考，输入偏移距离为 0.5mm，然后单击“确定”按钮✔，结果如图 4-83 所示。

5. 绘制草图

在左侧的 FeatureManager 设计树中选择“基准面 1”作为绘制图形的基准面。单击“草图”面板中的“转换实体引用”按钮，将拉伸实体 1 的外表面边线转换为图素。

6. 拉伸实体 2

单击“特征”面板中的“拉伸凸台/基体”按钮，此时系统弹出“凸台-拉伸”属性管理器。选择步骤 5 绘制的草图为拉伸截面，设置终止条件为“给定深度”，输入拉伸距离为 2mm，然后单击“确

定”按钮✔，结果如图 4-84 所示。

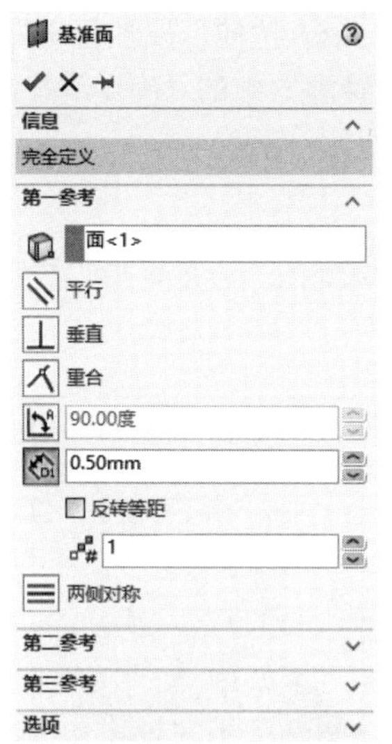

图 4-82　“基准面”属性管理器

图 4-83　创建基准面 1

图 4-84　拉伸实体 2

7. 拔模拉伸实体 1 处理

单击“特征”面板中的“拔模”按钮，此时系统弹出“拔模 1”属性管理器，如图 4-85 所示。选择拉伸实体 1 的上表面为中性面，选择拉伸实体 1 的 4 个面为拔模面，输入拔模角度为 10°，然后单击属性管理器中的“确定”按钮✔，结果如图 4-86 所示。

8. 拔模拉伸实体 2 处理

单击“特征”面板中的“拔模”按钮，此时系统弹出“拔模 2”属性管理器，如图 4-87 所示。选择拉伸实体 2 的下表面为中性面，选择拉伸实体 2 的 4 个面为拔模面，输入拔模角度为 30°，然后单击属性管理器中的“确定”按钮✔，结果如图 4-88 所示。

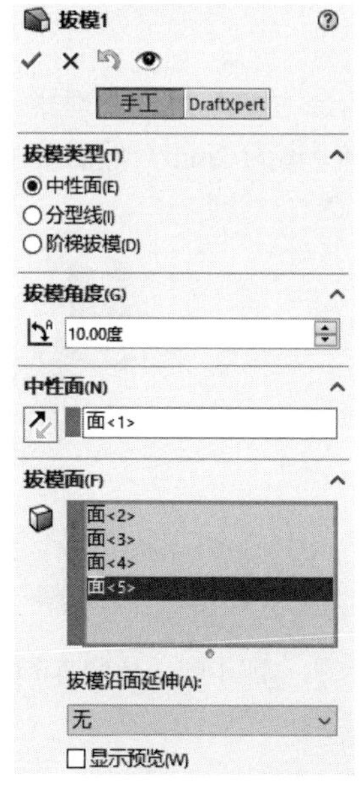

图 4-85　“拔模 1”属性管理器

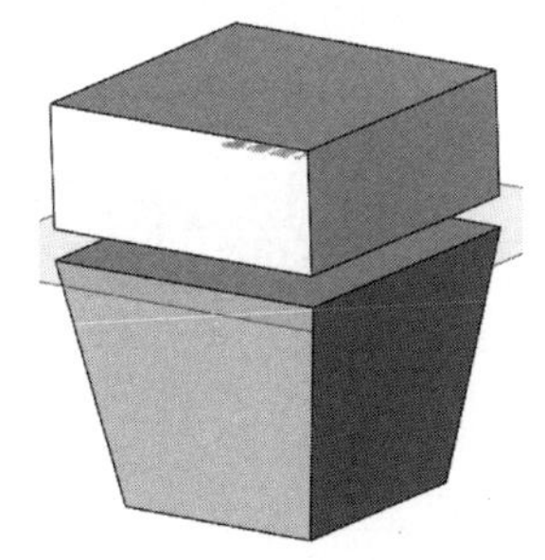

图 4-86　拔模拉伸实体 1 处理

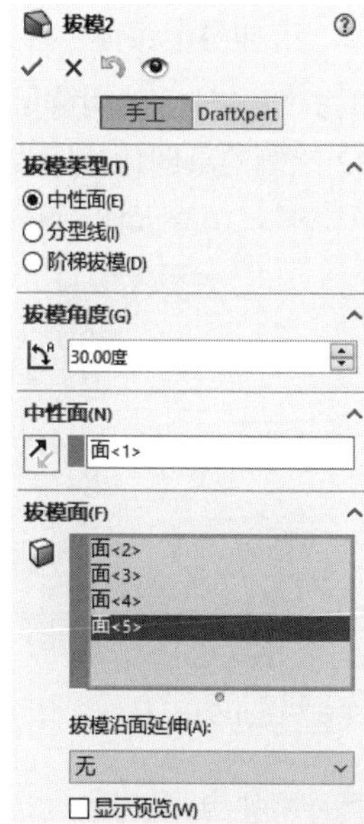

图 4-87　“拔模 2”属性管理器

9. 拉伸拔模后的拉伸实体 2

单击“特征”面板中的“拉伸凸台/基体”按钮，此时系统弹出“凸台-拉伸”属性管理器。选择拉伸实体 2 的草图，设置终止条件为“成形到下一面”，然后单击属性管理器中的“确定”按钮✓，结果如图 4-89 所示。

10. 绘制草图

选择如图 4-89 所示的面 1 作为绘制图形的基准面。单击“草图”面板中的“边角矩形”按钮，绘制草图并标注尺寸，如图 4-90 所示。

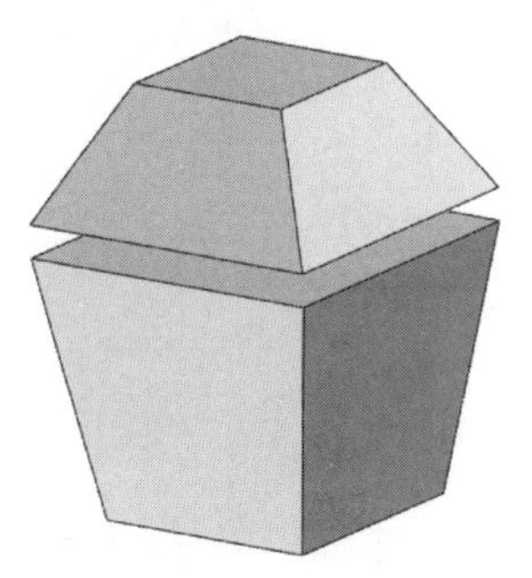

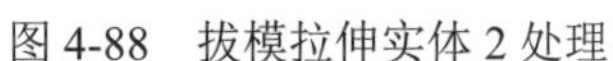

图 4-88 拔模拉伸实体 2 处理

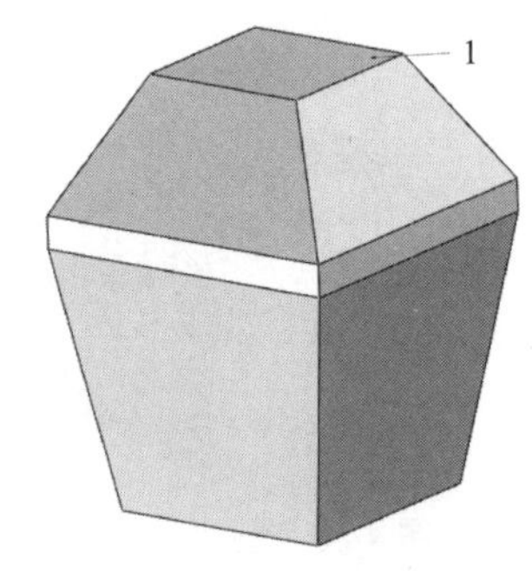

图 4-89 拉伸拔模后的拉伸实体 2

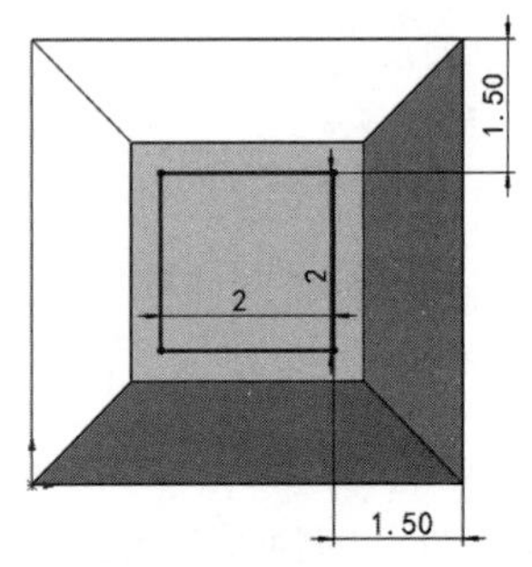

图 4-90 绘制草图并标注尺寸

11. 拉伸实体

单击“特征”面板中的“拉伸凸台/基体”按钮，此时系统弹出“凸台-拉伸”属性管理器。选择步骤 10 绘制的草图为拉伸截面，设置终止条件为“给定深度”，输入拉伸距离为 0.3mm，然后单击“确定”按钮✓，结果如图 4-91 所示。

12. 绘制草图

选择如图 4-91 所示的面 2 作为绘制图形的基准面。单击“草图”面板中的“边角矩形”按钮，绘制草图并标注尺寸，如图 4-92 所示。

13. 拉伸两个实体

单击“特征”面板中的“拉伸凸台/基体”按钮，此时系统弹出“凸台-拉伸”属性管理器。选择步骤 12 绘制的草图为拉伸截面，设置终止条件为“给定深度”，输入拉伸距离为 2mm，然后单击“确定”按钮✓，结果如图 4-93 所示。

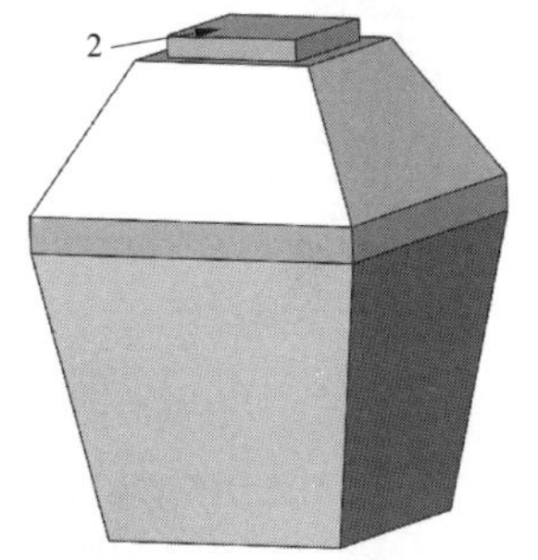

图 4-91 拉伸实体

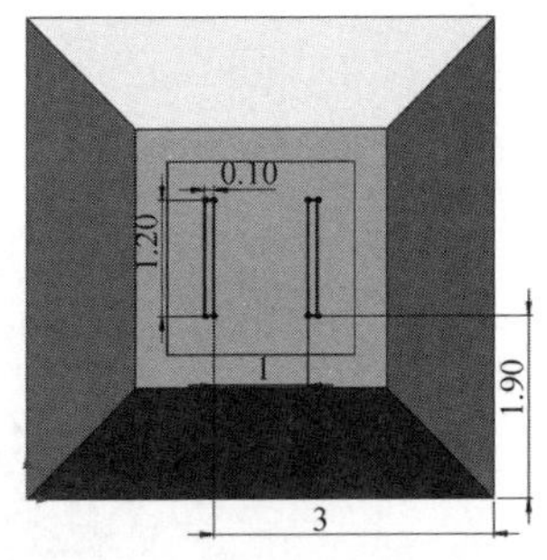

图 4-92 绘制草图并标注尺寸

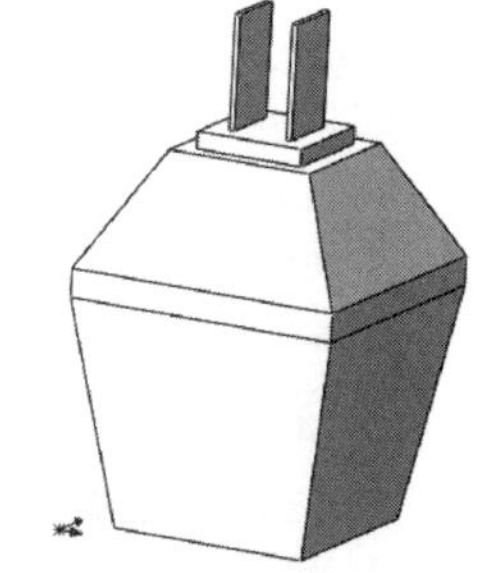

图 4-93 拉伸两个实体

14. 倒圆角

单击“特征”面板中的“圆角”按钮，此时系统弹出“圆角”属性管理器。选择如图 4-94 所

示的边为圆角边，输入圆角半径为 0.6mm，然后单击属性管理器中的“确定”按钮✔，结果如图 4-95 所示。

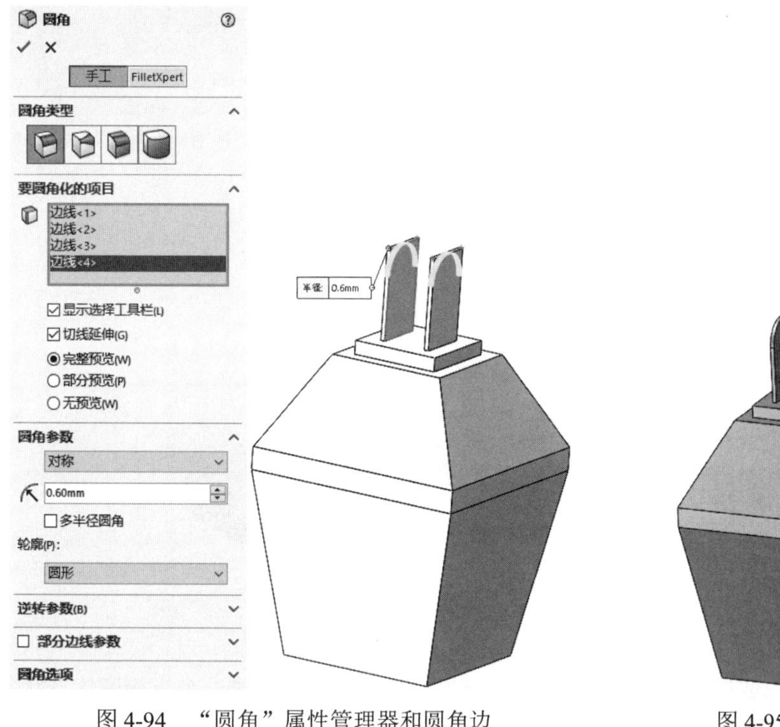

图 4-94　“圆角”属性管理器和圆角边

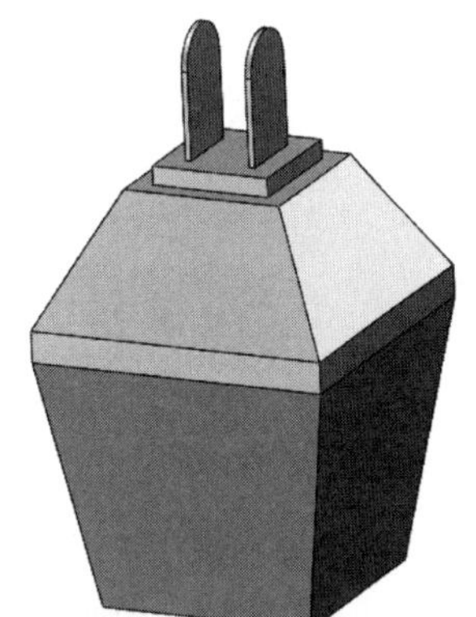

图 4-95　圆角处理

4.7　圆顶特征

圆顶特征是对一些复杂实体进行局部修饰的重要环节，通过不同的参数设置生成所需圆顶实体。

对于各种形状的平面，SOLIDWORKS 2022 可以根据它们的形状生成对应的圆顶特征，图 4-96 显示了几个应用圆顶特征的零件实例。

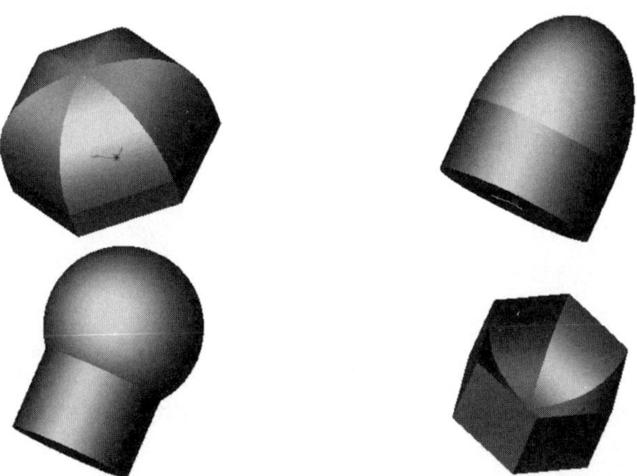

图 4-96　圆顶特征的零件实例

视频讲解

Note

4.7.1 创建圆顶特征

要生成圆顶特征，可进行如下操作。

（1）在图形区域中选择一个要生成圆顶的基面。

（2）单击“特征”面板中的“圆顶”按钮。

（3）在弹出的“圆顶”属性管理器（见图 4-97）的“距离”微调框中指定圆顶的高度（高度从所选面的重心开始测量），在图形区域中会看到效果的预览图。

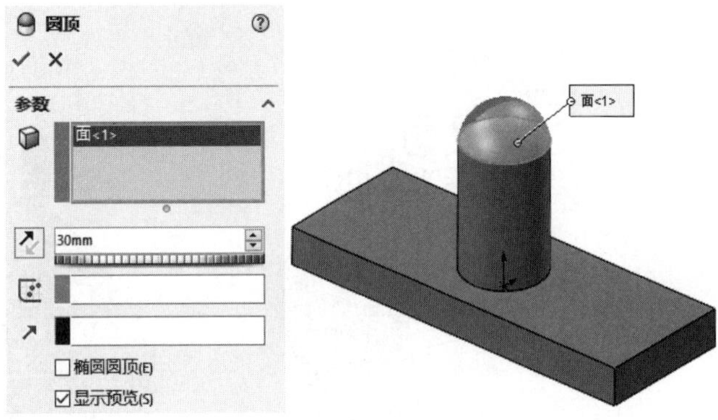

图 4-97 “圆顶”属性管理器

（4）单击“反向”按钮，则会生成一个凹陷的圆顶。

（5）如果选择了圆形或椭圆形的面，选中“椭圆圆顶”复选框会生成一个半椭圆体形状的圆顶，其高度等于椭圆的一条半轴长度。

（6）单击“约束点或草图”图标右侧的显示框，可以在图形区域中选择一个草图来约束草图的形状以控制圆顶。

（7）单击“方向”按钮右侧的“方向”显示框，在图形区域中选择一条边线作为圆顶的方向。

（8）单击“确定”按钮，生成圆角特征。

视频讲解

4.7.2 实例——瓶子

思路分析

瓶子模型由瓶身、瓶口和瓶口螺纹 3 部分组成。其绘制过程如下：对于瓶身，首先通过扫描实体命令生成瓶身主体，然后执行抽壳命令将瓶身抽壳为薄壁实体，接着通过拉伸命令编辑顶部，再切除拉伸瓶身的贴图部分，并对其进行镜像，得到另一侧贴图部分，最后通过圆顶命令编辑底部；对于瓶口，首先通过拉伸命令绘制外部轮廓，然后通过拉伸切除命令生成瓶口；对于瓶口螺纹，首先创建螺纹轮廓的基准面，然后绘制螺纹轮廓和描述路径，最后通过扫描实体命令，将螺纹轮廓沿路径扫描为瓶口螺纹，绘制流程如图 4-98 所示。

操作步骤

1. 创建零件文件

单击“快速访问”工具栏中的“新建”按钮，在弹出的“新建 SOLIDWORKS 文件”对话框中单击“零件”按钮，然后单击“确定”按钮，创建一个新的零件文件。

2. 绘制草图 1

在左侧 FeatureManager 设计树中选择“前视基准面”作为绘制图形的基准面。单击“草图”面板

中的“直线”按钮，以原点为起点绘制一条竖直直线并标注尺寸，结果如图 4-99 所示，然后退出草图绘制状态。

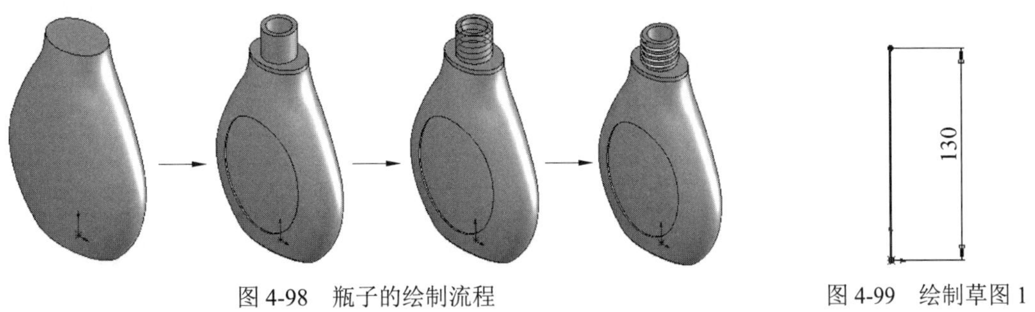

图 4-98　瓶子的绘制流程　　图 4-99　绘制草图 1

3. 绘制草图 2

在左侧的 FeatureManager 设计树中选择“前视基准面”作为绘制图形的基准面。单击“草图”面板中的“3 点圆弧”按钮，绘制如图 4-100 所示的草图并标注尺寸，然后退出草图绘制状态。

4. 绘制草图 3

在左侧的 FeatureManager 设计树中选择“右视基准面”作为绘制图形的基准面。单击“草图”面板中的“3 点圆弧”按钮，绘制如图 4-101 所示的草图并标注尺寸，添加圆弧下面的起点和原点为“水平”几何关系，然后退出草图绘制状态。

5. 绘制草图 4

在左侧的 FeatureManager 设计树中选择“上视基准面”作为绘制图形的基准面。单击“草图”面板中的“椭圆”按钮，绘制如图 4-102 所示的草图，椭圆的长轴和短轴端点分别与步骤 3 和步骤 4 绘制的草图的起点重合，结果如图 4-103 所示，然后退出草图绘制状态示。

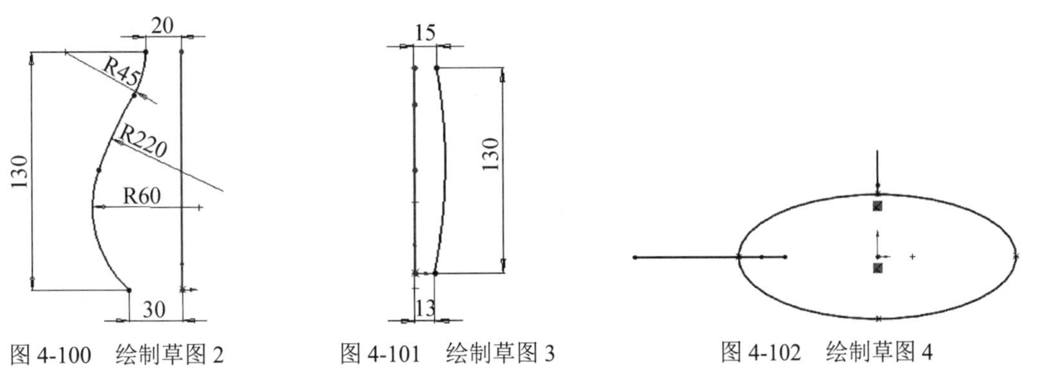

图 4-100　绘制草图 2　　图 4-101　绘制草图 3　　图 4-102　绘制草图 4

6. 扫描实体

单击“特征”面板中的“扫描”按钮，此时系统弹出如图 4-104 所示的“扫描”属性管理器。在“轮廓”一栏中，用鼠标选择图 4-103 中的草图 4；在“路径”一栏中，用鼠标选择图 4-103 中的草图 1；在“引导线”一栏中，用鼠标选择图 4-103 中的草图 2 和草图 3；选中“合并平滑的面”复选框。单击属性管理器中的“确定”按钮，完成实体扫描，结果如图 4-105 所示。

7. 编辑瓶身

（1）抽壳实体。单击“特征”面板中的“抽壳”按钮，此时系统弹出如图 4-106 所示的“抽壳 1”属性管理器。在“厚度”图标右侧的微调框中输入值 3mm；在“移除的面”一栏中，用鼠标

Note

选择图 4-105 中的面 1。单击属性管理器中的“确定”按钮✔，完成实体抽壳，结果如图 4-107 所示。

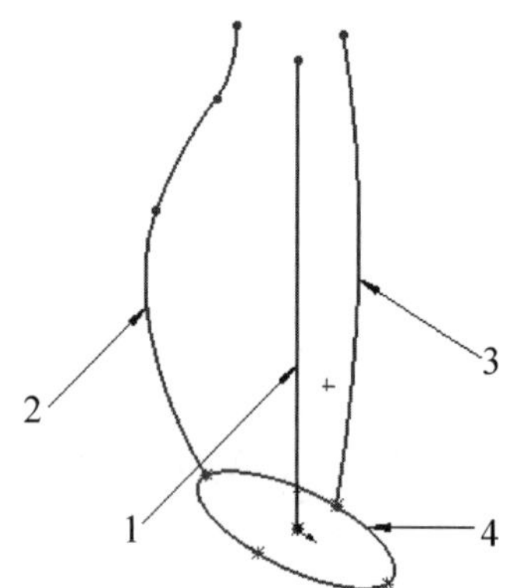

图 4-103　设置视图方向后的图形

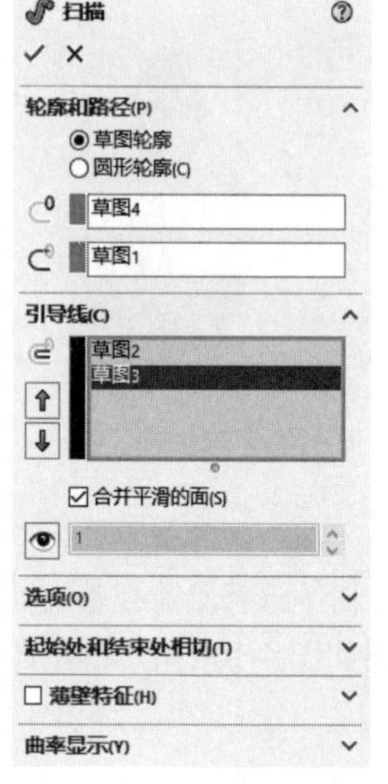

图 4-104　“扫描”属性管理器

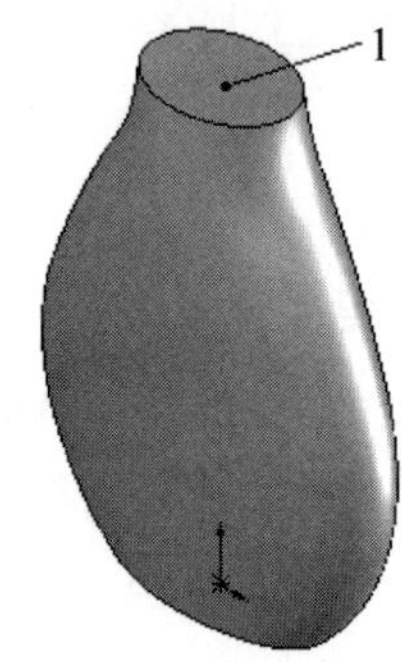

图 4-105　扫描实体后的图形

（2）转换实体引用。选择实体的上表面，然后单击“草图”面板中的“草图绘制”按钮，进入草图绘制状态。单击图 4-107 中的边线 1，然后单击“草图”面板中的“转换实体引用”按钮，将边线转换为草图。结果如图 4-108 所示。

图 4-106　“抽壳 1”属性管理器

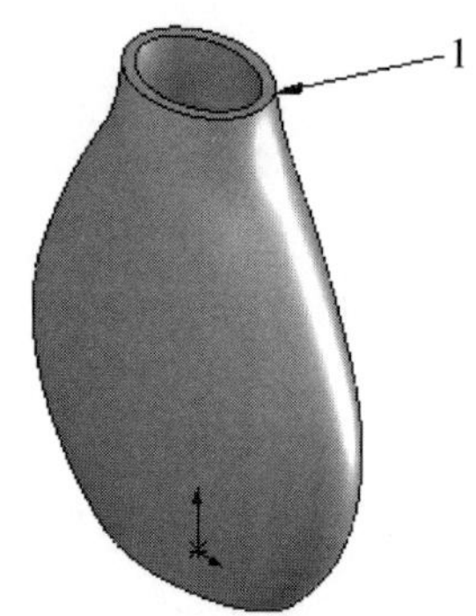

图 4-107　抽壳实体后的图形

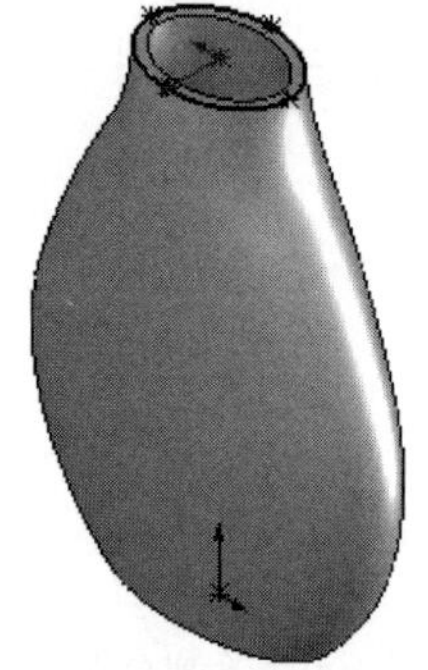

图 4-108　转换实体引用后的图形

（3）拉伸实体。单击“特征”面板中的“拉伸凸台/基体”按钮，此时系统弹出如图 4-109 所示的“凸台-拉伸”属性管理器。在“方向 1”的“终止条件”下拉列表框中选择“给定深度”选项；在“深度”图标右侧的微调框中输入值 3mm，注意拉伸方向。单击属性管理器中的“确定”按钮✔，完成实体拉伸，结果如图 4-110 所示。

（4）添加基准面。单击“特征”面板中的“基准面”按钮，此时系统弹出如图 4-111 所示的“基准面”属性管理器。在属性管理器的“参考实体”栏中，用鼠标选择左侧 FeatureManager 设计树中的“前视基准面”；在“距离”图标右侧的微调框中输入值 30mm，注意添加基准面的方向。单击“确定”按钮✔，添加一个基准面，结果如图 4-112 所示。

图 4-109 “凸台-拉伸”属性管理器

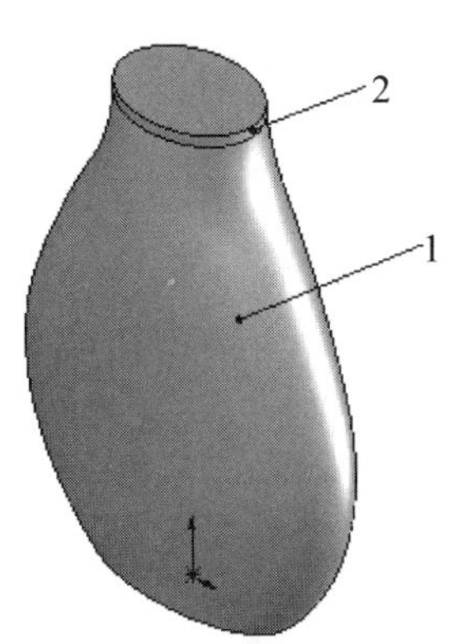

图 4-110 拉伸实体后的图形

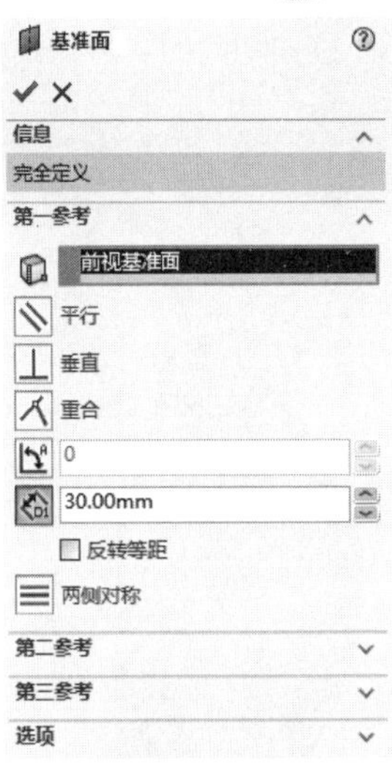

图 4-111 “基准面”属性管理器

（5）绘制草图。在左侧的 FeatureManager 设计树中选择“基准面 1”作为绘制图形的基准面。单击“草图”面板中的“椭圆”按钮，绘制如图 4-113 所示的草图并标注尺寸，添加椭圆的圆心和原点为“竖直”几何关系。

（6）拉伸切除实体。单击“特征”面板中的“拉伸切除”按钮，此时系统弹出如图 4-114 所示的“切除-拉伸”属性管理器。在“终止条件”的下拉列表框中选择“到离指定面指定的距离”选项，在“面/平面”栏中，选择距离基准面 1 较近一侧的扫描实体面；在“等距距离”图标右侧的微调框中输入值 1mm；选中“反向等距”复选框。单击“确定”按钮，完成拉伸切除实体，结果如图 4-115 所示。

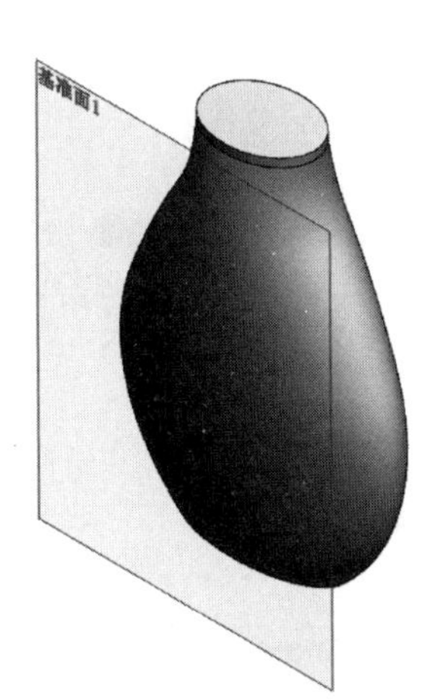

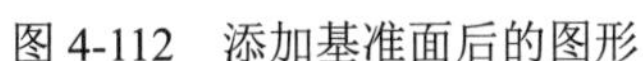

图 4-112 添加基准面后的图形

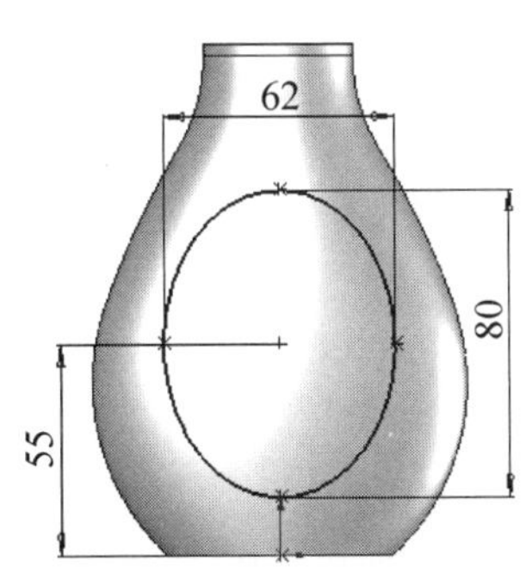

图 4-113 绘制的草图

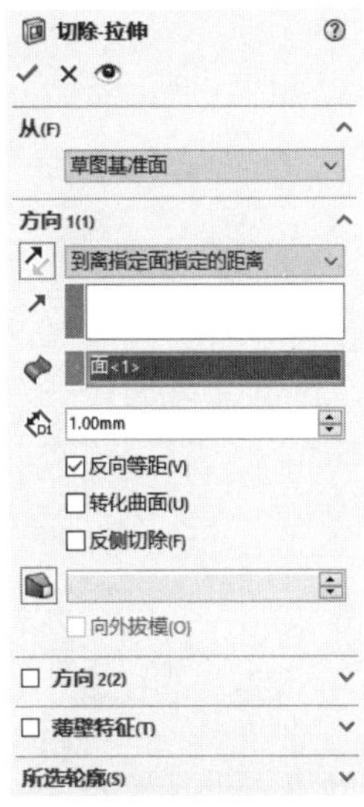

图 4-114 “切除-拉伸”属性管理器

（7）镜像实体。单击“特征”面板中的“镜像”按钮，此时系统弹出如图 4-116 所示的“镜像”属性管理器。在“镜像面/基准面”栏中，用鼠标选择左侧 FeatureManager 设计树中的“前视基准面”；在“要镜像的特征”栏中，用鼠标选择左侧 FeatureManager 设计树中的“切除-拉伸 1”，即步

Note

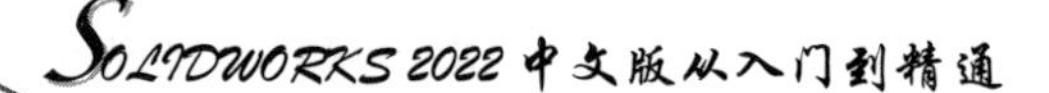

骤（6）拉伸切除的实体。单击“确定”按钮✔，完成镜像实体，结果如图4-117所示。

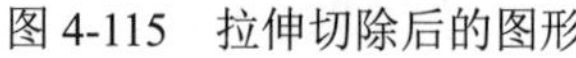

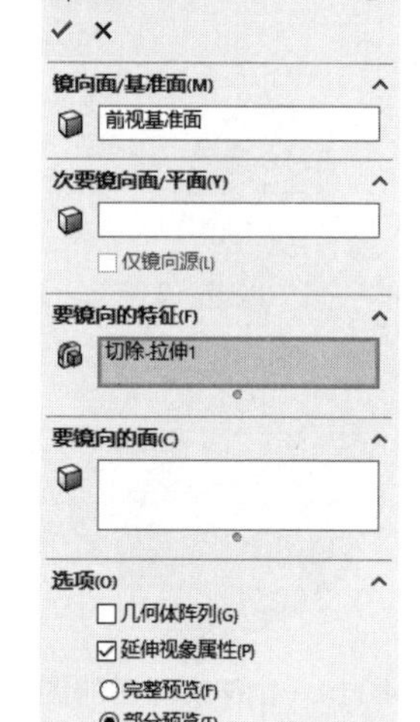
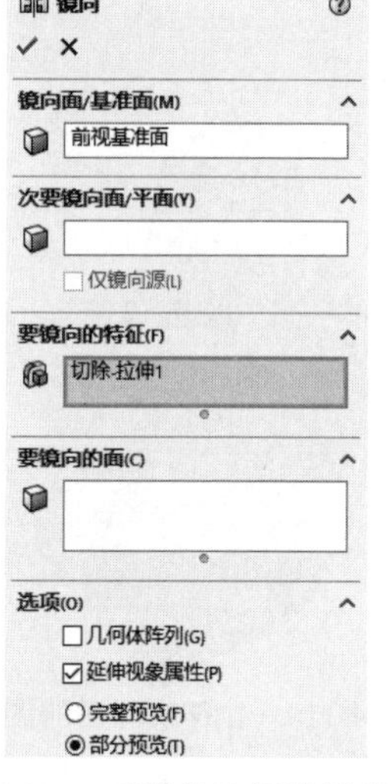

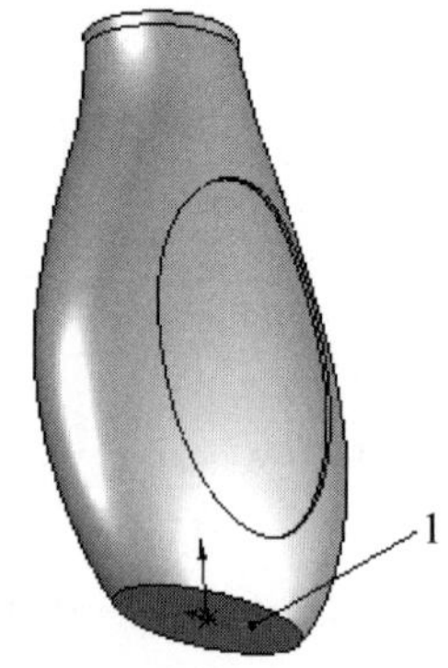

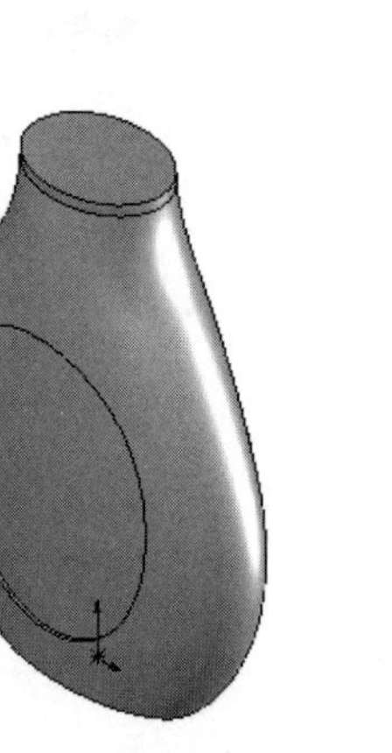

图4-115　拉伸切除后的图形　　图4-116　“镜像”属性管理器　　图4-117　设置视图方向后的图形

（8）圆顶实体。单击“特征”面板中的“圆顶”按钮，此时系统弹出如图4-118所示的“圆顶”属性管理器。在“到圆顶的面”栏中，用鼠标选择图4-117中的面1；在“距离”微调框中输入值2mm，注意圆顶的方向为向内侧凹进。单击“确定”按钮✔，完成圆顶实体，结果如图4-119所示。

（9）圆角实体。单击“特征”面板中的“圆角”按钮，此时系统弹出如图4-120所示的“圆角”属性管理器。在“圆角类型”栏中选择圆角类型为“固定大小圆角”；在“半径”图标右侧的微调框中输入值2mm；在“边线、面、特征和环”栏中选择图4-119中的边线1。单击“确定”按钮✔，完成圆角实体，结果如图4-121所示。

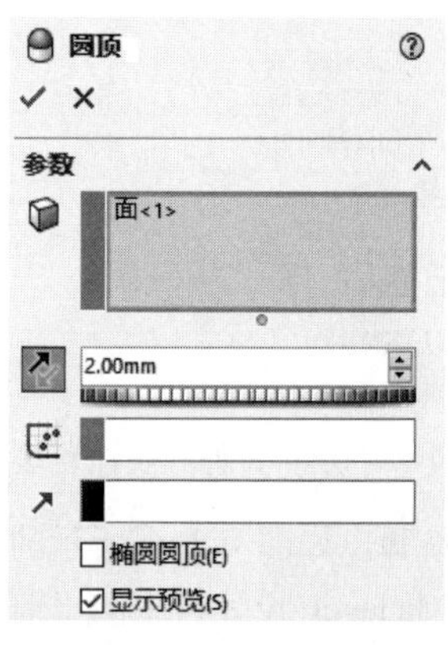

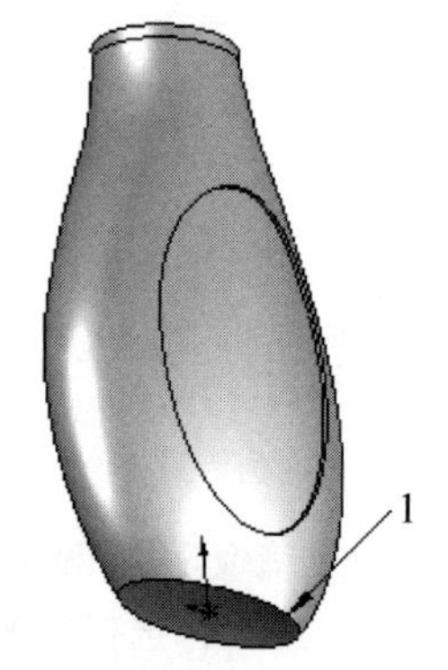

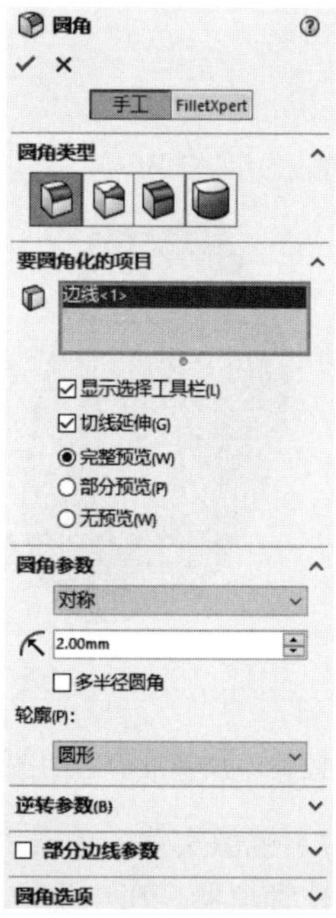

图4-118　“圆顶”属性管理器　　图4-119　圆顶实体后的图形　　图4-120　“圆角”属性管理器

8. 绘制草图

单击选择图 4-122 中的面 1 作为绘制图形的基准面。单击“草图”面板中的“圆”按钮，以原点为圆心绘制直径为 22mm 的圆，结果如图 4-123 所示。

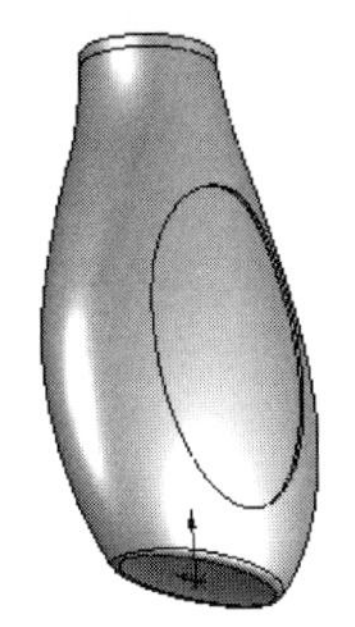

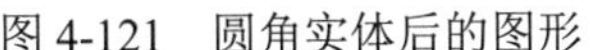

图 4-121 圆角实体后的图形

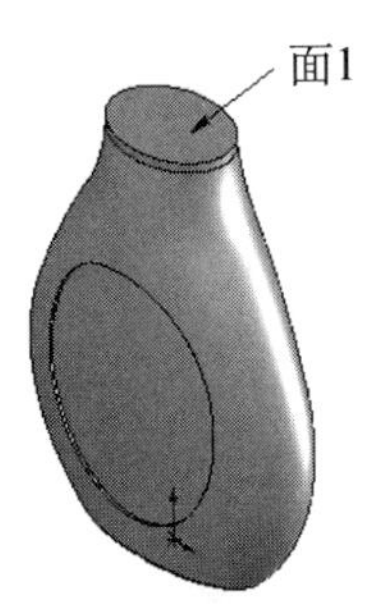

图 4-122 设置视图方向后的图形

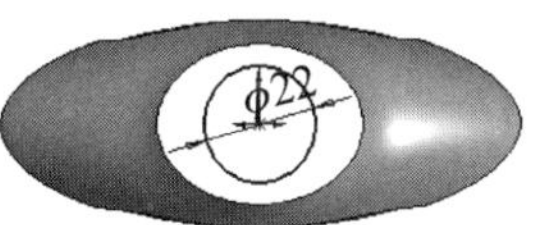

图 4-123 绘制的草图

9. 拉伸实体

单击“特征”面板中的“拉伸凸台/基体”按钮，此时系统弹出如图 4-124 所示的“凸台-拉伸”属性管理器。在“方向 1”的“终止条件”下拉列表框中选择“给定深度”；在“深度”图标右侧的微调框中输入值 20mm，注意拉伸方向；选中“合并结果”复选框。单击“确定”按钮，完成实体拉伸，结果如图 4-125 所示。

10. 绘制草图

单击选择图 4-125 中的面 1 作为绘制图形的基准面。单击“草图”面板中的“圆”按钮，以原点为圆心绘制直径为 16mm 的圆，结果如图 4-126 所示。

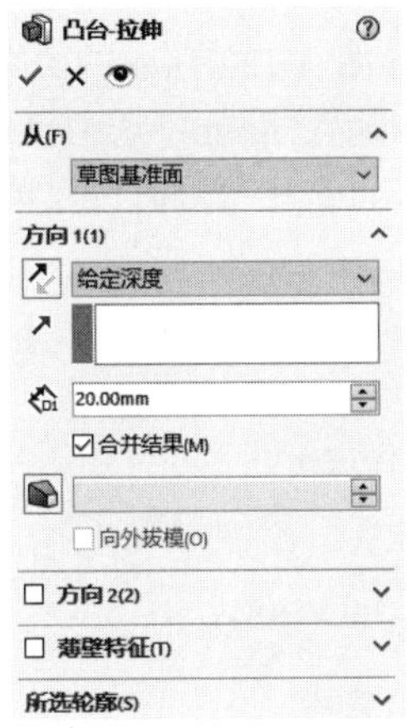

图 4-124 “凸台-拉伸”属性管理器

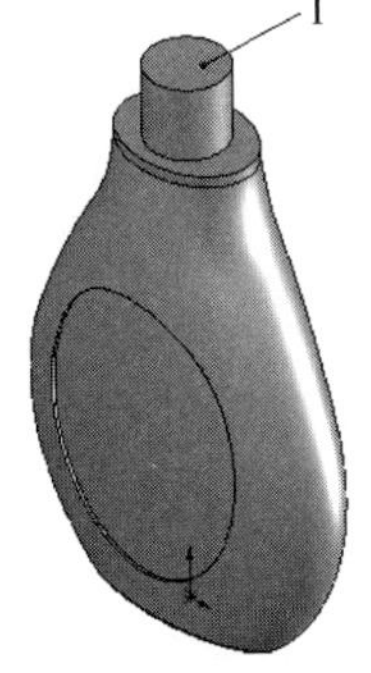

图 4-125 拉伸实体后的图形

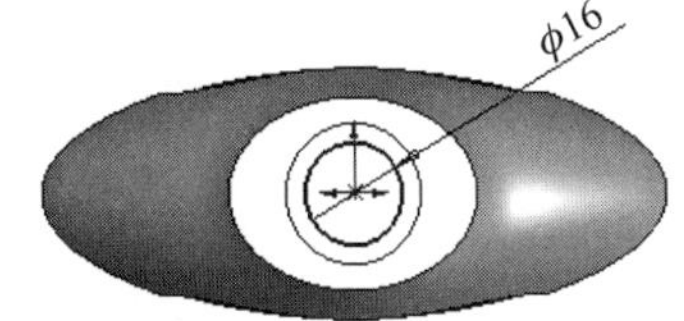

图 4-126 绘制的草图

11. 拉伸切除实体

单击“特征”面板中的“拉伸切除”按钮，此时系统弹出如图 4-127 所示的“切除-拉伸”属性管理器。设置终止条件为“给定深度”；在“深度”图标右侧的微调框中输入值 25mm，注意拉伸切除的方向。单击“确定”按钮，完成拉伸切除实体，结果如图 4-128 所示。

12. 添加基准面

单击“特征”面板中的“基准面”按钮，此时系统弹出如图 4-129 所示的“基准面”属性管理

Note

器。在“选择”栏中，用鼠标选择图 4-128 中的面 1；在“距离”图标右侧的微调框中输入值 1mm，注意添加基准面的方向。单击“确定”按钮✓，添加一个基准面，结果如图 4-130 所示。

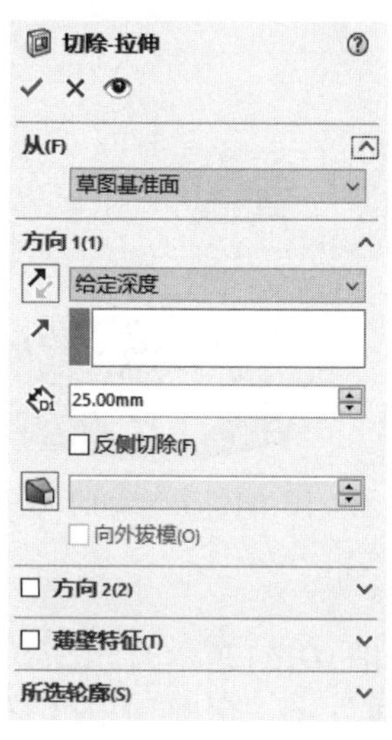

图 4-127 “切除-拉伸”属性管理器

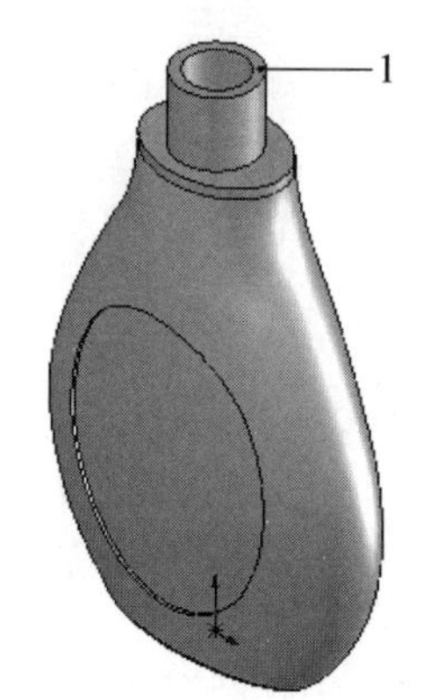

图 4-128 拉伸切除实体后的图形

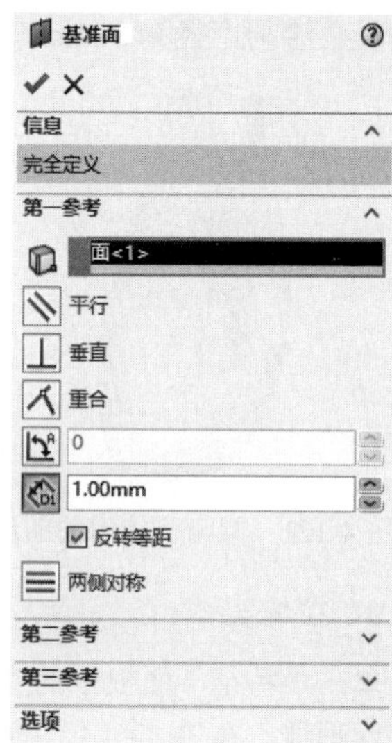

图 4-129 “基准面”属性管理器

13. 设置基准面

在左侧的 FeatureManager 设计树中选择“基准面 2”作为绘制图形的基准面。单击“草图”面板中的“圆”按钮，以原点为圆心绘制直径为 22mm 的圆，结果如图 4-131 所示。

14. 绘制螺旋线

单击“特征”面板中的“螺旋线/涡状线”按钮，此时系统弹出如图 4-132 所示的“螺旋线/涡状线”属性管理器。选中“恒定螺距”单选按钮；在“螺距”微调框中输入 4mm；选中“反向”复选框；在“圈数”微调框中输入 4.5；在“起始角度”微调框中输入 0°；选中“顺时针”单选按钮。单击“确定”按钮✓，完成螺旋线的绘制，结果如图 4-133 所示。

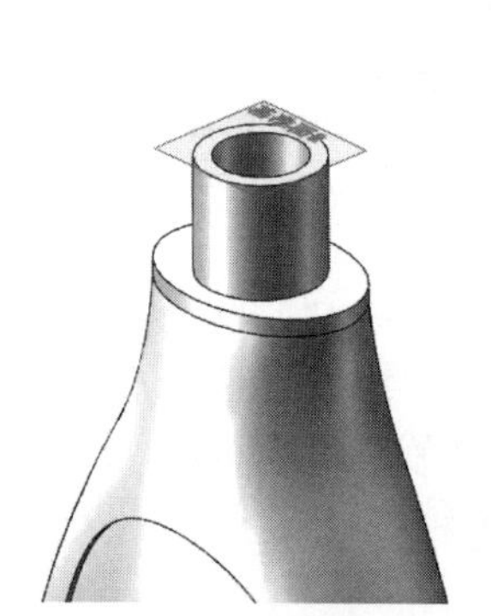

图 4-130 添加基准面后的图形

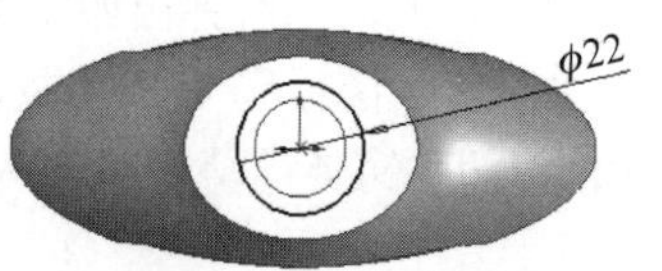

图 4-131 绘制的草图

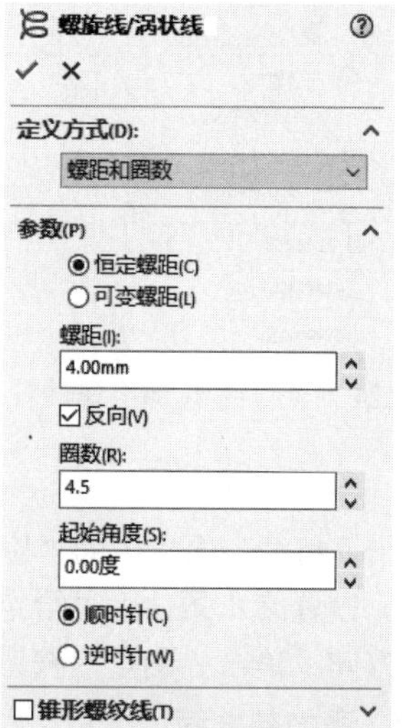

图 4-132 “螺旋线/涡状线”属性管理器

15. 绘制草图

在左侧的 FeatureManager 设计树中选择“右视基准面”作为绘制图形的基准面。单击“草图”面板中的“圆”按钮，以螺旋线的端点为圆心绘制一个直径为 2mm 的圆，结果如图 4-134 所示，轴测视图结果如图 4-135 所示。

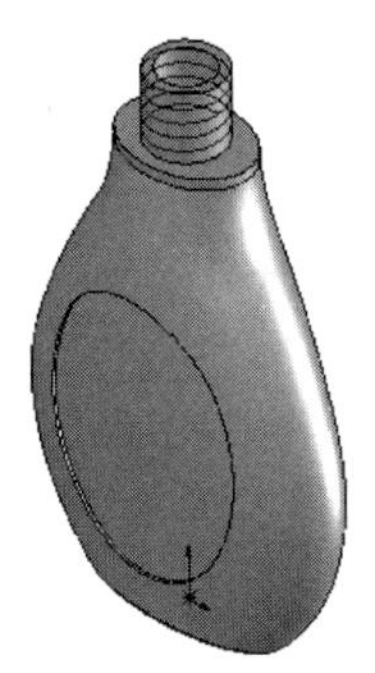

图 4-133　绘制的螺旋线

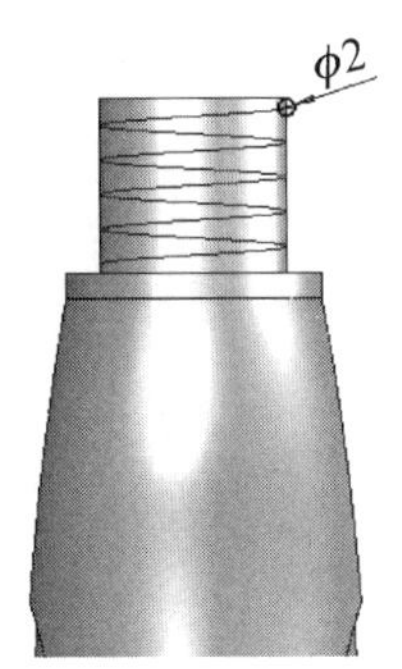

图 4-134　绘制的草图

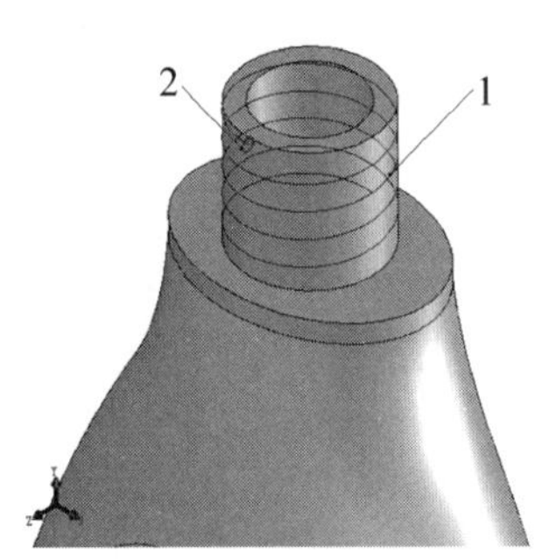

图 4-135　轴测视图

16. 扫描实体

单击“特征”面板中的“扫描”按钮，此时系统弹出如图 4-136 所示的“扫描”属性管理器。在“轮廓”图标右侧的显示框中，用鼠标选择图 4-135 中的草图 2，即直径为 2mm 的圆；在“路径”图标右侧的显示框中，用鼠标选择图 4-135 中的草图 1，即螺旋线。单击“确定”按钮，完成实体扫描，结果如图 4-137 所示。

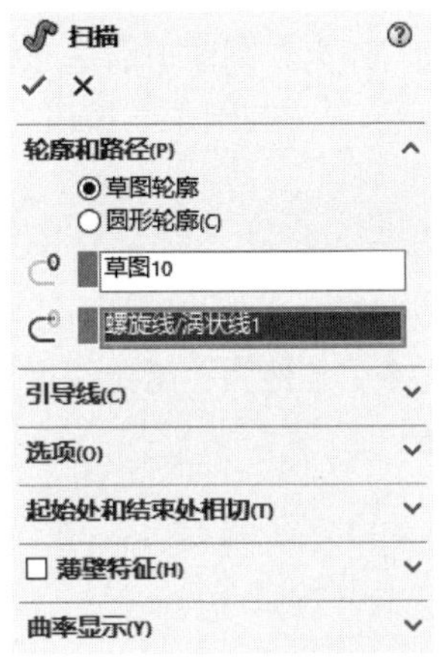

图 4-136　“扫描”属性管理器

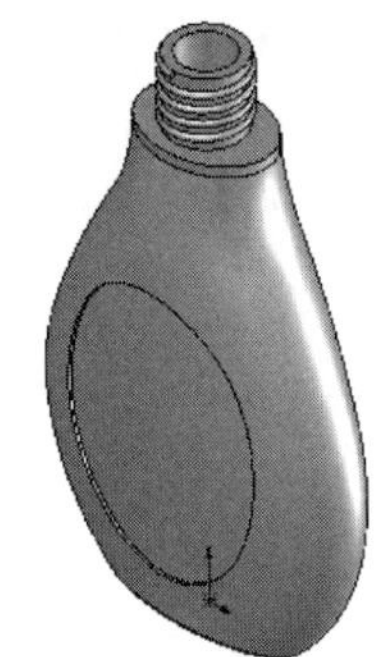

图 4-137　扫描实体后的图形

4.8　综合实例——阀体

首先通过拉伸方法创建阀体的基体，上入口和下出口的基体也通过拉伸方法创建，内腔通过旋转切除方法产生，上入口和下出口的孔通过拉伸切除方法创建，通过拉伸方法创建上端的台阶、支架、连接配合面和连接孔，最后倒圆角和倒角，并利用扫描切除方法得到需要的螺纹完成模型的创建，绘制流程如图 4-138 所示。

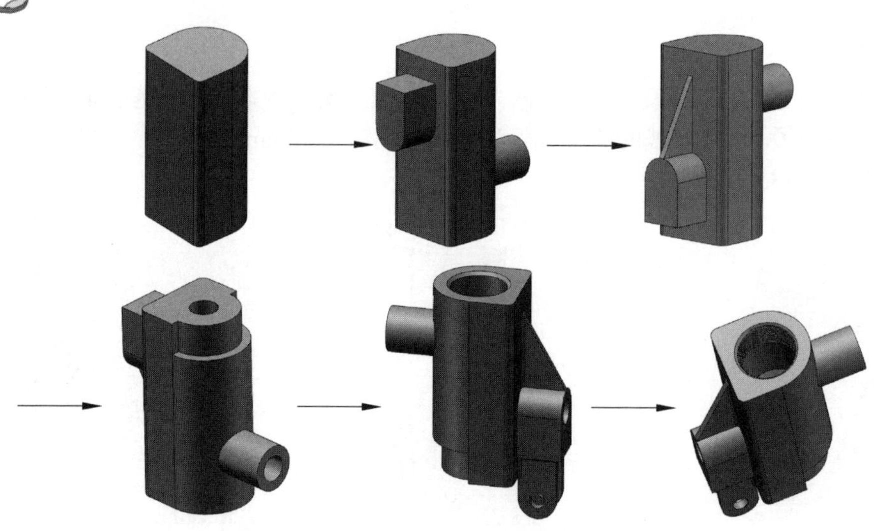

图 4-138　阀体的绘制流程

操作步骤

1. 新建文件

启动 SOLIDWORKS 2022，单击“快速访问”工具栏中的“新建”按钮，在弹出的“新建 SOLIDWORKS 文件”对话框中单击“零件”按钮，然后单击“确定”按钮，创建一个新的零件文件。

2. 绘制草图

在左侧的 FeatureManager 设计树中选择“前视基准面”作为绘制图形的基准面。单击“草图”面板中的“边角矩形”按钮、“圆心/起/终点圆弧”按钮、“绘制圆角”按钮，绘制草图轮廓，标注并修改尺寸，结果如图 4-139 所示。

3. 拉伸实体

单击“特征”面板中的“拉伸凸台/基体”按钮，此时系统弹出如图 4-140 所示的“凸台-拉伸”属性管理器。选择步骤 2 绘制的草图为拉伸截面，设置终止条件为“给定深度”，输入拉伸距离为 120mm，然后单击“确定”按钮，结果如图 4-141 所示。

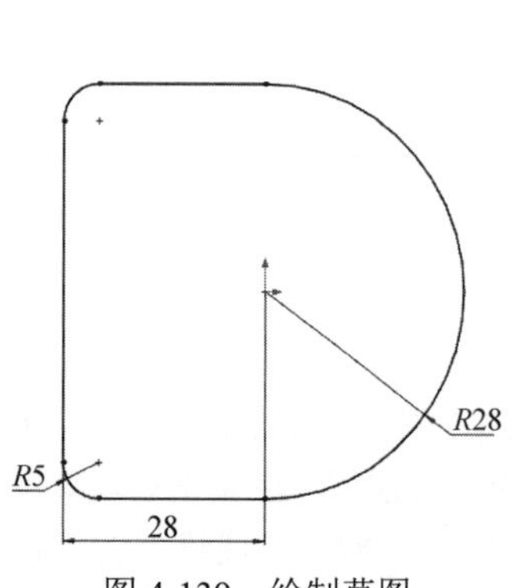

图 4-139　绘制草图

图 4-140　“凸台-拉伸”属性管理器

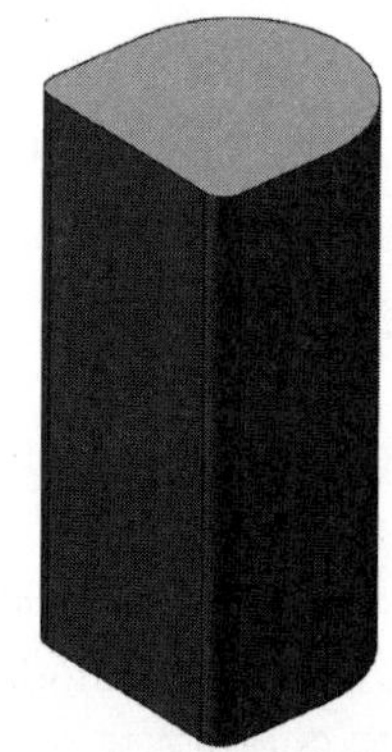

图 4-141　拉伸后的图形

4. 绘制草图

在左侧的 FeatureManager 设计树中选择“右视基准面”作为绘制图形的基准面。单击“草图”面板中的“圆”按钮⊙，绘制草图轮廓，标注并修改尺寸，结果如图 4-142 所示。

5. 拉伸实体

单击“特征”面板中的“拉伸凸台/基体”按钮，此时系统弹出“凸台-拉伸”属性管理器。选择步骤 4 绘制的草图为拉伸截面，设置终止条件为“给定深度”，输入拉伸距离为 56mm，然后单击“确定”按钮✓，结果如图 4-143 所示。

6. 绘制草图

在左侧的 FeatureManager 设计树中选择“右视基准面”作为绘制图形的基准面。单击“草图”面板中的“边角矩形”按钮和“圆心/起/终点圆弧”按钮，绘制草图轮廓，标注并修改尺寸，结果如图 4-144 所示。

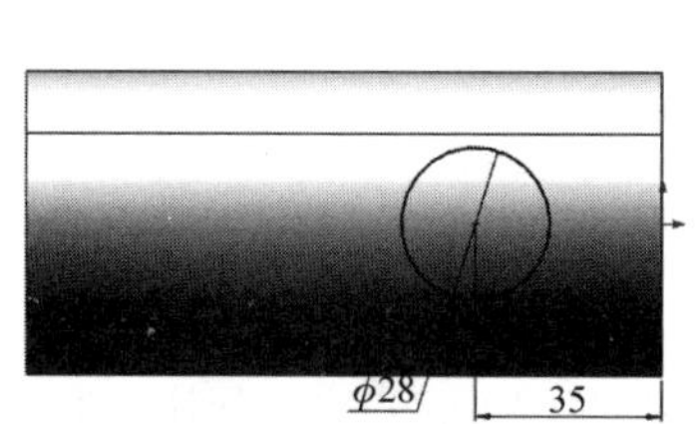

图 4-142　绘制草图

图 4-143　拉伸后的图形

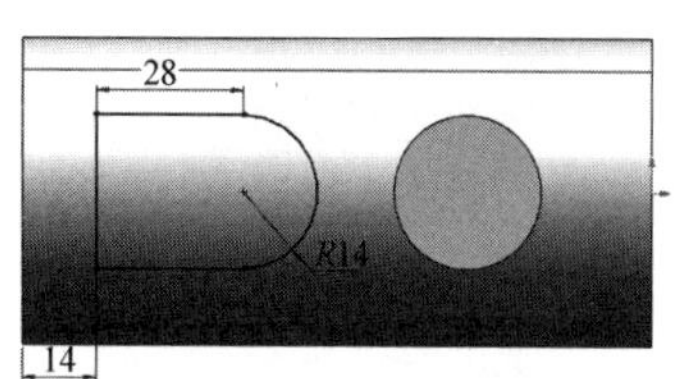

图 4-144　绘制草图

7. 拉伸实体

单击“特征”面板中的“拉伸凸台/基体”按钮，此时系统弹出“凸台-拉伸”属性管理器。选择步骤 6 绘制的草图为拉伸截面，设置终止条件为“给定深度”，输入拉伸距离为 56mm，然后单击“确定”按钮✓，结果如图 4-145 所示。

8. 绘制草图

在左侧的 FeatureManager 设计树中选择“上视基准面”作为绘制图形的基准面。单击“草图”面板中的“直线”按钮，绘制草图轮廓，标注并修改尺寸，结果如图 4-146 所示。

9. 创建筋

单击“特征”面板中的“筋”按钮，此时系统弹出如图 4-147 所示的“筋 1”属性管理器。选择步骤 8 绘制的草图为拉伸截面，设置厚度为“两侧”，输入筋厚度为 4mm，然后单击“确定”按钮✓，结果如图 4-148 所示。

图 4-145　拉伸实体

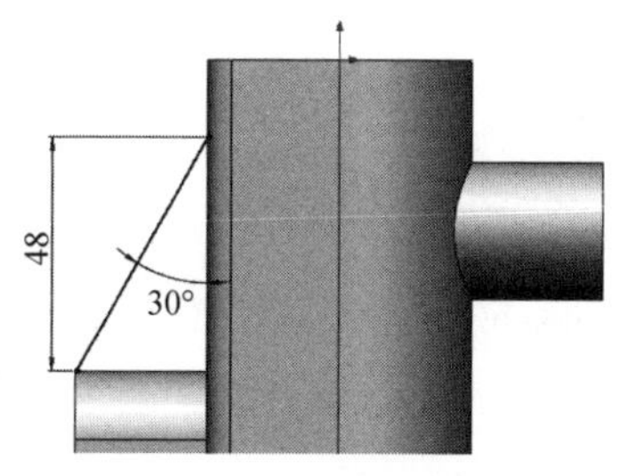

图 4-146　绘制草图

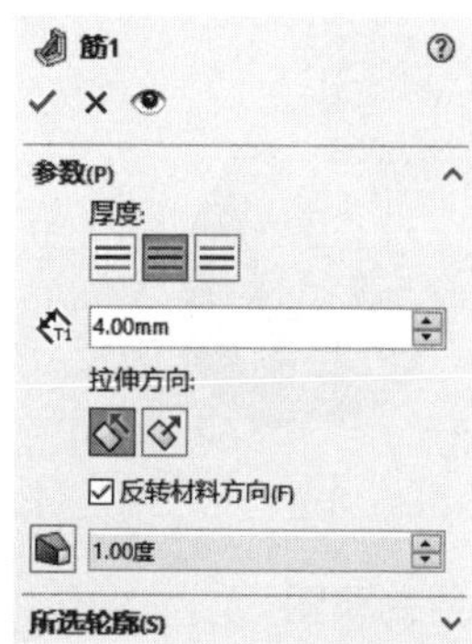

图 4-147　“筋 1”属性管理器

Note

10. 绘制草图

在左侧的 FeatureManager 设计树中选择“上视基准面”作为绘制图形的基准面。单击“草图”面板中的“中心线”按钮和“直线”按钮，绘制草图轮廓，标注并修改尺寸，结果如图 4-149 所示。

11. 旋转切除孔

单击“特征”面板中的“旋转切除”按钮，此时系统弹出如图 4-150 所示的“切除-旋转”属性管理器。选择步骤 10 绘制的草图为旋转截面，中心线为旋转轴，输入旋转角度为 360°，然后单击“确定”按钮，结果如图 4-151 所示。

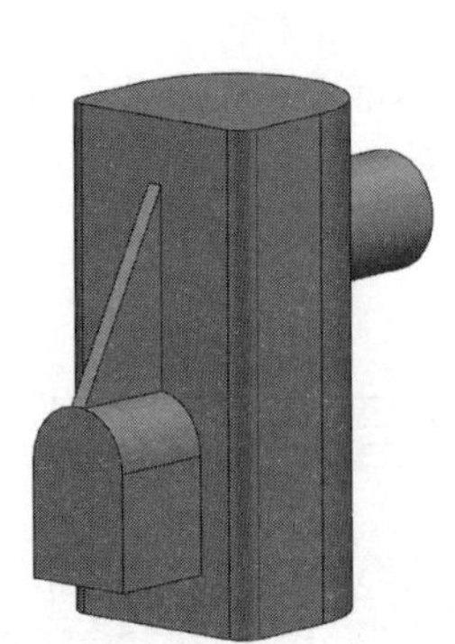

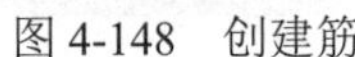
图 4-148　创建筋

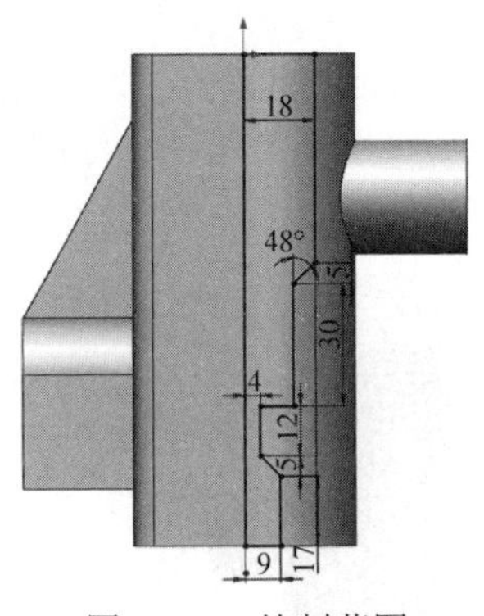

图 4-149　绘制草图

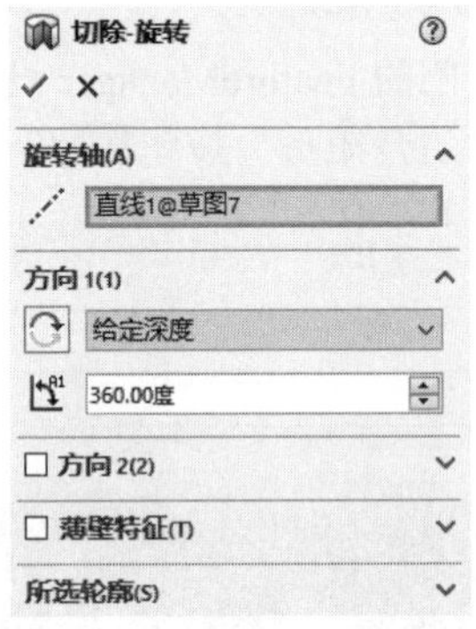

图 4-150　“切除-旋转”属性管理器

12. 绘制草图

在视图中选择图 4-151 中的面 1 作为绘制图形的基准面。单击“草图”面板中的“圆”按钮，在面 1 圆心处绘制直径为 16mm 的圆。

13. 拉伸切除实体

单击“特征”面板中的“拉伸切除”按钮，此时系统弹出如图 4-152 所示的“切除-拉伸”属性管理器。选择步骤 12 绘制的草图为拉伸截面，设置终止条件为“成形到下一面”，然后单击“确定”按钮，结果如图 4-153 所示。

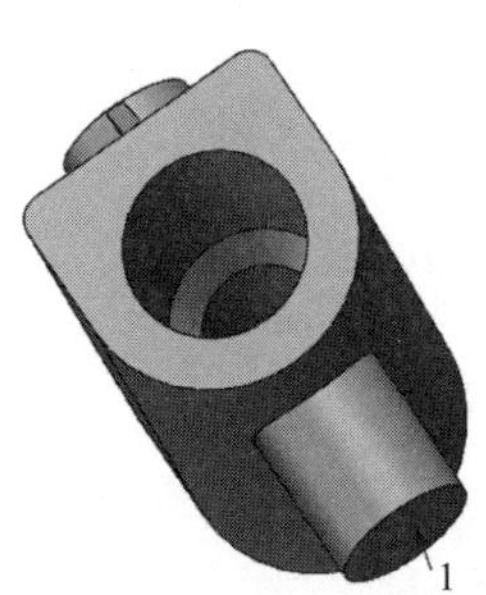

图 4-151　创建内孔

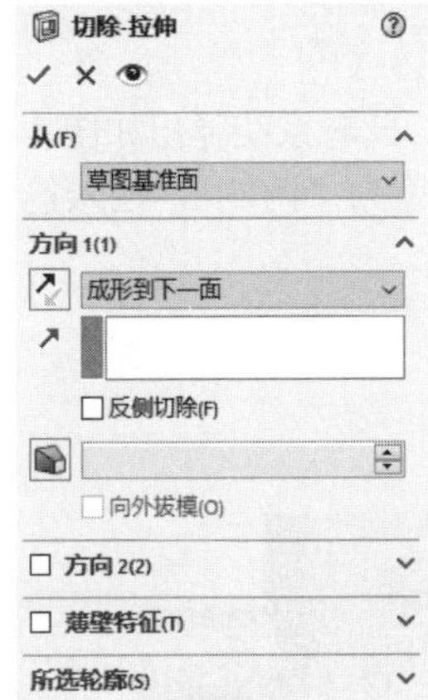

图 4-152　“切除-拉伸”属性管理器

图 4-153　拉伸切除孔

14. 绘制草图

在视图中选择图 4-154 中的面 2 作为绘制图形的基准面。单击“草图”面板中的“圆”按钮，

在面 2 圆心处绘制直径为 16mm 的圆。

15. 拉伸切除实体

单击“特征”面板中的“拉伸切除”按钮，此时系统弹出“切除-拉伸”属性管理器。选择步骤 14 绘制的草图为拉伸截面，设置终止条件为“成形到下一面”，然后单击“确定”按钮，结果如图 4-155 所示。

16. 绘制草图

在视图中选择图 4-155 中的面 3 作为绘制图形的基准面。单击“草图”面板中的“圆”按钮、“直线”按钮和“剪裁实体”按钮，绘制草图轮廓，标注并修改尺寸，结果如图 4-156 所示。

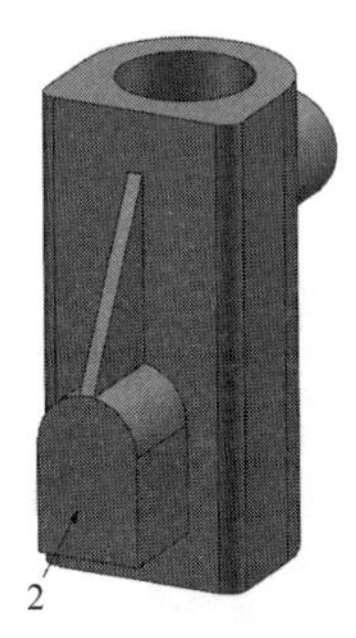

图 4-154　选择绘制图形的面

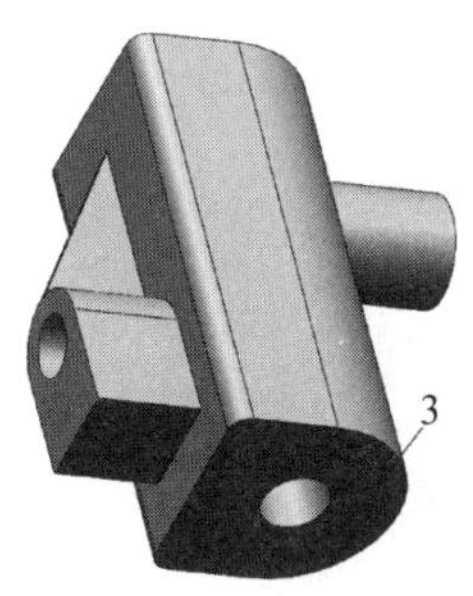

图 4-155　拉伸切除

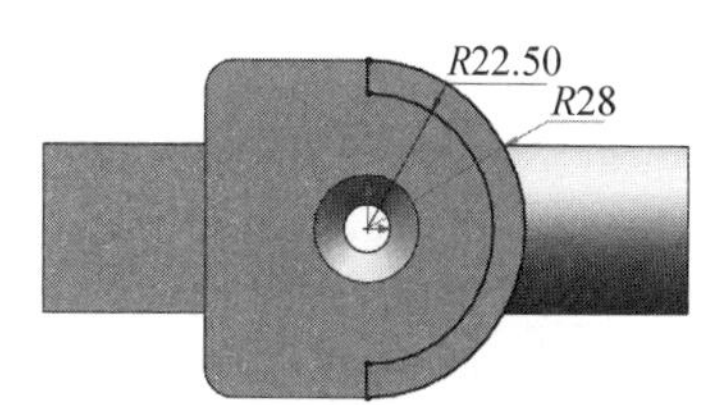

图 4-156　绘制草图

17. 拉伸切除实体

单击“特征”面板中的“拉伸切除”按钮，此时系统弹出如图 4-157 所示的“切除-拉伸”属性管理器。选择步骤 16 绘制的草图为拉伸截面，设置终止条件为“给定深度”，输入拉伸距离为 20mm，然后单击“确定”按钮，结果如图 4-158 所示。

18. 绘制草图

在视图中选择图 4-158 中的面 4 作为绘制图形的基准面。单击“草图”面板中的“直线”按钮，绘制草图轮廓，标注并修改尺寸，结果如图 4-159 所示。

图 4-157　“切除-拉伸”属性管理器

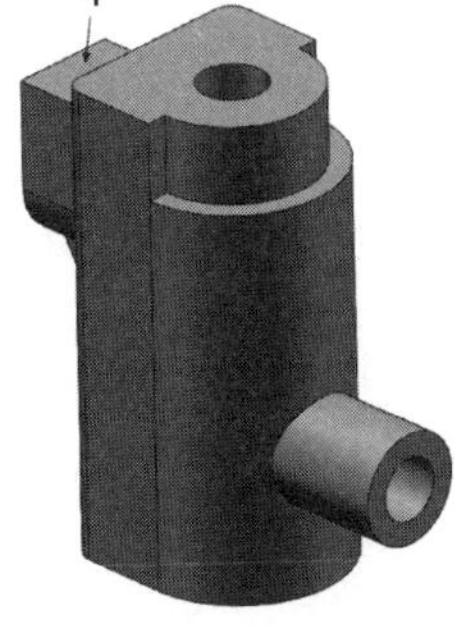

图 4-158　切除实体

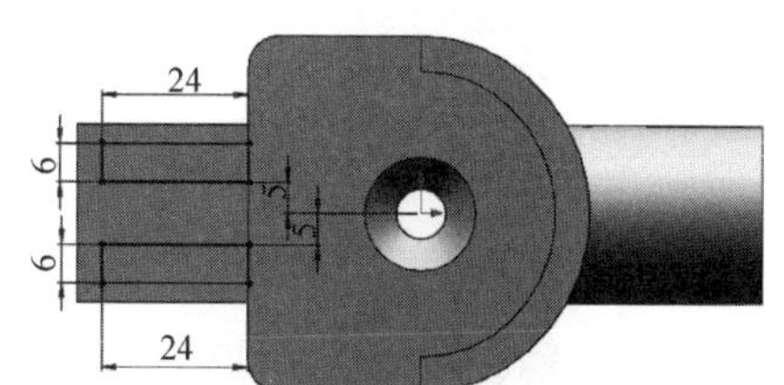

图 4-159　绘制草图

19. 拉伸实体

单击“特征”面板中的“拉伸凸台/基体”按钮，此时系统弹出如图 4-160 所示的“凸台-拉伸”

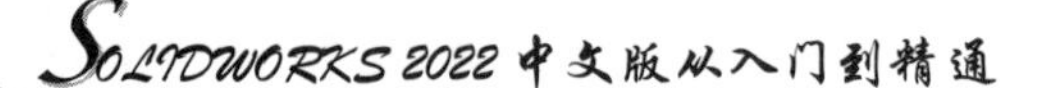

属性管理器。选择步骤 18 绘制的草图为拉伸截面，设置终止条件为“给定深度”，输入拉伸距离为 40mm，然后单击“确定”按钮✔，结果如图 4-161 所示。

20. 绘制草图

在视图中选择图 4-161 中的面 5 作为绘制图形的基准面。单击“草图”面板中的“直线”按钮⁄，绘制草图轮廓，标注并修改尺寸，结果如图 4-162 所示。

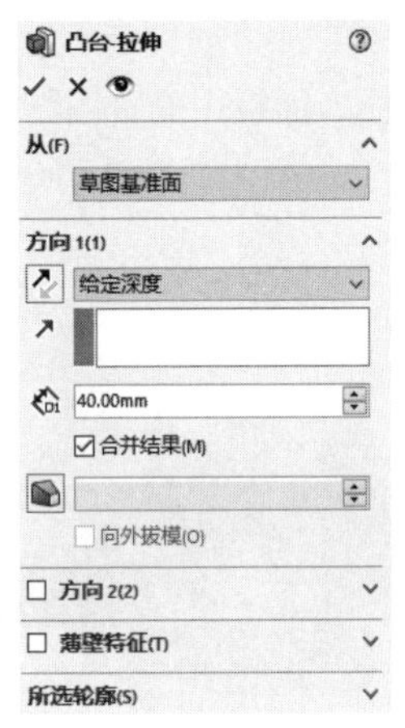

图 4-160 “凸台-拉伸”属性管理器

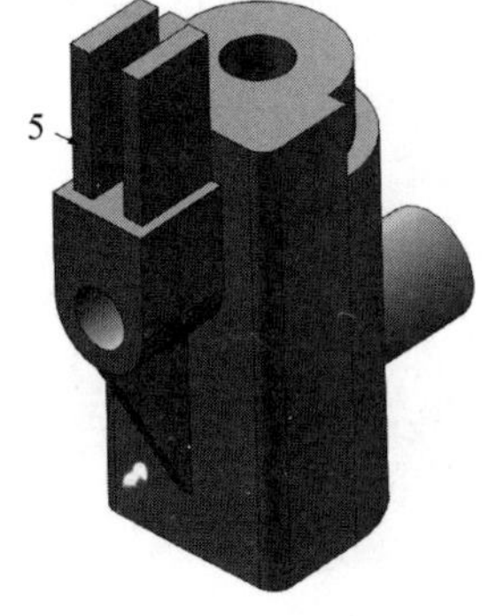

图 4-161 拉伸实体

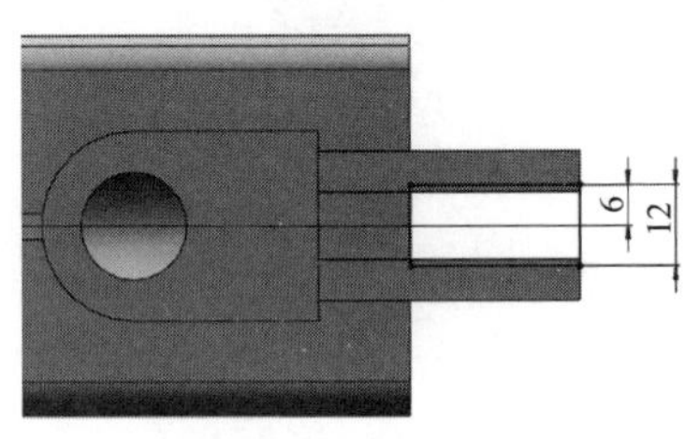

图 4-162 绘制草图

21. 拉伸切除实体

单击“特征”面板中的“拉伸切除”按钮▣，此时系统弹出“切除-拉伸”属性管理器。选择步骤 20 绘制的草图为拉伸截面，设置终止条件为“完全贯穿”，然后单击“确定”按钮✔，结果如图 4-163 所示。

22. 绘制草图

在左侧的 FeatureManager 设计树中选择“上视基准面”作为绘制图形的基准面。单击“草图”面板中的“圆”按钮⊙，绘制草图轮廓，标注并修改尺寸，结果如图 4-164 所示。

23. 拉伸切除实体

单击“特征”面板中的“拉伸切除”按钮▣，此时系统弹出“切除-拉伸”属性管理器。选择步骤 22 绘制的草图为拉伸截面，设置方向 1 和方向 2 的终止条件均为“完全贯穿”，然后单击“确定”按钮✔，结果如图 4-165 所示。

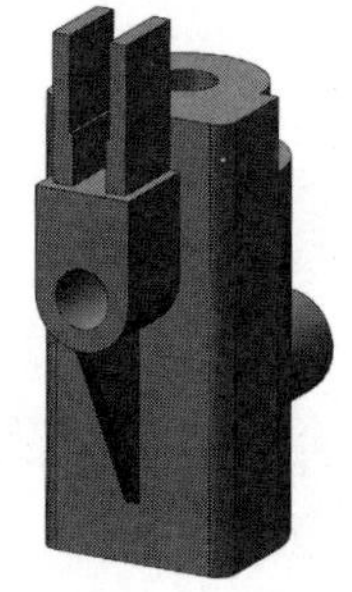

图 4-163 切除实体

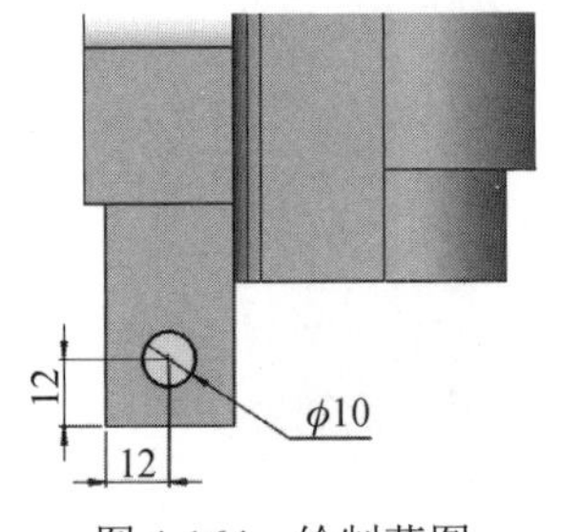

图 4-164 绘制草图

图 4-165 切除实体

24. 倒圆角

单击“特征”面板中的“圆角”按钮◈，此时系统弹出如图 4-166 所示的“圆角”属性管理器。

选择如图 4-166 所示的边为圆角边，输入圆角半径为 12mm，然后单击“确定”按钮✔，结果如图 4-167 所示。

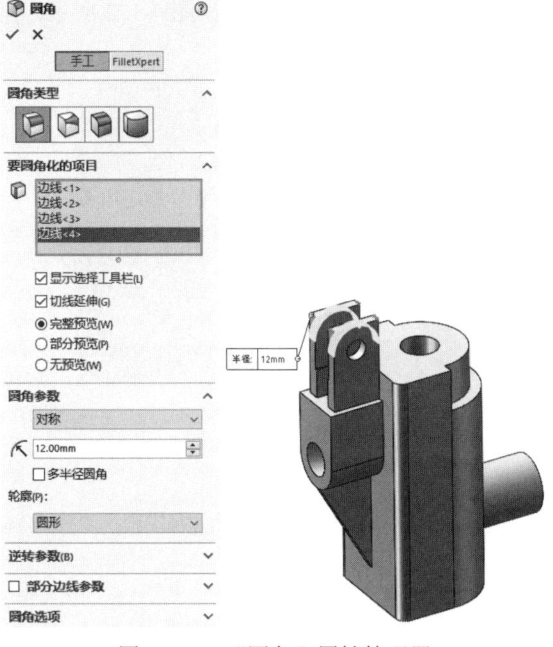

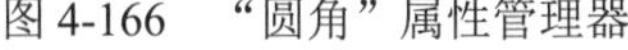

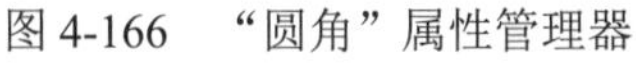

图 4-166　“圆角”属性管理器

图 4-167　倒圆角结果

25. 倒角

单击“特征”面板中的“倒角”按钮，此时系统弹出“倒角”属性管理器。选择如图 4-168 所示的边为倒角边，选中“角度距离”单选按钮，输入倒角距离为 1mm，角度为 45°，然后单击属性管理器中的“确定”按钮✔。

重复“倒角”命令，选择如图 4-169 所示的边为倒角边，选中“角度距离”单选按钮，输入倒角距离为 2mm，角度为 45°，然后单击属性管理器中的“确定”按钮✔，结果如图 4-170 所示。

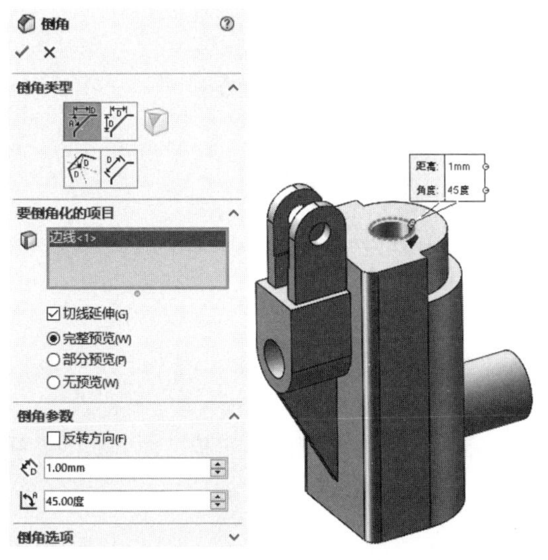

图 4-168　“倒角”属性管理器

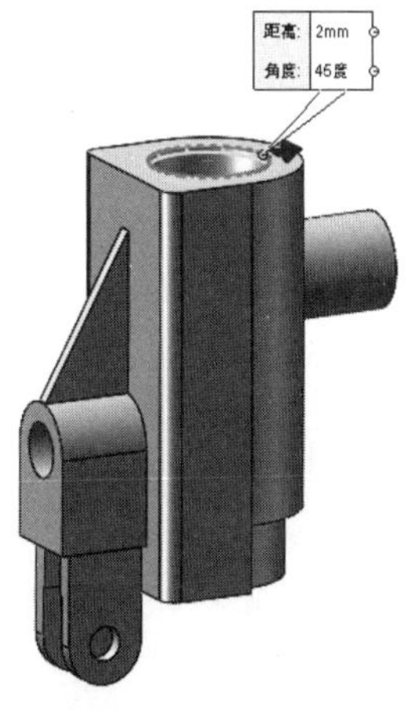

图 4-169　选择倒角边

26. 倒圆角

单击“特征”面板中的“圆角”按钮，此时系统弹出“圆角”属性管理器。选择如图 4-171 所示的边为圆角边，输入圆角半径为 2mm，然后单击“确定”按钮✓，结果如图 4-172 所示。

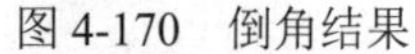

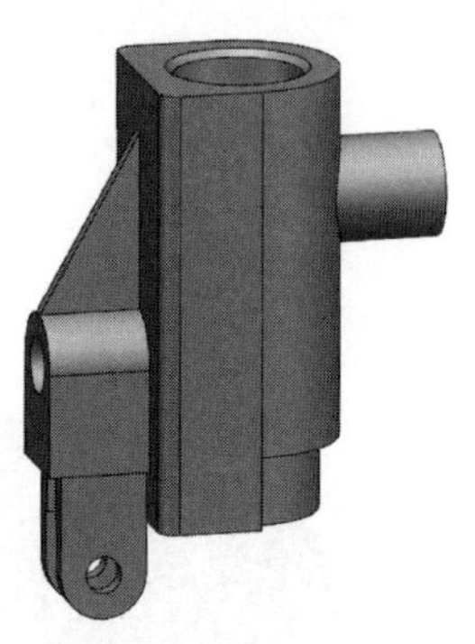

图 4-170　倒角结果

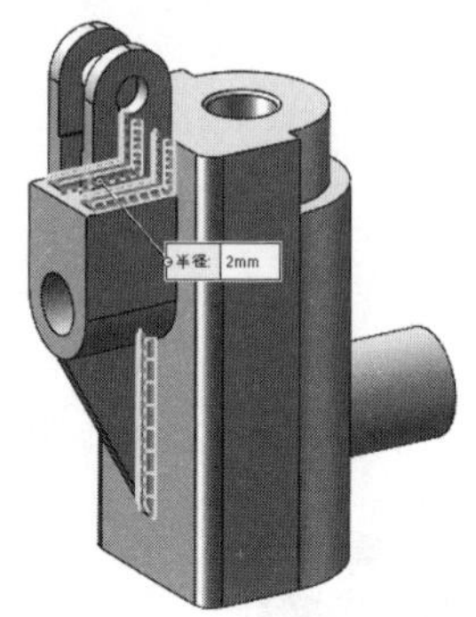

图 4-171　选择圆角边

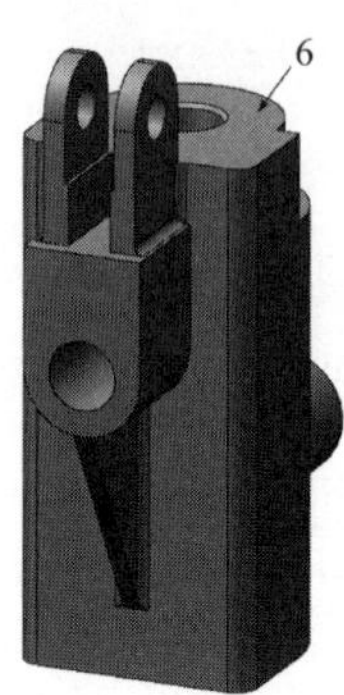

图 4-172　创建圆角

27. 绘制草图

在视图中选择图 4-172 中的面 6 作为绘制图形的基准面。单击“草图”面板中的“转换实体引用”按钮，将内孔边线转换为图素。

28. 绘制螺旋线

单击“特征”面板中的“螺旋线/涡状线”按钮，此时系统弹出如图 4-173 所示的“螺旋线/涡状线”属性管理器。设置定义方式为“高度和螺距”，选中“恒定螺距”单选按钮，输入高度为 10mm，螺距为 1.2mm，选中“反向”复选框，输入起始角度为 0°，然后单击“确定”按钮✓。

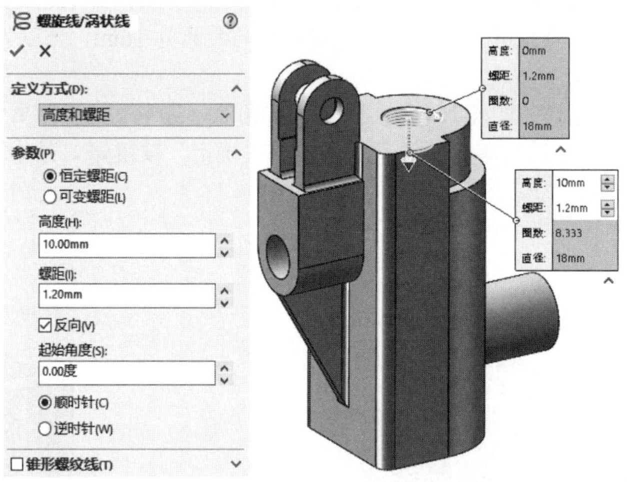

图 4-173　“螺旋线/涡状线”属性管理器

29. 绘制扫描截面

在左侧的 FeatureManager 设计树中选择“上视基准面”作为绘制图形的基准面。单击“草图”面板中的“直线”按钮，绘制草图轮廓，标注并修改尺寸，如图 4-174 所示。

30. 创建螺纹

单击“特征”面板中的“扫描切除”按钮，此时系统弹出如图 4-175 所示的“切除-扫描”属

性管理器。选择步骤 28 绘制的螺旋线为扫描路径，选择步骤 29 绘制的草图为扫描截面，然后单击“确定”按钮✔，结果如图 4-176 所示。

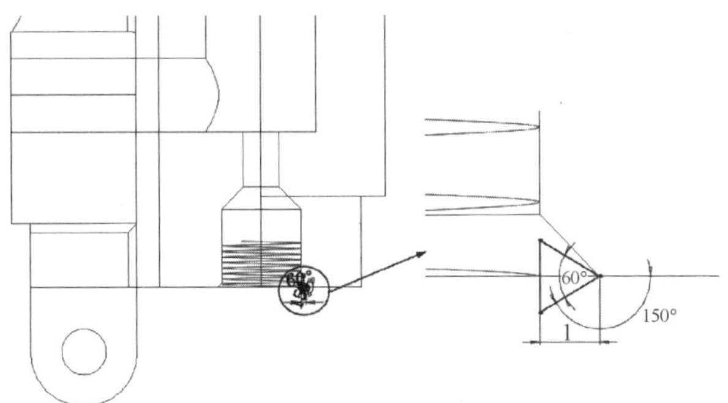

图 4-174　绘制扫描截面

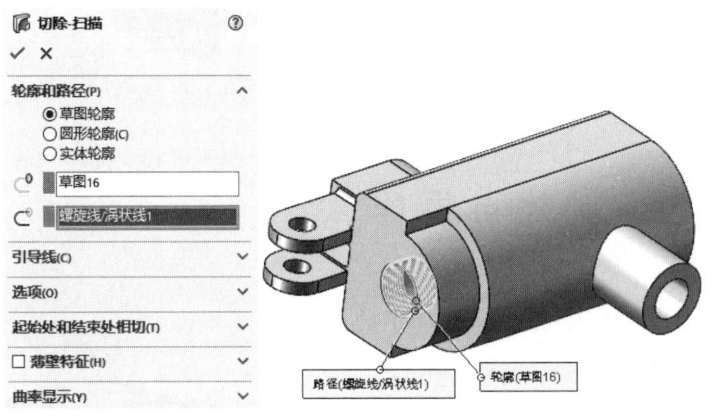

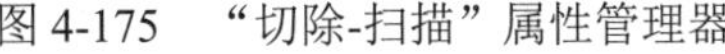

图 4-175　“切除-扫描”属性管理器　　图 4-176　创建内螺纹

31．绘制草图

在视图中选择图 4-177 中的面 7 作为绘制图形的基准面。单击“草图”面板中的“转换实体引用”按钮，将内孔边线转换为图素。

32．绘制螺旋线

单击“特征”面板中的“螺旋线/涡状线”按钮，此时系统弹出“螺旋线/涡状线”属性管理器。设置定义方式为“高度和螺距”，选中“恒定螺距”单选按钮，输入高度为 20mm，螺距为 1mm，选中“反向”复选框，输入起始角度为 0°，然后单击“确定”按钮✔，结果如图 4-178 所示。

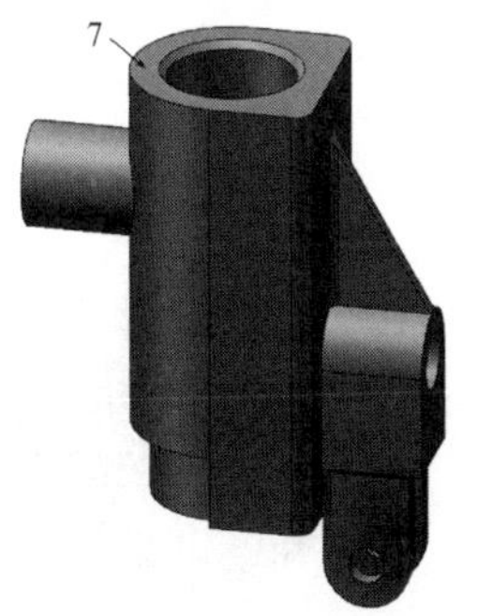

图 4-177　选择绘图平面

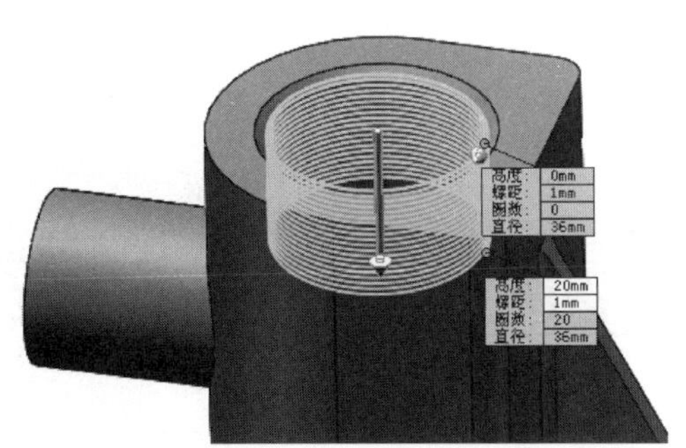

图 4-178　绘制螺旋线

Note

33. 绘制扫描截面

在左侧的 FeatureManager 设计树中选择“上视基准面”作为绘制图形的基准面。单击“草图”面板中的“直线”按钮，绘制草图轮廓，标注并修改尺寸，如图 4-179 所示。

34. 创建螺纹

单击“特征”面板中的“扫描切除”按钮，此时系统弹出“切除-扫描”属性管理器。选择步骤 33 中绘制的草图为扫描截面，选择螺旋线为扫描路径，然后单击“确定”按钮，结果如图 4-180 所示。

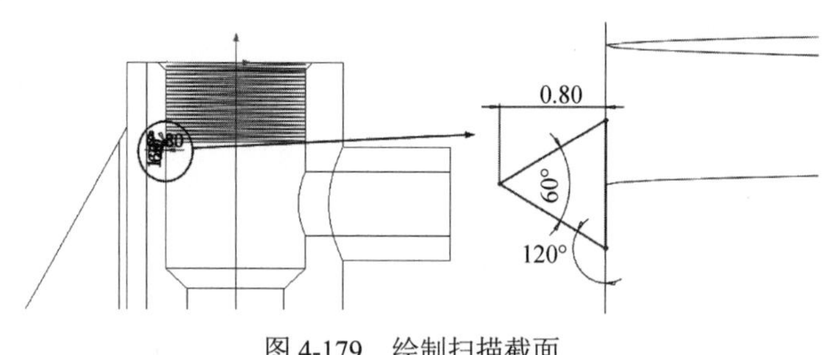

图 4-179　绘制扫描截面

图 4-180　绘制内螺纹

4.9　实践与操作

通过前面的学习，读者对本章知识也有了大体的了解，本节通过两个操作练习使读者进一步掌握本章知识要点。

1. 绘制如图 4-181 所示的轴盖

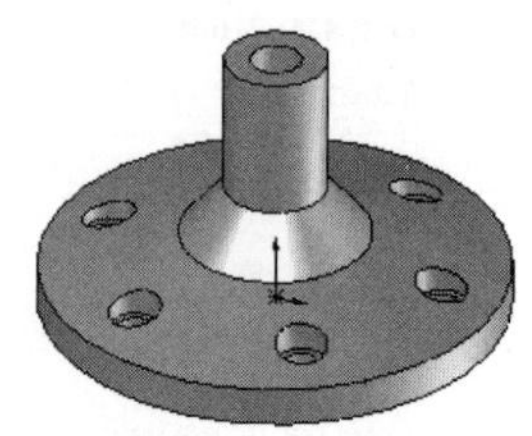

图 4-181　轴盖

操作提示：

（1）利用“草图绘制”命令绘制草图 1，如图 4-182 所示。
（2）利用“旋转”命令创建旋转体，设置旋转角度为 360°。
（3）利用“草图绘制”命令绘制草图 2，如图 4-183 所示。
（4）利用“异型孔”命令创建 6 个沉头孔，如图 4-184 所示。

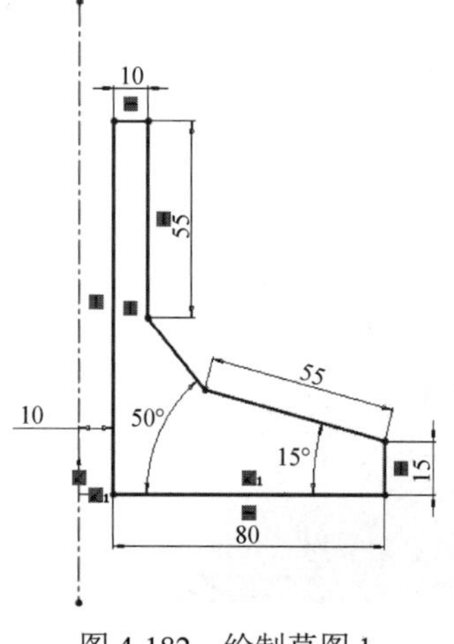

图 4-182　绘制草图 1

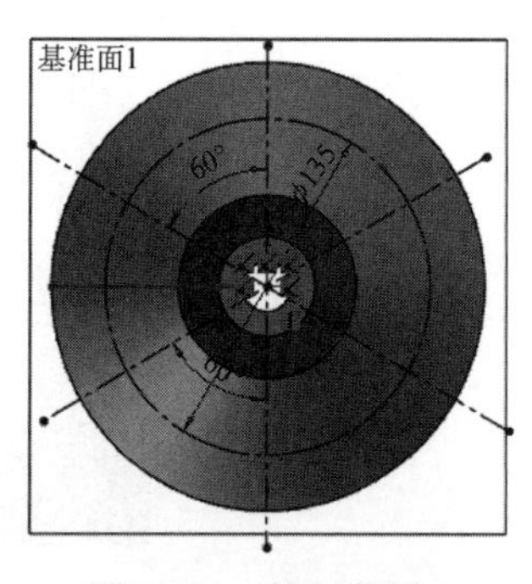

图 4-183　绘制草图 2

图 4-184　创建沉头孔

2. 绘制如图 4-185 所示的显示器壳

操作提示：

（1）利用“草图绘制”命令绘制草图 1，如图 4-186 所示。利用“拉伸凸台”命令创建拉伸体，设置拉伸距离为 320mm。

（2）利用“草图绘制”命令绘制草图 2，如图 4-187 所示。利用“拉伸凸台”命令创建拉伸体，设置拉伸距离为 250mm。

图 4-185　显示器壳

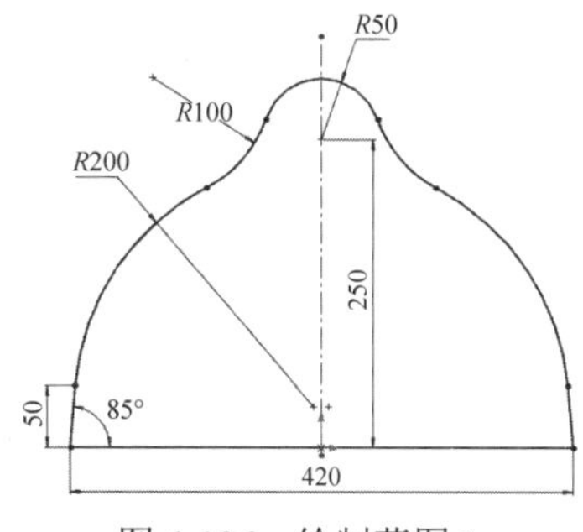

图 4-186　绘制草图 1

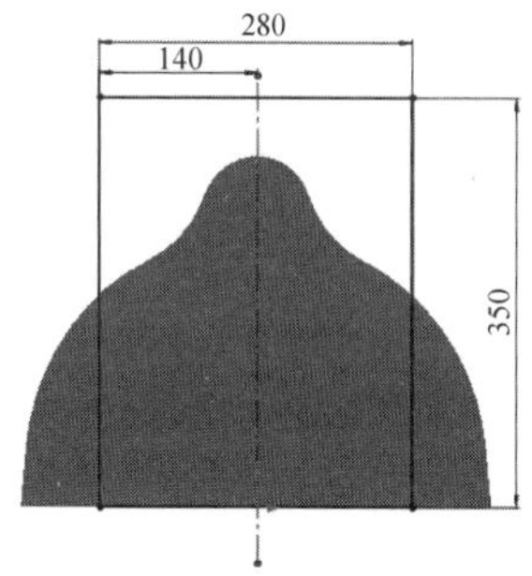

图 4-187　绘制草图 2

（3）利用“拔模”命令对拉伸体进行拔模处理，如图 4-188 所示。

（4）利用“草图绘制”命令绘制草图 3，如图 4-189 所示。利用“拉伸切除”命令创建切除特征，设置完全贯穿拉伸。

（5）利用“草图绘制”命令绘制草图 4，如图 4-190 所示。利用“拉伸切除”命令创建切除特征，设置完全贯穿拉伸。

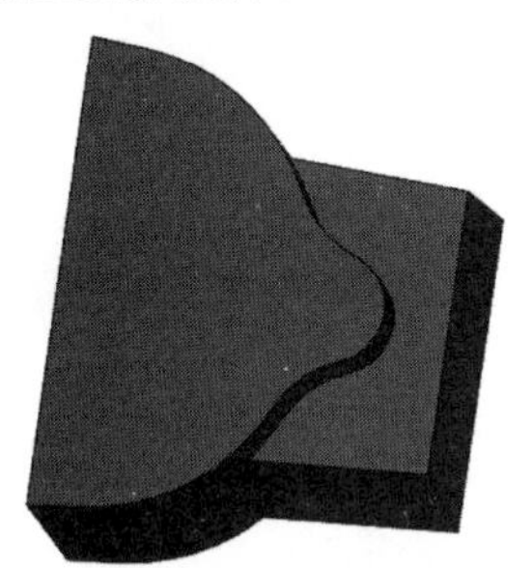

图 4-188　创建拔模特征

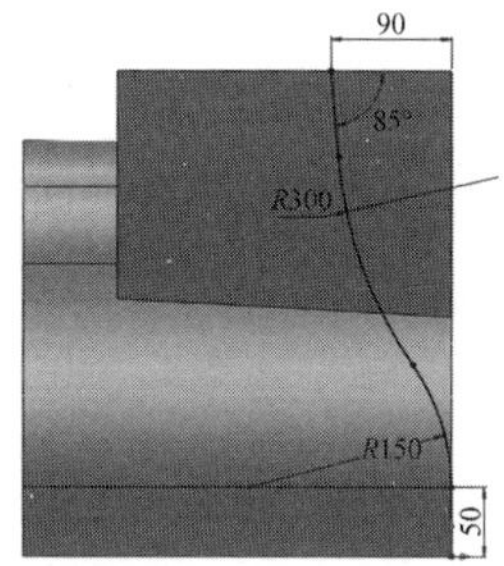

图 4-189　绘制草图 3

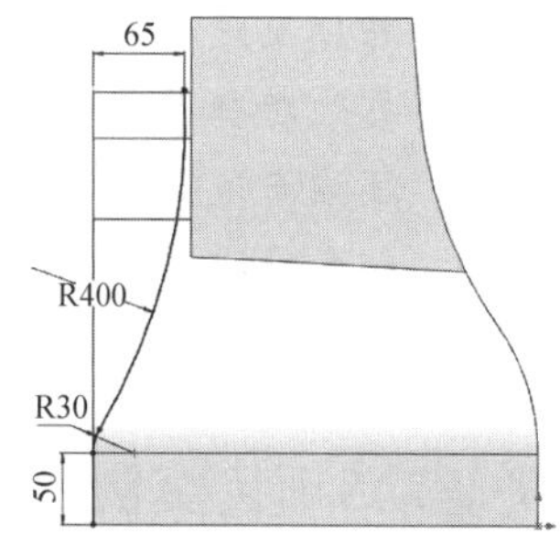

图 4-190　绘制草图 4

（6）利用“草图绘制”命令绘制草图 5，如图 4-191 所示。利用“拉伸凸台”命令创建凸台拉伸特征，设置拉伸方式为“两侧对称”，拉伸距离为 200mm。

（7）利用“圆角”命令创建圆角特征，如图 4-192 所示。

（8）利用“抽壳”命令对实体进行抽壳处理，如图 4-193 所示。

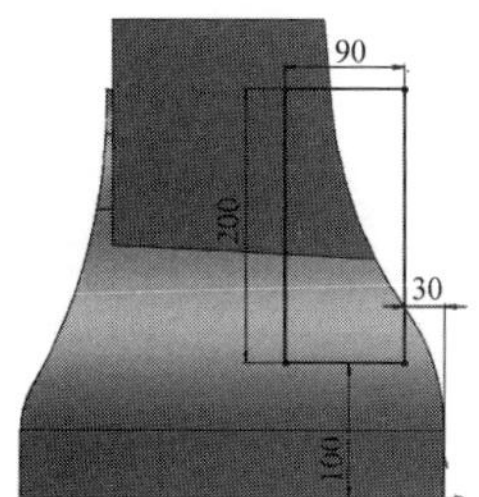

图 4-191　绘制草图 5

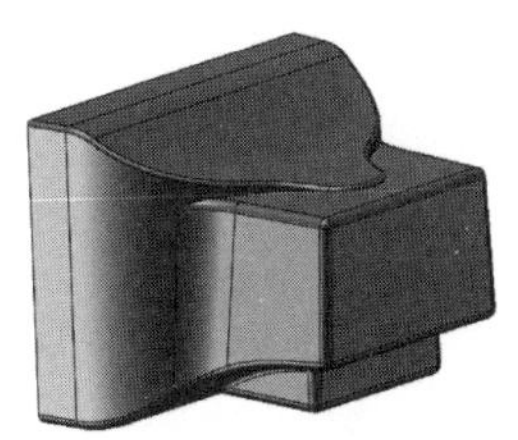

图 4-192　倒圆角处理

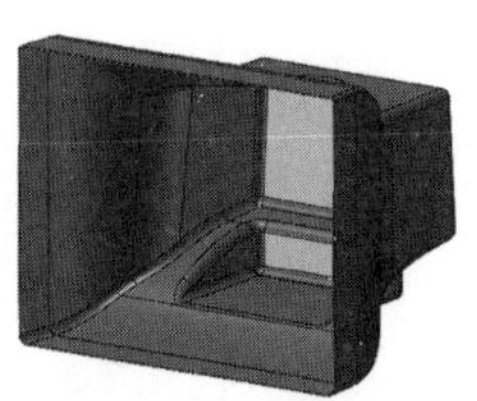

图 4-193　抽壳处理

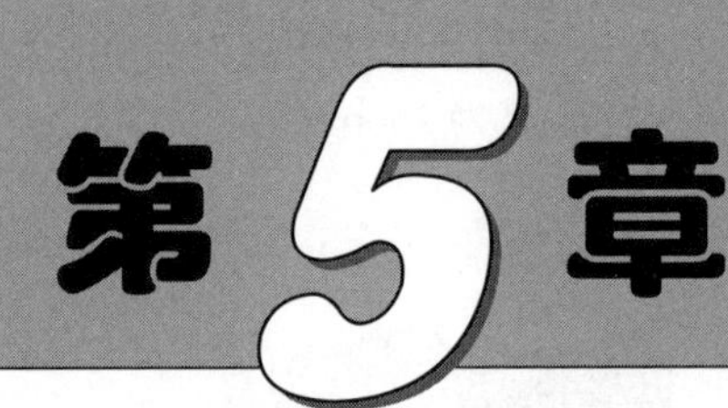

第5章 特征编辑

在复杂的建模过程中，单一的特征命令有时不能完成相应的建模，需要利用一些特征编辑工具来完成模型的绘制或提高绘制的效率和规范性。这些特征编辑工具包括阵列特征、镜像特征、特征的复制与删除以及参数化设计工具。

- ☑ 基本概念
- ☑ 特征重定义
- ☑ 更改特征属性
- ☑ 压缩与恢复
- ☑ 动态修改特征（Instant3D）
- ☑ 特征的复制与删除
- ☑ 特征阵列
- ☑ 镜像
- ☑ 方程式驱动尺寸
- ☑ 系列零件设计表
- ☑ 模型计算
- ☑ 综合实例——大齿轮

任务驱动&项目案例

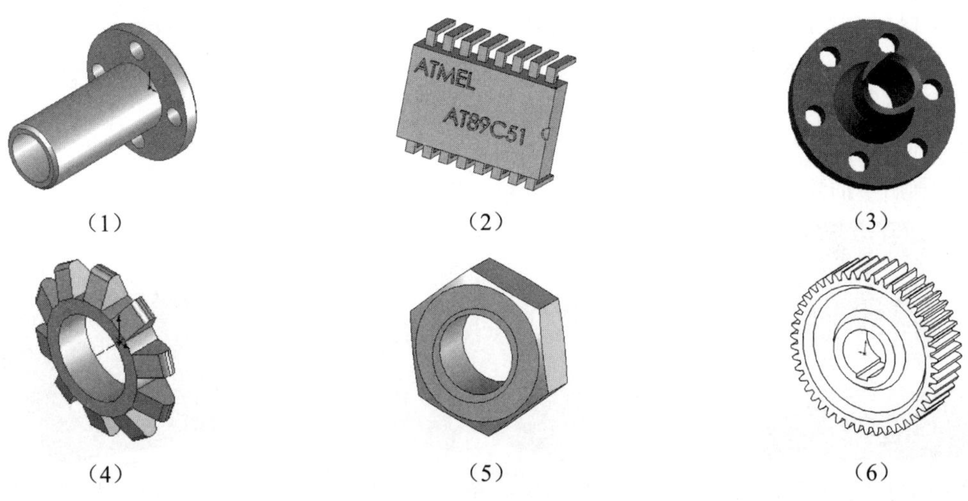

（1） （2） （3）

（4） （5） （6）

5.1 基本概念

视频讲解

在进行特征操作时，必须注意特征之间的上下级关系，即父子关系。通常在创建一个新特征时，不可避免地要参考已有的特征，如选取已有特征表面作为草图绘制平面或参考面、选取已有的特征边线作为标注尺寸参考等，此时便形成了特征之间的父子关系。

新生成的特征称为子特征，被参考的已有特征称为父特征。SOLIDWORKS 中特征的父子关系具有以下特点。

（1）只能查看特征的父子关系而不能进行编辑。

（2）不能将子特征重新排序在其父特征之前。

要查看特征之间的父子关系信息，可进行如下操作。

（1）在 FeatureManager 设计树或图形区域中右击想要查看父子关系的特征。

（2）在弹出的快捷菜单中选择“父子关系”命令，系统会弹出“父子关系”对话框（见图 5-1）说明特征的父子关系。

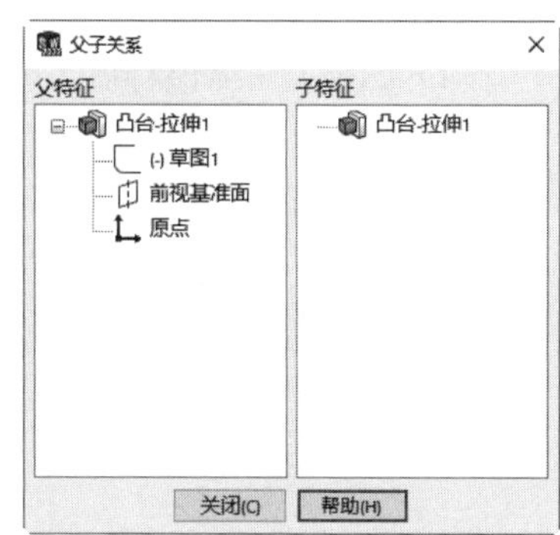

图 5-1 “父子关系”对话框

特征之间父子关系的形成是由于特征在创建过程中对已有特征的参考所致，因而打破父子关系，也就打破了特征之间的参考关系。

对于有父子关系的特征，用户在进行特征操作时应加倍小心。通常可以单独删除子特征，而父特征不受影响；但是删除父特征时，其所有的子特征也一起被删除。对特征进行压缩操作时具有同样的效果：如果压缩父特征，则其所有子特征一起被压缩；而压缩子特征时，父特征不受影响。

5.2 特征重定义

视频讲解

特征重定义是使用频繁的一项功能。一个特征生成之后，如果发现特征的某些地方不符合要求，通常不必删除该特征，而是对特征重新定义，然后修改特征的参数，如拉伸特征的深度、圆角特征中处理的边线或半径等。

特征重定义的操作步骤如下。

（1）在 FeatureManager 设计树或图形区域中单击一个特征。

（2）选择“编辑特征”命令，或右击并在弹出的快捷菜单中选择“编辑特征”命令。

（3）根据特征的类型，系统会出现相应的属性管理器。

（4）在属性管理器中输入新的值或选项，从而重新定义该特征。

（5）单击“确定”按钮✔，以接受特征的重新定义。

5.3 更改特征属性

视频讲解

SOLIDWORKS 中的特征属性包括特征的名称、颜色和压缩状态。压缩会将特征暂时从模型中移除，但并不删除它，通常用于简化模型和生成零件配置文件。

Note

默认情况下，系统在每生成一个特征时，都会给该特征一个名称和一种颜色。通常，特征名称是按生成的时间升序排列的，如拉伸 1、拉伸 2 等。为了使特征的名称与该特征在整个零件建模中的作用和地位相匹配，用户可以自己为特征定义新的名称和颜色。

操作步骤如下。

（1）在 FeatureManager 设计树或图形区域中选取一个或多个特征。

（2）右击特征并在弹出的快捷菜单中选择“特征属性”命令。

（3）在弹出的“特征属性”对话框（见图 5-2）中输入新的名称。

（4）如果要压缩该特征，选中“压缩”复选框。

（5）此外，“特征属性”对话框中还会显示该特征的创建者、创建日期和上次修改时间等属性。

（6）单击“确定”按钮，完成特征属性的修改。

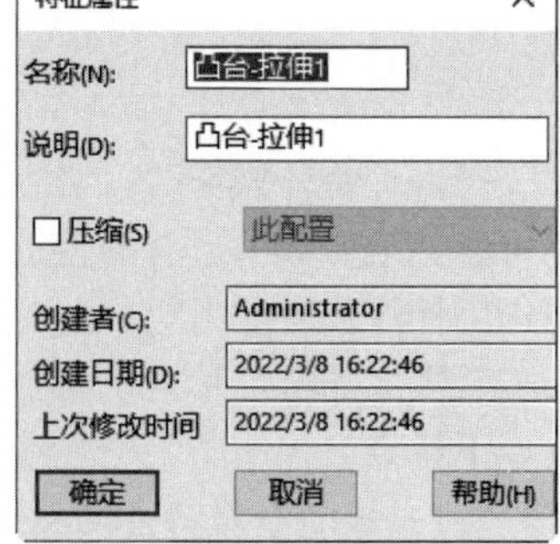

图 5-2 “特征属性”对话框

说明：如果要同时选取多个特征，可以在选择它们的同时按住 Ctrl 键。

视频讲解

5.4 压缩与恢复

一个零件结构比较复杂时，其特征数目常常很大，此时进行零件操作，系统运行速度较慢。为简化模型显示和加快系统运行速度，可将一些与当前工作无关的特征进行压缩。

当一个特征处在压缩状态时，在操作模型的过程中它会暂时从模型中被移除，就好像没有该特征一样（但该特征不会被删除）。在工作完成后或需要该压缩特征时，可以对压缩特征进行恢复。

压缩不仅能暂时移除特征，而且可以避免所有可能参与的计算。当大量的细节特征（如倒角、圆角等）被压缩时，模型的重建速度会加快。

1. 压缩特征

操作步骤如下。

（1）在 FeatureManager 设计树中选择特征，或在图形区域中选择特征的一个面。

（2）选择“编辑”→“带从属关系解除压缩”→“此配置”命令。

当一个特征被压缩后，它在图形区域中就会消失（但没有被删除），同时，在特征管理器设计树中，该特征将显示为灰色。

注意：对于有父子关系的特征，如果压缩父特征，则其所有子特征一起被压缩；而压缩子特征时，父特征不受影响。

2. 解除压缩特征

操作步骤如下。

（1）在 FeatureManager 设计树中选择被压缩的特征。

（2）选择“编辑”→“解除压缩”→“此配置”命令。

3. 解除带有父子关系的压缩特征

操作步骤如下。

（1）在 FeatureManager 设计树中选择被压缩的父特征。

（2）选择“编辑”→“带从属关系解除压缩”→“此配置”命令。

（3）所选特征及其所有子特征都被解压缩，并回模型中。

5.5　动态修改特征（Instant3D）

动态修改特征（Instant3D）使用户可以通过拖动控标或标尺来快速生成和修改模型几何体，即它是指系统不需要退回编辑特征的位置，可直接对特征实施动态修改的命令。

动态修改是通过控标来移动、旋转和调整拉伸特征的大小。动态修改可以修改特征，也可以修改草图。下面分别对其进行介绍。

1. 修改草图

操作步骤如下。

（1）单击“特征”面板中的Instant3D按钮，开始动态修改特征操作。

（2）单击FeatureManager设计树中的“拉伸1”，在视图中该特征将高亮显示，如图5-3所示。同时，出现该特征的修改控标。

图5-3　选择特征的图形

（3）用鼠标移动直径为80mm的控标，屏幕上出现标尺，使用标尺可精确地测量修改，如图5-4所示。对草图进行修改，如图5-5所示。

（4）单击“特征”面板中的Instant3D按钮，退出Instant3D特征操作，此时图形如图5-6所示。

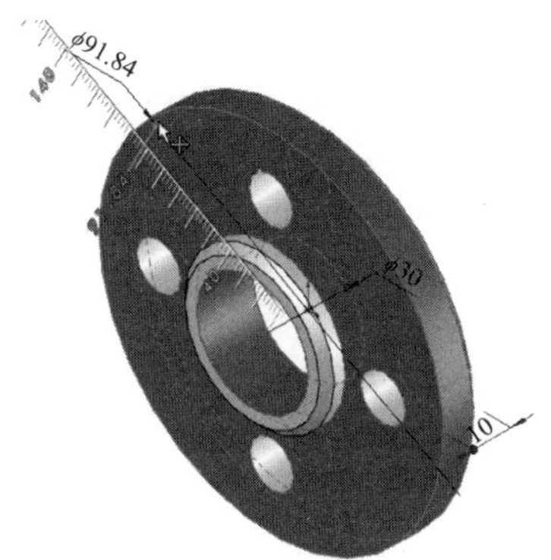

图5-4　修改草图

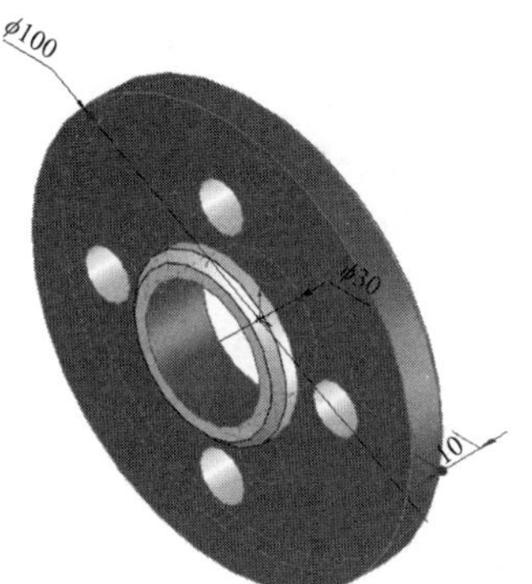

图5-5　修改后的草图

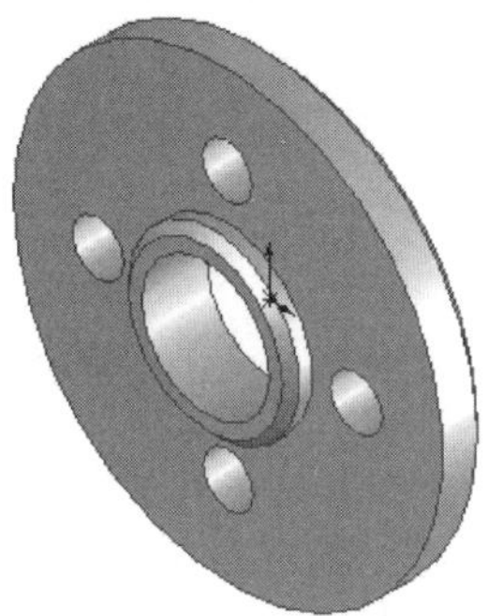

图5-6　修改后的图形

2. 修改特征

操作步骤如下。

（1）单击“特征”面板中的Instant3D按钮，开始动态修改特征操作。

（2）单击FeatureManager设计树中的“拉伸2”，视图中该特征将高亮显示，如图5-7所示。同时，出现该特征的修改控标。

（3）拖动距离为5mm的修改控标，调整拉伸的长度，如图5-8所示。

（4）单击“特征”面板中的Instant3D按钮，退出Instant3D特征操作，此时图形如图5-9所示。

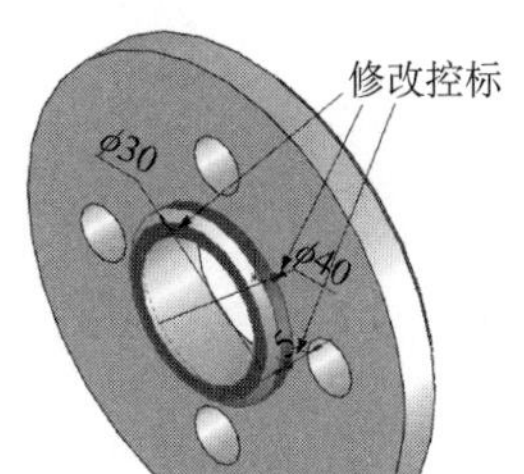

图 5-7　选择特征的图形

图 5-8　拖动修改控标

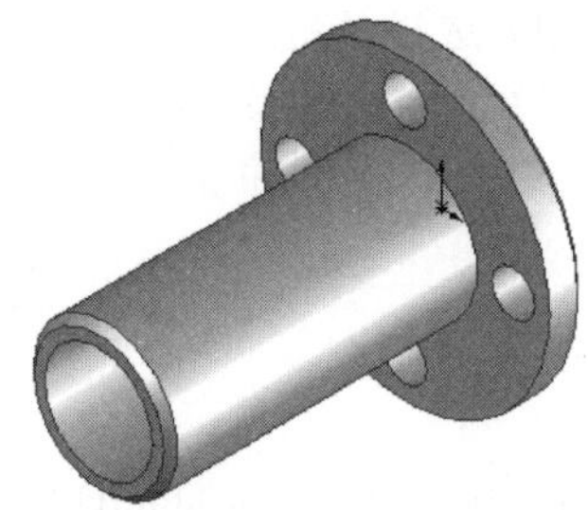

图 5-9　修改后的图形

视频讲解

5.6　特征的复制与删除

在零件建模过程中，如果需要创建相同的零件特征，可利用系统提供的特征复制功能进行复制，这样可以节省大量的时间，收到事半功倍之效。

SOLIDWORKS 2022 提供的特征复制功能，不仅可以完成同一个零件模型中的特征复制，也可以实现不同零件模型之间的特征复制。

1．将特征在同一个零件模型中进行复制

操作步骤如下。

（1）在 FeatureManager 设计树或图形区域中选择要复制的特征，此时该特征在图形区域中以高亮度显示。

（2）按住 Ctrl 键，然后拖动特征到所需的位置上（同一个面或其他面上）。

（3）如果要复制的特征具有限制其移动的定位尺寸或几何关系，则系统会弹出“复制确认”对话框，询问对该操作的处理方式，如图 5-10 所示。

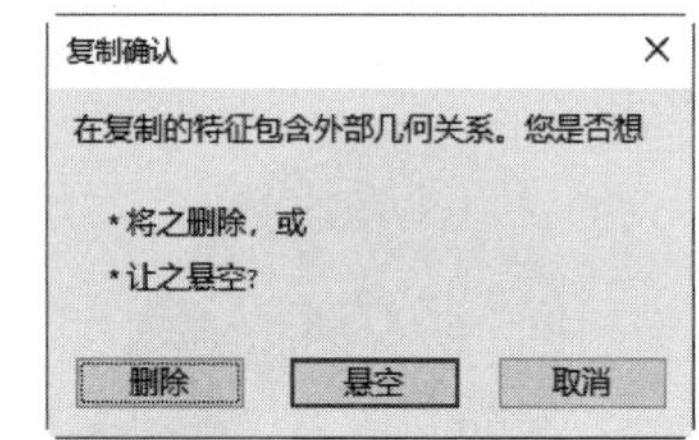

图 5-10　“复制确认”对话框

☑　单击“删除”按钮，将删除限制特征移动的几何关系和定位尺寸。

☑　单击“悬空”按钮，将不对所选特征的尺寸标注、几何关系进行求解。

☑　单击“取消”按钮，将取消复制操作。

（4）要重新定义悬空尺寸，首先在 FeatureManager 设计树中右击对应特征的草图，在弹出的快捷菜单中选择“编辑草图”命令。

（5）此时悬空尺寸将以灰色显示，在尺寸的旁边还有对应的红色控标，如图 5-11 所示。

（6）将红色控标拖动到新的附加点上。

（7）释放鼠标，将尺寸重新附加到新的边线或顶点上，即完成了悬空尺寸的重新定义。

2．将特征从一个零件复制到另一个零件中

操作步骤如下。

（1）选择菜单中的“窗口”→“横向平铺”或“纵向平铺”命令，以平铺方式显示多个文件。

（2）在一个零件文件的 FeatureManager 设计树中选择要复制的特征。

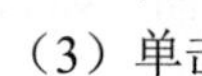

（3）单击“标准”工具栏中的“复制”按钮。

（4）在另一个文件中，单击“标准”工具栏中的“粘贴”按钮。

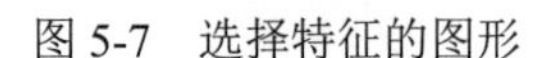

如果要删除模型中的某个特征，只要在 FeatureManager 设计树或图形区域中选择该特征，然后按 Delete 键，或右击在弹出的快捷菜单中选择“删除”命令，系统会弹出“确认删除”对话框提出询问，如图 5-12 所示。单击“是”按钮，即可将该特征从模型中进行删除。

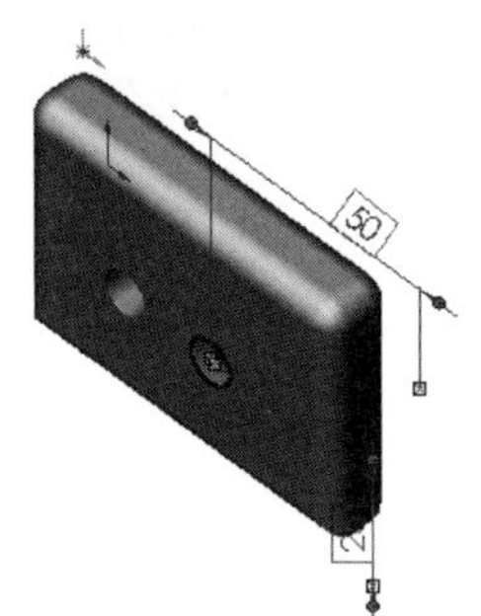

图 5-11　显示悬空尺寸

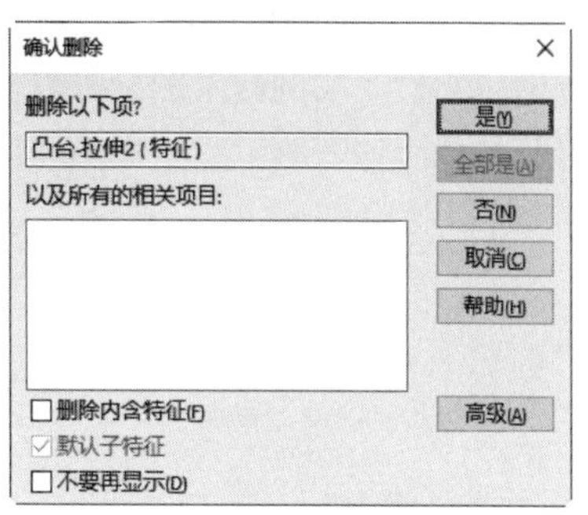

图 5-12　“确认删除”对话框

注意： 对于有父子关系的特征，如果删除父特征，则其所有子特征将一起被删除；而删除子特征时，其父特征不受影响。

5.7　特征阵列

特征阵列用于将任意特征作为原始样本特征，通过指定阵列尺寸产生多个类似的子样本特征。特征阵列完成后，原始样本特征和子样本特征成为一个整体，用户可将它们作为一个特征进行相关的操作，如删除、修改等。

如果修改了原始样本特征，则阵列中的所有子样本特征也随之更新以反映更改。

SOLIDWORKS 2022 提供了线性阵列、圆周阵列、草图阵列和曲线驱动阵列等阵列方式。

5.7.1　线性阵列

线性阵列是指沿一条或两条直线路径生成多个子样本特征，图 5-13 为运用线性阵列生成的零件模型。

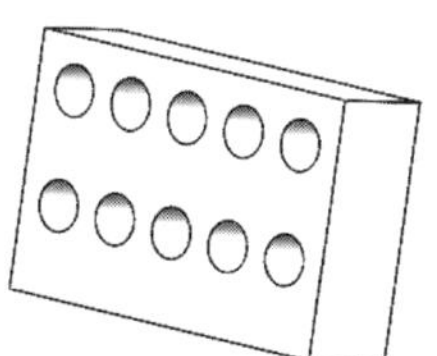

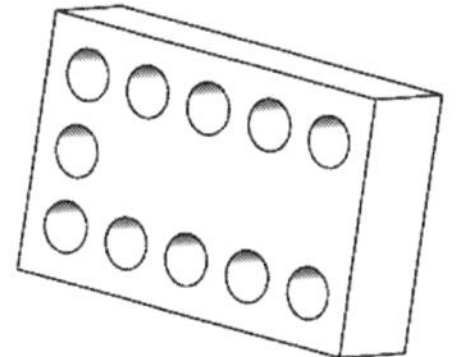

图 5-13　运用线性阵列生成的零件模型

操作步骤如下。

（1）在 FeatureManager 设计树或图形区域中选择原始样本特征（如切除、孔或凸台等）。

（2）单击“特征”面板中的“线性阵列”按钮。

（3）此时，在弹出的“线性阵列”属性管理器的“要阵列的特征”栏中显示步骤（1）中所选择的特征。如果要选择多个原始样本特征，在选择特征时按住 Ctrl 键。

注意： 当使用样本特征生成线性阵列时，所有阵列的特征都必须在相同的面上。

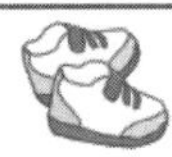

Note

（4）在“线性阵列”属性管理器的“方向 1”栏中单击第一个显示框，然后在图形区域中选择模型的一条边线或尺寸线，指出阵列的第一个方向。所选边线或尺寸线的名称将出现在该显示框中。

（5）如果图形区域中表示阵列方向的箭头不正确，单击“反向”按钮可以翻转阵列方向。

（6）在“方向 1”栏“间距”图标右侧的微调框中指定阵列特征之间的距离。

（7）在“方向 1”栏“实例数”图标右侧的微调框中指定在该方向上阵列的特征数（包括原始样本特征）。此时，在图形区域中可以预览阵列的效果，如图 5-14 所示。

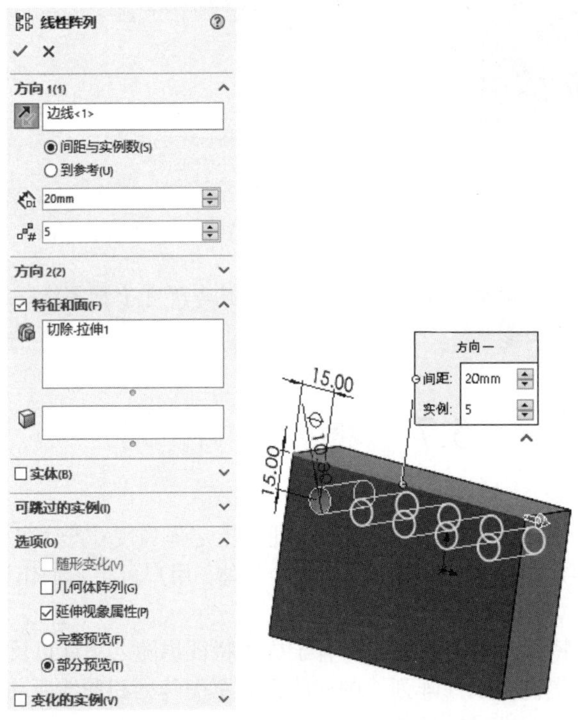

图 5-14　“线性阵列”属性管理器和阵列效果

（8）如果要在另一个方向上同时生成线性阵列，激活“方向 2”项目，然后按照步骤（1）～（6）中的操作对“方向 2”的阵列进行设置。

（9）在“方向 2”栏中有一个“只阵列源”复选框。如果选中该复选框，则在“方向 2”中只复制原始样本特征，而不复制“方向 1”中生成的其他子样本特征，如图 5-15 所示。

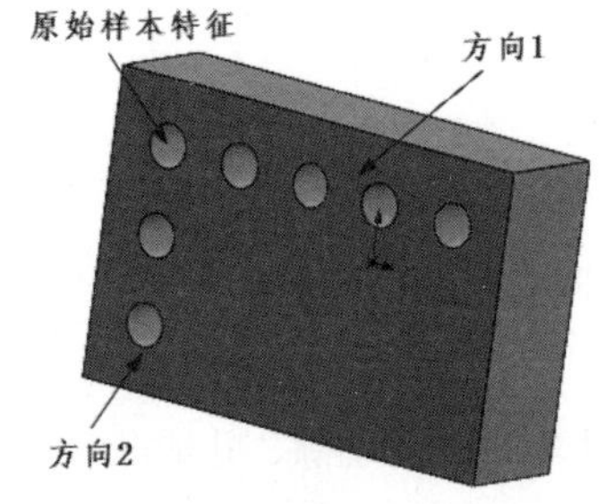

（a）选中“只阵列源”复选框的效果

（b）取消选中“只阵列源”复选框的效果

图 5-15　只阵列源与阵列所有特征的效果对比

（10）在阵列中如果要跳过某个阵列子样本特征，则激活“可跳过的实例”栏。然后单击“要跳

过的实例”图标❖右侧的显示框，并在图形区域中选择想要跳过的阵列特征，这些特征随即显示在该显示框中。图 5-16 显示了应用“可跳过的实例”的效果。

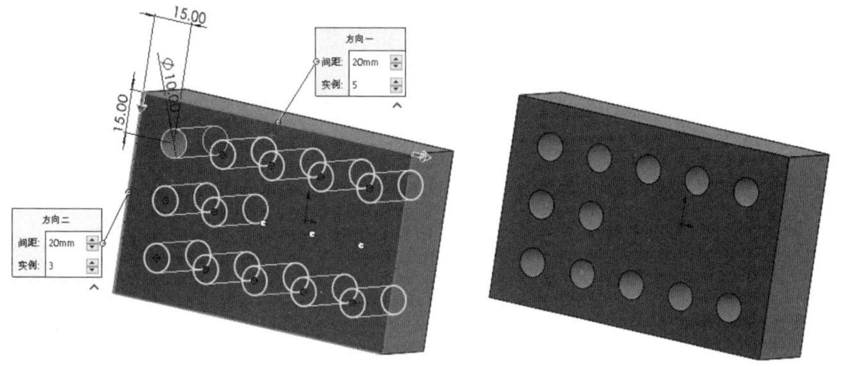

图 5-16　阵列时应用“可跳过的实例”

（11）单击“确定”按钮✔，生成线性阵列。

5.7.2　实例——芯片

视频讲解

思路分析

首先绘制芯片的主体轮廓草图并拉伸实体，然后绘制芯片的管脚，接着以轮廓的表面为基准面，在其上绘制文字草图并拉伸，最后绘制端口标志，绘制流程如图 5-17 所示。

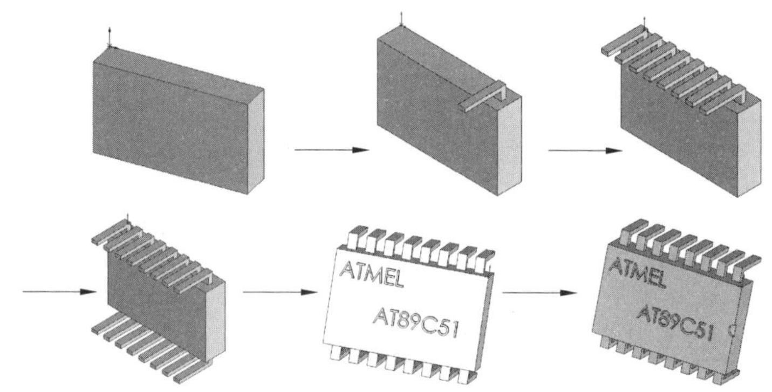

图 5-17　芯片的绘制流程

操作步骤

1. 新建文件

启动 SOLIDWORKS 2022，单击“快速访问”工具栏中的“新建”按钮，在弹出的“新建 SOLIDWORKS 文件”对话框中单击“零件”按钮，再单击“确定”按钮，创建一个新的零件文件。

2. 绘制草图

在左侧的 FeatureManager 设计树中选择“前视基准面”作为绘制图形的基准面。单击“草图”面板中的“边角矩形”按钮，绘制一个矩形，并标注矩形各边的尺寸，结果如图 5-18 所示。

3. 拉伸实体

单击“特征”面板中的“拉伸凸台/基体”按钮，此时系统弹出“凸台-拉伸”属性管理器，按照如图 5-19 所示的参数进行设置后，单击“确定”按钮✔，结果如图 5-20 所示。

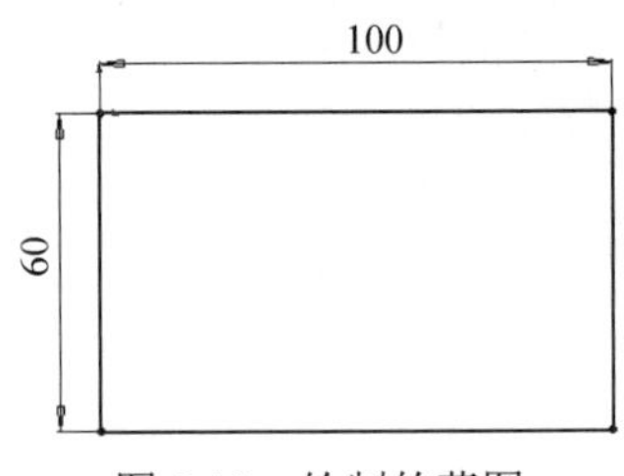

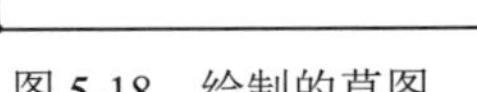

图 5-18　绘制的草图

图 5-19　“凸台-拉伸”属性管理器

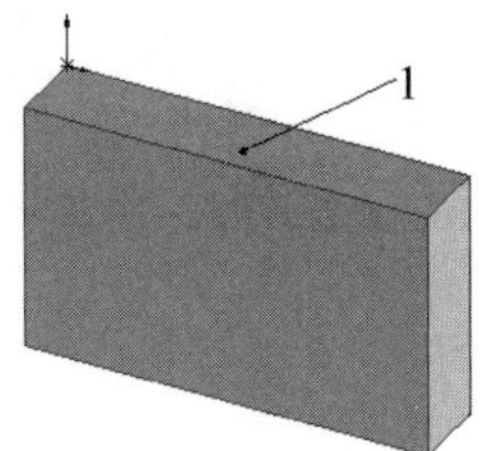

图 5-20　拉伸后的图形

4．绘制草图

单击图 5-20 中的表面 1，然后单击“视图（前导）”工具栏中的“正视于”按钮，将该表面作为绘图的基准面。单击“草图”面板中的“边角矩形”按钮，绘制草图并标注尺寸，结果如图 5-21 所示。

5．拉伸实体

选择菜单栏中的“插入”→“凸台/基体”→“拉伸”命令，或者单击“特征”面板中的“拉伸凸台/基体”按钮，此时系统弹出“凸台-拉伸”属性管理器。将“深度”设置为 10mm，然后单击“确定”按钮，结果如图 5-22 所示。

6．绘制草图

单击图 5-22 中的表面 1，然后单击“视图（前导）”工具栏中的“正视于”按钮，将该表面作为绘图的基准面。单击“草图”面板中的“边角矩形”按钮，绘制一个矩形，矩形的一条边在基准面的上边线上，如图 5-23 所示。

图 5-21　绘制的草图

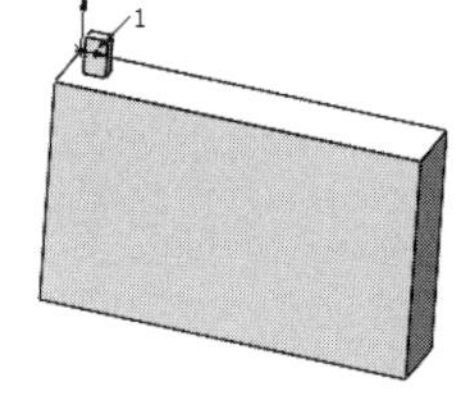

图 5-22　拉伸后的图形

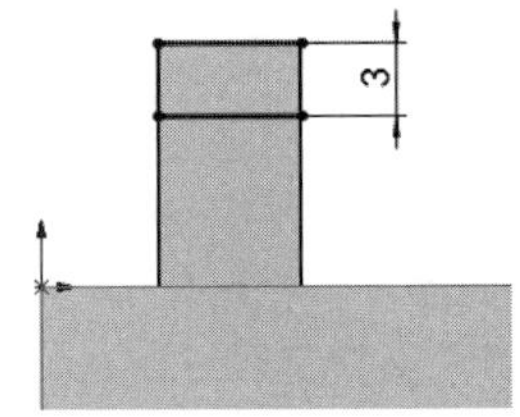

图 5-23　绘制的草图

7．拉伸实体

单击“特征”面板中的“拉伸凸台/基体”按钮，此时系统弹出“凸台-拉伸”属性管理器。将“深度”设置为 30mm，然后单击“确定”按钮，结果如图 5-24 所示。

8．线性阵列实体

单击“特征”面板中的“线性阵列”按钮，此时系统弹出如图 5-25 所示的“线性阵列”属性管理器。在“方向 1（1）”栏中，用鼠标选择图 5-24 中的边线 1；在“间距”图标右侧的微调框中

输入 12mm；在“实例数”图标右侧的微调框中输入 8；在“要阵列的特征”栏中选择图 5-24 中芯片的管脚。单击“确定”按钮，结果如图 5-26 所示。

9．绘制另一侧脚线

重复步骤 4～8，结果如图 5-27 所示。

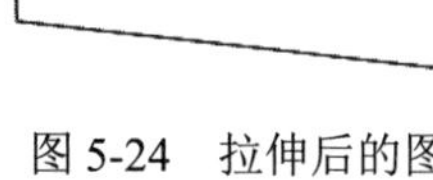

图 5-24　拉伸后的图形

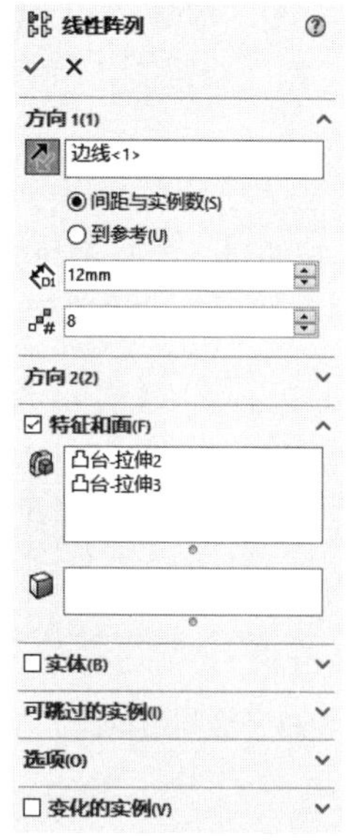

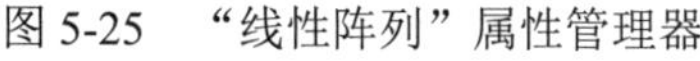

图 5-25　“线性阵列”属性管理器

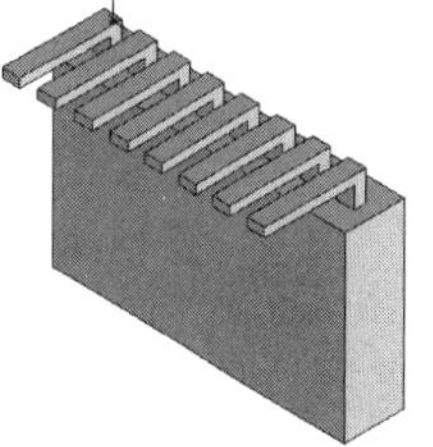

图 5-26　阵列后的图形

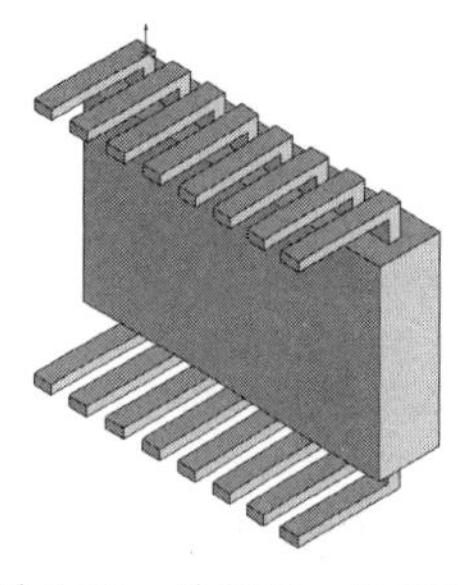

图 5-27　绘制另一侧脚线

10．绘制草图

选择图 5-27 中的后表面，单击“视图（前导）”工具栏中的“正视于”按钮，将该后表面作为绘图的基准面。单击“草图”面板中的“文本”按钮，此时系统弹出如图 5-28 所示的“草图文字”属性管理器。在“文字”栏中输入文字 ATMEL。取消选中“使用文档字体”复选框，然后单击属性管理器下面的“字体”按钮，此时系统弹出如图 5-29 所示的“选择字体”对话框。设置文字的大小及其他属性，单击“确定”按钮，然后单击“草图文字”属性管理器中的“确定”按钮。重复此命令，添加草图文字 AT89C51。用鼠标调整文字在基准面上的位置，结果如图 5-30 所示。

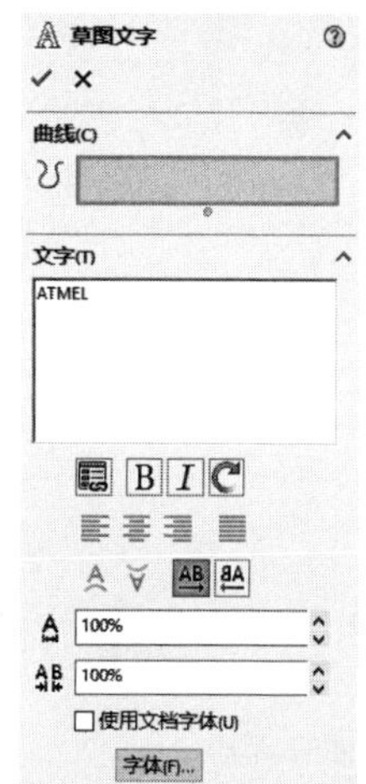

图 5-28　“草图文字”属性管理器

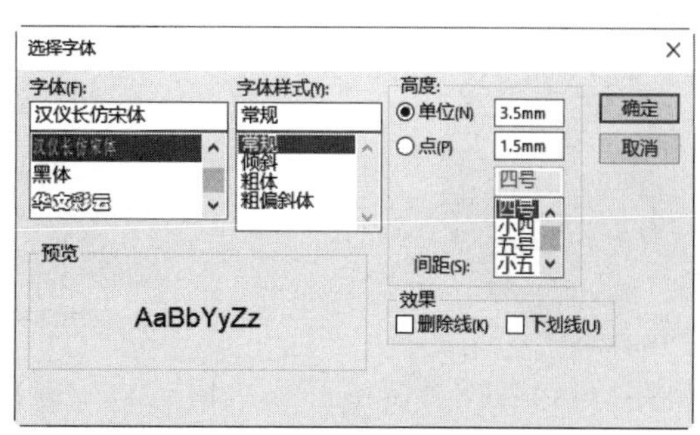

图 5-29　“选择字体”对话框

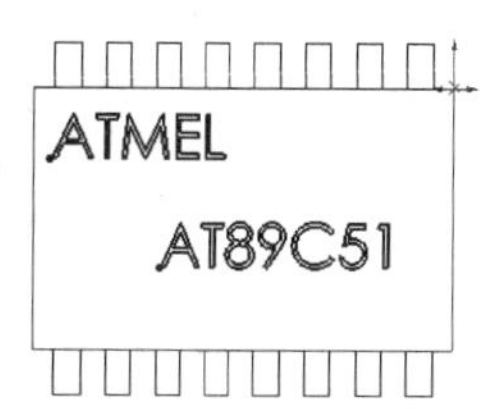

图 5-30　绘制的草图

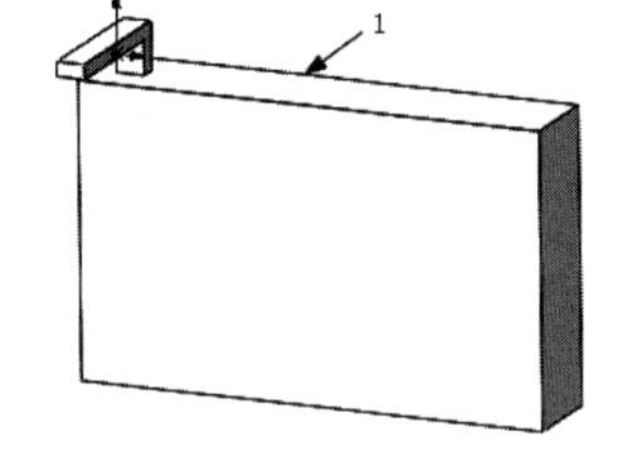

Note

11. 拉伸草图文字

单击“特征”面板中的“拉伸凸台/基体”按钮，此时系统弹出“凸台-拉伸”属性管理器。将“深度”设置为2mm，然后单击“确定”按钮✓，结果如图5-31所示。

12. 绘制草图

选择图5-31中的表面1，然后单击“视图（前导）”工具栏中的“正视于”按钮，将该表面作为绘图的基准面。单击“草图”面板中的“圆”按钮，绘制一个圆心在基准面右边线上的圆并标注尺寸，如图5-32所示。

13. 拉伸切除实体

单击“特征”面板中的“拉伸切除”按钮，此时系统弹出“切除-拉伸”属性管理器。将“深度”设置为3mm，并调整拉伸切除的方向，然后单击“确定”按钮✓，结果如图5-33所示。

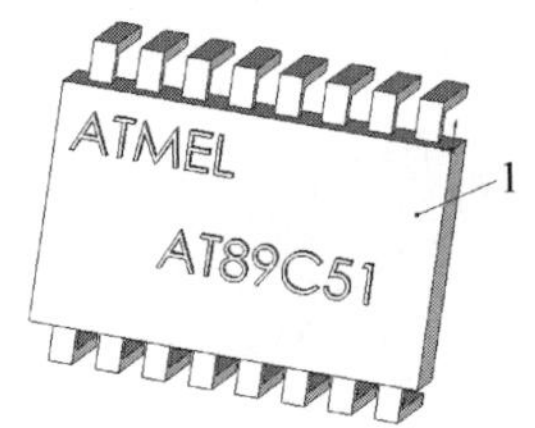

图5-31　拉伸后的图形

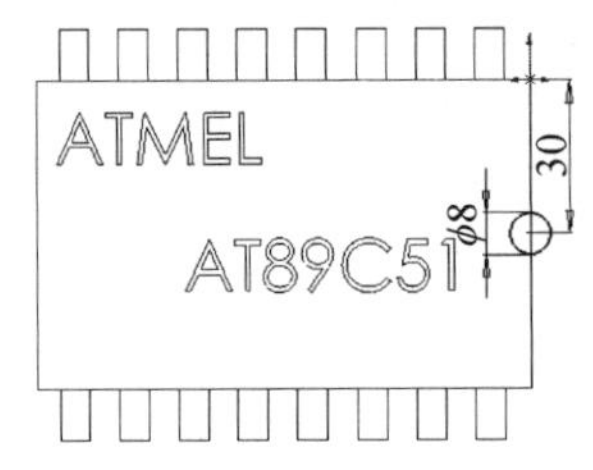

图5-32　绘制的草图

图5-33　拉伸切除后的图形

视频讲解

5.7.3　圆周阵列

圆周阵列是指样本特征绕一个轴心以圆周路径生成多个子样本特征。图5-34为运用圆周阵列生成的零件模型。

在生成圆周阵列之前，首先要生成一个中心轴，该轴可以是基准轴或者临时轴。每一个圆柱面和圆锥面都有一条轴线，称为临时轴。临时轴是由模型中的圆柱和圆锥隐含生成的，在图形区域中一般并不可见。需要使用临时轴时，选择“视图”→“隐藏/显示”→“临时轴”命令，即可显示临时轴。此时，“临时轴”菜单命令高亮显示，表示临时轴可见。

操作步骤如下。

（1）单击“特征”面板中的“基准轴”按钮，在弹出的“基准轴”属性管理器（见图5-35）的“选择”栏中选择基准轴类型。

图5-34　运用圆周阵列生成的零件模型

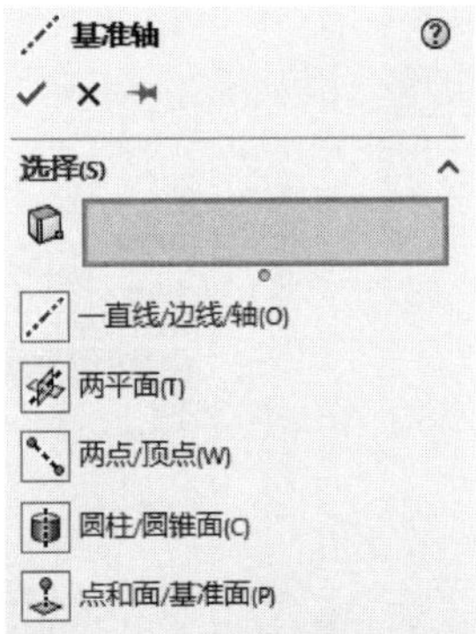

图5-35　“基准轴”属性管理器

（2）在图形区域中选择对应的实体，该实体则在“所选项目”显示框中出现。

（3）单击“确定”按钮，关闭“基准轴”属性管理器。

（4）选择“视图”→“隐藏/显示”→“基准轴”命令，查看新的基准轴。

（5）在 FeatureManager 设计树或图形区域中选择原始样本特征（如切除、孔或凸台等）。

（6）单击“特征”面板中的“圆周阵列”按钮。

（7）此时，在“阵列（圆周）1”属性管理器的“要阵列的特征”显示框中显示步骤（5）中所选择的特征。如果要选择多个原始样本特征，在选择特征时按住 Ctrl 键。

（8）生成一个中心轴，作为圆周阵列的中心位置。

（9）在“阵列（圆周）1”属性管理器的“方向 1”栏中单击第一个显示框，然后在图形区域中选择中心轴，则所选中心轴的名称出现在该显示框中。

（10）如果图形区域中阵列的方向不正确，单击“反向”按钮，可以翻转阵列方向。

（11）在“方向 1”栏“角度”图标右侧的微调框中指定阵列特征之间的角度。

（12）在“方向 1”栏“实例数”图标右侧的微调框中指定阵列的特征数（包括原始样本特征）。此时在图形区域中可以预览阵列的效果，如图 5-36 所示。

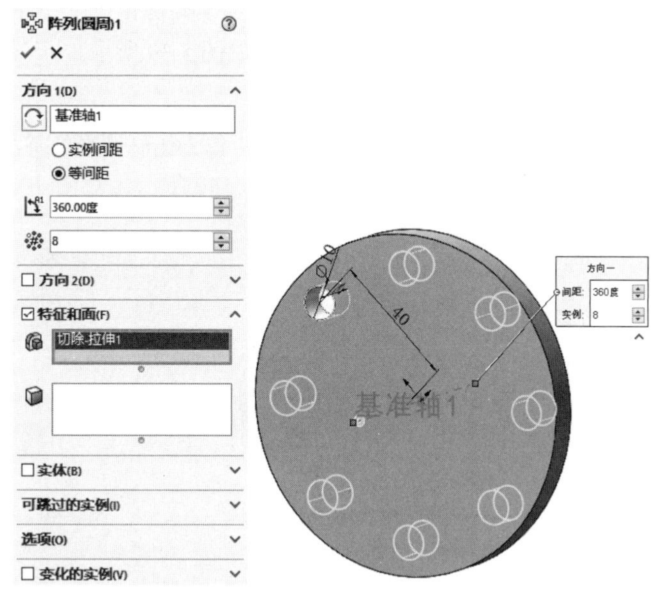

图 5-36　“阵列（圆周）1”属性管理器及预览圆周阵列效果

（13）如果选中“等间距”单选按钮，则总角度将默认为 360°，所有的阵列特征会等角度均匀分布。

（14）如果选中“实例间距”单选按钮，设定实例中心间的角度。

（15）单击“确定”按钮，生成圆周阵列。

5.7.4　实例——链轮

视频讲解

思路分析

首先绘制链轮外形轮廓草图并拉伸实体，然后绘制轮齿并进行圆周阵列，最后绘制拉伸切除实体，绘制流程如图 5-37 所示。

操作步骤

1．新建文件

启动 SOLIDWORKS 2022，单击“快速访问”工具栏中的“新建”按钮，在弹出的“新建

SOLIDWORKS 文件”对话框中单击“零件”按钮，再单击“确定”按钮，创建一个新的零件文件。

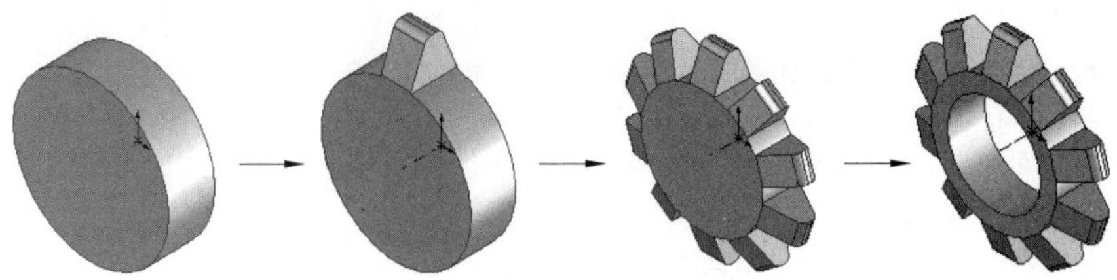

图 5-37　链轮的绘制流程

2. 绘制草图

在左侧的 FeatureManager 设计树中选择“前视基准面”作为绘制图形的基准面。单击“草图”面板中的“圆”按钮，在坐标原点处绘制直径为 200mm 的圆，如图 5-38 所示。

3. 拉伸实体

单击“特征”面板中的“拉伸凸台/基体”按钮，此时系统弹出“凸台-拉伸”属性管理器。将“深度”设置为 60mm，然后单击“确定”按钮，结果如图 5-39 所示。

4. 绘制草图

在左侧的 FeatureManager 设计树中选择“右视基准面”作为绘制图形的基准面。单击“草图”面板中的“直线”按钮，绘制草图并标注尺寸，结果如图 5-40 所示。

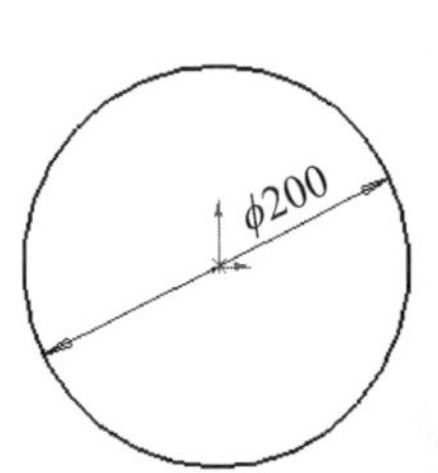

图 5-38　绘制的草图

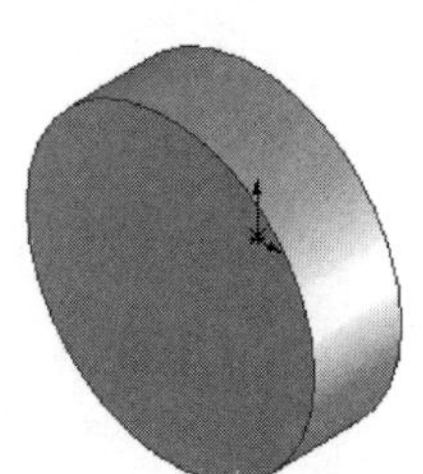

图 5-39　拉伸后的图形

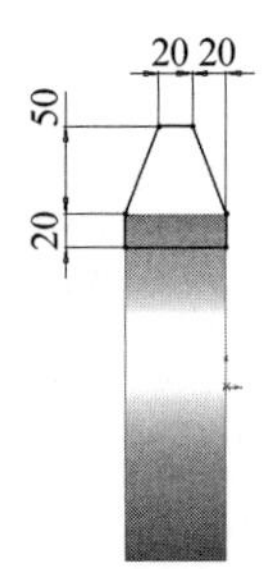

图 5-40　绘制的草图

5. 拉伸实体

单击“特征”面板中的“拉伸凸台/基体”按钮，此时系统弹出“凸台-拉伸”属性管理器。将“方向 1”和“方向 2”的“深度”均设置为 20mm，然后单击“确定”按钮，结果如图 5-41 所示。

6. 圆角实体

单击“特征”面板中的“圆角”按钮，此时系统弹出“圆角”属性管理器。将“半径”设置为 10mm，然后用鼠标选择图 5-41 中的边线 1 和边线 2。单击属性管理器中的“确定”按钮，结果如图 5-42 所示。

7. 圆周阵列实体

单击“特征”面板中的“圆周阵列”按钮，此时系统弹出如图 5-43 所示的“阵列（圆周）1”属性管理器。在“要阵列的特征”栏中，用鼠标选择绘制的轮齿；在“阵列轴”栏中，选择图 5-42 中圆柱体的临时轴。设置完成后，单击属性管理器中的“确定”按钮，结果如图 5-44 所示。

8. 绘制草图

单击图 5-44 中的表面 1，然后单击“视图（前导）”工具栏中的“正视于”按钮，将该表面作

为绘制图形的基准面。单击“草图”面板中的“圆”按钮⊙，以原点为圆心绘制一个直径为 150mm 的圆，如图 5-45 所示。

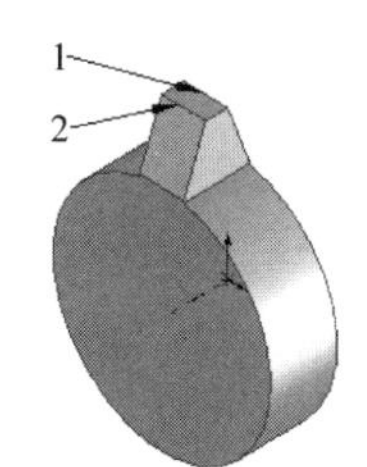

图 5-41　拉伸后的图形

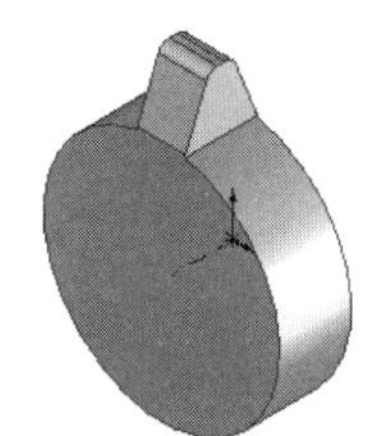

图 5-42　圆角后的图形

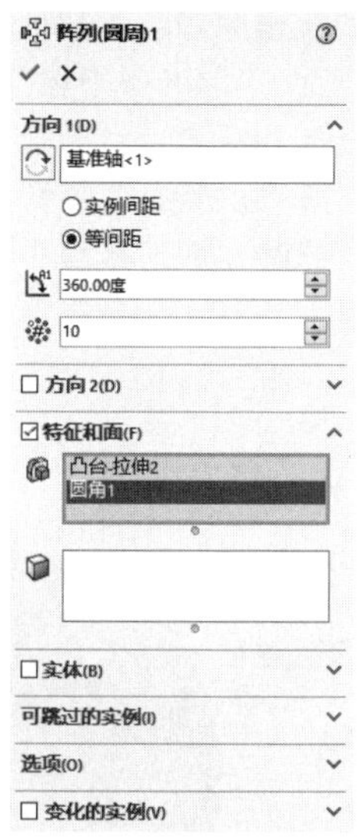

图 5-43　“阵列（圆周）1”属性管理器

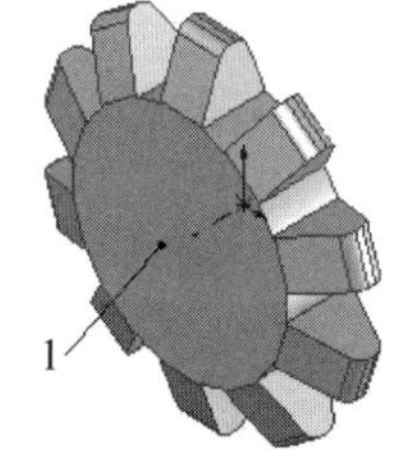

图 5-44　圆周阵列后的图形

9. 拉伸切除实体

单击“特征”面板中的“拉伸切除”按钮，此时系统弹出“切除-拉伸”属性管理器。在“终止条件”下拉列表框中选择“完全贯穿”选项，然后单击“确定”按钮✔，结果如图 5-46 所示。

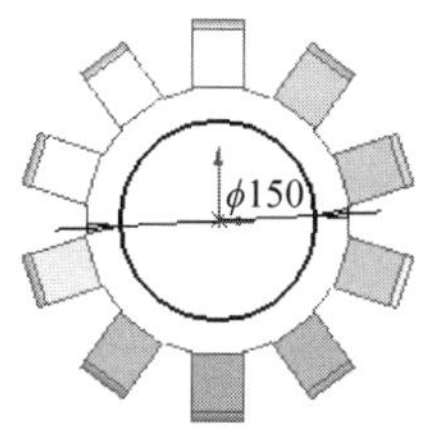

图 5-45　标注的草图

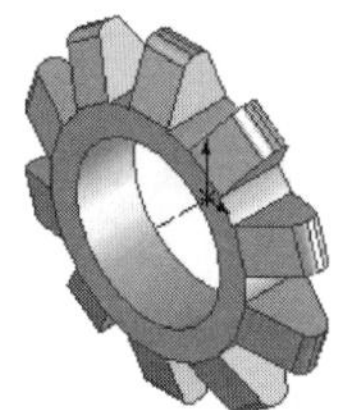

图 5-46　拉伸切除后的图形

5.7.5　草图阵列

SOLIDWORKS 2022 还可以根据草图上的草图点来指定特征的阵列。用户只要控制草图上的草图点，即可将整个阵列扩散到草图中的每个点上。

操作步骤如下。

（1）单击“草图”面板中的“草图绘制”按钮，在零件的面上打开一个草图。

（2）单击“草图”面板中的“点”按钮，绘制驱动阵列的草图点。

（3）单击“草图”面板中的“退出草图”按钮，关闭草图。

（4）单击“特征”面板中的“由草图驱动的阵列”按钮，系统弹出“由草图驱动的阵列”属性管理器。

（5）单击 SOLIDWORKS 窗口左边面板顶部的“FeatureManager 设计树”按钮，打开 FeatureManager 设计树。

（6）在“由草图驱动的阵列”属性管理器的“选择”栏中，单击“参考草图”图标右侧的显

示框，然后在 FeatureManager 设计树中选择驱动阵列的草图，所选草图的名称则会出现在该显示框中。

（7）在“选择”栏中选择参考点。

☑ 重心：如果选中该单选按钮，则使用原始样本特征的重心作为参考点。

☑ 所选点：如果选中该单选按钮，则在图形区域中选择参考点。可以使用原始样本特征的重心、草图原点、顶点或另一个草图点作为参考点。

Note

（8）单击“要阵列的特征”栏中“要阵列的特征”图标右侧的显示框，然后在 FeatureManager 设计树或图形区域中选择要阵列的特征。此时在图形区域中可以预览阵列的效果，如图 5-47 所示。

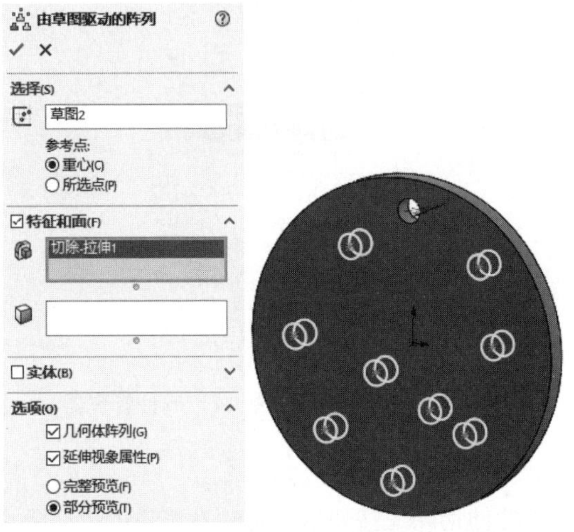

图 5-47 “由草图驱动的阵列”属性管理器及预览阵列效果

（9）选中“几何体阵列”复选框，将只复制原始样本特征而不对其进行求解，这样可以提高生成及重建模型的速度。但是，如果将某些特征的面与零件的其余部分合并在一起，则不能为这些特征生成几何体阵列。

（10）单击“确定”按钮✓，生成草图驱动的阵列。

视频讲解

5.7.6 曲线驱动阵列

SOLIDWORKS 2022 还可以沿平面曲线生成阵列。作为驱动阵列的曲线可以是任何草图线段，或者是模型的轮廓线（必须在同一平面）。

操作步骤如下。

（1）单击“草图”面板中的“草图绘制”按钮，在零件的面上打开一个草图。

（2）在零件的面上绘制用来驱动阵列的曲线。

（3）再次单击“草图”面板中的“退出草图”按钮，关闭草图。

（4）单击“特征”面板中的“曲线驱动的阵列”按钮，系统弹出“曲线驱动的阵列”属性管理器。

（5）单击“要阵列的特征”图标右侧的显示框，然后在 FeatureManager 设计树或图形区域中选择要阵列的特征。

（6）在“曲线驱动的阵列”属性管理器的“方向 1”栏中单击第一个显示框，然后在图形区域中选择用来驱动阵列的曲线，所选曲线的名称则会出现在该显示框中。

（7）如果图形区域中阵列的方向不正确，单击“反向”按钮可以翻转阵列方向。

（8）在“方向 1”栏“间距”图标右侧的显示框中指定阵列特征之间的距离。

（9）如果选中“等间距”复选框，则子特征之间的距离保持一致。

（10）在“方向 1”栏“实例数”图标右侧的显示框中指定在该方向上阵列的特征数（包括原始样本特征）。此时在图形区域中可以预览阵列的效果，如图 5-48 所示。

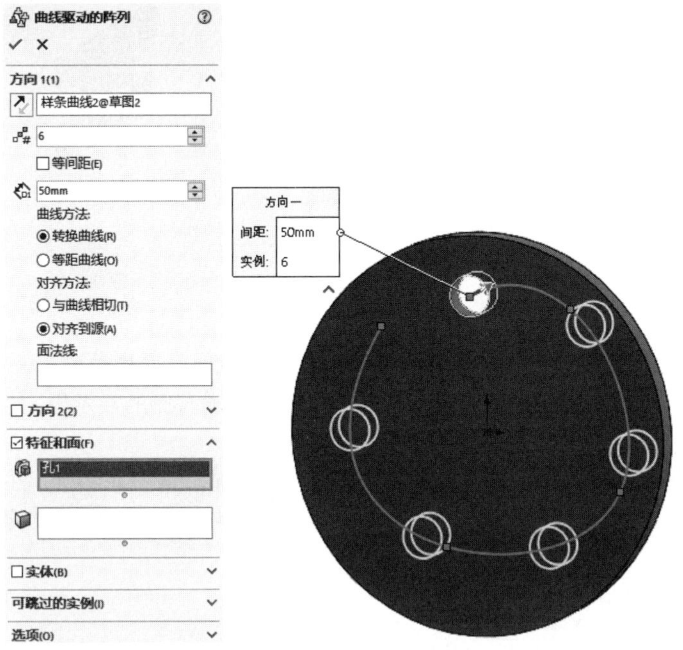

图 5-48　预览阵列的效果

（11）选择一种“曲线方法”，从而改变作为阵列基础的参考曲线的使用方式。

☑　转换曲线：选中该单选按钮，所阵列的特征将使用参考曲线的形状。

☑　等距曲线：选中该单选按钮，所阵列的特征将与参考曲线等距。

（12）选择一种“对齐方法”。

☑　与曲线相切：选中该单选按钮，将子特征与参考曲线的切线方向对齐。

☑　对齐到源：选中该单选按钮，将子特征与原始样本特征的方向对齐。

（13）如果要在另一个方向上同时生成线性阵列，则激活“方向 2”栏，然后按照步骤（5）～（11）中的操作对第 2 方向的阵列进行设置。

说明： 如果选中“方向 2”复选框而未指定草图元素或边线，就会生成一个隐含阵列，隐含“方向 2”基于“方向 1”中指定的内容。

（14）在“方向 2”栏中，有一个“只阵列源”复选框。如果选中该复选框，则在第 2 方向中只复制原始样本特征，而不复制“方向 1”中生成的其他子样本特征。

（15）在阵列中如果要跳过某个阵列子样本特征，则激活“可跳过的实例”栏。然后单击“要跳过的实例”图标右侧的显示框，并在图形区域中选择想要跳过的阵列特征，这些特征随即显示在该显示框中。

（16）单击“确定”按钮✔，生成曲线驱动阵列。

5.8　镜　　像

如果零件结构是对称的，则可以只创建一半零件模型，然后使用镜像特征的方法生成整个零件。

Note

视频讲解

如果修改了原始特征，则镜像生成的特征也将随之更新。

图 5-49 为运用镜像特征生成的零件模型。

图 5-49　运用镜像特征生成的零件模型

5.8.1　镜像特征

操作步骤如下。

（1）单击“特征”面板中的“镜像”按钮，打开“镜像”属性管理器。

（2）在“镜像面/基准面”栏中单击“镜像面/基准面”图标右侧的显示框，然后在 FeatureManager 设计树或图形区域中选择一个模型面或基准面作为镜像面。

（3）单击“要镜像的特征”栏中“要镜像的特征”图标右侧的显示框，然后在 FeatureManager 设计树或图形区域中选择要镜像的特征，此时在图形区域中可以预览镜像特征的效果，如图 5-50 所示。

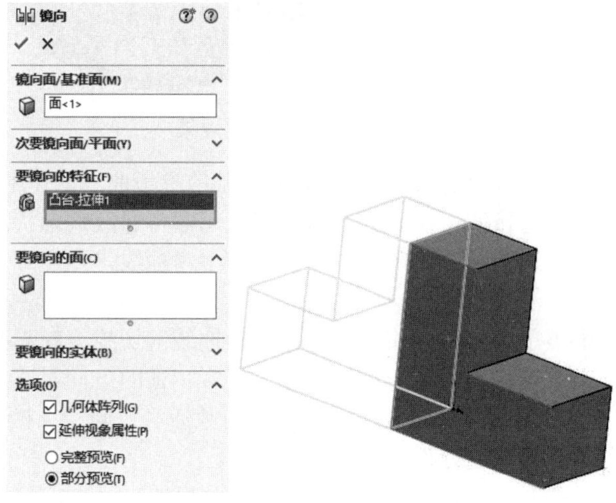

图 5-50　预览镜像特征的效果

（4）如果要镜像特征的面，则单击“要镜像的面”栏中“要镜像的面”图标右侧的显示框，然后在图形区域中选择该特征的面作为要镜像的面。

（5）如果选中“几何体阵列”复选框，则仅镜像特征的几何体（面和边线），并不求解整个特征，这样可以加速模型的生成和重建。

（6）单击“确定”按钮✔，完成特征的镜像。

视频讲解

5.8.2　镜像实体

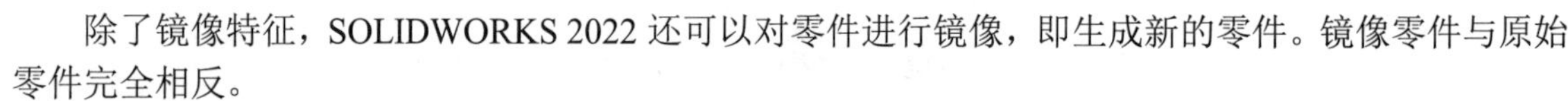

除了镜像特征，SOLIDWORKS 2022 还可以对零件进行镜像，即生成新的零件。镜像零件与原始零件完全相反。

操作步骤如下。

（1）打开要镜像的零件，选择一个镜像的面（可以是模型面和基准面）。

（2）选择“插入”→“镜像零部件”命令，在弹出的“镜像零部件”属性管理器中选择要镜像的零部件，单击“确定”按钮✔，生成新的镜像零件。

5.8.3　实例——螺母

Note

视频讲解

思路分析

首先通过拉伸创建螺母基体，然后对其进行旋转切除以创建倒角，最后创建螺纹孔，绘制流程如图 5-51 所示。

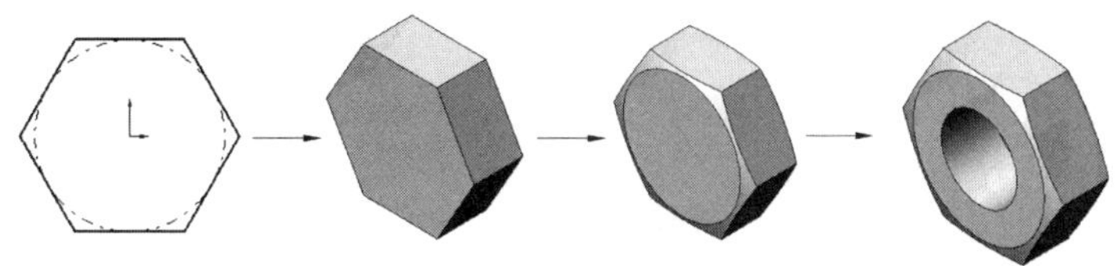

图 5-51　螺母的绘制流程

操作步骤

1. 新建文件

启动 SOLIDWORKS 2022，单击“快速访问”工具栏中的“新建”按钮，在弹出的“新建 SOLIDWORKS 文件”对话框中单击“零件”按钮，然后单击“确定”按钮，新建一个零件文件。

2. 绘制草图

选择“前视基准面”作为绘制草图的平面，单击“草图”面板中的“多边形”按钮，以坐标原点为多边形内切圆的圆心绘制一个正六边形，圆的直径为 19mm。

3. 创建螺母基体

单击“特征”面板中的“拉伸凸台/基体”按钮，在弹出的“凸台-拉伸”属性管理器中设置拉伸的终止条件为“两侧对称”，在“深度”图标右边的微调框中输入 7.2mm，其他选项的设置如图 5-52 所示，单击“确定”按钮✔，生成螺母基体，如图 5-53 所示。

4. 绘制草图

选择“上视基准面”作为绘制草图的平面，单击“草图”面板中的“中心线”按钮，绘制一条过坐标原点的竖直中心线。单击“草图”面板中的“直线”按钮，绘制一个等边三角形作为旋转切除的草图，如图 5-54 所示。

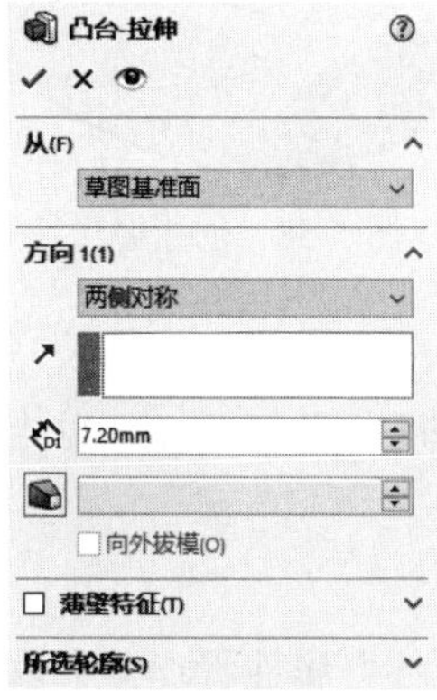

图 5-52　设置拉伸参数

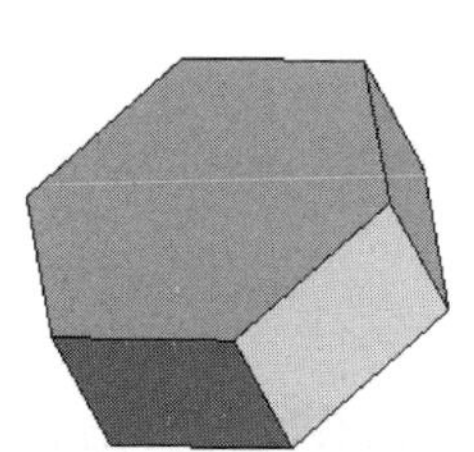

图 5-53　创建螺母基体

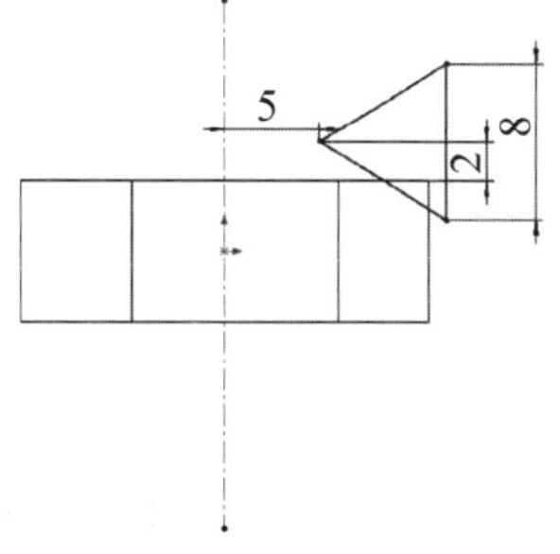

图 5-54　绘制草图

Note

5. 创建旋转切除特征

单击“特征”面板中的“旋转切除”按钮，弹出“切除-旋转”属性管理器。在绘图区选择通过坐标原点的竖直中心线作为旋转轴，其他选项的设置如图 5-55 所示。单击“确定”按钮✓，生成旋转切除特征，如图 5-56 所示。

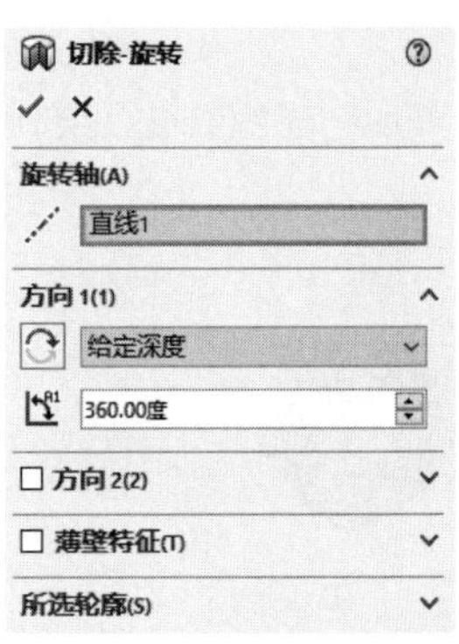

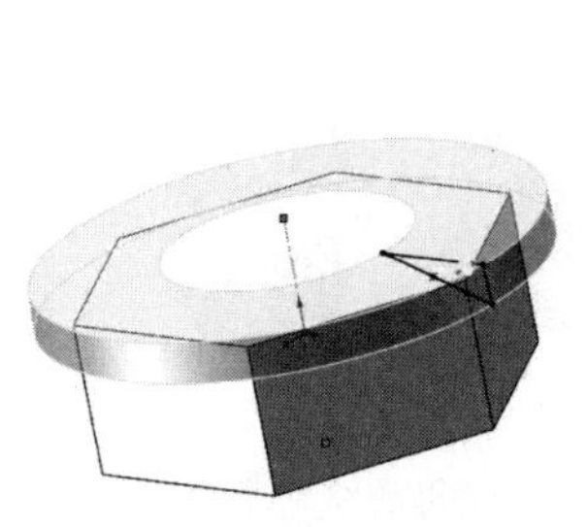

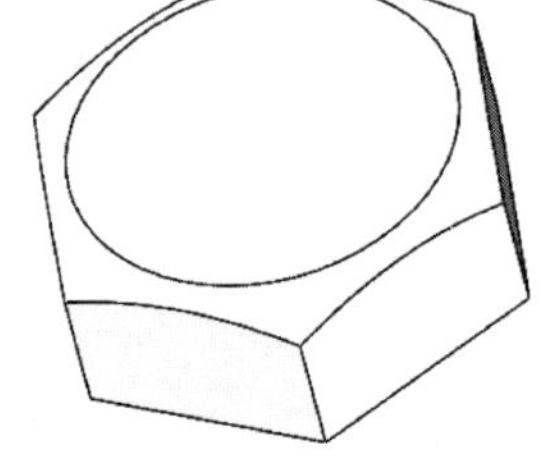

图 5-55　设置旋转切除参数　　　图 5-56　创建旋转切除特征

6. 创建镜像特征

单击“特征”面板中的“镜像”按钮，在弹出的“镜像”属性管理器中选择“前视基准面”作为镜像面，选择步骤 5 中生成的“切除-旋转 1”特征作为要镜像的特征，其他选项的设置如图 5-57 所示。单击“确定”按钮✓，生成镜像特征，如图 5-58 所示。

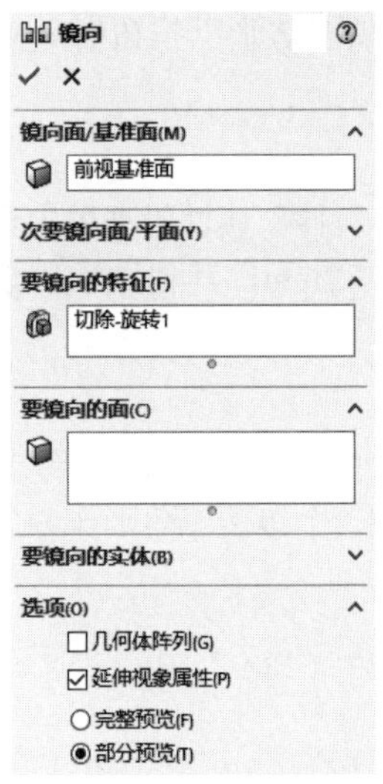

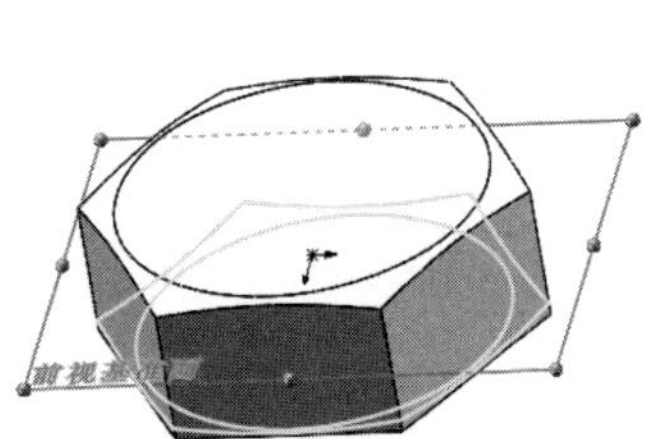

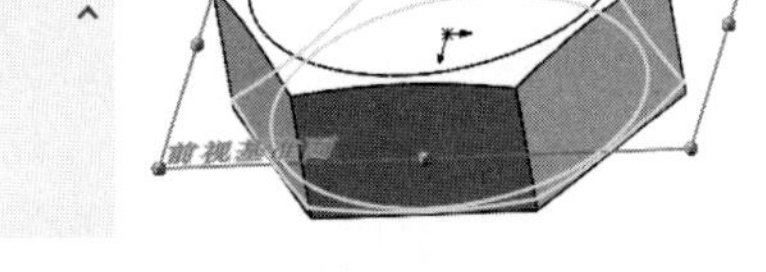

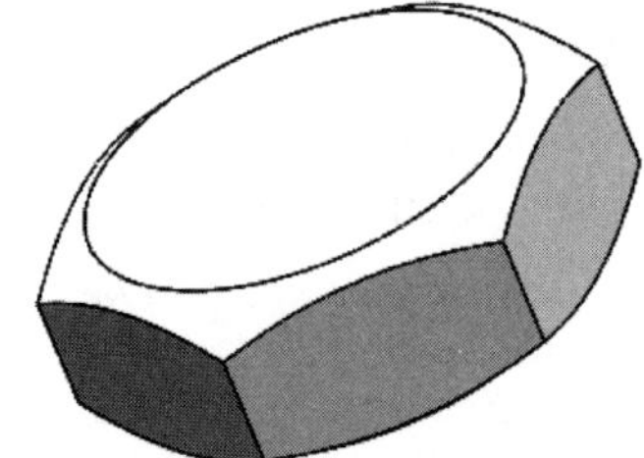

图 5-57　设置镜像参数　　　图 5-58　创建镜像特征

7. 绘制草图

选择螺母基体的上端面作为绘制草图的面，单击“草图”面板中的“圆”按钮，以坐标原点为圆心绘制一个直径为 10.5mm 的圆。

8. 创建拉伸切除特征

单击“特征”面板中的“拉伸切除”按钮，在弹出的“切除-拉伸”属性管理器中设置拉伸切除特征的终止条件为“完全贯穿”，其他选项的设置如图 5-59 所示。单击“确定”按钮✓，完成拉伸

切除特征的创建，如图 5-60 所示。

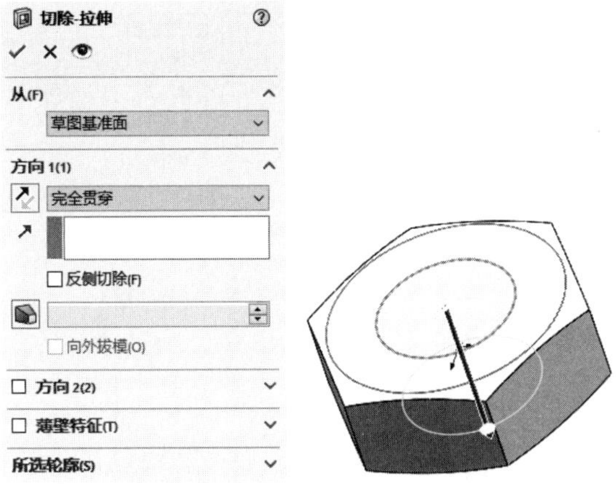

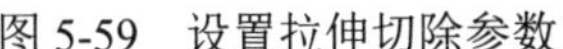
图 5-59　设置拉伸切除参数

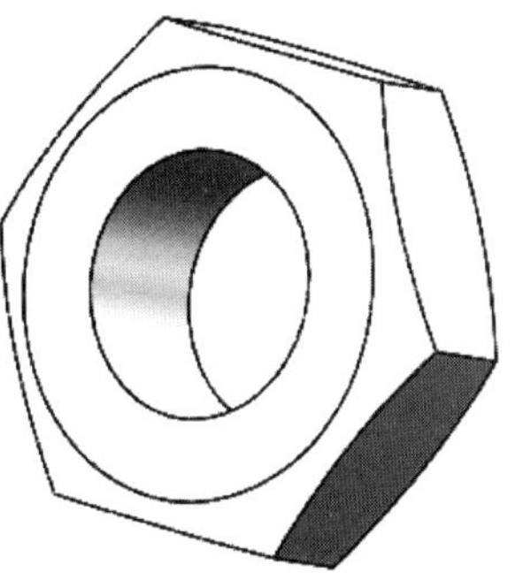

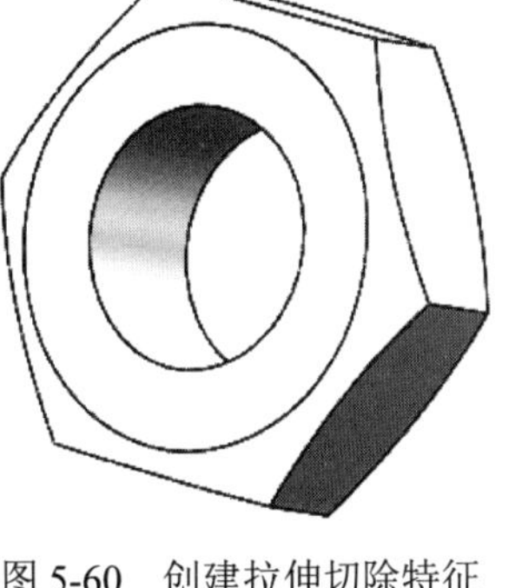
图 5-60　创建拉伸切除特征

5.9　方程式驱动尺寸

连接尺寸只能控制特征中不属于草图部分的数值（如两个拉伸特征的深度），即特征定义尺寸，而方程式可以驱动任何尺寸。当在模型尺寸之间生成方程式后，特征尺寸成为变量，变量之间必须满足方程式的要求，互相牵制。当删除方程式中使用的尺寸或尺寸所在的特征时，方程式也被一起删除。

1. 为尺寸添加变量名

要生成模型尺寸的方程式驱动关系，就必须为尺寸添加变量名。操作步骤如下。

（1）在图形区域中单击尺寸值。

（2）在弹出的“尺寸”属性管理器中选择“数值”选项卡。

（3）在“主要值”栏的文本框中输入尺寸名称，此时是以全名的形式进行显示的，如图 5-61 所示。

（4）单击“确定”按钮✔，关闭属性管理器。

2. 建立方程式

在定义完尺寸的变量名称后，要建立方程式来驱动变量。操作步骤如下。

（1）选择“工具”→“方程式”命令，弹出“方程式、整体变量及尺寸[①]”对话框，如图 5-62 所示。

（2）分别单击左上角的“视图”图标，可显示“方程式视图”“草图方程式视图”“尺寸视图”“按序排列的视图”选项卡，如图 5-62 所示。

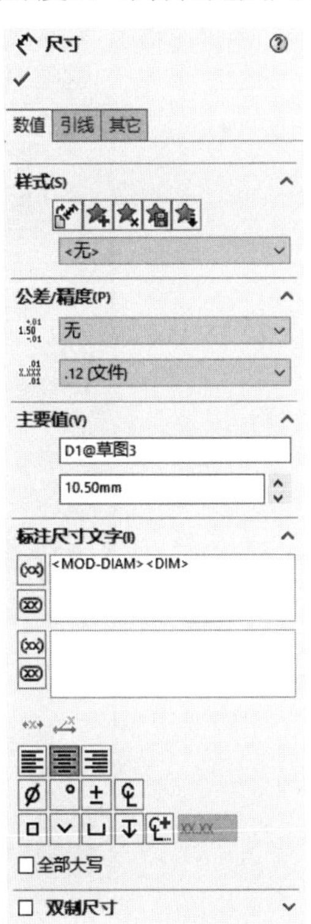

图 5-61　“尺寸”属性管理器

① 文中的“方程式、整体变量及尺寸”与图中的“方程式、整体变量、及尺寸”为同一内容，后文不再赘述。

Note

（a）“方程式视图”选项卡

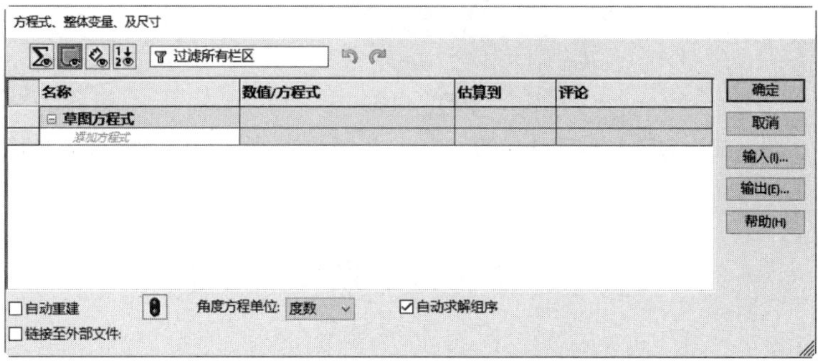

（b）“草图方程式视图”选项卡

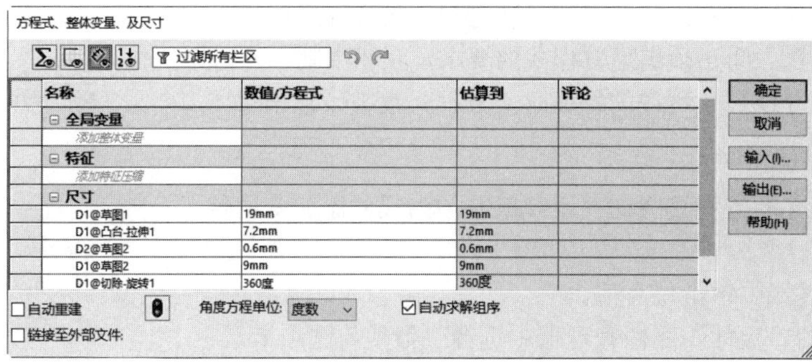

（c）“尺寸视图”选项卡

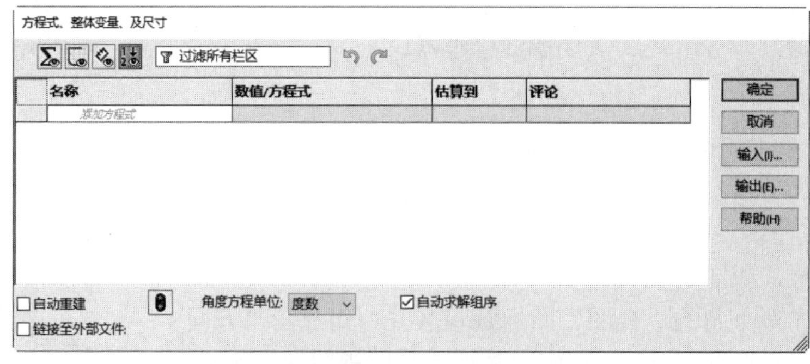

（d）“按序排列的视图”选项卡

图 5-62　“方程式、整体变量及尺寸”对话框

（3）单击“快速访问”工具栏中的“重建模型”按钮，更新模型，所有被方程式驱动的尺寸会

立即更新。此时在 FeatureManager 设计树中会出现Σ（方程式）文件夹，右击该文件夹，即可对方程式进行编辑、删除、添加等操作。

注意：被方程式驱动的尺寸无法在模型中以编辑尺寸值的方式进行改变。

方程式支持的运算符、函数及常数如表 5-1～表 5-3 所示。

表 5-1　方程式支持的运算符

运 算 符	名　　称	注　　释	运 算 符	名　　称	注　　释
+	加号	加法	/	正斜线	除法
-	减号	减法	^	^符号	求幂
*	星号	乘法			

表 5-2　方程式支持的函数

函　　数	名　　称	注　　释
sin(*a*)	正弦	*a* 为角度；返回正弦率
cos(*a*)	余弦	*a* 为角度；返回余弦率
tan(*a*)	正切	*a* 为角度；返回正切率
sec(*a*)	正割	*a* 为角度；返回正割率
cosec(*a*)	余割	*a* 为角度；返回余割率
cotan(*a*)	余切	*a* 为角度；返回余切率
arcsin(*a*)	反正弦	*a* 为正弦率；返回角度
arccos(*a*)	反余弦	*a* 为余弦率；返回角度
atn(*a*)	反正切	*a* 为正切率；返回角度
arcsec(*a*)	反正割	*a* 为正割率；返回角度
arccosec(*a*)	反余割	*a* 为余割率；返回角度
arccotan(*a*)	反余切	*a* 为余切率；返回角度
abs(*a*)	绝对值	返回 *a* 的绝对值
exp(*n*)	指数	返回 e 的 *n* 次方
log(*a*)	对数	返回 *a* 的以 e 为底数的自然对数
sqr(*a*)	平方根	返回 *a* 的平方根
int(*a*)	整数	返回 *a* 为整数
sgn(*a*)	符号	返回 *a* 的符号（−1 或 1），如 sgn(−21)返回−1

表 5-3　方程式支持的常数

常　　数	名　　称	注　　释
pi	派（π）	圆的周长和直径的比率（3.14…）

为了更好地传递设计意图，还可以在方程式中添加注释文字，也可以像编辑程序代码那样将某个方程式注释掉，避免该方程式的运行。

3. 对方程式添加注释文字

操作步骤如下。

（1）可直接在“方程式”选项下方的空白框中输入内容，如图 5-62（a）所示。

（2）单击“方程式、整体变量及尺寸”对话框中的“输入”按钮，在弹出的如图 5-63 所示的“打开”对话框中选择要添加注释的方程式，即可添加外部方程式文件。

（3）同理，单击“输出”按钮，可输出外部方程式文件。

Note

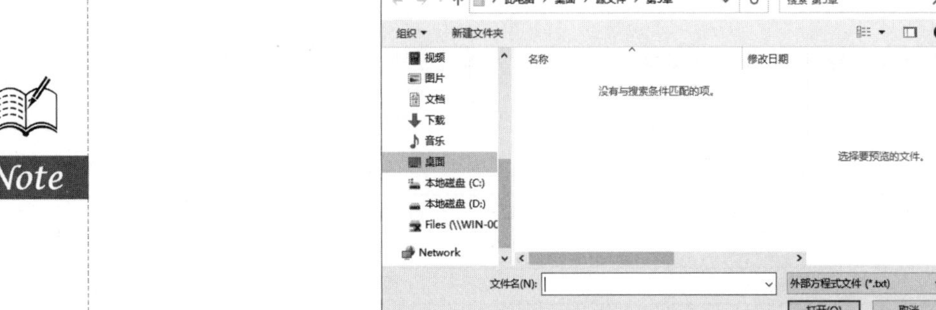

图 5-63 “打开”对话框

视频讲解

5.10 系列零件设计表

如果用户的计算机中同时安装了 Microsoft Excel，就可以使用 Excel 在零件文件中直接嵌入新的配置。配置是指由一个零件或一个部件派生而成的形状相似、大小不同的一系列零件或部件集合。在 SOLIDWORKS 中，大量使用的配置是系列零件设计表。利用系列零件设计表，可以很容易地生成一系列大小相同、形状相似的标准零件，如螺母、螺栓等，从而形成一个标准零件库。

使用系列零件设计表具有以下优点。

（1）可以采用简单的方法生成大量的相似零件，对于标准化零件管理有很大帮助。

（2）使用系列零件设计表，不必一一创建相似零件，从而可以节省大量时间。

（3）使用系列零件设计表，在零件装配中很容易实现零件的互换。

1. 生成系列零件设计表

操作步骤如下。

（1）创建一个原始样本零件模型。

（2）选取系列零件设计表中的零件成员要包含的特征或变化尺寸，选取时要按照特征或尺寸的重要程度依次选取。在此应注意，原始样本零件中没有被选取的特征或尺寸，将是系列零件设计表中所有成员共同具有的特征或尺寸，即系列零件设计表中各成员的共性部分。

（3）利用 Microsoft Excel 2010 及以上版本编辑、添加系列零件设计表的成员和要包含的特征或变化尺寸。

生成的系列零件设计表保存在模型文件中，并且不会连接到原来的 Excel 文件。即在模型中所进行的更改不会影响原来的 Excel 文件。

2. 在模型中插入一个新的空白系列零件设计表

操作步骤如下。

（1）选择“插入”→“表格”→“Excel 设计表”命令，弹出“Excel 设计表”属性管理器，在“源”栏中选中“空白”单选按钮，然后单击“确定”按钮✔，如图 5-64 所示。

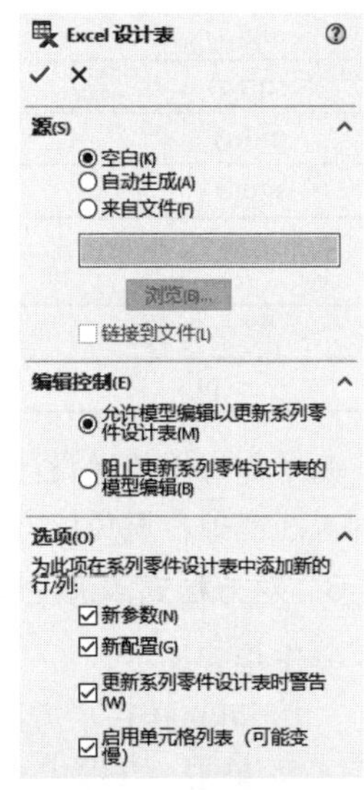

图 5-64 “Excel 设计表”属性管理器

（2）这时，一个 Excel 工作表出现在零件文件窗口中，Excel 工具栏取代了 SOLIDWORKS 工具栏，如图 5-65 所示。

Note

（3）在 Excel 表的第 2 行中输入要控制的尺寸名称；也可以在图形区域中双击要控制的尺寸，则相关的尺寸名称出现在第 2 行中，同时该尺寸名称对应的尺寸值出现在“第一实例”行中。

（4）重复步骤（3），直到定义完模型中所有要控制的尺寸。

（5）如果要建立多种型号，则在列 A（单元格 A4，A5，…）中输入想生成的型号名称。

（6）在对应的单元格中输入该型号对应控制尺寸的尺寸值，如图 5-66 所示。

（7）完成向工作表中添加信息后，在表格外单击，以将其关闭。

（8）此时，系统会弹出一个信息对话框，列出所生成的型号，如图 5-67 所示。

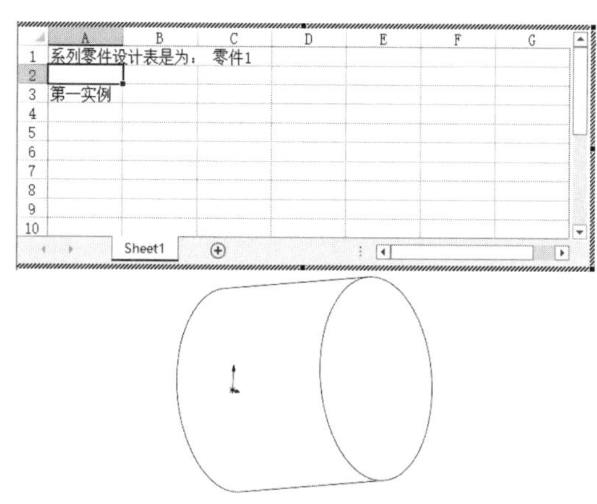

图 5-65　插入的 Excel 工作表

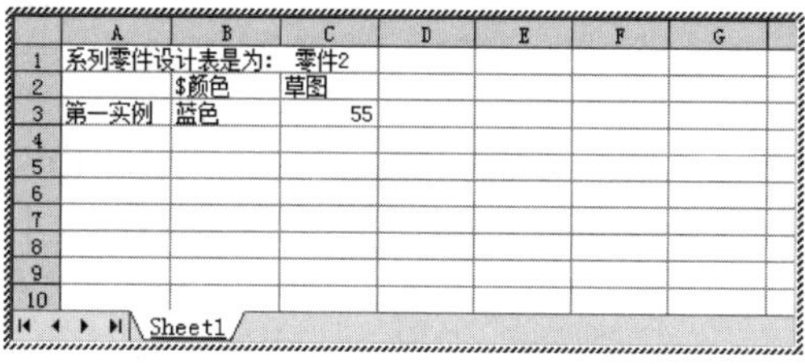

	A	B	C	D	E	F	G
1	系列零件设计表是为：		零件2				
2		$颜色	草图				
3	第一实例	蓝色	55				
4							
5							
6							
7							
8							
9							
10							

Sheet1

图 5-66　输入控制尺寸的尺寸值

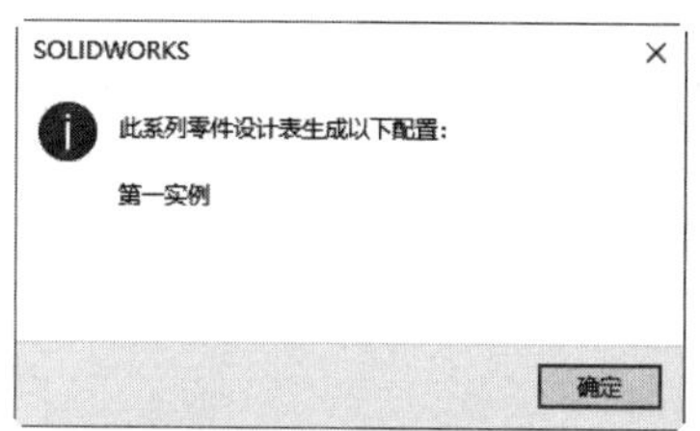

图 5-67　信息对话框

当创建完成一个系列零件设计表后，其原始样本零件就是其他所有型号的样板，原始零件的所有特征、尺寸、参数等均有可能被系列零件设计表中的型号复制使用。

3. 将系列零件设计表应用于零件设计

操作步骤如下。

（1）单击 SOLIDWORKS 窗口左侧面板顶部的“ConfigurationManager 设计树”按钮。

（2）在 ConfigurationManager 设计树中则显示该模型中系列零件设计表生成的所有型号。

（3）右击要应用的型号，在弹出的快捷菜单中选择“显示配置”命令，如图 5-68 所示。

（4）系统即按照系列零件设计表中该型号的模型尺寸重建模型。

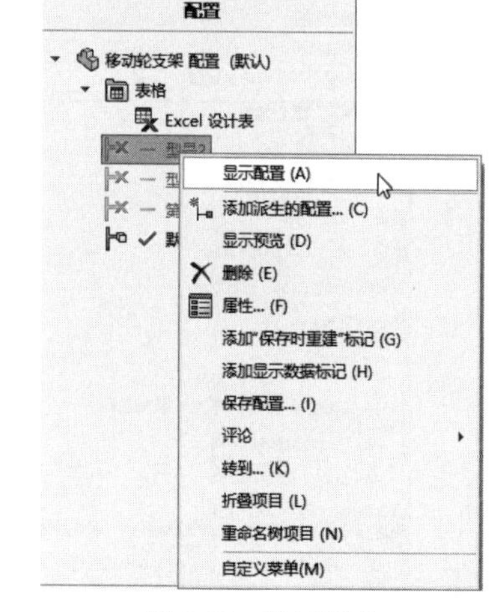

图 5-68　快捷菜单

4. 编辑已有的系列零件设计表

操作步骤如下。

（1）单击 SOLIDWORKS 窗口左边面板顶部的“ConfigurationManager 设计树”按钮。

（2）在 ConfigurationManager 设计树中右击“Excel 设计表”图标。

（3）在弹出的快捷菜单中选择“编辑表格”命令。

（4）如果要删除该系列零件设计表，则选择“删除”命令。

在任何时候，用户均可在原始样本零件中加入或删除特征。如果加入特征，则加入后的特征将是系列零件设计表中所有型号成员的共有特征，若某个型号成员正在被使用，系统就会依照所加入的特征自动更新该型号成员；如果删除原始样本零件中的某个特征，则系列零件设计表中的所有型号成员的该特征都将被删除，若某个型号成员正在被使用，系统就会将工作窗口自动切换到当前的工作窗口，完成更新被使用的型号成员。

Note

视频讲解

5.11 模 型 计 算

SOLIDWORKS 不仅能完成三维设计工作，还能对所设计的模型进行简单的计算。计算功能是当前设计人员用到的功能之一。SOLIDWORKS 中计算的质量特性包括质量、体积、表面积、中心、惯性张量和惯性主轴。

1. 计算质量特性

操作步骤如下。

（1）执行“工具”→“评估”→“质量属性”命令。

（2）此时系统会弹出“质量属性”对话框，如图 5-69 所示。

（3）单击“选项”按钮，打开“质量/剖面属性选项”对话框，如图 5-70 所示，在其中可以设置测量的单位、材料的密度等属性。

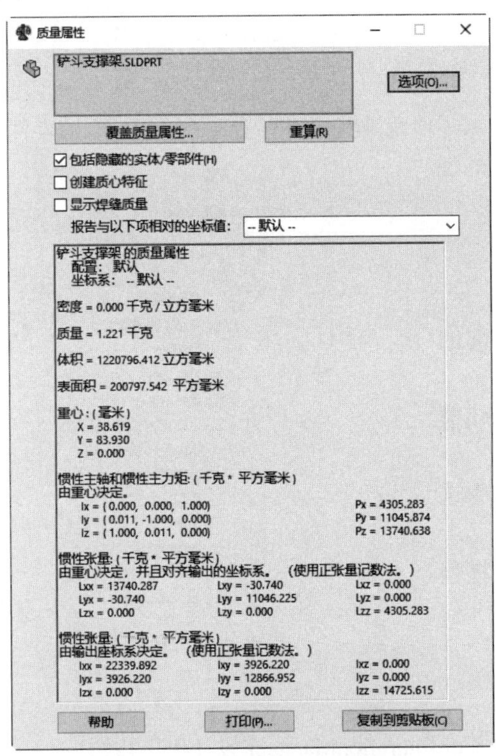

图 5-69 “质量属性”对话框

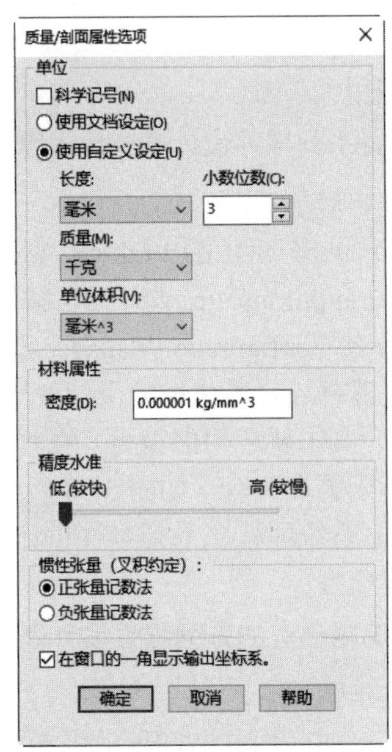

图 5-70 “质量/剖面属性选项”对话框

（4）设置好测量选项后，单击“确定”按钮关闭该对话框。

（5）在“质量属性”对话框中单击“重算”按钮，系统会根据新设置的测量选项计算零件的质

量特性。

（6）单击“复制到剪贴板”按钮，可将计算的结果复制到剪贴板上，然后粘贴到另一个文件中；单击“打印”按钮，可直接将此对话框打印出来；单击“关闭”按钮×，可关闭“质量属性”对话框。

说明： 如果在“系统选项”选项卡的“性能”项目中选中了“保存文件时更新质量特性”复选框，则在保存文件时系统会更新质量特性。这样，在下次访问质量特性时，系统不必重新计算数值，从而提高系统性能。

除了计算模型的质量特性，SOLIDWORKS 还可以针对模型中的某个面、剖面、工程视图中的平面或草图计算某些特性，如面积、重心、惯性张量等。

2. 计算某个模型面或剖面的属性

操作步骤如下。

（1）在图形区域中选择要计算属性的模型面或剖面。

（2）执行“工具”→“评估”→“截面属性”命令。

（3）此时，系统会弹出“截面属性”对话框，如图 5-71 所示。

（4）单击“选项”按钮，打开“质量/剖面属性选项”对话框，在其中设置测量单位后关闭对话框。

（5）单击“截面属性”对话框中的“重算”按钮，系统会根据新设置的测量选项计算截面属性，同时在图形区域中显示主轴和质量中心。

SOLIDWORKS 还可以测量草图、三维模型、装配体或工程图中直线、点、曲面、基准面的距离、角度、半径和大小，以及它们之间的距离、角度、半径或尺寸。当测量两点之间的距离时，两个点的 x、y 和 z 坐标值的距离差值会显示出来。当选择一个顶点或草图点时，会显示其 x、y 和 z 坐标值。

3. 测量实体

操作步骤如下。

（1）执行“工具”→“评估”→“测量”命令。

（2）系统打开“测量-零件 3”对话框，如图 5-72 所示。

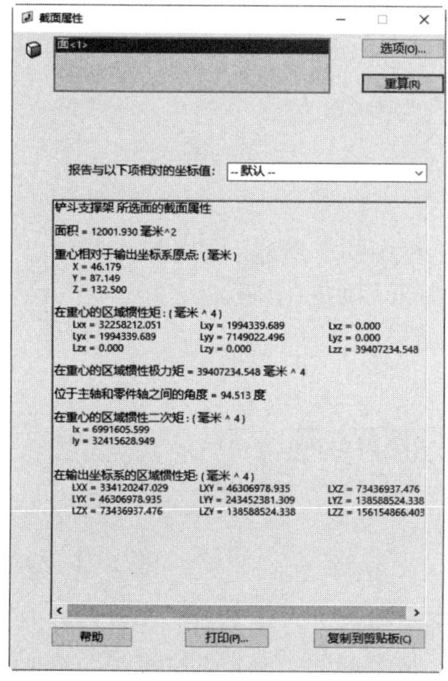

图 5-71　“截面属性”对话框

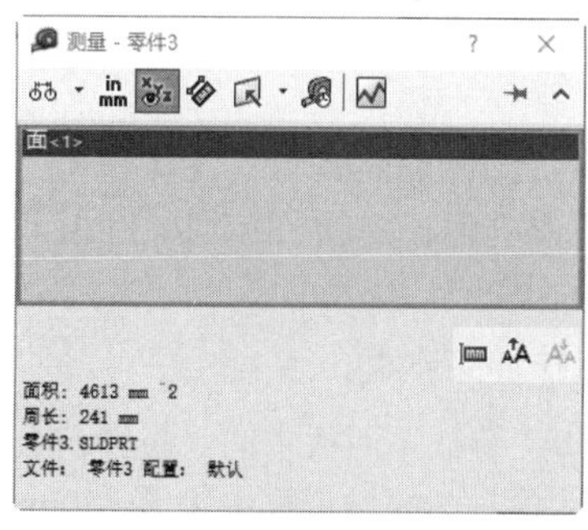

图 5-72　“测量-零件 3”对话框

（3）单击“单位/精度”按钮，可以打开“测量单位/精度”对话框，可在其中设置测量单位。

（4）在“投影于”下拉列表框中有以下两个单选按钮。

☑ 屏幕：选中该单选按钮，可以测量屏幕上的任何投影实体。

☑ 选择面/基准面：选中该单选按钮，可以测量所选基准面或平面上的投影实体。

Note

（5）单击选择模型上的测量项目，此时鼠标指针变为形状。

（6）选择的测量项目出现在“所选项目”显示框中，同时在“测量结果”显示框中显示所得到的测量结果。

（7）单击“关闭”按钮×，关闭对话框。

视频讲解

5.12 综合实例——大齿轮

齿轮是现代机械制造和仪表制造等工业中的重要零件。齿轮传动应用很广，类型也很多，主要有圆柱齿轮传动、圆锥齿轮传动、齿轮齿条传动和蜗杆传动等，而最常用的是渐开线齿轮、圆柱齿轮传动（包括直齿、斜齿和人字齿齿轮），大齿轮的绘制流程如图 5-73 所示。

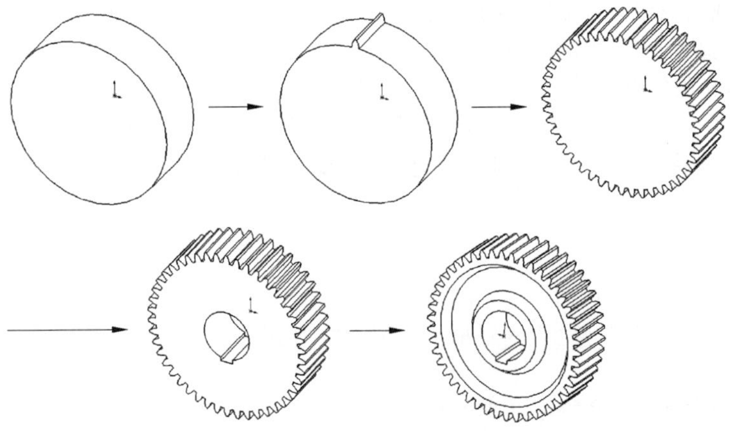

图 5-73 大齿轮的绘制流程

操作步骤

1. 新建文件

启动 SOLIDWORKS 2022，单击“快速访问”工具栏中的“新建”按钮，在弹出的“新建 SOLIDWORKS 文件”对话框中单击“零件”按钮，然后单击“确定”按钮，创建一个新的零件文件。

2. 绘制草图 1

在 FeatureManager 设计树中选择“前视基准面”作为绘图基准面，然后单击“草图”面板中的“圆”按钮，以原点为圆心绘制一个直径为 435mm 的圆，如图 5-74 所示。

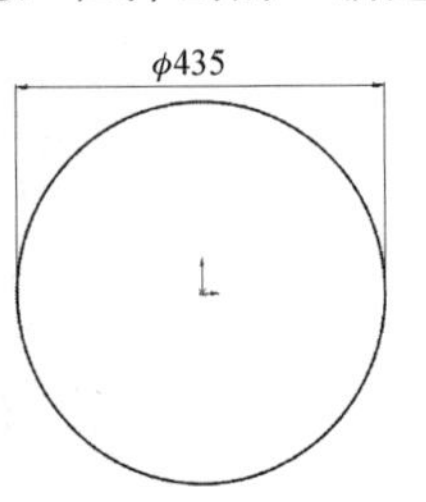

图 5-74 绘制草图 1

3. 拉伸实体 1

单击“特征”面板中的“拉伸凸台/基体”按钮，系统弹出“凸台-拉伸”属性管理器，在“深度”图标右侧的微调框中输入 140mm，如图 5-75 所示。然后单击“确定”按钮✔，结果如图 5-76 所示。

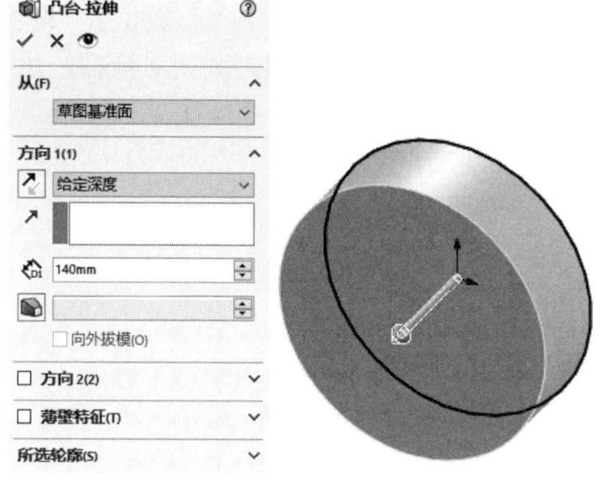

图 5-75　设置拉伸属性

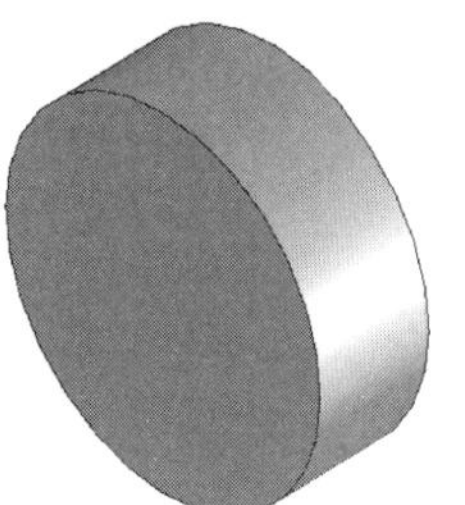

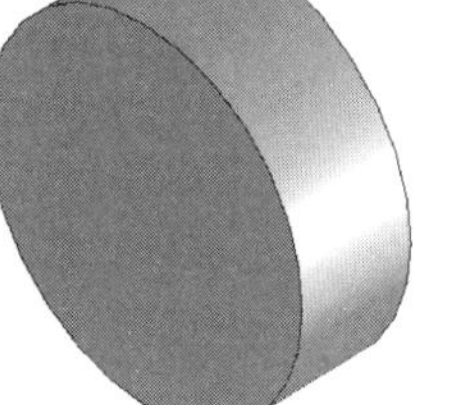

图 5-76　拉伸实体 1

4. 设置基准面

在 FeatureManager 设计树中选择“前视基准面”作为绘图基准面，然后单击“视图（前导）”工具栏中的“正视于”按钮，将该基准面作为绘制图形的基准面，新建一张草图。

5. 绘制齿轮轮廓草图

（1）转换实体引用。单击“草图”面板中的“转换实体引用”按钮，将拉伸体的边线转换为草图轮廓，作为齿轮的齿根圆。

（2）绘制草图 2。单击“草图”面板中的“圆”按钮，以坐标原点为圆心绘制一个直径为 480mm 的圆，作为齿顶圆；重复“圆”命令，以坐标原点为圆心绘制一个直径为 460mm 的圆，作为分度圆（分度圆在齿轮中是一个非常重要的参考几何体），选择该圆，在弹出的“圆”属性管理器“选项”栏中选中“作为构造线”选项；单击“关闭对话框”按钮，将其作为构造线，从图 5-77 中可以看出，分度圆呈点画线。

（3）绘制中心线。单击“草图”面板中的“中心线”按钮，绘制一条通过原点竖直向上的中心线和一条斜中心线。

（4）标注尺寸。单击“草图”面板中的“智能尺寸”按钮，标注两条中心线之间的角度，在“修改”对话框中输入角度 1.957°，如图 5-78 所示，单击“确定”按钮。

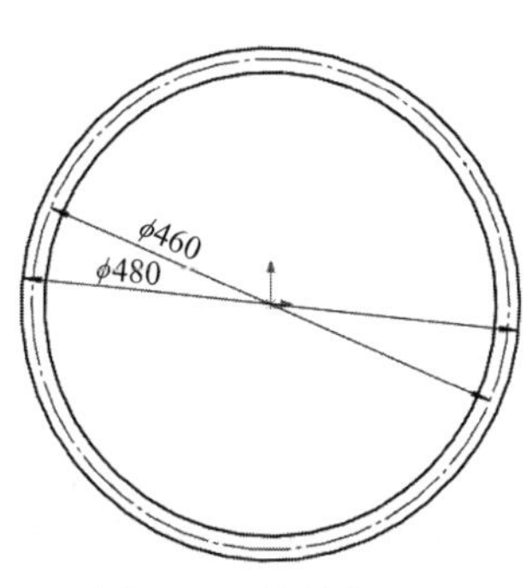

图 5-77　绘制草图 2

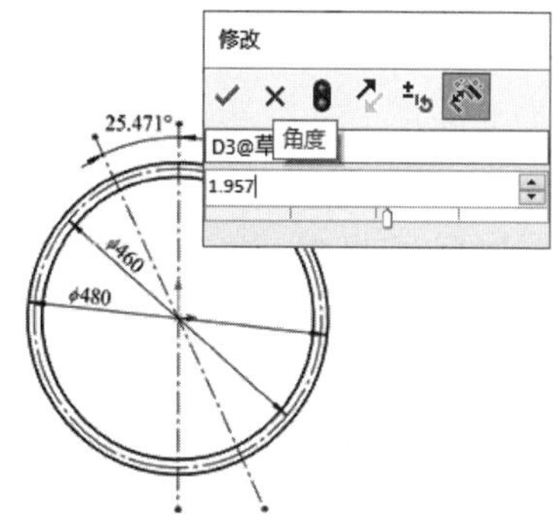

图 5-78　标注尺寸

（5）修改角度单位。此时在图中可以看到显示的角度是 1.96°，这样的结果并非标注错误，而是在“文件属性”对话框中对标注文字进行了有效数字的设定。选择菜单栏中的“工具”→“选项”命令，在出现的“文档属性（D）-单位”对话框中选择“文档属性”选项卡，单击左侧的“单位”选

项，设定标注单位的属性，如图 5-79 所示；在“角度”类型“小数”栏中将“小数位数”设置为“.123”，从而在文件中显示角度单位小数点后的 3 位数字；单击“确定”按钮，关闭对话框，此时的草图如图 5-80 所示。

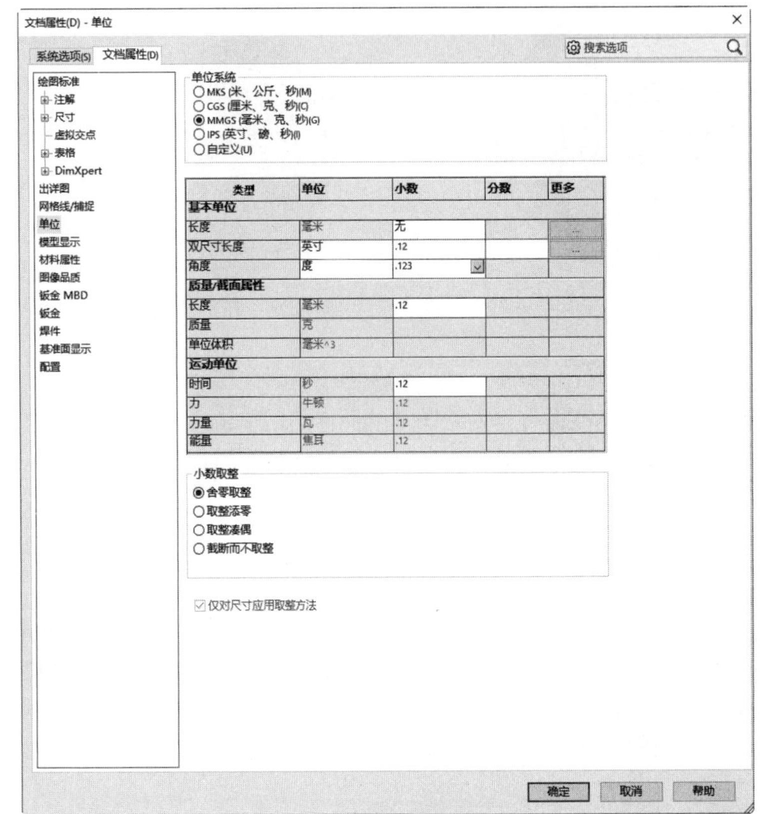

图 5-79 设置标注单位的属性

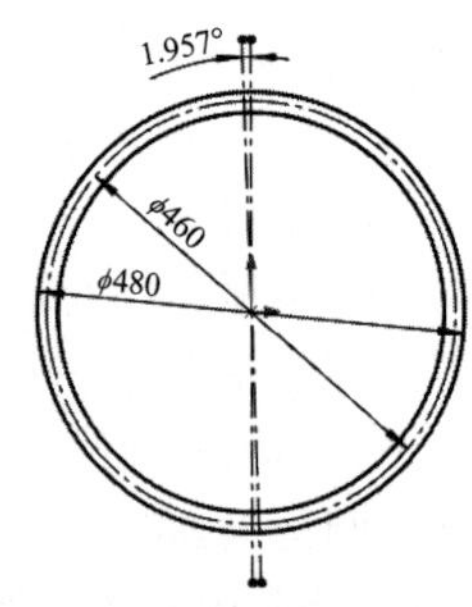

图 5-80 修改角度单位后的草图

（6）绘制点。单击“草图”面板中的“点”按钮，在分度圆和与通过原点的竖直中心线成 1.957°的中心线的交点上绘制一个点。

（7）绘制中心线。单击“草图”面板中的“中心线”按钮，绘制两条竖直中心线并标注尺寸，如图 5-81 所示。

（8）绘制三点圆弧。单击“草图”面板中的“3 点圆弧”按钮，选择与原点相距 10mm 的竖直中心线和齿根圆的交点为起点，选择适当点为中点，选择与原点相距 3.5mm 的竖直中心线和齿顶圆的交点为终点绘制三点圆弧，如图 5-82 所示。

（9）添加几何关系。单击“草图”面板中的“添加几何关系”按钮，选择步骤（8）中绘制的三点圆弧和步骤（6）中绘制的交点，在“添加几何关系”属性管理器中添加“重合”约束，将三点圆弧完全定义，其颜色变为黑色，从而确定其半径，如图 5-83 所示。

（10）镜像图形。按住 Ctrl 键，选择三点圆弧和通过原点的竖直中心线；单击“草图”面板中的“镜像实体”按钮，将三点圆弧以竖直中心线为镜像轴进行镜像复制，如图 5-84 所示。

（11）剪裁图形。单击“草图”面板中的“剪裁实体”按钮，将齿形草图的多余线条裁剪掉，最后的效果如图 5-85 所示。

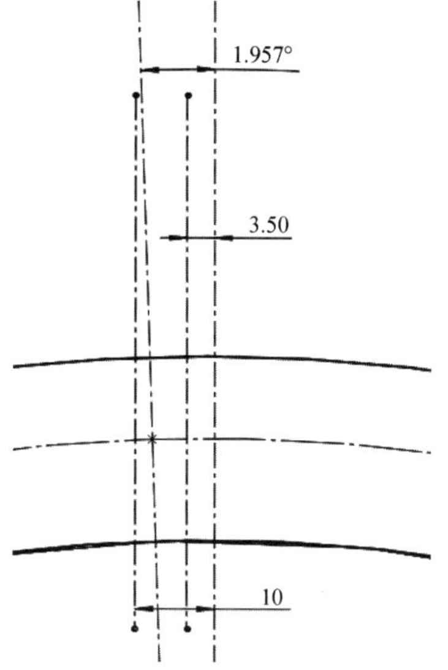

图 5-81　绘制中心线

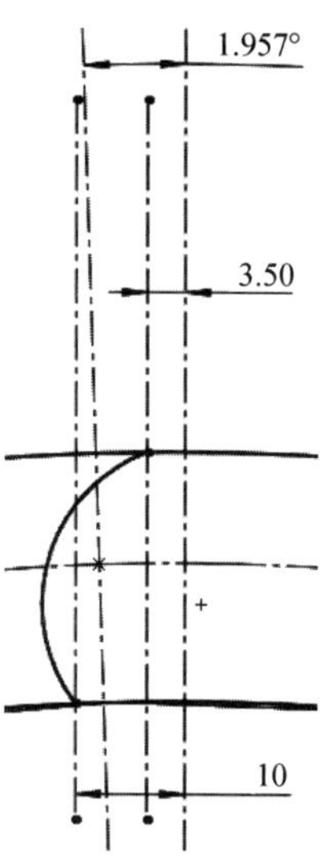

图 5-82　绘制三点圆弧

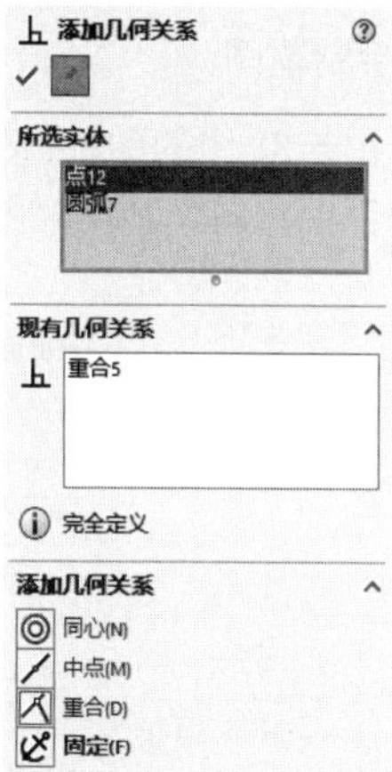

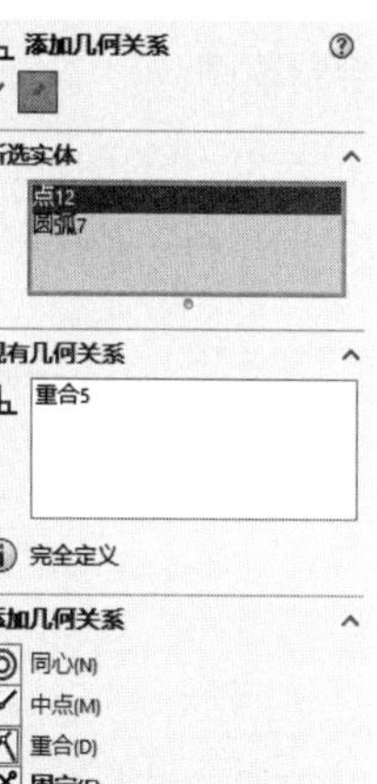

图 5-83　“添加几何关系”属性管理器

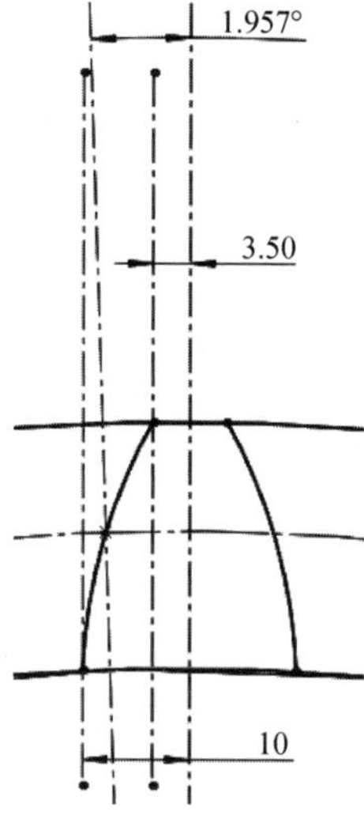

图 5-84　镜像图形

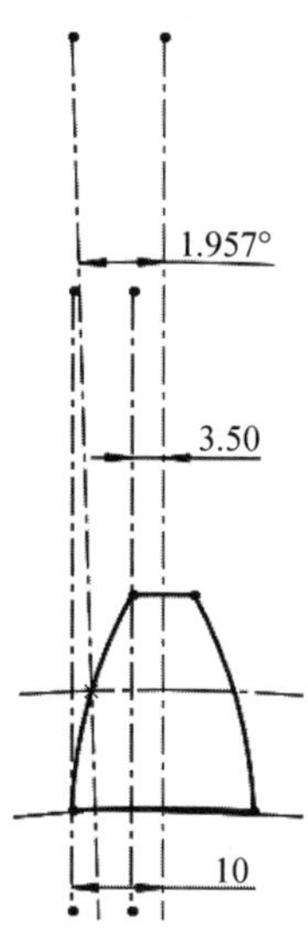

图 5-85　剪裁图形

6. 拉伸实体 2

单击“特征”面板中的“拉伸凸台/基体”按钮，系统弹出“凸台-拉伸”属性管理器，在“深度”图标右侧的微调框中输入 140mm，单击“确定”按钮，生成单齿，如图 5-86 所示。

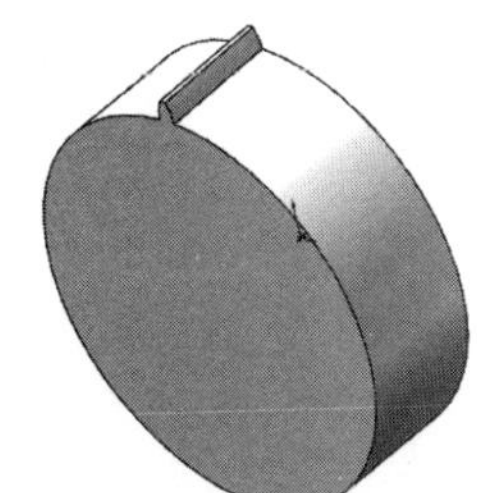

图 5-86　拉伸实体 2

7. 显示临时轴

选择“视图”→“隐藏/显示”→“临时轴”命令，显示零件实体的临时轴。

8. 圆周阵列实体

单击“特征”面板中的“圆周阵列”按钮，弹出“阵列（圆周）1”属性管理器。选择“阵列

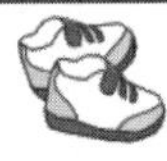

轴”为圆柱基体的临时轴，在“实例数”图标※右侧的微调框中输入46，选中“等间距”单选按钮。在“要阵列的特征”栏中选择齿形实体，即“凸台-拉伸2”特征，如图5-87所示。最后单击“确定”按钮✓，再将临时轴进行隐藏，结果如图5-88所示。

Note

9. 绘制草图

选择图5-88中的圆柱齿轮端面，然后单击“视图（前导）”工具栏中的“正视于”按钮，将该基准面转为正视方向。利用草图工具，在基准面上绘制如图5-89所示的草图，将其作为拉伸切除草图。

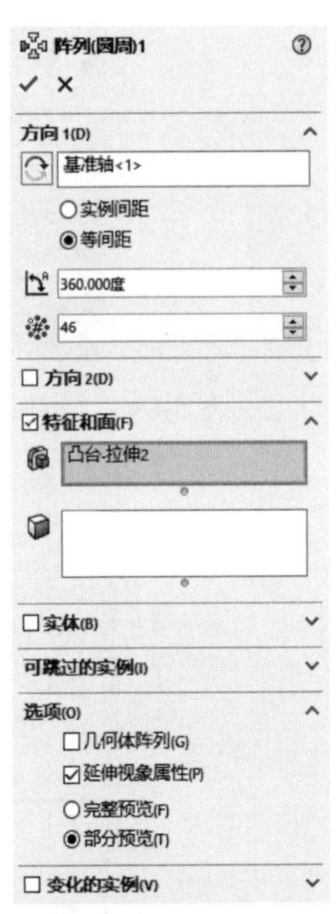

图5-87 “阵列（圆周）1”属性管理器

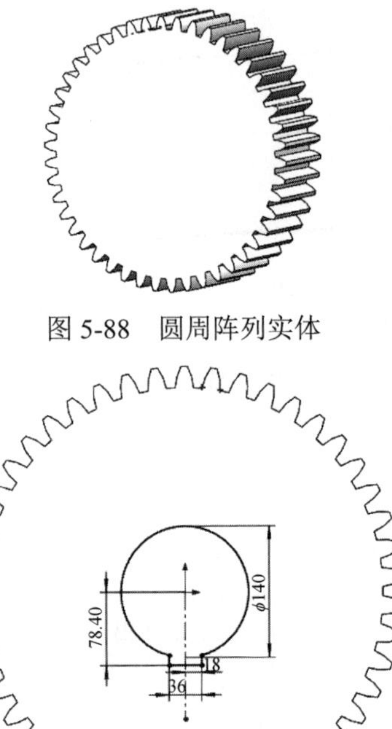

图5-88 圆周阵列实体

图5-89 绘制草图3

10. 拉伸切除实体

单击“特征”面板中的“拉伸切除”按钮，弹出“切除-拉伸”属性管理器，设置切除终止条件为“完全贯穿”，如图5-90所示。然后单击“确定”按钮✓，得到的圆柱齿轮如图5-91所示。

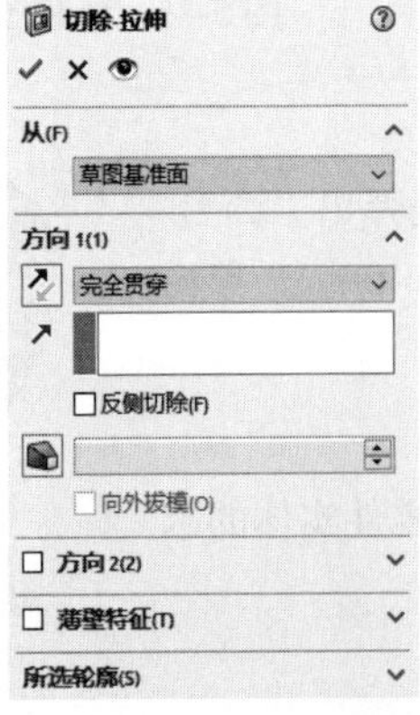

图5-90 “切除-拉伸”属性管理器

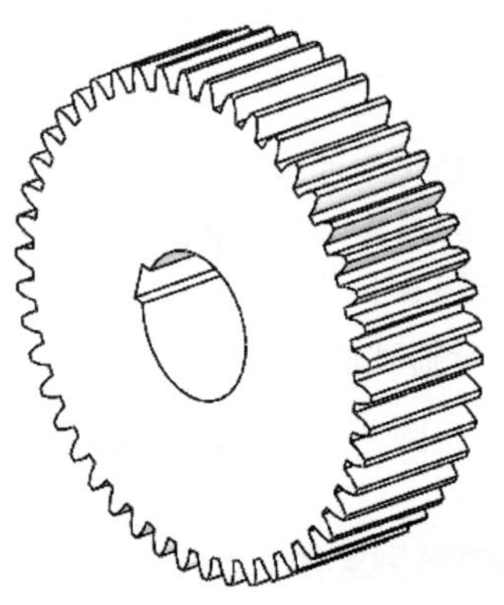

图5-91 切除拉伸实体

11．绘制草图

选择图 5-91 中的圆柱齿轮端面，然后单击“视图（前导）”工具栏中的“正视于”按钮，将该基准面转为正视方向。单击“草图”面板中的“圆”按钮，绘制两个以原点为圆心、直径分别为 200mm 和 400mm 的圆作为切除的草图轮廓，如图 5-92 所示。

12．创建拉伸切除实体

单击“特征”面板中的“拉伸切除”按钮，系统弹出“切除-拉伸”属性管理器，在“深度”图标右侧的微调框中输入 30mm，单击“拔模开/关”按钮，输入拔模角度为 30°，如图 5-93 所示。单击“确定”按钮，完成切除拉伸实体的创建，如图 5-94 所示。

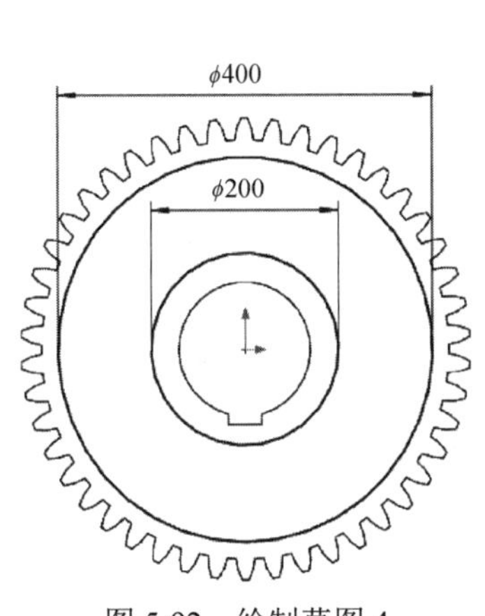

图 5-92　绘制草图 4

图 5-93　“切除-拉伸”属性管理器

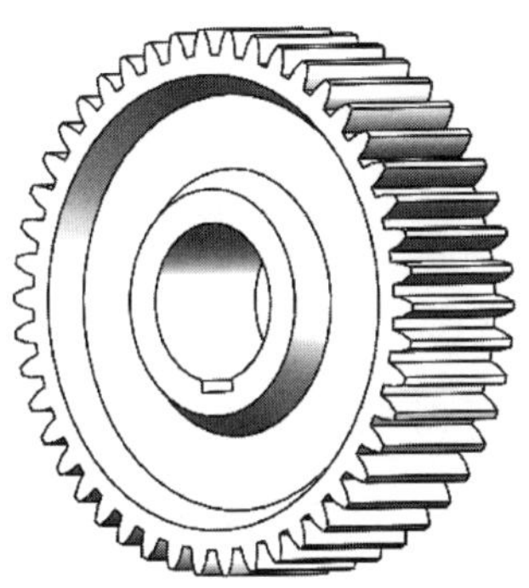

图 5-94　切除拉伸实体

13．创建基准平面

在 FeatureManager 设计树中选择“前视基准面”，单击“特征”面板中的“基准面”按钮，弹出“基准面”属性管理器，在“偏移距离”按钮右侧的微调框中输入 70mm，如图 5-95 所示。单击“确定”按钮，生成的基准面效果如图 5-96 所示。

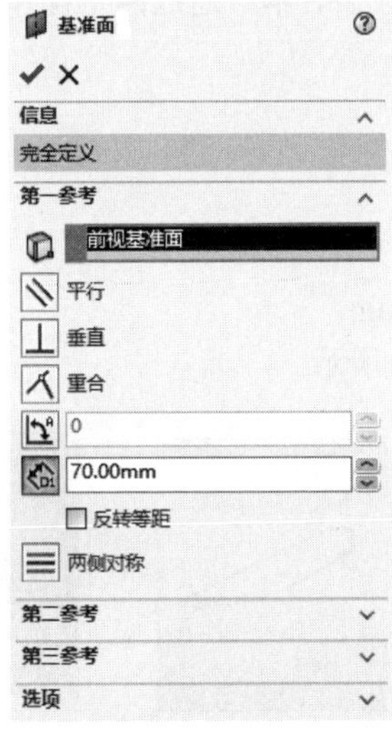

图 5-95　设置等距基准面

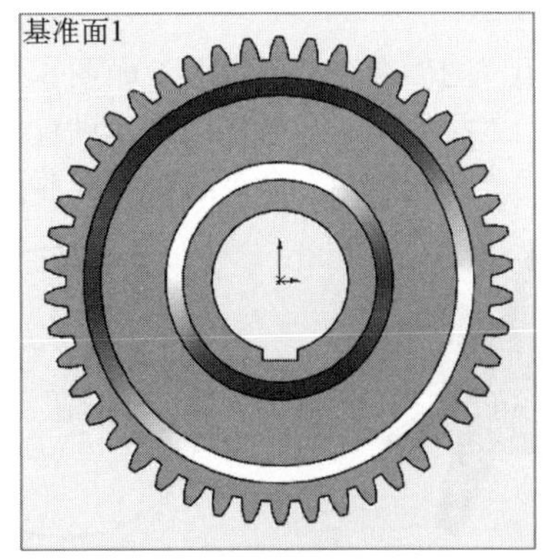

图 5-96　创建基准平面

Note

14. 镜像实体

单击“特征”面板中的“镜像”按钮，系统弹出“镜像”属性管理器。选择“基准面1”作为镜像面，在图形区域或模型树中选择要镜像的特征，即“切除-拉伸2”，如图5-97所示。单击“确定”按钮✔，完成特征的镜像，如图5-98所示。

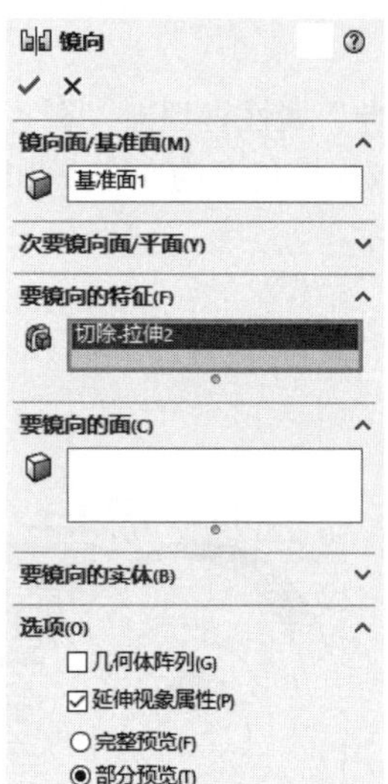

图5-97　设置镜像特征属性

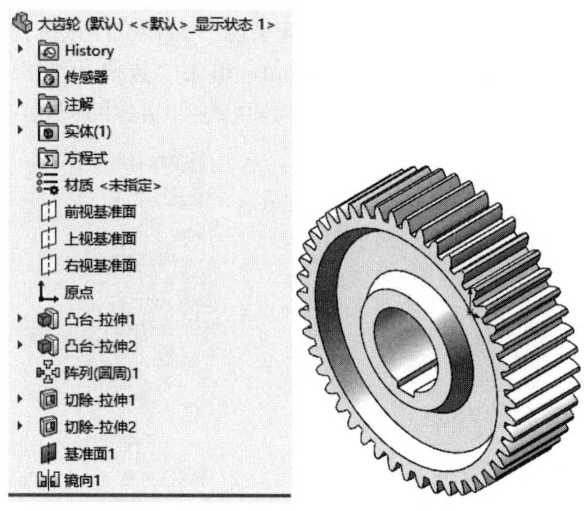

图5-98　镜像完成后的效果

15. 保存镜像文件

单击“快速访问”工具栏中的“保存”按钮，打开“另存为”对话框。在“文件名”文本框中输入“大齿轮”名称。最后单击“保存”按钮，保存文件。

5.13　实践与操作

通过前面的学习，相信读者对本章知识已经有了大体的了解，本节通过两个操作练习使读者进一步掌握本章知识要点。

1. 绘制如图5-99所示的叶轮

操作提示：

（1）利用“圆”命令绘制草图，如图5-100所示。

（2）利用“拉伸”命令创建锥销，设置拉伸距离为22mm。

（3）利用“草图绘制”命令绘制放样草图，如图5-101所示。

图5-99　叶轮

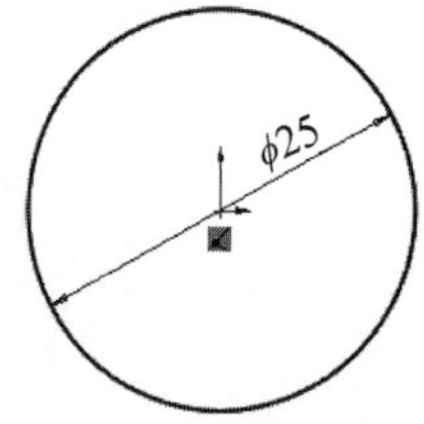

图5-100　绘制草图

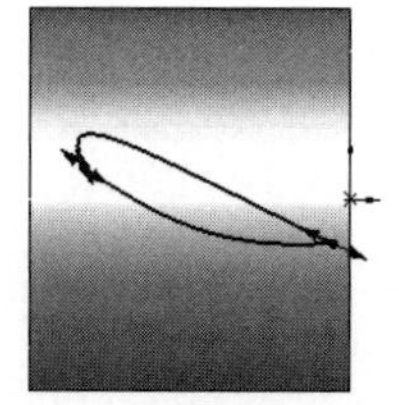

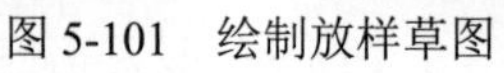

图5-101　绘制放样草图

（4）利用“放样”命令创建单叶片。

（5）利用“圆周阵列”命令创建其他叶片，结果如图 5-99 所示。

2. 绘制如图 5-102 所示的三通管

操作提示：

（1）利用“矩形”命令绘制草图，如图 5-103 所示。利用“拉伸”命令创建拉伸体，设置拉伸方式为“两侧对称”，拉伸距离为 23mm。

（2）利用“圆”命令绘制直径为 16mm 的圆，然后利用“拉伸”命令设置拉伸距离为 2.5mm。

（3）利用“圆”命令绘制直径为 20mm 的圆，然后利用“拉伸”命令设置拉伸距离为 12.5mm。

（4）利用“圆”命令绘制直径为 10mm 的圆，然后利用“拉伸”命令设置拉伸距离为 2.5mm。

（5）利用“圆”命令绘制直径为 12mm 的圆，然后利用“拉伸”命令设置拉伸距离为 11.5mm。

（6）利用“圆”命令绘制直径为 17mm 的圆，然后利用“拉伸”命令设置拉伸距离为 2.5mm。

（7）利用“圆”命令绘制直径为 20mm 的圆，然后利用“拉伸”命令设置拉伸距离为 12.5mm。

（8）利用“圆”命令绘制直径为 15mm 的圆，然后利用“拉伸”命令设置拉伸距离为 5mm，结果如图 5-104 所示。

图 5-102 三通管

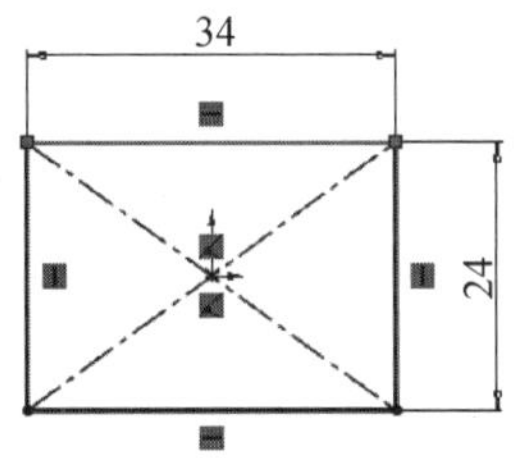

图 5-103 绘制草图

图 5-104 创建拉伸体

（9）在各个拉伸体上绘制圆草图，利用“拉伸切除”命令创建孔，如图 5-105 所示。

（10）利用“倒角”和“圆角”命令分别创建倒角和圆角特征，如图 5-106 所示。

（11）利用“圆”命令绘制草图，如图 5-107 所示。利用“拉伸切除”命令创建孔。

图 5-105 创建孔

图 5-106 创建倒角和圆角特征

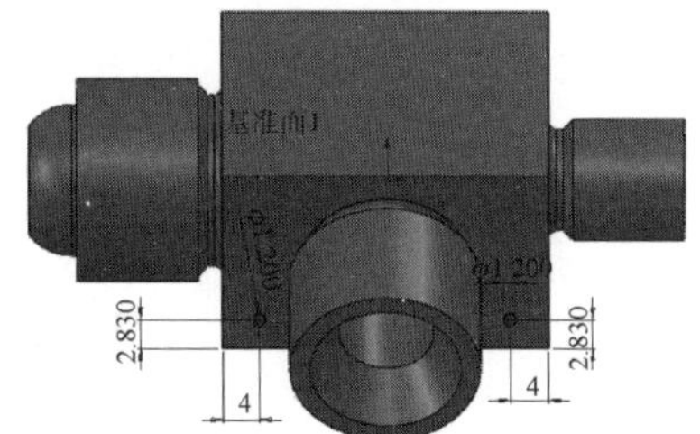

图 5-107 创建草图

（12）利用“镜像”命令对孔进行镜像处理，结果如图 5-102 所示。

第6章 曲线与曲面

在 SOLIDWORKS 中，可以通过带控制线的扫描、放样、填充以及拖动可控制的相切操作产生复杂的曲面，并可以直观地对曲面进行修剪、延伸、删除和缝合等操作。它同样包含拉伸、旋转、扫描等操作，只是针对对象为曲面，绘制效果也有很大不同。

- ☑ 曲线
- ☑ 曲面
- ☑ 曲面编辑
- ☑ 综合实例——塑料焊接器

任务驱动&项目案例

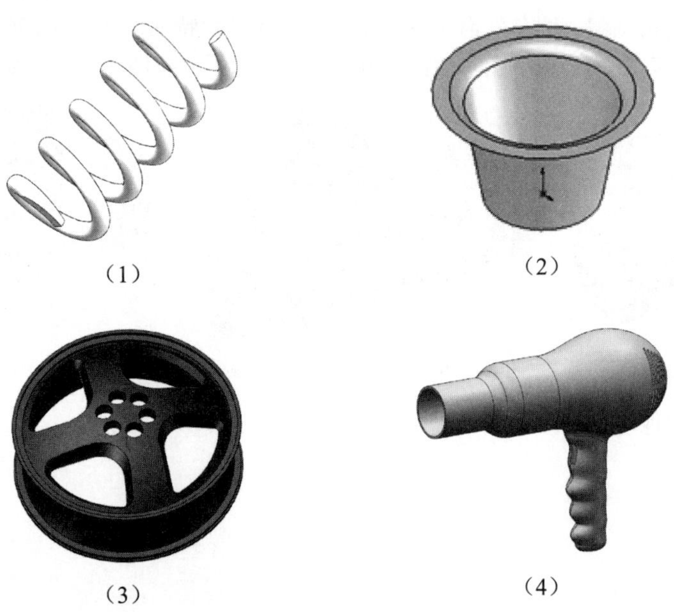

（1） （2）

（3） （4）

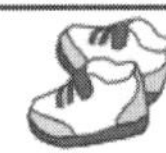

6.1　曲　　线

视频讲解

本书前面已经介绍了部分曲线的生成方式（如样条曲线、椭圆等），本节着重介绍投影、组合、螺旋线和涡状线等曲线的生成。

6.1.1　投影曲线

SOLIDWORKS 有两种方式可以生成投影曲线：一种是利用两个相交基准面上的曲线草图投影得到曲线，另一种是将草图曲线投影到模型面上得到曲线。

1. 利用两个相交基准面上的曲线投影得到曲线（见图 6-1）

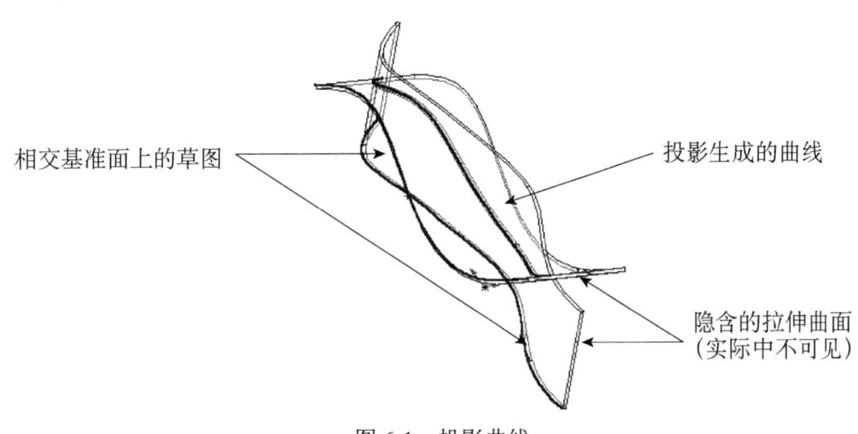

图 6-1　投影曲线

操作步骤如下。

（1）在两个相交的基准面上各绘制一个草图，这两个草图轮廓所隐含的拉伸曲面必须相交，才能生成投影曲线。完成后关闭每个草图。

（2）按住 Ctrl 键选取这两个草图。

（3）单击“特征”面板“曲线”下拉列表中的“投影曲线”按钮，弹出“投影曲线”属性管理器，如图 6-2 所示。

（4）在“投影曲线”属性管理器的显示框中会显示要投影的两个草图名称，同时在图形区域中显示所得到的投影曲线。

（5）单击“确定”按钮✔，生成投影曲线。

2. 将草图曲线投影到模型面上得到曲线

（1）在基准面或模型面上，生成一个包含一条闭环或开环曲线的草图。

（2）按住 Ctrl 键，选择草图和所要投影曲线的面。

（3）单击“特征”面板“曲线”下拉列表中的“投影曲线”按钮。

（4）在弹出的“投影曲线”属性管理器中会显示要投影的曲线和投影面的名称，如图 6-3 所示，同时在图形区域中显示所得到的投影曲线。如果投影的方向错误，可选中“反转投影”复选框。

（5）单击“确定”按钮✔，生成投影曲线。

Note

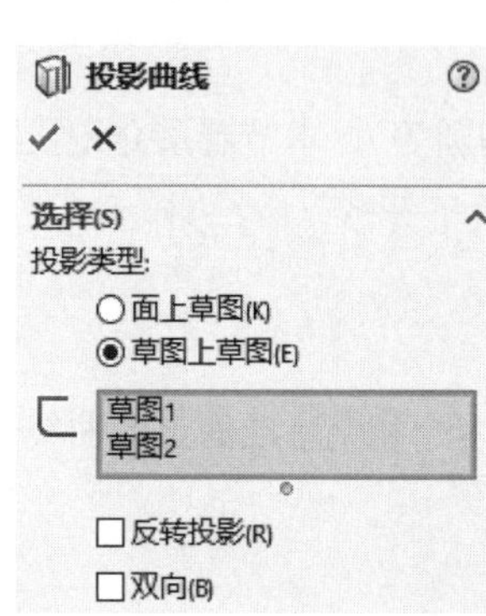

图 6-2 “投影曲线”属性管理器

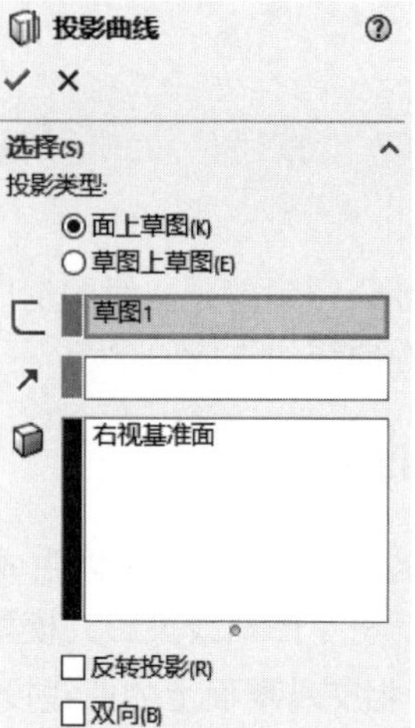

图 6-3 显示要投影曲线和投影面的名称

视频讲解

6.1.2 通过 XYZ 点的曲线

利用三维样条曲线可以生成任何形状的曲线。SOLIDWORKS 中三维样条曲线的生成方式有多种：用户既可以自定义样条曲线通过的点生成曲线，也可以导入坐标文件以生成曲线，还可以指定模型中的参考点生成曲线。

穿越自定义点的曲线经常应用在逆向工程的曲线生成中。通常逆向工程是先有一个实体模型，由三维向量床 CMM 或以激光扫描仪取得点资料。每个点包含 3 个数值，分别代表它的空间坐标（X, Y, Z）。

1. 自定义样条曲线通过的点以生成曲线

操作步骤如下。

（1）单击“特征”面板“曲线”下拉列表中的“通过 XYZ 点的曲线”按钮。

（2）在弹出的“曲线文件”对话框（见图 6-4）中输入自由点的空间坐标，同时在图形区域中可以预览生成的曲线。

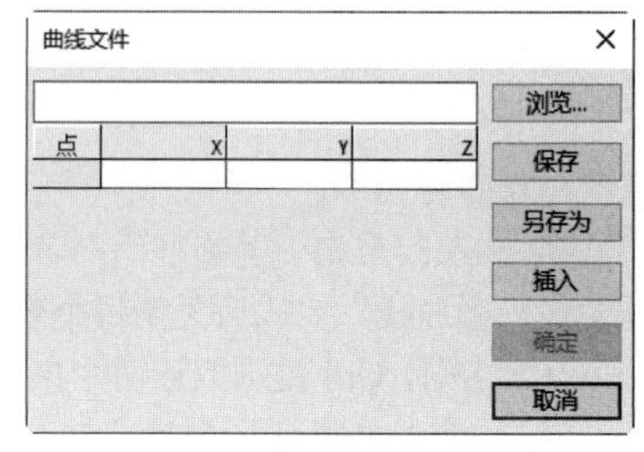

图 6-4 “曲线文件”对话框

（3）当在最后一行的单元格中双击时，系统会自动增加一行。如果要在一行的上面插入一个新的行，只要单击该行，然后单击“插入”按钮即可。

（4）如果要保存曲线文件，单击“保存”或“另存为”按钮，然后指定文件的名称（扩展名为.sldcrv）即可。

（5）单击“确定”按钮，即可生成三维样条曲线。

除了在“曲线文件”对话框中输入坐标来定义曲线外，SOLIDWORKS 还可以插入在文本编辑器、Excel 等应用程序中生成的坐标文件（后缀名为.sldcrv 或.txt），从而生成曲线。

坐标文件应该为 X、Y、Z 3 列清单，并用制表符（Tab）或空格进行分隔。

2. 导入坐标文件以生成曲线

操作步骤如下。

（1）单击“特征”面板“曲线”下拉列表中的“通过 XYZ 点的曲线”按钮。

（2）在弹出的“曲线文件”对话框中单击“浏览”按钮来查找坐标文件，然后单击“打开”按钮。

（3）坐标文件显示在“曲线文件”对话框中，同时在图形区域中可以预览曲线效果。

（4）可以根据需要编辑坐标直到满意为止。

（5）单击“确定”按钮，生成样条曲线。

3. 通过指定模型中的参考点生成曲线

操作步骤如下。

（1）单击“特征”面板“曲线”下拉列表中的“通过参考点的曲线”按钮。

（2）在弹出的“通过参考点的曲线”属性管理器中单击“通过点”栏中的显示框，然后在图形区域按照要生成曲线的次序来选择通过的模型点。此时模型点显示在该显示框中，如图 6-5 所示。

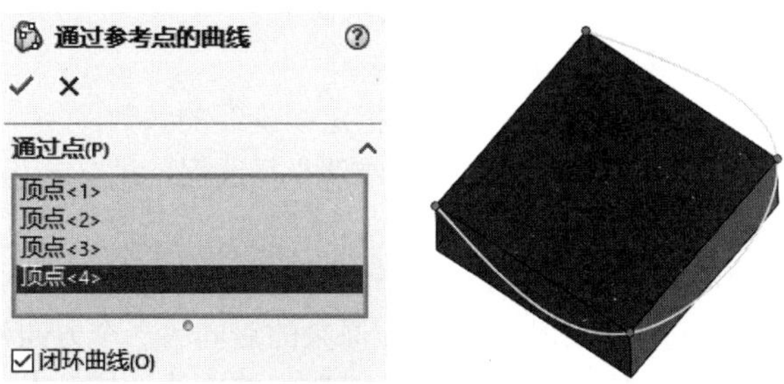

图 6-5　“通过参考点的曲线”属性管理器

（3）如果想要将曲线封闭，则选中“闭环曲线”复选框。

（4）单击“确定”按钮✔，生成通过模型点的曲线。

6.1.3　组合曲线

SOLIDWORKS 可以将多段相互连接的曲线或模型边线组合成为一条曲线。

操作步骤如下。

（1）单击“特征”面板“曲线”下拉列表中的“组合曲线”按钮。

（2）在图形区域中选择要组合的曲线、直线或模型边线（这些线段必须连续），则所选实体在“组合曲线”属性管理器“要连接的实体”栏的显示框中显示出来，如图 6-6 所示。

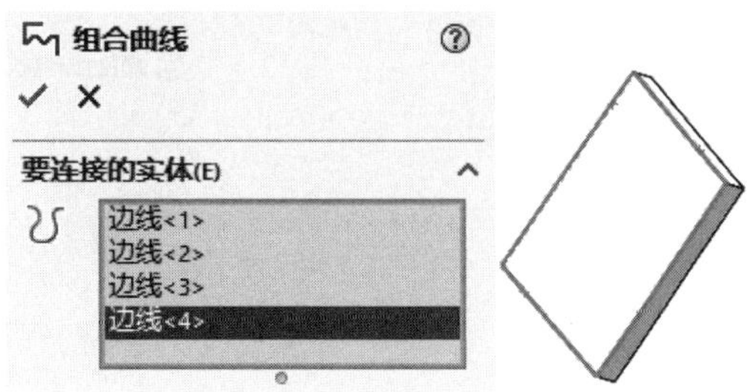

图 6-6　“组合曲线”属性管理器

（3）单击“确定”按钮✔，生成组合曲线。

6.1.4　螺旋线和涡状线

螺旋线和涡状线通常用于绘制螺纹、弹簧、发条等零部件，图 6-7 为这两种曲线的状态。

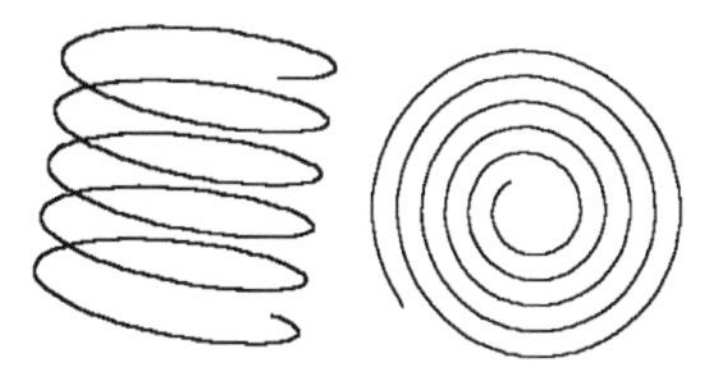

图 6-7　螺旋线（左）和涡状线（右）

Note

1. 创建螺旋线

操作步骤如下。

（1）单击“草图”面板中的“草图绘制”按钮，打开一个草图，并绘制一个圆。此圆的直径控制螺旋线的直径。

（2）单击“特征”面板“曲线”下拉列表中的“螺旋线/涡状线”按钮。

（3）在弹出的“螺旋线/涡状线”属性管理器（见图 6-8）的“定义方式”下拉列表框中选择一种螺旋线的定义方式，有以下选项。

☑ 螺距和圈数：指定螺距和圈数。

☑ 高度和圈数：指定螺旋线的总高度和圈数。

☑ 高度和螺距：指定螺旋线的总高度和螺距。

（4）根据步骤（3）中指定的螺旋线定义方式指定螺旋线的参数。

（5）如果要制作锥形螺旋线，则选中“锥形螺纹线”复选框，并指定锥形角度以及锥度方向（向外扩张或向内扩张）。

（6）在“起始角度”微调框中指定螺旋线第一圈的起始角度。

（7）如果选中“反向”复选框，则螺旋线将由原来的点向另一个方向延伸。

（8）选中“顺时针”或“逆时针”单选按钮，以决定螺旋线的旋转方向。

（9）单击“确定”按钮，生成螺旋线。

2. 创建涡状线

操作步骤如下。

（1）单击“草图”面板中的“草图绘制”按钮，打开一个草图，并绘制一个圆。此圆的直径作为起点处涡状线的直径。

（2）单击“特征”面板“曲线”下拉列表中的“螺旋线/涡状线”按钮。

（3）在弹出的“螺旋线/涡状线”属性管理器的“定义方式”下拉列表框中选择“涡状线”，如图 6-9 所示。

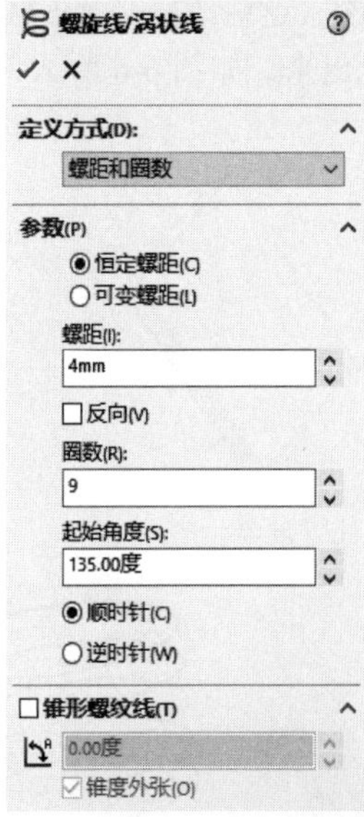

图 6-8 “螺旋线/涡状线”属性管理器

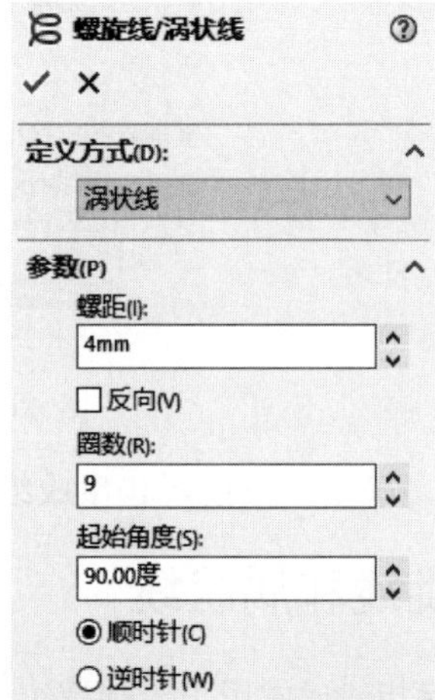

图 6-9 定义“涡状线”

（4）在对应的“螺距”和“圈数”微调框中分别指定螺距和圈数。

（5）如果选中“反向”复选框，则生成一个内张的涡状线。

（6）在“起始角度”微调框中指定涡状线的起始位置。

（7）选中“顺时针”或“逆时针”单选按钮，以决定涡状线的旋转方向。

（8）单击“确定”按钮✓，生成涡状线。

Note

视频讲解

6.1.5 实例——弹簧

思路分析

首先绘制螺旋线和扫描截面，然后扫描成弹簧，再绘制草图，切除多余部分，绘制流程如图 6-10 所示。

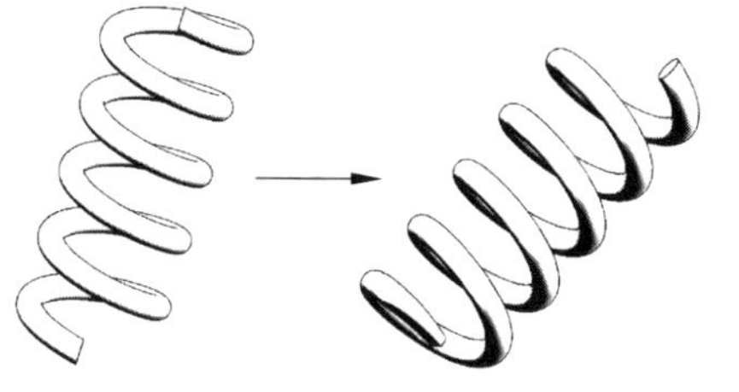

图 6-10　弹簧的绘制流程

操作步骤

1. 新建文件

启动 SOLIDWORKS 2022，单击“快速访问”工具栏中的“新建”按钮，在弹出的“新建 SOLIDWORKS 文件”对话框中单击“零件”按钮，然后单击“确定”按钮，创建一个新的零件文件。

2. 绘制草图

在左侧的 FeatureManager 设计树中选择“前视基准面”作为绘制图形的基准面。单击“草图”面板中的“圆”按钮，绘制一个直径为 18mm 的圆。

3. 绘制螺旋线

单击“特征”面板“曲线”下拉列表中的“螺旋线/涡状线”按钮，此时系统弹出如图 6-11 所示的“螺旋线/涡状线”属性管理器。设置定义方式为“高度和螺距”，选中“恒定螺距”单选按钮，输入高度为 50mm、螺距为 10mm、起始角度为 0°，然后单击“确定”按钮✓。

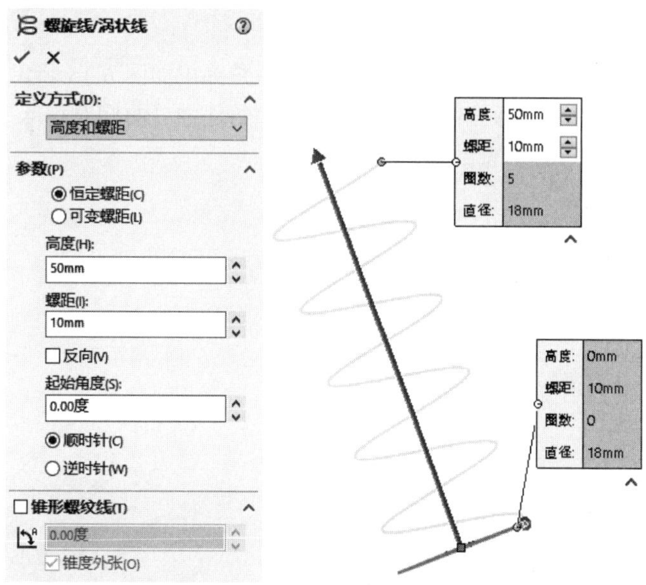

图 6-11　“螺旋线/涡状线”属性管理器

4. 绘制扫描截面

在左侧的 FeatureManager 设计树中选择“上视基准面”作为绘制图形的基准面。单击“草图”面

板中的“圆”按钮⊙，绘制一个直径为 3.6mm 的圆。

5. 扫描弹簧

单击“特征”面板中的“扫描”按钮，此时系统弹出如图 6-12 所示的“扫描”属性管理器。选择步骤 4 绘制的草图为扫描截面，选择螺旋线为扫描引导线，然后单击属性管理器中的“确定”按钮✓，结果如图 6-13 所示。

Note

6. 绘制草图

在左侧的 FeatureManager 设计树中选择“上视基准面”作为绘制图形的基准面。单击“草图”面板中的“边角矩形”按钮，绘制截面草图，标注并修改草图，如图 6-14 所示。

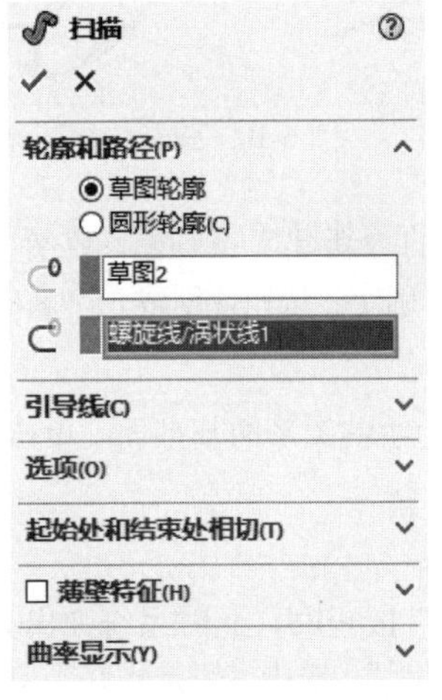

图 6-12 “扫描”属性管理器

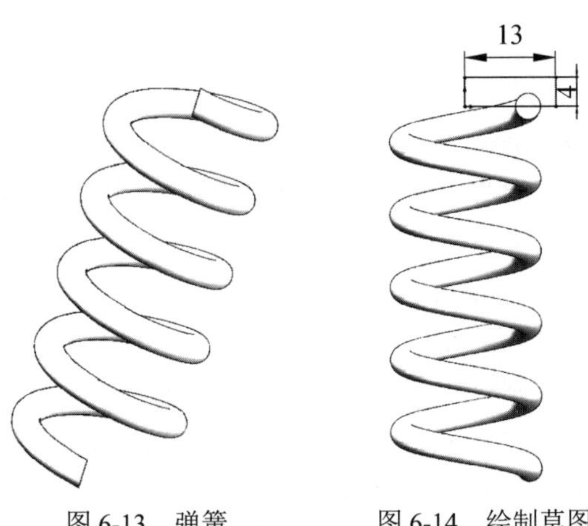

图 6-13 弹簧

图 6-14 绘制草图

7. 切除拉伸实体

单击“特征”面板中的“拉伸切除”按钮，此时系统弹出如图 6-15 所示的“切除-拉伸”属性管理器。选择步骤 6 绘制的草图为拉伸截面，设置终止条件为“两侧对称”，输入拉伸切除距离为 30mm，然后单击“确定”按钮✓，结果如图 6-16 所示。

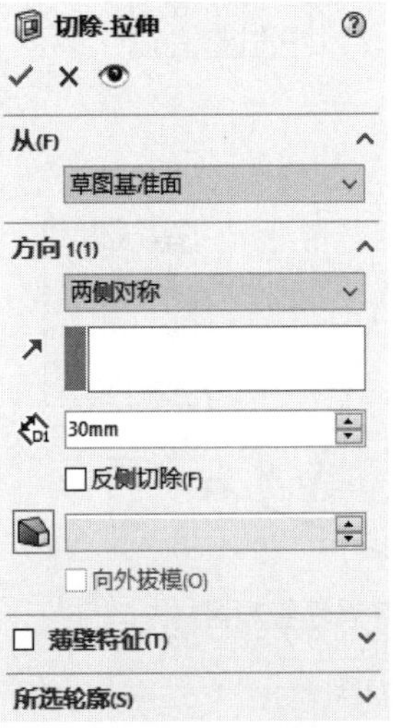

图 6-15 “切除-拉伸”属性管理器

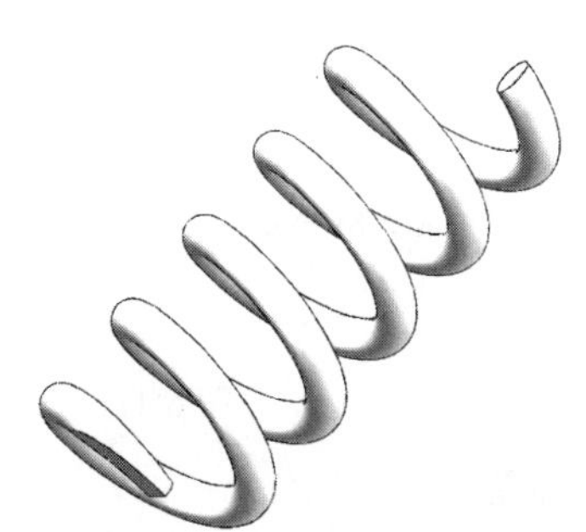

图 6-16 切除拉伸后的图形

Note

6.2 曲　　面

曲面是一种可以用来生成实体特征的几何体。SOLIDWORKS 2022 增强的曲面建模功能让人耳目一新。也许是因为 SOLIDWORKS 以前在实体和参数化设计方面太出色，而使人们忽略了其在曲面建模方面的强大功能。

在 SOLIDWORKS 2022 中建立曲面后，可以用很多方式对曲面进行延伸。可以将曲面延伸到某个已有的曲面，与其缝合或延伸到指定的实体表面；也可以输入固定的延伸长度，或者直接拖动红色箭头手柄，实时地将边界拖动到想要的位置处。

另外，可以用实体或用另一个复杂的曲面对曲面进行修剪。此外还可以将两个曲面或一个曲面、一个实体进行弯曲操作，SOLIDWORKS 2022 将保持其关联性，即当其中一个实体发生改变时，另一个实体会同时相应改变。

SOLIDWORKS 2022 可以使用下列方法生成多种类型的曲面。

（1）由草图拉伸、旋转、扫描或放样生成曲面。

（2）从现有的面或曲面等距生成曲面。

（3）从其他应用程序（如 Pro/ENGINEER、MDT、Unigraphics、SolidEdge、Autodesk Inventor 等）中导入曲面文件。

（4）由多个曲面组合而成曲面。

曲面实体用来描述相连的零厚度的几何体，如单一曲面、圆角曲面等。一个零件中可以有多个曲面实体。SOLIDWORKS 2022 提供了专门的“曲面”工具栏（见图 6-17）来控制曲面的生成和修改。要打开或关闭“曲面”工具栏，只要选择菜单栏中的“视图”→“工具栏”→“曲面”命令即可。

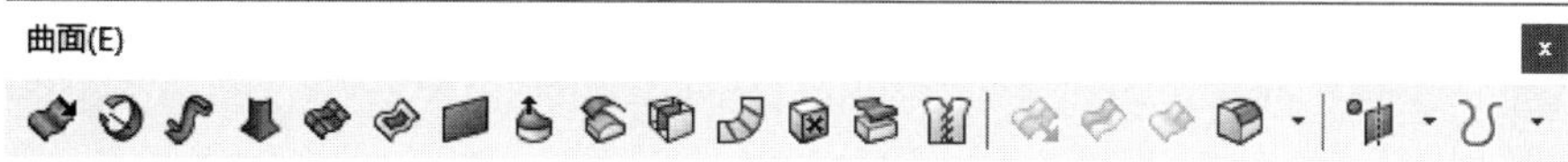

图 6-17　“曲面”工具栏

6.2.1　平面曲面

视频讲解

用户可以通过闭合草图或者在零件中选择闭合边线来生成曲面。

操作步骤如下。

（1）单击“曲面”面板中的“平面区域”按钮，弹出“平面”属性管理器。

（2）在“平面”属性管理器中，单击“边界实体”图标右侧的显示框，然后在右侧的图形区域中选择实体的边线或者草图，如图 6-18 所示。

（3）单击“确定”按钮，完成平面曲面的创建，如图 6-19 所示。

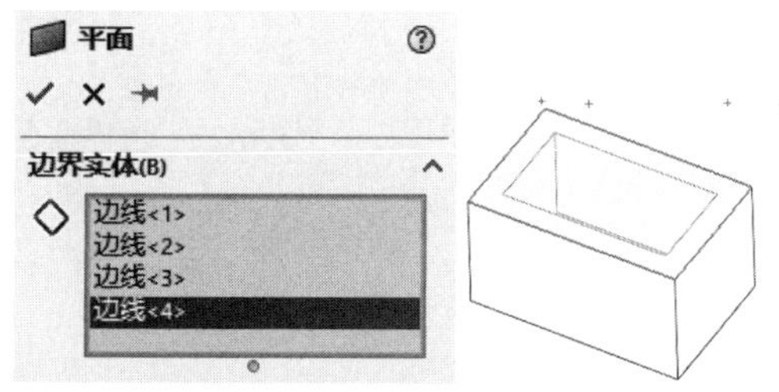

图 6-18　“平面”属性管理器

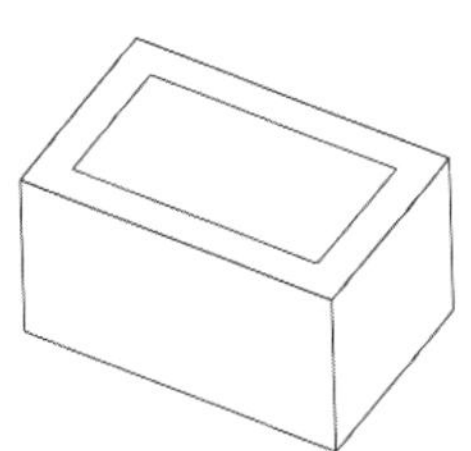

图 6-19　创建平面曲面

视频讲解

Note

6.2.2 边界曲面

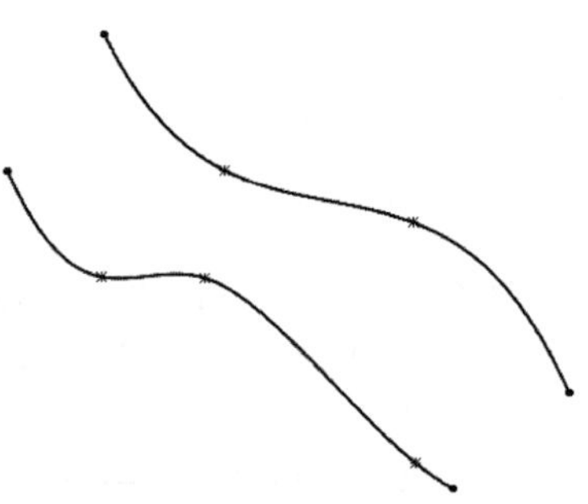

图 6-20　绘制草图

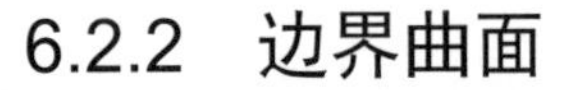

边界曲面可生成在两个方向上相切或曲率连续的曲面。可以在单一方向上创建边界曲面，也可以在两个方向上生成边界曲面。

操作步骤如下。

（1）利用样条曲线绘制如图 6-20 所示的草图。

（2）单击“曲面”面板中的“边界曲面”按钮，弹出“边界-曲面”属性管理器，如图 6-21 所示。

（3）单击“方向 1”栏中的显示框，然后在右侧的图形区域中选择要生成边界曲面的边线。

（4）单击“确定”按钮✓，完成边界曲面，如图 6-22 所示。

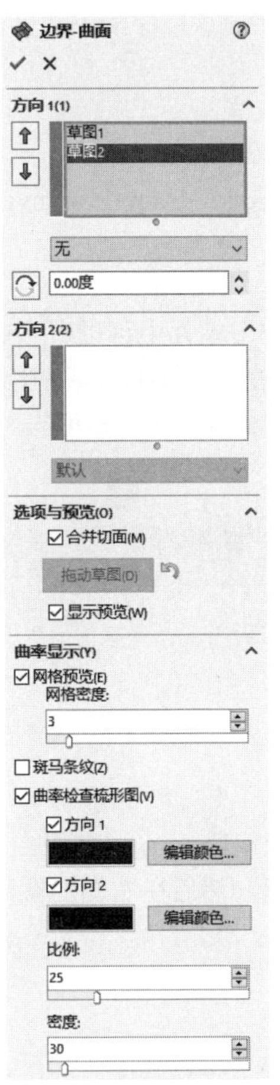

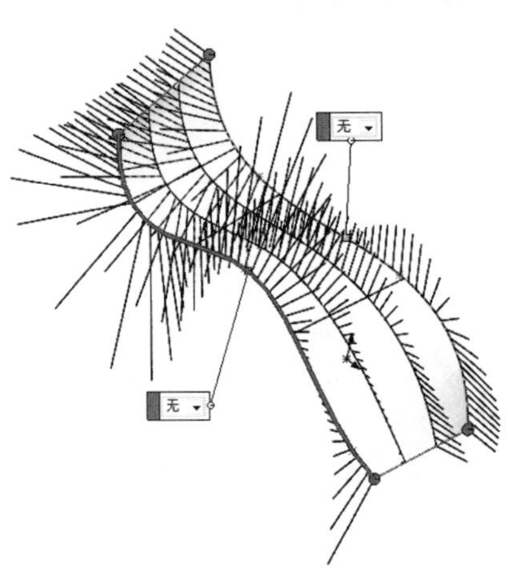

图 6-21　“边界-曲面”属性管理器

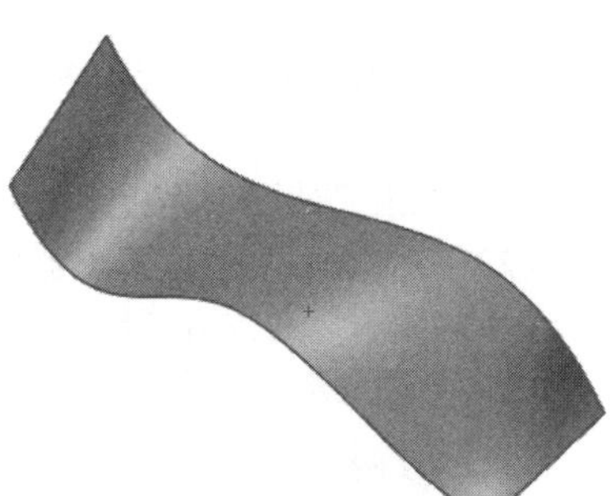

图 6-22　边界曲面

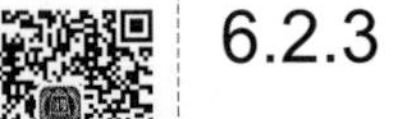

视频讲解

6.2.3 拉伸曲面

操作步骤如下。

（1）单击“草图”面板中的“草图绘制”按钮，打开一个草图并绘制曲面轮廓。

（2）单击“曲面”面板中的“拉伸曲面”按钮，弹出“曲面-拉伸”属性管理器，如图 6-23 所示。

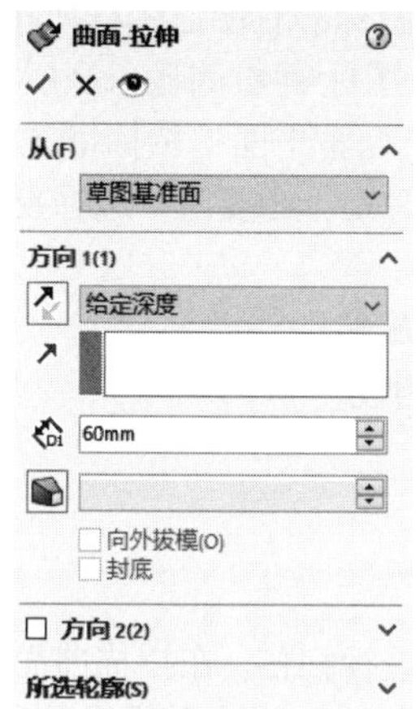

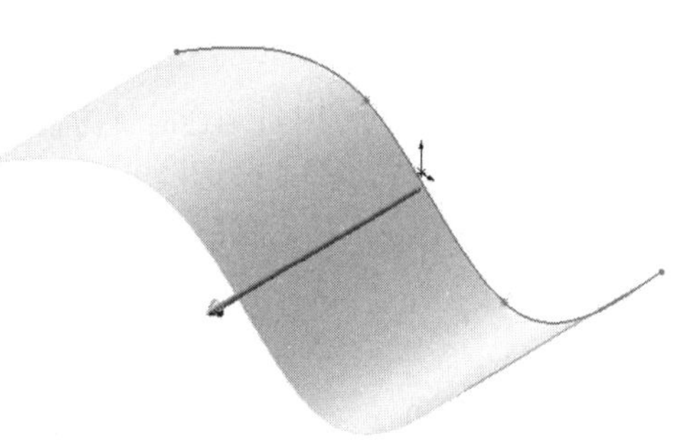

图 6-23　“曲面-拉伸”属性管理器

（3）在“方向 1”栏的“终止条件”下拉列表框中选择拉伸的终止条件。

☑　给定深度：从草图基准面拉伸特征到指定的距离平移处以生成特征。

☑　成形到一顶点：从草图基准面拉伸特征到模型的一个顶点所在的平面以生成特征，该平面平行于草图基准面且穿越指定的顶点。

☑　成形到一面：从草图基准面拉伸特征到所选的曲面以生成特征。

☑　到离指定面指定的距离：从草图基准面拉伸特征到距某面或曲面特定距离处以生成特征。

☑　成形到实体：从草图基准面拉伸特征到指定实体处。

☑　两侧对称：从草图基准面向两个方向对称拉伸特征。

（4）在右侧的图形区域中检查预览。单击“反向”按钮，可向相反方向拉伸。

（5）在“深度”图标右侧的微调框中设置拉伸的深度。

（6）如有必要，选中“方向 2”复选框，将拉伸应用到第 2 个方向。

（7）单击“确定”按钮✓，完成拉伸曲面的生成。

6.2.4　旋转曲面

视频讲解

操作步骤如下。

（1）单击“草图”面板中的“草图绘制”按钮，打开一个草图，并绘制曲面轮廓和围绕旋转的中心线。

（2）单击“曲面”面板中的“旋转曲面”按钮。

（3）此时系统弹出“曲面-旋转”属性管理器，同时在右侧的图形区域中显示生成的旋转曲面，如图 6-24 所示。

（4）相对于草图基准面设定旋转特征的终止条件。如有必要，单击“反向”按钮来反转旋转方向，可以选择以下选项之一。

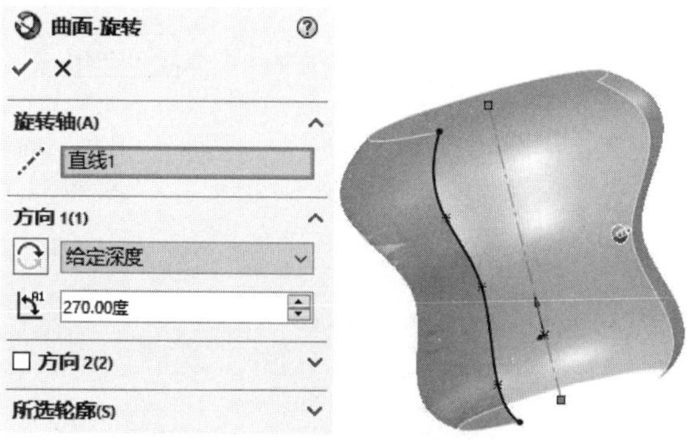

图 6-24　“曲面-旋转”属性管理器

☑ 给定深度：从草图以单一方向生成旋转。在“方向 1 角度”图标右侧的微调框中设定旋转所包容的角度。

☑ 成形到一顶点：从草图基准面生成旋转到在“顶点”图标右侧显示框所指定的顶点。

☑ 成形到一面：从草图基准面生成旋转到在“面/平面”图标右侧显示框所指定的曲面。

☑ 到离指定面指定的距离：从草图基准面生成旋转到在“面/平面”图标右侧显示框中所指定曲面的指定等距，在“等距距离”微调框中设定等距。必要时，选择反向等距，以便以反方向等距移动。

☑ 两侧对称：从草图基准面以顺时针和逆时针方向生成旋转。

（5）在“方向 1 角度”图标右侧的微调框中指定旋转角度。

（6）单击“确定”按钮，生成旋转曲面。

视频讲解

6.2.5 扫描曲面

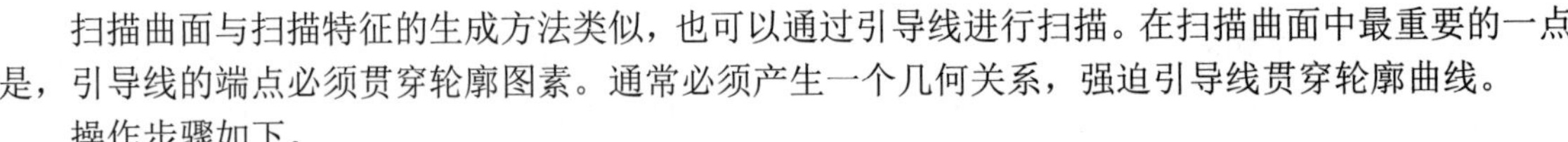

扫描曲面与扫描特征的生成方法类似，也可以通过引导线进行扫描。在扫描曲面中最重要的一点是，引导线的端点必须贯穿轮廓图素。通常必须产生一个几何关系，强迫引导线贯穿轮廓曲线。

操作步骤如下。

（1）根据需要建立基准面，并绘制扫描轮廓和扫描路径。如果需要沿引导线扫描曲面，还要绘制引导线。

（2）如果要沿引导线扫描曲面，需要在引导线与轮廓之间建立重合或穿透几何关系。

（3）单击“曲面”面板中的“扫描曲面”按钮。

（4）在弹出的“曲面-扫描”属性管理器中，单击“轮廓和路径”栏中的“轮廓”图标右侧的显示框，然后在图形区域中选择轮廓草图，所选草图的名称则出现在该显示框中。

（5）单击“轮廓和路径”栏中的“路径”图标右侧的显示框，然后在图形区域中选择路径草图，所选路径草图则会出现在该显示框中。此时，在图形区域中可以预览扫描曲面的效果，如图 6-25 所示。

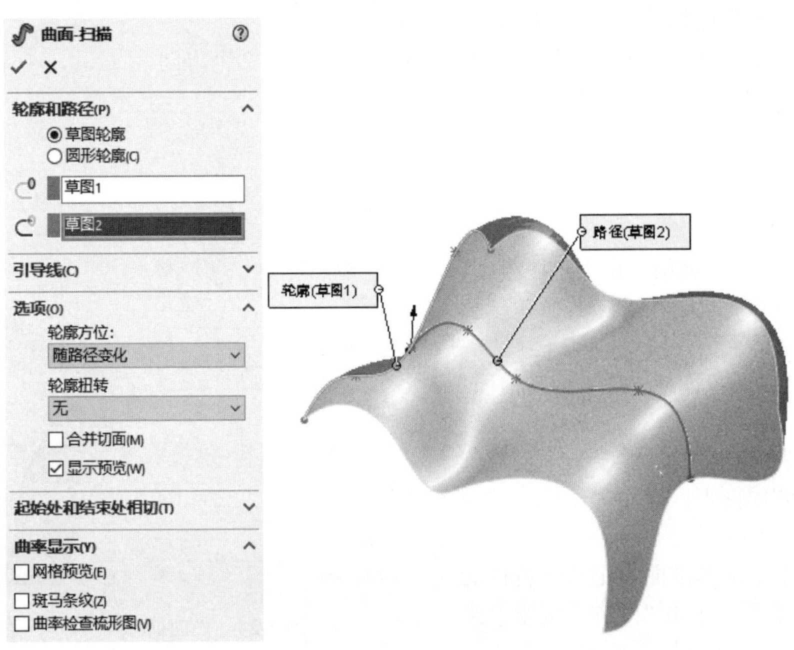

图 6-25　预览扫描曲面的效果

（6）在“选项”栏“轮廓方位”下拉列表框中可以选择以下选项。

☑　随路径变化：草图轮廓随着路径的变化而变换方向，其法线与路径相切。

☑　保持法线不变：草图轮廓保持法线方向不变。

（7）如果需要沿引导线扫描曲面，则激活“引导线”栏，然后在图形区域中选择引导线。

（8）单击“确定”按钮✔，生成扫描曲面。

Note

6.2.6　放样曲面

视频讲解

放样曲面是通过曲线之间进行过渡而生成曲面的方法。

操作步骤如下。

（1）在一个基准面上绘制放样的轮廓。

（2）建立另一个基准面，并在上面绘制另一个放样轮廓。这两个基准面不一定平行。

（3）如有必要还可以生成引导线来控制放样曲面的形状。

（4）单击“曲面”面板中的“放样曲面”按钮。

（5）在弹出的“曲面-放样”属性管理器中，单击“轮廓”图标右侧的显示框，然后在图形区域中按顺序选择轮廓草图，则所选草图出现在该显示框中，并在右侧的图形区域中显示生成的放样曲面，如图 6-26 所示。

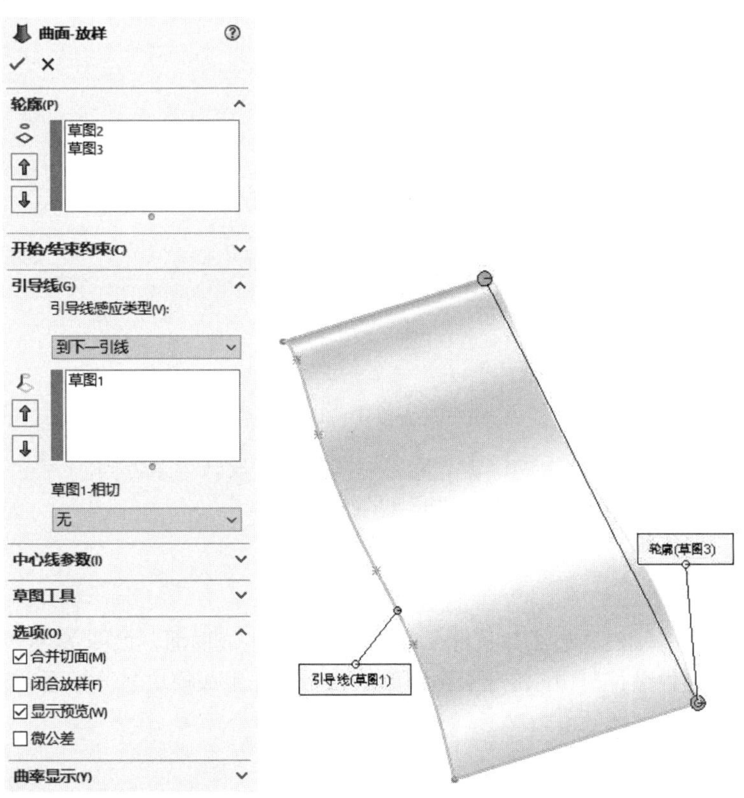

图 6-26　“曲面-放样”属性管理器

（6）单击“上移”按钮或“下移”按钮来改变轮廓的顺序。此项操作只针对两个轮廓以上的放样特征。

（7）如果要在放样的开始和结束处控制相切，则设置“开始/结束约束”选项。

☑ 无：不应用相切。

☑ 垂直于轮廓：放样在起始和终止处与轮廓的草图基准面垂直。

☑ 方向向量：放样与所选的边线或轴相切，或与所选基准面的法线相切。

（8）如果要使用引导线控制放样曲面，在“引导线”栏中单击按钮右侧的显示框，然后在图形区域中选择引导线。

Note

（9）单击“确定”按钮✔，完成放样。

视频讲解

6.2.7 等距曲面

对于已经存在的曲面（不论是模型的轮廓面还是生成的曲面），都可以像生成等距曲线一样生成等距曲面。

操作步骤如下。

（1）单击“曲面”面板中的“等距曲面”按钮。

（2）在弹出的“等距曲面”属性管理器中单击“要等距的曲面或面”图标右侧的显示框，然后在右侧的图形区域中选择要生成等距的模型面或生成的曲面。

（3）在“等距距离”微调框中指定等距面之间的距离，此时在右侧的图形区域中显示等距曲面的效果，如图 6-27 所示。

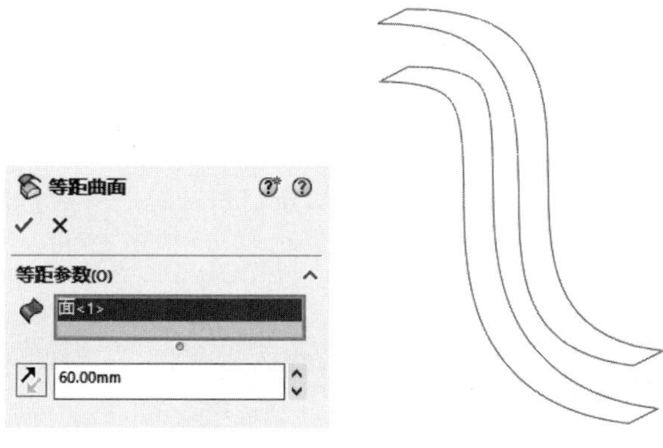

图 6-27　等距曲面效果

（4）如果等距曲面的方向有误，单击“反向”按钮，反转等距方向。

（5）单击“确定”按钮✔，完成等距曲面的生成。

视频讲解

6.2.8 延展曲面

用户可以通过延展分割线、边线并平行于所选基准面来生成曲面，如图 6-28 所示。延展曲面在拆模时最常用。当对零件进行模塑，产生公母模之前，必须先生成模块与分模面，延展曲面就可以用来生成分模面。

操作步骤如下。

（1）单击“曲面”面板中的“延展曲面”按钮。

（2）在弹出的“延展曲面”属性管理器中单击“要延展的边线”图标右侧的显示框，然后在右侧的图形区域中选择要延展的边线。

（3）单击“延展参数”栏中的第一个显示框，然后在图形区域中选择模型面作为延展曲面方向，如图 6-29 所示。延展曲面方向将平行于模型面。

图 6-28　延展曲面效果

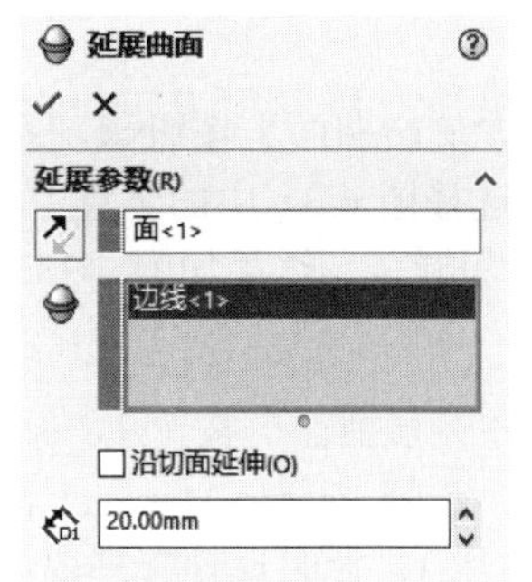

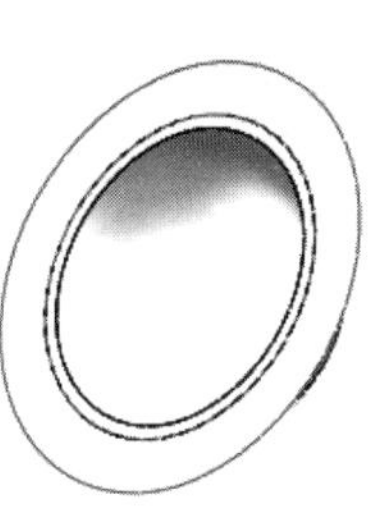

图 6-29　延展曲面

（4）注意图形区域中的箭头方向（指示延展方向），如果有误，可单击“反向”按钮。

（5）在“延展距离”图标右侧微调框中指定曲面的宽度。

（6）如果希望曲面继续沿零件的切面延伸，可选中“沿切面延伸”复选框。

（7）单击“确定”按钮，完成曲面的延展。

6.2.9　实例——花盆

视频讲解

思路分析

本实例是制作一个利用草图、曲面工具绘制的花盆模型。首先通过旋转曲面可完成盆体的建模，再通过延展曲面完成边沿的建模，最后对边沿和盆体的连接部分进行圆角处理，绘制流程如图 6-30 所示。

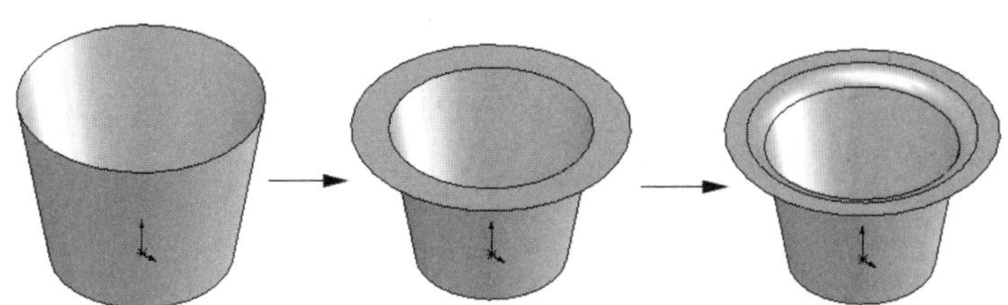

图 6-30　花盆的绘制流程

操作步骤

1. 新建文件

启动 SOLIDWORKS 2022，单击“快速访问”工具栏中的“新建”按钮，在弹出的“新建 SOLIDWORKS 文件”对话框中单击“零件”按钮，然后单击“确定”按钮，创建一个新的零件文件。

2. 绘制草图

选择上视基准面，单击“草图”面板中的“草图绘制”按钮，进入草图绘制平面。单击“草图”面板中的“中心线”按钮，绘制一条通过原点的竖直中心线，然后单击“草图”面板中的“直线”按钮，绘制两条直线。

3. 标注尺寸

单击“草图”面板中的“智能尺寸”按钮，标注步骤 2 绘制的草图，结果如图 6-31 所示。

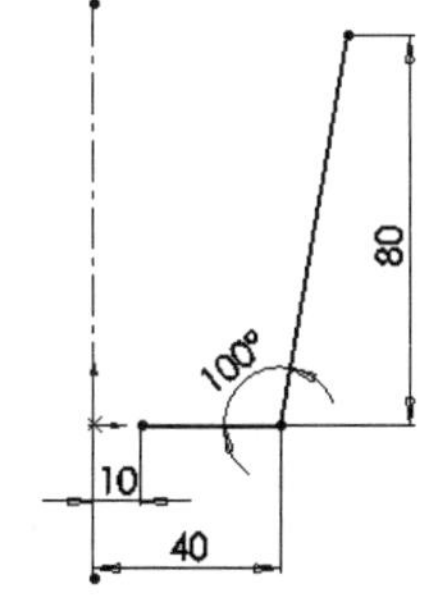

图 6-31　标注的草图

Note

4．旋转曲面

单击“曲面”面板中的“旋转曲面”按钮，系统弹出如图6-32所示的“曲面-旋转”属性管理器。在“旋转轴”一栏中，选择图6-31中的竖直中心线，其他设置参考图6-32。单击属性管理器中的“确定”按钮✔，完成曲面旋转，结果如图6-33所示。

5．延展曲面

单击“曲面”面板中的“延展曲面”按钮，系统弹出“延展曲面”属性管理器。在属性管理器的“延展方向参考”一栏中，选择FeatureManager设计树中的“前视基准面”；在“要延展的曲线”一栏中，选择图6-33中的边线1，此时属性管理器如图6-34所示。在设置过程中要注意延展曲面的方向，如图6-35所示。单击属性管理器中的“确定”按钮✔，生成延展曲面，如图6-36所示。

图6-32　“曲面-旋转”属性管理器

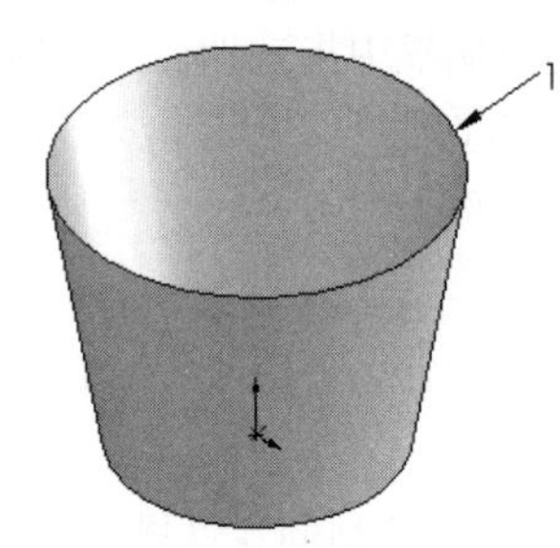

图6-33　花盆盆体

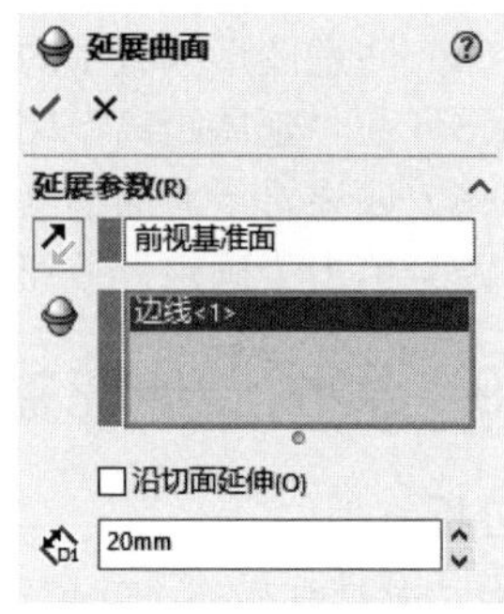

图6-34　“延展曲面”属性管理器

6．缝合曲面

单击“曲面”面板中的“缝合曲面”按钮，系统弹出如图6-37所示的“缝合曲面”属性管理器。在“要缝合的曲面和面”一栏中，选择图6-36中的曲面1和曲面2，单击属性管理器中的“确定”按钮✔，完成曲面的缝合，结果如图6-38所示。

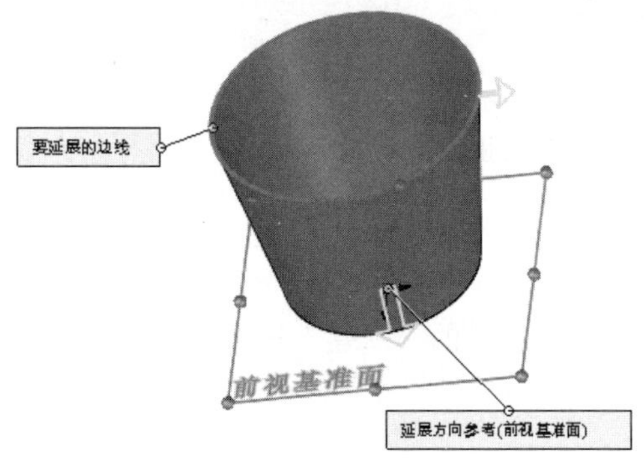

图6-35　延展曲面方向图示

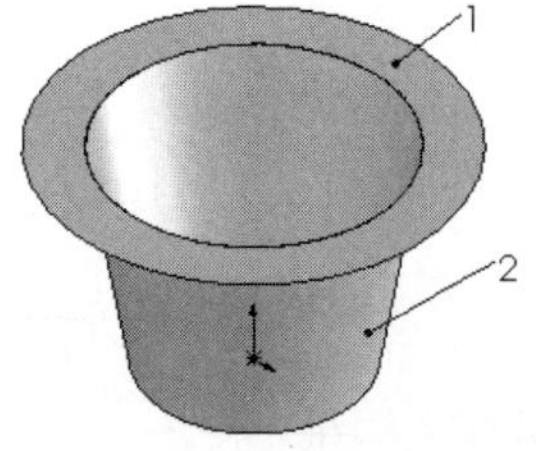

图6-36　生成的延展曲面

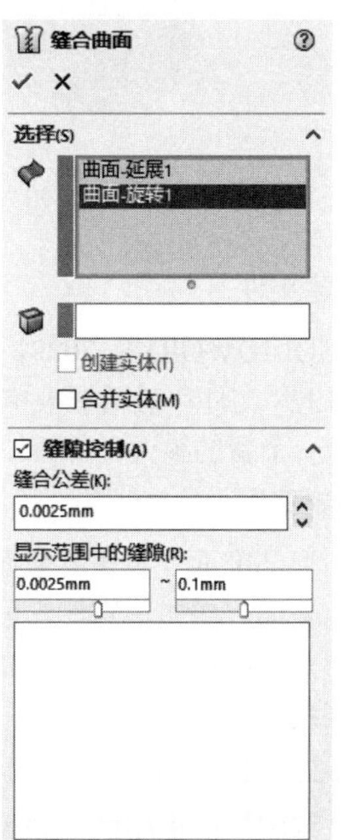

图6-37　“缝合曲面”属性管理器

7. 圆角曲面

单击“特征”面板中的“圆角”按钮，系统弹出如图 6-39 所示的“圆角”属性管理器。在“要圆角化的项目”的“边线、面、特征和环”栏中，选择图 6-38 中的边线 1；在“半径”栏中输入值 10mm。其他设置如图 6-39 所示。单击属性管理器中的“确定”按钮，完成圆角处理，结果如图 6-40 所示。

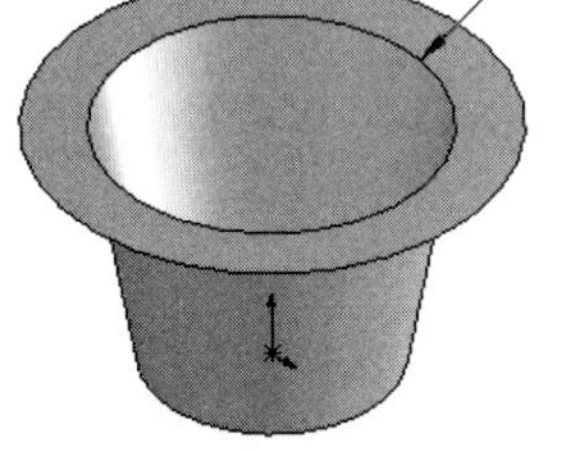

图 6-38　缝合曲面后的图形

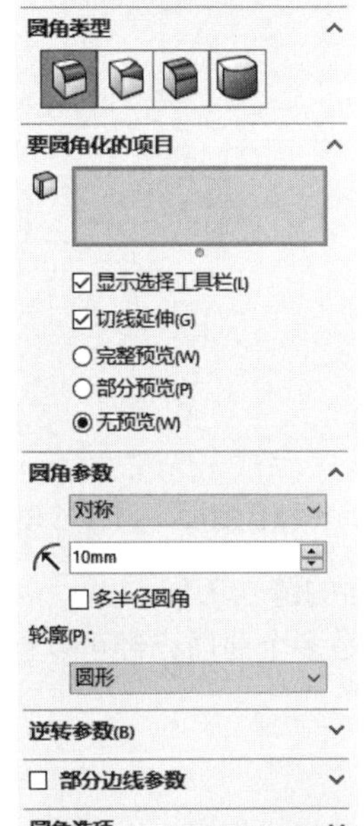

图 6-39　“圆角”属性管理器

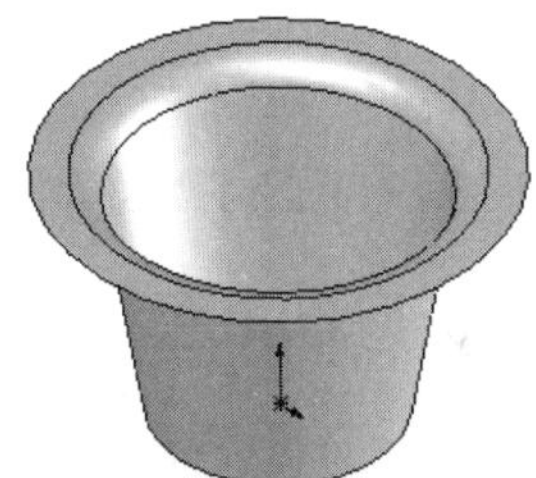

图 6-40　圆角处理后的图形

6.3　曲面编辑

在复杂的曲面建模过程中，单一的曲面创建命令有时不能完成相应的建模，需要利用一些曲面编辑工具来完成模型的绘制，或提高绘制的效率和规范性。

6.3.1　缝合曲面

视频讲解

缝合曲面最为实用的场合就是在 CAM 系统中，建立三维曲面铣削刀具路径。由于缝合曲面可以将两个或多个曲面组合成一个，刀具路径容易最佳化，减少多余的提刀动作。要缝合的曲面的边线必须相邻并且不重叠。

操作步骤如下。

（1）单击“曲面”面板中的“缝合曲面”按钮。

（2）在弹出的“缝合曲面”属性管理器中单击“选择”栏中“要缝合的曲面和面”图标右侧的显示框，然后在图形区域中选择要缝合的面。所选项目列举在该显示框中，如图 6-41 所示。

Note

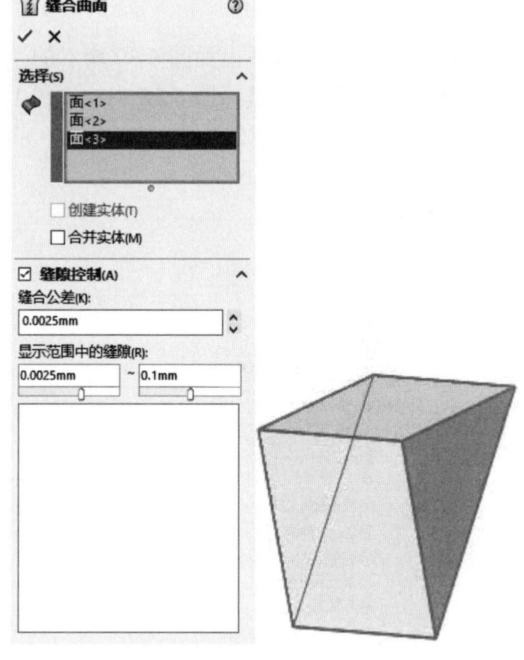

图 6-41 “缝合曲面”属性管理器

（3）单击“确定”按钮✔，完成曲面的缝合工作。

缝合后的曲面外观没有任何变化，但是多个曲面已经可以被作为一个实体来选择和操作。

视频讲解

6.3.2 延伸曲面

延伸曲面可以在现有曲面的边缘，沿着切线方向，以直线或随曲面的弧度产生附加的曲面。

操作步骤如下。

（1）单击“曲面”面板中的“延伸曲面”按钮。

（2）在弹出的“延伸曲面”属性管理器中单击“拉伸的边线/面”栏中的第一个显示框，然后在右侧的图形区域中选择要延伸的曲面边线或曲面。此时被选项目出现在该显示框中，如图 6-42 所示。

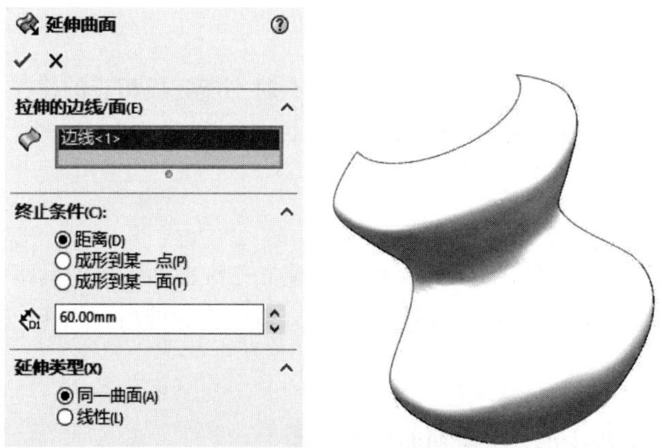

图 6-42 “延伸曲面”属性管理器

（3）在“终止条件”栏的单选按钮组中选择一种延伸结束条件。

☑　距离：在“距离”图标右侧的微调框中指定延伸曲面的距离。

☑　成形到某一点：延伸曲面到图形区域中选择的某一点。

☑　成形到某一面：延伸曲面到图形区域中选择的某一面。

（4）在“延伸类型”栏的单选按钮组中选择延伸类型。

☑　同一曲面：沿曲面的几何体延伸曲面，如图 6-43（a）所示。

☑　线性：沿边线相切于原来曲面延伸曲面，如图 6-43（b）所示。

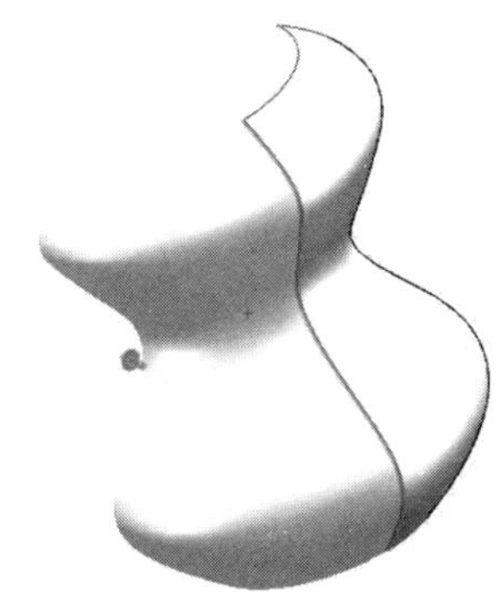

（a）同一曲面

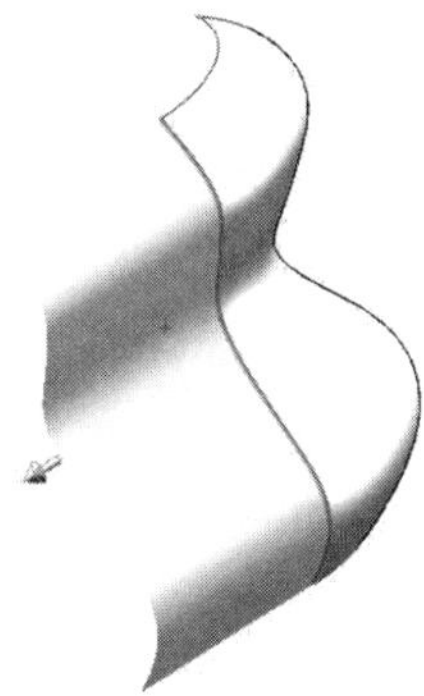

（b）线性

图 6-43　延伸类型

（5）单击“确定”按钮✔，完成曲面的延伸。

如果在步骤（2）中选择的是曲面的边线，则系统会延伸这些边线形成的曲面；如果选择的是曲面，则曲面上所有的边线相等地延伸整个曲面。

6.3.3　剪裁曲面

视频讲解

剪裁曲面主要有两种方式：一种是将两个曲面互相剪裁，另一种是以线性图素修剪曲面。

操作步骤如下。

（1）单击“曲面”面板中的“剪裁曲面”按钮。

（2）在“剪裁曲面”属性管理器的“剪裁类型”单选按钮组中选择剪裁类型。

☑　标准：使用曲面作为剪裁工具，在曲面相交处剪裁其他曲面。

☑　相互：将两个曲面作为互相剪裁的工具。

（3）如果在步骤（2）中选中“标准”单选按钮，则在“选择”栏中单击“剪裁曲面、基准面或草图[①]”图标右侧的显示框，然后在图形区域中选择一个曲面作为剪裁工具，再选中“保留选择”单选按钮，接着单击“保留的部分”图标右侧的显示框，最后在图形区域中选择曲面作为保留部分，所选项目会在对应的显示框中进行显示，如图 6-44 所示。

（4）如果在步骤（2）中选中“相互”单选按钮，则在“选择”栏中单击“剪裁曲面”图标右侧的显示框，然后在图形区域中选择作为剪裁曲面的至少两个相交曲面，再选中“保留选择”单选按钮，接着单击“保留的部分”图标右侧的显示框，最后在图形区域中选择需要的区域作为保留部分（可以是多个部分），所选项目会在对应的显示框中进行显示，如图 6-45 所示。

（5）单击“确定”按钮✔，完成曲面的剪裁，如图 6-46 所示。

---

① 文中的“剪裁曲面、基准面或草图”与软件中的“剪裁曲面、基准面、或草图”为同一内容。

Note

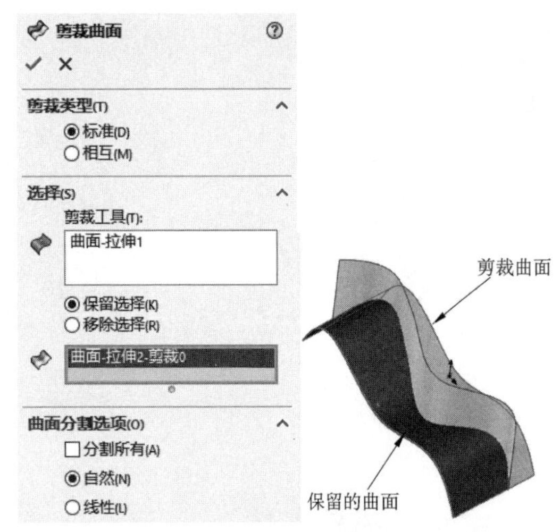

图 6-44 “剪裁曲面”属性管理器

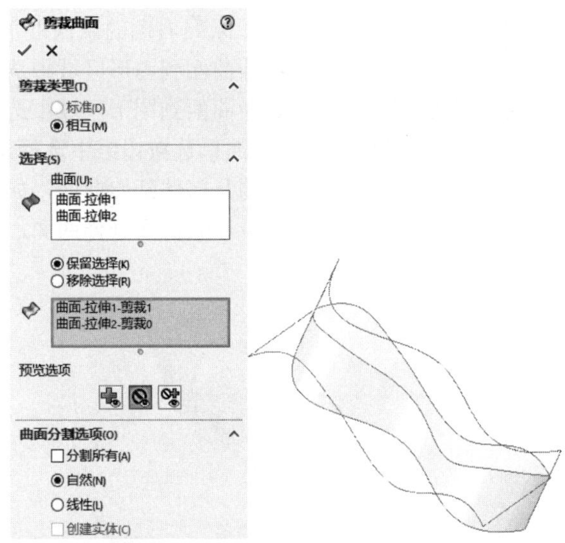

图 6-45 “剪裁类型”为“相互”

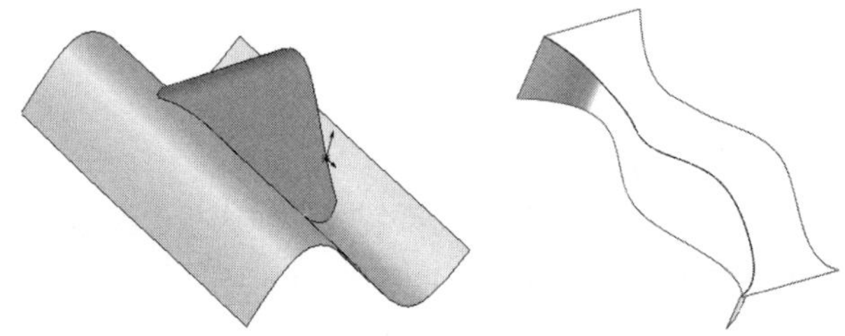

图 6-46 剪裁效果

视频讲解

6.3.4 移动/复制/旋转曲面

用户可以像对拉伸特征、旋转特征那样，对曲面特征进行移动、复制、旋转等操作。

1. 移动/复制曲面

操作步骤如下。

（1）选择菜单栏中的“插入”→“曲面”→“移动/复制”命令。

（2）在弹出的“移动/复制实体”属性管理器中单击“要移动/复制的实体”栏“要移动/复制的实体和曲面或图形实体”图标右侧的显示框，然后在图形区域或 FeatureManager 设计树中选择要移动/复制的曲面。

（3）如果要复制曲面，则选中“复制”复选框，然后在“份数”图标右侧微调框中指定复制的数目。

（4）单击“平移”栏中“平移参考体”图标右侧的显示框，然后在图形区域中选择一条边线来定义平移方向，或者在图形区域中选择两个顶点来定义曲面移动或复制体之间的方向和距离。也可以在 Delta XYZ 图标 ΔX 、ΔY 、ΔZ 右侧的微调框中分别指定移动的距离或复制体之间的距离。此时在右侧的图形区域中可以预览曲面移动或复制的效果，如图 6-47 所示。

（5）单击“确定”按钮，完成曲面的移动/复制。

2. 旋转/复制曲面

操作步骤如下。

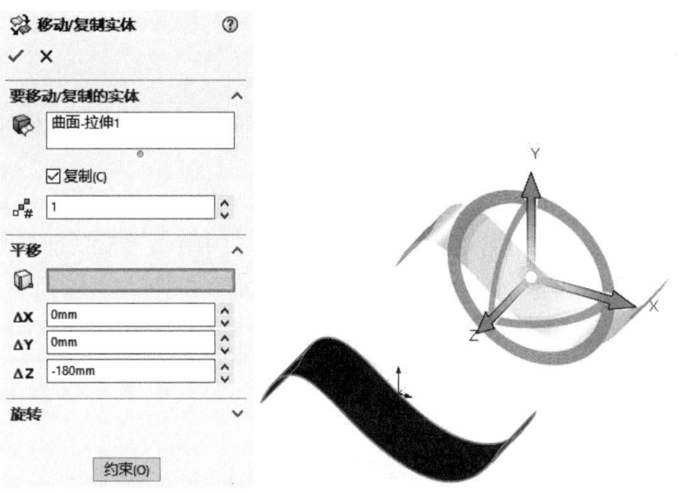

图 6-47　“移动/复制实体”属性管理器

（1）选择“插入”→“曲面”→“移动/复制”命令。

（2）在弹出的“移动/复制实体”属性管理器中单击“要移动/复制的实体”栏中“要移动/复制的实体和曲面或图形实体”图标右侧的显示框，然后在图形区域或 FeatureManager 设计树中选择要旋转/复制的曲面。

（3）如果要复制曲面，则选中“复制”复选框，然后在“份数”图标右侧的微调框中指定复制的份数。

（4）激活“旋转”选项，单击“旋转”栏中“旋转参考”图标右侧的显示框，在图形区域中选择一条边线定义旋转方向。

（5）或者在“旋转原点”图标、、右侧的微调框中分别指定原点在 X、Y、Z 轴方向移动的距离，然后在“旋转角度”图标、、右侧的微调框中分别指定曲面绕 X、Y、Z 轴旋转的角度。此时在右侧的图形区域中可以预览曲面复制/旋转的效果，如图 6-48 所示。

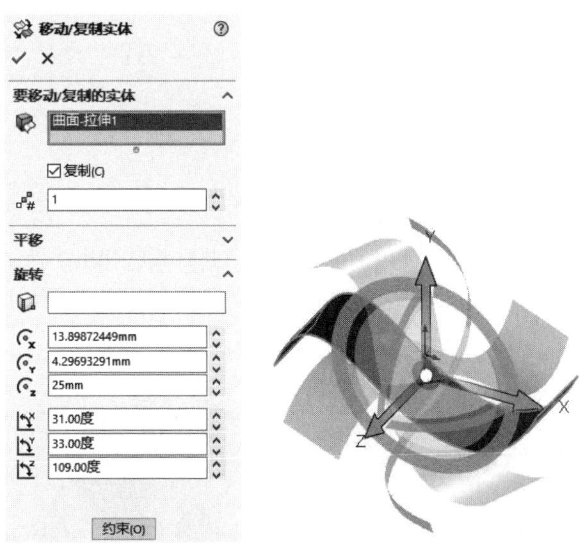

图 6-48　旋转曲面效果图

（6）单击“确定”按钮，完成曲面的旋转/复制。

视频讲解

Note

6.3.5 删除曲面

用户可以从曲面实体中删除一个面，并能对实体中的面进行删除和自动修补。

操作步骤如下。

（1）单击“曲面”面板中的“删除面”按钮。

（2）在弹出的“删除面”属性管理器中单击“选择”栏中“要删除的面”图标右侧的显示框，然后在图形区域或FeatureManager设计树中选择要删除的面。此时，要删除的曲面则会显示于该显示框中，如图6-49所示。

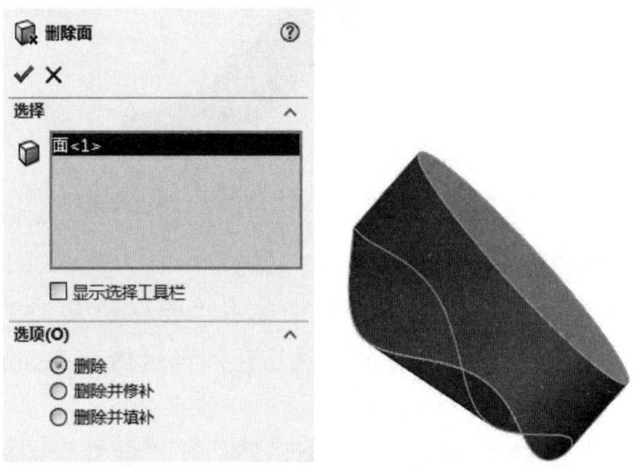

图6-49 “删除面”属性管理器

（3）如果选中“删除”单选按钮，则将删除所选曲面；如果选中“删除并修补”单选按钮，则在删除曲面的同时，对删除曲面后的曲面进行自动修补；如果选中“删除并填补”单选按钮，则在删除曲面的同时，对删除曲面后的曲面进行自动填充。

（4）单击“确定”按钮，完成曲面的删除。

注意：单一面曲面实体不能使用“删除面”命令来删除。使用“删除实体”命令来删除单一曲面实体。

视频讲解

6.3.6 曲面切除

SOLIDWORKS还可以利用曲面来实现对实体的切除。

操作步骤如下。

（1）选择“插入”→“切除”→“使用曲面”命令，此时系统弹出“使用曲面切除”属性管理器。

（2）在图形区域或FeatureManager设计树中选择切除要使用的曲面，所选曲面将出现在“曲面切除参数”栏的显示框中，如图6-50所示。

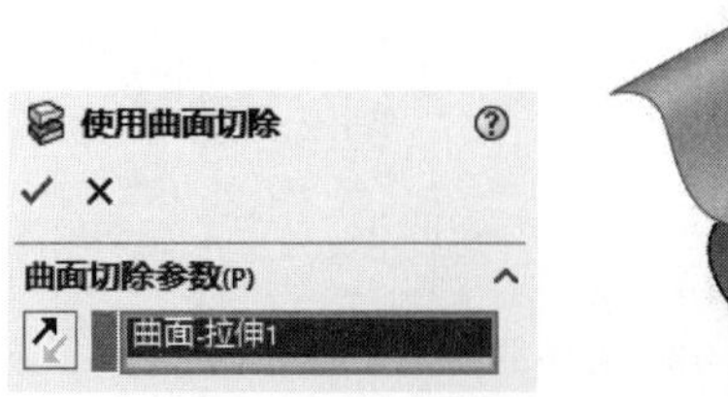

图6-50 “使用曲面切除”属性管理器

（3）图形区域中箭头指示实体切除的方向。如有必要，单击“反向”按钮，反转切除方向。

（4）单击“确定”按钮，则实体被切除，如图 6-51 所示。

（5）单击“曲面”面板中的“剪裁曲面”按钮，对曲面进行剪裁，得到实体切除效果，如图 6-52 所示。

Note

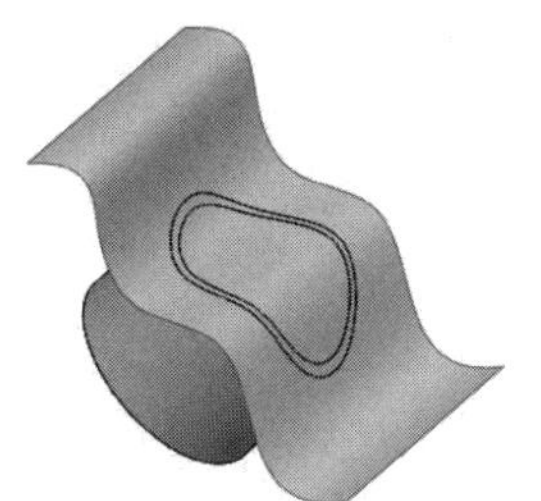

图 6-51　切除效果

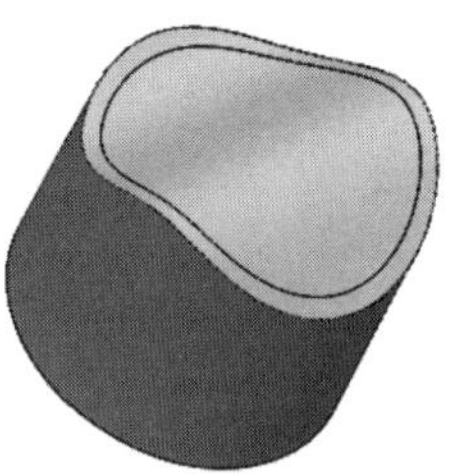

图 6-52　剪裁后的效果

除了这几种常用的曲面编辑方法外，还有圆角曲面、加厚曲面、填充曲面等多种编辑方法，其操作大多与特征的编辑类似。

6.3.7　实例——轮毂

视频讲解

思路分析

首先绘制轮毂主体曲面，然后利用旋转曲面、分割线以及放样曲面创建一个减重孔，再阵列其他减重孔后裁剪曲面，最后切割曲面生成安装孔，绘制流程如图 6-53 所示。

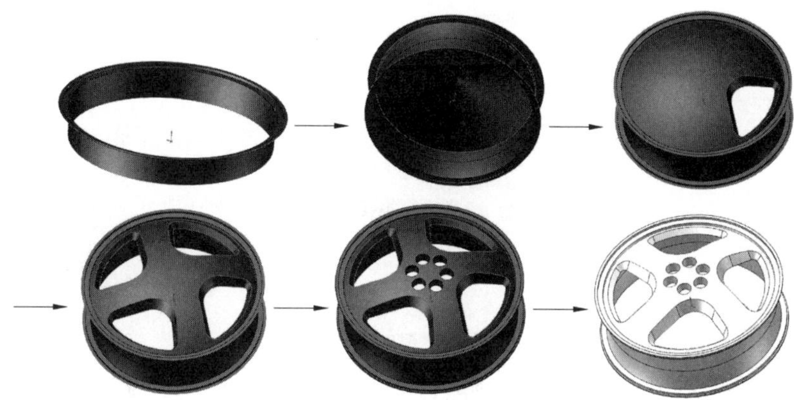

图 6-53　轮毂的绘制流程

操作步骤

1. 新建文件

启动 SOLIDWORKS 2022，单击“快速访问”工具栏中的“新建”按钮，在弹出的“新建 SOLIDWORKS 文件”对话框中单击“零件”按钮，然后单击“确定”按钮，新建一个零件文件。

2. 绘制草图

在左侧的 FeatureManager 设计树中选择“前视基准面”作为绘制图形的基准面。单击“草图”面板中的“中心线”按钮、“3 点圆弧”按钮和“直线”按钮，绘制如图 6-54 所示的草图并标注尺寸。

Note

3. 旋转曲面

单击“曲面”面板中的“旋转曲面”按钮，此时系统弹出如图 6-55 所示的“曲面-旋转”属性管理器。选择步骤 2 创建的草图中心线为旋转轴，其他采用默认设置，单击属性管理器中的“确定”按钮✔，结果如图 6-56 所示。

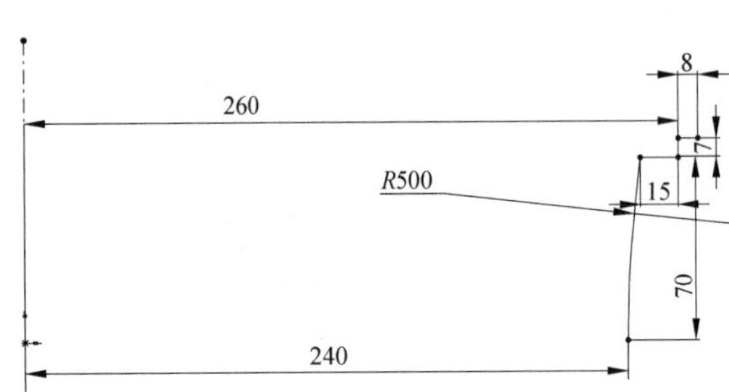

图 6-54　绘制草图

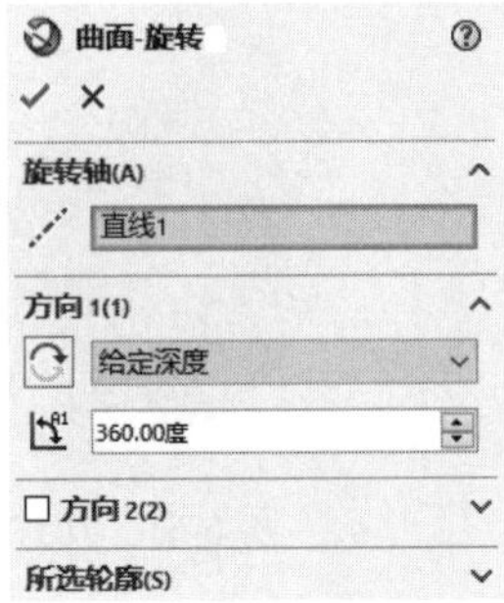

图 6-55　“曲面-旋转”属性管理器

4. 镜像旋转面

单击“特征”面板中的“镜像”按钮，此时系统弹出如图 6-57 所示的“镜像”属性管理器。选择“上视基准面”为镜像基准面，在视图中选择步骤 3 创建的旋转曲面为要镜像的实体，单击“确定”按钮✔，结果如图 6-58 所示。

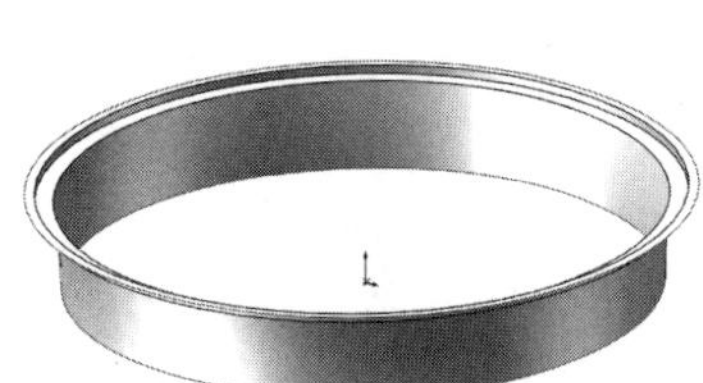

图 6-56　旋转曲面

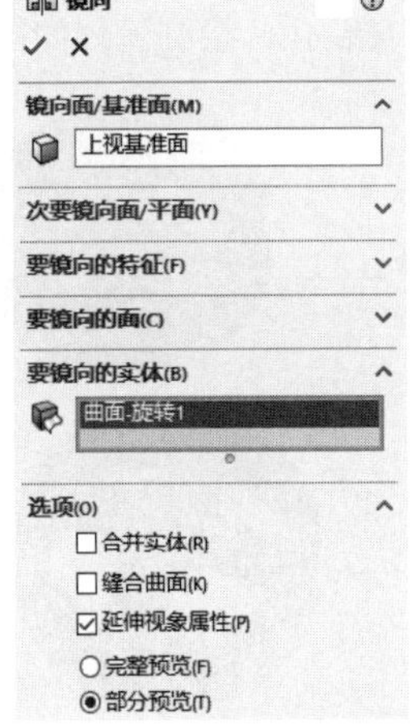

图 6-57　“镜像”属性管理器

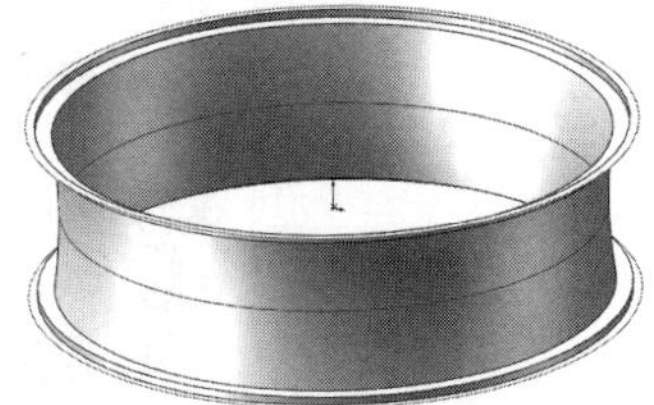

图 6-58　镜像曲面

5. 缝合曲面

单击“曲面”面板中的“缝合曲面”按钮，此时系统弹出如图 6-59 所示的“缝合曲面”属性管理器。选择视图中所有的曲面，单击“确定”按钮✔ 。

6. 绘制草图

在左侧的 FeatureManager 设计树中选择“前视基准面”作为绘制图形的基准面。单击“草图”面板中的“中心线”按钮和“3 点圆弧”按钮，绘制如图 6-60 所示的草图并标注尺寸。

7. 旋转曲面

单击“曲面”面板中的“旋转曲面”按钮，此时系统弹出“曲面-旋转”属性管理器。选择步

骤 6 创建的草图中心线为旋转轴，其他采用默认设置，单击“确定”按钮✔，结果如图 6-61 所示。

8. 绘制草图

在左侧的 FeatureManager 设计树中选择“前视基准面”作为绘制图形的基准面。单击“草图”面板中的“中心线”按钮和“直线”按钮，绘制如图 6-62 所示的草图并标注尺寸。

9. 旋转曲面

单击“曲面”面板中的“旋转曲面”按钮，此时系统弹出“曲面-旋转”属性管理器。选择步骤 8 创建的草图中心线为旋转轴，其他采用默认设置，单击“确定”按钮✔，为了便于观察模型，设置显示类型为“线框架”，结果如图 6-63 所示。

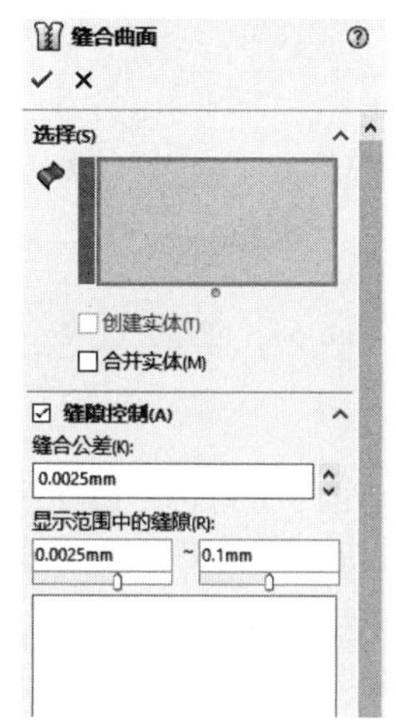

图 6-59　“缝合曲面”属性管理器

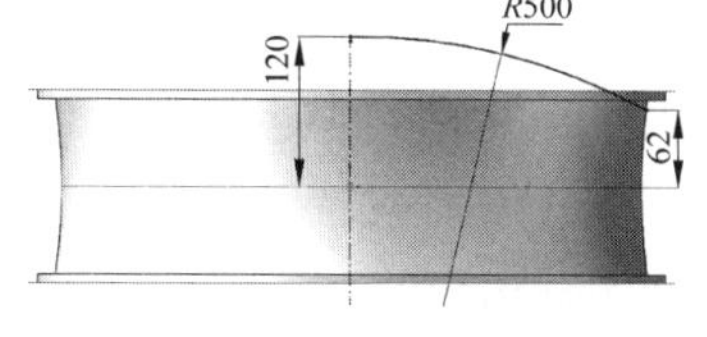

图 6-60　绘制草图

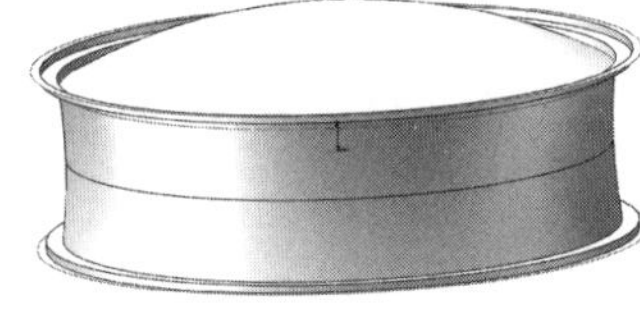

图 6-61　旋转曲面

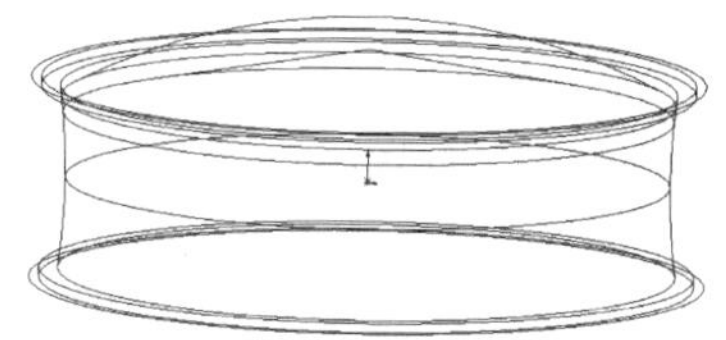

图 6-62　绘制草图

图 6-63　旋转曲面

10. 绘制草图

修改显示类型为“带边线上色”，在左侧的 FeatureManager 设计树中选择“上视基准面”作为绘制图形的基准面。单击“草图”面板中的“中心线”按钮、“直线”按钮、“圆心/起/终点画弧”按钮和“绘制圆角”按钮，绘制如图 6-64 所示的草图并标注尺寸。

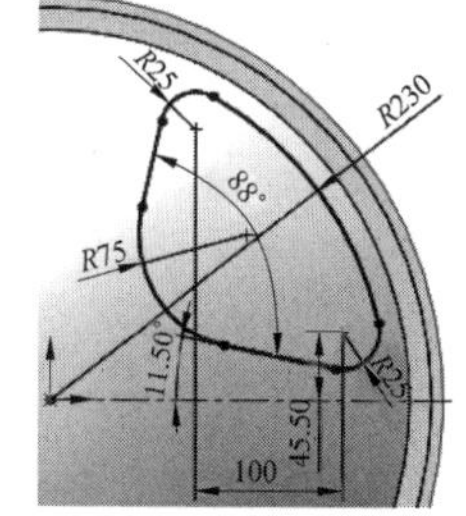

图 6-64　绘制草图

11. 分割线

单击“特征”面板中的“分割线”按钮，此时系统弹出如图 6-65 所示的“分割线”属性管理器。选择分割类型为“投影”，选择步骤 10 绘制的草图为要投影的草图，选择步骤 7 创建的旋转曲面为要分割的面，单击“确定”按钮✔，结果如图 6-66 所示。

12. 绘制草图

在左侧的 FeatureManager 设计树中选择“上视基准面”作为绘制图形的基准面。单击“草图”面板中的“转换实体引用”按钮，将步骤 11 创建的分割线转换为草图，然后单击“草图”面板中的“等距实体”按钮，将转换的草图向内偏移 14mm，删除转换的曲线，如图 6-67 所示。

13. 分割线

单击“特征”面板“曲线”下拉列表中的“分割线”按钮，此时系统弹出“分割线”属性管理器。分割类型选择为“投影”，选择步骤 12 绘制的草图为要投影的草图，选择步骤 9 创建的旋转曲面

Note

为要分割的面，单击“确定”按钮✔，结果如图 6-68 所示。

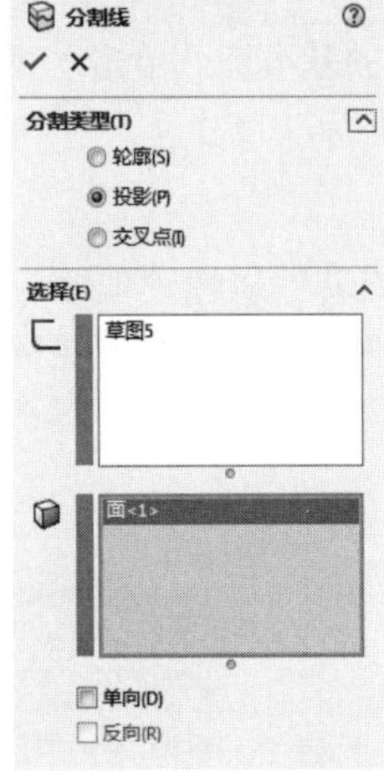

图 6-65　“分割线”属性管理器

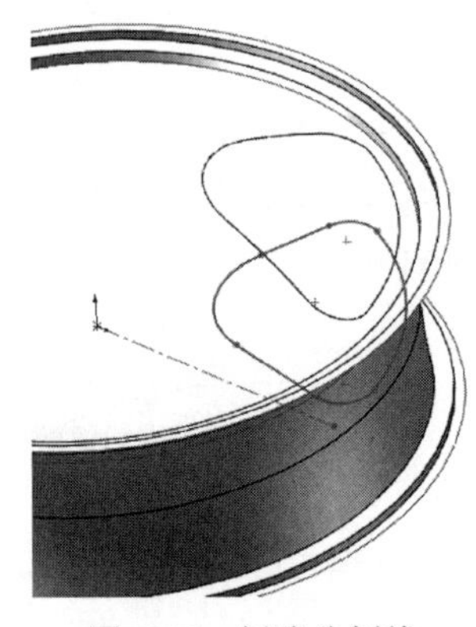

图 6-66　创建分割线

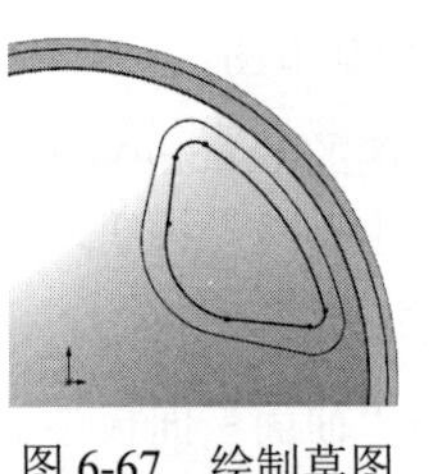

图 6-67　绘制草图

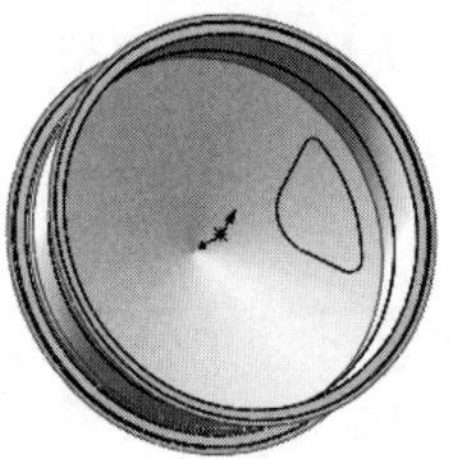

图 6-68　创建分割线

14. 删除面

单击“曲面”面板中的“删除面”按钮，此时系统弹出如图 6-69 所示的“删除面”属性管理器。选择创建的分割面为要删除的面，选中“删除”单选按钮，单击“确定”按钮✔，结果如图 6-70 所示。

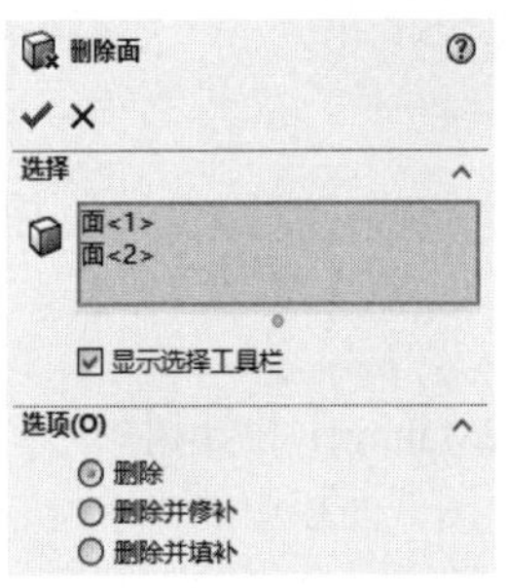

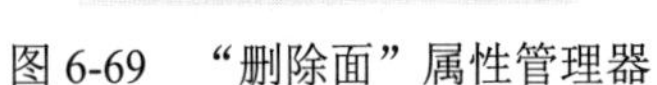

图 6-69　“删除面”属性管理器

图 6-70　删除面

15. 放样曲面

单击“曲面”面板中的“放样曲面”按钮，系统弹出“曲面-放样”属性管理器，如图 6-71 所示。在“轮廓”栏中选择如图 6-70 所示的删除面后的上下对应两边线，单击“确定”按钮✔，生成放样曲面。重复“放样曲面”命令，选择其他边线进行放样，结果如图 6-72 所示。

16. 缝合曲面

单击“曲面”面板中的“缝合曲面”按钮，此时系统弹出如图 6-73 所示的“缝合曲面”属性管理器。选择步骤 15 创建的所有放样曲面，单击“确定”按钮✔，完成缝合曲面操作。

17. 圆周阵列实体

选择“视图”→“隐藏/显示”→“临时轴”命令，显示临时轴。单击“特征”面板中的“圆周阵列”按钮，系统弹出“阵列（圆周）1”属性管理器。在“阵列轴”选项框中选择基准轴，在“要阵列的特征”选项框中选择步骤 16 创建的缝合曲面，选中“等间距”单选按钮，在“实例数”图标右侧的微调框中输入 4，如图 6-74 所示，单击“确定”按钮✔，完成圆周阵列实体操作，效果如

图 6-75 所示。

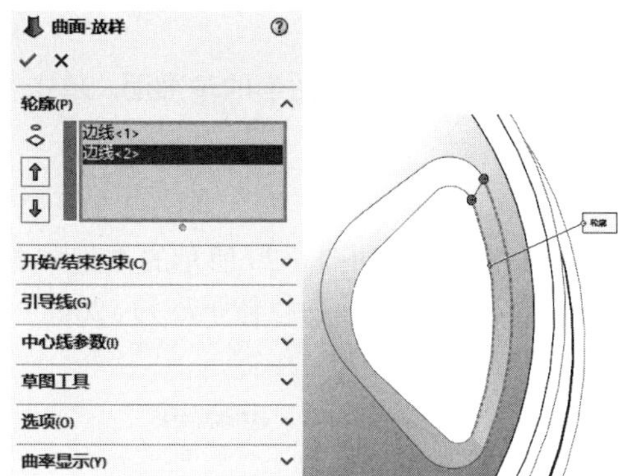

图 6-71　“曲面-放样”属性管理器

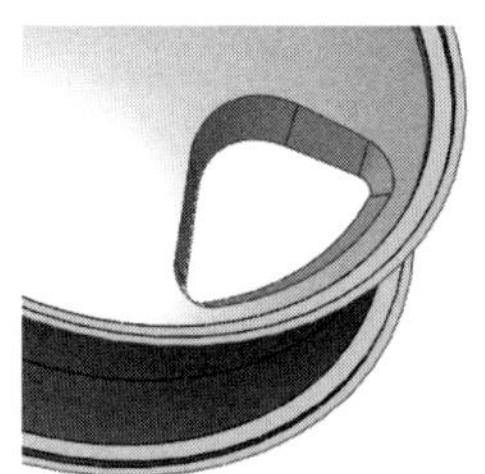

图 6-72　放样曲面

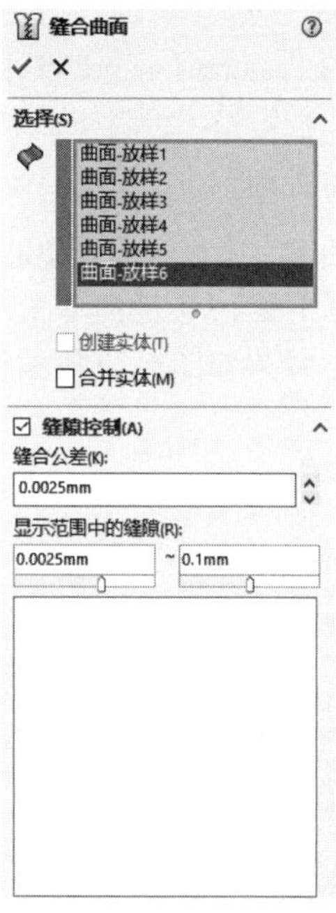

图 6-73　“缝合曲面”属性管理器

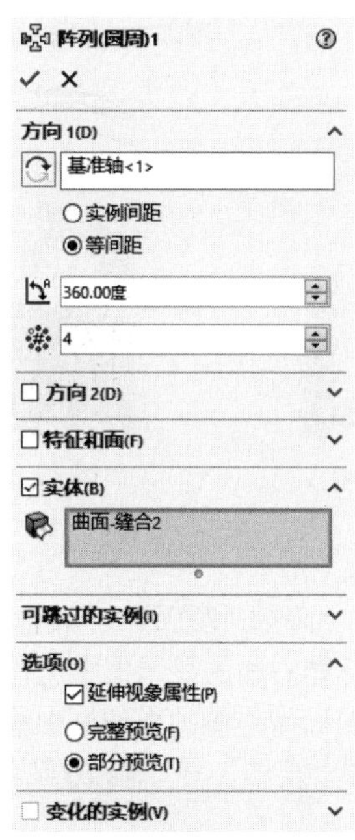

图 6-74　“阵列（圆周）1”属性管理器

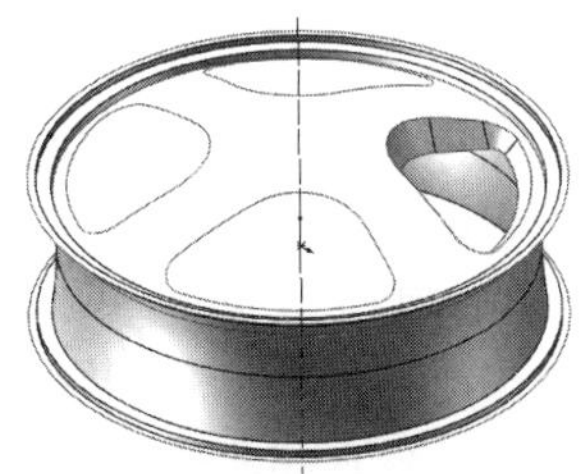

图 6-75　圆周阵列缝合的曲面

18. 剪裁曲面

单击“曲面”面板中的“剪裁曲面”按钮，此时系统弹出如图 6-76 所示的“剪裁曲面”属性管理器。选中“相互”单选按钮，选择视图中的所有曲面为剪裁曲面，选中“移除选择”单选按钮，选择图 6-77 所示的 6 个曲面为要移除的面，单击“确定”按钮✔，结果如图 6-77 所示。

19. 绘制草图

在左侧的 FeatureManager 设计树中选择“上视基准面”作为绘制图形的基准面。单击“草图”面板中的“圆”按钮⊙，绘制如图 6-78 所示的草图并标注尺寸。

20. 拉伸曲面

单击“曲面”面板中的“拉伸曲面”按钮，此时系统弹出如图 6-79 所示的“曲面-拉伸”属性管理器。选择步骤 19 创建的草图，设置终止条件为“给定深度”，输入拉伸距离为 120mm，单击“确定”按钮✔，结果如图 6-80 所示。

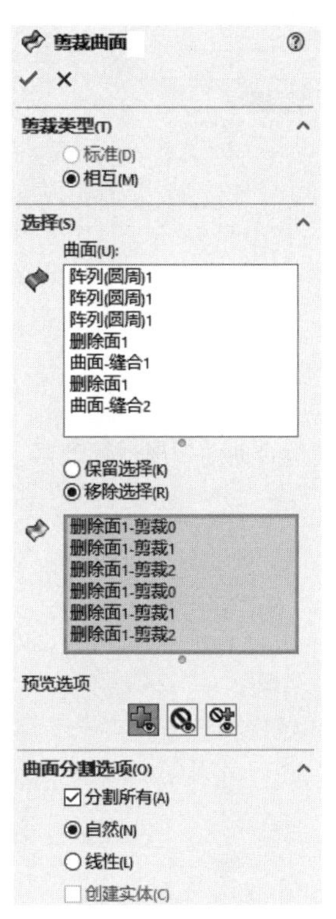

图 6-76 “剪裁曲面”属性管理器

图 6-77 剪裁曲面

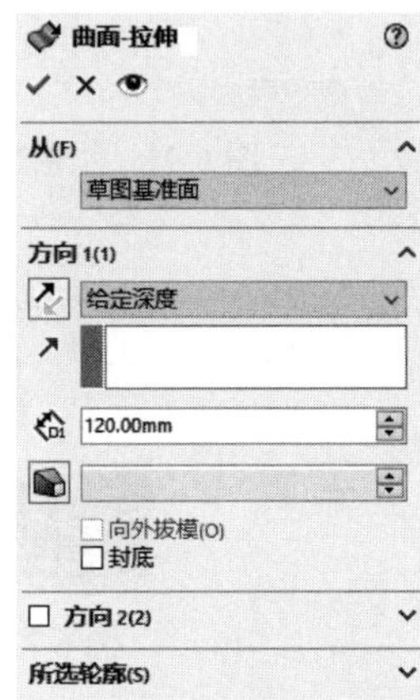

图 6-79 “曲面-拉伸”属性管理器

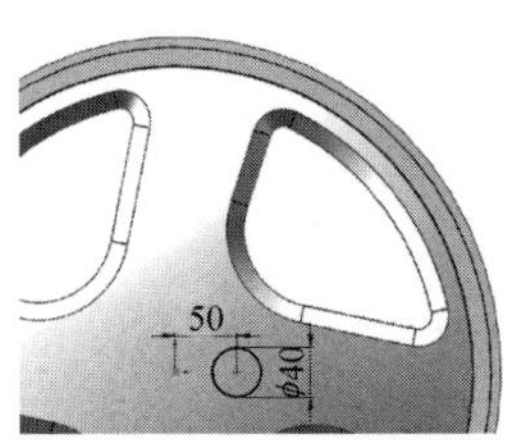

图 6-78 绘制草图

图 6-80 拉伸曲面

21. 圆周阵列实体

单击“特征”面板中的“圆周阵列”按钮，系统弹出“阵列（圆周）3”属性管理器。首先在“阵列轴”选项框中选择基准轴，然后在“要阵列的实体”图标右侧的显示框中选择步骤 20 创建的拉伸曲面，接着选中“等间距”单选按钮，最后在“实例数”图标右侧的微调框中输入 6，如图 6-81 所示，单击“确定”按钮☑，完成圆周阵列实体操作。选择“视图”→“隐藏/显示”→“临时轴”命令，不显示临时轴，结果如图 6-82 所示。

22. 剪裁曲面

单击“曲面”面板中的“剪裁曲面”按钮，此时系统弹出如图 6-83 所示的“剪裁曲面”属性管理器。选中“相互”单选按钮，选择最上面的曲面和圆周阵列的拉伸曲面，选中“移除选择”单选按钮，选择图 6-83 所示的面为要移除的面，单击“确定”按钮✔，结果如图 6-84 所示。

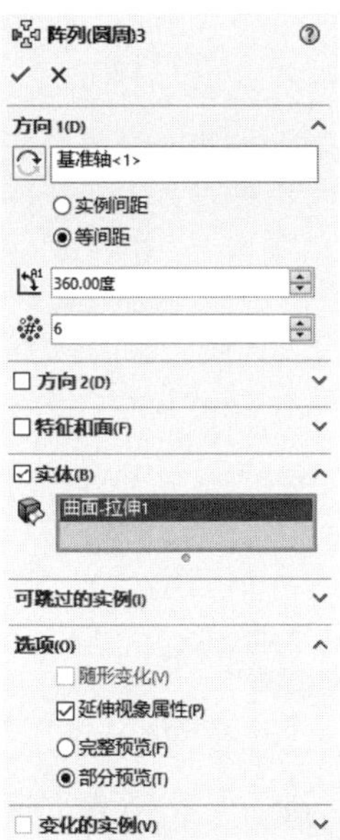

图 6-81　“阵列（圆周）3”属性管理器

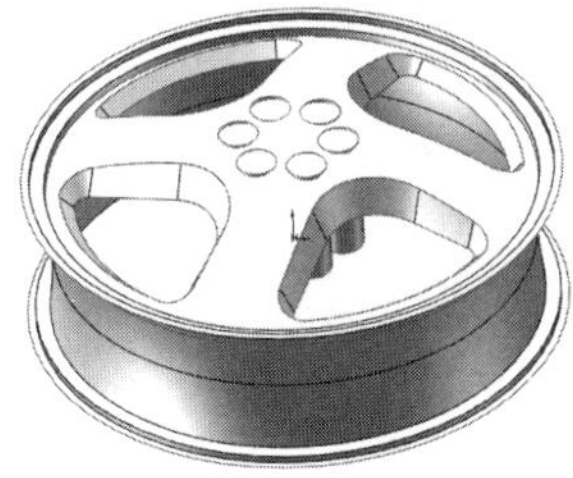

图 6-82　阵列拉伸曲面

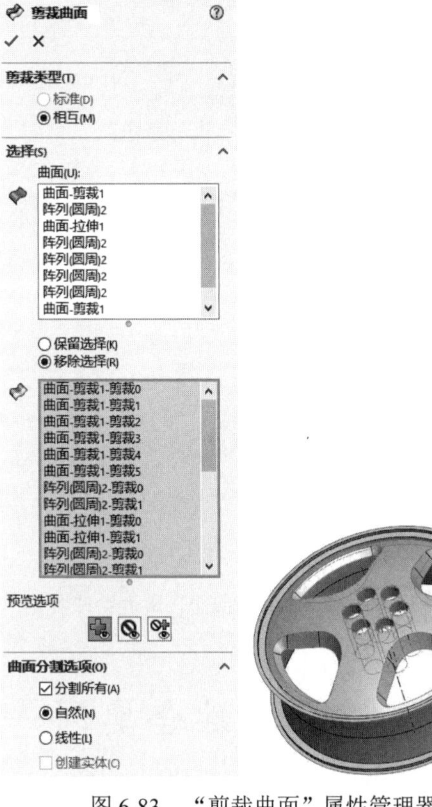

图 6-83　“剪裁曲面”属性管理器

23．加厚曲面

执行“插入”→“凸台/基体”→“加厚”命令，此时系统弹出如图 6-85 所示的“加厚”属性管理器。选择视图中缝合的曲面，单击“加厚侧边 2”按钮，输入厚度为 4mm，单击“确定”按钮，结果如图 6-86 所示。

图 6-84　剪裁曲面

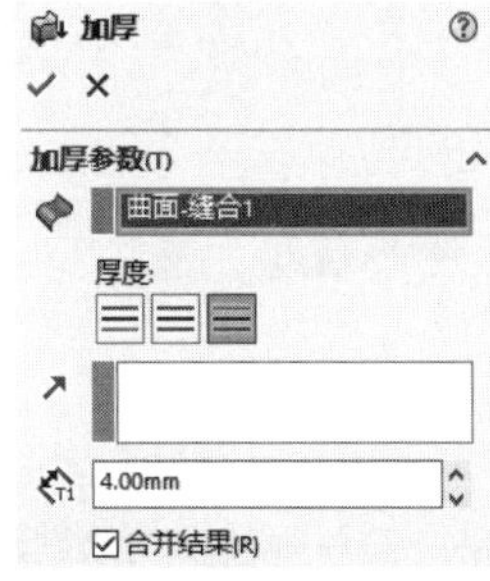

图 6-85　“加厚”属性管理器

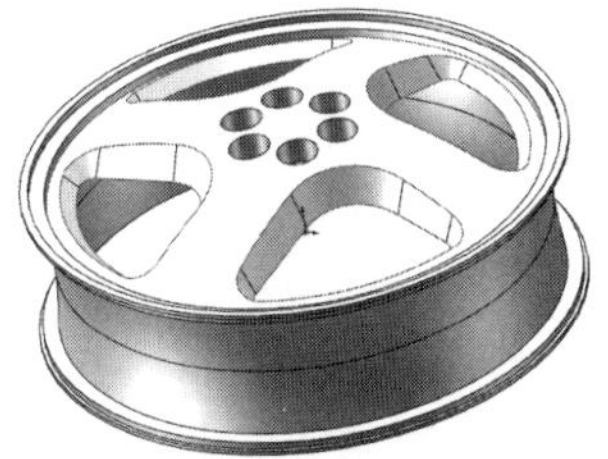

图 6-86　加厚曲面

24．缝合曲面

单击“曲面”面板中的“缝合曲面”按钮，此时系统弹出如图 6-87 所示的“缝合曲面”属性管理器。选择视图中所有的曲面，选中“合并实体”复选框，输入缝合公差为 0.003mm，单击“确定”

Note

按钮✔，结果如图 6-88 所示。

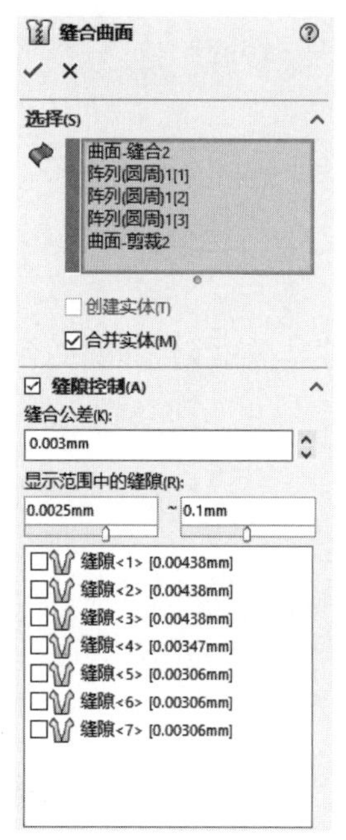

图 6-87 “缝合曲面”属性管理器

图 6-88 缝合曲面

视频讲解

6.4 综合实例——塑料焊接器

塑料焊接器由主体、手柄和进风口组成。绘制该模型的命令主要有旋转曲面、放样曲面、删除曲面和圆角曲面等，绘制流程如图 6-89 所示。

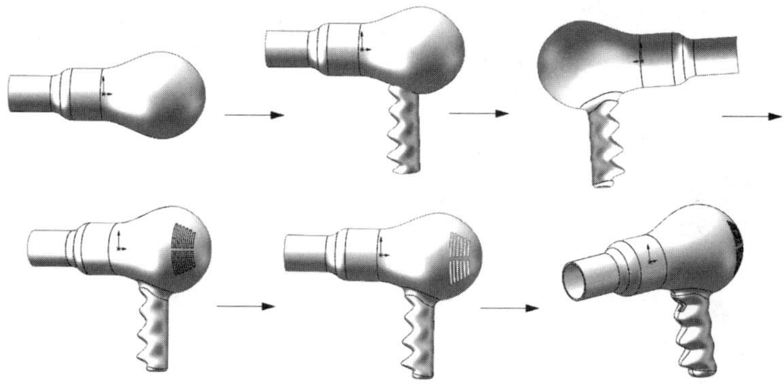

图 6-89 塑料焊接器的绘制流程

操作步骤

1. 创建零件文件

单击“快速访问”工具栏中的“新建”按钮，此时系统弹出“新建 SOLIDWORKS 文件”对话框，在其中单击“零件”按钮，然后单击“确定”按钮，创建一个新的零件文件。

2. 绘制草图 1

在左侧的 FeatureManager 设计树中选择“前视基准面”，然后单击“视图（前导）”工具栏中的“正视于”按钮，将该基准面作为绘制图形的基准面。单击“草图”面板中的“直线”按钮、“切线弧”按钮和“样条曲线”按钮，绘制如图 6-90 所示的草图并标注尺寸。

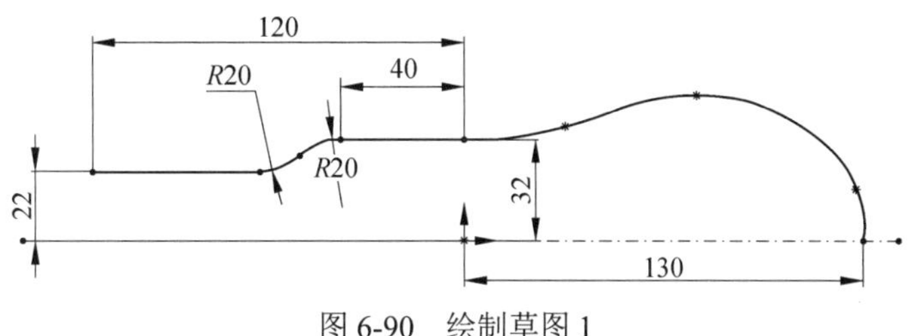

图 6-90　绘制草图 1

3. 旋转曲面

单击“曲面”面板中的“旋转曲面”按钮，此时系统弹出如图 6-91 所示的“曲面-旋转”属性管理器。在“旋转轴”栏中，选择图 6-90 中的水平中心线，其他设置如图 6-91 所示，单击“确定”按钮，结果如图 6-92 所示。

4. 绘制草图 2

在左侧的 FeatureManager 设计树中选择“前视基准面”，然后单击“视图（前导）”工具栏中的“正视于”按钮，将该基准面作为绘制图形的基准面。单击“草图”面板中的“直线”按钮，绘制如图 6-93 所示的草图并标注尺寸。

图 6-91　“曲面-旋转”属性管理器

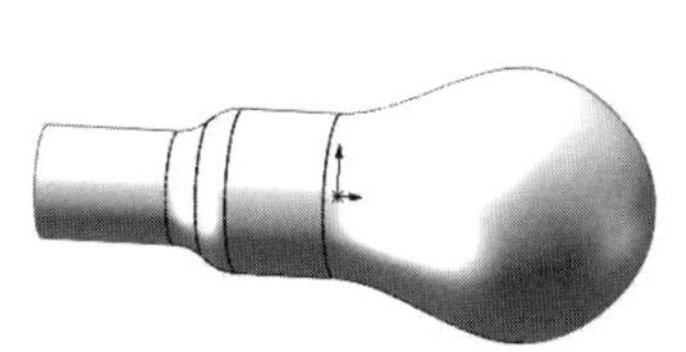

图 6-92　旋转曲面

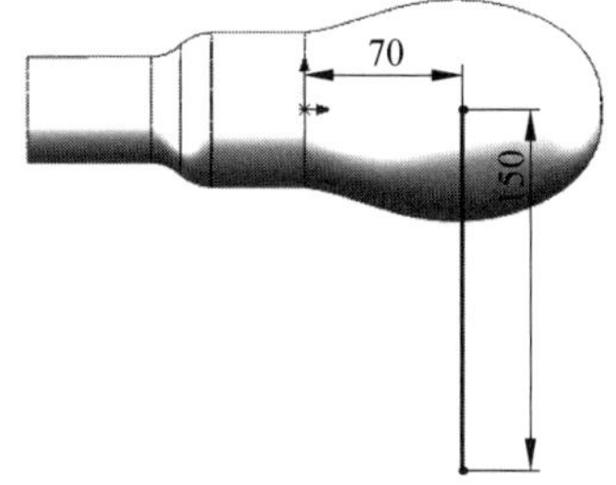

图 6-93　绘制草图 2

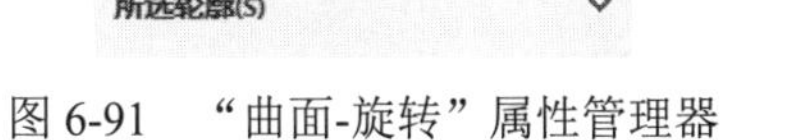

5. 绘制草图 3

在左侧的 FeatureManager 设计树中选择“前视基准面”，然后单击“视图（前导）”工具栏中的“正视于”按钮，将该基准面作为绘制图形的基准面。单击“草图”面板中的“样条曲线”按钮，绘制如图 6-94 所示的草图并标注尺寸。

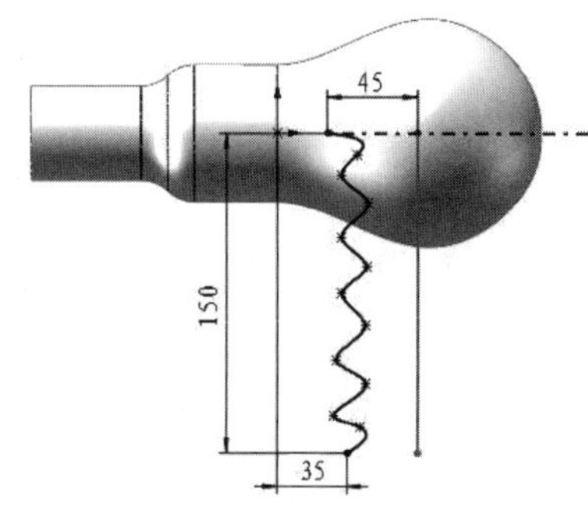

图 6-94　绘制草图 3

6. 绘制草图 4

在左侧的 FeatureManager 设计树中选择“上视基准面”，然后单击“视图（前导）”工具栏中的“正视于”按钮，将该基准面作为绘制图形的基准面。单击“草图”面板中的“3 点圆弧”

按钮，绘制如图 6-95 所示的草图。

7. 创建基准面 1

单击“特征”面板中的“基准面”按钮，弹出如图 6-96 所示的“基准面”属性管理器。选择“上视基准面”为参考面，选择直线的端点为参考点，单击“确定”按钮✓，完成基准面 1 的创建。

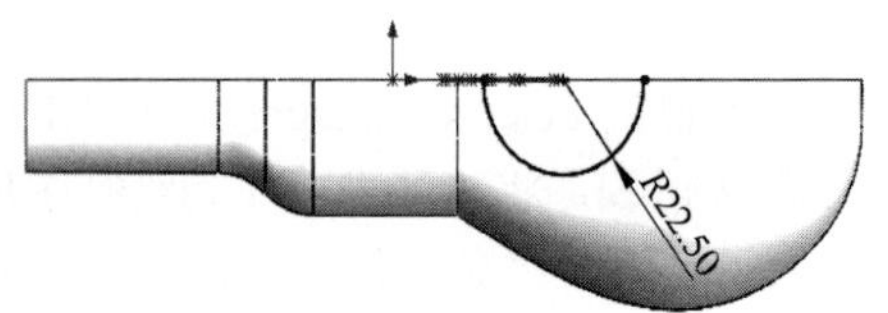

图 6-95 绘制草图 4

8. 绘制草图 5

在左侧的 FeatureManager 设计树中选择“基准面 1”，然后单击“视图（前导）”工具栏中的“正视于”按钮，将该基准面作为绘制图形的基准面。单击“草图”面板中的“3 点圆弧”按钮，绘制如图 6-97 所示的草图。

9. 边界曲面

单击“曲面”面板中的“边界曲面”按钮，此时系统弹出如图 6-98 所示的“边界-曲面”属性管理器。选择直线和样条曲线为方向 1 曲线，选择两个圆弧为方向 2 曲线，单击“确定”按钮✓，隐藏基准面 1，结果如图 6-99 所示。

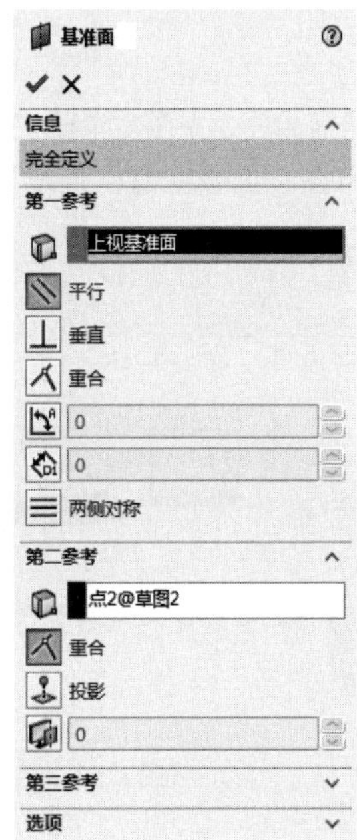

图 6-96 “基准面”属性管理器

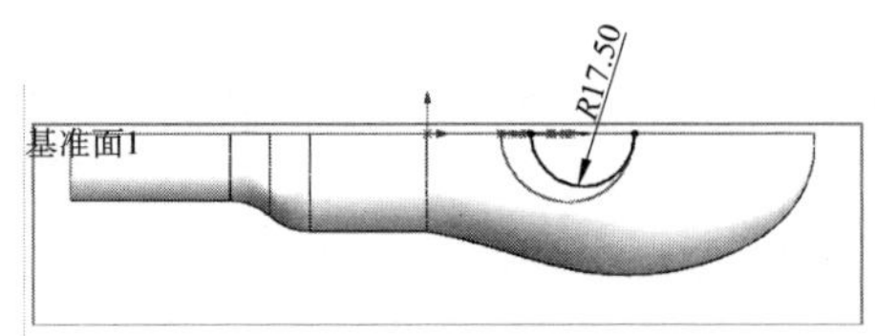

图 6-97 绘制草图 5

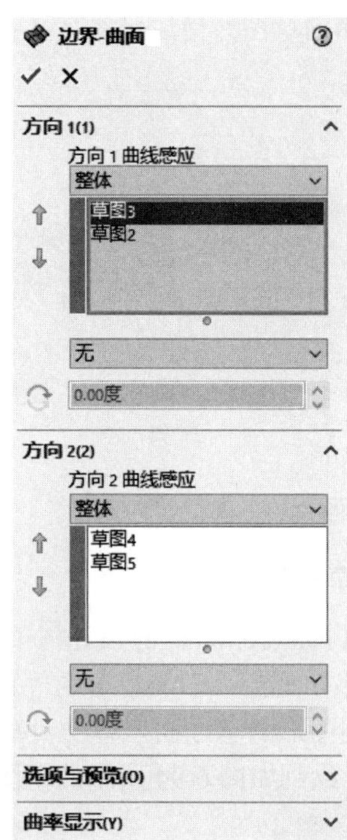

图 6-98 “边界-曲面”属性管理器

10. 剪裁曲面

单击“曲面”面板中的“剪裁曲面”按钮，此时系统弹出如图 6-100 左图所示的“剪裁曲面”

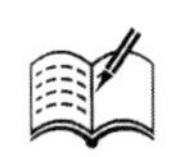

属性管理器。选中“相互”单选按钮，然后选择旋转曲面和边界曲面为剪裁曲面，接着选中“移除选择”单选按钮，最后选择如图 6-100 右图所示的两个曲面为要移除的面，单击“确定”按钮✓，结果如图 6-101 所示。

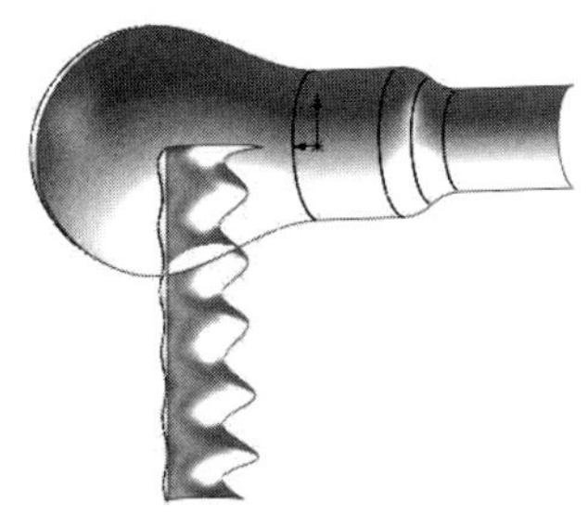

图 6-99　创建边界曲面

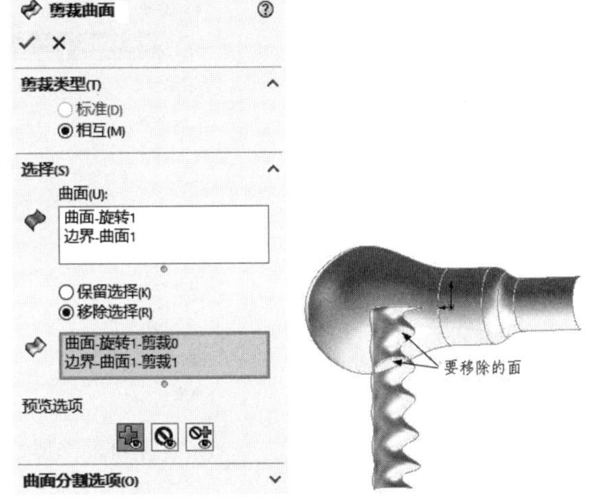

图 6-100　设置剪裁曲面参数

11. 绘制草图 6

在左侧的 FeatureManager 设计树中选择“基准面 1”，然后单击“视图（前导）”工具栏中的“正视于”按钮，将该基准面作为绘制图形的基准面。单击“草图”面板中的“转换实体引用”按钮和“直线”按钮，绘制如图 6-102 所示的草图。

12. 创建平面

单击“曲面”面板中的“平面曲面”按钮，此时系统弹出如图 6-103 所示的“平面”属性管理器。选择步骤 11 创建的草图为边界，单击“确定”按钮✓，结果如图 6-104 所示。

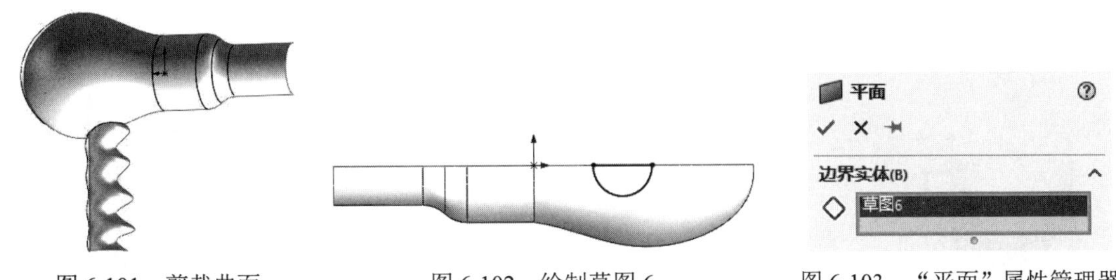

图 6-101　剪裁曲面　　图 6-102　绘制草图 6　　图 6-103　“平面”属性管理器

13. 创建基准面 2

单击“特征”面板中的“基准面”按钮，弹出如图 6-105（a）所示的“基准面”属性管理器。选择“右视基准面”为参考面，输入偏移距离为 50mm，单击“确定”按钮✓，完成基准面 2 的创建，结果如图 6-105（b）所示。

14. 绘制草图 7

在左侧的 FeatureManager 设计树中选择“基准面 2”，然后单击“视图（前导）”工具栏中的“正视于”按钮，将该基准面作为绘制图形的基准面。单击“草图”面板中的“边角矩形”按钮，绘制如图 6-106 所示的草图并标注尺寸。

图 6-104　创建平面

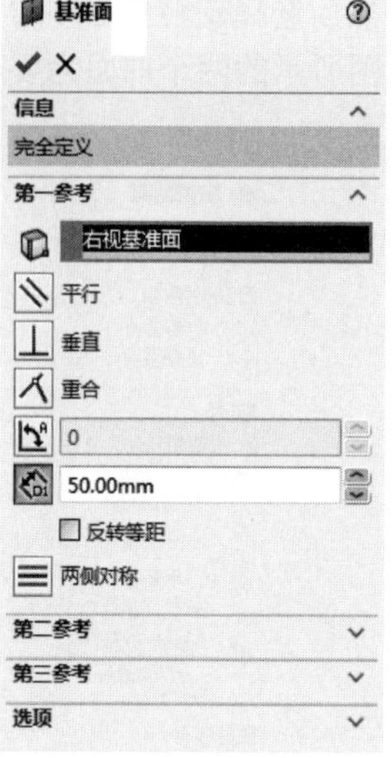

（a）“基准面”属性管理器

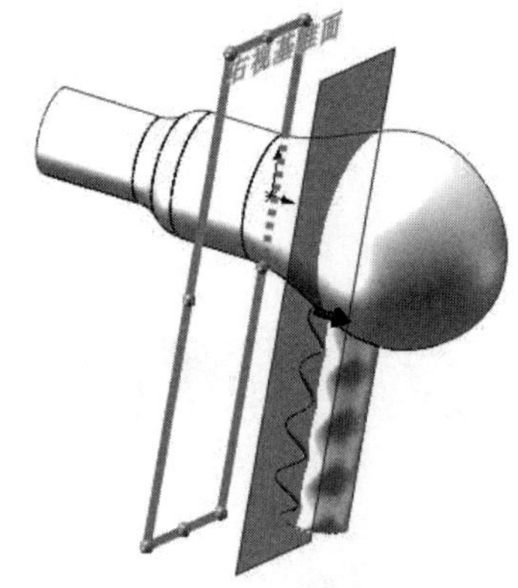

（b）创建基准面 2

图 6-105　“基准面”属性管理器和创建的基准面 2

15. 分割线

单击“特征”面板“曲线”下拉列表中的“分割线”按钮，此时系统弹出如图 6-107 所示的“分割线”属性管理器。选择分割类型为“投影”，选择步骤 14 绘制的草图为要投影的草图，选择边界曲面为要分割的面，选中“单向”复选框，单击“确定”按钮✓，完成分割面的创建，结果如图 6-108 所示。

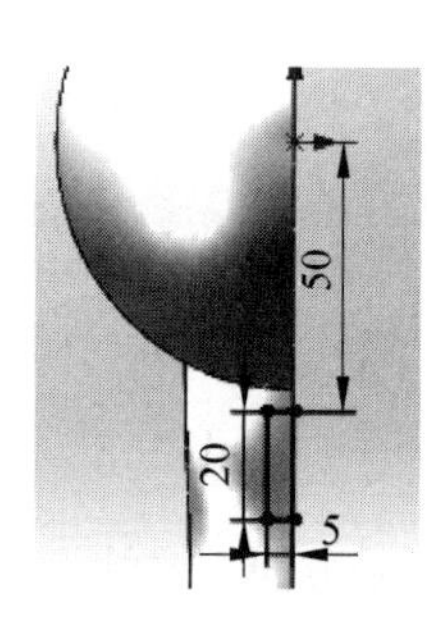

图 6-106　绘制草图 7

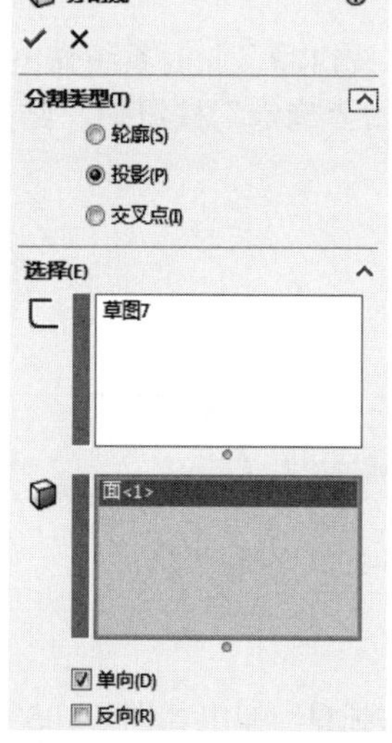

图 6-107　“分割线”属性管理器

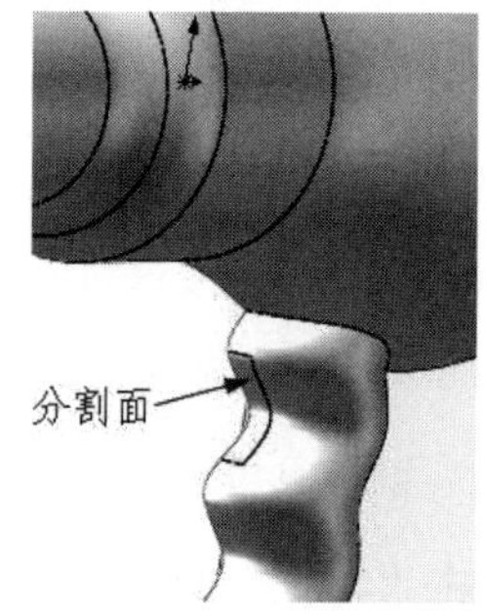

图 6-108　创建分割面

16. 删除面

单击“曲面”面板中的“删除面”按钮，此时系统弹出如图 6-109 所示的“删除面”属性管理器。选择步骤 15 创建的分割面为要删除的面，选中“删除”单选按钮，单击“确定”按钮✓，结果如图 6-110 所示。

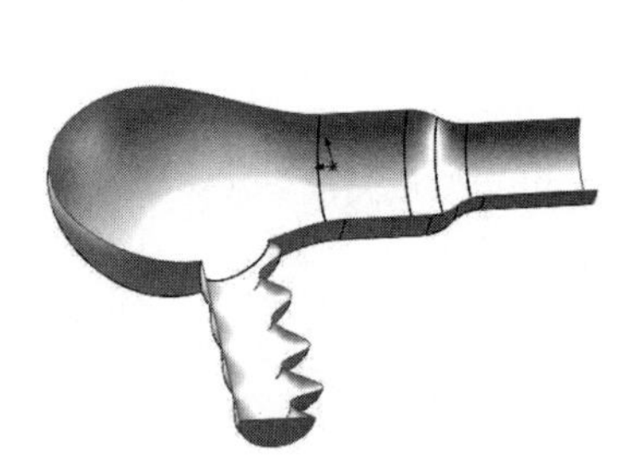

17. 缝合曲面

单击“曲面”面板中的“缝合曲面”按钮，此时系统弹出如图 6-111 所示的“曲面-缝合”属性管理器。选择旋转曲面和平面曲面，单击“确定”按钮✔。

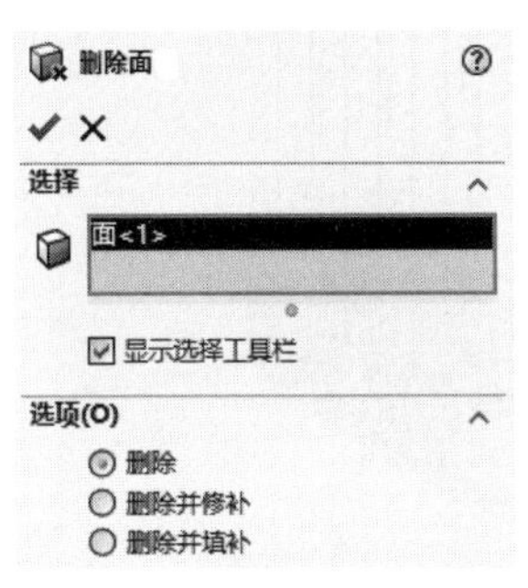

图 6-109　“删除面”属性管理器

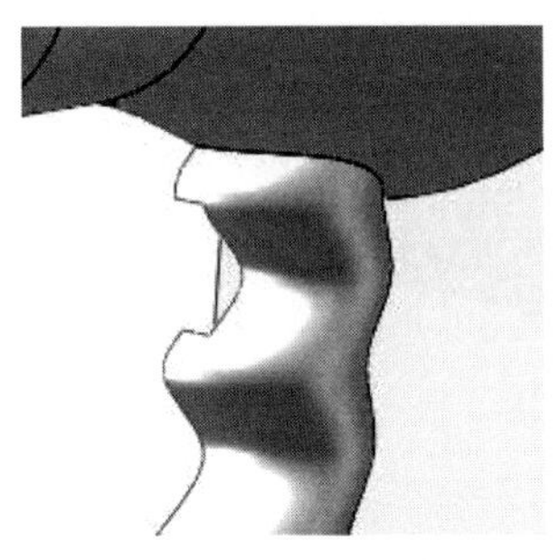

图 6-110　删除面

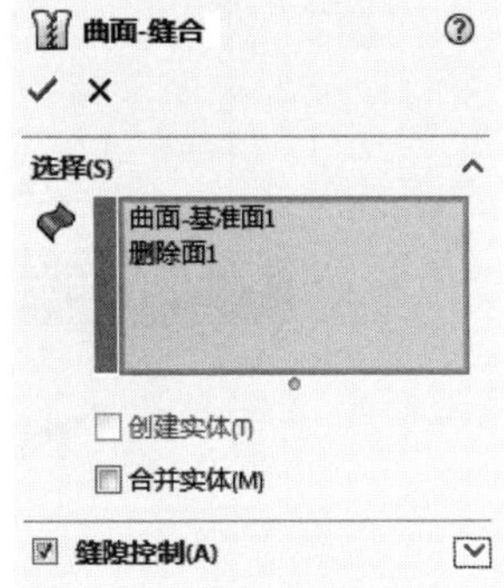

图 6-111　“曲面-缝合”属性管理器

18. 曲面圆角

单击“曲面”面板中的“圆角”按钮，此时系统弹出如图 6-112 所示的“圆角”属性管理器。输入圆角半径为 10mm，选择旋转曲面与边界曲面的交线，单击“确定”按钮✔。重复“圆角”命令，选择边界曲面与平面曲面的交线，输入圆角半径为 5mm，结果如图 6-113 所示。

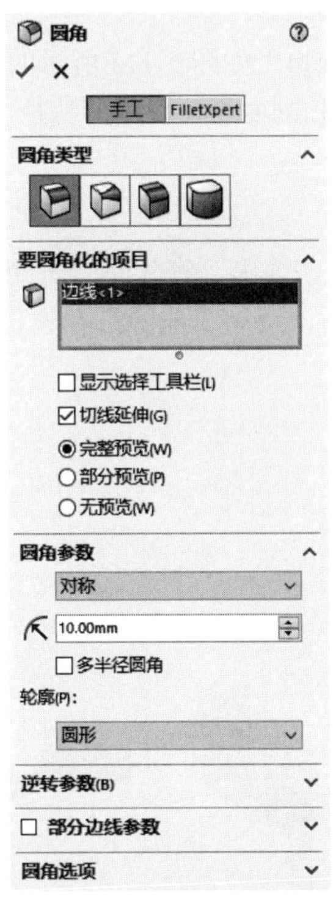

图 6-112　“圆角”属性管理器

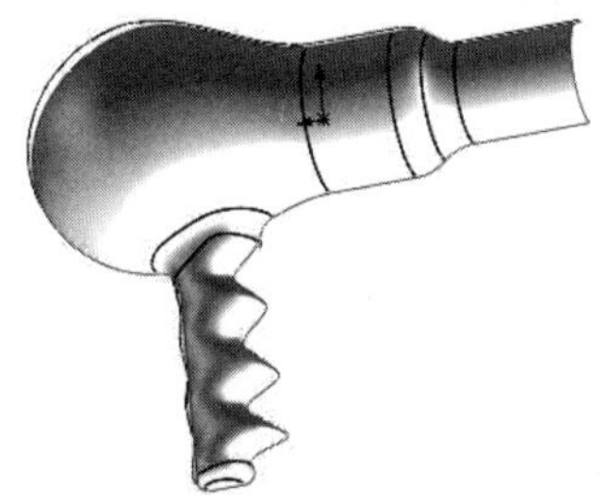

图 6-113　曲面圆角

19. 绘制草图 8

在左侧的 FeatureManager 设计树中选择“前视基准面”，然后单击“视图（前导）”工具栏中的“正

Note

视于”按钮，将该基准面作为绘制图形的基准面。单击“草图”面板中的“边角矩形”按钮，绘制如图 6-114 所示的草图并标注尺寸。

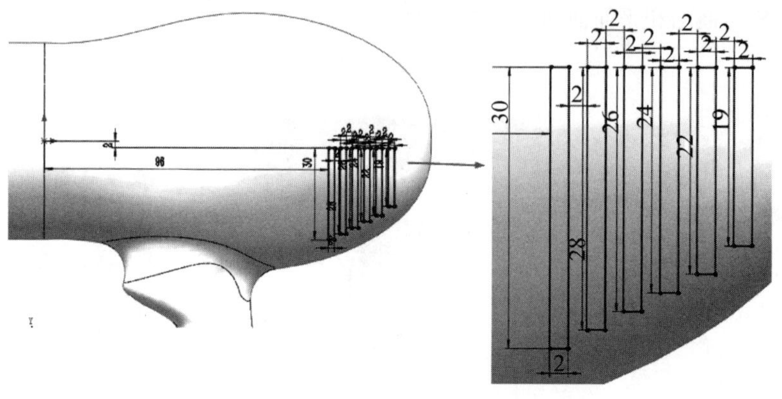

图 6-114　绘制草图 8

20. 分割线

单击“特征”面板中的“分割线”按钮，此时系统弹出“分割线”属性管理器。选择分割类型为“投影”，选择步骤 19 绘制的草图为要投影的草图，选择旋转曲面为要分割的面，单击“确定”按钮✔，生成分割面。

21. 镜像分割面

单击“特征”面板中的“镜像”按钮，此时系统弹出如图 6-115 所示的“镜像”属性管理器。选择“上视基准面”为镜像基准面，选择步骤 20 创建的分割面为要镜像的特征，单击“确定”按钮✔，结果如图 6-116 所示。

22. 删除面

单击“曲面”面板中的“删除面”按钮，此时系统弹出“删除面”属性管理器。选择步骤 20 创建的分割面和步骤 21 镜像后的分割面为要删除的面，选中“删除”单选按钮，单击“确定”按钮✔，结果如图 6-117 所示。

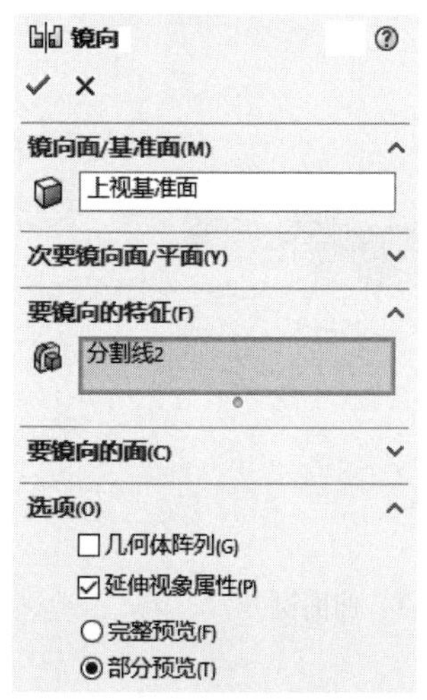

图 6-115　“镜像”属性管理器

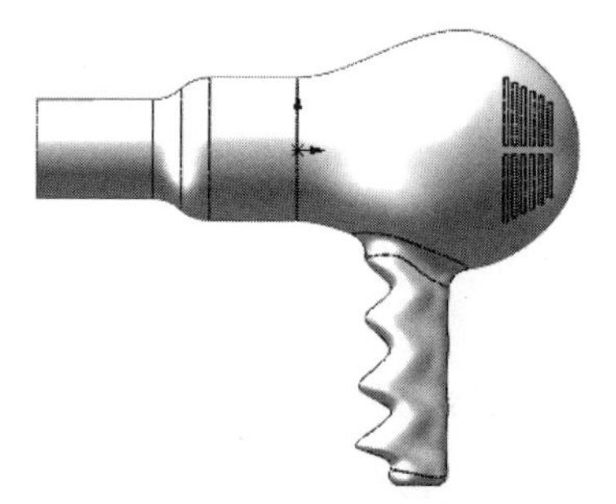

图 6-116　镜像分割面

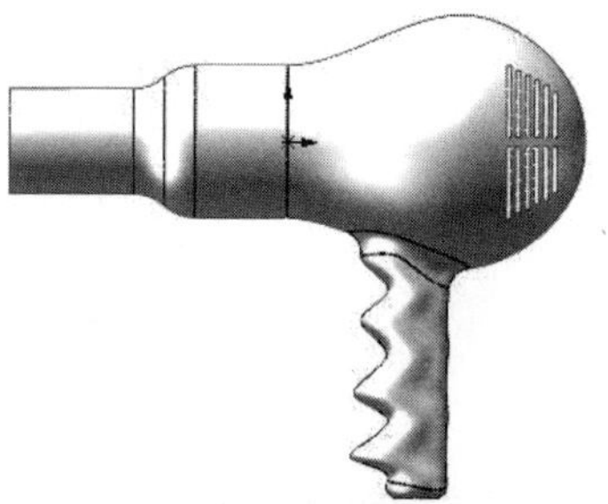

图 6-117　删除分割面

23. 镜像实体

单击“特征”面板中的“镜像”按钮，此时系统弹出“镜像”属性管理器。选择“前视基准面”为镜像基准面，选择视图中的所有实体为要镜像的实体，单击“确定”按钮✔，结果如图 6-118 所示。

24. 缝合曲面

单击“曲面”面板中的“缝合曲面”按钮，此时系统弹出“曲面-缝合”属性管理器。选择视图中的所有曲面，单击“确定”按钮✔。

25. 加厚曲面

单击“曲面”面板中的“加厚”按钮，此时系统弹出如图 6-119 所示的“加厚”属性管理器。选择视图中的所有曲面，单击“加厚侧边 2”按钮，输入厚度为 2mm，单击“确定”按钮✔，结果如图 6-120 所示。

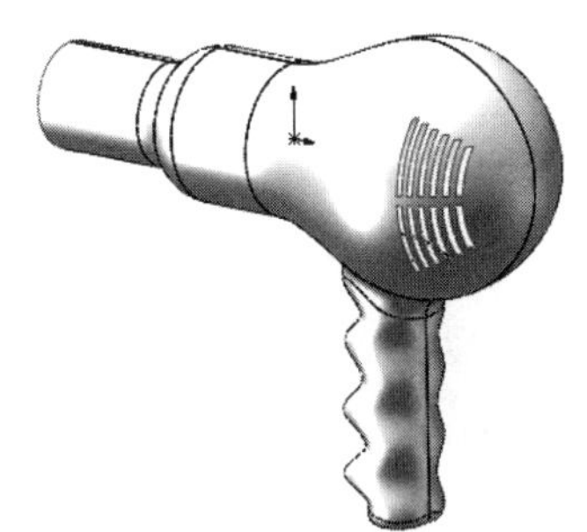

图 6-118　镜像实体

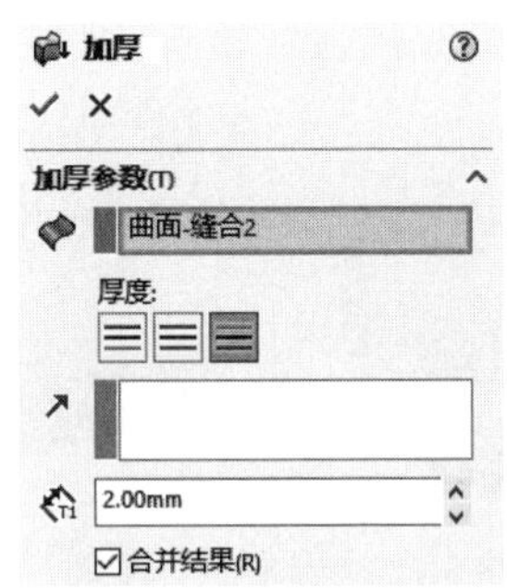

图 6-119　“加厚”属性管理器

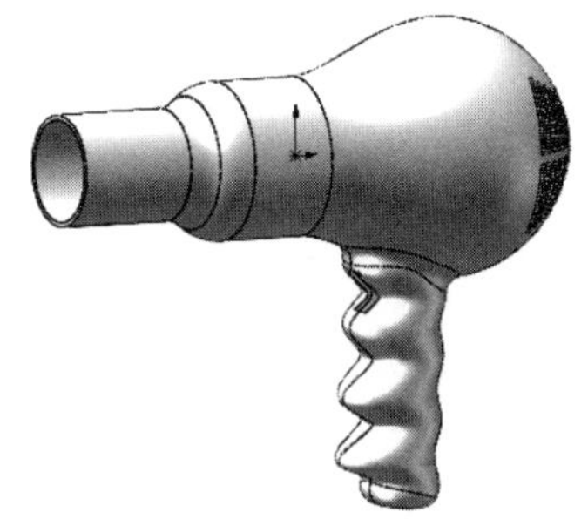

图 6-120　加厚曲面

6.5　实践与操作

通过前面的学习，相信读者对本章知识已经有了大体的了解，本节将通过两个操作练习使读者进一步掌握本章知识要点。

1. 绘制如图 6-121 所示的吹风机

操作提示：

（1）利用“草图绘制”命令，绘制草图，如图 6-122 所示。利用“旋转曲面”命令，设置旋转角度为 360°，创建旋转曲面。

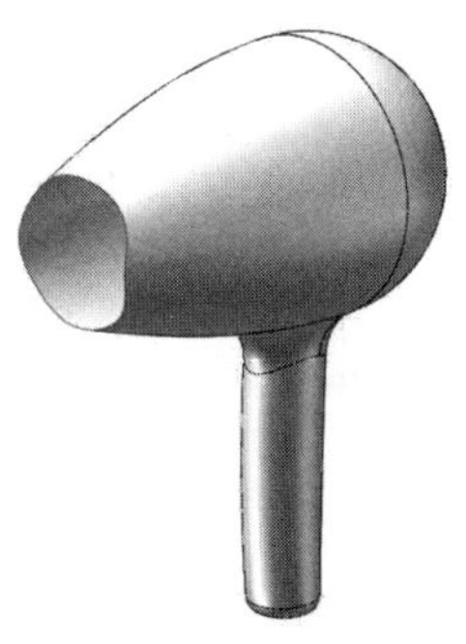

图 6-121　吹风机

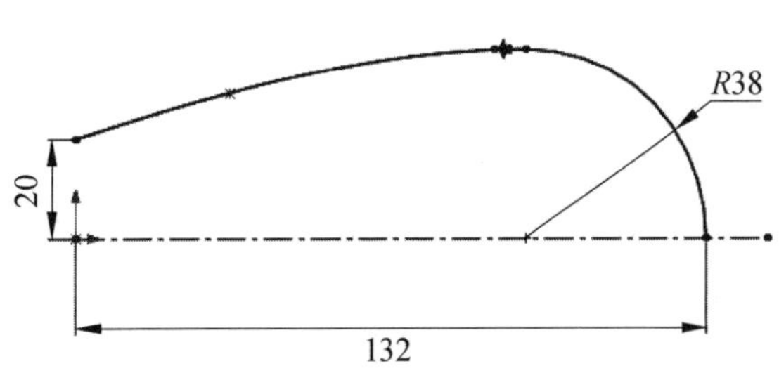

图 6-122　绘制草图

Note

（2）利用“草图绘制”命令绘制放样草图，如图 6-123 所示。

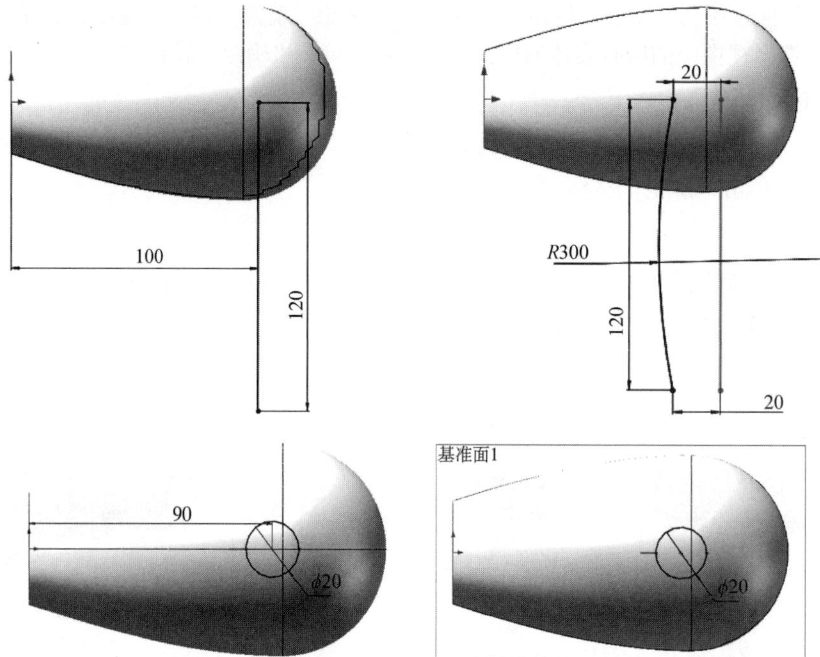

图 6-123　绘制放样草图

（3）利用“放样曲面”命令创建手柄，然后利用“修剪”命令修剪多余曲面，结果如图 6-124 所示。

（4）利用“圆角”命令对连接处进行圆角处理，输入圆角半径为 15mm，结果如图 6-125 所示。

（5）利用“填充曲面”命令填充手柄底部曲面，然后利用“缝合曲面”命令对手柄底部曲面和手柄进行缝合，结果如图 6-126 所示。

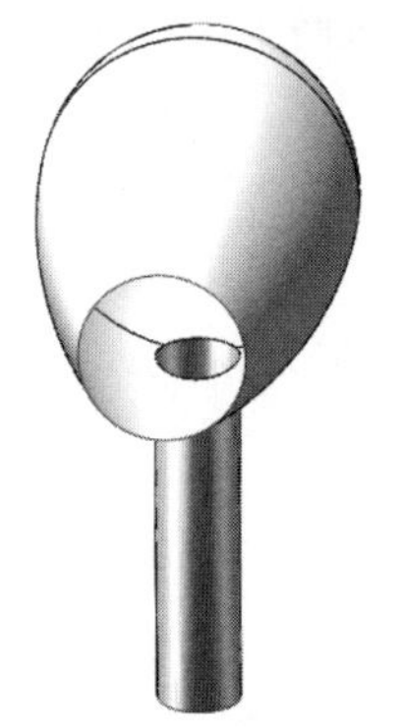

图 6-124　修剪曲面

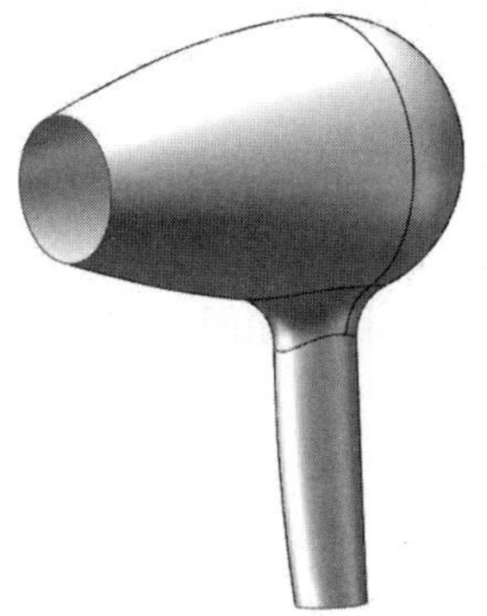

图 6-125　圆角处理

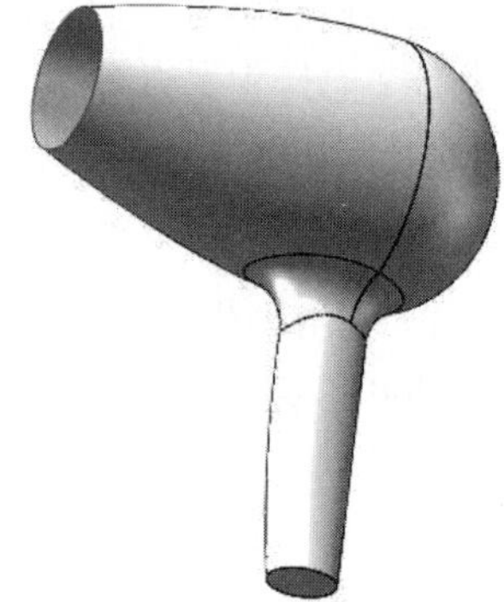

图 6-126　缝合曲面

（6）利用“圆角”命令对手柄底部进行圆角处理，输入圆角半径 4mm。

（7）利用“拉伸曲面”命令绘制吹风口曲面，然后利用“剪裁曲面”命令切除多余的曲面，最终结果如图 6-121 所示。

2. 绘制如图 6-127 所示的牙膏壳

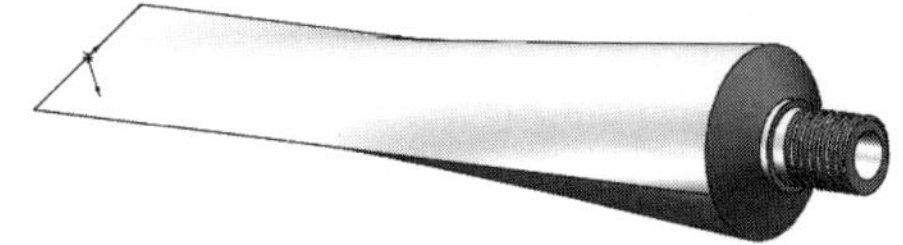

图 6-127　牙膏壳

操作提示：

（1）利用“草图绘制”命令绘制放样草图，如图 6-128 所示。

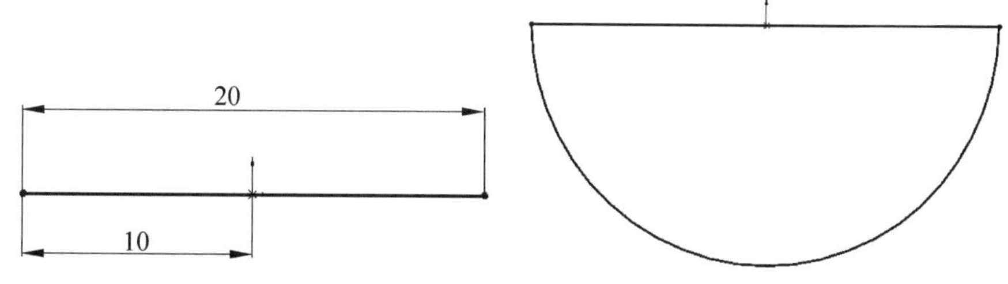

图 6-128　绘制放样草图

（2）利用“放样曲面”命令创建一侧曲面，如图 6-129 所示。

（3）利用“镜像”命令将放样曲面进行镜像，如图 6-130 所示。

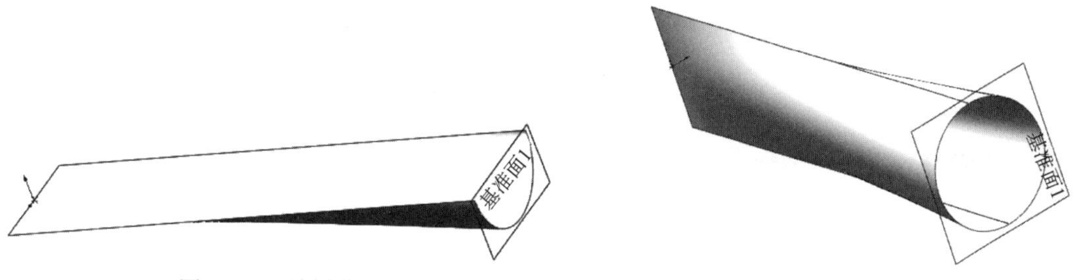

图 6-129　放样曲面

图 6-130　镜像曲面

（4）利用“拉伸”和“拉伸切除”命令创建牙膏壳的口，如图 6-131 所示。

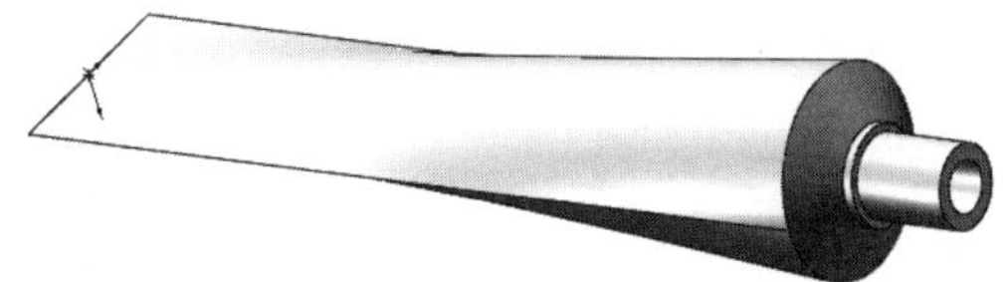

图 6-131　创建牙膏壳口

（5）利用“螺旋线”和“扫描”命令创建螺纹，最终结果如图 6-127 所示。

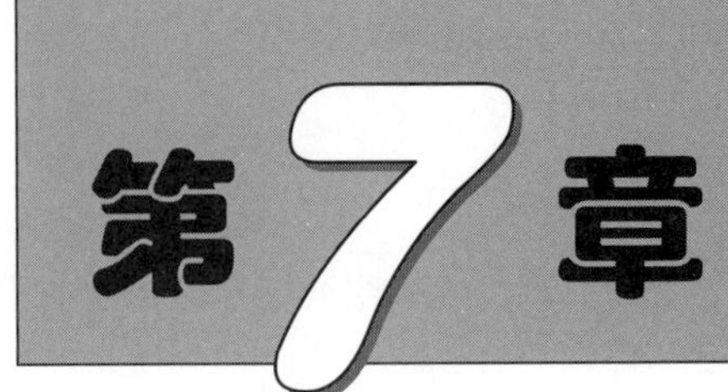

第7章 装配零件

根据实际需要将已经设计完成的各个独立的零件装配成一个完整的实体，并在此基础上对装配体进行运动测试，检查其是否符合整机的设计功能。这才是整个设计的关键，也是SOLIDWORKS的优点之一。

- ☑ 基本概念
- ☑ 建立装配体
- ☑ 定位零部件
- ☑ SmartMates 配合方式
- ☑ 装配体及零部件检查
- ☑ 爆炸视图
- ☑ 子装配体
- ☑ 综合实例——手压阀装配

任务驱动&项目案例

(1)

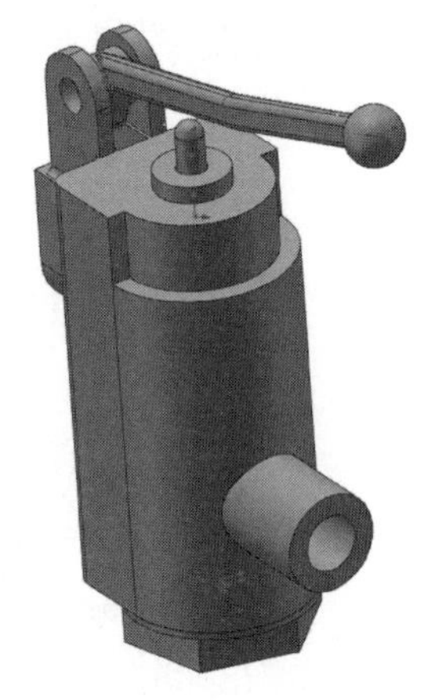

(2)

7.1 基本概念

零件设计完成后，可根据要求进行装配。零件之间的装配关系实际上就是零件之间的位置约束关系。可以把一个大型的零件装配模型看作是由多个子装配体组成的，因而在创建大型的零件装配模型时，可先创建各个子装配体，再将各个子装配体按照它们之间的位置关系进行装配，最终形成一个大型的零件装配模型。

图 7-1 为利用 SOLIDWORKS 设计的装卸车装配体模型。

图 7-1 装配体模型

7.1.1 设计方法

装配体是指在一个 SOLIDWORKS 文件中对两个或多个零件进行的组合。用户可以使用配合关系来确定零件的位置和方向，可以自下而上或自上而下设计一个装配体，也可以结合使用两种方法进行设计。

所谓自下而上的设计方法，就是先生成零件并将其插入装配体中，然后根据设计要求配合零件。这种方法比较传统，因为零件是独立设计的，所以可以让设计者更加专注于单个零件的设计工作，而不用建立控制零件大小和尺寸的参考关系等复杂概念。

自上而下的设计方法是从装配体开始设计的，用户可以使用一个零件的几何体来帮助定义另一个零件，或生成组装零件后再添加加工特征。可以将草图布局作为设计的开端，定义固定的零件位置、基准面等，然后参考这些定义来设计零件。

7.1.2 零件的装配步骤

对零件进行装配时，必须合理选取第一个装配零件。该零件应满足如下两个条件。

☑ 该零件是整个装配体模型中最为关键的零件。

☑ 用户在以后的工作中不会删除该零件。

通常零件的装配步骤（针对自下而上的设计方法）如下。

（1）建立一个装配体文件（.sldasm），进入零件装配模式。

（2）调入第一个零件模型。默认情况下，装配体中的第一个零件是固定的，但是用户可以随时对其进行解除固定。

（3）调入其他与装配体有关的零件模型或子装配体。

（4）分析并建立零件之间的装配关系。

（5）检查零部件之间的干涉关系。

（6）完成全部零件的装配后，对装配体模型进行保存。

Note

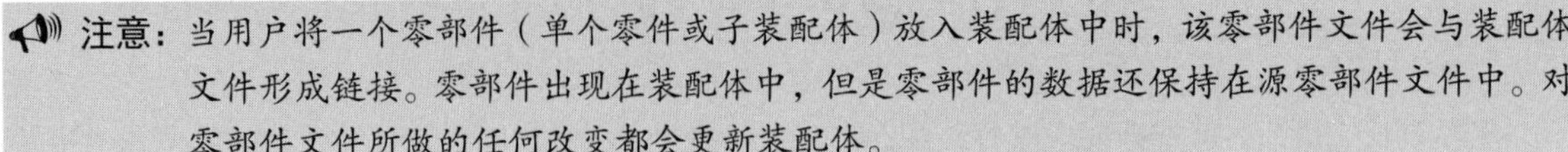
注意：当用户将一个零部件（单个零件或子装配体）放入装配体中时，该零部件文件会与装配体文件形成链接。零部件出现在装配体中，但是零部件的数据还保持在源零部件文件中。对零部件文件所做的任何改变都会更新装配体。

7.2 建立装配体

装配体为一个文件，在此文件中，零件、特征以及其他装配体（子装配体）是相互配合在一起的。其中，零件和子装配体位于不同的文件内。例如，活塞是一个在活塞装配体内与其他零件（如连杆或室）相配合的零件，此活塞装配体又可以在发动机装配体中用作子装配体。

视频讲解

7.2.1 添加零件

要将零件插入装配体中，首先要新建一个或打开现有的装配体文件。

新建一个装配体文件的操作步骤如下。

（1）单击“快速访问”工具栏中的“新建”按钮。

（2）在弹出的“新建 SOLIDWORKS 文件”对话框中单击“装配体”按钮，如图 7-2 所示。

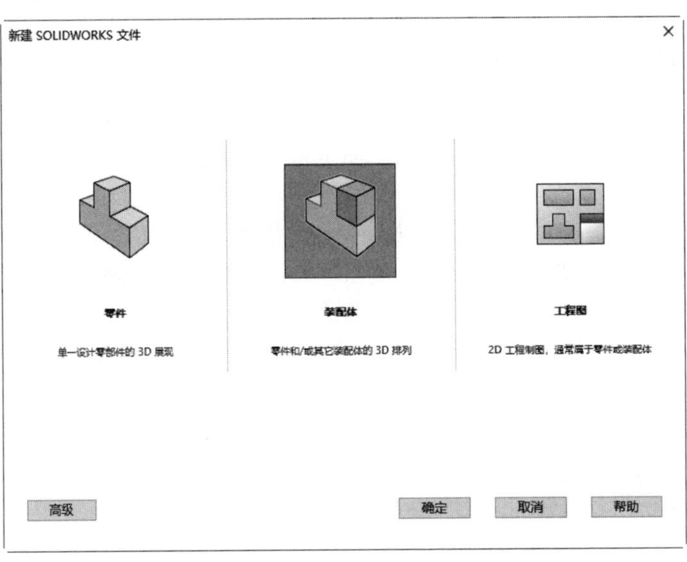

图 7-2 “新建 SOLIDWORKS 文件”对话框

（3）单击“确定”按钮，即可进入新建装配体文件的编辑状态。

在 SOLIDWORKS 中，装配体文件的后缀名为.sldasm。

打开已有的装配体文件的操作步骤如下。

（1）选择“文件”→“打开”命令。

（2）在弹出的“打开”对话框中选择后缀名为.sldasm 的文件，单击“打开”按钮即可。

SOLIDWORKS 2022 提供了多种将零部件添加到新的或现有的装配体中的方法，这里介绍几种常用的方法。

1. 添加零件或子装配体

操作步骤如下。

（1）保持装配体处于打开状态，选择“插入”→“零部件”→“现有零件/装配体”命令。

（2）在弹出的“插入零部件”属性管理器中单击“浏览”按钮，单击“打开”对话框。

（3）在“打开”对话框（见图 7-3）中浏览包含所需插入装配体的零部件文件的文件夹，然后选择要装配的文件。

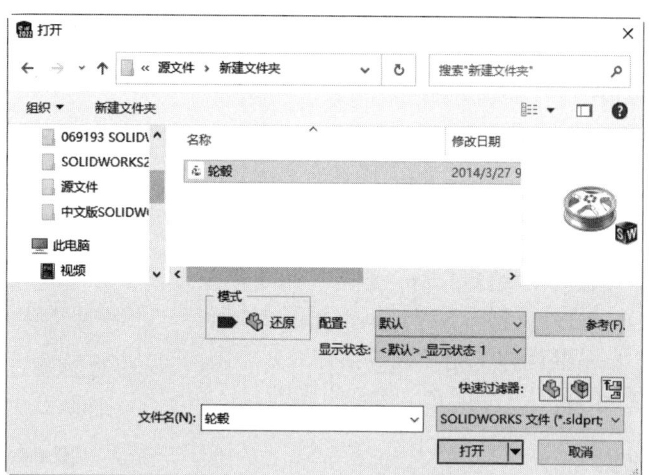

图 7-3 “打开”对话框

（4）单击“打开”按钮，此时鼠标指针变为形状。

（5）在装配体窗口的图形区域中，单击要放置零部件的位置。

（6）当用鼠标拖动零部件到原点时，鼠标指针变为如图 7-4 所示的形状。此时单击鼠标，将会确立零部件在装配体中具有的状态。

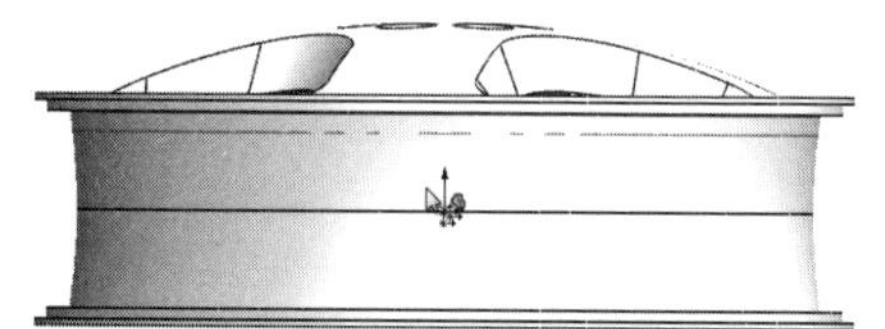

图 7-4 拖动零部件到原点时的鼠标指针形状

☑ 零部件被固定。

☑ 零部件的原点与装配体的原点重合。

☑ 零部件和装配体的基准面对齐。

这个过程虽非必要，但可以帮助用户确定装配体的起始方位。

2. 使用资源管理器添加零部件

操作步骤如下。

（1）新建或打开一个装配体文件。

（2）打开资源管理器（如果尚未运行），并浏览到包含所需零部件的文件夹。

（3）右击 Windows 桌面的状态栏，在弹出的快捷菜单中选择“横向平铺窗口”或“纵向平铺窗口”命令，使 SOLIDWORKS 和资源管理器同时可见。

（4）从“资源管理器”窗口中拖动步骤（2）中浏览到的零部件，此时鼠标指针变为形状。

（5）将其放置在装配体窗口的图形区域中。

3. 使用文件探索器添加零部件

操作步骤如下。

（1）单击 SOLIDWORKS 软件界面右侧任务窗格中的“文件探索器”按钮。

（2）浏览到需要添加的零部件的位置。

（3）将其拖动到装配体窗口的图形区域中。

此外，还可以从打开的零部件文件窗口中将零部件添加到装配体中。

视频讲解

7.2.2 删除零部件

操作步骤如下。

（1）在图形区域或 FeatureManager 设计树中单击要删除的零部件。

（2）按 Delete 键，或选择“编辑”→“删除”命令。

（3）此时系统会弹出“确认删除”对话框，如图 7-5 所示。单击“是”按钮，将从装配体中删除该零部件（并不影响源零件）及其所有相关的项目（如配合、爆炸步骤等）。

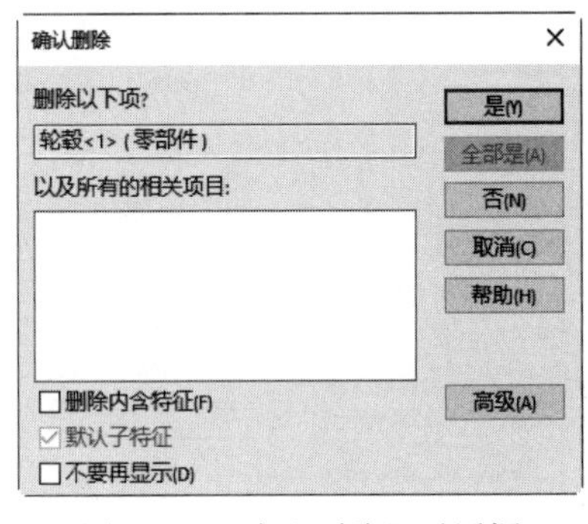

图 7-5 “确认删除”对话框

视频讲解

7.2.3 替换零部件

在设计周期中，可以对装配体及其零部件进行多次修改。尤其是在多用户环境下，可由几个用户处理单个的零件和子装配体。

更新装配体有一种更加安全、有效的方法，即根据需要替换零部件。这种方法基于源零部件与替换零部件之间的差别，配合和关联特征可以完全不受影响。

操作步骤如下。

（1）选择“文件”→“替换”命令，弹出“替换”属性管理器。在“选择”栏中单击“要替换的零部件”图标右侧的显示框，然后在图形区域中选择要替换的零部件，如图 7-6 所示。

（2）单击“浏览”按钮，在弹出的“打开”对话框中选择替换的零部件。

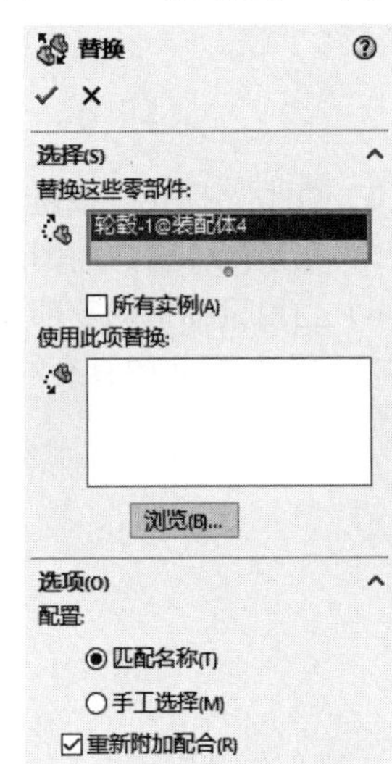

图 7-6 “替换”属性管理器

（3）如果选中“选项”栏中的“匹配名称”单选按钮，则系统会尝试将旧的零部件配置与替换零部件的配置进行匹配。

（4）如果选中“重新附加配合”复选框，则系统将现有配合重新附加到替换零部件中。

（5）单击“确定”按钮，以接受变更。

7.3 定位零部件

将零部件放入装配体中后，用户可以移动、旋转零部件或固定其位置。利用这些方式可以大致确

定零部件的位置，然后再使用配合关系来精确地定位零部件。

视频讲解

Note

7.3.1　固定零部件

当一个零部件被固定之后，其不能相对于装配体原点移动。默认情况下，装配体中的第一个零件是固定的。如果装配体中至少有一个零部件被固定，那么它就可以为其余零部件提供参考，防止其他零部件在添加配合关系时被意外移动。

要固定零部件，仅需在 FeatureManager 设计树或图形区域中右击要固定的零部件，然后在弹出的快捷菜单中选择“固定”命令即可；要解除固定关系，仅需在快捷菜单中选择“浮动”命令即可。

当一个零部件被固定之后，在 FeatureManager 设计树中，该零部件名称前将出现字符“(f)”，表明该零部件已被固定。

视频讲解

7.3.2　移动零部件

移动操作只适用于没有固定关系并且没有添加完全配合关系的零部件。

操作步骤如下。

（1）如果没有打开“装配体”工具栏，可选择“视图”→“工具栏”→“装配体”命令，将其打开，如图 7-7 所示。

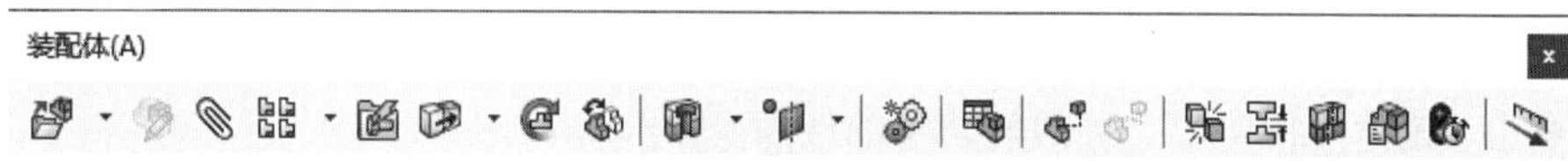

图 7-7　“装配体”工具栏

（2）单击“装配体”面板中的“移动零部件”按钮，弹出“移动零部件”属性管理器（见图 7-8），并且鼠标指针变为形状。

（3）在图形区域中选择一个或多个零部件（按住 Ctrl 键可以一次选择多个零部件）。

（4）在“移动零部件”属性管理器“移动”栏的“移动”图标右侧的下拉列表框中选择移动方式。

- ☑ 自由拖动：选择零部件并沿任意方向拖动。
- ☑ 沿装配体 XYZ：选择零部件并沿装配体的 X、Y 或 Z 方向拖动。图形区域中会显示坐标系以帮助确定方向。
- ☑ 沿实体：选择实体，然后选择零部件并沿该实体拖动。如果实体是一条直线、边线或轴，则所移动的零部件具有一个自由度；如果实体是一个基准面或平面，则所移动的零部件具有两个自由度。
- ☑ 由 Delta XYZ：选择零部件，然后在“移动零部件”属性管理器中输入 X、Y 或 Z 坐标值，则零部件就会按照指定的数值移动。
- ☑ 到 XYZ 位置：选择零部件的一点，在“移动零部件”属性管理器中输入 X、Y 或 Z 坐标值，则该点就会被

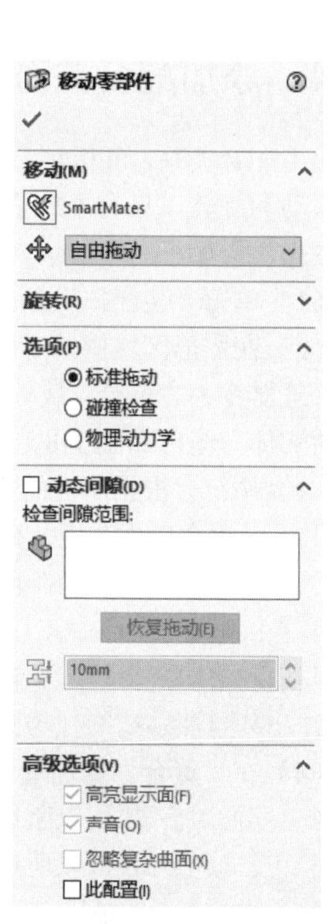

图 7-8　“移动零部件”属性管理器

移动到指定坐标处。如果选择的项目不是顶点或点，则零部件的原点会被置于所指定的坐标处。

（5）单击“确定”按钮✔，完成零部件的移动。

Note

7.3.3 旋转零部件

视频讲解

旋转零部件的操作步骤如下。

（1）单击“装配体”面板中的“旋转零部件”按钮，弹出“旋转零部件”属性管理器（见图7-9），并且鼠标指针变为形状。

（2）在图形区域中选择一个或多个零部件。

（3）在“旋转零部件”属性管理器“旋转”栏的“旋转”图标右侧的下拉列表框中选择旋转方式。

☑ 自由拖动：选择零部件并沿任意方向拖动旋转。

☑ 对于实体：选择一条直线、边线或轴，然后围绕所选实体旋转零部件。

☑ 由Delta XYZ：选择零部件，然后在“旋转零部件”属性管理器中输入X、Y、Z的值，则零部件就会按照指定的角度数分别绕X轴、Y轴和Z轴旋转。

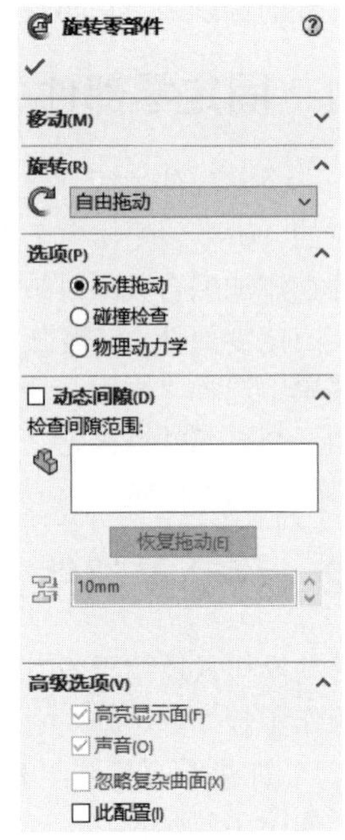

图7-9 “旋转零部件”属性管理器

（4）单击“确定”按钮✔，完成旋转零部件的操作。

注意： 用户无法旋转一个位置已经被固定或一个完全被定义了配合关系的零部件。

视频讲解

7.3.4 添加配合关系

使用配合关系，可相对于其他零部件精确地定位零部件，还可定义零部件如何相对于其他零部件进行移动和旋转。只有添加了完整的配合关系，才算完成了装配体模型。

操作步骤如下。

（1）单击“装配体”面板中的“配合”按钮，弹出“配合”属性管理器。

（2）在图形区域中的零部件上选择要配合的实体，系统自动添加“重合”配合，同时“配合”属性管理器变为“重合”属性管理器，所选实体会出现在“重合”属性管理器“配合选择”栏的“要配合的实体”图标右侧的显示框中，如图7-10所示。

（3）系统会根据所选的实体，列出有效的配合类型。

☑ 重合：面与面、面与直线（轴）、直线与直线（轴）、点与面、点与直线之间重合。

☑ 平行：面与面、面与直线（轴）、直线与直线（轴）、曲线与曲线之间平行。

☑ 垂直：面与面、直线（轴）与面之间垂直。

☑ 相切：将所选项以彼此间相切而放置（至少有一选择项必须为圆柱面、圆锥面或球面）。

☑ 同轴心：圆柱与圆柱、圆柱与圆锥、圆形与圆弧边线之间具有相同的轴。

（4）在“重合”属性管理器的“配合对齐”选项组中选择所需的对齐条件。

☑ 同向对齐：以所选面的法向或轴向的相同方向来放置零部件。

☑ 反向对齐：以所选面的法向或轴向的相反方向来放置零部件。

（5）单击对应的配合类型按钮，选择配合类型。

（6）如果配合不正确，则可单击“撤销”按钮，然后根据需要进行修改。

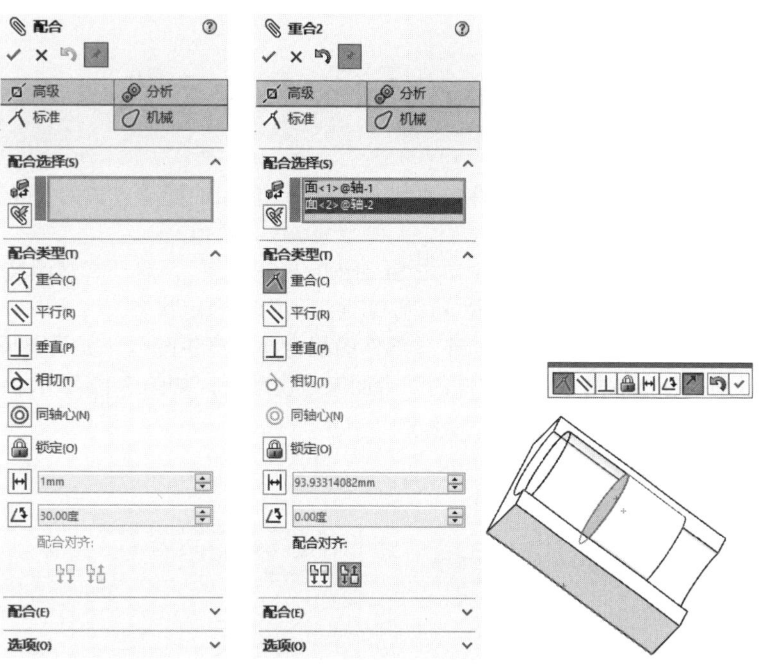

图 7-10　“配合”属性管理器和“重合”属性管理器

（7）单击“确定”按钮✔，以应用配合。

在装配体中建立配合关系后，配合关系会显示于 FeatureManager 设计树中。

7.3.5　删除配合关系

视频讲解

如果装配体中的某个配合关系有错误，可以随时将其从装配体中删除。

操作步骤如下。

（1）在 FeatureManager 设计树中，右击想要删除的配合关系。

（2）在弹出的快捷菜单中选择“删除”命令，或按 Delete 键。

（3）在弹出的“确认删除”对话框（见图 7-11）中单击“是”按钮，以确认删除。

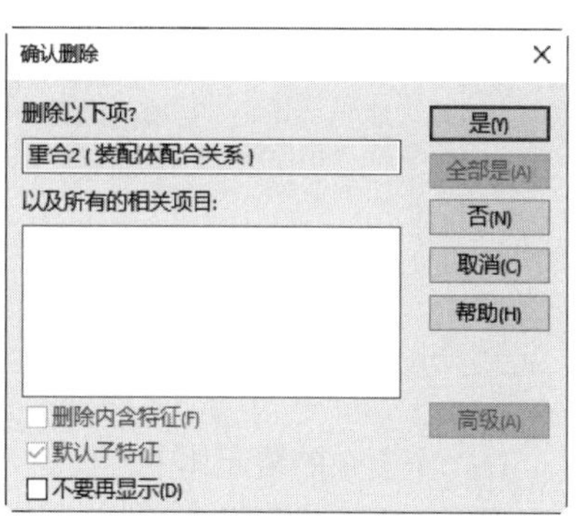

图 7-11　“确认删除”对话框

7.3.6　修改配合关系

视频讲解

用户可以像重新定义特征一样，对已经存在的配合关系进行修改。

操作步骤如下。

（1）在 FeatureManager 设计树中，右击要修改的配合关系。

（2）在弹出的快捷菜单中选择“编辑特征”命令。

（3）在弹出的属性管理器中改变所需选项。

（4）如果要替换配合实体，在属性管理器的“配合选择”栏“要配合的实体”图标右侧的显示框中删除原来实体后，重新选择实体。

（5）单击“确定”按钮✔，完成配合关系的重新定义。

7.4 SmartMates配合方式

Note

视频讲解

SmartMates（智慧组装）用于将零部件快速结合在一起，使用的配合方式为"重合"和"同轴心"。操作步骤如下。

（1）在"移动零部件"属性管理器中单击SmartMates按钮，启动智慧组装功能。

（2）双击选取第一个零部件的结合面（该零部件必须为非固定状态）。

（3）用鼠标拖动第一个零部件至第二个零部件的配合面，产生配合。如果要反转对齐状态，可按Tab键。也可以用鼠标选取第二个零部件的配合面来产生配合，如图7-12所示。

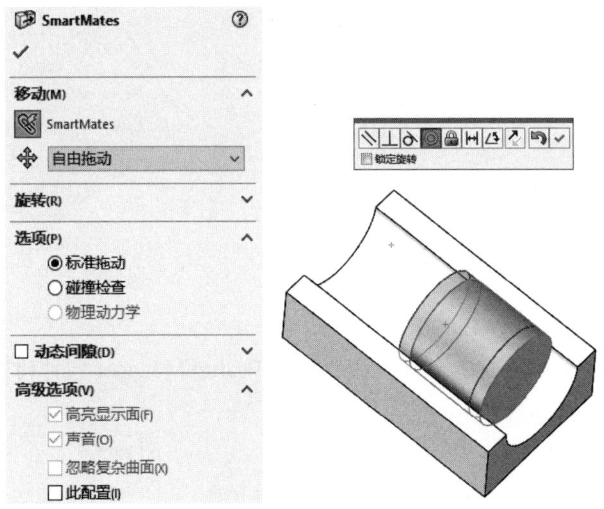

图7-12　智慧组装零件

7.5 装配体及零部件检查

在一个复杂的装配体中，仅凭人的视觉来检查零部件之间是否有干涉的情况，其难度可想而知。SOLIDWORKS可以在零部件之间进行干涉检查，用户可以方便、快捷地查看其所检查到的干涉。此外，利用SOLIDWORKS还可以检查整个装配体或所选的零部件组之间的碰撞与冲突。

视频讲解

7.5.1 干涉检查

操作步骤如下。

（1）选择"工具"→"评估"→"干涉检查"命令。

（2）在弹出的"干涉检查"属性管理器中，单击"所选零部件"栏中的显示框，在装配体中选取两个或多个零部件，或在FeatureManager设计树中单击零部件按钮，所选零部件就会显示在"干涉检查"属性管理器中，如图7-13所示。

（3）选中"视重合为干涉"复选框，则重合的实体（接触或重叠的面、边线或顶点）也被列为干涉的情形；否则，将忽略接触或重叠的实体。

（4）单击"计算"按钮。如果存在干涉，在"结果"显示框中会列出发生的干涉，在图形区域

中对应的干涉的零部件会被高亮显示，在“干涉检查”属性管理器中还会列出相关零部件的名称。

（5）单击“确定”按钮✔，关闭属性管理器。解除零部件干涉的高亮显示。

📖 **说明：** 如果在 FeatureManager 设计树中选择了顶层装配体，则会对该装配体中所有的零部件进行干涉检查。

7.5.2 碰撞检查

碰撞检查用来检查整个装配体或所选零部件组之间的碰撞关系，从中发现所选零部件间的碰撞。操作步骤如下。

（1）单击“装配体”面板中的“移动零部件”按钮或“旋转零部件”按钮。

（2）弹出“移动零部件”属性管理器或“旋转零部件”属性管理器，在“选项”栏中选中“碰撞检查”单选按钮，如图 7-14 所示。

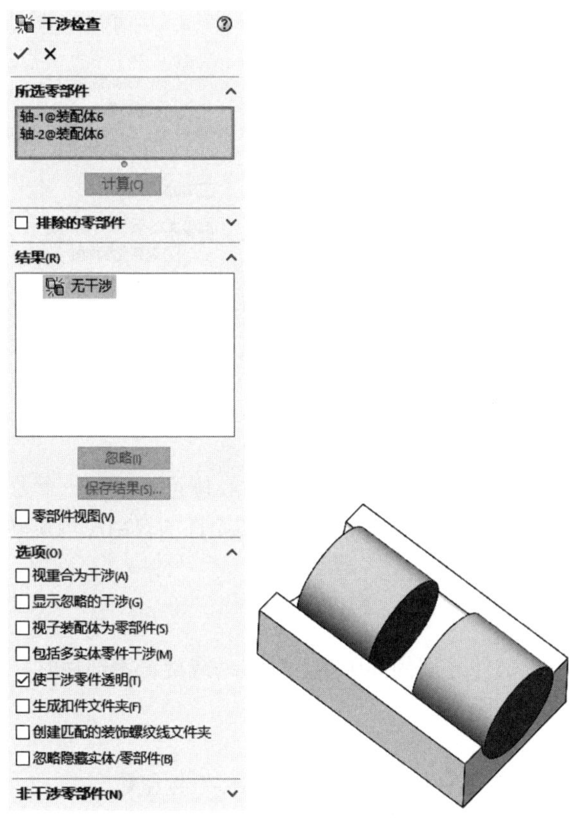

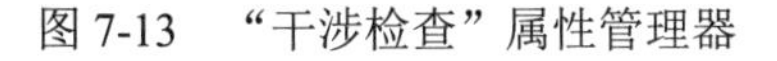

图 7-13 “干涉检查”属性管理器

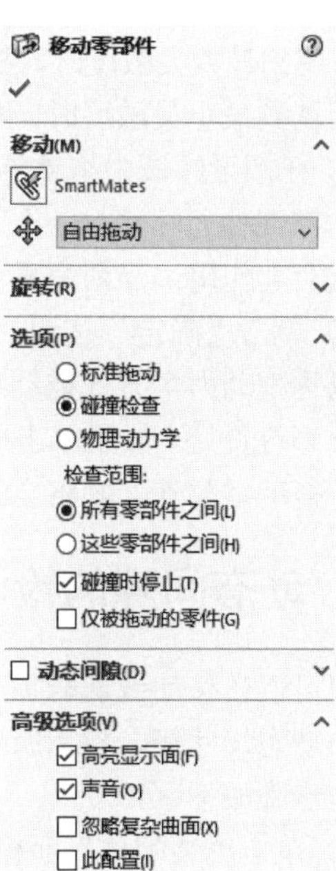

图 7-14 选中“碰撞检查”单选按钮

（3）检查范围。

☑ 所有零部件之间：如果移动的零部件接触到装配体中任何其他的零部件，都会检查出碰撞。

☑ 这些零部件之间：选中该单选按钮后，在图形区域中指定零部件，这些零部件将会出现在“所选项目”图标右侧的显示框中。如果移动的零部件接触到该框中的零部件，就会检查出碰撞。

（4）如果选中“碰撞时停止”复选框，则停止零部件的运动以阻止其接触到任何其他实体。

（5）如果选中“仅被拖动的零件”复选框，将只检查与移动的零部件之间的碰撞。

（6）单击“确定”按钮✔，完成碰撞检查。

视频讲解

Note

7.5.3 物理动力学

“物理动力学”是碰撞检查中的一个选项（见图 7-15），允许用户以现实的方式查看装配体零部件的移动。启用物理动力学功能后，当拖动一个零部件时，此零部件就会向其接触的零部件施加一个力，而在接触的零部件所允许的自由度范围内对其进行移动和旋转。当碰撞时，拖动的零部件就会在其允许的自由度范围内旋转或向约束的、部分约束的零部件相反的方向滑动，使拖动得以继续。

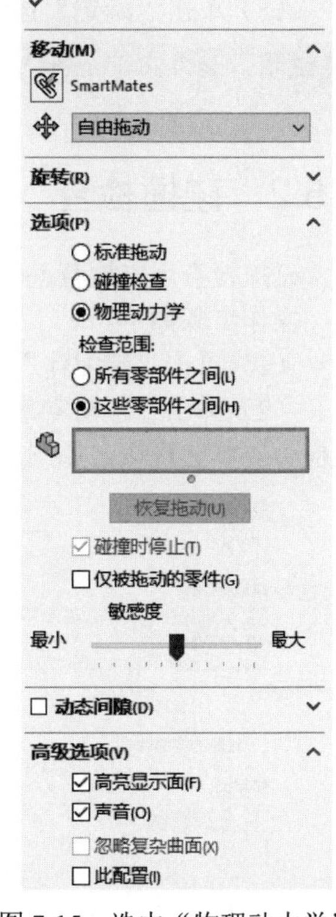

图 7-15 选中“物理动力学”单选按钮

对于只有几个自由度的装配体，运用物理动力学效果最佳，也最具有意义。

操作步骤如下。

（1）单击“装配体”面板中的“移动零部件”按钮或“旋转零部件”按钮。

（2）弹出“移动零部件”属性管理器或“旋转零部件”属性管理器，在“选项”栏中选中“物理动力学”单选按钮。

（3）移动“敏感度”滑块来更改物理动力学检查碰撞所使用的灵敏度。当调到最大灵敏度时，零部件每移动 0.02mm，软件就检查一次碰撞；当调到最小灵敏度时，检查间歇为 20mm。

（4）在图形区域中拖动零部件。当物理动力学检测到碰撞时，将在碰撞的零部件之间添加一个互相抵触的力。当两个零部件相互接触时，力就会起作用；当两个零部件不接触时，力将被移除。

（5）单击“确定”按钮，完成物理动力学的检查。

当以物理动力学方式拖动零部件时，一个质心符号将出现在零部件的质心位置处。如果单击质心符号并拖动零部件，则将在零部件的质心位置处添加一个力；如果在质心外拖动零部件，则将会给零部件应用一个动量臂，使零部件可以在允许的自由度内旋转。

视频讲解

7.5.4 动态间隙的检测

用户可以在移动或旋转零部件时动态检查零部件之间的间隙值。当移动或旋转零部件时，系统会出现一个动态尺寸线，指示所选零部件之间的最小距离。

操作步骤如下。

（1）单击“装配体”面板中的“移动零部件”按钮或“旋转零部件”按钮。

（2）在弹出的“移动零部件”属性管理器或“旋转零部件”属性管理器中选中“动态间隙”复选框。

（3）单击“检查间隙范围”栏中的第一个显示框，然后在图形区域中选择要检测的零部件。

（4）单击“在指定间隙停止”按钮，然后在右边的微调框中指定一个数值。当所选零部件之间的距离小于该数值时，将停止移动零部件。

（5）单击“恢复拖动”按钮。

（6）在图形区域中拖动所选的零部件时，间隙尺寸将在图形区域中动态更新，如图 7-16 所示。

（7）单击“确定”按钮，完成动态间隙的检测。

Note

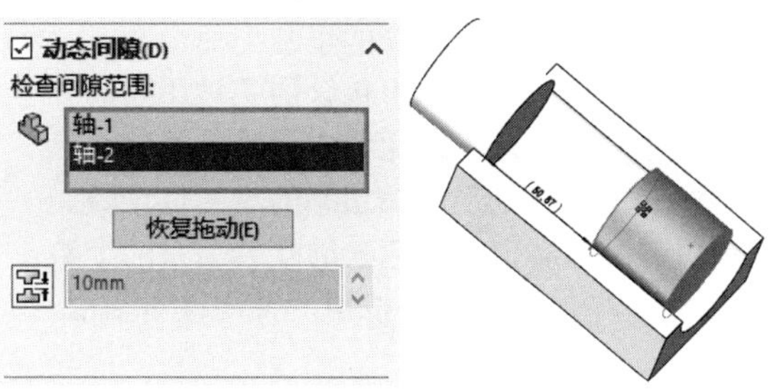

图 7-16　间隙尺寸的动态更新

7.5.5　装配体性能评估

视频讲解

SOLIDWORKS 提供了对装配体性能进行统计报告的功能，即装配体性能评估。通过装配体性能评估，可以生成一个装配体文件的统计资料。

操作步骤如下。

（1）打开一个装配体文件。

（2）选择“工具”→“评估”→“性能评估”命令，弹出如图 7-17 所示的“性能评估”对话框。

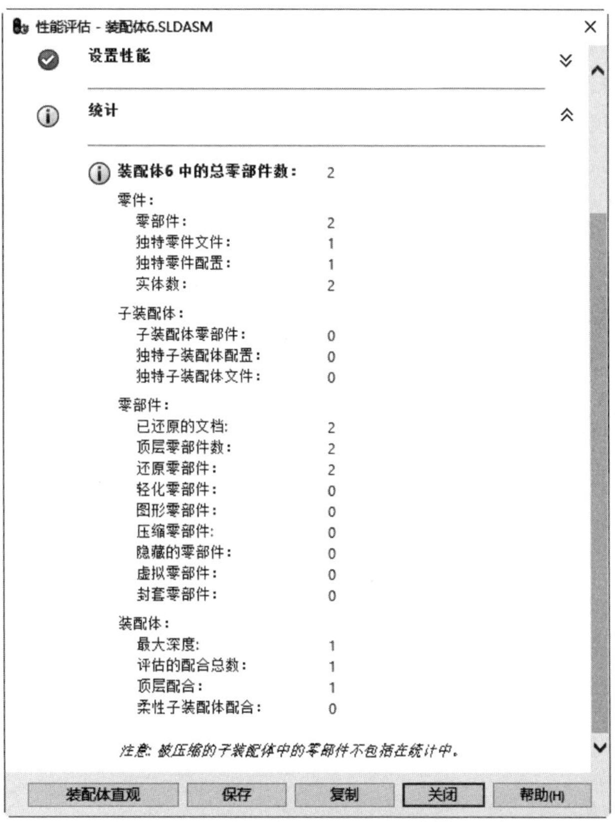

图 7-17　“性能评估”对话框

（3）在“性能评估”对话框中，可以查看装配体文件的统计资料。其中各项的含义如下。

☑　零部件：统计的零部件数包括装配体中所有的零部件，无论是否被压缩，但是被压缩的子装配体的零部件不包括在统计中。

☑　独特零件文件/配置：仅统计未被压缩的互不相同的零件。

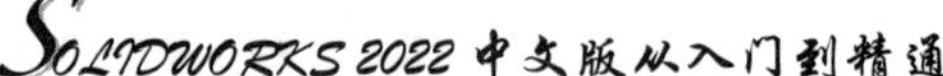

☑ 子装配体零部件：统计装配体文件中包含的子装配体个数。

☑ 独特子装配体配置：仅统计装配体文件中包含的未被压缩的互不相同子装配体个数。

☑ 还原零部件：统计装配体文件中处于还原状态的零部件个数。

☑ 压缩零部件：统计装配体文件中处于压缩状态的零部件个数。

☑ 顶层配合：统计最高层装配体文件中所包含的配合关系的个数。

（4）单击“性能评估”对话框中的“关闭”按钮，关闭该对话框。

Note

7.6 爆炸视图

在零部件装配完成后，为了在制造、维修及后续环节中直观地分析各个零部件之间的相互关系，可将装配图按照零部件的配合关系来生成爆炸视图。装配体爆炸以后，将不能再添加新的配合关系。

视频讲解

7.6.1 生成爆炸视图

在爆炸视图中可以很形象地查看装配体中各个零部件之间的配合关系，这通常称为系统立体图。爆炸视图通常用于介绍零部件的组装流程，常见于仪器的操作手册及产品使用说明书等。

操作步骤如下。

（1）打开一个装配体文件。

（2）选择“插入”→“爆炸视图”命令，弹出如图 7-18 所示的“爆炸”属性管理器。分别单击“爆炸步骤”“添加阶梯”“选项”各栏右上角的⌄按钮，将其展开。

（3）单击“添加阶梯”栏的“爆炸步骤零部件”图标右侧的显示框，单击要爆炸的零部件，此时装配体中被选中的零部件被高亮显示，并且出现一个设置移动方向的坐标。

（4）单击坐标的某一方向，确定要爆炸的方向，然后在“添加阶梯”栏的“爆炸距离”图标右侧的微调框中输入爆炸的距离值，如图 7-19 所示。

（5）单击“添加阶梯”按钮，在视图中预览爆炸效果。单击“爆炸方向”显示框前面的“反向”按钮，可以反方向调整爆炸视图。单击“完成”按钮，第一个零部件爆炸完成，并在“爆炸步骤”栏中生成“爆炸步骤 1”。

（6）重复步骤（3）～（5），将其他零部件爆炸。

注意：在生成爆炸视图时，建议将每一个零部件在每一个方向上的爆炸设置为一个爆炸步骤。如果一个零部件需要在 3 个方向上爆炸，建议使用 3 个爆炸步骤，以方便修改爆炸视图。

图 7-18 “爆炸”属性管理器

图 7-19 “添加阶梯”栏的设置

视频讲解

7.6.2 编辑爆炸视图

装配体爆炸后，可以利用“爆炸”属性管理器进行编辑，也可以添加新的爆炸步骤。

操作步骤如下。

（1）打开一个装配体文件的爆炸视图。

（2）在配置设计树中选择要编辑的爆炸视图，在弹出的快捷菜单中选择“编辑特征”命令，此时系统弹出“爆炸”属性管理器。

（3）单击“爆炸步骤”栏中的“爆炸步骤 1”，此时“爆炸步骤 1”的设置出现在“在编辑爆炸步骤 1”栏中。

（4）修改“在编辑爆炸步骤 1”栏中的距离参数，或者拖动视图中要爆炸的零部件，然后单击“完成”按钮，即可完成对爆炸视图的修改。

（5）在“爆炸步骤 1”中右击，从弹出的快捷菜单中选择“删除”命令，该爆炸步骤就会被删除。零部件恢复爆炸前的配合状态。

视频讲解

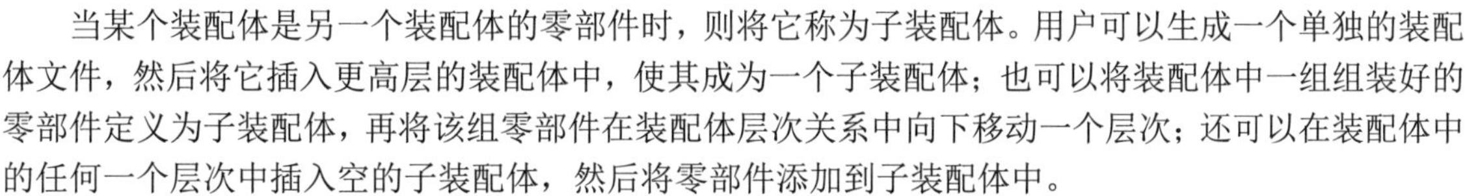

7.7 子装配体

当某个装配体是另一个装配体的零部件时，则将它称为子装配体。用户可以生成一个单独的装配体文件，然后将它插入更高层的装配体中，使其成为一个子装配体；也可以将装配体中一组组装好的零部件定义为子装配体，再将该组零部件在装配体层次关系中向下移动一个层次；还可以在装配体中的任何一个层次中插入空的子装配体，然后将零部件添加到子装配体中。

要在装配体中插入一个已有的装配体文件，使其成为它的一个子装配体，操作步骤如下。

（1）在母装配体文件被打开的情况下，选择“插入”→“零部件”→“现有零件/装配体”命令。

（2）弹出“打开”对话框，在“文件类型”下拉列表框中选择装配体文件类型（*.asm，*.sldasm）。

（3）导航到作为子装配体的装配体文件所在的目录。

（4）选择装配体文件，然后单击“打开”按钮，该装配体文件便成为母装配体中的一个子装配体文件，并在 FeatureManager 设计树中列出。

要将装配体中一组组装好的零部件定义为子装配体，操作步骤如下。

（1）在 FeatureManager 设计树中，按住 Ctrl 键选择要作为子装配体的多个零部件（这些零部件中至少有一个已经组装好）。

（2）在所选的任一零部件上右击，在弹出的快捷菜单中选择“生成新子装配体”命令。

（3）弹出“新建 SOLIDWORKS 文件”对话框，选择“装配体”，单击“确定”按钮。

（4）单击“快速访问”工具栏中的“另保存”按钮，定义子装配体的文件名和保存的目录。

（5）单击“保存”按钮，将新的装配体文件保存在指定的文件夹中。

视频讲解

7.8 综合实例——手压阀装配

首先创建一个装配体文件，然后依次插入手压阀的零部件，最后添加零部件之间的配合关系，装配流程如图 7-20 所示。

Note

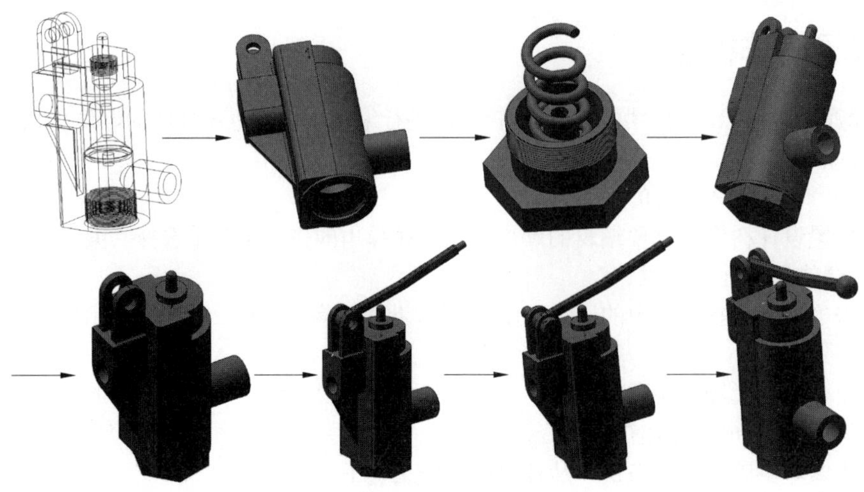

图 7-20　手压阀的装配流程

操作步骤

1. 阀体-阀杆配合

（1）新建文件。单击“快速访问”工具栏中的“新建”按钮，在弹出的“新建 SOLIDWORKS 文件”对话框中单击“装配体”按钮，然后单击“确定”按钮，创建一个新的装配体文件。此时系统将弹出“开始装配体”属性管理器，如图 7-21 所示。

（2）定位阀体。单击“浏览”按钮，弹出“打开”对话框，选择前面创建的“阀体”零部件，这时在对话框的浏览区中将显示该零件的预览结果，如图 7-22 所示。在“打开”对话框中单击“打开”按钮，系统进入装配界面，鼠标指针变为形状。选择“视图”→“隐藏/显示”→“原点”命令，显示坐标原点。将鼠标指针移动至原点位置上，鼠标指针变为形状。在目标位置上单击，将阀体放入装配界面中，如图 7-23 所示。

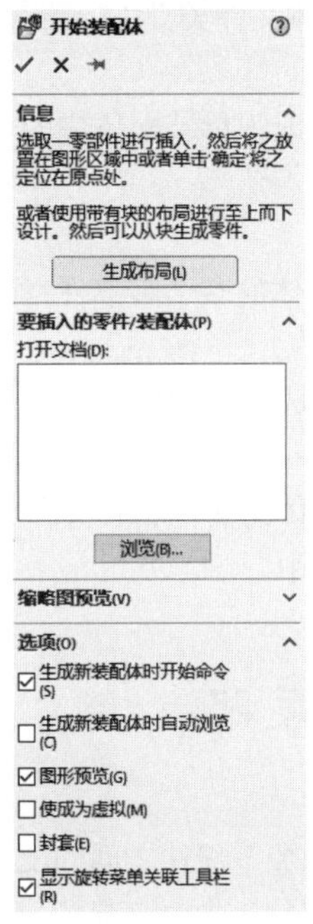

图 7-21　“开始装配体”属性管理器

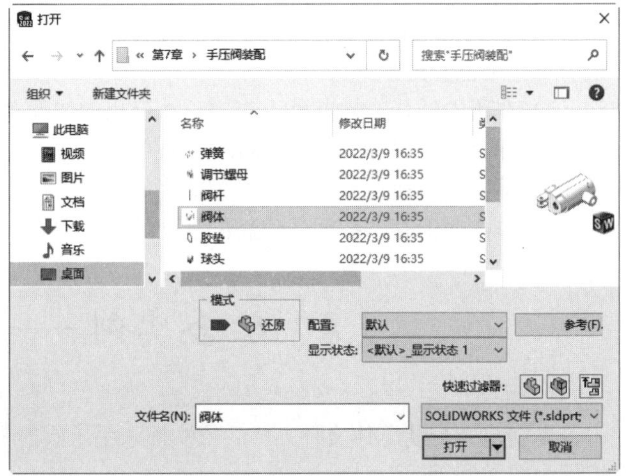

图 7-22　选择“阀体”零部件

（3）插入阀杆。单击“装配体”面板中的“插入零部件”按钮，在弹出的“打开”对话框中选择“阀杆”，将其插入装配界面中，如图 7-24 所示。

（4）添加装配关系。单击“装配体”面板中的“配合”按钮，弹出“配合”属性管理器，如图 7-25 所示。选择图 7-24 中的面 1 和面 3 为配合面，在“配合”属性管理器中单击“同轴心”按钮，添加“同轴心”关系；选择面 2 和面 4 为配合面，在“配合”属性管理器中单击“距离”按钮，输入距离为 48mm，添加“距离”关系；单击“确定”按钮，结果如图 7-26 所示。

图 7-23　定位阀体

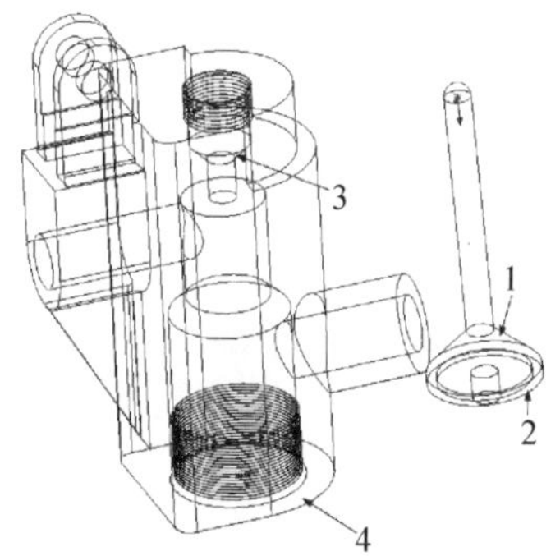

图 7-24　插入阀杆

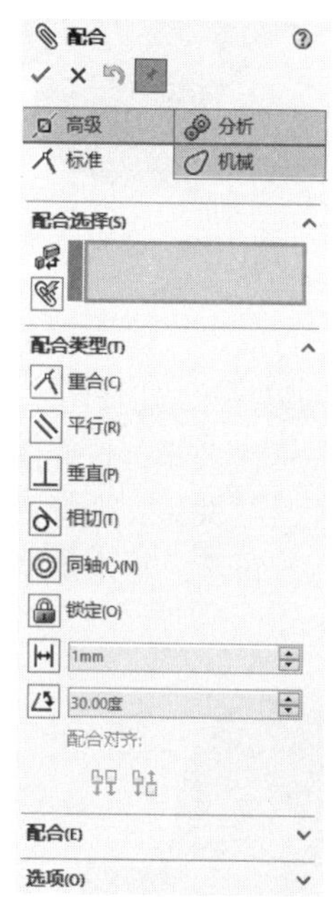

图 7-25　“配合”属性管理器

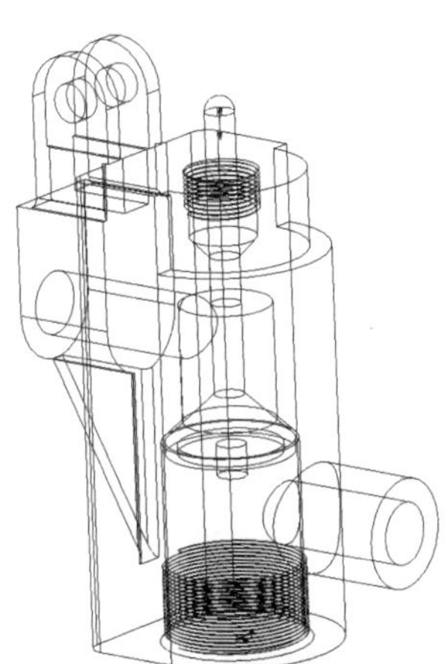

图 7-26　配合后的图形

2. 阀体-胶垫配合

（1）插入胶垫。单击“装配体”面板中的“插入零部件”按钮，在弹出的“打开”对话框中选择“胶垫”，将其插入装配界面的适当位置处，如图 7-27 所示。

（2）添加装配关系。单击“装配体”面板中的“配合”按钮，选择图 7-27 中的面 2 和面 4，在“配合”属性管理器中单击“同轴心”按钮，添加“同轴心”关系；选择图 7-27 中的面 1 和面 3，在“配合”属性管理器中单击“重合”按钮，添加“重合”关系；单击“确定”按钮，完成阀体和胶垫的装配，如图 7-28 所示。

3. 调节螺母-弹簧配合

（1）插入调节螺母。单击“装配体”面板中的“插入零部件”按钮，在弹出的“打开”对话框中选择“调节螺母”，将其插入装配界面中的适当位置处。

（2）插入弹簧。单击“装配体”面板中的“插入零部件”按钮，在弹出的“打开”对话框中选择“弹簧”，将其插入装配界面的适当位置处，如图 7-29 所示。

（3）添加装配关系。单击“装配体”面板中的“配合”按钮，选择图 7-29 中的面 1 和面 2，在“配合”属性管理器中单击“重合”按钮，添加“重合”关系；选择调节螺母的上视基准面和弹簧的右视基准面，在“配合”属性管理器中单击“重合”按钮，添加“重合”关系；选择调节螺母的右视基准面和弹簧的上视基准面，在“配合”属性管理器中单击“重合”按钮，添加“重合”关

Note

系；单击“确定”按钮✔，完成调节螺母和弹簧的装配，如图 7-30 所示。

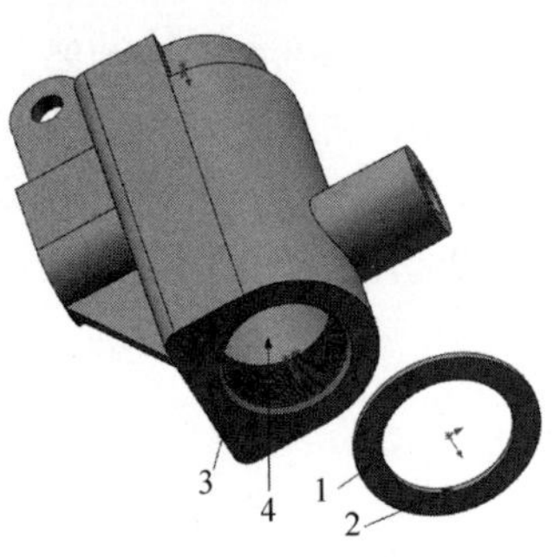

图 7-27 插入胶垫

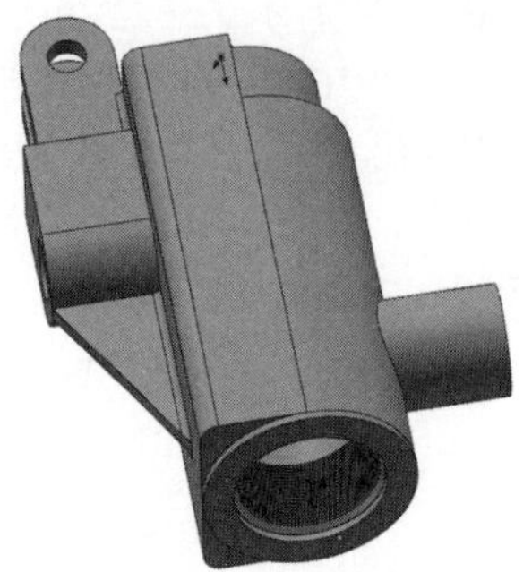
图 7-28 装配胶垫

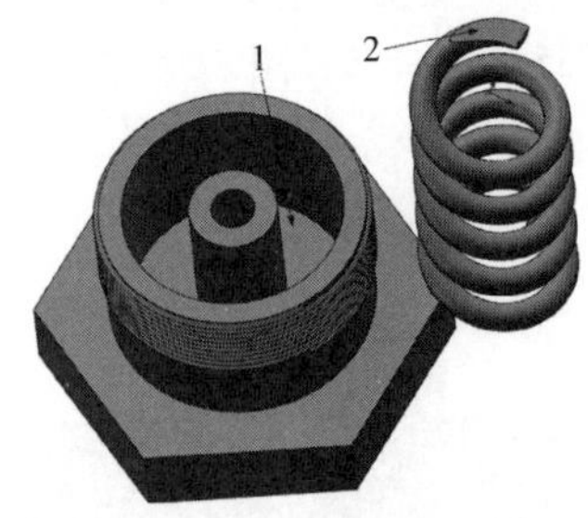

图 7-29 插入调节螺母和弹簧

4. 胶垫和调节螺母的配合

单击“装配体”面板中的“配合”按钮，选择图 7-31 中的面 2 和面 4，在“配合”属性管理器中单击“同轴心”按钮◎，添加“同轴心”关系；选择图 7-31 中的面 1 和面 3，在“配合”属性管理器中单击“重合”按钮，添加“重合”关系；选择阀体的上视基准面和调节螺母的上视基准面，在“配合”属性管理器中单击“角度”按钮，输入角度为 78°，添加“角度”关系；单击“确定”按钮✔，结果如图 7-32 所示。

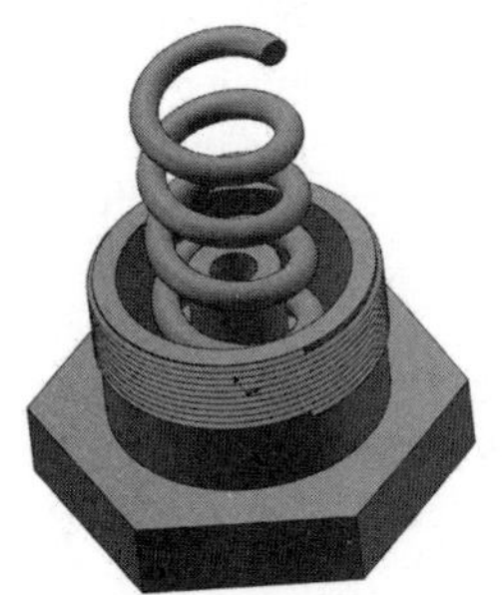
图 7-30 装配调节螺母和弹簧

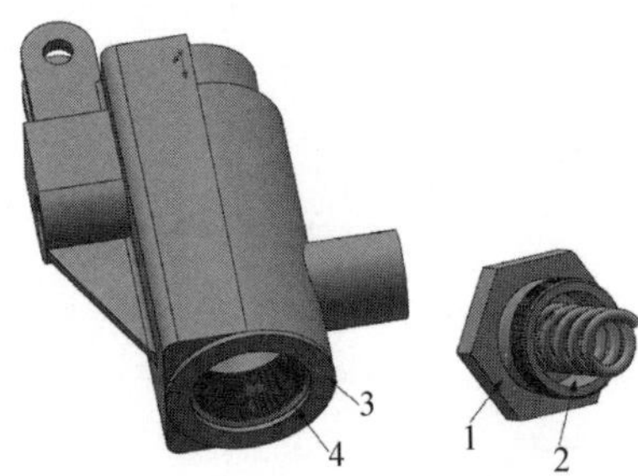

图 7-31 选择装配面

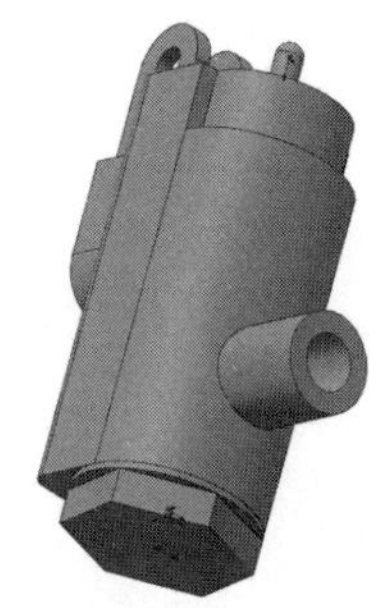
图 7-32 胶垫和调节螺母的配合

5. 装配锁紧螺母

（1）插入锁紧螺母。单击“装配体”面板中的“插入零部件”按钮，在弹出的“打开”对话框中选择“锁紧螺母”，将其插入装配界面中，如图 7-33 所示。

（2）添加装配关系。单击“装配体”面板中的“配合”按钮，选择图 7-33 中的面 2 和面 4，在“配合”属性管理器中单击“同轴心”按钮◎，添加“同轴心”关系；选择图 7-33 中的面 1 和面 3，在“配合”属性管理器中单击“重合”按钮，添加“重合”关系；选择锁紧螺母的右视基准面和阀体的右视基准面，在“配合”属性管理器中单击“角度”按钮，输入角度为 41°，选中“反转尺寸”复选框，添加“角度”关系；单击“确定”按钮✔，结果如图 7-34 所示。

6. 装配手柄

（1）插入压紧套。单击“装配体”面板中的“插入零部件”按钮，在弹出的“打开”对话框中选择“手柄”，将其插入装配界面中，如图 7-35 所示。

（2）添加装配关系。单击“装配体”面板中的“配合”按钮，选择图 7-35 中的面 1 和面 3，添加“重合”关系；选择图 7-35 中的面 2 和面 4，添加“同轴心”关系；单击“确定”按钮✔，结

果如图 7-36 所示。

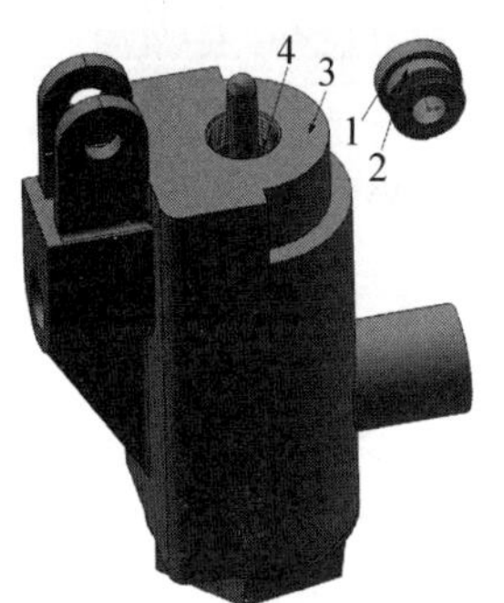

图 7-33　插入锁紧螺母

图 7-34　配合后的图形

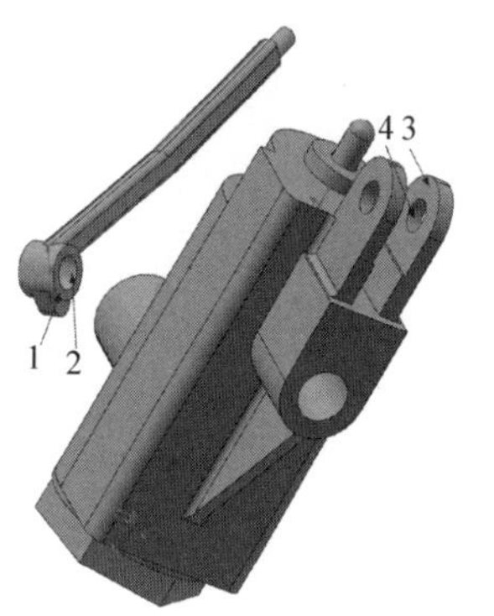

图 7-35　插入手柄

7. 装配销钉

（1）插入销钉。单击“装配体”面板中的“插入零部件”按钮，在弹出的“打开”对话框中选择“销钉”，将其插入装配界面中，如图 7-37 所示。

（2）添加装配关系。单击“装配体”面板中的“配合”按钮，选择图 7-37 中的面 2 和面 3，添加“同轴心”关系；选择图 7-37 中的面 1 和面 4，添加“重合”关系；单击“确定”按钮，结果如图 7-38 所示。

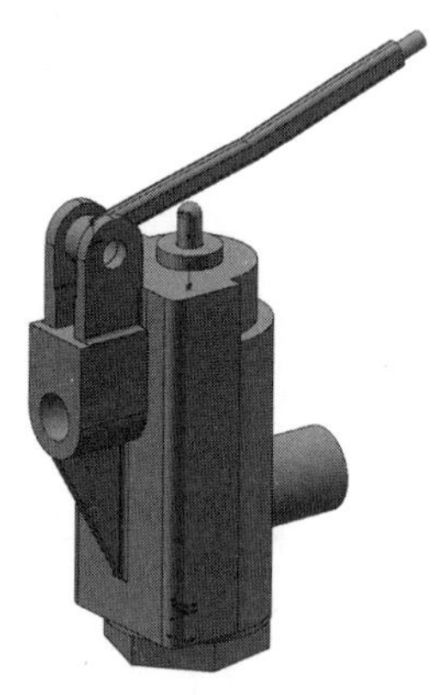

图 7-36　配合后的图形

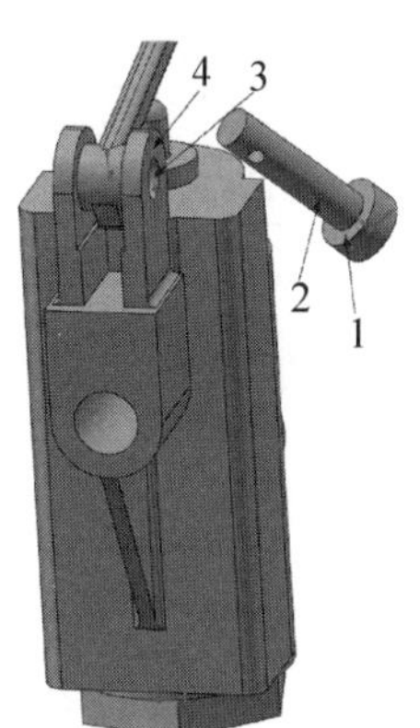

图 7-37　插入销钉

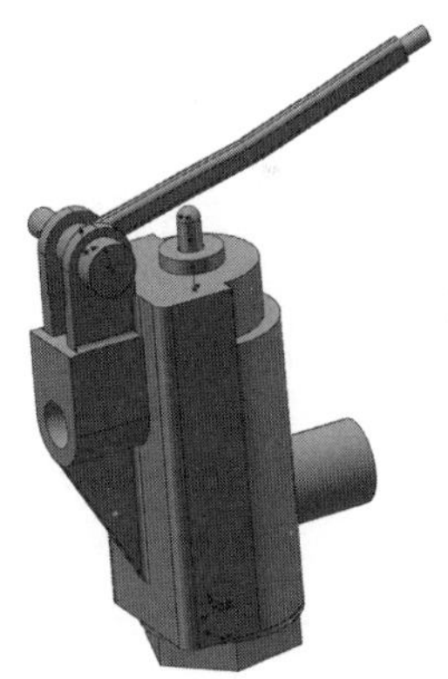

图 7-38　配合后的图形

8. 装配球头

（1）插入球头。单击“装配体”面板中的“插入零部件”按钮，在弹出的“打开”对话框中选择“球头”，将其插入装配界面中，如图 7-39 所示。

（2）添加装配关系。单击“装配体”面板中的“配合”按钮，选择图 7-39 中的面 2 和面 4，添加“同轴心”关系；选择图 7-39 中手柄的前视基准面和球头的前视基准面，添加“平行”关系；选择图 7-39 中的面 1 和面 3，添加“重合”关系；单击“确定”按钮，结果如图 7-40 所示。

（3）检查干涉。选择“工具”→“评估”→“干涉检查”命令，弹出如图 7-41 所示的“干涉检查”属性管理器。在视图中选择装配体，单击“计算”按钮，显示结果为“无干涉”；若显示为“干涉”，则需调整零件间的位置关系后再次检查，直到没有干涉。最后单击“确定”按钮，完成操作。

图 7-39 插入球头

图 7-40 配合后的图形

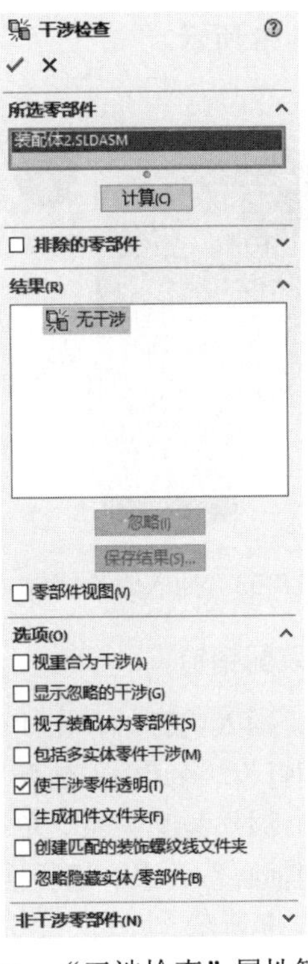

图 7-41 “干涉检查”属性管理器

7.9 实践与操作

通过前面的学习，相信读者对本章知识已有了一个大体的了解，本节将通过一个操作练习帮助读者进一步掌握本章的知识要点。

创建如图 7-42 所示的制动器装配体。

操作提示：

（1）阀体-轴配合。利用“插入零件”和“配合”命令：选择图 7-43 中的面 2 和面 4 为配合面，添加“同轴心”关系；选择面 1 和面 3 为配合面，添加“重合”关系。

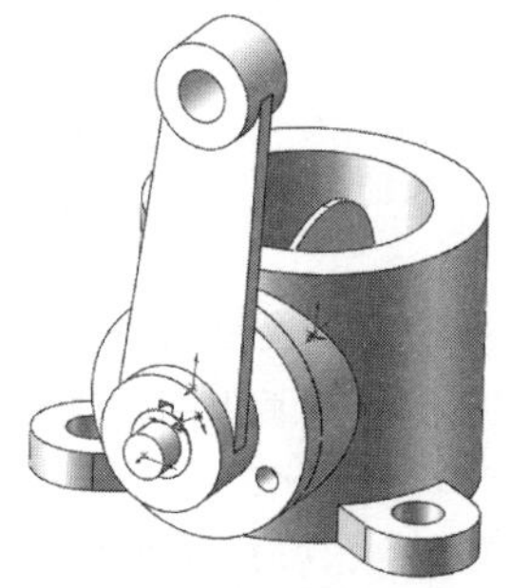

图 7-42 制动器装配体

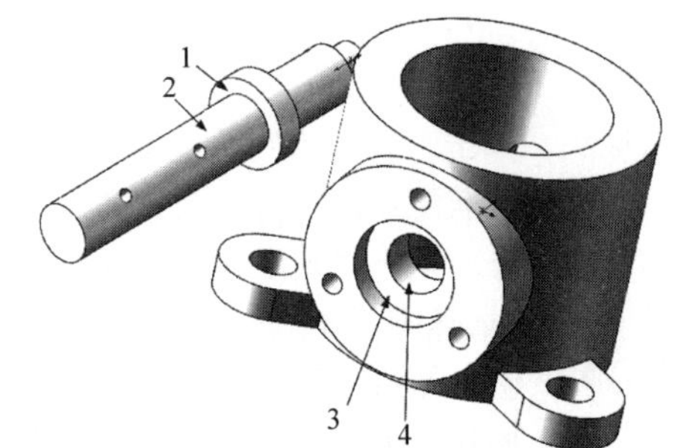

图 7-43 装配轴

（2）装配盘。利用“插入零件”和“配合”命令：选择图 7-44 中的面 2 和面 4，添加“同轴心”

关系；选择图 7-44 中的面 1 和面 5，添加“重合”关系；选择图 7-44 中的面 3 和面 6，添加“同轴心”关系。

（3）装配挡板。利用“插入零件”和“配合”命令：选择图 7-45 中的面 2 和面 4，添加“同轴心”关系；选择图 7-45 中的面 3 和面 6，添加“同轴心”关系；选择图 7-45 中的面 1 和面 5，添加“重合”关系。

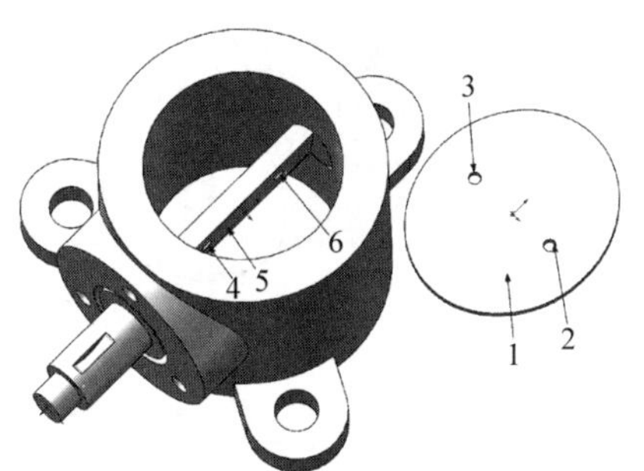

图 7-44　装配盘

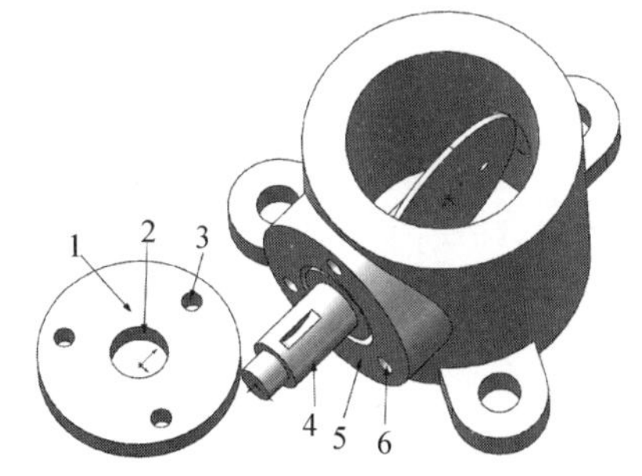

图 7-45　装配挡板

（4）装配键。利用“插入零件”和“配合”命令：选择图 7-46 中的面 2 和面 4，添加“同轴心”关系；选择图 7-46 中的面 1 和面 3，添加“重合”关系；选择轴的前视基准面和键的上视基准面，添加“平行”关系。

（5）装配臂。利用“插入零件”和“配合”命令：选择图 7-47 中的面 2 和面 6，添加“同轴心”关系；选择图 7-47 中的面 3 和面 4，添加“平行”关系；选择图 7-47 中的面 1 和面 5，添加“重合”关系。

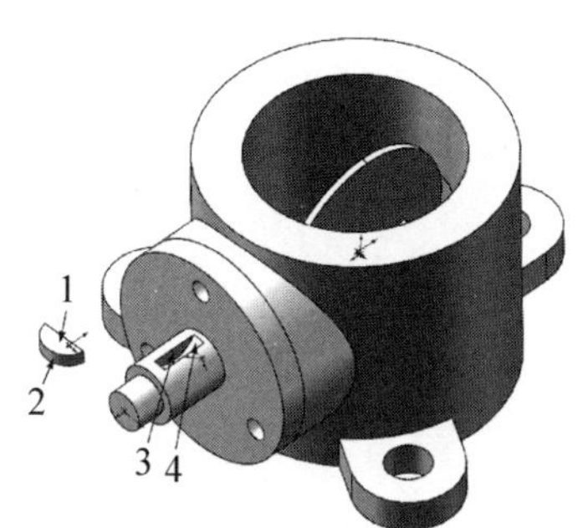

图 7-46　装配键

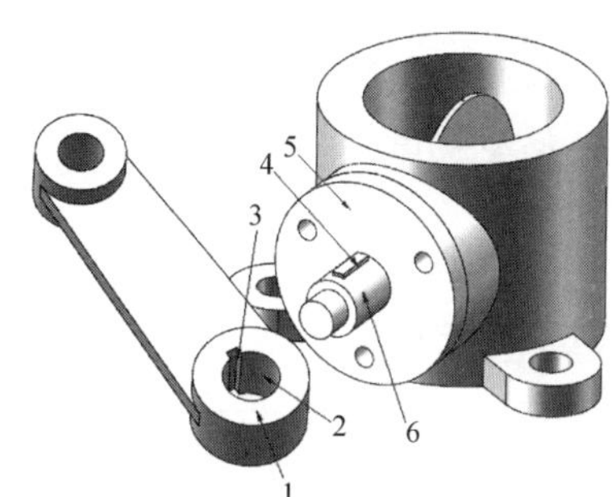

图 7-47　装配臂

第8章 生成工程图

工程图不仅能够表达设计思想，还有组织生产、检验最终产品的作用，并且还要存档。

SOLIDWORKS 工程图是全相关的，当修改图纸时，三维模型、各个视图、装配体都会自动更新。可从三维模型中自动产生工程图，包括视图、尺寸和标注。

- ☑ 创建工程图
- ☑ 定义图纸格式
- ☑ 创建标准三视图
- ☑ 创建模型视图
- ☑ 创建视图
- ☑ 视图操作
- ☑ 注解的标注
- ☑ 分离工程图
- ☑ 综合实例——手压阀装配工程图

任务驱动&项目案例

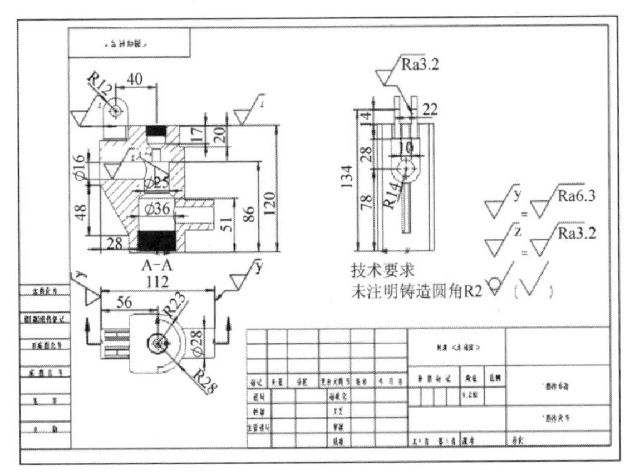

（1）

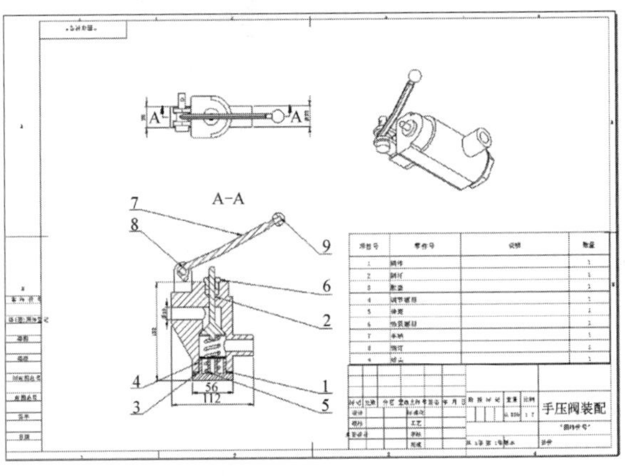

（2）

Note

8.1 创建工程图

默认情况下，SOLIDWORKS 系统在工程图和零件或装配体三维模型之间提供全相关功能，全相关意味着无论什么时候修改零件或装配体的三维模型，所有相关的工程视图将自动更新，以反映零件或装配体的形状和尺寸变化；反之，当在一个工程图中修改一个零件或装配体尺寸时，系统也将自动地更新相关的其他工程视图及三维零件或装配体中的相应尺寸。

在安装 SOLIDWORKS 软件时，可以设定工程图与三维模型间的单向链接关系，这样当在工程图中对尺寸进行了修改时，三维模型并不更新。如果要改变此设置，必须重新安装一次软件。

此外，SOLIDWORKS 系统提供多种类型的图形文件输出格式，包括最常用的 DWG 和 DXF 格式以及其他几种常用的标准格式。

工程图包含一个或多个由零件或装配体生成的视图。在生成工程图之前，必须先保存与它有关的零件或装配体的三维模型。

操作步骤如下。

（1）单击“快速访问”工具栏中的“新建”按钮。

（2）在弹出的“新建 SOLIDWORKS 文件”对话框中单击“工程图”按钮，如图 8-1 所示。

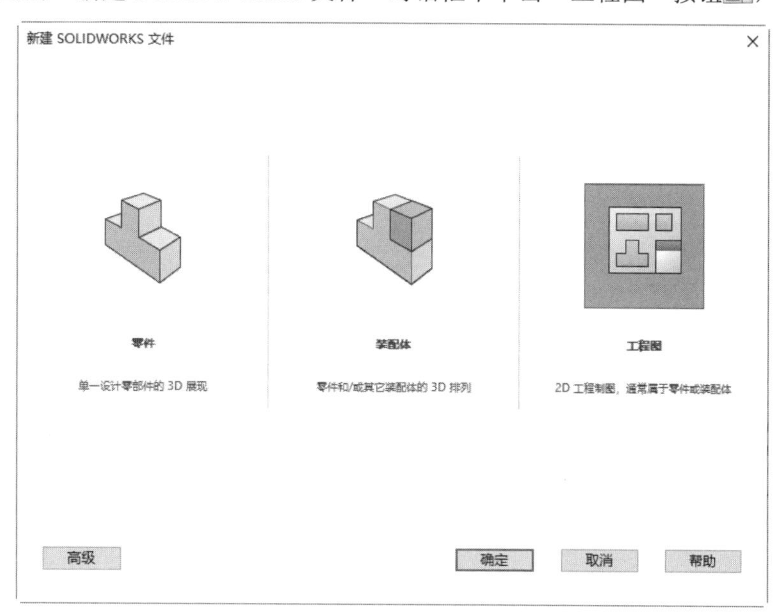

图 8-1　“新建 SOLIDWORKS 文件”对话框

（3）单击“确定”按钮，关闭对话框。

（4）弹出“图纸格式/大小”对话框，从中选择图纸格式，如图 8-2 所示。

☑ 标准图纸大小：在下拉列表框中选择一个标准图纸大小的图纸格式。

☑ 自定义图纸大小：在“宽度”和“高度”文本框中设置图纸的大小。

如果要选择已有的图纸格式，则单击“浏览”按钮导航到所需的图纸格式文件。

（5）单击“确定”按钮进入工程图编辑状态。

工程图窗口（见图 8-3）中也包括特征管理器（FeatureManager）设计树，与零件和装配体窗口中

的特征管理器设计树相似，包括项目层次关系的清单。每张图纸下有图纸格式和每个视图的图标。项目图标旁边的符号▸表示该项目包含相关的项目，单击▸将展开所有的项目并显示其内容。

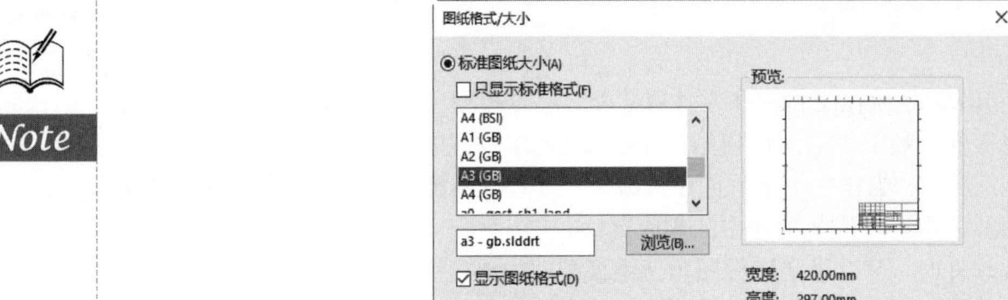

图 8-2 “图纸格式/大小”对话框

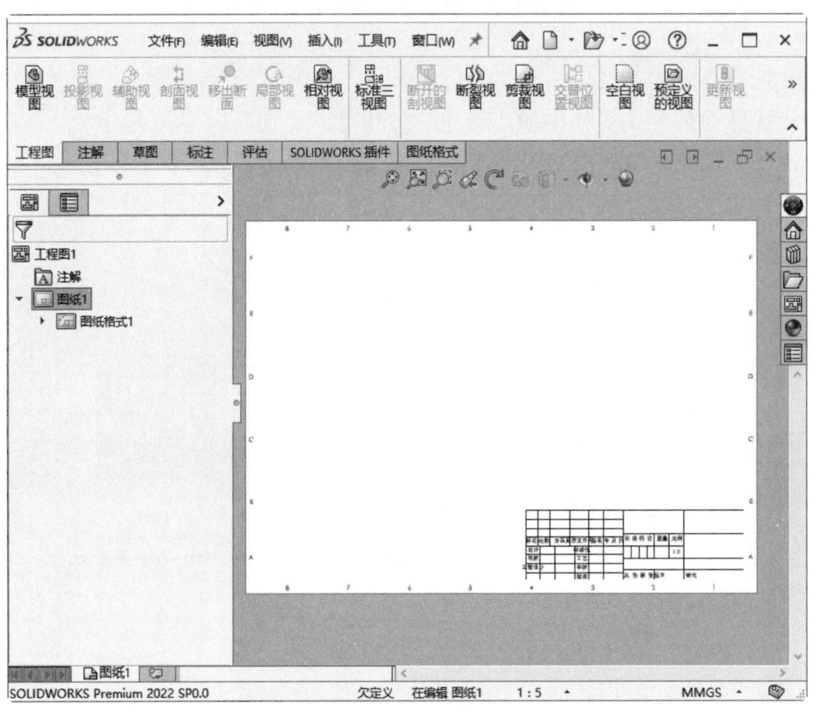

图 8-3 工程图窗口

标准视图包含视图中显示的零件和装配体的特征清单。派生的视图（如局部或剖面视图）包含不同的特定视图的项目（如局部视图图标、剖切线等）。

工程图窗口的顶部和左侧有标尺，可以显示图纸中鼠标指针的位置。选择菜单栏中的“视图”→“用户界面”→“标尺”命令可以打开或关闭标尺。

如果要放大视图，右击特征管理器设计树中的视图名称，在弹出的快捷菜单中选择“放大所选范围”命令即可。

用户可以在特征管理器设计树中重新排列工程图文件的顺序，在图形区域中拖动工程图到指定的位置处。

工程图文件的扩展名为.slddrw。新工程图使用所插入的第一个模型的名称。保存工程图时，模型

名称作为默认文件名出现在“另存为”对话框中，并带有扩展名.slddrw。

8.2 定义图纸格式

Note

视频讲解

SOLIDWORKS 提供的图纸格式不符合任何标准，用户可以自定义工程图纸格式以使之符合本单位的标准格式要求。

1. 定义工程图纸格式

操作步骤如下。

（1）右击工程图纸上的空白区域，或者右击特征管理器设计树中的“图纸 1”图标。

（2）在弹出的快捷菜单中选择“编辑图纸格式”命令。

（3）双击标题栏中的文字，即可修改。同时，在“注释”属性管理器的“文字格式”栏中可以修改对齐方式、文字旋转角度和字体等属性，也可以在系统弹出的“格式化”对话框中修改这些属性（见图 8-4）。

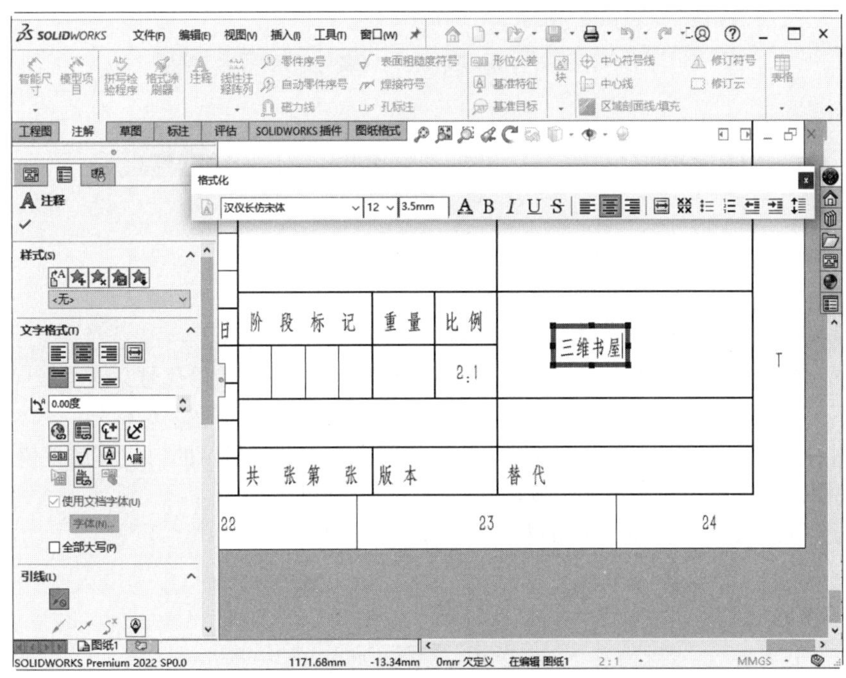

图 8-4 “注释”属性管理器和“格式化”对话框

（4）如果要移动线条或文字，则单击该项目并将其拖动到新的位置处。

（5）如果要添加线条，则单击“草图”面板中的“直线”按钮，然后绘制线条。编辑完后，单击绘图区右上角的图标，退出图纸格式编辑。

（6）在特征管理器设计树中右击“图纸”图标，在弹出的快捷菜单中选择“属性”命令。

（7）在弹出的“图纸属性”对话框中进行如下设定，如图 8-5 所示。

❶ 在“名称”文本框中输入图纸的标题。

❷ 在“标准图纸大小”下拉列表框中选择一种标准纸张（如 A4、B5 等）。如果选中“自定义图纸大小”单选按钮，则在下面的“宽度”和“高度”文本框中指定纸张的大小。

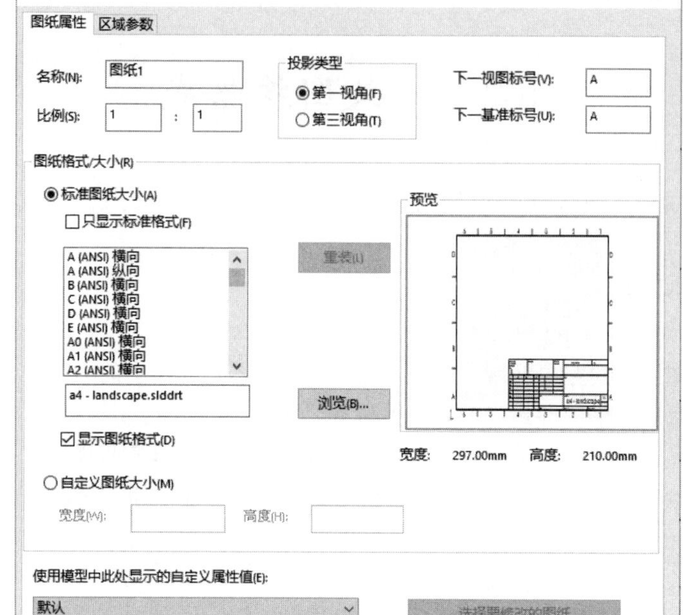

图 8-5 “图纸属性”对话框

❸ 在“比例”文本框中指定图纸上所有视图的默认比例。

❹ 单击“浏览”按钮可以使用其他图纸格式。

❺ 在“投影类型”栏中选择“第一视角”或“第三视角”。

❻ 在“下一视图标号”文本框中指定下一个视图要使用的英文字母代号。

❼ 在“下一基准标号”文本框中指定下一个基准标号要使用的英文字母代号。

❽ 如果图纸上显示了多个三维模型文件，在“使用模型中此处显示的自定义属性值”下拉列表框中选择一个视图，工程图将使用该视图包含模型的自定义属性。

（8）单击“应用更改”按钮，关闭对话框。

2. 保存图纸格式

操作步骤如下。

（1）执行“文件”→“保存图纸格式”命令，系统会弹出“保存图纸格式”对话框，如图 8-6 所示。

（2）如果要替换 SOLIDWORKS 提供的标准图纸格式，在列表框中选择一种图纸格式。单击“保存”按钮。图纸格式将被保存在安装目录\data 下。

（3）如果要使用新的名称保存图纸格式，选择图纸格式保存的目录，然后输入

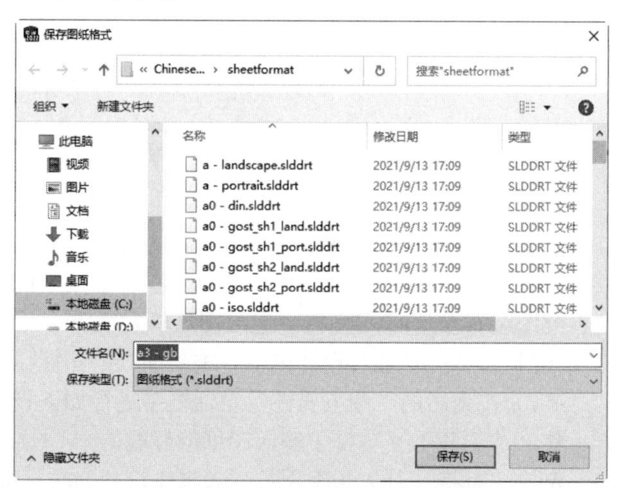

图 8-6 “保存图纸格式”对话框

图纸格式名称。

（4）单击“保存”按钮关闭对话框。

视频讲解

8.3 创建标准三视图

在创建工程图前，应根据零件的三维模型，考虑和规划零件视图，如工程图由几个视图组成，是否需要剖视图等。考虑清楚后，再进行零件视图的创建工作，否则如同用手工绘图，可能创建的视图不能很好地表达零件的空间关系，给其他用户的识图、看图造成困难。

标准三视图是指从三维模型的前视、右视、上视 3 个正交角度投影生成的 3 个正交视图，如图 8-7 所示。

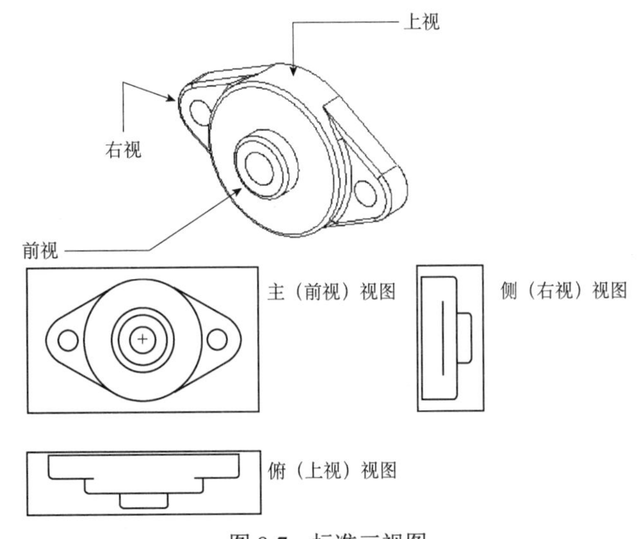

图 8-7 标准三视图

在标准三视图中，主视图与俯视图及侧视图有固定的对齐关系。俯视图可以竖直移动，侧视图可以水平移动。SOLIDWORKS 生成标准三视图的方法有多种，下面介绍常用的两种方法。

1. 打开零件或装配体模型文件，创建标准三视图

操作步骤如下。

（1）打开零件或装配体文件，或打开包含所需模型视图的工程图文件。

（2）新建一张工程图，并设定所需的图纸格式，或调用预先做好的图纸格式模板。

（3）单击“工程图”面板中的“标准三视图”按钮，此时鼠标指针变为形状。

（4）单击“确定”按钮，完成标准三视图的创建。

2. 不打开零件或装配体模型文件，生成标准三视图

操作步骤如下。

（1）新建一张工程图。

（2）单击“工程图”面板中的“标准三视图”按钮。

（3）在弹出的“标准三视图”属性管理器中，单击“浏览”按钮。

（4）在弹出的“打开”对话框中浏览所需的模型文件，单击“打开”按钮，标准三视图便会放置在图形区域中。

8.4 创建模型视图

Note

视频讲解

标准三视图是最基本也是最常用的工程图，但是它所提供的视角十分固定，有时不能很好地描述模型的实际情况。SOLIDWORKS 提供的模型视图解决了这个问题。通过在标准三视图中插入模型视图，可以从不同的角度生成工程图。

操作步骤如下。

（1）单击“工程图”面板中的“模型视图”按钮。

（2）与生成标准三视图中选择模型的方法一样，在零件或装配体文件中选择一个模型。

（3）回到工程图文件中，鼠标指针变为形状。

（4）在“模型视图”属性管理器的“方向”栏中选择视图的投影方向。

（5）在工程图中选择合适的位置，单击放置模型视图，如图 8-8 所示。

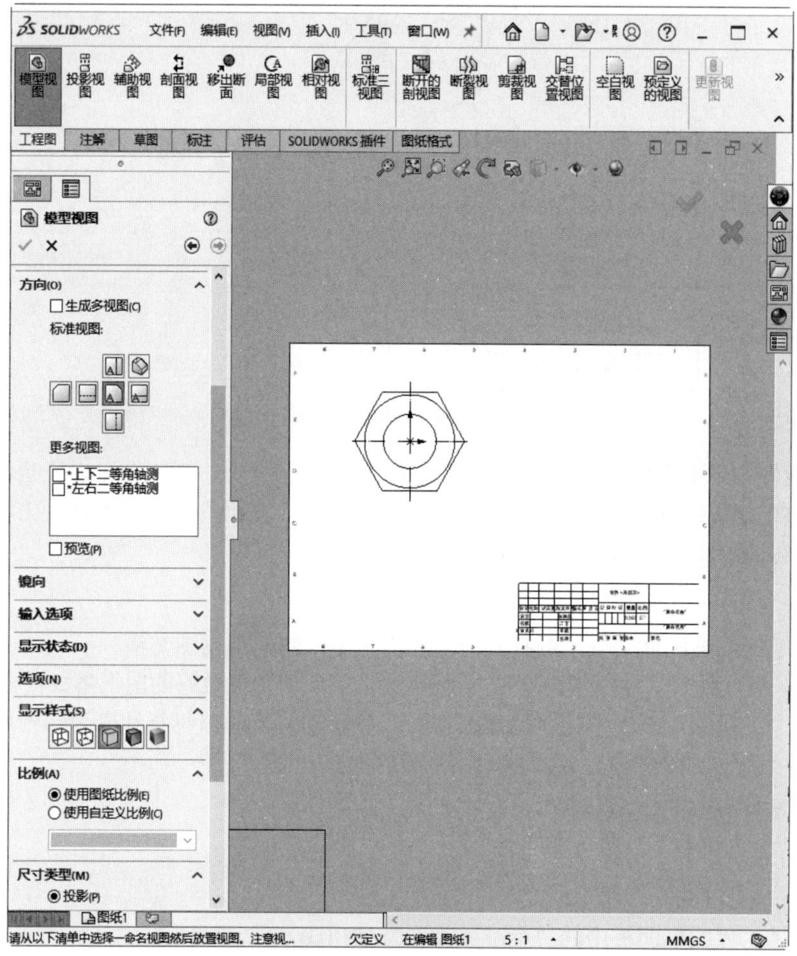

图 8-8　放置模型视图

（6）如果要更改模型视图的投影方向，则单击“方向”栏中的视图方向。

（7）如果要更改模型视图的显示比例，则在“比例”栏中选中“使用自定义比例”单选按钮，

然后输入显示比例。

（8）单击“确定”按钮✔，完成模型视图的插入。

8.5　创 建 视 图

派生视图是指从标准三视图、模型视图或其他派生视图中派生出来的视图，包括剖面视图、投影视图、辅助视图、局部视图等。

8.5.1　剖面视图

1. 简单剖面视图

剖面视图是指用一条剖切线分割工程图中的一个视图，然后从垂直于生成的剖面方向投影得到的视图，如图 8-9 所示。

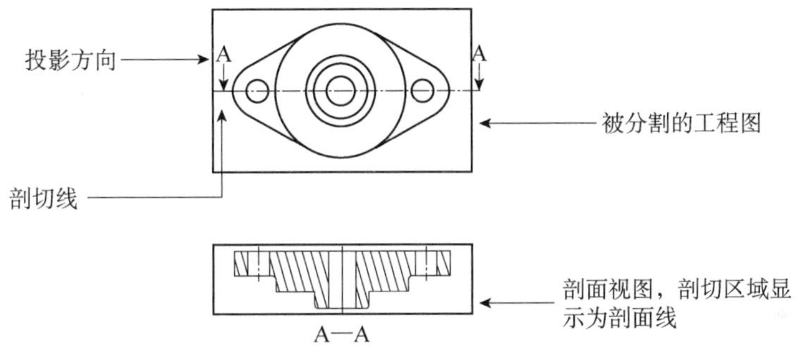

图 8-9　剖面视图举例

操作步骤如下。

（1）打开要生成剖面视图的工程图。

（2）单击“工程图”面板中的“剖面视图”按钮。

（3）此时会出现“剖面视图辅助”属性管理器，在属性管理器中选择切割线类型。

（4）将切割线放置在视图中要剖切的位置处。单击“确定”按钮✔，弹出“剖面视图”对话框，单击“确定”按钮，系统会在垂直于剖切线的方向出现一个方框，表示剖切视图的大小。拖动这个方框到适当的位置处，单击鼠标放置视图，则剖切视图被放置在工程图中，同时出现“剖面视图”属性管理器。

（5）在“剖面视图 A-A”属性管理器（见图 8-10）中设置选项。

❶ 如果单击“反转方向”按钮，则会反转切除的方向。

❷ 如果选中“比例”栏中的“使用父关系比例”单选按钮，则剖面视图上的剖面线将会随着模型尺寸比例的改变而改变。

❸ 在“标号”图标右侧的微调框中指定与剖面线或剖面视图相关的字母。

❹ 如果剖面线没有完全穿过视图，选中“部分剖面”复选框将会生成局部剖面视图。

❺ “比例”栏中的“使用自定义比例”单选按钮用于定义剖面视图在工程图纸中的显示比例。

（6）单击“确定”按钮✔，完成剖面视图的插入。

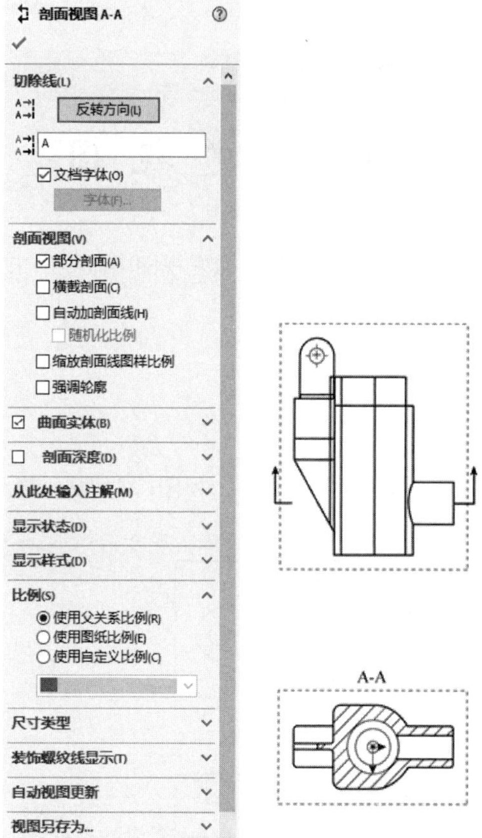

图 8-10 “剖面视图 A-A”属性管理器

新剖面是由原实体模型计算得来的，如果模型更改，此视图将随之更新。

2. 旋转剖面视图

旋转剖面视图中的剖切线由两条具有一定角度的线段组成。系统垂直于剖切方向投影生成剖面视图，如图 8-11 所示。

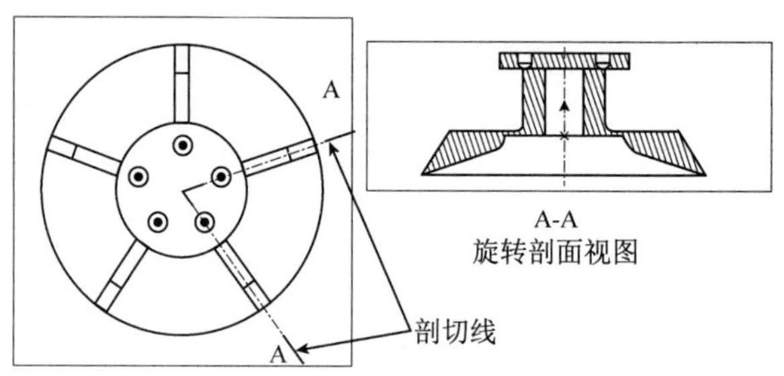

图 8-11 旋转剖面视图举例

操作步骤如下。

（1）打开要生成剖面视图的工程图。

（2）单击“工程图”面板中的“剖面视图”按钮。

（3）此时会出现“剖面视图辅助”属性管理器，在“切割线”栏中单击“对齐”按钮。

（4）捕捉视图中要放置切割线的位置，然后放置两条互成角度的切割线。

（5）系统会在沿剖切线段的方向出现一个方框，表示剖切视图的大小。拖动该方框到适当的位置处，单击放置视图，则旋转剖面视图被放置在工程图中。

（6）在“剖面视图 A-A”属性管理器（见图 8-12）中设置选项。

❶ 如果单击“反转方向”按钮，则会反转切除的方向。

❷ 如果选中“比例”栏中的“使用父关系比例”单选按钮，则剖面视图上的剖面线将会随着模型尺寸比例的改变而改变。

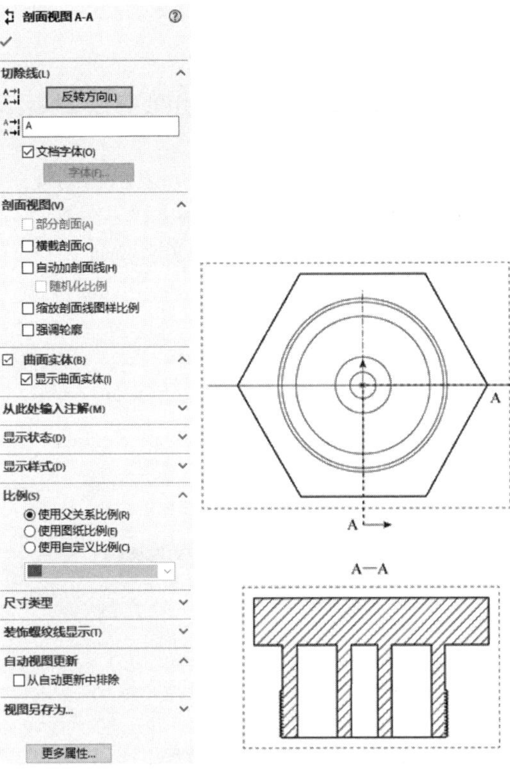

图 8-12　设置旋转剖面视图

❸ 在“标号”图标右侧的微调框中指定与剖面线或剖面视图相关的字母。

❹ 如果剖面线没有完全穿过视图，选中“部分剖面”复选框将会生成局部剖面视图。

❺ “比例”栏中的“使用自定义比例”单选按钮用于定义剖面视图在工程图纸中的显示比例。

（7）单击“关闭对话框”按钮✓，完成旋转剖面视图的插入。

8.5.2　投影视图

视频讲解

投影视图是从正交方向对现有视图投影生成的视图，如图 8-13 所示。

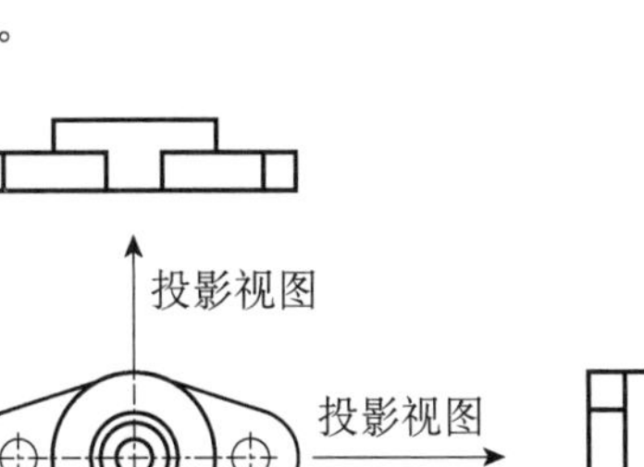

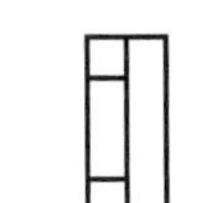
图 8-13　投影视图举例

操作步骤如下。

（1）单击“工程图”面板中的“投影视图”按钮。

（2）在工程图中选择一个要投影的工程视图。

（3）系统将根据鼠标指针在所选视图的位置决定投影方向。可以从所选视图的上、下、左、右 4 个方向生成投影视图。

（4）系统会在投影的方向出现一个方框，表示投影视图的大小。拖动该方框到适当的位置处，释放鼠标，则投影视图被放置在工程图中。

（5）单击“确定”按钮✓，生成投影视图。

8.5.3　辅助视图

视频讲解

辅助视图类似于投影视图，其投影方向垂直于所选视图的参考边线，如图 8-14 所示。

操作步骤如下。

（1）单击“工程图”面板中的“辅助视图”按钮。

（2）选择要生成辅助视图的工程视图上的一条直线作为参考边线，参考边线可以是零件的边线、侧影轮廓线、轴线或所绘制的直线。

Note

（3）系统会在与参考边线垂直的方向出现一个方框，表示辅助视图的大小，拖动该方框到适当的位置处，单击放置视图，则辅助视图被放置在工程图中。

（4）在“工程图视图”属性管理器（见图 8-15）中设置选项。

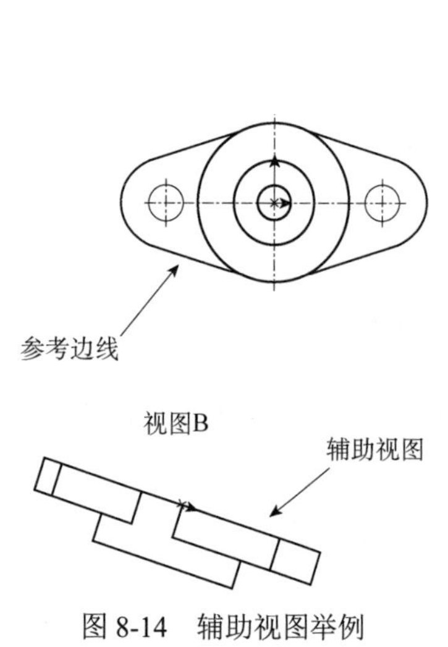

图 8-14　辅助视图举例

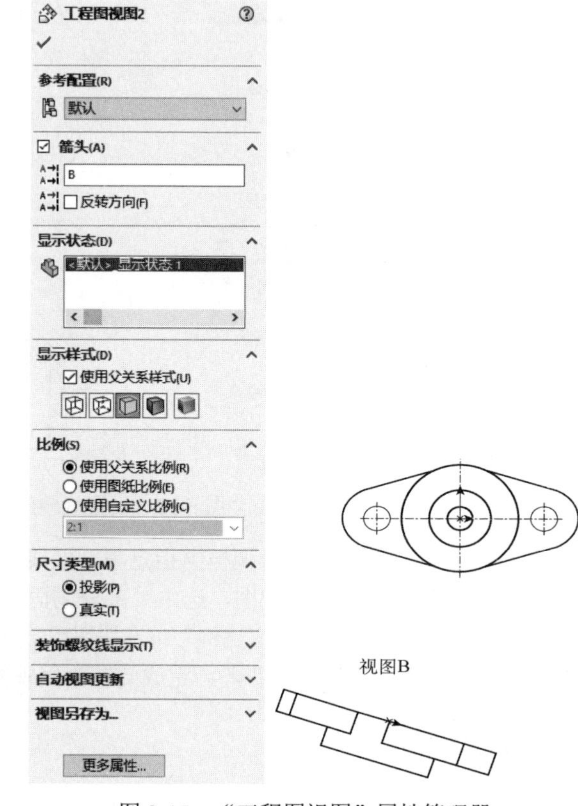

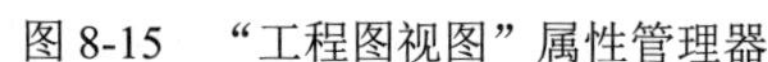

图 8-15　“工程图视图”属性管理器

注意：在放置辅助视图前是“辅助视图”属性管理器，放置辅助视图后属性管理器变成“工程图视图”属性管理器。内容一样，前后设置数据均可。

❶ 在“标号”图标右侧的微调框中指定与剖面线或剖面视图相关的字母。

❷ 如果选中“反转方向”复选框，则会反转切除的方向。

（5）单击“确定”按钮，生成辅助视图。

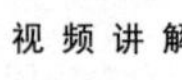

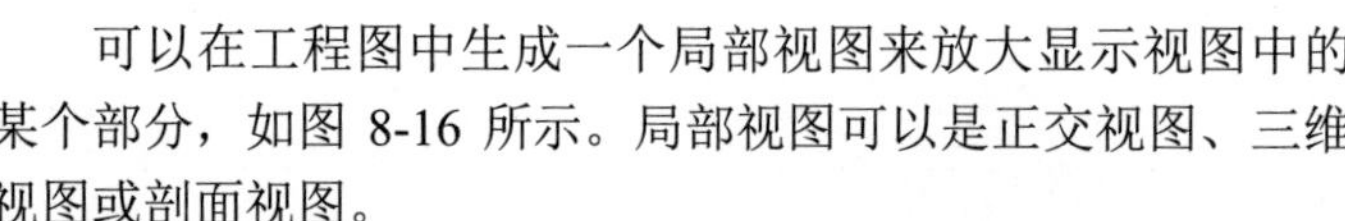

8.5.4　局部视图

可以在工程图中生成一个局部视图来放大显示视图中的某个部分，如图 8-16 所示。局部视图可以是正交视图、三维视图或剖面视图。

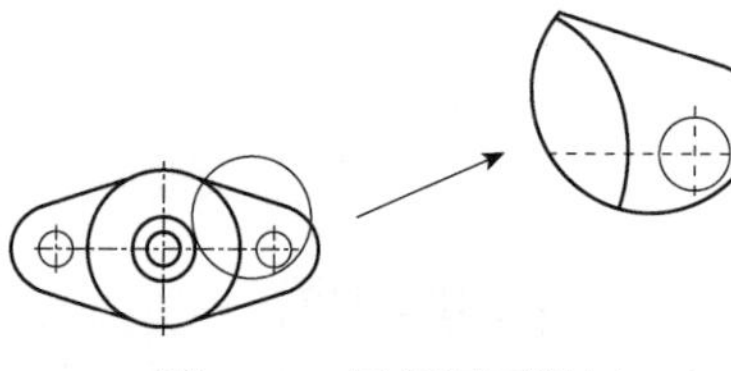

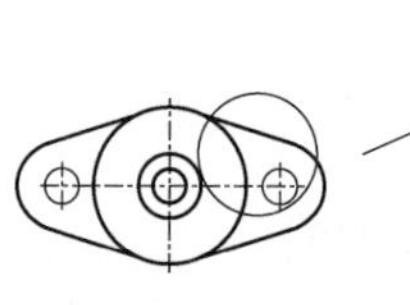

图 8-16　局部视图举例

操作步骤如下。

（1）打开要生成局部视图的工程图。

（2）单击“工程图”面板中的“局部视图”按钮。

（3）此时，“草图”面板中的“圆”按钮被激活，利用它在要放大的区域绘制一个圆。

（4）系统会出现一个方框，表示局部视图的大小，拖动该方框到适当的位置处，单击放置视图，则局部视图被放置在工程图中。

（5）在“局部视图 D”属性管理器（见图 8-17）中设置选项。

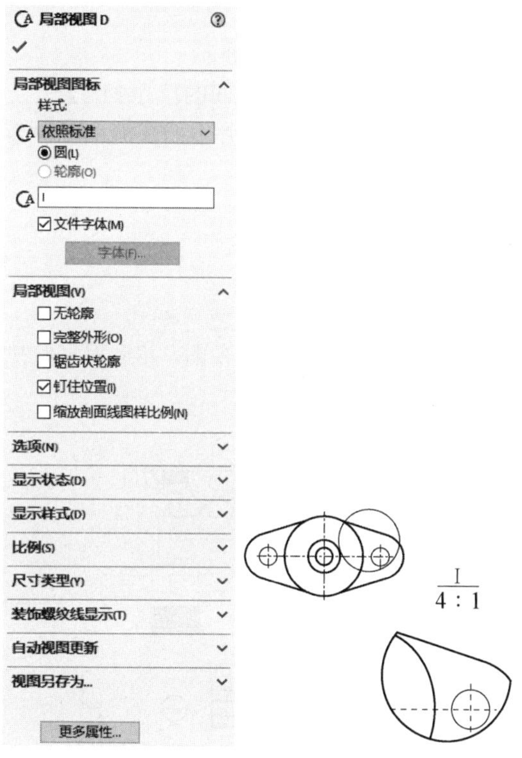

图 8-17　“局部视图 D”属性管理器

❶ “样式”：在该下拉列表框中选择局部视图图标的样式，有“依照标准”“断裂圆”“带引线”“无引线”和“相连”5 种样式。

❷ “标号”：在此文本框中输入与局部视图相关的字母。

❸ 如果选中“局部视图”栏中的“完整外形”复选框，则系统会显示局部视图中的轮廓外形。

❹ 如果选中“局部视图”栏中的“钉住位置”复选框，在改变派生局部视图的大小时，局部视图将不会改变。

❺ 如果选中“局部视图”栏中的“缩放剖面线图样比例”复选框，将根据局部视图的比例来缩放剖面线图样的比例。

（6）单击“确定”按钮✔，生成局部视图。

此外，局部视图中的放大区域还可以是其他任何闭合图形。改变方法是首先绘制用来作放大区域的闭合图形，然后单击“局部视图”按钮，其余的步骤相同。

8.5.5　断裂视图

视频讲解

工程图中有一些截面相同的长杆件（如长轴、螺纹杆等），这些零件在某个方向的尺寸比在其他

方向的尺寸大很多，而且截面没有变化。此时可以利用断裂视图将零件用较大比例显示在工程图上，如图 8-18 所示。

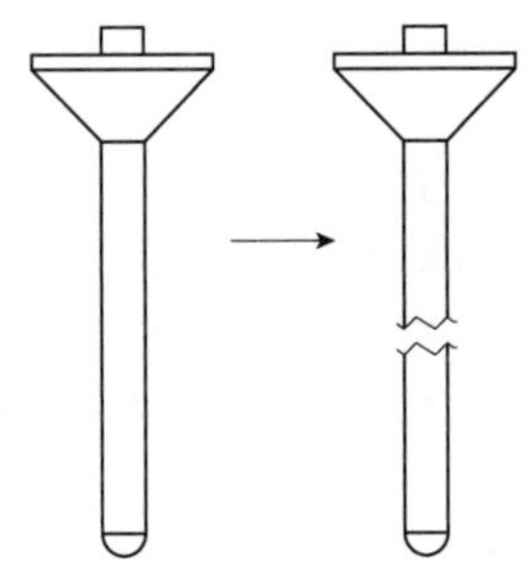

图 8-18　断裂视图举例

操作步骤如下。

（1）选择要生成断裂视图的工程视图。

（2）单击“工程图”面板中的“断裂视图”按钮，此时折断线出现在视图中。可以添加多组折断线到一个视图中，但所有折断线必须为同一个方向。

（3）将折断线拖动到希望生成断裂视图的位置处。

Note

此时，折断线之间的工程图都被删除，折断线之间的尺寸变为悬空状态。如果要修改折断线的形状，右击折断线，在弹出的快捷菜单中选择一种折断线样式（直线切断、曲线切断、锯齿线切断或小锯齿线切断）即可。

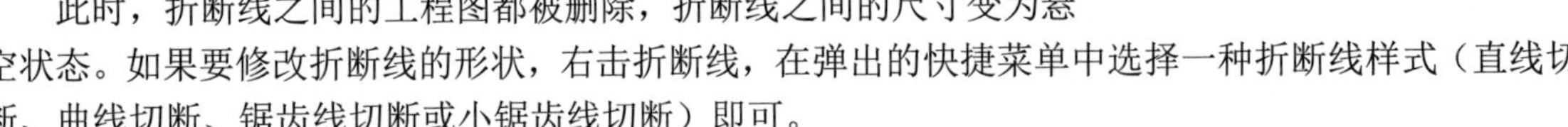

视频讲解

8.5.6　实例——创建阀体工程图

思路分析

本例是将阀体零件图转换为工程图。首先创建俯视图，然后根据俯视图创建剖视图，最后创建左视图，创建过程如图 8-19 所示。

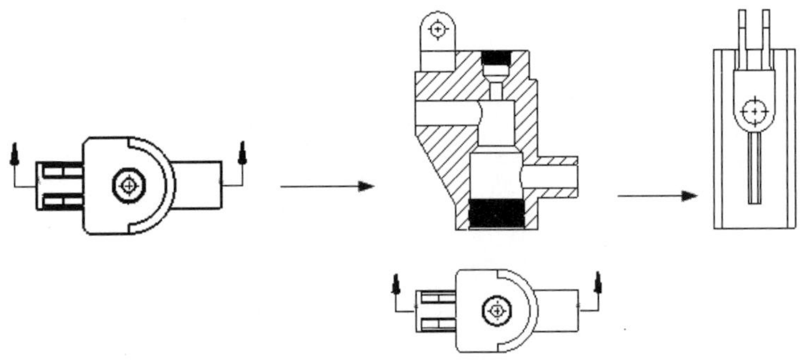

图 8-19　阀体工程图的创建流程

操作步骤

1. 打开文件

启动 SOLIDWORKS 2022，选择“文件”→“打开”命令，在弹出的“打开”对话框中选择将要转换为工程图的“阀体”文件。

2. 进行图纸设置

选择“文件”→“从零件制作工程图”命令，弹出“新建 SOLIDWORKS 文件”对话框，如图 8-20 所示。单击“高级”按钮，在“模板”列表中选择图纸格式 gb_a4，如图 8-21 所示，单击“确定”按钮，完成图纸设置。

3. 创建前视图

在工程图文件绘图区右侧显示“视图调色板”属性管理器，如图 8-22 所示，选择前视图，并放置在图纸中合适的位置处，如图 8-23 所示。

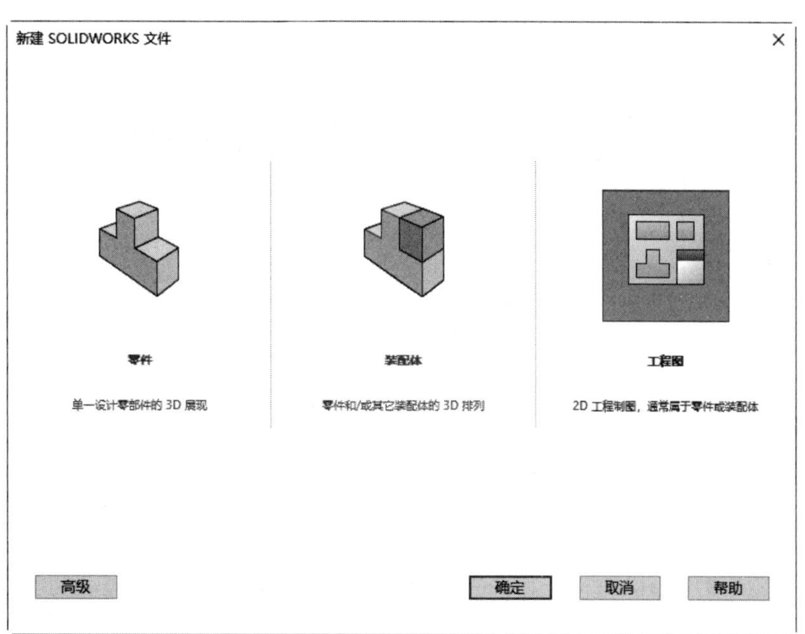

图 8-20　“新建 SOLIDWORKS 文件”对话框

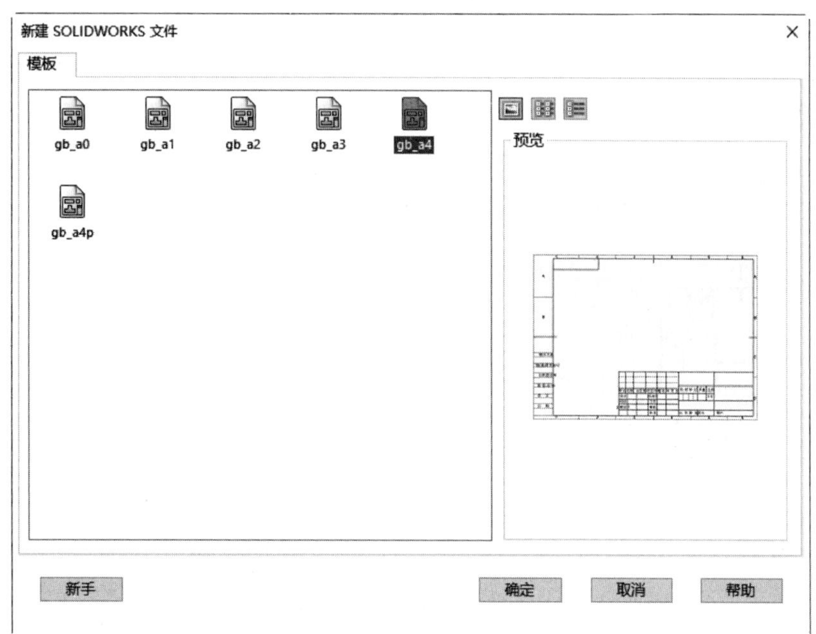

图 8-21　选择图纸格式

4．剖面视图

单击“工程图”面板中的“剖面视图”按钮，弹出“剖面视图辅助”属性管理器，在该属性管理器中选择水平剖切线，选择剖切线放置位置，单击“确定”按钮✔，弹出“剖面视图”对话框，如图 8-24 所示，单击“确定”按钮，然后拖动视图到合适位置处，再单击放置视图，弹出“剖面视图”属性管理器，单击“确定”按钮✔，生成剖面图，如图 8-25 所示。

Note

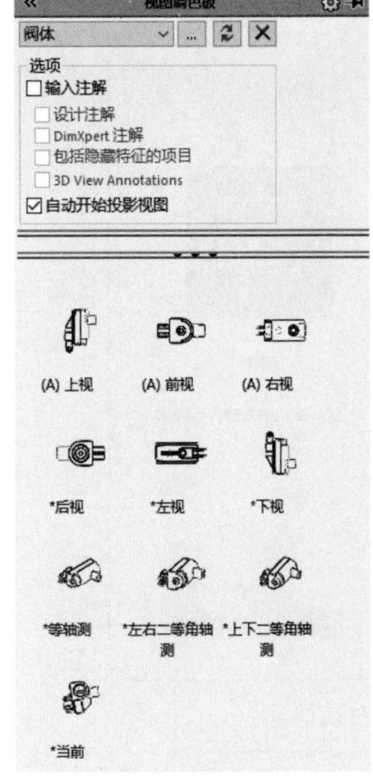

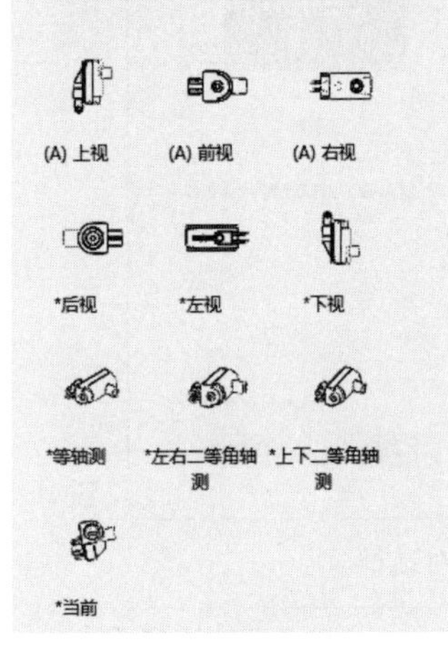

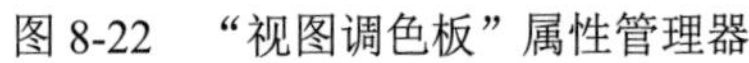

图 8-22　“视图调色板”属性管理器

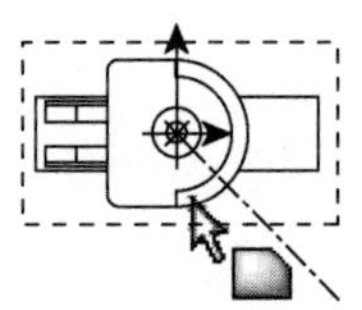

图 8-23　创建前视图

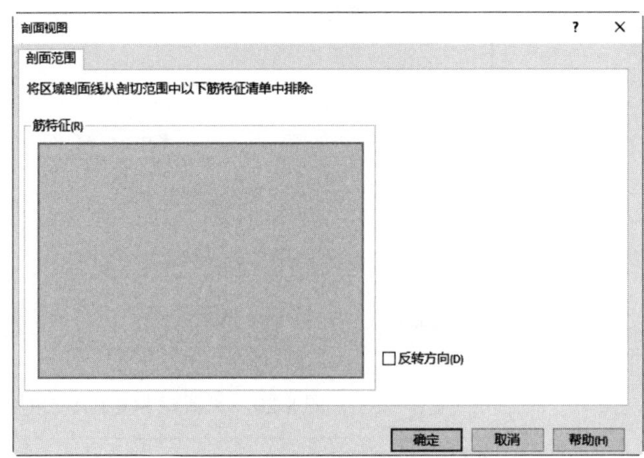

图 8-24　“剖面视图”对话框

5. 投影视图

单击“工程图”面板中的“投影视图”按钮，在剖面图上单击，向右拖动鼠标，生成投影视图，再单击放置视图，然后拖动视图到合适位置处，如图 8-26 所示。

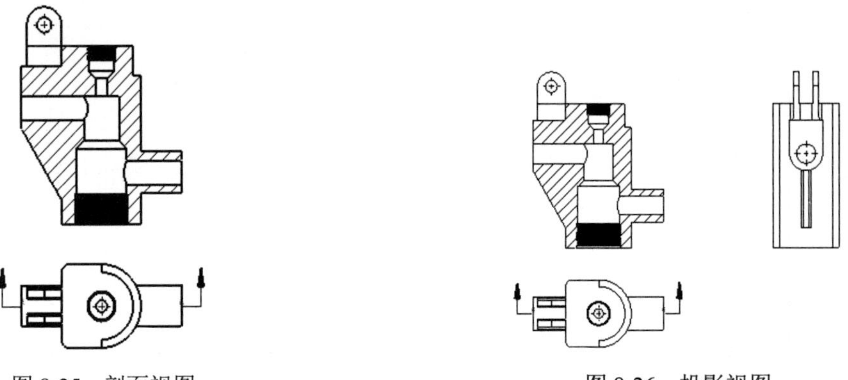

图 8-25　剖面视图

图 8-26　投影视图

8.6 视图操作

在创建的视图中，许多视图的生成位置和角度都受到其他条件的限制（如辅助视图的位置与参考边线相垂直）。有时，用户需要自己任意调节视图的位置和角度以及显示和隐藏，SOLIDWORKS 就提供了这项功能。此外，在 SOLIDWORKS 中还可以更改工程图中的线型、线条颜色等。

8.6.1　移动和旋转

当把鼠标指针移到视图边界上时，鼠标指针将变为✥形状，表示可以拖动该视图。如果移动的视图与其他视图没有对齐或约束关系，则可以拖动该视图到任意位置处。

1. 任意移动视图

操作步骤如下。

（1）单击要移动的视图。

（2）选择“工具”→“对齐工程图视图”→“解除对齐关系”命令。

（3）单击该视图，即可以拖动它到任意位置处。

2. 旋转视图

SOLIDWORKS 提供了两种旋转视图的方法：一种是绕着所选边线旋转视图，另一种是绕视图中心点以任意角度旋转视图。

操作步骤如下。

（1）在工程图中选择一条直线。

（2）选择“工具”→“对齐工程图视图”→“水平边线”或“工具”→“对齐工程图视图”→“竖直边线”命令。

（3）此时视图会被旋转，直到所选边线为水平或竖直状态，如图 8-27 所示。

（4）选择要旋转的工程视图并右击，在弹出的快捷菜单中选择“旋转视图”命令，系统弹出“旋转工程视图”对话框，如图 8-28 所示。如果在该对话框中选中了“随视图旋转中心符号线”复选框，则中心符号线将随视图一起被旋转。

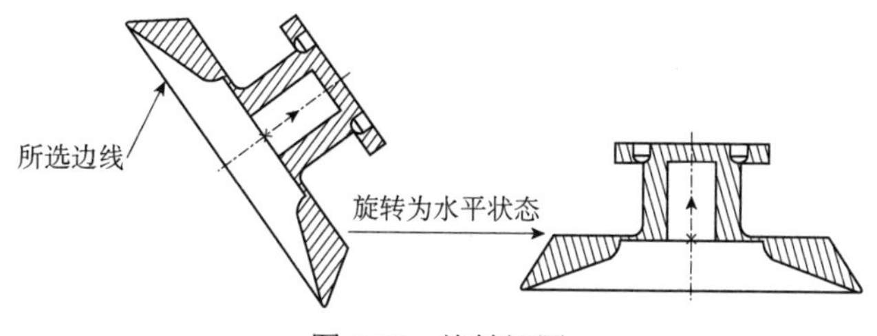

图 8-27　旋转视图

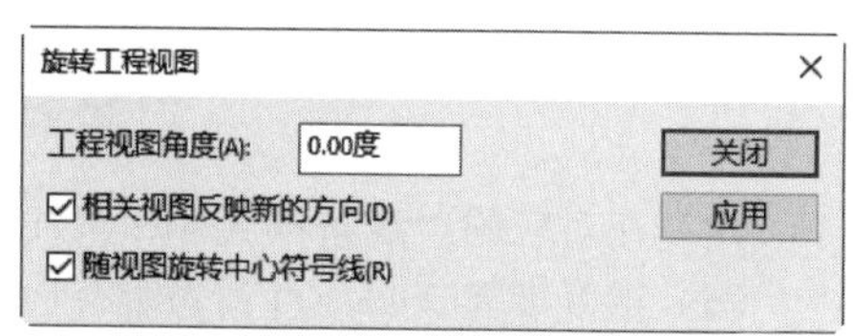

图 8-28　“旋转工程视图”对话框

8.6.2　显示和隐藏

在编辑工程图时，可以使用“隐藏视图”命令隐藏一个视图。隐藏视图后，可以使用“显示视图”命令再次显示此视图。当用户隐藏了具有从属视图（如局部、剖面或辅助视图等）的父视图时，可以选择是否一并隐藏这些从属视图。再次显示父视图或其中一个从属视图时，同样可以选择是否显示相关的其他视图。

操作步骤如下。

（1）在特征管理器设计树或图形区域中右击要隐藏的视图。

（2）在弹出的快捷菜单中选择“隐藏”命令，如果该视图有从属视图（如局部、剖面视图等），则弹出如图 8-29 所示的对话框。

图 8-29　提示信息

（3）单击“是”按钮，将会隐藏其从属视图；单击“否”按钮，将只隐藏该视图。此时，该视图被隐藏，当把鼠标指针移动到该视图的位置时，将只显示该视图的边界。

（4）如果要再次显示被隐藏的视图，则右击被隐藏的视图，在弹出的快捷菜单中选择“显示”命令。

Note

视频讲解

8.6.3　更改零部件的线型

在装配体中，为了区别不同的零部件，可以改变每一个零部件边线的线型。

操作步骤如下。

（1）在工程视图中右击要改变线型的零部件的任一视图。

（2）在弹出的快捷菜单中选择“零部件线型”命令，弹出“零部件线型”对话框。

（3）取消选中“使用文档默认值”复选框，如图 8-30 所示。

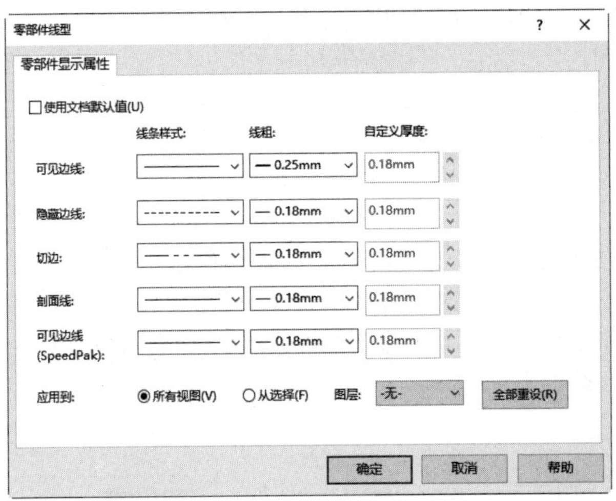

图 8-30　“零部件线型”对话框

（4）在对应的“线条样式”和“线粗”下拉列表框中选择线条样式和线条粗细。

（5）重复步骤（4），直到为所有边线类型设定线型。

（6）如果选中“所有视图”单选按钮，则将此边线类型设定应用到该零件的所有视图。

（7）如果选中“从选择”单选按钮，则将此边线类型设定应用到该零件视图和其从属视图中。

（8）如果零件在图层中，可以从“图层”下拉列表框中改变零件边线的图层。

（9）单击“确定”按钮关闭对话框，应用边线类型设定。

视频讲解

8.6.4　图层

图层是一种管理素材的方法，可以将图层看作是重叠在一起的透明塑料纸，假如某一图层上没有任何可视元素，就可以透过该层看到下一层的图像。用户可以在每个图层上生成新的实体，然后指定实体的颜色、线条粗细和线型，还可以将标注尺寸、注解等项目放置在单一图层上，避免它们与工程图实体之间的干涉。SOLIDWORKS 还可以隐藏图层，或将实体从一个图层移动到另一个图层上。

操作步骤如下。

（1）选择“视图”→“工具栏”→“图层”命令，打开“图层”工具栏，如图 8-31 所示。

（2）单击“图层”工具栏中的“图层属性”按钮，打开“图层”对话框。

（3）单击“新建”按钮，即可在对话框中建立一个新的图层，如图 8-32 所示。

图层(Y)
10

图 8-31　“图层”工具栏

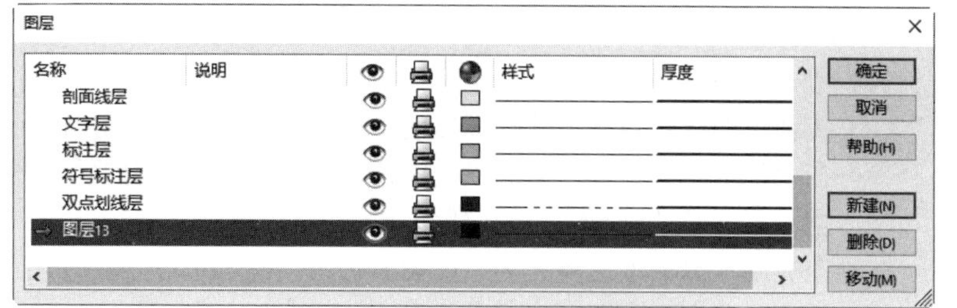

图 8-32　“图层”对话框

（4）在“名称”栏中指定图层的名称。

（5）双击“说明”栏，然后输入该图层的说明文字。

（6）在“开关”栏中有一个眼睛图标，要隐藏该图层，单击该图标，眼睛变为灰色，图层上的所有实体都被隐藏起来。要重新打开图层，再次单击该眼睛图标即可。

（7）如果要指定图层上实体的线条颜色，单击“颜色”栏，在弹出的“颜色”对话框（见图 8-33）中选择颜色。

（8）如果要指定图层上实体的线条样式或厚度，则单击“样式”或“厚度”栏，然后在弹出的清单中选择想要的样式或厚度。

（9）如果建立了多个图层，可以使用“移动”按钮来重新排列图层的顺序。

（10）单击“确定”按钮，关闭对话框。

建立了多个图层后，只要在“图层”工具栏的下拉列表框中选择图层，就可以导航到任意图层。

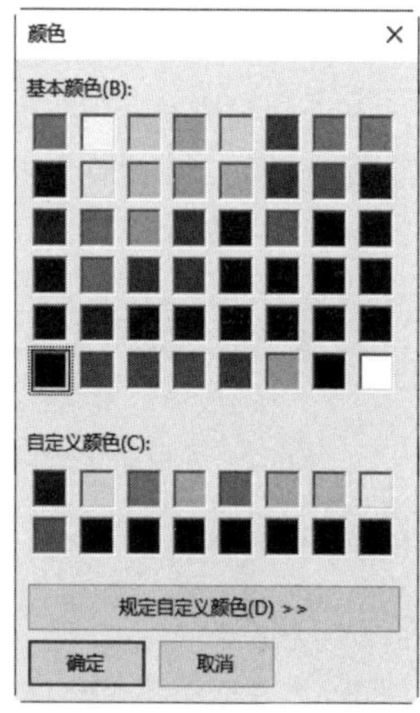

图 8-33　“颜色”对话框

8.7　注解的标注

如果在三维零件模型或装配体中添加了尺寸、注释或符号，则在将三维模型转换为二维工程图纸的过程中，系统会将这些尺寸、注释等一起添加到图纸中。在工程图中，用户可以添加必要的参考尺寸、注解等，这些参考尺寸和注解不会影响零件或装配体文件。

工程图中的尺寸标注是与模型相关联的，模型中尺寸的更改会反映在工程图中。通常用户在生成每个零件特征时生成尺寸，然后将这些尺寸插入各个工程视图中。在模型中更改尺寸会更新工程图；反之，在工程图中更改插入的尺寸也会更改模型。用户可以在工程图文件中添加尺寸，但是这些尺寸是参考尺寸，并且是从动尺寸。参考尺寸显示模型的测量值，但并不驱动模型，也不能更改其数值。但是当更改模型时，参考尺寸会相应更新。当压缩特征时，特征的参考尺寸也随之被压缩。

默认情况下：插入的尺寸显示为黑色，包括零件或装配体文件中显示为蓝色的尺寸（如拉伸深度）；参考尺寸显示为灰色，并带有括号。

8.7.1　注释

为了更好地说明工程图，有时要用到注释，如图 8-34 所示。注释可以包括简单的文字、符号或超文本链接。

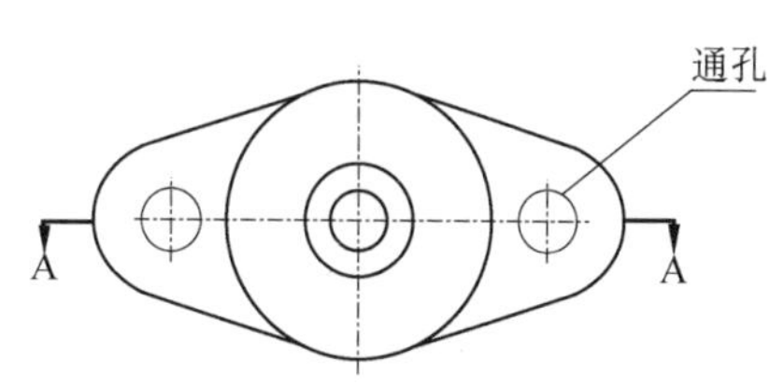

图 8-34　注释举例

操作步骤如下。

（1）单击“注解”面板中的“注释”按钮A。

（2）在弹出的“注释”属性管理器的“引线”栏中选择引导注释的引线和箭头类型。

（3）在“注释”属性管理器的“文字格式”栏中设置注释文字的格式。

（4）拖动鼠标指针到要注释的位置处单击。

（5）在文本框中输入注释文字，如图 8-35 所示。

（6）单击“确定”按钮✔，完成注释。

Note

视频讲解

8.7.2 表面粗糙度

表面粗糙度符号用来表示加工表面上的微观几何形状特性，对于机械零件表面的耐磨性、疲劳强度、配合性能、密封性、流体阻力及外观质量等都有很大的影响。

操作步骤如下。

（1）单击“注解”面板中的“表面粗糙度符号”按钮√。

（2）在出现的“表面粗糙度”属性管理器中设置表面粗糙度的属性，如图 8-36 所示。

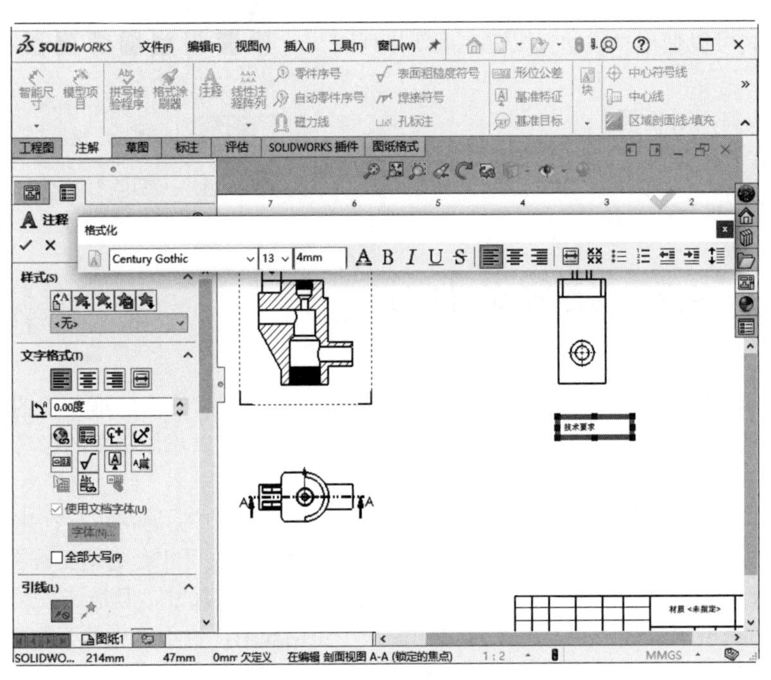

图 8-35　添加注释文字

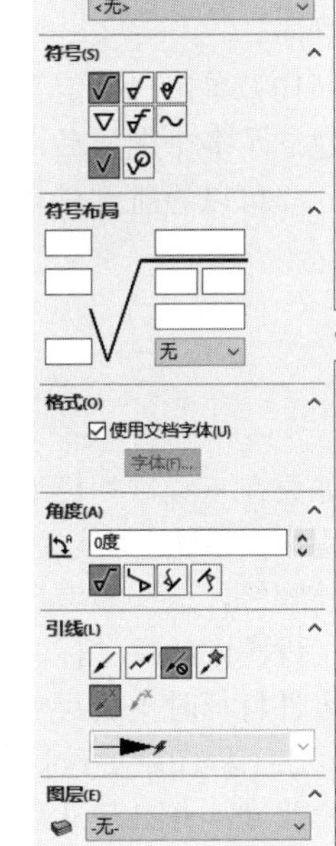

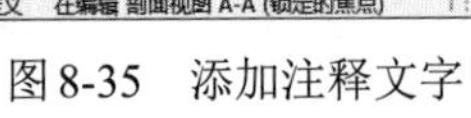

图 8-36　设置表面粗糙度的属性

（3）在图形区域中单击，以放置表面粗糙度符号。

（4）可以不关闭对话框，设置多个表面粗糙度符号到图形上。

（5）单击“确定”按钮✔，完成表面粗糙度的标注。

视频讲解

8.7.3 形位公差

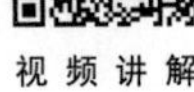

形位公差（见图 8-37）是机械加工工业中一项非常重要的技术指标，尤其是在精密机器和仪表的

加工中，形位公差是评定产品质量的重要技术指标之一。它对于在高速、高压、高温、重载等条件下工作的产品零件的精度、性能和寿命等有较大的影响。

操作步骤如下。

（1）单击“注解”面板中的“形位公差”按钮，系统会弹出“形位公差”属性对话框。

（2）在图形区中单击，以放置形位公差。

（3）在弹出的下拉面板中选择形位公差符号，如图 8-38 所示。

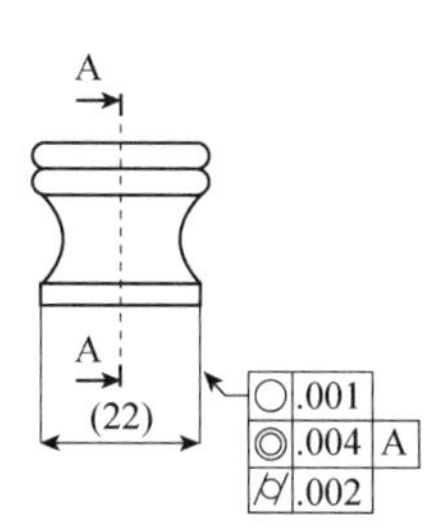

图 8-37　形位公差举例

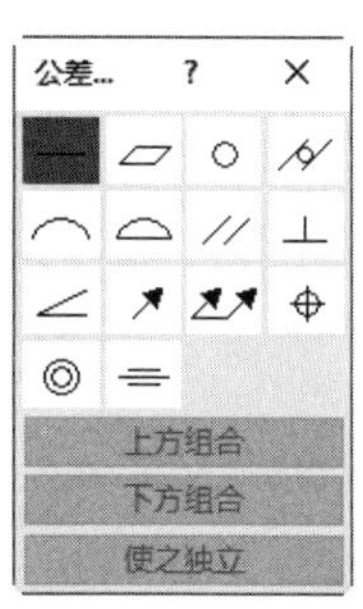

图 8-38　选择形位公差符号

（4）在弹出“公差”对话框中输入形位公差值，如图 8-39 所示，单击“完成”按钮。

（5）单击“公差”文本框右侧的添加按钮，在弹出的快捷菜单中选择“基准”命令，在系统打开的对话框中设置基准符号，如图 8-40 所示，单击“完成”按钮。

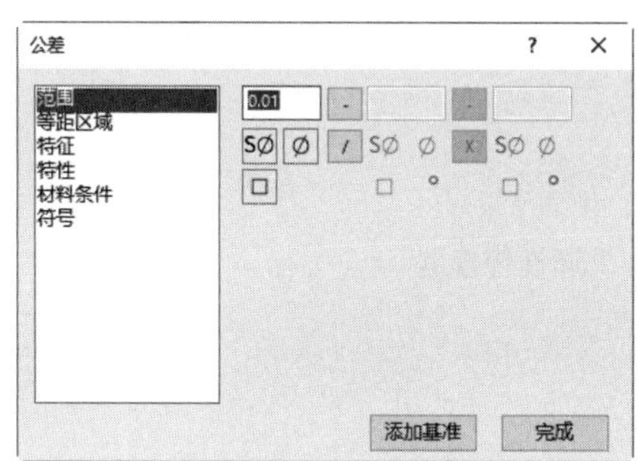

图 8-39　设置公差值

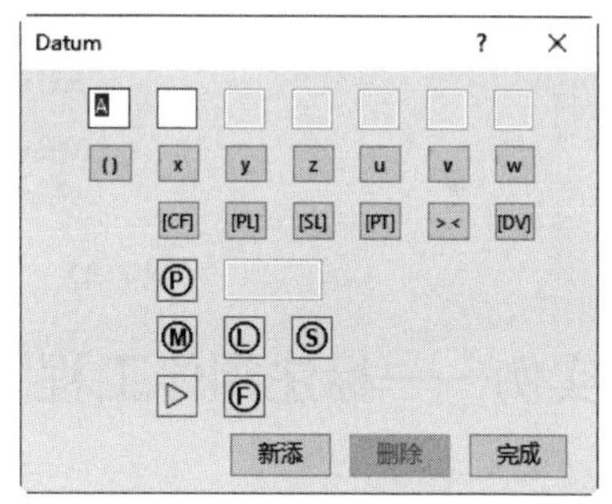

图 8-40　设置基准符号

（6）单击“确定”按钮，完成形位公差的标注。

8.7.4　基准特征符号

基准特征符号用来标示模型平面或参考基准面，如图 8-41 所示。

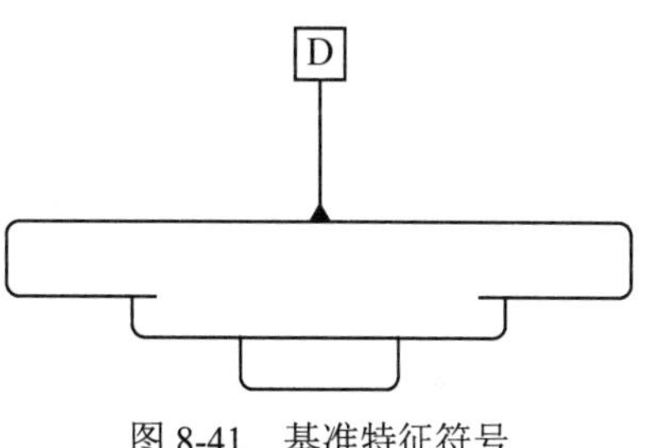

图 8-41　基准特征符号

操作步骤如下。

（1）单击“注解”面板中的“基准特征”按钮。

（2）在弹出的“基准特征”属性管理器（见图 8-42）中设置属性。

（3）在图形区域中单击，以放置符号。

（4）可以不关闭属性管理器，在图形上设置多个基准特征符号。

（5）单击“确定”按钮，完成基准特征符号的标注。

Note

视频讲解

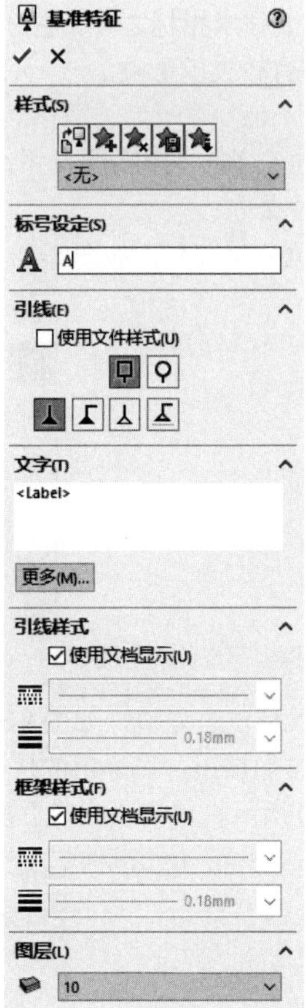

图 8-42　“基准特征”属性管理器

视频讲解

8.7.5　实例——标注阀体工程图

思路分析

打开前面绘制的阀体视图，对其进行标注尺寸和粗糙度，并添加技术要求，标注流程如图 8-43 所示。

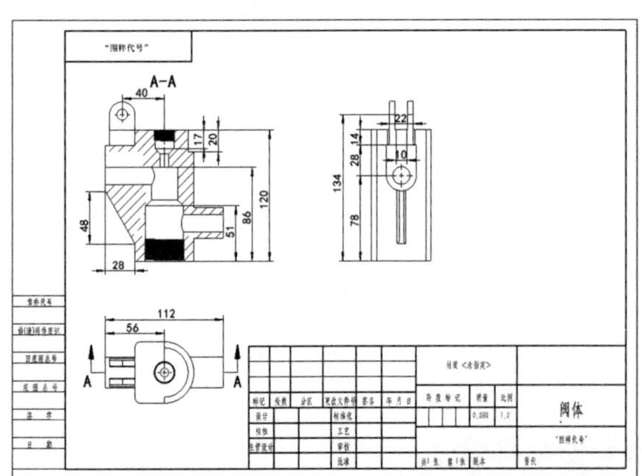

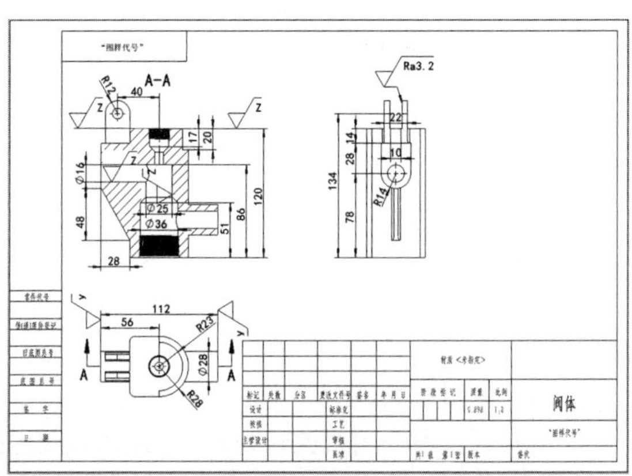

图 8-43　阀体工程图的标注流程

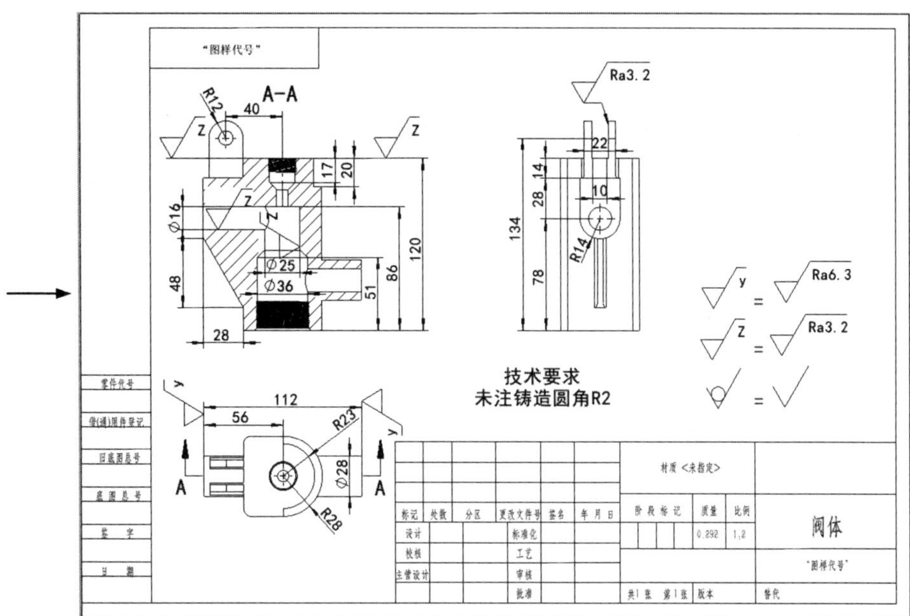

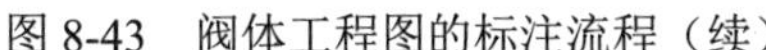

图 8-43　阀体工程图的标注流程（续）

操作步骤

1. 打开文件

单击“快速访问”工具栏中的“打开”按钮，在弹出的“打开”对话框中选择本书 8.5.6 节创建的阀体视图，然后单击“打开”按钮，打开文件。

2. 标注长度尺寸

单击“草图”面板中的“智能尺寸”按钮，标注长度尺寸，如图 8-44 所示。

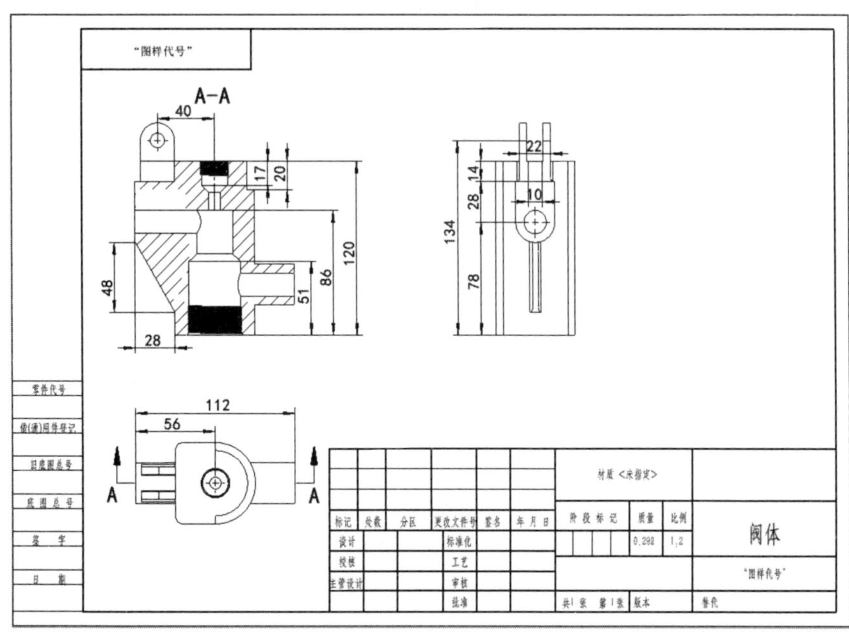

图 8-44　标注长度尺寸

Note

3. 标注半径和直径尺寸

单击“草图”面板中的“智能尺寸”按钮，标注半径和直径尺寸，在左侧属性管理器的“单位精度”图标$\overset{.01}{\underset{.01}{X.XXX}}$右侧等级框内选择单位为“无”，标注结果如图 8-45 所示。

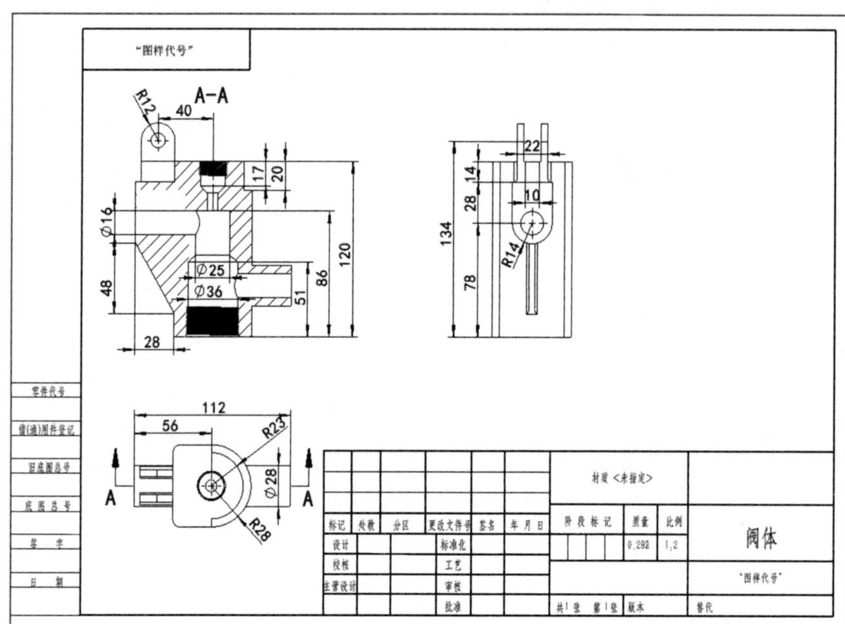

图 8-45　标注半径和直径尺寸

4. 标注表面粗糙度

单击“注解”面板中的“表面粗糙度符号”按钮，弹出“表面粗糙度”属性管理器，各选项的设置如图 8-46 所示。设置完成后，移动光标到需要标注表面粗糙度的位置处单击，再单击属性管理器中的“确定”按钮，完成表面粗糙度的标注，如图 8-47 所示。

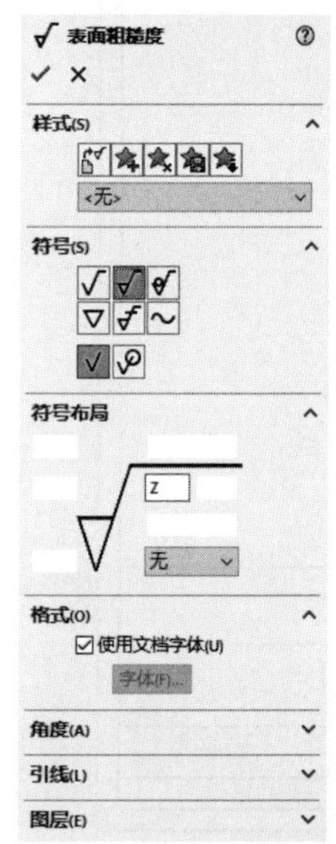

图 8-46　“表面粗糙度”属性管理器

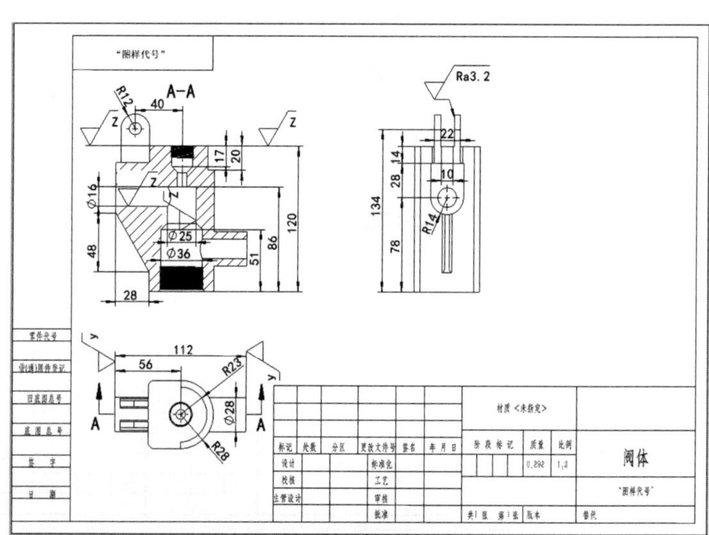

图 8-47　表面粗糙度标注效果

5. 添加注释

单击“注解”面板中的“注释”按钮**A**，为工程图添加注释，即技术要求，如图 8-48 所示，完成工程图的创建。

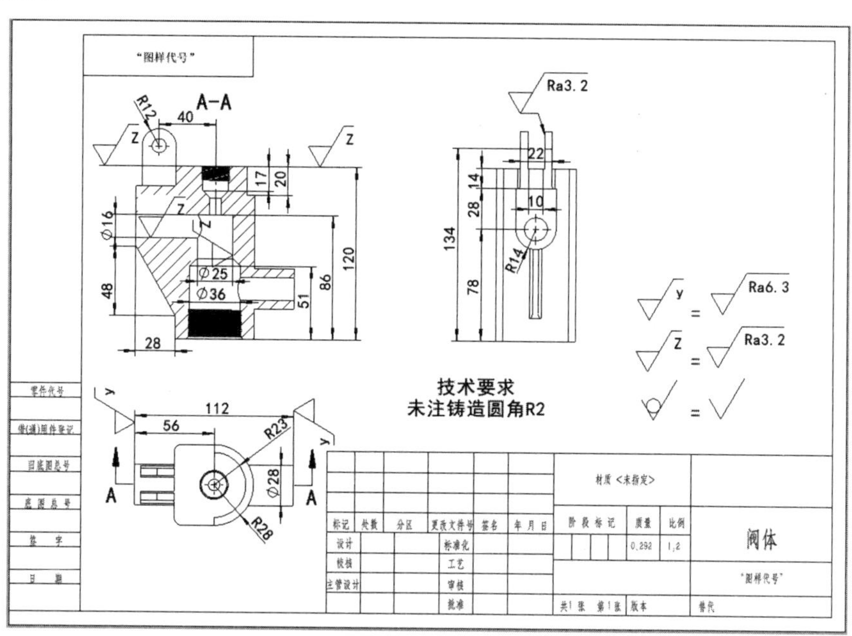

图 8-48　添加技术要求

8.8　分离工程图

视频讲解

分离格式的工程图使用户无须将三维模型文件装入内存中，即可将其打开并进行编辑；用户可以将分离工程图传送给其他的 SOLIDWORKS 用户而不用传送模型文件；分离工程图的视图在模型的更新方面也有更多的控制。当设计组的设计员编辑模型时，其他的设计员可以独立地在工程图中进行操作，对工程图添加细节及注解。

由于内存中没有装入模型文件，以分离模式打开工程图的时间将大幅缩短。因为模型数据未被保存在内存中，所以有更多的内存可以用来处理工程图数据，这对大型装配体工程图来说是很大的性能改善。

操作步骤如下。

（1）单击“快速访问”工具栏中的“打开”按钮。

（2）在“打开”对话框中选择要转换为分离格式的工程图。

（3）单击“打开”按钮，打开工程图。

（4）单击“另存为”按钮，选择“保存类型”为“分离的工程图”，如图 8-49 所示。保存并关闭文件。

（5）再次打开该工程图，该工程图已经被转换为分离格式。

在分离格式的工程图中进行编辑的方法与普通格式的工程图中基本相同，这里不再赘述。

Note

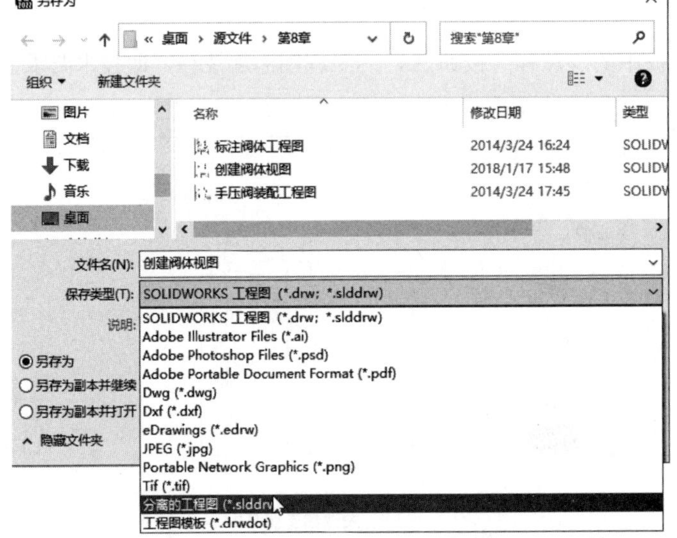

图 8-49　保存为“分离的工程图”

视频讲解

8.9　综合实例——手压阀装配工程图

本实例将通过前面所学的知识，利用如图 8-50 所示的手压阀装配工程图的创建流程讲述利用 SOLIDWORKS 2022 创建工程图的一般方法和技巧。

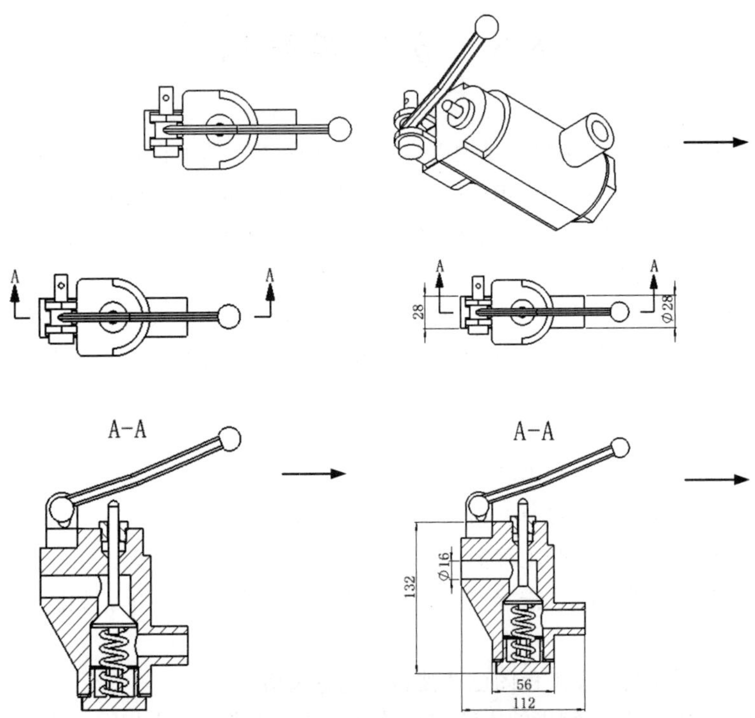

图 8-50　手压阀装配工程图的创建流程

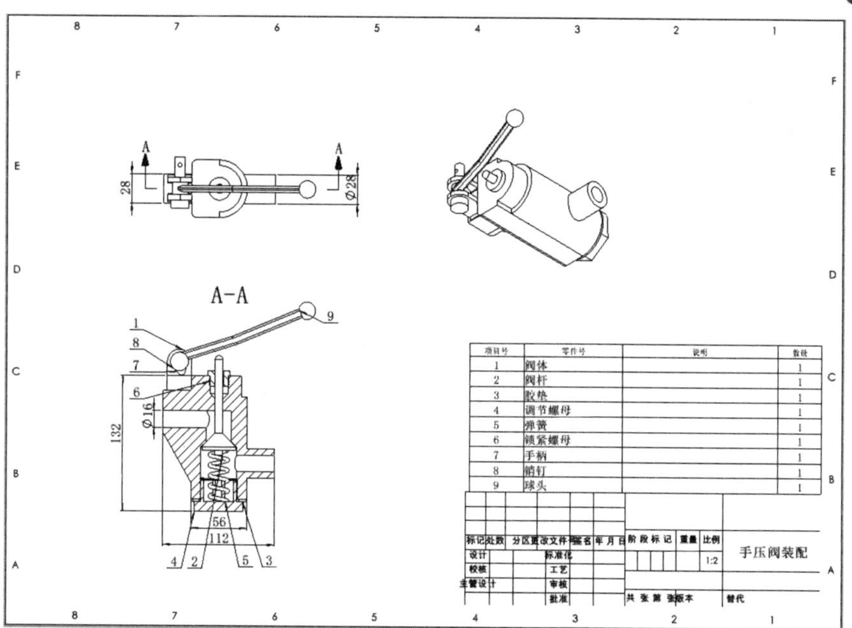

图 8-50　手压阀装配工程图的创建流程（续）

操作步骤

1. 新建工程图

单击“快速访问”工具栏中的“新建”按钮，在弹出的“新建 SOLIDWORKS 文件”对话框中单击“工程图”按钮，再单击“确定”按钮。

2. 新建图纸

弹出 SOLIDWORKS 对话框，如图 8-51 所示。单击“确定”按钮，弹出“图纸格式/大小”对话框，选中“标准图纸大小”单选按钮，并在其下拉列表框中选择“A3（GB）”，如图 8-52 所示。单击“确定”按钮，完成图纸的设置，如图 8-53 所示。

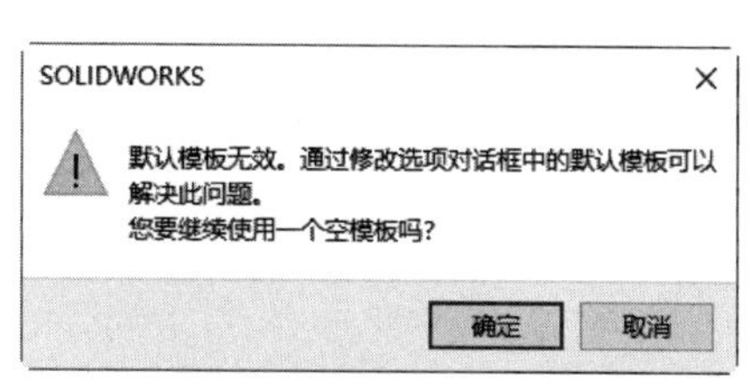

图 8-51　SOLIDWORKS 对话框

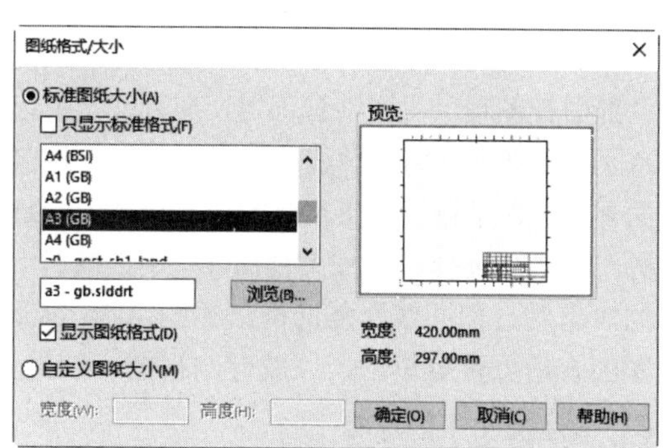

图 8-52　“图纸格式/大小”对话框

3. 新建前视图

单击“工程图”面板中的“模型视图”按钮，弹出“模型视图”属性管理器，单击“浏览”按钮，弹出“打开”对话框，选择“手压阀装配”文件，单击“打开”按钮，在左侧弹出“模型视图”属性管理器，如图 8-54 所示，在绘图区合适位置处单击，以放置前视图。

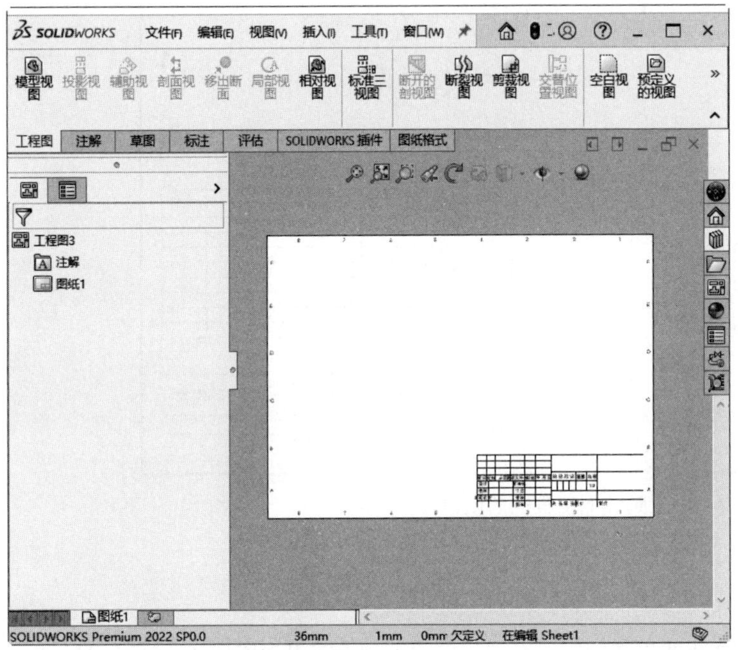

图 8-53　新建图纸

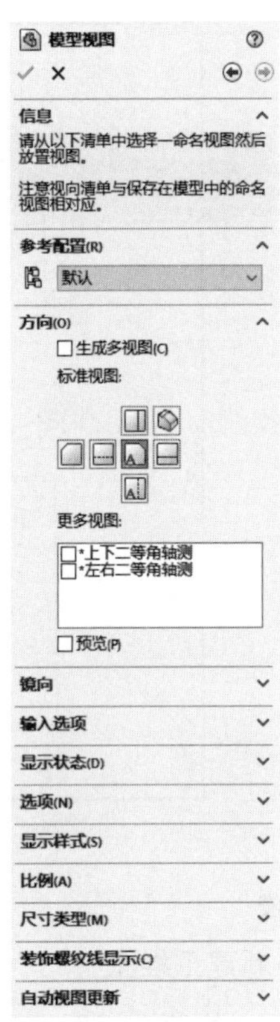

图 8-54　“模型视图”属性管理器

4. 创建其余投影视图

依次向不同方向拖动鼠标，在工程图的合适位置处单击，以放置轴测图，结果如图 8-55 所示。

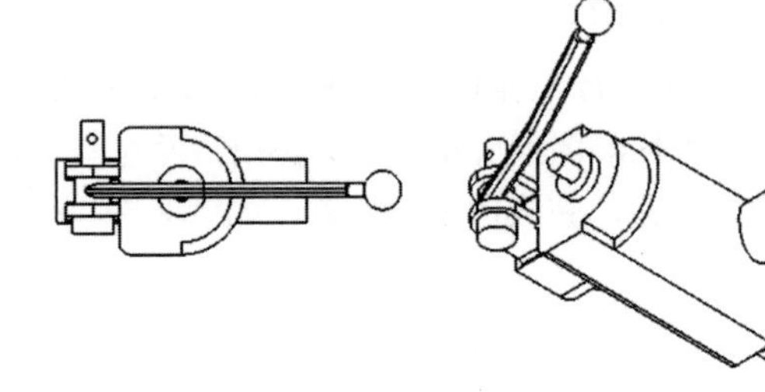

图 8-55　投影视图

5. 创建剖面视图

单击“工程图”面板中的“剖面视图”按钮，弹出“剖面视图辅助”属性管理器，在管理器中选择“水平”剖切线，将剖切线放到视图中间，弹出“剖面视图”对话框。单击左侧的 FeatureManager 设计树，用鼠标选择“工程图视图 1”中的阀杆、弹簧、手柄、销钉、球头，选中“剖面视图”对话框中的“自动打剖面线”复选框，如图 8-56 所示，单击“确定”按钮，退出对话框。拖动鼠标，在工程图的合适位置处单击，以放置剖视图，结果如图 8-57 所示。

6. 标注视图中的尺寸

下面为视图标注必要的尺寸。选择菜单栏中的“工具”→“尺寸”→“智能尺寸”命令，或者单击“草图”面板中的“智能尺寸”按钮，标注视图中的尺寸，结果如图 8-58 所示。

7. 插入零件序号

在图形区域单击剖视图，选择菜单栏中的“插入”→“注解”→“自动零件序号”命令，或者单击“注解”面板中的“自动零件序号”按钮，将自动生成零件的序号，并会自动将序号插入适当的

视图中，不会重复。在弹出的属性管理器中可以设置零件序号的布局、样式等，参数的设置如图 8-59 所示，生成零件序号的结果如图 8-60 所示。

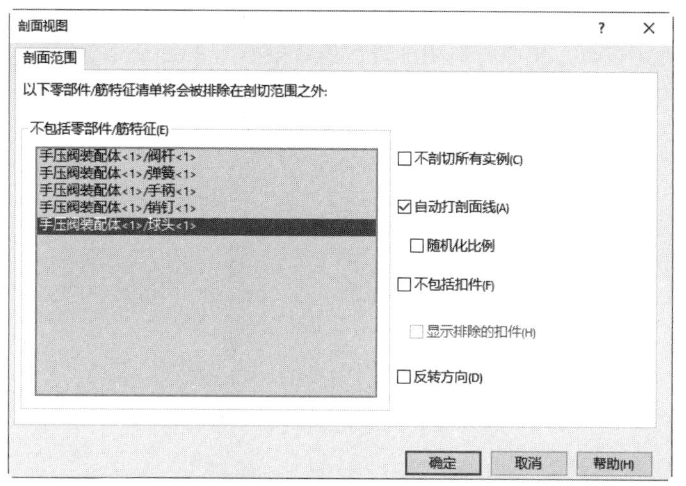

图 8-56 “剖面视图”对话框

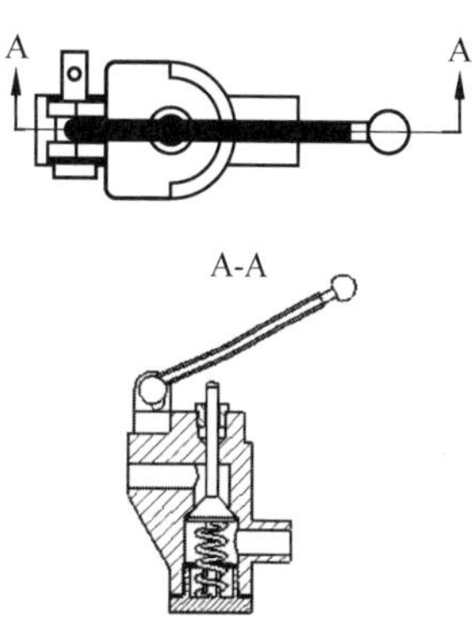

图 8-57 剖面视图

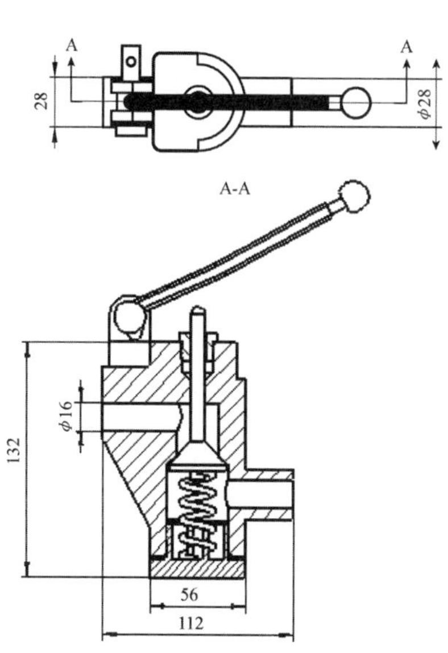

图 8-58 标注视图中的尺寸

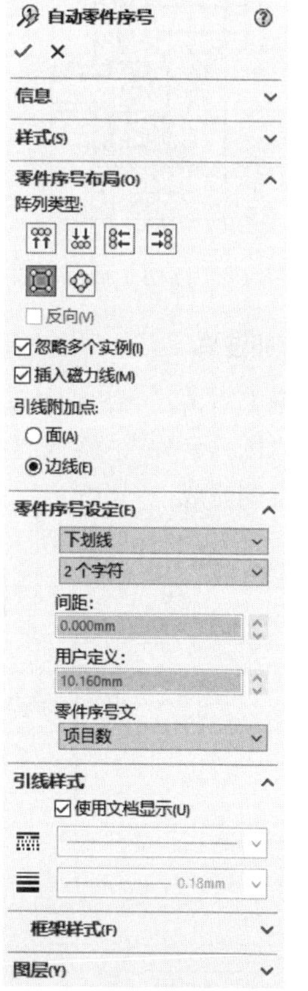

图 8-59 自动零件序号设置

8. 生成材料明细表

下面为视图生成材料明细表。工程图可包含基于表格或 Excel 的材料明细表，但不能包含两者。

选择菜单栏中的“插入”→“表格”→“材料明细表”命令，或单击“注释”面板“表格”下拉列表中的“材料明细表”按钮，选择刚创建的剖面视图，将弹出“材料明细表”属性管理器，具体设置如图 8-61 所示。单击属性管理器中的“确定”按钮✓，在图形区域将出现跟随鼠标指针的材料明细表表格，在图框的右下角单击以确定为定位点，生成材料明细表后的效果如图 8-62 所示。

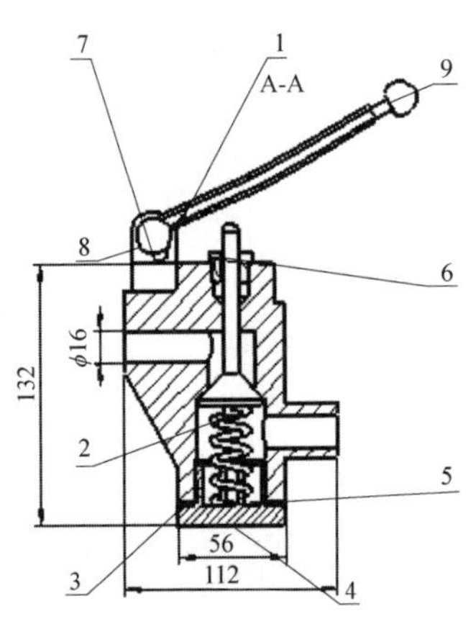

图 8-60　自动生成的零件序号

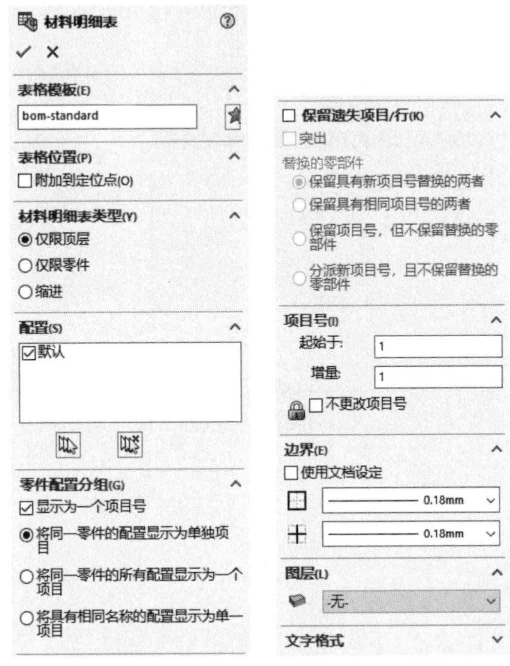

图 8-61　材料明细表设置

9. 添加注释

在图纸上右击，弹出快捷菜单，如图 8-63 所示。选择“编辑图纸格式”命令，进入编辑环境。双击修改“图样名称”，输入“手压阀装配”，然后退出图纸编辑模式，修改结果如图 8-64 所示。此工程图即绘制完成。

项目号	零件号	说明	材料	数量
1	阀体			1
2	阀杆			1
3	胶垫			1
4	调节螺母			1
5	弹簧			1
6	锁紧螺母			1
7	手柄			1
8	销钉			1
9	球头			1

标记	处数	分区	更改文件号	签名	年 月 日	阶段标记	重量	比例	“图样代号”
设计			标准化				0.356	1:2	
校核			工艺						“图样代号”
主管设计			审核			共1 张 第1 张	版本		替代
			批准						

图 8-62　生成材料明细表

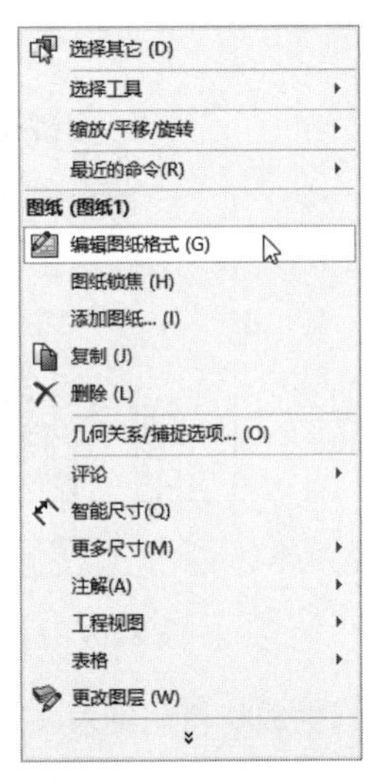

图 8-63　快捷菜单

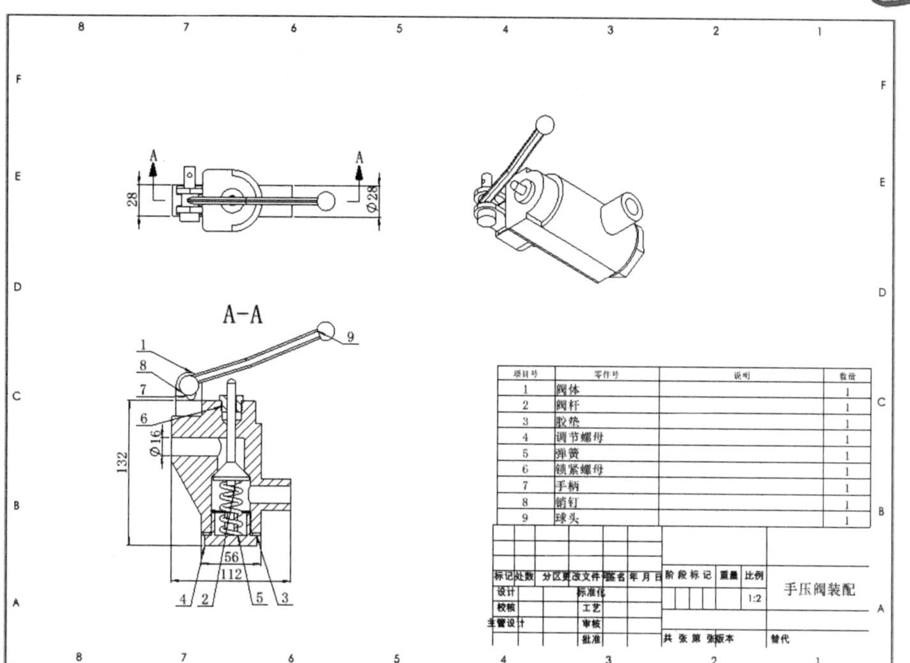

图 8-64　添加注释

8.10　实践与操作

通过前面的学习，相信读者对本章知识已有了大体的了解，本节将通过两个操作练习使读者进一步掌握本章知识要点。

1．绘制如图 8-65 所示的支撑轴工程图

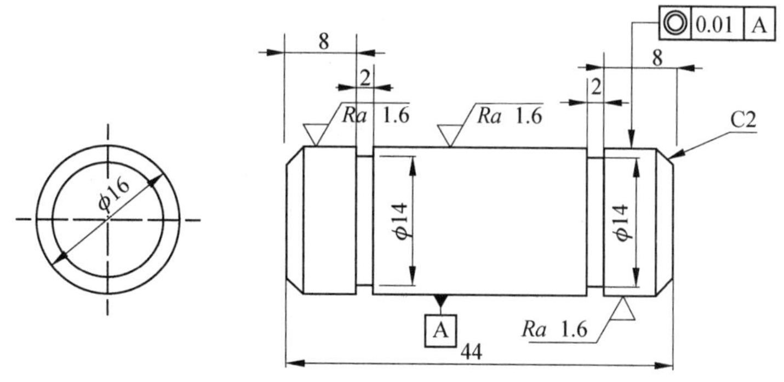

图 8-65　支撑轴工程图

操作提示：

（1）利用“模型”和“投影视图”命令分别创建主视图和左视图，如图 8-66 所示。

（2）利用“尺寸标注”命令标注尺寸，如图 8-67 所示。

（3）利用“表面粗糙度”命令标注粗糙度，如图 8-68 所示。

（4）利用“形位公差”命令标注形位公差，如图 8-69 所示。

Note

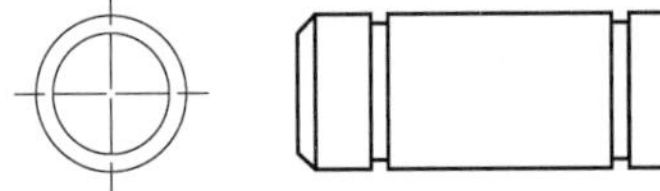

图 8-66　创建主视图和左视图

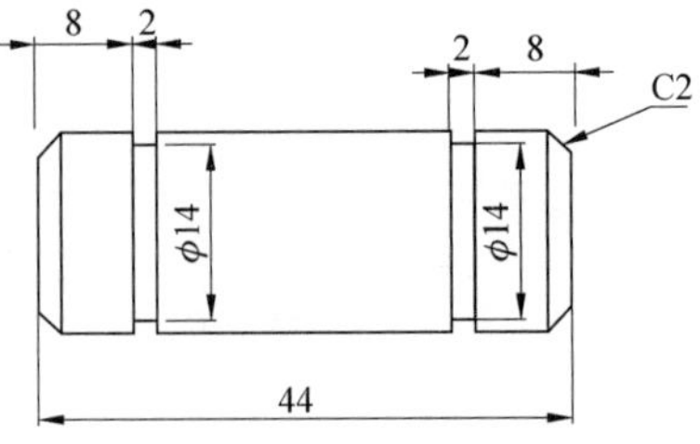

图 8-67　标注尺寸

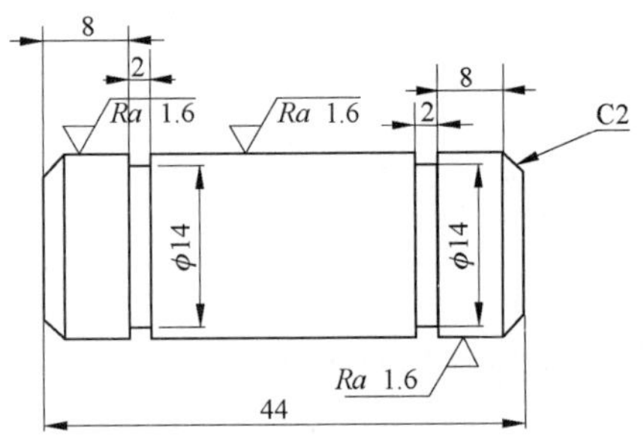

图 8-68　标注粗糙度

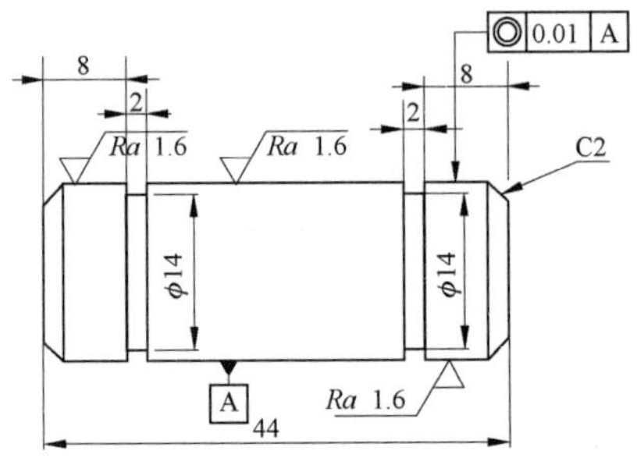

图 8-69　标注形位公差

2. 绘制如图 8-70 所示的轴承座工程图

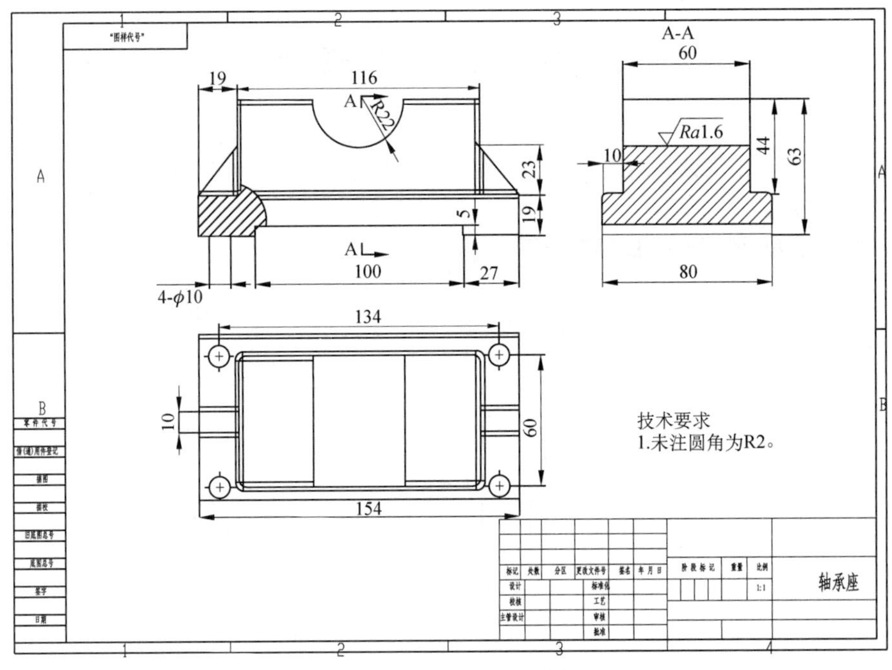

图 8-70　轴承座工程图

操作提示：

（1）利用"模型"和"投影视图"命令分别创建主视图和俯视图，如图 8-71 所示。

（2）利用"剖视图"命令创建左视图，如图 8-72 所示。

（3）利用"断开的剖视图"命令创建局部剖视图，如图 8-73 所示。

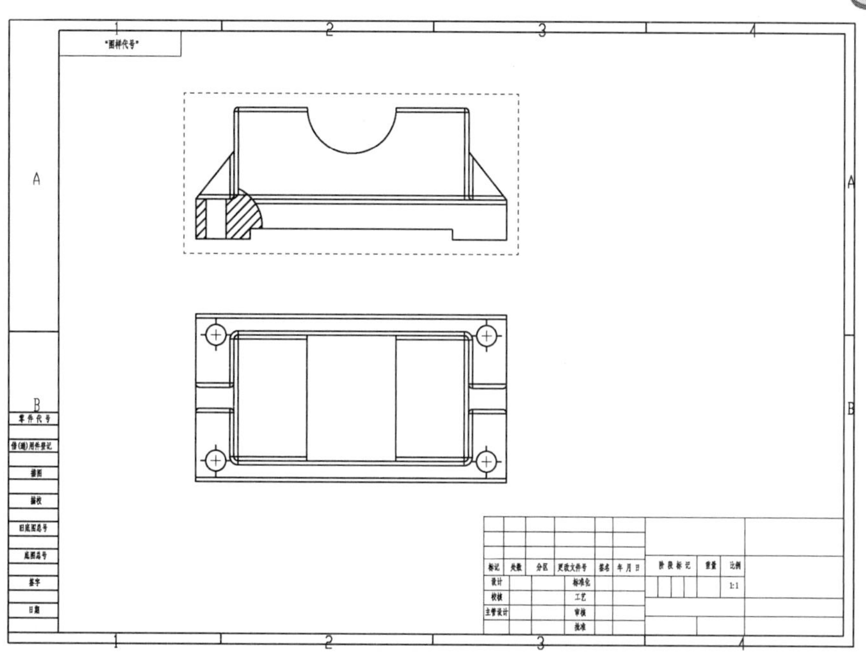

图 8-71　创建主视图和俯视图

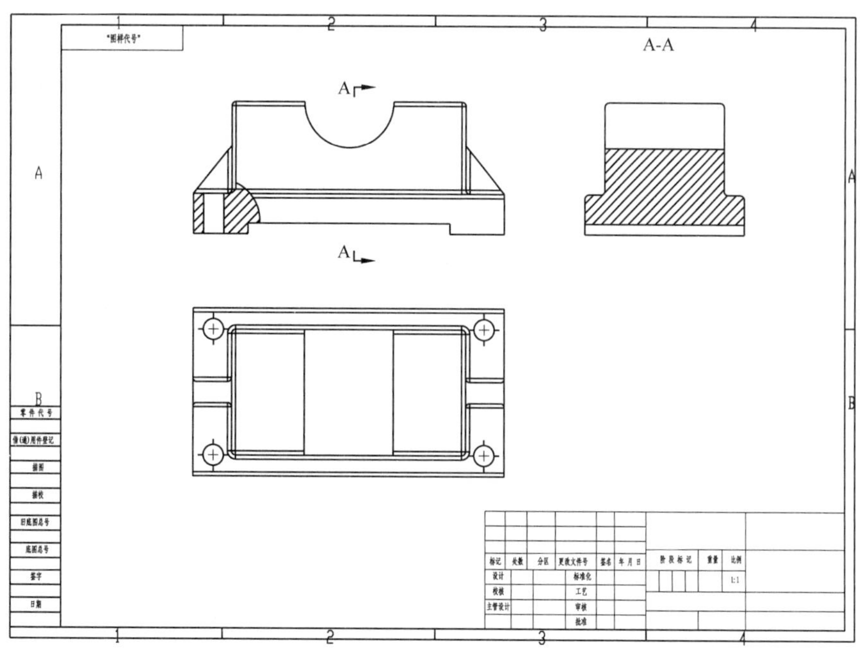

图 8-72　创建左视图

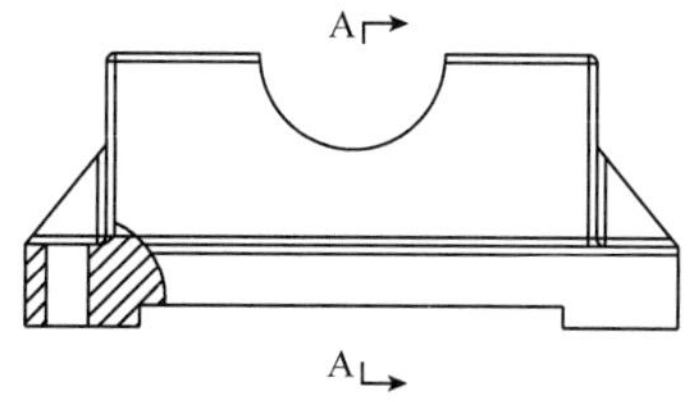

图 8-73　创建局部剖视图

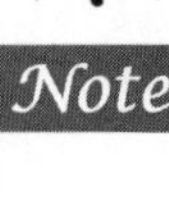

Note

（4）利用“尺寸标注”命令标注尺寸，如图 8-74 所示。

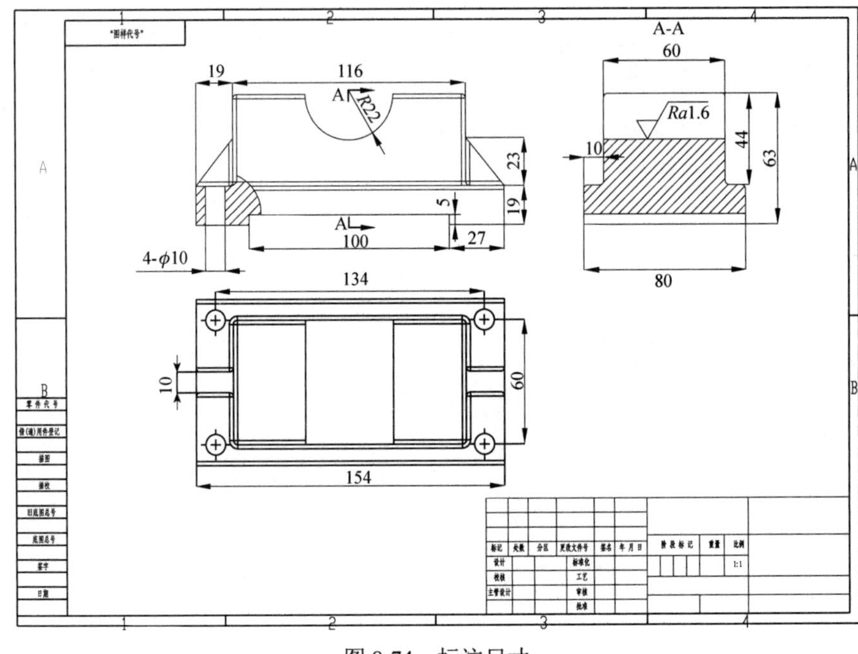

图 8-74　标注尺寸

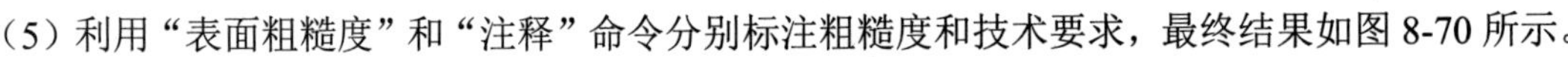

（5）利用“表面粗糙度”和“注释”命令分别标注粗糙度和技术要求，最终结果如图 8-70 所示。

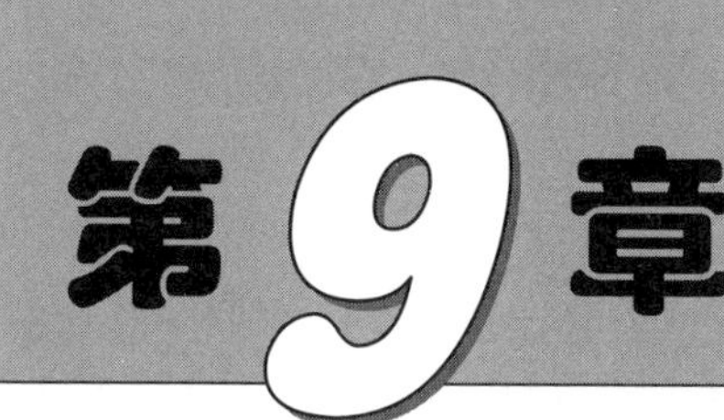

第9章 钣金设计

在 SOLIDWORKS 中有两种生成钣金零件的方法：一种是首先创建一个零件实体模型，然后将其转换为钣金零件；另一种是使用钣金特定的特征来生成钣金零件，此方法从设计阶段的一开始就将零件生成为钣金零件，消除了多余操作步骤。

- ☑ 基本术语
- ☑ 简单钣金特征
- ☑ 复杂钣金特征
- ☑ 钣金成型
- ☑ 综合实例——机箱后板

任务驱动&项目案例

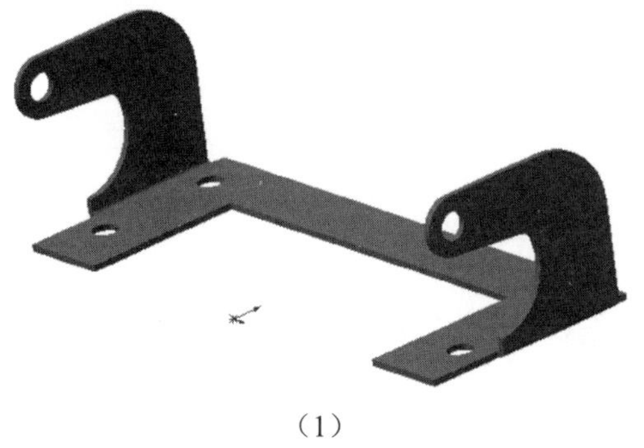

（1）

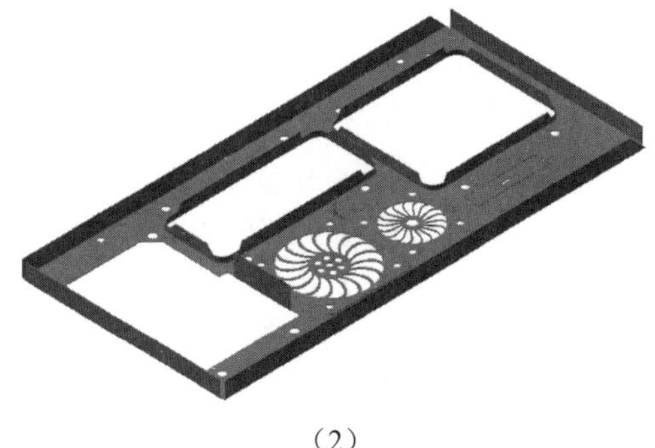

（2）

视频讲解

Note

9.1 基本术语

为了更好地创建钣金特征，首先应了解钣金的基本术语。

9.1.1 折弯系数

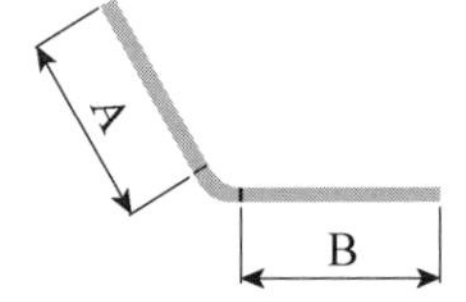

图 9-1 折弯系数示意图

零件要生成折弯时，可以给一个钣金折弯指定一个折弯系数，但指定的折弯系数必须介于折弯内侧边线的长度与外侧边线的长度之间。

折弯系数（见图 9-1）可以由钣金原材料的总展开长度减去非折弯长度来计算。

$$BA=Lt-A-B$$

式中：BA——折弯系数；

Lt——总展开长度；

A、B——非折弯长度。

9.1.2 折弯扣除

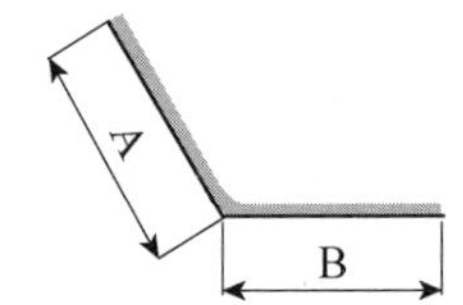

图 9-2 折弯扣除示意图

在生成折弯时，用户可以通过输入数值来给任何一个钣金折弯指定一个明确的折弯扣除。折弯扣除（见图 9-2）由虚拟非折弯长度减去钣金原材料的总展开长度来计算。

$$BD=A+B-Lt$$

式中：BD——折弯扣除；

A、B——虚拟非折弯长度；

Lt——总展开长度。

9.1.3 K 因子

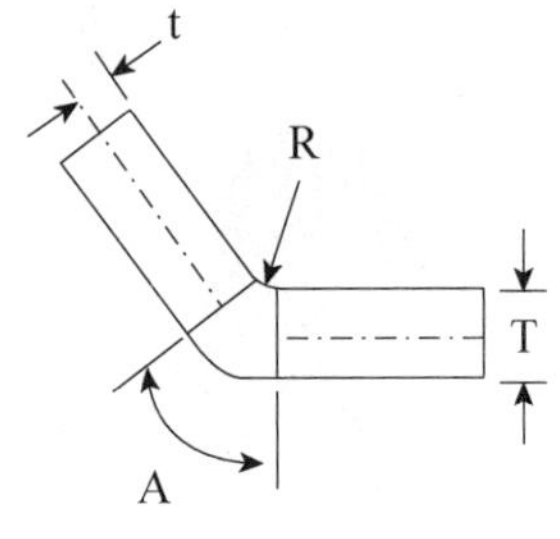

图 9-3 K 因子示意图

K 因子用于表示钣金中性面的位置，以钣金零件的厚度作为计算基准，如图 9-3 所示。K 因子为钣金内表面到中性面的距离 t 与钣金厚度 T 的比值，即 t/T。

当选择 K 因子作为折弯系数时，可以在 K 因子折弯系数表中指定折弯系数。SOLIDWORKS 2022 提供了 Microsoft Excel 格式的 K 因子折弯系数表，默认位于安装目录\lang\Chinese-Simplified\Sheetmetal Bend Tables\kfactor base bend table.xls 中。

使用 K 因子也可以确定折弯系数，计算公式如下。

$$BA=\pi(R+KT)A/180$$

式中：BA——折弯系数；

R——内侧折弯半径；

K——K 因子，即 t/T；

T——材料厚度；

A——折弯角度（材料经过折弯的角度）。

由前面的计算公式可知，折弯系数即为钣金中性面上的折弯圆弧长。因此，指定的折弯系数的大小必须介于钣金的内侧圆弧长和外侧圆弧长之间，以便其与折弯半径和折弯角度的数值相一致。

9.1.4 折弯系数表

折弯系数除直接指定和由 K 因子来确定外，还可以利用折弯系数表来确定。在折弯系数表中，可以指定钣金零件的折弯系数或折弯扣除数值等。此外，折弯系数表中还包括折弯半径、折弯角度以及零件厚度的数值。

在 SOLIDWORKS 中有两种折弯系数表可供使用：一是带有.btl 扩展名的文本文件，二是嵌入的 Excel 电子表格。

1. 带有.btl 扩展名的文本文件

在 SOLIDWORKS 的默认安装目录\lang\Chinese-Simplified\Sheetmetal Bend Tables\sample.btl 中，提供了一个钣金操作的折弯系数表样例。如果要生成自己的折弯系数表，可使用任何文字编辑程序复制并编辑此折弯系数表。

在使用折弯系数表文本文件时，只允许包括折弯系数值，不允许包括折弯扣除值。折弯系数表的单位必须使用米制单位。

如果要编辑拥有多个折弯厚度表的折弯系数表，半径和角度必须相同。例如，将一个新的折弯半径值插入有多个折弯厚度表的折弯系数表，必须在所有表中插入新数值。

注意： 折弯系数表样例仅供参考使用，此表中的数值不代表任何实际折弯系数值。如果零件或折弯角度的厚度值介于表中的两个厚度数值之间，那么系统会插入数值并计算折弯系数。

2. 嵌入的 Excel 电子表格

SOLIDWORKS 生成的新折弯系数表被保存在嵌入的 Excel 电子表格程序内，根据需要可以将折弯系数表的数值添加到电子表格程序的单元格内。

电子表格形式的折弯系数表只包括 90° 折弯的数值，其他角度折弯的折弯系数或折弯扣除值由 SOLIDWORKS 计算得到。

操作步骤如下。

（1）在零件文件中，选择“插入”→“钣金”→“折弯系数表”→“新建”命令，弹出如图 9-4 所示的“折弯系数表”对话框。

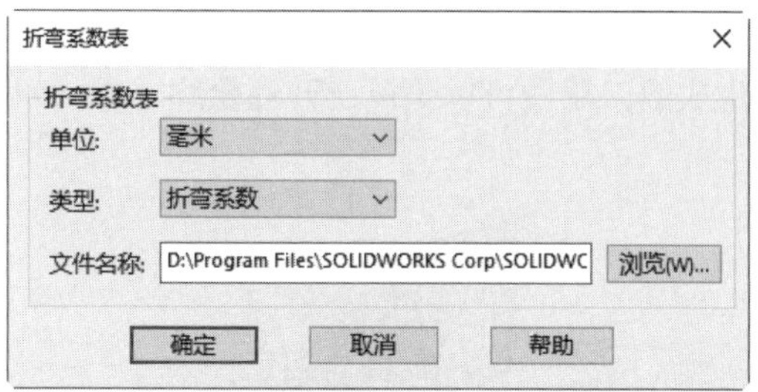

图 9-4 “折弯系数表”对话框

（2）在“折弯系数表”对话框中设置单位，输入文件名，单击“确定”按钮，则包含折弯系数表电子表格的嵌置 Excel 窗口出现在 SOLIDWORKS 窗口中，如图 9-5 所示。折弯系数表电子表格包含默认的折弯半径和厚度值。

（3）在表格外的 SOLIDWORKS 图形区内单击，可以关闭电子表格。

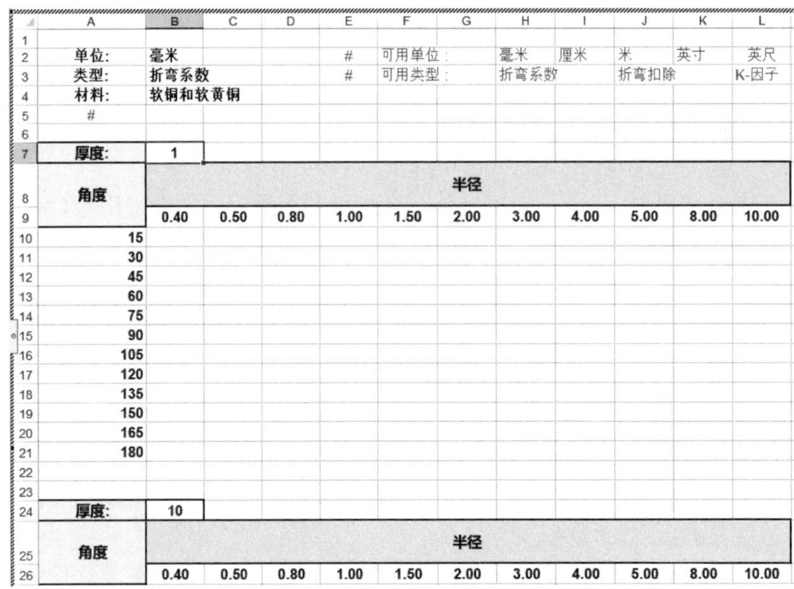

	A	B	C	D	E	F	G	H	I	J	K	L
1												
2	单位:	毫米			#	可用单位:		毫米	厘米	米	英寸	英尺
3	类型:	折弯系数			#	可用类型:		折弯系数		折弯扣除		K-因子
4	材料:	软铜和软黄铜										
5	#											
6												
7	厚度:	1										
8	角度	半径										
9		0.40	0.50	0.80	1.00	1.50	2.00	3.00	4.00	5.00	8.00	10.00
10	15											
11	30											
12	45											
13	60											
14	75											
15	90											
16	105											
17	120											
18	135											
19	150											
20	165											
21	180											
22												
23												
24	厚度:	10										
25	角度	半径										
26		0.40	0.50	0.80	1.00	1.50	2.00	3.00	4.00	5.00	8.00	10.00

图 9-5　折弯系数表电子表格

9.2　简单钣金特征

在 SOLIDWORKS 中，钣金零件是实体模型中结构比较特殊的一种，其具有带圆角的薄壁特征，整个零件的壁厚都相同，折弯半径都是选定的半径值。

视频讲解

9.2.1　法兰特征

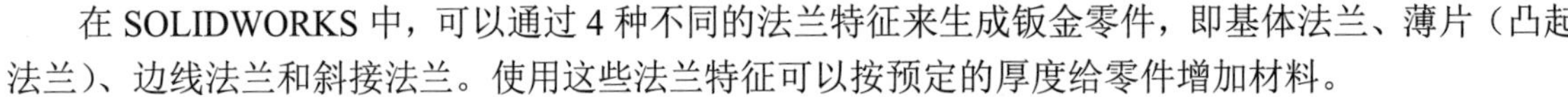

在 SOLIDWORKS 中，可以通过 4 种不同的法兰特征来生成钣金零件，即基体法兰、薄片（凸起法兰）、边线法兰和斜接法兰。使用这些法兰特征可以按预定的厚度给零件增加材料。

1. 基体法兰

基体法兰是新钣金零件的第一个特征。基体法兰被添加到 SOLIDWORKS 零件后，系统就会将该零件标记为钣金零件，并将钣金特征添加到 FeatureManager 设计树中。

基体法兰特征是从草图生成的。草图可以是单一开环轮廓、单一闭环轮廓或多重封闭轮廓，如图 9-6 所示。

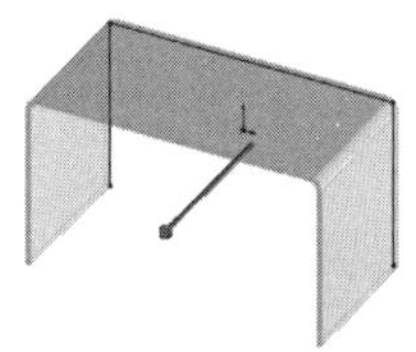

（a）单一开环草图生成基体法兰

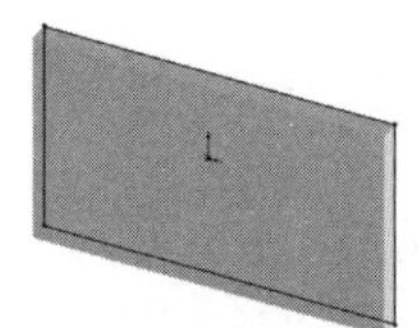

（b）单一闭环草图生成基体法兰

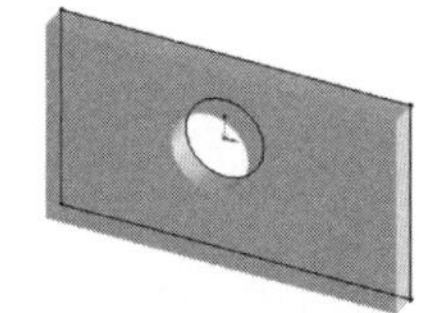

（c）多重封闭轮廓生成基体法兰

图 9-6　基体法兰图例

☑　单一开环草图轮廓：可用于拉伸、旋转、剖面、路径、引导线以及钣金。典型的开环轮廓以直线或其他草图实体进行绘制。

☑　单一闭环草图轮廓：可用于拉伸、旋转、剖面、路径、引导线以及钣金。典型的单一闭环轮廓是用圆、矩形、闭环样条曲线以及其他封闭的几何形状绘制的。

☑　多重封闭轮廓：可用于拉伸、旋转以及钣金。如果有一个以上的轮廓，则其中一个轮廓必须包含其他轮廓。典型的多重封闭轮廓是用圆、矩形以及其他封闭的几何形状绘制的。

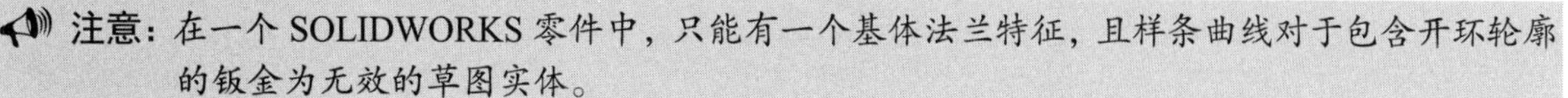

注意：在一个 SOLIDWORKS 零件中，只能有一个基体法兰特征，且样条曲线对于包含开环轮廓的钣金为无效的草图实体。

在基体法兰特征的设计过程中，开环草图作为拉伸薄壁特征来处理，封闭的草图则作为展开的轮廓来处理。如果用户需要从钣金零件的展开状态开始设计钣金零件，则可以使用封闭的草图来建立基体法兰特征。

操作步骤如下。

（1）单击“钣金”面板中的“基体-法兰/薄片”按钮，弹出“基体法兰”属性管理器，如图 9-7（a）所示。

（2）在左侧的 FeatureManager 设计树中选择“前视基准面”作为绘制图形的基准面，绘制草图，然后单击“退出草图”按钮，结果如图 9-7（b）所示。

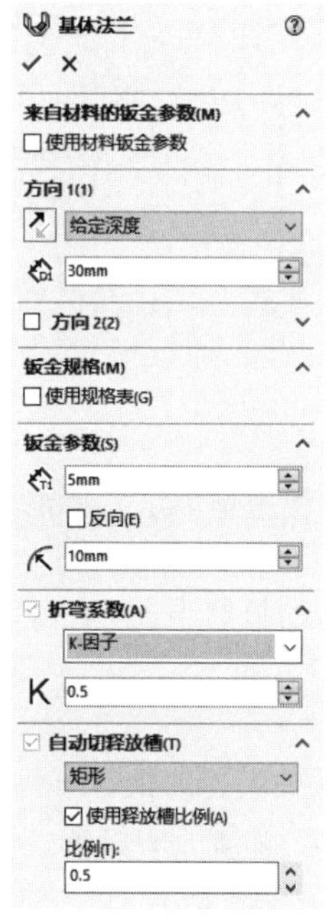

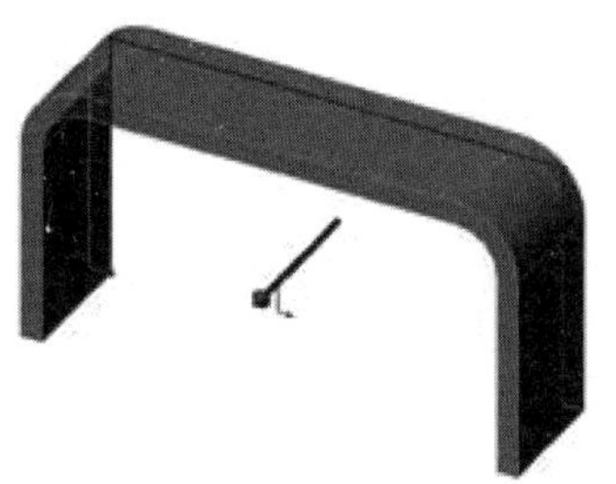

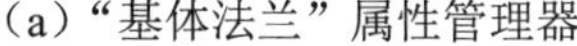

（a）“基体法兰”属性管理器　　（b）绘制的基体法兰草图

图 9-7　“基体法兰”属性管理器及绘制的基体法兰草图

（3）在“基体法兰”属性管理器中，修改“深度”为 30mm、“厚度”为 5mm、“折弯半径”为 10mm，然后单击“确定”按钮，生成基体法兰实体，结果如图 9-8 所示。

图 9-8　生成的基体法兰实体

基体法兰在 FeatureManager 设计树中显示为“基体-法兰”（注意，同时添加了其他两种特征，即“钣金”和“平板型式”），如图 9-9 所示。

通过对钣金特征的编辑，可以设置钣金零件的参数。

在 FeatureManager 设计树中右击“钣金”特征，在弹出的快捷菜单中单击“编辑特征”按钮，（见图 9-10），弹出“钣金”属性管理器，

Note

如图 9-11 所示。钣金特征中包含用来设计钣金零件的参数，这些参数可以在其他法兰特征生成的过程中进行设置，也可以在钣金特征中编辑定义。

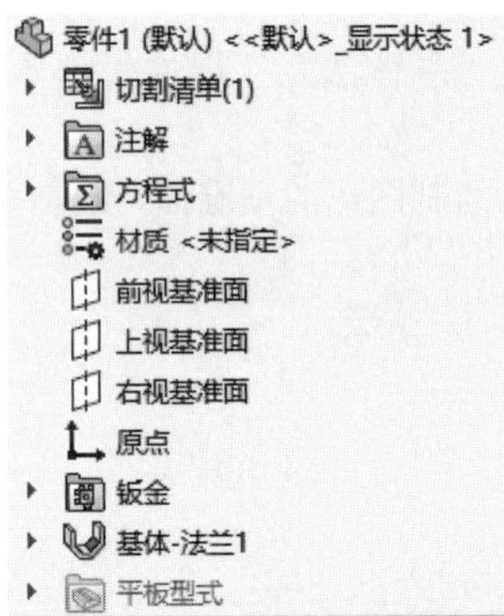

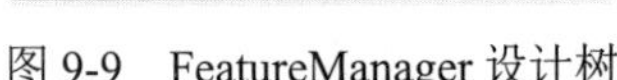

图 9-9　FeatureManager 设计树

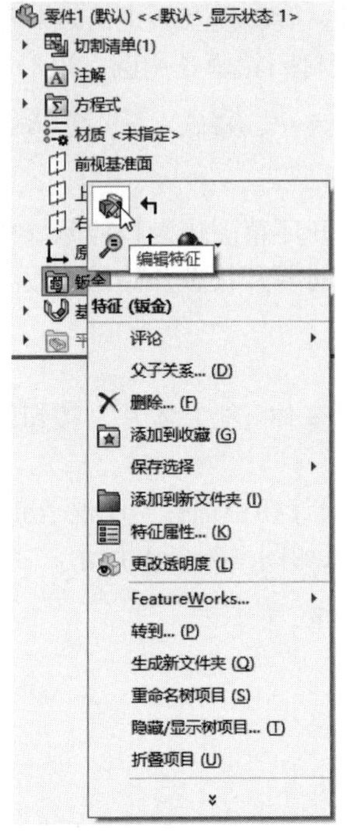

图 9-10　快捷菜单

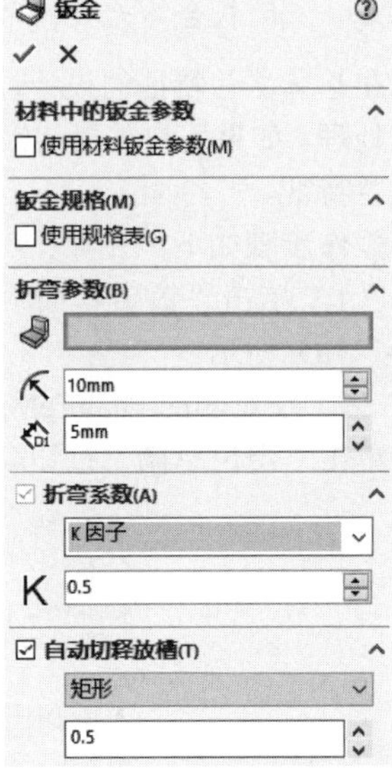

图 9-11　“钣金”属性管理器

“钣金”属性管理器中各选项含义如下。

（1）折弯参数。

☑　固定的面和边：选中的面或边在展开时保持不变。使用基体法兰特征建立钣金零件时，该选项不可用。

☑　折弯半径：该选项定义了建立其他钣金特征时默认的折弯半径，也可以针对不同的折弯给定不同的半径值。

（2）折弯系数。

在“折弯系数”栏下的第一个下拉列表框中，可以选择 5 种类型的折弯系数，如图 9-12 所示。

☑　折弯系数表：折弯系数表是一种指定折弯材料（如钢、铝等）的表格，其中包含基于板厚和折弯半径的折弯运算。折弯系数表是 Excel 表格文件，其扩展名为*.xlsx。可以通过选择“插入”→“钣金”→“折弯系数表”→“从文件”命令，在当前的钣金零件中添加折弯系数表；也可以在钣金特征 PropertyManager 对话框的“折弯系数”下拉列表框中选择“折弯系数表”，并选择指定的折弯系数表，或单击“浏览”按钮，使用其他的折弯系数表，如图 9-13 所示。

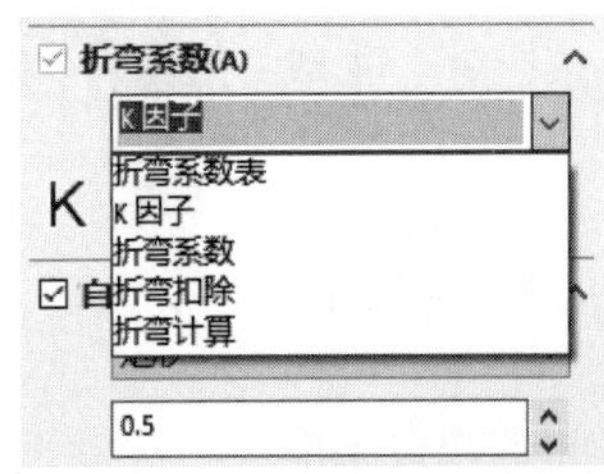

图 9-12　“折弯系数”类型

图 9-13　选择“折弯系数表”选项

☑　K 因子：K 因子在折弯计算中是一个常数，是指内表面到中性面的距离与材料厚度的比率。

☑　折弯系数和折弯扣除：可以根据用户的经验和工厂实际情况给定一个实际的数值。

☑　折弯计算：选择下拉列表中的对应参数值。

（3）自动切释放槽。

在“自动切释放槽”栏下的第一个下拉列表框中，可以选择 3 种不同的释放槽类型。

☑　矩形：在需要进行折弯释放的边上生成一个矩形切口，如图 9-14（a）所示。

☑　撕裂形：在需要撕裂的边和面之间生成一个撕裂口，而不是切口，如图 9-14（b）所示。

☑　矩圆形：在需要进行折弯释放的边上生成一个圆角矩形切口，如图 9-14（c）所示。

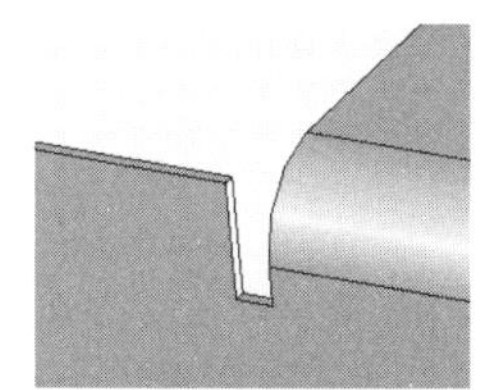
（a）矩形

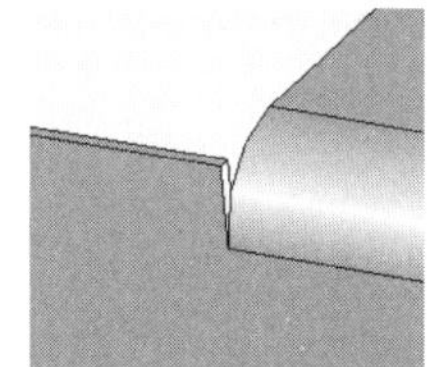
（b）撕裂形

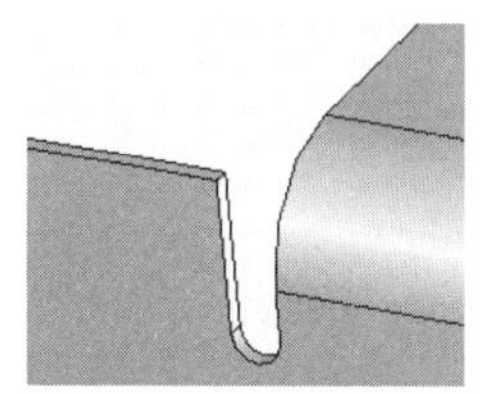
（c）矩圆形

图 9-14　释放槽类型

2. 薄片（凸起法兰）

薄片特征可为钣金零件添加薄片。系统会自动将薄片特征的深度设置为钣金零件的厚度。至于深度的方向，系统会自动将其设置为与钣金零件重合，从而避免实体脱节。

在生成薄片特征时，需要注意的是，草图可以是单一闭环、多重闭环或多重封闭轮廓。草图必须位于垂直于钣金零件厚度方向的基准面或平面上。用户可以编辑草图，但不能编辑定义，因为已将深度、方向及其他参数设置为与钣金零件参数相匹配。

（1）单击“钣金”面板中的“基体-法兰/薄片”按钮，系统提示绘制草图或者选择已绘制好的草图。

（2）单击选择零件表面作为绘制草图基准面，如图 9-15 所示。

（3）在选择的基准面上绘制草图，如图 9-16 所示。然后单击“退出草图”按钮，生成薄片特征，如图 9-17 所示。

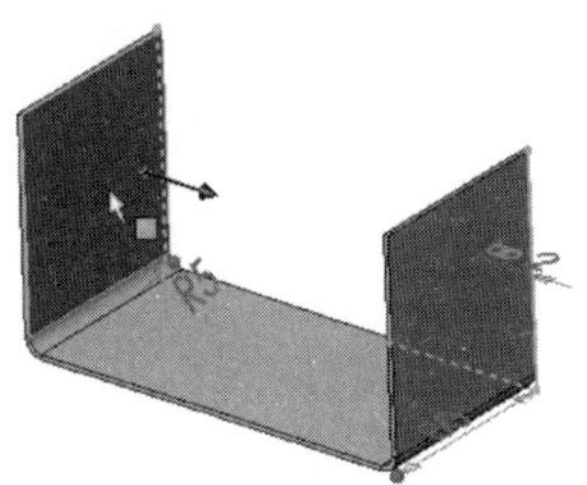
图 9-15　选择草图基准面

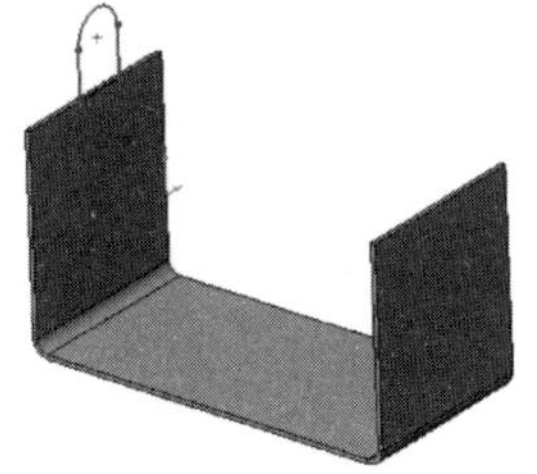
图 9-16　绘制草图

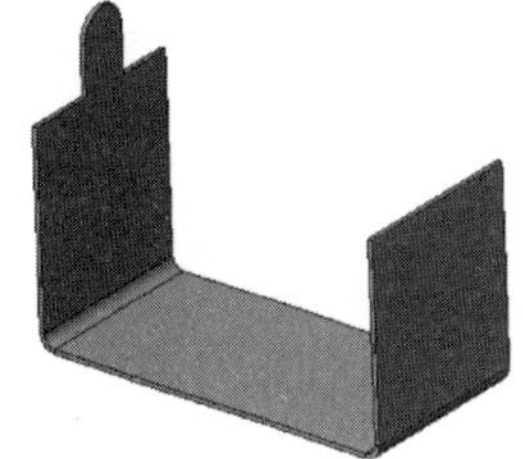
图 9-17　生成薄片特征

注意：也可以先绘制草图，然后单击“钣金”面板中的“基体-法兰/薄片”按钮，生成薄片特征。

3. 边线法兰

使用边线法兰特征工具可以将法兰添加到一条或多条边线上。添加边线法兰时，所选边线必须为线性。系统自动将褶边厚度链接到钣金零件的厚度上。轮廓的一条草图直线必须位于所选边线上。

操作步骤如下。

Note

（1）单击“钣金”面板中的“边线法兰”按钮，弹出“边线-法兰 1”属性管理器，如图 9-18 所示。在图形区域中单击钣金零件的一条边，在“法兰参数”栏“边线”图标右侧的显示框中就会显示所选边线，如图 9-18 所示。

（2）在“角度”栏“法兰角度”图标右侧的微调框中输入角度值 60°，在“法兰长度”栏中选择“给定深度”选项，同时输入深度为 35mm。确定法兰长度有 3 种方式，即“外部虚拟交点”（见图 9-19）、“内部虚拟交点”（见图 9-20）和“双弯曲”。

（3）在“法兰位置”栏中有 5 个选项可供选择：“材料在内”、“材料在外”、“折弯在外”、“虚拟交点的折弯”和“与折弯相切”。不同的选项产生的法兰位置不同，如图 9-21～图 9-25 所示。在本实例中，单击“材料在外”按钮，最后结果如图 9-26 所示。

图 9-18　添加边线法兰

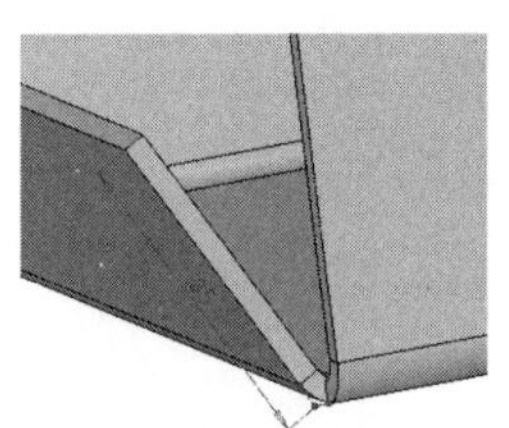

图 9-19　采用“外部虚拟交点”确定法兰长度

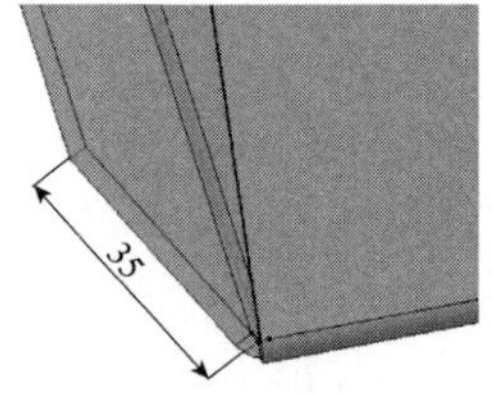

图 9-20　采用“内部虚拟交点”确定法兰长度

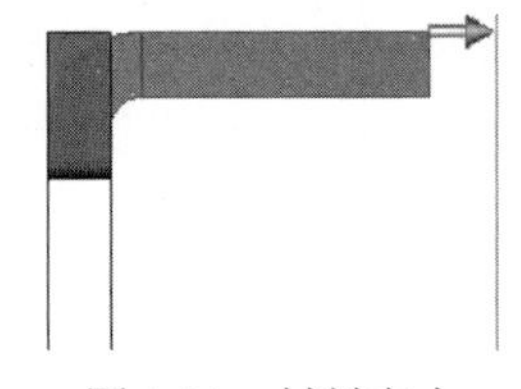

图 9-21　材料在内

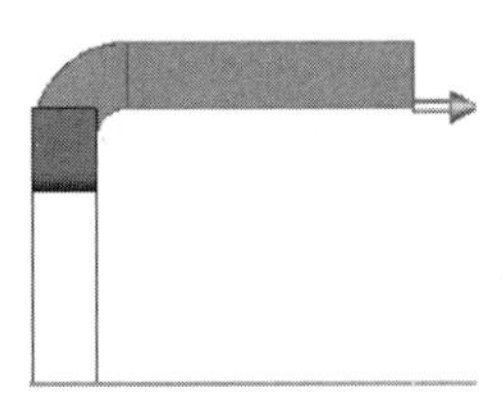

图 9-22　材料在外

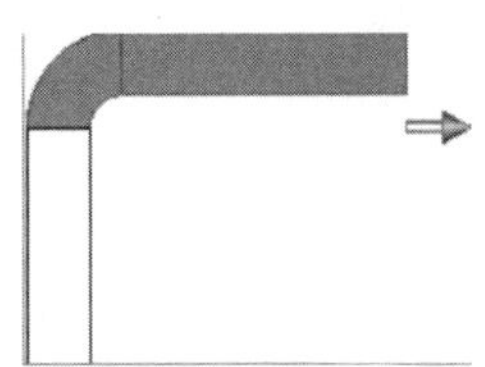

图 9-23　折弯在外

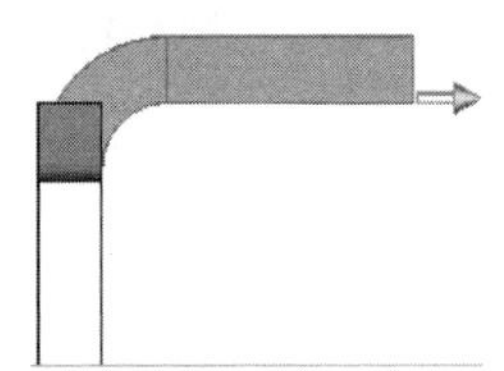

图 9-24　虚拟交点的折弯

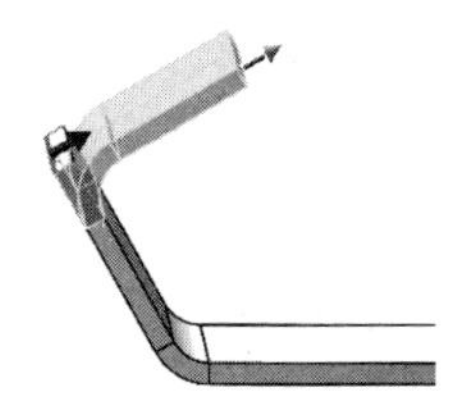

图 9-25　与折弯相切

在生成边线法兰时，如果要切除邻近折弯的多余材料，可在属性管理器中选中“剪裁侧边折弯”复选框，结果如图 9-27 所示。若想从钣金实体中生成等距法兰，则选中“等距”复选框，然后设定等距终止条件及其相应参数，结果如图 9-28 所示。

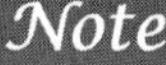

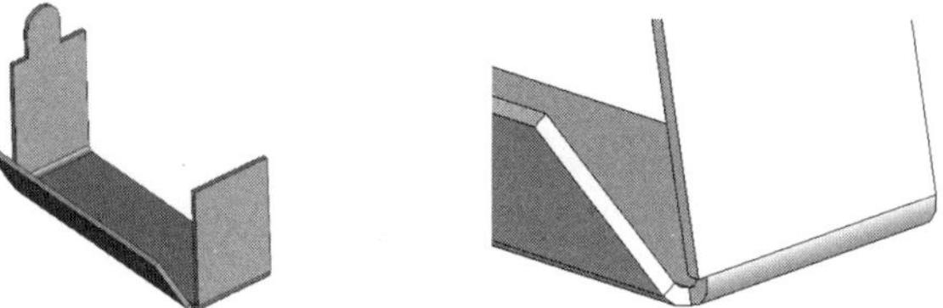

图 9-26 生成边线法兰　图 9-27 生成边线法兰时剪裁侧边折弯　图 9-28 生成边线法兰时生成等距法兰

4. 斜接法兰

斜接法兰特征可将一系列法兰添加到钣金零件的一条或多条边线上。生成斜接法兰特征之前，先要绘制法兰草图。斜接法兰的草图可以是直线或圆弧。使用圆弧绘制草图生成斜接法兰时，圆弧不能与钣金零件厚度边线相切，如图 9-29 所示的圆弧不能生成斜接法兰；圆弧可与长度边线相切（见图 9-30），或通过直线与厚度边相接（见图 9-31），这样可以生成斜接法兰。

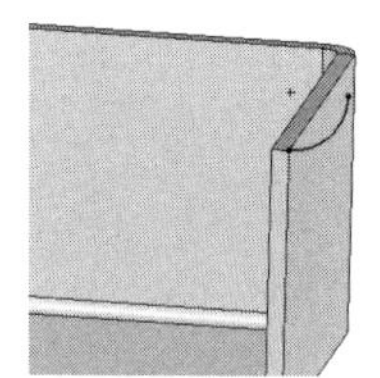

图 9-29 圆弧与厚度边线相切

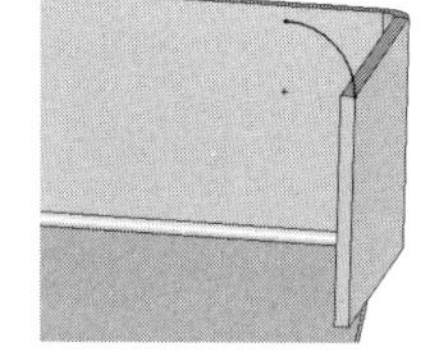

图 9-30 圆弧与长度边线相切

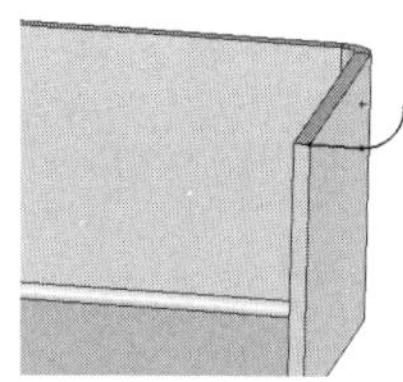

图 9-31 圆弧通过直线与厚度边相接

斜接法兰轮廓可以包括一条以上的连续直线，例如可以是 L 形轮廓。草图基准面必须垂直于生成斜接法兰的第一条边线。系统自动将褶边厚度链接到钣金零件的厚度上。可以在一系列相切或非相切边线上生成斜接法兰特征。可以指定斜接法兰等距，而不是在钣金零件的整条边线上生成斜接法兰。

操作步骤如下。

（1）选择如图 9-32 所示的零件表面作为绘制草图基准面，绘制直线草图，直线长度为 20mm。

（2）单击“钣金”面板中的“斜接法兰”按钮，弹出“斜接法兰”属性管理器，如图 9-33 所示。系统随即会选定斜接法兰特征的第一条边线，且图形区域中出现斜接法兰的预览效果。

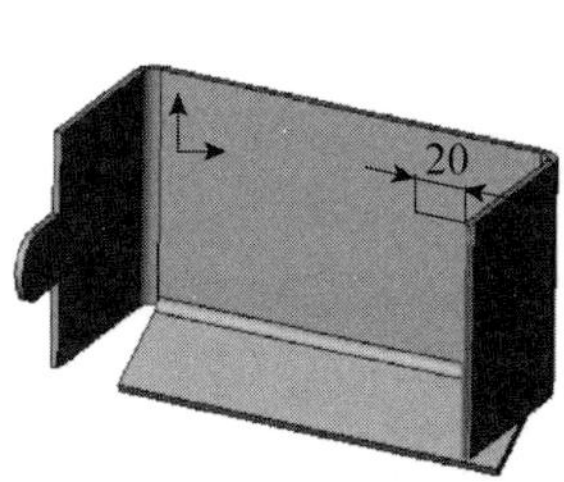

图 9-32 绘制直线草图

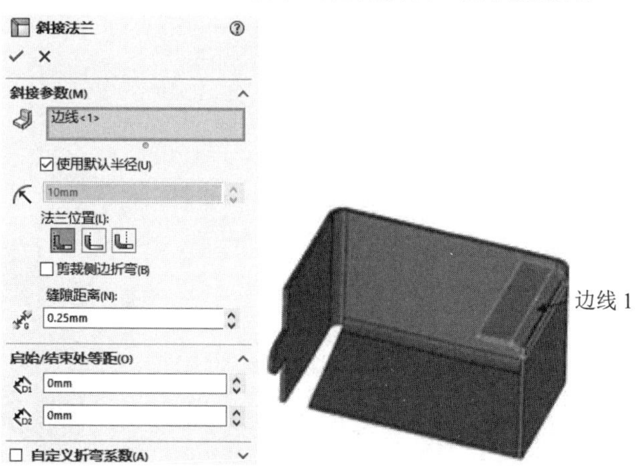

图 9-33 添加斜接法兰特征

（3）单击选取钣金零件的其他边线，如图 9-34 所示，然后单击“确定”按钮✓，最后结果如图 9-35 所示。

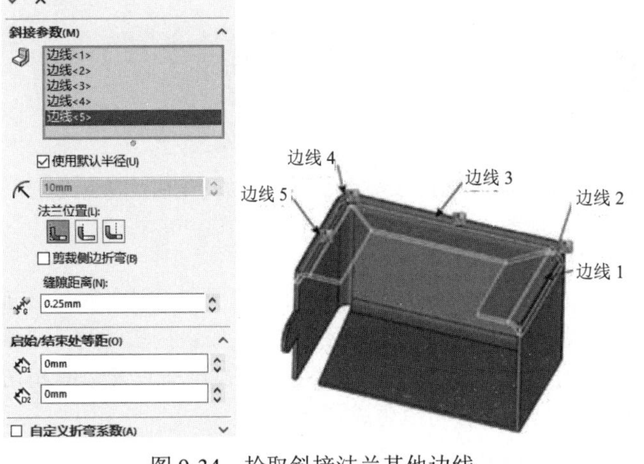

图 9-34　拾取斜接法兰其他边线

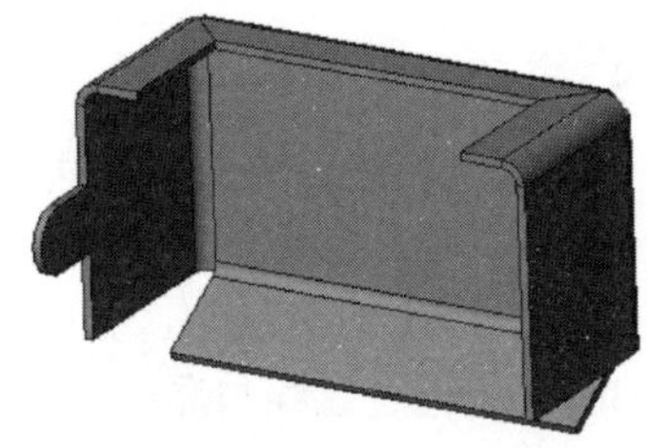

图 9-35　生成斜接法兰

9.2.2　褶边特征

褶边工具可将褶边添加到钣金零件的所选边线上。生成褶边特征时，所选边线必须为直线。如果选择多个要添加褶边的边线，则这些边线必须在同一个面上。

操作步骤如下。

（1）单击“钣金”面板中的“褶边”按钮，弹出“褶边”属性管理器。在图形区域中，选择要添加褶边的边线，如图 9-36 所示。

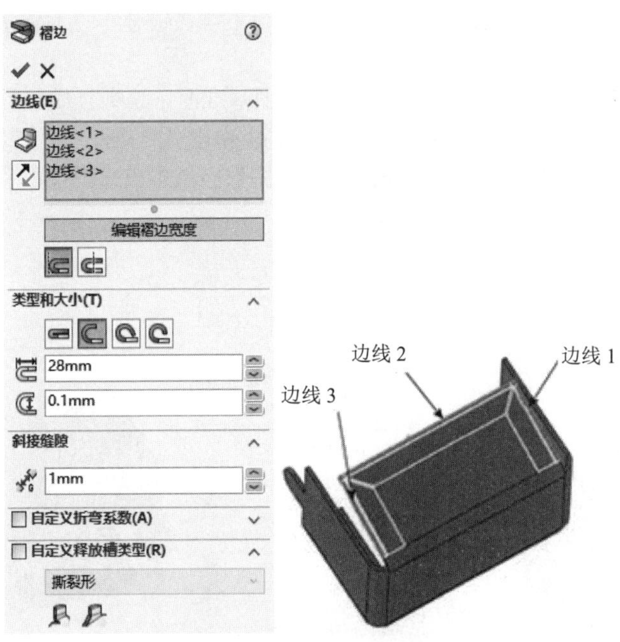

图 9-36　选择要添加褶边的边线

（2）在“褶边”属性管理器中，单击“材料在内”按钮，在“类型和大小”栏中单击“打开”按钮，其他参数保持默认设置，然后单击“确定”按钮，结果如图 9-37 所示。

褶边类型共有 4 种，分别是“闭合”，如图 9-38 所示；“打开”，如图 9-39 所示；“撕裂

形”，如图 9-40 所示；“滚轧”，如图 9-41 所示。每种类型的褶边都有其对应的尺寸设置参数。其中，长度参数只应用于闭合和打开褶边，间隙距离参数只应用于打开褶边，角度参数和半径参数只应用于撕裂形和滚轧褶边。

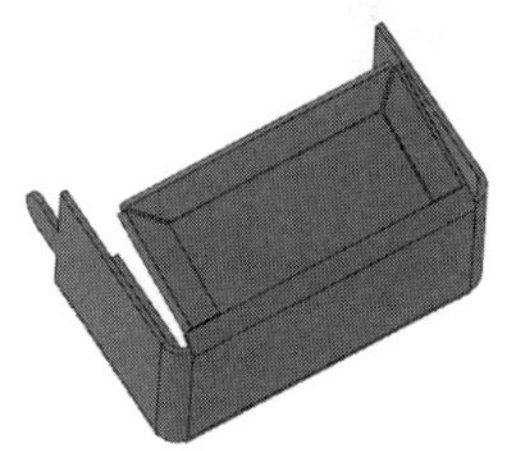

图 9-37　生成褶边

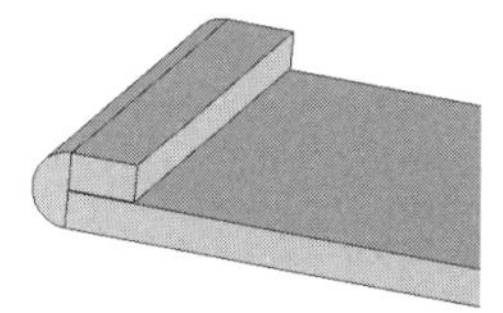

图 9-38　“闭合”类型褶边

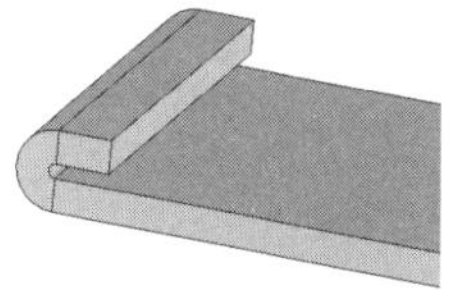

图 9-39　“打开”类型褶边

选择多条边线添加褶边时，可以通过设置“斜接缝隙”的数值来设定这些褶边之间的缝隙，斜接边角将被自动添加到交叉褶边上。例如，输入数值 3mm，上述实例结果将变为如图 9-42 所示。

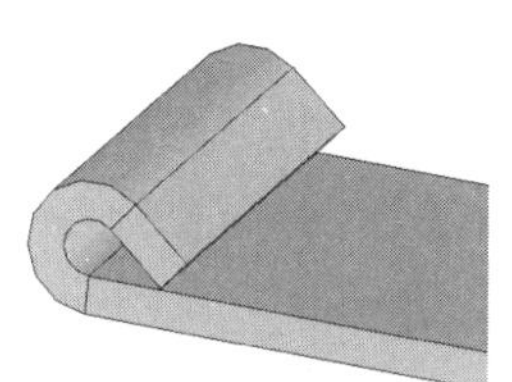

图 9-40　“撕裂形”类型褶边

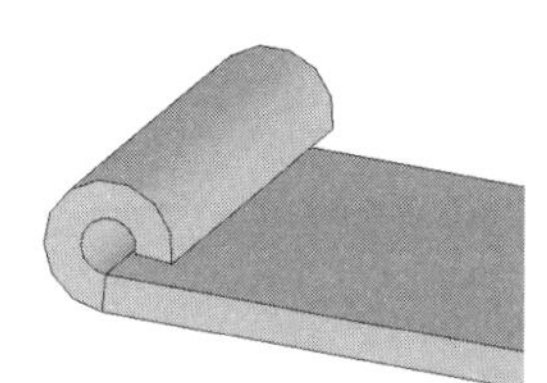

图 9-41　“滚轧”类型褶边

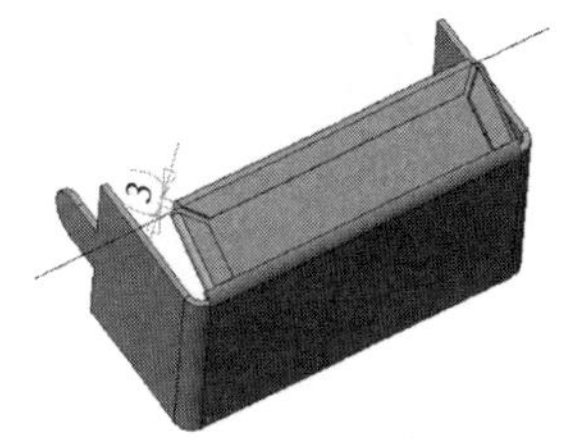

图 9-42　更改褶边之间的间隙

9.2.3　绘制的折弯特征

绘制的折弯特征可以在钣金零件处于折叠状态时绘制草图，将折弯线添加到零件上。草图中只允许使用直线，可为每个草图添加多条直线。折弯线长度不一定与被折弯的面的长度相同。

操作步骤如下。

（1）单击“钣金”面板中的“绘制的折弯”按钮，系统提示选择平面来生成折弯线和选择现有草图为特征所用，如图 9-43（a）所示。如果没有绘制好草图，可以首先选择基准面绘制一条直线；如果已经绘制好了草图，则可以单击绘制好的直线，弹出“绘制的折弯”属性管理器，如图 9-43（b）所示。

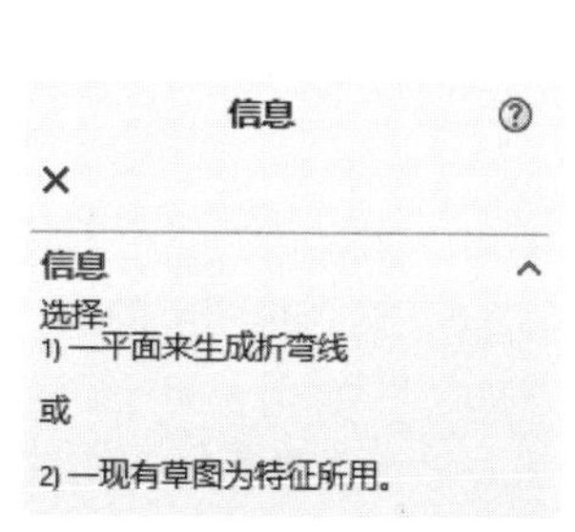

（a）系统提示信息

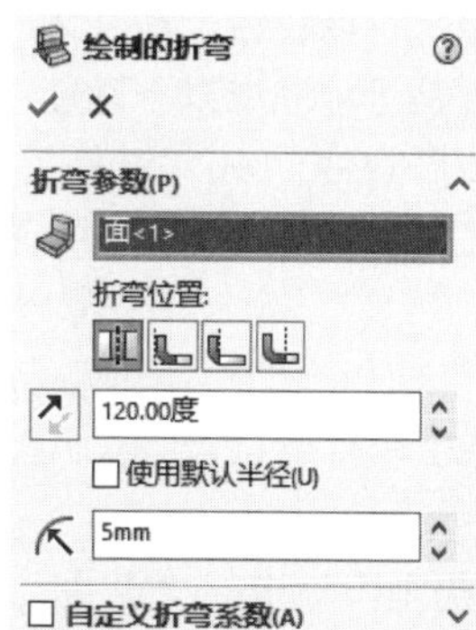

（b）“绘制的折弯”属性管理器

图 9-43　“绘制的折弯”系统提示信息和“绘制的折弯”属性管理器

（2）在图形区域中，选择图 9-44 中的面 1 作为固定面。在“绘制的折弯”属性管理器中，单击

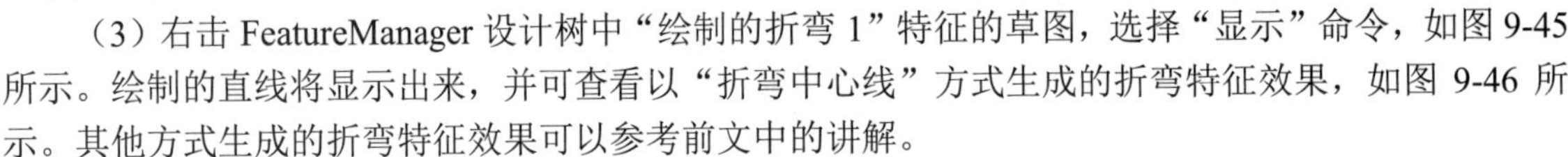

“折弯位置”选项组中的“折弯中心线”按钮，输入角度为120°、折弯半径为5 mm，然后单击“确定”按钮✔。

（3）右击FeatureManager设计树中“绘制的折弯1”特征的草图，选择“显示”命令，如图9-45所示。绘制的直线将显示出来，并可查看以“折弯中心线”方式生成的折弯特征效果，如图9-46所示。其他方式生成的折弯特征效果可以参考前文中的讲解。

Note

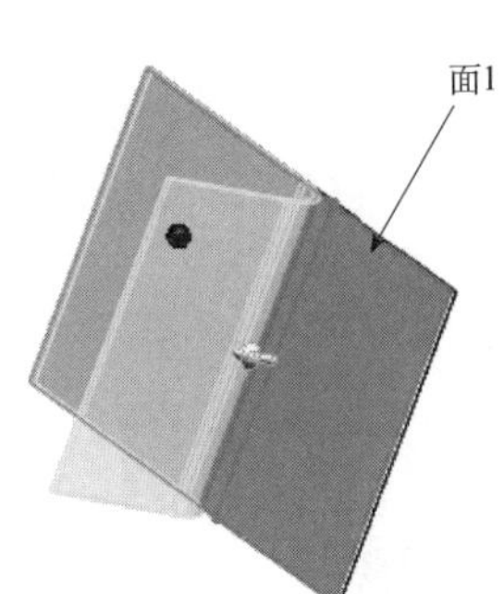

图9-44　选择固定面

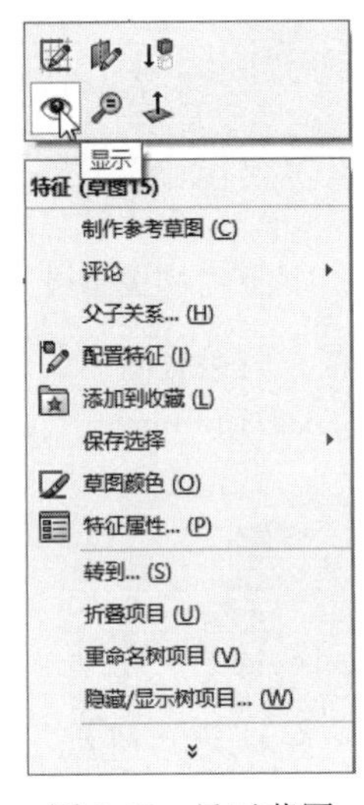

图9-45　显示草图

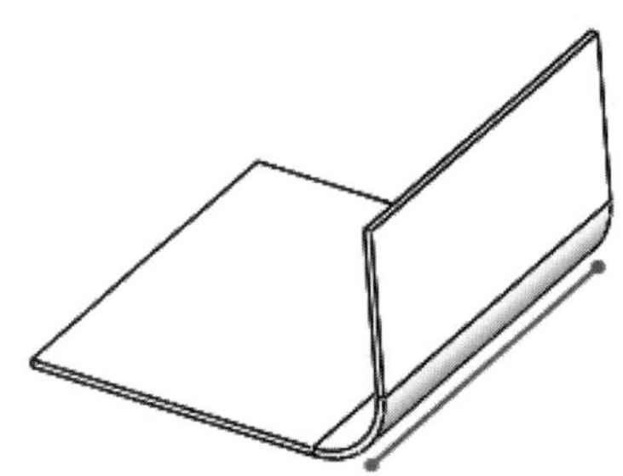

图9-46　生成的折弯效果

9.3　复杂钣金特征

为了使钣金零件符合实际使用需求，在钣金设计过程中可能需要添加闭合角、切口、通风口等复杂的钣金特征。

视频讲解

9.3.1　闭合角特征

使用闭合角特征工具可以在钣金法兰之间添加闭合角，即在钣金特征之间添加材料。

通过闭合角特征工具可以完成以下功能：通过选择面来为钣金零件同时闭合多个边角，关闭非垂直边角；将闭合边角应用到带有90°以外折弯的法兰，调整缝隙距离，调整重叠/欠重叠比率（重叠的材料与欠重叠材料之间的比率，数值为1表示重叠和欠重叠相等），闭合或打开折弯区域。

操作步骤如下。

（1）单击“钣金”面板中的“闭合角”按钮，弹出“闭合角”属性管理器，选择需要延伸的面，SOLIDWORKS 2022软件尝试查找要匹配的面，如果没有找到相匹配的面，用户可以自己选择要匹配的面，如图9-47所示。

（2）单击“边角类型”栏中的“重叠”按钮，然后单击“确定”按钮✔。系统提示错误，不能生成闭合角，原因有可能是设置的缝隙距离太小。单击“确定”按钮，关闭错误提示框。

（3）在“缝隙距离”栏中，将缝隙距离值更改为0.6mm，单击“确定”按钮✔，生成重叠闭合角，结果如图9-48所示。

使用其他边角类型选项可以生成不同形式的闭合角。图9-49显示了为单击“对接”按钮生成

Note

的闭合角；图 9-50 显示了单击“欠重叠”按钮生成的闭合角。

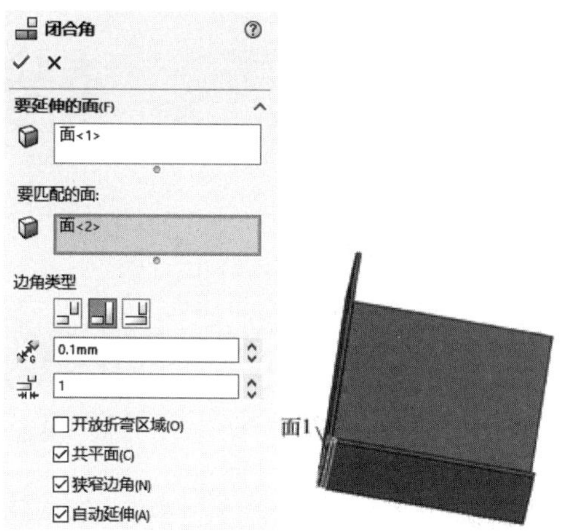

图 9-47　“闭合角”属性管理器及选择需要延伸的面

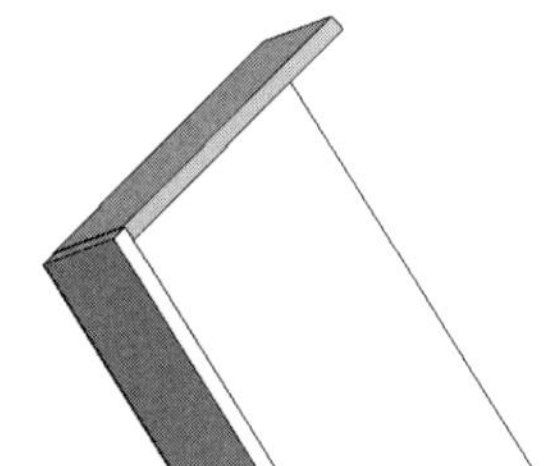

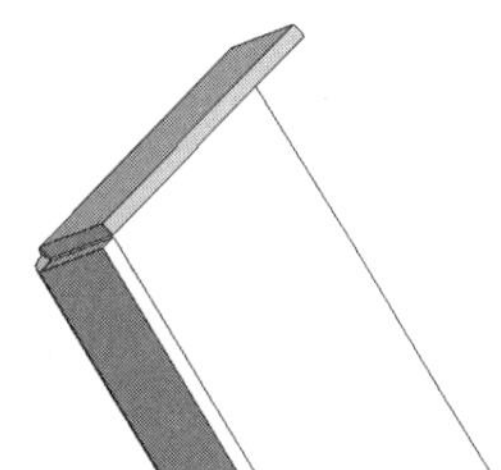

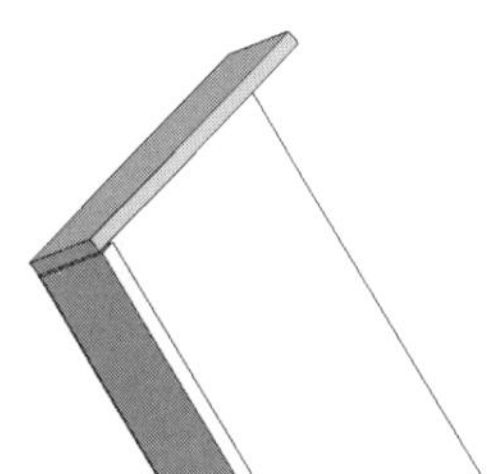

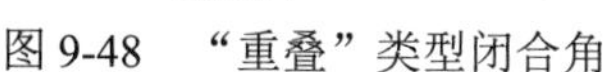

图 9-48　“重叠”类型闭合角　　图 9-49　“对接”类型闭合角　　图 9-50　“欠重叠”类型闭合角

9.3.2　转折特征

视频讲解

使用转折特征工具可以在钣金零件上通过草图直线生成两个折弯。生成转折特征的草图必须只包含一条直线，直线不需要是水平或垂直的，折弯线长度不一定与正折弯的面的长度相同。

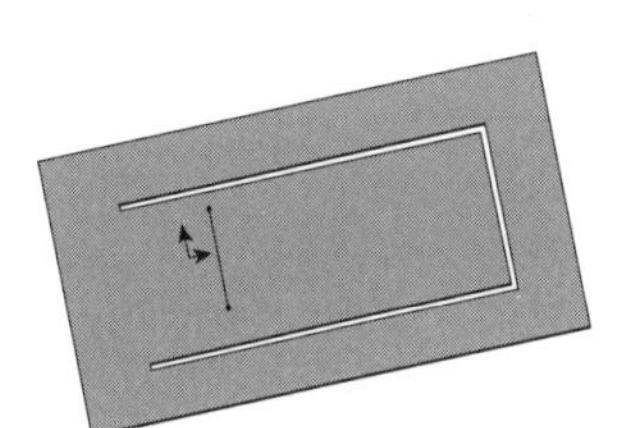

图 9-51　绘制直线草图

操作步骤如下。

（1）在生成转折特征之前，应先绘制草图。选择钣金零件的上表面作为绘制图形的基准面，绘制一条直线，如图 9-51 所示。

（2）在所绘制的草图被打开的状态下，单击“钣金”面板中的“转折”按钮，弹出“转折”属性管理器，选择一个面作为固定面，如图 9-52 所示。

（3）取消选中“使用默认半径”复选框，输入半径为 5mm；在“转折等距”栏中输入等距距离为 30mm；单击“尺寸位置”选项组中的“外部等距”按钮，并且选中“固定投影长度”复选框；在“转折位置”栏中单击“折弯中心线”按钮；其他参数保持默认设置，然后单击“确定”按钮，结果如图 9-53 所示。

生成转折特征时，在“转折”属性管理器中选择不同的尺寸位置选项、是否选中“固定投影长度”复选框，都将生成不同的转折特征。例如，上述实例中单击“外部等距”按钮生成的转折特征尺寸，如图 9-54 所示；单击“内部等距”按钮生成的转折特征尺寸，如图 9-55 所示；单击“总尺寸”按钮生成的转折特征尺寸，如图 9-56 所示。取消选中“固定投影长度”复选框，生成的转折投影长度将减小，如图 9-57 所示。

Note

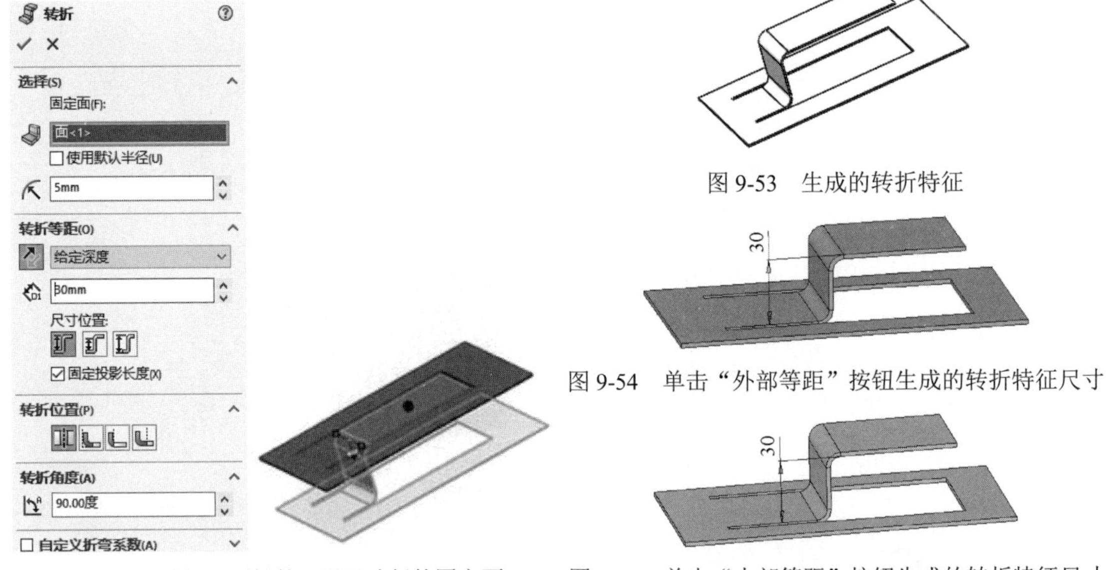

图 9-53　生成的转折特征

图 9-54　单击“外部等距”按钮生成的转折特征尺寸

图 9-52　“转折”属性管理器及选择的固定面

图 9-55　单击“内部等距”按钮生成的转折特征尺寸

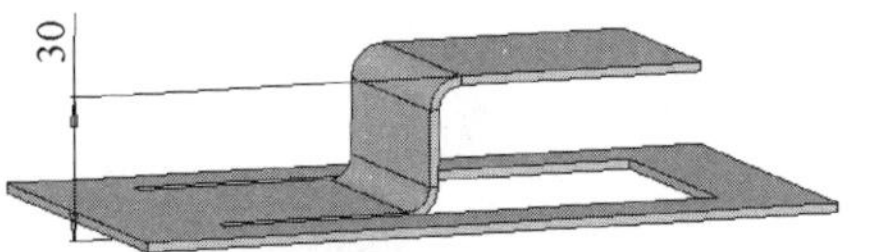

图 9-56　单击“总尺寸”按钮生成的转折特征尺寸

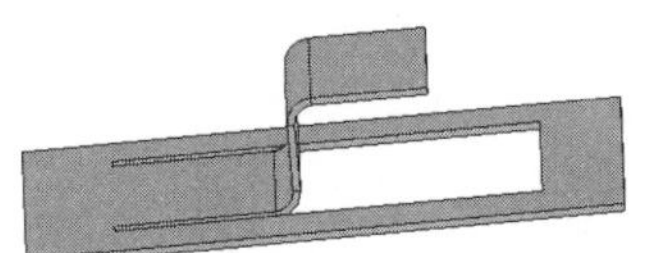

图 9-57　取消选中“固定投影长度”复选框生成的转折

在“转折位置”栏中还有不同的选项可供选择，在前面的特征工具中已经讲解过，这里不再赘述。

视频讲解

9.3.3　放样折弯特征

使用放样折弯特征工具可以在钣金零件中生成放样的折弯。放样的折弯和零件实体设计中的放样特征相似，需要两个草图才可以进行放样操作。草图必须为开环轮廓，轮廓开口应同向对齐，以使平板型式更精确；草图不能有尖锐边线。

操作步骤如下。

（1）在左侧的 FeatureManager 设计树中选择“上视基准面”作为绘制图形的基准面。单击“草图”面板中的“多边形”按钮，绘制一个六边形，标注六边形内接圆直径为 80mm；然后将六边形尖角进行圆角处理，半径值为 10mm，如图 9-58 所示。绘制一条竖直的构造线，然后绘制两条与构造线平行的直线；单击“草图”面板中的“添加几何关系”按钮，选择两条竖直直线和构造线添加“对称”几何关系；然后标注两条竖直直线距离为 0.1mm，如图 9-59 所示。

图 9-58　绘制的六边形

（2）单击“草图”面板中的“剪裁实体”按钮，对竖直直线和六边形进行剪裁，最后使六边形具有 0.1mm 宽的缺口，从而使草图为开环，如图 9-60 所示。单击“草图”面板中的“退出草图”按钮，退出草图。

（3）单击“特征”面板中的“基准面”按钮，弹出“基准面”属性管理器。在“第一参考”栏中选择“上视基准面”，输入距离为 80mm，生成与上视基准面平行的基准面，如图 9-61 所示。使

用上述相似的操作方法，首先绘制一个圆，然后在该圆草图上绘制一个 0.1mm 宽的缺口，使该圆草图为开环，如图 9-62 所示。单击“草图”面板中的“退出草图”按钮，退出草图。

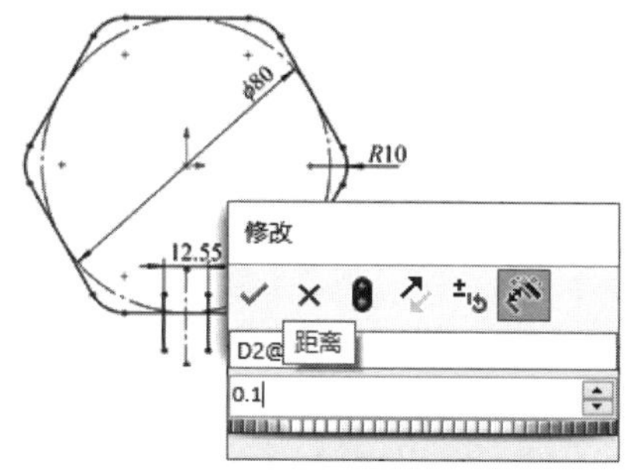

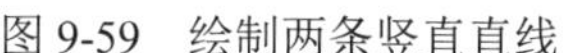

图 9-59　绘制两条竖直直线

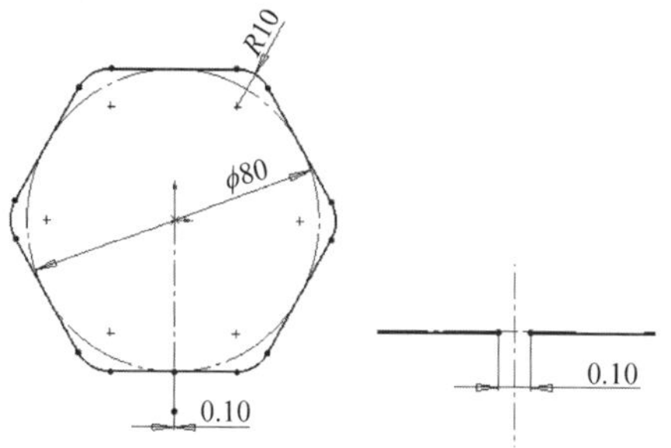

图 9-60　绘制缺口使草图为开环

（4）单击“钣金”面板中的“放样折弯”按钮，弹出“放样折弯”属性管理器。在图形区域中选择两个草图，起点位置要对齐。输入厚度为 1mm，单击“确定”按钮，结果如图 9-63 所示。

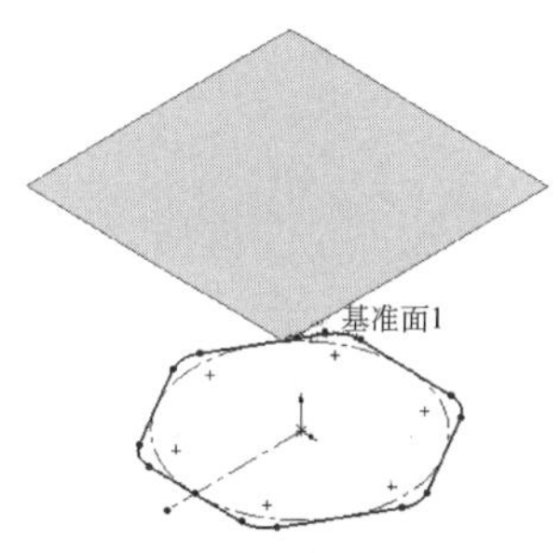

图 9-61　生成的基准面

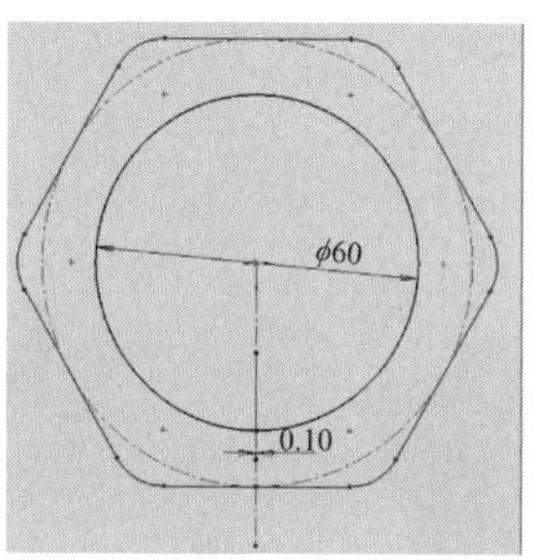

图 9-62　绘制开环的圆草图

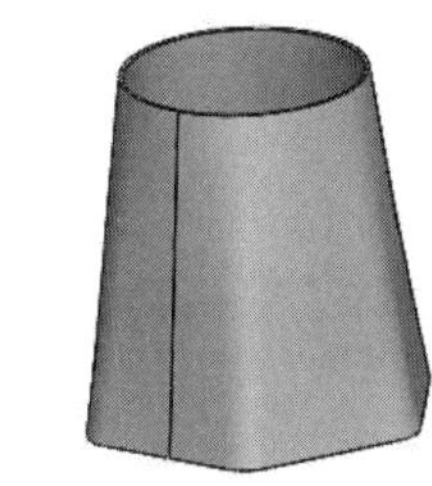

图 9-63　生成的放样折弯特征

注意：基体-法兰特征不与放样的折弯特征一起使用。放样折弯的折弯使用 K 因子和折弯系数来计算，放样的折弯不能被镜像。在选择两个草图时，起点位置要对齐，即要在草图的相同位置；否则将不能生成放样折弯。如图 9-64 所示，如果选择箭头所指位置为起点，则不能生成放样折弯。

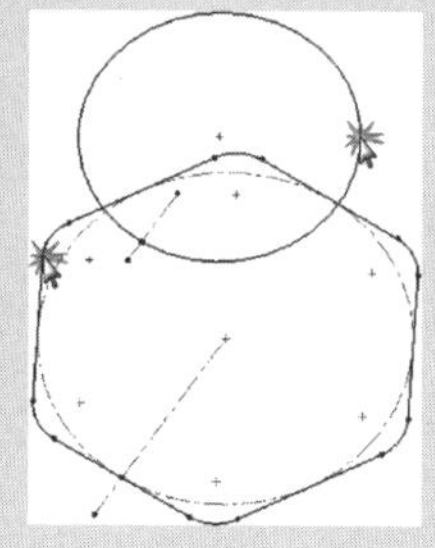

图 9-64　错误地选择草图起点

9.3.4　切口特征

使用切口特征工具可以在钣金零件或者其他任意的实体零件上生成切口特征。能够生成切口特征的零件，应该具有一组相邻平面且厚度一致（这些相邻平面形成一条或多条线性边线或一组连续的线性边线），而且是通过平面的单一线性实体。

在零件上生成切口特征时，可以沿所选内部或外部模型边线生成，或者从线性草图实体生成，也

可以通过组合模型边线和单一线性草图实体生成。

下面在一个壳体零件（见图 9-65）上生成切口特征，操作步骤如下。

（1）选择壳体零件的上表面，然后单击“视图（前导）”工具栏中的“正视于”按钮，将该面作为绘制图形的基准面。单击“草图”面板中的“直线”按钮，绘制一条直线，如图 9-66 所示。

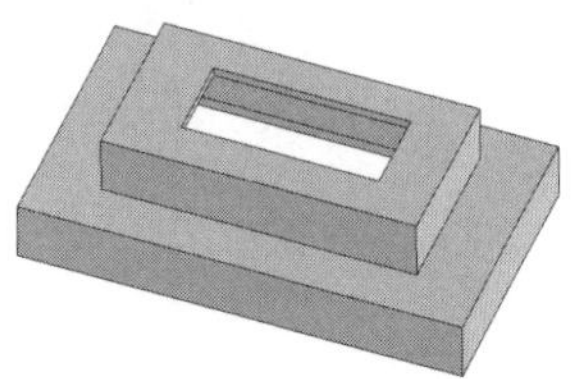

图 9-65　壳体零件

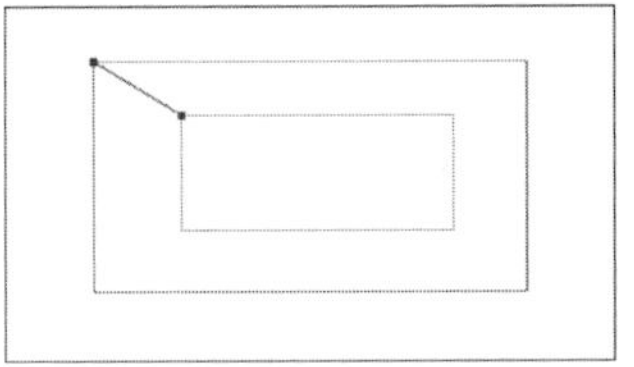

图 9-66　绘制直线

（2）单击“钣金”面板中的“切口”按钮，弹出“切口”属性管理器，单击选择绘制的直线和一条边线来生成切口，如图 9-67 所示。

（3）在“切口缝隙”图标右侧的微调框中输入数值 1mm。单击“改变方向”按钮，可以改变切口的方向：每单击一次，切口方向将切换到其中一个方向上，接着切换到另一个方向上，然后返回两个方向上。单击“确定”按钮，结果如图 9-68 所示。

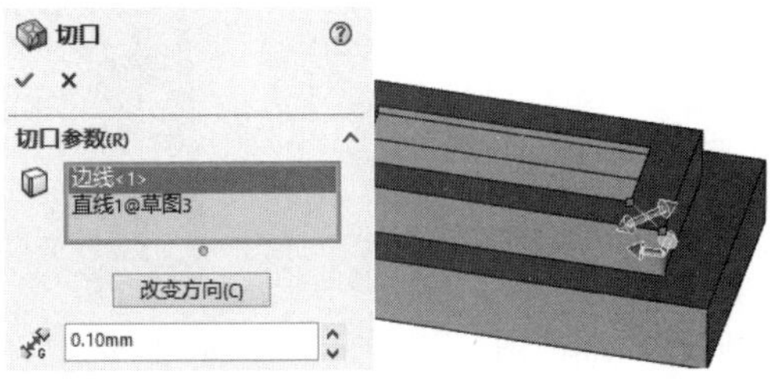

图 9-67　“切口”属性管理器

图 9-68　生成的切口特征

注意：在钣金零件上生成切口特征，操作方法与前文中的讲解相同。

9.3.5　展开钣金折弯

视频讲解

展开钣金零件的折弯有两种方式：一种是展开整个钣金零件，另一种是有选择性地展开钣金零件中的部分折弯。

1. 展开整个钣金零件

如果钣金零件的 FeatureManager 设计树中存在平板型式特征，可以右击平板型式 1 特征，在弹出的快捷菜单中选择“解除压缩”命令，如图 9-69 所示；或者单击“钣金”面板中的“展开”按钮，即可展开整个钣金零件，如图 9-70 所示。

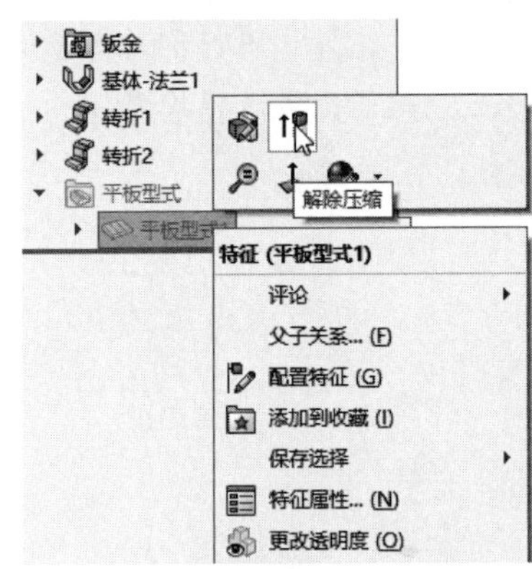

图 9-69　解除平板特征的压缩

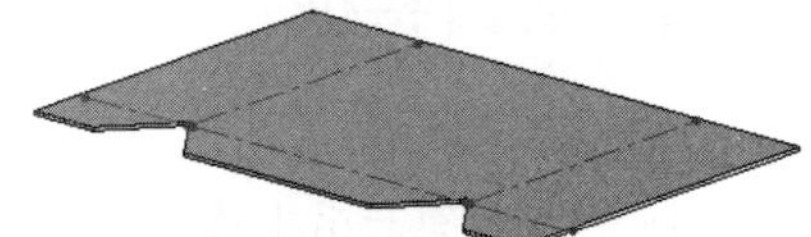

图 9-70　展开整个钣金零件

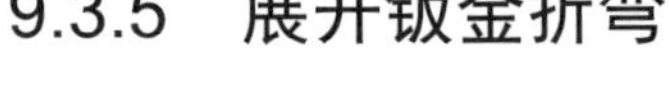

注意：当使用此方法展开整个钣金零件时，将应用边角处理以生成干净、展开的钣金零件，确保在制造过程中不会出错。如果不想应用边角处理，可以右击平板型式，在弹出的快捷菜单中选择“编辑特征”命令，在弹出的“平板型式”属性管理器中取消选中

"边角处理"复选框，如图 9-71 所示。

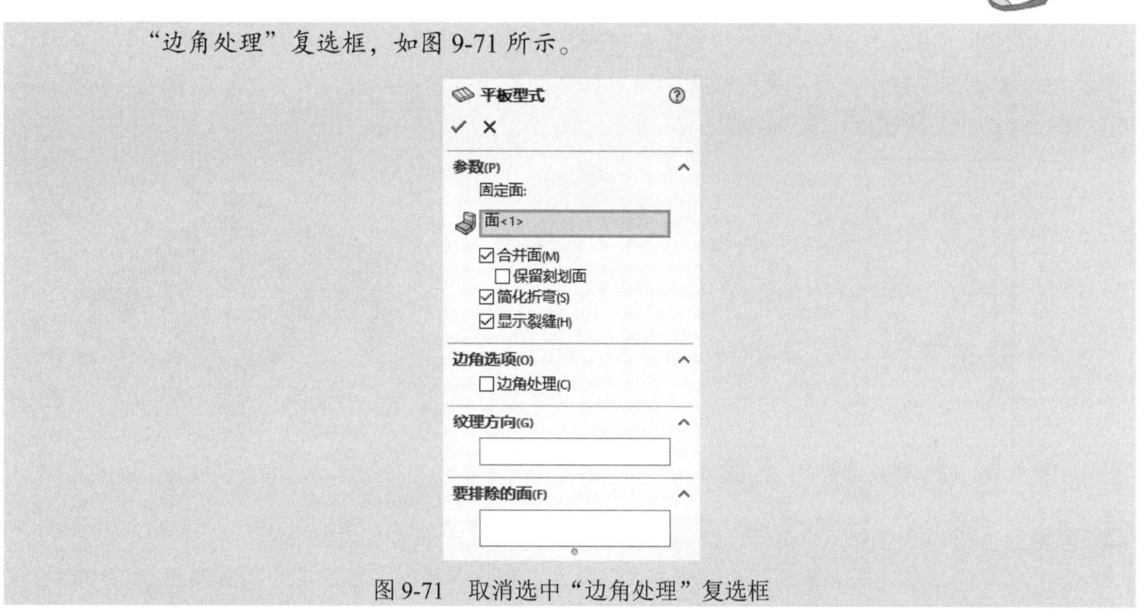

图 9-71　取消选中"边角处理"复选框

要对整个钣金零件进行折叠，可以右击钣金零件 FeatureManager 设计树中的平板型式特征，在弹出的快捷菜单中选择"压缩"命令；或者单击"钣金"面板中的"折叠"按钮，使整个钣金折叠。

2. 将钣金零件部分展开

要展开或折叠钣金零件的一个、多个或所有折弯，可使用"展开"和"折叠"特征命令。使用此"展开"命令可以沿折弯添加切除特征。首先添加一个展开特征来展开折弯，然后添加切除特征，最后添加一个折叠特征将折弯返回其折叠状态。

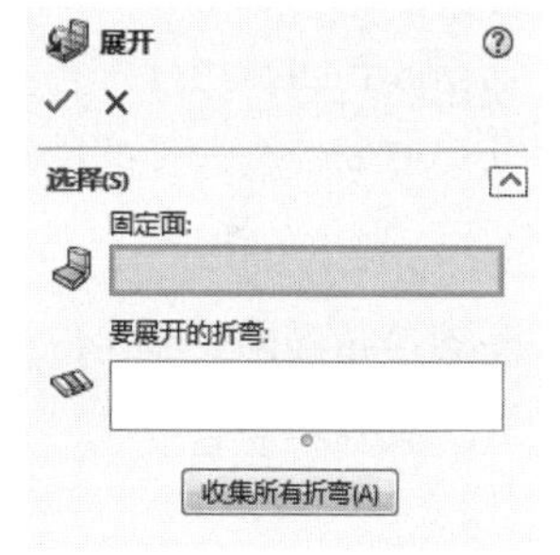

图 9-72　"展开"属性管理器

操作步骤如下。

（1）单击"钣金"面板中的"展开"按钮，弹出"展开"属性管理器，如图 9-72 所示。

（2）在图形区域中选择固定边和要展开的折弯，如图 9-73 所示。单击"确定"按钮✔，结果如图 9-74 所示。

（3）选择钣金零件上箭头所指表面作为绘制图形的基准面，如图 9-75 所示。单击"视图（前导）"工具栏中的"正视于"按钮，然后单击"草图"面板中的"边角矩形"按钮，绘制矩形草图，如图 9-76 所示。单击"特征"面板中的"拉伸切除"按钮，弹出"切除-拉伸"属性管理器。设置"终止条件"为"完全贯穿"，然后单击"确定"按钮✔，生成拉伸切除特征，如图 9-77 所示。

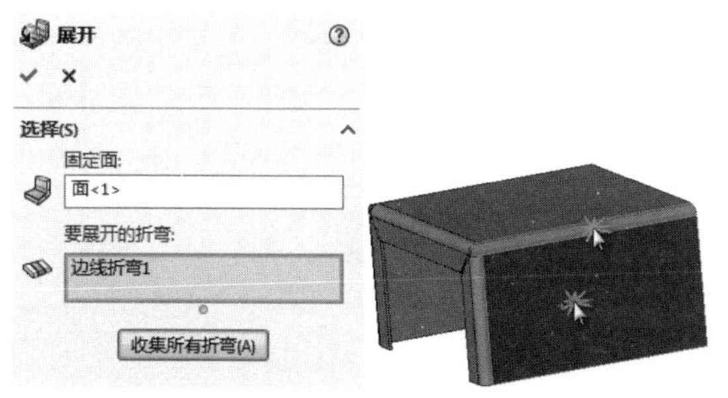

图 9-73　选择固定边和要展开的折弯

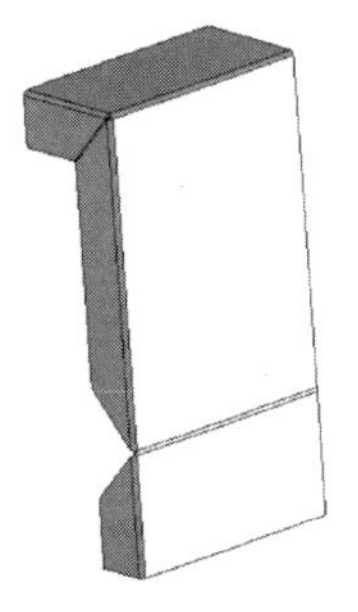

图 9-74　展开一个折弯

图 9-75　选择基准面

（4）单击“钣金”面板中的“折叠”按钮，弹出“折叠”属性管理器。

（5）在图形区域中选择在展开操作中所选择的面作为固定面，选择展开的折弯作为要折叠的折弯，单击“确定”按钮，结果如图 9-78 所示。

Note

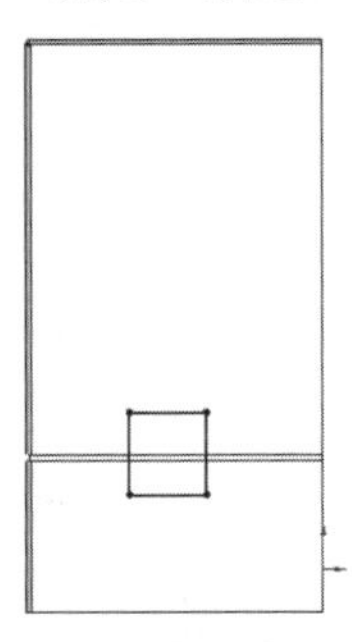
图 9-76　绘制矩形草图

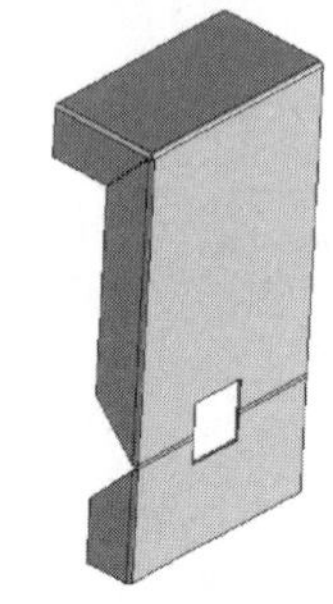
图 9-77　生成拉伸切除特征

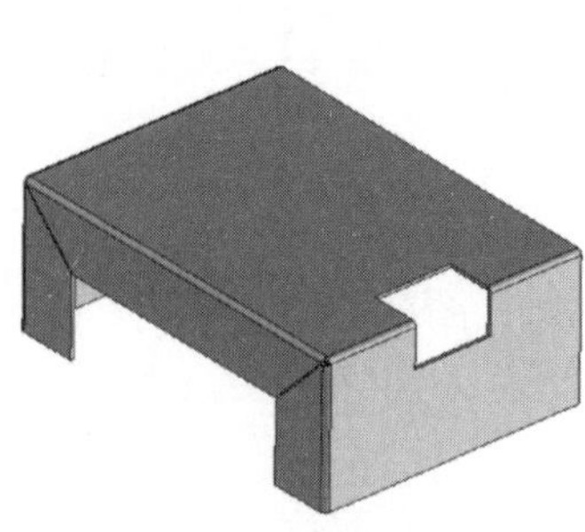
图 9-78　重新折叠钣金零件

注意： 在设计过程中，为使系统性能更快，一般只展开和折叠正在操作项目的折弯。在“展开”或“折叠”属性管理器中，单击“收集所有折弯”按钮，可以展开或折叠钣金零件的所有折弯。

视频讲解

9.3.6　断裂边角/边角剪裁特征

使用断裂边角特征工具，可以从折叠的钣金零件的边线或面切除材料；使用边角剪裁特征工具，可以从展开的钣金零件的边线或面切除材料。

1. 断裂边角特征

断裂边角操作只能在折叠的钣金零件中进行。

操作步骤如下。

（1）单击“钣金”面板中的“断裂边角/边角剪裁”按钮，弹出“断裂边角”属性管理器。在图形区域中单击要断裂边角的边线或法兰面，如图 9-79 所示。

（2）在“折断类型”选项组中单击“倒角”按钮，输入距离为 5mm，然后单击“确定”按钮，结果如图 9-80 所示。

2. 边角剪裁

边角剪裁操作只能在展开的钣金零件中进行，在零件被折叠时，边角剪裁特征将被压缩。

操作步骤如下。

（1）右击钣金零件 FeatureManager 设计树中的平板型式特征，在弹出的快捷菜单中选择“解除压缩”命令，将钣金零件整个展开，如图 9-81 所示。单击“钣金”面板中的“边角剪裁”按钮，弹出“边角-剪裁”属性管理器。在“断裂边角选项”栏中，选择要剪裁边角的边线或法兰面，如图 9-82 所示。

（2）在“折断类型”选项组中单击“倒角”按钮，输入距离为 10mm，然后单击“确定”按钮，结果如图 9-83 所示。

（3）右击钣金零件 FeatureManager 设计树中的平板型式特征，在弹出的快捷菜单中选择“压缩”命令，或者单击“钣金”面板中的“展开”按钮，使此按钮弹起，对钣金零件进行折叠。边角剪裁特征将被压缩，如图 9-84 所示。

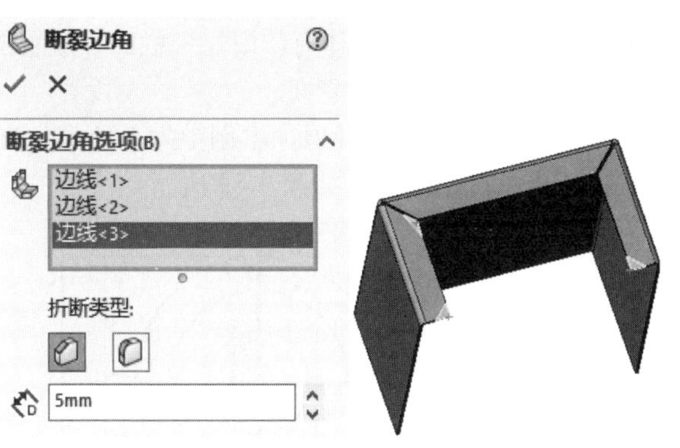

图 9-79 选择要断裂边角的边线和面

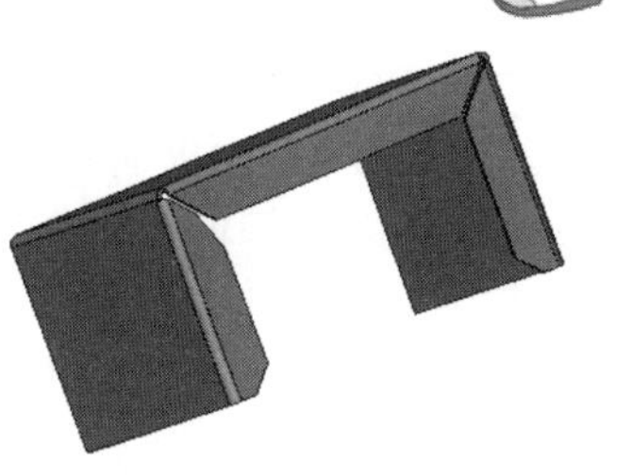
图 9-80 生成断裂边角特征

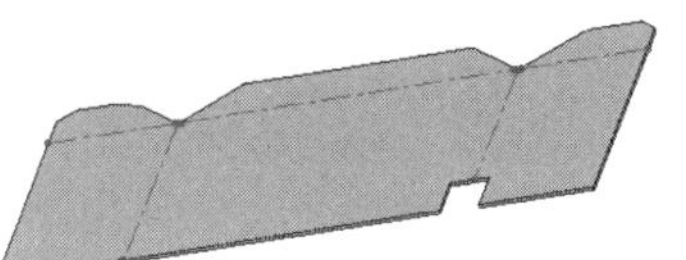
图 9-81 展开整个钣金零件

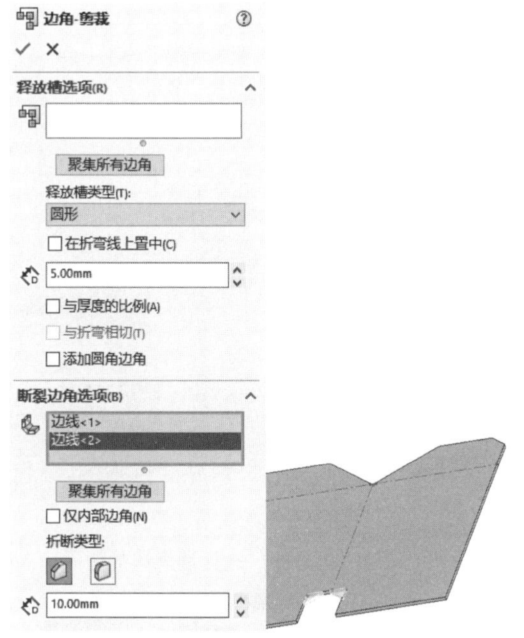

图 9-82 选择要剪裁边角的边线和面

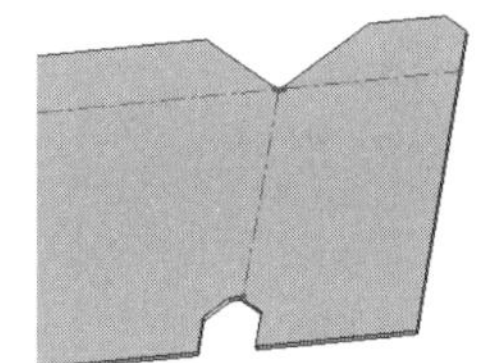
图 9-83 生成边角剪裁特征

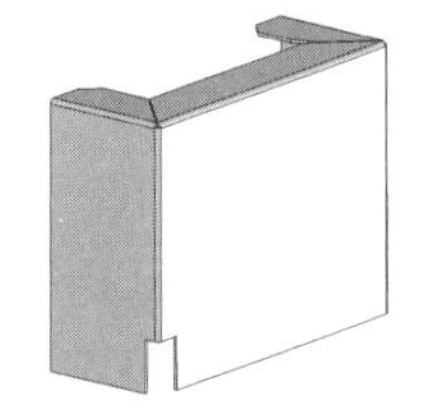
图 9-84 折叠钣金零件

9.3.7 通风口

使用通风口特征工具可以在钣金零件上添加通风口。在生成通风口特征之前，与生成其他钣金特征相似，也要先绘制生成通风口的草图，然后在“通风口”属性管理器中设定各种选项，从而生成通风口。

操作步骤如下。

（1）在钣金零件的表面绘制如图 9-85 所示的通风口草图。为了使草图清晰，可以选择“视图”→“隐藏/显示”→“草图几何关系”命令（见图 9-86），隐藏草图几何

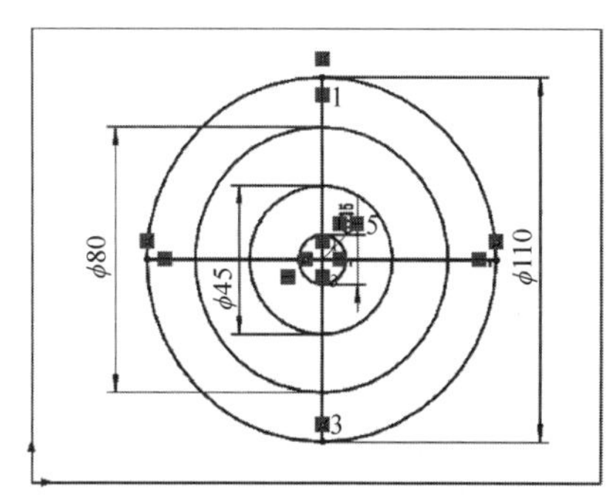

图 9-85 通风口草图

视频讲解

Note

关系，结果如图 9-87 所示。然后单击“草图”面板中的“退出草图”按钮，退出草图。

（2）单击“钣金”面板中的“通风口”按钮，弹出“通风口”属性管理器。首先选择草图中最大直径的圆作为通风口的边界轮廓，如图 9-88 所示。此时，在“几何体属性”栏的“放置面”图标右侧的显示框中将自动选择所绘草图的基准面作为放置通风口的表面。

（3）在“圆角半径”图标右侧的微调框中输入相应的圆角半径值，本例中为 5mm。该值将应用于边界、筋、翼梁和填充边界之间的所有相交处，从而产生圆角，如图 9-89 所示。

图 9-86　选择“草图几何关系”命令

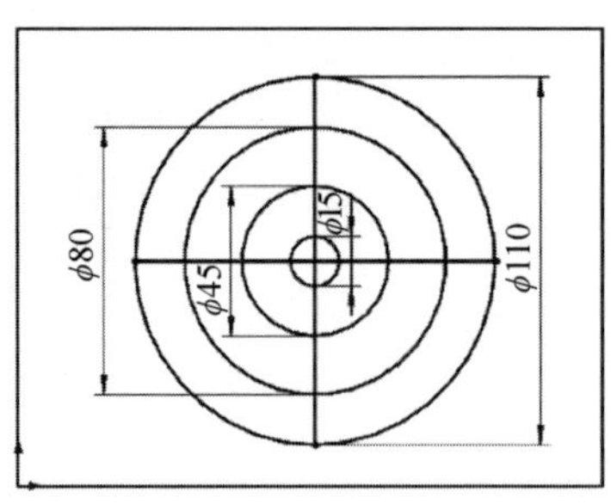

图 9-87　隐藏草图几何关系

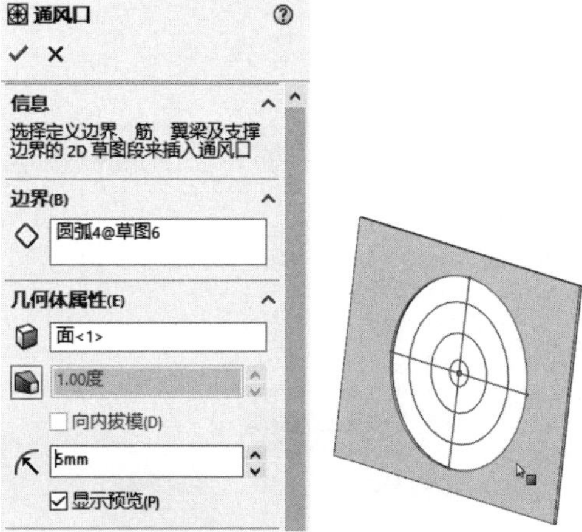

图 9-88　选择通风口的边界

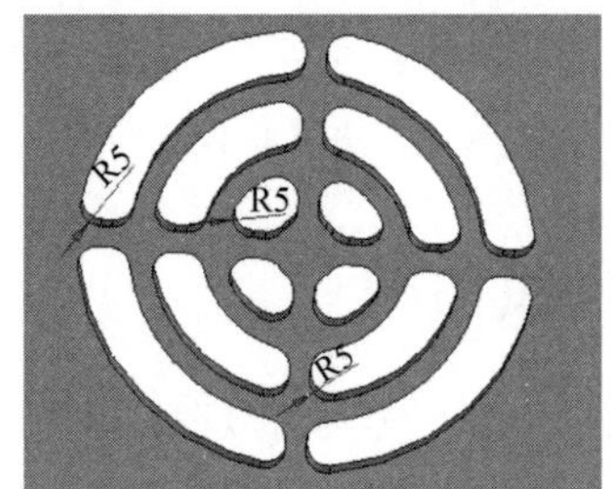

图 9-89　通风口圆角

（4）在“筋”栏中，选择通风口草图中两条互相垂直的直线作为筋草图轮廓，在“筋宽度”图标右侧的微调框中输入宽度为 5mm，如图 9-90 所示。

（5）在“翼梁”栏中，选择通风口草图中的两个同心圆作为翼梁草图轮廓，在“翼梁宽度”图标右侧的微调框中输入宽度为 5mm，如图 9-91 所示。

（6）在“填充边界”栏中，选择通风口草图中的最小圆作为填充边界草图轮廓，如图 9-92 所示。

最后单击“确定”按钮✔，结果如图 9-93 所示。

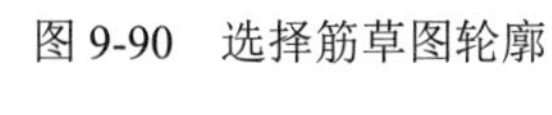

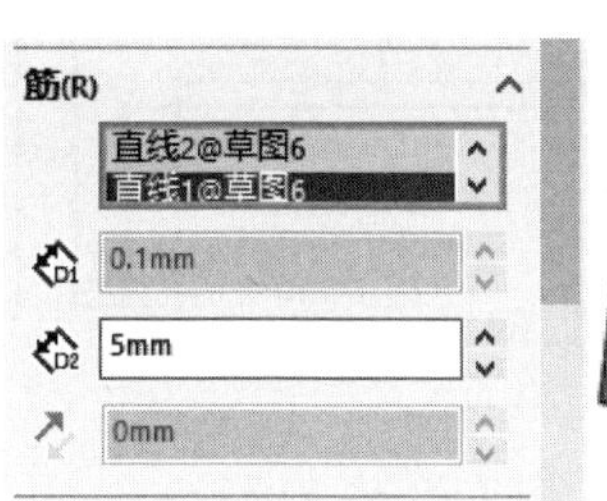

图 9-90　选择筋草图轮廓

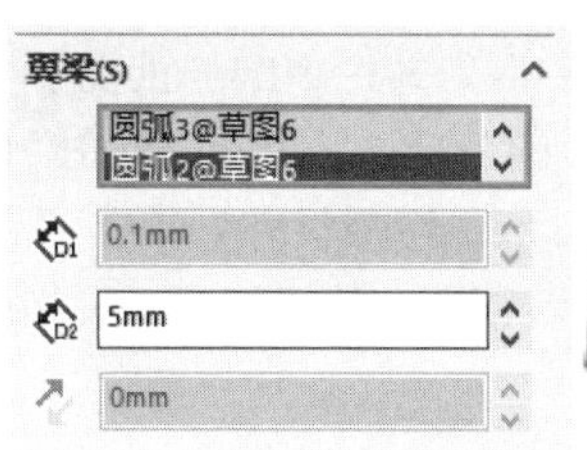

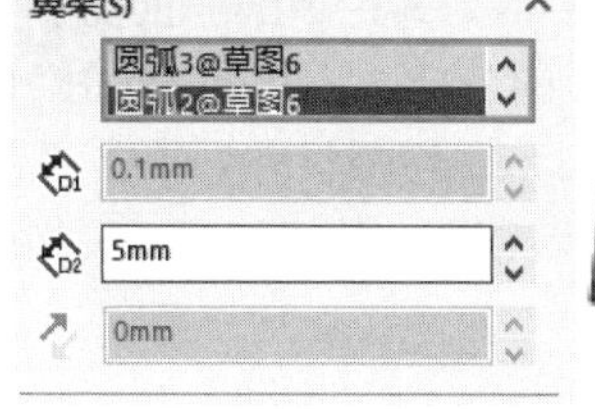

图 9-91　选择翼梁草图轮廓

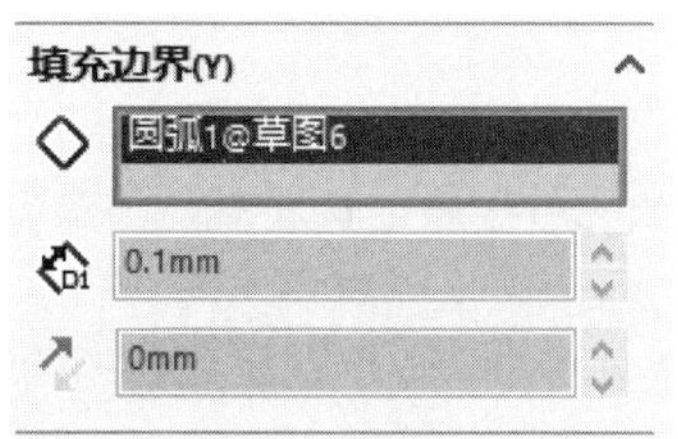

图 9-92　选择填充边界草图轮廓

图 9-93　生成通风口特征

9.3.8　实例——铰链

思路分析

首先绘制草图，创建基体法兰。然后通过边线法兰创建臂。再展开绘制草图，创建切除特征。最后折叠折弯，创建孔。绘制流程如图 9-94 所示。

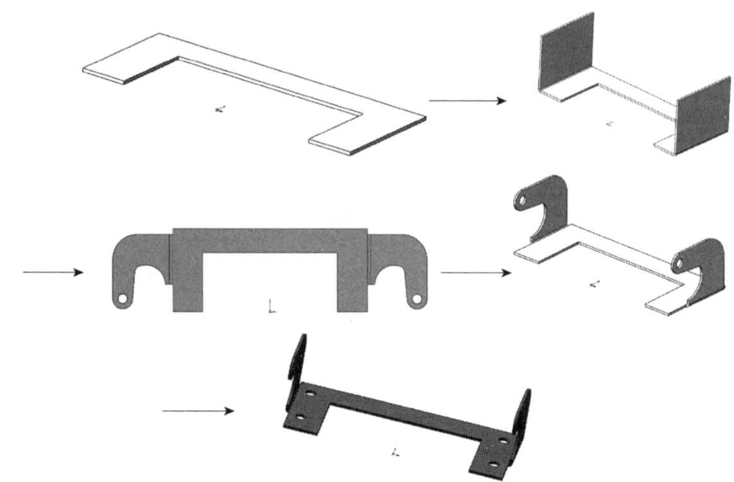

图 9-94　铰链的绘制流程

操作步骤

1. 新建文件

启动 SOLIDWORKS 2022，单击“快速访问”工具栏中的“新建”按钮，在弹出的“新建 SOLIDWORKS 文件”对话框中单击“零件”按钮，然后单击“确定”按钮，创建一个新的零件文件。

2. 绘制草图

在左侧的 FeatureManager 设计树中选择“前视基准面”，然后单击“视图（前导）”工具栏中的“正视于”按钮，将该基准面作为绘制图形的基准面。单击“草图”面板中的“草图绘制”按钮，进入草图绘制状态。单击“草图”面板中的“直线”按钮，绘制草图，并标注尺寸，如图 9-95 所示。

图 9-95　绘制草图

3. 创建基体法兰

单击“钣金”面板中的“基体法兰/薄片”按钮，在弹出的“基体法兰”属性管理器中，输入厚度为 0.5mm，其他参数取默认值，如图 9-96 所示。然后单击“确定”按钮，结果如图 9-97 所示。

4. 创建边线法兰

单击“钣金”面板中的“边线法兰”按钮，弹出“边线-法兰 1”属性管理器。在视图中选择如图 9-98 所示的边线，选择“内部虚拟交点”、“折弯在外”类型，输入角度为 90°、长度为 27mm，取消选中“使用默认半径”复选框，输入半径为 0.5mm，其他参数取默认值，如图 9-98 所示。然后单击“确定”按钮，结果如图 9-99 所示。

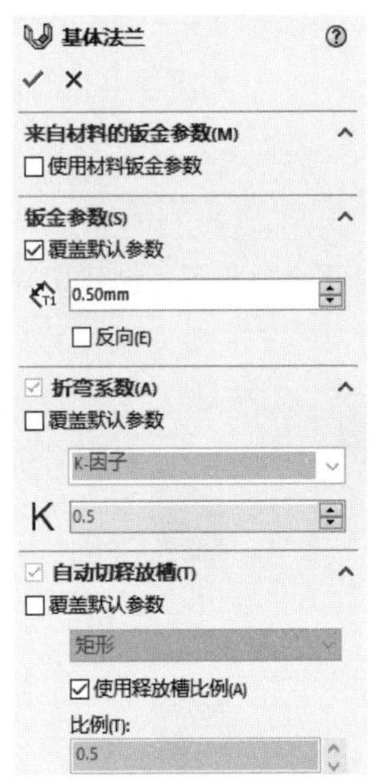

图 9-96　“基体法兰”属性管理器

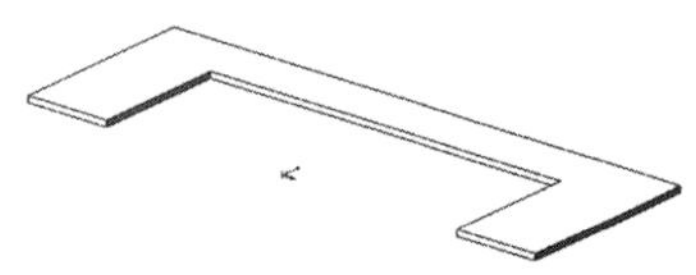

图 9-97　创建基体法兰

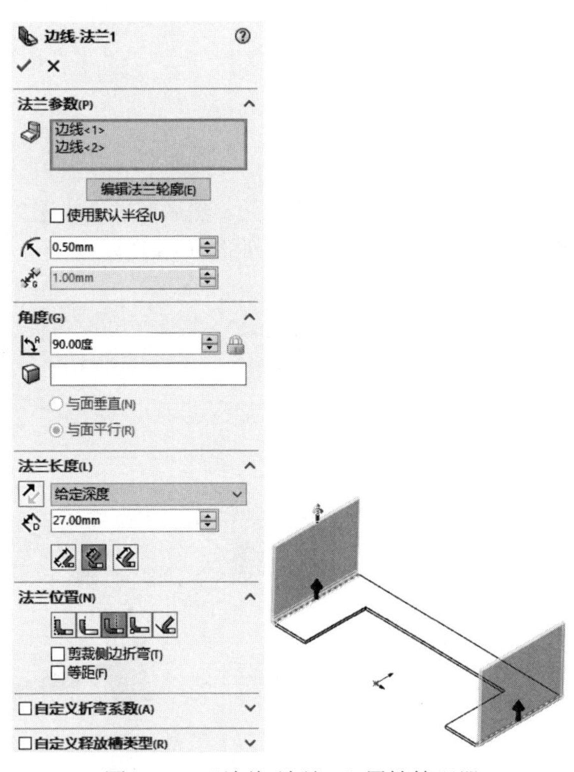

图 9-98　“边线-法兰 1”属性管理器

5. 绘制草图

在左侧的 FeatureManager 设计树中选择“右视基准面”，然后单击“视图（前导）”工具栏中的“正视于”按钮，将该基准面作为绘制图形的基准面。单击“草图”面板中的“草图绘制”按钮，进入草图绘制状态。单击“草图”面板中的“圆”按钮，绘制草图，并标注尺寸，如图 9-100 所示。

6. 切除零件

单击“特征”面板中的“拉伸切除”按钮，在弹出的“切除-拉伸”属性管理器中，设置“方向 1”和“方向 2”的终止条件为“完全贯穿”，其他参数取默认值，如图 9-101 所示。然后单击“确定”按钮✓，结果如图 9-102 所示。

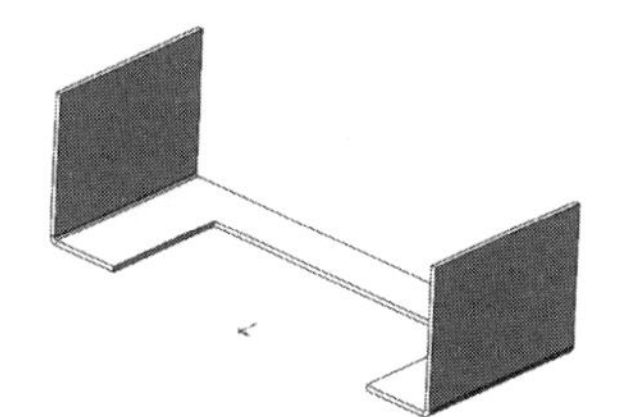

图 9-99　创建边线法兰

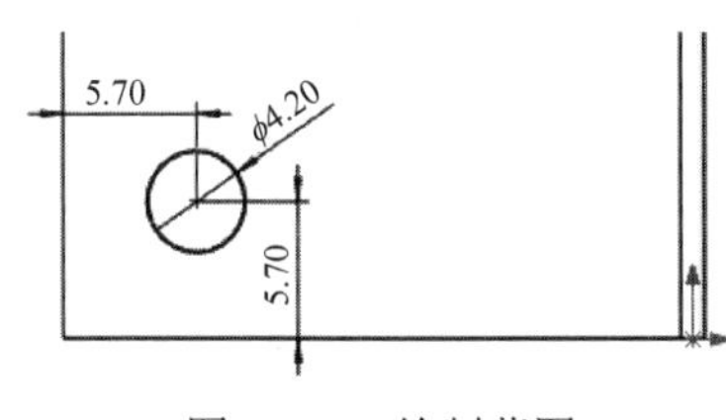

图 9-100　绘制草图

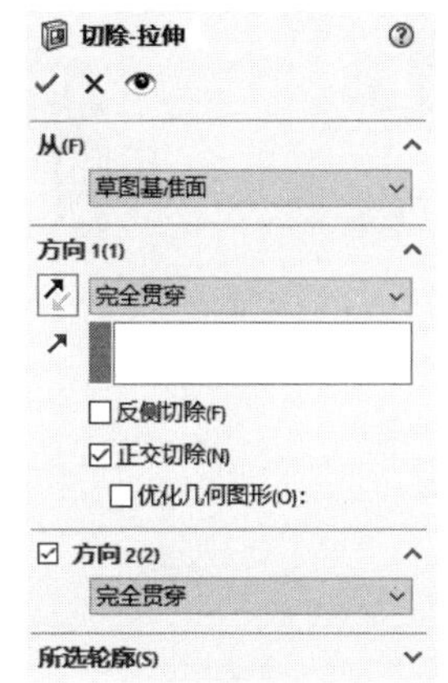

图 9-101　“切除-拉伸”属性管理器

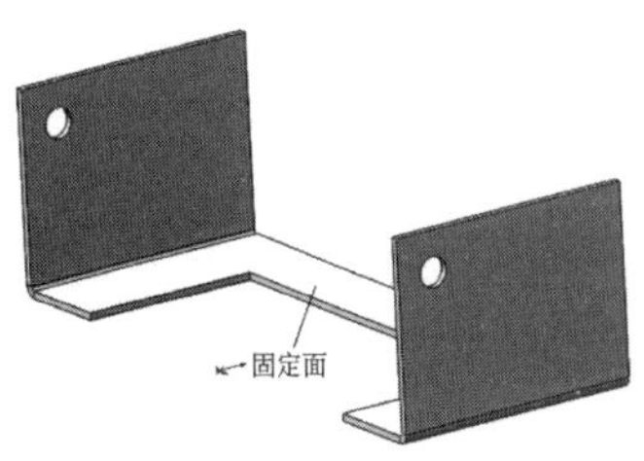

图 9-102　切除实体

7. 展开折弯

单击“钣金”面板中的“展开”按钮，弹出“展开”属性管理器。在视图中选择图 9-102 所示的面为固定面，单击“收集所有折弯”按钮，展开视图中的所有折弯，如图 9-103 所示。单击“确定”按钮✓，结果如图 9-104 所示。

8. 绘制草图

选择图 9-104 中所示的面 1 作为绘制图形的基准面，然后单击“草图”面板中的“中心线”按钮、“切线弧”按钮、“直线”按钮和“绘制圆角”按钮，绘制草图，并标注尺寸，如图 9-105 所示。

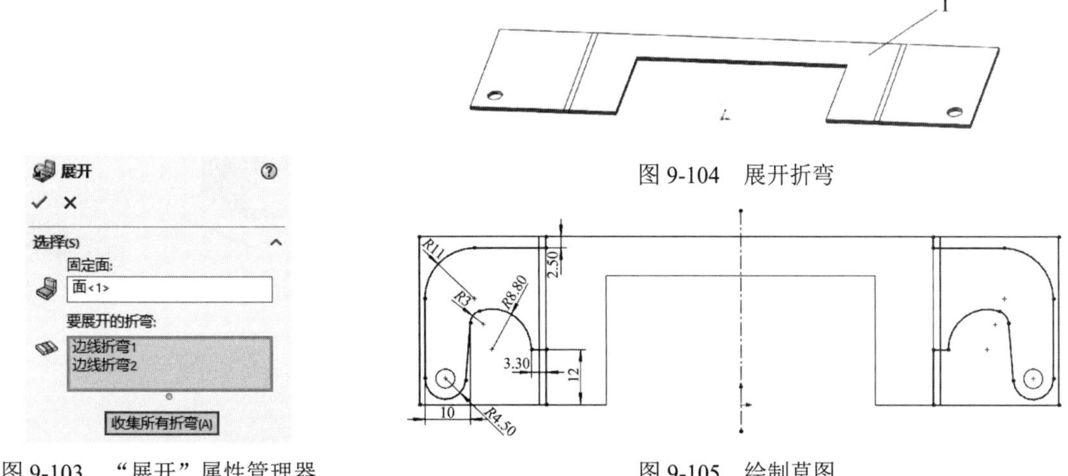

图 9-104　展开折弯

图 9-103　“展开”属性管理器

图 9-105　绘制草图

9. 切除零件

单击“特征”面板中的“拉伸切除”按钮，弹出“切除-拉伸”属性管理器，设置终止条件为“完全贯穿”，其他参数取默认值，如图 9-106 所示。然后单击“确定”按钮✓，结果如图 9-107 所示。

10. 折叠折弯

单击“钣金”面板中的“折叠”按钮，弹出“折叠”属性管理器。在视图中选择图 9-107 所示的面为固定面，单击“收集所有折弯”按钮，折叠视图中的所有折弯，如图 9-108 所示。单击“确定”按钮✓，结果如图 9-109 所示。

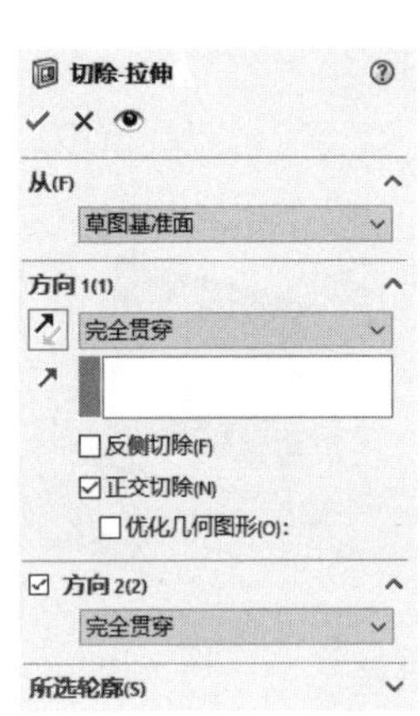

图 9-106 “切除-拉伸”属性管理器

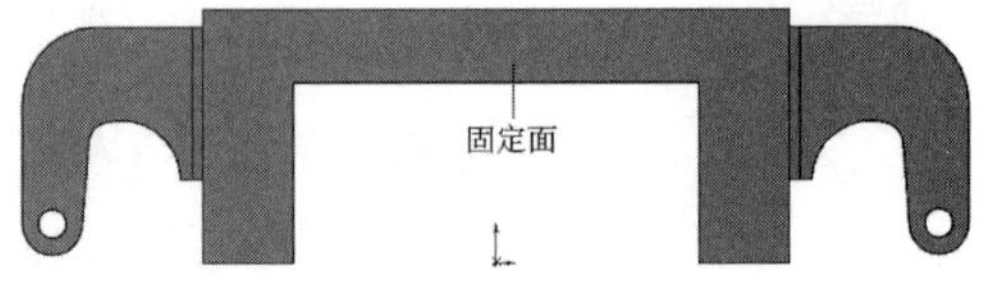

图 9-107 切除实体

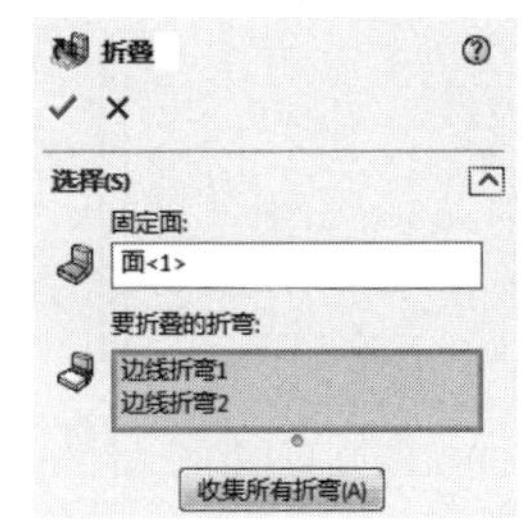

图 9-108 “折叠”属性管理器

11. 绘制草图

在视图中选择图 9-109 中的面 1，然后单击“视图（前导）”工具栏中的“正视于”按钮，将该面作为绘制图形的基准面。单击“草图”面板中的“草图绘制”按钮，进入草图绘制状态。单击“草图”面板中的“圆”按钮，绘制草图并标注尺寸，如图 9-110 所示。

12. 切除零件

单击“特征”面板中的“拉伸切除”按钮，弹出“切除-拉伸”属性管理器，设置终止条件为“完全贯穿”，其他参数取默认值。然后单击“确定”按钮✓，结果如图 9-111 所示。

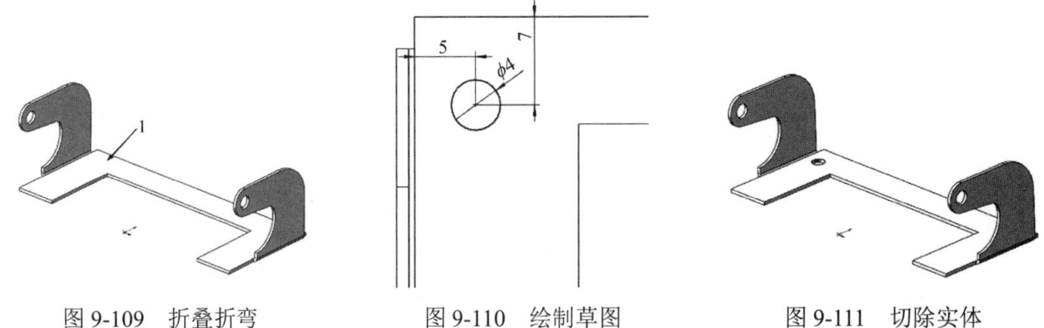

图 9-109 折叠折弯　　图 9-110 绘制草图　　图 9-111 切除实体

13. 阵列成型工具

单击“特征”面板中的“线性阵列”按钮，弹出“线性阵列”属性管理器。在视图中选取长水平边线为阵列方向 1，输入阵列距离为 76mm、个数为 2；选取短水平边线为阵列方向 2，将步骤 12 创建的特征作为要阵列的特征，如图 9-112 所示。然后单击“确定”按钮✓，结果如图 9-113 所示。

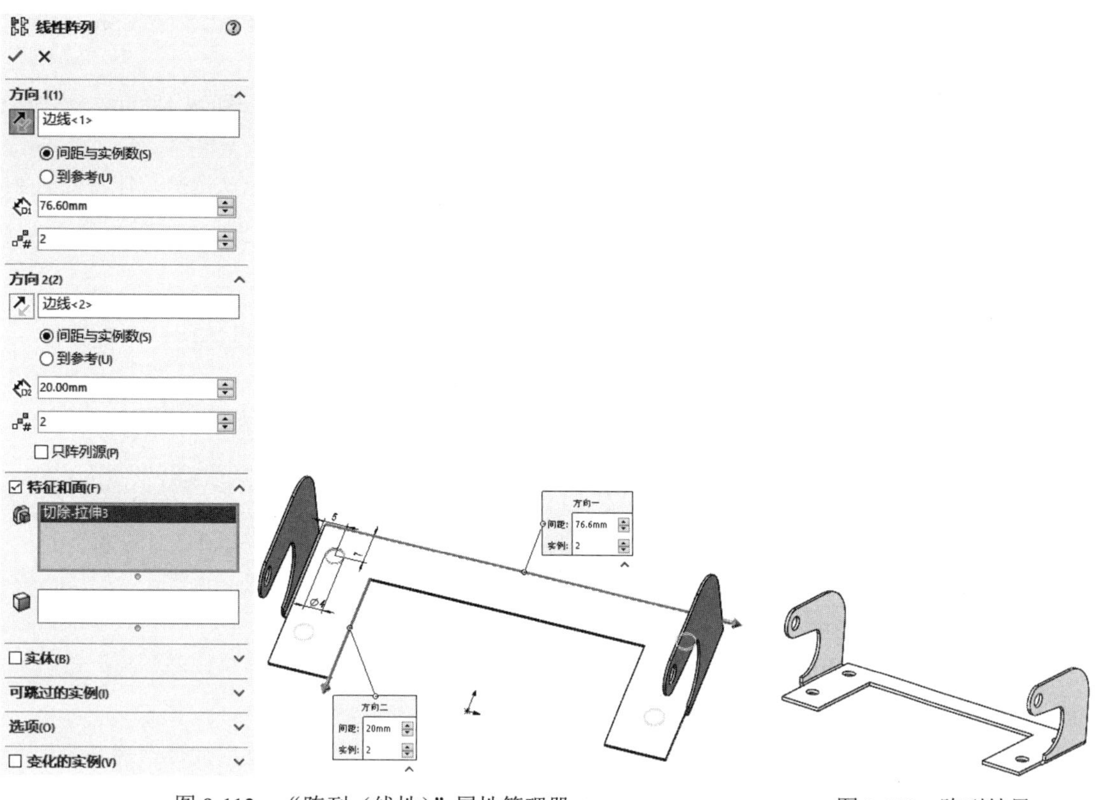

图 9-112 “阵列（线性）”属性管理器　　图 9-113 阵列结果

9.4 钣金成型

利用 SOLIDWORKS 软件中的钣金成型工具，可以生成各种钣金成型特征，软件系统中已有的成型工具有 5 种，分别是 embosses（凸起）、extruded flanges（冲孔）、louvers（百叶窗板）、ribs（筋）和 lances（切开）。

用户也可以在设计过程中自己创建新的成型工具或者对已有的成型工具进行修改。

9.4.1 创建新成型工具

视频讲解

用户可以自己创建新的成型工具，然后将其添加到设计库中，以备后用。创建新的成型工具和创建其他实体零件的方法一样，下面举例说明。

操作步骤如下。

（1）创建一个新的文件，在操作界面左侧的 FeatureManager 设计树中选择“前视基准面”作为绘制图形的基准面，然后单击“草图”面板中的“边角矩形”按钮，绘制一个矩形。

（2）单击“特征”面板中的“拉伸凸台/基体”按钮，在“深度”栏中输入 80mm，然后单击“确定”按钮，结果如图 9-114 所示。

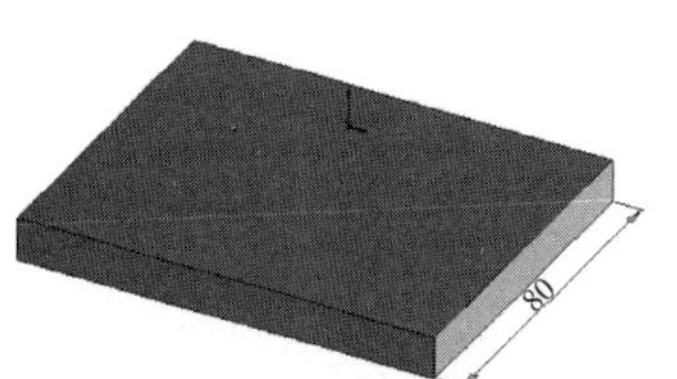

图 9-114 生成拉伸特征

（3）单击图 9-114 中的上表面，然后单击“标准视图”工具栏中的“垂直于”按钮，将该表面作为绘制图形的基准面。在该表面上绘制一个矩形草图，如图 9-115 所示。

（4）单击“特征”面板中的“拉伸凸台/基体”按钮，在“深度”栏中输入 15mm，在“拔模角度”栏中输入 10°，生成拉伸特征，如图 9-116 所示。

（5）单击“特征”面板中的“圆角”按钮，输入圆角半径为 6mm，依次选择拉伸特征的各个边线，如图 9-117 所示，然后单击“确定”按钮，结果如图 9-118 所示。

Note

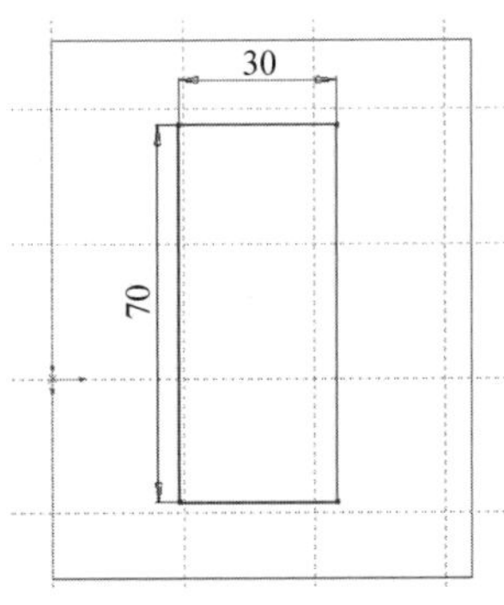

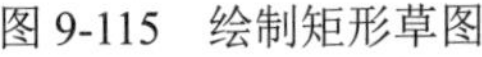
图 9-115　绘制矩形草图

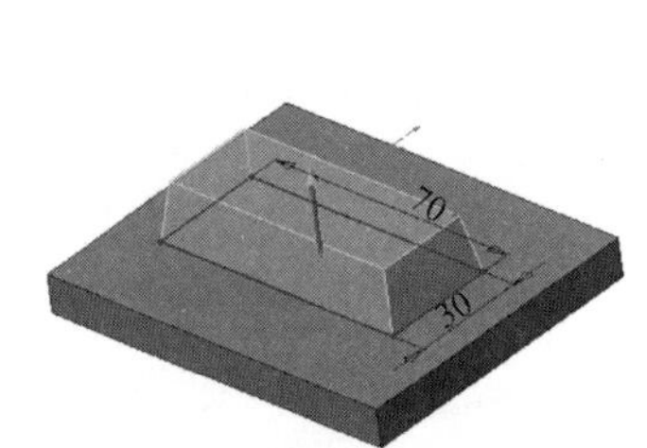

图 9-116　生成拉伸特征

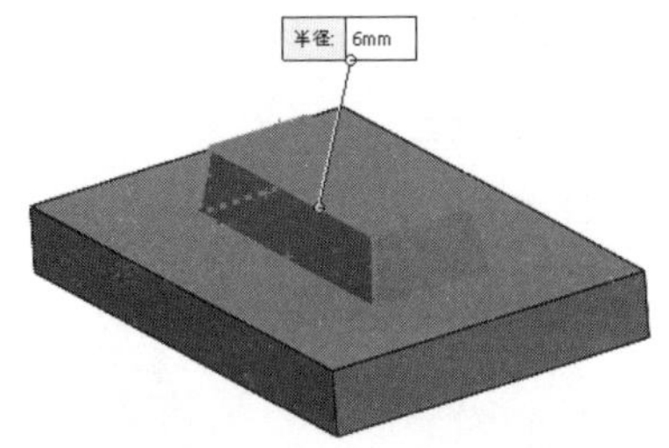

图 9-117　选择圆角边线

（6）单击图 9-118 中矩形实体的一个侧面，然后单击“草图”面板中的“草图绘制”按钮，之后单击“草图”面板中的“转换实体引用”按钮，生成矩形草图，如图 9-119 所示。

（7）单击“特征”面板中的“拉伸切除”按钮，在弹出的“切除-拉伸”属性管理器的“终止条件”栏中选择“完全贯穿”，然后单击“确定”按钮，结果如图 9-120 所示。

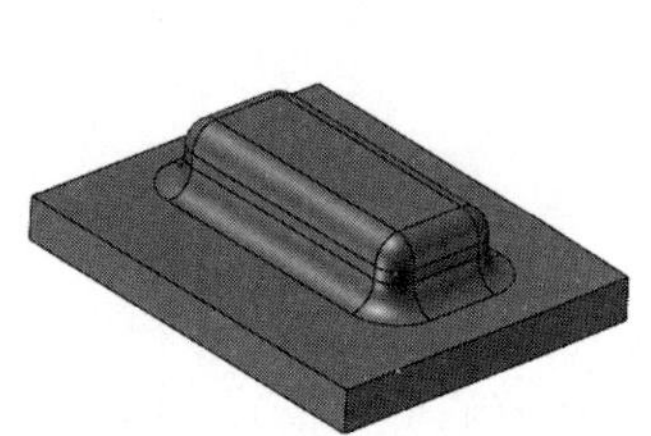
图 9-118　生成圆角特征

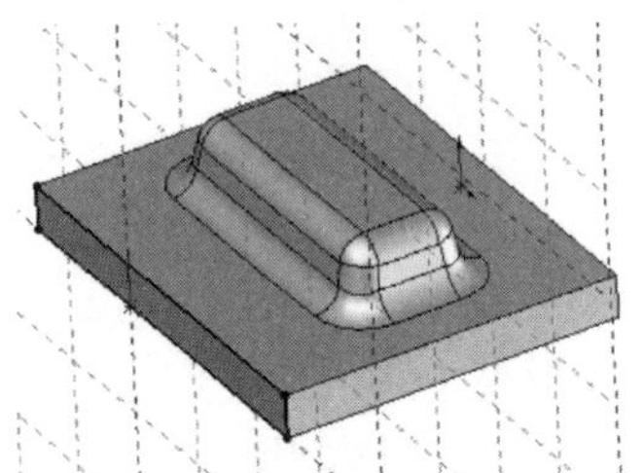
图 9-119　转换实体引用

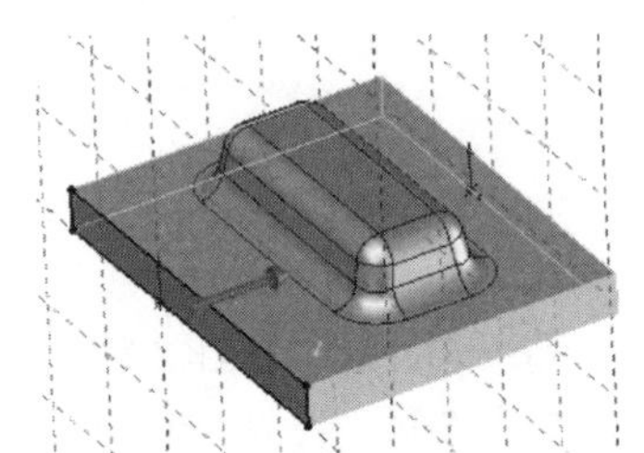
图 9-120　完全贯穿切除

（8）单击图 9-121 中的底面，然后单击“标准视图”工具栏中的“垂直于”按钮，将该底面作为绘制图形的基准面。单击“草图”面板中的“圆”按钮，以基准面的中心为圆心绘制一个圆，如图 9-122 所示，然后单击“退出草图”按钮，退出草图。

注意： 在步骤（8）中绘制的草图是成型工具的定位草图，必须绘制定位草图；否则成型工具将不能放置到钣金零件上。

（9）将成型工具添加到设计库中。保存零件文件，然后在操作界面左边成型工具零件的 FeatureManager 设计树中右击零件名称，在弹出的快捷菜单中选择“添加到库”命令，如图 9-123 所示，系统弹出“添加到库”属性管理器，在该属性管理器中选择保存路径 Design Library\forming tools\embosses\，如图 9-124 所示。将此成型工具命名为“矩形凸台”，单击“确定”按钮，即可将其保存在设计库中，如图 9-125 所示。

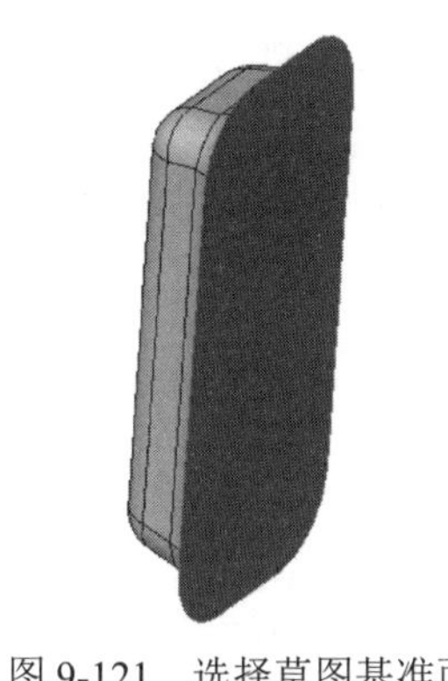

图 9-121 选择草图基准面

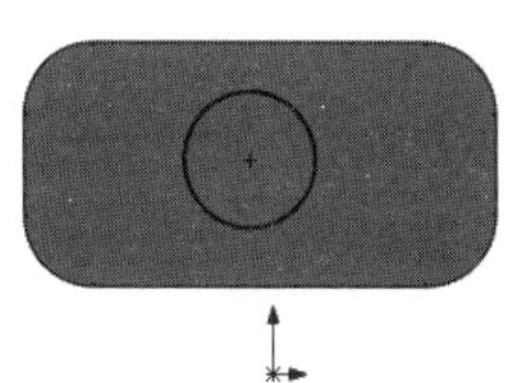

图 9-122 绘制定位草图

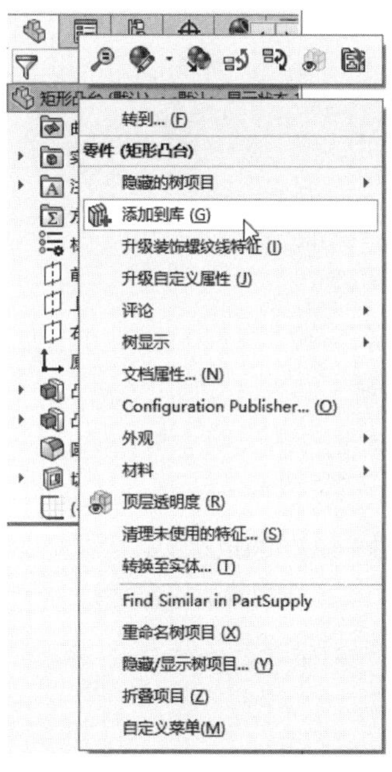

图 9-123 选择“添加到库”命令

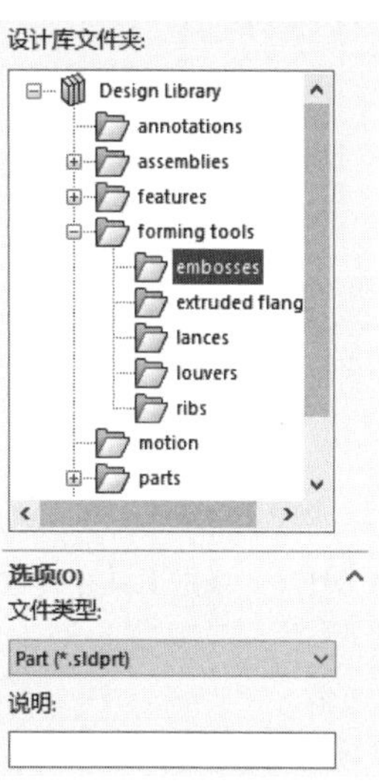

图 9-124 保存成型工具到设计库中

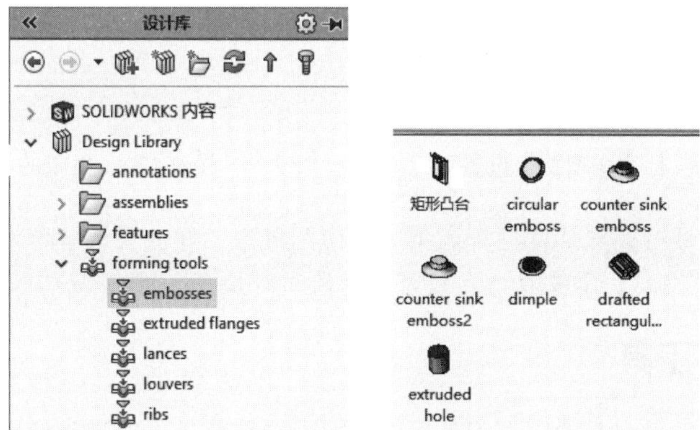

图 9-125 添加到设计库中的“矩形凸台”成型工具

9.4.2 使用成型工具

视频讲解

操作步骤如下。

（1）首先创建或者打开一个钣金零件文件。单击右侧的“设计库”按钮，弹出“设计库”对话框，选择 Design Library 下的 forming tools 文件夹，然后右击，将其设置成“成型工具文件夹”[①]，如图 9-126 所示。

（2）在设计库中单击 embosses（凸起）工具中的 circular emboss 成型按钮，按住鼠标左键，将其拖入钣金零件需要放置成型特征的表面上，如图 9-127 所示。

（3）随意拖放的成型特征可能未必合适，右击图 9-128 所示的编辑草图，然后为图形标注尺寸，如图 9-129 所示。最后退出草图，结果如图 9-130 所示。

[①] 文中“成型工具文件夹”与软件的“成形工具文件夹”为同一内容，后文不再赘述。

Note

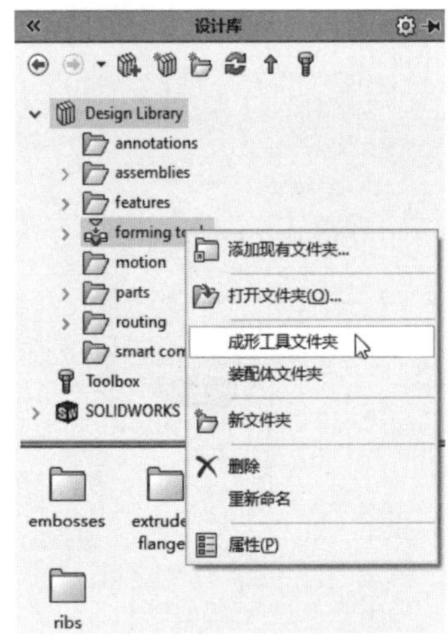

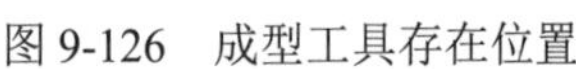

图 9-126　成型工具存在位置

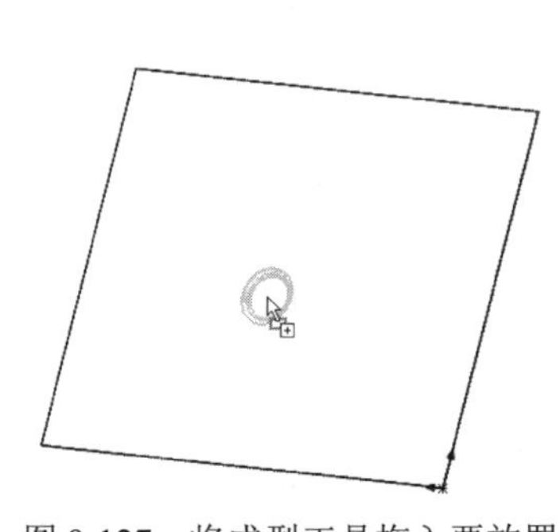

图 9-127　将成型工具拖入要放置成型特征的表面上

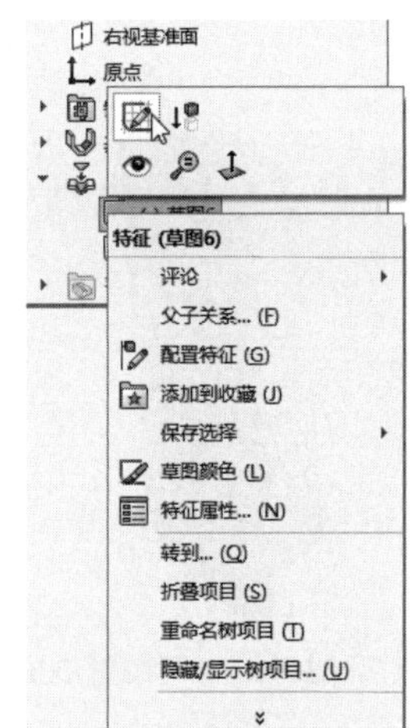

图 9-128　编辑草图

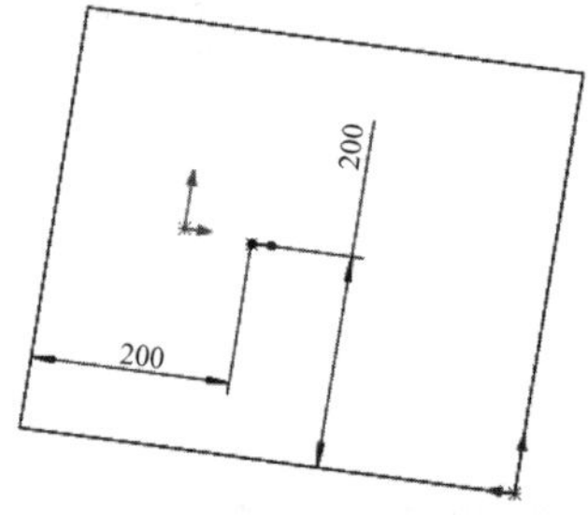

图 9-129　标注成型特征位置尺寸

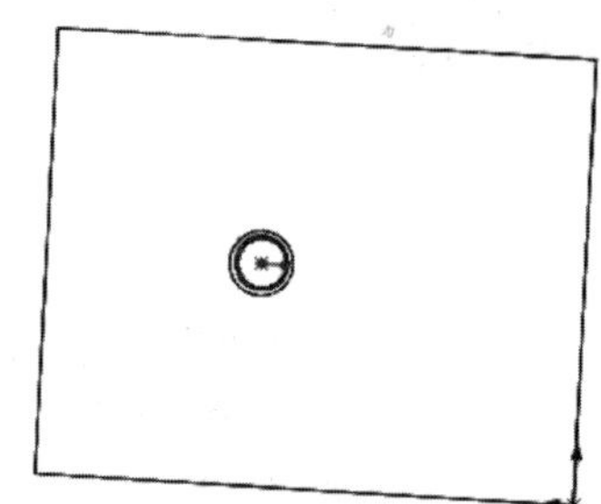

图 9-130　生成的成型特征

注意： 使用成型工具时，默认情况下成型工具向下行进，即成型的特征方向是“凹”，如果要使其方向变为“凸”，需要在拖入成型特征的同时按 Tab 键。

视频讲解

9.4.3　修改成型工具

若 SOLIDWORKS 软件自带的成型工具形成的特征在尺寸上不能满足使用要求，用户可以自行进行修改。

操作步骤如下。

（1）单击右侧“设计库”按钮，在弹出的“设计库”对话框中按照路径 Design Library\forming tools\找到需要修改的成型工具，并双击成型工具按钮。例如，双击 embosses（凸起）工具中的 circular emboss 成型按钮，系统将进入 circular emboss 成型特征的设计界面。

（2）在左侧的 FeatureManager 设计树中右击 Boss-Extrude1 特征，在弹出的快捷菜单中单击“编辑草图”按钮，如图 9-131 所示。

（3）双击草图中的圆直径尺寸，将其数值更改为 70mm，然后单击“退出草图”按钮，成型特征的尺寸将变大。

（4）在左侧的 FeatureManager 设计树中右击 Fillet2 特征，在弹出的快捷菜单中单击“编辑特征”按钮，如图 9-132 所示。

（5）在 Fillet2 属性管理器中修改圆角半径为 10mm，如图 9-133 所示。单击“确定”按钮，结果如图 9-134 所示。选择菜单栏中的“文件”→“保存”命令，对成型工具进行保存。

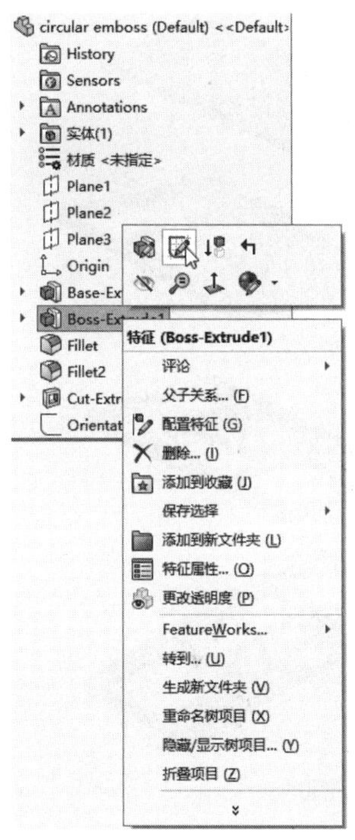

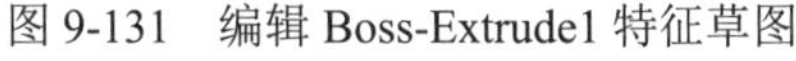

图 9-131　编辑 Boss-Extrude1 特征草图

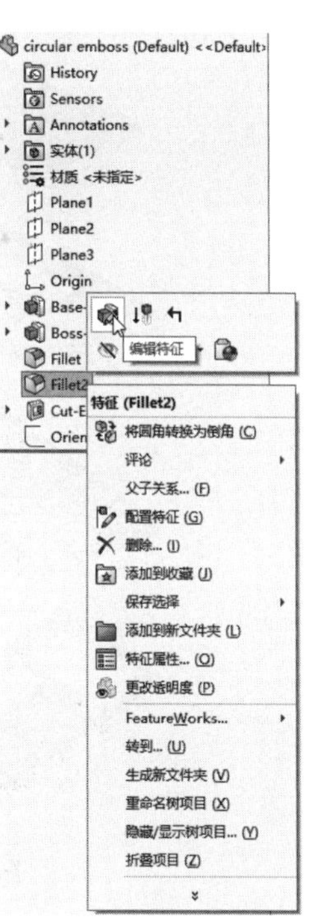

图 9-132　编辑 Fillet2 特征

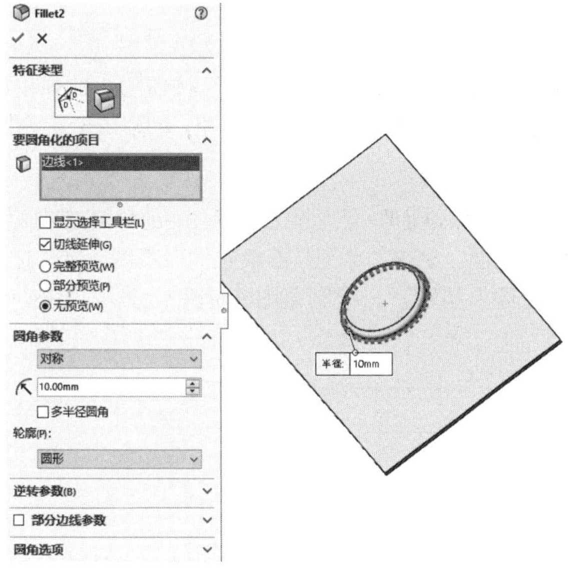

图 9-133　更改圆角半径值

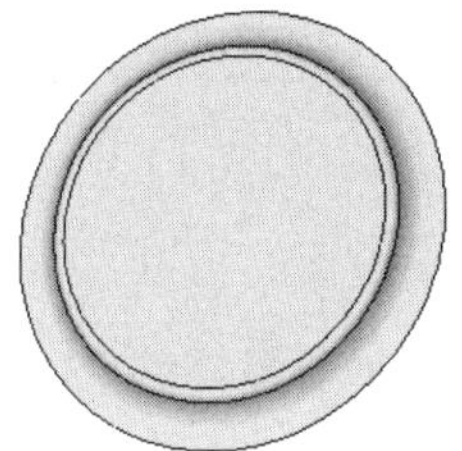

图 9-134　修改后的成型工具

9.5　综合实例——机箱后板

视频讲解

首先绘制草图创建薄壁零件，并转换成钣金零件，作为机箱后板主体。然后创建电源安装孔、主板连线通孔。再添加成型工具并切除零件，创建出风口。接着创建各种插卡的连接孔。最后创建电扇出风孔。绘制流程如图 9-135 所示。

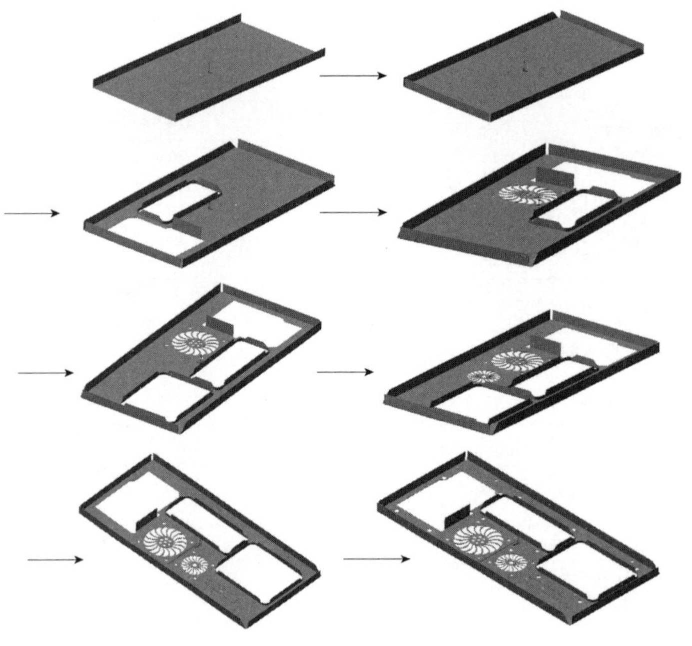

图 9-135　机箱后板的绘制流程

9.5.1　创建后板主体

1. 新建文件

启动 SOLIDWORKS 2022，单击“快速访问”工具栏中的“新建”按钮，在弹出的“新建 SOLIDWORKS 文件”对话框中单击“零件”按钮，然后单击“确定”按钮，创建一个新的零件文件。

2. 绘制草图

在左侧的 FeatureManager 设计树中选择“前视基准面”，然后单击“视图（前导）”工具栏中的“正视于”按钮，将该基准面作为绘制图形的基准面。单击“草图”面板中的“草图绘制”按钮，进入草图绘制状态。单击“草图”面板中的“直线”按钮，绘制草图并标注尺寸，如图 9-136 所示。

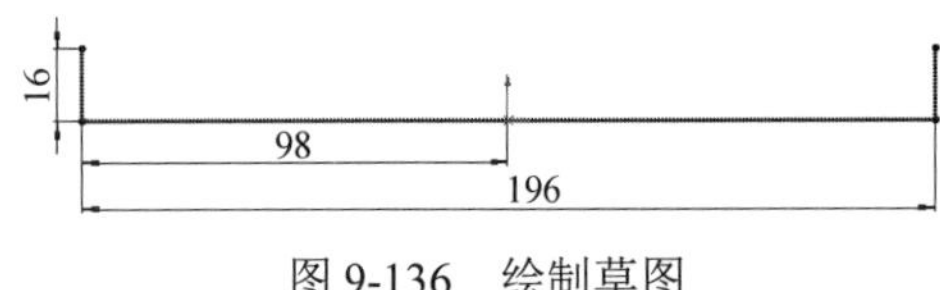

图 9-136　绘制草图

3. 生成薄壁零件

单击“特征”面板中的“拉伸凸台/基体”按钮，在弹出的“凸台-拉伸”属性管理器中，设置终止条件为“两侧对称”，输入拉伸距离为 410mm、薄壁厚度为 0.7mm，单击“薄壁特征”栏中的“反向”按钮，使薄壁的厚度方向朝里，其他参数取默认值。然后单击“确定”按钮，结果如图 9-137 所示。

4. 生成钣金零件

单击“钣金”面板中的“插入折弯”按钮，在弹出的“折弯”属性管理器中，设置半径为 0.8mm，其他参数取默认值。在视图中选择图 9-137 中所示的面 1 为固定面，然后单击“确定”按钮，结果如图 9-138 所示。

5. 绘制草图

在左侧的 FeatureManager 设计树中选择“右视基准面”，然后单击“视图（前导）”工具栏中的“正视于”按钮，将该基准面作为绘制图形的基准面。单击“草图”面板中的“草图绘制”按钮，进入草图绘制状态。单击“草图”面板中的“直线”按钮，绘制草图并标注尺寸，如图 9-139 所示。

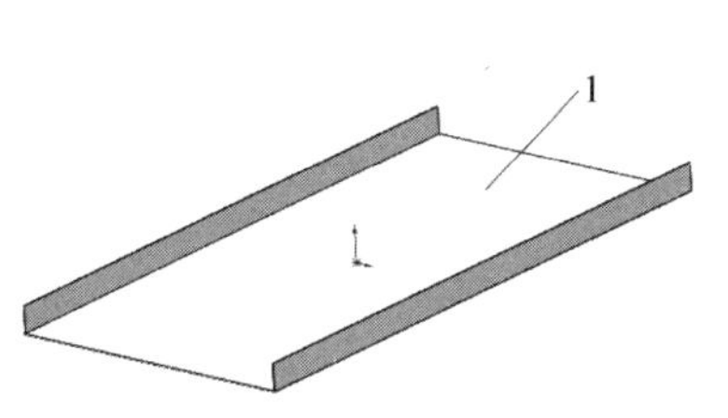
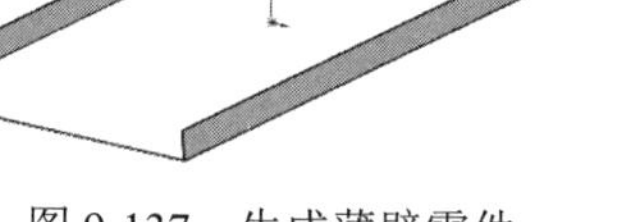

图 9-137　生成薄壁零件

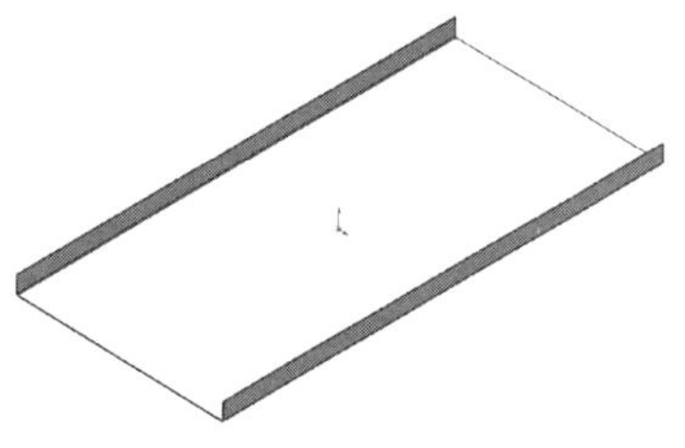

图 9-138　生成钣金零件

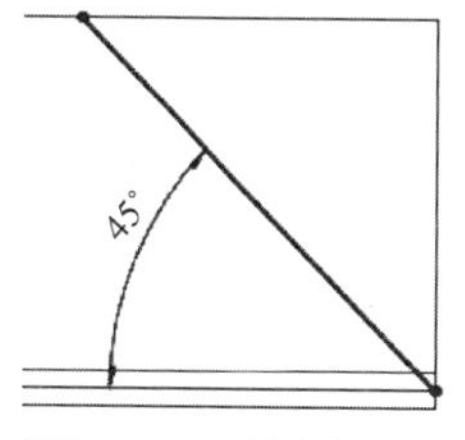

图 9-139　绘制草图

6. 切除零件

单击“特征”面板中的“拉伸切除”按钮，弹出“切除-拉伸”属性管理器，设置“方向 1”和“方向 2”中的终止条件均为“完全贯穿”，选中“反侧切除”复选框，其他参数取默认值，如图 9-140 所示。然后单击“确定”按钮，结果如图 9-141 所示。

7. 生成边线法兰

单击“钣金”面板中的“边线法兰”按钮，弹出“边线-法兰 1”属性管理器，选择边线，单击“内部虚拟交点”按钮、“折弯在外”按钮，输入长度为 15mm，其他参数取默认值，如图 9-142 所示。单击“编辑法兰轮廓”按钮，进入草图环境，弹出“轮廓草图”对话框，编辑边线法兰轮廓如图 9-143 所示。单击对话框中的“完成”按钮，完成边线法兰的绘制。重复“边线法兰”命令，在另一侧创建边线法兰，如图 9-144 所示。

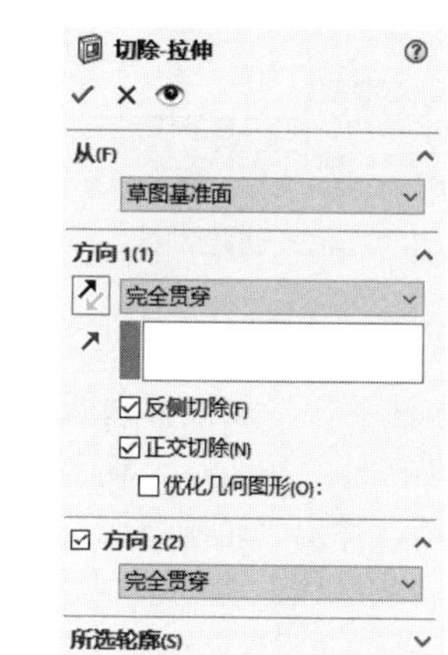

图 9-140　“切除-拉伸”属性管理器

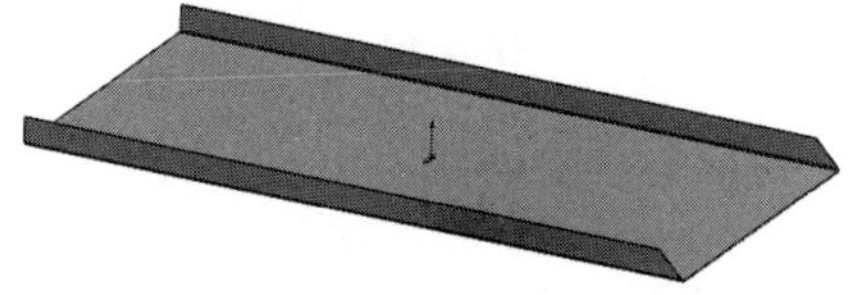

图 9-141　拉伸切除钣金

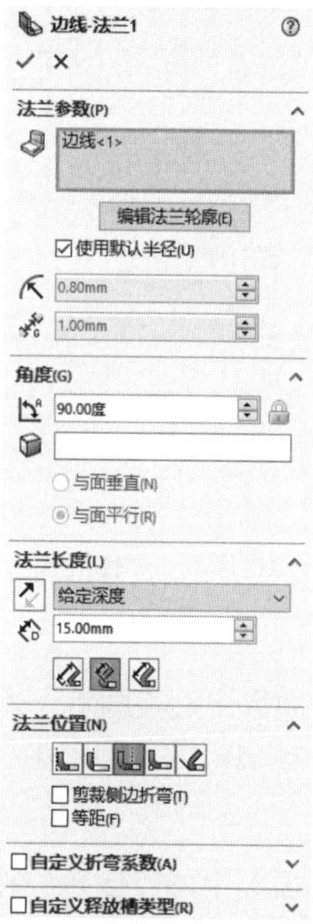

图 9-142　“边线-法兰 1”属性管理器

Note

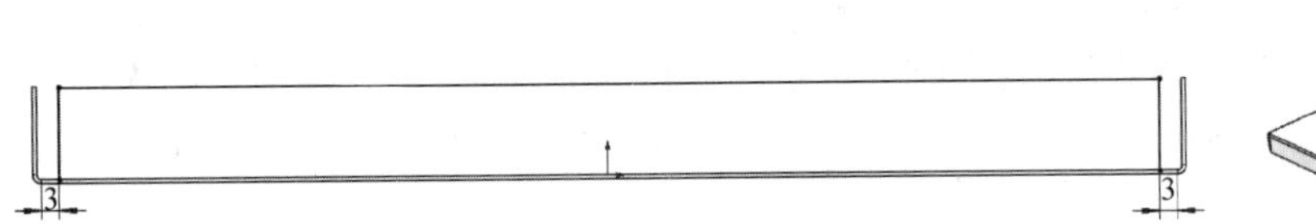

图 9-143　边线法兰轮廓尺寸

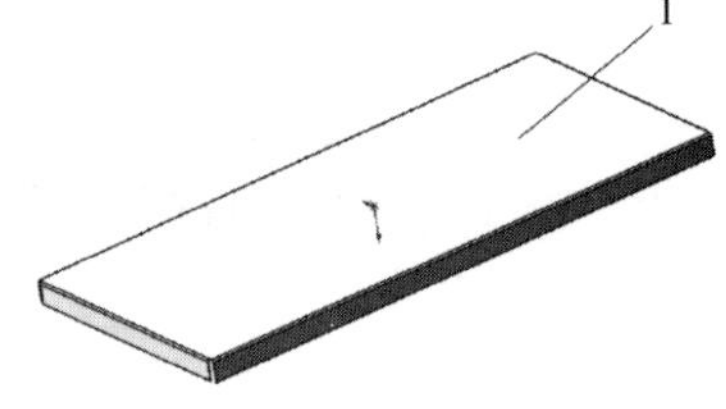

图 9-144　创建边线法兰

9.5.2　创建电源安装孔

1．绘制草图

在视图中选择图 9-144 中所示的面 1，然后单击“视图（前导）”工具栏中的“正视于”按钮，将该面作为绘制图形的基准面。单击“草图”面板中的“草图绘制”按钮，进入草图绘制状态。单击“草图”面板中的“直线”按钮，绘制草图并标注尺寸，如图 9-145 所示。

2．切除零件

单击“特征”面板中的“拉伸切除”按钮，在弹出的“切除-拉伸”属性管理器中，设置终止条件为“完全贯穿”，其他参数取默认值。然后单击“确定”按钮，如图 9-146 所示。

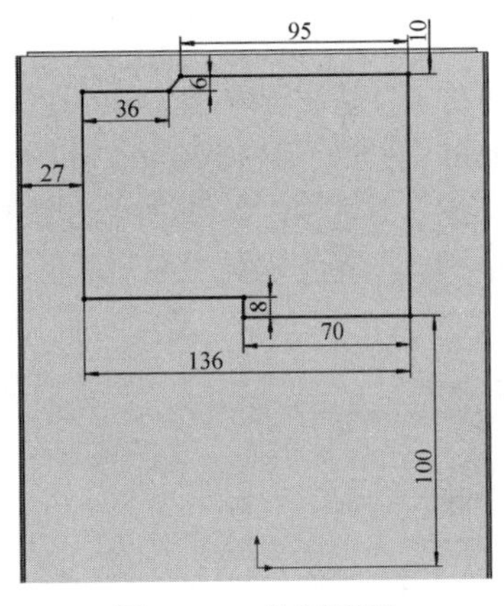

图 9-145　绘制草图

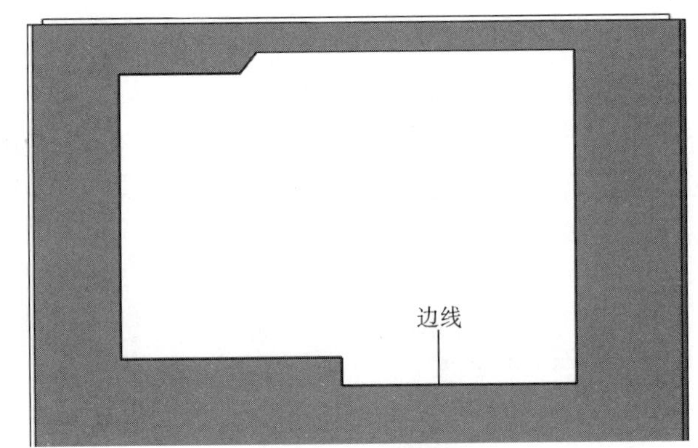

图 9-146　切除实体

3．生成边线法兰

单击“钣金”面板中的“边线法兰”按钮，弹出“边线-法兰 3”属性管理器。在视图中选择图 9-146 中所示的边线，单击“内部虚拟交点”按钮、“折弯在外”按钮，输入长度为 20mm，其他参数取默认值。单击“编辑法兰轮廓”按钮，进入草图环境，弹出“轮廓草图”对话框，编辑边线法兰轮廓如图 9-147 所示。单击对话框中的“完成”按钮，完成边线法兰的绘制。

4．圆角处理

单击“特征”面板中的“圆角”按钮，弹出“圆角”属性管理器，在视图中选择步骤 2 创建的切除特征中的 4 条棱边，输入圆角半径为 2.5mm，如图 9-148 所示，然后单击“确定”按钮。

5．倒角处理

单击“特征”面板中的“倒角”按钮，弹出“倒角”属性管理器，在视图中选择如图 9-149 所示的棱边，输入倒角距离为 10mm，然后单击“确定”按钮。

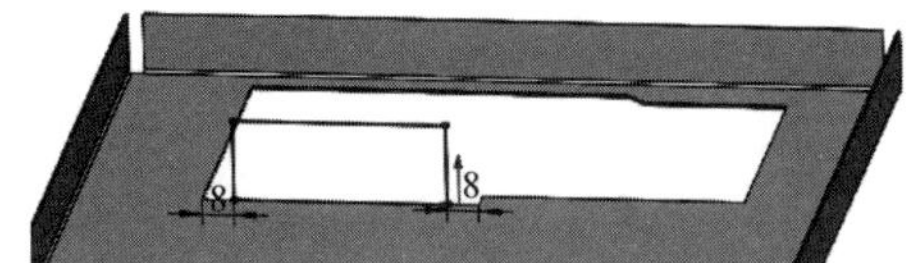

图 9-147　边线法兰轮廓尺寸

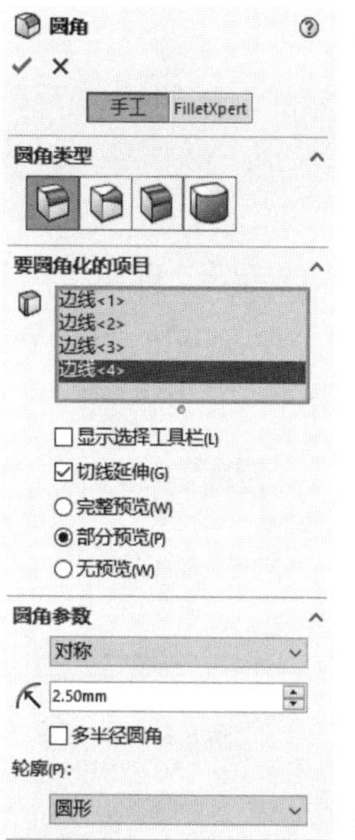

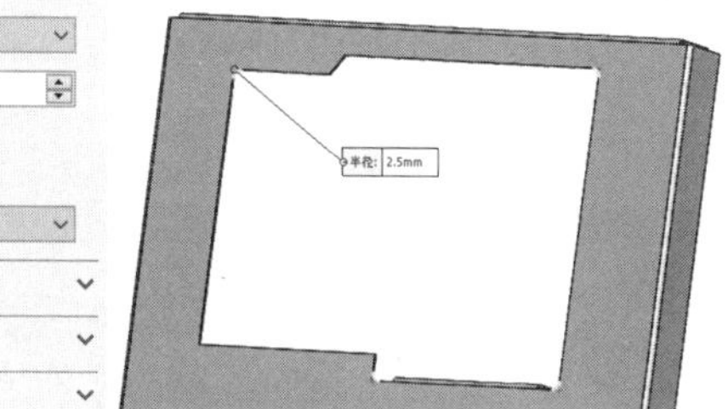

图 9-148　“圆角”处理

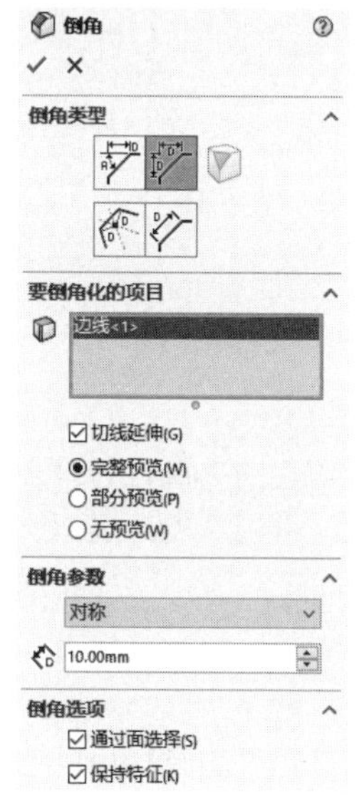

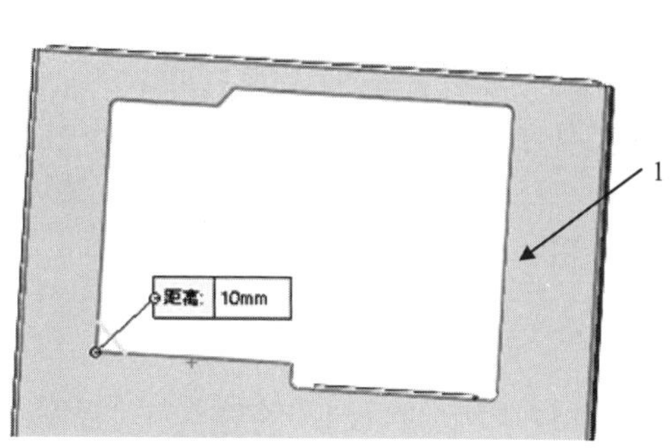

图 9-149　“倒角”处理

9.5.3　创建主板连线通孔

1. 绘制草图

在视图中选择图 9-149 中所示的面 1，然后单击“视图（前导）”工具栏中的“正视于”按钮，将该面作为绘制图形的基准面。单击“草图”面板中的“草图绘制”按钮，进入草图绘制状态。单击“草图”面板中的“边角矩形”按钮，绘制草图并标注尺寸，如图 9-150 所示。

Note

2. 切除零件

单击“特征”面板中的“拉伸切除”按钮，在弹出的“切除-拉伸”属性管理器中，设置终止条件为“完全贯穿”，其他参数取默认值。然后单击“确定”按钮✔，结果如图 9-151 所示。

3. 圆角处理

单击“特征”面板中的“圆角”按钮，弹出“圆角”属性管理器，在视图中选择步骤 2 创建的切除特征的 4 条棱边，输入圆角半径为 10mm，如图 9-152 所示，然后单击“确定”按钮✔。

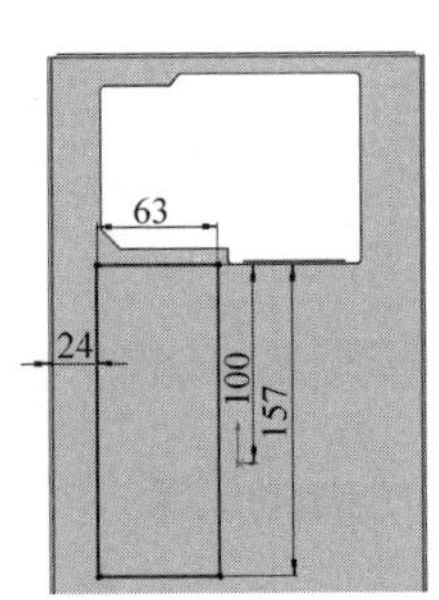

图 9-150 绘制草图

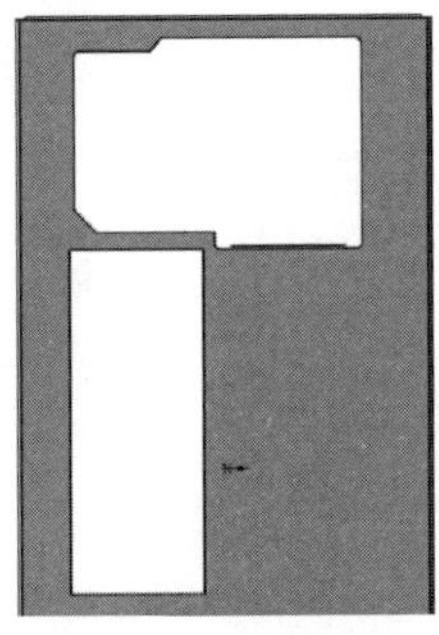

图 9-151 切除实体

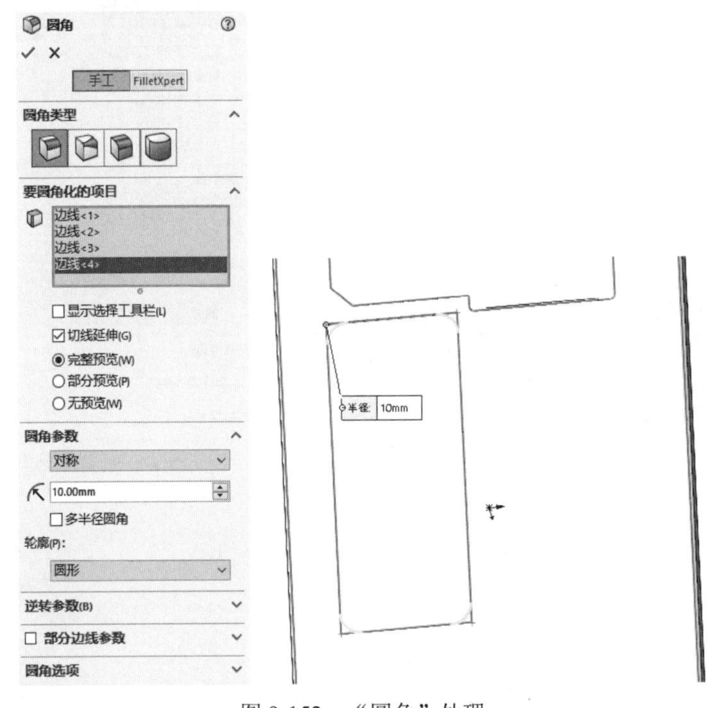

图 9-152 “圆角”处理

4. 生成边线法兰

单击“钣金”面板中的“边线法兰”按钮，弹出“边线-法兰 4”属性管理器，如图 9-153（a）所示，在视图中选择图 9-153（b）所示的拉伸切除生成的边线，单击“内部虚拟交点”按钮、“折弯在外”按钮，输入长度为 5mm，其他参数取默认值。然后单击“确定”按钮✔，完成边线法兰的创建，结果如图 9-154 所示。

5. 绘制草图

在视图中选择图 9-154 中所示的面 1，然后单击“视图（前导）”工具栏中的“正视于”按钮，将该基准面作为绘制图形的基准面。单击“草图”面板中的“草图绘制”按钮，进入草图绘制状态。单击“草图”面板中的“直线”按钮，绘制草图并标注尺寸，如图 9-155 所示。

6. 生成基体法兰

单击“钣金”面板中的“基体法兰/薄片”按钮，在弹出的“基体法兰”属性管理器中，取默认参数，如图 9-156 所示。然后单击“确定”按钮✔，完成基体法兰的创建，如图 9-157 所示。

7. 在另一侧创建基体法兰

重复步骤 5 和步骤 6，在另一侧边线法兰上创建基体法兰，如图 9-158 所示。

（a）“边线-法兰 4”属性管理器

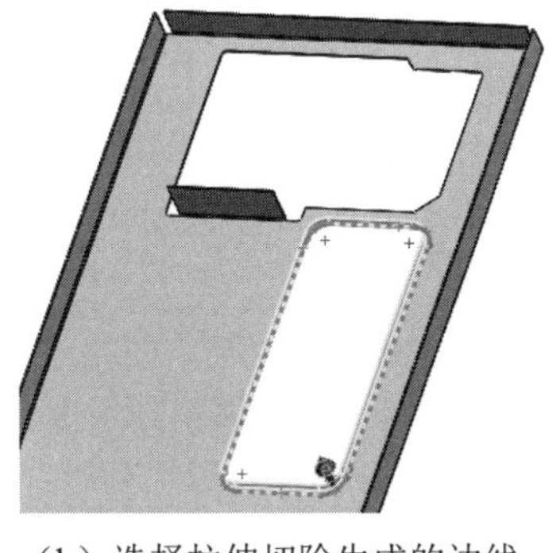
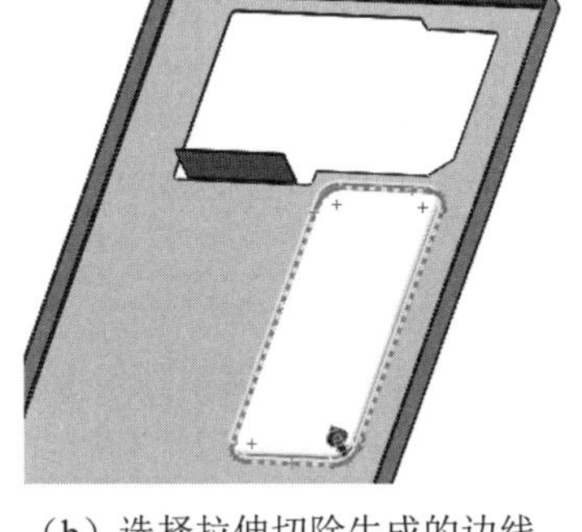

（b）选择拉伸切除生成的边线

图 9-153　“边线-法兰 4”属性管理器及选择拉伸切除生成的边线

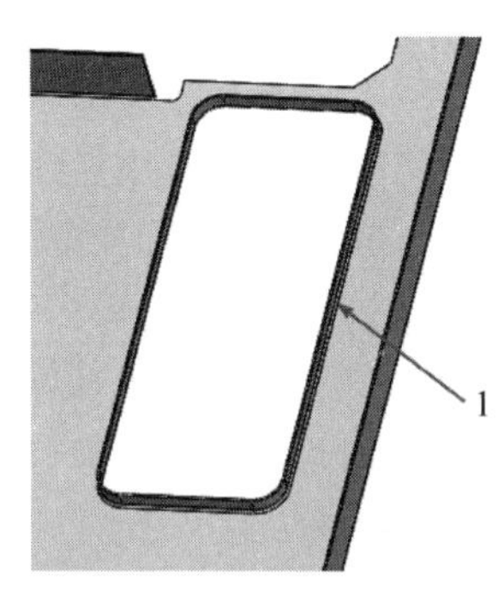

图 9-154　创建边线法兰

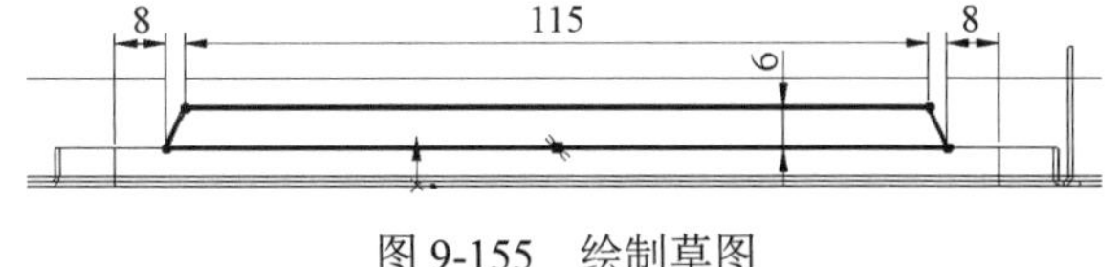

图 9-155　绘制草图

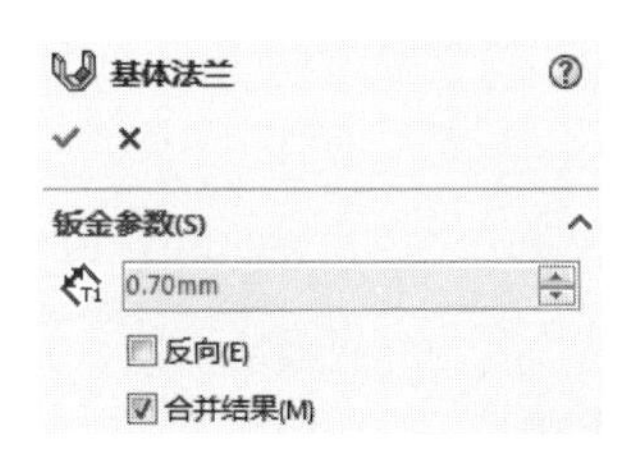

图 9-156　“基体法兰”属性管理器

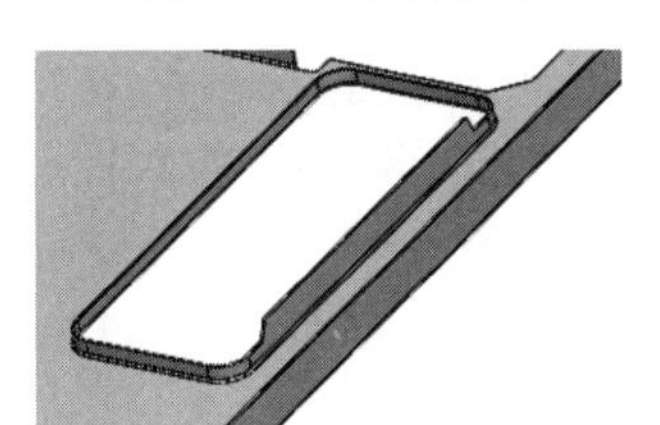

图 9-157　创建基体法兰

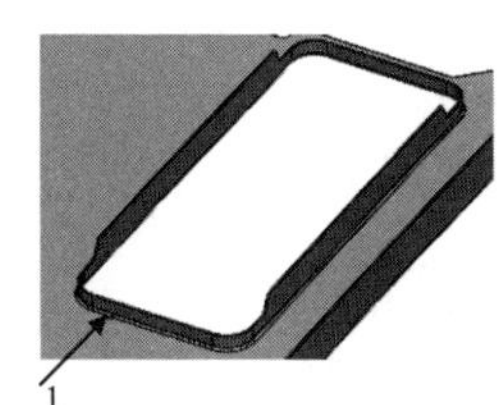

图 9-158　创建另一侧的基体法兰

8. 绘制草图

在视图中选择图 9-158 中所示的面 1，然后单击“视图（前导）”工具栏中的“正视于”按钮，将该基准面作为绘制图形的基准面。单击“草图”面板中的“草图绘制”按钮，进入草图绘制状态。单击“草图”面板中的“直线”按钮，绘制草图，并标注尺寸，如图 9-159 所示。

9. 生成基体法兰

单击“钣金”面板中的“基体法兰/薄片”按钮，在弹出的“基体法兰”属性管理器中，取默认参数，然后单击“确定”按钮。

10. 在另一侧创建基体法兰

重复步骤 8 和步骤 9，在另一侧边线法兰上创建基体法兰，如图 9-160 所示。

Note

图 9-159　绘制草图

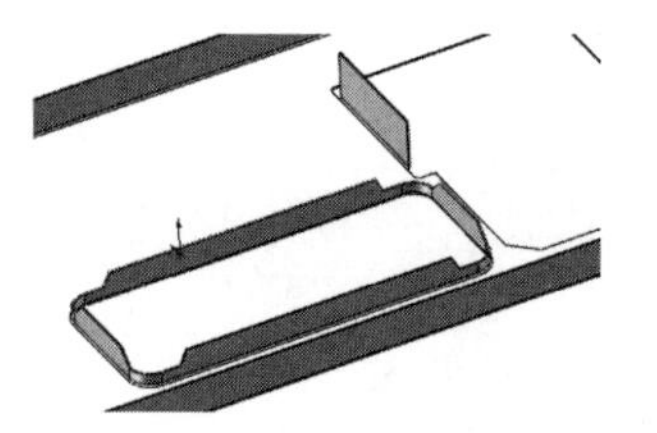

图 9-160　创建基体法兰

9.5.4　创建电扇出风孔

1. 向库中添加成型工具

打开“随书附赠资源\源文件\后板成型工具”，在左侧的 FeatureManager 设计树“后板成型工具”上右击，在弹出的快捷菜单中选择“添加到库”命令，弹出如图 9-161 所示的“添加到库”属性管理器，将后板成型工具添加到 Design Library\forming tools\lances 文件夹中，单击“确定”按钮✔。

2. 向后板上添加成型工具

单击右侧的“设计库”按钮，根据如图 9-162 所示的路径可以找到成型工具所在的文件夹 lances，找到需要添加的成型工具“后板成型工具”，将其拖动到钣金零件的底面上。然后单击“成型工具特征”属性管理器中的“确定”按钮✔，将成型工具添加到钣金零件上。

3. 标注位置尺寸

在左侧的 FeatureManager 设计树中展开后板成型工具，右击成型工具的第一个草图，在弹出的快捷菜单中单击“编辑草图”按钮，如图 9-163 所示。单击“草图”面板中的“智能尺寸”按钮，标注成型工具在钣金零件上的位置尺寸，如图 9-164 所示。然后单击“退出草图”按钮，完成对成型工具位置尺寸的添加，结果如图 9-165 所示。

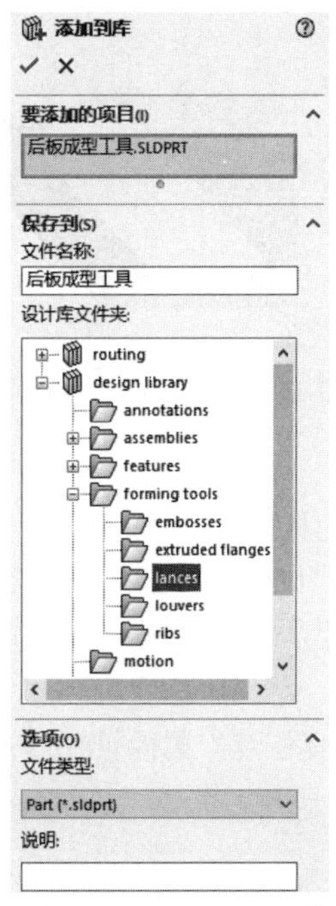

图 9-161　“添加到库”属性管理器

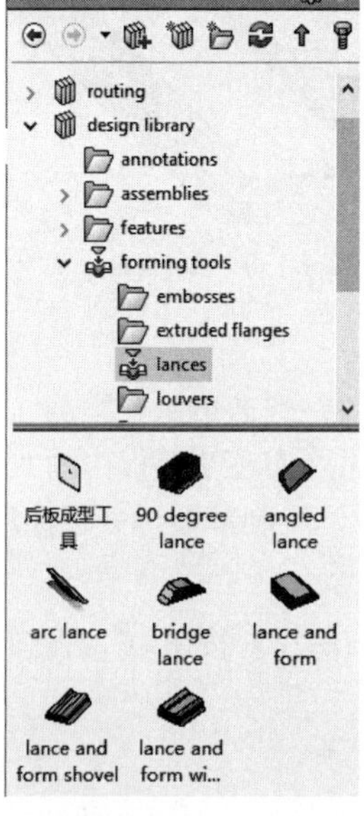

图 9-162　设计库

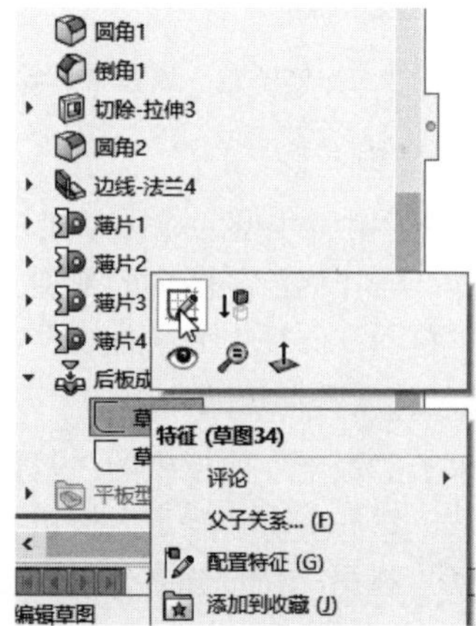

图 9-163　编辑草图

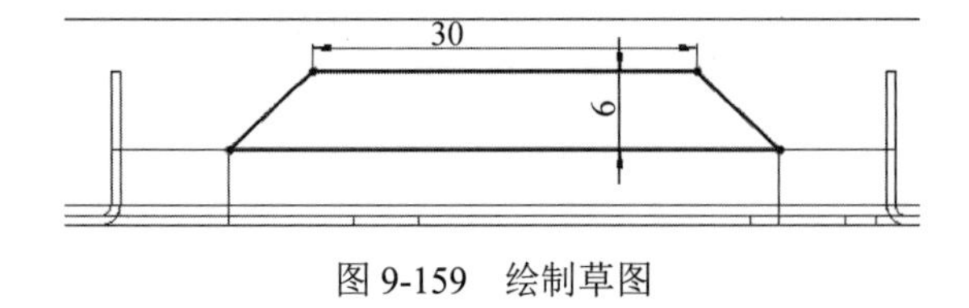

4. 绘制草图

在视图中选择步骤3创建的成型表面，然后单击“视图（前导）”工具栏中的“正视于”按钮，将该表面作为绘制图形的基准面。单击“草图”面板中的“草图绘制”按钮，进入草图绘制状态。单击“草图”面板中的“圆”按钮，绘制直径为5mm的圆并标注尺寸，如图9-166所示。

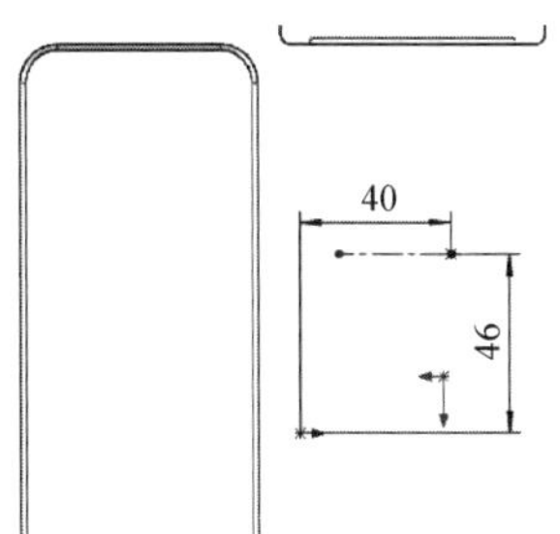

图9-164 成型工具位置尺寸

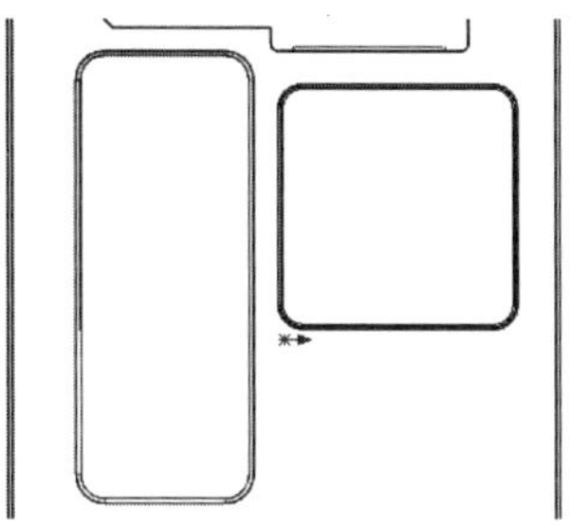

图9-165 添加成型工具1

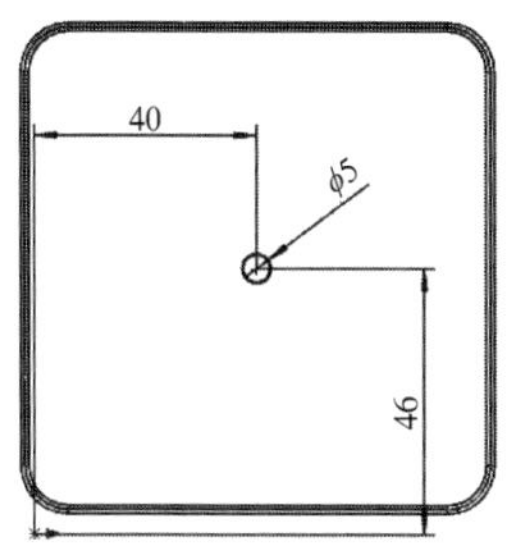

图9-166 绘制草图

5. 切除零件

单击“特征”面板中的“拉伸切除”按钮，或选择“插入”→“切除”→“拉伸”命令，在弹出的“切除-拉伸”属性管理器中，设置终止条件为“完全贯穿”，其他参数取默认值，然后单击“确定”按钮✔。

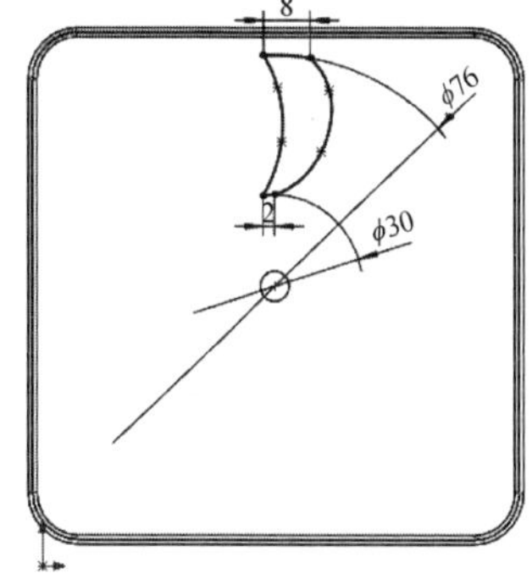

图9-167 绘制草图

6. 绘制草图

在视图中选择步骤3创建的成型表面，然后单击“视图（前导）”工具栏中的“正视于”按钮，将该表面作为绘制图形的基准面。单击“草图”面板中的“草图绘制”按钮，进入草图绘制状态。单击“草图”面板中的“圆”按钮、“样条曲线”按钮和“剪裁实体”按钮，绘制如图9-167所示的草图，并标注尺寸。

7. 切除零件

单击“特征”面板中的“拉伸切除”按钮，在弹出的“切除-拉伸”属性管理器中，设置终止条件为“完全贯穿”，其他参数取默认值。然后单击“确定”按钮✔，如图9-168所示。

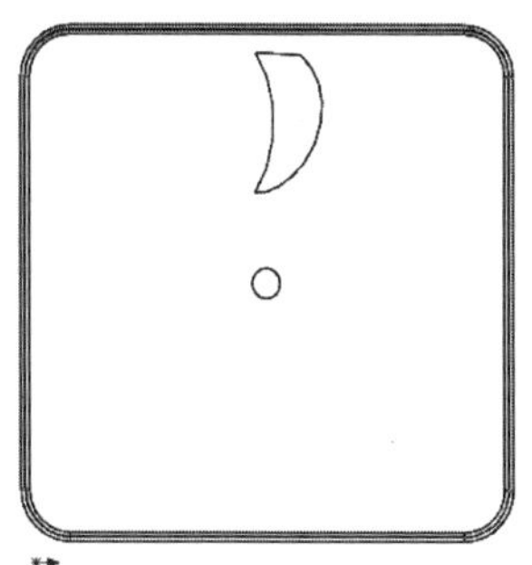

图9-168 切除实体

8. 圆周阵列切除特征

选择“视图”→“隐藏/显示”→“临时轴”命令，显示临时轴。单击“特征”面板中的“圆周阵列”按钮，弹出“阵列（圆周）1”属性管理器，以圆孔的轴线为基准轴，输入阵列个数为18，选中“等间距”单选按钮，选择步骤7创建的切除特征为要阵列的特征，如图9-169所示。然后单击“确定”按钮✔，结果如图9-170所示。

9. 绘制草图

在视图中选择步骤3创建的成型表面，然后单击“视图（前导）”工具栏中的“正视于”按钮，将该表面作为绘制图形的基准面。单击“草图”面板中的“草图绘制”按钮，进入草图绘制状态。单击“草图”面板中的“圆”按钮，绘制直径为5mm的圆并标注尺寸，如图9-171所示。

10. 切除零件

单击“特征”面板中的“拉伸切除”按钮，在弹出的“切除-拉伸”属性管理器中，设置终止条件为“完全贯穿”，其他参数取默认值，然后单击“确定”按钮✔。

Note

11. 圆周阵列切除特征

单击“特征”面板中的“圆周阵列”按钮，弹出“阵列（圆周）2”属性管理器，以圆孔的轴线为基准轴，输入阵列个数为 6，选中“等间距”单选按钮，选择步骤 10 创建的切除特征为要阵列的特征，然后单击“确定”按钮✔，结果如图 9-172 所示。

12. 绘制草图

在视图中选择步骤 3 创建的成型表面，然后单击“视图（前导）”工具栏中的“正视于”按钮，将该表面作为绘制图形的基准面。单击“草图”面板中的“草图绘制”按钮，进入草图绘制状态。单击“草图”面板中的“中心线”按钮和“圆”按钮，绘制直径为 5mm 的圆并标注尺寸，如图 9-173 所示。

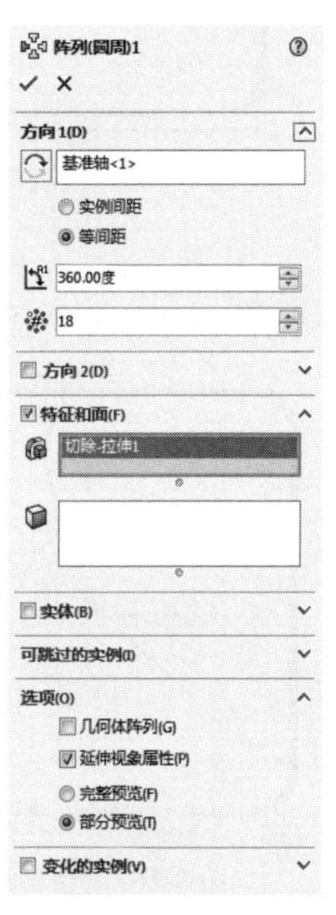

图 9-169 “阵列（圆周）1”属性管理器

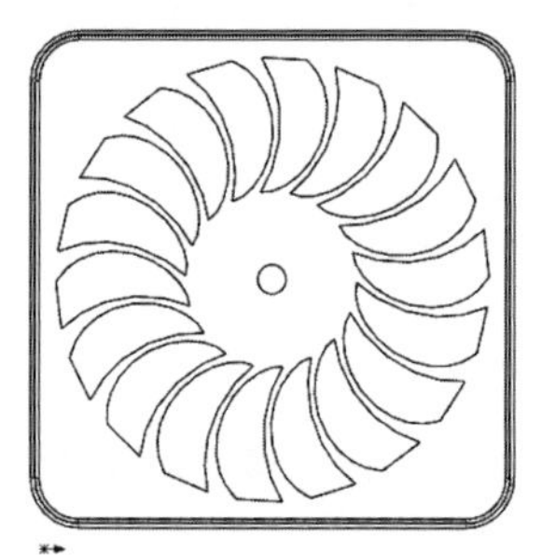

图 9-170 圆周阵列切除特征

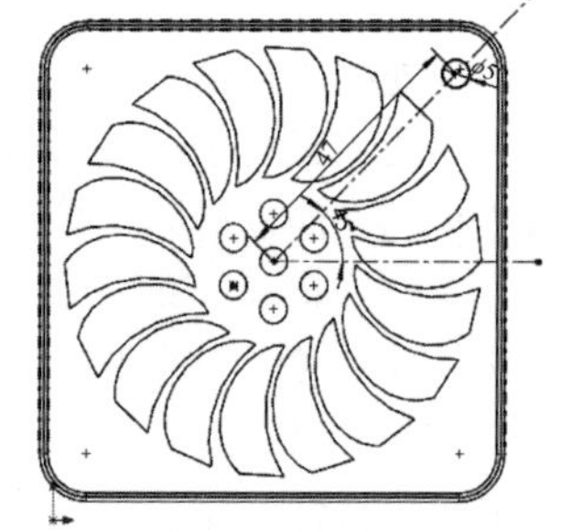

图 9-172 圆周阵列切除拉伸特征

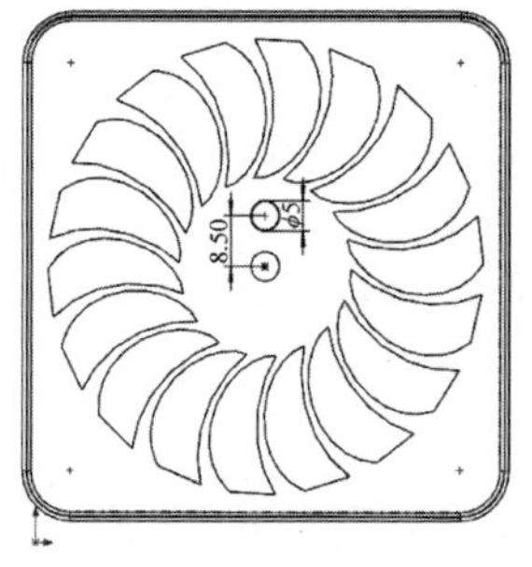

图 9-171 绘制草图

图 9-173 绘制草图

13. 切除零件

单击“特征”面板中的“拉伸切除”按钮，在弹出的“切除-拉伸”属性管理器中，设置终止条件为“完全贯穿”，其他参数取默认值，然后单击“确定”按钮✔。

14. 圆周阵列切除特征

单击“特征”面板中的“圆周阵列”按钮，弹出“阵列（圆周）3”属性管理器，以圆孔的轴线为基准轴，输入阵列个数为 4，选中“等间距”单选按钮，选择步骤 13 创建的切除特征为要阵列的特征，然后单击“确定”按钮✔，完成圆周阵列切除特征。最后关闭“临时轴”不予显示，结果如图 9-174 所示。

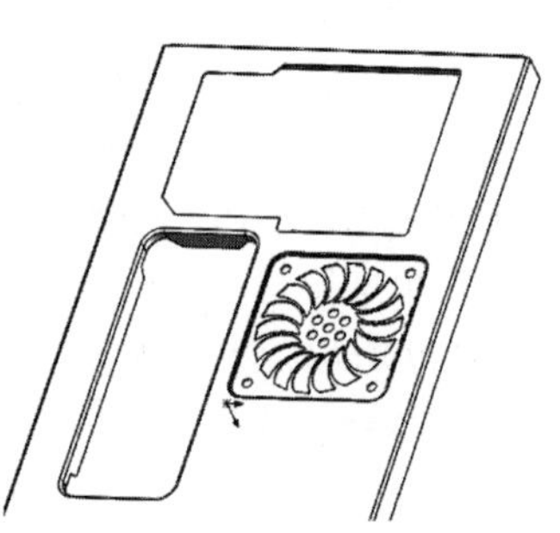

图 9-174 圆周阵列切除特征

9.5.5 创建各种插卡的连接孔

1. 绘制草图

在视图中选择钣金零件的底面，然后单击“视图（前导）”工具栏中的“正视于”按钮，将该

底面作为绘制图形的基准面。单击“草图”面板中的“草图绘制”按钮，进入草图绘制状态。单击“草图”面板中的“边角矩形”按钮，绘制草图并标注尺寸，如图 9-175 所示。

2. 切除零件

单击“特征”面板中的“拉伸切除”按钮，在弹出的“切除-拉伸”属性管理器中，设置终止条件为“完全贯穿”，其他参数取默认值，然后单击“确定”按钮。

3. 圆角处理

单击“特征”面板中的“圆角”按钮，弹出“圆角”属性管理器，在视图中选择步骤 2 创建的切除特征的 4 条棱边，输入圆角半径为 12mm，如图 9-176 所示，然后单击“确定”按钮。

4. 生成边线法兰

单击“钣金”面板中的“边线法兰”按钮，弹出“边线-法兰 5”属性管理器，在视图中选择图 9-177 中所示的切除拉伸边线，单击“内部虚拟交点”按钮、“折弯在外”按钮，输入长度为 4mm，其他参数取默认值，如图 9-177 所示。然后单击“确定”按钮，完成边线法兰的创建，结果如图 9-178 所示。

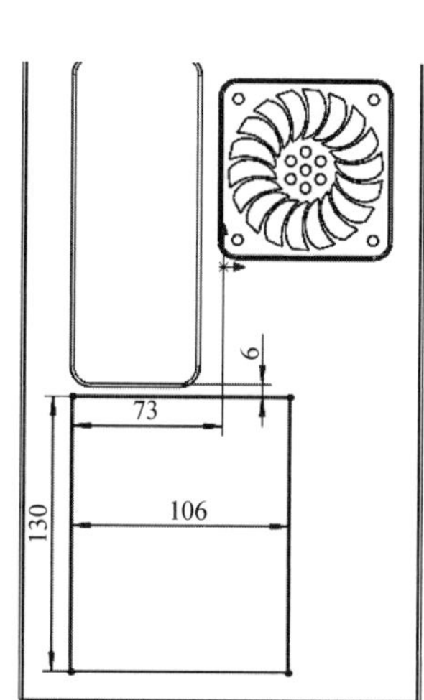

图 9-175　绘制草图

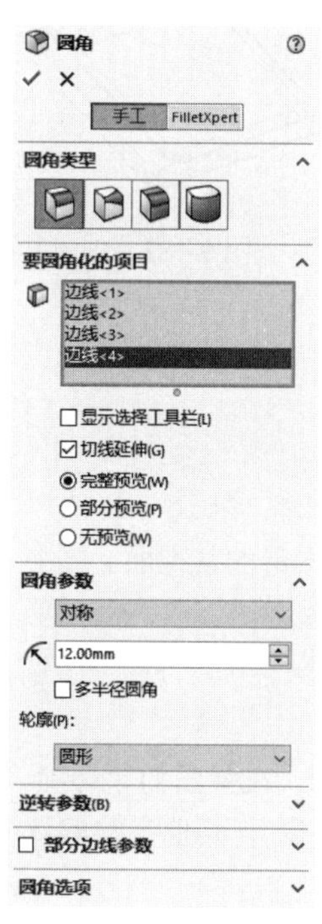

图 9-176　“圆角”属性管理器

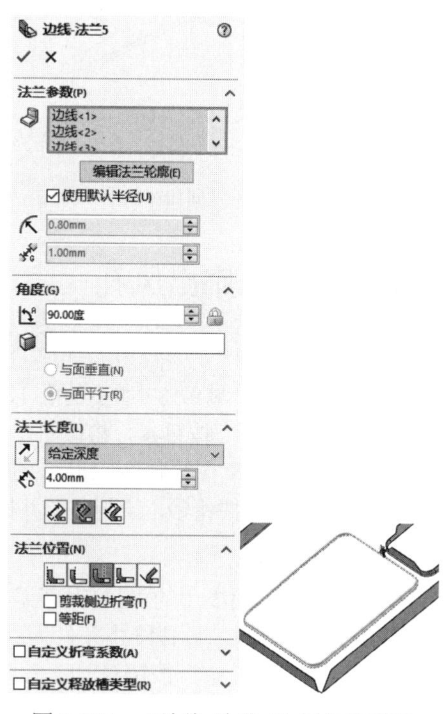

图 9-177　“边线-法兰 5”属性管理器

5. 绘制草图

在视图中选择图 9-178 中所示的面 1，然后单击“视图（前导）”工具栏中的“正视于”按钮，将该面作为绘制图形的基准面。单击“草图”面板中的“草图绘制”按钮，进入草图绘制状态。单击“草图”面板中的“直线”按钮，绘制草图并标注尺寸，如图 9-179 所示。

6. 生成基体法兰

单击“钣金”面板中的“基体法兰/薄片”按钮，在弹出的“基体法兰”属性管理器中，输入钣金厚度为 0.7mm，其他参数取默认值，如图 9-180 所示。然后单击“确定”按钮，完成基体法兰

的创建，结果如图 9-181 所示。

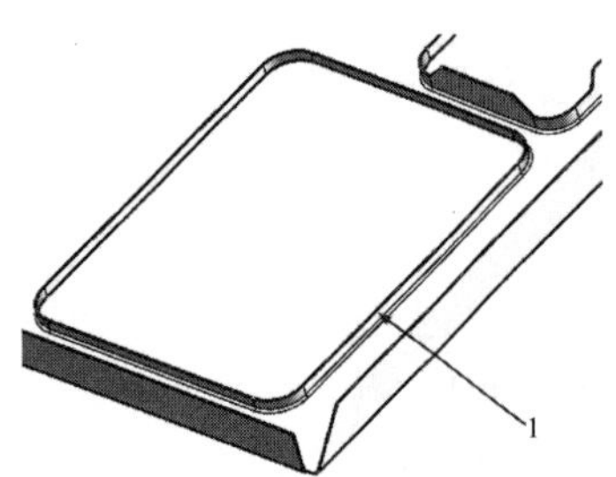

图 9-178　创建边线法兰

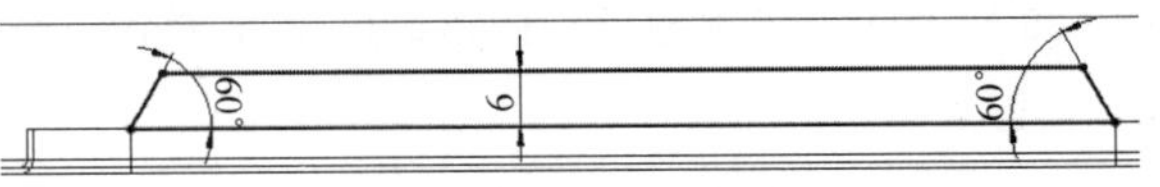

图 9-179　绘制草图

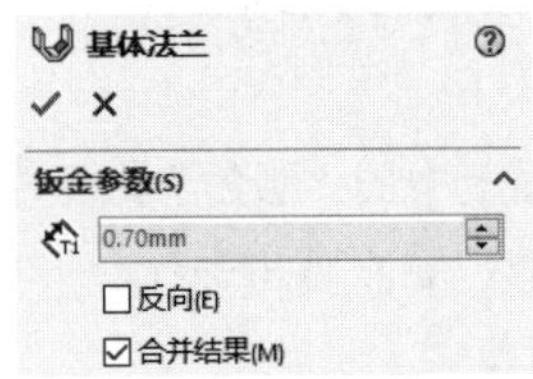

图 9-180　“基体法兰”属性管理器

7. 创建其他 3 侧基体法兰

重复步骤 5 和步骤 6，在其他 3 侧边线法兰上创建基体法兰，尺寸参数同上，结果如图 9-182 所示。

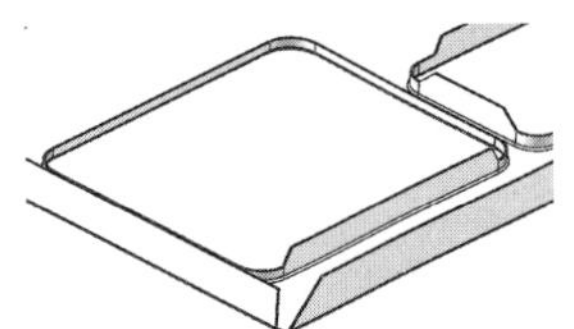

图 9-181　创建基体法兰

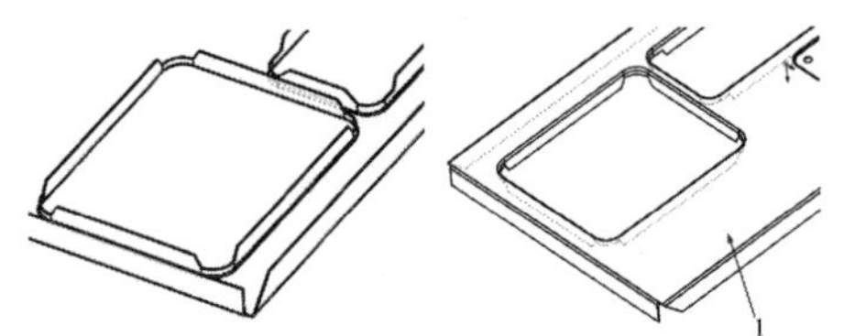

图 9-182　创建其他 3 侧基体法兰

9.5.6　创建电扇出风孔

1. 绘制草图

在视图中选择如图 9-182 所示的面 1，然后单击“视图（前导）”工具栏中的“正视于”按钮，将该面作为绘制图形的基准面。单击“草图”面板中的“草图绘制”按钮，进入草图绘制状态。单击“草图”面板中的“圆”按钮，绘制草图并标注尺寸，如图 9-183 所示。

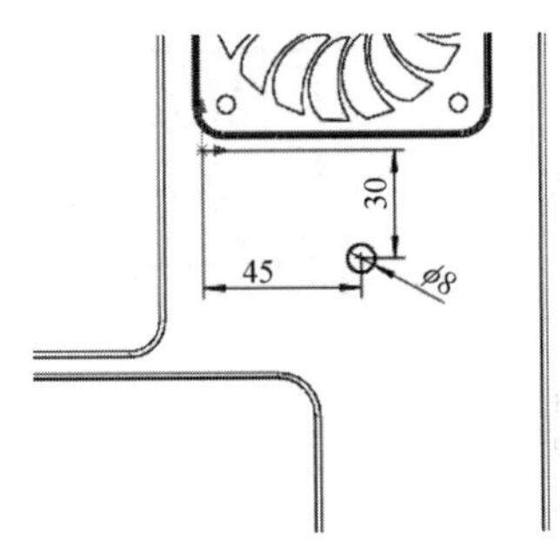

图 9-183　绘制草图

2. 切除零件

单击“特征”面板中的“拉伸切除”按钮，在弹出的“切除-拉伸”属性管理器中，设置终止条件为“完全贯穿”，其他参数取默认值，然后单击“确定”按钮。

3. 绘制草图

在视图中选择图 9-182 中所示的面 1，然后单击“视图（前导）”工具栏中的“正视于”按钮，将该面作为绘制图形的基准面。单击“草图”面板中的“草图绘制”按钮，进入草图绘制状态。单击“草图”面板中的“圆”按钮、“样条曲线”按钮和“剪裁实体”按钮，绘制如图 9-184 所示的草图并标注尺寸。

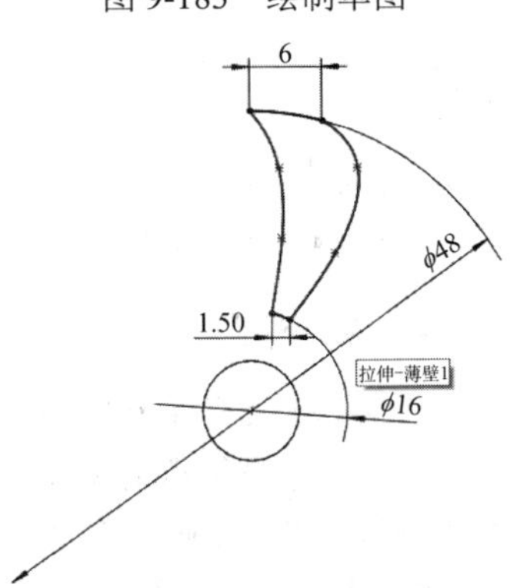

图 9-184　绘制草图

4. 切除零件

单击“特征”面板中的“拉伸切除”按钮，在弹出的“切除-拉伸”属性管理器中，设置终止条件为“完全贯穿”，其他参数取默认值，然后单击“确定”按钮。

5. 圆周阵列

选择“视图”→“隐藏/显示”→“临时轴”命令，显示临时轴。单击“特征”面板中的“圆周阵列”按钮，弹出“阵列（圆周）4”属性管理器。以圆孔的轴线为基准轴，输入阵列个数为 18，选中“等间距”单选按钮，选择步骤 4 创建的切除特征为要阵列的特征，如图 9-185 所示。然后单击“确定”按钮✔，结果如图 9-186 所示。

6. 绘制草图

在视图中选择图 9-182 中所示的面 1，然后单击“视图（前导）”工具栏中的“正视于”按钮，将该面作为绘制图形的基准面。单击“草图”面板中的“草图绘制”按钮，进入草图绘制状态。单击“草图”面板中的“中心线”按钮和“圆”按钮，绘制一个直径为 5mm 的圆并标注尺寸，如图 9-187 所示。

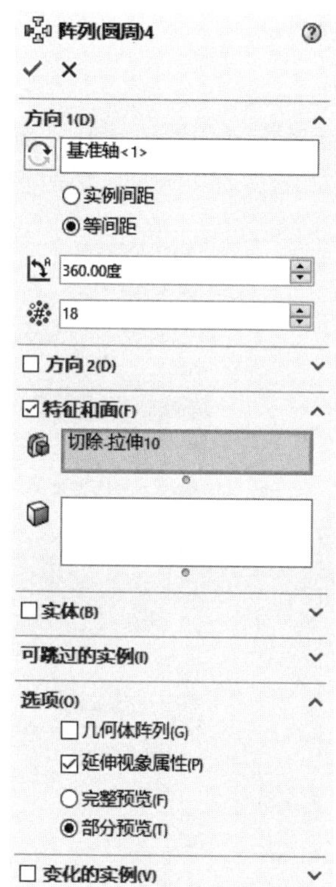

图 9-185　“阵列（圆周）4”属性管理器

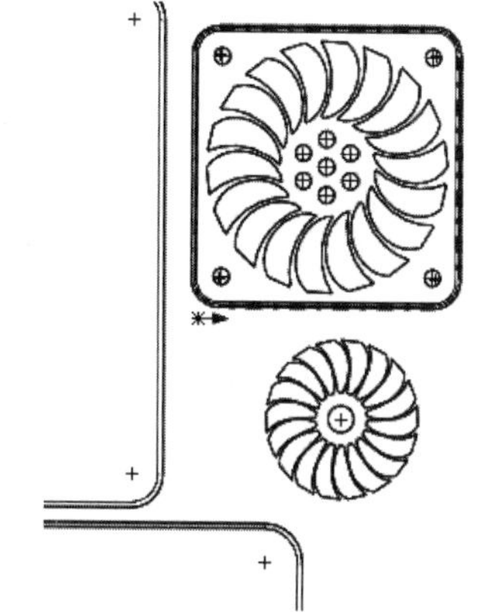

图 9-186　圆周阵列切除特征

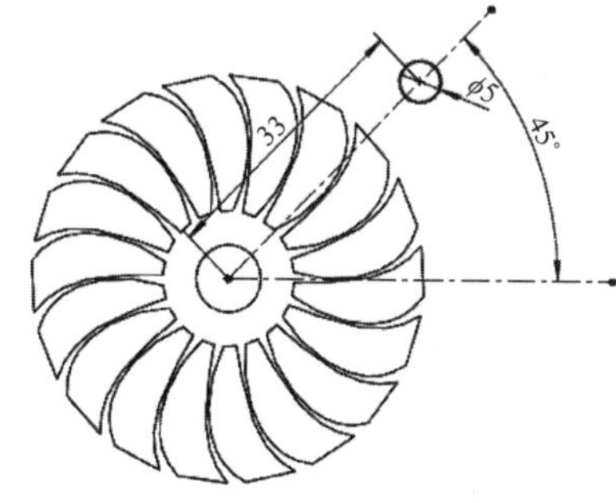

图 9-187　绘制草图

7. 切除零件

单击“特征”面板中的“拉伸切除”按钮，在弹出的“切除-拉伸”属性管理器中，设置终止条件为“完全贯穿”，其他参数取默认值，然后单击“确定”按钮✔。

8. 圆周阵列切除特征

单击“特征”面板中的“圆周阵列”按钮，弹出“阵列（圆周）1”属性管理器，以圆孔的轴线为基准轴，输入阵列个数为 4，选中“等间距”单选按钮，选择步骤 7 创建的切除特征为要阵列的特征，然后单击“确定”按钮✔，结果如图 9-188

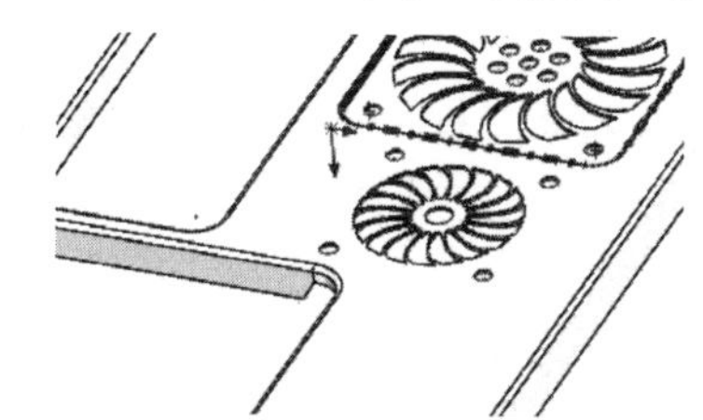

图 9-188　圆周阵列切除特征

所示。

9.5.7 细节处理

1. 绘制草图

在视图中选择图 9-182 中所示的面 1，然后单击“视图（前导）”工具栏中的“正视于”按钮，将该面作为绘制图形的基准面。单击“草图”面板中的“草图绘制”按钮，进入草图绘制状态。单击“草图”面板中的“中心线”按钮、“直线”按钮、“边角矩形”按钮、“圆”按钮和“剪裁实体”按钮，绘制草图并标注尺寸，如图 9-189 所示。

2. 切除零件

单击“特征”面板中的“拉伸切除”按钮，在弹出的“切除-拉伸”属性管理器中，设置终止条件为“完全贯穿”，其他参数取默认值，然后单击“确定”按钮。

3. 创建基准面

单击“特征”面板中的“基准面”按钮，弹出“基准面”属性管理器，选择“前视基准面”为参考面，输入偏移距离为 110mm，选中“反转等距”复选框，如图 9-190 所示。然后单击“确定”按钮，结果如图 9-191 所示。

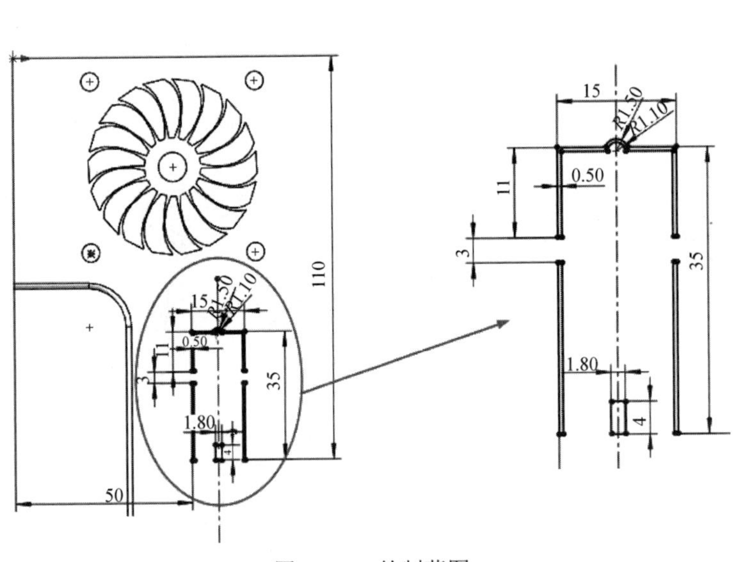

图 9-189 绘制草图

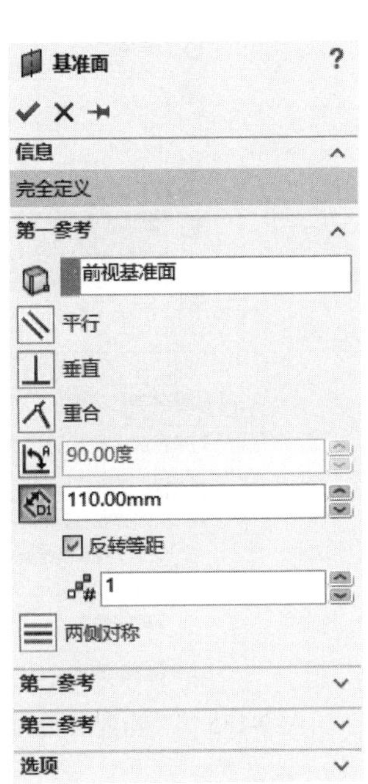

图 9-190 “基准面”属性管理器

4. 镜像特征

单击“特征”面板中的“镜像”按钮，弹出“镜像”属性管理器，在视图中选取“基准面 1”为镜像面，选择步骤 2 创建的切除特征为要镜像的特征，如图 9-192 所示。单击“确定”按钮，然后隐藏基准面 1，结果如图 9-193 所示。

5. 绘制草图

在视图中选择图 9-182 中所示的面 1，然后单击“视图（前导）”工具栏中的“正视于”按钮，

Note

将该面作为绘制图形的基准面。单击“草图”面板中的“草图绘制”按钮，进入草图绘制状态。单击“草图”面板中的“圆”按钮，绘制一个直径为 5mm 的圆并标注尺寸，如图 9-194 所示。

图 9-191　创建基准面

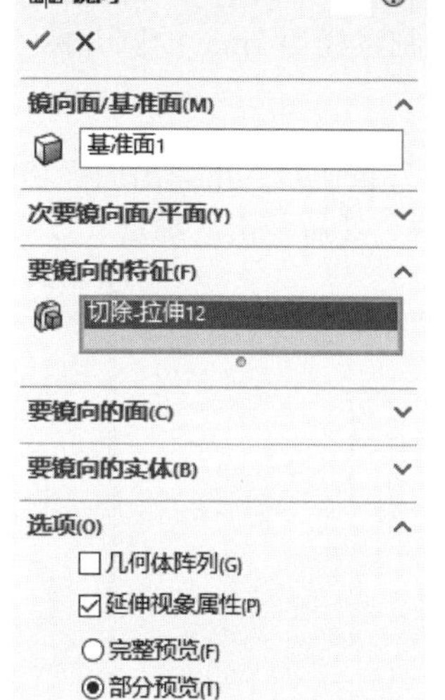

图 9-192　“镜像”属性管理器

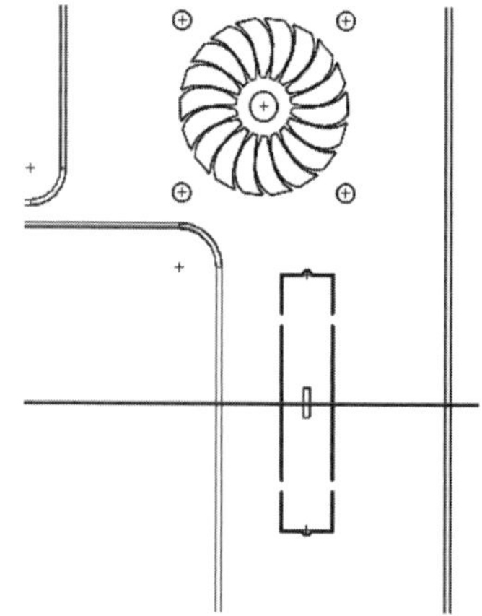

图 9-193　镜像特征

6. 切除零件

单击“特征”面板中的“拉伸切除”按钮，在弹出的“切除-拉伸”属性管理器中，设置终止条件为“完全贯穿”，其他参数取默认值，然后单击“确定”按钮✔。

7. 阵列切除特征

单击“特征”面板中的“线性阵列”按钮，弹出“线性阵列”属性管理器，以视图中竖直边线为阵列方向 1，输入阵列距离为 290mm、个数为 2；以视图中水平边线为阵列方向 2，输入阵列距离为 182mm、个数为 2，选择步骤 6 创建的切除特征为要阵列的特征，然后单击“确定”按钮✔，完成线性阵列切除特征。最后关闭“临时轴”不予显示，结果如图 9-195 所示。

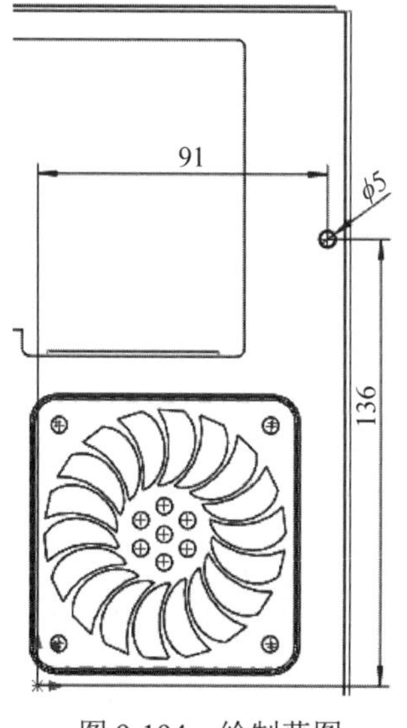

图 9-194　绘制草图

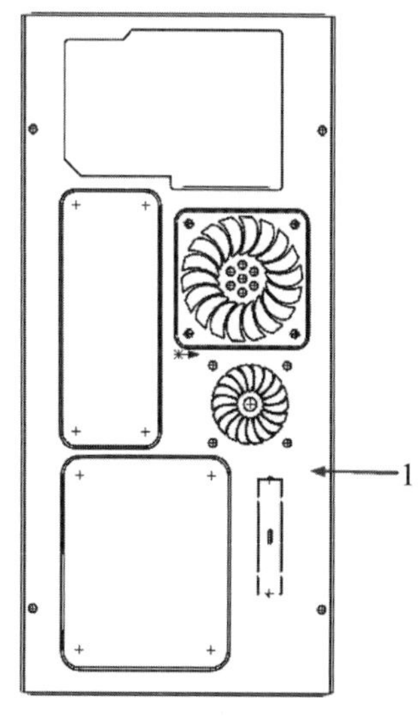

图 9-195　线性阵列切除特征

8. 绘制草图

在视图中选择图 9-195 中所示的面 1，然后单击“视图（前导）”工具栏中的“正视于”按钮，将该面作为绘制图形的基准面。单击“草图”面板中的“草图绘制”按钮，进入草图绘制状态。单击“草图”面板中的“圆”按钮，绘制直径为 7mm 的圆并标注尺寸，如图 9-196 所示。

9. 切除零件

单击“特征”面板中的“拉伸切除”按钮，在弹出的“切除-拉伸”属性管理器中，设置终止条件为“完全贯穿”，其他参数取默认值。然后单击“确定”按钮✓，结果如图 9-197 所示。

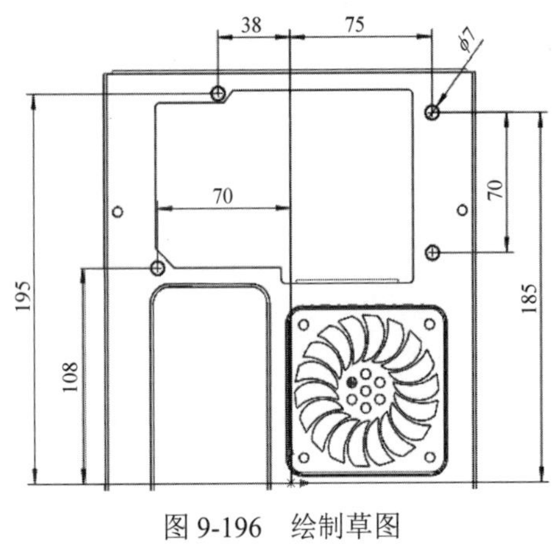

图 9-196　绘制草图

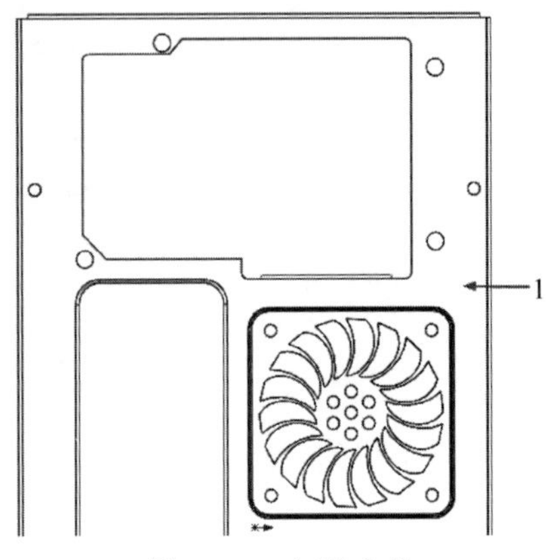

图 9-197　切除实体

10. 绘制草图

在视图中选择如图 9-197 所示的面 1，然后单击“视图（前导）”工具栏中的“正视于”按钮，将该面作为绘制图形的基准面。单击“草图”面板中的“草图绘制”按钮，进入草图绘制状态。单击“草图”面板中的“圆”按钮，绘制直径为 6mm 的圆并标注尺寸，如图 9-198 所示。

11. 切除零件

单击“特征”面板中的“拉伸切除”按钮，在弹出的“切除-拉伸”属性管理器中，设置终止条件为“完全贯穿”，其他参数取默认值，然后单击“确定”按钮✓，结果如图 9-199 所示。

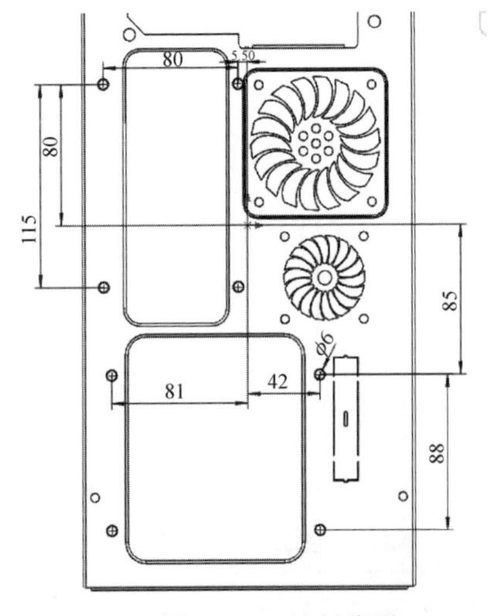

图 9-198　绘制草图

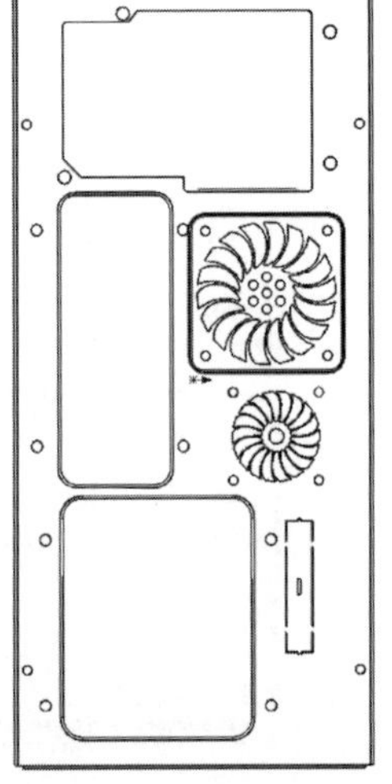

图 9-199　切除实体

9.6　实践与操作

通过前面的学习，相信读者对本章知识已有了大体的了解，本节将通过两个操作练习使读者进一步掌握本章知识要点。

1. 绘制如图 9-200 所示的电话机面板

操作提示：

（1）利用“草图绘制”命令绘制草图 1，如图 9-201 所示。利用“基体法兰”命令创建基体法兰，输入厚度为 0.7mm。

（2）利用“边线法兰”命令创建边线法兰，输入法兰长度为 30mm，如图 9-202 所示。

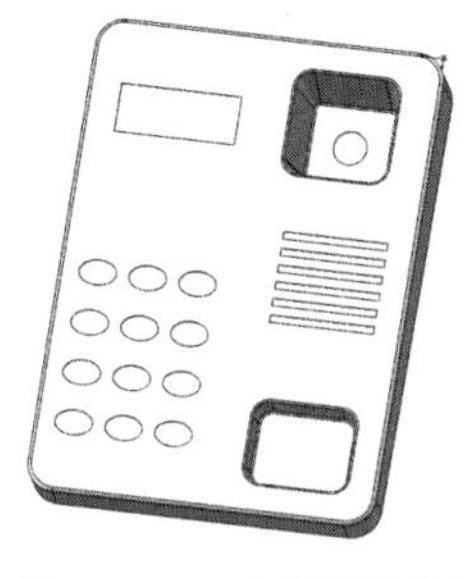

图 9-200　电话机面板

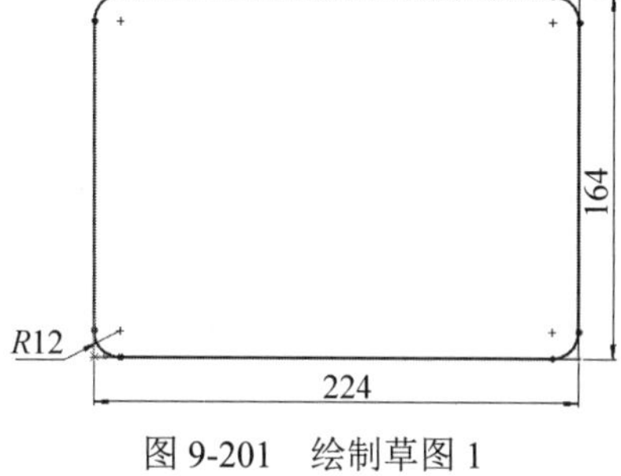

图 9-201　绘制草图 1

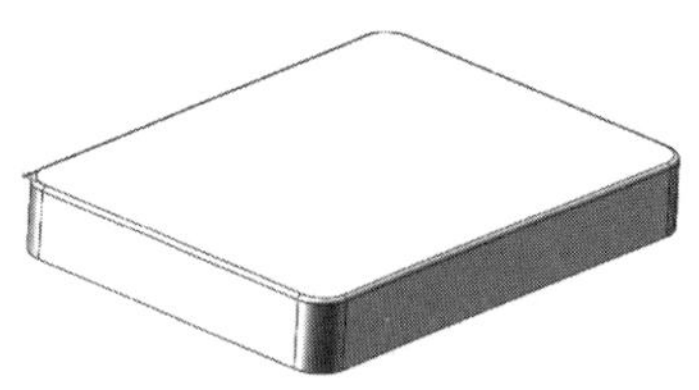

图 9-202　创建边线法兰

（3）利用“草图绘制”命令绘制草图 2，如图 9-203 所示。利用“拉伸切除”命令切除实体，设置终止条件为“完全贯穿”。

（4）创建长度为 50mm、宽度为 50mm、高度为 30mm 的长方体，并对其 4 条棱边倒圆角，输入圆角半径为 8mm，最后对各个侧面进行拔模处理，输入拔模角度为 10°，创建成型工具 1，结果如图 9-204 所示。

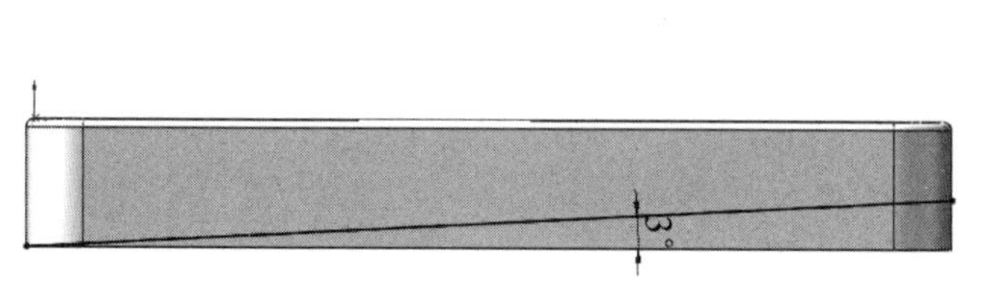

图 9-203　绘制草图 2

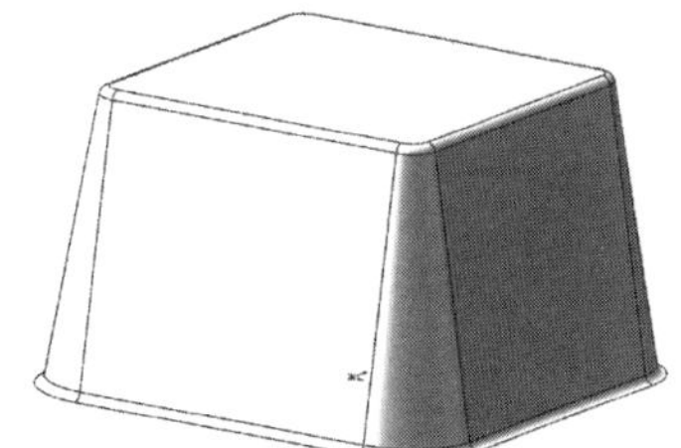

图 9-204　创建成型工具 1

（5）添加成型特征，利用“智能尺寸”命令标注并修改尺寸，如图 9-205 所示。

（6）创建长度为 50mm、宽度为 40mm、高度为 10mm 的长方体，并对其 4 条棱边倒圆角，输入圆角半径为 8mm，最后对各个侧面进行拔模处理，输入拔模角度为 10°，创建成型工具 2，结果如图 9-206 所示。

（7）添加成型特征，利用“智能尺寸”命令标注并修改尺寸，如图 9-207 所示。

（8）在电话机面板上绘制如图 9-208 所示的草图 5，利用“拉伸切除”命令切除实体，结果如图 9-209 所示。

（9）在电话机面板上绘制如图 9-210 所示的草图 6，利用“拉伸切除”命令切除实体，再利用“线

Note

性阵列”命令阵列切除特征，输入阵列个数为6、距离为8mm，结果如图9-211所示。

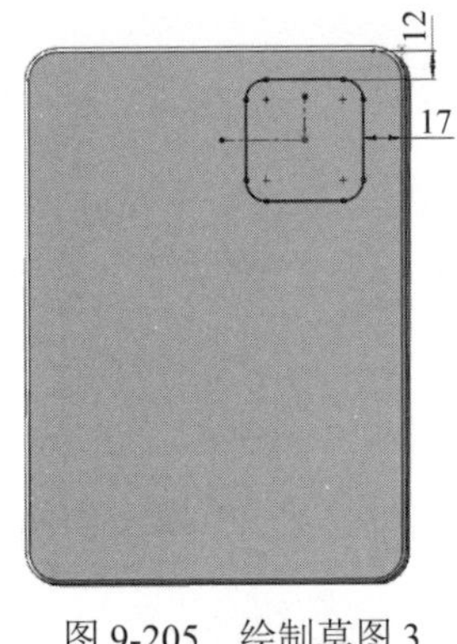

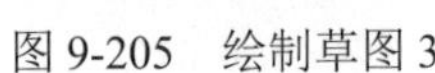

图9-205　绘制草图3

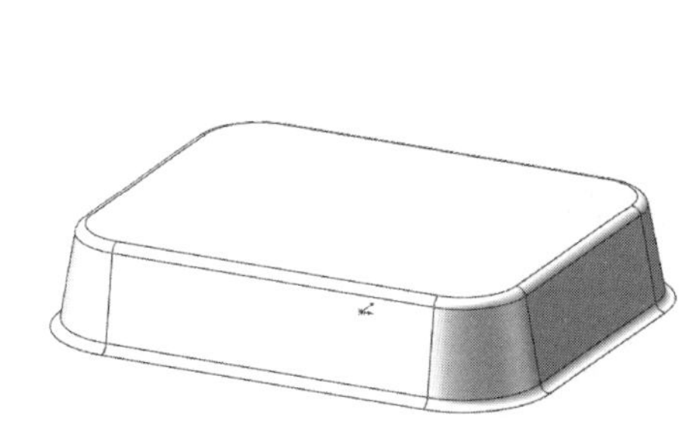

图9-206　创建成型工具2

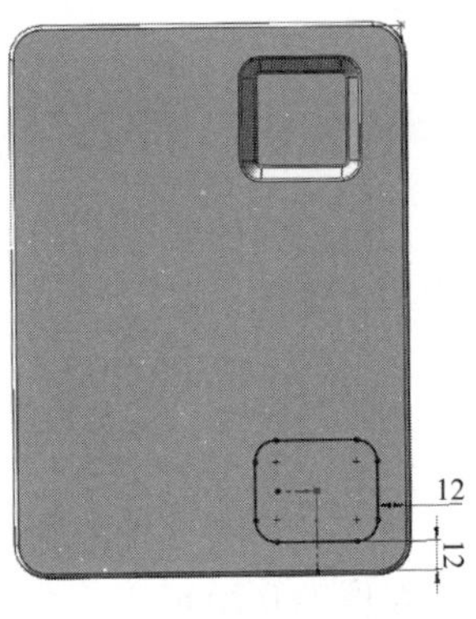

图9-207　绘制草图4

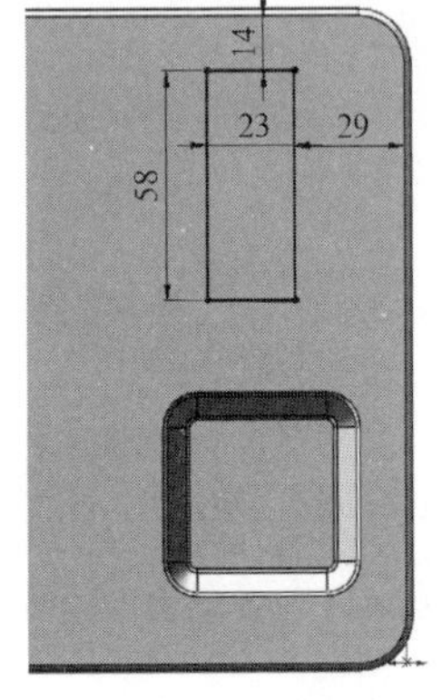

图9-208　绘制草图5

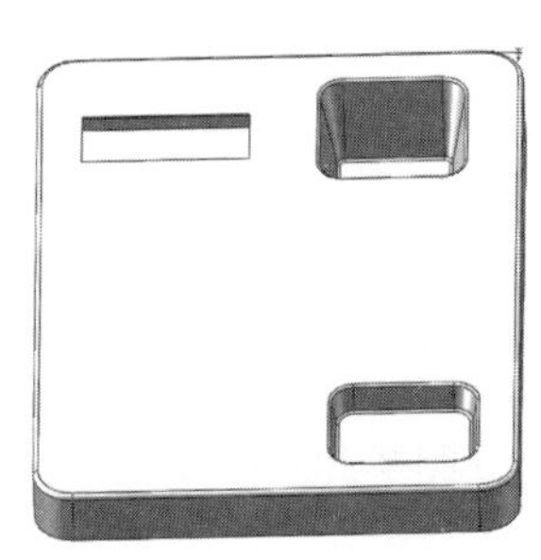

图9-209　切除实体

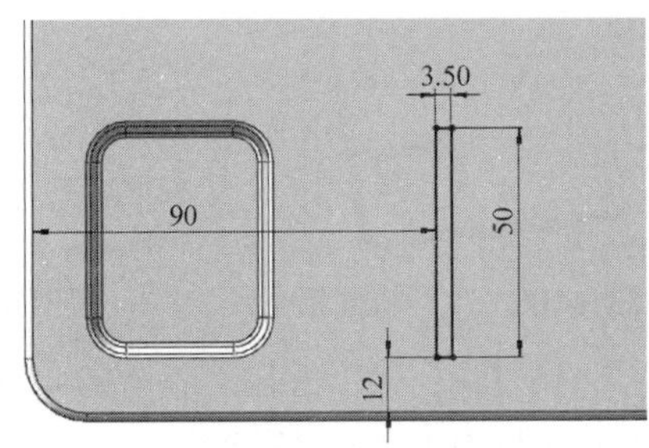

图9-210　绘制草图6

（10）在电话机面板上绘制如图9-212所示的草图7，利用“拉伸切除”命令切除实体，再利用“线性阵列”命令阵列切除特征，选择竖直边线为阵列方向1，输入阵列距离为24mm、个数为4；选择水平边线为阵列方向2，输入阵列距离为24mm、个数为3，结果如图9-213所示。

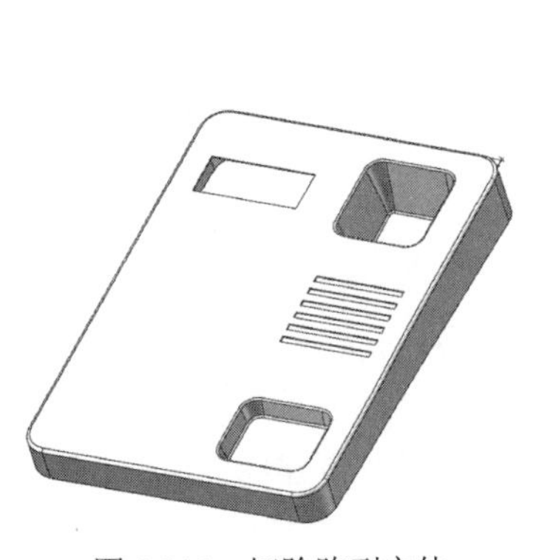

图9-211　切除阵列实体

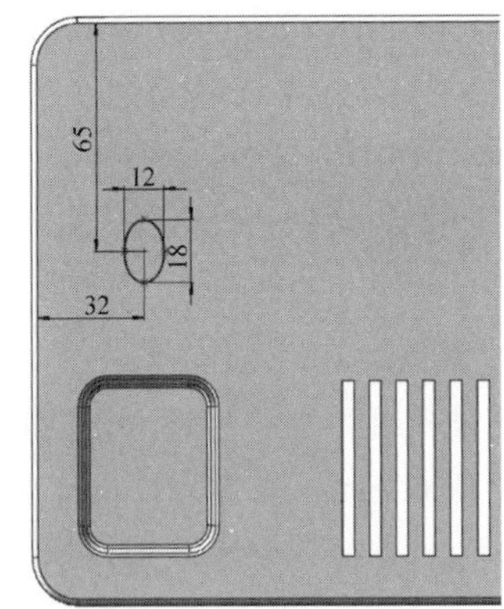

图9-212　绘制草图7

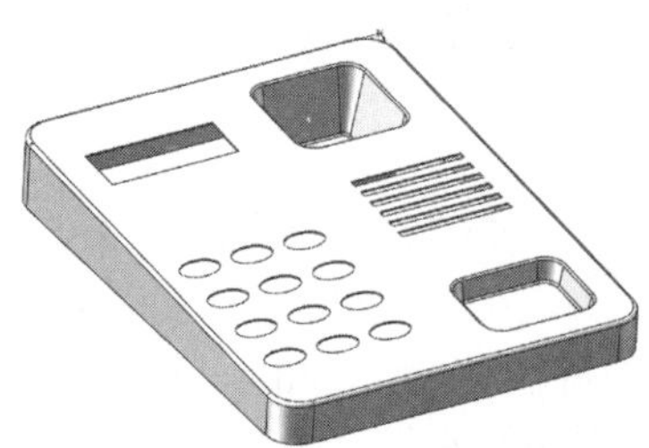

图9-213　切除阵列实体

（11）在电话面板上的成型工具下表面上绘制如图9-214所示的草图8，利用“拉伸切除”命令切除实体。

2. 绘制如图 9-215 所示的校准架

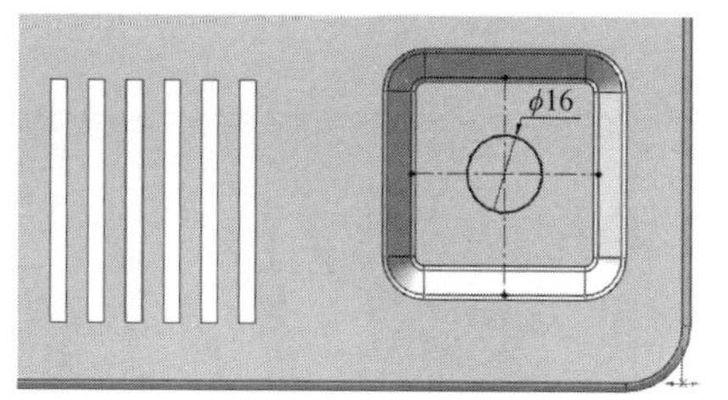

图 9-214　绘制草图 8

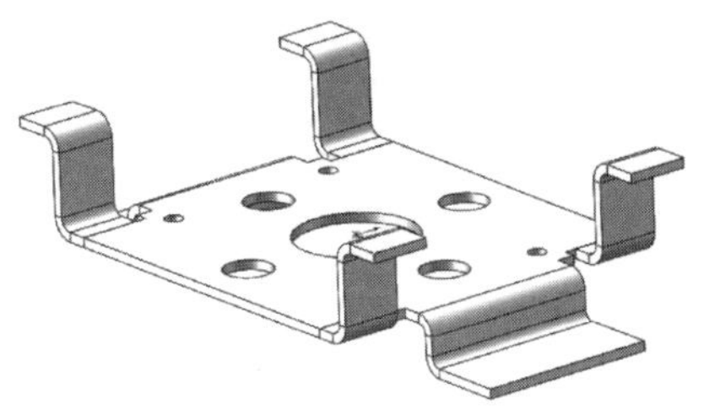

图 9-215　校准架

操作提示：

（1）利用“草图绘制”命令绘制草图 1，如图 9-216 所示。利用“基体法兰”命令创建基体法兰，输入厚度为 0.5mm。

（2）利用“草图绘制”命令绘制草图 2，如图 9-217 所示。利用“转折”命令创建转折，输入高度为 9mm，结果如图 9-218 所示。

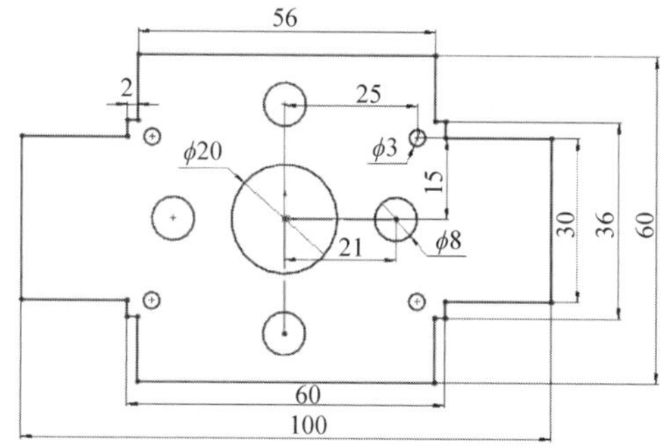

图 9-216　绘制草图 1

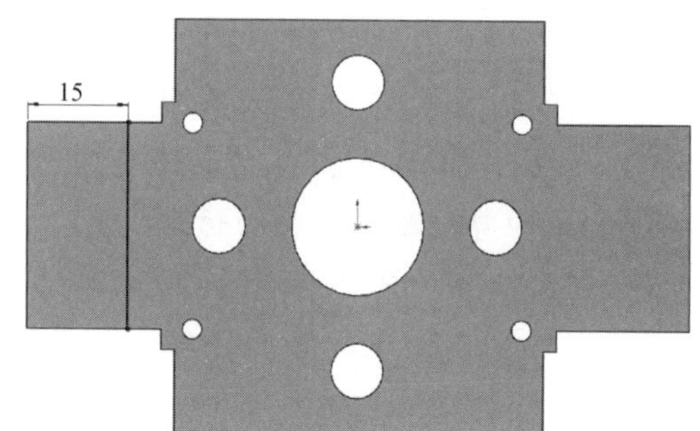

图 9-217　绘制草图 2

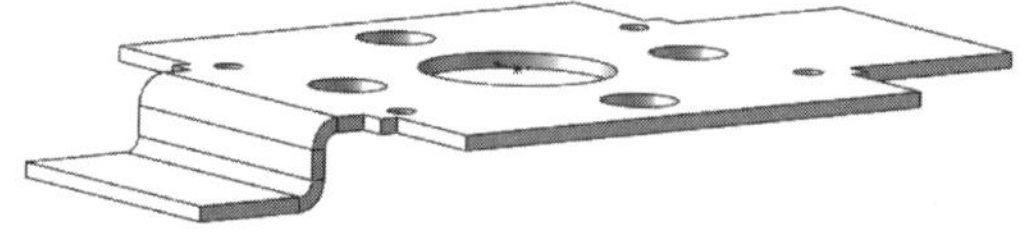

图 9-218　创建转折

（3）利用“草图绘制”命令绘制草图 3，如图 9-219 所示。利用“基体法兰”命令创建基体法兰，输入厚度值为 1.6mm，结果如图 9-220 所示。

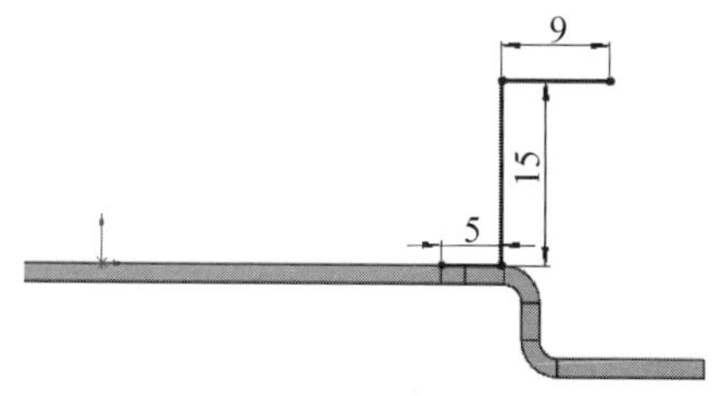

图 9-219　绘制草图 3

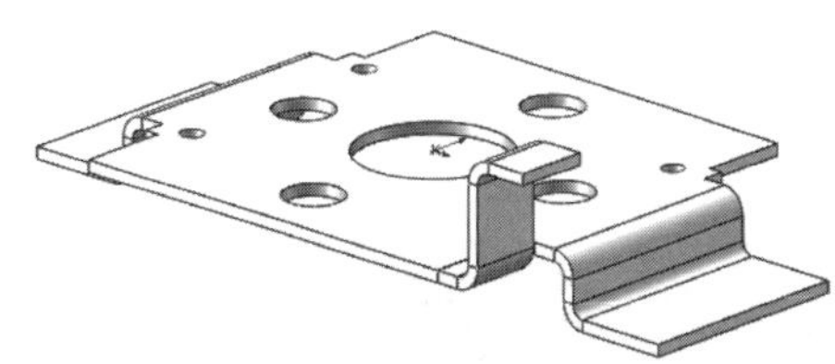

图 9-220　创建基体法兰

（4）利用“镜像”命令对基体法兰进行镜像处理，结果如图 9-215 所示。

第10章

运动仿真

本章介绍虚拟样机技术和运动仿真的关系，并以一个曲柄滑块机构为例，说明SOLIDWORKS Motion 2022的具体使用方法。

- ☑ 虚拟样机技术及运动仿真
- ☑ SOLIDWORKS Motion 2022的启动
- ☑ MotionManager界面介绍
- ☑ 运动单元
- ☑ 综合实例——分析曲柄滑块机构

任务驱动&项目案例

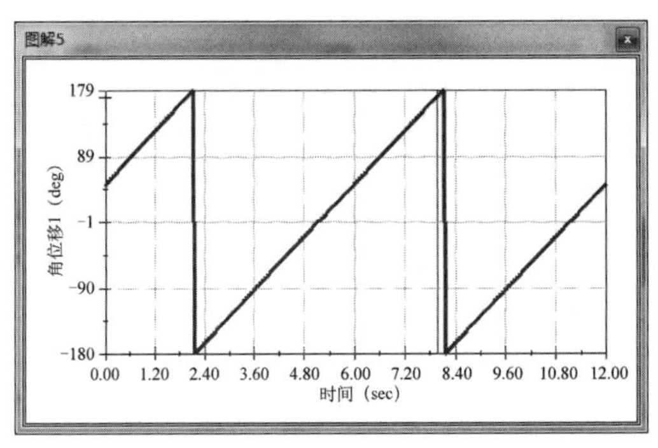

（1）

（2）

10.1　虚拟样机技术及运动仿真

虚拟样机（virtual machine）技术是指在制造第一台物理样机之前，以机械系统运动学、多体动力学、有限元分析和控制理论为核心，将产品各零部件的设计和分析集成在一起，建立机械系统的数字模型，从而为产品的设计、研究、优化提供基于计算机虚拟现实的研究平台。因此，虚拟样机也被称为数字化功能样机。

10.1.1　虚拟样机技术

图 10-1 表明了虚拟样机技术在企业新产品的设计以及生产活动中的地位。企业在进行产品三维结构设计的同时，运用分析仿真软件（CAE）对产品工作性能进行模拟仿真，发现设计缺陷；分析仿真结果，用三维设计软件对产品设计结构进行修改；重复上述仿真、找错、修改的过程，不断对产品设计结构进行优化，直至达到一定的设计要求。

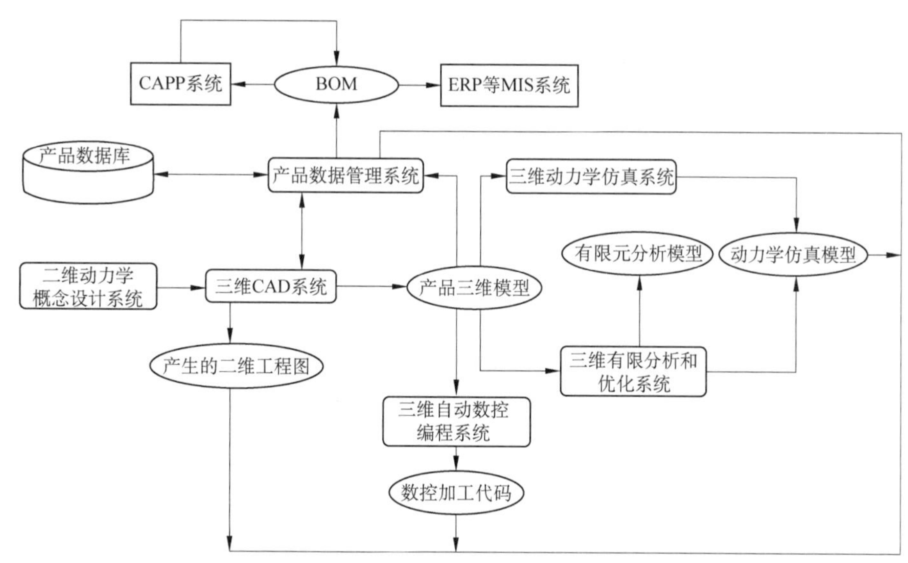

图 10-1　虚拟样机设计、分析仿真、设计管理、制造生产一体化解决方案

一般来讲，虚拟产品开发有如下 3 个特点。

（1）以数字化方式进行新产品的开发。

（2）开发过程涉及新产品开发的全生命周期。

（3）虚拟产品的开发是开发网络协同工作的结果。

为了体现上述 3 个特点，虚拟样机的开发工具一般实现如下 4 个技术功能。

（1）采用数字化的手段对新产品进行建模。

（2）以产品数据管理（PDM）/产品全生命周期（PLM）的方式控制产品信息的表示、存储和操作。

（3）产品模型的本地/异地的技术协同。

（4）开发过程的业务流程重组。

传统的仿真一般是针对单个子系统的仿真。与传统的仿真分析相比，虚拟样机技术则是强调整体的优化，它通过虚拟整机与虚拟环境的耦合，设计多种产品方案，并进行测试、评估，不断改进设计方案，直到获得最优的整机性能。而且，传统的产品设计方法是一个串行的过程，各子系统（如整机

结构、液压系统、控制系统等）的设计都是独立的，忽略了各子系统之间的动态交互与协同求解，因此设计的不足往往到产品开发的后期才被发现，造成严重浪费。运用虚拟样机技术可以快速地建立包括控制系统、液压系统、气动系统在内的多体动力学虚拟样机，实现产品的并行设计，可在产品设计初期及时发现问题、解决问题，把系统的测试分析作为整个产品设计过程的驱动。

虚拟样机技术已被广泛应用在航空航天、汽车制造、工程机械、铁道、造船、军事装备、机械电子以及娱乐设备等各个领域。虚拟样机技术在航空航天领域的成功应用包括空间系统的捕捉与对接，飞船与空间飞行器发射、对接、着陆过程仿真，太阳帆板展开机构分析与设计，飞机起落架工作过程等；在军用装备方面的应用有目标跟踪系统与控制系统设计、武器装填与发射系统仿真、履带式和轮式车辆动力学仿真、重型坦克跨越障碍能力仿真、坦克行驶稳定性优化与炮塔控制等；通用机械方面，虚拟样机技术在机器人、纺织机械、工业机床、包装机械等领域有广泛的应用。

10.1.2　数字化功能样机及机械系统动力学分析

在虚拟样机的基础上，人们又提出了数字化功能样机（functional digital prototyping）的概念，这是在CAD/CAM/CAE技术和一般虚拟样机技术的基础之上发展起来的，其理论基础为计算多体系统动力学、结构有限元理论、其他物理系统的建模与仿真理论，以及多领域物理系统的混合建模与仿真理论。数字化功能样机侧重于在系统层次上的性能分析与优化设计，并通过虚拟试验技术预测产品性能；基于多体系统动力学和有限元理论，解决产品的运动学、动力学、变形、结构、强度和寿命等问题；而基于多领域的物理系统理论，解决较复杂产品的机、电、液、控等系统的能量流和信息流的耦合问题。

数字化功能样机涉及的内容如图10-2所示，它包括计算多体系统动力学的运动/动力特性分析、有限元疲劳理论的应力疲劳分析、有限元非线性理论的非线性变形分析、有限元模态理论的噪声和振动分析、有限元热传导理论的热传导分析、基于有限元大变形理论的碰撞和冲击的仿真、计算流体动力学分析、液压/气动的控制仿真以及多领域混合模型系统的仿真等。

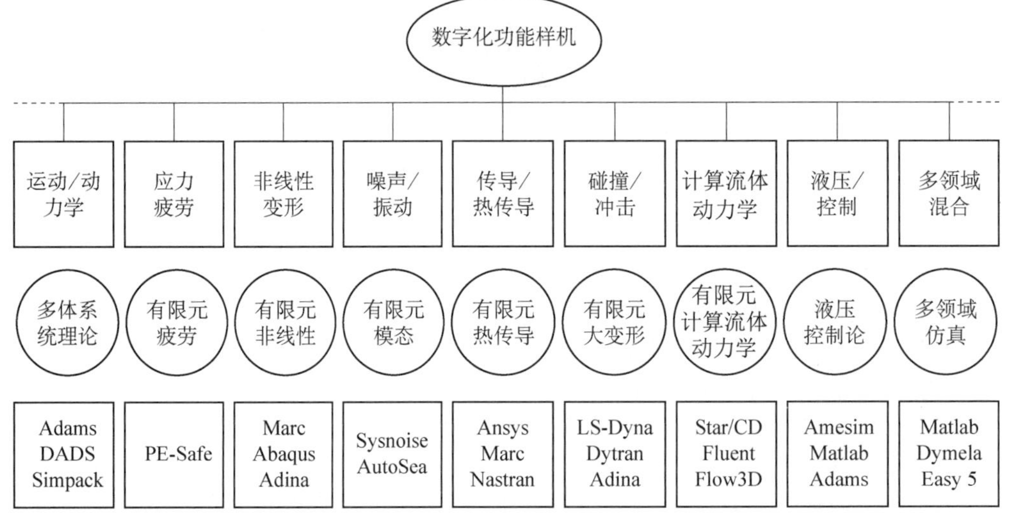

图10-2　数字化功能样机涉及的内容

如前面所述，有限元理论在数字化功能样机的分析中占主要份额，这也与有限元理论是第一个被用在计算机上的模拟仿真技术有关。以至于在20世纪90年代初期，人们甚至认为有限元分析是CAE的全部内容。相比之下，机械系统的动力学仿真分析的发展则晚得多。其理论基础是计算多体系统动力学，而数字化功能样机的形成也是在其基础之上，为系统的其他性能分析提供了必要条件。

多个物体通过运动副的连接便组成了机械系统，系统内部有弹簧、阻尼器、制动器等力学元件的作用，系统外部受到外力和外力矩的作用，以及驱动和约束。物体有柔性和刚性之分，而实际上的工程研究对象多为混合系统。机械系统动力学分析和仿真主要是为了解决系统的运动学、动力学和静力学问题，其过程如下。

Note

（1）物理建模：用标准运动副、驱动/约束、力元和外力等要素抽象出同实际机械系统具有一致性的物理模型。

（2）数学建模：通过调用专用的求解器生成数学模型。

（3）问题求解：迭代求出计算解。

实际上，在软件操作过程中数学建模和问题求解过程都是软件自动完成的，内部过程并不可见，最后系统会给出曲线显示、曲线运算和动画显示过程。

通过 SOLIDWORKS Motion 可以在 CAD 系统构建的原型机上查看其工作情况，从而检测设计的结果，如电机尺寸、连接方式、压力过载、凸轮轮廓、齿轮传动率、运动零件干涉等设计中可能出现的问题，进而修改设计，得到进一步优化的结果。同时，SOLIDWORKS Motion 用户界面是 SOLIDWORKS 界面的无缝扩展，它使用 SOLIDWORKS 数据存储库，不需要 SOLIDWORKS 数据的复制/导出，给用户带来了方便性和安全性。

10.2 SOLIDWORKS Motion 2022 的启动

视频讲解

下面介绍添加 SOLIDWORKS Motion 插件及进入 Motion 分析界面的方法。

通过如下方法，可以启动 SOLIDWORKS Motion 2022，并加载装配体模型。

（1）单击“快速访问”工具栏中的“打开”按钮，打开目标零件文件“曲柄滑块机构.sldprt”。

（2）选择“工具”→“插件”命令。

（3）在出现的“插件”对话框（见图 10-3）中选中 SOLIDWORKS Motion 复选框，并单击“确定”按钮。

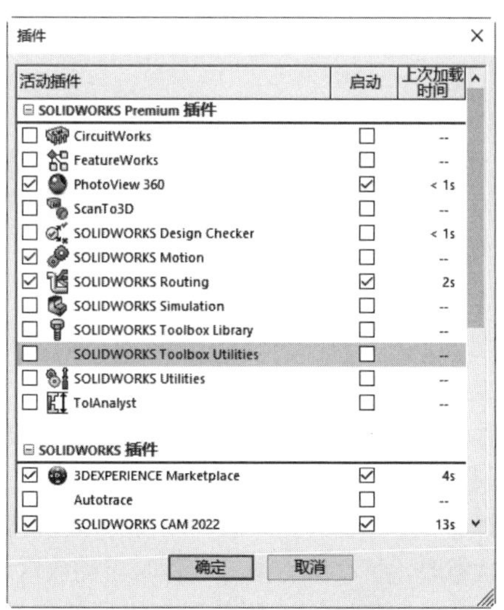

图 10-3 “插件”对话框

（4）单击屏幕左下角的“运动算例 1”标签，此时，在 SOLIDWORKS 的 MotionManager 工具栏下拉列表框中多出“Motion 分析”选项，如图 10-4 所示。

Note

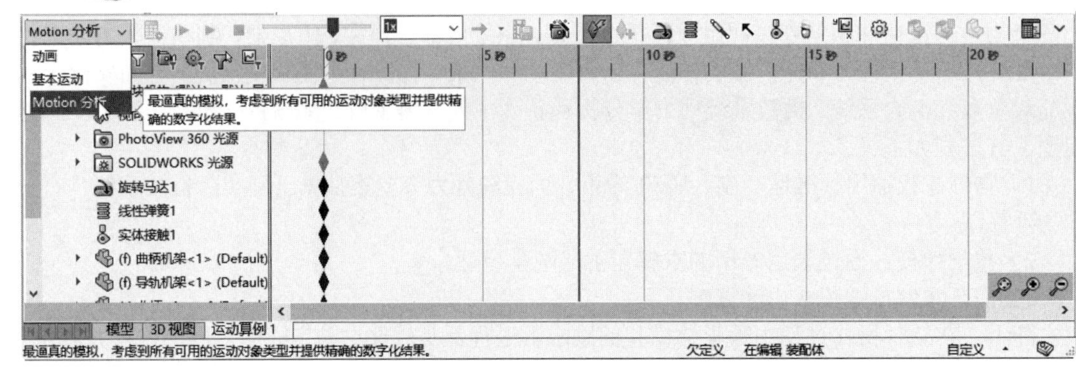

图 10-4　MotionManager 工具栏

视频讲解

10.3　MotionManager 界面介绍

在介绍 Motion 分析之前，先介绍 MotionManager 界面，如图 10-5 所示。

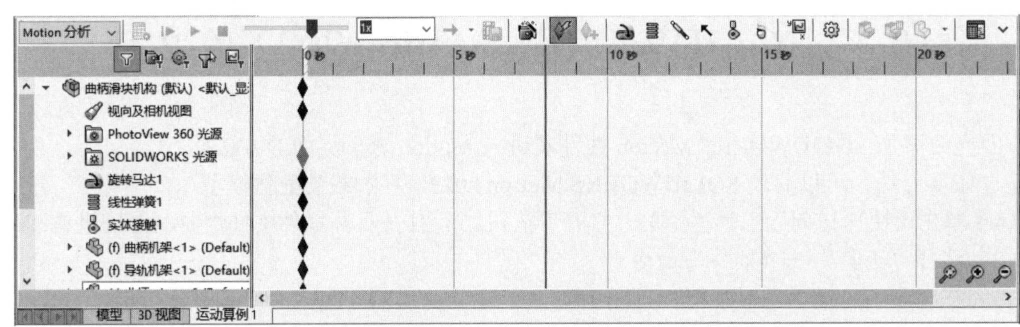

图 10-5　MotionManager 界面

1. 工具栏

各选项含义如下。

☑　计算：单击此按钮，部件的视向属性将会随着动画的进程而变化。

☑　从头播放：重新设定部件并播放模拟。在计算模拟后使用。

☑　播放：从当前时间栏位置播放模拟。

☑　停止：停止播放模拟。

☑　播放速度：设定播放速度乘数或总的播放持续时间。

☑　播放模式：包括正常、循环和往复 3 种模式。正常模式，一次性从头到尾播放；循环模式，从头到尾连续播放，然后从头反复，继续播放；往复模式，从头到尾连续播放，然后从尾反放。

☑　保存动画：将动画保存为 AVI 或其他类型。

☑　动画向导：在当前时间栏位置插入视图旋转或爆炸/解除爆炸。

☑　自动解码：处于按下状态时，移动或更改零部件时自动放置新键码。再次单击可切换该选项。

☑　添加/更新键码：单击以添加新键码或更新现有键码的属性。

☑　马达：移动零部件，由马达所驱动。

☑　弹簧：在两个零部件之间添加一个弹簧。

☑　阻尼：在两个零部件之间添加阻尼。

☑ 力↖：移动一个或两个零件，由力所作用。

☑ 接触：定义选定零部件之间的接触。

☑ 引力：给算例添加引力。

☑ 结果和图解：计算结果并生成图表。

☑ 运动算例属性：为运动算例指定模拟属性。

2. 模型树

各选项含义如下。

☑ 无过滤：显示所有项。

☑ 过滤动画：显示在动画过程中移动或更改的项目。

☑ 过滤驱动：显示引发运动或其他更改的项目。

☑ 过滤选定：显示选中项。

☑ 过滤结果：显示模拟结果项目。

3. 时间线视图

（1）时间线：是动画的时间界面，位于 MotionManager 设计树的右侧。时间线显示运动算例中动画事件的时间和类型，被竖直网格线均分，这些网格线对应于表示时间的数字标记。数字标记从 00:00:00 开始。时标依赖于窗口大小和缩放等级。

（2）时间栏：时间线上的黑灰色竖直线即为时间栏，代表当前时间。在时间栏上右击，可弹出如图 10-6 所示的快捷菜单。

☑ 放置键码：在指针位置添加新键码点并拖动键码点以调整位置。

☑ 粘贴：粘贴先前剪切或复制的键　码点。

（3）更改栏：连接键码点的水平栏，表示键码。

选择所有：选取所有键码点以将之重组。

（4）键码点：代表动画位置更改的开始或结束，或者某特定时间的其他特性。

（5）关键帧：键码点之间可以为任何时间长度的区域。定义装配体零部件运动或视觉属性更改所发生的时间。

MotionManager 界面上的按钮和更改栏功能如图 10-7 所示。

图 10-6　时间栏右键快捷菜单

图标和更改栏	更改栏功能
	总动画持续时间
	视向及相机视图
	选取了禁用观阅键码播放
	驱动运动
	从动运动
	爆炸
	外观
	配合尺寸
	任何零部件或配合键码
	任何压缩的键码
	位置还未解出
	位置不能到达
	隐藏的子关系

图 10-7　更改栏功能

Note

视频讲解

10.4 运 动 单 元

本节中运动单元主要介绍马达、弹簧、引力、阻尼、力和接触。

10.4.1 马达

运动算例马达模拟作用于实体上的运动，由马达所应用。

操作步骤如下。

（1）单击 MotionManager 工具栏中的“马达”按钮。

（2）弹出“马达”属性管理器，如图 10-8 所示，在“马达类型”栏中单击“旋转马达”按钮或者“线性马达（驱动器）”按钮。

（3）在“零部件/方向”栏中选择要做动画的表面或零件，可通过“反向”按钮来调节。

（4）在“运动”栏的“类型”下拉列表框中选择运动类型，包括“等速”“距离”“振荡”“线段”“数据点”“表达式”和“伺服马达”。

☑ 等速：马达速度为常量，需要输入速度值。

☑ 距离：马达以设定的距离和时间帧运行，需要输入位移、开始时间及持续时间值，如图 10-9 所示。

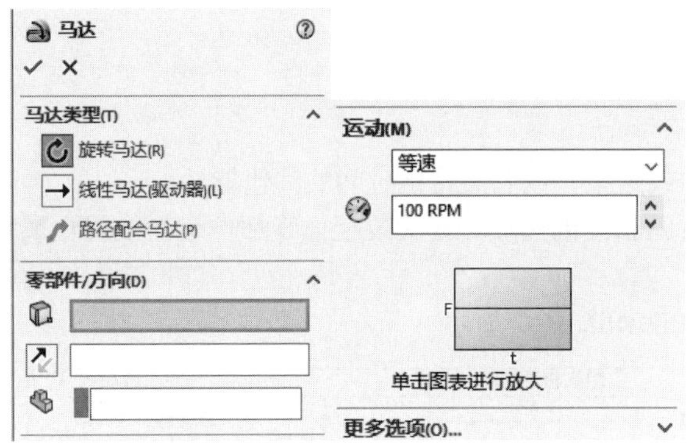

图 10-8 “马达”属性管理器

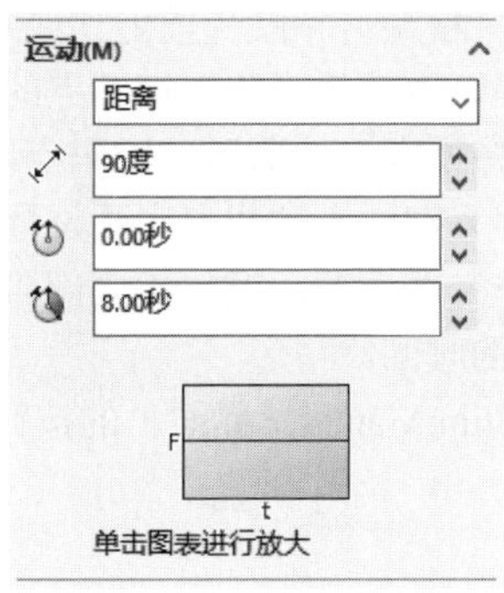

图 10-9 “距离”运动

☑ 振荡：需要输入振幅和频率值，如图 10-10 所示。

☑ 线段：选定线段（位移、速度、加速度），然后为插值时间和数值设定值。线段的“函数编制程序”对话框如图 10-11 所示。

☑ 数据点：需要输入表达数据（位移、时间、立方样条曲线）。数据点的“函数编制程序”对话框如图 10-12 所示。

☑ 表达式：选取马达运动表达式所应用的变量（位移、速度、加速度）。表达式的“函数编制程序”对话框如图 10-13 所示。

☑ 伺服马达：运动类型为“伺服马达”，利用位移、速度、加速度，使用基于事件的运动视图来控制此马达的值。

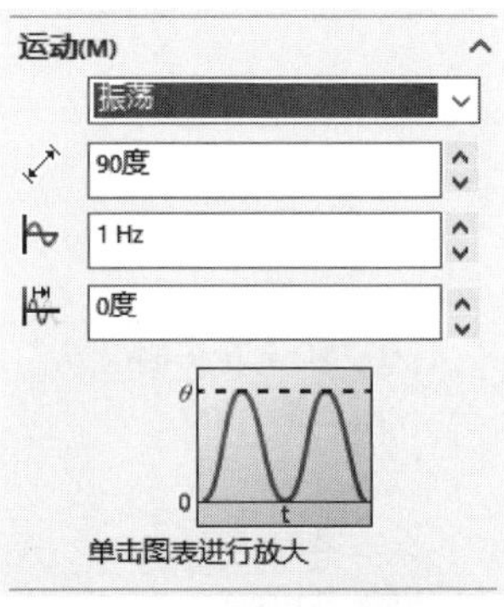

图 10-10 “振荡”运动

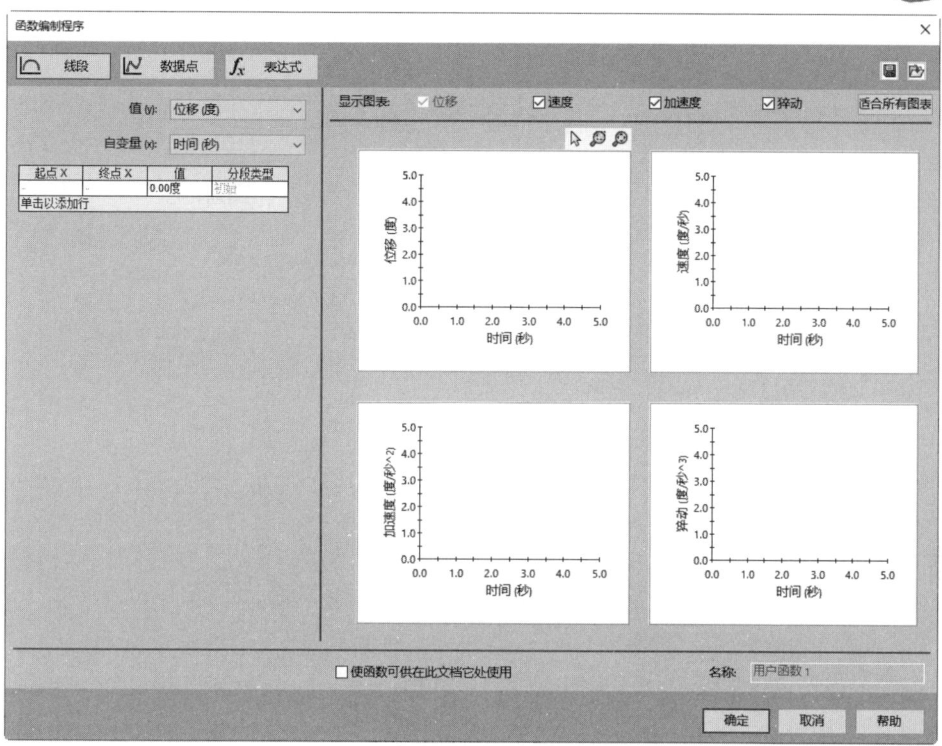

图 10-11　“线段”运动

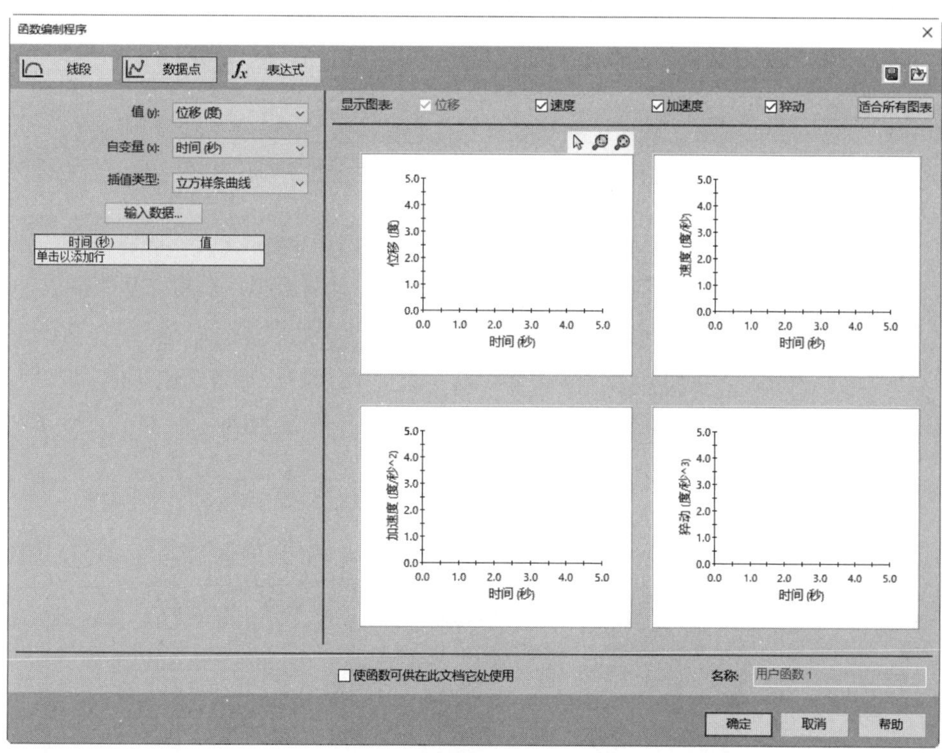

图 10-12　“数据点”运动

（5）单击属性管理器中的“确定”按钮✔，完成动画的设置。

Note

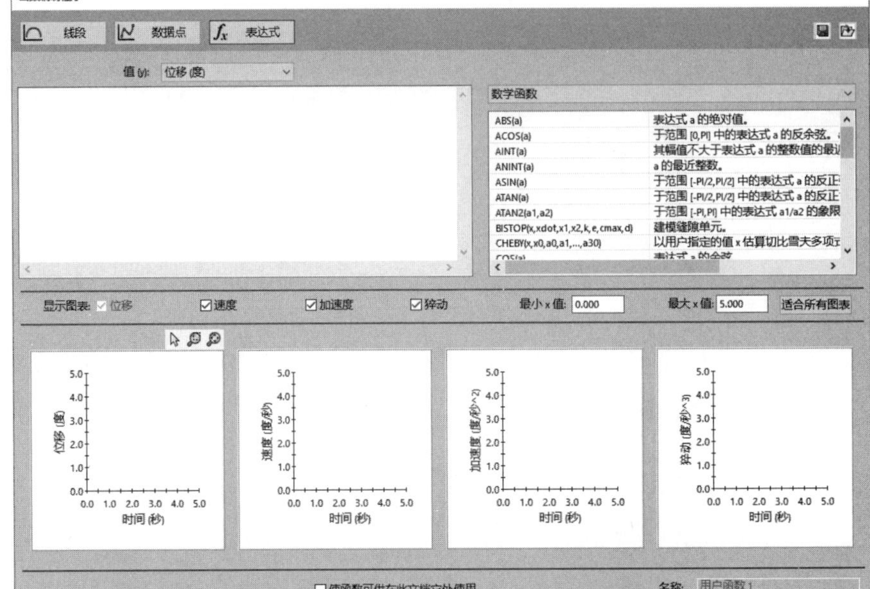

图 10-13 “表达式”运动

视频讲解

10.4.2 弹簧

弹簧为通过模拟各种弹簧类型的效果而绕装配体移动零部件的模拟单元。

操作步骤如下。

（1）单击 MotionManager 工具栏中的“弹簧”按钮，弹出“弹簧”属性管理器。

（2）在“弹簧”属性管理器的“弹簧类型”栏中单击“线性弹簧”按钮，在视图中选择要放置弹簧的两个面，如图 10-14 所示。

（3）在“弹簧”属性管理器中设置其他参数，单击“确定”按钮✔，完成弹簧的创建。

（4）单击 MotionManager 工具栏中的“计算”按钮，计算模拟。单击“从头播放”按钮，动画如图 10-15 所示，MotionManager 界面如图 10-16 所示。

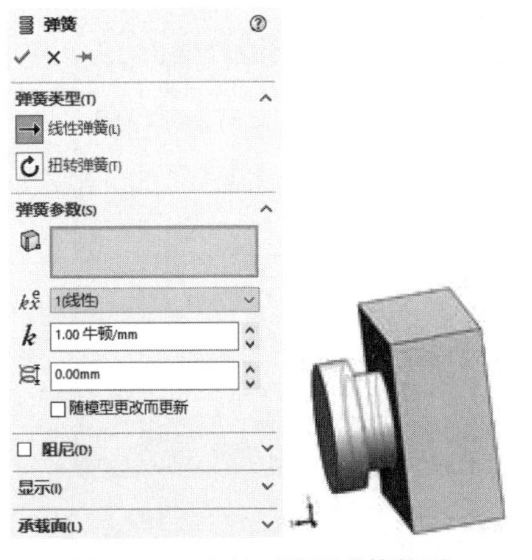

图 10-14 选择要放置弹簧的面

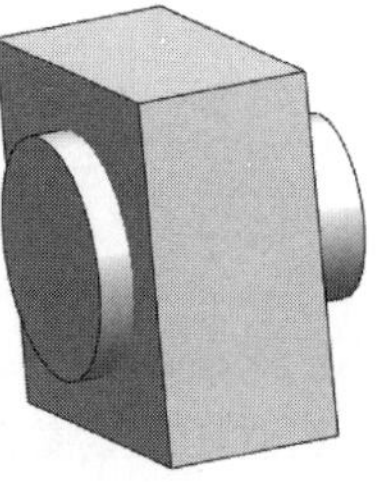

图 10-15 动画

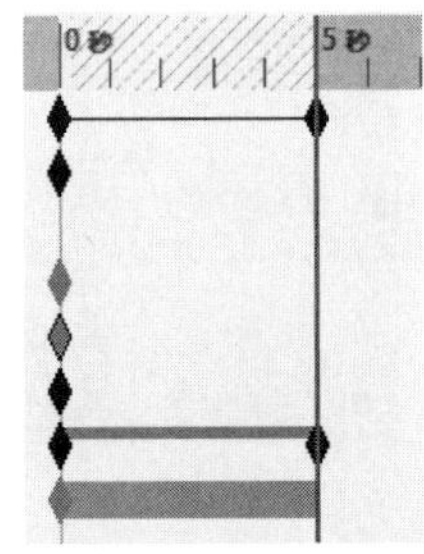

图 10-16 MotionManager 界面

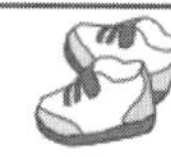

视频讲解

Note

10.4.3　引力

引力（仅限基本运动和运动分析）为通过插入模拟引力而绕装配体移动零部件的模拟单元。

操作步骤如下。

（1）单击 MotionManager 工具栏中的“引力”按钮，弹出“引力”属性管理器。

（2）在“引力”属性管理器中选中“Z”单选按钮，单击“反向”按钮，反转方向，也可以在视图中选择线或者面作为引力参考，如图 10-17 所示。

（3）在“引力”属性管理器中设置其他参数，单击“确定”按钮，完成引力的创建。

（4）单击 MotionManager 工具栏中的“计算”按钮，计算模拟。单击“从头播放”按钮，动画如图 10-18 所示，MotionManager 界面如图 10-19 所示。

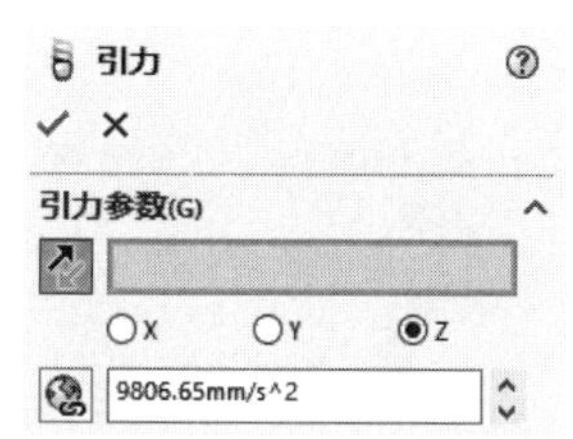

图 10-17　“引力”属性管理器

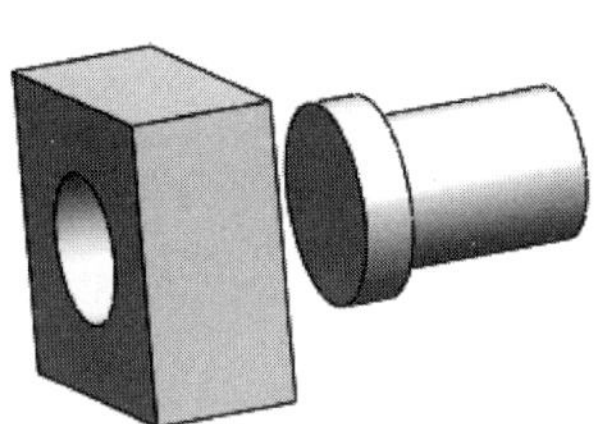

图 10-18　动画

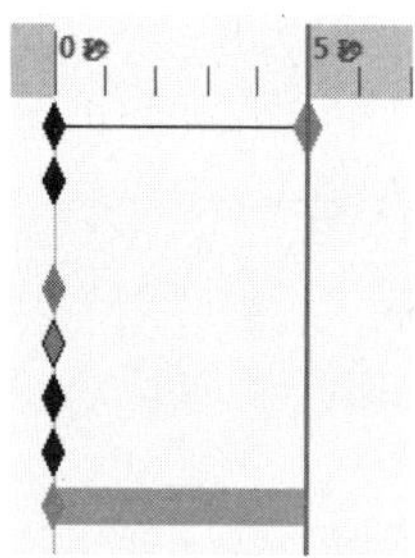

图 10-19　MotionManager 界面

10.4.4　阻尼

视频讲解

如果对动态系统应用了初始条件，系统会以不断减小的振幅振动，直到最终停止，这种现象称为阻尼效应。阻尼效应是一种复杂的现象，它以多种机制（如内摩擦和外摩擦、轮转的弹性应变、材料的微观热效应以及空气阻力）消耗能量。

操作步骤如下。

（1）单击 MotionManager 工具栏中的“阻尼”按钮，弹出如图 10-20 所示的“阻尼”属性管理器。

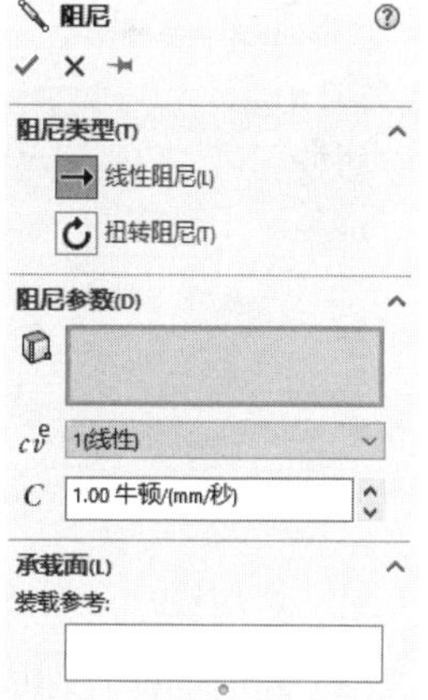

图 10-20　“阻尼”属性管理器

（2）在“阻尼”属性管理器的“阻尼类型”栏中选择“线性阻尼”，然后在绘图区域选取零件上弹簧或阻尼一端所附加到的面或边线，被选中的特征将高亮显示。

阻尼类型有以下两种。

❶ 线性阻尼：代表沿特定方向以一定距离在两个零件之间作用的力。

❷ 扭转阻尼：绕一个特定轴在两个零部件之间应用的旋转阻尼。

（3）在“阻尼力表达式指数”c_v^e和“阻尼常数”C选项中选择和输入基于阻尼的函数表达式，单击“确定”按钮，完成阻尼的创建。

10.4.5　力

视频讲解

力/扭矩对任何方向的面、边线、参考点、顶点和横梁应用均匀分布的力、力矩或扭矩，以供在结构算例中使用。

操作步骤如下。

（1）单击 MotionManager 工具栏中的“力”按钮↖，弹出如图 10-21 所示的“力/扭矩”属性管理器。

（2）在“力/扭矩”属性管理器“类型”栏中选择“力”类型，单击“方向”栏中的“作用力与反作用力”按钮，然后在视图中选择如图 10-22 所示的作用力和反作用力面。

“力/扭矩”属性管理器选项说明如下。

❶ 类型。

☑ 力：指定线性力。

☑ 力矩：指定扭矩。

❷ 方向。

☑ 只有作用力：为单作用力或扭矩指定参考特征和方向。

☑ 作用力与反作用力：为作用与反作用力或扭矩指定参考特征和方向。

（3）在“力/扭矩”属性管理器中设置其他参数，如图 10-23 所示。然后单击“确定”按钮✓，完成力的创建。

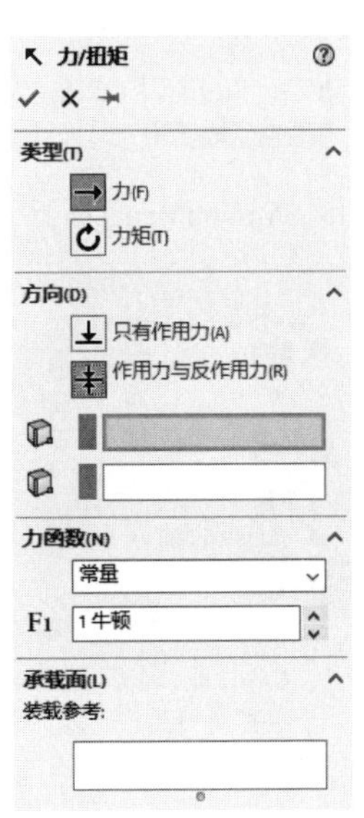

图 10-21　“力/扭矩”属性管理器

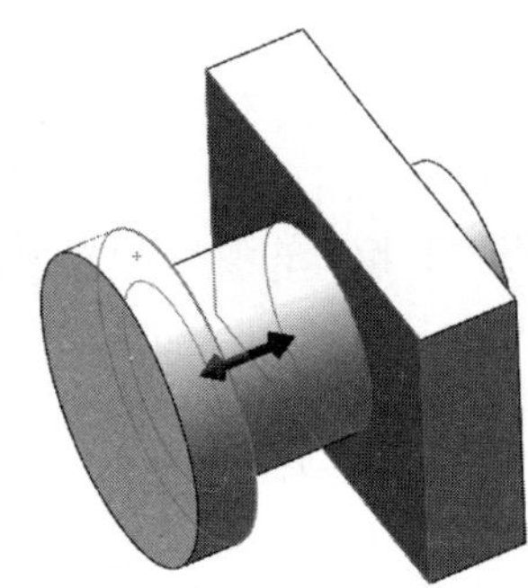

图 10-22　选择作用力面和反作用力面

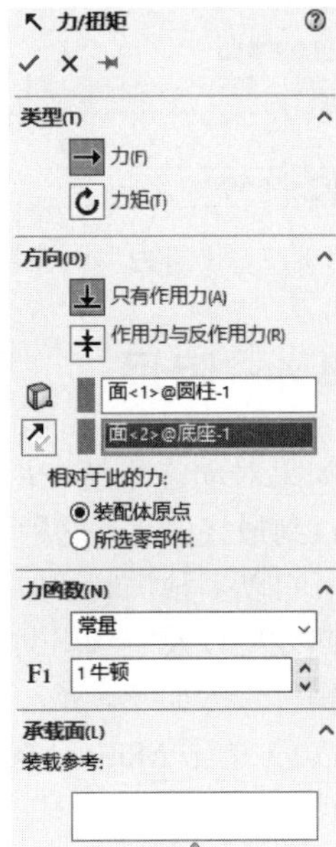

图 10-23　设置“力/扭矩”参数

（4）在时间线视图中设置时间点为 0.1s，设置播放速度为 5s。

（5）单击 MotionManager 工具栏中的“计算”按钮，计算模拟。单击“从头播放”按钮▶，动画如图 10-24 所示，MotionManager 界面如图 10-25 所示。

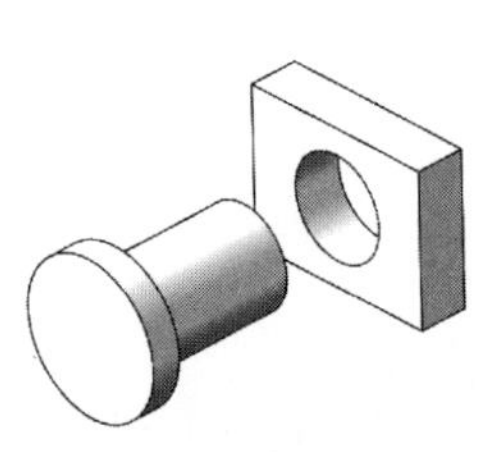

图 10-24　动画

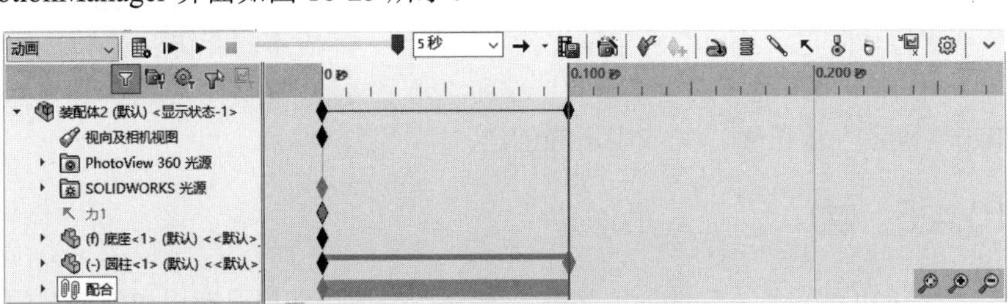

图 10-25　MotionManager 界面

Note

10.4.6　接触

如果零部件碰撞、滚动或滑动，可以使用接触来约束零件在整个运动分析过程中保持相触。

接触分为三维实体接触和二维曲线到曲线的接触。三维实体接触可以定义一组零部件内各个零部件之间或者两组零部件之间的接触；二维曲线到曲线的接触在使用曲线指定零部件之间的相触时，可定义曲线到曲线相触。还可以约束运动过程中曲线之间的连续接触。

操作步骤如下。

（1）单击 MotionManager 工具栏中的“接触”按钮，弹出如图 10-26 所示的“接触”属性管理器。

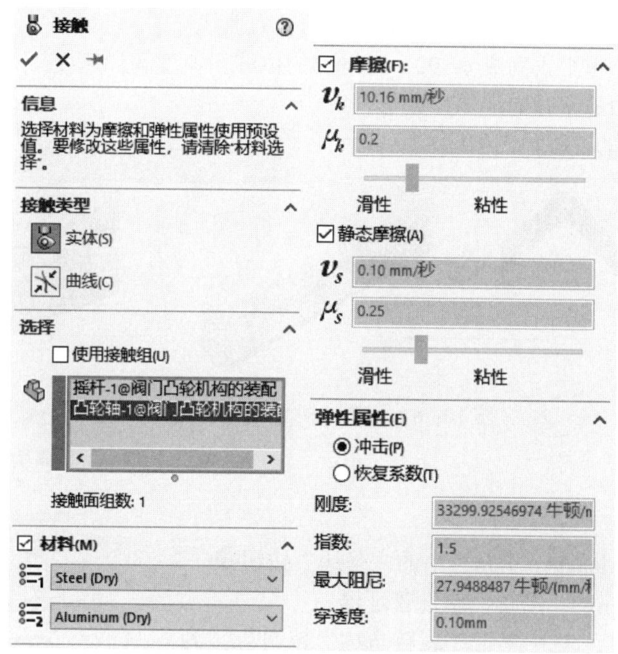

图 10-26　“接触”属性管理器

（2）在“接触”属性管理器的“接触类型”栏中单击“实体”按钮，然后在绘图区域选择两个相互接触的零件，添加它们的配合关系。

（3）在“材料”栏中更改两种材料类型分别为 Steel（Dry）与 Aluminum（Dry），然后设置其他参数，单击“确定”按钮✔，完成接触的创建。

10.5　综合实例——分析曲柄滑块机构

本节以实例的形式来讲解 SOLIDWORKS Motion，方便读者快速了解 SOLIDWORKS Motion 所提供的工作内容。

已知某曲柄滑块机构，其原理如图 10-27 所示。曲柄长度为 100mm，宽度为 10mm，厚度为 5mm；连杆长度为 200mm，宽度为 10mm，厚度为 5mm；滑块尺寸为 50mm×30mm×20mm。全部零件的材料为普通碳钢。曲柄以 60rad/s 的速度逆时针旋转。在滑块端部连接有一弹簧，弹簧原长 80mm，其弹性模量为 k=0.1N/mm，阻尼系数为 b=0.5N.s/mm。地面摩擦系数 f=0.25。要求：

Note

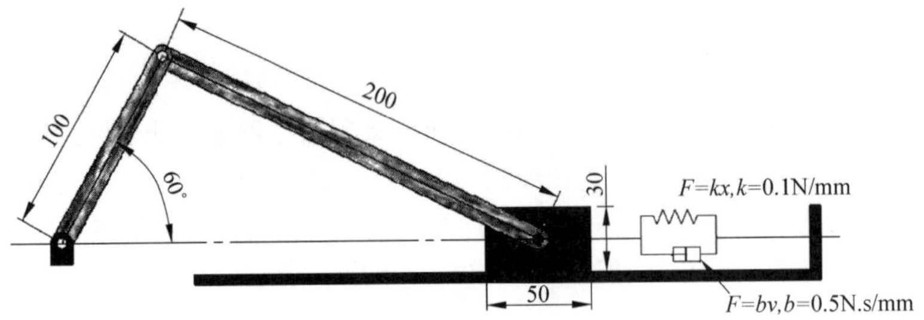

图 10-27　曲柄滑块机构机械原理

（1）绘制滑块的位移、速度、加速度和弹簧的受力曲线。

（2）求出当曲柄与水平正向成β= 90°时滑块的位移、速度和加速度；β= 180°时弹簧的受力。

（3）求出弹簧受力最小时的机构参数值。

分析曲柄滑块机构的流程如图 10-28 所示。

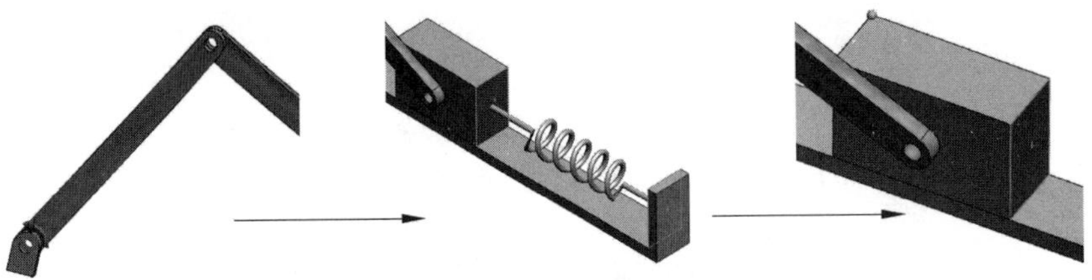
图 10-28　分析曲柄滑块机构的流程

操作步骤

1．添加马达

（1）单击 MotionManager 工具栏中的“马达”按钮，系统弹出如图 10-29 所示的“马达”属性管理器。

（2）在“马达类型”栏中单击“旋转马达”按钮，为曲柄滑块机构添加旋转类型的马达。

（3）首先单击“零部件/方向”栏中的“马达位置”图标右侧的显示栏，然后在绘图区选择曲柄下部的圆孔，如图 10-30 所示，指定需要添加马达的位置。

（4）马达的旋转方向采用默认的逆时针方向。

（5）在“运动”栏内选择“函数”为“等速”，设置马达的转数为 10RPM。参数设置完成后的“马达”属性管理器如图 10-31 所示。

（6）单击“确定”按钮，生成新的马达。

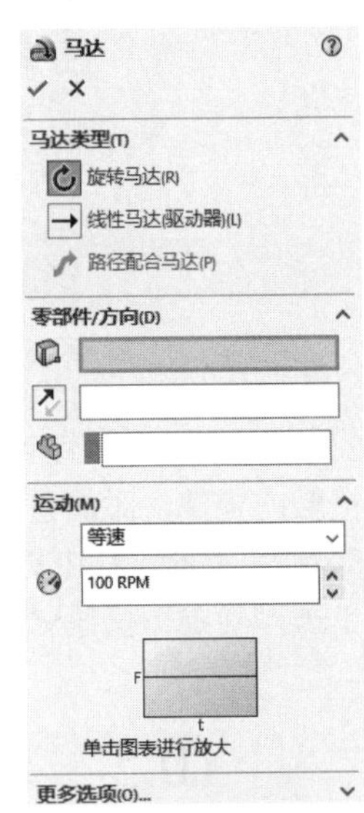

图 10-29　“马达”属性管理器

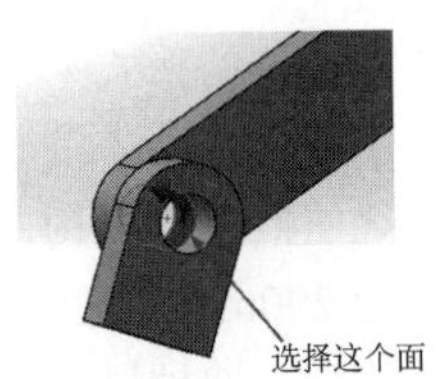

图 10-30　指定需要添加马达的位置

2．添加弹簧

（1）单击 MotionManager 工具栏中的“弹簧”按钮，系统弹出如图 10-32 所示的“弹簧”属性管理器。

（2）在“弹簧类型”中单击“线性弹簧”按钮，为曲柄滑块机构添加线性弹簧。

（3）首先单击“弹簧参数”栏中的“弹簧端点”图标右

侧的显示栏，然后在绘图区分别单击滑块的右端部和导轨机架竖直面的左端部，指定需要添加弹簧的位置，如图 10-33 所示。

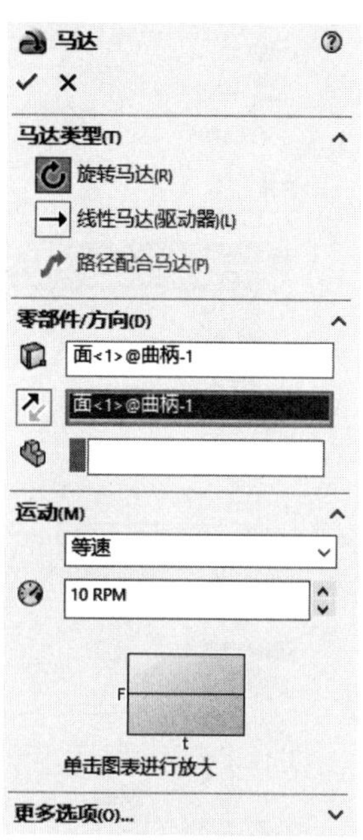

图 10-31　参数设置

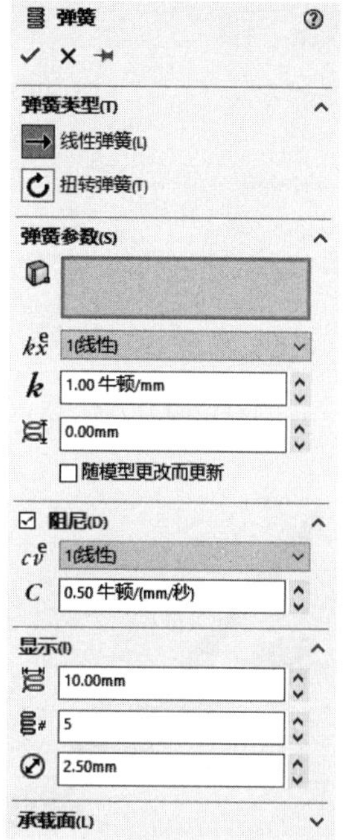

图 10-32　“弹簧”属性管理器

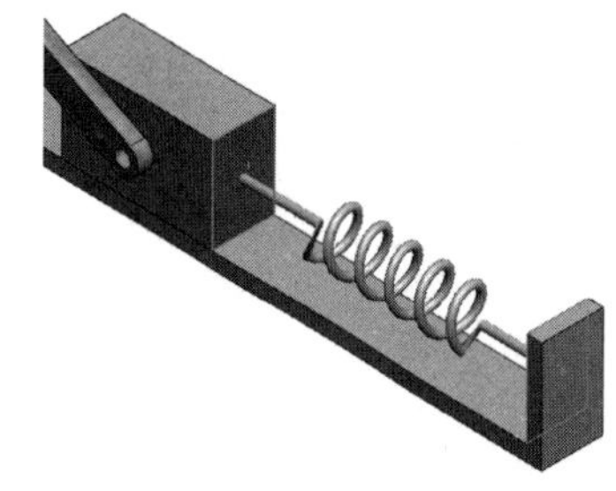

图 10-33　指定需要添加弹簧的位置

（4）在“弹簧参数”栏中设置“弹簧常数”k为 0.10N/mm，弹簧的“自由长度”为 80mm。

（5）选中“阻尼”复选框，并展开“阻尼”栏。设置“阻尼常数”C 为 0.50 N /（mm/s）。

（6）“显示”栏采用系统默认的参数（修改“显示”栏参数不影响系统分析的结果）。参数设置完成后的“弹簧”属性管理器如图 10-34 所示。

（7）单击“确定”按钮✔，生成新的弹簧。

3. 添加实体接触

（1）单击 MotionManager 工具栏中的“接触”按钮，系统弹出如图 10-35 所示的“接触”属性管理器。

（2）在“接触类型”栏中单击“实体”按钮，为曲柄滑块机构添加实体接触。

（3）首先单击“选择”栏中的“零部件”图标右侧的显示栏，然后在绘图区选择滑块和导轨机架，图 10-36 显示了所选择的两个零件。

（4）取消选中“材料”复选框，本例中采用输入摩擦系数的方式。

（5）在“摩擦”栏中设置“动态摩擦速度”v_k 为 0.25mm/s，“动态摩擦系数”μ_k 为 0.1，其余参数采用默认的设置。参数设置完成后的“接触”属性管理器如图 10-37 所示。

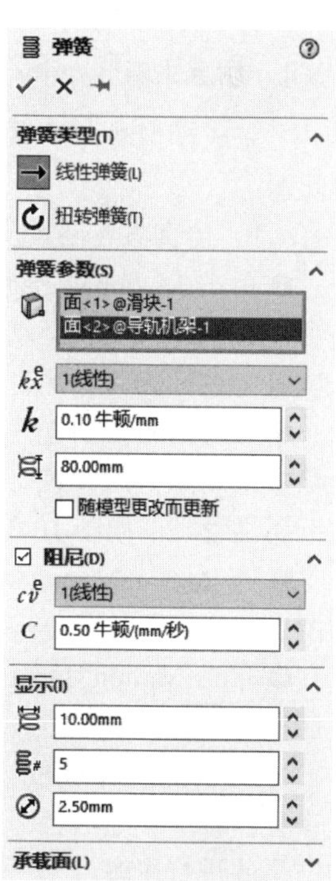

图 10-34　参数设置

Note

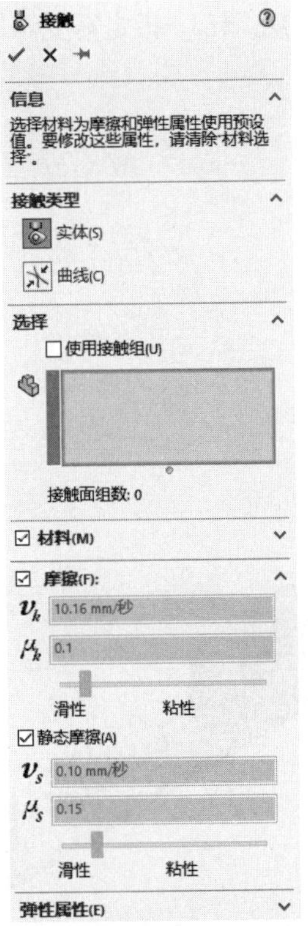

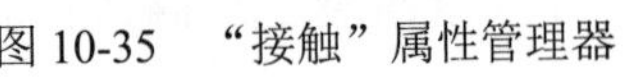

图 10-35 “接触”属性管理器

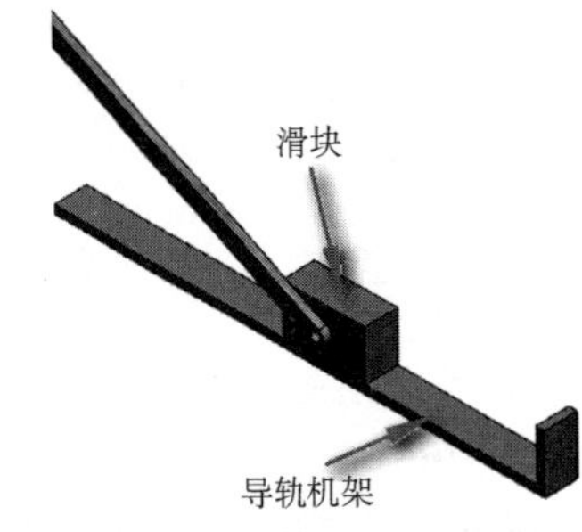

图 10-36 选择零件

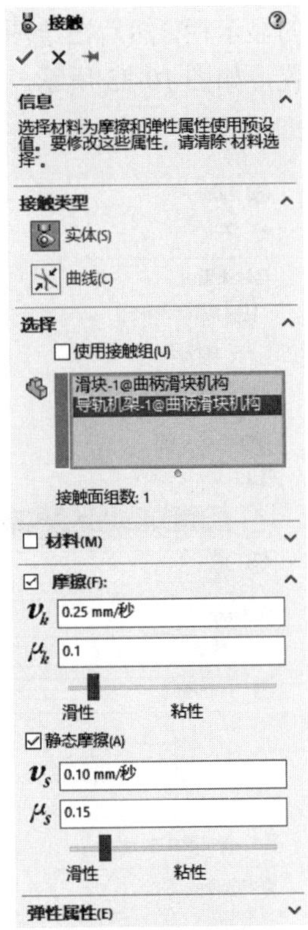

图 10-37 参数设置

（6）单击“确定”按钮✓，生成新的接触关系。

4. 仿真求解

当完成模型动力学参数的设置后，即可以仿真求解题设问题。

（1）仿真参数设置及计算。

❶ 单击 MotionManager 工具栏中的“运动算例属性”按钮，系统弹出“运动算例属性”属性管理器，对曲柄滑块机构进行仿真求解的设置。

❷ 在“Motion 分析”栏内输入“每秒帧数”为 50，其余参数采用默认的设置。参数设置完成后的“运动算例属性”属性管理器如图 10-38 所示。

❸ 在 MotionManager 界面将时间栏的长度拉到 12s，如图 10-39 所示。

❹ 单击 MotionManager 工具栏中的“计算”按钮，对曲柄滑块机构进行仿真求解的计算。

（2）添加结果曲线。

分析计算完成后，可以对结果进行后处理，分析计算的结果并进行图解。

❶ 单击 MotionManager 工具栏中的“结果和图解”按

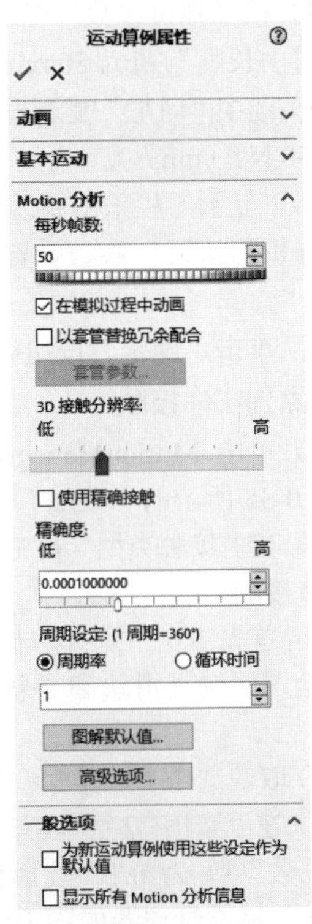

图 10-38 “运动算例属性”属性管理器

钮，系统弹出如图 10-40 所示的“结果”属性管理器，对曲柄滑块机构进行仿真结果的分析。

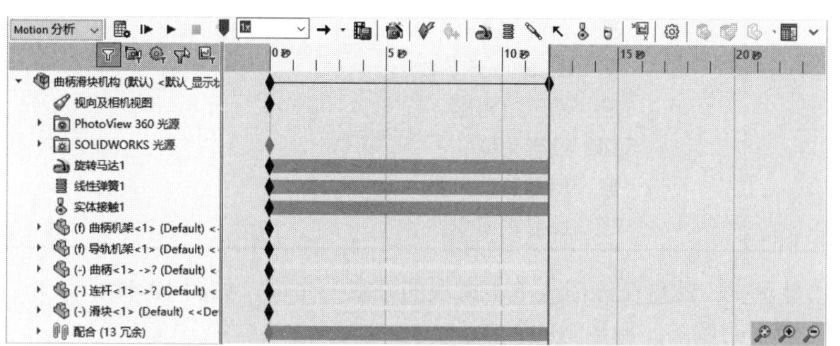

图 10-39　MotionManager 界面

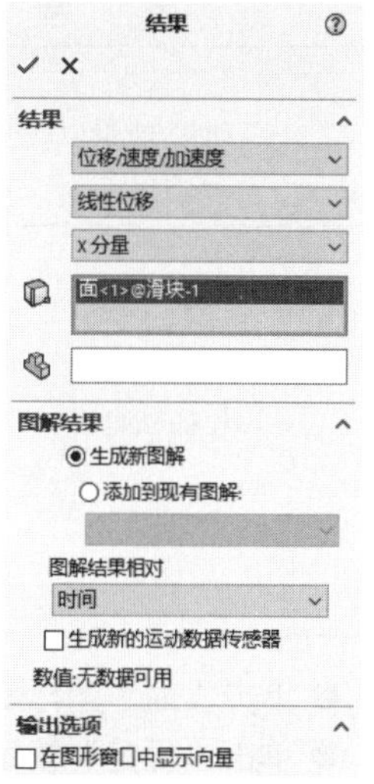

图 10-40　“结果”属性管理器

❷ 在“结果”栏的“选取类别”下拉列表框中，选择分析的类别为“位移/速度/加速度”；在“选取子类别”下拉列表框中，选择分析的子类别为“线性位移”；在“选取结果分量”下拉列表框中，选择分析的结果分量为“X 分量”。SOLIDWORKS Motion 可以分析的图解的类别和子类别如表 10-1 所示。

表 10-1　SOLIDWORKS Motion 图解的类别和子类别表

类　别	子　类　别
位移/速度/加速度	☑ 跟踪路径。显示荧屏图像，跟踪顶点的路径 ☑ 质量中心位置 ☑ 线性位移。从单独零件中选取两个点 ☑ 线性速度 ☑ 线性加速度 ☑ 角位移。从 2 个或 3 个零件中选取 3 个点 ☑ 角速度 ☑ 角加速度
力	☑ 马达力 ☑ 马达力矩 ☑ 反作用力 ☑ 反力矩 ☑ 摩擦力 ☑ 摩擦力矩 ☑ 接触力
动量/能量/力量	☑ 平移力矩 ☑ 角力矩 ☑ 平移运动能 ☑ 角运动能

Note

续表

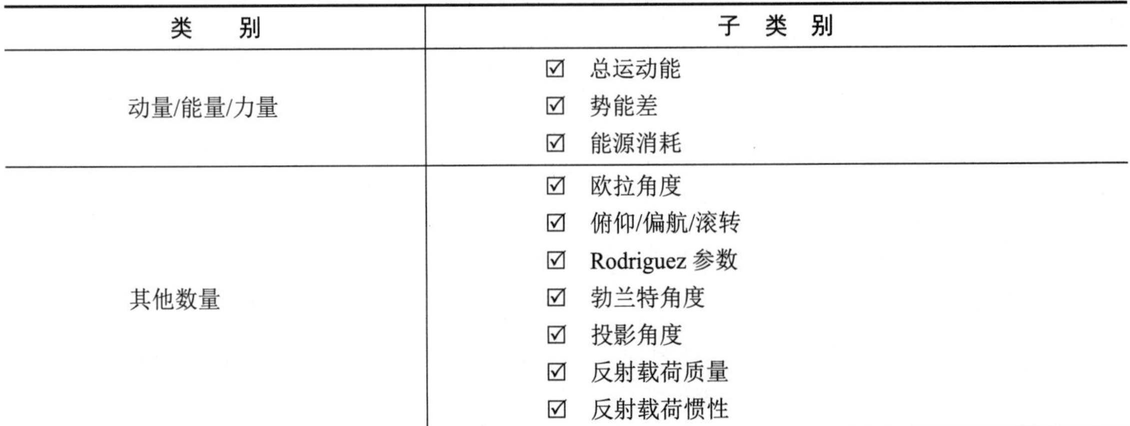

类　别	子　类　别
动量/能量/力量	☑ 总运动能 ☑ 势能差 ☑ 能源消耗
其他数量	☑ 欧拉角度 ☑ 俯仰/偏航/滚转 ☑ Rodriguez 参数 ☑ 勃兰特角度 ☑ 投影角度 ☑ 反射载荷质量 ☑ 反射载荷惯性

❸ 单击“面”图标右侧的显示栏，然后在绘图区单击滑块的任意一个面，如图 10-41 所示。

❹ 单击“确定”按钮✓，生成新的图解，如图 10-42 所示。

❺ 在“结果”栏的“选取类别”下拉列表框中，选择分析的类别为“位移/速度/加速度”；在“选取子类别”下拉列表框中，选择分析的子类别为“线性速度”；在“选取结果分量”下拉列表框中，选择分析的结果分量为“X 分量”，如图 10-43 所示。

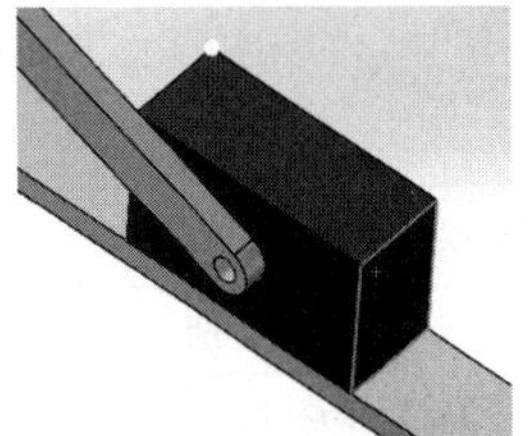

图 10-41　选择滑块

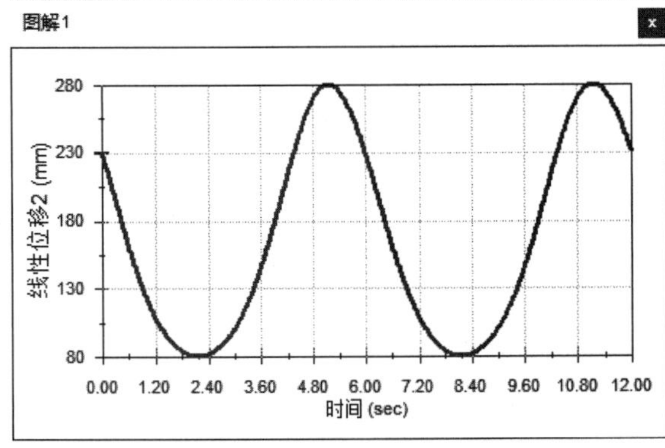

图 10-42　滑块线性位移-时间曲线

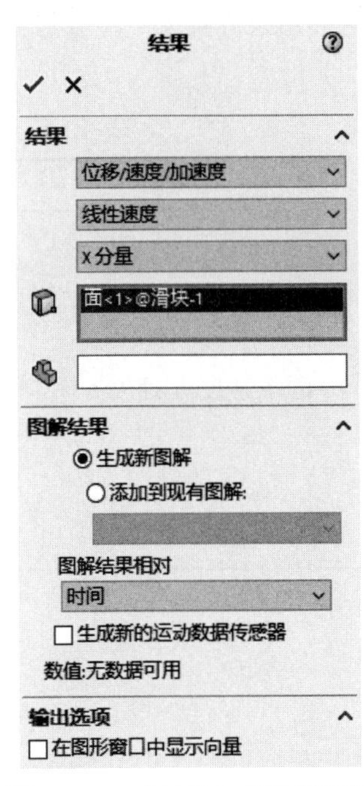

图 10-43　“结果”属性管理器

❻ 单击“面”图标右侧的显示栏，然后在绘图区单击滑块的任意一个面，如图 10-44 所示。

❼ 单击“确定”按钮✓，生成新的图解，如图 10-45 所示。

❽ 在“结果”栏的“选取类别”下拉列表框中，选择分析的类别为“位移/速度/加速度”；在“选取子类别”下拉列表框中，选择分析的子类别为“线性加速度”；在“选取结果分量”下拉列表框中，选择分析的结果分量为“X 分量”，如图 10-46 所示。

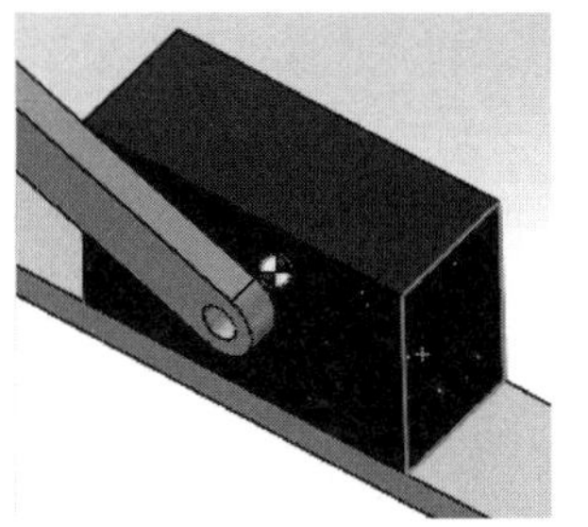

图 10-44 选择滑块

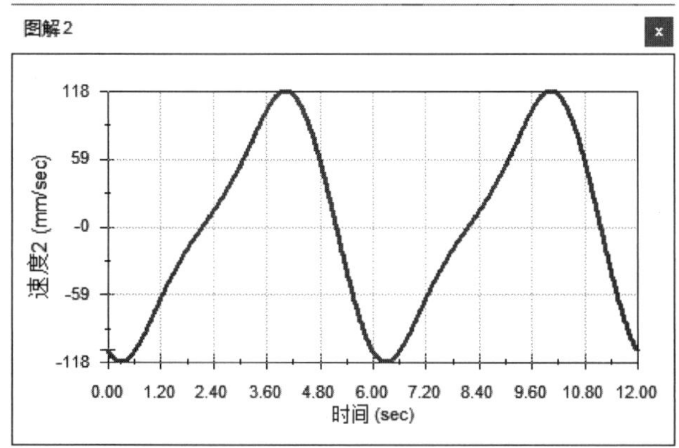

图 10-45 滑块速度-时间曲线

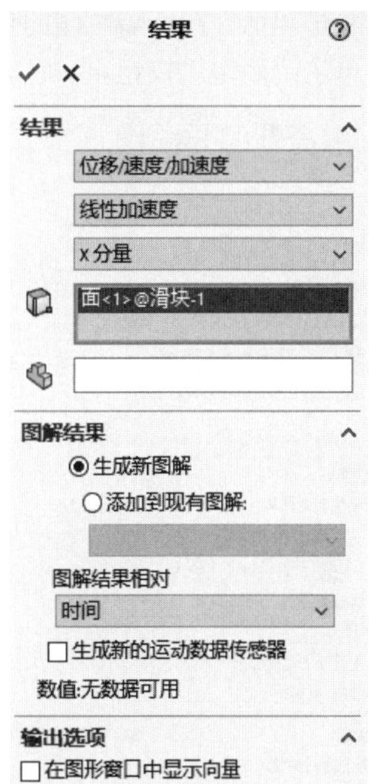

图 10-46 “结果”属性管理器

❾ 单击“面”图标右侧的显示栏，然后在绘图区选择滑块的任意一个面，如图 10-47 所示。

❿ 单击“确定”按钮，生成新的图解，如图 10-48 所示。

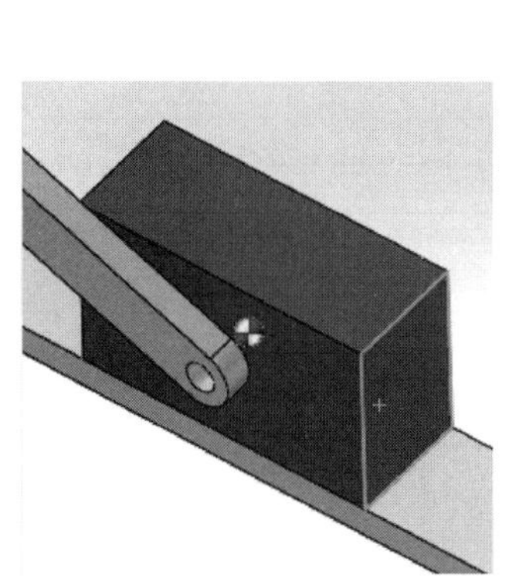

图 10-47 选择滑块

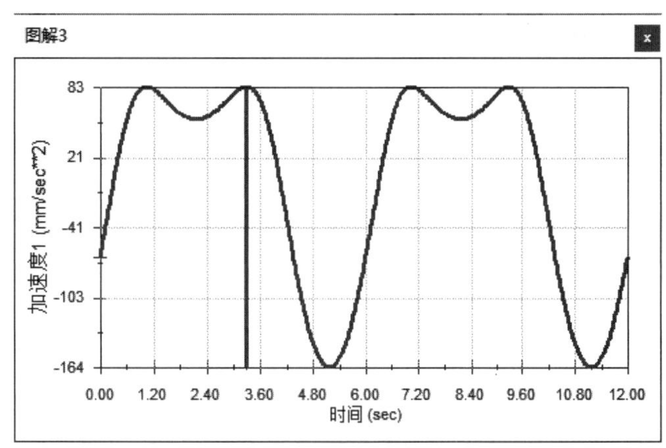

图 10-48 滑块加速度-时间曲线

⓫ 在“结果”栏的“选取类别”下拉列表框中，选择分析的类别为“力”；在“选取子类别”下拉列表框中，选择分析的子类别为“反作用力”；在“选取结果分量”下拉列表框中，选择分析的结果分量为“X 分量”，如图 10-49 所示。

⓬ 单击“面”图标右侧的显示栏，然后在模型树中选择“线性弹簧 1”，如图 10-50 所示。

⓭ 单击“确定”按钮，生成新的图解，如图 10-51 所示。

⓮ 在“结果”栏的“选取类别”下拉列表框中，选择分析的类别为“位移/速度/加速度”；在“选

Note

取子类别”下拉列表框中，选择分析的子类别为“角位移”；在“选取结果分量”下拉列表框中，选择分析的结果分量为“幅值”，如图 10-52 所示。

⑮ 单击“面”图标右侧的显示栏，然后在绘图区中单击曲柄的任意一个面，如图 10-52 所示。

⑯ 单击“确定”按钮✓，生成新的图解，如图 10-53 所示。

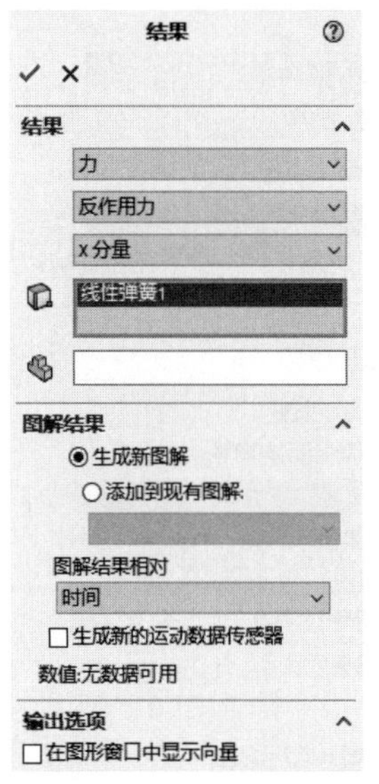

图 10-49 “结果”属性管理器

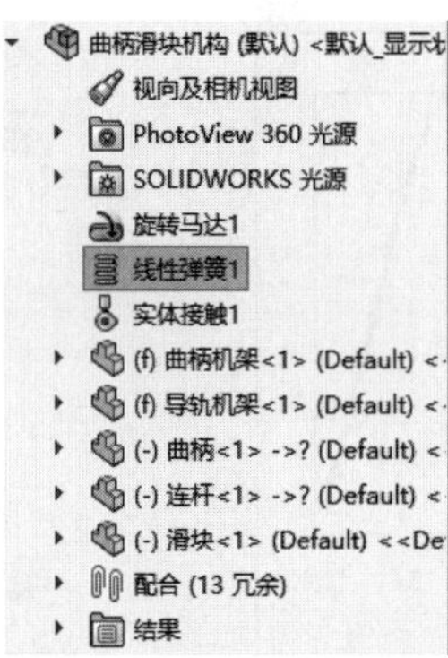

图 10-50 选择线性弹簧 1

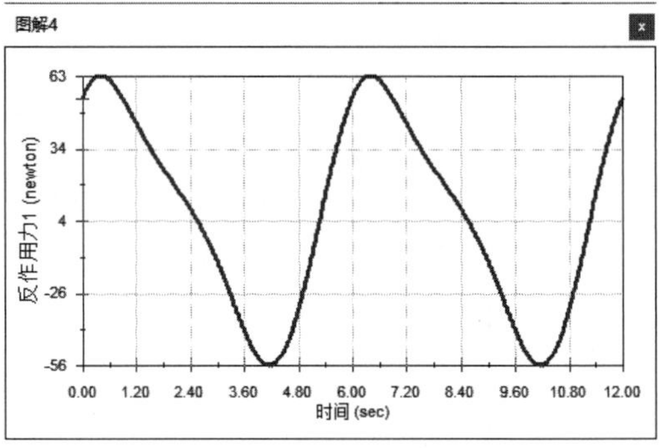

图 10-51 弹簧的反作用力

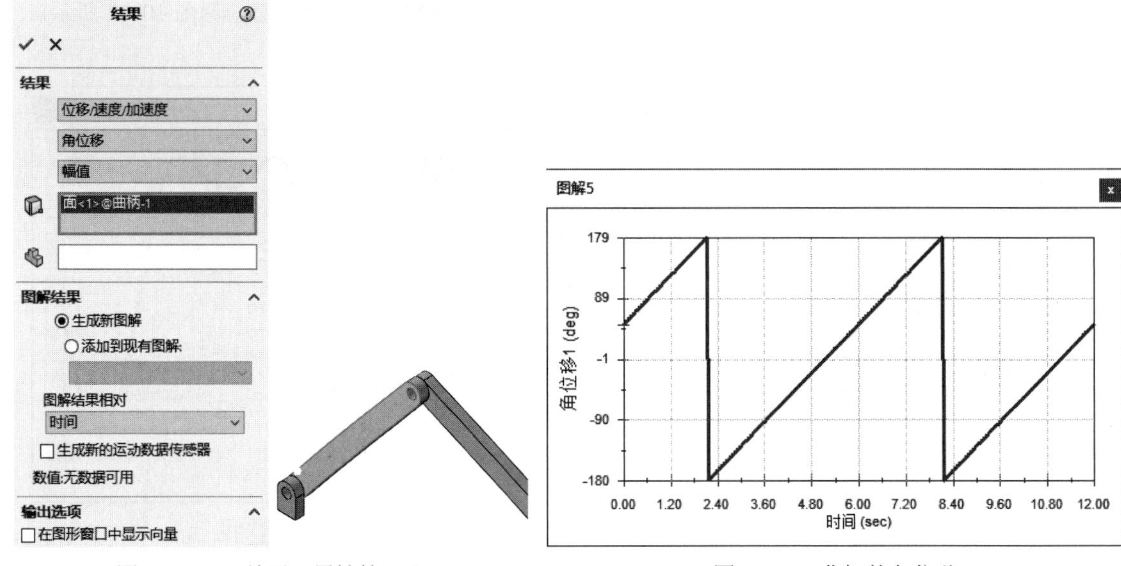

图 10-52 “结果”属性管理器

图 10-53 曲柄的角位移

10.6 实践与操作

通过前面的学习，相信读者对本章知识已有大体的了解，本节将通过两个操作练习使读者进一步

掌握本章知识要点。

1. 为如图 10-54 所示的冲压机构创建运动仿真

操作提示：

（1）利用“马达”命令，为 Plate 零件添加旋转马达，选择“运动类型”为“振荡”，马达的位移为 20deg，马达的频率为 1Hz，马达的相移为 0deg，如图 10-55 所示。

（2）利用“选项”命令，输入“每秒帧数”为 50，将时间栏的长度拉到 5s。

（3）利用“结果”和“图解”命令，选择分析的类别为“位移/速度/加速度”，分析的子类别为“线性位移”，结果分量为“Y 分量”。在绘图区单击 Punch 零件的任意一个面（见图 10-56），创建图解。

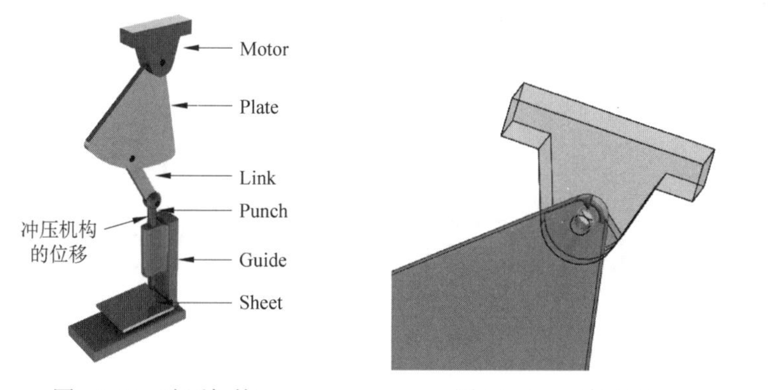

图 10-54　冲压机构　　图 10-55　添加马达　　图 10-56　选择面

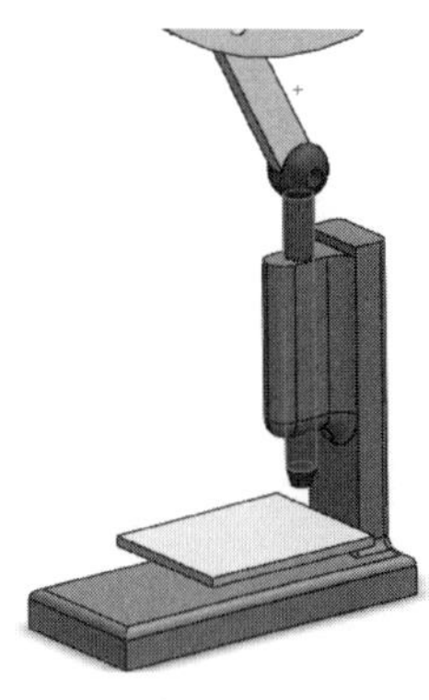

2. 为如图 10-57 所示的自卸车斗创建运动仿真

操作提示：

（1）利用“马达”命令，为车斗零件添加线性马达，选择“运动类型”为“等速”，马达的速度为 5mm/s，如图 10-58 所示。

（2）利用“引力”命令，在“引力参数”中，选中“Y”单选按钮，为车斗添加竖直向下的引力。

（3）利用“选项”命令，输入“每秒帧数”为 50，将时间栏的长度拉到 6s。

（4）利用“结果”和“图解”命令，选择分析的类别为“力”，分析的子类别为“反作用力”，分析的结果分量为“幅值”。选择油缸顶杆与载荷的同心配合（见图 10-59），创建图解。

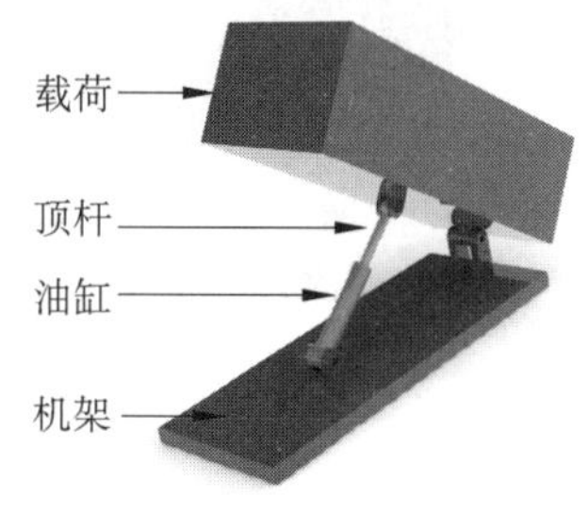

图 10-57　自卸车斗

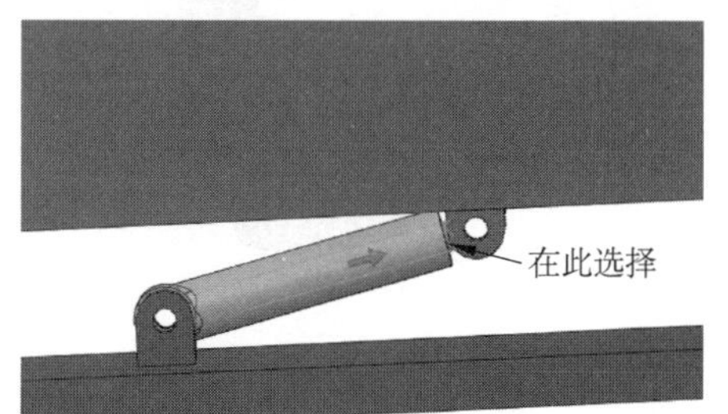

图 10-58　添加马达

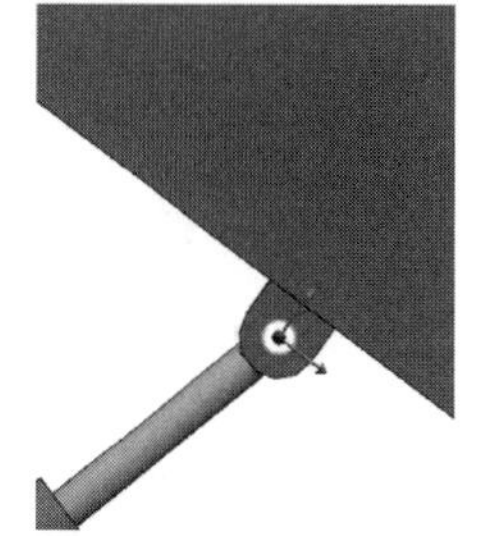

图 10-59　选择同心配合

VR 动画制作工具 SOLIDWORKS Composer

SOLIDWORKS Composer 是一种优秀的 VR 动画制作工具，可以与 SOLIDWORKS 完美结合。本章将首先介绍该软件的图形用户界面及所能实现的功能，然后结合具体实例讲述视图和标记、爆炸图、矢量图及动画的制作等。

☑ SOLIDWORKS Composer 简介
☑ 功能区
☑ 导航视图
☑ 视图和标记
☑ 爆炸图和矢量图
☑ 动画制作

任务驱动&项目案例

（1）

（2）

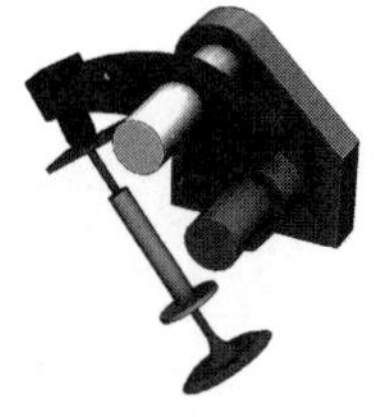
（3）

（4）

（5）

视频讲解

Note

11.1　概　　述

本节内容为基础知识，首先简单介绍 SOLIDWORKS Composer，然后通过图形用户界面来讲述各部分的功能，最后说明 SOLIDWORKS Composer 的文件格式。

11.1.1　SOLIDWORKS Composer 简介

SOLIDWORKS Composer 是 SOLIDWORKS 公司推出的一款动画制作软件，可以直接应用在 SOLIDWORKS 创建的模型，以无缝的方式更新到产品的文档中，以创建精确的、最新的印刷及交互材料。使用 SOLIDWORKS Composer 可以创建装配说明、客户服务程序、市场营销资料、现场服务维修手册、培训教材和用户手册。

利用 SOLIDWORKS Composer 可以创建基于 EXE 格式、Word 格式、PDF 格式、PPT 格式、AVI 格式和网页格式的文件。SOLIDWORKS Composer 具有强大的功能，但它不难以使用，相反它带给用户的体验往往是“快乐”，而且立即就能见到效果。

11.1.2　图形用户界面

图 11-1 显示了 SOLIDWORKS Composer 的图形用户界面。

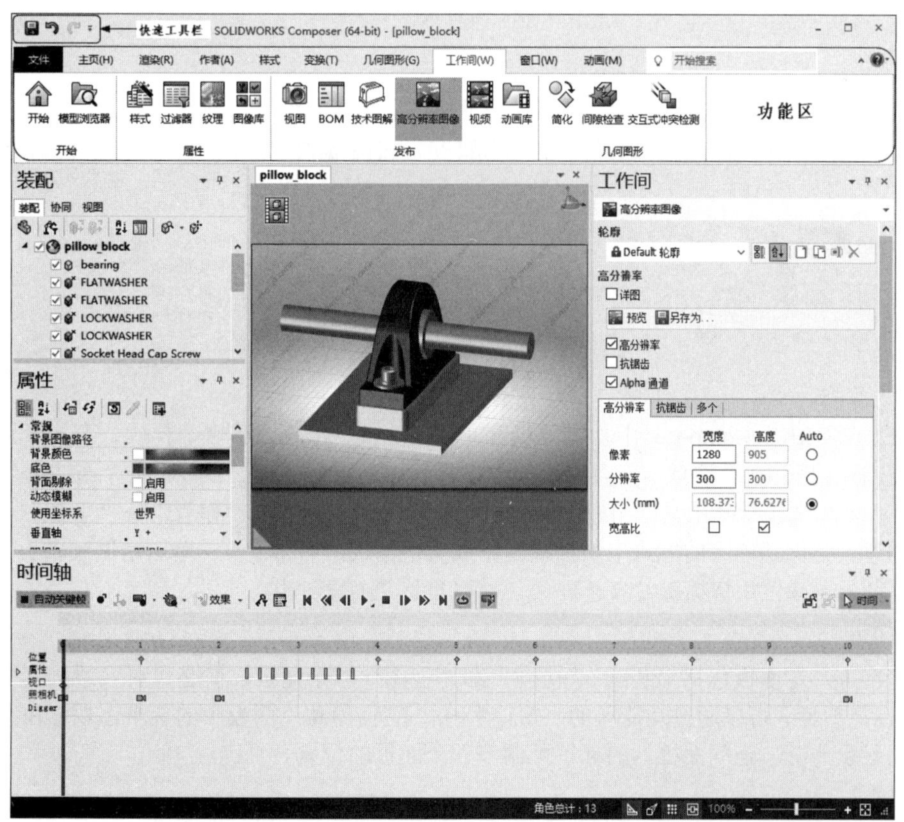

图 11-1　SOLIDWORKS Composer 的图形用户界面

1. 快速工具栏

快速工具栏提供了快捷使用常用命令的方式，默认情况下，它包括“保存”“撤销”和“前进”命令图标。快速工具栏中的命令也可以予以配置。通过单击“快速”工具栏中的“展开”图标▾，从下拉菜单中选择命令或选择更多命令来配置，如图 11-2 所示。

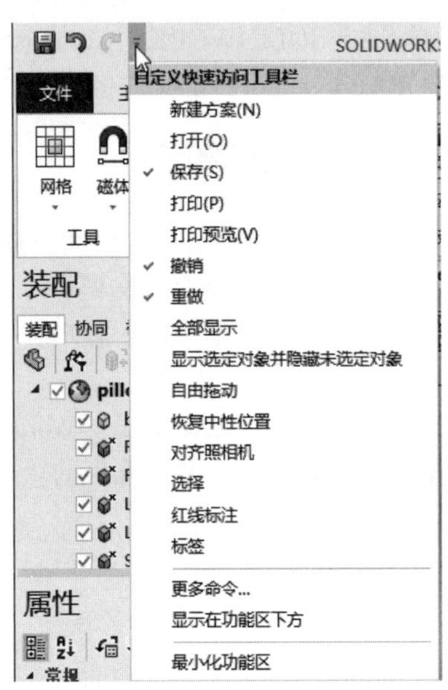

图 11-2 配置快速工具栏

2. 功能区

功能区是显示基于任务的工具和控件的选项板。在打开文件时，会默认显示功能区，提供一个包括创建或修改图形所需的所有工具的小型选项板。它由选项卡、面板及所含按钮命令组成，如图 11-3 所示。

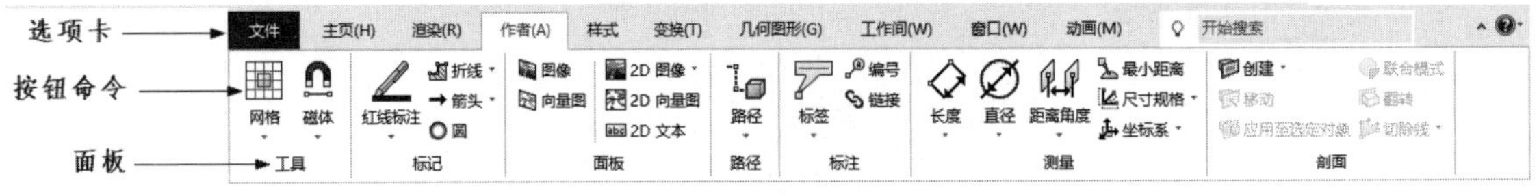

图 11-3 功能区

在 SOLIDWORKS Composer 中功能区包含文件、主页、渲染、作者、样式、变换、几何图形、工作间、窗口和动画 10 个选项卡，各个选项卡下包含有各自的面板。在以后的章节中介绍命令路径时，例如“作者”选项卡“工具”面板中的“网格”命令，将叙述为“作者”→“工具”→“网格”。

可以通过最小化功能区的方式来增加视图区或其他面板的有效空间。单击功能区右上角的“最小化功能区”图标^或使用快捷键 Ctrl+F11 可以将功能区进行最小化。

3. 左面板

默认情况下，左面板包括“装配”“协同”和“视图”3 个面板，但是也可以添加其他面板，如 BOM 和“标记”等。可以通过功能区的“窗口”→“显示/隐藏”面板中的各个选项来控制左面板中各个面板的显示情况。拖动面板上的标签可调节各个面板的位置。

4. 视图区

视图区是 SOLIDWORKS Composer 的主要工作区。它显示的是三维场景，场景中包含所有

SOLIDWORKS Composer 中的对象（如几何模型、协同对象、照相机、灯光等）。视图区还包含文档标签、切换模式图标、图纸空间、激活视图符号、罗盘和地面等，如图 11-4 所示。

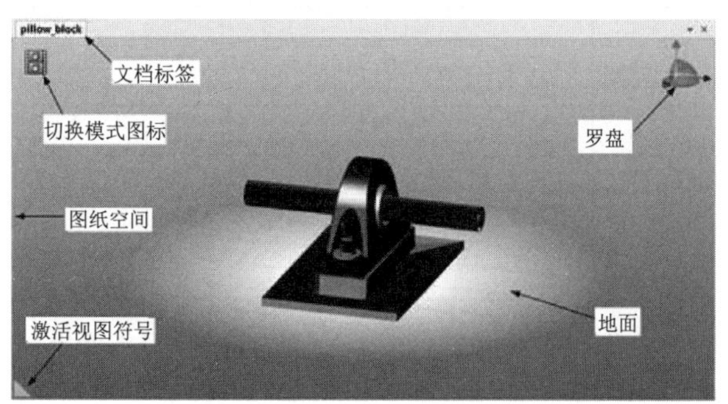

图 11-4　视图区

5. 工作间

“工作间”面板提供了 SOLIDWORKS Composer 特征设置参数。要显示“工作间”面板，可以选择“窗口”→“显示/隐藏”→“工作间”命令或在“工作间”选项卡中单击需要显示的工作间按钮。“工作间”选项卡中包括“开始”“模型浏览器”“样式”“过滤器”“纹理”“图像库”“视图”“BOM”“技术图解”“高分辨率图像”“视频”“动画库”“简化”“间隙检查”“交互式冲突检测”等按钮命令。

6. 属性

“属性”面板允许查看和编辑所选择对象的属性。每个对象含有中性属性，默认的是导入时文件的属性（CAD 属性）。可以修改并保存其中性属性。当选择的对象为一个时，“属性”面板中显示的是该对象的所有属性；而当选择的对象为多个时，“属性”面板中则显示它们的共同属性。

7. 时间轴

时间轴允许用户创建、修改和播放三维动画。SOLIDWORKS Composer 是基于关键帧的界面。创建的关键帧捕获对象的属性和位置，然后软件将通过计算播放两帧之间的过渡。

8. 状态栏

初始情况下，状态栏固定在 SOLIDWORKS Composer 界面的底部，显示使用命令的指示性信息和其他有用的信息。另外它还包含有一些命令，如“照相机透视模式”，利用此命令可以将视图在透视模式和正交投影模式中进行切换；而利用“显示/隐藏纸张”命令，可以调整纸张的显示和隐藏。

11.1.3 文件格式

SOLIDWORKS Composer 默认保存的文件类型为 SMG（.smg），SMG 文件是一种独立的文件，包含所有属性、几何模型、视图和动画信息。利用解压缩类软件，如 WinRAR，可以对该类型文件进行解压缩，解压缩后的文件包含.smgXml、.smgGeom 及其他渲染所需的文件。其中：.smgXml 文件包含装配结构、对象的位置信息及视图的性能等；.smgGeom 文件为对象的模型。

SOLIDWORKS Composer 也可以生成打包的文件，该类型文件仅含有一个 EXE（.exe）文件包。EXE 文件包内除含有 SMG 文件外，还含有 SOLIDWORKS Composer Player 扩展文件及帮助文件。

方案文件（.smgProj）可以被存放于不同的方案文件夹中。其中：.smgXml、.smgView、.smgSce 文件可以被命名为不同的文件，并存放于不同的文件夹中；而.smgXml 和.smgGeom 文件必须名称相同，且位于相同目录中。各文件之间的比较如表 11-1 所示。

表 11-1　文件类型比较

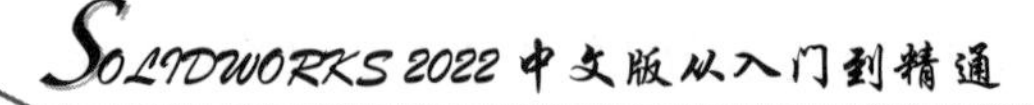

优　　点	SMG（.smg）	打包文件（.exe）	产品（.smgXml）	方案(.smgProj)
最小的文件数量	√	√		
包含 SOLIDWORKS Composer Player		√		
可编辑 XML			√	√
单独的产品、场景和视图文件			√	√
产品、场景和视图文件可存放于不同的文档				√

Note

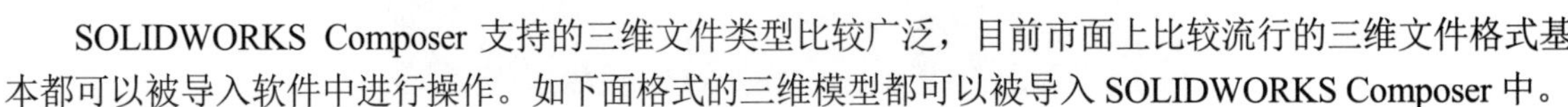

SOLIDWORKS Composer 支持的三维文件类型比较广泛，目前市面上比较流行的三维文件格式基本都可以被导入软件中进行操作。如下面格式的三维模型都可以被导入 SOLIDWORKS Composer 中。

☑　所有 SOLIDWORKS Composer 格式。
☑　CATIA V4 4.13.9～4.2.4。
☑　CATIA V5 R2～R20。
☑　SOLIDWORKS 2006～2022。
☑　3DXML V2～V4。
☑　ACIS 支持到 R21。
☑　IGES 支持到 5.3。
☑　STEP AP203 及 AP214。
☑　VDA 13.0 及 2.0。
☑　Pro/ENGINEER 16 到 Wildfire 5。
☑　U3D ECMA 1～3。
☑　STL。
☑　VRML 2.0（不支持 13.0 并且不支持动画）。
☑　Alias Wavefront。
☑　XAML。
☑　3DStudio 支持到 3D Studio MAX 4（不支持动画和场景）。

11.2　功　能　区

功能区中几乎包含 SOLIDWORKS Composer 的所有命令，要使用 SOLIDWORKS Composer，首先需要掌握功能区的各个命令。学好本节内容，可为今后的学习打下良好的基础，得到事半功倍的效果。

11.2.1　文件

视频讲解

利用“文件”选项卡中的命令，可以管理文件，包括发布到各种格式、设置应用程序集及文档的属性等。“文件”选项卡固定于 SOLIDWORKSComposer 功能区的左上角，包含的命令如图 11-5 所示。

1．新建方案

创建一个新的 SOLIDWORKS Composer 方案文件。选择“新建方案”命令后，会弹出“新方案”对话框，如图 11-6 所示，需要在其中设置方案文件的名称、存储位置及加载选项，然后单击“确定”

按钮。系统会弹出“添加产品”对话框，可在对话框中选择一个或多个产品文件（.smgXml）并添加到方案中。

图 11-5　“文件”选项卡

图 11-6　“新方案”对话框

2. 打开

打开一个 SOLIDWORKS Composer 文件、CAD 或其他三维格式的文件。

3. 保存

将文档保存为 SMG（.smg）格式或产品（.smgXml）格式文件。

4. 另存为

使用“另存为”命令可以将文档保存为一个副本，还可以将文档更改为其他的格式文件来保存，包括 SOLIDWORKS Composer 各种文件及其他交互格式的文件，如 U3D、3DS 及 XAML 等。

5. 打印

可以更改打印设置，将文档打印。还可以进行快速打印或打印预览。

6. 发布

任务完成后，可以对结果进行发布操作。不仅可以将结果文件发布为 HTML 和 PDF 格式，还可以直接发布到 SOLIDWORKS.com 网站上，或发送 E-mail 至该网站上。发布的具体设置将在后面介绍。

7. 属性

“属性”命令包含“文档属性”和“默认文档属性”命令，其区别为，修改用文档属性仅更改当前文件的各个属性，而修改默认文档属性则会修改当前及以后所保存的文档。

例如，选择“文档属性”命令会弹出如图 11-7 所示的“文档属性”对话框，在该对话框中可以进行安全性、签名、视口、视口背景、选定对象等属性的更改。

另外，在“属性”命令中还包含“显示 XML”命令，利用此命令可以打开 XML 场景描述文件。一般情况下，打开此文件使用系统中默认的 XML 编辑器，如果未安装，则使用 IE 打开。

8. 关闭

关闭当前文档。

Note

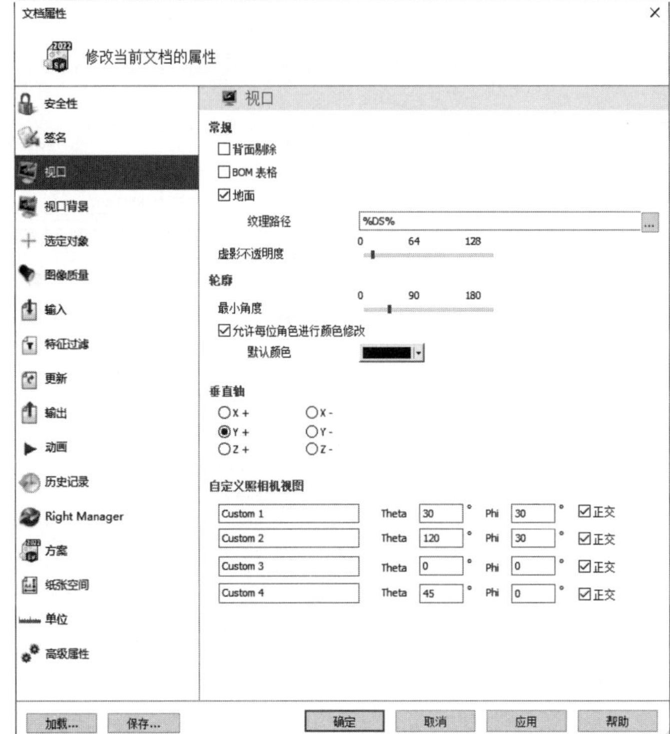

图 11-7 “文档属性”对话框

9. 首选项

单击“首选项”按钮，会弹出如图 11-8 所示的“应用程序首选项”对话框，在该对话框中，可以进行应用程序设置的修改和用户配置文件的管理。“应用程序首选项”对话框包含常规、输入、视口、照相机、选定对象、切换、硬件支持、应用程序路径、Data Paths 和高级设置 10 个页面。

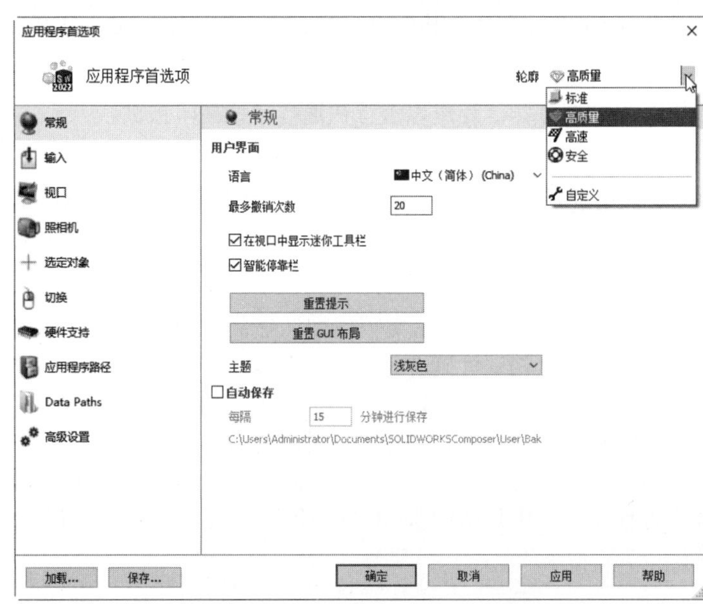

图 11-8 “应用程序首选项”对话框

视频讲解

在“应用程序首选项”对话框的右上角，有默认的 4 个配置文件可以选取，分别为标准、高质量、高速和安全。这 4 个配置文件是经过优化配置的，例如，选择“标准”配置，表示将所有的设置返回安装的初始状态；“高质量”配置中，“显示/隐藏边”选项是启用的；“高速”配置中，“选中突出显示”选项为禁用状态。

单击“应用程序首选项”对话框左下角的按钮，可以对定义好的配置文件进行加载和保存的操作。

11.2.2　主页

在“主页”选项卡中，提供了在程序中经常使用的命令。该选项卡包含“复制/粘贴”“显示/隐藏”“可视性”“Digger”“切换”5 个面板，如图 11-9 所示。

图 11-9　“主页”选项卡

1. 复制/粘贴

“复制/粘贴”面板中包含以下 3 个命令。

☑　剪切：选择该命令，可以剪切选中的对象。

☑　复制：选择该命令，可以复制选中的对象。

☑　粘贴：选择该命令，可以粘贴复制的角色。

2. 显示/隐藏

“显示/隐藏”面板中包含以下 3 个命令。

☑　动画：切换为动画模式并显示时间轴。

☑　技术图解：显示或隐藏技术图解工作间。

☑　高分辨率图像：显示或隐藏高分辨率图形工作间。

3. 可视性

在“可视性”面板中可以调节管理对象的可视性状况。对象可以可见、隐藏或虚化，图 11-10 显示了将“可视性”面板展开后的情况。

图 11-10　“可视性”面板

4. Digger

用于显示或隐藏 Digger 放大工具。Digger是 SOLIDWORKS 特有的十分好用的一种工具。利用 Digger 不仅可以移动、拖动 Digger 环，还可以调节缩放比例、查看洋葱皮效果、切换到 X 光模式、改变光源及 2D 图像截图。

5. 切换

利用“切换”面板中的命令，可以控制导航绘图区及照相机的方向。

☑　旋转模式：选择该命令，可以使用鼠标左键进行模型视图的旋转。

☑　平移模式：选择该命令，可以对模型视图进行平移。

☑　缩放模式：选择该命令，使用鼠标左键进行缩放操作。

☑　缩放面积模式：选择该命令，用鼠标左键选取一个区域进行放大。

☑　漫游模式：在该命令下，视图进入飞入状态。

☑　惯性模式：旋转模型后，模型会因为惯性继续旋转。

Note

视频讲解

11.2.3 渲染

在“渲染”选项卡中，提供了控制灯光和渲染对象的命令。该选项卡包含“模式”“景深”“照明”“地面”“需要时”5个面板，如图11-11所示。

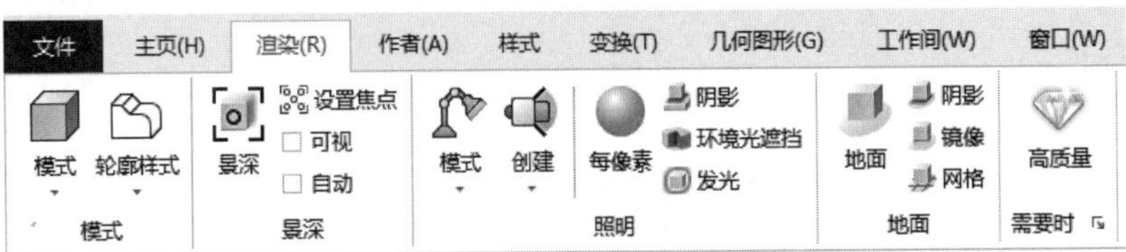

图11-11 “渲染”选项卡

1. 模式

在“模式”面板中，可以调节模型的显示模式。图11-12列举了部分渲染样式。除整体显示模式外，还可以使用自定义显示模式。自定义显示模式可以为不同的对象调整设置不同的显示模式，也可以设置在矢量图中可视或隐藏线类型。

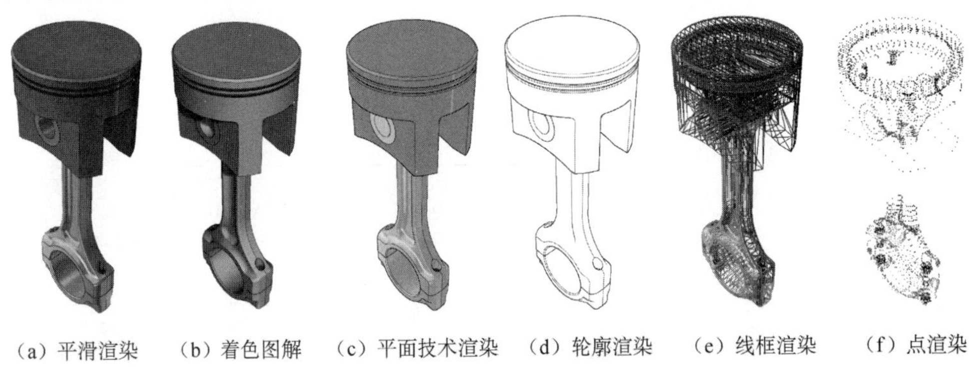

（a）平滑渲染 （b）着色图解 （c）平面技术渲染 （d）轮廓渲染 （e）线框渲染 （f）点渲染

图11-12 部分渲染样式

在使用自定义显示模式时，首先在“模式”中调整为自定义模式，然后选中要调整的模型。在“属性”面板中将会出现“自定义渲染”组，含有“优先级”“不透明性”“渲染”“技术图解的可见线样式”和“技术图解的隐藏线样式”选项，如图11-13所示。

2. 景深

利用“景深”面板中的命令可以让视图具有景深的效果，并且可以调整焦点。“景深”面板中包含4个命令。

☑ 景深：使用该命令定义景深是否可用，要使用景深的效果，除了执行本命令外，还需要将照相机透视模式设置为可用，方法是在“首选项”中将HardwareSupport.Advanced参数设置为“启用”（需硬件支持）。另外，在视频（.avi）输出模式中是不支持景深的。图11-14显示了使用景深前后的效果。

☑ 设置焦点：可以手动设置景深焦点。要设置焦点，首先单击焦点，然后单击视口中的几何对象。焦点与对象相关联，对象移动，焦点也相应移动。要设置无对象关联的焦点，单击空视口背景或在单击对象前按Alt键。与对象关联时，焦点图标为红色，反之为白色。

☑ 可视：设置焦点在视图中是否可视，如图11-15所示。

☑ 自动：选中该复选框，可保持先前在平移或旋转视口时自动更改DOF焦点的行为。

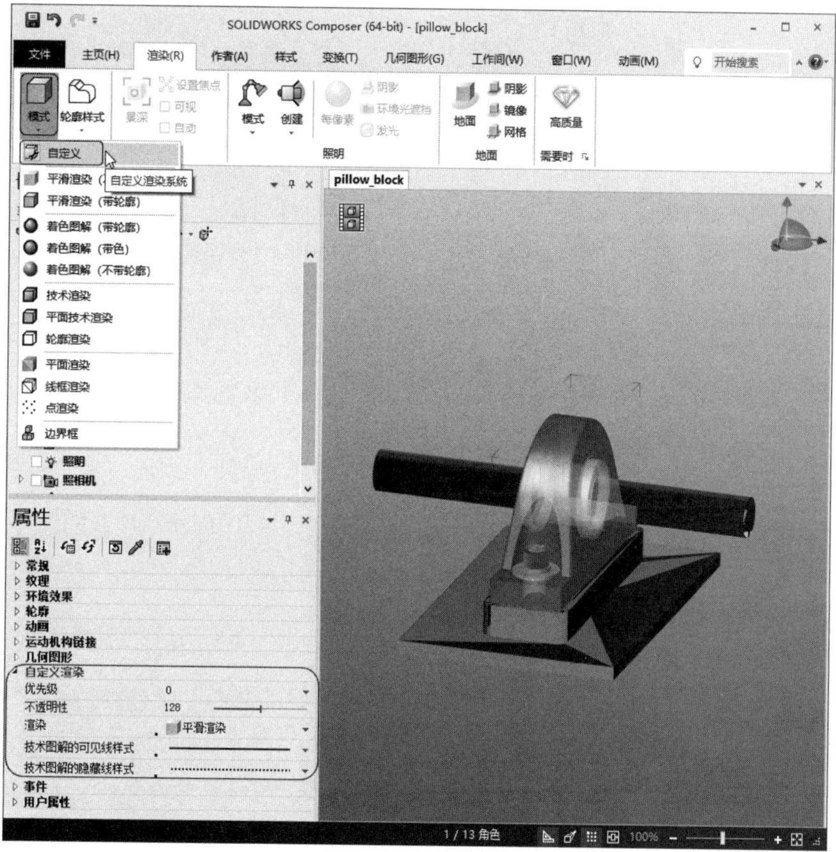

图 11-13　自定义渲染模式

（a）未使用景深

（b）使用景深

图 11-14　景深

图 11-15　焦点可视

3. 照明

"照明"面板中包含的命令可以控制模型的照明情况。可以选择预定义的灯光模式，也可以创建自定义灯光模式，还可以应用灯光的效果。

☑ 模式：定义了几种模式的灯光效果，包括柔和、中度、金属、重金属等。

☑ 创建：创建灯光，包含聚光灯源、定向光源和定位光源。

☑ 每像素照明：调节表面显示的颜色和灯光是否为每像素显示。选中此选项将优化显示的效果，图 11-16 为显示效果对比。

Note

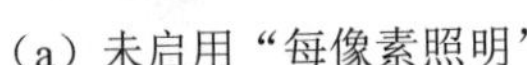

（a）未启用“每像素照明”　　（b）启用“每像素照明”

图 11-16　像素照明的显示效果对比

4. 地面

利用“地面”面板中的命令可以调节地面对象，可以为场景添加深度和真实性。各命令的具体效果可以通过单击各个命令进行查看。

5. 需要时

“需要时”面板仅包含“高质量”命令，使用此命令可以为视图创建高质量的图形，也可以直接按 Ctrl+J 快捷键执行此命令。

11.2.4　作者

视频讲解

在“作者”选项卡中，提供了各种协同对象的创建和编辑的命令，含有“工具”“标记”“面板”“路径”“标注”“测量”“剖面”7 个面板，如图 11-17 所示。

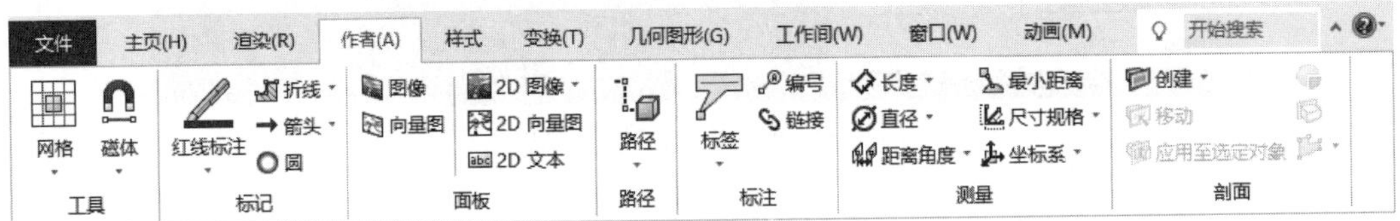

图 11-17　“作者”选项卡

1. 工具

“工具”面板中含有“网格”和“磁体”命令，可帮助用户在场景中放置和对齐对象。

☑ 网格：网格是一个平面，可以精确位置和对齐对象。使用此命令可限制对象到网格上。可拖动网格角上的锚点，重新调整网格，按住 Shift 键进行拖动，会保持矩形网格长宽的比率；可通过定义矢量的方式来创建网格。另外，还可以使用变形网格命令变形网格。变形网格可以利用其他几何图形为单元来变形，或进行整体的变形。

☑ 磁体：利用磁体线可以非常容易地对齐协同对象，如图 11-18 所示。

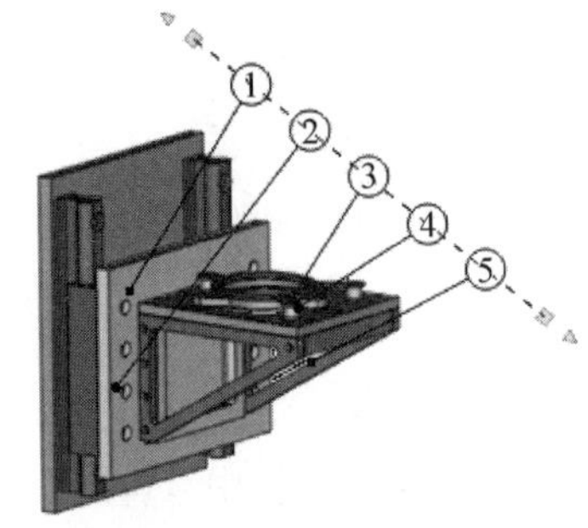

图 11-18　磁体线对齐

2. 标记

使用“标记”面板中的命令可以创建和管理对象来增强模型，如添加箭头和红线标注，如图 11-19 所示。在这里创建的所有对象均为协同对象，标记的显示方式可通过属性面板进行调节。

3. 面板

利用“面板”面板中的命令可以为三维场景添加 2D 图像、2D 文本或 2D 向量图，如图 11-20 所示。

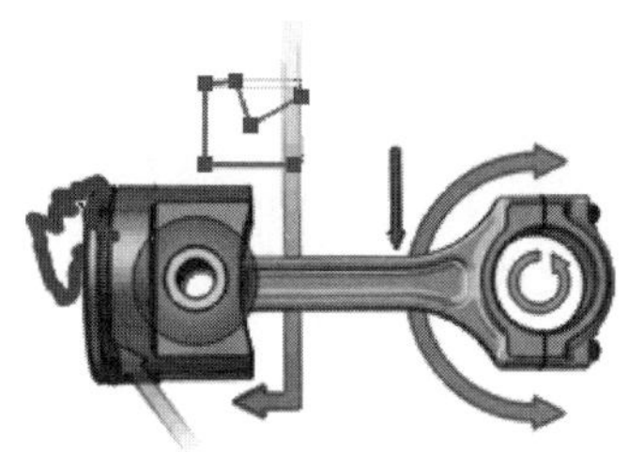

图 11-19　添加标记

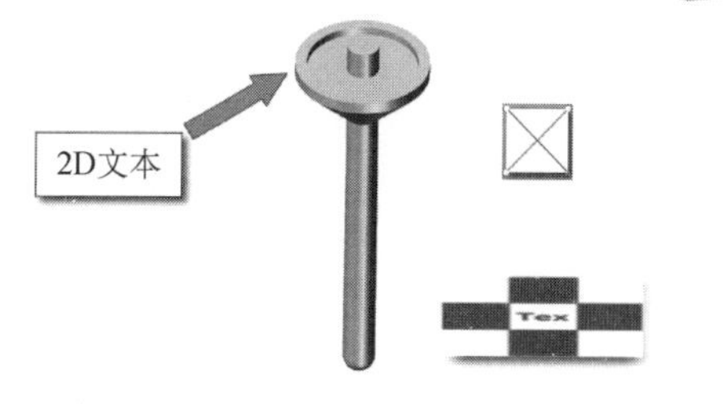

图 11-20　添加 2D 图像和 2D 文本

Note

4. 路径

利用“路径”面板中的命令可以创建关联的或非关联的线，用来显示对象在动画中位置的变动。当动画中的对象移动时，关联的路径也会相应改变，而非关联的路径不会自动更新。

5. 标注

利用“标注”面板中的命令可以添加标签、编号及链接等，如图 11-21 所示。

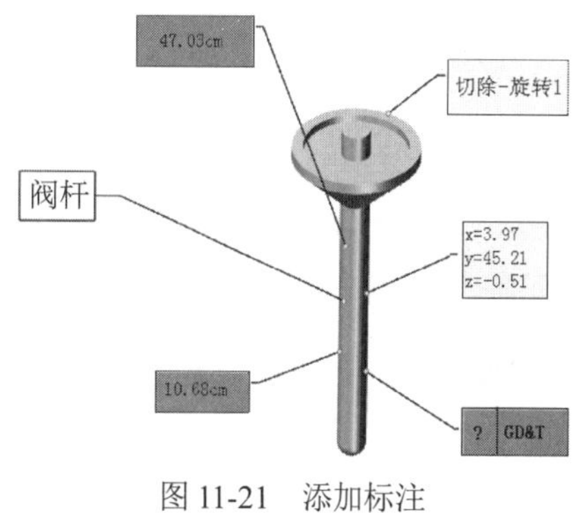

图 11-21　添加标注

6. 测量

利用“测量”面板中的命令可以创建模型尺寸的标签，如角度和距离等。大多数的测量协同对象是关联的。另外，还可以在默认文档属性中更改测量显示的单位。同样，测量的显示也是通过“属性”面板进行定义的。

7. 剖面

可以利用“剖面”面板中的命令来进行创建剖面的操作，而且还可以对剖面进行移动、旋转及应用至选定对象等操作。另外，在联合模式中可以创建高级别的剖面图。

11.2.5　样式

视频讲解

在“样式”选项卡中，允许查看样式库、为角色应用样式以及为角色定制样式。使用样式工作间创建和管理样式，如图 11-22 所示。

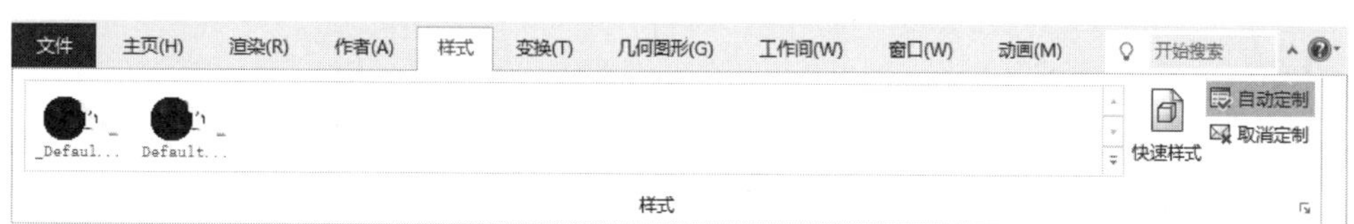

图 11-22　“样式”选项卡

1. 样式预览

显示定义的样式库。样式预览图像反映许多而非所有样式属性。

2. 快速样式

根据选定角色的所有属性（名称和位置除外）创建新样式。当选择了多个角色时，样式只包含通用属性。

3. 自动定制

启用样式定制。当为角色定制了样式时，角色在修改样式时自动更新。当“自动定制”被选中时：

（1）为新角色自动定制默认系列样式，或者在没有定义系列默认值时定制默认常规样式。

（2）单击样式库中的样式会为选定角色定制该样式。

当“自动定制”被清除时：

（1）为新角色应用默认样式，但不定制。未来对样式的更改不影响角色。

（2）单击样式库中的样式会应用样式，但不创建定制。

Note

4. 取消定制

从选定角色移除样式定制。样式更改不再影响角色。

5. 显示/隐藏样式工作间

显示样式工作间，您可以在此创建和管理样式。

视频讲解

11.2.6 变换

在“变换”选项卡中，提供了线性移动或旋转对象的命令，并且可以进行爆炸图的操作。该选项卡包括“对齐”“爆炸”“移动”“对齐枢轴”“运动机构”5个面板，如图11-23所示。

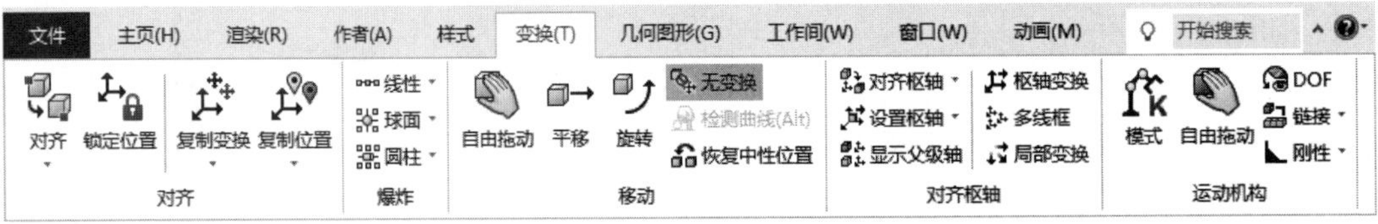

图11-23 “变换”选项卡

1. 对齐

“对齐”面板中的命令帮助放置模型对象的位置。例如，可以通过与另一个对象的面对齐的方式来确定一个对象的位置。“对齐”面板中的命令仅移动对象的位置并不会将其附到其他对象之上。

要对齐一个对象，首先激活一个对齐工具，然后单击想要对齐的特征（如线、面和点等），再单击要对齐到的特征。如果对齐的结果与想得到的结果相反，则在选择第二个对象的同时按住Shift键。

2. 爆炸

“爆炸”面板中的命令将在对象之间添加空间，形成爆炸图。可以使用的爆炸命令有“线性”“球面”和“圆柱”。

3. 移动

“移动”面板中的命令用于自由拖动、平移、旋转场景中的零件。在自由拖动模式下，可以在二维空间方向下移动几何对象到视口的任何地方，当鼠标指针变为时，则可以自由拖动。此模式不支持拖动协同对象。平移模式则允许在三维空间移动对象。

选中一个或多个对象时，将出现一个三角导航，如图11-24（a）所示，选择一个轴，可以控制对象在此方向上的移动。旋转模式允许在三维空间旋转对象。失去一个或更多的对象则出现一个球形导航，如图11-24（b）所示。选择一个面，则可以在此面上旋转模型。

4. 对齐枢轴

使用“对齐枢轴”面板中的命令可以调节变换所需的枢轴，其中的命令包括“对齐枢轴”“设置枢轴”“显示父级轴”“枢轴变换”“多线框”“局部变换”。如图11-25所示，要以其中一个小圆孔为中心旋转零件，因为默认的旋转中心为零件的中心，所以需要首先定义枢轴为小圆孔中心，然后进行旋转操作。

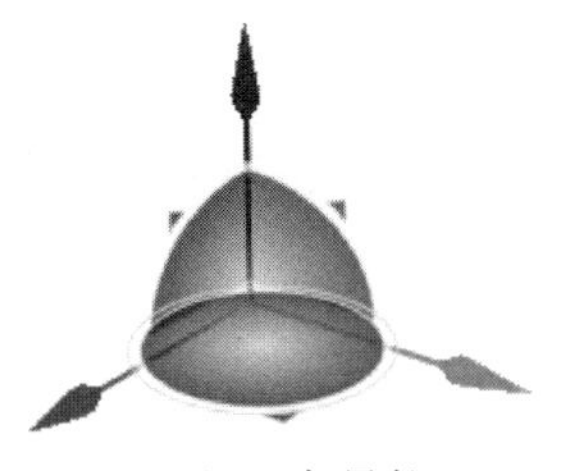

（a）三角导航

（b）球形导航

图 11-24 导航

（a）默认枢轴

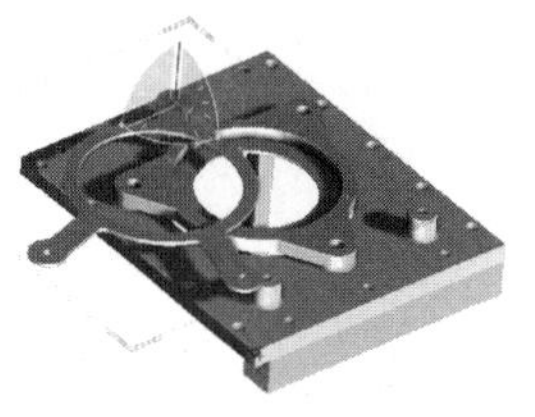

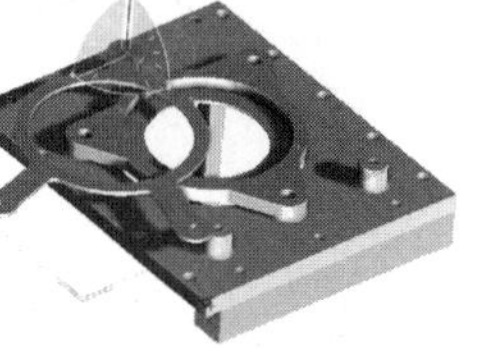

（b）更改枢轴

图 11-25 对齐枢轴

5. 运动机构

“运动机构”面板中的命令可用于创建具有运动机构的装配树结构及装配动画。用户可以应用运动机构链接到零件或动画。运动机构的链接类型可以是自由、枢轴、球面、线性或刚性的，并且可以通过调节受限结合来控制运动的上下限。

11.2.7 几何图形

视频讲解

“几何图形”选项卡中的命令用来控制几何图形，这些命令不可以对协同对象进行操作，如图 11-26 所示。

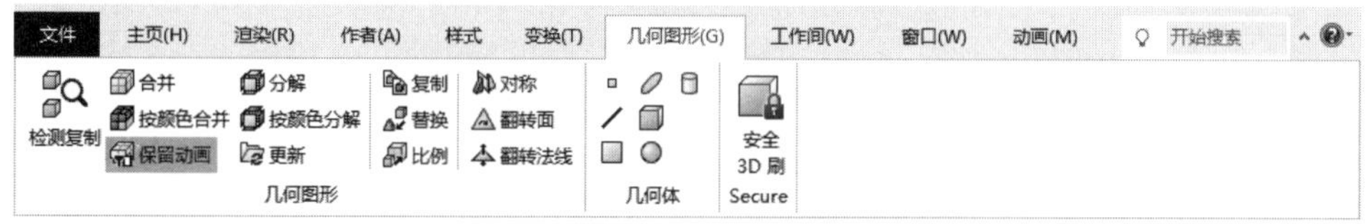

图 11-26 “几何图形”选项卡

1. 几何图形

“几何图形”面板中的“合并”“按颜色合并”“分解”“按颜色分解”命令可以对模型进行合并及分解，如果导入的模型有缺陷或在分解后导入，则可以使用这些命令。利用“更新”命令可以对导入的零件进行更换。而“复制”“替换”“比例”“对称”“翻转面”“翻转法线”命令可以对零件的几何图形进行修改操作。

2. 几何体

利用“几何体”面板中的命令可以创建点、直线、正方形、圆盘、立方体、球体及圆柱体。

3. Secure

安全 3D 刷工具可以在保持整体一致性的情况下智能保护几何图形的安全。在“安全 3D 刷”窗口中可以调节半径精度值，微调零件模型的尺寸。

11.2.8 工作间

视频讲解

在“工作间”选项卡中，提供了打开工作间的命令，用于打开或关闭工作间窗格，如图 11-27 所示。其具体应用方法将在本章后面进行介绍。

图 11-27 “工作间”选项卡

视频讲解

Note

11.2.9　窗口

“窗口”选项卡中的命令用来管理 SOLIDWORKS Composer 窗格面板和文档窗口，如图 11-28 所示。

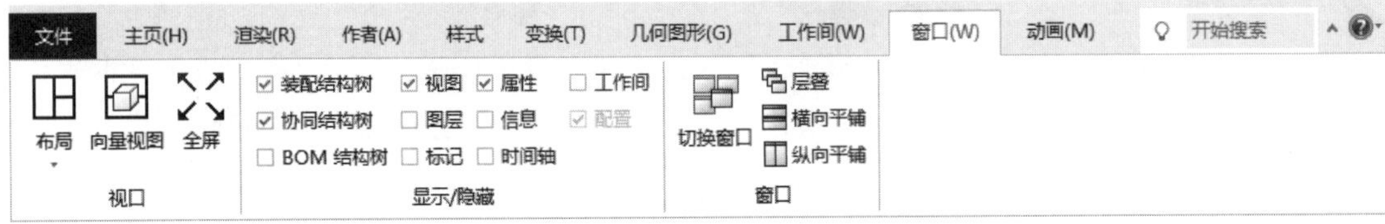

图 11-28　“窗口”选项卡

1. 视口

在“视口”面板中包含“布局”“向量视图”“全屏”命令。“布局”命令可以调节视图中窗格的布局；“向量视图”命令可以调节矢量视图的显示或隐藏（如果首选项高级设置中的 ExternalVectorViewWindow 参数被设置为启用，则会以默认 Web 浏览器的方式打开）；“全屏”命令可以将视图区充满整个计算机屏幕，要退出全屏模式，可以单击“关闭全屏”按钮或按 F11 键。

2. 显示/隐藏

在“显示/隐藏”面板中，可以对左面板中的视图、图层、标记、属性、信息时间轴和工作间的显示或隐藏进行设置。

3. 窗口

“窗口”面板中的命令用于对 Windows 窗口进行调节，该面板中的命令包括“切换窗口”“层叠”“横向平铺”“纵向平铺”。

视频讲解

11.2.10　动画

在“动画”选项卡中，提供了在创建动画过程中应用到的各种命令，如图 11-29 所示。“动画”选项卡在视图模式中不显示，仅在切换为动画模式时才显示。显示方法为在视图模式下，单击视图区域左上角的“模式”按钮，将当前模式转换为动画模式。

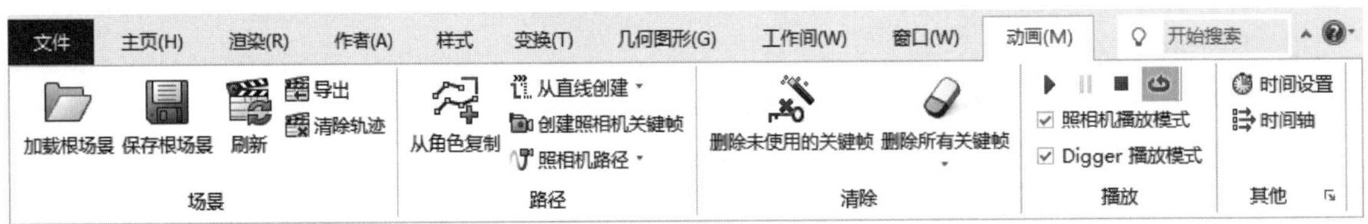

图 11-29　“动画”选项卡

1. 场景

“场景”面板中包含关于场景的一些命令，如“加载根场景”“保存根场景”“刷新”“导出”“清除轨迹”等。

2. 路径

“路径”面板中包含关于动画路径的一些命令，可以使用这些命令对动画中零件的路径进行调整。

Note

3. 清除

“清除”面板中包含“删除未使用的关键帧”和“删除所有关键帧”命令。其中，“删除未使用的关键帧”命令在完成动画后使用，可以优化动画。

4. 播放

“播放”面板中包含播放控制的命令。这些命令也存在于时间轴窗格中。

5. 其他

“其他”面板中含有“时间设置”和“时间轴”命令。“时间设置”命令可以调整动画的时间，包括开始时间、结束时间及持续时间；“时间轴”命令可调整时间轴窗格是否显示。

11.3 导航视图

使用 SOLIDWORKS Composer 首先要了解如何导入模型、对模型进行导航及选中。下面将一一介绍 SOLIDWORKS Composer 中的导航视图基础。

视频讲解

11.3.1 导入模型

选择“打开”命令，将弹出如图 11-30 所示的“打开”对话框。通过该对话框直接导入模型，导入的模型通过 SOLIDWORKS 或其他三维建模类软件所创建。

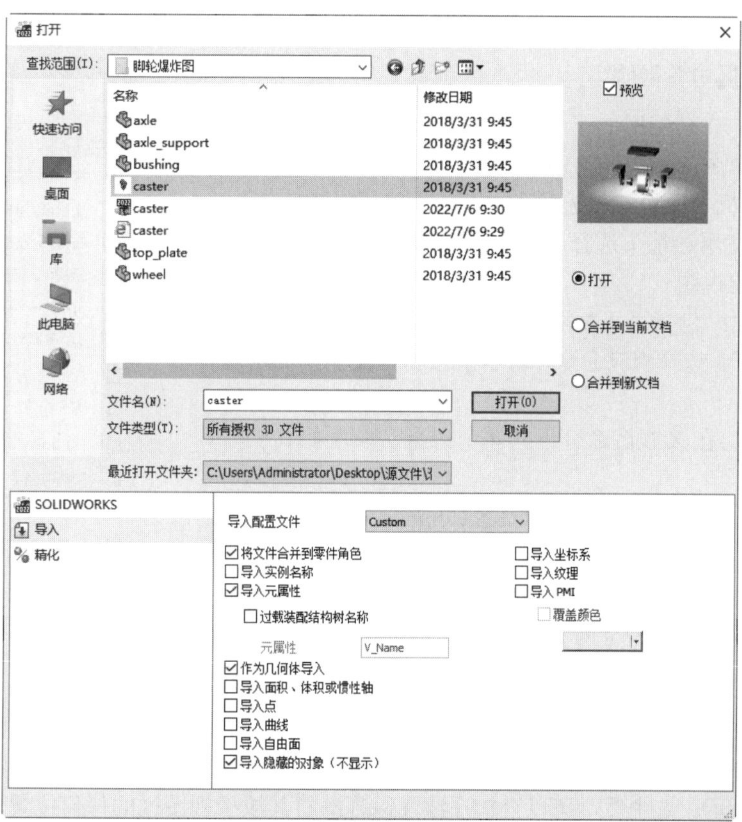

图 11-30　“打开”对话框

下面对“打开”对话框中的一些选项进行介绍。

（1）“打开”单选按钮：作为单独的文件来打开所选择的文件，如果选择的文件为一个，则打开一个文件；如果选择的文件为多个，则分别打开多个文件。

Note

（2）“合并到当前文档”单选按钮：将所选择的文件打开并且放于当前打开的文档中，其实相当于将所选择的文件插入当前活动文档中的操作。

（3）“合并到新文档”单选按钮：打开所选择的文件并且将所有的对象放于一个新的文档中。

（4）SOLIDWORKS：如果选择的文件为SOLIDWORKS所生成的文件，则会出现SOLIDWORKS配置选项；如果SOLIDWORKS具有多个配置的文件，则可以选择需要导入SOLIDWORKS中的那一个配置。

（5）导入：在导入选项中，可以对所导入的文件进行选项的设置，包括“将文件合并到零件角色”“导入实例名称”“导入元属性”“作为几何体导入”等。

（6）精化：定义面的精度，可以通过调整精化选项来达到模型的显示精度和文件大小之间的平衡，一般情况下，如果模型简单则提高显示精度，而模型比较复杂则降低精度，以缩小文件的体积，使程序运行更加快捷。

11.3.2 导航视图

视频讲解

打开模型后，至少还需要对模型进行查看和导航，即需要了解导航视图中的一些命令。SOLIDWORKS Composer具有两个模式，分别是视图模式和动画模式。动画模式将在本章后面进行介绍，这里所进行的操作均在视图模式中执行。如果要转换为动画模式状态，则单击“视图”区域左上角的“切换到动画模式”图标即可。

1. 使用功能区命令导航

如前面所述，在功能区的“主页”→“切换”面板中包含导航视图的各种命令，如图11-31所示。

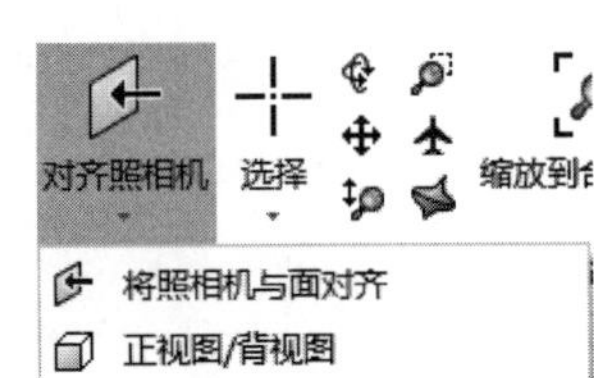

图11-31　功能区中导航视图命令

（1）将照相机与面对齐：选择该命令后，鼠标指针会变为一个箭头样式，使用该箭头选择一个平面，即可将视图切换为选中的面方向上的视图。

（2）X视图：包括“正视图/背视图”“右视图/左视图”“俯视图/仰视图”。选择相应命令，可以直接将视图切换为这6种视图。

（3）轴测图：在X视图命令下的4个命令，则为4个方向的轴测图。

（4）自定义视图：在SOLIDWORKS Composer中还可以自定义4个视图。具体设置位置为“文件”→“属性”→“文档属性”，如图11-32所示。在“视口”页面中可以设置4个自定义的视图，定义时采用极坐标的方式。

2. 使用视图区中的罗盘工具进行导航

罗盘提供了一个快速查看模型的X、Y和Z平面的方法。单击罗盘上的其他轴和面可改变视口的方向。默认情况下罗盘在视图区的右上角，可以在左面板的“协同”面板中选中“罗盘”选项进行显示，如图11-33所示。选中后，可以直接在绘图区拖动将其放于视图区的任何位置，另外在“属性”面板中可以对罗盘的参数进行调整。如可以调整罗盘的大小、固定于某位置或将它重置回默认等。

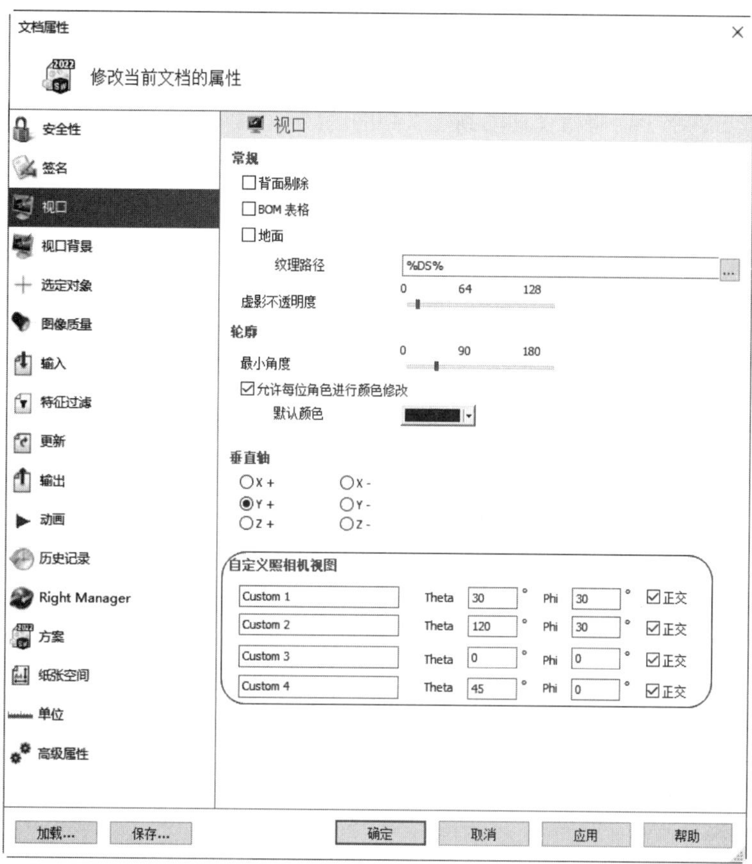

图 11-32　自定义视图

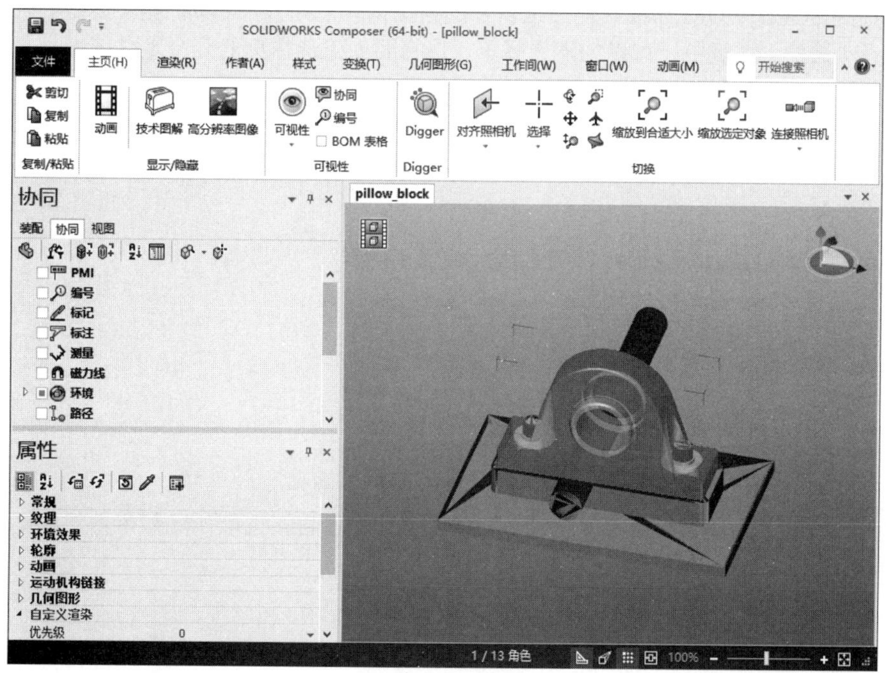

图 11-33　罗盘

3. 使用鼠标进行导航

（1）放大和缩小。

☑ 要缩放视口的部分，将指针移动到感兴趣的区域，并滚动鼠标中键。

☑ 同时按下鼠标左、右键并在视口中向上或向下拖动鼠标。

☑ 要缩放一个对象，双击该对象。

☑ 要缩放整个模型以适合视口，双击视口背景。

（2）旋转对象。

☑ 要旋转模型，在视口背景中按住中键并拖动。默认情况下，是相对于垂直轴的旋转。

☑ 要绕模型上的一个点旋转，中键单击一个对象并拖动，则围绕于●这个点旋转。

☑ 要自由旋转，而不考虑原始的垂直轴，按住 Ctrl 键并且右键拖动鼠标。

☑ 要旋转视角，从中观察模型，按住 Shift 键并且右键拖动鼠标。

☑ 要绕视口的中心滚动，按住 Alt 键并按住中键拖动鼠标。

（3）平移。

按住 Ctrl 键并按住鼠标中键并拖动鼠标。

11.3.3 预选取和选中对象

视频讲解

在视图区中，一般会利用鼠标高亮显示或选中对象，鼠标指针移动到零件对象上面时，此零件外围会被绿色覆盖，表示零件被预选取，预选取状态不是选中状态，仅仅为了在后续的操作中指示的方便。在预选取状态下单击，则预选取的零件将会被选中，此时的零件外围具有橙色线框。

除了使用鼠标选择零件外，还可以通过“装配”面板或键鼠结合选择零件对象。

1. “装配”面板

“装配”面板可查看和管理模型的结构，还可以管理视图、可视性、热点和选择集。“装配”面板中的模型树与 SOLIDWORKS 或其他三维软件的模型树功能相似，可以通过直接单击树中的节点来选择零件。在“装配”面板中还可以创建选择集，选择要创建选择集的几个零件或部件后，单击“装配”面板中的“创建选择集”按钮，即可创建一个选择集。选中一个选择集，会选中集合中的所有对象，并且在“属性”面板中显示选择集中所有对象的共同属性。要反复操作相同的对象，可使用选择集。

2. 键鼠结合

下面列举使用键盘或鼠标选取零件的方法（包括快捷键）。

☑ 使用鼠标单击可选中单个对象。

☑ 可使用 Ctrl 键选择多个对象。

☑ 使用 Shift 键扣除选择。

☑ 使用快捷键 Ctrl+A 可以选择所有对象。

☑ 使用快捷键 Ctrl+I 可以反向选择对象。

☑ 使用鼠标框选，分为从左至右框选和从右至左框选两种。

☑ 使用 Tab 键可以暂时隐藏鼠标指针下的零件，即可以直接选取所隐藏零件下的不易被选取的零件。

11.3.4 Digger

视频讲解

Digger 能够放大图像的部分区域，剥离部分图像，看到它们后面的区域。要显示 Digger 工具，

可以选择“主页”→Digger→Digger 命令，或按 Space 键、X 键或快捷键 Ctrl+D，打开的 Digger 工具如图 11-34 所示。

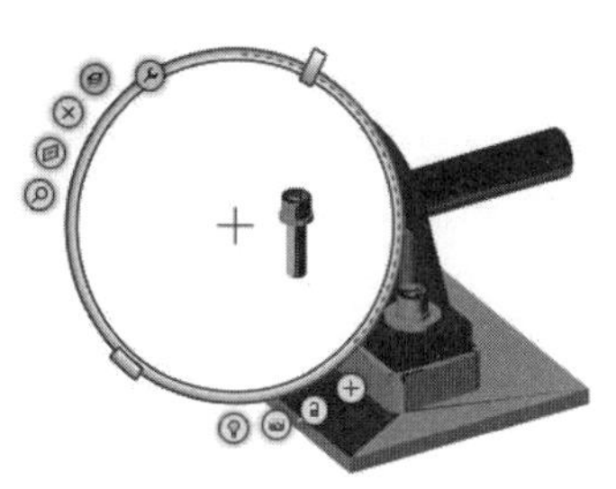

图 11-34　Digger 工具

下面对 Digger 中的工具按钮进行简单介绍。

☑ 半径：调整 Digger 工具的区域大小。拖动此手柄可以向框里或框外移动来调整 Digger 工具的区域大小。

☑ 百分率：利用该手柄可改变洋葱皮、X 射线、剖面和缩放效果的工具。在 Digger 的圆环上拖动此手柄即可。

☑ 显示/隐藏：显示或隐藏 Digger 工具，如洋葱皮和 X 射线等。

☑ 缩放：在 Digger 工具中缩放物体。单击此工具按钮激活缩放功能后，拖动百分率手柄来调节缩放比率。

☑ 切除面：显示切除面，切除面平行于屏幕。单击此工具按钮激活切除面后，拖动百分率手柄来调节切除面比率。

☑ X 射线：随着图层以 X 射线方式剥离模型。随着深度的增长，模型改变虚化外框然后直至消失。

☑ 洋葱皮：利用洋葱皮工具剥离模型。随着深度的增长，对象逐步消失。

☑ 改变光源：在 Digger 区域中显示临时的灯光。在区域中拖动该工具按钮可以调节照明效果。

☑ 对 2D 图像进行截图：创建一个二维图像面板。可以在场景中任意拖动二维图像并可在“属性”面板中改变其属性。

☑ 锁定/解锁深度方向：当锁定时，洋葱皮、X 射线和切除面工具保持在它们原始的层深；当解锁后，工具视口将随工具更新。

☑ 更改兴趣点：改变要缩放图形的中心点。要改变兴趣的中心点，拖动此工具到场景的合适位置处即可。

11.3.5　实例——查看传动装配体

下面以实例的形式来练习导航视图中命令的操作，传动装配体模型如图 11-35 所示。

图 11-35　传动装配体模型

操作步骤

1. 打开模型

（1）启动软件。选择“开始”→“所有程序”→“SOLIDWORKS 2022”→“SOLIDWORKS Composer 2022”命令，或双击桌面图标，启动 SOLIDWORKS Composer 2022。

（2）在打开的 SOLIDWORKS Composer 2022 界面中选择“文件”→“打开”命令，系统弹出如图 11-36 所示的“打开”对话框。

（3）在“打开”对话框中选择附赠资源源文件中的“传动装配”文件。单击“打开”按钮，打开模型。此时会弹出如图 11-37 所示的 SOLIDWORKS Converter 对话框，转换完成后的 SOLIDWORKS Composer 软件界面如图 11-38 所示。

（4）保存文件。单击快速工具栏中的“保存”按钮，系统会以文件名为“传动装配”、类型为.smg 的形式保存。

Note

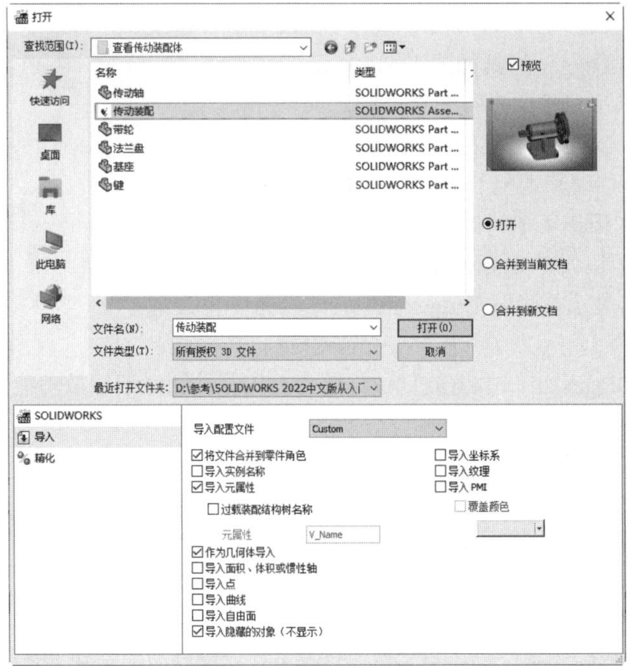

图 11-36 “打开”对话框

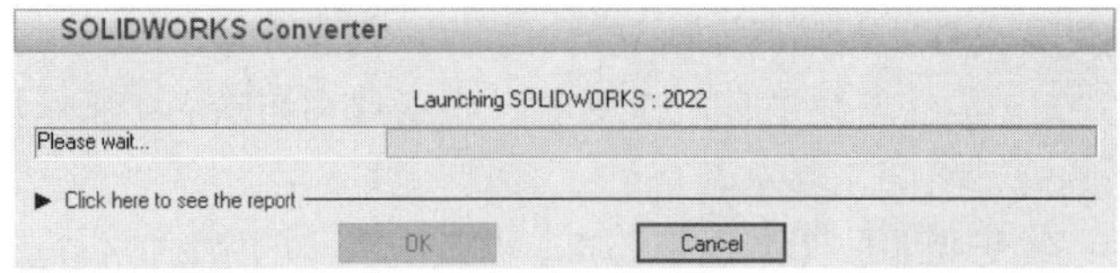

图 11-37 SOLIDWORKS Converter 对话框

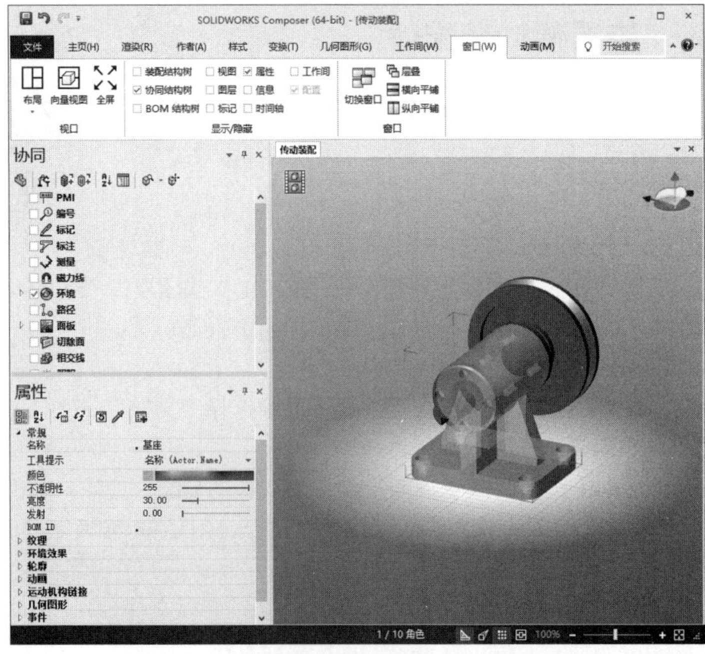

图 11-38 SOLIDWORKS Composer 软件界面

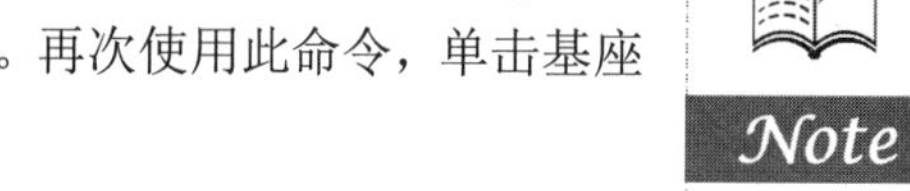

2. 导航视图

（1）更改视觉效果。选择功能区的“渲染”→“模式”→“平滑渲染（带轮廓）”命令，如图 11-39 所示，将视图模式改为带轮廓的平滑渲染模式。

（2）将照相机与面对齐。选择功能区的“主页”→“切换”→“将照相机与面对齐”命令，然后单击模型基座零件的筋板斜面，此时视图将显示为此斜面正视于屏幕。再次使用此命令，单击基座底座的一个侧面，与之前的模型显示情况进行对比，如图 11-40 所示。

图 11-39 平滑渲染

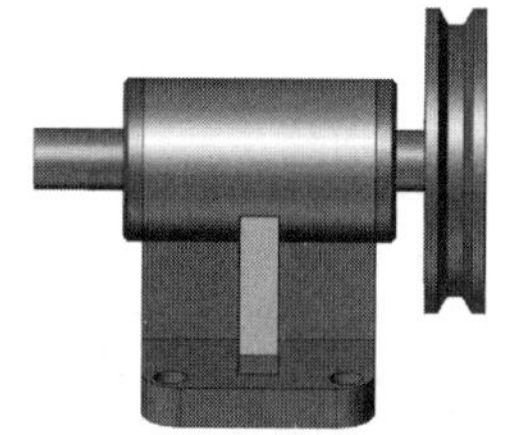

（a）基座筋板斜面对齐

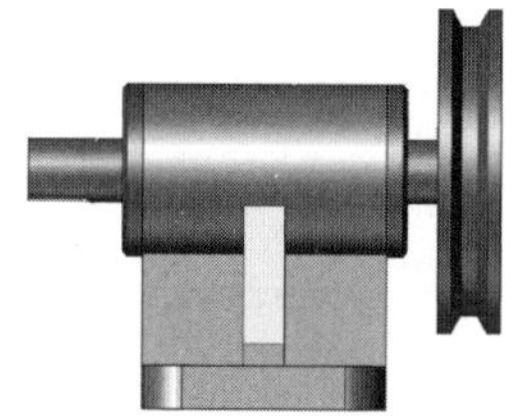

（b）基座底座侧面对齐

图 11-40 照相机与面对齐

（3）等轴测显示。选择功能区的“主页”→“切换”→“3/4 X−Y−Z+”命令，将视图切换为等轴测图。

（4）自定义视图。选择功能区的“文件”→“属性”→“文档属性”命令，打开“文档属性”对话框，在左侧选择“视口”选项，如图 11-41 所示。在这里可以更改自定义视图的名称及视图的极坐标轴。将名称设置为“视图 45”，Theta 设置为 45°，Phi 设置为 45°，单击“确定”按钮，定义视图 45。

（5）视图 45 显示。选择功能区的“主页”→“切换”→“视图 45（45.0,45.0）(o)”命令，可将视图切换为视图 45。

（6）使用罗盘导航。单击罗盘的 O X Z Plane 面，将视图切换为俯视图，如图 11-42 所示。

（7）透视模式。单击状态栏右下方的“照相机透视模式”按钮，将视图切换为透视模式，如图 11-43 所示。

（8）调整为合适大小。尝试使用鼠标滚轮缩放视图、中键平移视图和右键旋转视图。然后在视图的空白区域双击鼠标中键，将视图缩放为合适的大小。

3. 创建选择集

（1）选择一个法兰盘。可在视图区或装配树中选择一个法兰盘。

（2）选择另一个法兰盘。按住 Ctrl 键来选择另一个法兰盘，此时两个法兰盘均为选中状态。

（3）创建一个选择集。保持两个法兰盘为选中状态，单击左面板“装配”面板中的“创建选择集”按钮，将创建新的选择集，输入新的选择集名称为“法兰盘”，如图 11-44 所示。

Note

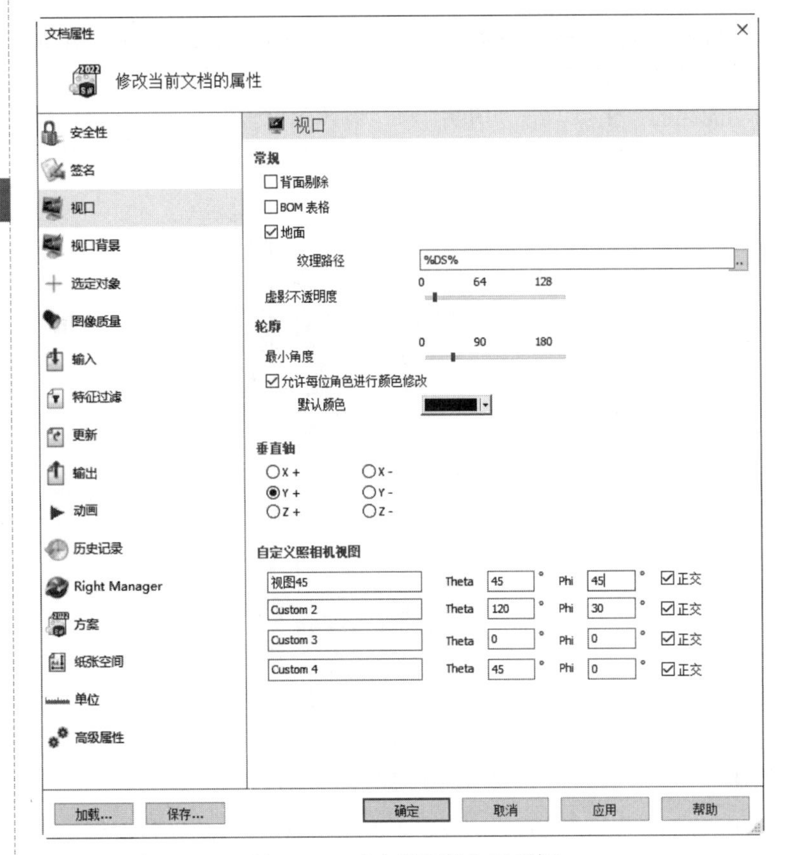

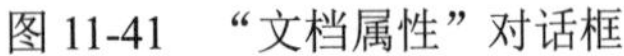

图 11-41 “文档属性”对话框

图 11-42 俯视图

图 11-43 透视模式

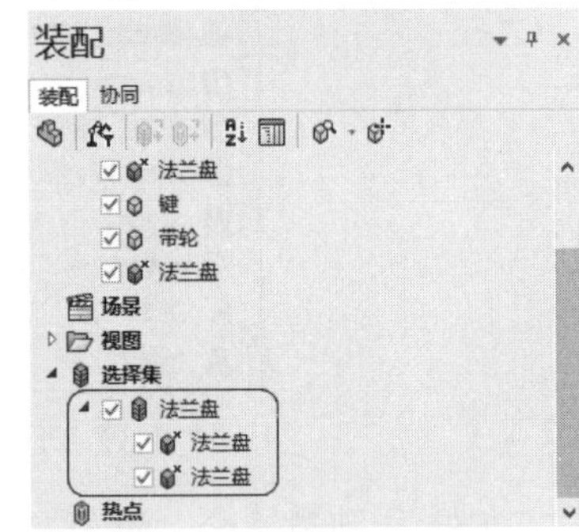

图 11-44 创建选择集

4. 创建 Digger 工具

（1）打开 Digger。首先调整传动装配体的视图方向，选择“主页”→“切换”→“视图 45（45.0,45.0）（o）”命令，可将视图切换为视图 45。然后选择“主页”→Digger→Digger 命令或按 Space 键创建 Digger 工具。拖动 Digger 的圆环到合适的位置处，单击“显示/隐藏工具”按钮，将 Digger 中的工具按钮全部显示出来。

（2）更改兴趣点。改变要缩放图形的中心点，按住鼠标左键拖动“更改兴趣点”按钮到视图的带轮上，如图 11-45 所示。

（3）利用洋葱皮工具。首先单击“洋葱皮”按钮，然后调节“百分率”手柄，将百分率调整为 35%左右，此时视图中的带轮被剥下，如图 11-46 所示。

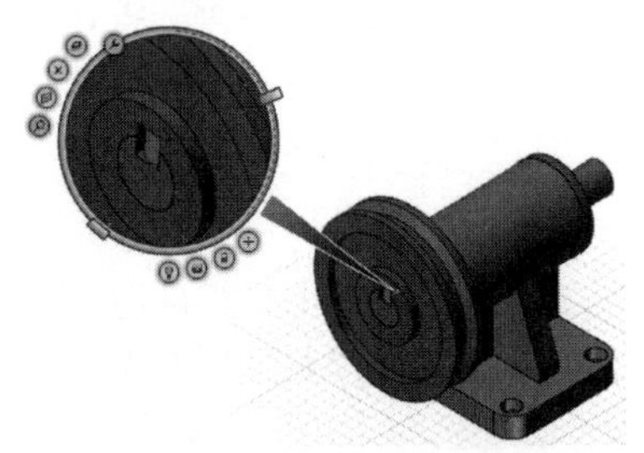

图 11-45 更改兴趣点

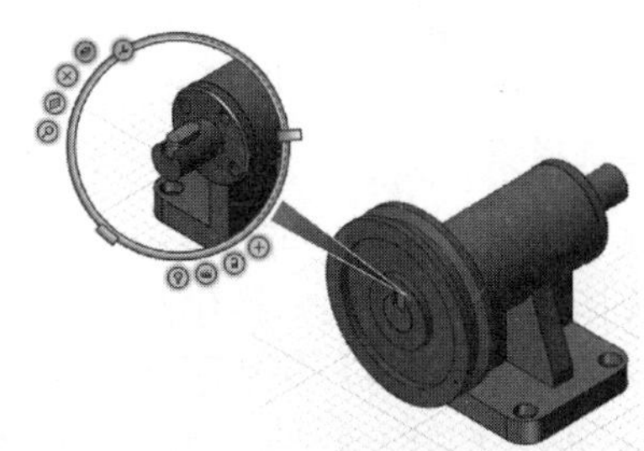

图 11-46 使用洋葱皮工具

（4）对 2D 图像进行截图。单击“对 2D 图像进行截图”按钮，对 2D 图像进行截图操作，如图 11-47 所示。

（5）保存图像。在功能区中选择“文件”→“另存为”命令，系统弹出如图 11-48 所示的“另存为”对话框，单击对话框中的“保存”按钮，将视图中的图像保存为“传动装配.jpg”图像文件。

图 11-47　对 2D 图像进行截图

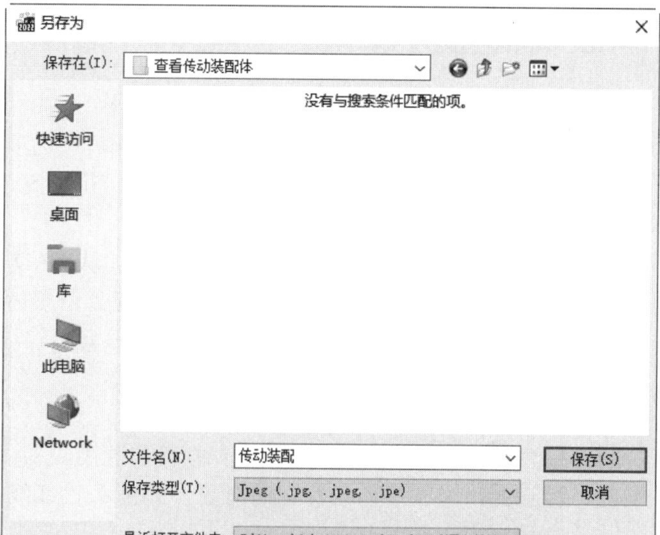

图 11-48　“另存为”对话框

（6）保存图形。单击快速工具栏中的“保存”按钮，对文件进行保存。

11.4　视图和标记

在 11.3 节的实例中已经介绍了视图的操作。为了更加有效地管理视图，还需要利用“视图”面板对视图进行更加复杂的操作；为了更加有效地表达视图，通常还会添加一些标记或采用剖面图的形式显示视图。

视频讲解

11.4.1　视图

下面介绍利用“视图”面板进行视图的操作，“视图”面板如图 11-49 所示。

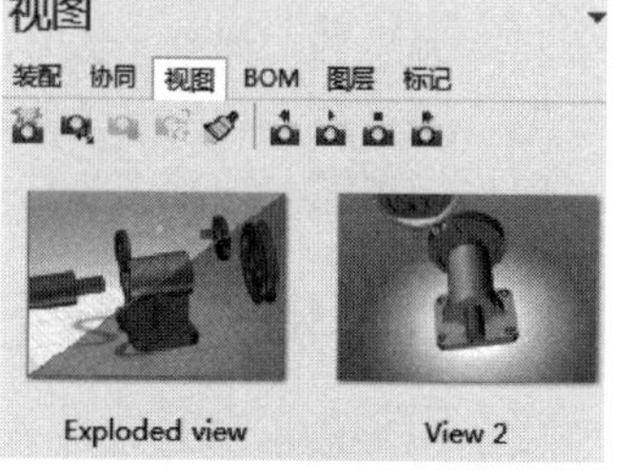

图 11-49　“视图”面板

- ☑ 创建视图：创建一个视图，捕捉整个视口状态。此命令与在视图工作间创建一个视图的命令相同，均为捕获所有的项目。
- ☑ 创建照相机视图：创建一个仅捕捉照相机位置的自定义视图。此命令与仅在视图工作间中“照相机”选项被选择时创建一个视图相同。
- ☑ 更新视图：使用当前场景更新所有捕获的项目到所选择的视图中。
- ☑ 用选定角色更新视图：更新选定对象的所有属性和可视性到所选择的视图中。
- ☑ 重新绘制所有视图：刷新所有视图的缩略图。

☑ 转至上一个视图：显示之前的视图。

☑ 播放视图：依次逐个显示视图。要停止播放，单击“停止视图”按钮或按 Esc 键。

☑ 停止视图：停止播放视图。

☑ 转至下一个视图：显示下一个视图。也可以按空格键显示下一个视图。

Note

视频讲解

11.4.2 标记及注释

为了得到更加清楚的表达方式，还可以在场景中添加标记和注释，在 SOLIDWORKS Composer 中将这些统称为协同对象。可以通过功能区的“作者”选项卡来创建协同的对象。

通常在“协同”面板中列举了协同的对象，如图 11-50 所示。下面对这些协同对象进行介绍。

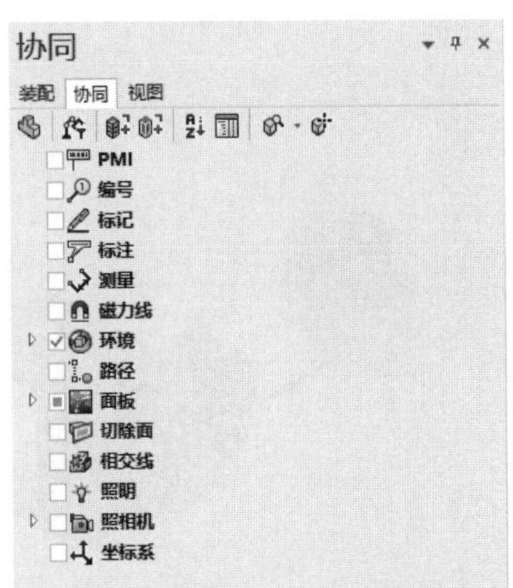

图 11-50 “协同”面板

☑ PMI：列举了产品制造信息（PMI），如从 CAD 中导入的几何尺寸与公差（GD&T）和功能公差与标注（FT&A）。

☑ 切除面：列举了切除面。

☑ 坐标系：列举了用户定义的坐标系。

☑ 标注：列出场景中的标注，如标签和链接。

☑ 标记：列举了场景标记的对象，如箭头、红线、圆和折线。

☑ 测量：列举了场景测量的对象。

☑ 照明：列举了照明。

☑ 照相机：显示或隐藏照相机对象。要拾取照相机，选中“协同”面板中的“照相机”。还可以在视口中拾取照相机，确保它为被选择的唯一对象。在动画模式中选中“照相机”时，视口中将显示照相机的路径（红色）和照相机关键帧的源/目标线（蓝色）。用户可以通过拖动红色锚点修改路径和目标。

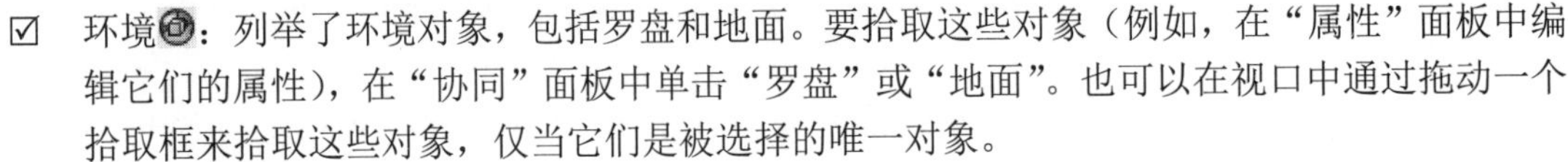

☑ 环境：列举了环境对象，包括罗盘和地面。要拾取这些对象（例如，在“属性”面板中编辑它们的属性），在“协同”面板中单击“罗盘”或“地面”。也可以在视口中通过拖动一个拾取框来拾取这些对象，仅当它们是被选择的唯一对象。

☑ 相交线：列举自碰撞测试中保存的相交线。

☑ 磁力线：列举了磁力线。

☑ 编号：列举了编号。可以从 BOM 工作间中自动创建 BOM 表的 ID 和编号。

☑ 路径：列举了关联和非关联路径。

☑ 面板：列举了包括 BOM 表格在内的 2D 和 3D 面板。

视频讲解

11.4.3 实例——标记凸轮阀

下面以实例的形式来练习视图和标记命令的操作，凸轮阀模型如图 11-51 所示。

图 11-51 凸轮阀模型

操作步骤

1. 打开模型

（1）启动软件。选择“开始”→“所有程序”→“SOLIDWORKS 2022”→“SOLIDWORKS Composer 2022”命令，或双击桌面图标，启动 SOLIDWORKS Composer 2022。

（2）在打开的 SOLIDWORKS Composer 2022 中选择“文件”→“打开”命令，系统弹出“打开”对话框。

（3）在“打开”对话框中选择附赠资源源文件中的 valve_cam 文件。单击“打开”按钮，打开模型。此时会弹出 SOLIDWORKS Converter（转换）对话框。转换完成后的 SOLIDWORKS Composer 软件界面如图 11-52 所示。

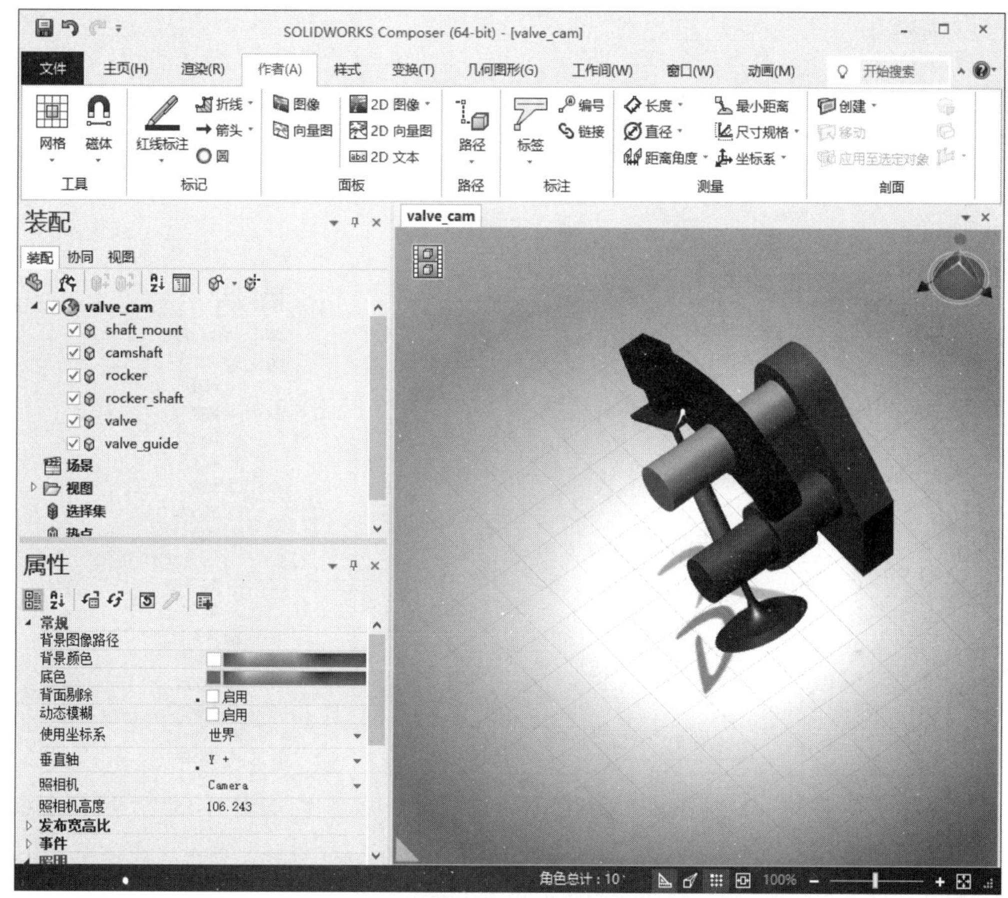

图 11-52　SOLIDWORKS Composer 软件界面

（4）保存文件。单击快速工具栏中的“保存”按钮，系统会以文件名为 valve_cam，类型为.smg 的形式保存。

2. 创建视图

（1）创建视图。单击左面板“视图”面板中的“创建视图”按钮，新建一个视图，单击新视图的名称，稍后再单击一次，将视图重命名为“默认视图”，如图 11-53 所示。

图 11-53　创建视图

（2）自定义视图。选择功能区的“文件”→“属性”→“文档属性”命令，打开“文档属性”对话框，在左侧选择“视口”选项，如图 11-54 所示。在这里可以更改自定义视图的名称及视图的极坐标轴。将名称设置为“视图 15”，Theta 设置为 15°，Phi 设置为 15°，单击“确定”按钮，定义视图 15。

（3）显示视图 15。选择功能区的“主页”→“切换”→“视图 15（15.0, 15.0）(o)”命令，将视图切换为视图 15。

Note

（4）取消地面显示。选择左面板中的“协同”面板。展开树形目录中的“环境”分支，取消选中“地面”复选框，如图 11-55 所示，此时视图区域地面会隐藏。

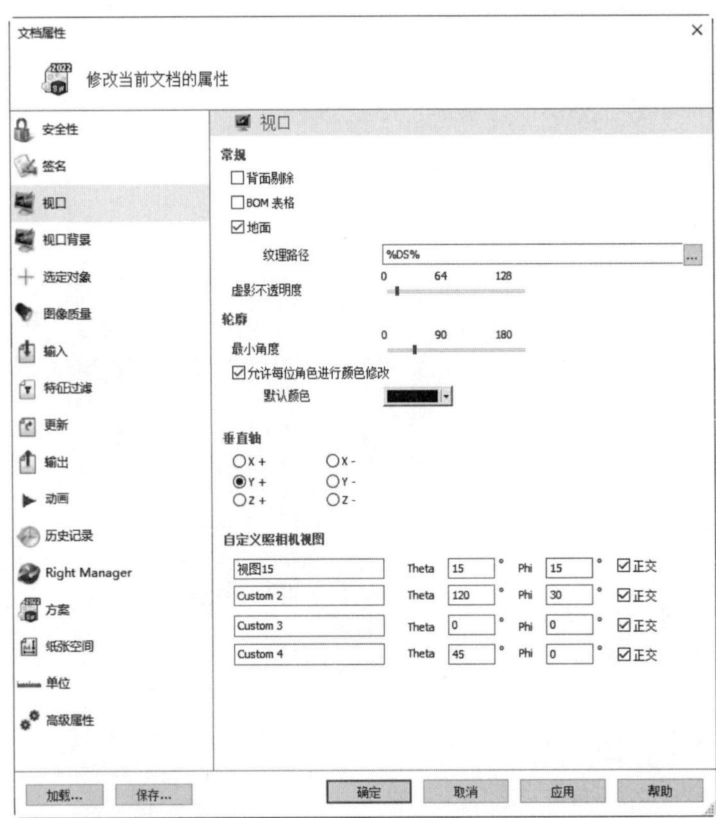

图 11-54 “文档属性”对话框

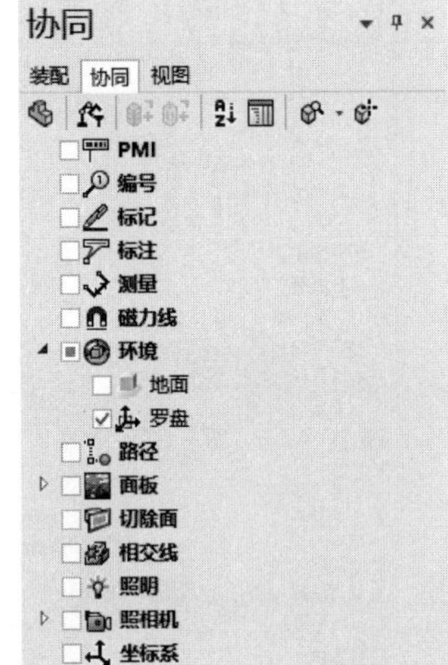

图 11-55 “协同”面板

（5）更改背景颜色。在绘图区域的空白处单击，此时“属性”面板中显示的是背景的属性。可以看到在默认背景中底色为灰色，单击“底色”栏中的灰色方框，在打开的“颜色选择”面板中选择白色，可将底色改为白色，如图 11-56 所示。

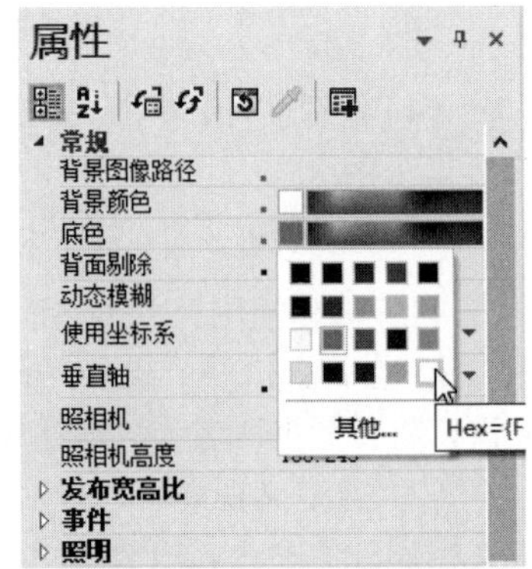

图 11-56 “属性”面板

（6）再次创建视图。单击左面板“视图”面板中的“创建视图”按钮，再次创建一个视图，单击新视图的名称，稍后再单击一次，将视图重命名为“协同视图”，结果如图 11-57 所示。

3. 添加注释

（1）添加圆形箭头。选择功能区的“作者”→“标记”→“箭头”→“圆形箭头”命令，如图 11-58 所示。此时光标上出现圆形箭头图样，选择绿色 camshaft 零件的外圆端面来确定圆形箭头的平面，然后向外移动鼠标之后单击，确定圆形箭头的位置。采用同样的方式放置另一个圆形箭头，结果如图 11-58 所示。

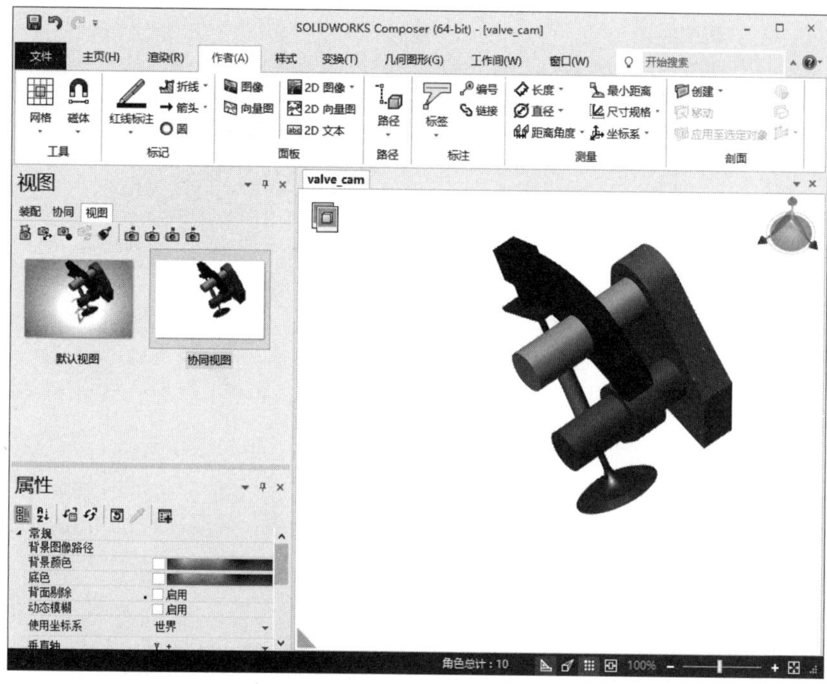
图 11-57　协同视图

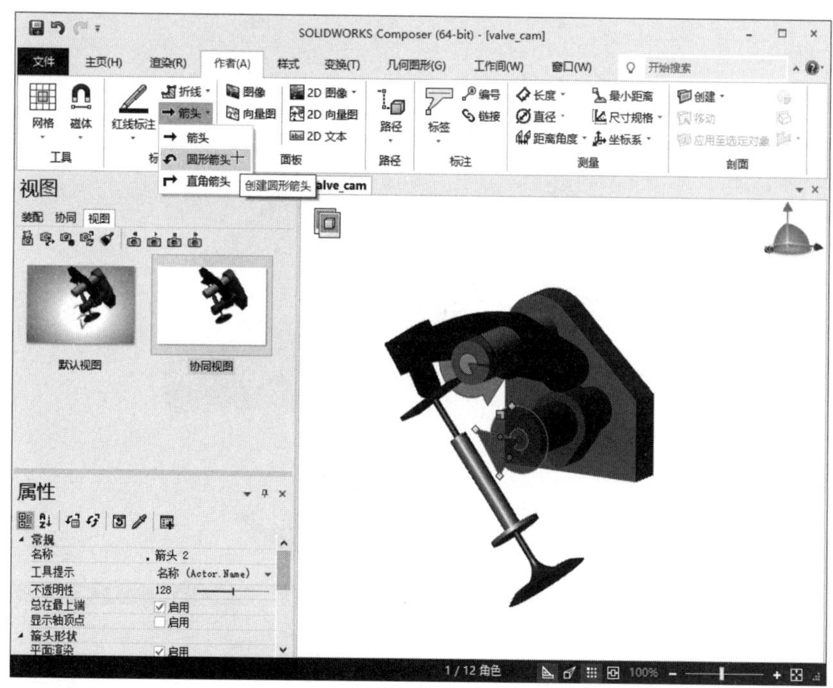
图 11-58　添加圆形箭头

（2）修改圆形箭头。单击其中一个圆形箭头，此时“属性”面板中显示的是圆形箭头的属性。更改“灯头宽度”为 4mm、“灯头长度”为 8mm、“半径”为 8mm、“宽度”为 4mm。采用同样的方式更改另一个箭头。注意箭头所指的方向，如果箭头所指的方向与图 11-59 所示的方向不同，则更改“属性”面板中的“端点”为“结束”。

Note

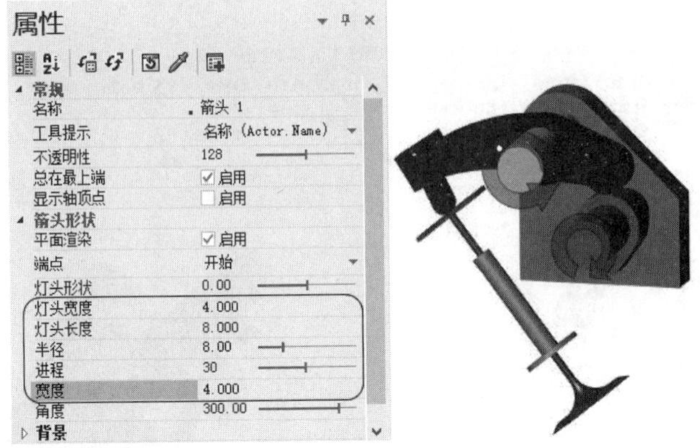

图 11-59　修改圆形箭头

（3）添加标签。选择功能区的“作者”→“标注”→“标签”命令。此时光标上出现标签图样，选择绿色 camshaft 零件确定标签所附着零件，然后确定标签位置。采用同样的方式在另一个轴上放置标签，结果如图 11-60 所示。

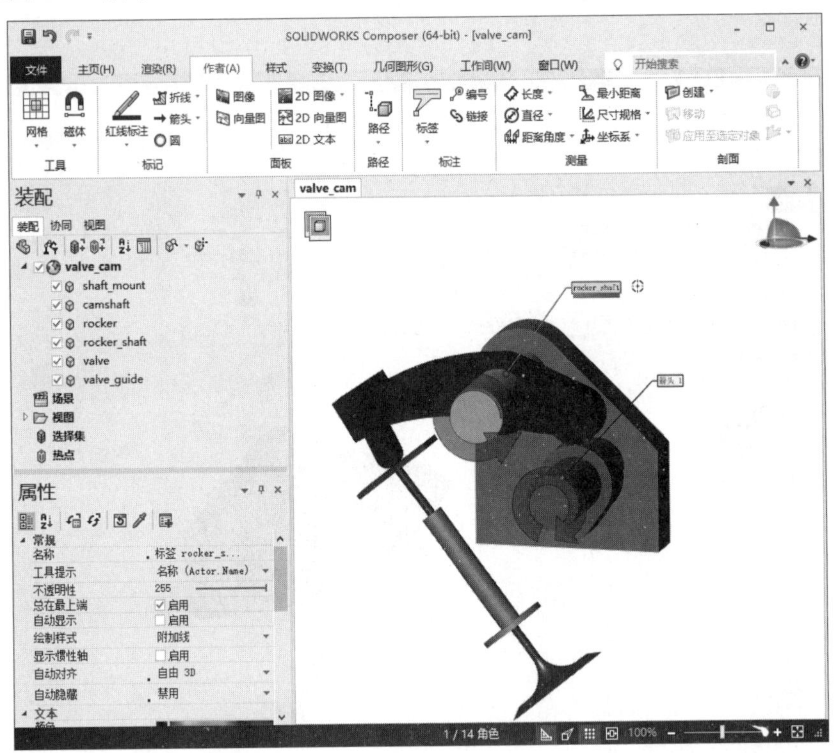

图 11-60　添加标签

（4）修改标签。单击其中一个标签，此时“属性”面板中显示的是此标签的属性。更改文本“大小”为 25mm、“文本”为“字符串”、“文本字符串”为“主动轴”。采用同样的方式更改另一个标签为“从动轴”，结果如图 11-61 所示。

（5）添加尺寸标注。选择功能区的“作者”→“测量”→“两平面距离/角度”命令。分别选择红色 valve 的上表面与橙色 valve_guide 的上表面，添加两个表面之间的距离尺寸标注，并在“属性”面板中将文本“大小”改为 20mm，如图 11-62 所示。

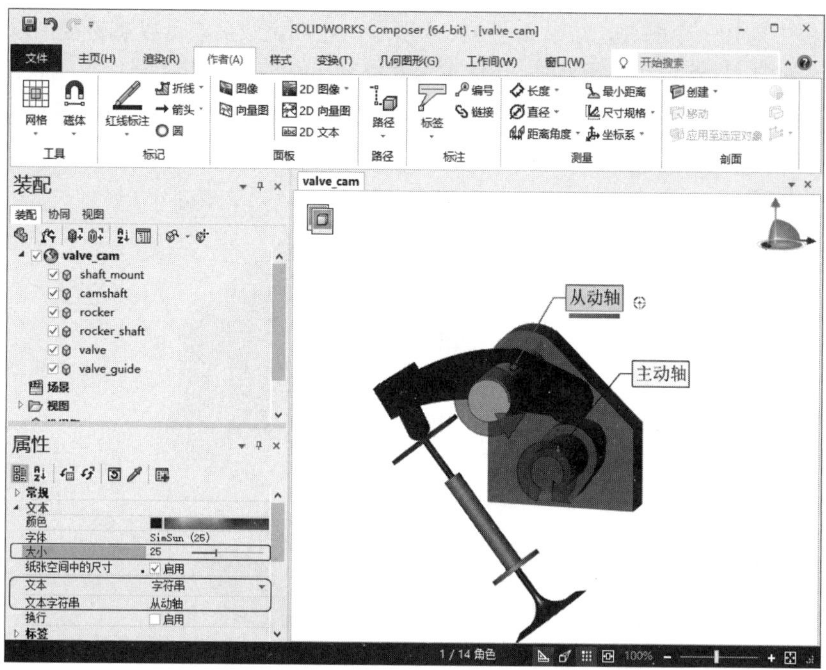

图 11-61　修改标签

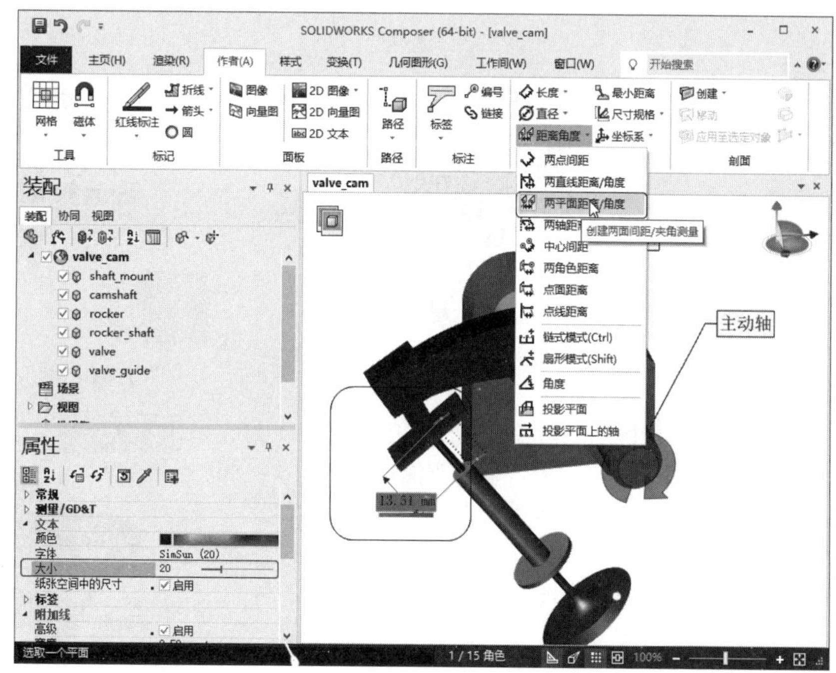

图 11-62　添加尺寸标注

（6）添加图像。选择功能区的“作者”→“面板”→“图像”命令。在绘图区域的右下角拉动一个框，此时系统默认的 SOLIDWORKS 图像将被添加到绘图区域中。在“属性”面板中更改“图像填充模式”为“不变形”、“透明度”为“启用”，结果如图 11-63 所示。

（7）添加 2D 图像。选择功能区的“作者”→“面板”→“2D 图像”命令。在绘图区域的左下角拉动一个框，此时系统默认的 Tex 图像将被添加到绘图区域中。单击“映射路径”栏最右端的“...”，

Note

在打开的对话框中选择一个图片，结果如图 11-64 所示。添加完成后，可以旋转视图以查看添加的图像和 2D 图像，如图 11-65 所示。旋转后，2D 图像始终是不动的，查看完成后返回视图 15 中。

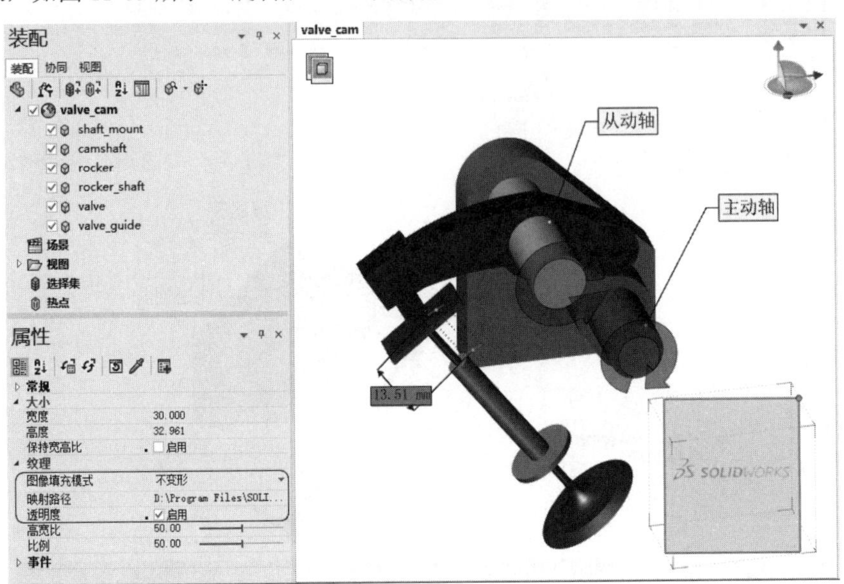

图 11-63　添加图像

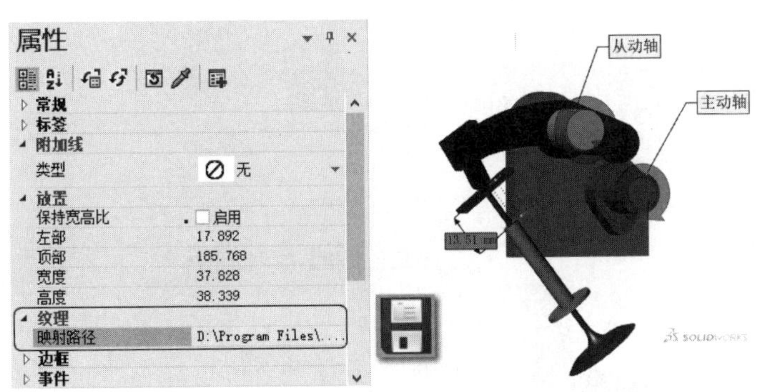

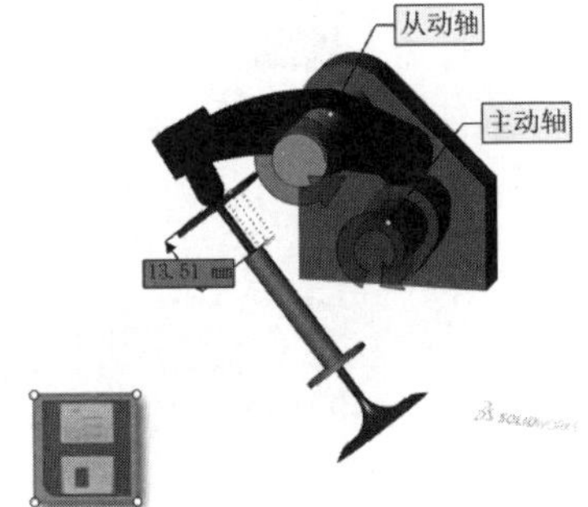

图 11-64　添加 2D 图像　　图 11-65　图像和 2D 图像

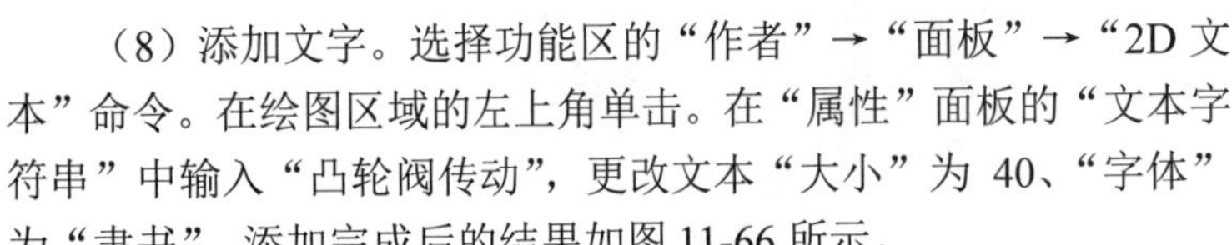

（8）添加文字。选择功能区的“作者”→“面板”→“2D 文本”命令。在绘图区域的左上角单击。在“属性”面板的“文本字符串”中输入“凸轮阀传动”，更改文本“大小”为 40、“字体”为“隶书”，添加完成后的结果如图 11-66 所示。

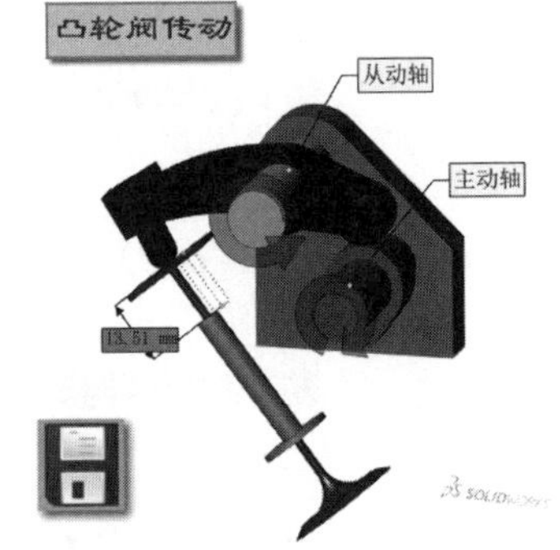

图 11-66　添加文字

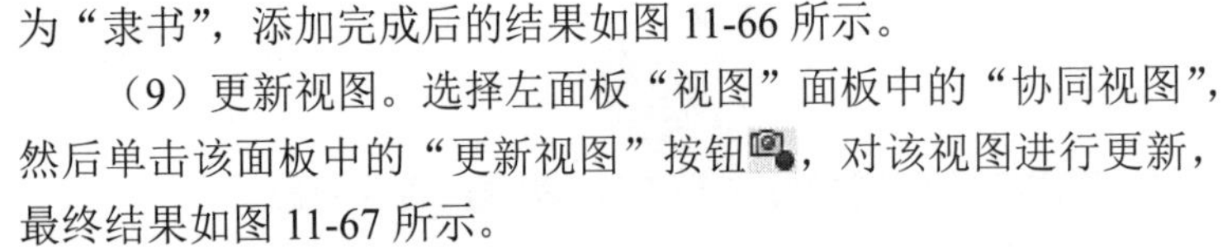

（9）更新视图。选择左面板“视图”面板中的“协同视图”，然后单击该面板中的“更新视图”按钮，对该视图进行更新，最终结果如图 11-67 所示。

（10）导出为高分辨率图像。选择功能区的“工作间”→“发布”→“高分辨率图像”命令，打开如图 11-68 所示的“高分辨率图像”工作间。选中“抗锯齿”复选框以使模型的边线平坦光滑，然后设置像素为 2000。单击“另存为”按钮，打开如图 11-69 所示的“另存为”对话框，采取默认的文件名，单击“保存”按钮，将文件保存为高分辨率的图像。

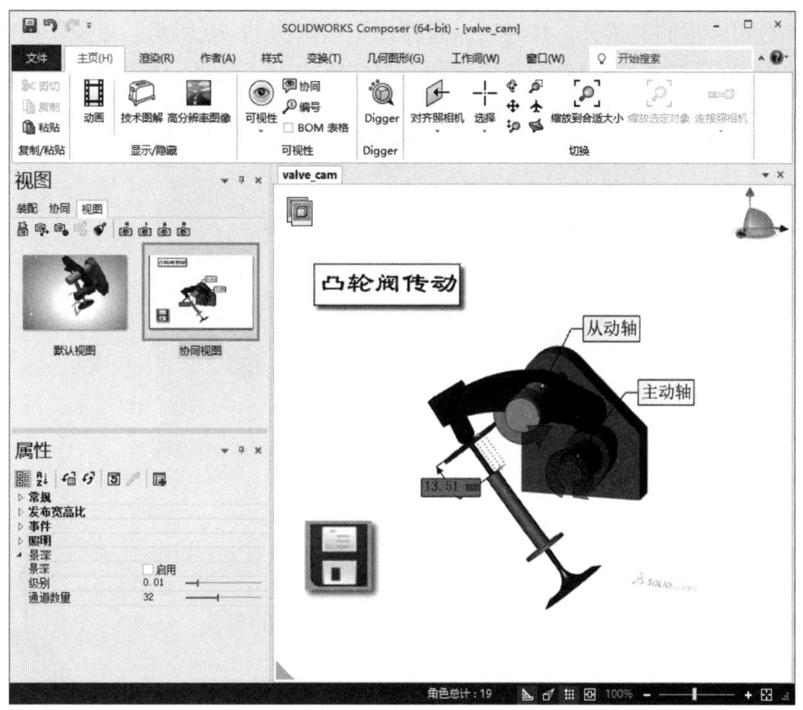

图 11-67　最终结果

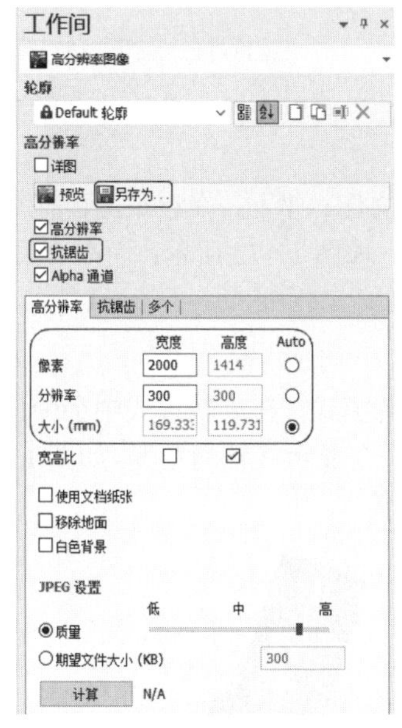

图 11-68　“高分辨率图像”工作间

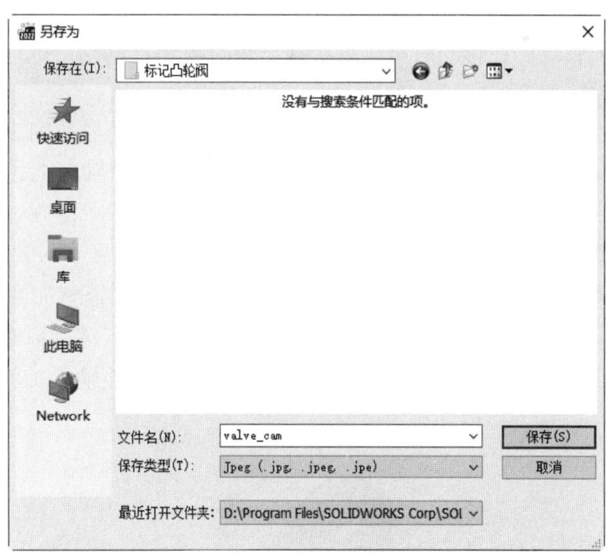

图 11-69　“另存为”对话框

11.5　爆炸图和矢量图

在前面的章节中介绍的都是视图的操作，接下来介绍如何移动零件及对象。通过移动变换操作可

以将零件对象移动到合适的位置处，并可以创建爆炸图，如图 11-70 所示。该操作在以后创建的动画中也会有很大的用途。另外，还可以创建矢量图，以线框的方式来显示视图。

Note

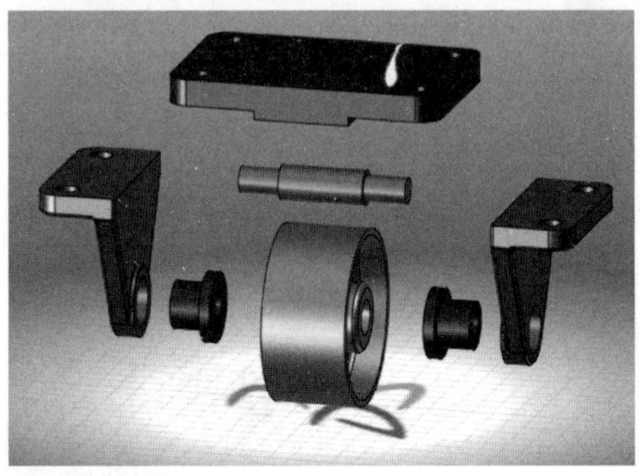

图 11-70　爆炸图

视频讲解

11.5.1　移动

在对模型进行操作时，不可避免地要移动零件。移动零件的基本动作有平移和旋转两种。

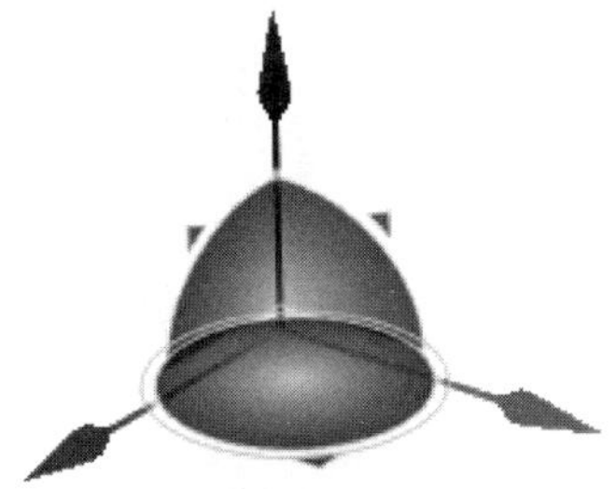

图 11-71　三角导航

1. 平移

选择功能区的“变换”→“移动”→“平移”命令，即可进入平移模式。在平移模式中，单击一个或多个对象，会弹出如图 11-71 所示的三角导航，可以选择三角导航中的任意一个轴，确定沿某轴的方向移动，在移动时可以直接拖动将对象进行移动，也可以在“属性”面板中输入数值达到精确的控制。

除了在 3 个轴向上平移之外，还可以选择三角导航的 3 个平面中的任一平面，在该平面内任意移动对象。在此平面内拖动对象时，会分别显示两个轴向上移动的距离，如图 11-72 所示，而在“属性”面板中只可以输入移动的长度。

2. 旋转

选择功能区的“变换”→“移动”→“旋转”命令，即可进入旋转模式。在旋转模式中会弹出如图 11-73 所示的球形导航。选择要旋转的面，选择后可以拖动零件，图中会显示旋转的角度，如图 11-74 所示。同样，在旋转时可以在“属性”面板中直接输入旋转的精确数值。

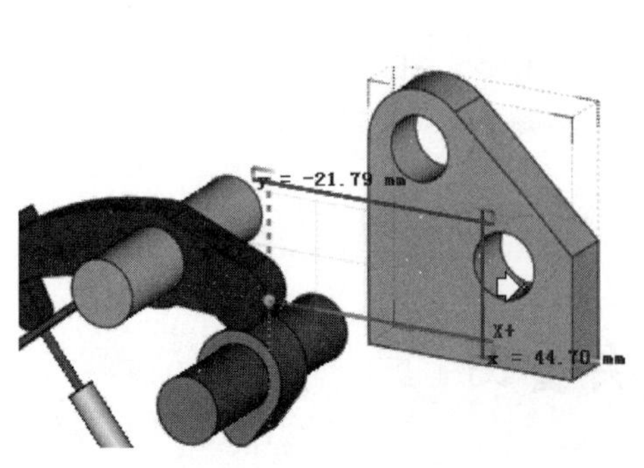

图 11-72　平面移动对象

图 11-73　球形导航

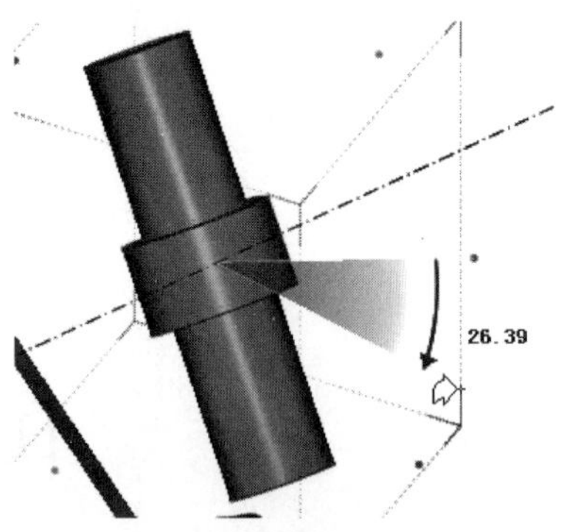

图 11-74　平面旋转对象

11.5.2 爆炸图

制作爆炸图会使用到各种分解命令，这些分解命令在功能区的“变换”→“爆炸”面板中，包括线性、球面和圆柱分解 3 大类。采用这些分解命令可以使对象分别呈线性、球面或圆柱形自动分解。

在采用分解模式时，对象通过基于它们中心的轴向移动，以最后的对象为基准，该对象不移动。图 11-75 显示了 4 个零件线性分解的过程。

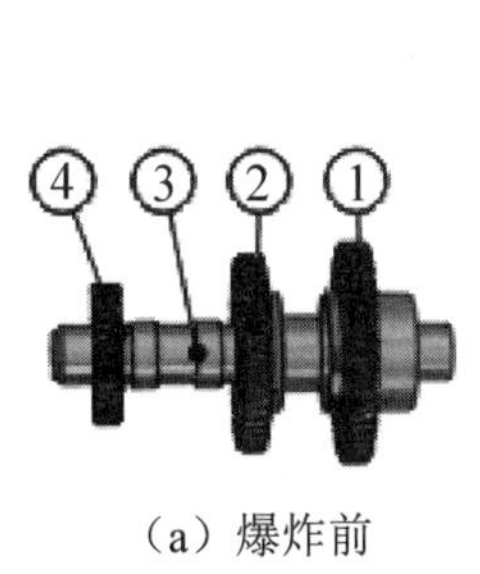

（a）爆炸前

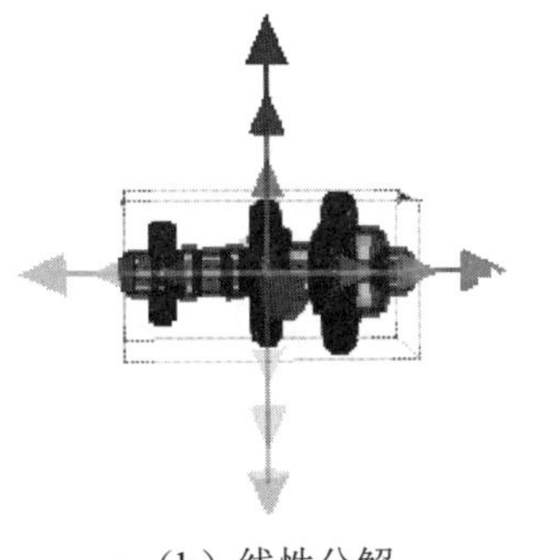

（b）线性分解

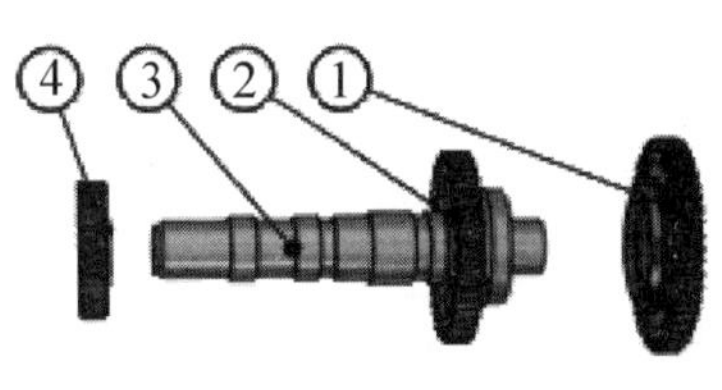

（c）爆炸后

图 11-75 线性分解过程

1. 线性分解

线性分解创建轴向的爆炸图，当选择多个对象后，会出现如图 11-76 所示的导航轴，拖动想要爆炸方向上的导航轴中的一个轴，鼠标指针会变为一个箭头的符号，表示要爆炸的方向。也可以通过输入精确值的方式来生成线性分解图。首先单击导航轴中的一个轴，然后在“属性”面板中输入值，即可达到线性爆炸的效果。如对 4 个零件进行线性爆炸，输入的数值为 300mm，则结果是每两个零件的间隙为 100mm。

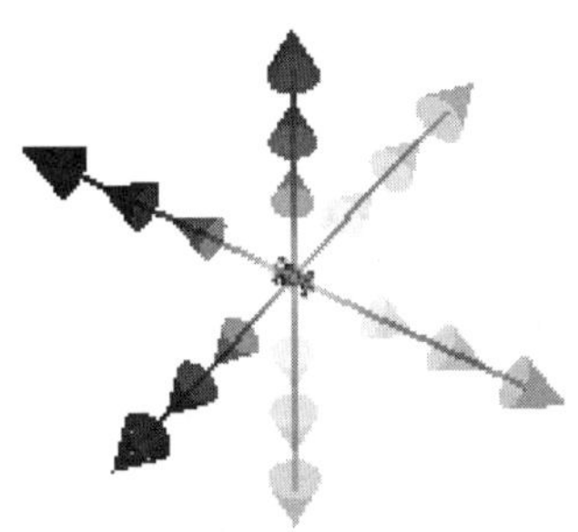

图 11-76 线性分解导航轴

2. 球面分解

球面分解以选择零件的中心点为中心向四周进行爆炸，当选择多个对象后，会出现如图 11-77 所示的导航轴，单击此导航轴，鼠标指针会变为一个箭头的符号，表示要爆炸的方向，拖动导航轴会进行爆炸。

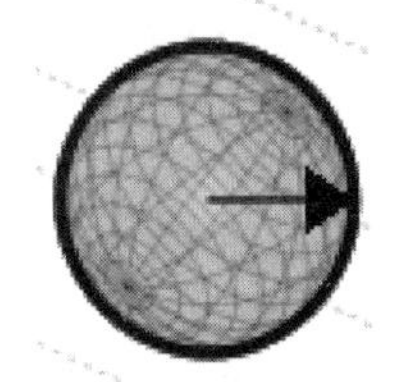

图 11-77 球形分解导航轴

3. 圆柱分解

圆柱分解围绕所选择的轴线创建一个圆柱形的爆炸视图。当选择多个对象后，会出现一个与线性分解导航轴一样的导航轴，单击此导航轴，鼠标指针会变为一个箭头的符号，表示要爆炸的方向，拖动导航轴会进行爆炸。

11.5.3 BOM 表格

BOM（the bill of materials）即材料清单。在创建 BOM 表格时，通常使用 BOM 工作间。选择功能区的“工作间”→“发布”→BOM 命令，即可以进入 BOM 工作间。图 11-78 显示了 BOM 工作间及生成的 BOM 表格。

Note

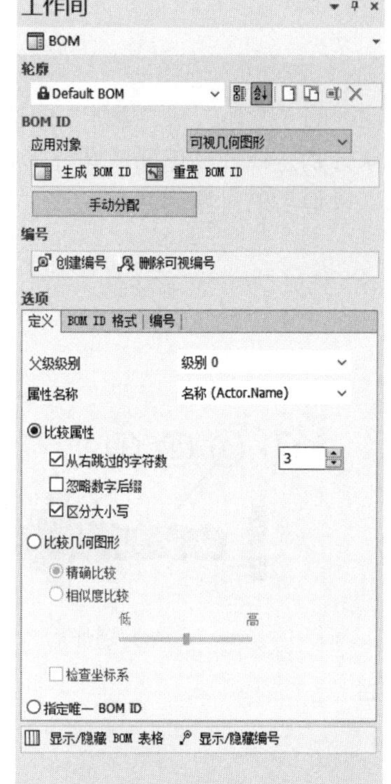

描述	BOM ID	数量
Antenna	1	1
Auxiliar Switch	2	1
Body	3	1
channel 1	4	1
channel 2	5	1
Crystal Mount	6	1
Grüne Lamp	7	1
Rote Lampe	8	1
Swich On/Off	9	1
Trim Tab	10	1

图 11-78　BOM 工作间及生成的 BOM 表格

（1）BOM ID：BOM ID 栏中含有 BOM ID 的一些命令，包括“生成 BOM ID”“重置 BOM ID”和“手动分配”等。其中：“生成 BOM ID”命令可应用对象范围内所选择的零件生成 BOM ID；“重置 BOM ID”命令可删除应用对象范围内所选择的 BOM ID。除了这些自动命令外，还可以使用手动分配方式来创建 BOM ID。

（2）编号：“编号”栏中包括“创建编号”和“删除可视编号”两个命令。“创建编号”命令可以在视图中为所选择的对象创建编号。

（3）选项：“选项”栏内包含“定义”“BOM ID 格式”和“编号”3 个选项卡。“定义”选项卡内指定如何将 BOM ID 指定到几何图形对象；利用“BOM ID 格式”选项卡可以定义 BOM ID 的规则，如指定前缀及后缀等；“编号”选项卡用来定义所创建的编号。

视频讲解

11.5.4　矢量图

在 SOLIDWORKS 中可以创建矢量图。这些矢量图可以保存为 SVG、EPS、SVGZ、CGM 及 Tech Illustrator 等格式。矢量图利用边、多边形或文本来描绘图形，相对于光栅图像来说，矢量图具有很多优点，最突出的优点是可以放大图形到任意尺寸，而不会像光栅图像一样丢失清晰度。另外，使用矢量图可以更加容易地补全缺失的图形文件，使用矢量图形可以不用考虑照明、阴影、颜色及 dpi（分辨率）。

在 SOLIDWORKS Composer 中，创建矢量图是通过“技术图解”工作间来进行的。通过“技术图解”工作间可以创建和发布场景中的矢量图形。可以选择功能区的“工作间”→“发布”→“技术图解”命令，进入“技术图解”工作间。图 11-79 显示了“技术图解”工作间及创建的矢量图形。

（1）“直线”选项卡：通过该选项卡，可以调整装配体的线条颜色、线宽等特征，从而改变细节视图。

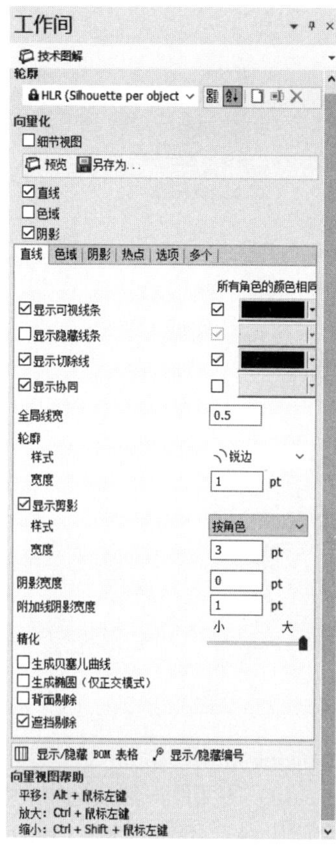

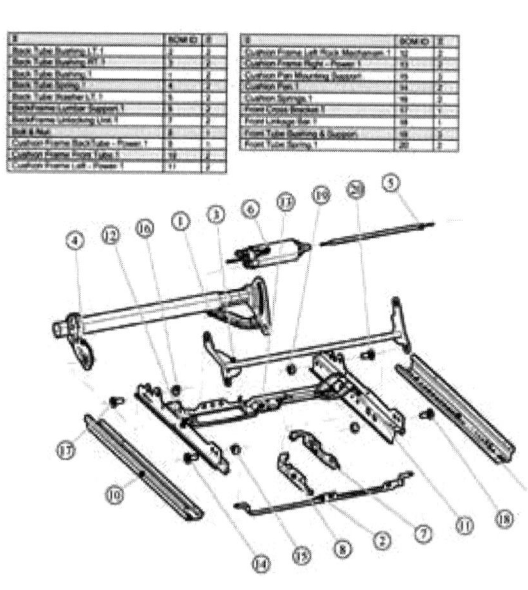

图 11-79　“技术图解”工作间及创建的矢量图形

（2）“色域”选项卡：使输出的矢量图形具有颜色。在该选项卡中，还可以调整灯光照明及色深等。

（3）“阴影”选项卡：在该选项卡中可以调节关于阴影的一些参数，如管理阴影轮廓和阴影的填充颜色等。通过其中的“透明度”选项可以调节阴影的透明度。

（4）“热点”选项卡：该选项卡中可以设置矢量输出的热点。热点为可激活区域，通过在 SOLIDWORKS Composer 中创建的热点，可以访问文件、事件链接、BOM 信息或网页等。

（5）“选项”选项卡：通过该选项卡，可以设置管理输出的页面格式。

（6）“多个”选项卡：通过该选项卡，可以生成不同时间段的动画。

11.5.5　实例——脚轮爆炸图

下面以实例的形式来练习爆炸图和矢量图的操作。脚轮模型如图 11-80 所示。

图 11-80　脚轮模型

操作步骤

1. 打开模型

（1）启动软件。选择“开始”→“所有程序”→“SOLIDWORKS 2022”→“SOLIDWORKS Composer 2022”命令，或双击桌面图标，启动 SOLIDWORKS Composer 2022。

（2）在打开的 SOLIDWORKS Composer 2022 中选择“文件”→“打开”命令，系统弹出如图 11-81 所示的“打开”对话框。

Note

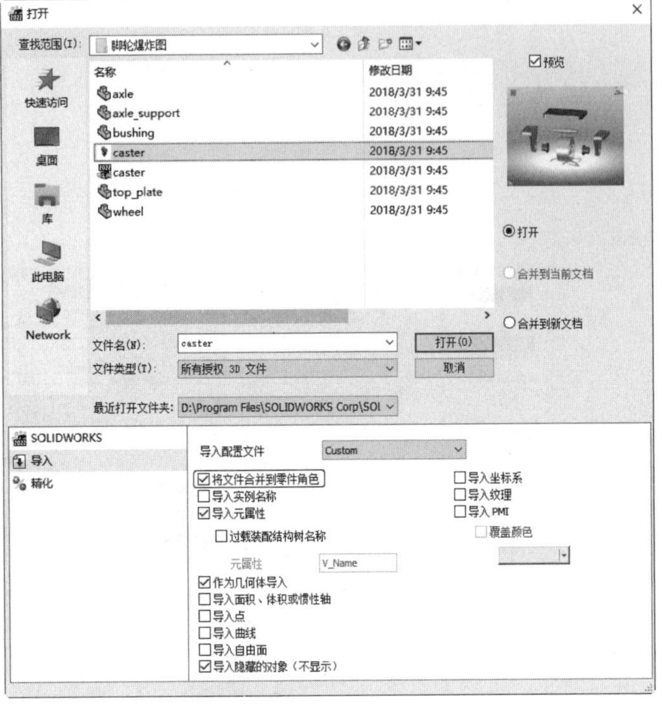

图 11-81 “打开”对话框

（3）在“打开”对话框中选择附赠资源源文件中名称为 caster 的文件，然后选中“将文件合并到零件角色”复选框，单击“打开”按钮，打开模型。此时会弹出 SOLIDWORKS Converter 转换对话框，转换完成后的 SOLIDWORKS Composer（64-bit）软件界面如图 11-82 所示。

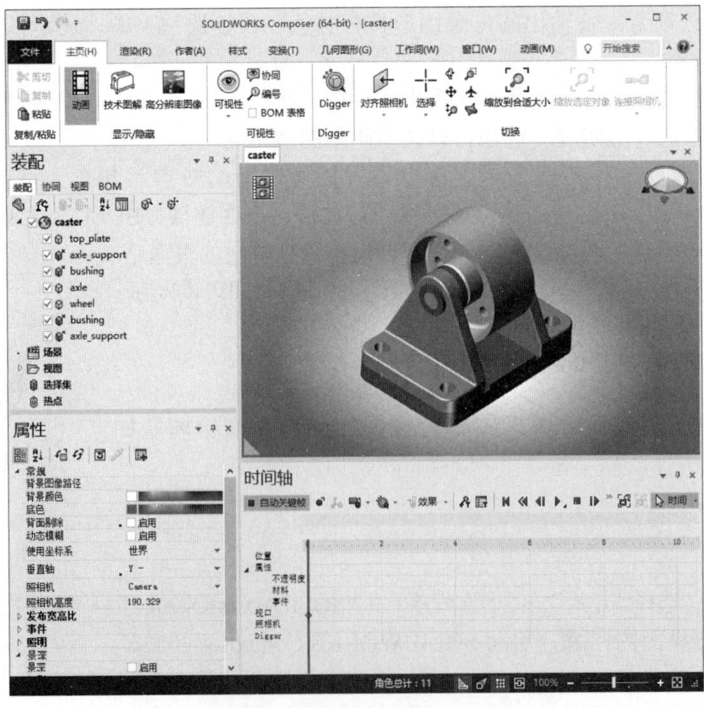

图 11-82 SOLIDWORKS Composer（64-bit）软件界面

（4）保存文件。单击快速工具栏中的“保存”按钮，系统会以 caster.smg 为文件名进行保存。

2. 创建视图

（1）更改坐标系。由于所得到的模型与实际中的模型相反，可以在 SOLIDWORKS Composer 中对模型进行调整。在“属性”面板“垂直轴”选项中，将垂直轴更改为“Y+”。此时模型将翻转过来。

（2）创建视图。单击左面板“视图”面板中的“创建视图”按钮，新建一个视图，单击新视图的名称，稍后再单击一次，将视图重命名为“默认视图”，如图 11-83 所示。

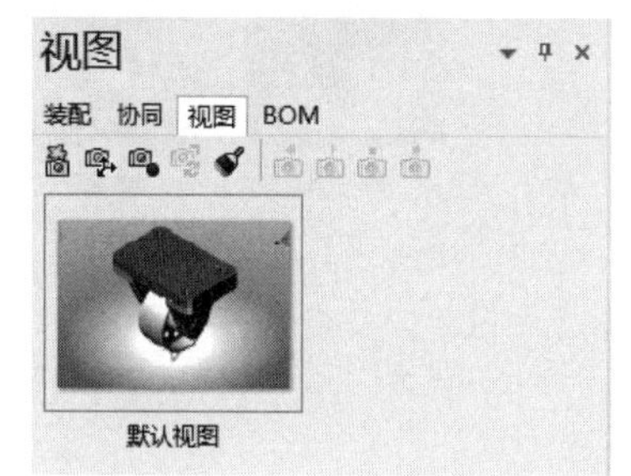

图 11-83 创建视图

（3）自定义视图。选择功能区的“文件”→“属性”→“文档属性”命令，打开“文档属性”对话框，在左侧选择“视口”选项，如图 11-84 所示。在这里可以更改自定义视图的名称及视图的极坐标轴。将名称设置为“视图 15”、Theta 设置为 15°、Phi 设置为 15°，单击“确定”按钮，定义视图 15。

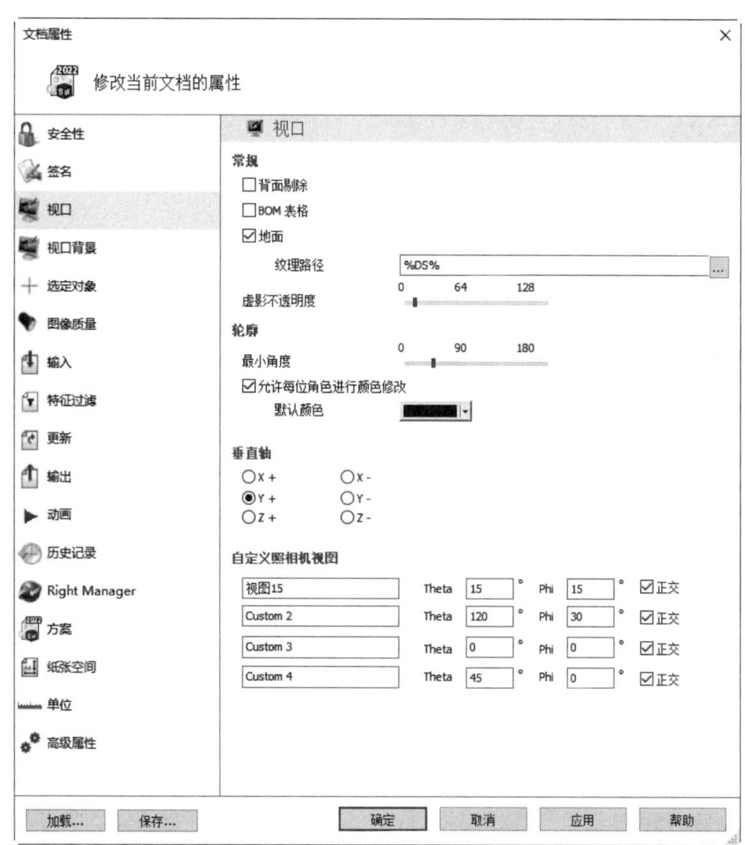

图 11-84 “文档属性”对话框

（4）显示视图 15。选择“主页”→“切换”→“视图 15（15.0,15.0）(o)”命令，将视图切换为视图 15。

（5）再次创建视图。单击左面板“视图”面板中的“创建视图”按钮，再次创建一个视图。单击新视图的名称，稍后再单击一次，将视图重命名为“爆炸视图”，结果如图 11-85 所示。

Note

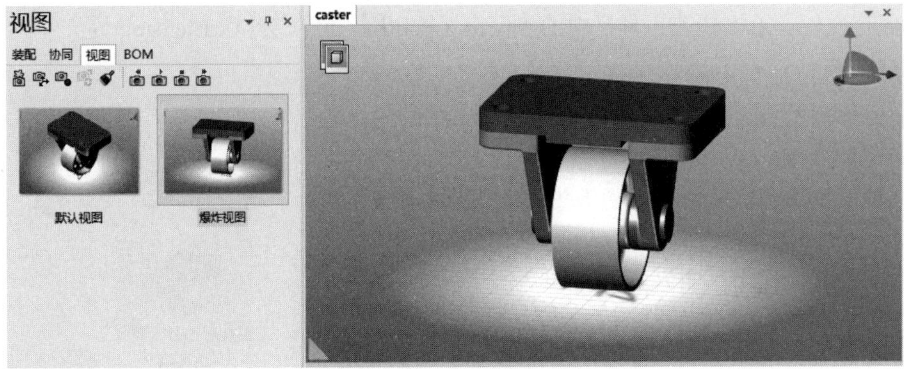

图 11-85 “视图”面板

3. 爆炸图

（1）线性爆炸。单击功能区的“变换”→“爆炸”→“线性”按钮，如图 11-86 所示。按 Ctrl+A 快捷键选择所有模型，此时光标上出现导航轴，选择红色轴为爆炸方向，拖动鼠标到如图 11-86 所示的合适位置处。

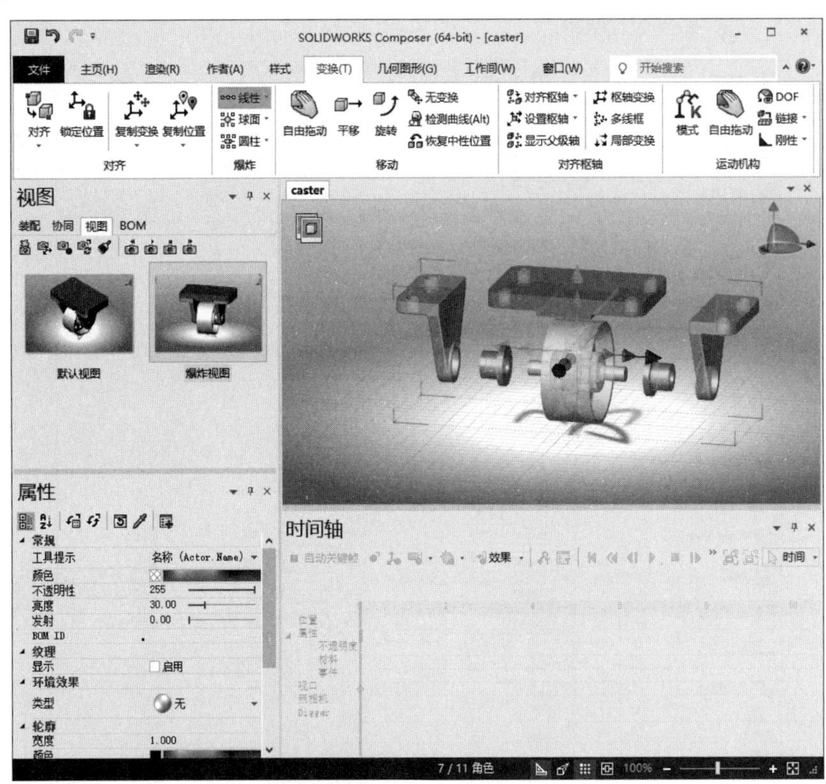

图 11-86 线性爆炸

（2）平移顶部平板零件。单击功能区的“变换”→“移动”→“平移”按钮。选择左面板“装配”面板中的 top_plate 零件，拖动三角导航中的蓝色轴到合适的位置处，如图 11-87 所示。

（3）平移轴。单击功能区的“变换”→“移动”→“平移”按钮。选择“装配”选项组中的 axle 零件，然后单击绿色轴，直接在“属性”面板中输入长度为 60mm，将轴平移到底轮的上方，结果如图 11-88 所示。

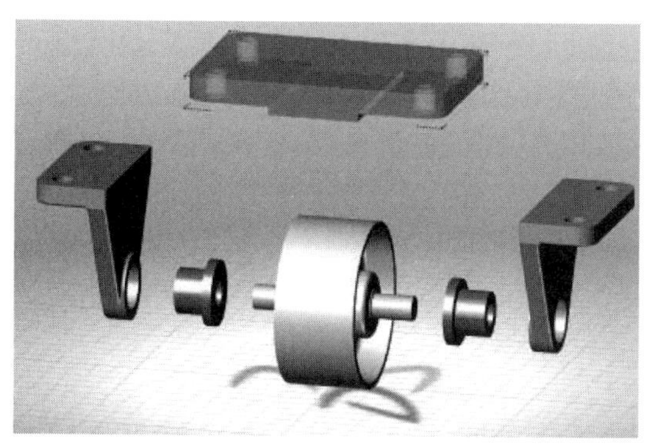

图 11-87　平移顶部平板零件

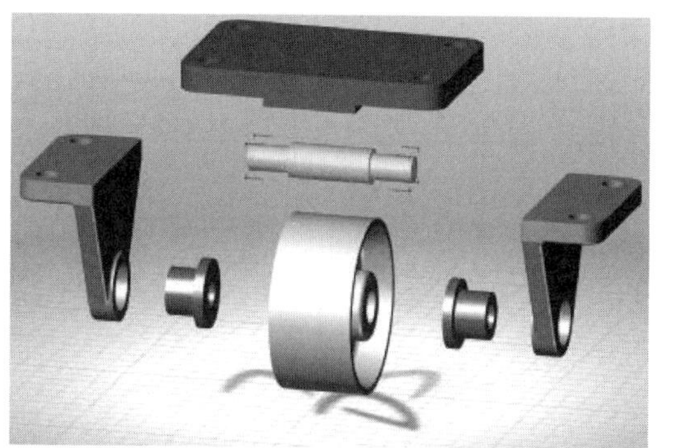

图 11-88　平移轴零件

（4）更新视图。首先选择左面板“视图”面板中的“爆炸视图”，然后单击该面板中的“更新视图”按钮，对该视图进行更新，最终结果如图 11-89 所示。

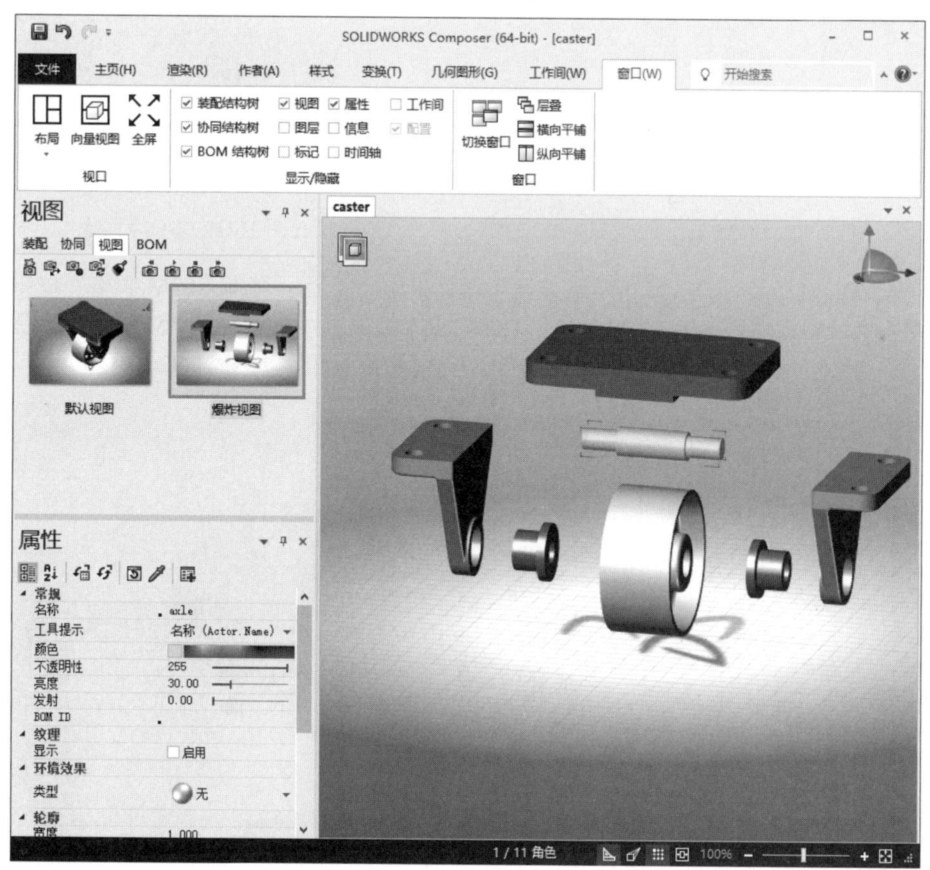

图 11-89　更新视图

4. BOM 表格

（1）打开 BOM 工作间。单击功能区的“工作间”→“发布”→“BOM“按钮，打开如图 11-90 所示的 BOM 工作间。首先选择应用对象为“可视几何图形”，然后单击“生成 BOM ID”按钮为模型生成 BOM ID。在如图 11-91 所示的左面板 BOM 面板中可以查看零件的编号及数量。

Note

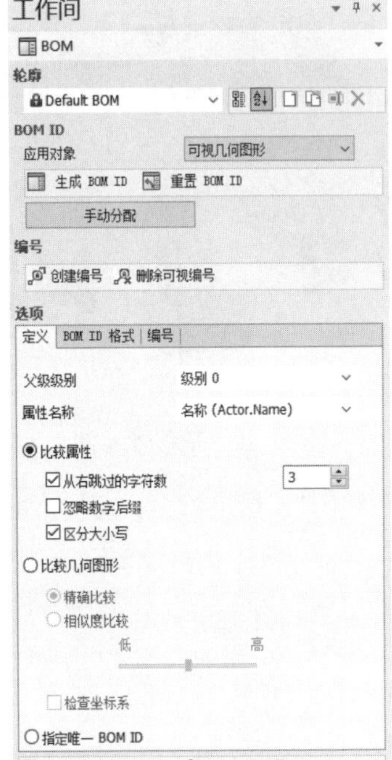

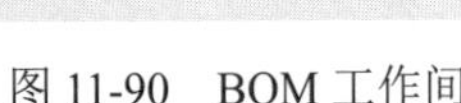

图 11-90　BOM 工作间

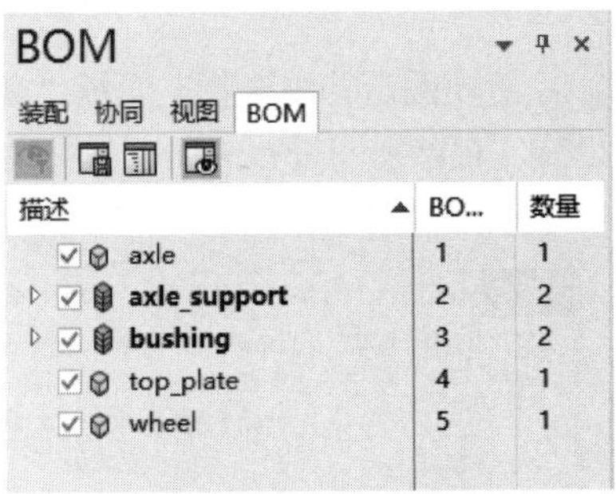

图 11-91　BOM 面板

（2）更改 BOM 位置。首先单击“工作间”对话框中的“显示/隐藏 BOM 表格”按钮，将表格显示在图形区域中；然后选中 BOM 表格，此时“属性”面板中将显示 BOM 的属性。更改其中的文本“大小”为 20mm、放置“位置”为“右”，其余采取默认值，如图 11-92 所示。

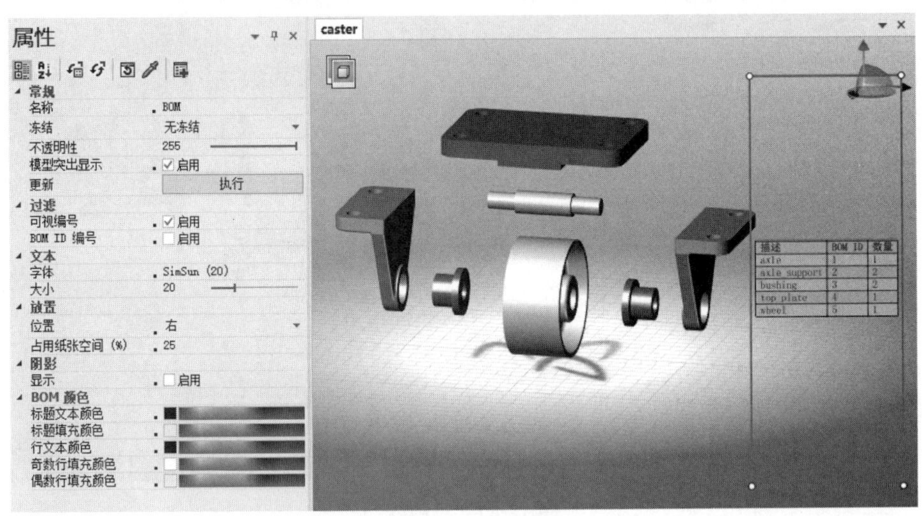

图 11-92　BOM 属性

（3）创建编号。首先在图形区中选择所有的零件。然后在右侧“工作间”中选择“编号”选项卡，在“创建”栏中选择“为每个 BOM ID 创建一个编号”选项，在“附加点”栏中选中“在中心最近处附近点”选项。接着单击“编号”选项组中的“创建编号”按钮，为所选的对象添加符号。最后在“属性”面板中将“大小”改为 20mm，结果如图 11-93 所示。

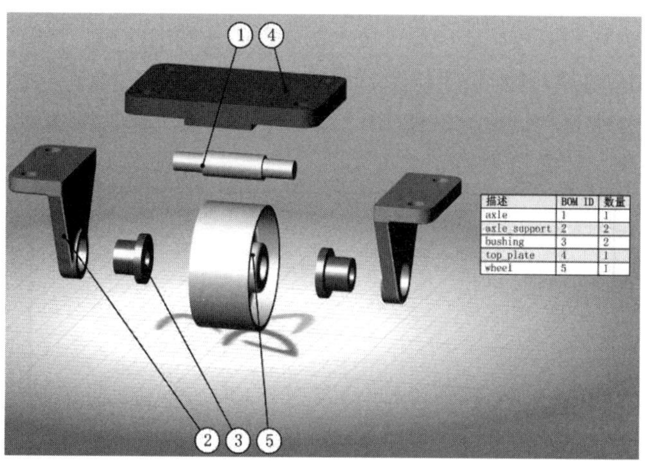

图 11-93 创建编号

（4）更新视图。首先选择左面板“视图”面板中的“爆炸视图”，然后单击该面板中的“更新视图”按钮，对该视图进行更新。

5. 矢量视图

（1）打开“技术图解”工作间。单击功能区的“工作间”→“发布”→“技术图解”按钮，打开如图 11-94 所示的“技术图解”工作间。单击“预览”按钮，查看默认状态下的预览图，系统弹出 IE 浏览器，可以查看生成的技术图解。

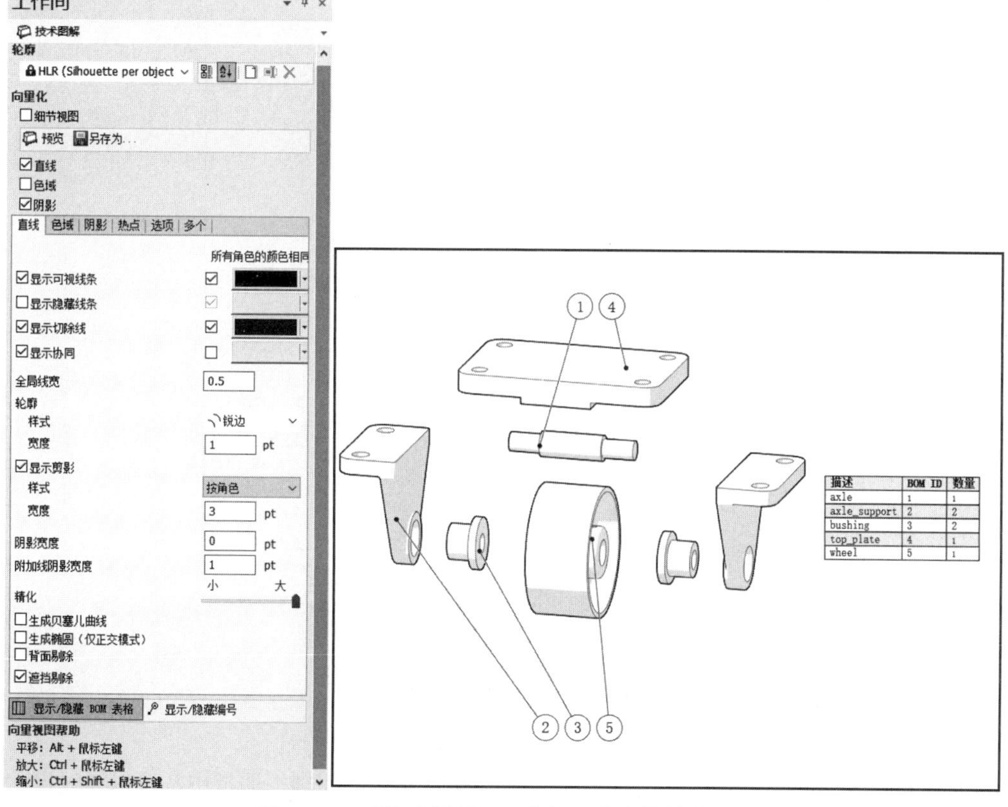

图 11-94 “技术图解”工作间及生成的技术图解

Note

（2）取消 BOM 表格和编号显示。在“技术图解”工作间中，将“轮廓”方式更改为“构造边线”，然后单击“显示/隐藏 BOM 表格”按钮及“显示/隐藏编号”按钮，取消显示 BOM 表格及编号。最后在视图中的空白区域中双击鼠标滚轮键，将视图调整为合适的大小。单击“预览”按钮，查看预览的矢量图，如图 11-95 所示。

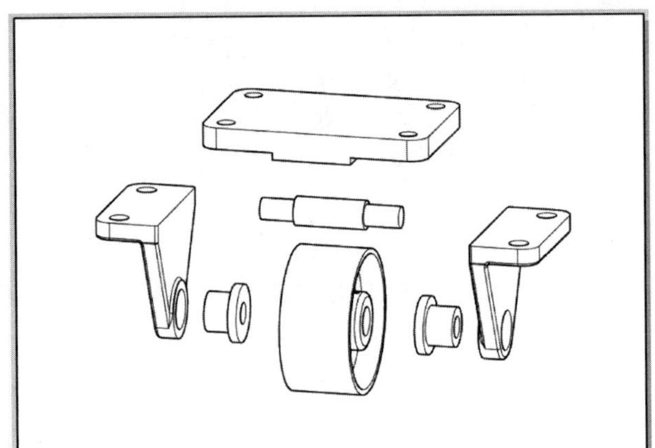

图 11-95　构造边线模式

（3）另存图像。单击“技术图解”工作间中的“另存为”按钮，打开如图 11-96 所示的“向量化另存为”对话框。在这里采取默认的文件名，单击“保存”按钮，将图像保存为 SVG 格式的矢量图形。

图 11-96　“向量化另存为”对话框

11.6　动画制作

SOLIDWORKS Composer 采用框架界面创建时间轴。在“时间轴”面板中，可以通过键、过滤、播放工具等来创建和编辑动画。动画创作完成后，可以进行输出操作，还可以通过事件来增强动画的

交互性。

11.6.1 “时间轴”面板

“时间轴”面板是创建动画的基本面板，可以在其中进行关键帧操作及动画的播放控制。“时间轴”面板只在动画模式中才可以被激活。如果在视图模式下，则单击视图区域左上角的“切换到动画模式”图标，将当前模式转换为动画模式。时间轴由工具栏、标记条、时间轴和轨道帧 4 部分构成，如图 11-97 所示。

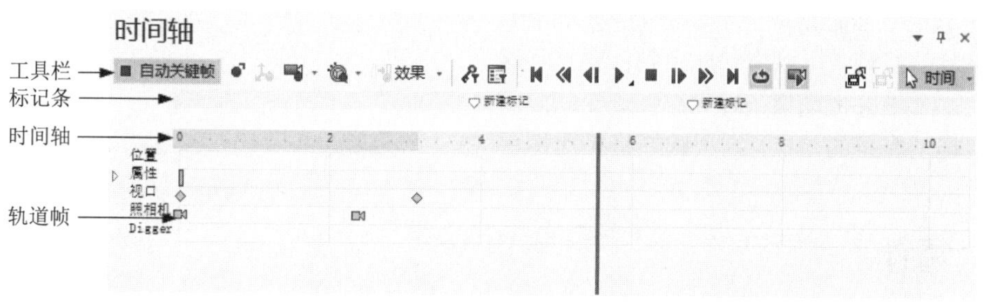

图 11-97　“时间轴”面板

1. 工具栏

工具栏中提供了许多制作动画的命令，附加的命令可以通过在动画功能区或轨道帧右击来实现。

☑ 自动关键帧■：当改变动画属性（位置、颜色等）时，在当前时间自动创建关键帧。使用自动关键帧模式，可能会导致创建出多余的关键帧，在熟练使用此命令之前，建议取消自动关键帧模式。

☑ 设置关键帧：为选择的对象在当前时间创建关键帧，该关键帧包括选择对象的所有属性。

☑ 设置位置关键帧：在当前时间创建选择对象的位置关键帧。位置关键帧的颜色与对象的中性颜色相同。

☑ 设置照相机关键帧：在当前时间捕捉照相机的位置。照相机关键帧记录了方向和缩放的大小。

☑ 设置 Digger 关键帧：在当前时间捕捉 Digger 对象的关键帧。

☑ 效果：该命令中包含可以自动创建的效果，包括淡入、淡出、热点及恢复关键帧的初始属性。

☑ 仅显示选定角色的关键帧：仅显示选定对象的关键帧，此命令不会影响照相机关键帧和 Digger 帧。

☑ 仅显示选定属性的关键帧：仅显示选定对象在“属性”面板更改的属性关键帧，这些属性包括颜色和不透明度等。可以使用 Ctrl 键选择多个属性。如果没有选择属性，将显示所有属性帧。

2. 标记条

标记条用于显示动画的标记，标记指定了动画中的关键点。只需在要创建时间点的标记条中单击，即会创建新的标记。右击所创建的标记，在弹出的快捷菜单中选择“重命名标记”命令，即可对标记进行重命名。同样，可以在弹出的快捷菜单中选择“删除标记”命令，可删除该标记。想要移动标记，选中并拖动标记即可。

3. 时间轴

显示部分或全部的动画时间轴。要改变当前动画的时间，在时间轴中单击即可。在时间轴中的竖

直红色条称为时间指示条。在查看动画时，通过拖动时间指示条来改变动画时间。

4. 轨道帧

轨道帧显示动画关键帧，分为 5 行，分别显示位置、属性、视口、照相机和 Digger 关键帧。可以直接对轨道帧中的关键帧进行操作，要移动一个关键帧，可以直接拖动该帧；要复制一个关键帧，可以按住 Ctrl 键并拖动该帧；要删除一个帧，右击并在弹出的快捷菜单中选择“删除关键帧”命令。

Note

要选择多个帧，只需在轨道帧上按住鼠标左键并拖动，包含在拖动框中的所有关键帧将被选中，此时在轨道帧的下面将出现一个如图 11-98 所示的黑条。要移动这些帧，可以拖动此黑条；要复制这些帧，按住 Ctrl 键并拖动黑条即可；要改变此段的时间，直接拖动黑条的端点，则关键帧将按比例更改时间。

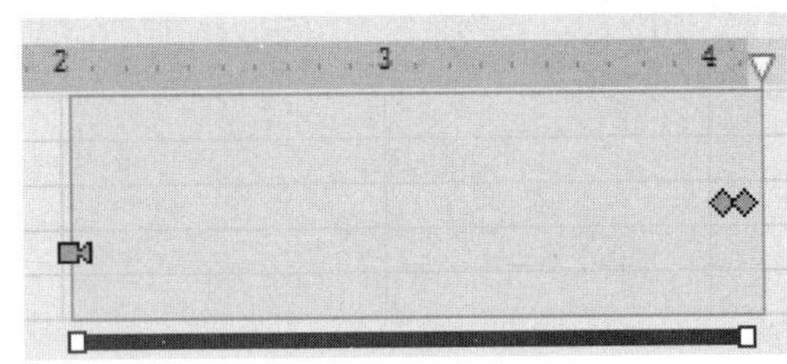

图 11-98　多选关键帧

视频讲解

11.6.2　事件

为了得到更好的表达和交互效果，可以在制作的动画中添加事件。事件不可应用于 AVI 形式，仅用于交互的平台形式，如网页格式、打包文件等。事件是通过“属性”面板配合时间轴进行创建。一般在时间轴上单击一个时间点，在该点上更改“属性”面板中的“事件”栏参数，如图 11-99 所示。在“属性”栏中，可定义的事件有脉冲和链接。

（1）脉冲：可指定动画中对象闪烁的时间，指示此对象具有事件。可以设定闪烁时间为无、200ms、400ms 及 800ms。对象闪烁完成后，动画会暂停等待响应。

（2）链接：为对象定义链接，可定义的链接形式包括链接到文件、链接到网页、链接到 FTP、打开视图、下一标记、上一标记、转到开始、转到结束、链接到标记、播放及播放标记。双击“链接”选项右端的空白处，将打开如图 11-100 所示的“选择链接”对话框，在最下端的 URL 下拉列表框中可以选择要添加的链接。

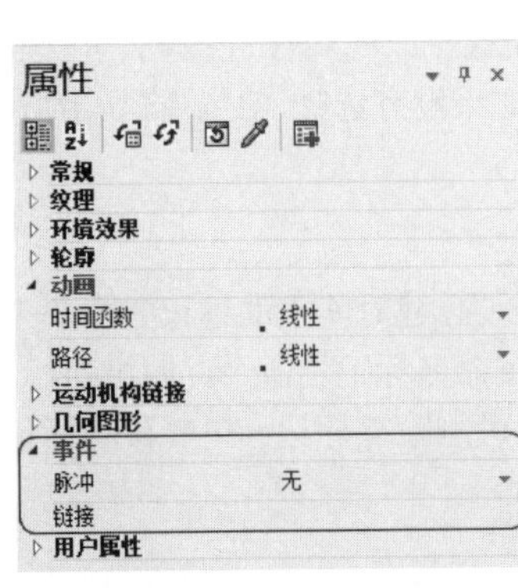

图 11-99　“属性”面板

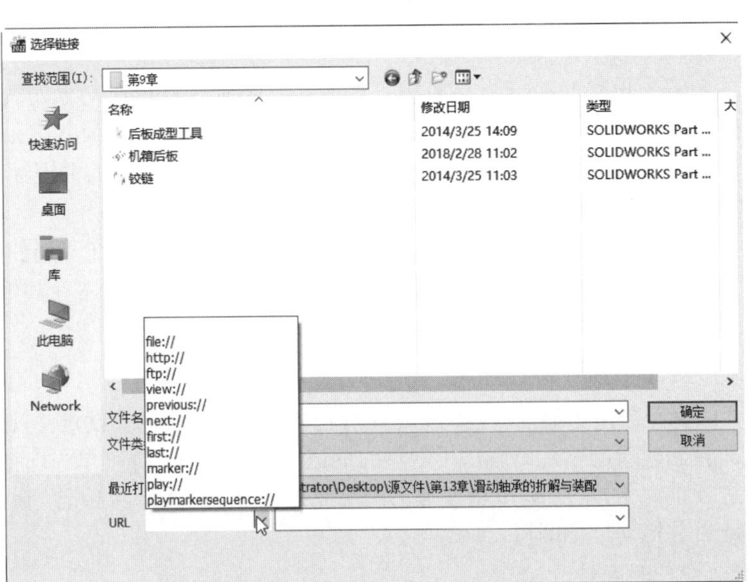

图 11-100　“选择链接”对话框

11.6.3 动画输出

动画完成后要进行输出，在 SOLIDWORKS Composer 中使用“视频”工作间进行动画的输出控制。使用“视频”工作间可以将动画生成为 AVI 视频。单击功能区的“工作间”→“发布”→“视频”按钮，可以进入“视频”工作间，如图 11-101 所示。

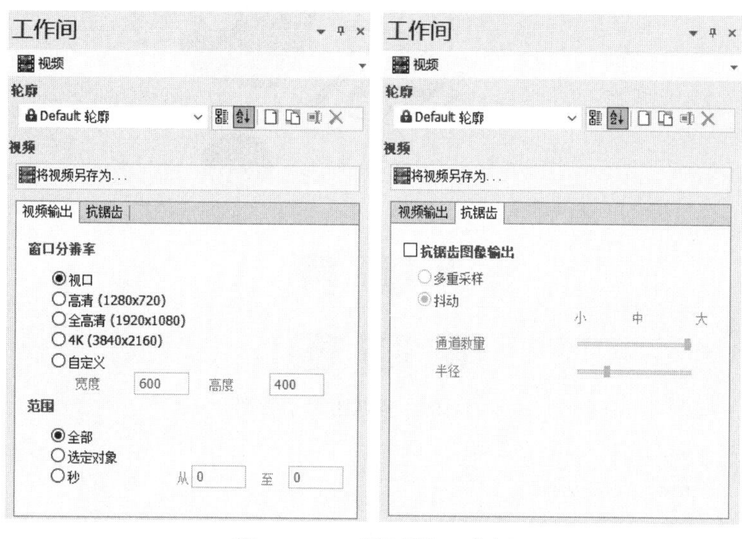

图 11-101 “视频”工作间

（1）将视频另存为：单击该按钮，会弹出“保存视频”对话框。在此对话框中可输入保存视频的名称及路径。单击“保存”按钮后，将弹出“视频压缩”对话框，在该对话框中设置压缩的编码格式，默认为“全帧（非压缩的）”，采用此种格式生成的文件较大，一般不建议选取。

（2）视频输出：在“视频输出”选项卡中可以更改窗口分辨率，设置要生成动画的范围，包括全部、选定对象和指定时间。

（3）抗锯齿：在“抗锯齿”选项卡中可以更改抗锯齿图像输出，选择抗锯齿的方式，包括多重采样和抖动。另外，可以调整通道数量及半径。

11.6.4 发布交互格式

在 SOLIDWORKS Composer 中，除了可以生成传统的图片及动画 AVI 格式的结果文件外，还可以发布成交互文件的形式，这也是 SOLIDWORKS Composer 非常突出的优点，而且在创建复杂的装配体时，通过 SOLIDWORKS Composer 生成的交互文件可以流畅地进行运行，这是其他软件无法比拟的。

在所有交互格式类型的文件中，HTML 格式文件是使用最频繁和被支持最多的格式，图 11-102 显示了生成的 HTML 文件。在 SOLIDWORKS Composer 中可以通过预先定义好的模板来生成 HTML 格式的文件，当然也可以定义模板或生成后再编辑 HTML 文件。

选择功能区的“文件”→“发布”→HTML 命令，可以打开如图 11-103 所示的“另存为”对话框，在该对话框中可以设置输出为 HTML 格式的各个选项。选择“HTML 输出[①]”选项，则可在“HTML 输出”页面中选择要生成 HTML 的模板，如图 11-104 所示。单击该对话框中的“保存”按钮，即可生成 HTML 格式的交互文件。

① 文中的“HTML 输出”与软件中的“Html 输出”为同一内容，后文不再赘述。

Note

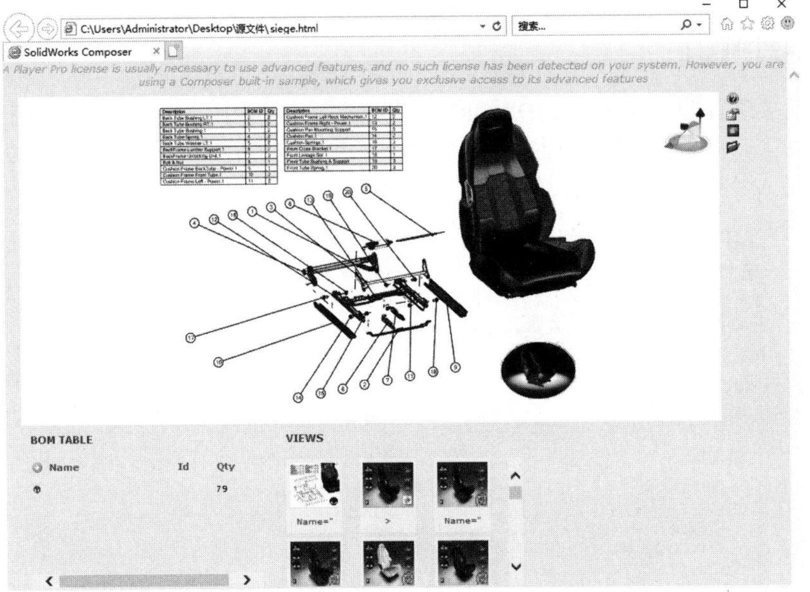

图 11-102　HTML 格式文件

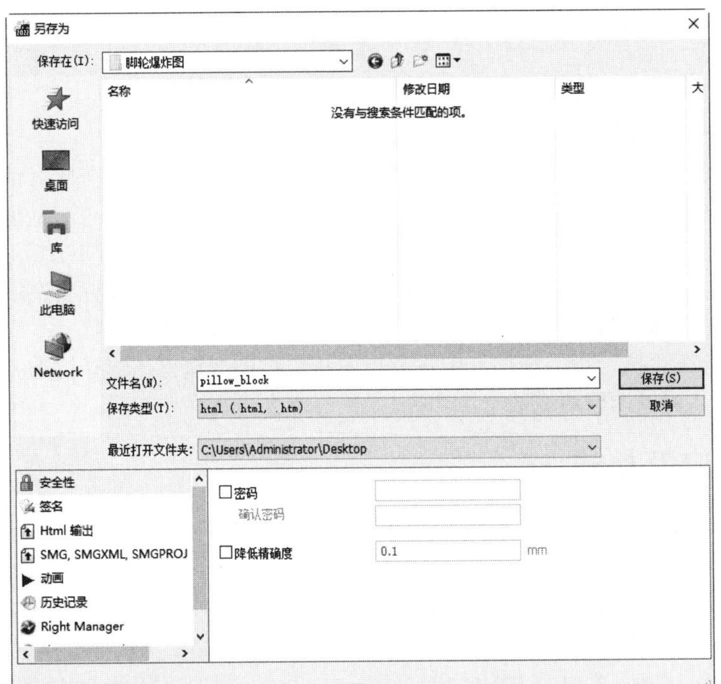

图 11-103　“另存为”对话框

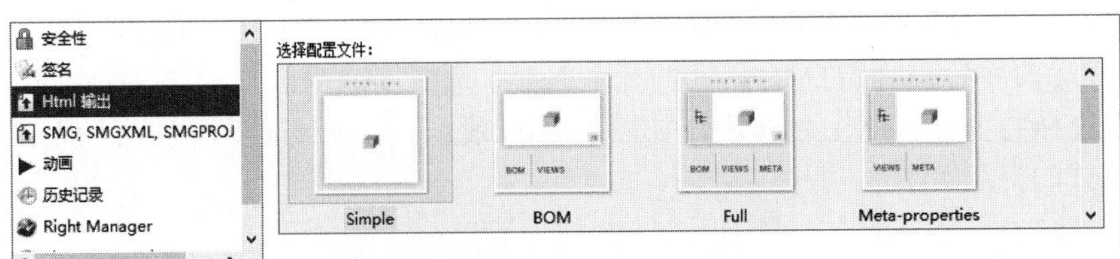

图 11-104　可选的默认模板

11.6.5　实例——滑动轴承的拆解与装配

下面以实例的形式来练习制作动画，滑动轴承模型如图 11-105 所示。

图 11-105　滑动轴承模型

Note

视频讲解

操作步骤

1. 打开模型

（1）启动软件。选择“开始”→“所有程序”→“SOLIDWORKS 2022”→“SOLIDWORKS Composer 2022”命令，或双击桌面图标，启动 SOLIDWORKS Composer 2022。

（2）在打开的 SOLIDWORKS Composer 2022 中选择“文件”→“打开”命令，系统弹出如图 11-106 所示的“打开”对话框。

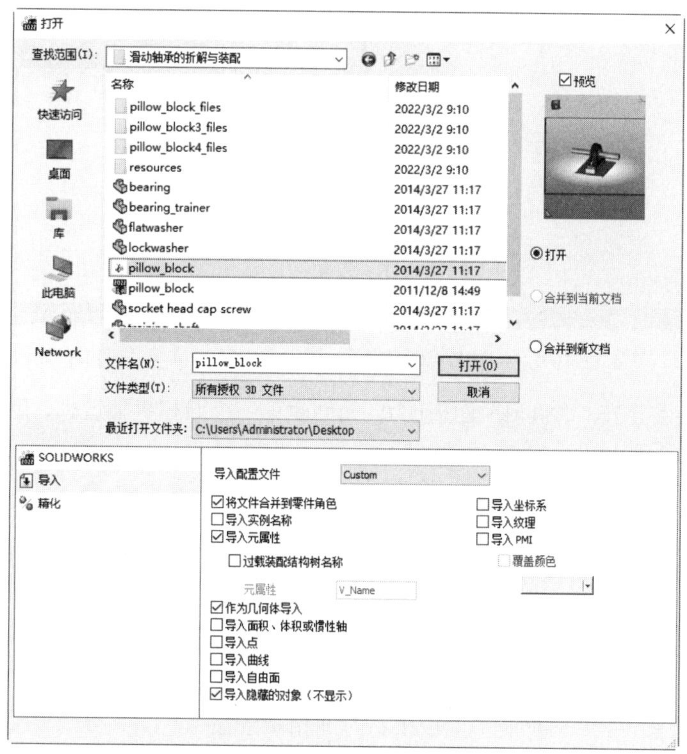

图 11-106　“打开”对话框

（3）在“打开”对话框中选择附赠资源源文件中的 pillow_block 文件，然后选中“将文件合并到零件角色”复选框，单击“打开”按钮，打开模型，此时会弹出 SOLIDWORKS Converter 转换对话框。转换完成后的 SOLIDWORKS Composer（64-bit）软件界面如图 11-107 所示。

（4）保存文件。单击快速工具栏中的“保存”按钮，系统会以 pillow_block.smg 为文件名对其进行保存。

2. 创建拆解动画

（1）创建动画。创建动画需要在动画模式中进行，如果当前在视图模式下，则单击视图区域左上角的“切换到动画模式”图标，将当前模式转换为动画模式。

Note

图 11-107　SOLIDWORKS Composer（64-bit）软件界面

（2）移除长杆。首先在“时间轴”面板的 0s 处创建第一个照相机关键帧，用来固定模型的位置，然后将时间指示条拖动到 1s 处，单击功能区的“变换”→“移动”→“平移”按钮，选择零件 training_shaft，向左拖动三角导航中的红色轴到合适的位置处，如图 11-108 所示。

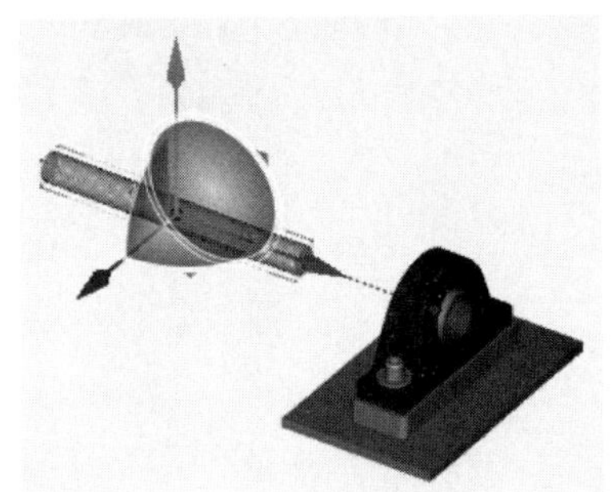

图 11-108　移除长杆

（3）捕捉照相机。保持时间指示条在 1s 上，单击“时间轴”面板中的“设置照相机关键帧”按钮，在 1s 处设置照相机关键帧。在此步放置照相机关键帧表示时间为 0～1s，照相机视图（指移除长杆以后的部分）一直保持当前状态不变。

（4）移动相机视图。在“时间轴”面板中将时间指示条拖动到 2s 处，对视图进行放大，重点突出显示螺钉部分。单击“时间轴”面板中的“设置照相机关键帧”按钮，在 2s 处设置照相机关键帧。在此步放置照相机关键帧表示时间为 1～2s 时，对照相机视图进行放大的过程，结果如图 11-109 所示。

（5）添加热点效果。在“时间轴”面板中将时间指示条拖动到 2.5s 处，在视图中选择 Socket Head Cap Screw，选择“时间轴”面板中的“效果”下拉列表中的“热点”命令，在 2.5s 处添加热点效果。采用同样的方式，分别在 3s 和 3.5s 处添加热点效果。添加完成后，单击“时间轴”面板中的“播放”按钮，播放制作的动画，结果如图 11-110 所示。

（6）添加位置关键帧。在“时间轴”面板中将时间指示条拖动到 4s 处，在视图中选择 Socket Head Cap Screw，单击“时间轴”面板中的“设置位置关键帧”按钮，在 4s 处添加位置关键帧。

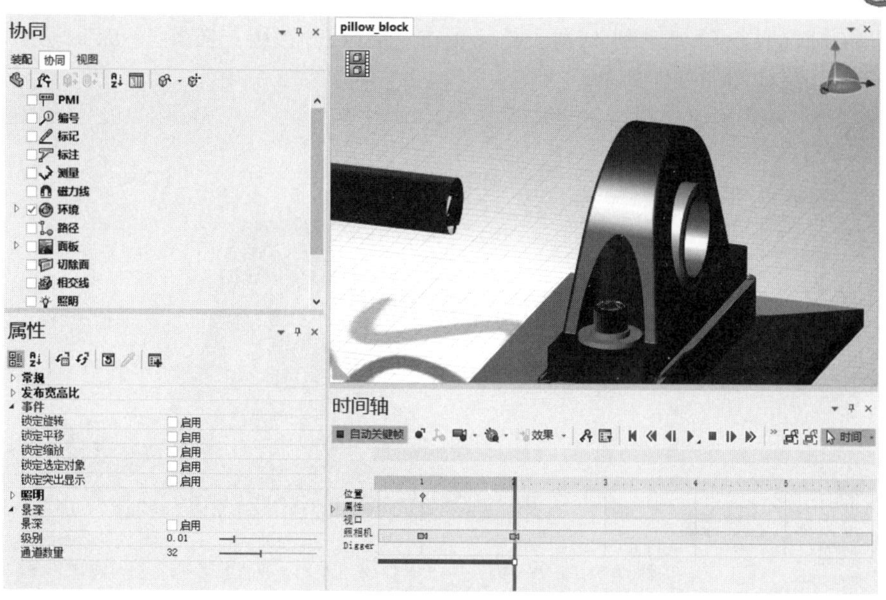

图 11-109　移动相机视图

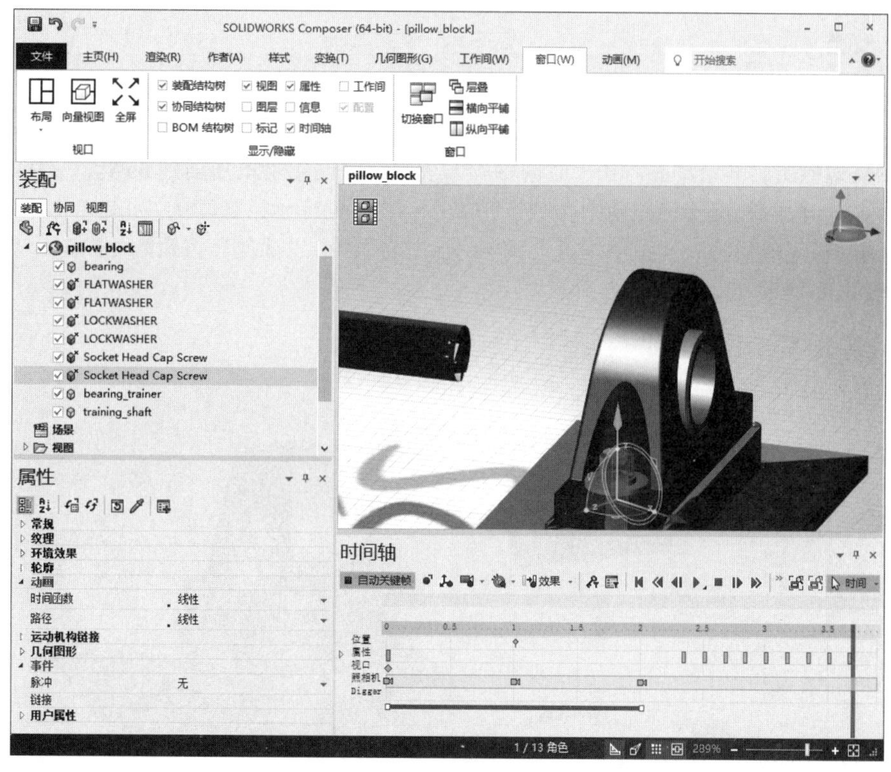

图 11-110　添加热点效果

（7）制作螺栓旋转动画。在“时间轴”面板中将时间指示条拖动到 5s 处，单击功能区的“变换”→“移动”→“平移”按钮。选择零件 Socket Head Cap Screw，然后单击绿色轴，直接在“属性”面板中输入长度为 5mm，将螺钉向上平移 5mm。然后单击功能区的“变换”→“移动”→“旋转”按钮，单击蓝色轴与红色轴之间的平面，直接在“属性”面板中输入角度 120°，将螺栓旋转

120°。完成后将时间指示条拖动到4s处，然后单击“播放”按钮▶，播放4～5s的动画，查看螺栓旋转出的效果，结果如图11-111所示。

Note

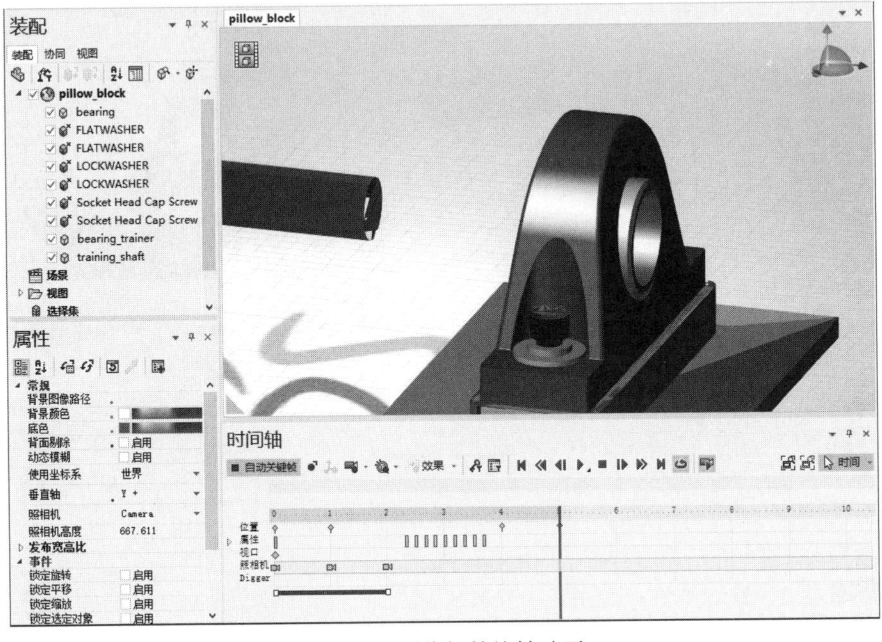

图11-111　制作螺栓旋转动画1

（8）制作螺栓旋转其余动画。在“时间轴”面板中将时间指示条拖动到6s处，采用与步骤（7）同样的方式添加一段螺栓旋转出的动画。制作完成后，将时间指示条拖动到7s处，再次添加一段螺栓旋转出的动画。完成后将时间指示条拖动到4s处，然后单击“播放”按钮▶，播放4～7s的动画，查看螺栓旋转出的效果，如图11-112所示。

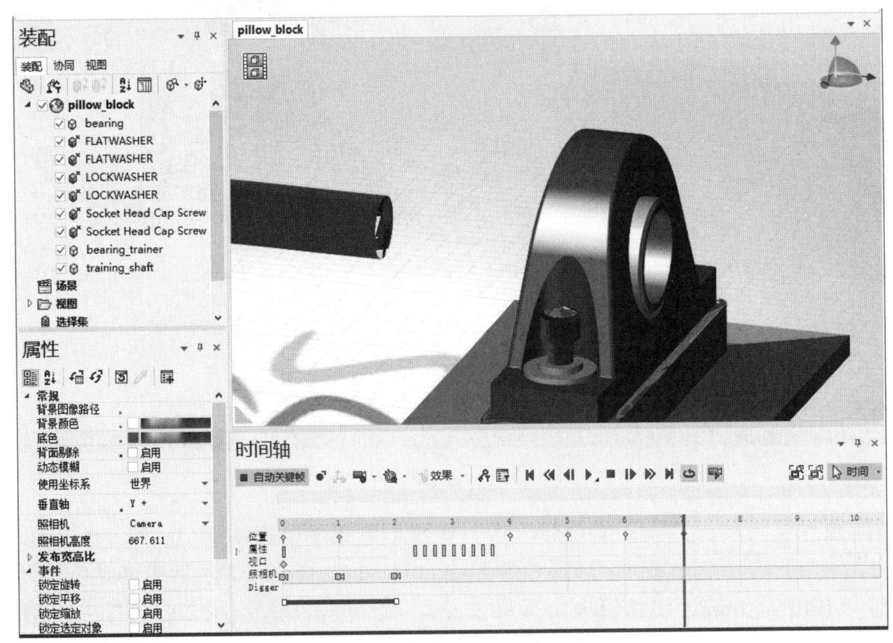

图11-112　制作螺栓旋转动画2

Note

（9）制作螺栓平移动画。在“时间轴”面板中将时间指示条拖动到 8s 处，单击功能区的“变换”→“移动”→“平移”按钮。选择零件 Socket Head Cap Screw，然后单击绿色轴，直接在“属性”面板中输入长度 150mm，将螺栓向上平移 150mm，添加螺栓平移出的动画。

（10）锁紧垫片平移动画。在“时间轴”面板中将时间指示条拖动到 9s 处，单击功能区的“变换”→“移动”→“平移”按钮。选择零件 LOCKWASHER，然后单击绿色轴，直接在“属性”面板中输入长度 80mm，将锁紧垫片向上平移 80mm，添加锁紧垫片平移出来的动画。完成后将时间指示条拖动到 7s 处，然后单击“播放”按钮，播放 7～9s 的动画，此时发现锁紧垫片并不是自 8s 开始移出，这是因为没有在 8s 处为锁紧垫片添加位置关键帧。

（11）恢复中性位置。在“时间轴”面板中将时间指示条拖动到 8s 处，选择零件 LOCKWASHER，单击功能区的“变换”→“移动”→“恢复中性位置”按钮。将 8s 处的锁紧垫片恢复到初始位置。再次播放 7～9s 的动画，查看最终的动画效果。

（12）制作平垫片平移动画。在“时间轴”面板中将时间指示条拖动到 9s 处，选择零件 FLATWASHER，单击“时间轴”面板中的“设置位置关键帧”按钮，在 9s 处为平垫片添加位置关键帧。在“时间轴”面板中将时间指示条拖动到 10s 处，单击功能区的“变换”→“移动”→“平移”按钮，然后单击绿色轴，直接在“属性”面板中输入长度 40mm，将平垫片向上平移 40mm，添加平垫片平移出来的动画，结果如图 11-113 所示。

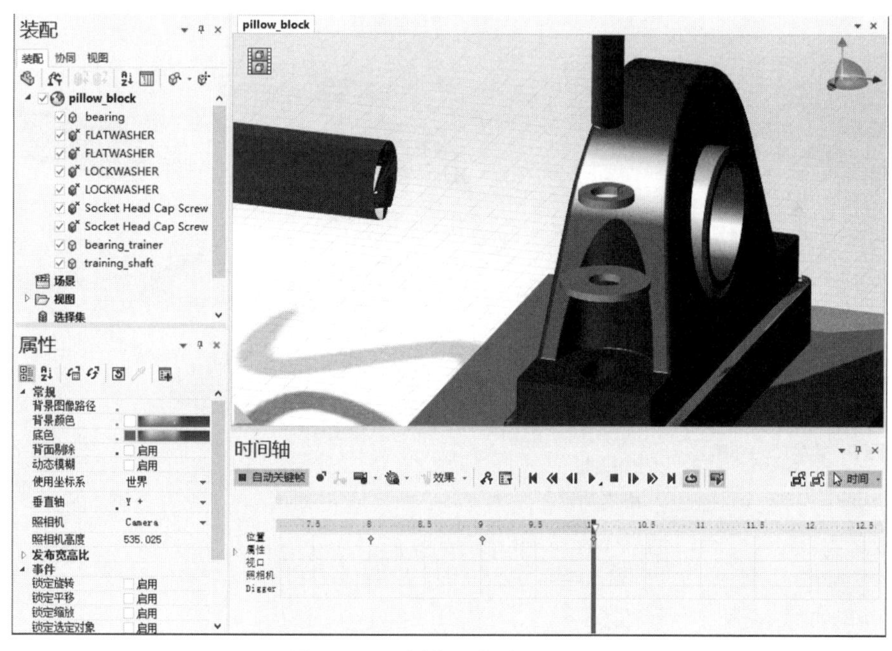

图 11-113 制作平垫片平移动画

（13）旋转视图。保持时间指示条在 10s 处，单击“时间轴”面板中的“设置照相机关键帧”按钮，在 10s 处添加照相机关键帧。然后在“时间轴”面板中将时间指示条拖动到 11s 处，旋转视图突出显示另一侧的螺钉。单击“设置照相机关键帧”按钮，在 11s 处添加照相机关键帧，结果如图 11-114 所示。

（14）创建另一侧螺栓部分拆解动画。根据之前的步骤，对另一侧的螺栓、锁紧垫片和平垫片进行拆解，完成后的视图及时间轴如图 11-115 所示。

Note

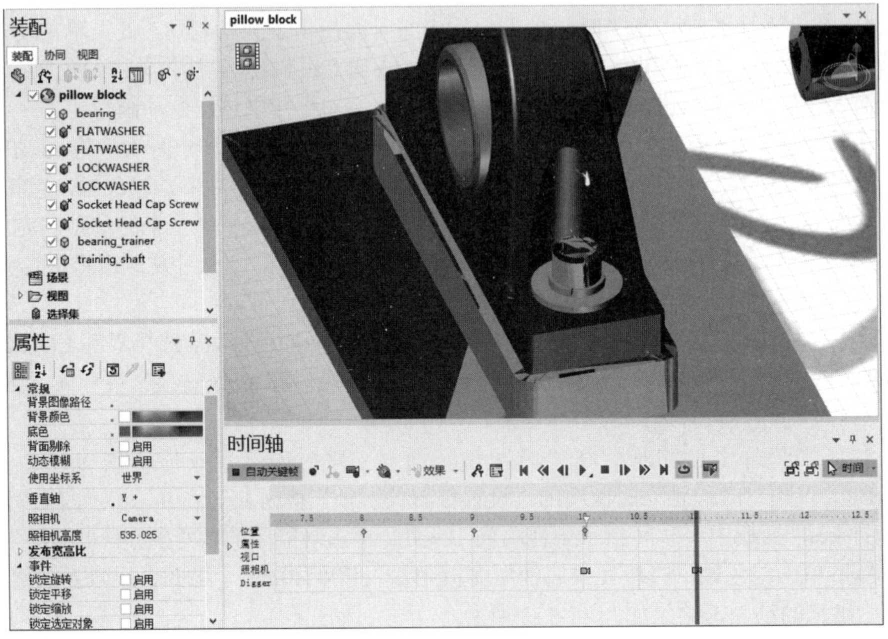

图 11-114　旋转视图

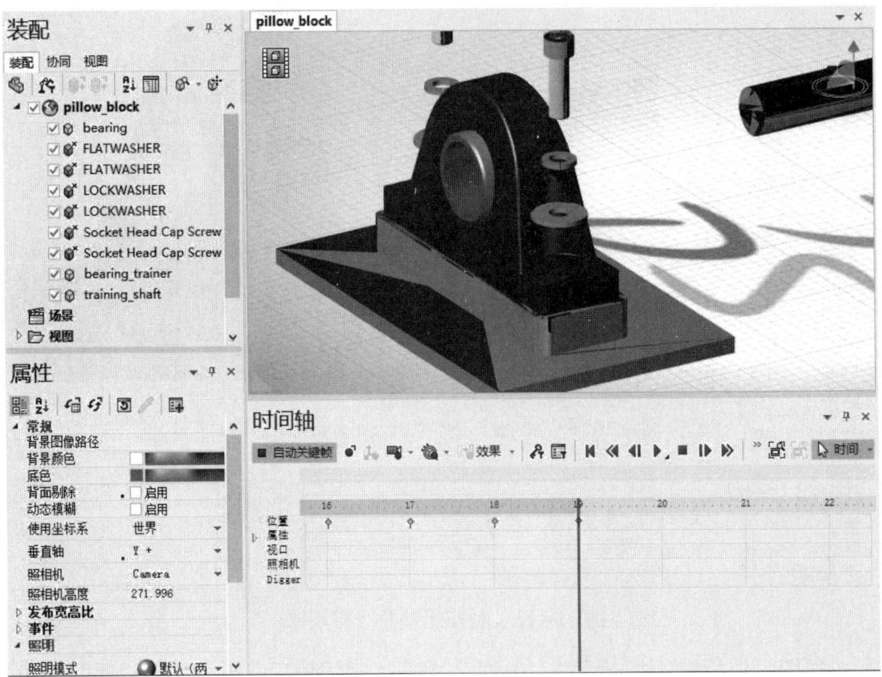

图 11-115　另一侧螺栓部分拆解

（15）缩小视图。保持时间指示条在 19s 处，单击“时间轴”面板中的“设置照相机关键帧”按钮，在 19s 处添加照相机关键帧。然后在“时间轴”面板中将时间指示条拖动到 20s 处，对视图进行缩小。单击“设置照相机关键帧”按钮，在 20s 处添加照相机关键帧，结果如图 11-116 所示。

（16）制作轴承台平移动画。在“时间轴”面板中保持时间指示条在 20s 处，选择零件 bearing_trainer，单击“时间轴”面板中的“设置位置关键帧”按钮，在 21s 处为轴承台添加位置关

键帧。然后在“时间轴”面板中将时间指示条拖动到 21s 处，单击功能区的“变换”→“移动”→“平移”按钮，单击绿色轴，直接在“属性”面板中输入长度为-150mm，将轴承台向下平移 150mm，添加轴承台向下平移出来的动画，结果如图 11-117 所示。

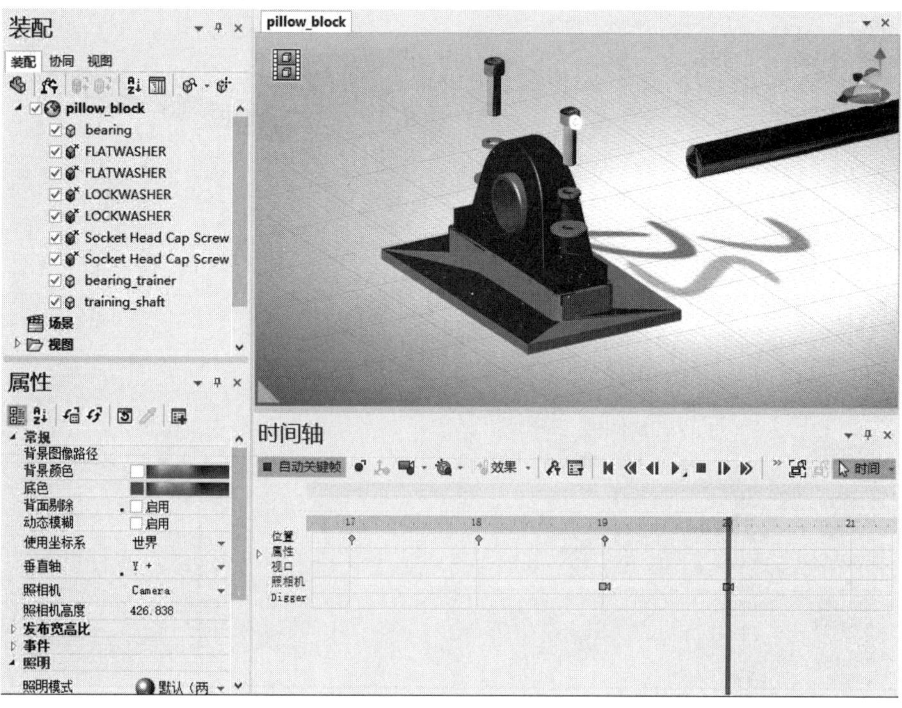

图 11-116　缩小视图

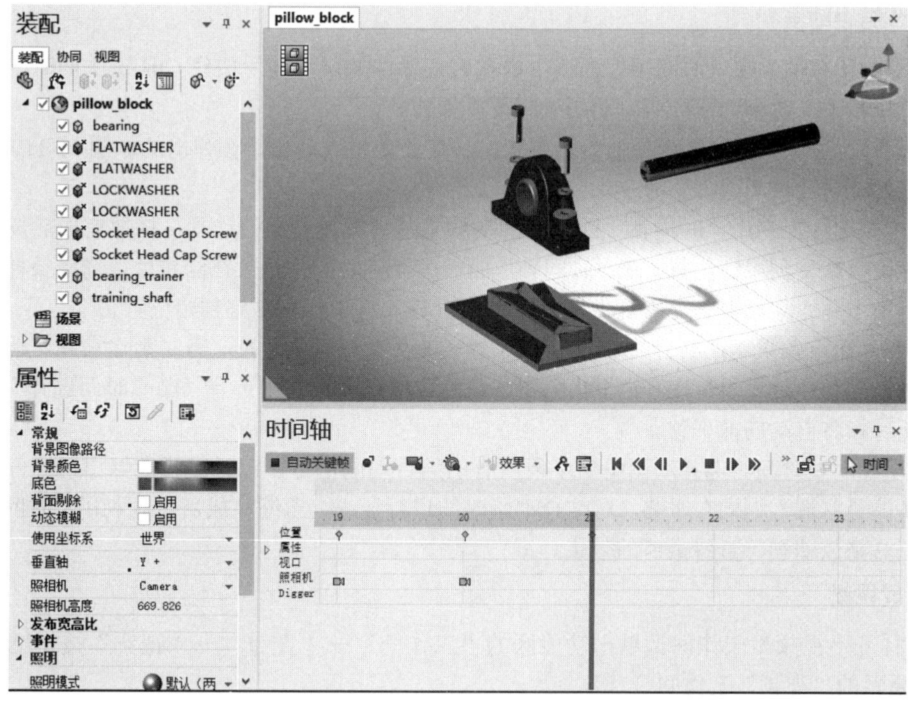

图 11-117　制作轴承台平移动画

Note

（17）设置拆解结束帧。保持时间指示条在 21s 处，单击“时间轴”面板中的“设置照相机关键帧”按钮，在 21s 处添加照相机关键帧，然后在“时间轴”面板中保持时间指示条在 22s 处，将视图缩放到合适的尺寸，然后单击“设置照相机关键帧”按钮，如图 11-118 所示。

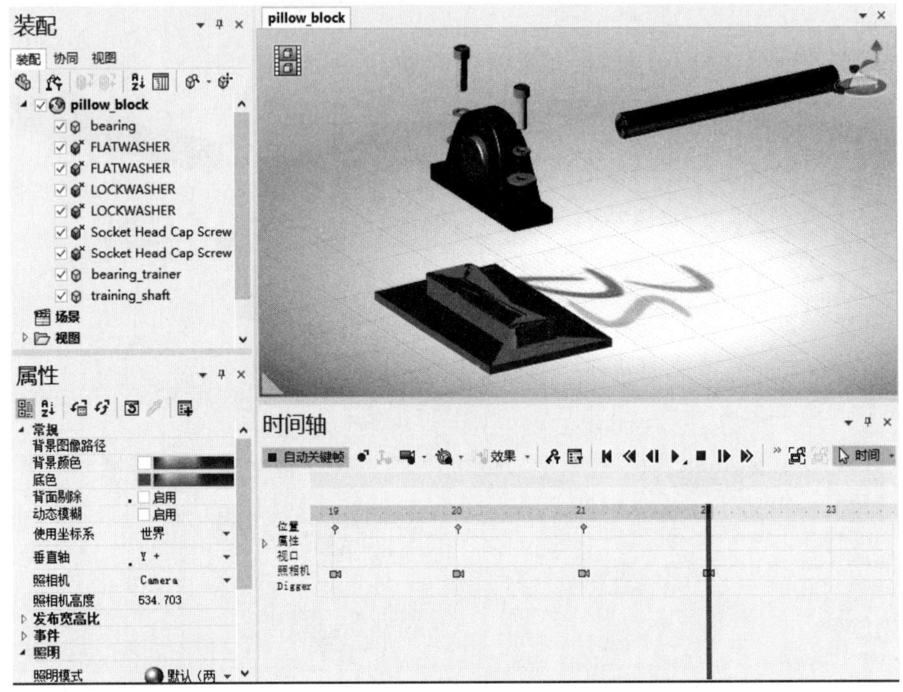

图 11-118 设置拆解结束帧

3. 制作结合动画

（1）复制所有帧。在“时间轴”面板中框选轨道帧中的所有帧。按住 Ctrl 键的同时向后拖动轨道帧的黑色指示条，对所创建的所有动画进行复制操作。

（2）反转动画。保持复制后的帧为选中状态，在蓝色框内右击，在弹出的如图 11-119 所示的快捷菜单中选择“反转时间选择”命令。

（3）检查动画。利用“时间轴”面板中的播放工具播放反转后的动画，播放完成后发现最后一步中长杆并没有恢复到中性位置。在“时间轴”面板中保持时间指示条在结尾处，选择长杆并单击功能区的“变换”→“移动”→“恢复中性位置”按钮，将长杆恢复到初始位置。

（4）删除热点效果。在结合的动画中有两部分热点效果是多余的，需要删除它们。首先选择结合动画中的一部分热点效果，在蓝色框内右击，在弹出的快捷菜单中选择“删除时间选择”命令，此时后面的所有帧将自动向前平移。

（5）压缩动画时间。选择动画中后半段所有的结合动画部分，此时在轨道帧出现黑色指示条，拖动指示条的最右端方框向左平移，对结合动画时间进行压缩，压缩完成后可以利用“时间轴”面板中的播放工具播放动画，查看最终的效果。

4. 生成视频

（1）打开“视频”工作间。单击功能区的“工作间”→“发布”→“视频”按钮，打开如图 11-120 所示的“视频”工作间。

（2）设置分辨率。在“视频”工作间中，选中“自定义”单选按钮，输入分辨率为 800×600。

然后单击“将视频另存为”按钮，打开如图 11-121 所示的“保存视频”对话框。

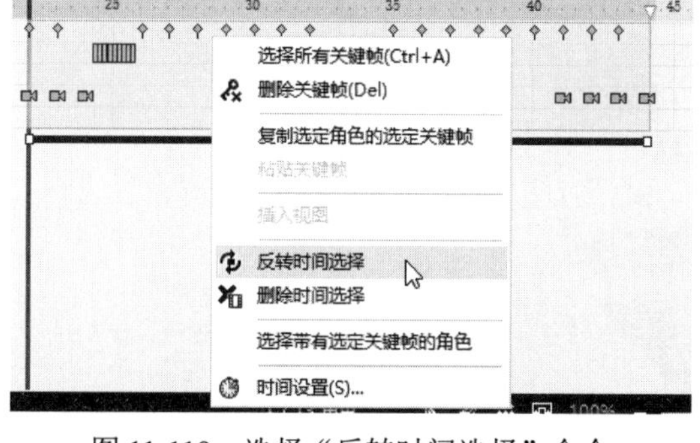

图 11-119　选择“反转时间选择”命令

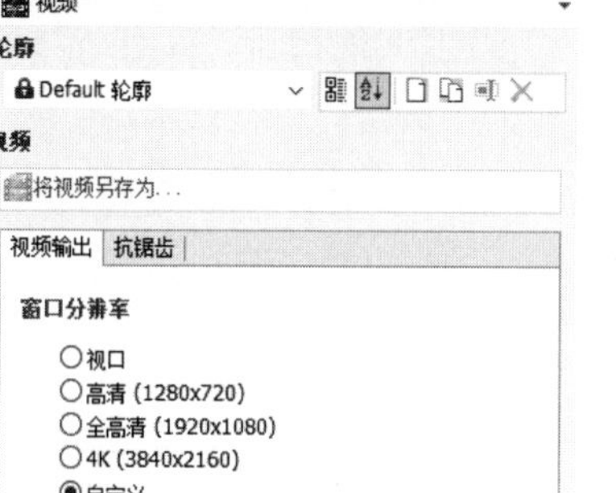

图 11-120　“视频”工作间

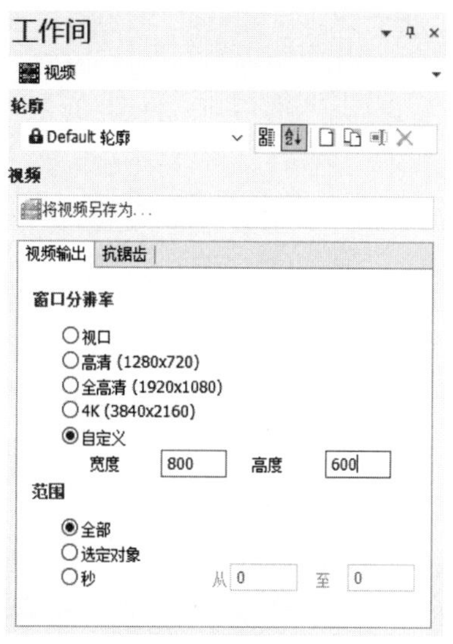

（3）保存视频。单击“保存视频”对话框中的“保存”按钮，即可生成动画。生成动画需要一段时间，生成后会自动播放视频文件。

5. 发布

（1）打开“另存为”对话框。选择功能区的“文件”→“发布”→HTML 命令，打开如图 11-122 所示的“另存为”对话框。

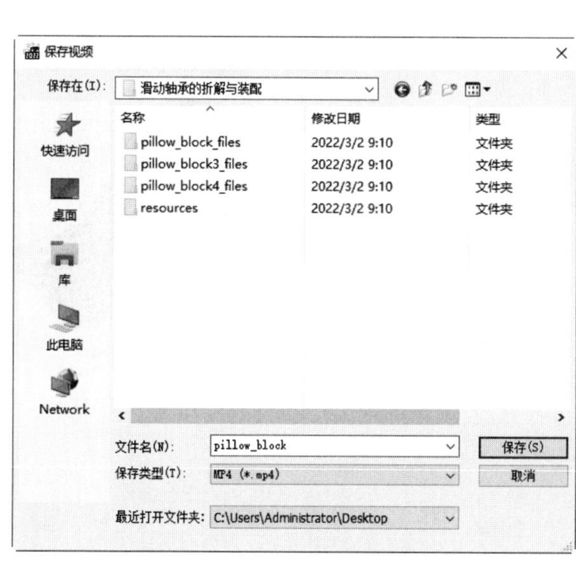

图 11-121　“保存视频”对话框

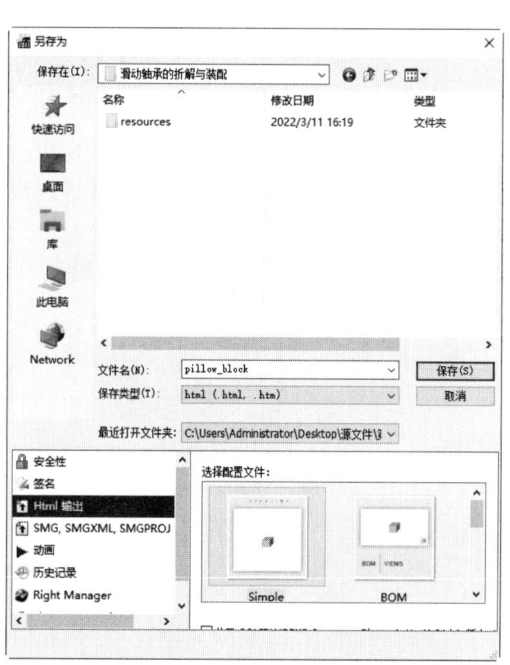

图 11-122　“另存为”对话框

（2）选择模板。在“另存为”对话框的左下角选择“HTML 输出”选项，在“HTML 输出”页

Note

面中选择 BOM 模板，单击“保存”按钮，生成 Simple 格式的交互文件，如图 11-123 所示。

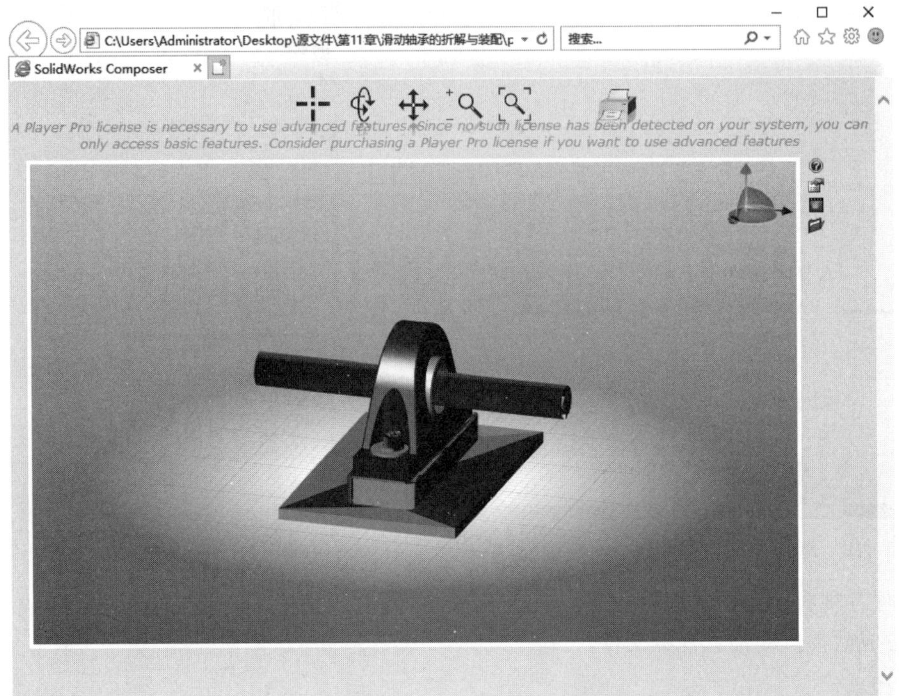

图 11-123　Simple 格式的浏览器页面

11.7　实践与操作

通过前面的学习，相信读者对本章知识已经有了大体的了解，本节将通过一个操作练习使读者进一步掌握本章知识要点。

制作如图 11-124 所示的活塞闸模型的分解结合运动动画。

图 11-124　活塞闸模型

操作提示：

（1）分解装配体。利用“旋转”和“平移”命令拧下螺栓和螺母，然后分解其余零件。

（2）结合动画。利用“反转时间选择”命令对制作好的分解动画进行制作结合动画，然后对结合动画进行修改。

书 目 推 荐（一）

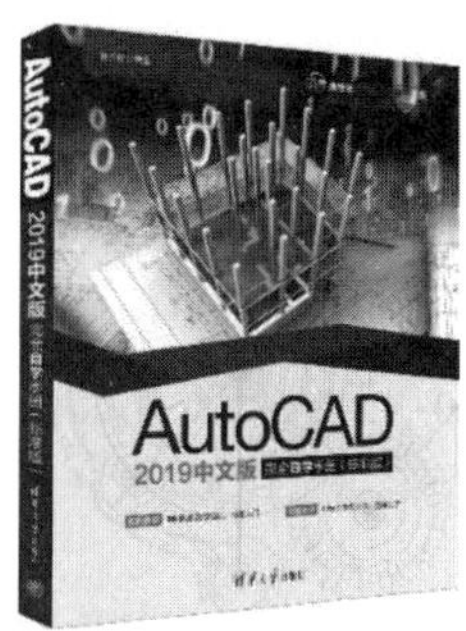

◎ 面向初学者，分为标准版、CAXA、UG、SOLIDWORKS、Creo 等不同方向。

◎ 提供 AutoCAD、UG 命令合集，工程师案头常备的工具书。根据功能用途分类，即时查询，快速方便。

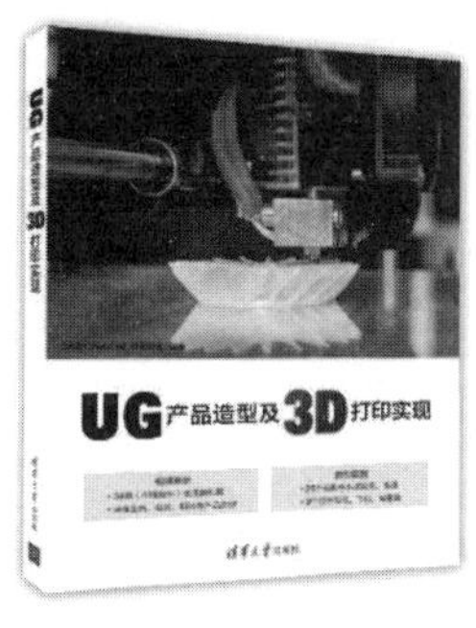

◎ 资深 3D 打印工程师工作经验总结，产品造型与 3D 打印实操手册。

◎ 选材+建模+打印+处理，快速掌握 3D 打印全过程。

◎ 涵盖小家电、电子、电器、机械装备、航空器材等各类综合案例。

书 目 推 荐（二）

◎ 视频演示：高清教学微视频，扫码学习效率更高。

◎ 典型实例：经典中小型实例，用实例学习更专业。

◎ 综合演练：不同类型综合练习实例，实战才是硬道理。

◎ 实践练习：上级操作与实践，动手会做才是真学会。